わかるを
つくる

中学

理科

GAKKEN PERFECT COURSE

SCIENCE

Gakken

物理

Physics

❶ストロボ撮影(運動の記録➡p.74) ❷自由落下(自由落下と重力➡p.80) ❸プリズムによる白色光の分散(光の分散➡p.32) ❹電気回路(回路➡p.128) ❺超伝導磁石による反発(超伝導物質➡p.189) ❻水に浮かぶ物体(浮力➡p.69) ❼クルックス管による陰極線(陰極線➡p.123) ❽オシロスコープによる波形(音色の波形➡p.46) ❾光ファイバー(全反射➡p.32) ❿折りたためる有機ELパネル(有機EL➡p.192) ⓫風力発電(風力発電➡p.185) ❶❷❺❼❽©アフロ ❸©Science Faction/アフロ ❾©Science photo Library/アフロ ❹©坂本照/アフロ ❿©UPI/アフロ

③

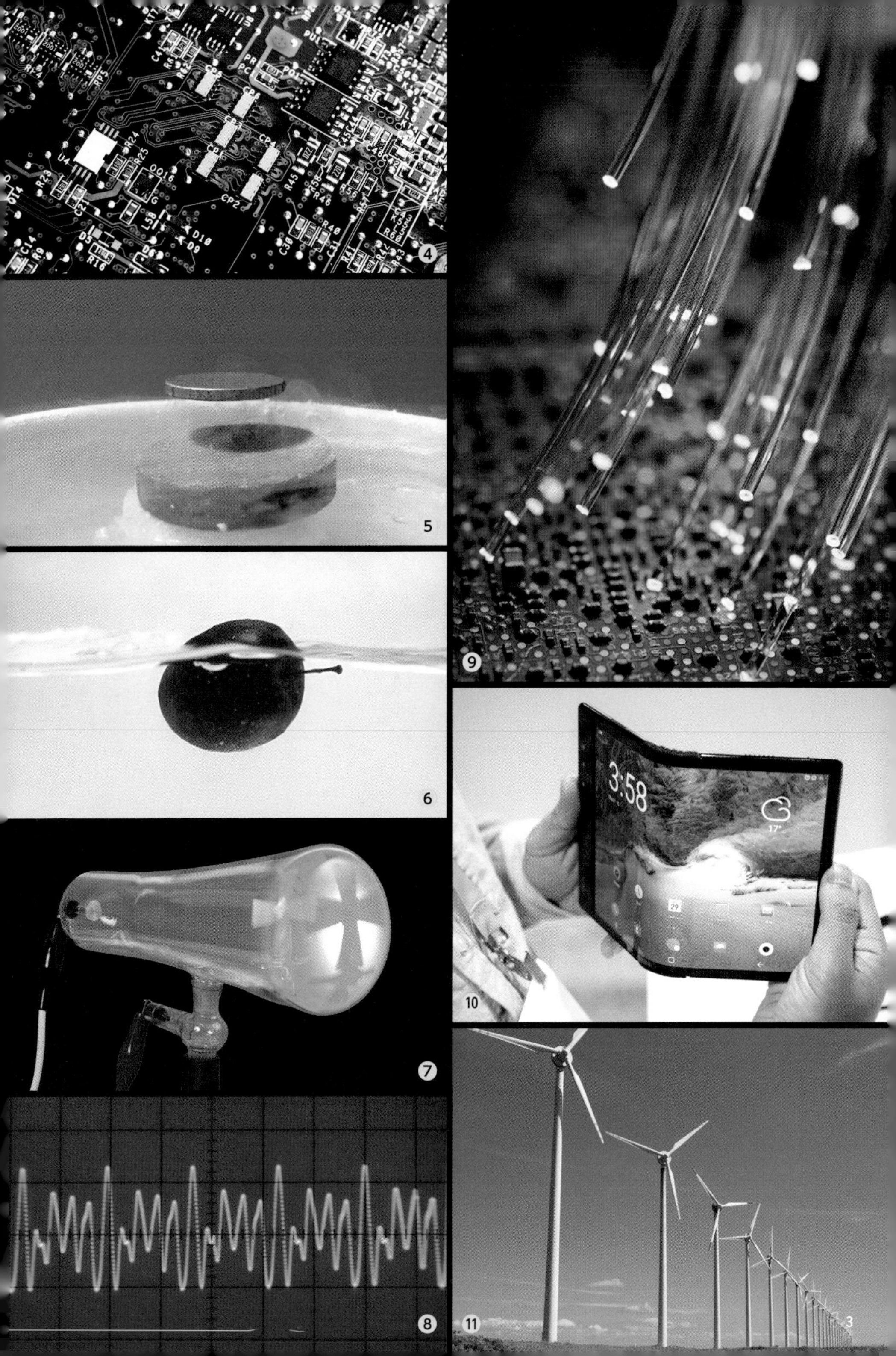
4
5
6
7
8
9
3:58
17°
10
11

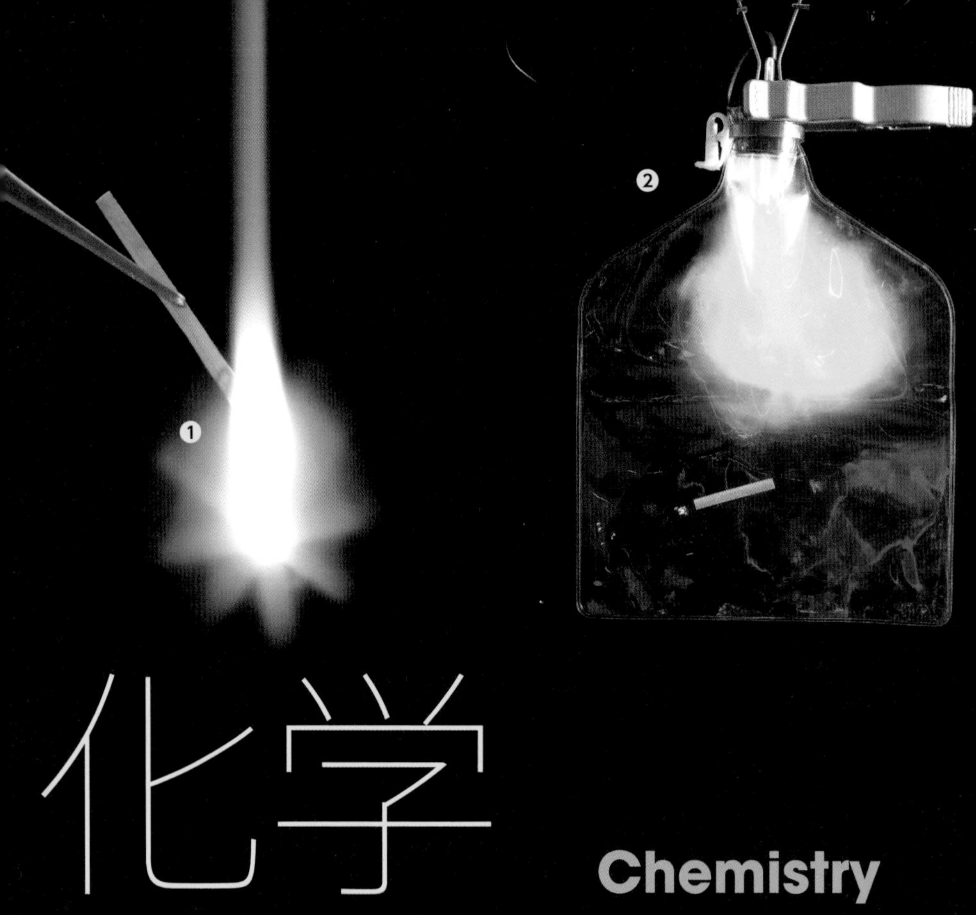

化学 Chemistry

①マグネシウムの燃焼(酸化と燃焼➡p.278) ②水素と酸素の化合(化合➡p.276) ③BTB溶液の色の変化(指示薬➡p.319) ④管に入れた水素に電圧をかけたようす(水素➡p.234) ⑤ダイヤモンド(炭素) ⑥オオカナダモから出る酸素(酸素➡p.230) ⑦アルミニウム(金属➡p.207) ⑧マグネシウムリボン ⑨銅 ⑩亜鉛でできたネジ ⑪水銀 ⑫炭酸水素ナトリウムの粉末(炭酸水素ナトリウムの熱分解➡p.259) ⑬石灰石(二酸化炭素の発生方法➡p.233) ⑭塩化ナトリウムの結晶(結晶➡p.246) ⑮硝酸カリウムの結晶(結晶➡p.246)

③

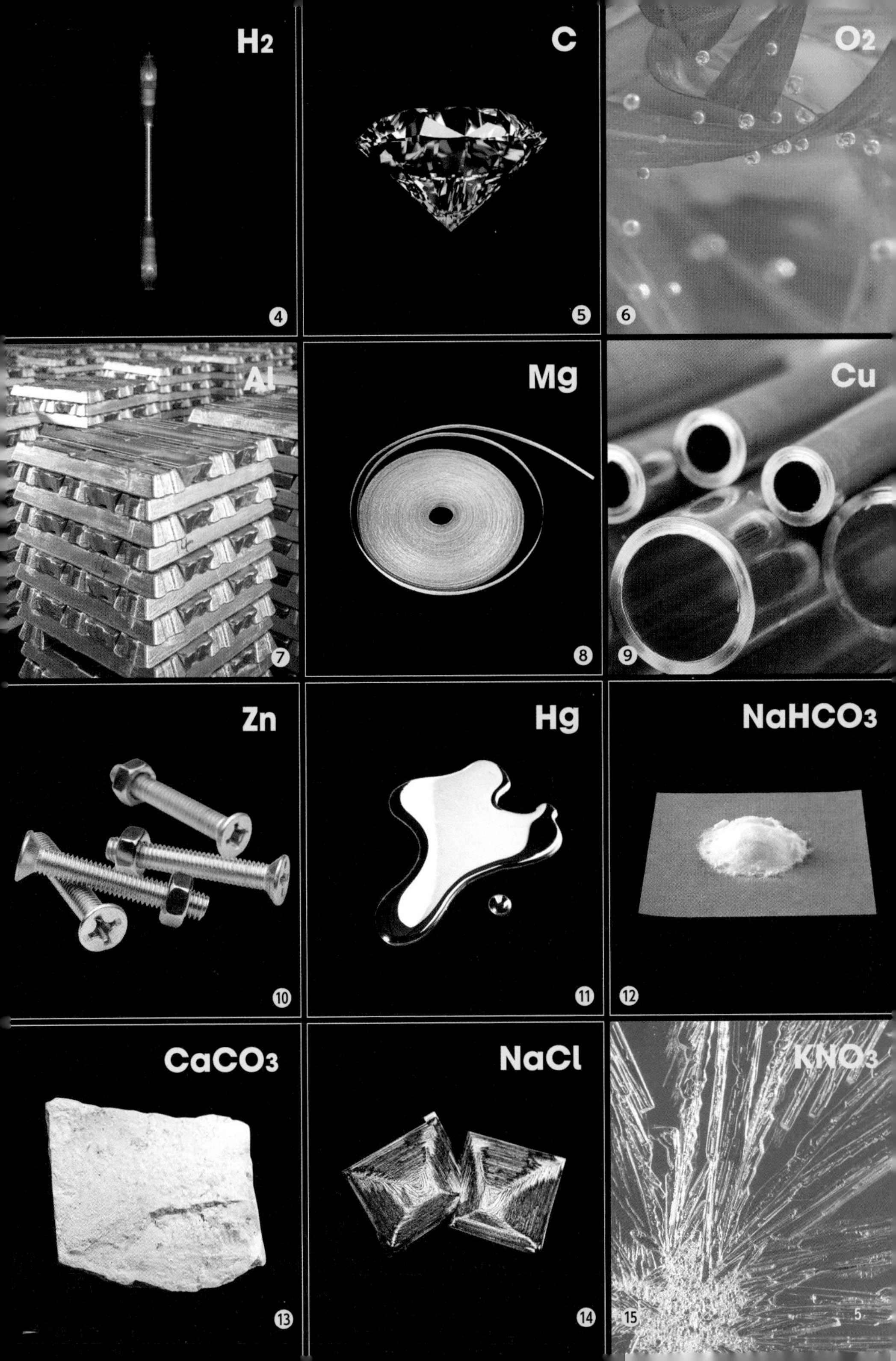
H2
C
O2
Al
Mg
Cu
Zn
Hg
NaHCO3
CaCO3
NaCl
KNO3

生物 Biology

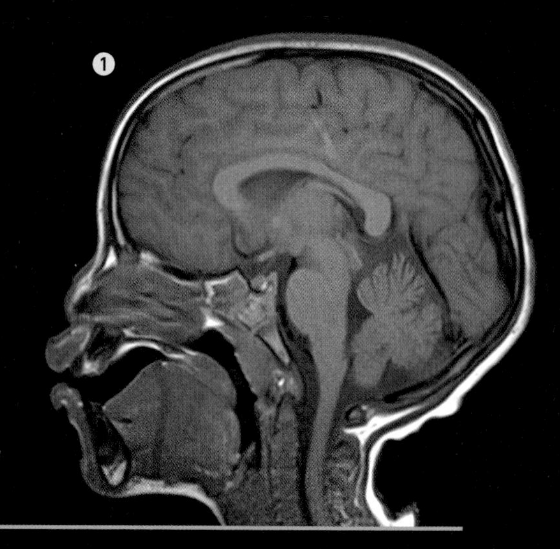

①

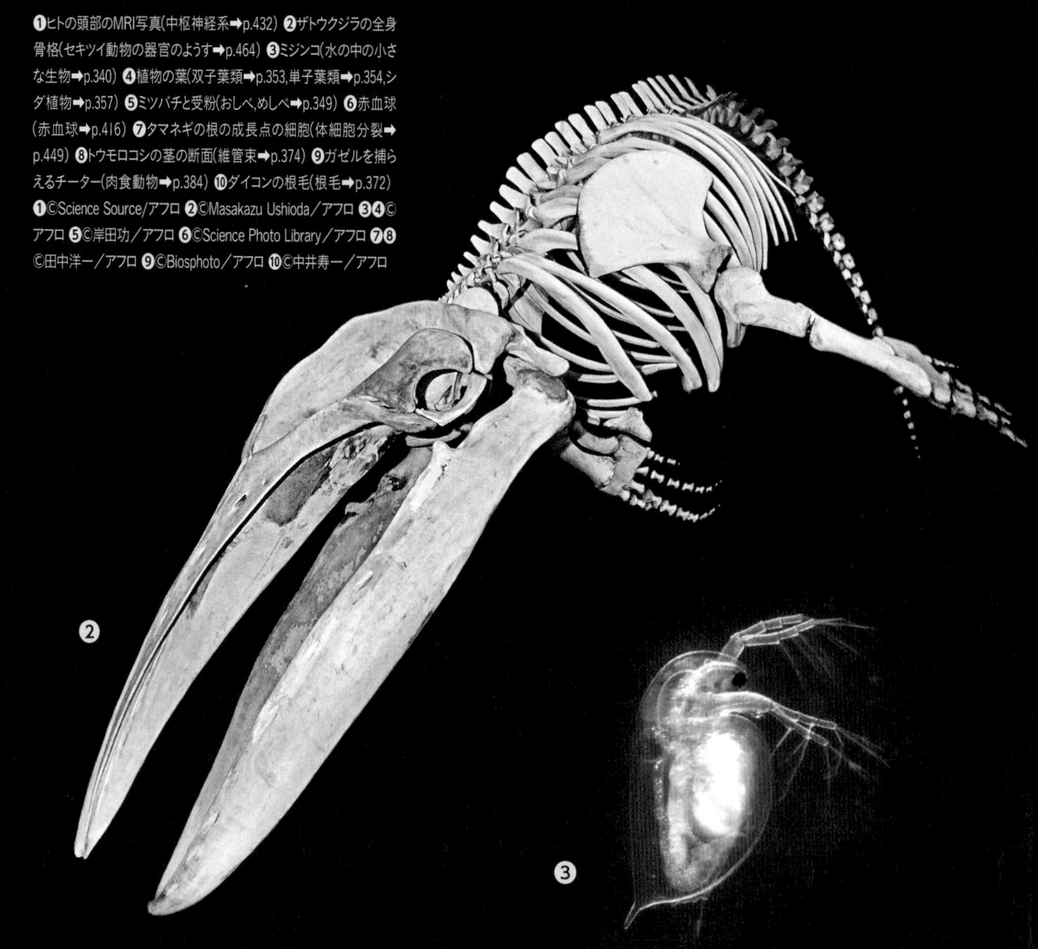

②

③

①ヒトの頭部のMRI写真(中枢神経系➡p.432) ②ザトウクジラの全身骨格(セキツイ動物の器官のようす➡p.464) ③ミジンコ(水の中の小さな生物➡p.340) ④植物の葉(双子葉類➡p.353,単子葉類➡p.354,シダ植物➡p.357) ⑤ミツバチと受粉(おしべ,めしべ➡p.349) ⑥赤血球(赤血球➡p.416) ⑦タマネギの根の成長点の細胞(体細胞分裂➡p.449) ⑧トウモロコシの茎の断面(維管束➡p.374) ⑨ガゼルを捕らえるチーター(肉食動物➡p.384) ⑩ダイコンの根毛(根毛➡p.372)

4
5
6
7
8
9
10

①
地学
Earth Science
②
③

❶北の空の星の日周運動（北半球での星の日周運動➡p.606） ❷アメシスト（宝石➡p.525） ❸アンモナイトの化石（中生代➡p.556）
❹土星（土星➡p.617） ❺うろこ雲（雲形➡p.570） ❻宇宙から見た台風の目（台風と天気➡p.590） ❼雪の結晶（雪の結晶➡p.573）
❽グランドキャニオン（侵食・運搬・堆積➡p.530） ❶©阿部宗雄／アフロ ❸©Ardea／アフロ ❹提供：NASA ❻©ESA／NASA／ZUMA Press／アフロ ❽©Minden Pictures／アフロ

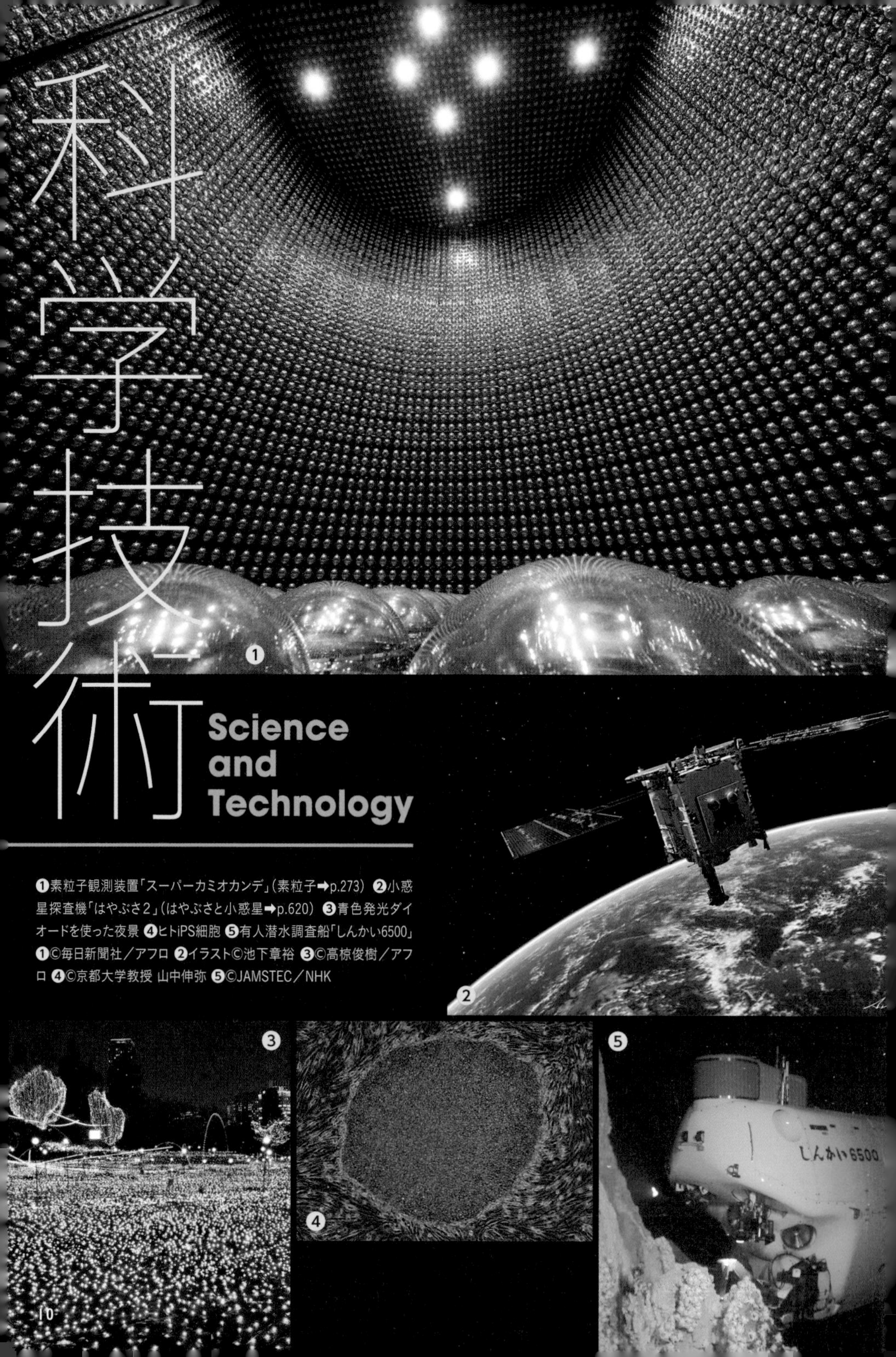

科学技術 Science and Technology

❶素粒子観測装置「スーパーカミオカンデ」(素粒子➡p.273) ❷小惑星探査機「はやぶさ2」(はやぶさと小惑星➡p.620) ❸青色発光ダイオードを使った夜景 ❹ヒトiPS細胞 ❺有人潜水調査船「しんかい6500」

はじめに

「わかる」経験は，今の世の中，勉強しなくても簡単に手に入ります。たいていのことは，スマホで検索すればわかります。計算もできるし，翻訳機能を使えば，英語を話せなくても海外旅行だってできます。こんなに簡単に「わかる」が手に入る社会に，人は今まで暮らしたことがありません。

こんなにすぐに答えが「わかる」世の中で，わざわざ何かを覚えたり，勉強したりする必要なんて，あるのでしょうか？

実はこんな便利な時代でも，知識が自分の頭の「中」にあることの大切さは，昔と何も変わっていないのです。運転のやり方を検索しながら自動車を運転するのは大変です。スポーツのルールを検索しながらプレーしても，勝てないでしょう。相手の発言を検索ばかりしながら深い議論ができるでしょうか。

知識が頭の「中」にあるからこそ，より効率よく課題を解決できます。それは昔も今も，これからもずっと変わりません。そしてみなさんは，自分の「中」の知識と「外」の知識を上手に組み合わせて，新しいものを，より自由に生み出していくことができるすばらしい時代を生きているのです。

この『パーフェクトコース わかるをつくる』参考書は，意欲さえあればだれでも，学校の授業をも上回る知識を身につけられる道具です。検索サイトをさがし回る必要はありません。ただページを開くだけで，わかりやすい解説にアクセスできます。知識のカタログとして，自分の好きな分野や苦手な分野を見つけるのにも役立ちます。

そしてこの本でみなさんに経験してほしい「わかる」は，教科の知識だけではありません。ほんとうの「わかる」は，新しいことを学ぶ楽しさが「わかる」ということ。自分が何に興味があるのかが「わかる」ということ。学んだことが役に立つよろこびが「わかる」ということ。検索しても手に入らない，そんなほんとうの「わかる」をつくる一冊に，この本がなることを願っています。

学研プラス

PERFECT COURSE

本書の特長

本書は，中学生の理科の学習に必要な内容を広く網羅した参考書です。テスト対策や高校入試対策だけでなく，中学生の毎日の学びの支えとなり，どんどん力を伸ばしていけるように構成されています。本書をいつも手元に置くことで，わからないことが自分で解決できるので，自ら学びに向かう力をつけていくことができます。

「わかる」をつくる，ていねいな解説

基礎的なことを一から学びたい人も，難しいことを調べたい人も，どちらの人にも「わかる」と思ってもらえる解説を心がけました。図解やイラストも豊富で，理解を助けます。複雑な理科の内容も，文章によるていねいな解説で本質的に理解することができ，読解力・思考力も身につきます。関連事項へのリンクやさくいんも充実しているので，断片的な知識で終わることなく，興味・関心に応じて次々に新しい学びを得ることができます。

「理科的に考える力」が身につく

「理科的に考える力」や「理科的な見方」が身につくように，さまざまな工夫を盛りこんだ構成になっています。特に，重要な実験のコーナーでは「思考の流れ」を示して，実験における考え方の流れや考察のしかたがわかるようにしています。また，学習した知識をより深めたり広げたりできるように，身近な生活に関するコラムや，より探究的な内容をあつかうコラムをいたる所に掲載していますので，ぜひ学習の合間に読んでみてください。

高校の先取りもふくむ，充実の情報量

本書は学習指導要領をベースにしつつも，その枠にとらわれず，高校で学習する内容の一部や，教科書では習わないような豆知識も紹介しています。高校入試対策や将来の学習に役立つだけでなく，新たな問題や学ぶべきことを自ら発見・解決し，自立して学び続ける姿勢を身につけることができます。

監修者紹介

荘司隆一

［しょうじ・りゅういち］

元筑波大学附属中学主幹教諭

専門分野…学生時代の専門は，化学，特に無機錯体化学。

中学生のときの夢…小学校の頃は，なんとなく科学者になるのが夢，中学校から高校にかけて，化学に興味をもつようになった。

中学生へのメッセージ…理科の知識は，日々の生活の中で，役に立つものがたくさんあります。理科的な（科学的な）考え方を身につけることによって，日々宣伝されるさまざまな事柄の真偽を見極めることができるようになります。理科だけに偏らずに，常に幅広い視野をもつようにしてください。

金子丈夫

［かねこ・たけお］

元筑波大学附属中学副校長

専門分野…中学校理科２分野（生物・地学）。

中学生のときの夢…教師になりたいと思い始めたこと。

中学生へのメッセージ…自主的に一所懸命取り組むことが大事です。

構成と使い方

ここでは，この本の全体の流れと各ページの構成，使い方について解説します。

◉本書の構成

目次 → **物理編**［全4章］ → **化学編**［全4章］ → **生物編**［全5章］ → **地学編**［全3章］ → **巻末資料**

物理編	化学編	生物編	地学編
● 章の導入	● 章の導入	● 章の導入	● 章の導入
● 本文	● 本文	● 本文	● 本文
● 完成問題	● 完成問題	● 完成問題	● 完成問題
● 思考力UP［コラム］	● 思考力UP［コラム］	● 思考力UP［コラム］	● 思考力UP［コラム］

◉本文ページ

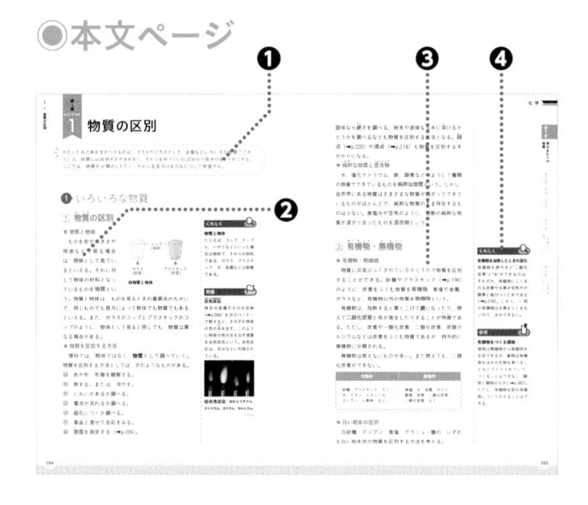

❹ サイドコーナーについて
サイドには以下のようなコーナーがあります。

くわしく
本文の内容をさらに詳しく補足。

用語解説
重要用語について，詳しく解説。

参考
本文に関連して，参考となるような事項を解説。

発展
発展的な内容についてとり上げ，解説。

ミス注意
まちがえやすい内容についてとり上げ，解説。

❶ リード
各SECTIONで学習することを簡潔にわかりやすくまとめています。

❷ 赤い太字と黒い太字
特に重要な用語は赤い太字に，
それに次いで重要な用語は黒い太字にしてあります。

❸ 色文字
おさえておくべき大事なポイントは色文字にしています。

● 実験・観察・操作［コーナー］
重要な実験・観察・操作について解説しています。
特に重要な実験には「思考の流れ」を補足しています。

● 身近な生活／発展・探究［コラム］
本文に関連した内容で，身近な生活に関わる内容や，
より発展・探究的な内容についてとり上げ，解説しています。

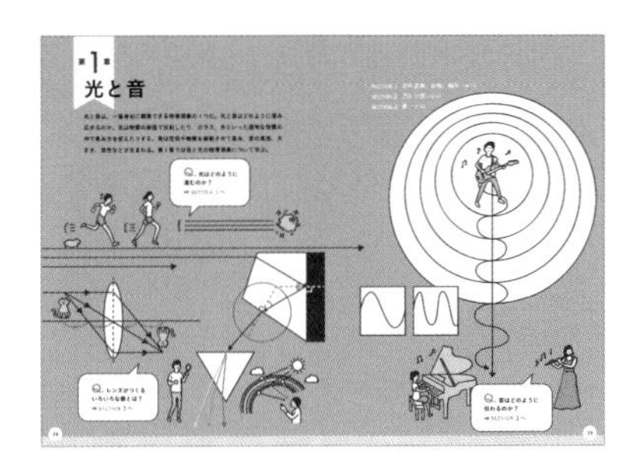

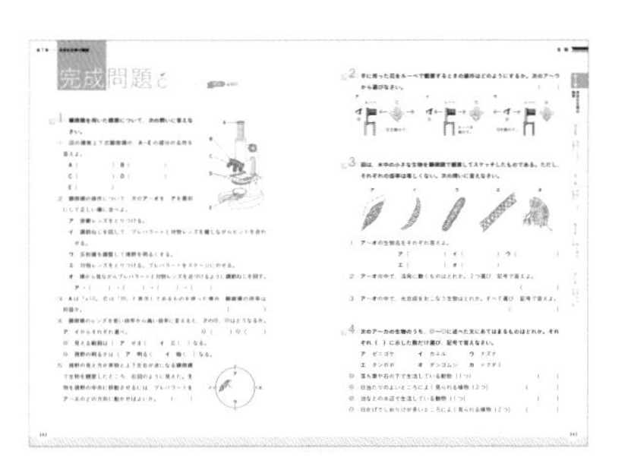

章の導入［トップページ］
各章で学習する内容や，学習する項目どうしの関連性についてイメージが膨らむように，見開きのイラストにまとめました。

完成問題
本文で学習した内容が定着したかどうかを，問題を解いて確認できます。解き終わったら，解答・解説ページで答えを確認しましょう。

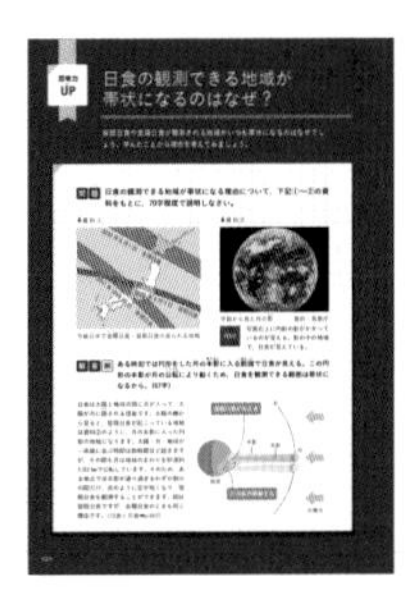

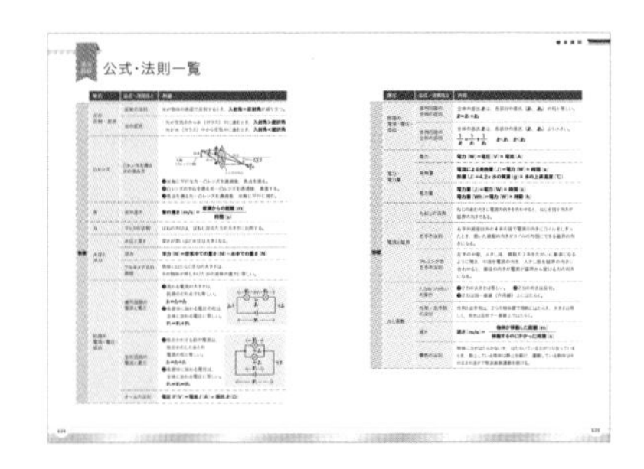

思考力UP［コラム］
学習した知識をもとに，オリジナルの思考問題に挑戦するページです。考えがいのある少し難しい問いを設定しました。

巻末資料
単位や公式，化学式など，まとめて確認したいものを盛りこみました。また，歴代日本人ノーベル賞受賞者についても，一覧にまとめています。

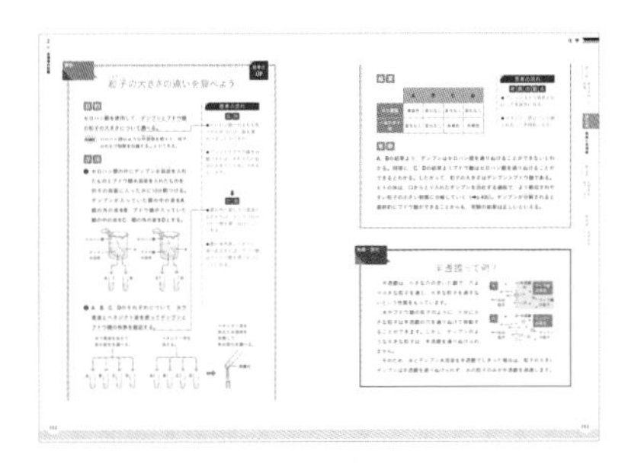

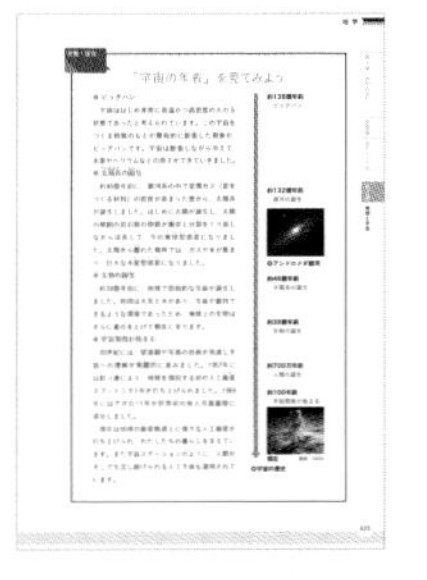

「実験・観察・操作［コーナー］」と，「身近な生活／発展・探究［コラム］」は，関連する学習内容の近くに盛りこんでいます。

思考力UP

理科の探究の過程・理科的な見方

理科の探究の過程

1 気づき
ふだんの生活の中で,「なぜこうなるのか」などの疑問や気づきを得る。

2 課題（目的）
疑問や気づきから，明らかにしたい課題を設定する。

3 仮説
設定した課題に対して，知識や事実をもとに仮説を立てる。

4 計画
仮説を検証するための見通しをもった計画を立てる。

理科的な見方

物理　量的・関係的

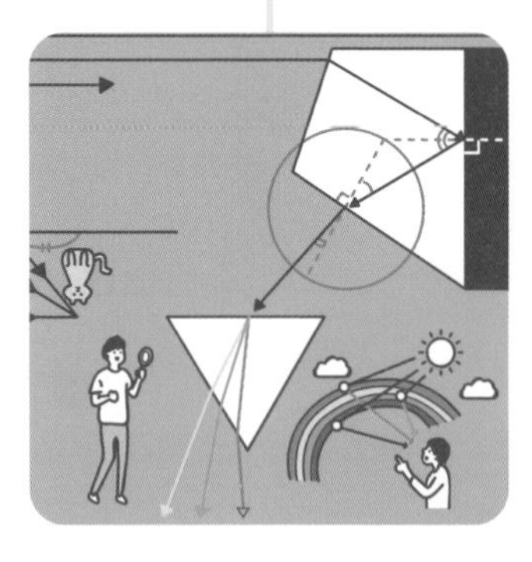

光や音，力，電気などの,「エネルギー」を柱とする領域をあつかいます。「力の大きさによってはたらきがどう変わるのか」や「2つの力の間の関係性」のように，量的・関係的な視点を意識しましょう。

化学　質的・実体的

身のまわりの物質の性質や物質の変化をはじめ,「粒子」を柱とする領域をあつかいます。物質の性質のちがいに注目するとともに，物質を「実体のある粒子」としての視点で捉えることを意識しましょう。

理科は，次のような探究の過程を経て学びを深める学問です。
実験・観察には目的があり，その目的を達成するために，見通しをもった計画を立てて，
適切な方法で実施します。得られた結果は，論理的に考察します。
考察をもとに，また新しい課題や仮説を設定することで，
より深く広がりのある探究活動をおこなうことができるでしょう。

計画にもとづいて，適切な方法で実験・観察をおこなう。

6 結果

実験・観察から得られた結果を整理する。

7 考察

結果から，論理的に分析したり解釈したりして考察する。

思考力UP

生物　共通性・多様性

植物，動物や遺伝，生物どうしのつながりといった「生命」を柱とする領域をあつかいます。多様な生物への理解を深めるために，それらの間にある共通性と多様性に注目しましょう。

地学　時間的・空間的

大地のつくりや変化，地震・火山などによる災害，気象，そして宇宙といった「地球」を柱とする領域をあつかいます。時間的な変化や空間的な変化を捉える視点を意識しましょう。

目次

学研パーフェクトコース
わかるをつくる **中学理科**

巻頭資料 …… 2

はじめに …… 11

本書の特長 …… 12

監修者紹介 …… 13

構成と使い方 …… 14

理科の探究の過程・理科的な見方 …… 16

物理編

第1章 光と音 28

1 光の直進，反射，屈折 …… 30

1. 光の進み方 …… 30

2 凸レンズ …… 34

1. 凸レンズと像 …… 34

3 音 …… 40

1. 音の伝わり方 …… 40
2. 音の３要素 …… 42

✓完成問題 …… 48

第2章 力・運動とエネルギー 50

1 力のはたらきと性質 …… 52

1. 力のはたらき，いろいろな力 …… 52
2. 力の大きさと表し方 …… 56
3. 力のつり合い …… 60

2 水の圧力 …… 67

3 力と運動 …… 72

1. 運動の計測と表記 …… 72
2. 物体に力がはたらかないときの運動 …… 75
3. 物体に力がはたらいているときの運動 …… 79
4. 運動の向きと力 …… 82
5. 運動の法則 …… 87

4 仕事とエネルギー …… 91

1. 仕事 …… 91
2. エネルギーと仕事 …… 99
3. 熱とエネルギー …… 110

✓完成問題 …… 116

第3章 電流と磁界 118

1 静電気と電流，放射線 …………… 120
1. 静電気の性質 ………………………… 120
2. 放射線の性質 ………………………… 126

2 電流と回路 ……………………………… 128
1. 回路 ………………………………………… 128
2. 電流 ………………………………………… 130
3. 電圧 ………………………………………… 132
4. 回路の電流 ……………………………… 133
5. 回路の電圧 ……………………………… 135

3 電流と電圧と抵抗 …………………… 137
1. 電流と電圧と抵抗との関係 …… 137
2. 抵抗の合成 ……………………………… 142
3. 電力 ………………………………………… 146

4 電流による発熱 ……………………… 149
1. 電流による発熱 ……………………… 149

5 電流と磁界 ……………………………… 155
1. 磁界と電流がつくる磁界 ……… 155
2. 磁界中の電流にはたらく力 …… 161
3. 電磁誘導 ………………………………… 167

✓完成問題 ……………………………………… 176

第4章 科学技術と人間 178

1 エネルギー資源とその利用 …… 180
1. エネルギーの利用 ………………… 180
2. 新しいエネルギー資源 ………… 184

2 新しい科学技術と新素材 ……… 188
1. いろいろな素材 ……………………… 188
2. 持続可能な世界へ ………………… 193

✓完成問題 ……………………………………… 198

思考力UP 抵抗を並列に接続すると，合成抵抗が小さくなるのはなぜ？

化学編

第1章 身のまわりの物質 202

1 物質の区別 …… 204
1. いろいろな物質 …… 204
2. 密度 …… 209

2 物質の状態変化 …… 214
1. 物質の状態変化 …… 214
2. 状態変化と温度 …… 218

完成問題 …… 226

第2章 気体と水溶液 228

1 気体の性質 …… 230
1. 気体の発生と性質 …… 230
2. 気体の捕集法 …… 239

2 水溶液の性質 …… 243
1. 物質の溶解性 …… 243
2. 物質の分離 …… 248

完成問題 …… 254

第3章 化学変化と原子・分子 256

1 物質の分解 …… 258

2 原子と分子 …… 263
1. 原子と分子 …… 263
2. 化学式と化学反応式 …… 268
3. 物質の構造 …… 272

3 いろいろな化学変化 …… 276
1. 化合 …… 276
2. 酸化と還元 …… 278

4 化学変化と質量保存 …… 283

5 化学変化と熱 …… 289

完成問題 …… 294

第4章 化学変化とイオン 296

1 水溶液とイオン …… 298

1. イオン …… 298
2. 電気分解 …… 301
3. 金属イオン …… 304

2 電池 …… 307

3 酸・アルカリと中和 …… 314

1. 酸・アルカリ …… 314
2. 中和 …… 323

完成問題 …… 326

思考力UP 二酸化炭素の中でものが燃える？

生物編

第1章 身近な生物の観察 330

1 生物の観察のしかた …… 332

2 水中の小さな生物 …… 339

完成問題 …… 342

第2章 植物の生活と多様性 344

1 植物の種類 …… 346

1. 植物の種類・特徴 …… 346

2 種子をつくる植物 …… 348

1. 花のつくりと種子 …… 348
2. 被子植物 …… 353
3. 裸子植物 …… 355

3 種子をつくらない植物 357
1. シダ植物 357
2. コケ植物 359
3. ソウ類 361

4 光合成と物質交代 363
1. 光合成と葉のつくり 363
2. 植物の呼吸 368

5 植物体内の物質の移動 371
1. 水と養分の吸収・移動 371
2. 根のつくりとはたらき 372
3. 茎のつくりとはたらき 373

完成問題 378

第3章 動物の生活と多様性 380

1 動物の特徴 382
1. 動物の観察 382
2. 動物の特徴 384

2 セキツイ動物のなかま 388

3 無セキツイ動物のなかま 395
1. 節足動物 395
2. 軟体動物 400
3. そのほかの無セキツイ動物 401

4 生命を維持するはたらき 402
1. 食物の消化と吸収 402
2. 呼吸 411
3. 血液の循環 415
4. 排出 423

5 感覚と運動のしくみ 425
1. 刺激と感覚器官 425
2. 神経系 432
3. 運動のしくみ 435

完成問題 440

第4章 生物の細胞と生殖 442

1 細胞のつくりとはたらき 444
1. 細胞 444
2. 生物の体のつくり 446
3. 細胞のふえ方と成長 448

2 **生物のふえ方** ………… 451
1. 生物のふえ方 ………… 451
2. 生殖と遺伝 ………… 455

3 **生物の多様性と進化** ………… 461

✔完成問題 ………… 468

第5章 自然界の生物と人間 470

1 **生物どうしのつながり** ………… 472
1. 生物の競争と協同 ………… 472
2. 食物のつながり ………… 474

2 **分解者のはたらき** ………… 477
1. 土の中の小動物 ………… 477
2. 分解者のはたらき ………… 481

3 **生物のつり合いと物質の循環** … 484
1. 生物のつり合い ………… 484
2. 自然界における物質循環 ………… 487

4 **自然環境と人間** ………… 489
1. 人間の生活と環境汚染 ………… 489
2. 自然の恩恵と災害 ………… 494

✔完成問題 ………… 500

思考力UP 血液型はどうやって決まる？

地学編

第1章 大地の変化 504

1 **地震と揺れ** ………… 506

2 **火山と火成岩** ………… 516
1. 火山の活動 ………… 516
2. マグマと火成岩 ………… 523

3 **大地の歴史** ………… 529
1. 水のはたらきと地表の変化 …… 529
2. 地層と堆積岩 ………… 534
3. 大地の変動 ………… 543
4. 地表の歴史 ………… 551

✔完成問題 ………… 558

第2章 変化する天気　560

1 大気中の水の変化 …… 562
1. 水の蒸発と凝縮 …… 562
2. 雲と降水 …… 569
3. 地表における水の循環 …… 574

2 大気の圧力と風 …… 576

3 天気の変化 …… 583
1. 天気の変化 …… 583
2. 気象現象による恵みと災害 …… 593

✓完成問題 …… 594

第3章 地球と宇宙　596

1 地球・月・太陽の形と大きさ …… 598

2 地球と太陽の運動 …… 604
1. 天体の日周運動 …… 604
2. 天体の年周運動 …… 610

3 太陽系と宇宙 …… 615
1. 太陽系 …… 615
2. 恒星と宇宙 …… 622

✓完成問題 …… 626

思考力UP 日食の観測できる地域が帯状になるのはなぜ？

解答と解説 …… 629
巻末資料 …… 637
さくいん …… 646

実験・観察目次

実験 凸レンズによる像のでき方 ……… 37
実験 音の伝わり方と空気の関係 ……… 42
実験 音の大きさと高さ ……… 45
実験 力の大きさとばねののびを調べる ……… 58
実験 斜面を下る台車の運動 ……… 79
実験 てこを使った仕事を調べる ……… 98
実験 位置エネルギーの大きさを調べる ……… 102
実験 エネルギーの変換を調べる ……… 109
実験 2本のストローによる静電気の実験 ……… 121
実験 静電気のはたらき ……… 122
実験 電気の量と種類を調べる ……… 125
実験 電圧と電流の関係を調べる ……… 141
実験 直列回路と並列回路の合成抵抗を調べる ……… 145
実験 電熱線の発熱量を調べる ……… 152
実験 電流による磁界 ……… 159
実験 電流が磁界で受ける力を調べる ……… 163
実験 磁界を変化させて流れる電流を調べる ……… 171
実験 直流と交流の比較 ……… 174
実験 白い粉末を区別しよう ……… 206
操作 ガスバーナーの使い方 ……… 207
操作 上皿てんびんの使い方 ……… 211
操作 電子てんびんの使い方 ……… 211
操作 メスシリンダーの使い方 ……… 212
実験 エタノールの沸点の測定 ……… 218
実験 融点の測定 ……… 220
実験 蒸留の方法 ……… 222
実験 水とエタノールの混合物の蒸留 … 224
実験 気体を区別しよう ……… 241
操作 再結晶 ……… 247
操作 ろ過のしかた ……… 249
実験 粒子の大きさのちがいを調べよう ……… 252
実験 炭酸水素ナトリウムの熱分解 ……… 259
操作 試験管を加熱するときの注意点 … 260
実験 水の電気分解 ……… 262
実験 鉄と硫黄の化合 ……… 277
実験 鉄の燃焼 ……… 279
実験 マグネシウムの燃焼 ……… 279
実験 酸化銅の還元 ……… 281
実験 金属の質量の変化を調べよう ……… 288
実験 化学かいろで起こる変化を確かめよう ……… 292
実験 塩化銅水溶液の電気分解 ……… 302
実験 ダニエル電池の製作 ……… 309
実験 金属のイオンへのなりやすさと化学電池 ……… 313
実験 酸性・アルカリ性と電気泳動の実験 ……… 322
実験 塩酸と水酸化ナトリウム水溶液の中和 ……… 324
実験 光合成が行われるところ ……… 365
実験 光合成で二酸化炭素が使われる ……… 366
実験 植物の呼吸を調べる ……… 368
実験 光合成には二酸化炭素が必要？ ……… 370
実験 だ液によるデンプンの消化を調べる ……… 410
観察 細胞の観察 ……… 450
観察 花粉管がのびるようすを調べる ……… 467
観察 火山灰の観察 ……… 517
観察 地層の観察 ……… 542
実験 露点のはかり方 ……… 562
観察 黒点の観測 ……… 601
実験 透明半球で太陽の動きを調べよう ……… 608

中学理科　学習内容一覧

	物理 （エネルギー）	化学 （粒子）	生物 （生命）	地学 （地球）
中学1年	・光と音 （➡物理第1章） ・力のはたらき （➡物理第2章）	・物質のすがた （➡化学第1～2章） ・状態変化 （➡化学第1章） ・水溶液 （➡化学第2章）	・生物の観察と分類のしかた （➡生物第1～3章） ・生物の体の共通点と相違点 （➡生物第2～3章）	・身近な地形や地層，岩石の観察 ・地層の重なりと過去のようす ・火山と地震 ・自然の恵みと火山災害・地震災害 （➡地学第1章）
中学2年	・電流 ・電流と磁界 （➡物理第3章）	・物質の成り立ち ・化学変化 ・化学変化と物質の質量 （➡化学第3章）	・生物と細胞 （➡生物第4章） ・植物の体のつくりとはたらき （➡生物第2章） ・動物の体のつくりとはたらき （➡生物第3章）	・気象観測 ・天気の変化 ・日本の気象 ・自然の恵みと気象災害 （➡地学第2章）
中学3年	・力のつり合いと合成・分解 ・運動の規則性 ・力学的エネルギー （➡物理第2章） ・エネルギーと物質 （➡物理第2，4章） ・自然環境の保全と科学技術の利用 （➡物理第4章） （➡生物第5章）	・水溶液とイオン ・化学変化と電池 （➡化学第4章） ・エネルギーと物質 （➡物理第2，4章） ・自然環境の保全と科学技術の利用 （➡物理第4章） （➡生物第5章）	・生物の成長とふえ方 ・遺伝の規則性と遺伝子 ・生物の種類の多様性と進化 （➡生物第4章） ・生物と環境 （➡生物第5章） ・自然環境の保全と科学技術の利用 （➡物理第4章） （➡生物第5章）	・天体の動きと地球の自転・公転 ・太陽系と恒星 （➡地学第3章） ・生物と環境 （➡生物第5章） ・自然環境の保全と科学技術の利用 （➡物理第4章） （➡生物第5章）

物理編

第1章	光と音
第2章	力・運動とエネルギー
第3章	電流と磁界
第4章	科学技術と人間

第1章

光と音

光と音は，一番身近に観察できる物理現象の１つだ。光と音はどのように進み広がるのか。光は物質の表面で反射したり，ガラス，水といった透明な物質の中で進み方を変えたりする。音は空気や物質を振動させて進み，音の高低，大きさ，音色などが生まれる。第１章では音と光の物理現象について学ぶ。

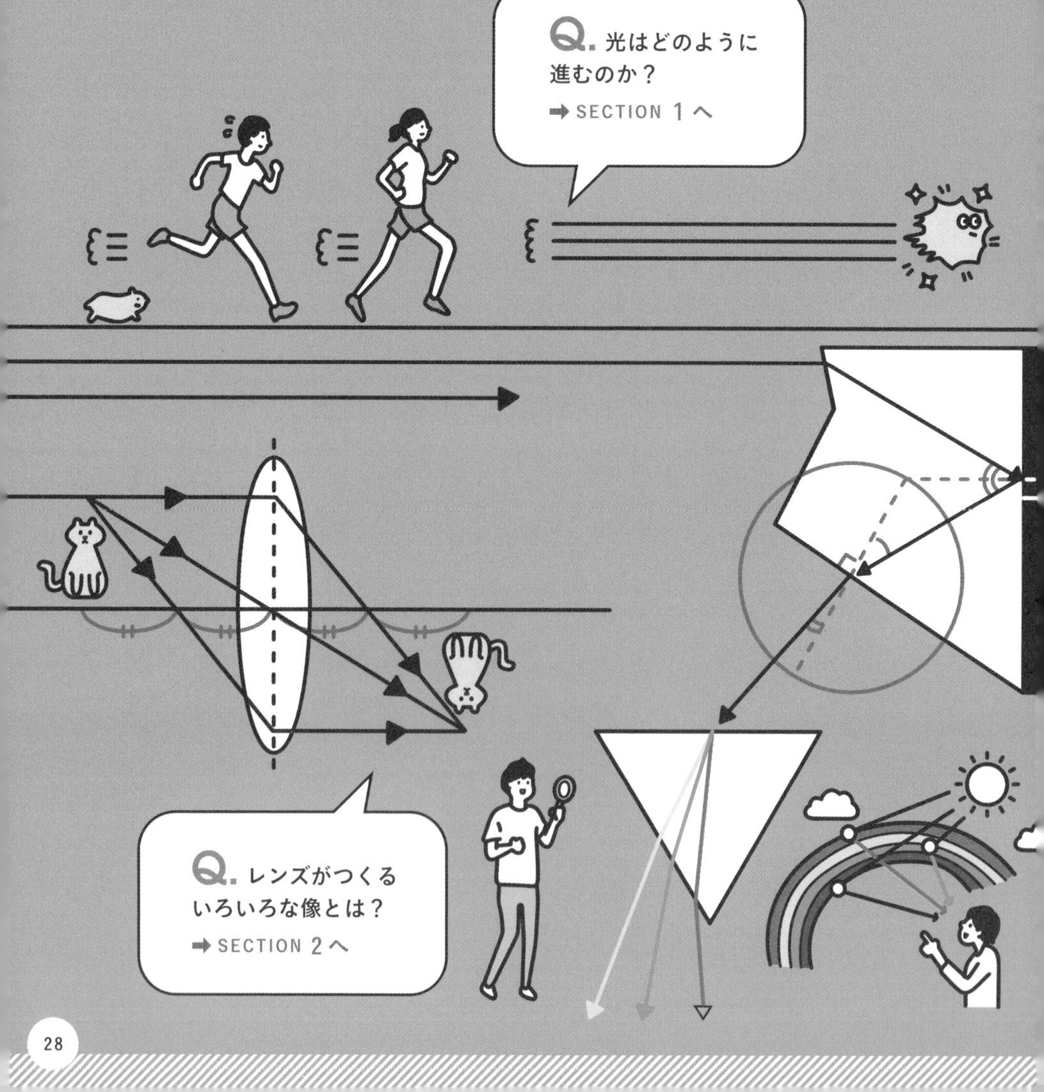

SECTION 1 光の直進，反射，屈折 …p.30
SECTION 2 凸レンズ…p.34
SECTION 3 音 … p.40

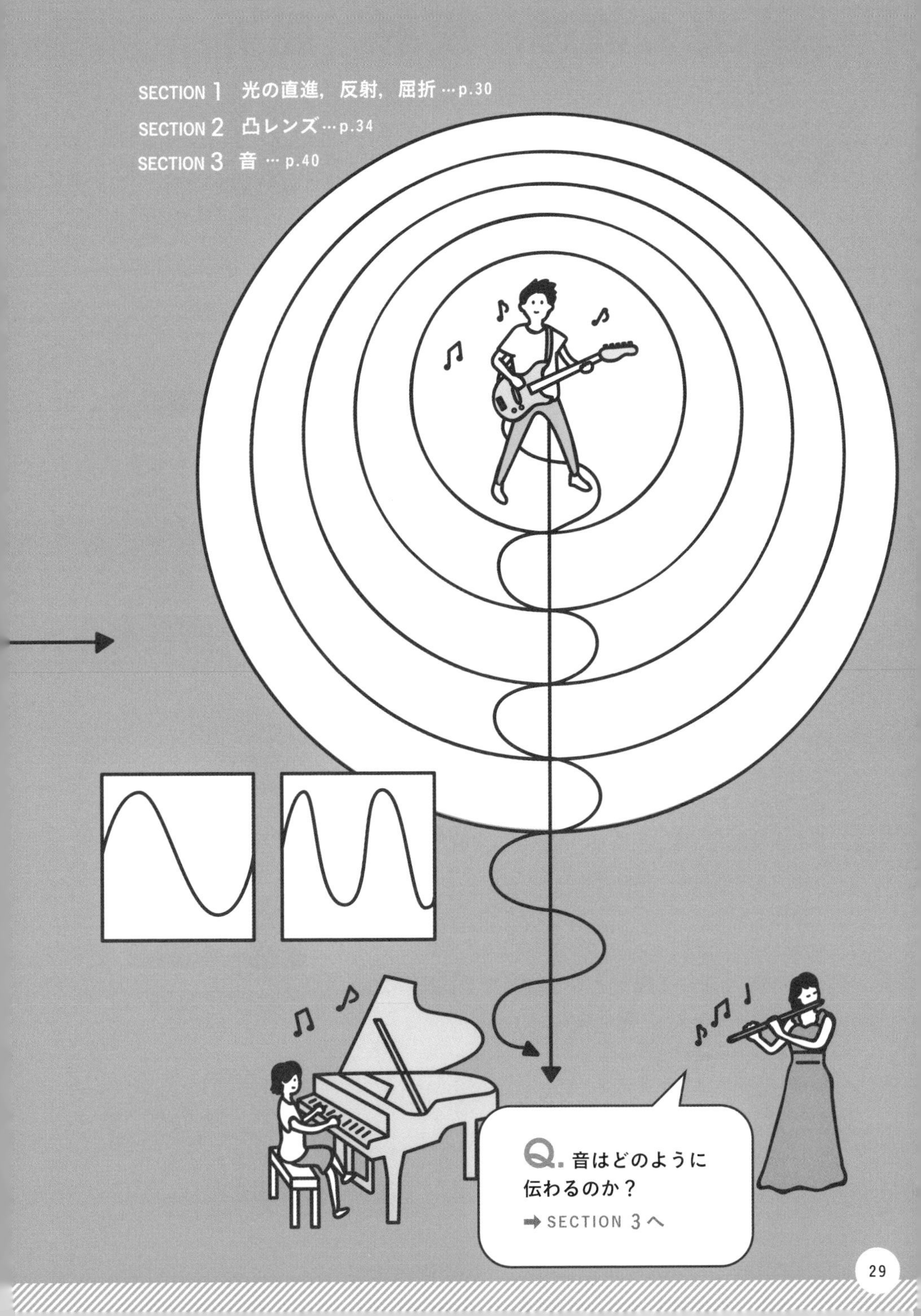

光の直進，反射，屈折

太陽や電灯，ろうそくなどは自ら光を出している。光は透明な物質中を直進し，物体に当たると反射する。また，光がガラスなどの透明な物質から，別の透明な物質へ進むとき，その境界面で屈折する性質をもつ。このような，光の基本的な性質を学習していこう。

1 光の進み方

1 光の直進と反射（はんしゃ）

◉ 光の直進

太陽のように，自ら光を出す物体を**光源**といい，光源から出た光はまっすぐ進む。これを**光の直進**という。

◉ 光の反射

光が物体の表面に当たってはね返ることを**光の反射**という。反射させる物体に進む光を**入射光**，はね返った光を**反射光**という。また，右図のように光が当たる点を通り鏡の面に垂直な線（**法線**（ほうせん））と入射光のなす角を**入射角**，法線と反射光のなす角を**反射角**という。入射角と反射角はつねに等しくなり，これを光の**反射の法則**という。

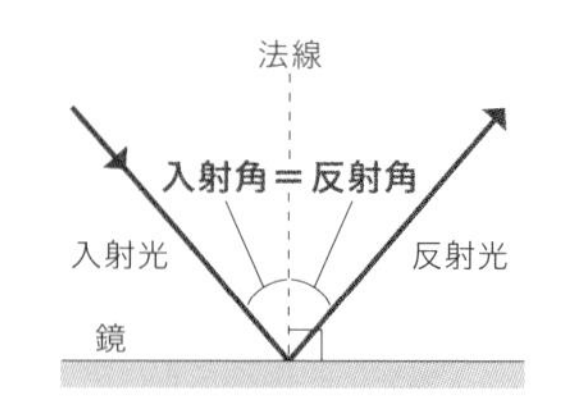

入射角＝反射角

⬆反射の法則

◉ 像（ぞう）

鏡に映った物体を**像**という。物体と像とは鏡に対して対称の位置にあり，像は鏡の中にあるように見える。まるで像から光が直進してきたように見えるからである。鏡の像は見かけの像なので**虚像**（きょぞう）（➡p.35）とよばれる。

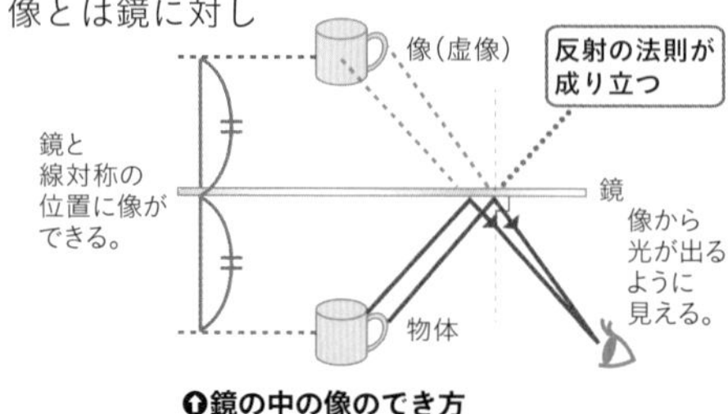

⬆鏡の中の像のでき方

くわしく

光源から出た光

光は，光源を中心に四方八方に広がる。これに対して太陽の光が平行なのは，光源（太陽）が非常に遠くにあるためである。

くわしく

乱反射

表面がでこぼこしている物体では，当たった光はいろいろな方向に反射する。これを**乱反射**という。

乱反射の場合でも，1つの光に注目すると，反射の法則が成り立っている。

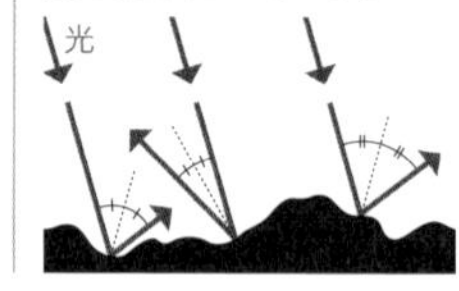

2 光の屈折(くっせつ)

光がある透明な物質(ぶっしつ)（空気など）から別の透明な物質へと進むとき，光の道すじは水面などの**境界面**で折れ曲がる。これを光の**屈折**という。屈折した光（**屈折光**）と法線とのなす角を**屈折角**という。**空気から水やガラスの中に光が進むときは，屈折角は入射角より小さくなる**。一方で，**水やガラスの中から空気中に光が進むときは，屈折角は入射角より大きくなる**。どちらの場合も，光の一部は境界面で反射する。

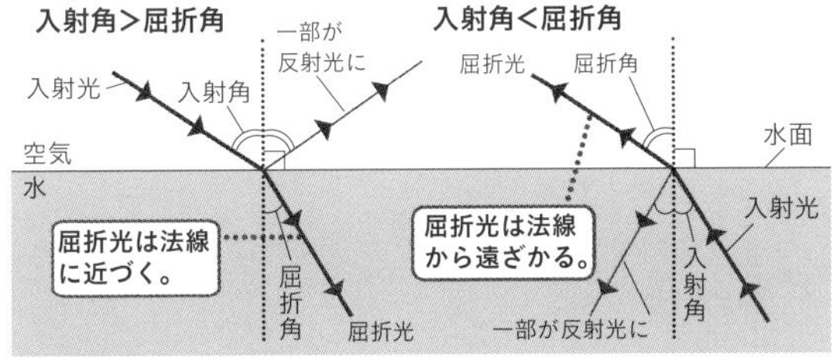

⬆空気中→水中へ進む光　⬆水中→空気中へ進む光

◉ 屈折の身近な例

カップの底に10円玉を置き，10円玉が見えなくなる位置に目線を合わせる。目線を動かさずに，カップに水を入れると，10円玉が浮き上がって見えてくる。

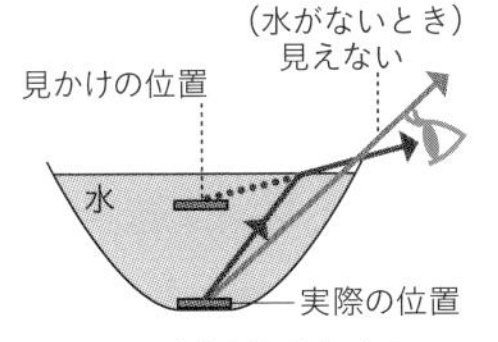

⬆10円玉が見えるしくみ

これは，10円玉からの光が水中から空気中に出るときに，水面で屈折するためである。

◉ 屈折率

右図で，$\frac{AM}{BN}$ の値を**屈折率**といい，光が進む2つの物質が決まっていれば，光の入射角によらず屈折率は一定である。

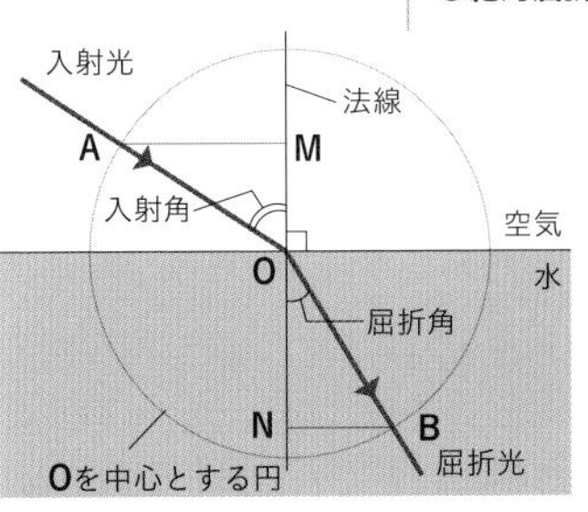

くわしく

境界面に垂直に進む光

光が2種類の物質の境界面に対して垂直に進むとき，光は屈折しないでまっすぐ進む性質がある。

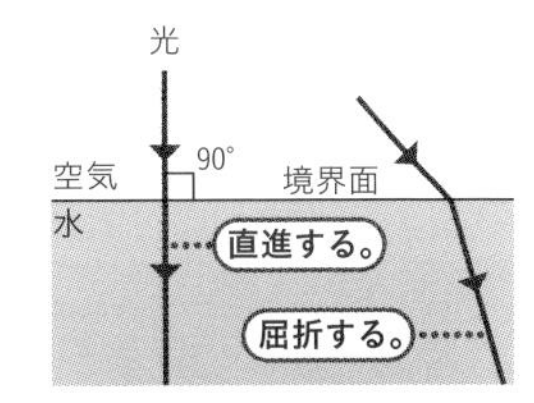

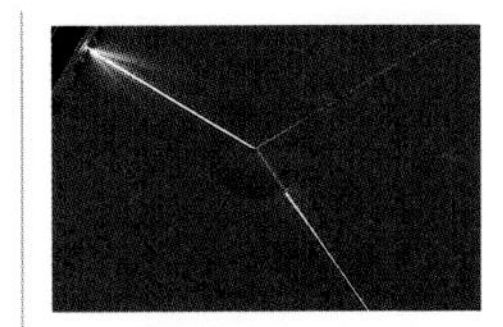

⬆屈折する光

屈折率

屈折率は光を通す物質の種類によって異なる。真空中から物質中に入射するときの屈折率を絶対屈折率といい，絶対屈折率は物質によって決まっている。

物質	絶対屈折率
空気	1.0003
水	1.3330
ガラス	1.4585
ダイヤモンド	2.4195

⬆絶対屈折率

3 全反射

光が水やガラスの中から空気中へ進むとき，入射角を大きくしていくと，やがて屈折が起こらずに境界面で光はすべて反射し，光が空気中に出ていかなくなる。これを**全反射**という。

水槽を下からのぞいたとき，水槽の中の金魚が水面でさかさまに見えるのは，全反射の例である。

くわしく

全反射しない場合
空気中から水やガラスの中に光が進むときは全反射が起こらない。これは，つねに入射角が屈折角よりも大きいので，入射角がいくら大きくなっても，屈折角が90°をこえないからである。

全反射と水槽の金魚

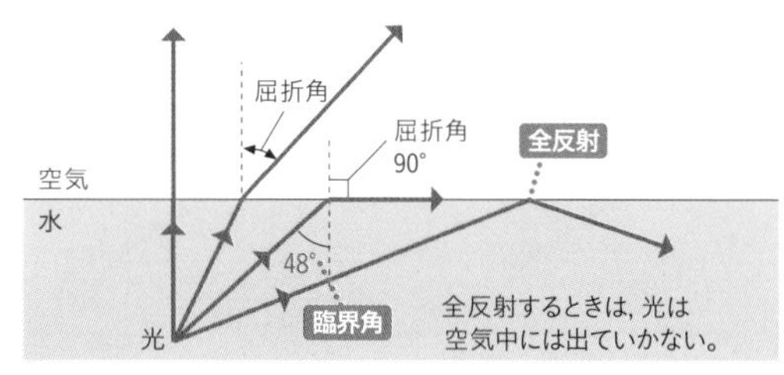

全反射のしくみ

臨界角

水やガラスの中から空気中に光が進む場合，つねに入射角よりも屈折角の方が大きいため，入射角がある大きさ以上になると屈折角が90°をこえてしまうことになる。このときの入射角を**臨界角**といい，臨界角をこえると境界面では屈折が起こらずに全反射が起こる。水と空気の臨界角は約48°である。

用語解説

光ファイバー
細い２種類のガラスやプラスチックの繊維からなる光ファイバーは，全反射を利用した例の１つである。一端からまっすぐな光を入れると，光は全反射しながらもう一端まで伝わる。通信や内視鏡など多くの場面で使われている。

全反射プリズム
ガラスの臨界角は約43°なので，直角プリズムを使って下図のように入射すると，プリズム内で全反射が起こり，光は90°曲がる。

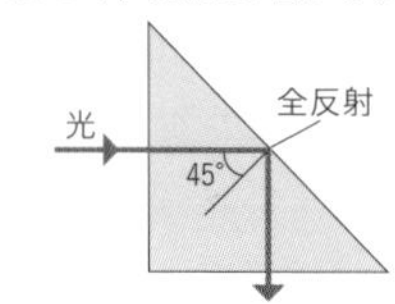

4 白色光と光の分散

太陽の光などの白色光をプリズムに通すと，いろいろな色に分かれる。これを**光の分散**という。白色光には，さまざまな色の光がふくまれていて，その色によって屈折率が異なる。赤い光は青い光に比べて屈折率がわずかに小さい。そのために光の分散が起こる。分散した光を**単色光**といい，この光をプリズムに通しても分散しない。

プリズムによる光の分散 ©アフロ

発展・探究

光の色

太陽光は，さまざまな色の光が混ざっていて白色光とよばれます。太陽光をプリズムに通すと，右図のように，それぞれの色の光が分かれて出てきます。このように，光が物質を通るときに，いくつかの色の光に分かれる現象を**光の分散**といい，分散した光は，赤から紫へと連続した単色光の帯になります。

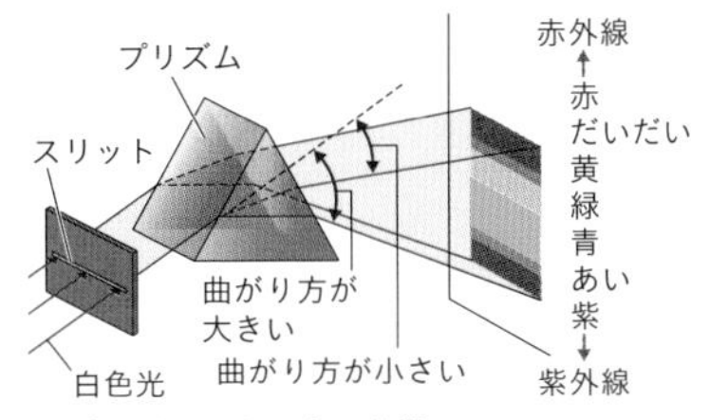

⬆プリズムによる光の分散

プリズムで光を分ける（分光する）ことができるのは，光の色（波長➡p.46）によって，屈折率が異なるためです。光の色の順に並んだ帯のことを**スペクトル**といい，下図のようになります。光の色は，波長が長い方から，赤・だいだい・黄・緑・青・あい・紫の順に並び，これらは人の目に見える光で可視光線といいます。ただし，色の見え方には個人差があります。

⬆スペクトル

太陽光のスペクトルには，赤色と紫色の光の外側に，それぞれ人の目には見えない光線があります。可視光線よりも波長が長いものを赤外線，波長が短いものを紫外線といい，紫外線は日焼けの原因となる光線です。

◉ 虹

虹ができるのは，空気中にたくさんの水滴があるとき，その水滴に光が当たって，プリズムによる光の分散と同じような現象を起こすからです。雨上がりなどに虹を見ることができるのは，このためです。

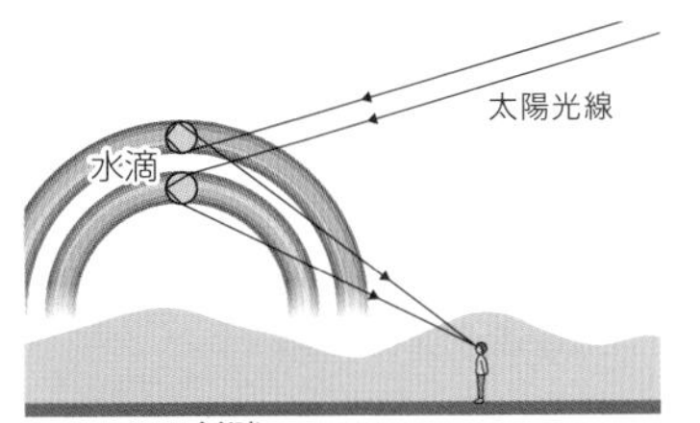

⬆上の虹は副虹といい，水滴での屈折回数が多いため，通常の虹より暗くなる。

凸レンズ

光の屈折を利用したものがレンズである。カメラや顕微鏡，望遠鏡などに使われている。ここでは物体と凸レンズとの距離を変えることで，さまざまな像ができる現象を調べ，像の位置，大きさ，向きにはどのような規則性があるのかを，実験と作図などを通して考える。

1 凸レンズと像

1 凸レンズのしくみ

● 凸レンズと焦点

ガラスなどの透明な物質をみがいて，中央部を周辺部より厚くしたレンズを**凸レンズ**という。

レンズの中心を通り，レンズ面に垂直な直線をレンズの**光軸**という。凸レンズに光軸と平行な光を当てると，レンズを通るときに**屈折**（➡p.31）して，すべての光が光軸上の決まった点に集まる。

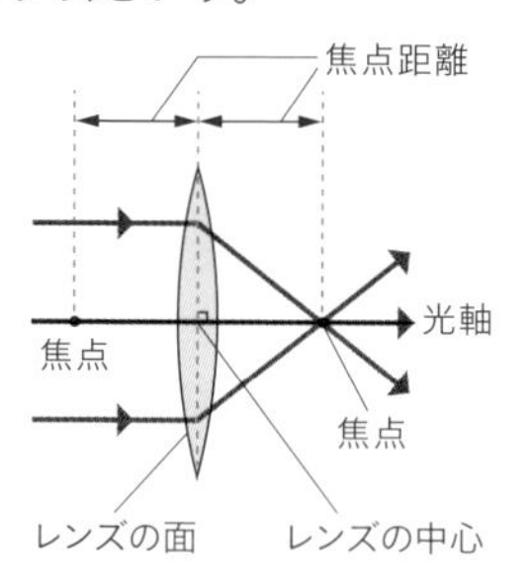

この点を凸レンズの**焦点**といい，レンズの中心から焦点までの距離を**焦点距離**という。焦点はレンズの両側に1つずつ存在し，焦点距離はレンズの物質の種類と球面の半径によって決まる。

● 凸レンズを通る光の作図

光が凸レンズを通るときは，光がレンズに入るときと出るときで2回屈折する。しかし，作図をするときはレンズの中心線上で1回屈折するようにかく。また，レンズの中心を通る光は，直進するようにかく。

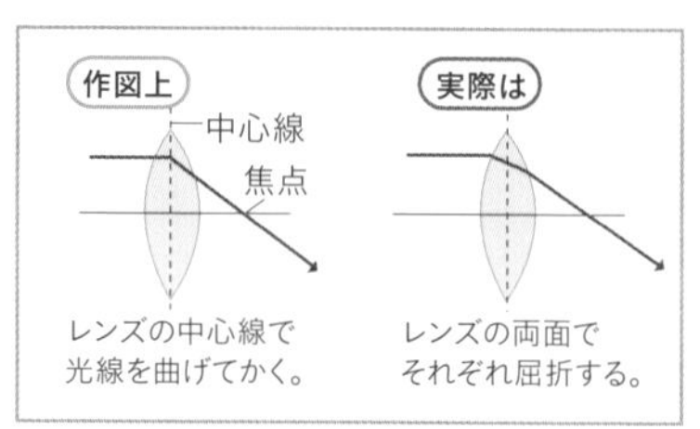

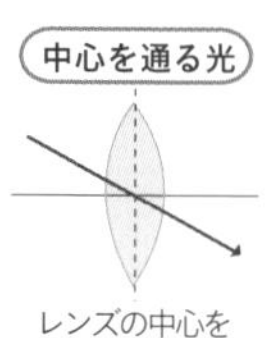

⬆凸レンズを通る光の作図法

凸レンズでの屈折

凸レンズの面は曲がっているが，通過する光の1点で考えると平面とみてよい。すると各点では，その材質の屈折率にしたがって，光は屈折している。

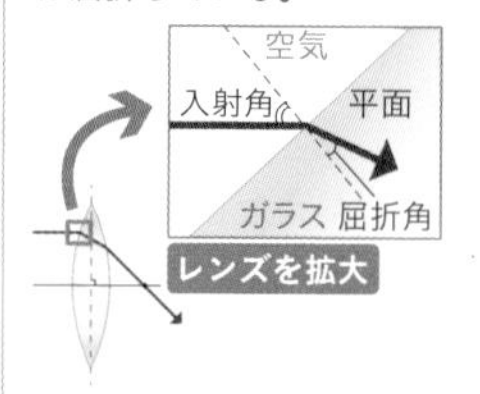

2 凸レンズによる像

凸レンズで物体の像をつくるとき，物体とレンズとの距離で，できる像の種類，位置，大きさが決まる。

◉ 像の作図のしかた

凸レンズによってできる像を作図によって求めるには，物体から出た下図の３つの光線を利用する。

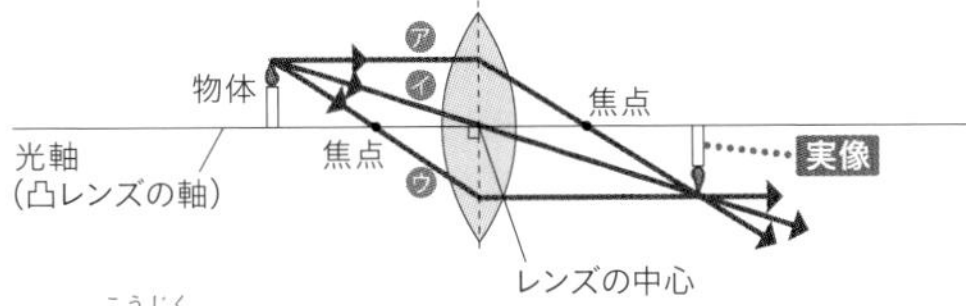

ア　光軸と平行に進む光線は，レンズを通ったあと，反対側の焦点を通るように進む。

イ　レンズの中心を通る光線は，まっすぐ進む。

ウ　レンズの手前の焦点を通りレンズに入った光線は，レンズを通ったあと，光軸と平行に進む。

以上の３つの光線が交わった点が求める像の位置となる。実際に作図するときは，３つの光線のうち，どれか２つをかけばよい。

◉ 実像と虚像

図１のように，ろうそく・凸レンズ・スクリーンを一直線上に置き，レンズとスクリーンの距離を調節すると，ある位置でスクリーンにはっきりした像ができる。このとき，実際にスクリーンに光が集まってできる像を**実像**という（図２）。実像は，もとの物体と上下左右が逆になる。一方で，ろうそくをレンズの焦点より内側に置くと，スクリーンに像ができない。このとき，スクリーン側から凸レンズをのぞくと実物より大きい像が見える。これを**虚像**（➡p.36，図４）という。虚像はもとの物体と上下左右が同じ向きになる。

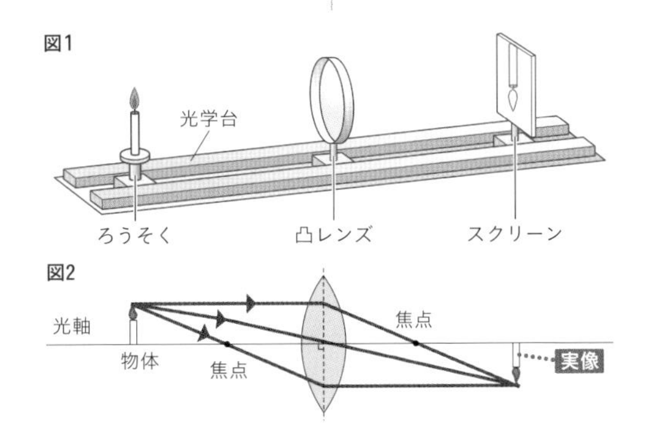

図1
図2

◉ 物体と像の位置，大きさの関係

物体の位置によって，像のでき方が変わる。実像は次の❶～❸に分けることができる。(図のF・F′は焦点，2F・2F′は焦点距離の2倍の点である。)

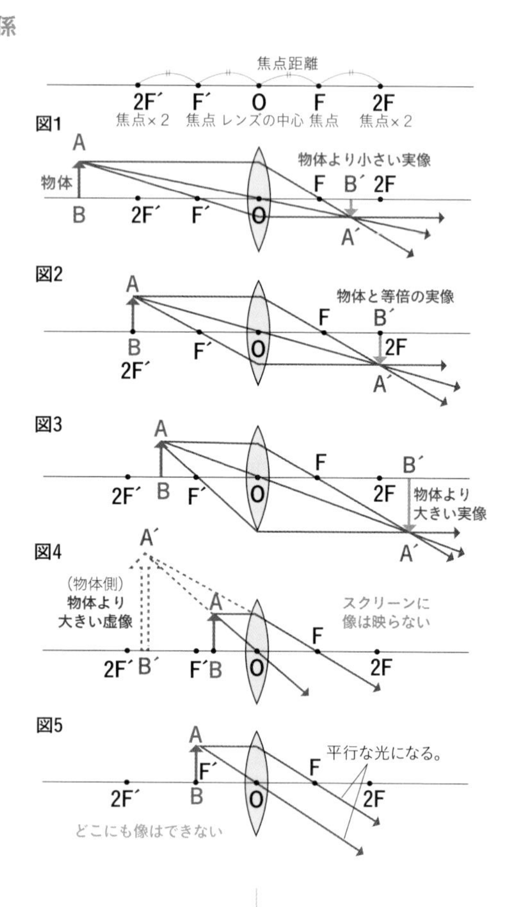

❶ 物体が2F′より外側にあるとき2Fより内側に**物体より小さい実像**ができる(図1)。

❷ 物体が2F′上にあるとき，2Fの位置に**物体と同じ大きさの実像**ができる(図2)。

❸ 物体が2F′とF′の間にあるとき，2Fより外側に**物体より大きい実像**ができる(図3)。

❹ 図4のように物体がF′より内側にあると，レンズを通った光は反対側で交わらないため，スクリーンに像は映らない。このとき，スクリーン側からレンズをのぞくと，**A′B′の虚像**が見える。

❺ ただし，図5のように物体がF′上にあるときは，物体から出た光がレンズを通過したあと，平行となるため，どこにも像はできない。

凸レンズによりできる**実像**はすべて上下左右が逆の**倒立実像**であり，**虚像**は上下左右が物体と同じ**正立虚像**である。

くわしく

実像の見える範囲

A′で像を結んだあとの光線はA′を頂点とする円すいを描くように進む。そのため，この円すい内に目を置かなければ，直接実像を見ることはできない。

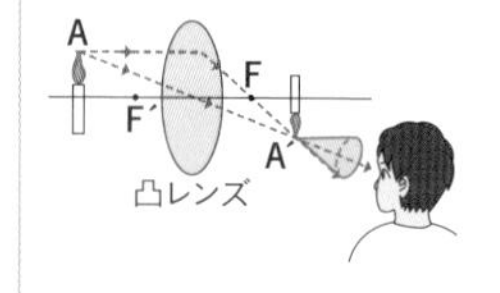

実験

思考力UP

凸レンズによる像のでき方

目的

光源と凸レンズとの距離をさまざまに変えたとき，凸レンズによる像の変化を調べる。

方法

❶ 実験に用いる凸レンズについて，あらかじめ太陽の光を凸レンズで焦点に集め，焦点距離を求めておく。

❷ 凸レンズ，ろうそく，スクリーン，光学台で，下図のような実験装置を準備する。

❸ 凸レンズから離れたところにろうそくを置き，スクリーンの位置を動かしてろうそくの像をつくる。

❹ 図のaとbの距離をいろいろと変えたとき，像の向きと大きさを記録する。

実験の注意点

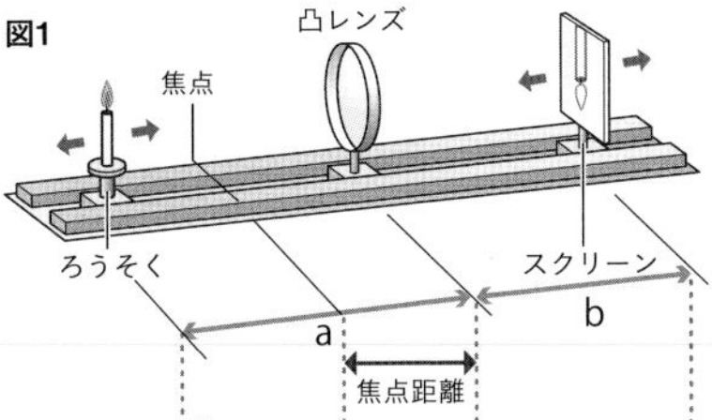

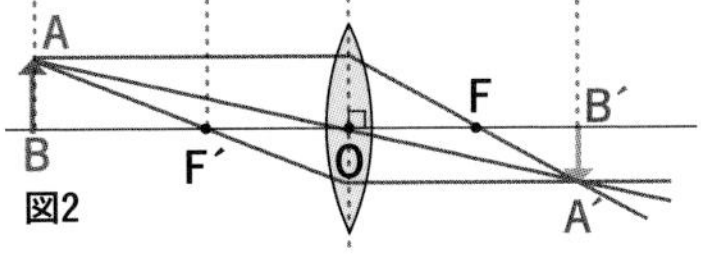

❶ スクリーンに映る像は，左右の見え方は同じで，上下だけ逆転する。

❷ スクリーンをすりガラスにして後方から見ると，上下左右が逆転して見える（※）。

（※）ろうそくは上下の区別はつくが，左右の区別はつきにくい。左右を観測したい場合は，光源を上下左右がわかる物体に変えるとよい。

思考の流れ

仮説

● 光源と凸レンズとの「距離」と像の関係は「焦点距離」が基準となりそうだ。

↓

計画

● 実験に用いる凸レンズの焦点距離を，事前に求める。

● 物体とスクリーンをそれぞれ動かしてみる。このとき，凸レンズは動かさない。

● スクリーンに映る像を見て，像を記録する。

図1

図2

結果

結果を表にまとめて示した。

物体の位置	できる像	向き	大きさ	できる像の位置
焦点距離の2倍より離れている	実像	倒立	実物より小さい	焦点と焦点距離の2倍の間
焦点距離の2倍	実像	倒立	実物と同じ	焦点距離の2倍
焦点距離の2倍と焦点の間	実像	倒立	実物より大きい	焦点距離の2倍より離れた位置
焦点距離と同じ	像はできない			
焦点距離より近い	虚像	正立	実物より大きい	

考察

❶ 物体が焦点上にあるときは，像はできない。物体が焦点の外側にあるときは，倒立の実像ができ，焦点の内側にあるときは，虚像ができる。

❷ 実像の大きさや位置は焦点距離の2倍の位置がポイントとなる。このときできる像の大きさは物体と同じになり，像ができる位置も焦点距離の2倍と等しくなる。

❸ 物体が，焦点距離の2倍の位置より凸レンズに近づくほど像は実物より大きくなり，物体が焦点距離の2倍の位置より凸レンズから離れるほど像は実物より小さくなる。

❹ 物体が，凸レンズに近づくほど，実像は凸レンズから離れた位置にでき，物体が凸レンズから離れるほど，実像の位置は凸レンズに近づく。

❺ 虚像は，物体より大きく正立である。

思考の流れ

考察の観点

- 光源と凸レンズとの「距離」が，「焦点距離」の等倍と2倍の位置を境にして，できる像の大きさ，向き，位置などが変わる。

◉ レンズの一部をおおった場合

レンズの一部をおおった場合でも，おおう前と同じ大きさの像ができる。しかし，物体からレンズを通る光の量が減るために全体的に暗い像ができる。

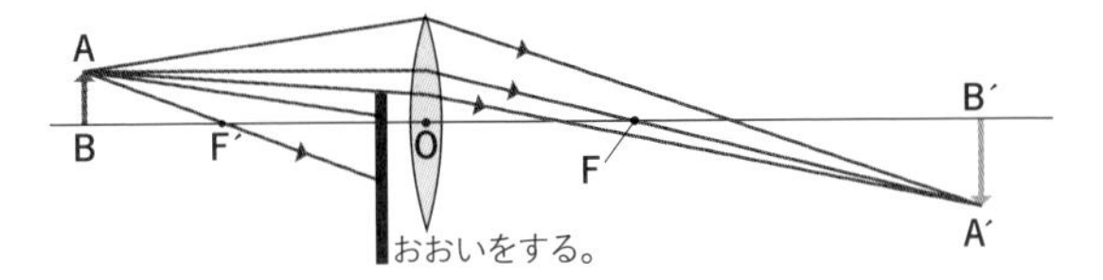

発展・探究

明るさ・像の明るさ

明るさということばには２種類あります。太陽や電灯のような光源の明るさをさす**光度**（こうど），机の面の明るさのように，光を受けている物体の面の明るさをさす**照度**（しょうど）の２つです。

◉ 光度

光源から特定の方向へ照射される光の強さのこと。ちなみに，ろうそくの炎（ほのお）の光度を１とすると，太陽の光度は約3×10^{27}倍にもなります。

◉ 照度

照度は，単位面積（$1\,m^2$）が一定時間に受ける光の量のことです。照度は光源からの距離にも関係しています。

顕微鏡を例に考えてみましょう。わたしたちが顕微鏡で像を見ることができるのは，反射鏡で反射した光がプレパラートを通過して，その光が目に届くからです。

顕微鏡で低倍率から高倍率にすると，視野はせまくなり，明るさは暗くなります。これは，視野がせまくなると，図1のように目に届く光の量が減少するからです。

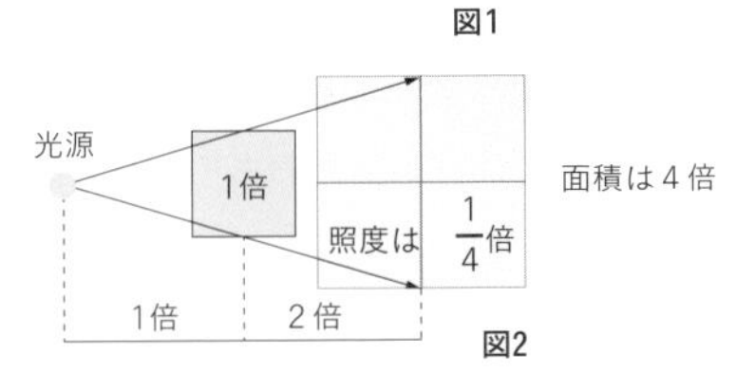

図1

図2

ここで，顕微鏡の倍率とは，対象の（１辺の）長さの拡大比のことで，倍率が２倍ということは，長さが２倍ということを表しています。このとき面積は$2^2=4$倍になります。照度は単位面積が受ける光の量ですから，同じ光度でも面積が大きくなると照度は小さくなることがわかります（図2)。

音

音が伝わるのは，音源となる物体が振動し，その振動が空気や物体の中を波となって伝わっていくからである。音には特徴があり，音の高さ，大きさ，音色の３要素で表すことができる。ここでは，音の伝わり方と音の３要素などについて学習する。

1 音の伝わり方

1 音の伝わり方

音が聞こえるのは，物体が**振動**(しんどう)し，その振動が空気などの物質(ぶっしつ)を伝わって，わたしたちの耳に伝わるからである。空気などの物質を，振動が伝わる現象を**波**という。

◉ 音を出しているもの

音を出している物体を**音源**(おんげん)または**発音体**(はつおんたい)という。音源が振動することで，音が発生する。振動の中でも，特に人の耳に聞こえる振動を音という。

◉ 音を伝えるもの

音源があっても，その振動を「伝えるもの（媒体(ばいたい)）」がなければ，音は聞こえない。わたしたちは，空気を媒体として音を聞いている。

音を伝えるものには，空気などの気体のほかに，水などの液体や金属などの固体がある。真空では音は伝わらない。真空には音を伝えるものがないためである。

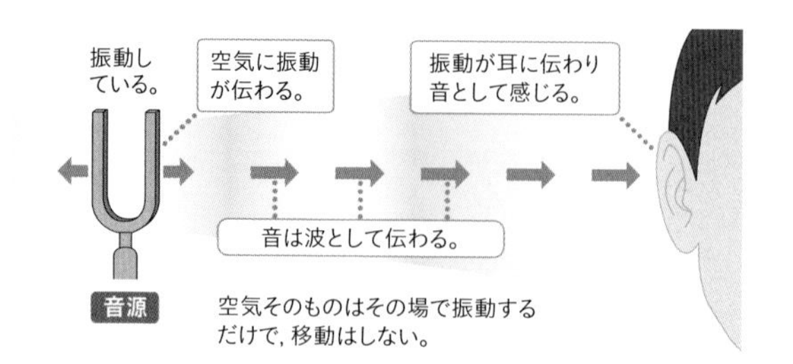

❶空気中での音の伝わり方

発展

縦波と横波

波には，縦波と横波がある。縦波は波の進行方向と振動方向が同じ波で，横波は波の進行方向と振動方向が垂直な波である。

音波は縦波である。縦波は，物質がつまっている密な部分と，つまっていない疎(そ)の部分が交互に伝わっていくため，疎密波(そみつは)ともいう。

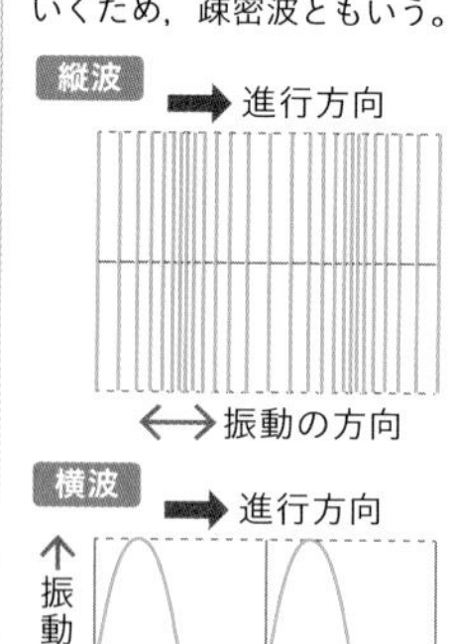

2 音の伝わる速さ

音が発生しても，すぐに聞こえるわけではない。音には媒体(ばいたい)の中を波として伝わる速さ（**音速**）があり，音源からの距離(きょり)によって伝わるまでに時間がかかる。空気中を伝わる音の速さは，気温15 ℃のとき**約340 m/s**である。

◉ 音には速さがあることの確認

雷(かみなり)の光が見えてから雷の音が聞こえるまでに，少し時間がかかる。距離が遠いほど，光と音の届く時間の差が大きくなる。

⬆雷の光

これは音の伝わる速さが，光の速さに比べてはるかにおそいためである。

◉ 音の速さをはかる方法

音の速さをはかる方法はいろいろあるが，その１つとして，下図のような号砲(ごうほう)（ピストル）のけむりを利用する方法がある。号砲を鳴らす地点と観測地点の距離をはかり，けむりが見えてから音が聞こえるまでの時間をはかって，音の速さを計算する。

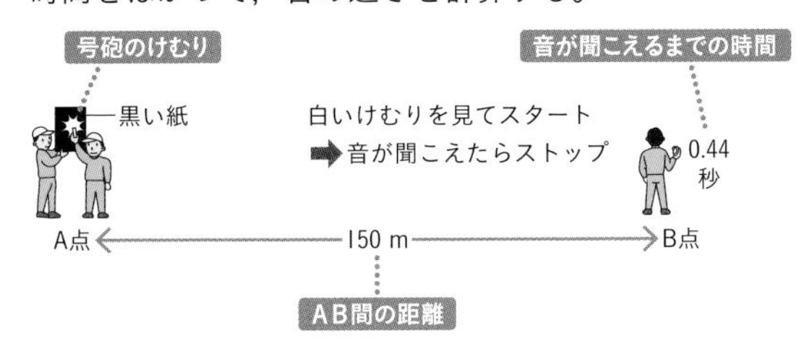

$$\text{音の速さ}=\frac{\text{AB間の距離(m)}}{\text{音が聞こえるまでの時間(s)}}=\frac{150\text{(m)}}{0.44\text{(s)}}\fallingdotseq 340.9\text{(m/s)}$$

◉ いろいろな物質中での音の速さ

音の速さは，それを伝える物質や温度によってちがう。空気中よりも水中の方が音は速く伝わる。

くわしく

音の速さと光の速さ

光の速さは，約30万km/sである。音が空気中を伝わるときの速さは，約340m/sである。これは光の速さのおよそ100万分の１の速さである。この速さのちがいにより，雷の光が見えたあとに音が聞こえる。

発展

気温と音の速さ

気温がt ℃のときの音の速さをV〔m/s〕とすると，

$V=331.5+0.6t$

という関係がある。この式から，０ ℃のときは，約331.5 m/sであり，気温が１ ℃上昇するごとに0.6 m/sずつ速くなることがわかる。

参考

物質中での音の速さ

一般に音の速さは気体中よりも液体や固体中の方が速い。

物質	速さ〔m/s〕
水	1500
ガラス	5440
鉄	5950
海水	1513
水素	1270
大理石	6100

実験

思考力UP

音の伝わり方と空気の関係

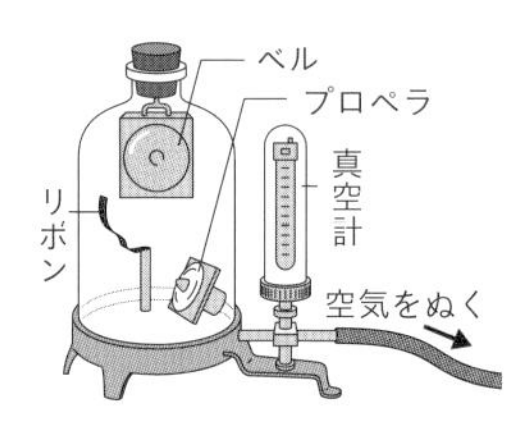

目的

空気が少なくなると音の伝わり方はどうなるかを調べる。

思考の流れ

仮説

●空気が少ないと音は小さくなる。

計画

●リボンのなびき方の変化で空気の量がわかる（空気が少なくなると，リボンが垂れてくる）ので，そのときの音の変化を調べる。

考察の観点

●空気の量と音量の関係を整理する。

方法

❶ 上図のような装置を用意する。

❷ 電動式のベルを鳴らし続け，容器中の空気を少しずつぬいていき，音の変化を調べる。

結果

空気が少なくなっていくと，ベルの音はしだいに聞こえなくなった。

考察

音が伝わるためには，空気などの音を伝える物質が必要である。

❷ 音の３要素

1 音の３要素

音の性質を決める３つの要素が，**音の高さ**，**音の大きさ**，**音色**（ねいろ）である。

◉ **音の大きさ**（➡p.43）

音の大きさは，**振幅**（しんぷく）に関係している。振幅が大きいほど音の大きさは大きく，振幅が小さいほど音の大きさは小さい。

◉ **音の高さ**（➡p.44）

音の高さは，**振動数**（しんどうすう）と関係している。振動数が多いほど音の高さは高く，振動数が少ないほど音の高さは

用語解説 

振幅

振動の中央から振動する端（はし）までの長さのこと。音源の振幅が大きいほど，大きな音が発生する。

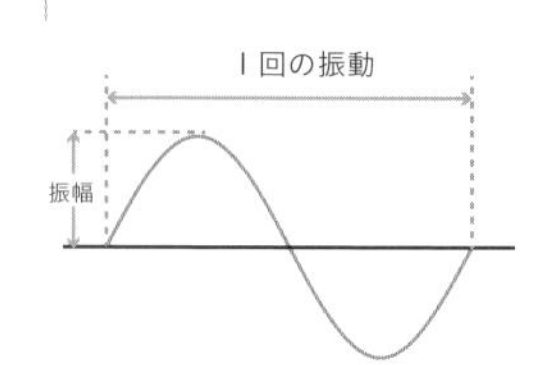

低く聞こえる。単位は**ヘルツ**（記号**Hz**）である。

◉ **音色**（➡p.46）

高さと大きさが同じでも楽器によって音が異なるように，音にはそれぞれちがいがある。この音のちがいを**音色**という。

振動数
振動する物体が1秒間に往復する回数。ヘルツ（記号Hz）という単位で表す。たとえば，440Hzとは，1秒間に音源が440回振動することである。

2 音の大きさ

ギターやモノコードなどの弦(げん)を強くはじくと，大きな音が出る。また，たいこを強くたたくと，たいこの皮が大きく振動(しんどう)し，大きな音が出る。このことからもわかるように，**音源が大きく振動すると，発生する音も大きくなる。**

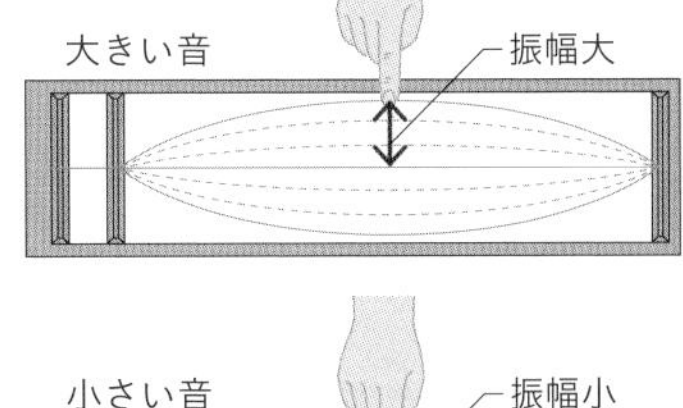

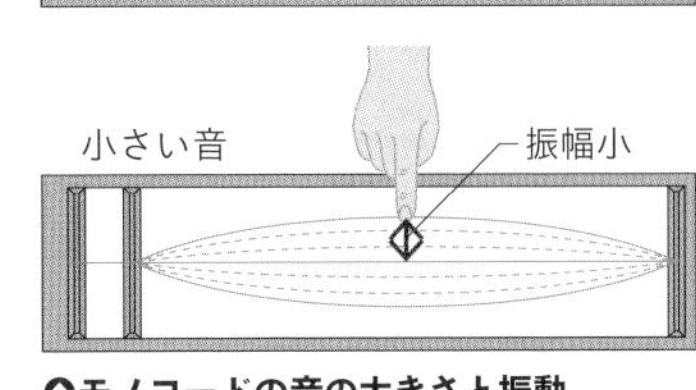

⬆**モノコードの音の大きさと振動**

たいこの皮の振動のようすを比較するには，右図のように，皮の上にかわいた砂を落としてみるとよい。音が大きくなるにつれて砂は高くまで上がる。

かわいた砂

⬆**たいこの皮の振動**

大きく振動するということは振幅(しんぷく)が大きいということである。反対に小さく振動するとき音は小さくなり，振幅が小さくなっている。

◉ **オシロスコープの波形**

オシロスコープで音の大小を比較してみると，振幅にちがいがあることがわかる。

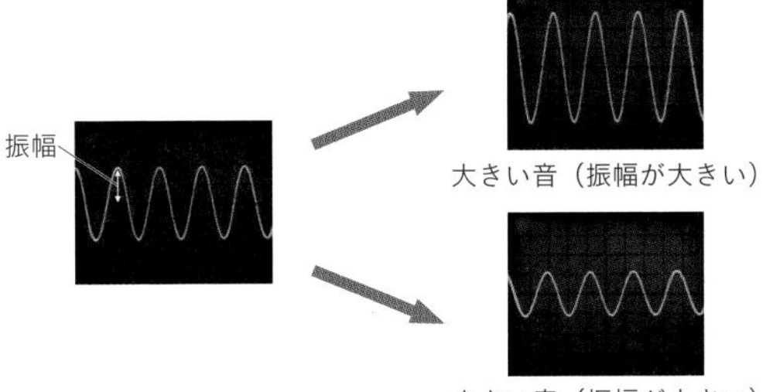

⬆**オシロスコープで見る音の大きさ**　©アフロ

くわしく

オシロスコープ
目に見えない音を，波としてとらえて視覚化する機械。横軸は時間を表している。
最近では，音の波を視覚化するときは，オシロスコープではなくコンピュータなどを使用することが多い。

3 音の高さと振動数

音の高さは振動数に関係し，振動数が多いほど音の高さが高い。（弦の張りの強さと太さが等しい）弦の長さがちがう２つのモノコードを同じ強さではじいたとき，弦が短い方が高い音が出る。弦のようすをくわしく見ると，高い音が出ているときは低い音が出ているときよりも，同じ時間内に弦が振動する回数が多い。

また，弦の張りが強いほど，弦の太さが細いほど，高い音が出る。

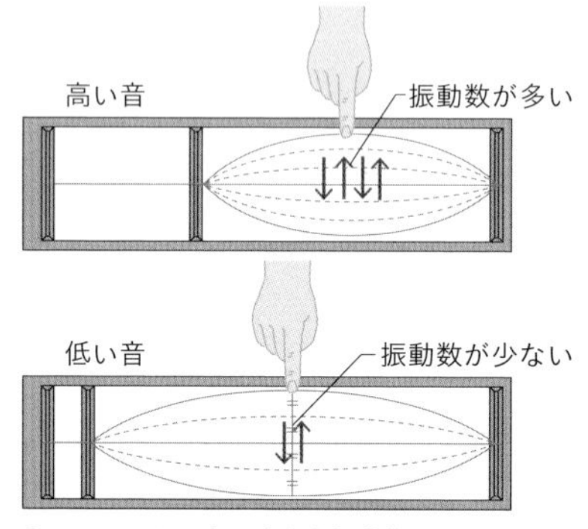

⬆モノコードの音の高さと振動数

コンピュータで音のようすを見ると下図のようになる。下の３つの図はすべて音の大きさ（振幅）が変わらない。高い音の波形は振動数が多く，低い音の波形は振動数が少なくなっている。

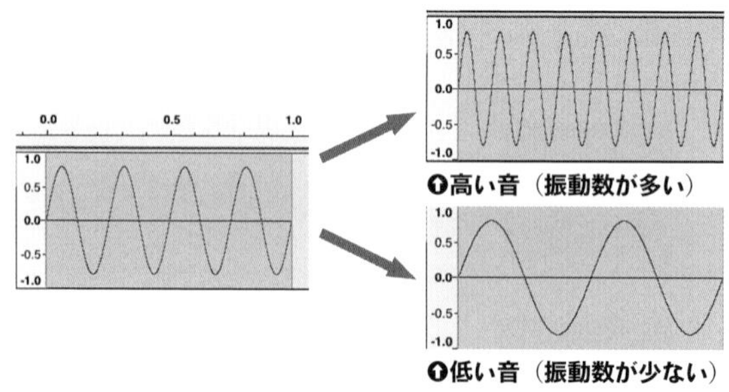

⬆高い音（振動数が多い）

⬆低い音（振動数が少ない）

⬆コンピュータで見る音の高さ

くわしく

振動数の求め方

下図の１目盛りは1000分の１秒である。波1個分（a）は約10目盛りなので，この音が１秒間に振動する回数は

$$1 \div \frac{10}{1000} = 100\text{Hz}$$

となる。

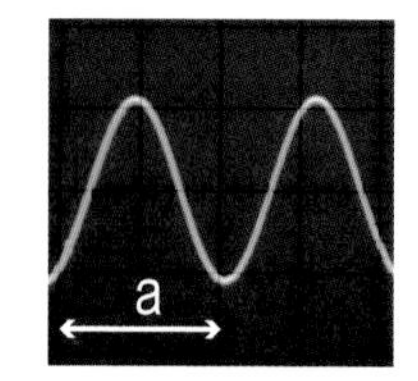

©アフロ

くわしく

可聴範囲

振動数はヘルツ（Hz）という単位で表すが，ヒトの耳で聞こえる振動数の範囲は，20Hz～20kHzである。生物によって出すことのできる音と聞くことのできる音の範囲は異なる。

くわしく

振動数の変化の要素

弦楽器やモノコードの振動数は，弦の張りの強さ（張力），太さ，長さが関係する。

実験　思考力UP

音の大きさと高さ

目的

右図のようなモノコードを使い，いろいろな大きさや高さの音を出すことができる理由を調べてみる。

思考の流れ

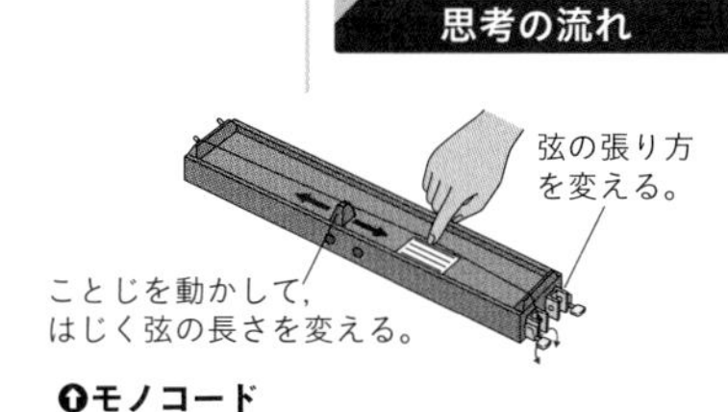

⬆モノコード

方法

▶ **音の大きさ**

❶ 弦は同じにし，はじく強さを変えて音の大きさと弦の振動を比較する。

▶ **音の高さ**

❷ 弦の張る強さを変えていき，同じ強さではじいて音の高さを比較する。

❸ ことじの位置を動かして，弦の長さを変え，同じ強さではじいたときの音の高さを比較する。

❹ 弦の太さを変えて，同じ強さではじいたときの音の高さを比較する。

計画

- 振幅と振動数は弦のはじき方と長さで調節できる。
- 音の大きさのみを比較するために，弦は同じにする。
- 音の高さのみを比較するために，弦をはじくときの強さはすべて同じにする。弦の張る強さ，長さ，太さのどれかを変えるとき，ほかの条件は同じにする。

考察の観点

音の高さの実験は3つあるので，音が高くなるときの条件を整理する。

結果

▶ **音の大きさ**

❶ 弦を強くはじくと音は大きくなり，弦の振幅は大きくなった。逆に，弱くはじくと音は小さくなり，弦の振幅は小さくなった。

▶ **音の高さ**

❷ 弦の張る強さが強いほど，音は高くなった。

❸ 振動する弦の長さが短いほど音は高くなった。

❹ 弦が細い方が音は高くなった。

考察

音の大きさは，弦をはじく強さで変わり，強くはじくほど弦の振幅は大きくなり，大きい音が出る。音の高さは，弦の張り方・弦の長さ・弦の太さによって変わることがわかった。張り方が強く，弦が短く，細いほど高い音が出る。

◉ 波長と振動数 〈発展〉

振動数は波長と関係している。波長とは下図のAからBまでの距離のことである。下図より，振動数が多いほど波長は短くなる。このことから，高い音にすると波長が短くなり，低い音にすると波長が長くなる。

振動数が多いほど，波長が短いほど，音は高くなる。

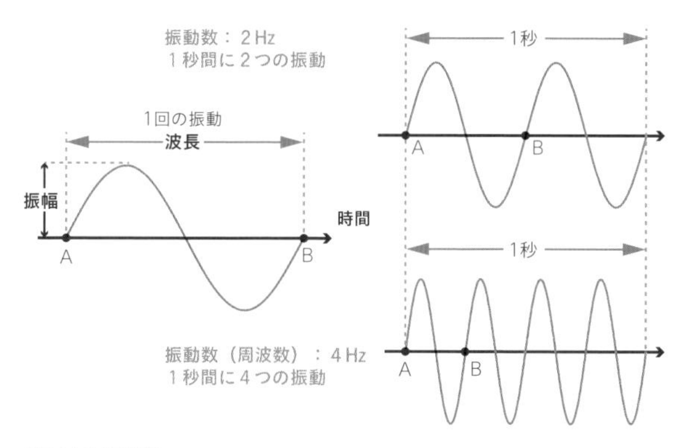

⬆波長と振動数

4 音色（ねいろ）

音の高さと大きさが同じでも音源が異なれば，異なる音がする。このような音源特有の音質を**音色**という。ピアノの音とバイオリンの音が区別できるのは音色のちがいによる。音色のちがいをオシロスコープで見ると，波の形がちがうことがわかる。この特有の波形がそれぞれの音源の音色を表している。

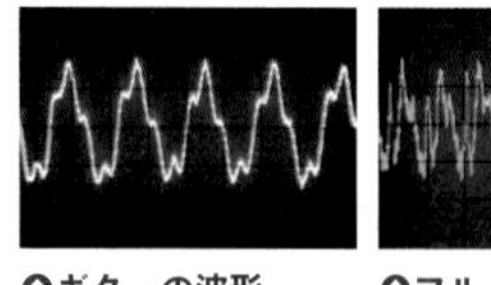

⬆ギターの波形

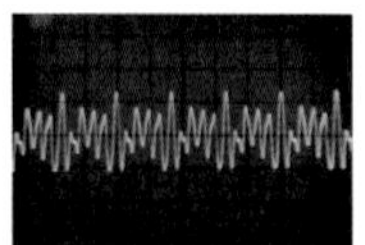

⬆フルートの波形

⬆ピアニカの波形

ギター，フルート ©コーベットフォトエージェンシー，ピアニカ ©アフロ

発展

波長と振動数の関係

音の速さを ν，波長を λ，振動数を f とする。振動数は音が1秒間に振動する回数なので，次のような関係が成り立つ。

$\nu = f \cdot \lambda$

温度・媒体（➡p.40）が同じならば，音速は一定なので，下の表のような関係が成り立つ。

波長	短い	長い
振動数	多い	少ない
音の高さ	高い	低い

参考

1オクターブ

音階は音によってそれぞれ振動数が決まっている。ハ長調のラの音が基準となっていて，振動数は440 Hzである。1オクターブ上の音になると振動数は2倍の880 Hzになる。

身近な生活

ドップラー効果

ドップラー効果とは，音源から出る音が同じ高さ（振動数(しんどうすう)が同じ）でも，音源が動いていたり，観測者が動きながらその音を聞いたりすると，**聞こえる音の高さがもとの音の高さとは異なって聞こえる現象**のことをいいます。

ドップラー効果の身近な例として，動いている救急車のサイレンの音が変化して聞こえる現象があります。救急車がサイレンを鳴らしながら走っている場合，救急車が近づいてくるときは高い音に聞こえ，そばを通り過ぎて遠ざかるときは，低い音に聞こえます。

下図は，音源が動く例です。音源が前に動くとき，音源の前方では，音源が動くことで波長が短くなります。これにより音は高く聞こえます。一方，音源の後方では波長が長くなるので，音は低くなって聞こえるのです。

音源が停止している

音の波（波長）はどの方向も同じ。

音源が移動する

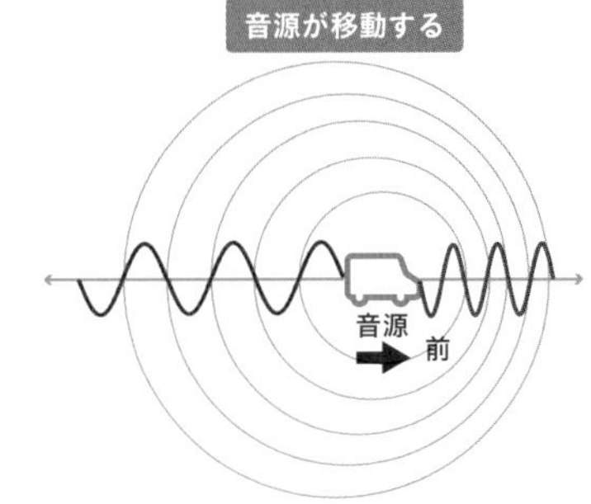

音の波（波長）は音源の進行方向では短く（高い音）
音源から遠ざかる方向では長く（低い音）なる。

音源の場所が一定で，自分が動いている場合もドップラー効果が起こります。電車に乗っていて，踏切に近づいてくると，警報機の音が高い音に聞こえ，踏切を通り過ぎると，低い音に聞こえるようになります。さらに音源と観測者がともに動いている場合も，同じようにドップラー効果は起こります。

この効果は，音速（340m/s）が比較的遅いために身近で体験できます。光も波の性質があるので，ドップラー効果が起こります。光源が非常に速く遠ざかると，光の波長が長くなり赤い色に変わる（赤方偏移(せきほうへんい)）のです。ただし，光はとても速いのでこの現象を地上で見ることはできません。赤方偏移は遠い天体を観測するときに見られ，宇宙が膨張(ぼうちょう)している証拠(しょうこ)のひとつになっています。

完成問題 CHECK

解答 p.629

1

図❶〜❹に示す光の進み方の中で，正しい光の進み方をア〜エからそれぞれ選び，記号で答えなさい。

❶（　　）　❷（　　）　❸（　　）　❹（　　）

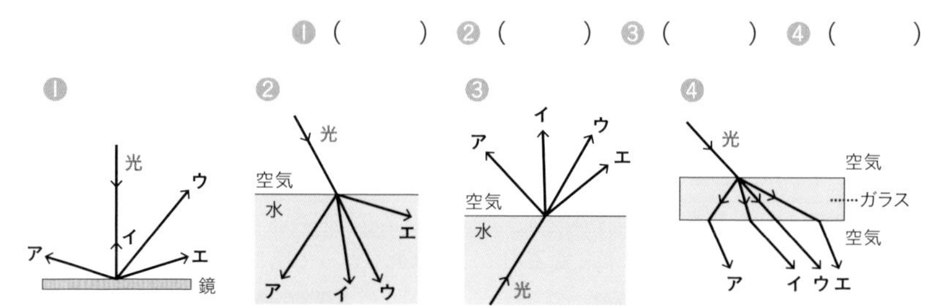

2

図のように，物体と凸レンズ，スクリーンを一直線上に並べると，スクリーンにはっきりした像が映った。次の問いに答えなさい。

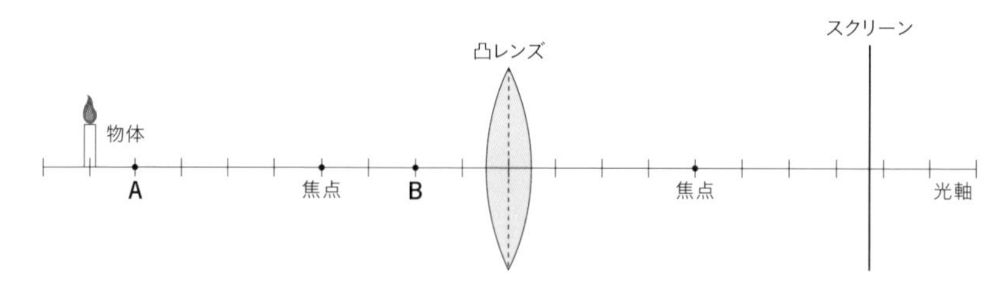

(1)　スクリーンに映った像を何というか。　（　　　）

(2)　物体をA点に動かすと，像ができる位置は凸レンズに対して近づくか，遠ざかるか。また，像の大きさはどのように変化するか。

位置（　　　）　大きさ（　　　）

(3)　物体をB点に動かすと，スクリーンをどこに動かしても像は映らなかったが，凸レンズを通して物体の像が見えた。この像を何というか。

（　　　）

(4)　(3)の像は，物体と比べてどのような大きさか。

（　　　）

3 **図は，空気中から進んだ光Aが，一部は水面ではね返って進み，一部は水中へ折れ曲がって進んだようすである。次の問いに答えなさい。**

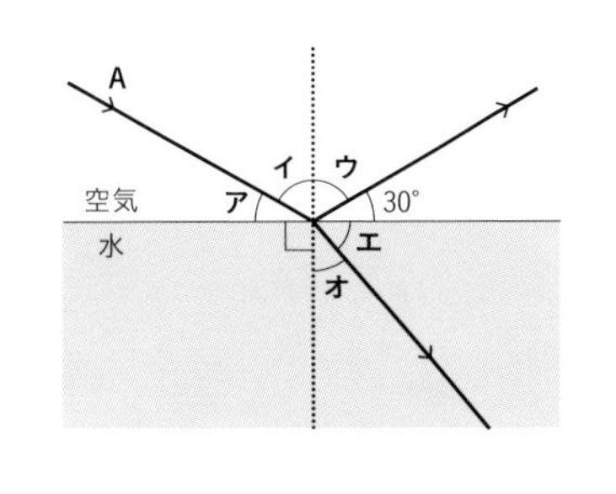

(1) 入射角は，**ア**～**オ**のどれか。　(　　　)

(2) 反射角は，**ア**～**オ**のどれか。　(　　　)

(3) (1)は何度か。　(　　　)

(4) 屈折角は，**ア**～**オ**のどれか。　(　　　)

4 **音の伝わり方について，正しいものを次のア～オからすべて選び，記号で答えなさい。**　(　　　)

ア　音は固体や液体中では伝わらない。　**イ**　音は空気が膨張して伝わる。

ウ　音は真空中を伝わる。　**エ**　音は空気中を約340 m/s の速さで伝わる。

オ　音は物体（物質）が振動して伝わる。

5 **音について，次の問いに答えなさい。**

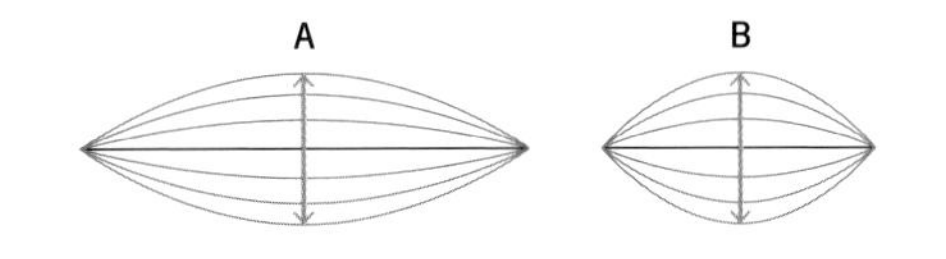

(1) 図は，同じ強さで張った同じ太さの弦を，同じ強さではじいたときのようすを模式的に表したものである。**A**の音と比べて，**B**の音の大きさと高さはどうであるか。　大きさ（　　　）高さ（　　　）

(2) 花火が見えてから4秒後に音が聞こえた。音が伝わる速さが340 m/s とすると，花火が開いたところまでの距離は何 m か。　(　　　)

(3) 図は，いくつかの音さをたたいたときの音を，コンピュータで波形に表したものである。❶，❷の問いに答えよ。

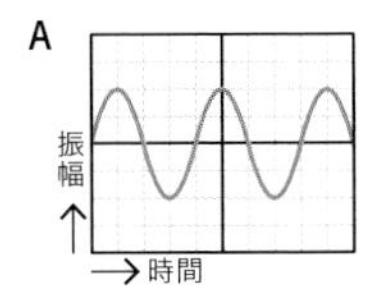

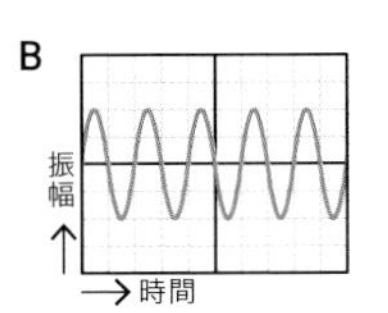

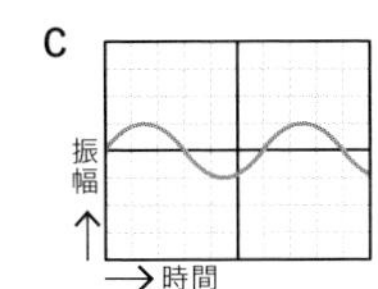

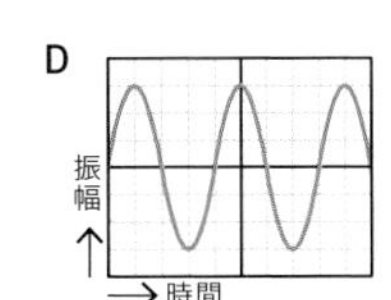

❶　**A**よりも音が大きいのは，**B**～**D**のどれか。　(　　　)

❷　**A**よりも音が高いのは，**B**～**D**のどれか。　(　　　)

第2章

力・運動とエネルギー

光や音とちがい，力・エネルギー・仕事といった概念はつかみどころがなく，理解しにくい。そのため物理では，物体にはたらく力をその物体の運動のようすを測定することで，つかみどころのない概念を量的な視点でとらえる。第2章では力やエネルギーを量的に測定し，運動とエネルギーの法則を学ぶ。

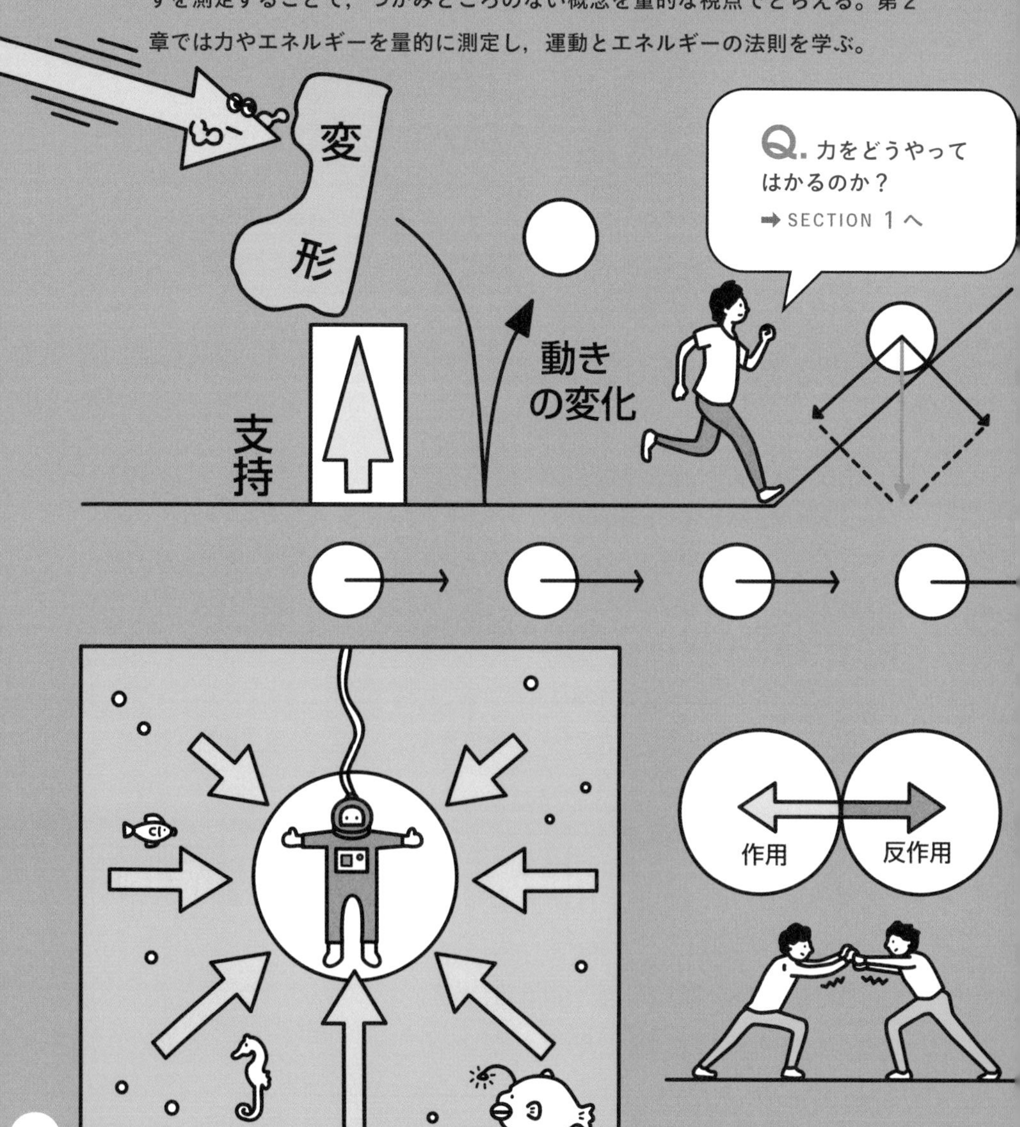

SECTION 1 力のはたらきと性質 … p.52
SECTION 2 水の圧力… p.67
SECTION 3 力と運動… p.72
SECTION 4 仕事とエネルギー … p.91

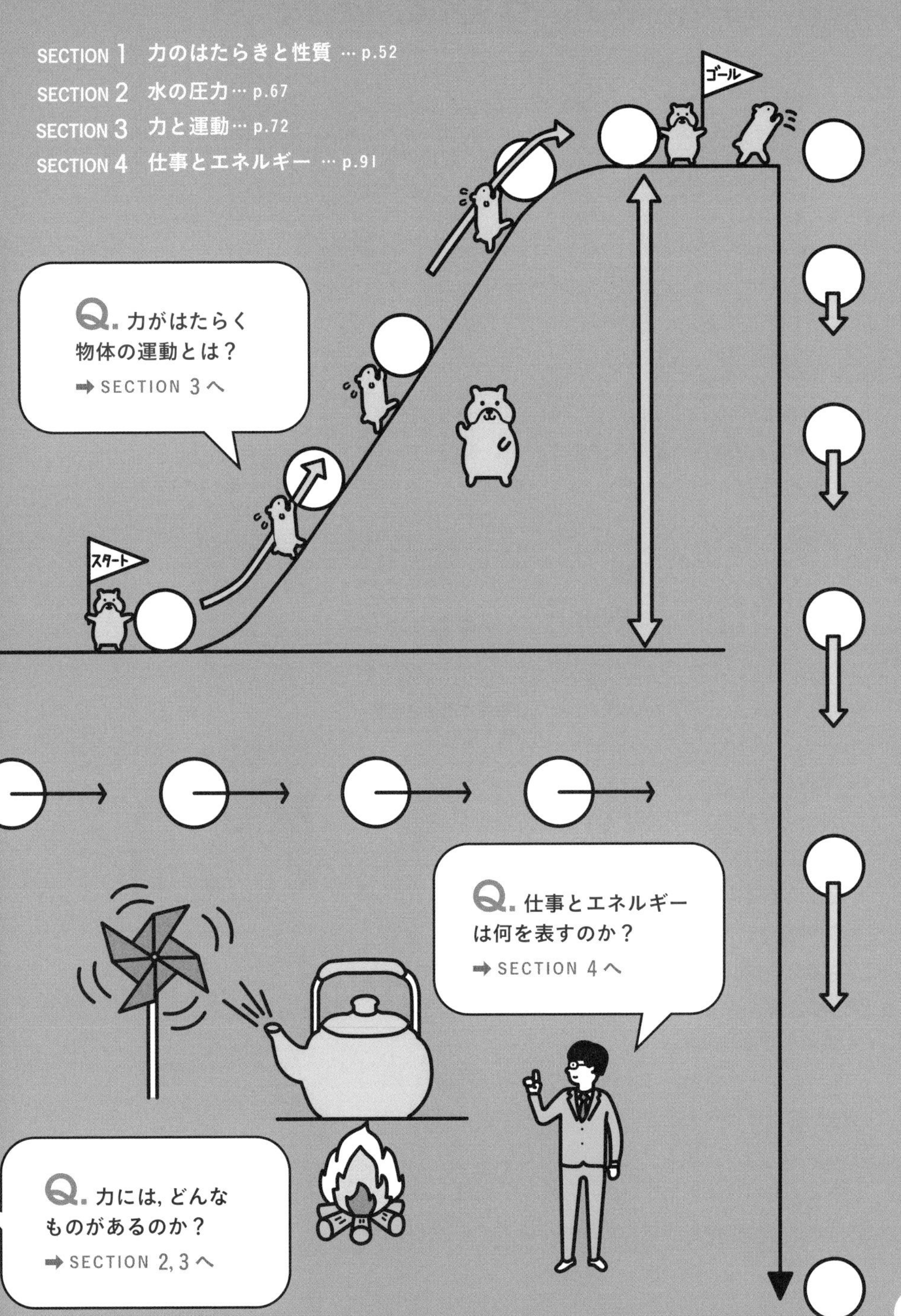

力のはたらきと性質

力は光や音とちがい，見ることも聞くこともできない。「重力」や「圧力」などいろいろな場面で使われる力とは，一体どのようなものなのだろうか。物理では，物体を支えたり，変形させたり，運動の状態を変えたりする“はたらき”を「力」という。

1 力のはたらき，いろいろな力

[1] 力のはたらき

力は物体に対して，「物体を支える」「物体を変形させる」「物体の運動の状態を変える」という，3つのはたらきがある。

ものを支える。

⬆物体を支える

ばねをのばす。

⬆物体を変形させせる

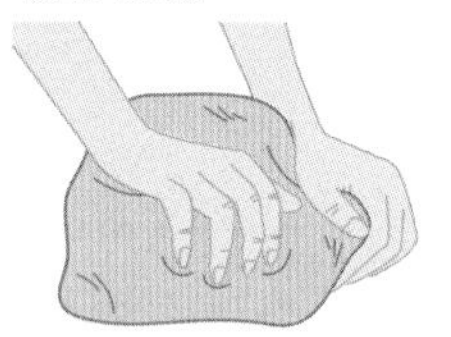
ボールを投げる。

⬆物体の運動の状態を変える

◉ 物体を支える

机の上の物体は，机が支えている。机がなければ物体は下に落ちてしまうからだ。このとき物体には，机から上向きに力がはたらいている。

◉ 物体を変形させる

ばねをのばしたり，棒を曲げたりすると物体の形が変わる。物体を変形させるには力が必要である。

◉ 物体の運動の状態を変える

投げたボールは腕(うで)から，打った野球ボールはバットから，自転車はペダルを押(お)す足から，物体は力を受けて動き出したり，止まったり，向きを変えたりする。

このように物体に力がはたらくと，その物体の**速さ**や**向き**といった運動の状態が変わる。

力がはたらくとき

力がはたらいているときの例は，ほかにも次のような場合がある。

ものを変形させる

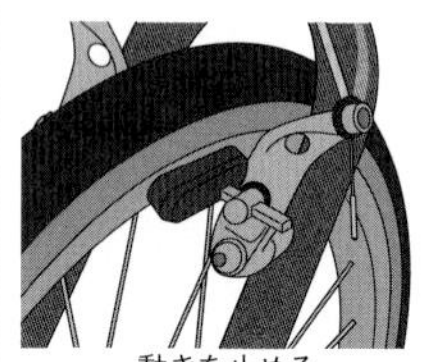
動きを止める

物体の変形

物体の変形にはさまざまな種類がある。

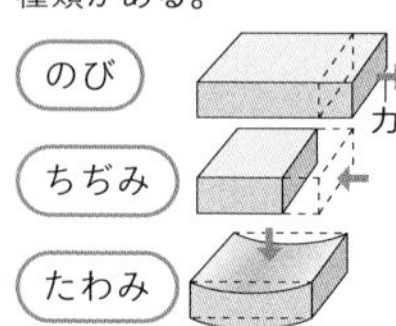

2 いろいろな力

物体のようす，物体に起きる運動の状態の変化から，物体にはたらく力を知ることができる。物体にはたらく力には，**垂直抗力**，**張力**，**弾性力**，**摩擦力**，**重力**，**電気の力**，**磁石の力**（**磁力**）などがある。

◉ 垂直抗力

物体が床の上に静止しているとき，物体は床を押しているが，床も物体を押し返している。このように，面を押したとき，その面が押し返す力を**垂直抗力**という。

面が押し返す力
垂直抗力
面を押す力

⬆垂直抗力の例

◉ 張力

物体を糸でつるすと，糸は物体を支えるために，物体を上向きに引く。これを**張力**という。

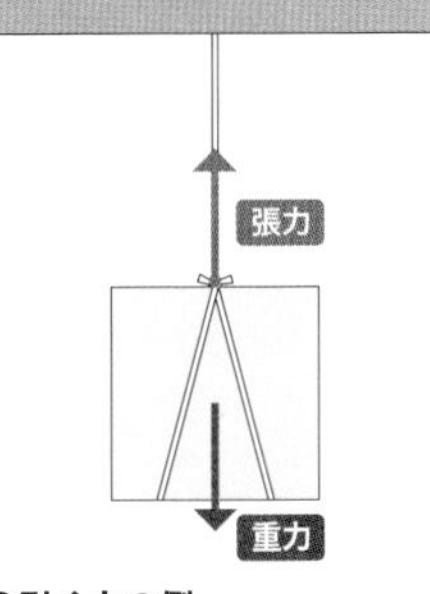

⬆引く力の例

◉ 弾性力

物体をばねやゴムでつるすと，のびたばねやゴムには元に戻ろうとする力（**弾性力**）がはたらくので，物体は上向きに引っ張られている。

◉ 摩擦力

面上で物体を動かすと，面と物体の間に摩擦力がはたらく。人が地面ですべりこむとき，地面から動きと逆向きに摩擦力を受けて止まる。

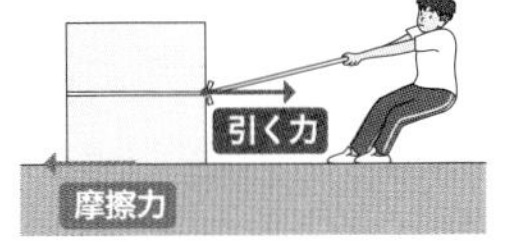

⬆摩擦力の例

また，床に置いた物体を押したり引いたりして動かそうとしたとき，物体と床の間にも摩擦力がはたらく。このとき，物体を押す（引く）力の大きさと摩擦力の大きさは等しい。

くわしく

張力

糸が物体を引く力はどこも大きさが等しい。よって，糸の張力と天井が引く力とおもりにはたらく重力の力の大きさは等しい。

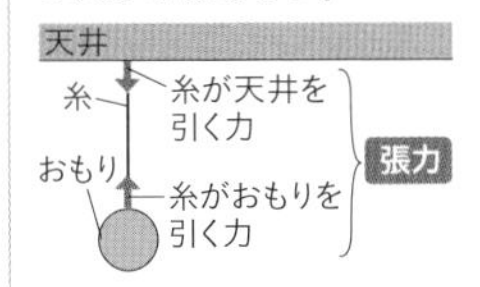

弾性力

おもりにはたらく重力とばねの弾性力はつり合っている。

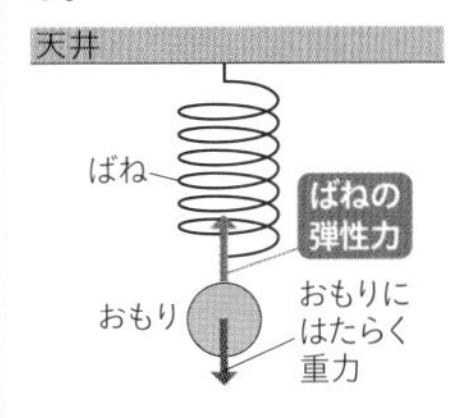

◉ 重力

おもりを手に持つと重さを感じるように，おもりは地面に対して垂直（これを鉛直という）下向きに力を受けている。おもりのように，**地球上のすべての物体にはたらく鉛直下向きの力**を**重力**という。重力は，地球上の物体が地球から引っ張られる力である。

物体の重さは，重力という力によるものであるから，重力が変われば，重さも変わるということになる。

▶重さ　重力の大きさを**重さ**（または**重量**）という。**場所によって重力は変わるため，重さも場所によって異なる。**たとえば，月での重力は地球より小さいので，月が物体を引っ張る力は地球が物体を引っ張る力より小さい。同じ物体でも，月の表面での物体の重さは地球上の約６分の１になる。

また，地球上でも，北極より赤道に近づくほど，地面より高い山に登るほど，とてもわずかだが重さは小さくなる。

▶質量　重さは，物体の実質の量は変わらなくても，はかる場所によって変わってしまうため，重さで物体の量を表すのは適当ではない。そこで，物体の本来の量は**質量**で表す。日常で使われているg，kgなどの単位は，質量の単位である。

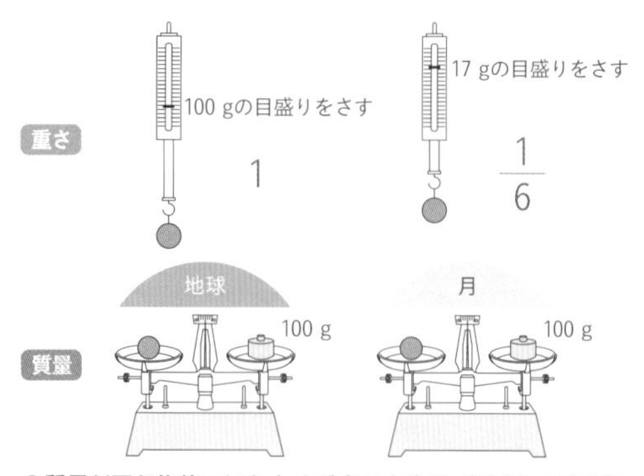

↑質量が同じ物体にはたらく重力の大きさ（重さ）のちがい

発展

重力

重力は，地球と物体の間だけでなく，宇宙のすべての物体の間にもはたらいている。（これを万有引力ともいうが，その正体は重力である）

その大きさは，質量が大きいほど，また距離が小さいほど大きい。

どんなものでも質量があれば，そのまわりに重力が生じる。しかし，質量が小さい物体の間では，この力はきわめて小さいので，日常でその力を観察できない。しかし，地球や月のようにきわめて大きい質量の周辺では大きな力となる。これが地球や月で重力として，わたしたちが観察できる力である。そのため重力といえば，ふつうは地球の重力のことをさす。

◉ 電気の力

物体が摩擦(まさつ)などによって電気を帯びることを**帯電**といい，電気を帯びた物体を**帯電体**という。帯電体どうしは離(はな)れていても，おたがいに力をおよぼし合う。この力を**静電気力**(せいでんきりょく)という。

▶**静電気**　プラスチックの下敷(したじき)を髪の毛や脇の下でこすると，**摩擦によって下敷が電気を帯びて，**髪の毛を吸いつける。

⬆静電気の例

このように摩擦によって起こる電気を**静電気**（**摩擦電気**）という。

▶**電気の種類**　物体は電気的には中性である（電気を帯びていない）が，異なる２種類の物質を摩擦すると一方の物体の電子（－の電気をもつ粒子(りゅうし)（➡p.124））の一部が他方の物体に移動する。このため，**電子を失った物体は＋の電気を,電子をもらった物体は－の電気を帯びる。**

このように，静電気の種類は２つある。**同種の電気（＋と＋，－と－）を帯びた物体間には反発する力が，異種の電気（＋と－）を帯びた物体間には引き合う力**がはたらく。力の大きさは，帯びた電気量が多いほど，また物体間の距離が小さいほど大きい。

◉ 磁石の力

鉄粉や鉄片に磁石を近づけると鉄粉や鉄片は磁石に引きつけられる。また，磁石間には引き合う力や反発する力がはたらく。このような力を**磁力**(じりょく)という。

磁石が鉄片を引きつける場合，引きつける力は磁石の両端(りょうたん)が最も強い。この最も強い部分を**磁極**という。

磁力は電気の間にはたらく力と同じように，**同種の磁極（NとN，SとS）では反発し，異種の磁極（NとS）では引き合う力**がはたらく。

くわしく 

＋の電気・－の電気
物質によって＋に帯電しやすいもの，－に帯電しやすいものがある。
▶**＋の電気**
ガラス棒，ウール，ナイロン
▶**－の電気**
アクリル，ポリエステル

くわしく 

磁極
棒磁石を糸で水平につるすとほぼ南北を指す。北（North）を指す磁極をN極，南（South）を指す磁極をS極という。
磁石の一端がN極であれば，他端は必ずS極で，磁石全体がN極だけ，またはS極だけということはない。磁石をどこで切っても，それぞれがまたN極，S極をもつ。

2 力の大きさと表し方

1 力の大きさ

右図を見ると，ばねにつるした100 gの分銅と，手でばねを引いて同じだけのばしたときの手が引く力とは，同じはたらきをしている。すなわち手が引く力は，100 gの分銅にはたらく重力（じゅうりょく）の大きさ（重さ）と等しい。

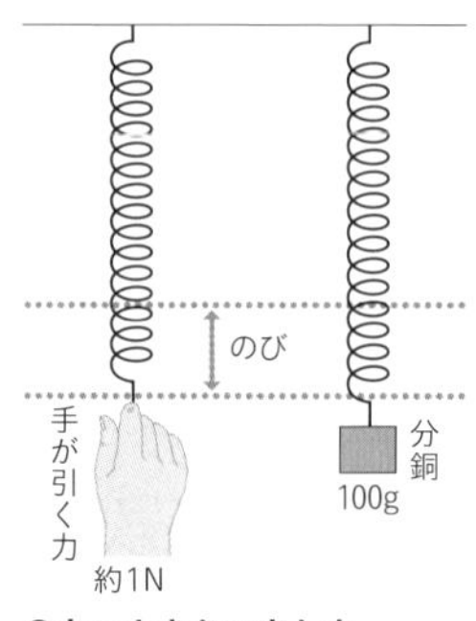

⬆力の大きさの表し方

このように**力の大きさは，重力の大きさを比較（ひかく）することで表す**ことができる。

◉ 力の単位

力の大きさを表すには，**ニュートン**〔N〕という単位を用いる。**1 Nは，地上で100 gの物体にはたらく重力の大きさにほぼ等しい。**

たとえば，地上で約1 kg（＝1000 g）の物体にはたらく重力は，約10 Nになる。

くわしく

力の大きさの表し方

力の大きさは，矢印の線の長さで表す。このとき，矢印の線の長さは自由に決めてよいが，1つの図の中では，力の大きさに比例させてかくことが必要である。たとえば1 Nの力を1 cmの長さの矢印で示すことにすると，次のようになる。

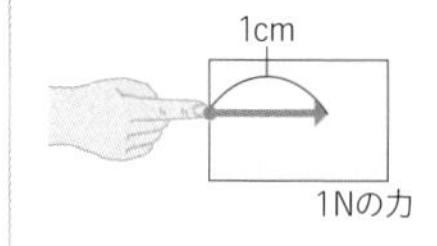

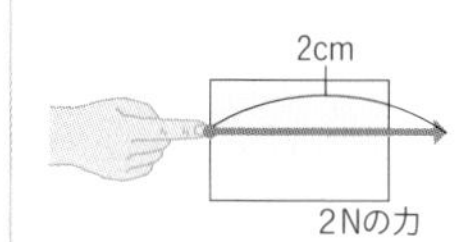

2 力の3要素

◉ 力の3要素

力のはたらきは，その大きさだけでは決まらない。たとえば，本のまん中を押（お）すと，本はまっすぐに動くが，本の端（はし）を押すと，本は回りながら動く。このように，同じ大きさの力でも，力が物体の**どの点にはたらくか**，また，**どの向きにはたらくか**によって，その効果が異なってくる。

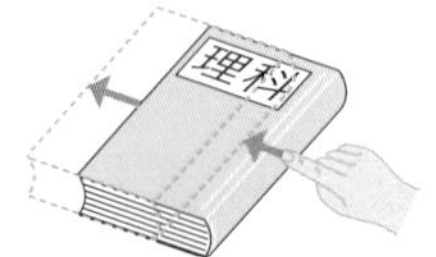

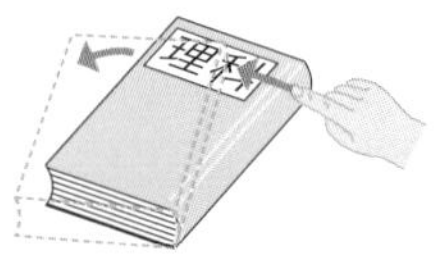

⬆どの点にはたらくかによって動きが変わる。

そこで，力を表すには，**力の大きさ，力の向き，力のはたらく点**（これを**作用点**という）の３つの要素が必要である。これらを，**力の３要素**という。

- 作用点… 矢印の根本
- 向き … 矢印の向き
- 大きさ… 矢印の長さ

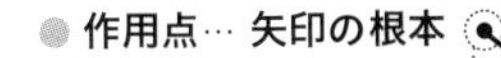

◉ 力の図示

物体に力がはたらいているようすは，力の３要素を矢印で表す。力の作用点を通る直線を力の方向に引き（**作用線**という），作用点からの長さを力の大きさに比例するようにとり，力のはたらく方向に矢をつけて，向きを表す。２つ以上の力が同時にはたらくときは，それぞれの大きさに比例した長さの矢印をかく。

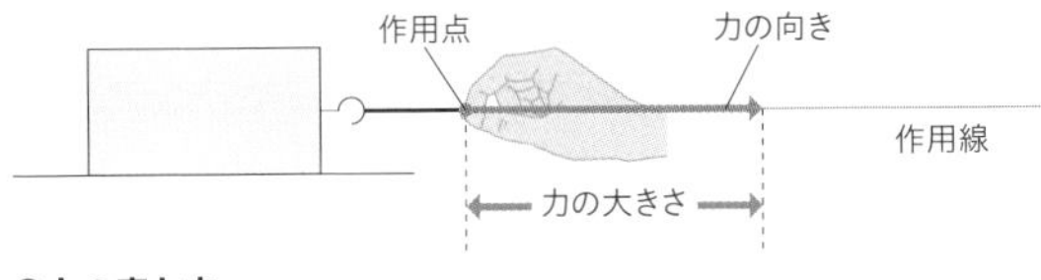

⬆力の表し方

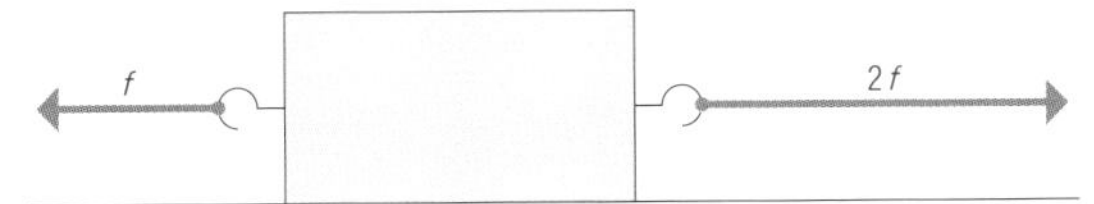

⬆２つ以上の力が同時にはたらくとき

◉ 作用点の位置

重力のときは，はたらいている**物体の中心**（重心という）を作用点として図示する。

摩擦力は，はたらいている**物体と面が接している部分の中心**を作用点として図示する。

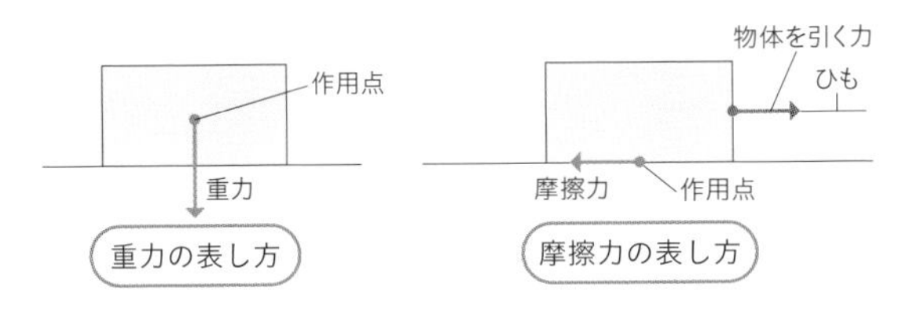

くわしく

作用点について

棒やぴんと張ったひもの一部に力を加えるとき，その一端に加えた力は他端までそのまま伝わる。下図のように，物体をひもで引くとき，人の加えた力の作用点をOと考えても，O′と考えても，力の効果は同じである。

このように力の作用点はその作用線上で動かして考えてもよい。滑車などを通してひもが曲げられても，ひもがぴんと張っていれば，力の大きさは同じように伝わる。

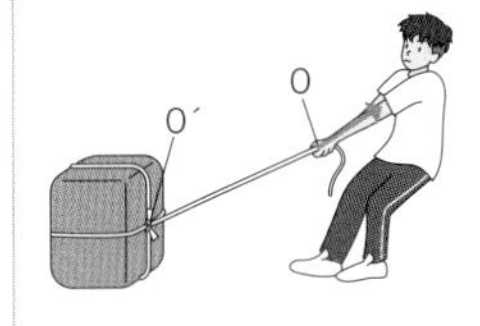

くわしく

物体の中心とは

広がりを持つ物体の重さの中心を重心という。下のような棒の重心の１点を指で支えれば，どちら側にも傾くことはない。

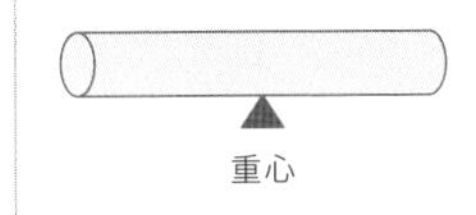

3 力の大きさとばねののび

力の大きさは，重力(じゅうりょく)の大きさ（重さ）で表せることから，おもりを変えることで，ばねにかかる力の大きさを変えることができる。力の大きさとばねののびとの関係を，以下の実験から調べよう。

実験　思考力UP

力の大きさとばねののびを調べる

目的

ばねにおもりをつるしてのばしたときの，ばねののびを調べる。

方法

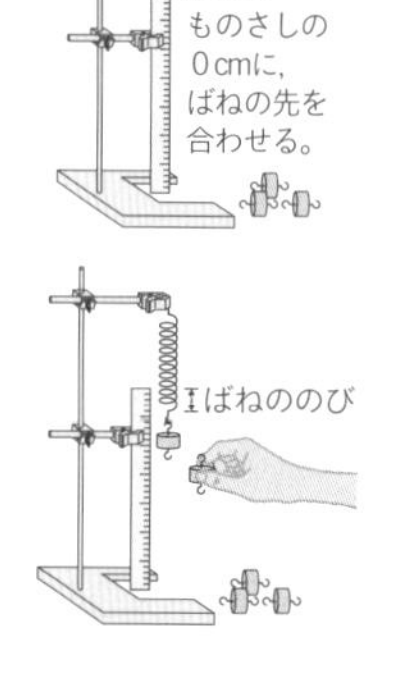

❶ 左図のようにばねAをつるした。ものさしを横に置き，0mmの先端(せんたん)に合わせた。

❷ つるすおもりの数を1つ，2つと増やし，ばねがどれだけのびたかを測定する。

❸ 次に，ばねAをばねBに変え，同じ実験をおこなった。

思考の流れ

仮説

●つるすおもりの数が多いほど，ばねののびは大きくなる。

⬇

計画

●ばねばかりでおもりの重さをはかっておく。（100gで1Nとする）

●おもりの数を増やしていくことで，加える力の大きさを大きくする

●ばねのみを変えて同じ条件で比較する（対照実験をおこなう）。

結果

おもりの数〔個〕	0	1	2	3	4
力の大きさ〔N〕	0	0.5	1.0	1.5	2.0
ばねAののび〔cm〕	0	3.0	5.9	9.1	11.8
ばねBののび〔cm〕	0	4.2	8.3	12.6	16.2

測定する数値は有効数字の桁数をそろえておく。この実験例では，小数第1位（mm）までをそろえて記録する。

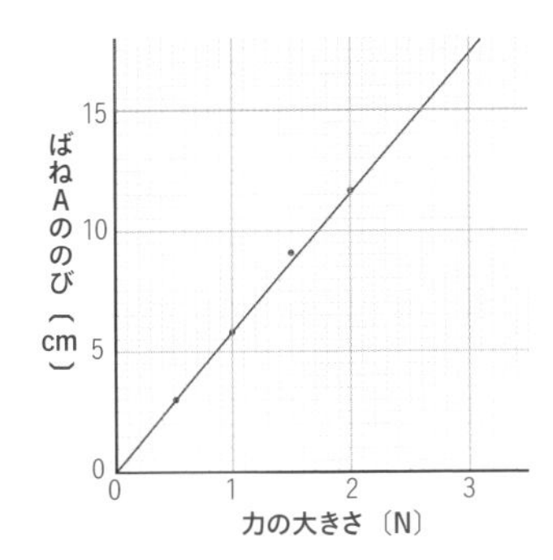

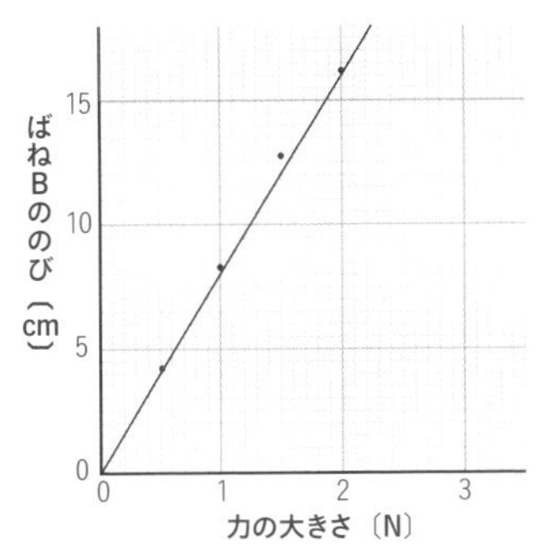

思考の流れ

考察の観点

仮説の通り，「おもりの数が多い（力が大きい）ほど，ばねののびは大きい」となった。このグラフが原点を通る直線であることから，ばねにはたらく力の大きさとばねののびは比例する。

- 原点を通るように線を引く。おもりが0個のときは，ばねののびも0cmでなければならない。
- 測定には誤差があるので，それぞれの測定値との距離が最小になるような直線を結ぶように考える。

考察

結果から，ばね**A**とばね**B**では，ばねののびと，力の大きさは比例することがわかる（これを**フックの法則**という）。

ばね**A**の方がのびの度合いが小さかったことから，ばね**B**より変形しにくいと考えられる。

◉ フックの法則

ばねやゴムなど弾性力（だんせいりょく）（➡p.53）のある物体が力を受けるとき，その物体の変形の大きさと力は比例の関係になる。これを**フックの法則**（➡p.95）という。

ばねののび と ばねにかかる力の大きさ は比例する

ばねばかりは，フックの法則を利用して力の大きさをはかる。

❸ 力のつり合い

1 つり合いの状態

1つの物体に，押す力，引く力，重力，垂直抗力，摩擦力，張力などのいくつかの力が同時にはたらき，しかも物体が静止しているとき，これらの力は**つり合っている**という。

物体にはたらく力がつり合っているかどうかは，物体が静止しているか，動き出すかによって判断することができる。

2 2力のつり合い

下図のように，リングPにつけた2本のひもA，Bの両端にばねばかりをつけて，水平面上で引き合ったとき，ひもがぴんと張られてリングPが静止するのは，2つのばねばかりが一直線上にあって，ばねばかりの値が等しくなるときである。

このとき，ひもAがリングPを引く力F_AとひもBがリングPを引く力F_Bの大きさは等しく，向きが反対のとき，この2力はつり合っている。ばねばかりがひもAを引く力F_A'とばねばかりがひもBを引く力F_B'は，力の大きさは等しく向きは反対だが，1つの物体にはたらいている力ではないので，つり合う2力の関係にはない。

◉ 2力のつり合いの条件

1つの物体にはたらく2力がつり合うのは，「**2力の大きさが等しく，同一直線上にあって，向きが反対**」のときである。

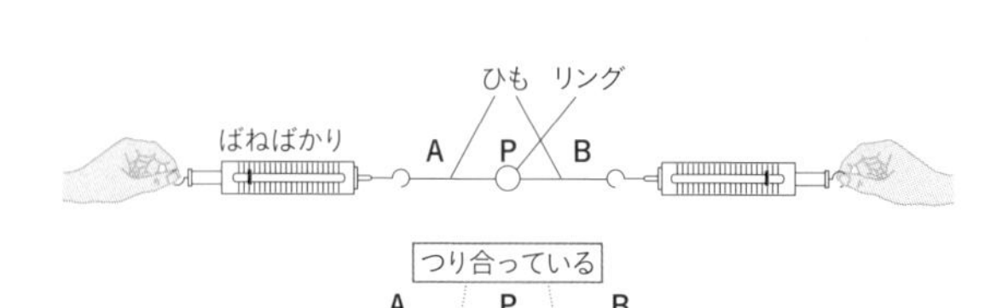

❶リングPにはたらく2力のつり合い

くわしく

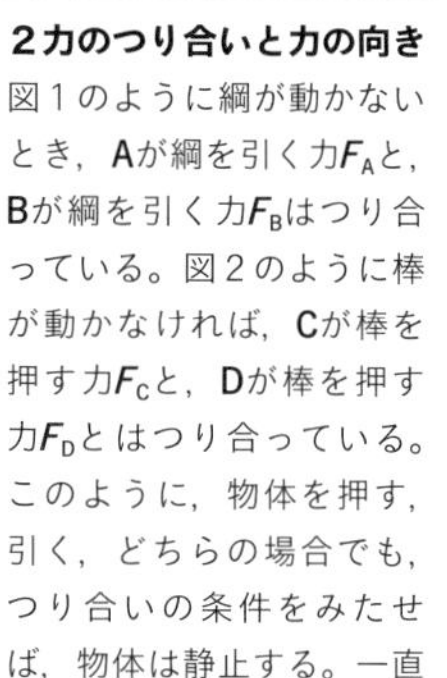

2力のつり合いと力の向き

図1のように綱が動かないとき，Aが綱を引く力F_Aと，Bが綱を引く力F_Bはつり合っている。図2のように棒が動かなければ，Cが棒を押す力F_Cと，Dが棒を押す力F_Dとはつり合っている。このように，物体を押す，引く，どちらの場合でも，つり合いの条件をみたせば，物体は静止する。一直線上にあって向きは反対になっている。

〔図1〕

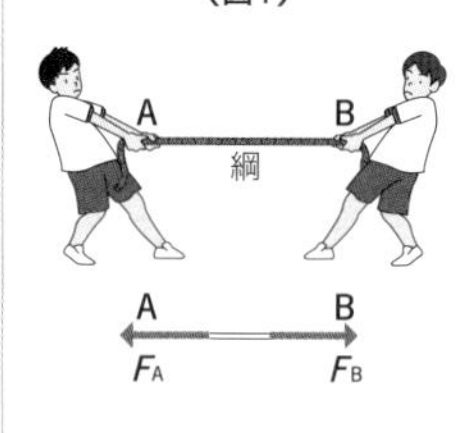

〔図2〕

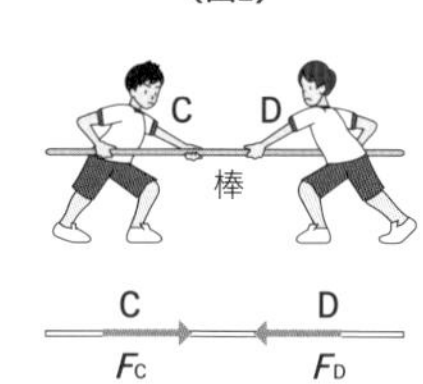

「２力のつり合い」とよく混同される力に「作用と反作用」がある。どちらも２つの力の関係を表している。しかし，この２つは全くちがうものである。

◉ 作用(さよう)・反作用(はんさよう)

スケート靴(くつ)を履(は)いている人が壁を押したとき，押している向きとは逆の向きに自分が動いてしまう。このとき，壁からも同じ力がはたらいていると考えることができる。

すなわち，物体がほかの物体に力を加えるとき，必ず物体にもほかの物体から力が加えられる。このとき，一方の力を**作用**といい，他方の力を**反作用**という。

作用と反作用とは，同じ直線上ではたらき，大きさが等しく，向きが反対で，それぞれ別の物体にはたらいている。これを**作用・反作用の法則**といい，ニュートンの「運動の第三法則」でもある（➡p.88）。

⬆作用・反作用の例

発展・探究

力のつり合いとのちがいって何？

２力のつり合いは，大きさが等しく，向きが反対の２力が，１つの物体にはたらくときの状態です。

一方，**作用・反作用の法則**では，２つの物体の間にはたらく２力を，それぞれの物体から見て名づけたものです。２つの物体の間にはたらき大きさが等しく，向きが反対の２力となります。

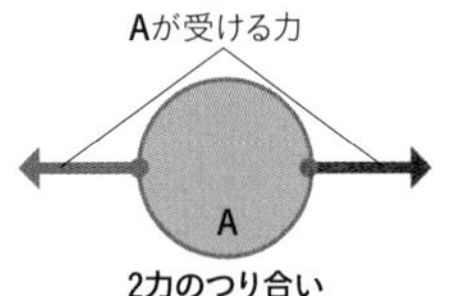

⬆２力のつり合いと作用･反作用

Aからの視点で見ればAからの力が作用となり，Bからの反作用を受けることになります。しかし，Bからの視点で見ればBからの力が作用であり，Aから反作用を受けることになります。つまり，作用と反作用は相対的な力の関係であり，どちらにとってもたがいに等しい力をおよぼし合っていることになります。

3 力の合成

● 合力(ごうりょく)

1つの物体にいくつかの力が同時にはたらくとき，これらの力の組み合わせと同じはたらきをする1つの力を**合力**という。合力を求めることを**力の合成**という。

● 同一直線上にある2力の合成

下の図1は，物体に同じ向きの2力がはたらいており，**合力の大きさは，それぞれの力の大きさをたすことで求められる。**図2は，物体に**反対向きの2力がはたらいており，合力は一方から他方の力の大きさを引くことで求められる。**このとき，力の向きは力の大きいほうと同じになる。

一直線上の2力の合成

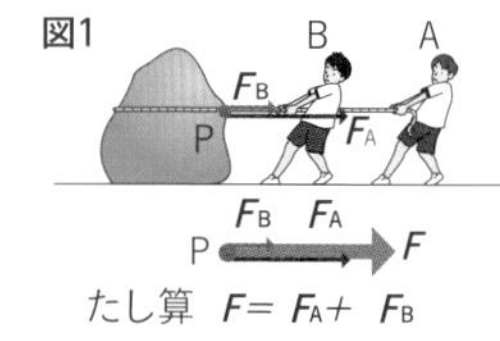

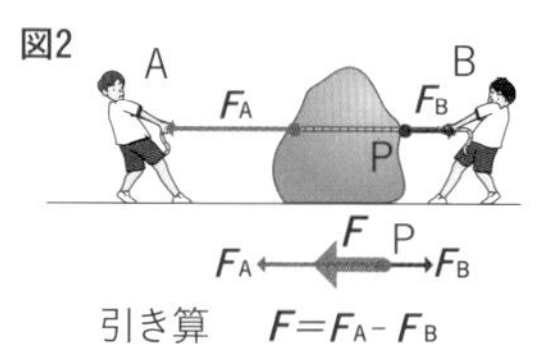

● 角度のある2力の合成

下図のように，2人の子どもがF_A，F_Bの力で引っ張るときの合力をFとする。

点Oを左向きに引く力をF_Cとし，F_A，F_B，F_Cの3つの力がつり合っているとき，F_Cは2力F_A，F_Bの合力Fとつり合っている。FはF_A，F_Bを2辺とする平行四辺形の対角線である。

すなわち，**2力F_A，F_Bの合力は，2力を表す力の矢印を2辺とする平行四辺形の対角線Fで表される。**

角度のある2力の合成

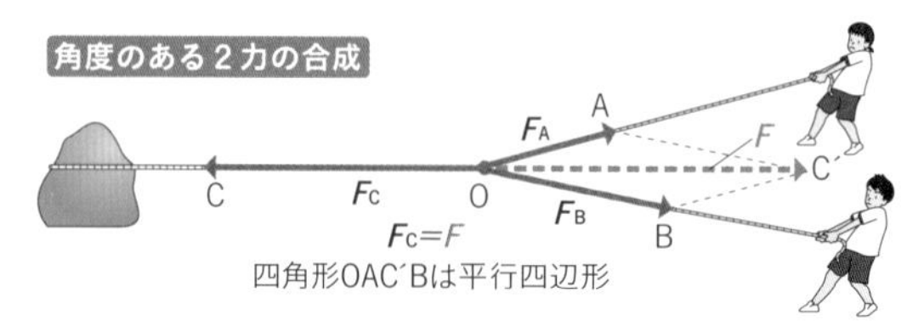

↑ある角をなしている2力の合成

◉ 角度のある２力を合成するとき

F_2の矢印の先を通るF_1に平行な線と，F_1の矢印の先を通るF_2に平行な直線をひいて，F_1とF_2を２辺とした平行四辺形をかく。

F_1とF_2が重なった点からひいた平行四辺形の対角線に矢印をつけたものが，F_1とF_2の合力である。

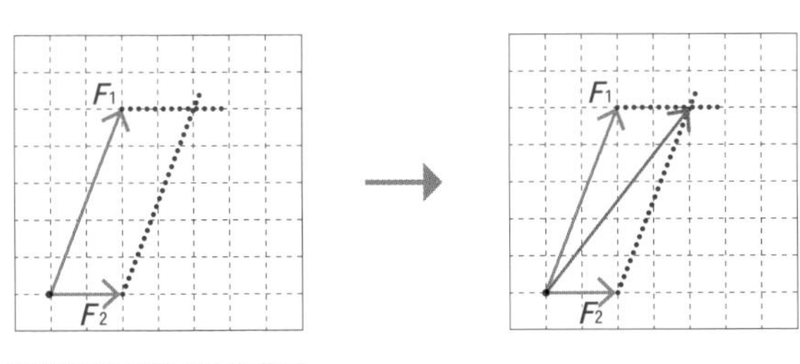

⬆平行四辺形を用いた作図

右図のように，F_1とF_2のなす角が小さくなり重なったときは，２力のなす角は０°で，合力はF_1+F_2となる（一番上の図）。

また，F_1とF_2のなす角が大きくなり，一直線となったとき，２力のなす角は180°となり，合力はF_1-F_2となる（一番下の図）。

２力のなす角BOAが小さくなる

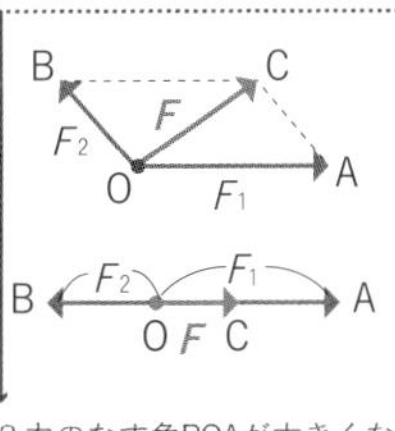

２力のなす角BOAが大きくなる

⬆いろいろな２力の合成

4 力の分解（ぶんかい）

◉ 分力（ぶんりょく）

１つの力を，その力と同じはたらきをする２力以上に分けることを**力の分解**といい，分けられた力をもとの力の**分力**という。

右図のように１つの力Fを，**OX**，**OY**の方向に分解するには，Fを表す力の矢印の先端から，**OX**，**OY**に平行な線をひき，Fを対角線とする平行四辺形の２辺F_X，F_Yを求めればよい。

⬆力の分解

くわしく

分力の向きを決める

分力の向きを決めないと，２力に分解する方法は何通りもあって，１つの答えを決めることはできないことに注意する。

垂直な２方向への分解

１つの力Fを２力に分解する方法は何通りもあるが，たがいに垂直な２方向に分解すると，問題を解くのに便利なことが多い。

下図で，斜面（しゃめん）上に重力（じゅうりょく）Wの物体があるとき，重力Wを斜面に平行な分力OPと，斜面に垂直な分力OQに分けて考える。物体を止めておくには，斜面に平行な分力OPと大きさが等しく向きの反対な力OP'を加えればよい。斜面に垂直な分力OQは，斜面の垂直抗力（すいちょくこうりょく）SQ'とつり合っている（摩擦力（まさつりょく）を考えない）。

分力の大きさの求め方

下図から，OP，OQ，ORと，BC，AC，ABの長さをはかって，その比をとってみると，次のような関係がある。

$$\frac{OP}{OR}=\frac{BC}{AB} \quad \frac{OQ}{OR}=\frac{AC}{AB} \quad (OR=W)$$

したがって，分力OP，OQの大きさは，次のようにして求めることができる。

$$OP=W\times\frac{BC}{AB},OQ=W\times\frac{AC}{AB}$$（△ABCと△ORQ，△ROPとは相似な三角形である。）

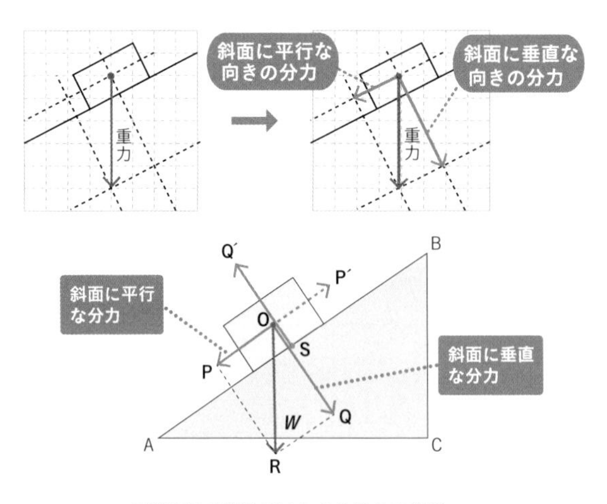

❶斜面上の物体にはたらく重力の分解

くわしく

２力のなす角と合力や分力の大きさ

下の図１のように，同じ大きさの力でも，２力のなす角が大きくなると，その合力は，小さくなる。

一方，同じ大きさの力でも，分解する２力のなす角が大きくなると，分力は大きくなる。図２のように，物体を引き上げるとき，物体が上るほど２力のなす角が大きくなり，分力が大きくなるため，より大きな力でひもを引かなければならなくなる。

〔図1〕
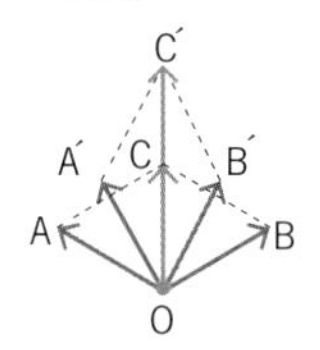

合力OC＜合力OC′

〔図2〕
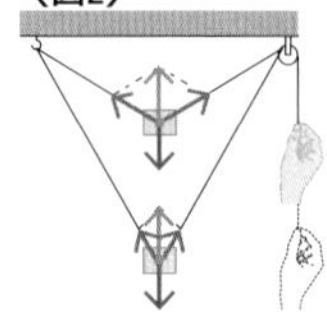
物体が上がるほど引く力が大きくなる。

5 3力のつり合い

3力がつり合っているとき，**力の大きさと向き**が関係している。

◉ 3力のつり合いの条件

図1のように3人が3本の綱a，b，cを持ち，ばねばかりを通して水平面上でPが動かないように引っ張る。3力の向きは綱の向きから，3力の大きさはばねばかりの目盛から求めて，下の図2のように1点P（綱の境目に相当する）をとり，3力を$\boldsymbol{F}_a$，$\boldsymbol{F}_b$，$\boldsymbol{F}_c$の力の矢印で表す。3力のうちの2力，たとえば$\boldsymbol{F}_b$と$\boldsymbol{F}_c$をとり，この力の矢印を2辺とする平行四辺形をつくり，合力$\boldsymbol{F}_a'$を求めると，$\boldsymbol{F}_a'$と$\boldsymbol{F}_a$は向きが反対で大きさが等しく一直線上にあることがわかる。すなわち，$\boldsymbol{F}_a'$と$\boldsymbol{F}_a$はつり合っている。

また図3のように，2力に$\boldsymbol{F}_a$と$\boldsymbol{F}_c$をとって合力を求めると，$\boldsymbol{F}_b'$は$\boldsymbol{F}_b$とつり合う。このことから3力がつり合うときは，3力のうち，どの2力をとって平行四辺形をつくってみても，その対角線の表す力は，残りの力と一直線上にあって，大きさは等しく，向きが反対である。

これを，**3力のつり合いの条件**という。

〔図1〕

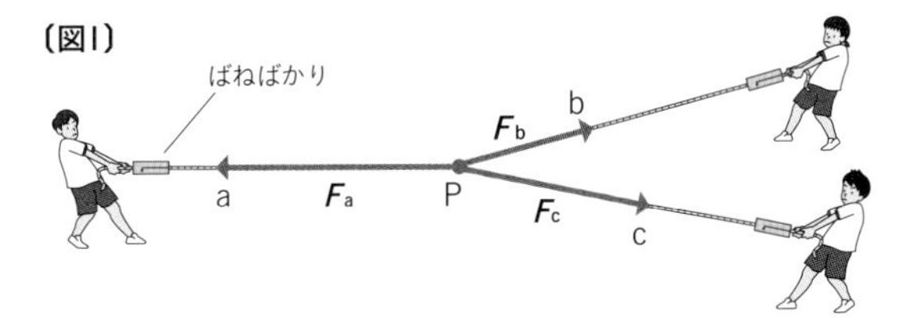

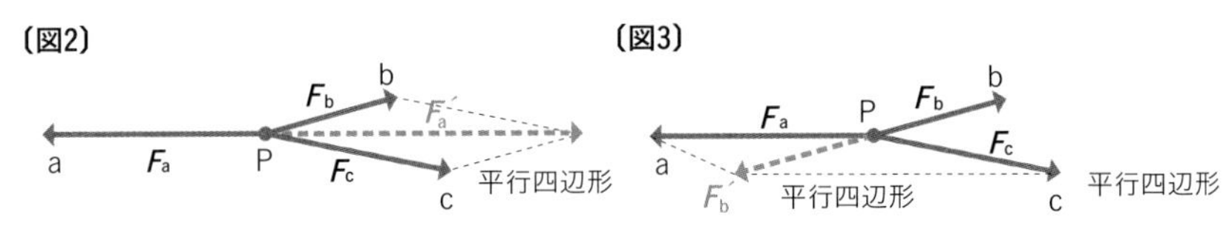

❶3力のつり合いの条件

身近な生活

摩擦力(まさつりょく)って？

物体を床の上で動かそうとするとき，床から抵抗を受けることがあります。これが摩擦力です。摩擦力は物体を動かす方向と逆向きにはたらき，その運動を妨げようとする力です。

物体の底面が床などの面と接していて，物体を押しても動かないとき，物体を押す力と摩擦力がつり合っています。このとき，摩擦力は物体を押す力と大きさが等しく，同一直線上にある逆向きの力ということになります。

摩擦力は，物体と接している面（これを摩擦面という）にはたらく垂直抗力に比例した力です。摩擦力は，以下の特性があります。

❶ 摩擦力は，摩擦面にはたらく垂直抗力の大きさに比例する。

❷ 最大静止摩擦力は，動摩擦力より大きい。

❸ 動摩擦力は，物体の速さによらず一定である。

静止している物体には**静止摩擦力**が，物体を引っ張って動いている場合には**動摩擦力**がはたらきます。下図のような実験をすると，グラフのような摩擦力がはたらきます。物体を引っ張ると，なかなか動きませんが，動き始めると軽くなることを感じたことがないでしょうか？　この動き出す直前の摩擦力を，**最大静止摩擦力**といいます。最大静止摩擦力から動摩擦力になると，下図のように摩擦力は小さくなります。物体が動き出すと，軽く感じるのはこのためです。また動き出した物体の動摩擦力は，速さによらず一定の大きさになります。

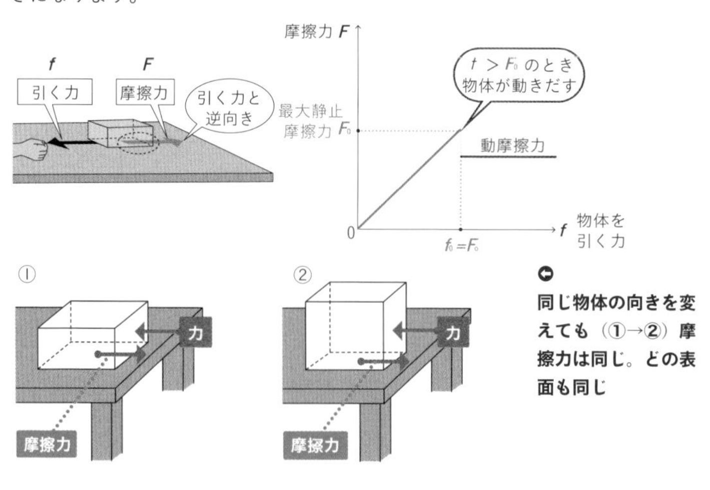

同じ物体の向きを変えても（①→②）摩擦力は同じ。どの表面も同じ

第2章 SECTION 2

水の圧力

スキー板で雪の上をすべることはできるが，ブーツで雪の上を歩こうとすると沈(しず)んでしまって歩きにくい。これは，同じ大きさの力でも押す面積が小さいと，圧力が大きくなるためである。ここでは，液体の圧力とその性質について学習する。

1 圧力(あつりょく)

面を押(お)したときの単位面積あたりにかかる力を**圧力**という。圧力の大きさは，面にはたらく力とその力がはたらく面積に関係している。

◉ 圧力の表し方

圧力は単位面積にはたらく力で表す。したがって，圧力の大きさは次のように表される。

$$\text{圧力の大きさ〔Pa〕}=\frac{\text{面に垂直にはたらく力〔N〕}}{\text{力がはたらく面積〔m}^2\text{〕}}$$

圧力の大きさは，面にはたらく力の大きさに比例し，その力がはたらく面積に反比例する。

◉ 圧力の単位

圧力の単位には，**パスカル**（**記号Pa**）か，**N/m²**を用いる。底面積が1 m²の質量100 g（はたらく重力は約1 N）の物体を床に置いたとき，床が受ける圧力は1 Pa（＝1 N/m²）である。

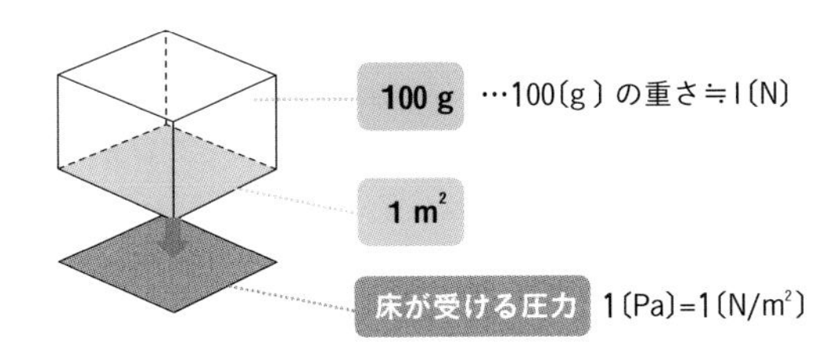

圧力には固体によるもののほかに，気体や液体による圧力がある。とくに大気(たいき)（空気）による圧力を**大気圧**(たいきあつ)（➡p.576），水による圧力を**水圧**(すいあつ)という。

参考

力がはたらく面積

圧力は日常生活にも関係が深い。下図は同じ力に対して面積のちがいを利用した例である。

⬆日常生活にも関係ある圧力

用語解説

ヘクトパスカル

圧力の単位は，天気予報などでよく使われるヘクトパスカル（記号hPa）という単位もある。h（ヘクト）は100という意味の接頭語で，単位の前につけ100倍の意味を表す。

1 Pa＝1 N/m²

1 hPa＝100 Pa＝100 N/m²

2 液体の圧力

◉ 水圧

水の重さによって生じる圧力を**水圧**という。

❶ 水圧は，水と接するあらゆる面にはたらき（パスカルの原理），その力は面に垂直にはたらく。

❷ 水圧は水面からの深さに比例する。

下図のA面にはたらく水圧は，

$$\text{A面の水圧} = \frac{\text{A面上の水にはたらく重力}}{\text{A面の面積}}$$

A面の面積は1 m^2，A面上にある水の体積は1〔m^2〕×0.1〔m〕＝0.1〔m^3〕，水1 cm^3の質量は1 gなので水0.1 m^3の質量は100000 g。100000 gにはたらく重力の大きさは約1000 Nとなる。以上より，

$$\text{A面の水圧} = \frac{1000〔N〕}{1〔m^2〕} = 1000〔Pa〕$$

となる。

B面は，深さがA面の2倍となるので，水圧も2倍の2000Paとなる。以下，C面，D面も同様に各水圧がA面の3倍，4倍となる。

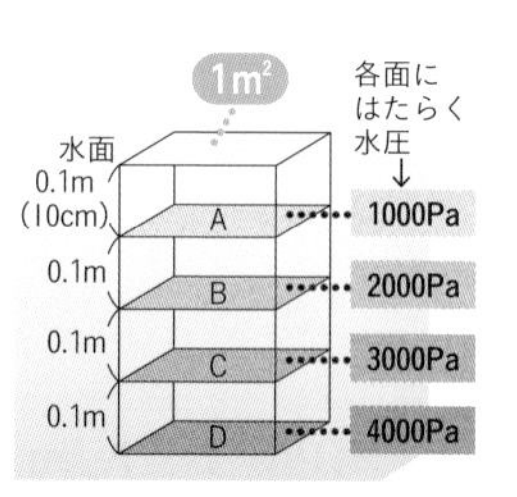

発展

パスカルの原理

液体を注射器に入れて，風せんを先につけてピストンで押すとき，その圧力は，液体の各部分に同じ大きさで一様に伝わる。これをパスカルの原理という。

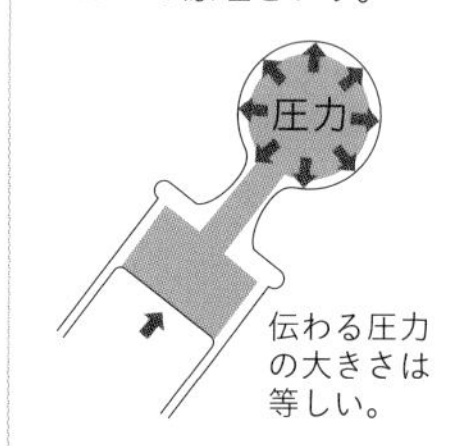

発展・探究

単位面積あたりの力の変換

m^2からcm^2へ単位を変換するときの計算に注意しよう。たとえば，ある面に圧力10 Paがかかっているときの1 m^2と1 cm^2あたりの力の大きさを計算しよう（100 gの質量にはたらく重力を1 Nとする）。

10 Pa＝10 N/m^2なので1 m^2あたり10 Nの力となる。これを1 cm^2あたりに変換しよう。1〔m^2〕＝100〔cm〕×100〔cm〕＝10000〔cm^2〕より，1 cm^2にかかる力の大きさは10 Nの1万分の1なので$\frac{1}{1000}$ Nとなる。つまり，10 Paとは，1 m^2あたり10 Nの力であり，1 cm^2あたり0.001 N（0.1 gの質量にはたらく重力）の力がかかることがわかる。

浮力

ピンポン球を水に沈めて手をはなすと浮かんでくるように，水中にある物体には上向きの力がはたらく。これを**浮力**という。

水圧は**水面からの深さ**によって決まるので，物体を水に沈めた場合，物体の**上面と底面にはたらく圧力は異なる**。そのため，物体にはたらく上と下との力に差が生じる。この**力の差が浮力**である。

下図で，直方体の物体の上面の上にある水の質量〔g〕は，底面積〔cm^2〕×水深〔cm〕×1〔g/cm^3〕（水の密度）なので，1〔cm^2〕×100〔cm〕×1〔g/cm^3〕＝100〔g〕となり，物体の上面には約1Nの力がはたらく。

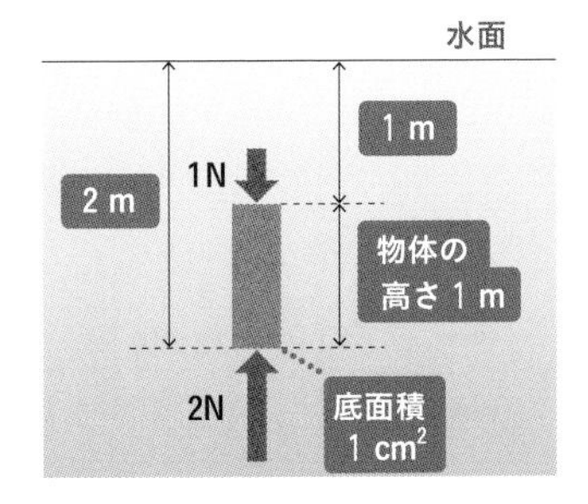

一方，底面には，1〔cm^2〕×200〔cm〕×1〔g/cm^3〕＝200〔g〕より，約2Nの力が上向きにはたらく。よって，この物体には，2〔N〕－1〔N〕＝1〔N〕の上向きの力，つまり浮力がはたらいていることがわかる。

このように，浮力は**底面積×上面と底面の水深の差×水の密度**で求められる質量の水にはたらく重力の大きさである。ここで上面と底面の水深の差は物体の高さで，(底面積)×(物体の高さ）はこの物体の体積である。したがって，水中にある物体の浮力は，水中にある**物体の体積と同じ体積の水にはたらく重力の大きさに等しい**といえる。

物体の浮力＝水中にある物体と同じ体積の水にはたらく重力の大きさ

参考

水圧機の原理

水圧機は，パスカルの原理を応用して，小さな力で大きな力を得るようにした機械である。

下図のように，細い管のピストンAにおもりPをのせて力を加えると，その圧力は，管内の各部分に一様に伝わり，太い管のピストンBを同じ圧力で下から押し上げる。ピストンBの断面積はピストンAよりも大きいので，ピストンBを押し上げる全体の力は大きくなる。たとえば，Bの断面積がAの3倍であれば，Pの3倍の重さのおもりQをピストンBで支えることができる。

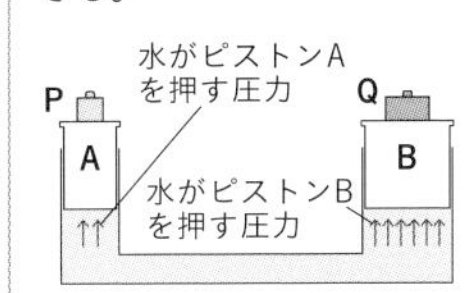

くわしく

浮力について

浮力は水深の差による力であり，水の深さによらない。つまり，同じ物体ならば

❶ 物体の沈んだ深さによって，浮力の大きさは変化しない。

❷ 沈んだ物体の重さ（重力）によって，浮力は変化しない。浮力は水に沈んだ体積による。

◉ アルキメデスの原理

図1のような直方体を水に沈(しず)めたとき，水圧による力の合力を考えると，どの水深でも水平方向の力の合力は0となる。たとえば，ある深さ②，③，④での水平成分は，②−②′＝0　③−③′＝0　④−④′＝0

一方，垂直方向の①と⑤の力の合力は0ではない。これが浮力となる。

⑤−①＝浮力

次に，図2のように同じ直方体の水を考える。この水も同じ浮力を受けている。しかし，この水の直方体は浮きも沈みもしない。（浮力）と（水の重さ）がつり合っているからだ。よって，水中にある物体の浮力は，水中にある物体と同じ体積の水にはたらく重力の大きさに等しくなる。これを**アルキメデスの原理**という。

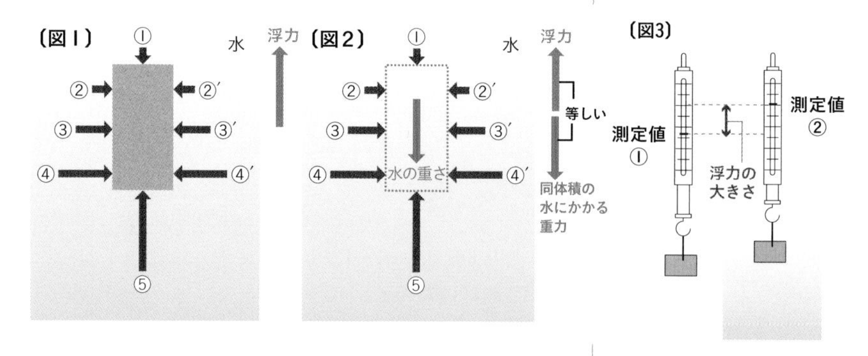

◉ 水に浮くか，沈むか

同体積の水の重さと比較(ひかく)して，その物体が水より重ければ沈み，軽ければ浮く。浮力は図3の測定値を使って

（浮力）＝（物体にはたらく重力 測定値①）
−（水中でのばねばかりの値 測定値②）

と表せる。浮力が重力よりも大きいと，物体は水に浮き，浮力よりも重力が大きいと物体は水に沈む。また，物体が浮くときは，浮力の大きさは物体にかかる重力の大きさに等しくなる（図4）。

〔図4〕

浮力は物体が沈んでいる部分と同体積の水の重さと等しい。

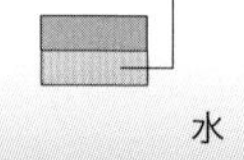

物体が水に浮かんでいるとき，物体の重力の大きさ（物体の重さ）と，浮力の大きさは等しい。

3 気体の圧力

わたしたちが身近に感じる空気の圧力は，**大気圧**である（➡p.576）。大気圧は空気（大気）という「気体の海」に沈んでいるときに受ける圧力ともいえる。ただ，気体は液体と異なり，以下のような性質がある。

◉ **体積と圧力の関係**

液体の体積は圧力を加えてもほとんど変わらないのに対して，気体は圧力を加えると体積が大きく変わる。

◉ **ボイルの法則（発展）**

気体に加える圧力を2倍，3倍，…にすると，その体積は$\frac{1}{2}$倍，$\frac{1}{3}$倍，…となる。この関係は，どの気体についても成り立つ。

すなわち，温度が一定のとき，一定量の気体の体積は圧力に反比例する。これを**ボイルの法則**という。気体の体積をV，その圧力をPとすると，

$PV=k$（kは定数）　P〔Pa〕，V〔m^3〕

となる。ただし，この公式は等温変化（気体の温度を変えずに圧力や体積を変化させる）させたときに限る。

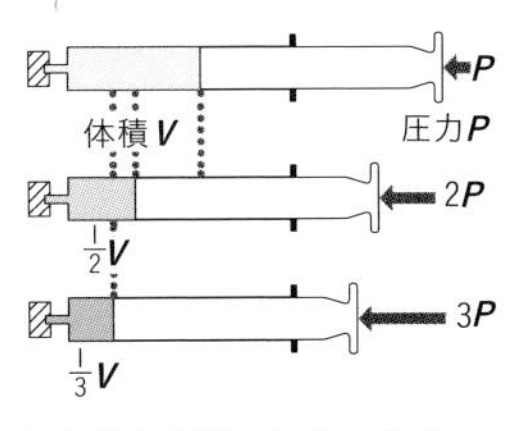

➊気体の体積と圧力の関係

発展

断熱圧縮・断熱膨張

外部との熱の出入りがない状態のとき，気体は圧力を上げると，温度が高くなり（断熱圧縮），下げると温度が低くなる傾向（断熱膨張➡p.567）がある

発展・研究

シャルルの法則

空気の入った袋をお湯であたためると，中が熱くなるだけでなく，袋はふくらみます。気体の温度が上がると，体積が大きくなるからです。

圧力が一定のとき，一定量の気体の体積が温度に比例することを**シャルルの法則**といいます。

体積をV，温度をT（単位はケルビン〔記号°K〕で絶対温度といい，わたしたちが日常で使う温度に273をたした数値となる。

$V=kT$　V〔m^3〕，T〔°K〕　k（定数）

となります。温度が上がると体積がそれに比例して大きくなります。

第2章 SECTION 3

力と運動

物体に力がはたらくと，その物体の“運動のようす”は変化する。わたしたちは“力”が物体にどのようにはたらいたかを，その物体の“運動のようすの変化”を測ることで知ることになる。ここでは“運動のようす”を計測し，表記することで，力とは何かを学習する。

1 運動の計測と表記

1 速さの表し方

物体の運動のようすには，速さと向きがある。速さは，どのように表すのだろうか。

運動している物体の速さは，単位時間，たとえば1秒，1分などの間にどれだけの距離(きょり)を動いたかの割合で表す。これは**速さ＝距離÷時間** で計算できる。

◉ **平均(へいきん)の速(はや)さ**

ある距離を，移動するのに要した時間で割った値を**平均の速さ**という。

$$\text{速さ〔m/s〕}=\frac{\text{移動距離〔m〕}}{\text{かかった時間〔s〕}}\cdots\text{式①}$$

速さの単位には，**メートル毎秒〔m/s〕**，**センチメートル毎分〔cm/min〕**，**キロメートル毎時〔km/h〕** などがあり，それぞれ秒速，分速，時速ともいう。

◉ **瞬間(しゅんかん)の速(はや)さ**

自動車で100 kmを２時間で移動したとすると，平均の速さは50 km/hとなる。しかし実際には，高速道路で速く走ったり，信号で止まったりしている。この刻々と変化する速さを**瞬間の速さ**という。自動車のスピードメーターは，この瞬間の速さを表示している。

くわしく

平均の速さと瞬間の速さ

10秒間に100 m移動した物体は，１秒間に平均10 m動いたことになる。たとえ最初の１秒で100 m動き，残りの９秒止まっていたとしても，平均の速さ10 m/sとなる。

一方，瞬間の速さの場合は，最初の１秒での速さは100 m/s，残りの９秒での速さは0 m/sである，とする。より短い時間で表せば，運動のようすは，よりくわしくなる。

◉ 時間と距離のグラフ

速さが一定のとき，時間を横軸に，距離を縦軸にとると，下図のようにグラフは**原点を通る直線**で表すことができる。このときの傾(かたむ)きが大きいほど，速さは大きい。新幹線が200 km/hで走っているときのグラフは，60km/hで走っている自動車に比べて，**傾きは大きい。**

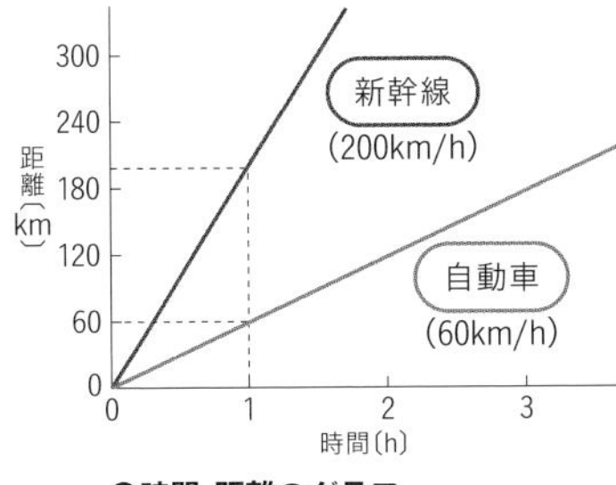

⬆時間-距離のグラフ

時間と距離のグラフでは，**速さは傾きで表せ，傾きが大きいほど速さは大きくなる。**

◉ 時間と速さのグラフ

時間を横軸に，速さを縦軸にとると，60 km/hで走る自動車の運動のようすは，**横軸に平行な直線**となる。この自動車が30分間に移動する距離は，次のようになる。60 km/h＝1000 m/minより，1000×30＝30000〔m〕となる。これは，ちょうど**長方形の面積**を表すことになる。

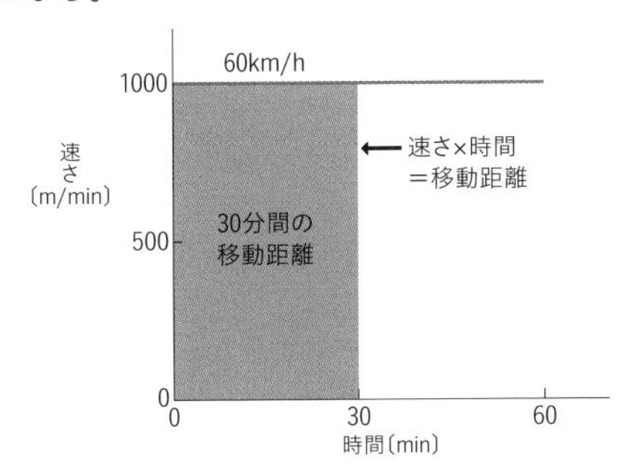

⬆時間-速さのグラフ

時間と速さのグラフでは，**距離は速さと時間に囲まれた面積**で表せる。

参考

距離と時間のグラフ

自動車が，60 km/hで直線道路を走っているグラフが左の青い直線となる。この線は一次関数なので，$y=ax$で表すことができる。速さは傾きaで表せる。

発展

向きが変わる運動

速さだけで，運動のようすを表すことができない運動もある。たとえば，速さが一定で向きだけが変わる円運動や，速さも向きも変わるふりこ運動などがある。これらの運動を表すには「速さと向き」の両方を考えなければならない。物理では「速さと向き」をあわせた物理量を「速度」といい，「速さ」と区別している。

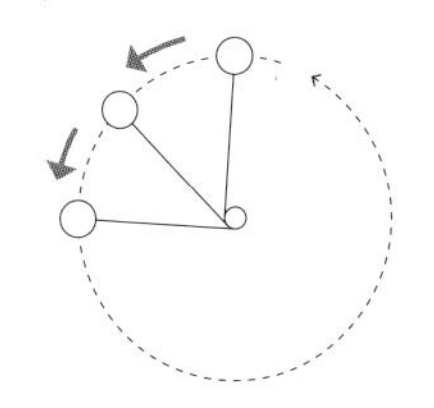

2 運動の記録

物体の運動を計測するためには，周期的に打点を打つ記録タイマーや，ストロボ写真などで記録する方法がある。

◉ 記録タイマーによる記録

台車の運動を記録するとき，台車に紙テープをつけて，紙テープを記録タイマーにつける。紙テープは一定時間（東日本では$\frac{1}{50}$秒，西日本では$\frac{1}{60}$秒）に1回打点されるため，紙テープ上の打点間隔(かんかく)は，一定時間の紙テープの移動距離(きょり)を示すことになる。

運動が速ければ，紙テープはそれだけ速く引っ張られ，打点の間隔，つまり一定時間の紙テープの移動距離は大きくなる。打点間隔によって，運動のようすがわかる。

記録タイマー

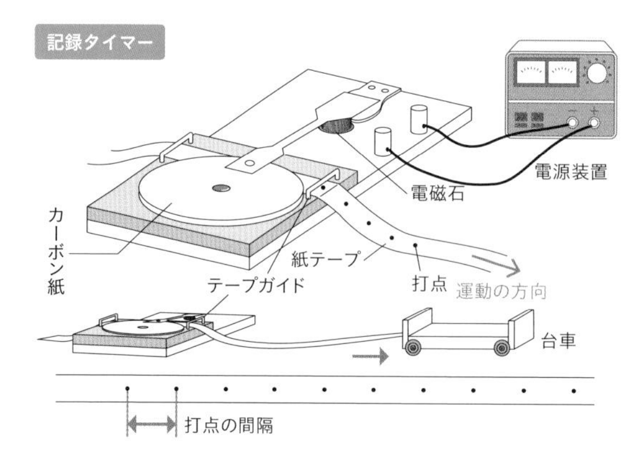

1秒間に50回打点される場合，5打点（0.1秒間）ごとに切ってはりつける。

①〜④のそれぞれの紙テープの長さが0.1秒間に移動した距離，つまり平均の速さである。

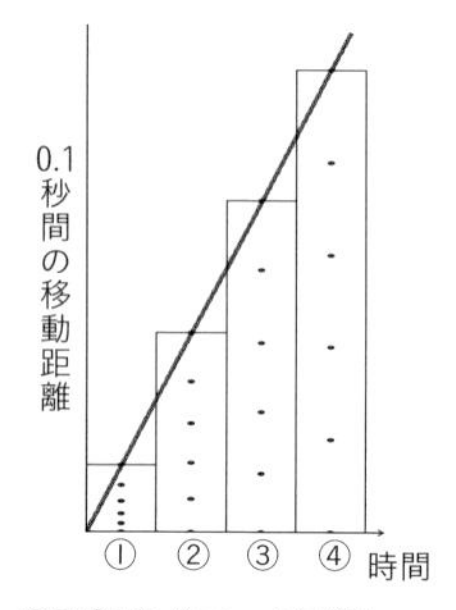

⬆記録タイマーの記録

用語解説

記録タイマー

記録タイマーが打点する時間の間隔は，東日本では$\frac{1}{50}$秒ごと，西日本では$\frac{1}{60}$秒ごとである。5打点間または6打点間の距離を調べると，0.1秒間に進んだ距離がわかる。

地域で1打点の間隔が異なるのは，コンセントからの電気（交流電流）が東日本では50Hz，西日本では60Hzの周波数で供給されているためである。

くわしく

ストロボ装置による記録

さらに速い運動を記録する方法として，ストロボ装置による方法がある。これは運動する物体に，一定の周期で非常に速く点滅する光を当て，照らされた瞬間を撮影する方法である。

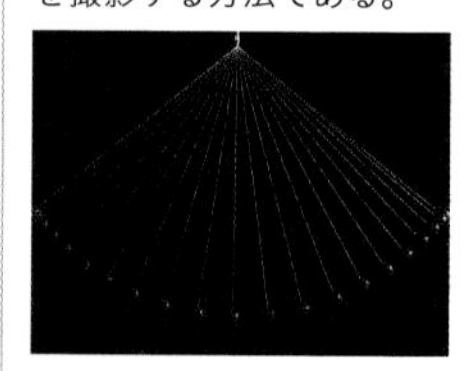

⬆ふりこのストロボ写真

ストロボ撮影なら，500分の1秒などという非常に短い時間での運動の記録もできる。

2 物体に力がはたらかないときの運動

1 等速直線運動と慣性

◉ 等速直線運動

アイスホッケーのパックが滑らかな氷の上をいつまでも同じ速さで進むとき，パックの運動のようすは変わらない。このように物体の速さも向きも変わらないとき，物体には力がはたらいていない。

この速さも向きも変わらない運動のようすを**等速直線運動**といい，一直線上（一定の向き）を，一定の速さで物体が進む運動となる。

等速直線運動を記録タイマーで記録すると以下のようになる。

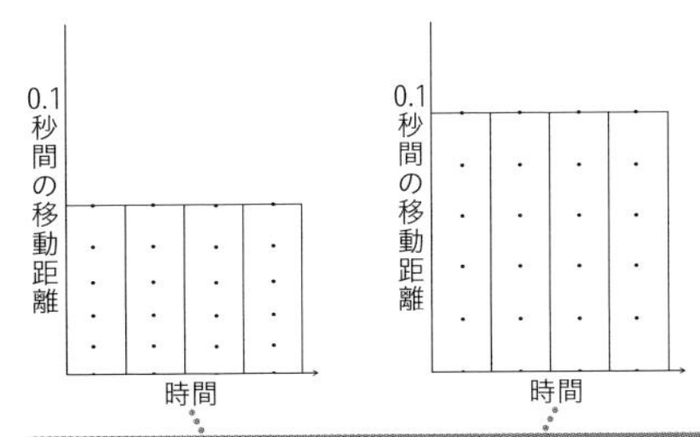

⬆速さがちがう等速直線運動の記録テープの例。
どちらも速さがちがうだけで，物体に力ははたらいていない。

◉ 等速直線運動のグラフ

等速直線運動を，時間を横軸に，速さを縦軸にとってグラフをかくと，右のような横軸（時間軸）に平行な直線になる（時間が変化しても，速さが一定）。また静止も，速さ＝0の等速直線運動の一つといえる。

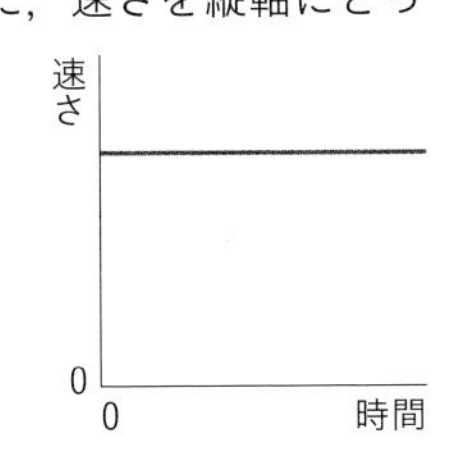

くわしく

力がはたらかないとき
物体に力がはたらいていても，つり合っていて合力が0であれば，物体に力がはたらいていないときと同じになる。

移動距離と時間のグラフ
移動距離と時間の関係は，下図のような原点を通る直線のグラフになる。時間と移動距離のグラフでは，グラフの傾きが速さを表すので，グラフの傾きが大きいほど，速さが速いことを示す。

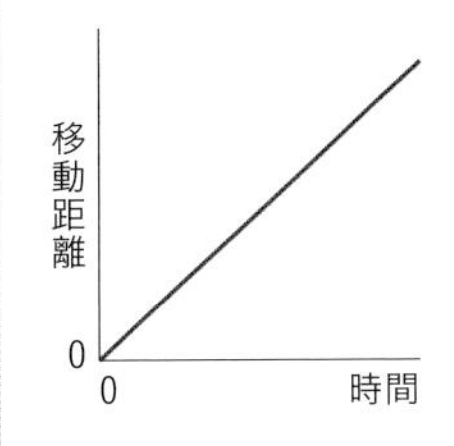

◉ 慣性と等速直線運動

運動している物体には，いつも摩擦力（まさつりょく）がはたらくので，外から力がはたらかなければ，物体はやがて止まってしまう。

ガラス板の上でドライアイスを走らせると，等速直線運動をするのは，ガラス面上に置かれたドライアイスが，ふき出る二酸化炭素の気体で少しうき上がることで摩擦がきわめて小さくなり，運動方向に力がはたらいていない状態になるからである。

⬆ドライアイスの等速直線運動のストロボ写真　©アフロ

外から力がはたらかなければ，ドライアイスのように等速直線運動を続ける物体の性質を**慣性**（かんせい）という。

◉ 慣性の法則

外から力がはたらかないときは，静止している物体は静止を続け，運動している物体は，いつまでも等速直線運動を続ける。これを**慣性の法則**という。

◉ ガリレオの「慣性の法則」 発展

「力がはたらかないなら，物体はやがて止まってしまうのではないか？」そこで，次の２つの簡単な仮説を考える。

仮説A：球をころがしてもそのうち止まってしまうのだから，物体の性質は「力がはたらかなければ，そのうち物体は静止する」

仮説B：球をころがしても止まってしまうのは，摩擦力によるもので，物体の性質は「力がはたらかなければ，物体はいつまでも同じ運動を続ける」

通常，**仮説A**を支持したくなる。いつまでもころがり続ける球など，だれも見たことがないからである。

参考

慣性の例

①電車が急に動き出すと，人は後ろにたおれそうになる。走っている電車が急に止まると，人は進行方向によろめく。

②下図のようにして下の糸をゆっくり引くと，上の糸が切れる。これは，上の糸に小石の重さと手の引く力とがはたらくからである。ところが，糸を急に引くと，小石には慣性があるので，上の糸はそのままで，下の糸だけが切れる。

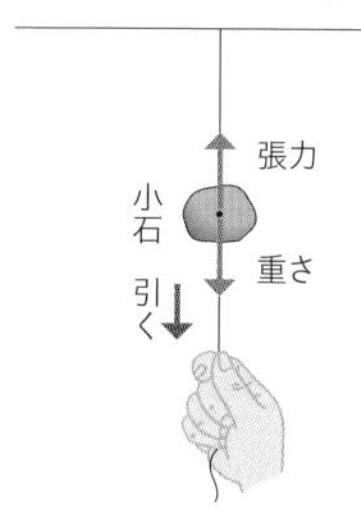

⬆慣性の法則　宇宙のどこかで小石を投げると，小石は等速直線運動をする。

参考

ガリレオ・ガリレイ

17世紀のイタリアの物理学者・天文学者・哲学者。
地動説，ふりこの等時性，慣性の法則など，科学に絶大な影響を与えた。

しかし，**仮説B**ではないかと考えた人物がいた。ガリレオ・ガリレイである。物体に力がはたらかないときの運動のようすについて，ガリレオは次のような思考実験をおこなった。

下図のようなものを考える。一方の斜面から球をころがすとき，球は斜面に沿ってころがり，摩擦がなければ反対側の斜面上の同じ高さまで達するだろう（**A**の経路）。次に斜面の傾斜を少しゆるやかにする。やはり，球は斜面上を同じ高さまで登るだろう（**B**の経路）。さらに斜面をゆるくしても，球は最初の高さまで斜面上を進んでいくはずだ。では，この斜面を水平にしたら，球はどこまでころがるのか。球はいつまでもころがり続けるはずだ。

外から力からはたらかなければ同じ運動（等速直線運動）を続ける性質こそが，物体のもつ性質（**慣性**）ではないかと，ガリレオは考えたのである。

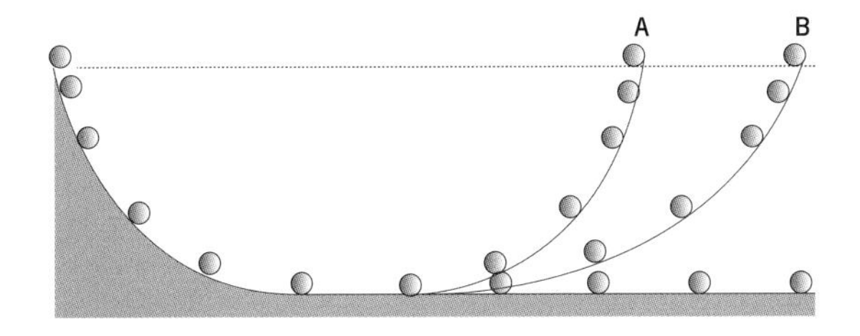

参考

現象の本質を見ぬく

仮説Aの「物体はやがて止まってしまう」という現象は，物体の本当の性質ではなく，外からの力（摩擦力）によるものだとし，慣性と摩擦力とに分けて考えたのが，ガリレオの偉大なところだったのである。

発展

思考実験

実際の実験器具を使わずに，頭の中で状況をつくり出し，思考によって実験すること。アインシュタインもこの思考実験を用いて，すぐれた理論を生み出した。

身近な生活

電車の中での慣性

物体は，外から力がはたらかない限り，運動のようすは変わりません。

静止している電車が動くと，乗客が進行方向と逆向きに傾いてしまうのは，乗客が静止し続けようとするためです。見かけ上は，乗客に進行方向と逆向きに力がはたらいているように見えます。この見かけの力を，**慣性力**とよんでいます。

⬆電車で傾く人

発展・探究

相対運動

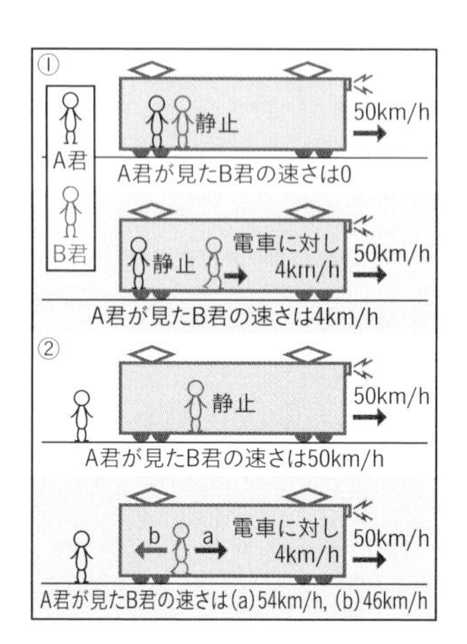

物体の運動しているようすは，観測する立場によってちがいます。地面に静止しているＡ君も，Ｂ君から見れば動いているように見えます（右図②）。

物体の運動を考える場合は，基準を決め，それに対してどれだけの速さと向きであるかを調べる必要があります。このように，ある基準に対する運動を，**相対運動**といいます。

静止の意味

A君の位置	B君の動き	
電車の中	静止しているとき	歩いているとき
	0 km/h	4km/h
線路ぎわ	静止しているとき 50km/h	歩いているとき a）54km/h b）46km/h

相対運動という考え方に立つと，静止している人が動き，動いている人が静止する，ということもいえます。どちらを基準にするかは，観測者（基準）しだいです。p.75で「静止も等速直線運動の一つである」と説明しましたが，上図のA君とB君の関係のように，静止も相対的にみると等速直線運動となるのです。このように物理では，運動を考えるとき相対的な視点で考え，観測者（基準）と対象者（測定する物体）を想定します。

たとえば，あなたが電車に乗っているときに眠ってしまい，ふと目が覚めると電車は長いトンネルに入っているとします。長い間，電車が音もゆれもしないので，あなたは「この電車は本当に動いているのか」不安になってきます。このときあなたは「等速直線運動をしている」ことはわかりますが，電車は止まっているのか，動いているのかについては決められないのです。このように物理学では，静止と等速直線運動は等価（同じ価値）であると考えます。

以上から「静止」というのは，何か（基準）に対して静止していると，いわなければなりません。たとえば，図①のA君は「電車（という基準）に対して静止している」ということになります。

❸ 物体に力がはたらいているときの運動

1 速さが変化する運動

斜面を下る台車の運動は，その速さがしだいに速くなる。このように，**物体の速さが変化する運動をするとき，物体に力がはたらいている**という。

実験

斜面を下る台車の運動

目的

斜面を下る台車の運動のようすを，右のような実験装置で調べる。

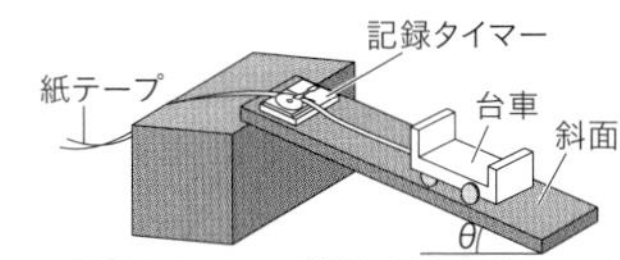

記録タイマーは1秒間に50打点する。

方法

❶ 台車に紙テープをつけて斜面上に置き，記録タイマーをはたらかせながら，斜面上を走らせる。
❷ この実験をくり返して，紙テープ上の打点から運動のようすを調べる。
❸ 実験後，紙テープを5打点ずつ切りとり，棒グラフをつくる（グラフ1）。
❹ さらに，斜面の角度を大きくして，同じ実験をする（グラフ2）。

結果

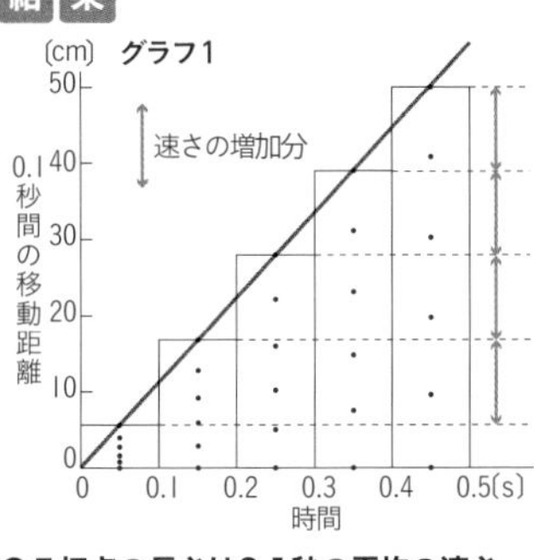

⬆5打点の長さは0.1秒の平均の速さ

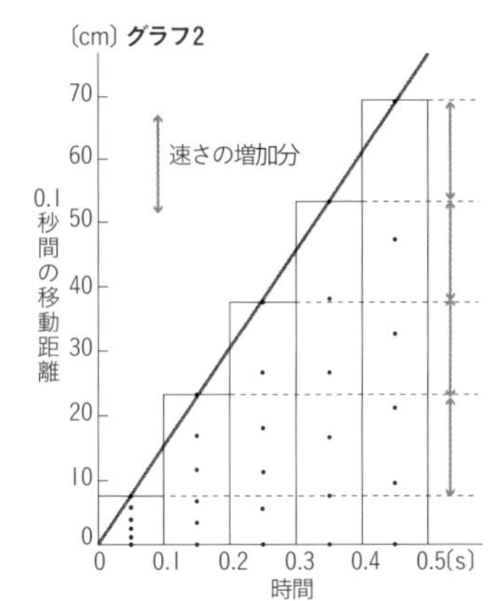

考察

紙テープを並べると，速さの増加分がいつも一定であることがわかる。
さらに，❹の実験結果（グラフ2）より，各紙テープが長くなっていることから，斜面の角度が大きいほど，速さの増加分が大きいことがわかる。

2 自由落下と重力

斜面の傾きをさらに大きくし，その角度が90°になると，物体は垂直に落下する。これを**自由落下**という。自由落下のようすは，ストロボ写真で測定することができる。このとき，自由落下する物体の速さは，つねに一定の割合で増える。

自由落下で物体にはたらく力の大きさは重力に等しく，重力はつねに物体に対して一定の大きさではたらくので，自由落下中の物体にはつねに一定の力がはたらき続けることになる。このことから，

❶ **自由落下にはたらく力は，重力に等しい。**

❷ **物体にはたらく重力の大きさは一定で，自由落下する物体の速さの増え方は一定。**

❶と❷より

一定の力が物体にはたらくとき，物体の速さは一定の割合で増えることがわかる。

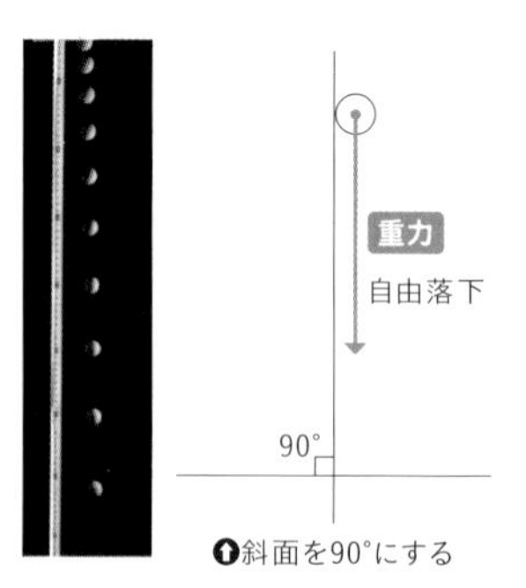

⬆斜面を90°にする

⬆自由落下運動のストロボ写真

くわしく

重力の力

重力は同じ場所であれば，物体の大きさ（質量）によらず，物体を一定の速さで増加させるはたらきをもつ。

◉ 重力の分力

斜面を下る台車の速さを一定の割合で増加させる力と，自由落下する物体にはたらく力は同じ重力である。ただし，その力は斜面の角度によって，図1のように分解される。斜面に垂直な重力の分力（②）は，斜面を押す力となり，これは斜面からの垂直抗力（③）によって打ち消される。

一方，斜面に平行な重力の分力（①）は残り，この力が台車の運動のようす（速さ）を変化させる。

（図1）

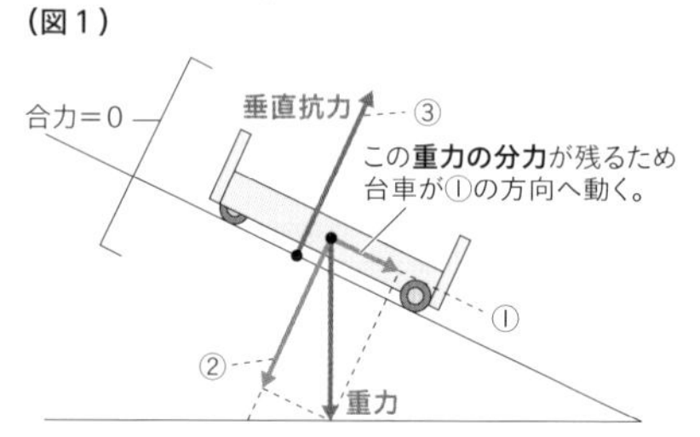

⬆斜面上の物体にはたらく力

斜面の角度が大きいほど，斜面に平行な分力が大きくなり（図2の$F<F'$），p.79の実験で，斜面の角度が大きいほど，速さの増加分が大きくなる結果から，物体にはたらく力が大きいほど，物体の速さの変化は大きくなることがわかる。

（図2）

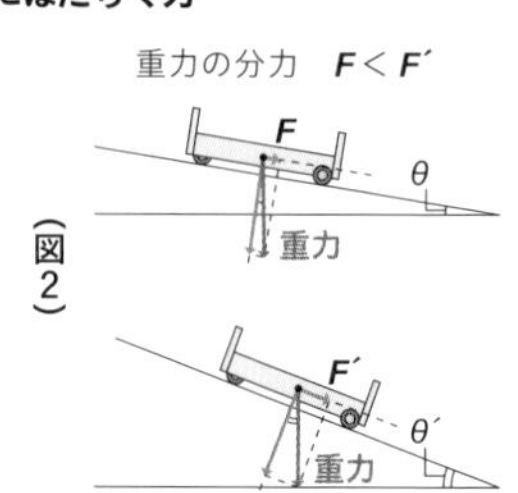

⬆角度が大きいほど，斜面に平行な分力は大きい

3 物体に力がはたらく運動のグラフ

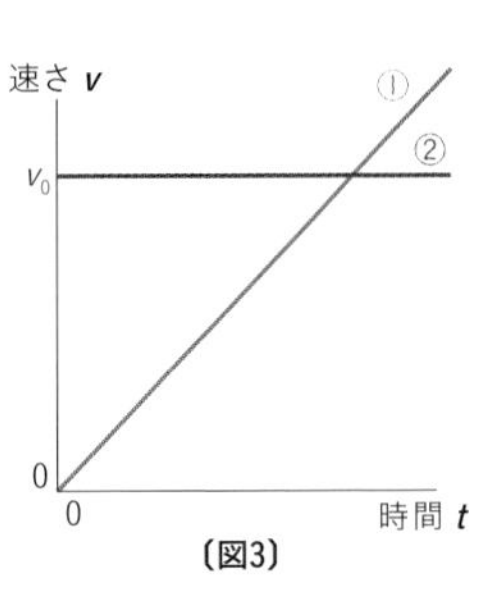

〔図3〕

◉ 時間と速さのグラフ

斜面を下る台車の運動を，時間と速さのグラフ（図3の①）の式で考える。時間を横軸，速さを縦軸とすると，速さ v と時間 t の式は，以下のようになる。

$$v = at$$ …式①（比例定数 a）

斜面の角度が大きくなると，物体にはたらく力が大きくなり，速さの増え方が大きくなることから，**力が大きくなると式①の比例定数（傾き）aが大きくなる**ようなグラフとなる。

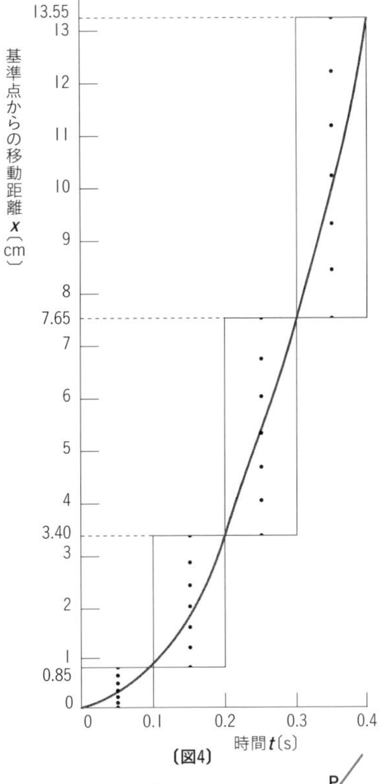

〔図4〕

◉ 時間と距離のグラフ

p.79の実験の記録紙テープを図4のようにつなぐと，基準点からの台車の移動距離のグラフができる。横軸を時間，縦軸を基準点からの移動距離とする図4のようなグラフを表す式は，どのようになるのだろうか。

等速直線運動（図3の②）での，移動距離は，速さ v_0 と時間 t_1 で囲まれた面積に等しい（図5の□Ot_1Qv_0）。

同様に，時間とともに速さが変化する場合（図3の①）も，**移動距離は「速さ」と「移動に要した時間」に囲まれた面積に等しくなる**（図5の△Ot_1P）。この面積は，直角三角形の面積である。よって速さが一定の割合で変化するときの，時間と距離のグラフを表す式（図4の曲線）は，以下のようになる。

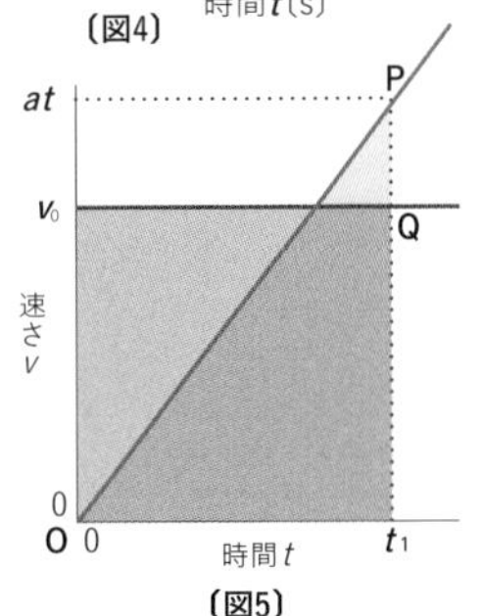

〔図5〕

$$x = \frac{1}{2}at^2$$ …式②（距離x，時間t，比例定数a）

式②で表わせるグラフ（曲線）を**放物線**という。

4 運動の向きと力

1 物体のもつ初めの速さ

物体が初めからある速さをもっているとき，これを**初速**（v_0）という。初速 $v_0=0$ のとき，物体は基準点で静止しているといい，初速が0でないとき，物体は基準点で速さをもっている（運動している）という。

2 運動の向きに力がはたらく

図1のように，水平の面を初速v_0で走っている台車が，A点から斜面を下る場合を考える（A点を基準点とする)。

斜面を下るときの物体の運動の向き（初速の向き）と，物体にはたらく力（斜面に平行な重力(じゅうりょく)の分力）の向きは同じになる。そのため，台車は時間とともに速くなっていく。このとき，物体の速さの変化を表す傾(かたむ)きaは正（$a>0$）となる。

斜面の傾きが大きいほど，斜面に平行な重力の分力は大きくなり，速さの変化も大きくなる。このときの速さは，式①$v=at$に，初速のv_0を加えた式となる。

$$v=v_0+at \quad \cdots式③$$

この式をグラフにすると図2のようになる。

くわしく

初速のあるときの傾きa

初速v_0で，時間tにおける速さをvとしたとき，傾きa（加速度）を計算する。

物体は，時間tの間に速さがv_0からvに変化するから，傾きaはその差を時間tで割って，

$a=\dfrac{v-v_0}{t}$　　$\therefore v=v_0+at$

となる。

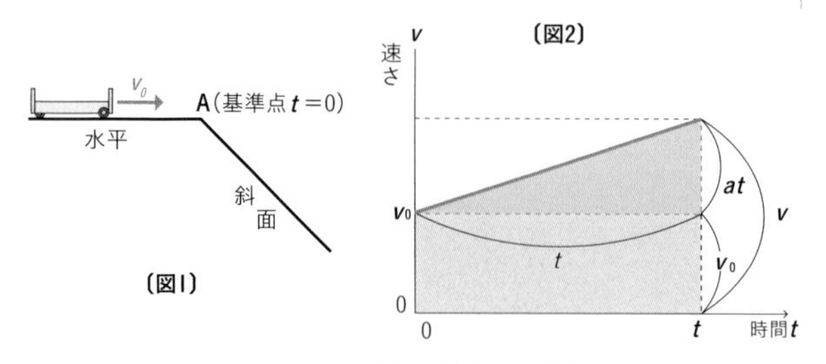

❶時間と速さのグラフ，
台車の移動距離は上の台形の面積となる。

3 運動の向きと逆向きに力がはたらく

台車に初速があって，A点から斜面を上がる運動を考える（図３）。

この場合，斜面を上がる台車は，時間とともに速さが小さくなっていく。

斜面では常に台車に下向きの力，図４の①のような重力（じゅうりょく）の分力がはたらくからである。

この力は，基準点Aの運動の向きv_0と逆向きの力であり，台車の速さを小さくしようとするはたらきがある。

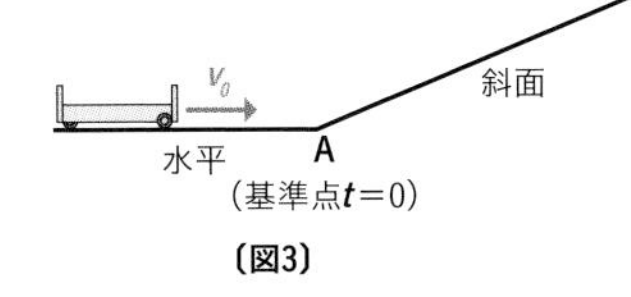

〔図3〕

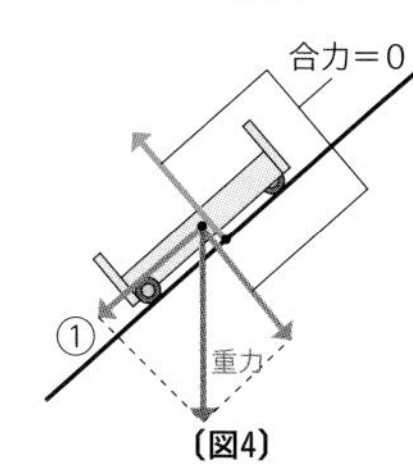

〔図4〕

運動の方向（初速の向き）を正とすると，力は逆向きにはたらくので，台車の速さの変化を表す傾き（かたむ）きは負となる。よって，A点からの台車の速さvを表す式は以下のようになる。

$$v=v_0-at \quad \cdots式④$$

この式から台車の速さは時間とともに少しずつ小さくなり，やがて斜面の途中で止まる（$0=v_0-at$）。グラフにすると図５のようになる。

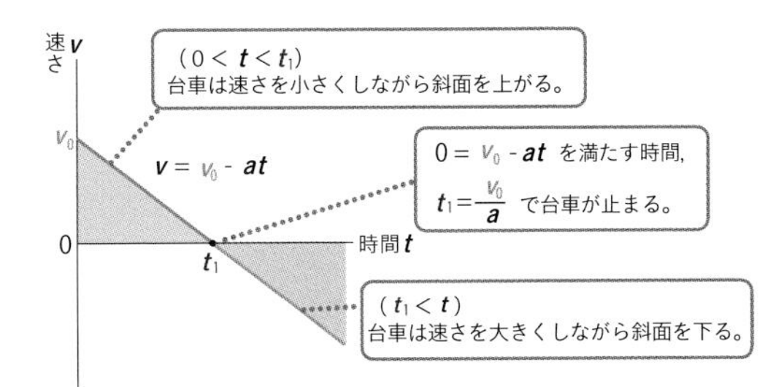

〔図5〕

⬆三角形の面積が台車の移動距離となる。x軸より下の面積は逆向きの移動距離を表す。

4 周期的な運動 発展

これまで，物体の運動する（初速の）向きと力の向きが同じ直線上にあり，その方向が真反対の（正負）運動を考えてきた。しかし，運動には物体の運動と異なる方向に，力がはたらくことがある。

◉ 円運動

糸の先におもりをつけて振り回すと，おもりは手を中心にして円周上を動く。この運動を**円運動**という。円運動は，物体の運動の向きと物体にはたらく力の向きが直角となる運動である。

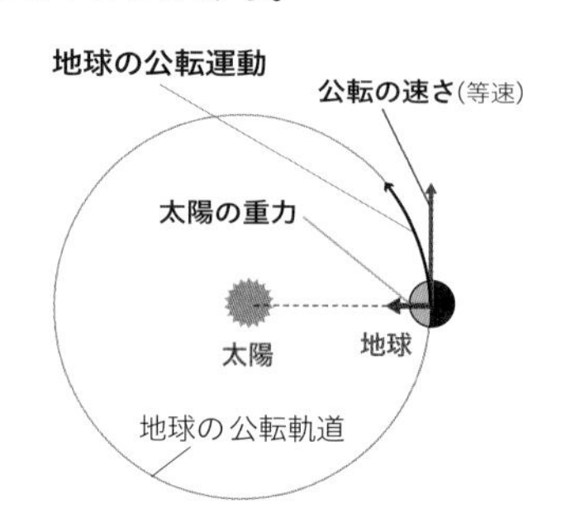

◉ ふりこの運動

軽い糸の先におもりをつけて，おもりを振れるようにしたものを，**ふりこ**または単ふりこという。ふりこも運動の向きと力の向きが直線上にない運動である。

ふりこの長さは，糸を固定した点からおもりの重心(➡p.57）までの長さをさす。

振れの中心からおもりが動く端までの幅を**振幅**（しんぷく）という。左右に1往復する時間を**周期**という。1秒間に振れる往復回数を**振動数**（しんどうすう）という。

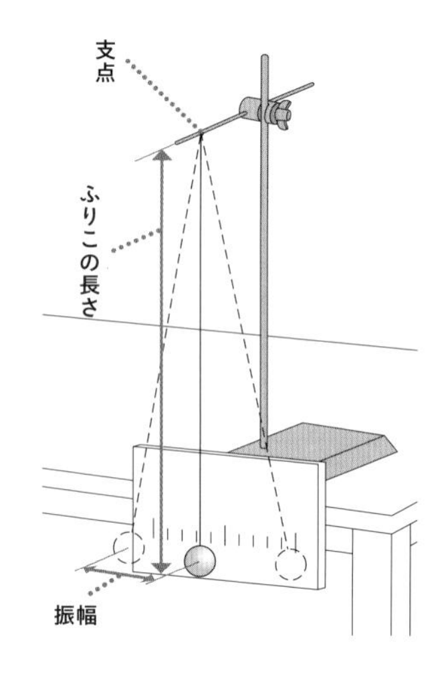

◉ ふりこの等時性

ふりこの長さが決まっていれば，ふりこの周期は，おもりの重さや振幅に関係なく，いつも一定である。これを**ふりこの等時性**という。

発展

円運動

速さが同じで向きだけ変わる運動（円運動）は，運動の向きと物体にはたらく力の向きが直線上ではなく，90°の関係にある。
この場合，運動の方向に力はかからないので，速さは変わらず，向きだけが変わり続けることになる。
地球が太陽のまわりを回る円運動も，太陽が引き寄せる力（重力）は，地球の運動する方向と90°の関係にある。このため，地球は一定の速さで太陽を中心に向きを変え続ける。

発展・探究

速さ・距離・時間の関係

物体に力がはたらかない等速直線運動(とうそくちょくせんうんどう)と，物体に一定の力がはたらくときの運動，それぞれの「時間と速さ」，「時間と距離」の関係をまとめます。

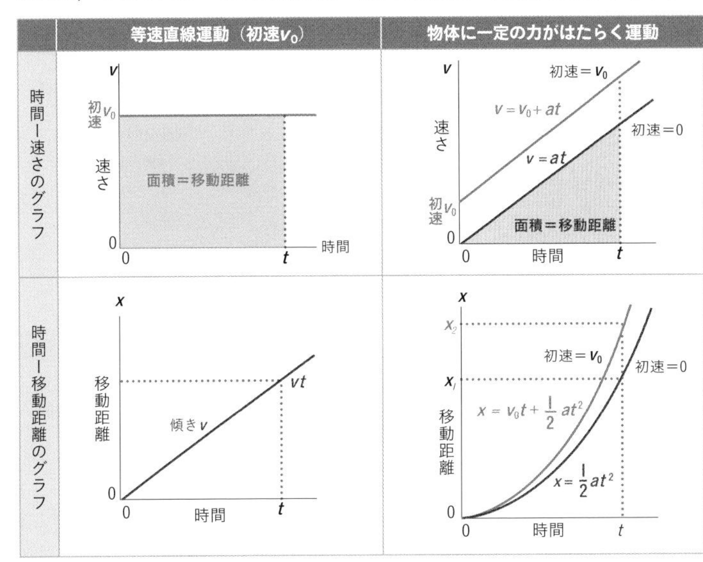

	等速直線運動（初速v_0）	物体に一定の力がはたらく運動
t時間後の速さ	$v=v_0$	$v=at$（初速v_0のとき$v=v_0+at$）
移動距離	$x=v_0t$	$x=\frac{1}{2}at^2$（初速v_0のとき$x=v_0t+\frac{1}{2}at^2$）

初速のある物体に一定の力がはたらく運動では，時間と移動距離との関係は以下のようになります。

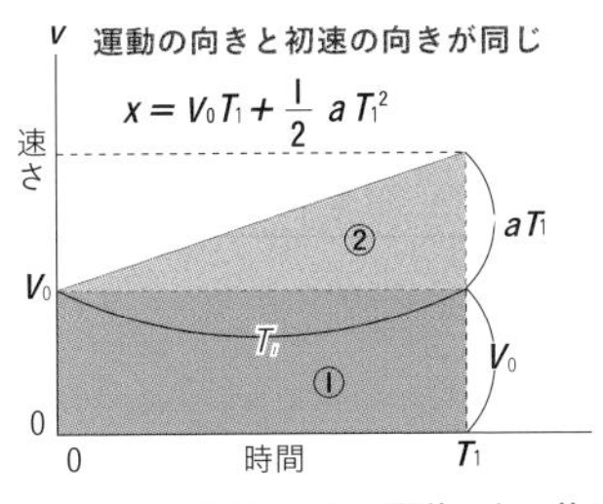

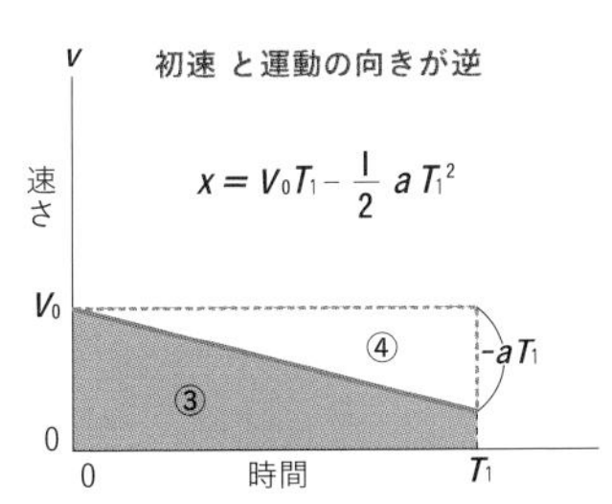

● それぞれの面積の和・差が、時間0～T_1までの移動距離となる

① ＋ ②　　③ － ④

5 力と加速度 発展

速さの変化は，時間と速さのグラフでは傾き(かたむ)きaで表せた。aの物理的な意味について考える。

物体に力がはたらくとき，物体の運動の速さは変化するので，速さの変化の大きさ（傾きa）が，力の大きさを表す指標となる。物体の速さが変化する割合，傾きaのことを，**加速度**という。

◉ 加速度の表し方

加速度は，単位時間に，速さがどれだけ変化するかの割合で表し，速さの変化を時間で割った値となる。

$$\text{加速度}=\frac{\text{速さの変化}}{\text{時間}}$$

たとえば，2 m/sの速さで運動する物体が，5秒後に12 m/sの速さになったとき，1秒間における速さの増加の割合は，次のようになる。

$$\frac{12\,(\mathrm{m/s})-2\,(\mathrm{m/s})}{5\,(\mathrm{s})}=2\,(\mathrm{m/s^2})$$

時刻 t_1　5秒後　t_2

瞬間の速さ v_1　v_2

2〔m/s〕　12〔m/s〕

加速度の単位は，**m/s²**となる。

◉ 一定の割合で加速する運動　等加速度運動

物体に力がはたらかないときの運動を「等速直線運動(とうそくちょくせんうんどう)」というのに対して，物体に一定の力がはたらき，速さが一定の割合で変化する運動を**等加速度運動**という。

くわしく 

加速度の単位（m/s²）

加速度を求める式で，単位だけに着目すると，

$$\frac{\mathrm{m}}{\mathrm{s}}\div \mathrm{s}=\frac{\mathrm{m}}{\mathrm{s}\times \mathrm{s}}=\frac{\mathrm{m}}{\mathrm{s^2}}$$

となり，単位はm/s²となる。

重力加速度

重力は物体を，毎秒約9.8m/sの割合で加速させる。つまり，重力の加速度は

9.8 m/s²

と表せる。

くわしく 

平均の加速度

速さのときと同様に，時間で割った場合，その時間における平均である。つまり，左の加速度は，5秒間における平均の加速度になる。瞬間の速さと同じように，瞬間の加速度もある。この場合，極めて短い時間での速さの変化を表している。

用語解説 

等加速度運動

等速直線運動に対して，直線をふくまないのは，速さとちがい速度には「向き」の成分もふくまれているからである。速さが変わらず，向きだけ変わる運動も等加速度運動になる。そのため，等加速度運動の中で，とくに直線運動をする運動を等加速度直線運動という。

5 運動の法則 発展

物体に力がはたらいていないときの運動（等速直線運動）と，物体に力がはたらいているときの運動（加速度運動）について学んできた。ここでは物体における運動についてまとめた法則について簡単にふれよう。

1 運動の第一法則

物体に力がはたらかなければ，静止している物体はいつまでも静止し，運動している物体は等速直線運動を続ける

慣性の法則ともいう。物体に力がはたらかない限り，その物体の速さ（運動状態）は変化しない（ガリレオの「慣性の法則」➡p.76参照）。

2 運動の第二法則

物体に力がはたらくと加速度を生じ，加速度の大きさは，力の大きさに比例し，その物体の質量に反比例する

「物体に力がはたらくと加速度を生じる」とは，物体の速さに変化が生じることである。さらに速さの変化の量は，力の大きさに比例している。

「物体に力がはたらいていないときの運動」についてまとめたのが「第一法則」で，「物体に力がはたらいたときの運動」についてまとめたのが「第二法則」となる。

第二法則ではさらに「力」を，「加速度」と「質量」という２つの物理量で表す。この式を**運動方程式**という。

力〔N〕＝質量〔kg〕×加速度〔m/s²〕

1 kgの質量を，1 m/s^2に加速させる力を1 Nという**「力の単位」**とした。

発展

速度

「速さ」は物体のもつ単位時間あたりの移動距離（量）であるが，「速度」は速さと向きの２つの量を合わせた量である。東へ向かう60 km/hも西へ向かう60 km/hも，速さは等しいが速度は異なる。

発展

100 gにはたらく重力の大きさ

物理の問題で「ただし，100 gの物体にはたらく重力の大きさを１Nとする」という文がある。これは第二法則の運動方程式より質量と重力による加速度の積から

F＝0.1〔kg〕×9.8〔m/s^2〕
　＝0.98〔N〕

ほぼ１Nだとわかる。

3 運動の第三法則

作用と反作用とは，同じ直線上で作用し，大きさが等しく向きが反対で，それぞれ別の物体にはたらく

2人がそれぞれ別の台車に乗って，自分が相手を押したとき，動くのは相手の台車だけでなく，押した自分の台車も等しく離れていく。

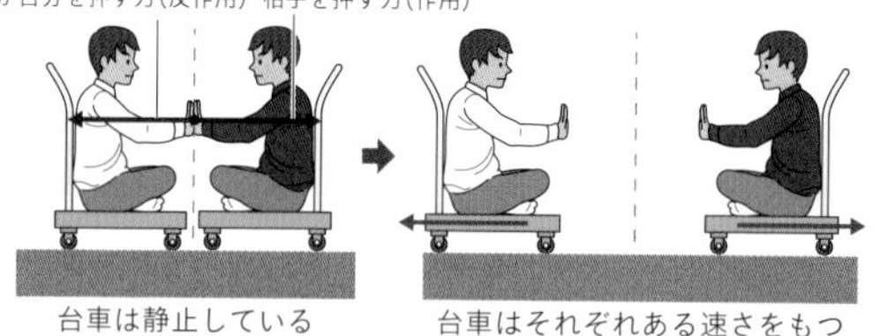

「力のつり合い」と混同しやすいので，注意したい。

● 2つの物体に注目した法則

第一法則と第二法則は，力を受ける物体に注目し，その運動がどうなるかを記述している。どちらの法則も，力の出どころについてはふれていない。人が押そうが，地球が引っぱろうが，力が物体におよぼす効果に変わりがない。あくまで「力」の大きさとは，その力が受けた物体が「どう運動するか」で決まるからだ。

これに対して第三法則は，力を与えるものと受けるもの，作用と反作用は等しいとし，力をおよぼし合っている2つの物体の運動のようすをまとめている。

▼ 第一法則・第二法則ではⒶの運動に注目

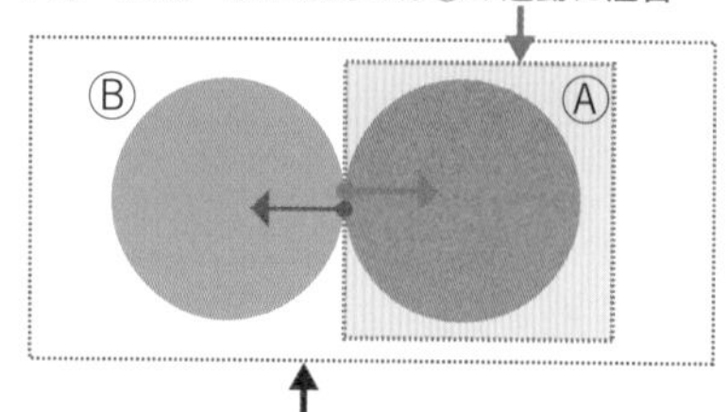

▲ 第三法則ではⒶとⒷの運動のようすに注目

くわしく 

力のつり合い（下図①）
地面が台車を押す力（黒：垂直抗力）と，地球が台車を引く力（緑：重力）で，1つの物体にはたらく。

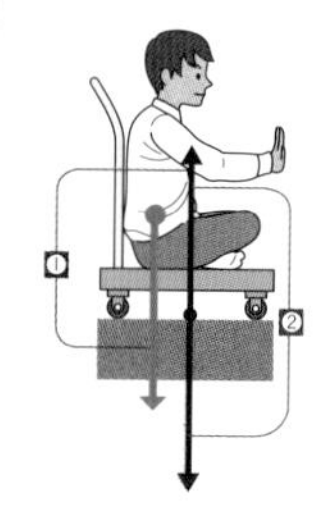

作用・反作用（上図②）
地面が台車を押す力（黒：垂直抗力）と，台車が地面を押す力（赤）で，それぞれ地面と台車の別の物体に作用する力

4 万有引力

物体を地球の中心に向かって落下させる力を重力といい，わたしたちが物体を押したり引いたりする力とは少しちがう性質をもっている。

◉ 重力の力

物体の落下は重力によって起こる。その速さの変化は物体の質量によらず一定であり，重力による加速度を重力加速度という。重力は，力＝(質量)×(加速度)より，次のように表せる。

物体にはたらく重力＝(質量)×(重力加速度)

物体にはたらく重力は，万有引力によるもので，その力は天体の質量に比例し，半径の２乗に反比例する。

月での重力加速度は地球の約$\frac{1}{6}$となる。

◉ 万有引力

重力は，万有引力ともいわれる「力」で，物体と物体との間で引き合う力である。その力はたがいの質量の大きさが大きいほど，大きくなる。

物体と地球の質量を比べると，圧倒的に地球が大きいので，地球の質量による引力が，重力といってよい。

▶ 質量600gの物体を，ばねばかりではかる。

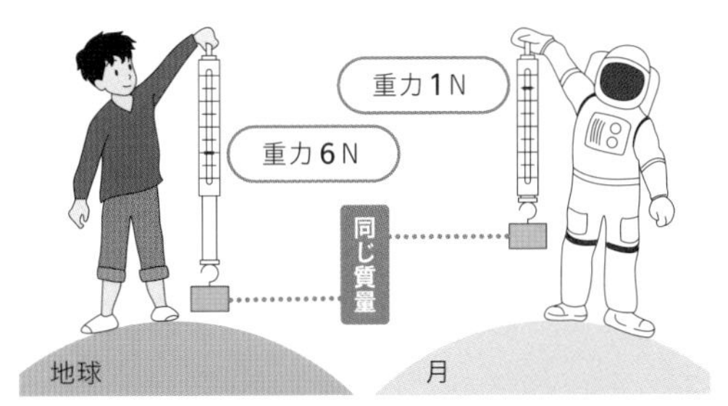

⬆地球と月の重力加速度の比は，地球と月の質量の比である。

参考

天体による重力のちがい

天体によって同じ物体にはたらく重力の大きさはちがうので，物体の重さも変わる。

天体名	重さ〔N〕
地球	1
月	0.17
太陽	28.01
金星	0.91
火星	0.38

発展・探求

重力と質量の不思議な関係

どんな物体も同時に落ちる。ガリレオの【ピサの斜塔の実験】は有名ですが，それでも，重い物体ほど速く落ちそうに感じます。羽と鉄の球が同時に落ちないのは，空気の抵抗があるためで，羽を真空のガラス管に入れると，鉄と同じように落ちることを観測できます。

この物体にはたらく重力を式で（➡p.89）は，以下のように表せます。

物体にはたらく重力＝(質量)×(重力加速度)

重力加速度は一定なので，質量が大きいほどはたらく重力が大きくなります。

「重いものほどはたらく重力が大きくて，速く落ちそう」に思えますが，重力の加速度は一定です。落ちる速さは質量とは関係なく，一定に決まっているのです。

ここで質量について考えてみましょう。

わたしたちが質量のある物体を動かすとき，力を物体にはたらかせます。

もしも，動かす力が一定ならば，質量が大きいほど加速度は小さくなります。質量の大きな物体を，質量の小さい物体と同じように動かそうとすれば，力を大きくするしかありません。たとえば，自転車を押すと簡単に動きますが，自動車を動かそうとすれば，大きな力を必要とするようにです。

改めて，重力の効果を考えると，加速度は固定されています。つまり，重力は質量によって，引く力を変えているのです。羽も，鉄の球も，同じように動くように，力を引き出しているようにみえます。重力と質量，この２つにはどんな関係があるのでしょうか。

質量はその大きさに比例して，他の質量を引き寄せる力，重力がはたらく空間を質量のまわりにつくります。つまり，重力を生み出しているのは質量なのです。磁石がまわりに磁力がはたらく空間をつくり，鉄を引き寄せるのに似ています。質量はあらゆる物体にあるので，質量の力である重力は万有(ばんゆう)の力，万有引力(ばんゆういんりょく)といわれます。

通常，質量の生み出す重力は，磁力に比べるとあまりにも弱いために（※）観測できません。しかし，地球の質量は極めて大きいので，地球上に重力がはたらく空間を生み出しているのです。

※２つの電子の電気的な反発力は，同じ２つの電子の引力よりも4.17×１兆×１兆×１兆×100万倍も大きい。

第2章 SECTION 4

仕事とエネルギー

物体に力を加えて，力を加えた向きに物体を動かしたとき，力がその物体に対して「仕事をした」という。身近に聞く熱エネルギーや電気エネルギーなどのエネルギーは「仕事をする」ことができる。ここでは，「仕事」と「エネルギー」について学習する。

1 仕事

1 仕事とは何か

物体を重力(じゅうりょく)に逆らって持ち上げたり，摩擦力(まさつりょく)に逆らって動かしたりするには，力が必要である。このようなとき，わたしたちは**物体に仕事をした**という。

しかし，物理学ではバケツを持って支えているとき，バケツに「仕事をした」とはいわない。持ち上げるときは「仕事」をしたのに，支えるときは「仕事をした」とはいわないのはなぜだろうか。

バケツに注目して考えてみよう。バケツを持ち上げるとき，バケツは力を受けながら移動して位置（高さ）の変化が起きる。

しかし，支えられているバケツは(持っている人は大変だが)，バケツからすると何も変位がない。**バケツに力をかけた向きに少しでも動かなければバケツに対して「仕事をした」とはいえないのである。**

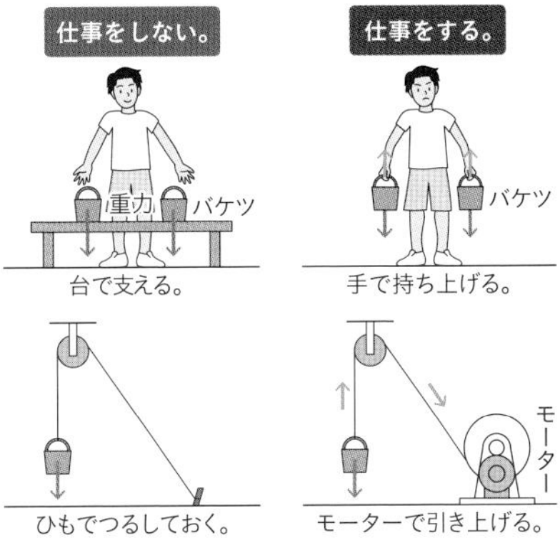

⬆仕事をする，仕事をしない

2 仕事の表し方

仕事の大きさは，物体に作用する力が大きく，力をかけた向きに移動した距離(きょり)が大きいほど，大きくなる。

◉ **仕事の定義**

仕事の量Wは，力の大きさFと，力の向きに動いた距(きょ)

離sとの積で表される。

仕事(W)=力の大きさ(F)×力の向きに動いた距離(s)

◉ 仕事の単位

仕事の単位は，力の単位と距離の単位との積で表される。力の単位にN，距離の単位にmをとれば，仕事の単位は〔**N・m**〕と等しくなる。また，1Nの力がはたらいて，物体を1m動かすときの仕事は1N・mとなり，これを**1ジュール**（**記号J**）という。仕事の単位は〔J〕を使う。

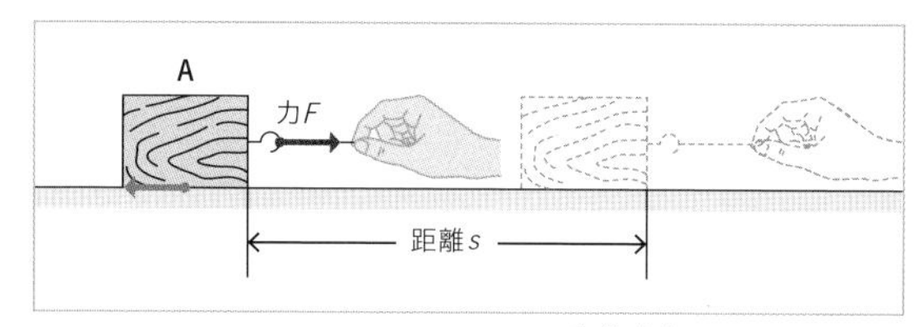

上図で力Fをかけて物体Aを，摩擦力に対抗して距離sだけ力をかけ続ける。物体Aにした仕事Wは　$W=F・s$〔**J**〕となる。

◉ 仕事のグラフ

右の図1のように重さ2Nの物体を，床の面から1m，2m，…，4mと静かに引き上げる。このとき加えた力Fを縦軸に，引き上げた距離sを横軸にとってグラフに表すと，図2のようになる。

仕事=力の大きさ×力の向きに動いた距離だから，力の大きさを表す縦軸と移動距離の横軸との間にはさまれた図形の面積が，仕事の量を表す。

〔図1〕

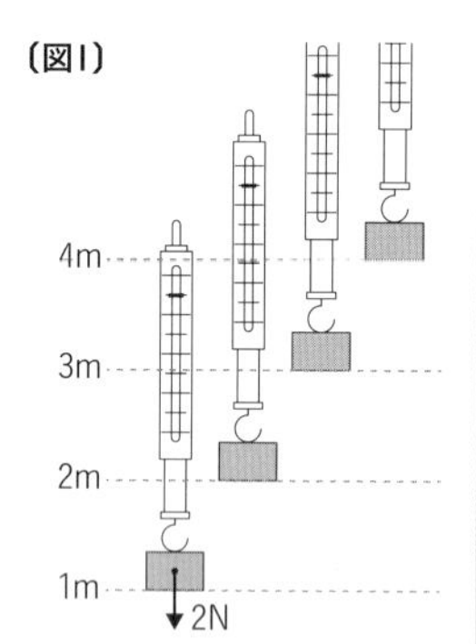

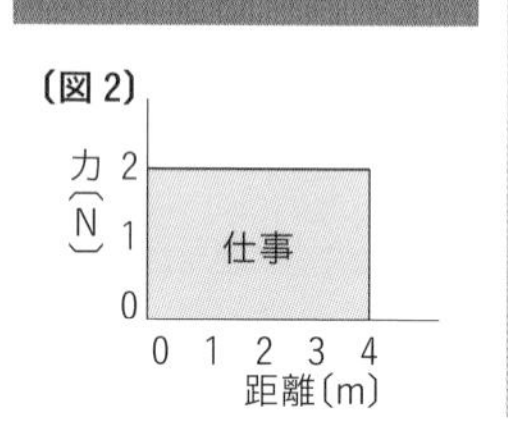

力の向きと物体の動く距離が一致しないとき

レールにそって動く車に，レールと平行でない方向の力を加えるとき，これを真上から見ると，下の図のようになる。

このとき加えた力Fを，レールに平行な分力F_1と，レールに垂直な分力F_2とに分解すると，分力F_2の方向には車は動かないので，F_2のする仕事は0となる。したがって，Fのする仕事はF_1のする仕事と等しくなる。

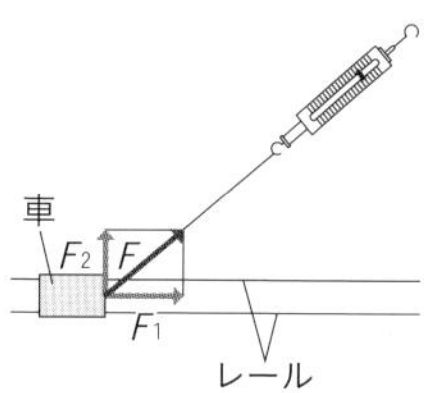

参考

荷物をもったままの移動

このまま横に等速で移動していても，力の向きに移動していないので，仕事は0である。

3 重力(じゅうりょく)に逆らってする仕事

◉ 物体を持ち上げる場合

静止している物体を持ち上げるとき，重力に逆らって上向きに力を加えて，高さhだけ上昇させたとする。このとき物体に「仕事をした」という。

仕事は，力の大きさFと，力の向きに動いた距離(きょり)sとの積で表されるので，このとき重力に逆らって物体にした仕事Wは，(仕事)W＝(重力)w×(高さ)hで表すことができる。

右図で質量100 gのバッグを1 m持ち上げたとき，100 gにかかる重力は1 Nから，バッグにした仕事は

1〔N〕×1〔m〕＝1〔J〕 となる。

バッグの質量
100 g
仕事 W
1 J
高さ h
1 m
物体にかかる重力
w ＝1N

発展・探究

仕事　w×hの面積の意味を考える

重力に逆らって仕事をするとき，一定の力Fは物体の重さwに等しく，垂直にh（高さ）だけ移動させるときの仕事をF×hとしています。しかし，最初にバッグが床に静止しているとき，力Fが重さwに等しい力であれば，バッグは重力とつり合っているので持ち上がりません。

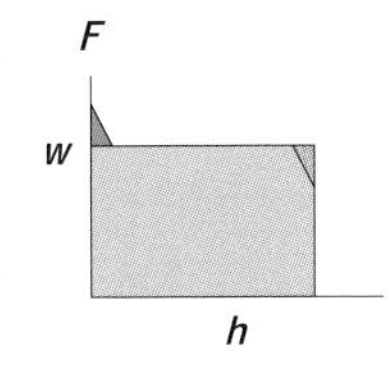

持ち上げる運動に移行するには，力Fを一瞬，重さ以上にしなければ物体は動きません。そこで，力をwよりも一瞬大きくかける（右図の◣）ことでバッグは動き出すのです。移動している間は，wとFがつり合っているので等速で移動させます。最後に止めるときに力を一瞬ゆるめる（図の◥）ことで元の静止状態になります。

◣＋◥の面積は等しくなり（等しくないと静止できない），上記の面積は，必ずw×hとなります。

4 摩擦力に逆らってする仕事 発展

床にある物体を水平に移動させるとき，摩擦力に逆らって物体に力をはたらかせることになるので，これも物体に「仕事をした」といえる。

静止摩擦力と動摩擦力

物体を水平に移動させるとき，物体と床との間に摩擦力がはたらく。摩擦力には，物体が静止しているときにはたらく**静止摩擦力**と，動いているときにはたらく**動摩擦力**とがある。

静止している間は，物体に力がはたらいても仕事をしていないので，摩擦力に逆らってする仕事は，動いている物体にはたらく動摩擦力のみについて考えればよい。

動摩擦力は，物体の運動の速さによらず一定（➡p.66），で，面にはたらく垂直抗力（物体の重さ）に比例しているので，（摩擦係数が決まれば）物体の重さで決まる。

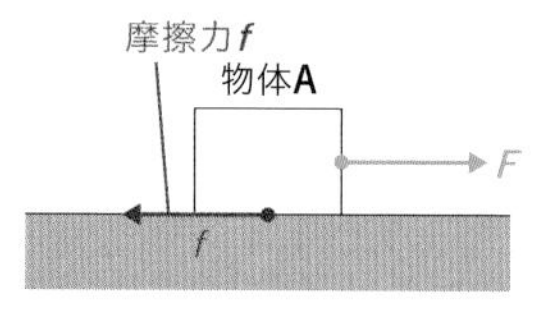

摩擦力に逆らってする仕事

動摩擦力に逆らって，物体を動かしたときの仕事を考える。物体Aがゆっくりと動いているとき，動摩擦力fと引っ張る力Fはつり合い，静止していない等速直線運動となる。このとき，物体の移動距離をsとすると，その仕事は，次のように表すことができる。

仕事(W)＝動摩擦力(f)×移動距離(s)

重力に逆らう仕事と同じように（➡p.93発展），動摩擦力とつり合わせて動かすときに加える力Fを，少なくとも動摩擦力fよりほんのわずかだけ大きくし，その後，つり合う状態で物体を等速で移動させる。また，静止させるときは動摩擦力fよりも，Fをほんのわずかだけ小さくすることで止める。

発展

摩擦係数

物体を摩擦力に逆らって動かすとき，床と動かす物体との接地する面に動摩擦力が生じる。動摩擦力は物体の速さによらず一定で，動摩擦力をF，面にはたらく垂直抗力をR，このときの比例定数を動摩擦係数といい，これをkとすると，$F=kR$と表すことができる。摩擦係数は，ふれあう2物体の表面の性質とその状態によって決まる値で，ふつうの木と木とでは，0.3～0.5である。間にロウや油をひくと摩擦係数は小さくなり，砂を入れると大きくなる。

5 ばねをのばすときにする仕事 発展

ばねをのばすには，はじめは小さな力でよいが，ばねがのびるにつれて，加える力を大きくしなければならないため，**加える力がのびの大きさで変化している。**

◉ フックの法則

ばねののびが大きいほど，ばねにかかる力は大きくなる。つまり，ばねののび$\boldsymbol{x}$は，力$\boldsymbol{F}$に比例する。

$$F=kx \quad (k\text{はばねによる比例定数})$$

（xには上限があり，これを**弾性限界**（だんせいげんかい）という。）

◉ ばねをのばすときの仕事

ばねを引きのばすときのように，加える力が変わるときの仕事をグラフから求める。

フックの法則から，ばねののびと加える力は，比例するので，横軸にのび$\boldsymbol{x}$を，縦軸に加える力$\boldsymbol{F}$をとり，グラフをかくと，右の図2のように原点**O**を通る直線**OA**となる。

〔図1〕

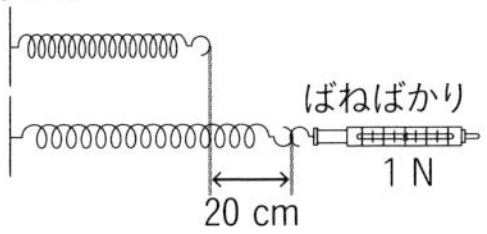

ばねばかり

1 N

20 cm

このばねを図1のように20 cm（0.2 m）のばしたときの力を1 Nとすれば，このときばねにした仕事は，△**OAB**の面積で表される。これより，

〔図2〕

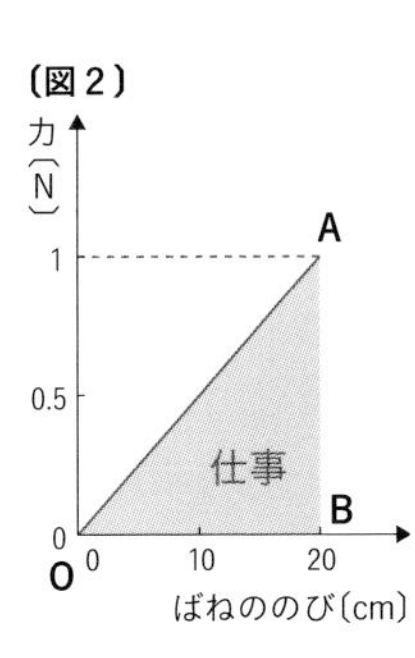

$$\text{仕事}=\frac{1}{2}\times AB\times OB$$

$$=\frac{1}{2}\times 1\,(N)\times 0.2\,(m)=0.1\,(J)$$

◉ ばねのする仕事

のびたり縮んだりしたばねは，もとの長さにもどるときに仕事をする。このときの**ばねのする仕事は，ばねを変形させるときの仕事に等しい。**

くわしく

ばねの利用例

▶力や重さをはかる

ばねばかり，台ばかりは，ばねののびが加える力に比例することを利用している。

▶急激な力や振動を弱める

いすに用いる円すいつるまきばねや，車輪と車体の間に入れる重ね板ばねは，外から急激な力が加わったとき，ばねが変形して，少しずつほかの部分に力を伝えて衝撃力を弱める性質がある。

▶ものを固定する

紙ばさみや洗たくばさみなどのばねは，もとの形にもどろうとして紙などを強くはさむ性質がある。

▶もとにもどす

バリカン，枝切りばさみなどのばねは，力を加えると縮み，力を除くと弾性によって，自然にもとにもどることを利用している。

▶力をためる

とけいやおもちゃの自動車などに用いているばね。

6 仕事の原理

◉ 滑車と仕事の原理

滑車を用いて物体を持ち上げるときも，「仕事をした」といえる。滑車には以下の２つがある。

▶**定滑車**　別の物体に固定し，回転する滑車。糸と物体を引く向きを変えられるが，力の大きさは同じ。

▶**動滑車**　別の物体に固定せず，回転とともに軸が移動する滑車。糸で物体を引く距離が２倍になるが，力の大きさは半分になる。

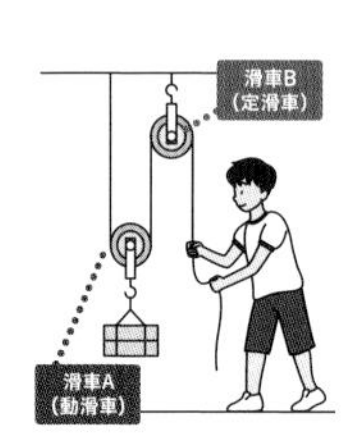

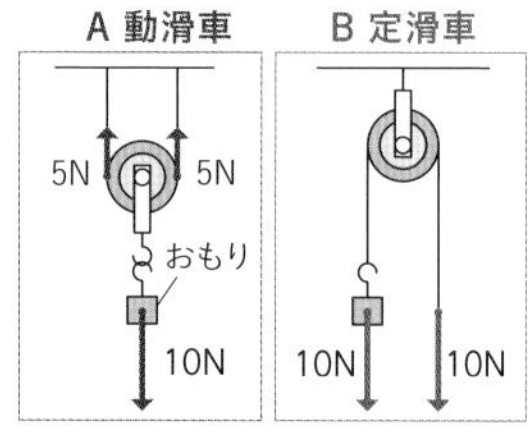

滑車の重さは考えない

動滑車のような道具を使うと小さな力で大きな力を出すことができるが，動かす距離は大きくなるので仕事の量は変わらない。これを**仕事の原理**という。

◉ 斜面と仕事の原理

斜面上の物体の重さをmとすると，斜面にそった分力（➡p.64）fは，$f=m\times\frac{BC}{AB}$となる。この物体を斜面にそってAからBまで引き上げる仕事Wは，

$W=f\times AB=(m\times\frac{BC}{AB})\times AB=m\times BC$となる。右辺は，物体をCからBまで直接持ち上げるときの仕事に等しい。このように斜面を使うと，引き上げる力は小さくてすむが，動かす距離は長くなるので，仕事の量には変わりがない（**仕事の原理**）。

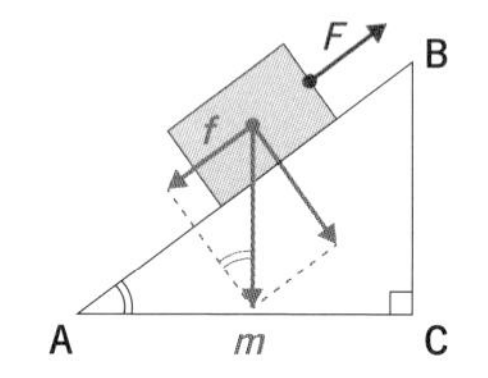

輪軸(りんじく)

大小の輪が組み合わさった道具の１つ。大きな輪に力を加えると，小さな輪に大きな力を伝えることができる。ただし，大きな輪を動かす距離は大きくなる。

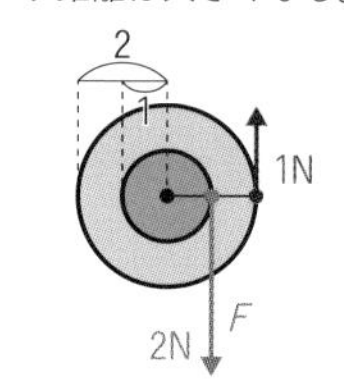

くわしく

仕事をするときの道すじ

坂の上を物体を引いてまっすぐに登る場合と，まわり道をして頂上まで登る場合とでは，直接持ち上げるときと斜面とでする仕事と同じように考えることができ，どの道を通っても仕事の量は変わらない。

一般に，摩擦のないところで仕事をする場合には，出発点と終点とが決まれば，どの道を通っても，仕事の量は同じである。しかし，摩擦のある場合は道すじによってちがい，距離が長いほど仕事の量は大きくなる。

◉ てこと仕事の原理

重さの無視できるてこを用いて，下の図のように物体を動かすとき，**OB**の長さを**AO**の長さの３倍にすると，AにはBに加える力の３倍の大きさの力がはたらく。一方，てこをBからB′まで動かすときの距離に比べて，物体が動く距離AA′は$\frac{1}{3}$となるため，人がてこにする仕事と，てこが物体に対してする仕事は変わらない。てこでも仕事の原理があてはまる。

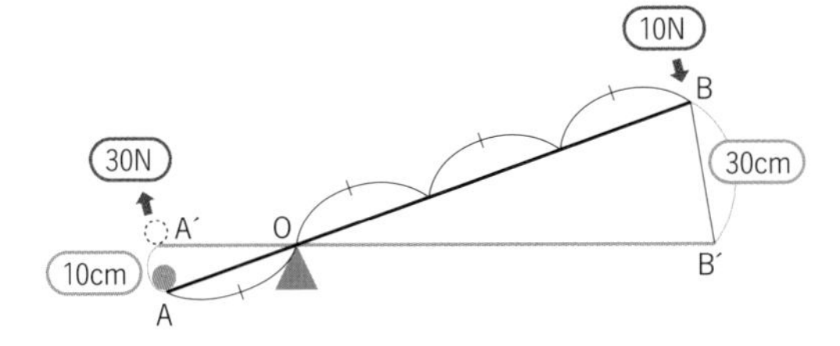

7 仕事率

◉ 仕事率

人や機械が，一定時間内にどれだけ仕事をするかという割合を**仕事率**といい，仕事率の大きさでその能力のちがいを表す。同じ量の仕事をするのに，短い時間でできる機械のほうが，長い時間かかる機械よりも仕事率は大きくなる。仕事率の単位は，**ワット**〔**W**〕や〔**J/s**〕で表される。

$$\text{仕事率(W)}=\frac{\text{仕事(J)}}{\text{時間(s)}}$$

仕事は，力Fと移動距離sの積なので，仕事率P〔W〕は，これを時間tで割ることから

$$P=\frac{F\cdot s}{t}=F\cdot v\ 〔\mathrm{N\cdot m/s}〕$$ と表せる。

vは速さになるので，仕事率は，物体にはたらく力と物体の（力がはたらく向きの）速さの積として表せる。

実験

思考力UP

てこを使った仕事を調べる

目的

てこを使って仕事をしたとき，支点からおもりと手までの距離が変わると，仕事の大きさは変わるのかを調べる。

方法

右図のようなてこで，1.0 N（100 g）のおもりを0.10 m引き上げるときに，手が加える力の大きさや押す距離を，支点からおもりと手までの距離を変えて調べる。

❶ 支点からおもりまでの距離と，支点から手までの距離を，1：2にして，おもりを0.10 m引き上げたときの，手が加える力の大きさと，押す距離を調べる。
❷ 支点からおもりまでの距離と，支点から手までの距離を，2：1にして，おもりを0.10 m引き上げたときの，手が加える力の大きさと，押す距離を調べる。

結果

結果は以下のようになった。

距離の比	手が加える力	押す距離	手がする仕事
1：2	0.58(N)	0.2(m)	0.116(J)
2：1	2.32(N)	0.05(m)	0.116(J)

考察

支点からおもりまでと手までの距離の比が変わっても，仕事の大きさは同じになり，仕事の原理が成り立っている。

思考の流れ

仮説

●同じ高さに引き上げるのだから，仕事の大きさは同じではないか。

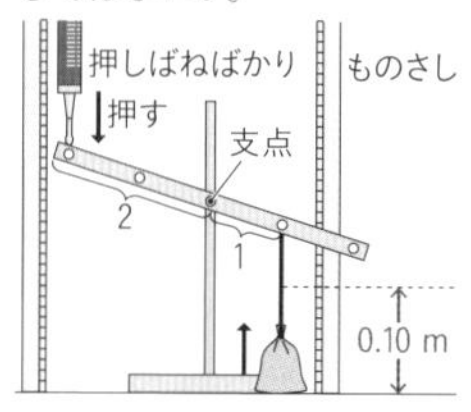

計画

●支点からおもりと手までの距離の比を変えたときの，力の大きさと押す距離を調べる。

考察の観点

●手が加える力の大きさと押す距離から，力と距離の積（手がする仕事の大きさ）を比較する。

POINT

動滑車１つを使うと，糸で物体を引く距離が２倍になるが，力の大きさは半分になる。

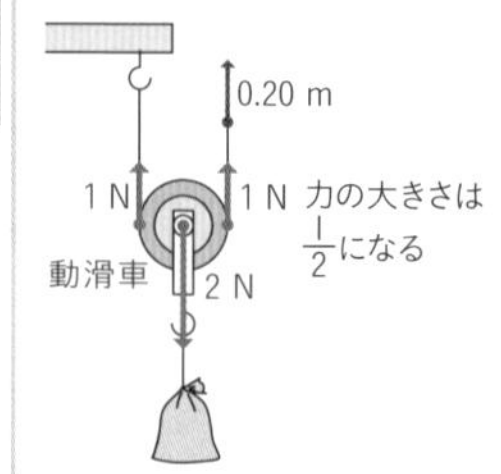

❷ エネルギーと仕事

1 エネルギーとは何か

「エネルギー」というと電気エネルギーや太陽エネルギーなどいろいろなものが思い浮かぶ。しかし，エネルギーはいろいろな姿があって，何かの（物理）量としてあつかうには難しい。

そこで，「力」を力がはたらく物体の「運動状態の変化」で表したように，「エネルギー」をその物体のもつ「仕事をする能力」で表すことにする。

発展

エネルギーの種類

エネルギーにはいろいろな姿がある。たとえば，位置エネルギー（重力エネルギー），運動エネルギー，弾性エネルギー，電気エネルギー，化学エネルギー，輻射エネルギー，核エネルギー，質量エネルギーなどがある。

2 仕事とエネルギー

今，地面にある物体を，重力（じゅうりょく）に逆らって高いところに持ち上げた**仕事**をする。次に物体を下に落とすことによって，くいを打ちこんだり，物体を変形させたり，ほかに仕事をすることができる。

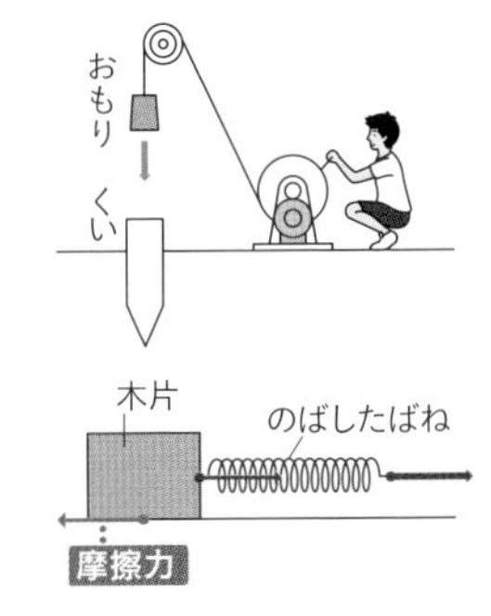

また，のばしたばねに木片をつければ，ばねはもとに戻る力で，摩擦力（まさつりょく）に逆らって木片を動かす仕事をすることができる。

このように，高いところにある物体や，のばしたばねは，ほかの物体に仕事をする能力をもっている。このような（外へ）仕事をする能力をもっている物体は，（その仕事に等しい）エネルギーをもっているという。物理では，「エネルギー」を「仕事をする能力」として表すことができる。

エネルギーとは，仕事をする能力

のびたばねはエネルギーをもつが，ばねをのばすには，わたしたちが仕事をしなければならない。また，高いところにあるおもりはエネルギーをもつが，おもりを高いところに上げるには，仕事をして持ち上げなければならない。逆に，のびたばねや，高いところのおもりは，外に仕事をするとエネルギーを減少させる。

右図のように，物体に外から仕事をすると，エネルギーの小さい（低い）状態から，大きい（高い）状態に移り，逆に物体が外へ仕事をすると，エネルギーの大きい状態から小さい状態に移る。

⬆エネルギーと仕事の関係

▶ **エネルギーの単位**　物体のもっているエネルギーの大きさは，その物体がほかの物体にすることのできる仕事の量で表す。よってエネルギーの単位は，仕事の単位と同じで**J（ジュール）**である。

3 位置エネルギー

基準面（地表）にある物体をある高さまで持ち上げるためには，外から仕事をしなければならない。また，持ち上げられた物体は，もとの地表に落ちる間に，ほか（外へ）の物体に仕事をすることができる。つまり，基準面より上にある物体は，その高さによって仕事をする能力をもつ。このエネルギーを**位置エネルギー**という。

くわしく

基準面
位置エネルギーは，0Jとなる点，すなわち基準を設定して用いるため，相対的な値である。机の上の本を持ち上げるとき，机を0Jとしても床を0Jとしてもよい。持ち上げた距離は変わらないため，仕事をした分のエネルギーの差は変わらない。

◉ 重力による位置エネルギー

図１のように，質量mの物体Aを重力に逆らって，滑車で高さhのところまで持ち上げるときに必要な仕事を求める。

物体Aを高さhまで持ち上げるために必要な仕事量は，このとき物体の進む方向にはたらく力Fが，物体Aにはたらく重力に等しいことから，**仕事＝F×h＝重力×高さ**となる。

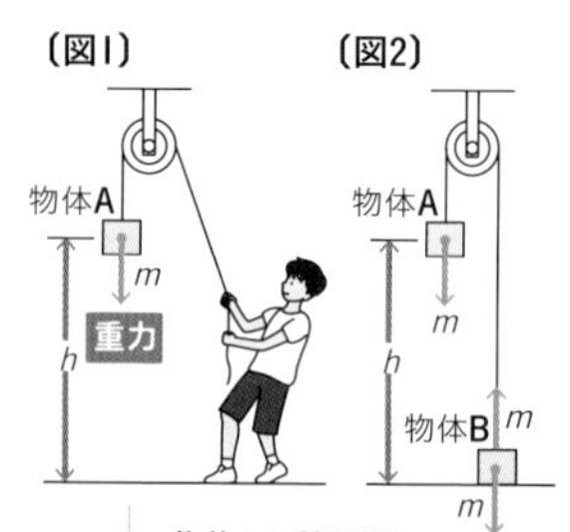

物体Aの質量10kg
h＝10mとする

図１のように，質量10 kgの物体を10 m持ち上げる仕事Wは，10 kgの物体にはたらく重力は約100 Nから，W＝100〔N〕×10〔m〕＝1000〔J〕である。

次に，物体Aと同じ重さの物体Bをひもでつなげる（図２）。物体Aに下向きの力を加えると，つり合った物体AとBは等速運動をする。物体Aがhだけ落下するとき，物体Bはhだけ上昇するため，高さhにある質量mの物体が落下するときの仕事は，mghとなる（g：重力加速度➡p.104）。

図１と図２から，基準面から高さhにある物体は，（物体にかかる重力）×（高さ）の仕事をする能力をもつことがわかる。

4 運動エネルギー

球を転がしてピンを倒したり，当てた物体をこわしたりと，高いところにある物体がもつ「位置エネルギー」と同じように，運動している物体は，ほかの物体に，仕事をする能力をもつ。物体がある速さをもつとき，その物体は**運動エネルギー**をもっているという。

◉ 運動エネルギーと仕事

運動エネルギーは，運動する物体が静止するまでにほかの物体にした仕事をはかることでわかる。

右図のように記録タイマーを通したテープの先に台車をつけ，水平面上を走らせて木片に衝突させる。このとき，木片の動いた距離は，台車が木片にした仕事に比例する。

この実験で，台車の速さと質量を変化させ，そのときの木片の動いた距離をはかる。このときの結果を，木片の動いた距離と台車の速さを２乗した数値をグラフにするとほぼ比例することがわかる。また，台車の質量が大きいほど傾きが大きい。このことから，台車の速さが速いほど，台車の質量が大きいほど，木片にする仕事が大きくなることがわかる。

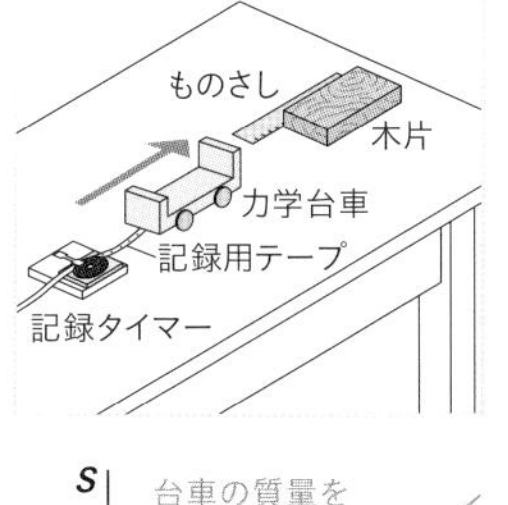

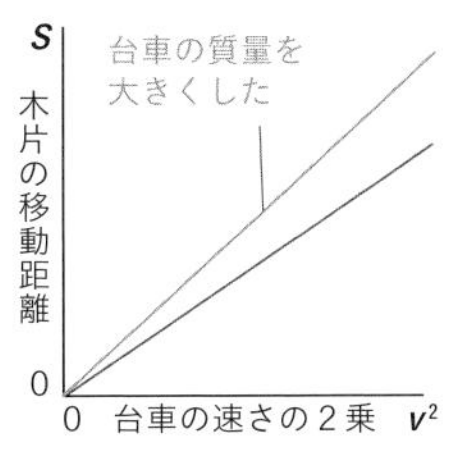

発展

位置エネルギーは重力によるものなので，高さhに関わらず物体にはたらく重力Fは一定である。
そのため，位置エネルギーの式は図１の面積より$F \times h = mgh$となる。

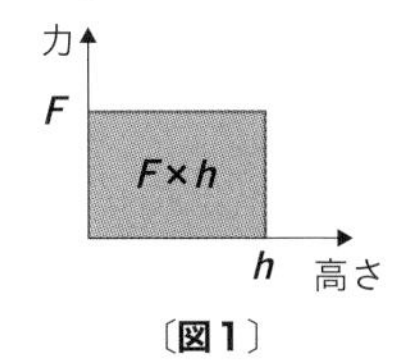

〔図１〕

これに対してばねは，のびxに比例してFが変わる（$F = kx$，kは比例定数）。ばねのもつエネルギーを弾性エネルギーといい，図２の三角形の面積となる。

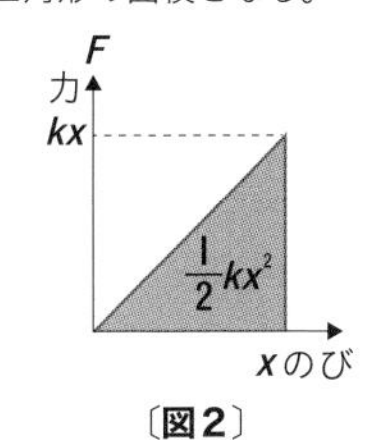

〔図２〕

くわしく

運動エネルギーの大きさ

台車が，木片に一定の力Fを加え，木片を距離Sだけ移動させて止まったとする。これは，木片に対して$F \times S$の仕事をして，台車が静止したことを表す。このとき，木片にした仕事FSは，運動している台車の運動エネルギーに等しい。

以上のことから，物体のもつ運動エネルギーは物体の速さが大きいほど，質量が大きいほど，大きいといえる。

発展
速さが2倍，3倍，…となると，運動エネルギーが4倍（2×2），9倍（3×3），…となる。

◉ 位置エネルギーと運動エネルギーについてのまとめ

物体のもつ位置エネルギーと運動エネルギーには，それぞれ以下のような関係がある。

位置エネルギー ➡ 質量と基準面からの高さが大きいほど大きい。

運動エネルギー ➡ 質量と物体の速さが大きいほど大きい。

実験　思考力UP

位置エネルギーの大きさを調べる

目的

斜面の上から小球を転がし，その小球が斜面の下にある別の物体に衝突するときの仕事を調べる。このときさまざまな条件を変えて，木片がどのように動くのかを測定する。

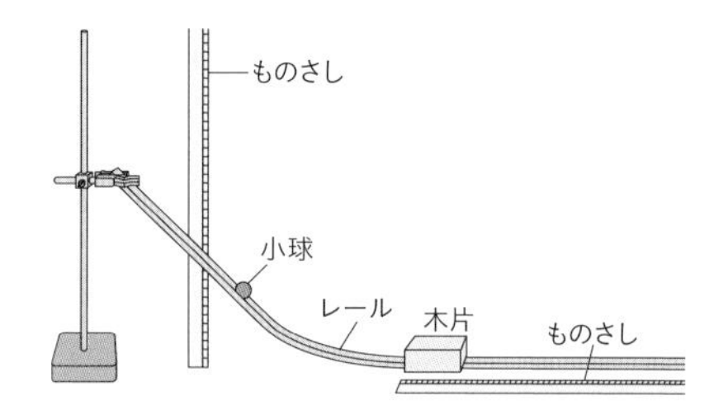

方法

❶ 上図のように装置をつくり，さまざまな高さから小球を転がす。このとき小球の高さと，木片が動いた距離の関係を調べる。
❷ 小球の質量を変えて，同じように転がし，木片が動いた距離を調べる。
❸ 測定した値から，小球の高さと木片の移動距離，小球の質量と木片の移動距離，の2つのグラフをつくる。

思考の流れ

仮説
● 高さや質量によって物体のもつ位置エネルギーが変わることで，他の物体にする仕事が変わる。

計画
● 斜面の高さを変えて，小球のもつ位置エネルギーの大きさを変える。

● 木片の動摩擦力は速さによらず一定なので，動いた距離が，仕事の量に比例する。

● 小球の質量を変えて，小球のもつ位置エネルギーの大きさを変える。

結果

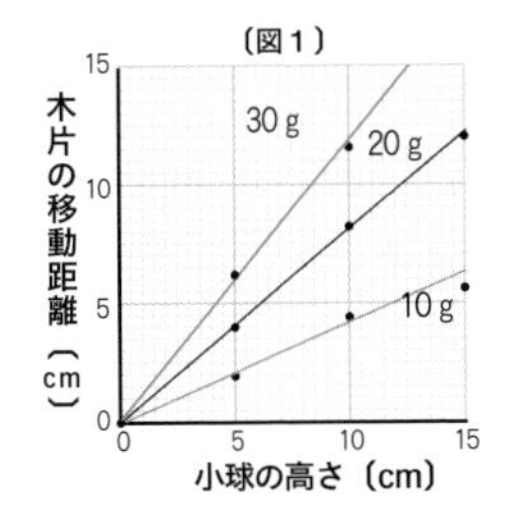

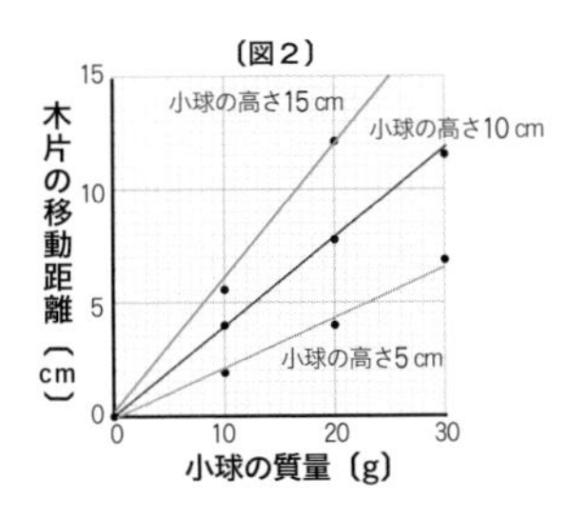

考察

❶ 小球の質量が大きいほど木片が動いた距離は長い。質量が大きいほど木片に与える仕事は大きく，位置エネルギーが大きい（図1より）。

❷ 斜面の高さが高いほど木片が動いた距離は長いことから，木片に与える仕事は大きく，位置エネルギーが大きい（図2より）。

考察の観点

●木片が動いた距離が大きいほど，木片にした仕事は大きい。

5 力学的エネルギーの保存

● ふりこのエネルギー

右図のようなふりこの運動を考える。A点にあるおもりをはなすと位置エネルギーが減っていき，運動エネルギーは増えていって，B点で運動エネルギーは最大，位置エネルギーが0になる(B点を基準面)。この後，ふりこはB点を通過してC点に達すると，位置エネルギーは最大，運動エネルギーは再び0となる。

ふりこの運動では，位置エネルギーと運動エネルギーがおもりの高さによって割合が変化し，入れかわっている。このとき位置エネルギーと運動エネルギーの和を力学的エネルギーといい，ふりこのような運動では，力学的エネルギーは一定に保存される（※）。これを**力学的エネルギーの保存**という。

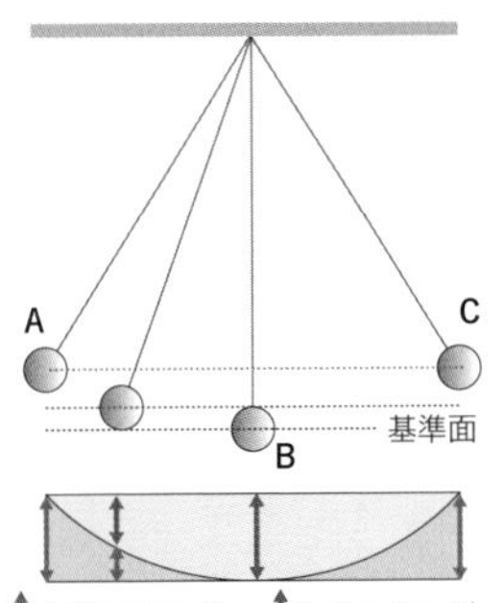

位置エネルギー＋運動エネルギー
＝力学的エネルギー（一定）

（※）摩擦や空気抵抗がないこと。

位置エネルギー＋運動エネルギー＝力学的エネルギー（一定）

6 力学的エネルギーの保存 発展

ここでは斜面を転がる球の力学的エネルギーについて考える。

◉ 位置エネルギーの式

O点にあった球M（質量m）を，高さhのA点まで持ち上げ球Mに仕事をする（下図）。このときA点での位置エネルギーは，球Mにした仕事 mghに等しい。ここでgは重力加速度を表す（定数）。

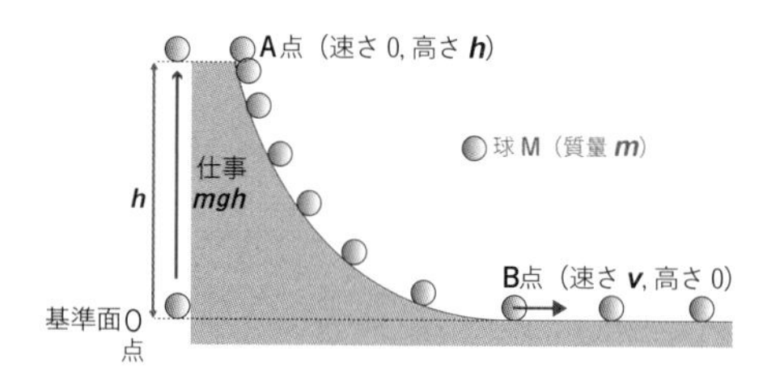

次に球Mを斜面下のB点まで転がしたとき，球Mはある速さvになったとしよう。B点で（高さは$h=0$となるため）位置エネルギーは0になり，位置エネルギーはすべて運動エネルギーに変わったといえる。

◉ 運動エネルギーの式

B点での運動エネルギーを速さvで表してみよう。

右図のように斜面がどのような経路であっても，球MのA点～B点での仕事は変わらない（仕事の原理）。そこで，最も短い経路，自由落下で考えてもよい。

A点からB点へ落下する距離hと速さvは，

$$h=\frac{1}{2}gt^2 \cdots ㋑,\quad v=gt \cdots ㋺ \text{（※）}$$

で表される。この２式から，

$$h=\frac{v^2}{2g} \cdots \text{式①}$$ が導き出せる。

（※）p.81の式①と式②より，加速度$a=g$として㋑，㋺が導ける。

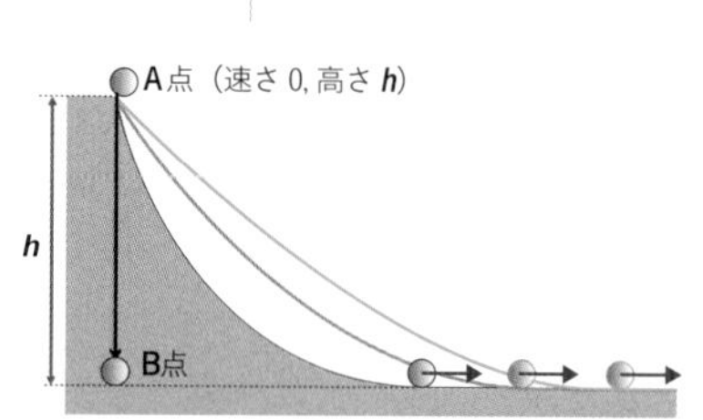

「仕事の原理」から、どの経路でも球 M が失う位置エネルギー（仕事）は変わらない。ただし、摩擦力などが0の思考実験である。

位置	高さ	速さ	エネルギー
A	h	0	mgh（位置エネルギー）
B	0	v	$\frac{1}{2}mv^2$（運動エネルギー）

発展

位置エネルギーmgh
質量mの物体が高さhにあるときの位置エネルギーは，質量mにかかる重力Fで距離hを移動させる仕事に等しい。このFは質量と重力加速度gとの積で表せる。これは運動の第二法則（➡p.87）の**力＝(質量)×(加速度)**から導く。重力加速度を通常gと書くので，位置エネルギーは**(質量)×(重力加速度)×(距離)**よりmghとなる。

位置エネルギーが，すべて運動エネルギーに変わったとすると，mghに式①を代入して，

運動エネルギー $\frac{1}{2}mv^2$ …**式②**

が導き出せる。

◉ **力学的エネルギーの保存はどこでも成り立つか**

A点，B点で $mgh=\frac{1}{2}mv^2$ …**式②´** が成り立つ場合，斜面（または落下）途中のA点～B点の区間内のどこでも，力学的エネルギーは保存されるだろうか。

今，A～B区間内のある高さC点を考える（A>C>B）。A～C区間の高さをh'，C点まで落下した速さをv'とすると，A点，C点の２点では式②´から式③も成り立つ。

$mgh'=\frac{1}{2}mv'^2$ …**式③**

C点はまだB点までの途中であるから，位置エネルギー $mg(h-h')$ が残っている。よって，C点では，運動エネルギーと位置エネルギーの和は，式④となる。

$\frac{1}{2}mv'^2+mg(h-h')$ …**式④**

式④を変形すると，（　）の２項は式③より０になる。

$mgh+(\frac{1}{2}mv'^2-mgh')=mgh$ …**式⑤**

C点はA～B区間内を自由に選べることから，球MがA～B区間内のどの位置（高さ）にあっても，力学的エネルギーは**BからAへの仕事mghに等しい**ことになる。

このことから，斜面を転がる（自由落下をふくむ）球の運動において，**力学的エネルギーの保存は，つねに成り立つ**ことがわかる（摩擦力などは０とする）。

くわしく

式②のv

式②を満たす速さvとは，B点から上に速さvで質量mの物体を打ち出せば，A点の高さhまで持ち上げる仕事をするということを意味する。

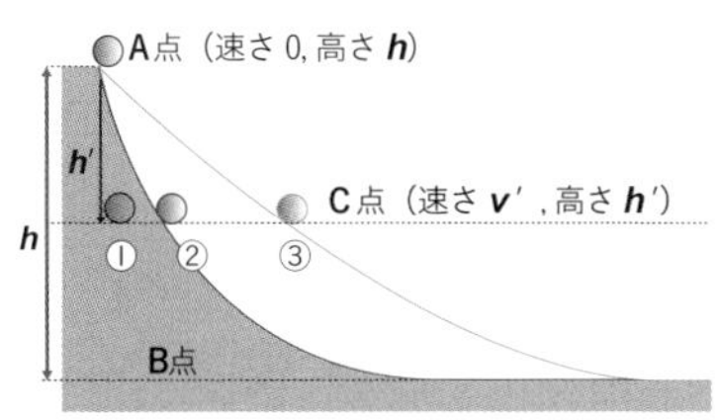

➊ 高さが等しければ、どの経路（①～③）の速さも等しい。（摩擦力などが０であるとする）

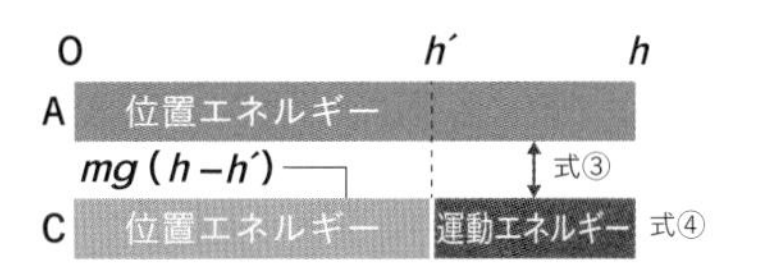

➊ 力学的エネルギーは，どの点でも保存されている。

7 仕事とエネルギーの関係

物体の簡単な運動では，力学的エネルギーが保存されることを学んだ。エネルギーには電気エネルギー，化学エネルギー，音エネルギー，光エネルギー，核エネルギーなどさまざまな形態があるが，それらのエネルギーはたがいに変換しあっても，その全体量は保存される。これを，**エネルギーの保存**という。

◉ エネルギーの移り変わり

物体を落下させるとき，位置エネルギーが減少し，それに応じて運動エネルギーが増加する。このとき，はじめの位置エネルギーは，最後に物体が地面に対してした仕事と，熱に変換される。

エネルギーの移り変わりは，自然界のいたるところで起こっている。下図は，エネルギーの移り変わりを示す例である。

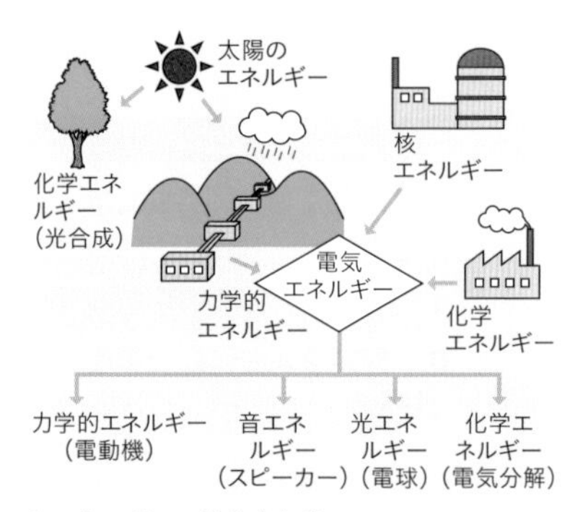

⬆エネルギーの移り変わり

太陽のエネルギーによって水を蒸発させ，雨となって降り，ダムにたくわえられる。この水の位置エネルギーが，発電機によって電気エネルギーに変換される。

また，太陽のエネルギーは植物の光合成（こうごうせい）の際に，化学エネルギーとしてたくわえられる。火力発電は，石油や石炭にふくまれている物質（ぶっしつ）の化学エネルギーを利用したものである。

くわしく 

熱によるエネルギーの損失

力学的エネルギーの保存では，熱となって失なわれる変化分は小さく，無視できるとして成立している。実際の運動では，熱によるエネルギーの損失が出る。

8 エネルギーの移り変わり

◉ いろいろなエネルギー

エネルギーには，位置エネルギー・運動エネルギーなどの力学的エネルギーのほかに，次のようなエネルギーがある。

▶**化学エネルギー**　石炭・石油などの燃料を燃やしたり，食物を消化したりすると熱を発生する。また，乾電池は化学反応で電気を発生する。このような物質は，化学エネルギーをもっているという。

▶**電気エネルギー**　電流をモーターに流すと，モーターは回転しておもりを引き上げる仕事をするので，電流はエネルギーをもっていることがわかる。右図のようなガラスびんの内外の壁にスズはくをはったライデンびんというコンデンサーにたくわえられた電気も，放電によって電流が流れると光や音を発生する。

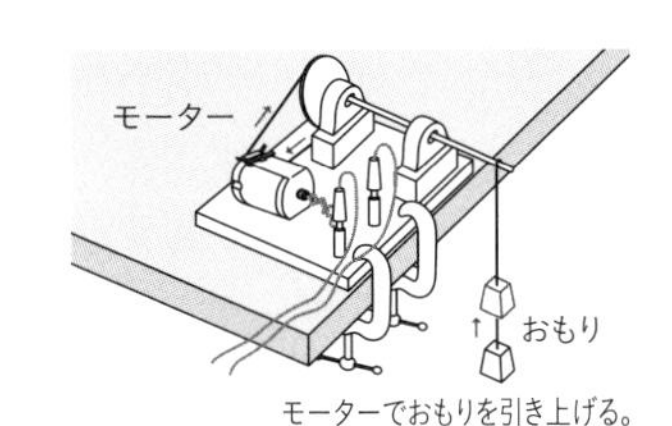

⬆電気エネルギー

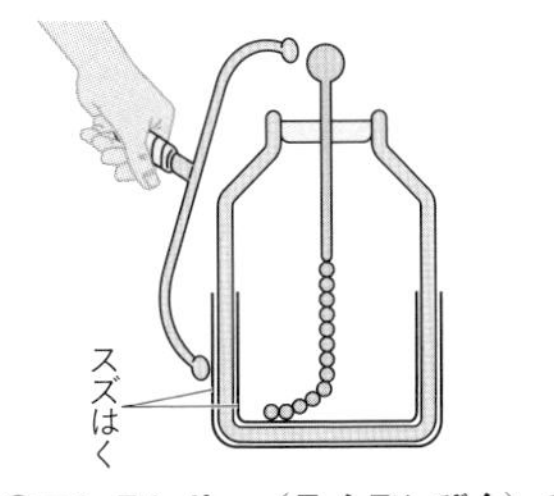

⬆コンデンサー（ライデンびん）の放電

▶**光エネルギー**　宇宙ステーションでは，光電池で，太陽の光を電気エネルギーに変えている。したがって，光もエネルギーをもっていることがわかる。

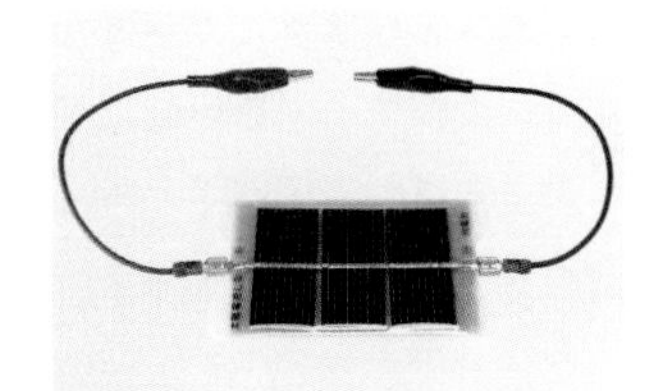
⬆光電池

▶**音エネルギー**　右下の図のような音さをたたくと，空気を振動させて音が発生する。音さの運動エネルギーの一部が，音のエネルギーに変わる。

▶**核エネルギー**　原子核（➡p.272）の中にたくわえられているエネルギーのこと。

▶**熱エネルギー**　蒸気の力で物を動かすなど，物質を構成する原子や分子の熱運動によって生じるエネルギーのこと。

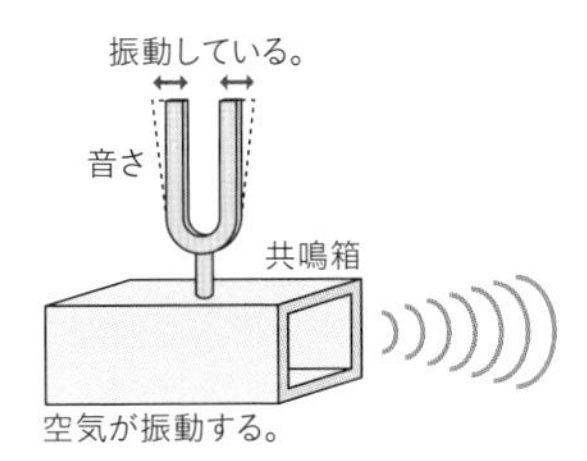

⬆音のエネルギー

◉ エネルギーの移り変わり

自然界にはいろいろな変化が見られるが，そこには，エネルギーの形態が次々と移り変わっている。次にその例をあげる。

●化学エネルギーが変わる場合　❶ろうそくが燃えるとき：化学エネルギー→熱と光エネルギー　❷燃料を燃やして水から水蒸気を発生させ，蒸気機関(➡p.115)をはたらかせて発電機を回し，豆電球をつけるとき：燃料の化学エネルギー→熱→運動エネルギー→電気エネルギー→豆電球による熱と光エネルギー

●力学的エネルギーが変わる場合　❶ぜんまいの自動車が走るとき：ばねの弾性(だんせい)エネルギー→自動車の運動エネルギー→摩擦(まさつ)による熱　❷おもりを落下させて発電機を回し，豆電球をつけるとき：おもりの位置エネルギー→電気エネルギー→豆電球の熱と光エネルギー　❸糸の上端を固定し，下端におもりをつるして，左右にふらせるとき：おもりの位置エネルギー→運動エネルギー→位置エネルギー

◉ エネルギーの相互の移り変わり

次の図は，**力学的エネルギー**（位置エネルギー・運動エネルギー），**化学エネルギー**，**光エネルギー**，**電気エネルギー**を頂点とし，それに熱エネルギー，音エネルギーと核エネルギーを加えて，エネルギーがどのように変換するかを示したものである。

たとえば，力学的エネルギーが電気エネルギーに変わるのは，発電機によってであり，電気エネルギーが熱エネルギーに変わるのは電熱器を用いたときなどであることがわかる。また，電気エネルギーのように，１つのエネルギーにたくさんの矢印が出入りしているのは，ほかのエネルギーとの移り変わりが多いことを表している。

くわしく

太陽の光エネルギー

地表が太陽の光エネルギーを受けると，海や川などの表面から水が蒸発して，水蒸気になる。水蒸気は上空で雲となり，雨や雪となって山に降ると，その水は位置エネルギーをもつ。水の位置エネルギーは水力発電によって電気エネルギーに変わり，家庭や工場でいろいろなエネルギーに利用される。また，日光を受けた植物は光合成をおこない，デンプンなどの栄養分をつくる。これを，動物が食物として利用する。

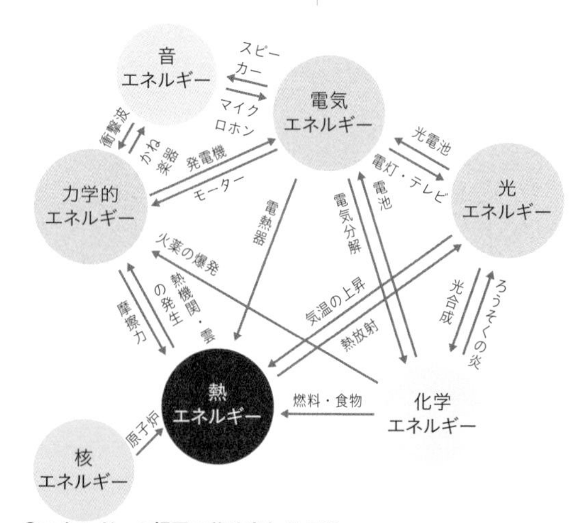

⬆エネルギーの相互の移り変わりの例

実験

思考力UP

エネルギーの変換を調べる

目的

エネルギーの変換を調べる。

方法

手回し発電機

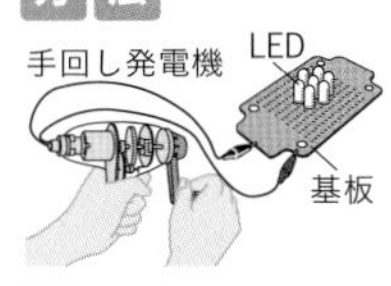

電子オルゴール
LED
基板

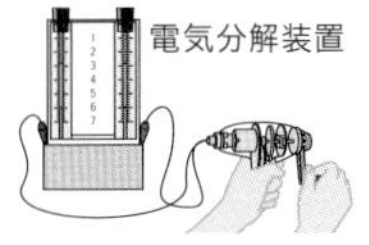

水素発生側　酸素発生側
－極　＋極
電子オルゴール

❶ 手回し発電機にLED（発光ダイオード）をつなぎ，ハンドルを回す。

❷ 手回し発電機をはずし，電子オルゴールをつないでLEDに懐中電灯の光を当てる。

❸ 手回し発電機を電気分解装置につなぎ，ハンドルを回す。

❹ 手回し発電機をはずし，電極に電子オルゴールをつなぐ。

思考の流れ

仮説

●手回し発電機内部のコイルを回転させる（仕事をする）ことで電気エネルギーがたまる。

⬇

計画

❶…LEDをつなぎ，光エネルギーとの関連を調べる。

❷…LEDを光電池として用いる。

❸…電気分解装置をつなぎ，電気エネルギーとの関連を調べる。

注意 LED（発光ダイオード）は，光を当てることで発電することができる。ただし，発電する電気はわずかなので，電子オルゴールなどしか動かせない。

結果

❶	❷	❸	❹
LEDが光る。	オルゴールの音が鳴る。	水が分解される。	オルゴールの音が鳴る。

考察

回転による仕事が❶では光エネルギー，❸では電気エネルギーを化学エネルギーに変換されたといえる。また❷では光エネルギーを電気エネルギーに変換してオルゴールの音エネルギーに変換した。❹では❸で得られた化学エネルギーによって，オルゴールの音エネルギーに変換した。

3 熱とエネルギー

1 熱と仕事

物体を水平な面上で動かすと，摩擦力(まさつりょく)がはたらく。このとき物体と水平な面との間に熱が発生する。つまり，ものをこするという仕事をすると**熱**が発生する。また，蒸気機関（➡p.115）のように，熱を利用して仕事をさせることができる。このように，熱と仕事とは深い関係がある。

◉ 仕事による熱の発生

木片を板の上でこすると，手は木片と板の間の摩擦力に逆らって仕事をする。こするにしたがって，木片はだんだん熱くなってくる。これは，手のした仕事が熱に変わったためと考えることができる。

◉ 熱による仕事

「こする」とは摩擦力に逆らって，力Fをかけて物体を移動させる仕事である。

摩擦力がなければ，物体は外からの仕事によって運動エネルギーをもつ（ある速さvをもつ）が，実際には摩擦力があるために止まってしまう。この運動エネルギーになるはずであったエネルギーはどこにいってしまうのだろうか。

このエネルギーは摩擦力によって，「熱」として変換されている。こすった物体どうしの温度は，２つの物体が接する面で発生する摩擦力によって，運動エネルギーが熱に変換されることにより上昇する。

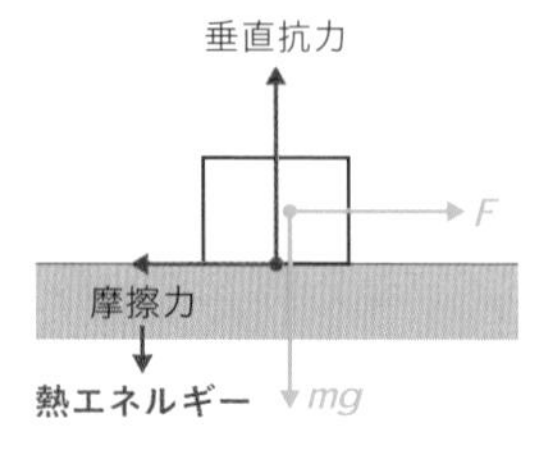

くわしく 

熱の仕事当量

仕事によって熱を発生させ，また，熱によって仕事をさせることができる。

ジュールは，熱と仕事との関係について，1 cal（カロリー）が約4.2 Jにあたることを見いだした。これを熱の仕事当量という。

1 calの熱量が使われると，4.2 Jの仕事をすることができ，逆に4.2 Jの仕事をすると，1 calの熱量が発生する。

熱量も仕事の量と同じく，エネルギーの単位であるジュールで表すことができる。

2 温度

物体のあたたかさの度合いを**温度**という。手を0℃の氷水につけてから10℃の水につけるときと，40℃の湯につけてから，同じ10℃の水につけるときとでは，手のあたたかさの感じ方はちがう。そこで物体の温度を客観的に正確にはかるため，温度計を用いる。

3 熱量(ねつりょう)

物質(ぶっしつ)の温度を高くしたり，固体を液体にしたり，液体を気体にしたりするはたらきをもつものを**熱**という。熱は温度の高い物体から温度の低い物体に移る性質がある。たとえば，高温の物体Aと低温の物体Bとを接触させるとき，Aの温度は下がってBの温度は上がり，しばらくすると，温度は等しくなる。これは，AとBの温度が等しくなるまで，AからBへ熱が移動したためと考えることができる。

このときの熱の移動した分量を**熱量**という。熱量は，エネルギーの1つであり，単位をJで表現する。つまり，位置(いち)エネルギー，運動(うんどう)エネルギーと等価である。AとBの温度が等しくなったとき，Aが失った熱量とBが得た熱量とは等しいと考える。つまり，エネルギーの移動があっても，全体でエネルギーは保存されている。また，同じAに対してBの質量(しつりょう)がちがうと，あたたまり方もちがってくる。このことから，熱量は，物体の温度と質量とに関係があることがわかる。

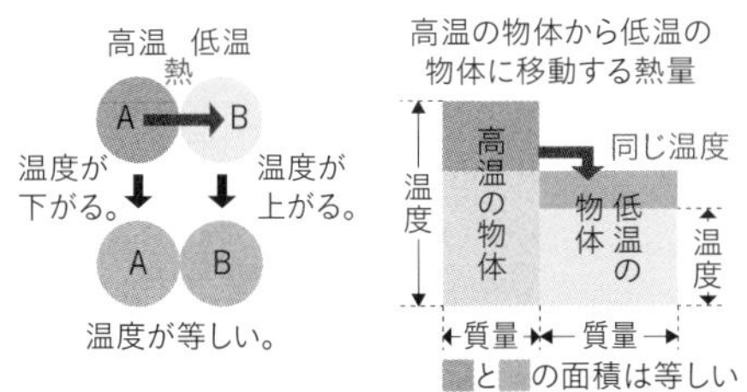

⬆熱の移動

用語解説

摂氏(せっし)と華氏(かし)

摂氏は，水の凝固点（0℃）〜沸点（100℃）を100等分したときの温度の単位である。

華氏は，単位が°Fで，0℃を32°F，100℃を212°Fとし，その間を180等分したときの温度である。

くわしく

熱量の単位

熱量の単位にはジュール（記号J）を用いるが，カロリー（記号cal）を用いることもある。1calは，純粋な水1gの温度を1℃上昇させるのに必要な熱量をいう。

1calの1000倍は1キロカロリー（記号kcal）。食物の発熱量などに用いる。

100gの水を熱して，その温度を20℃上げたとすれば，その間に水に与えた熱量は，1×100×20＝2000〔cal〕である（1は水の比熱〔cal/g・℃〕。他の物質についてはp.112）。また，1calは4.2Jなので，2000calは8400Jとなる。

熱量の出入りと温度変化

水の温度の変化を調べるために，たとえば，熱量計(➡p.113）に20 ℃の水100 gを入れ，これに80 ℃の湯200 gを入れ，静かにかき混ぜたときの温度 x を求める。水 1 gを 1 ℃だけ上げるのに必要な熱量は4.2Jであるから，高温の湯が失った熱量4.2×200×(80−x)〔J〕と，低温の水が得た熱量4.2×100×(x−20)〔J〕の両者は等しい。方程式を解くと，x＝ 60〔℃〕と求められる。

4 比熱

物質 1 gの温度を 1 ℃だけ上げるのに必要な熱量(ねつりょう)を，その物質の**比熱**という。同じ質量(しつりょう)のものの温度を同じだけ変化させるとき，必要な熱量はそれぞれ異なるので，比熱は物質の種類によってちがう。比熱の小さい物質のほうが，比熱の大きい物質に比べて，あたたまりやすく，同じ熱量に対して温度の変化が大きい。

▶**比熱の単位**　ジュール毎グラム度〔J/g・℃〕で表される。ある物質の温度を上げるのに必要な熱量は，次の式で求められる。

熱量〔J〕＝比熱〔J/g・℃〕×質量〔g〕×温度〔℃〕

水の比熱

水の比熱は4.2J/g・℃である。水の比熱は，物質の中できわめて大きく，あたたまりにくく冷めにくい。

物質	温度〔℃〕	比熱〔J/g・℃〕	物質	温度〔℃〕	比熱〔J/g・℃〕
亜鉛	20	0.39	ニッケル	20	0.46
アルミニウム	20	0.89	白金	20	0.13
金	20	0.13	硫黄(斜方)	15〜96	0.14
銀	20	0.24	紙	0〜100	1.18〜1.34
水銀	20	0.14	石英ガラス	20	0.71
タングステン	20	0.13	天然ゴム	20	1.90
鉄	20	0.46	氷	0	2.05
銅	20	0.39	磁器	20〜200	0.71〜0.88
鉛	20	0.13	大理石	20	0.81

⬆いろいろな物質の比熱

水の比熱

水の比熱が大きいことは，水の蒸発熱（➡p.565〜568）がきわめて大きいこととあいまって，地球上の気温の急激な変化を緩和している。

◉ **熱容量**

物体の温度を1℃だけ上げるのに必要な熱量を，その物体の**熱容量**という。熱容量の単位には，ジュール毎度〔J/℃〕（または，カロリー毎度〔cal/℃〕）が用いられる。熱容量は，次の式で求められる。

熱容量〔J/℃〕＝比熱〔J/g・℃〕×質量〔g〕

たとえば，500gのアルミニウム（比熱0.89J/g・℃）のなべの熱容量は，
0.89×500＝445〔J/℃〕(≒106〔cal/℃〕) である。

◉ **熱量計**

物質の熱量や比熱などを測定するのに使われる装置で，ふつう水熱量計が用いられている。熱量計の中には銅製の容器があって，その中に温度計と水をかき混ぜるかくはん器が入っている。まわりの壁には熱が逃げないように，コルクやフェルトなどが用いられている。発泡スチロールの容器を簡易熱量計として使うこともある。

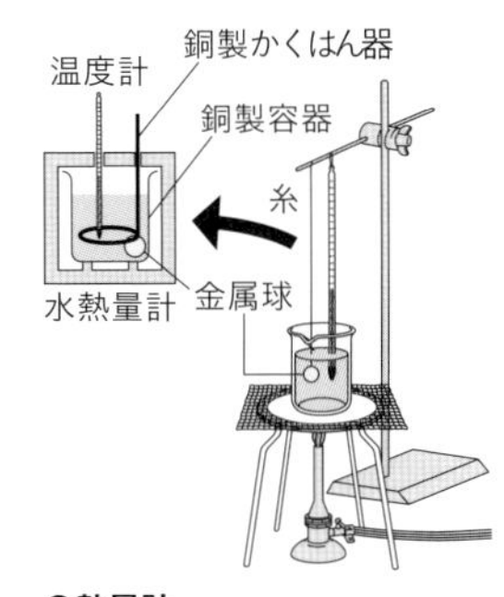

⬆**熱量計**

5 熱の伝わり方

◉ **熱と温度**

❶熱は，温度の高いものから低いものへ移る。

❷熱を受けとると，ものの温度が上がる。熱をうばわれると，ものの温度は下がる。

❸熱は量である。熱の量を熱量(ねつりょう)という。

❹一定の温度まであたためるのに必要な熱量は，ものの種類によって異なり，同じものについてはものの質量に比例する。

発展 

熱

熱はエネルギーの移動形態につけられた名称である。熱は物体に所有されているエネルギーではなく，温度差が原因での，内部エネルギーの移動量である。

熱の伝わり方

❶**伝導**…熱がものを順々に伝わって移動する。熱している点からあらゆる方向に均等に伝わる。

❷**対流**…熱せられた気体や液体が動くことによって熱が運ばれ，全体があたたまる。あたたまった空気や水が軽くなって上昇し，かわりに冷たい空気や水が下降して入れかわる。

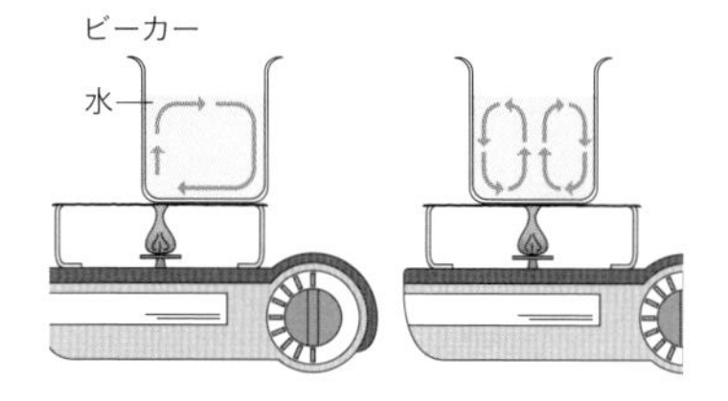

❸**放射**…熱源（熱を出しているもの）から出た熱が空間を経て直接ものにとどく。熱は，光のようなすがた（放射熱）で伝わる。黒っぽいものほど放射熱を吸収しやすい。

❶の伝導は固体，❷の対流は液体と気体，❸の放射はすべての物質（真空状態もふくむ）の伝わり方の例を示している。

くわしく 

熱の伝わり方を見る方法
ろうをうすくぬった金属板の1点を加熱すると，ろうのとけ方によって熱の伝わり方を目で見ることができる。

くわしく 

熱の伝わり方と例
伝導…なべの取っ手が熱の伝わりにくいプラスチックや木などでできている。
対流…風呂の水の水面付近があたたかくても底のほうは冷たい。
放射…たき火に面している側だけあたたかい。太陽が地球をあたためる場合も同じである。

6 熱機関

燃料が燃えるときに出す熱を利用して仕事をさせる機械を**熱機関**という。燃料の燃やし方によって，次の2つに分けられる。

▶**内燃機関**　燃料を機関の中で直接燃焼させる機関で，ガソリン機関・ディーゼル機関・ジェット機関・ロケット機関などがこれに属する。一般にはエンジンのことである。

▶**外燃機関**　石炭や重油などを燃焼して外部に水蒸気をつくるためのボイラーを必要とする機関で，蒸気機関や蒸気タービンがこれに属する。

◉ 蒸気機関

ボイラーでつくられた高温・高圧の過熱蒸気をシリンダー内に入れると，膨張してピストンをおし動かす。水蒸気はすべり弁によってシリンダーの左右に交互に入れられるので，ピストンは左右に動かされる。この往復運動を，クランクによって回転運動に変えるしくみになっている。

◉ 蒸気タービン

高圧の過熱蒸気をノズルから噴射させ，羽根車に当てて回転させ，動力をとり出す機関。回転が速く振動が少ないので，火力発電や汽船の動力などに用いられる。

▶**ノズル**　水蒸気の熱エネルギーを運動エネルギーに変えるためのせまいすき間。ノズルから高速の水蒸気を噴射すると，急に膨張するため強い力を出す。

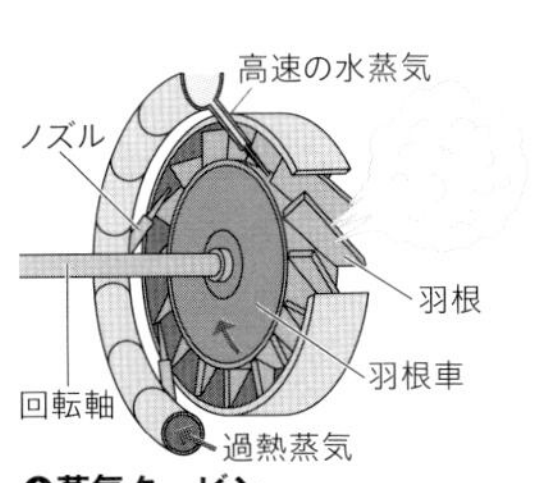

↑蒸気タービン

用語解説

熱効率
熱を利用して仕事をさせる機械を**熱機関**というが，熱機関に与えられた熱量の何％が有効な仕事に変わったかの割合を，**熱効率**という。熱効率が大きいほど，熱機関の性能はよい。通常のガソリンエンジンで熱効率は20〜30％，蒸気機関車で５〜７％である。残りの熱量は，仕事に利用されずに熱や音などとして機関の外へ逃げていく。

完成問題 CHECK

解答 p.629

1 力のつり合いについて，次の問いに答えなさい。

(1) 粗い床の上にある物体を押しても動かないとき，加えた力とつり合っている力を何というか。　(　　　　　)

(2) 本を机の上に置いたとき，本にはたらく重力とつり合っている力を何というか。　(　　　　　)

(3) 2つの力と同じはたらきをする1つの力を何というか。　(　　　　　)

(4) (3)の力を求めることを力の何というか。　(　　　　　)

(5) 物体にはたらく1つの力を2つの力に分解したときの力を何というか。　(　　　　　)

(6) ある物体が，ほかの物体に力を加えたとき，力を加えられた物体から同時に反対向きで大きさが等しい力を受ける。このことを何の法則というか。　(　　　　　　　)

2 図のように，重さ1.2 Nの物体をばねばかりにつるして水中に入れると，Cのとき，ばねばかりは0.76 Nを示した。次の問いに答えなさい。

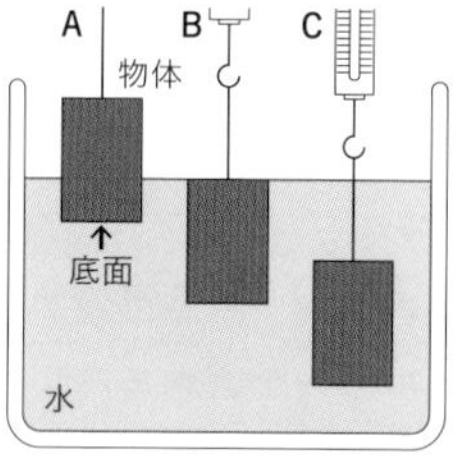

(1) A～Cで，物体の底面にはたらく水圧が最も大きいのはどれか。　(　　　)

(2) ばねばかりの示す値が最も大きいのは，A～Cのどのときか。　(　　　)

(3) Cのとき，物体にはたらく浮力は何Nか。　(　　　　　)

3 A地点からB地点までの720 kmを，ある列車が5時間かけて走った。これについて，次の問いに答えなさい。

(1) この列車の平均の速さは，何km/hか。　(　　　　　)

(2) (1)の速さは，何m/sか。　(　　　　　)

4 物体の運動について，次の問いに答えなさい。

(1) 物体の運動のようすは，物体の動く速さと何で表すか。　(　　　　)

(2) 等速直線運動をしている物体の時間と移動距離にはどんな関係があるか。
(　　　　)

(3) 物体に力がはたらいていないとき，物体は現在の運動を続けようとする。この性質を何というか。　(　　　　)

5 図のように，斜面や滑車を使い，40 kg の物体を 3 m の高さまで引き上げた。次の問いに答えなさい。ただし，ロープや滑車の重さ，摩擦は考えないものとする。また，100 g の物体にはたらく重力の大きさを 1 N とする。

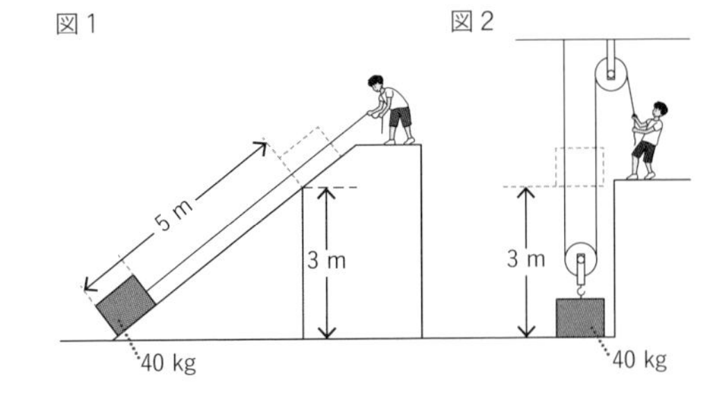

(1) 図1で，物体を 3 m の高さまで引き上げるのに必要な仕事の大きさは何 J か。
(　　　　)

(2) 図2で，物体を 3 m 引き上げるためには，ロープを何 m 引き下げるか。(　　　　)

(3) 斜面を使ったときと，滑車を使ったときで，物体を引き上げる仕事はどちらが大きいか。または，同じか。　(　　　　)

6 図で，なめらかな曲面上の A 点から小球を放したとき，小球は B 点〜E 点を通って，F 点まで達した。次の問いに答えなさい。ただし，摩擦や空気の抵抗は考えないものとする。

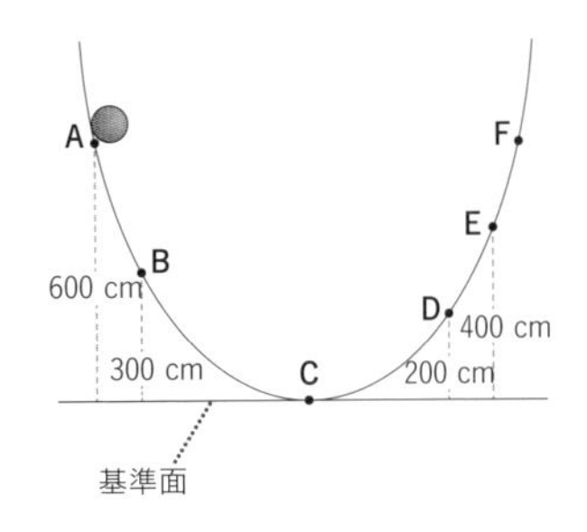

(1) F 点の基準面からの高さは，何 cm か。
(　　　　)

(2) A〜D の各点での小球のもつ運動エネルギーはどのような関係になるか。次のア〜ウから選べ。　(　　)

ア　A > B > C > D　　イ　A < B < C < D　　ウ　A < B < D < C

(3) 位置エネルギーがいちばん大きい地点を 2 点選べ。　(　　　　)

第3章

電流と磁界

21世紀の情報社会を支える技術は，電気と磁気の物理法則を応用することから生まれている。第３章では電流と電子と放射線の関係から，電流・電圧・抵抗を用いた回路，電流と磁界の相互作用についてまでを学ぶ。

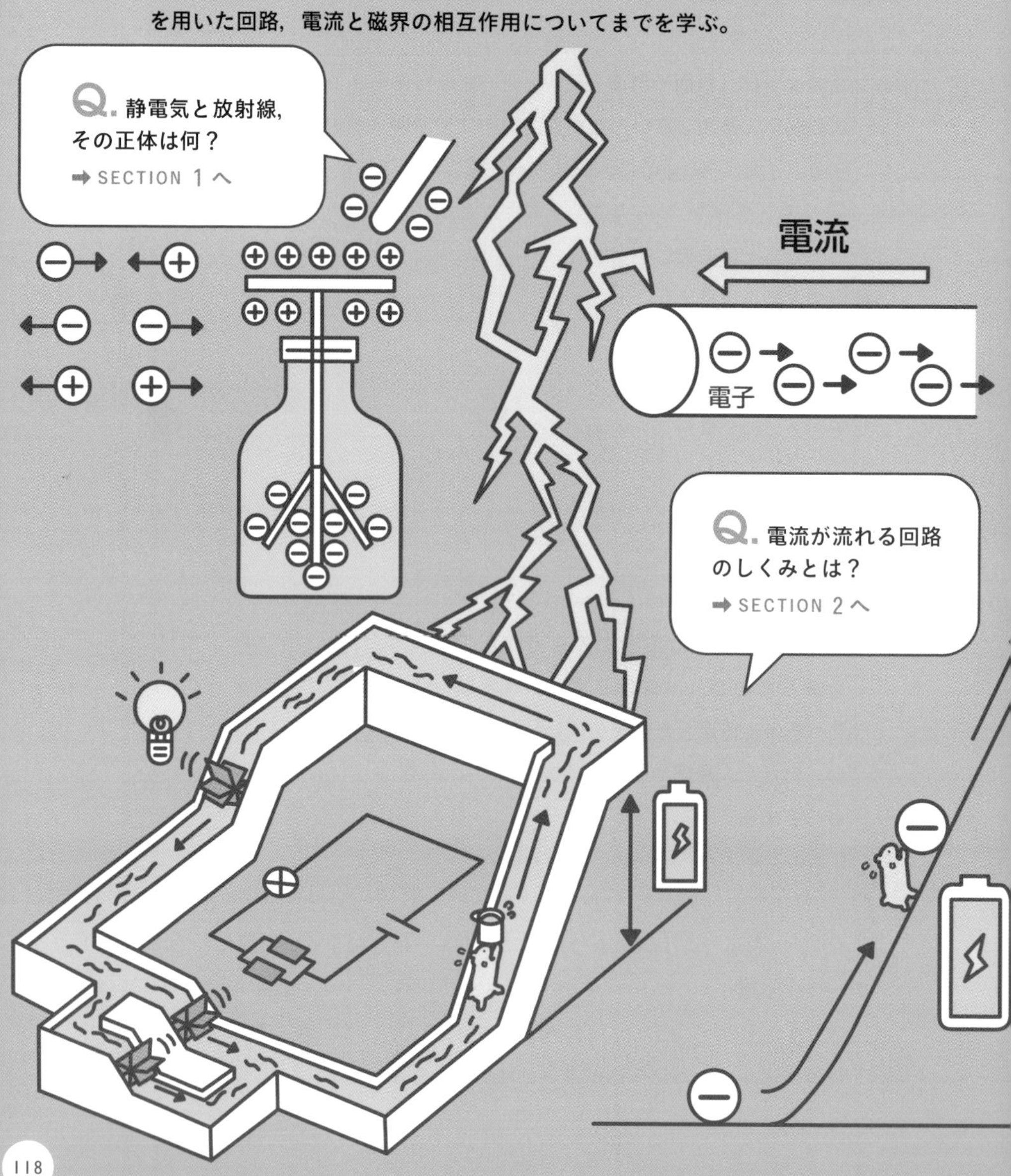

SECTION 1 静電気と電流，放射線 … p.120
SECTION 2 電流と回路 … p.128
SECTION 3 電流と電圧と抵抗 … p.137
SECTION 4 電流による発熱 … p.149
SECTION 5 電流と磁界 … p.155

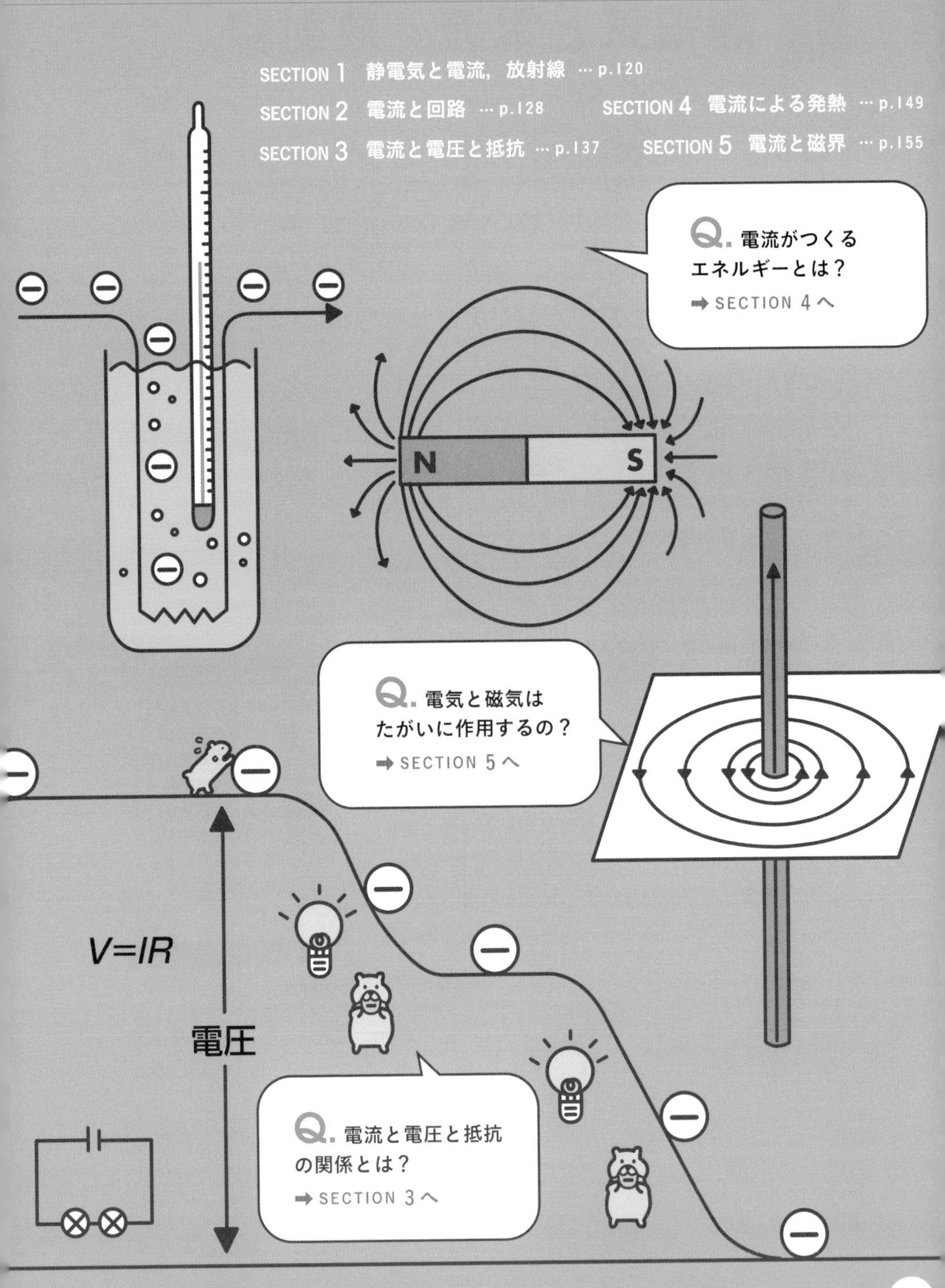

第3章 SECTION 1

静電気と電流，放射線

服を脱ぐときにパチパチしたり，ドアノブに手をふれたときビリッと衝撃を感じたりしたことがあるだろう。これらは，物体にたまっていた静電気により生じるものである。ここでは，静電気の正体や，物体にたまっていた静電気が外の空間に出される現象を学ぶ。

1 静電気（せいでんき）の性質

1 静電気による現象

冬の乾燥した日に，セーターを脱ぐときにパチパチと音がすることがある。これは**静電気**によるものである。静電気は２種類の異なる物体を摩擦したときに発生するため，**摩擦電気**ともよばれる。

2 物体が静電気を帯びる理由

ふつうの状態では，物体は**＋の電気**と**－の電気**を同じ量だけもっているので，電気を帯びていない（＋でも－でもない中性の状態）。しかし，種類のちがう物体どうしを摩擦すると，一方の物体にある－の電気（電子➡p.124）がもう一方に移る。すると，**－の電気を失った物体は全体として＋の電気が多くなるので＋に帯電し，－の電気を受けとった物体は－に帯電する。**つまり，**帯電は電子の移動**によって生まれる。

＋と－のバランスがくずれた状態のことを，**静電気**

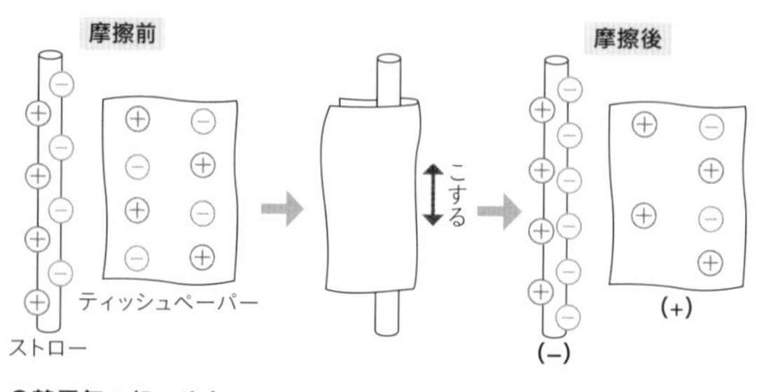

⬆静電気の起こり方

くわしく

帯電と帯電体

物体に静電気がたまり，電気を帯びることを帯電といい，電気を帯びた物体を帯電体という。帯電体には電気の力がある。

参考

静電気の正負の決まり方

２種類の物体を摩擦したとき，－の電気がどちらから移動するかは，物体の組み合わせによって決まる。たとえば，同じ羊毛でもガラスとこすると－，紙でこすると＋の電気を帯びる。

参考

帯電列

－に帯電しやすい物質と＋に帯電しやすい物質を順番にならべたものを**帯電列**という。

－に帯電しやすい ⟷ ＋に帯電しやすい

アクリル・ポリエステル・アセテート・麻（あさ）・綿・絹（きぬ）・レーヨン・ナイロン・ウール（羊毛）

を帯びているという。＋と＋，－と－のように同じ種類の電気を帯びた物体はたがいに反発し，＋と－のようにちがう種類の電気を帯びた物体はたがいに引き合う。

実験

2本のストローによる静電気の実験

方法

❶ プラスチックのストローとティッシュペーパーを２組，摩擦する。
❷ ストローどうしを近づける。
❸ ストローとティッシュを近づける。

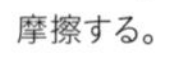

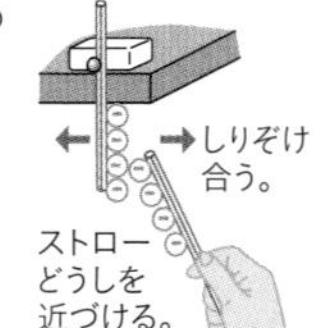

結果と考察

ストローどうしはしりぞけ合い，ストローとティッシュペーパーは引き合った。
ストローどうしは同種類の電気を，ストローとティッシュペーパーは異なる種類の電気を帯びている。

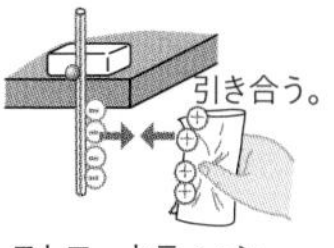

3 放電

静電気（せいでんき）を帯びているものは，電気的にバランスが悪い状態であるため，バランスのよい中性の状態に戻ろうとする。このとき，電気が一気に空気中に流れる現象を**放電**という。乾燥した日にドアノブにふれると，バチっとすることがあるのも，手とドアノブの間で**放電**が起こっているからである。放電するとき，－の電気をもった粒子（りゅうし）（**電子**）が移動していて，このような電子の流れを**電流**という。

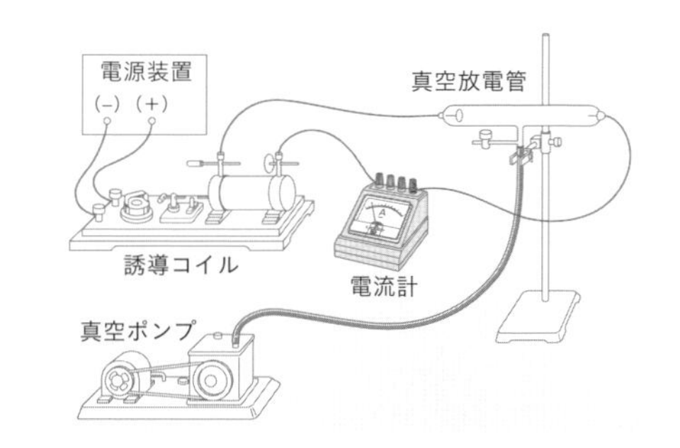

◉ 真空放電

右図のように放電管をつないで高

い電圧を加え，真空ポンプで放電管の中の空気をぬいていくと，放電管の内部が光り始め，電流計の針が振れる。このとき，電極間に放電が起こり，電流が流れている。放電管の中の気圧を低くして高い電圧をかけると電流が流れる現象を**真空放電**という。

⬆0.01気圧のときの真空放電　©アフロ

実験　思考力UP

静電気のはたらき

目的

物体を摩擦して静電気を帯びた物体の間にはどのような力がはたらくかを調べる。

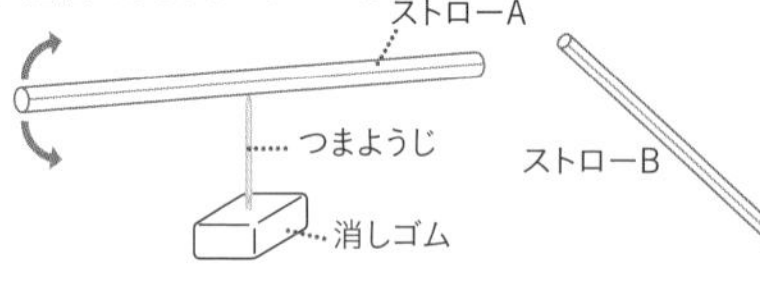

方法

❶ つまようじと消しゴムを用いて上図のような装置を組み立て，アクリルパイプで摩擦したストローAを装置にセットする。

❷ ストローBとアクリルパイプを摩擦し，ストローBをストローAに近づける。

❸ アクリルパイプをストローAに近づける。

思考の流れ

仮説

●同じ種類の電気をもった物体どうしはしりぞけ合い，異なる種類の電気をもった物体どうしは引き合う。

⬇

計画

●ストローはできるだけ水平にし，自由に回転できるようにしておく。
摩擦したあとの物体どうしは触れないようにする。

考察の観点

●ストローに近づける物体によって，ストローは近づいたり遠ざかったりする。

結果

ストローBをストローAに近づけると，ストローAは離れた。ストローAにアクリルパイプを近づけると，ストローAはアクリルパイプに引きよせられた。

考察

ストローAとストローBはしりぞけ合ったことから，同じ種類の電気を帯びている。また，ストローAとアクリルパイプはたがいに引き合ったことから，異なる種類の電気を帯びている。

4 陰極線

◉ 陰極線

クルックス管（**真空放電管**）という放電管を用いて電極に高い電圧を加えると，真空放電が起こって電流が流れる。このときクルックス管の－極（陰極）側は暗くなり，＋極（陽極）側のガラス壁が黄緑色に光るようになる。

これは，放電管の－極側から目に見えない何かが飛び出し，＋極側のガラス壁に当たったからだと考えられた。－極（陰極）側から出ていることから，これを**陰極線**という。

下の写真より，十字形の金属板の影が＋極側のガラス壁にできていることから，陰極線が－極の面から垂直に飛び出して直進し，金属板にさえぎられることで，十字の形の影ができるのだと推測できる。

さらに－極と＋極を逆にすると，十字形の金属板の影ができないことから，陰極線は＋極側から出ていないことがわかる。

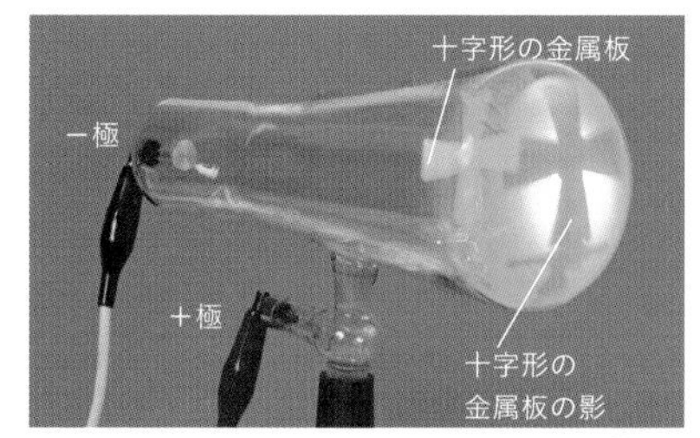

⬆クルックス管を用いた真空放電の様子 ©アフロ

また，蛍光板を－極から＋極の線上に平行に置くと，蛍光板上に直進するような陰極線の道すじを観測することができる。

くわしく

クルックス管
真空放電について調べるために中の空気をぬいた状態の放電管。イギリスの物理学者ウィリアム・クルックスによって発明された。

5 電流と電子

陰極線の正体

右の写真のように，陰極線の通り道に別の電極を置いて電圧をかけると，陰極線は＋極のほうに曲がる。このことから，陰極線の粒子(りゅうし)は－の電気をもつことがわかる。この－の電気をもった小さな粒子を**電子**といい，陰極線は**電子線**ともよばれる。

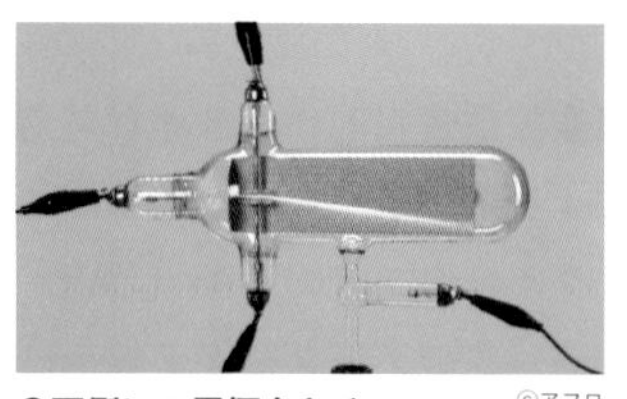

⬆下側に＋電極をおく　©アフロ

電流の正体

金属は，金属原子がたくさん結びついてできた物質である。金属の内部には，原子どうしの間を自由に動き回ることができる電子がたくさんある。このような電子を**自由電子**という。導線を用いた回路を電源につなぐと，導線の金属内部にある自由電子が，電池の＋極のほうにいっせいに動き出す。

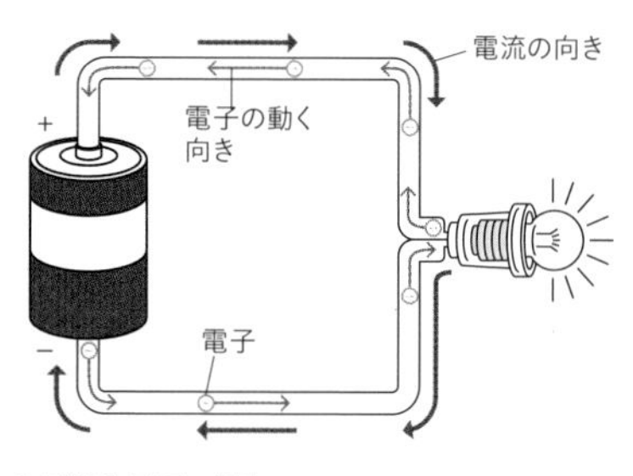

⬆電流と電子の流れ

同時に，電池の－極からは，電子が次々に導線へと送られる。このように，－極から＋極へと移動する電子によってできる流れが電流の正体である。

電流は＋極から－極へ流れると決められているが，実際は，電子が－極から＋極へと移動することで，電流が生じていることに注意しよう。

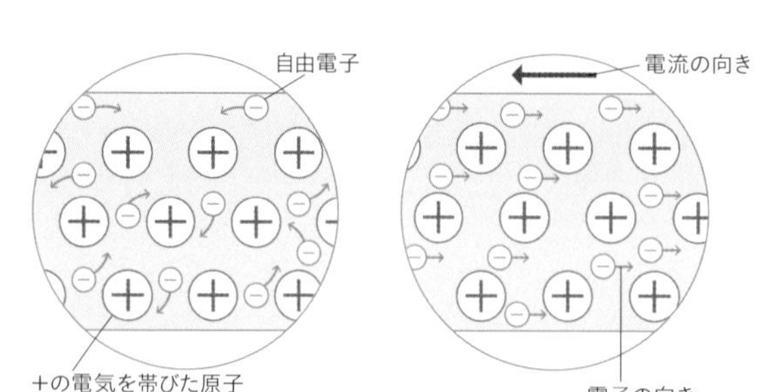

電圧が加わっていないとき　　電圧が加わったとき

参考

電流の向き

電子の流れが－極から＋極の向きに対して，電流の向きは逆になる。これは電流の正体が電子であることがわかる前に，電流の向きを決めてしまったためである。

実験

思考力UP

電気の量と種類を調べる

はく検電器を使い，物体が電気をもっているかどうか，その電気が＋か－か，またその電気の量がどのくらいかを調べる。

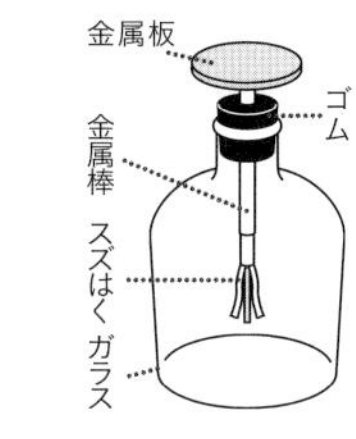

◉ A.帯電の有無を調べる

方法

❶ 右の図のように，帯電させたビニルストローを近づける。
❷ 物体と金属板の距離を変化させたときの，はくの開き方を調べる。

結果

帯電させたビニルストローを金属板に近づけると，はくは開いた。ビニルストローを金属板に近づけるほどはくは大きく開き，遠ざけるとはくは閉じた。

◉ B.電気の種類を調べる

方法

❶ －に帯電させたビニルストローを金属板にこすりつけて，はく検電器に－の電気をためる。
❷ －に帯電した物体と，＋に帯電した物体をそれぞれ❶の金属板に近づけて，はくの開き方を調べる。

結果

はく検電器にたまっていた電気と同じ種類の電気（－の電気）を帯びた物体を近づけると，開いていたはくは，さらに大きく開いた。一方で，異なる種類の電気（＋の電気）を帯びた物体を近づけると，はくは閉じた。

考察

はくの開き方から，同じ種類の電気を近づけると反発し，ちがう種類の電気を近づけると引き合う。また反発する力は，同じ種類の電気どうしの距離が近いほど大きくなる。

2 放射線の性質

1 放射線と利用

クルックス管には，陰極線（電子線）とは別のエネルギーをもった粒子(りゅうし)の流れである放射線が存在している。放射線には，**X（エックス）線，α（アルファ）線，β（ベータ）線，γ（ガンマ）線**などがある。

◉ 放射線の種類

放射線には，α線，β線，中性子線などがある。α線はヘリウムの原子核，β線は高いエネルギーをもつ電子が正体である。また，電磁波の中では，エネルギーが高いγ線や，X線が放射線として扱われる。放射線は物質を透過する能力をもっているが，その能力は放射線の種類によって異なる。下図のように，α線やβ線は紙やアルミニウム板でさえぎることができる。

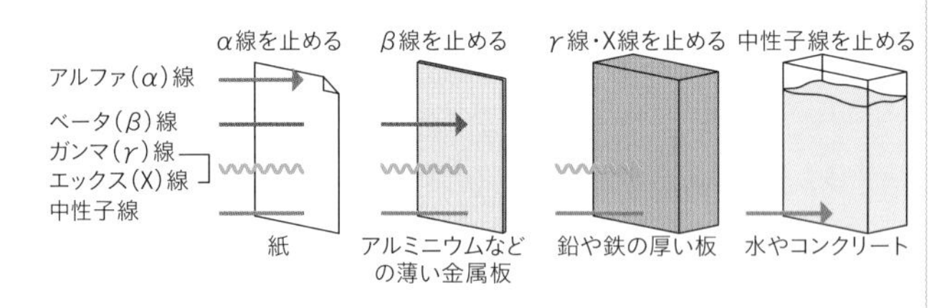

◉ 放射線の性質とその利用と影響

放射線には，透過性のほかに，物質を変質させるはたらきがあり，これらはいろいろな場面で利用されている。医療現場では，X線検査やがん治療，医療器具の殺菌などに放射線が使われている。農業では，農作物に放射線を当てて殺菌したり，ジャガイモの発芽を防止して保存期間を長くしたりしている。また，水量や高温の鉄板の厚さを測定するときにも使われている。

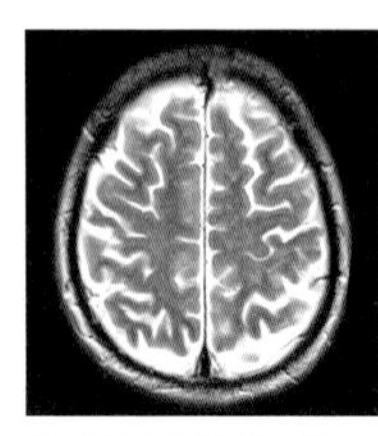
⬆CTでの脳の画像

用語解説

電磁波
電気の力がはたらく空間（電界）と磁石の力がはたらく空間（磁界）に発生する波のことである。テレビやラジオの放送に使われている電波や，自然の光も電磁波にふくまれる。

くわしく

放射線の単位
放射性物質が放射線を出す能力（放射能の強さ）を表す単位を**ベクレル**（Bq）といい，人体が受けた放射線による影響の度合いを表す単位を**シーベルト**（Sv）という。

参考

人体への影響
わたしたちはつねに自然の放射線を受けているが，その量は少ないため人体への影響はほぼない。しかし，一度に大量の放射線をあびると，細胞やDNAがきずつき健康に悪影響をもたらす。

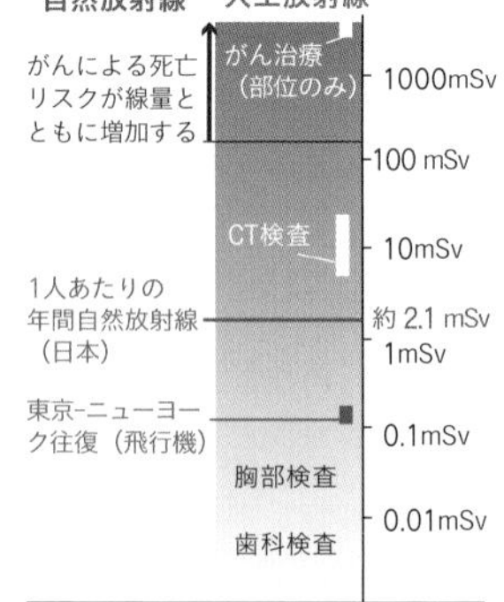

⬆身のまわりの放射線

その一方で，放射線を強くあびると人体への影響が出てくることを，知っておく必要がある。

身近な生活

静電気（せいでんき）の利用

◉ コピー機

わたしたちの身のまわりのもので，静電気を利用している代表的なものに，コピー機があります。

コピー機には，感光体（光が当たると電気が移動しやすくなる物質）が塗ってある金属製のドラムがあります。この表面を，あらかじめ＋に帯電させます。原稿を用意してコピー機をスタートさせると，原稿に光を当てて，その反射光を感光体に当てます。文字のない白い部分に光を当てると，光を反射しますが，文字がある黒い部分は光を吸収して影になります。光を反射した白い部分は帯電したドラムの＋の電気が移動して失われ，影になった部分は電気が逃げないので＋の電気が残るようになっています。そこに，－に帯電したトナーをかけると，＋に帯電したところだけトナーが付着します。最後に熱と圧力を加えてトナーを紙に定着させると原稿のコピーができるのです。

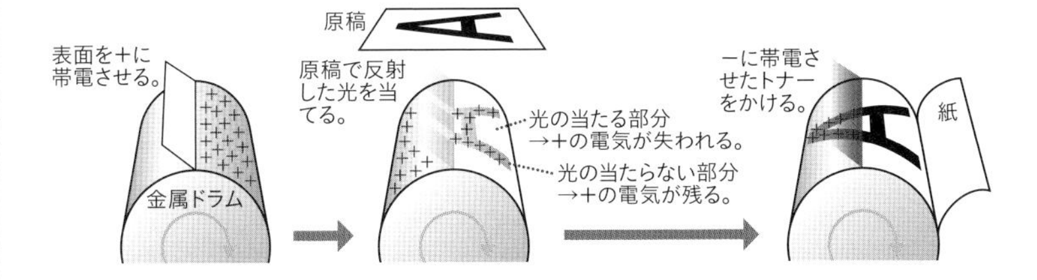

◉ 食品ラップフィルム

食品を包む食品ラップフィルムが食器などにくっつくのも，静電気の力を利用しています。フィルム素材にもよりますが，通常は食器側が＋の電気を帯び，ラップフィルム側が－の電気を帯びることで，両者は結びつこうとします。またラップフィルムは巻いてある状態から引きはがすときに帯電します。静電気は物体を引きはがすときにも発生することがあります。これを剥離帯電（はくりたいでん）といいます。

電流と回路

わたしたちの身のまわりには，電気を利用したものがたくさんある。電流にはどのような性質があるのだろうか。ここでは，電流が流れる道すじや，道すじによる電流の流れ方のちがい，回路と電流計や電圧計のしくみなどを学習する。

1 回路

1 回路（かいろ）

図1のように，電池とスイッチ，豆電球を導線でつなぐと豆電球がつく。これは，電池の＋極から－極まで電流が流れる道すじができたからである。この道すじのことを**回路**（**電気回路**）という。

〔図1〕

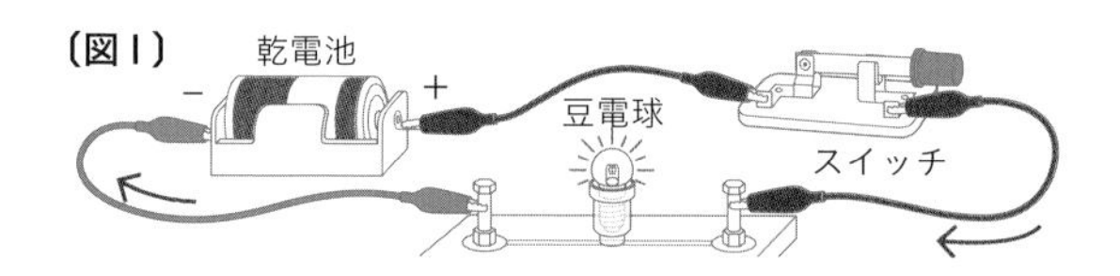

2 回路図

回路を図で表すとき，豆電球やスイッチの絵を毎回かくと大変であるため，右図のような**電気用図記号**が用いられる。これらの記号を用いて回路を表したものを**回路図**，または**配線図**という。図1を回路図で表すと図2のようになる。

〔図2〕

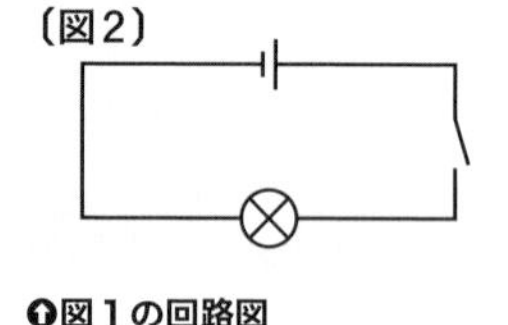

➊図1の回路図

電流が流れるときは，回路は必ず閉じている（つながっている）必要がある。

くわしく

電気用図記号

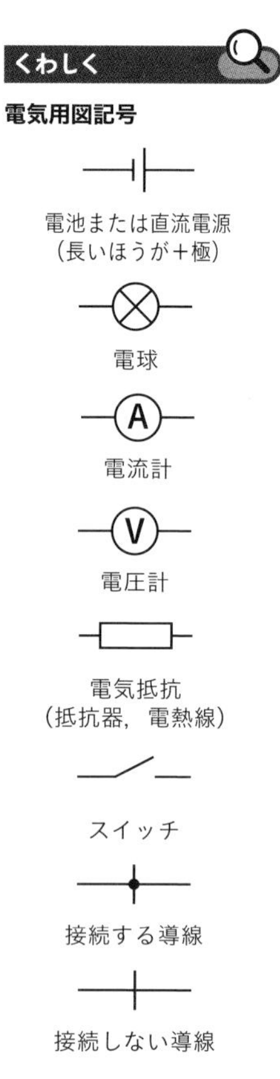

たとえば，電球の中のフィラメント（光る部分）が切れると，そこで断線してしまうために，電流は流れなくなる。回路は＋極から始まり，－極まで流れがつながるようにつくる。

3 直列

２つ以上の電気器具を，一列にならべてつなぐ方法を**直列つなぎ**，または**直列接続**という。

豆電球を２つ直列につないだときの記号は下のようになる。

回路の中にある電池の数とつなぎ方が同じとき，２つの豆電球を直列につなぐと，豆電球が１つのときよりも明るさは暗くなる。

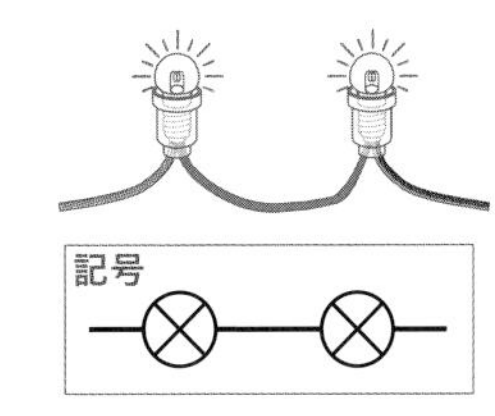

4 並列

右のように，２つ以上の電気器具の両端をそれぞれ１つにまとめてならべてつなぐ方法を**並列つなぎ**，または**並列接続**という。

豆電球を並列につないだ場合は，豆電球の数がいくら増えても，豆電球１つのときの明るさと変わらない。

記号

ただし，同じ電池につないだとすると，豆電球１つのときよりも電池は早く使えなくなる。

＋　－

電池を並列につなぐときは，電池の＋極と－極の向きをそろえるようにする。

ミス注意 

誤った電池のつなぎ方

電池を２つ以上つなぐ場合は，＋極と－極の向きは同じになるようにする。図１のような向きで電池をつなぐと，電池としてはたらかなくなってしまう。

〔図１〕

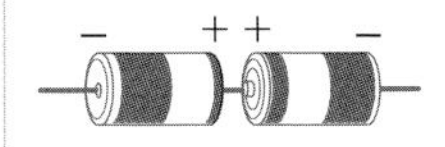

また，図２のように電池をつなぐと，大きい電流が電池の間に流れて，発熱して危険である（ショート回路という）。

〔図２〕

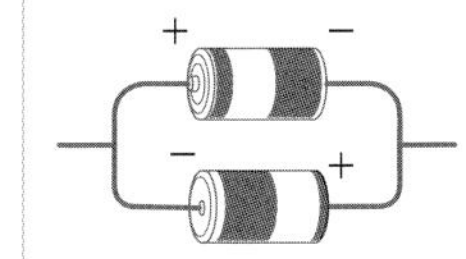

2 電流

1 電流の大きさ（強さ）と向き

◉ 電流の大きさ

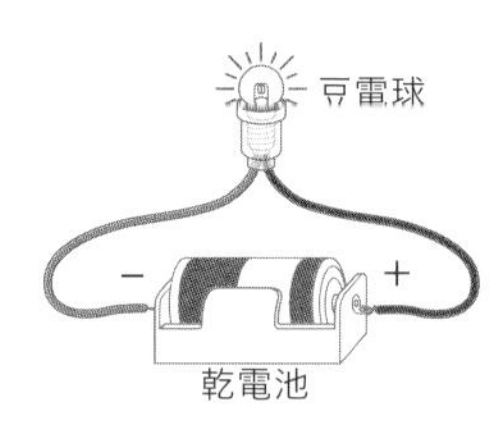

豆電球と乾電池を導線で1つの輪になるようにつなぐ（回路をつくる）と豆電球がつく。これは豆電球に電流が流れたからである。

電流の大きさによって豆電球の明るさは変化する。**電流計**を用いると回路の電流の大きさを測ることができる。電流の大きさの単位は**アンペア**（記号**A**）や**ミリアンペア**（記号**mA**）が使われる。1 mAは1 Aの1000分の1である。

$$1\ \mathrm{A}=1000\ \mathrm{mA} \qquad 1\ \mathrm{mA}=\frac{1}{1000}\ \mathrm{A}=0.001\ \mathrm{A}$$

◉ 電流の向き

豆電球は乾電池の＋極と－極をいれかえても同じようにつく。しかし，発光ダイオード（LED）は向きが正しくないとつかない。また，モーターをつないだ回路で，乾電池の＋極と－極をいれかえると，モーターが逆向きに回転する。

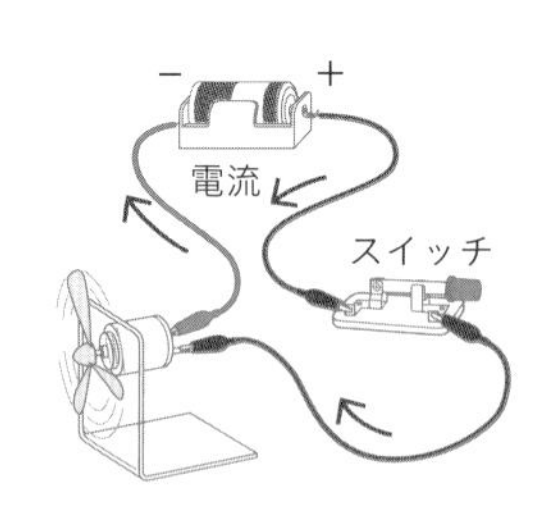

このことから電流には向きがあることがわかる。電流は，乾電池の＋極から出て－極に向かって流れるという決まりがある。

また，電流の正体が電子の流れであり，電子の流れの向きは電流の向きと逆であることに注意しよう。

用語解説

電流計

電流の大きさをはかる計器である。電流計には導線をつなぐ端子が4つある。1つは**＋端子**で残りの3つは**－端子**である。下図の電流計の端子は，左から50 mA, 500 mA, 5 Aとなっていて，測定できる最大の電流の大きさが異なる。

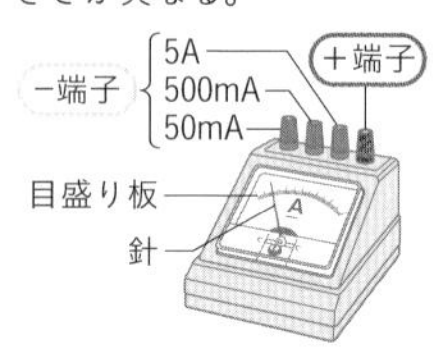

用語解説

検流計

電流計よりも小さな値（ふつう1mA以下）の電流を測定することができる。端子のつなぎ方は電流計と等しい。目盛りの0が中央にあり，針の動く向きによって電流の向きを知ることができる。

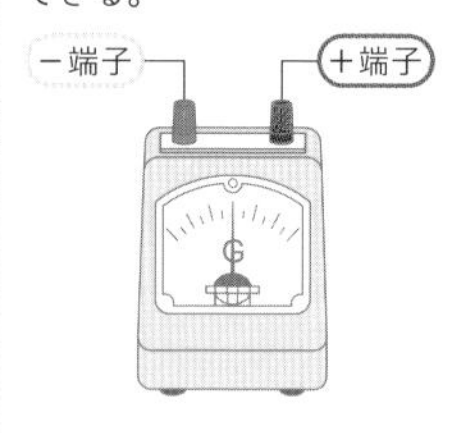

2 電流計の使い方

❶ 回路に電流計をつなぐときは，測定したい場所に対して**直列**につなぐ必要がある。そのとき，電池の＋極側の線を＋端子（赤い端子）に，－極側の線を－端子（黒い端子）につなぐようにする。

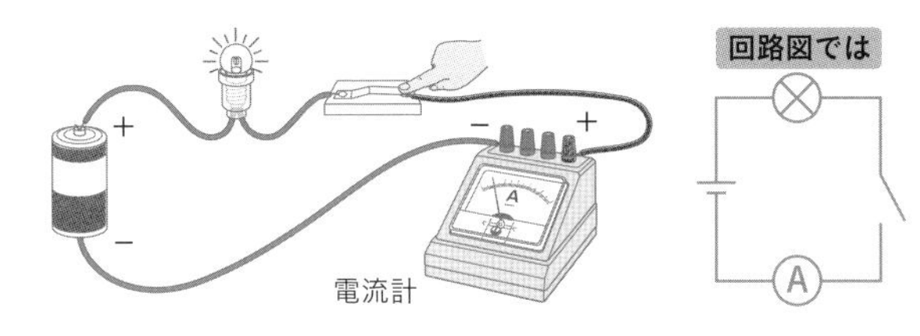

❷ 電流計の－端子は3種類あるが，これはそれぞれ測るときの電流の**最大値**を示している。そのため，測定する電流の大きさに応じて，適当な端子を用いる必要がある。しかし，電流の大きさが不明なときは，まず最も大きい容量の端子でおよその値を調べ，次に適当な端子につなぎかえて測定する。

❸ 電流計の接続の配線が，正しいことを確認してから回路のスイッチを入れ，電流計の目盛りを読む。

❹ 目盛りの読み方は，針が右にいっぱいに振れたときの大きさを，つないだ端子の値とする。－端子の500 mAを用いたとき，右の図のように針が振れたとする。この場合，1目盛りは10 mAなので，右図の値は250 mAとなる。

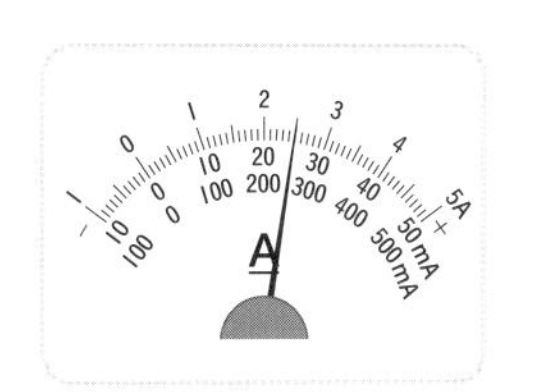

❺ ❹の場合は最大値50 mAの－端子では測れない。もしも目盛りが50 mA以下を指した場合，最大値50 mAの端子に切りかえて，より詳細な電流を測ることができる。

ミス注意

電流計のつなぎ方

電流計を直接電池につないだり，並列につないだりしてはいけない。回路がショートして大量の電流が流れ，電流計が壊れることがある。

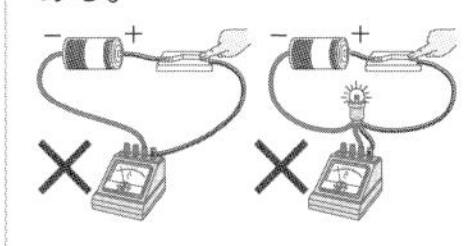

発展

デジタルテスター

デジタルテスターは，この1台で電流・電圧・抵抗（➡p137参照）の値を調べることができる。電流の大きさを測定するときは，電流計と同じように回路に直列につなぐ。

3 電圧

1 電圧の大きさ

回路に電流を流そうとするはたらきを**電圧**という。電圧の大きさの単位は**ボルト**（記号**V**），や**ミリボルト**（**mV**）で表され，電圧の大きさは**電圧計**で測定する。1 mVは1 Vの1000分の1である。乾電池を見ると1.5 Vなどと表記されている。この値が電圧であり，電圧が大きいほど回路に電流を流そうとするはたらきも大きくなる。

$$1\ \mathrm{V} = 1000\ \mathrm{mV}$$

用語解説

電圧計
電圧を測定する計器で，ボルトメーターともよばれる。電流計と同じように－端子は3つあり，下の図の場合，左から300 V，15 V，3 Vとなっている。

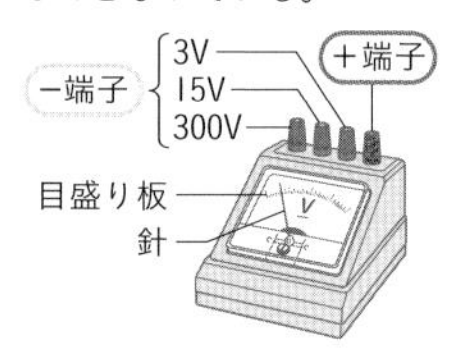

⬆電圧計

2 電圧計の使い方

回路図では

❶ 電圧計は，測定したい場所に対して**並列**につなぐ決まりがある。そのとき，電流計と同じように電池の＋極側を＋端子（赤い端子）に，－極側を－端子（黒い端子）につなぐ。

❷ 電圧計の3つの－端子にも，それぞれ測ることのできる電圧の**最大値**が示してある。そのため，測定する電圧の大きさに応じて適当な端子を用いる必要がある。しかし，電圧の大きさが不明なときは，まず最も大きい容量の端子でおよその値を調べ，次に適当な端子につなぎかえて測定する。

❸ 目盛りの読み方は，針が右にいっぱいに振れたときの大きさを，つないだ端子の値とする。たとえば300 Vの端子を用いたとき，1目盛りは10 Vとなるので右の図は250Vを示していることになる。

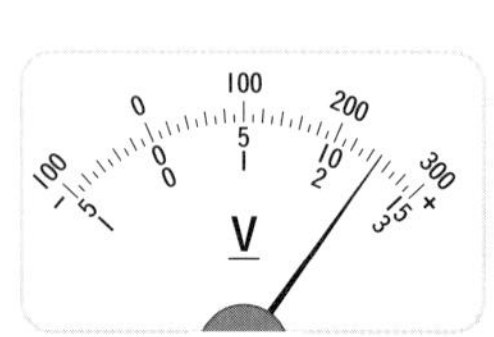

くわしく

電圧計のつなぎ方
電圧計の内部には，抵抗値がひじょうに大きな抵抗（➡p.138）が入っている。そのため，電圧計を直列につなぐと，回路に電流がほとんど流れなくなり，正しい電圧が測定できなくなる。

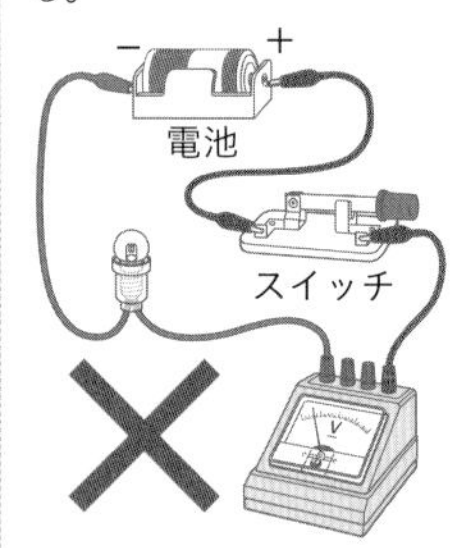

4 回路の電流

1 直列回路の電流

下図のような電流の流れる道すじが1本の回路を**直列回路**という。

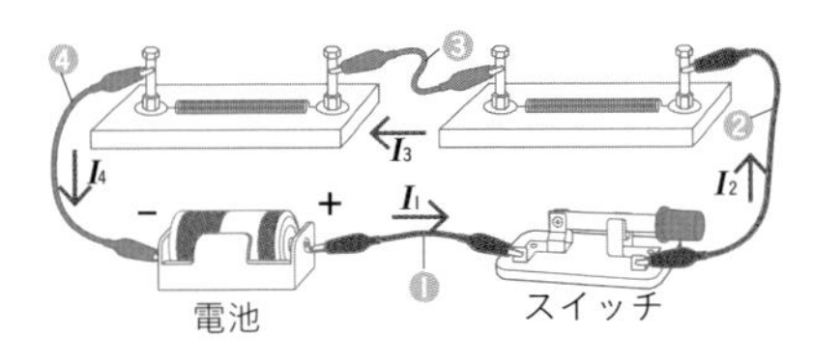

回路図では

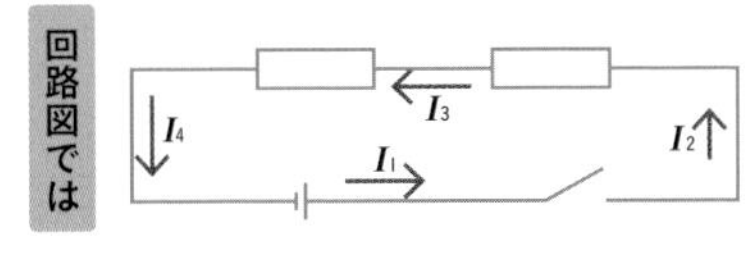

直列回路では，流れる電流の大きさはどこも等しく，電池から流れる電流の大きさと電熱線を流れる電流の大きさは同じになる。図で，①～④の各点に電流計を入れて測った電流を，I_1，I_2，I_3，I_4とすれば次の式が成り立つ。

$$I_1=I_2=I_3=I_4$$

◉ 直列回路の電流と水流モデル

電流は水の流れにたとえるとわかりやすい。直列回路は一本の水路にたとえることができ，このとき流れる水の量はどこも同じである。このように，直列回路の電流の大きさは，どこを測定しても同じになる。

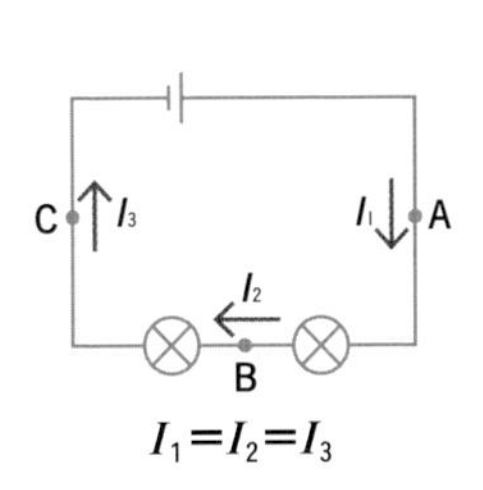

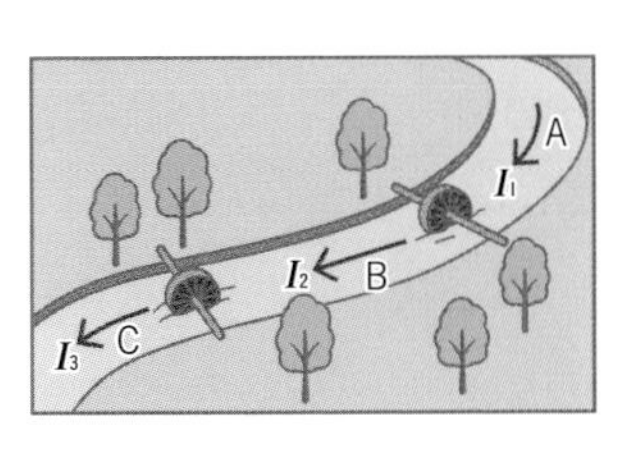

参考

1 Aの怖さ

1 Vと1 Aどちらも大した電気量に感じないかもしれない。しかし，1 Aの電流はとても危険な電気量である。人は0.05 A程度の電流で心臓発作を起こすことがある。1 Aはこの20倍になる電流であり，学校での実験であつかう電気量ではない。ちなみに雷の電流は50万 Aにもなることがあり，とても危険な自然現象だとわかる。

2 並列回路の電流

回路の一部が枝分かれし，複数の道すじができている回路を**並列回路**という。並列回路では，枝分かれしている部分のそれぞれの電流の和と，枝分かれする前の電流の大きさが等しくなる。右の図で❶～❹の各点に電流計をいれて測った電流を，I_1，I_2，I_3，I_4とすれば次の式が成り立つ。

$$I_1=I_2+I_3=I_4$$

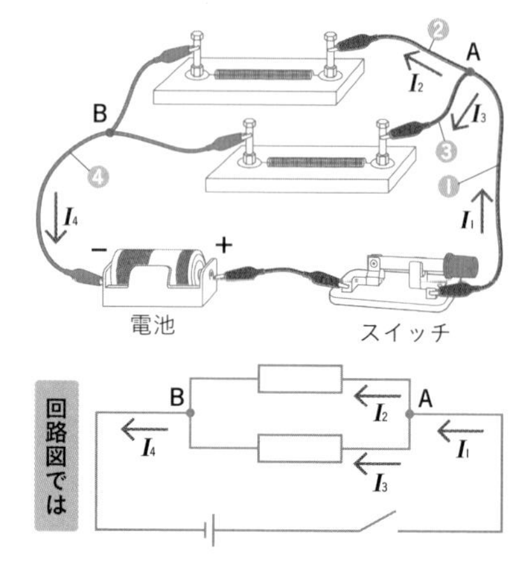

◉ キルヒホッフの法則

回路の1点に流れこむ電流の大きさの和は，その点から流れ出す電流の大きさの和に等しい。これを**キルヒホッフの法則**という。たとえば，上の図では，A点とB点でそれぞれ次の関係が成り立つ。

A点：**【流れこむ電流I_1】＝【流れ出す電流の和　I_2+I_3】**
B点：**【流れこむ電流の和　I_2+I_3】＝【流れ出す電流I_4】**

電流は電子の流れであり，この法則は「並列回路の分岐前後で，電子の数が増えたり減ったりすることはない」といっているのである。

◉ 並列回路の電流と水流モデル

並列回路に流れる電流を水流にたとえると下の図のようになる。水の流れが途中で分かれても，合計した水量は変わらず，枝分かれする前後で水量は変化しない。電流の大きさも同じである。

電流の大きさの関係　$I_4=I_5+I_6=I_7$

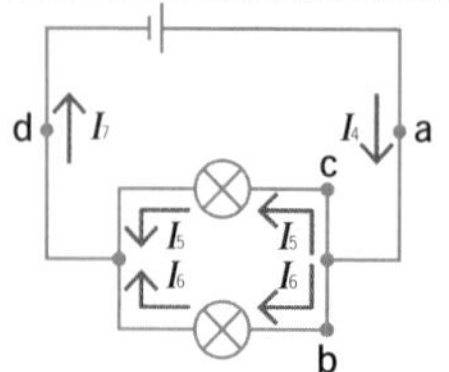

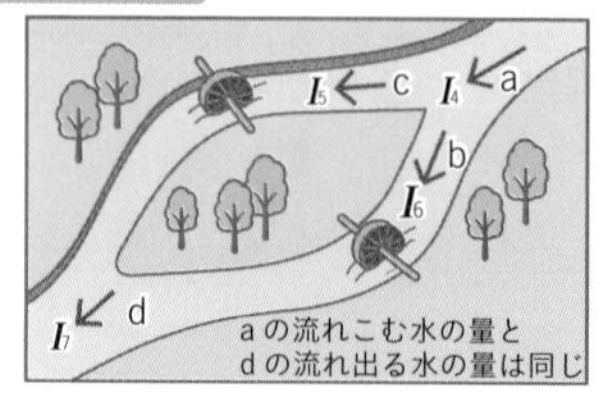

くわしく 

I_2とI_3の大きさ

I_1が2つに枝分かれしたとき，必ずしもI_2とI_3の大きさは，$I_2=I_3$ではなく，電気抵抗（➡p.138）によって決まる。ここでのポイントは，枝分かれする前後で電流の大きさは変わらないということである。

5 回路の電圧

1 直列回路の電圧

直列回路では各部分の区間の電圧の和が，回路全体の電圧に等しくなる。右の図でBC間の電圧をV_1，CD間の電圧をV_2，電源の電圧をVとすると，次の式が成り立つ。

$$V=V_1+V_2$$

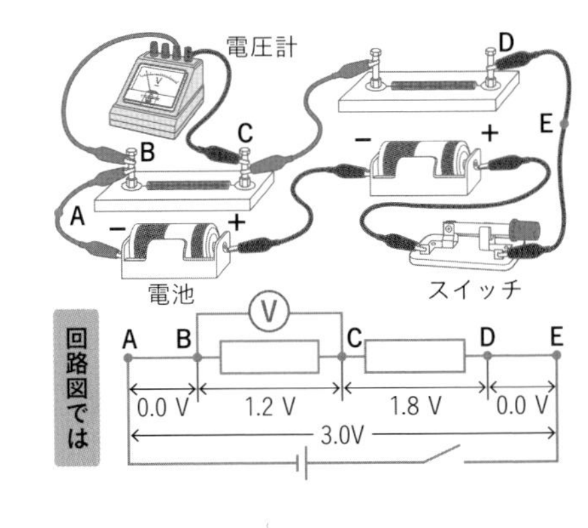

たとえば，BC間の電熱線にかかる電圧V_1が1.2 V，CD間の電熱線にかかる電圧V_2が1.8 Vとすると，回路全体にかかる電圧Vは3.0 Vになる。

◉ 直列回路の電圧と水流モデル

下図のような回路を水流モデルで考える。このとき電圧は高低差となり，各豆電球に加わる電圧の合計は，電池の電圧を表す高低差に等しくなる。

直列回路の場合は，各部分の高低差の合計が，電池の電圧（全体の高さ）となる。

電圧の大きさの関係　$V=V_1+V_2$

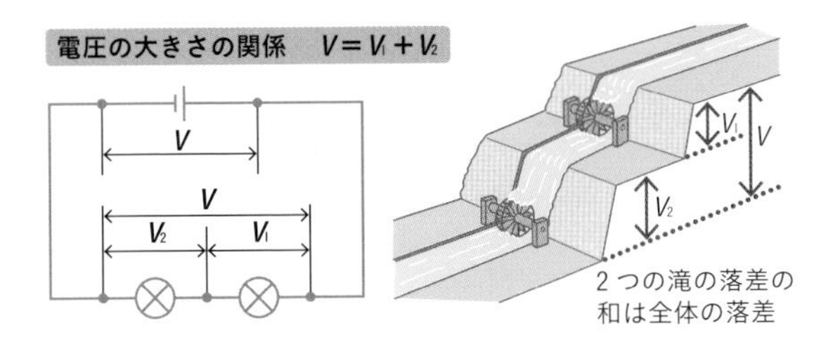

2つの滝の落差の和は全体の落差

高低差（電圧）は電源（電池）によって決まる。電圧が大きく（高低差が大きく）なれば，電球の高低差もそれにしたがって大きくなることがわかる。

同じ電源で直列の電球の数が増えれば，全体の高低差が決まっているので，各電球に割り振られる高低差（電圧）は小さくなる。

くわしく

水流モデル

電流を水流とすると，電圧は下図のように高さ（高低差）で表すことができる。電池はポンプの役目をしていて，電池の電圧が大きいほど，高い位置まで水をくみ上げることができると考える。

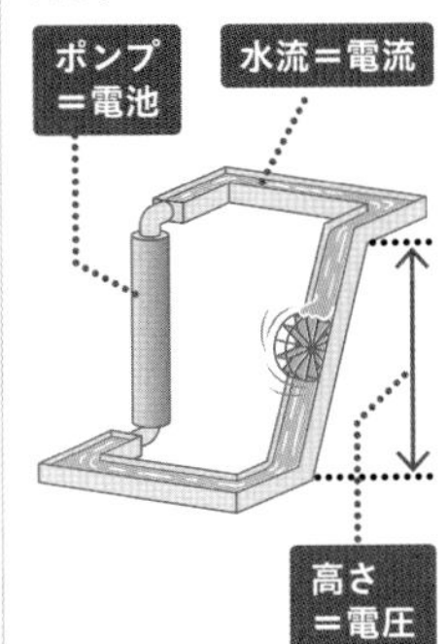

2 並列回路の電圧

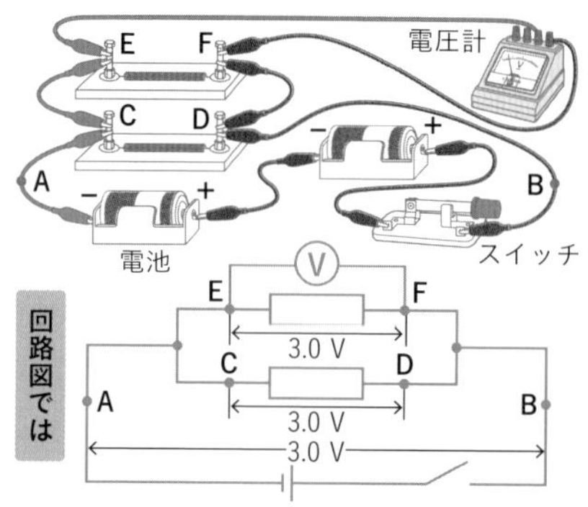

並列回路では，各部分の両端の電圧は，すべて等しく，電源の電圧とも等しくなる。たとえば，右図のように，3.0 Vの電池と電熱線２本を用いて並列回路をつくった場合，２本の電熱線それぞれにかかる電圧も3.0 Vとなる。

右図で**CD**間の電圧をV_1，**EF**間の電圧をV_2，**AB**間の電圧（電源の電圧）をVとすると次の関係式が成り立つ。

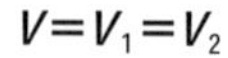

$$V = V_1 = V_2$$

◉ 並列回路の電圧と水流モデル

並列回路の場合は，下図のようなモデルになる。各豆電球の高低差は等しく，これは電池の電圧（全体の高さ）とも等しい。

◉ 並列回路の電池

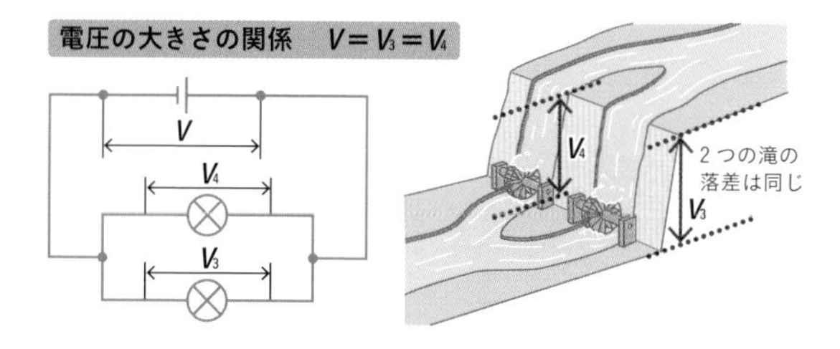

並列につないだ豆電球はどれも同じ明るさだ。明るさが同じなのは，どれも同じ電圧をかけることによる。並列回路では，どの電球も等しく電圧をかけるために，並列する豆電球の数が増えるほど電池の負荷は増えていき，電池はすぐに弱くなってしまう。

発展

直列と並列が混じった回路と電圧

下図の場合，並列つなぎの部分の電圧は等しいので，$V_1 = V_2$が成り立つ。この部分と豆電球３は直列つなぎであるので，$V_3 + V_1$（V_2）が電源の電圧Vと等しくなる。

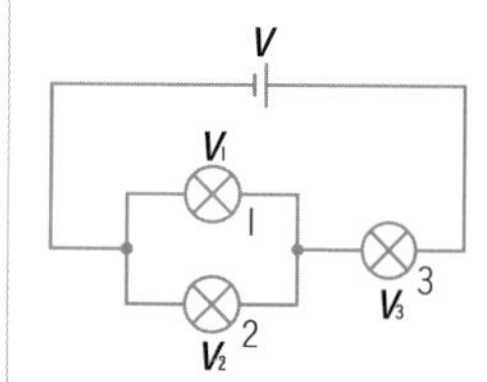

参考

家庭の電圧

家庭の電気器具やコンセントは並列につながれている。そのため，どの電気器具を使うときも同じ電圧で使用することができる。

第3章 SECTION 3

電流と電圧と抵抗

これまで，直列回路や並列回路などの回路をつくり，電流や電圧の大きさが回路によってどのように変わるかを学んだ。ここでは，電圧と電流の関係性を学ぶ。また，電熱線や抵抗などを用いて，そこにかかる電圧と電流，そして抵抗との関係を学習する。

1 電流と電圧と抵抗との関係

1 電流と電圧の関係

下図のように，電熱線を用いて回路をつくり，そこに電流計と電圧計をつないだ回路をつくる。そして，電源の電圧を2倍，3倍，…と変えると，そのとき電熱線に流れる電流も2倍，3倍，…と変化する。このことから，電熱線を流れる電流は，その両端に加わる電圧に**比例**することがわかる。

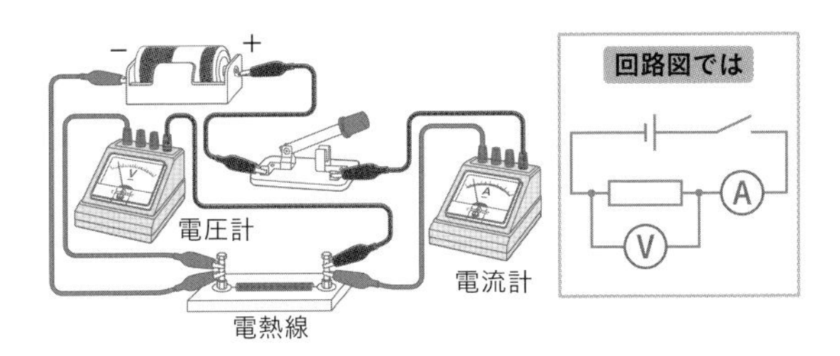

◉ オームの法則

上の回路を用いて，電圧の大きさとそのとき電熱線に流れた電流の大きさを測定し，グラフで示すと右図のようになる。電流の大きさIは電圧Vに比例することがわかる。このように，電圧と電流は比例関係にある。この関係を**オームの法則**(➡p.140)という。

電圧と電流は比例関係にある。

抵抗器と電熱線

抵抗器や電熱線は，電気抵抗が大きく，電流を流すと熱を発生する。また，抵抗器や電熱線は，豆電球やモーターよりも大きな電圧をかけてもこわれないので，電圧の大きさを変える実験をおこなうときに使われる。

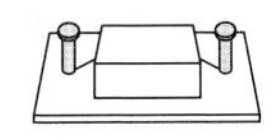

(a)抵抗器

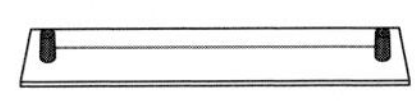

(b)電熱線

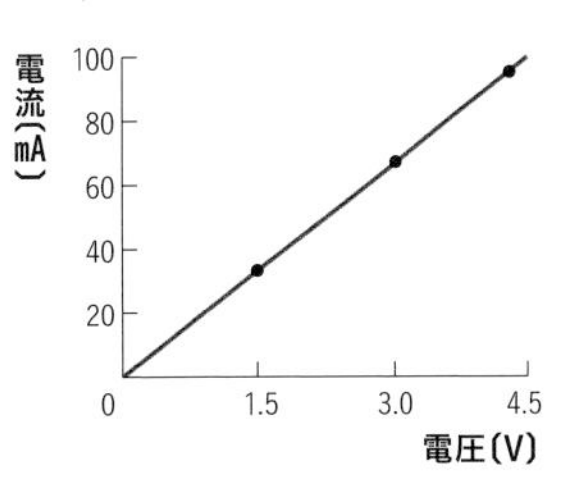

❶電圧と電流の関係

2 電気抵抗

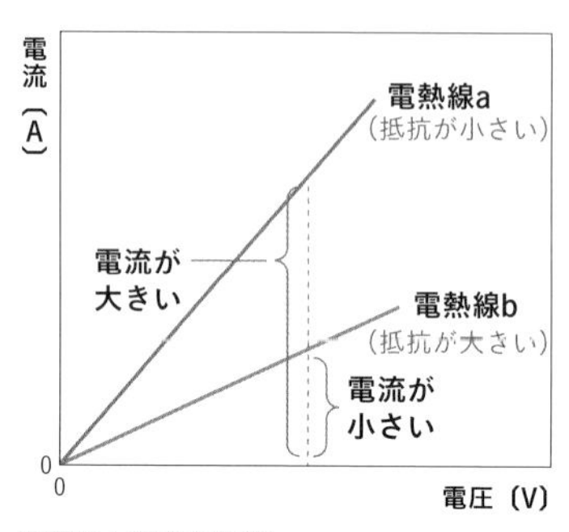

⬆電圧と電流の関係

右のグラフから，同じ電圧を加えたとき，電熱線bに流れる電流は，電熱線aよりも小さいことが読みとれる。すなわち，電熱線bは電熱線aよりも電流が流れにくいといえる。この電流の流れにくさのことを**電気抵抗**または単に**抵抗**という。抵抗Rの大きさの単位には**オーム**（記号**Ω**）が使われる。電熱線に1 Vの電圧をかけたとき，1 Aの電流が流れるならば，この電熱線の抵抗は1 Ωであると決めている。また，1キロオーム〔kΩ〕は1000 Ωである。

$$\frac{1〔V〕}{1〔A〕}=1〔Ω〕$$

くわしく

電圧と電流の関係
抵抗は小さくなるほど電流が大きくなるため，上図での傾きが大きいほど抵抗は小さく，逆数の関係

$$I〔A〕=\frac{1}{R}V〔V〕$$

であることがわかる。

くわしく

ニクロム
ニクロムは，ニッケルがおもな成分でそのほかにクロムや鉄をふくむ金属のことである。

3 物質の種類と抵抗

◉ 導体と金属の抵抗

抵抗は物質の種類によって異なる。金属は抵抗が小さく，電流を通しやすい。金属に限らず，抵抗が小さい物質を**導体**という。これまで，回路の導線の抵抗は無視してきた。これは，導線に使われている銅の電気抵抗が非常に小さいからである。

金属名	温度〔℃〕	抵抗〔Ω〕
アルミニウム	20	0.0275
金	20	0.024
銀	20	0.0162
クロム	20	0.16
鉄	20	0.098
銅	20	0.0172
ニクロム	20	1.09
ニッケル	20	0.0724

⬆金属の抵抗
（長さ1 m，断面積1 mm^2の値）

一方で，抵抗器や電熱線の材料には，電気抵抗が銅よりも大きいニクロムなどが使われている。金属の電気抵抗は，種類が同じでも長さや太さ，温度によっても変化し，一般に，温度が高くなると抵抗は大きくなる。

◉ 不導体

電気抵抗が非常に大きく，電流をほとんど通さない物質を**不導体**，または**絶縁体**という。

◉ 半導体

物質の中には，電気抵抗が導体と不導体の中間程度のものがある。このような物質は**半導体**とよばれ，光や熱などの変化に影響をうけやすい。コンピュータなどの部品であるIC（集積回路）や，光電池，発光ダイオードなど，いろいろなところで利用されている。

➊半導体の材料，シリコン

4 導線の抵抗

同じ物質でできている導線の抵抗は，長さと太さによって変わる。

◉ 導線の長さと抵抗

導線の長さが2倍，3倍，…になると，抵抗の大きさも2倍，3倍，…になる。つまり，抵抗の大きさは導線の長さに比例し，導線が長くなるほど抵抗は大きくなる。抵抗を直列につなぐということは，抵抗を縦につなげるということであり，抵抗の長さが長くなったと考えることができる。すなわち，抵抗を直列につなぐと全体の抵抗は大きくなる。

➊電熱線の長さと抵抗

◉ 導線の太さと抵抗

導線が太いほど抵抗値は小さくなり，導線の断面積が2倍，3倍，…になると，抵抗の大きさは$\frac{1}{2}$倍，$\frac{1}{3}$倍，…になる。
つまり，抵抗の大きさは導線の断面積に反比例する。導線を並列につなぐと，導線が太くなったと考えられるので，全体の抵抗は小さくなる。

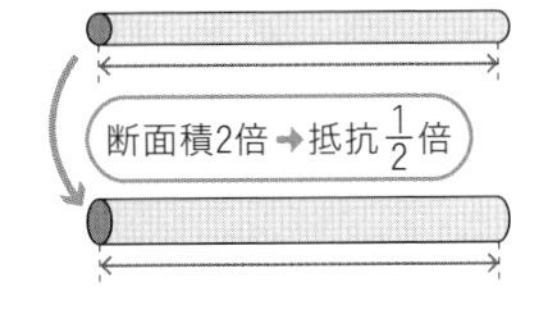

➊電熱線の太さと抵抗

参考

抵抗の温度変化
抵抗の値は温度によって変化する。その変化のしかたは金属によって異なり，タングステンや白金などの金属は，温度が上昇すると抵抗も大きく増加する。一方で，ニクロムのような合金は温度上昇による増加は小さい。半導体は温度が上がると抵抗が小さくなる。

くわしく

抵抗率
長さ1m，断面積1m^{2}の金属線の抵抗を抵抗率という。抵抗率を求めることで，金属どうしの抵抗を比較することができる。

参考

抵抗器
電流の大きさを変えるために，回路に抵抗としていれるものを抵抗器という。抵抗値が一定である固定抵抗器と，ある範囲で抵抗値を変えることができる可変抵抗器の2種類がある。

5 オームの法則

電流は電圧に比例し，また抵抗は物質の種類によって異なることを学んだ。ここで，電流I，電圧V，抵抗Rを用いると，以下の式が成り立つ。つまり，電流，電圧，抵抗のうち２つがわかれば残りの１つの値も求めることができる。これを**オームの法則**という。

$$抵抗R(\Omega)=\frac{電圧V(\mathrm{V})}{電流I(\mathrm{A})}\cdots①$$

抵抗と電流

上の式を変形すると以下のようになる。電圧が一定のときは，抵抗が大きいほど電流は流れにくくなるので，**電流の大きさは抵抗の大きさに反比例する。**

$$電流I(\mathrm{A})=\frac{電圧V(\mathrm{V})}{抵抗R(\Omega)}\cdots②$$

右のグラフで，電圧が６Vのとき，２つの電熱線に流れる電流を比べると，抵抗が10Ωの（小さい）電熱線の方が0.6Aと大きな電流が流れている。

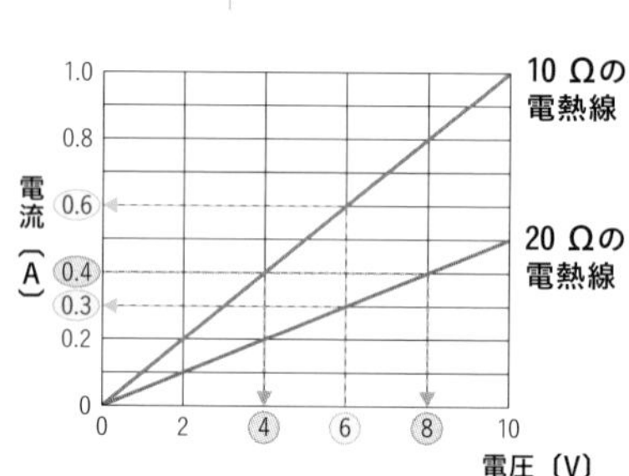

抵抗と電圧

電圧は，以下のような式で表すことができる。つまり，電流が一定のときは，抵抗が大きいほど大きな電圧が加わっている。**電圧の大きさは抵抗の大きさに比例する。**

$$電圧V(\mathrm{V})=抵抗R(\Omega)\times電流I(\mathrm{A})\cdots③$$

右上のグラフで，２つの電熱線を流れる電流が0.4Aと等しいときは，抵抗が20Ωの（大きい）電熱線の方が８Vと大きな電圧が加わっていることがわかる。

①〜③どれもオームの法則である。

くわしく 

オームの法則の覚え方

電圧・電流・抵抗の関係は，下図で覚えると覚えやすい。たとえば，電流を求めたいときは電圧÷抵抗となる。

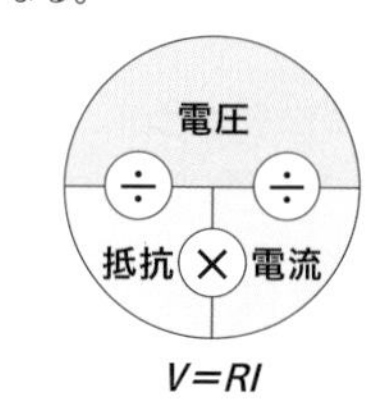

$V=RI$

実験

思考力UP

電圧と電流の関係を調べる

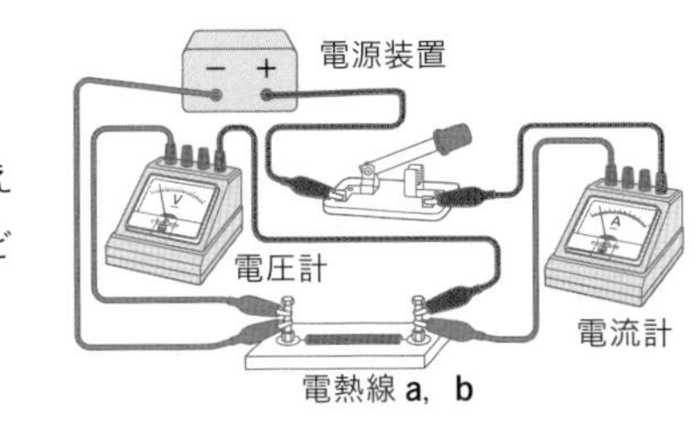

目的

電熱線の両端（りょうたん）にかける電圧を変えたとき，電熱線を流れる電流がどのように変わるかを調べる。

方法

❶ 電熱線aを使い，上図の回路（かいろ）をつくる。

❷ スイッチを入れ，電源装置の電圧を2，4，6，8 Vと変えたときの電流をそれぞれ測定する。

❸ 電熱線aを電熱線bに変え，❷と同様にして，電流を測定する。

❹ 実験結果を表にして，グラフをかく。

思考の流れ

計画

●同じ電圧をかけて，電熱線（抵抗）のちがいで電流がどう変わるのかを調べる。

結果

実験結果を下の表とグラフにまとめた。

電圧〔V〕		0	2	4	6	8
電流〔A〕	電熱線a	0	0.12	0.24	0.35	0.47
	電熱線b	0	0.05	0.10	0.15	0.20

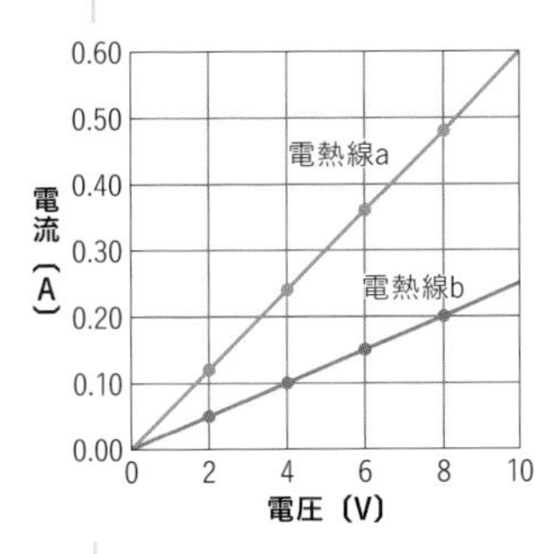

考察

結果から，電熱線に流れる電流の大きさは，電圧の大きさに比例することがわかる。また，同じ大きさの電圧を加えたとき，電熱線aは電熱線bよりも大きな電流が流れたことから，電熱線aは電熱線bよりも電流が流れやすい（抵抗が小さい）といえる。

考察の観点

●グラフから電圧と電流は比例することがわかる。また，抵抗が小さいほど，電流が大きくなる（aとbの比較）。このとき各抵抗の値は各グラフの傾きで表され，直線（一次関数）なので，その値は一定であることがわかる。

❷ 抵抗の合成

1 抵抗のつなぎ方

いくつかの抵抗を直列や並列につないだとき，全体の抵抗を１つの抵抗として考えたものを**合成抵抗**という。

つながれた抵抗全体の両端に，V〔V〕の電圧を加えたとき，流れる電流がI〔A〕ならば，全抵抗R〔Ω〕は以下の式で表すことができる。

$$全抵抗R(\Omega)=\frac{V(\mathrm{V})}{I(\mathrm{A})}$$

2 直列回路の合成抵抗

２つ以上の抵抗を直列につないだ場合の全抵抗は，各抵抗の和に等しい。各抵抗を直列につないだときの全抵抗をRとすれば，以下の式が成り立つ。

$$R=R_1+R_2+R_3\cdots\cdots\cdots\cdots$$

下図のように10 Ω，15 Ω，30 Ωの３つの抵抗を，直列につないだとき，合成抵抗は全部たした55 Ωとなる。つまり，直列接続の場合の合成抵抗は，各部分の抵抗よりも大きくなる。

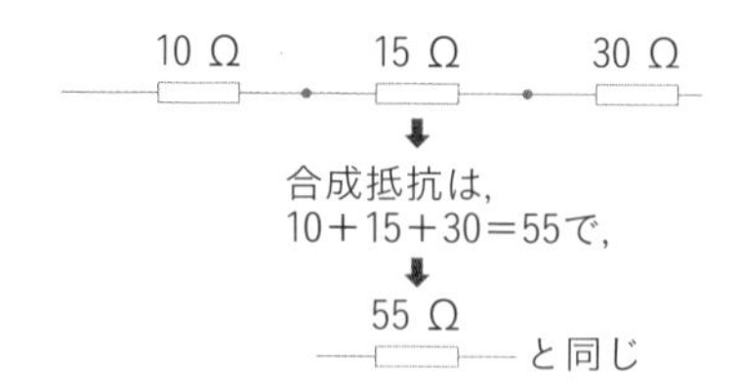

⬆直列回路の全抵抗の計算

◉ 合成抵抗が各抵抗の和になる理由

右図のような直列回路をつくり，電圧Vを加えたときに流れる電流をIとする。直列回路の電流はどこも等しいことと，オームの法則を用いると，

$V_1=R_1I,\ V_2=R_2I$

であり，全体の電圧について

$$V=V_1+V_2=R_1I+R_2I$$
$$=I(R_1+R_2)$$

が成り立つ。合成抵抗をRとすると，$V=RI$なので，

$RI=I(R_1+R_2)\ \rightarrow R=R_1+R_2$となる。

また，$V_1=R_1I$，$V_2=R_2I$より，各両端の電圧の比は，それぞれの抵抗の比に等しい。よって，

$V_1:V_2=R_1:R_2$

という関係が成り立つ。

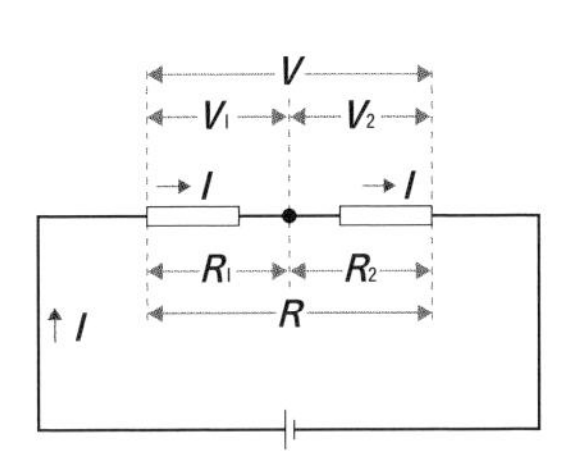

3 並列回路の合成抵抗

2つ以上の抵抗を並列につないだ場合，合成抵抗の逆数は，各抵抗の逆数の和に等しい。

$$\frac{1}{R}=\frac{1}{R_1}+\frac{1}{R_2}+\frac{1}{R_3}+\cdots\cdots\cdots\cdots$$

下図のように，10 Ω，15 Ω，30 Ωの3つの抵抗を，並列につないだときの合成抵抗は，それぞれ逆数にして足した値の逆数となるので，合成抵抗は5 Ωとなる。すなわち，並列接続の合成抵抗は，各部分の抵抗よりも小さくなる。

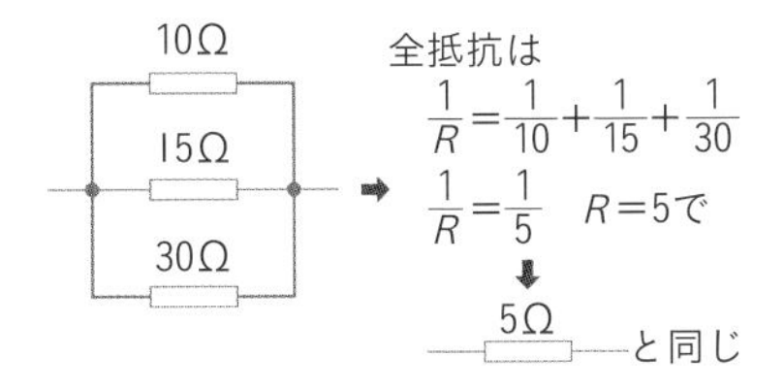

➊並列回路の全抵抗の計算

参考

並列回路の考え方

下図のように，並列回路の各抵抗は1つの抵抗として考えるとわかりやすい。

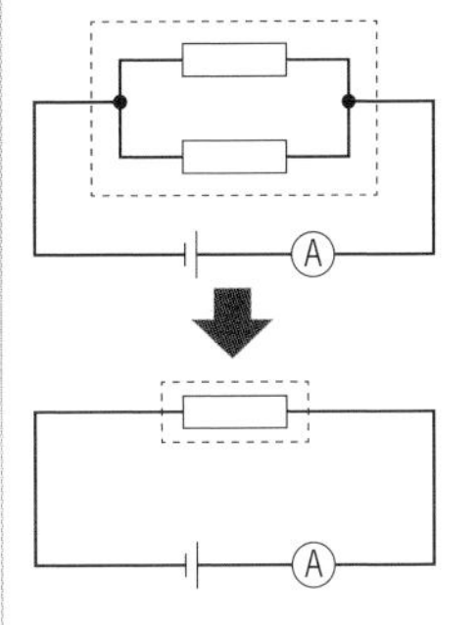

右図のような並列回路では，各抵抗にかかる電圧（でんあつ）は等しいので，以下の式が成り立つ。

$I_1=\frac{V}{R_1}$，$I_2=\frac{V}{R_2}$

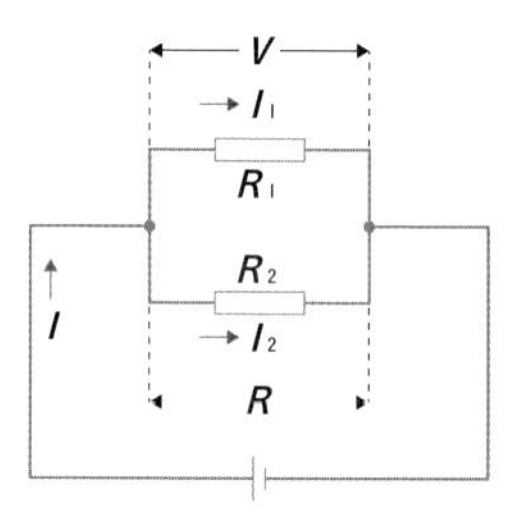

全体の電流について，

$I=I_1+I_2=\frac{V}{R_1}+\frac{V}{R_2}=V\left(\frac{1}{R_1}+\frac{1}{R_2}\right)$

であり，全抵抗をRとすると，

$I=\frac{V}{R}=V\left(\frac{1}{R_1}+\frac{1}{R_2}\right)$ゆえに，$\frac{1}{R}=\frac{1}{R_1}+\frac{1}{R_2}$となる。

また，$I_1=\frac{V}{R_1}$，$I_2=\frac{V}{R_2}$より，$I_1:I_2=\frac{1}{R_1}:\frac{1}{R_2}$

という関係が成り立つので，各抵抗に流れる電流の大きさは，それぞれの抵抗に反比例することがわかる。

◉ 混合回路の合成抵抗

下図のように，直列と並列つなぎが組み合わさった混合回路の場合，合成抵抗は**直列部分と並列部分の抵抗の和**として考える。R_Aの部分は並列つなぎなので，

$\frac{1}{R_A}=\frac{1}{10}+\frac{1}{10}=\frac{2}{10}=\frac{1}{5}$より，

$R_A=5\Omega$

R_AとR_Bは直列つなぎとみなせるので合成抵抗Rは

$R=R_A+R_B=5+20=25\ \Omega$となる。

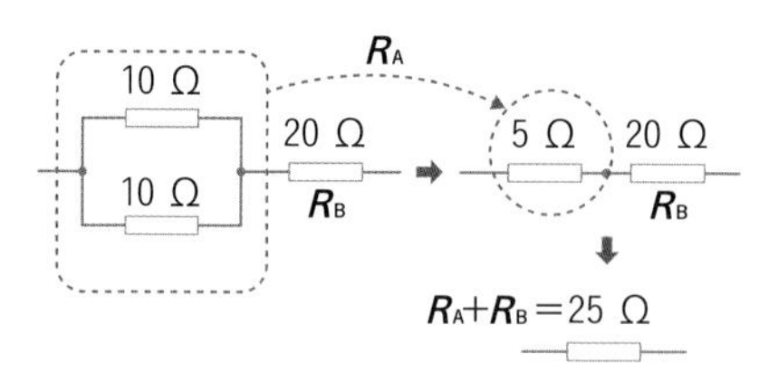

実験

直列回路と並列回路の合成抵抗を調べる

目的

2つの抵抗の合成抵抗が，直列回路のときは2つの和，並列回路のときは逆数の和になるかを，実際に測定する。

方法

❶ 下図のように，20 Ωの抵抗を 2 個用いて，直列回路と並列回路をつくる。

❷ デジタルテスターを使って，それぞれの回路のBC間の抵抗の大きさをはかる。

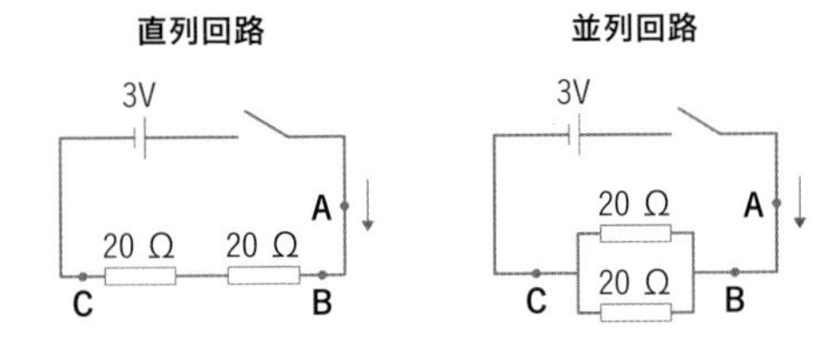

デジタルテスターの使い方

❶ 「抵抗」の項目にスイッチを合わせて電源を入れる。

❷ 回路のBC間に端子をつないで測定する。

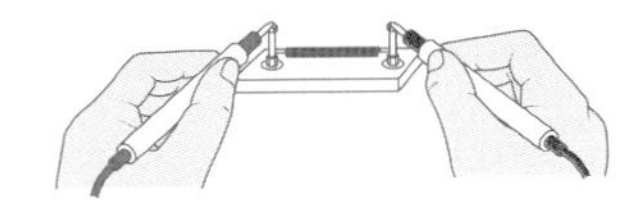

⮈抵抗の測定
抵抗などの両端にテスターの端子を直接つなぐ

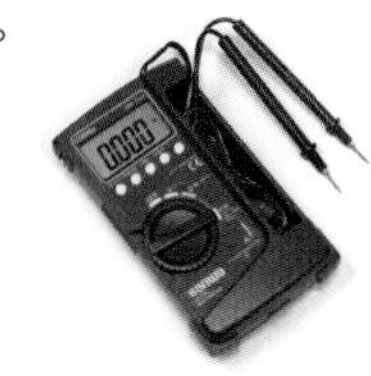

©アフロ

結果

直列回路：20＋20＝40〔Ω〕　　測定値…**40.1 Ω**

並列回路：$\frac{1}{20}+\frac{1}{20}=\frac{1}{10}$ …10〔Ω〕　　測定値…**9.9 Ω**

直列回路，並列回路の合成抵抗が計算式の通り，それぞれ40〔Ω〕，10〔Ω〕であることが確認できた。

3 電力

1 電力

電流がいろいろな電気器具に流れることによって，光や音，熱が発生したり，モーターなどの物体が動いたりする。これらはすべて電気のはたらきによるものであり，電気がもつこのような能力を**電気エネルギー**という。電気エネルギーは電気器具などで消費されるが，このとき1秒あたりに消費される電気エネルギーの量を**電力**という。電力は，電圧と電流の積で表される。

$$\text{電力}P〔\mathrm{W}〕=\text{電圧}V〔\mathrm{V}〕\times\text{電流}I〔\mathrm{A}〕$$

電力の単位

単位は**ワット**（記号**W**）である。1 Vの電圧で1 Aの電流が流れるときの電力を1 Wという。電力はPで表される。また，1**キロワット**（記号**kW**）は1000 Wである。

公式の変形

オームの法則を用いて次のように電力の公式を変形することができる。$V=RI$より，以下となる。

$$\text{電力}P〔\mathrm{W}〕=\text{抵抗}R〔\Omega〕\times(\text{電流}I〔\mathrm{A}〕)^2$$

この式から，電力は電圧がわからなくても，抵抗に比例し，電流の2乗に比例することがわかる。また，

オームの法則より，$I=\dfrac{V}{R}$であるから，以下となる。

$$\text{電力}P〔\mathrm{W}〕=\frac{(\text{電圧}V〔\mathrm{V}〕)^2}{\text{抵抗}R〔\Omega〕}$$

この式から，電力は電流の大きさがわからなくても，電圧の2乗に比例し，抵抗に反比例することがわかる。

以上の式から，電圧，電流，抵抗の3要素のうち，2つがわかれば，電力を求めることができる。

くわしく

エネルギー

電球は電気エネルギーを光エネルギーに変換するものであり，スピーカーは音に，モーターは力に，電熱器は熱に変換する。エネルギーは様々な形に変換できる。

くわしく

電力

電力は1秒間あたりの電気エネルギーの量であり，単位時間あたりのエネルギー量である。W＝J/sは仕事率に等価である（➡p.97～）ことに注目しよう。

2 電気エネルギー

ある時間に消費した電力の総量は，電力と時間の積で表される。これを**電力量**という。

電力量＝電力×時間

電力量の単位には，**ジュール**（記号**J**）のほかに，**ワット時**（記号**Wh**），**キロワット時**（記号**kWh**）などが使われる。1Wの電力を1秒間使ったときの電力量が1Jであり，1Wの電力を1時間使ったときの電力量が1Whである。

また，1kWhは1000Whである。

$$1〔W〕\times 1〔s〕= 1〔J〕$$

1Jは1Wの電力を1秒間使ったときの電力量であるので，それぞれの単位の関係は次のようになる。

$$1Wh = 1W \times 1h = 1W \times 3600s = 3600Ws = 3600J$$

3 家庭で利用する電気エネルギー

◉ 家庭の消費電力量

家庭の電気の引きこみ口の近くに，右のようなメーターがある。このメーターは**積算電力計**といい，家庭で消費された電力量を測定している。

◉ 家庭の消費電力量の単位

電力会社は，電力量の単位にキロワット時（記号**kWh**）を使っている。右図は，家庭に送られる電気料金の請求書の一部である。この場合，613kWhの電力量を1か月で使用したことを示している。

電気ご使用量のお知らせ
ご使用場所

1年12月分	ご使用期間 11月26日～12月23日 検針月日 12月24日 （28日間）	ご契約種別
ご使用量	総計 613kWh	ご契約
	昼間 54kWh 朝晩 323kWh 夜間 236kWh	割引対象機器容量 通電

参考

電気器具の消費電力

電気器具には，消費電力が表示してある。たとえば，100V−100Wと書いてある電球は，100Vの電圧で使用したとき，100Wの電力を消費することを示している。

器具	消費電力〔W〕	電流〔A〕
白熱電球	100	1
※けい光灯（20W）	25	0.25
※けい光灯（40W）	47	0.47
電気炊飯器	600	6
トースター	600	6
アイロン	1000	10
テレビ	150	1.5
ラジオ	40	0.4
扇風機（30cm）	40	0.4
洗たく機	200	2
冷蔵庫	100	1

※けい光灯の表示電力と消費電力は多少ちがう。

◉ 家庭内への配線

発電所でつくられた電気は，送電線を通っていくつかの変電所と電柱の上にとり付けられている柱上変圧器を経由する。こうして，発電所でつくられた数十万Vの電気は，変圧器（➡p.175）とよばれる電圧を下げる機器で100 Vにまで下げられてから家庭に送りこまれる。家庭に届いた電気は，屋外の**電力量計**を通り，分電盤（ブレーカー，漏電遮断器などがとり付けられている）を通ってから，各部屋に送られる。

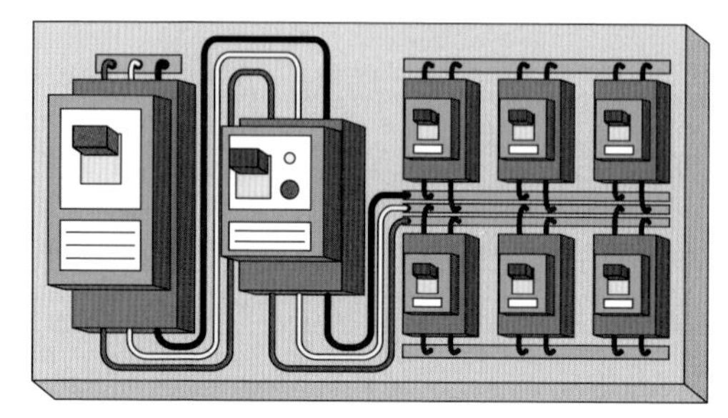

⬆単相３線式分電盤の例

◉ ブレーカー

電気器具のショートなどが原因で，家庭内の配線に大量の電流が流れると危険である。危険になったとき，自動的に電流を切る機器がブレーカーである。

ブレーカーには契約したアンペア数がかかれている。たとえば，20 Aの場合，一度に2000 Wまでの消費電力の電気器具が使え，それ以上の消費電力の電気器具を一度に使った場合，自動的にスイッチが切れるようになっている。

◉ 家庭内の配線

家庭内の配線は並列につながっている。そのため，スイッチを入れた電気器具だけを使うことができる。また，どの電気器具にも100 Vの電圧が加わる。

くわしく 

ショート
短絡ともいう。電圧のかかっている２本の導線が直接ふれあったり，ほかの金属でつながれていたりすること。このようになると，その部分の抵抗が非常に小さいため，大量の電流が流れて発熱し，導線を包んでいる絶縁体などが燃えて火事になることがあり危険である。

4 電流による発熱

わたしたちの身のまわりには電気のはたらきを利用して動いたり，光や音，熱が発生したりするものが多く存在する。ここでは抵抗に電流を流したときに発生する熱や，その熱の利用について学ぶ。また，電気エネルギーの大きさの表し方や，家庭での利用法を学ぶ。

1 電流による発熱

1 ジュールの法則

導体に電流が流れると熱が発生する。この熱を**ジュール熱**といい，単位は**ジュール**（記号**J**）である。右図は，熱量計，可変抵抗器，電熱線，電流計，電圧計などが接続された回路である。電流を流すと，電熱線に熱が発生して水温が上がる。回路の電流や電圧，抵抗の大きさ，電流を流す時間を変えて水温上昇を調べると，電熱線に発生する熱量は，電流と電圧と時間との積つまり電力量と同じになる。

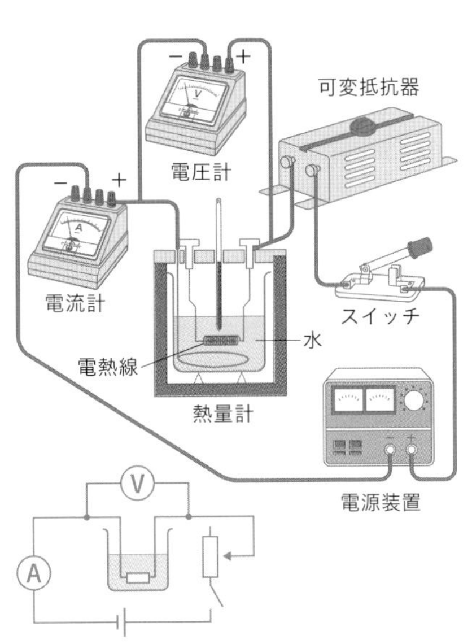

この関係を**ジュールの法則**という。抵抗R〔Ω〕の物体に流れる電流をI〔A〕，両端の電圧をV〔V〕とする。このときt秒間に発生する熱量Q〔J〕は次の式で表すことができる。

熱量Q〔J〕＝電圧V〔V〕×電流I〔A〕×時間t〔s〕…❶
＝電力P〔W〕×時間t〔s〕…❶′

また，オームの法則（$V=IR$）から，以下ともなる。

$$Q=I^2\times R\times t \cdots\cdots❷$$

$$Q=\frac{V^2}{R}\times t \cdots\cdots❸$$

2 抵抗の接続とジュール熱

直列回路と並列回路では，発生するジュール熱の量が異なる（➡p.152参照）。

◉ 直列回路

直列回路では，各電熱線に流れる電流は等しく，加わる電圧は抵抗の大きさに比例する。ここで，ジュールの法則の❷式を用いる。電流 I は各電熱線で等しく，時間 t は共通なので，電熱線に発生するジュール熱 Q は，各抵抗 R に比例することがわかる。

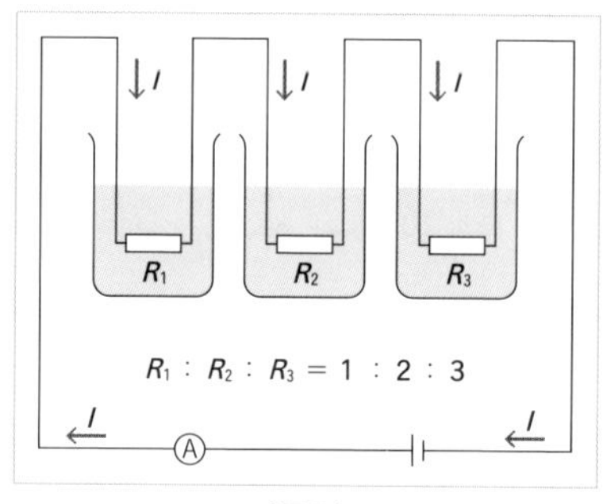

〔図1〕

$$Q=I^2 \times R \times t \cdots\cdots\cdots\cdots ❷$$

たとえば，図1のように3つの抵抗と同じ量の水を入れたビーカーで直列回路をつくったとき，3つの抵抗の比が1：2：3の場合，水温上昇の比も1：2：3となる。すなわち，直列回路では抵抗が大きい電熱線ほど，発生する熱量も大きくなる。

◉ 並列回路

並列回路では，各抵抗に加わる電圧が等しく，流れる電流は抵抗の大きさに反比例する。ここでジュールの法則の❸式を用いる。各抵抗の両端の電圧 V は等しく，時間 t は共通なので，発生する熱量 Q は，抵抗 R に反比例することがわかる。

$$Q=\frac{V^2}{R} \times t \cdots\cdots\cdots\cdots ❸$$

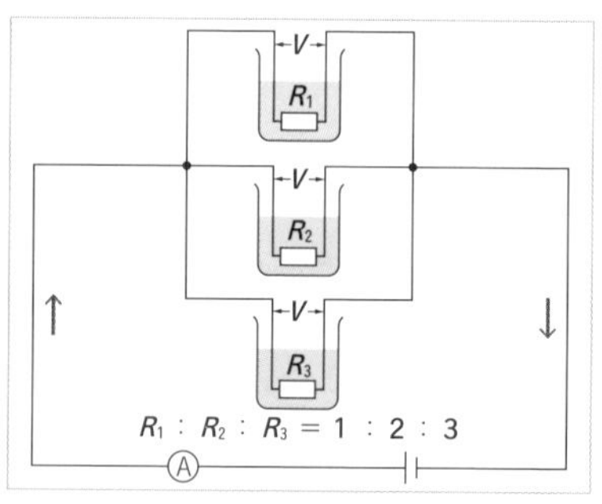

〔図2〕

図2のように並列回路をつくったとき，抵抗の比が**1：2：3**の場合，同じ量の水を入れた各ビーカーの水温上昇の比は

$\frac{1}{1}:\frac{1}{2}:\frac{1}{3}$ となる。

つまり，並列回路では抵抗が大きい電熱線ほど，発生する熱量は小さくなる。

◉ 並列つなぎと家庭の電気器具

家庭の電気器具は並列つなぎである。これは，ほかの電気器具の抵抗の影響を受けないようにするためである。**並列回路では，抵抗の１つの抵抗値を変えても，ほかの抵抗で発生する熱量は変化しない。**しかし，直列の場合は，１つの抵抗値が変わると，回路全体に流れる電流の大きさが変わってしまうため，ほかの抵抗に発生する熱量も変わってくる。そのため，家庭で使う電気器具は並列につないでいるのである。

3 ジュール熱の利用

ジュール熱を利用したものに，電熱器，白熱電球などがある。電熱器とは電流による発熱を利用して熱を得るための装置である。電熱線で用いられる抵抗体(ていこうたい)は，発熱体ともいい，抵抗が大きいことが特徴(とくちょう)である。電気コンロ，電気ストーブ，電気アイロン，トースターなどはすべて電熱器であり，中に大きな抵抗が入っているので，電流を流すと，その部分がジュール熱を発生する。わたしたちはそのジュール熱を利用して，部屋をあたためたり，パンを焼いたりしている。

⬆電気ストーブ　©アフロ

⬆トースター　©アフロ

台所にある電気器具では，トースターと並んで電子レンジも食品の加熱に使用するが，電子レンジはマイクロ波加熱という方法で食品を加熱する。これは食品にふくまれる水分（水分子(みずぶんし)）に作用して加熱させるもので，加熱させる原理がトースターとは異なる。

参考

家庭の電気器具

並列回路では，電圧は変化しにくいため，平行してつなぐ電気器具によって，その電圧を維持しようと電流を流そうとする。ブレーカーはこの電流が一定の値を超えたときに作動して過大な電流を抑える。

くわしく

白熱電球のしくみ

下の図は白熱電球のつくりを示している。フィラメントとよばれる部分が抵抗体であり，電流が流れるとジュール熱を発生し光を出す。この光は，発熱することによる，放射（➡p.114）である。エネルギーの10％程度が光（可視光）で，70％以上は赤外線（熱）として逃げている。つまり，明るくさせるという目的ではエネルギー効率が悪い。

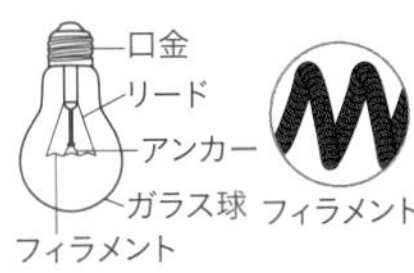

LEDが省エネなのは，発光するしくみが異なり，白熱電球と同じ光量を$\frac{1}{8}$〜$\frac{1}{10}$程度の電力でつくれるからである。

実験

思考力UP

電熱線の発熱量を調べる

目的

電熱線の発熱量が，電流を流した時間や電熱線の電力(でんりょく)によってどう変わるか調べる。

方法

❶ 6W，9W，15Wの電熱線を用意する。

❷ ポリエチレンのビーカー3個にそれぞれ水を100 g入れてしばらく放置して水温をはかる。

❸ 下の図のように，電熱線をつなぐ。

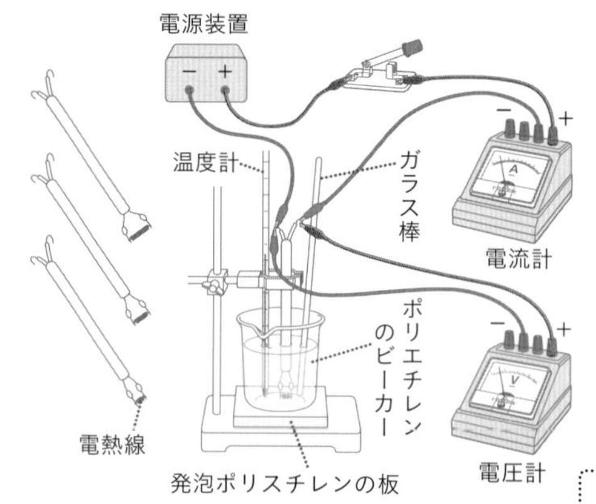

❹ それぞれの電熱線に6 Vの電圧(でんあつ)を加えて電流を流す。ガラス棒でときどきかき混ぜながら，5分まで1分ごとに水温を測定する。

思考の流れ

仮説

●電力量＝電力×時間　より，時間が長いほど，また電熱線の電力が大きいほど電力量は大きくなる。

↓

計画

●3個のビーカーの水の温度がすべて等しくなるように，放置して室温と同じになるようにしておく。

●全体の水温が一定となるようにガラス棒でかき混ぜながら実験をおこなう。

●時間の影響を少なくするために，できるだけ測定時間は正確にする。

結果

次の表は，3つの電熱線における1分間ごとの水の上昇(じょうしょう)温度をまとめたものである。また，図1は，電流を流した時間と水の上昇温度の関係，図2は，電流を流した時間が5分のときの電力と水の上昇温度の関係をグラフにしたものである。

〔電圧６ V，水の質量100 g〕

時間〔分〕		0	1	2	3	4	5
水の上昇温度〔℃〕	6 W	0	0.8	1.6	2.5	3.3	4.1
	9 W	0	1.2	2.4	3.6	4.9	6.0
	15 W	0	2.1	4.0	6.0	7.9	10.0

〔図１〕　時間と水の上昇温度

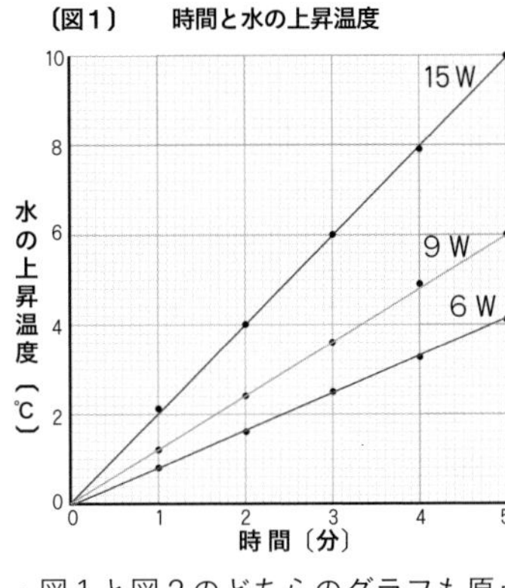

〔図２〕　電力と水の上昇温度（５分間）

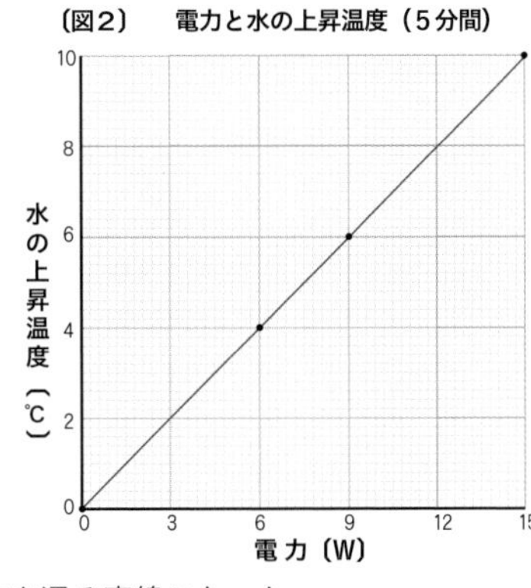

・図１と図２のどちらのグラフも原点を通る直線になった。
・図１より，電熱線の電力が大きいほど，直線の傾(かたむ)きは大きくなることがわかった。

考察

・電熱線の電力が一定のとき，電熱線の発熱量は，電流を流した時間に比例する。
・電流を流した時間が一定のとき，電熱線の電力が大きいほど発熱量は大きく，電熱線の発熱量は電力に比例する。

考察の観点
●横軸に時間，縦軸に水の上昇温度をとったグラフと，横軸に電力，縦軸に水の上昇温度をとったグラフの２つを作成し，その２つからわかることをまとめよう。

発展・探究

電気エネルギーを変換(へんかん)してみよう

手回し発電機と発光ダイオードを接続し，ハンドルを回していくと，発光ダイオードが光ります。これにより，手回し発電機から発電された電気エネルギーが光エネルギーに変換(へんかん)されたことがわかります。

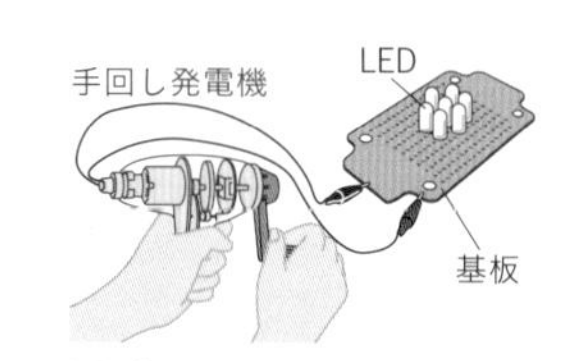

⬆発光ダイオードと手回し発電機

では，手回し発電機と，**ペルチェ素子**を接続して，ハンドルを回してみるとどうなるでしょうか。ペルチェ素子とは，発光ダイオードのような半導体をかさね合わせてできていて，電流を流すと片方の面からもう片方の面へと熱が移動し，ものをあたためたり冷やしたりすることができる物質(ぶっしつ)です。手回し発電機のハンドルを回して発電すると，その電気がペルチェ素子に流れ，ペルチェ素子の上部があたたかくなります。つまり，電気エネルギーが熱エネルギーに変換されたことがわかります。

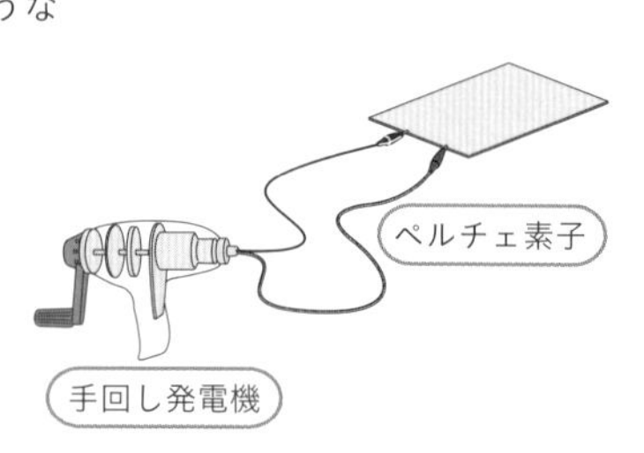

⬆ペルチェ素子と手回し発電機

次に，手回し発電機をはずして，モーターを接続し，ペルチェ素子の片面に湯，もう片面には氷水を接触(せっしょく)させて温度差をつくります。そうすると，ペルチェ素子が熱エネルギーを持つようになり，それが電気エネルギーに変換されてモーターが動くのです。

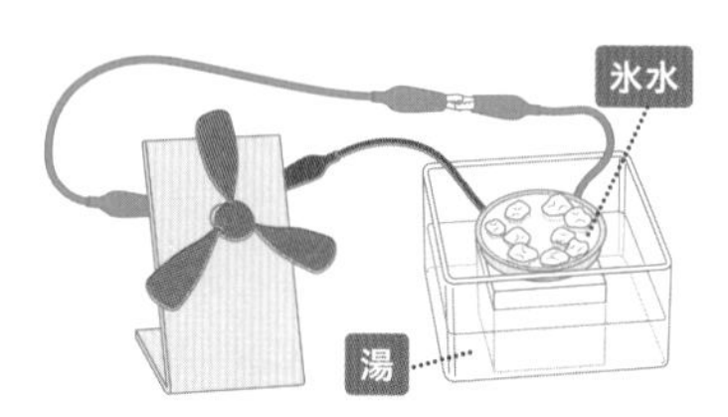

⬆ペルチェ素子とモーター

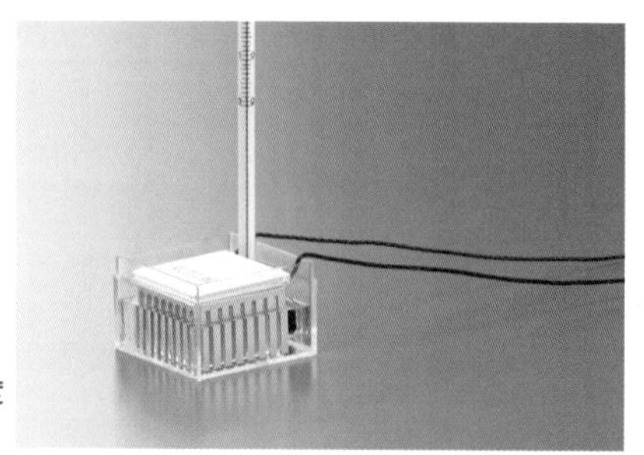
➡ペルチェ素子に電流を流して温度変化を調べる

第3章 SECTION 5

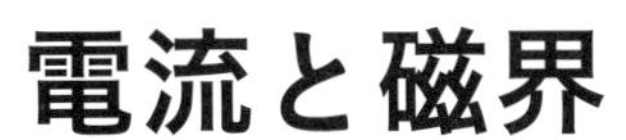

電流と磁界

わたしたちは生活の中のさまざまなところで磁石を利用しているが，磁石の性質はどのようなものだろうか。また，小学校で，導線を巻いたコイルに鉄しんを入れると電磁石ができることを勉強した。ここでは，電流と磁石の関係についてさらにくわしく学習する。

1 磁界と電流がつくる磁界

1 磁石

磁石には鉄を引きつける性質があり，この性質は磁石の両端で最も強くあらわれる。このような部分を**磁極**という。磁極には**N極**と**S極**の２種類あり，地球上で北を向くほうがN極，南を向くほうがS極である。また，磁極の間や磁極と鉄粉などの間にはたらく力を**磁力**という。同じ磁極はたがいにしりぞけ合い，異なる磁極はたがいに引き合う。

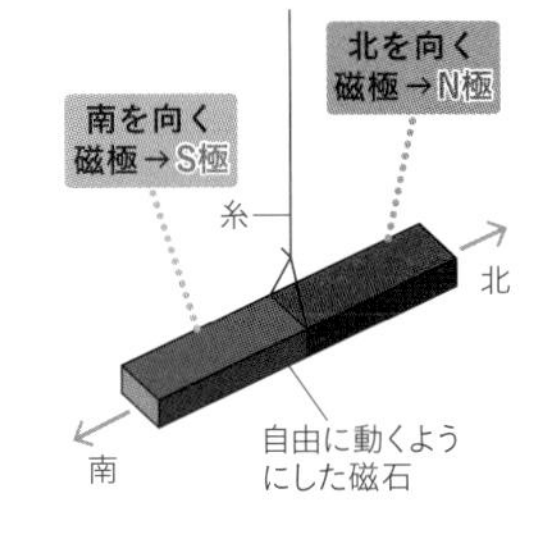

◉ 永久磁石

磁石の性質をもち続ける物体のことを永久磁石という。永久磁石には棒磁石やU字形磁石などがある。

◉ 磁気誘導

磁石のそばに鉄片をもってくると鉄片は１つの磁石となり，磁石の性質をもつようになる。この現象を**磁気誘導**といい，磁気誘導によって磁石になることを，**磁化**という。このとき鉄片には，上図のように磁石の極の近い部分に磁石の極とは異なる種類の極ができ，遠い部分に同じ種類の極ができる。

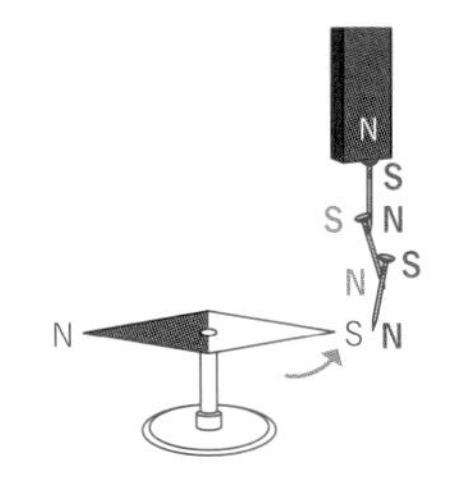

参考

磁石に引きつけられる物質には鉄のほかに，ニッケルやコバルトなどがある。ステンレス製品で磁石につくものは鉄がふくまれているためで，つかないものもある。

くわしく

一時磁石

電磁石（➡p.160）は，磁気誘導や電流の磁気作用により磁化されるが，磁石を遠ざけたり電流を切ったりすると，磁石の性質を失う。このような磁石を**一時磁石**という。

2 磁界

磁石のまわりに鉄粉をまくと，右の写真のような模様ができる。また，磁石の近くに方位磁針を置くと，鉄粉の模様と方位磁針の指す向きが一致していることがわかる。

このようになるのは，磁石から磁力を受けるからで，この磁力のはたらく空間を**磁界**という。また，磁界には向きがあり，磁界の中の各点で磁針のN極が指す向きを，その点での**磁界の向き**という。

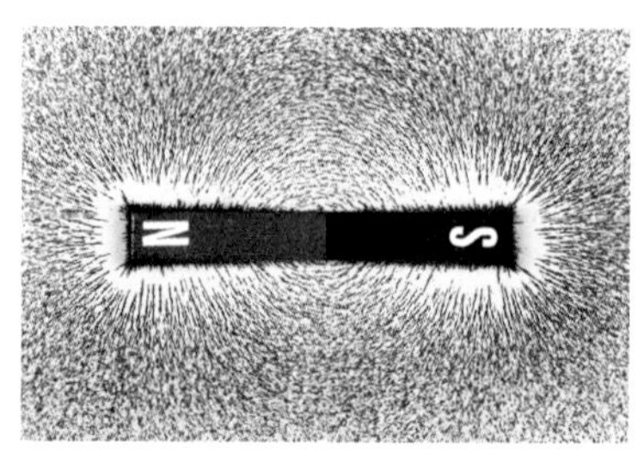

↑磁界のようす　©アフロ

◉ 磁力線

鉄粉の模様や方位磁針の指す向きを線でつなぐと，N極とS極を結んだ曲線になる。このような曲線を**磁力線**といい，磁界のようすや向きを表している。

磁力線の性質

❶磁力線上の点の接線はその点における磁界の向きに一致する。

❷磁力線はN極から出てS極へ向かう。

❸磁力線は途中で消えたり枝分かれしたり，重なったりはしない。

❹磁力線の間隔がせまいところは磁界が強く，間隔が広いところは磁界が弱い。

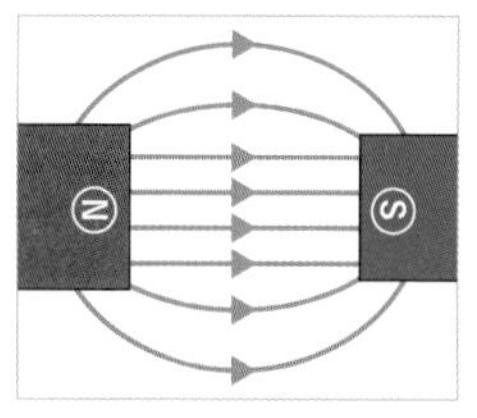

↑N極とS極を向かい合わせたときの磁界

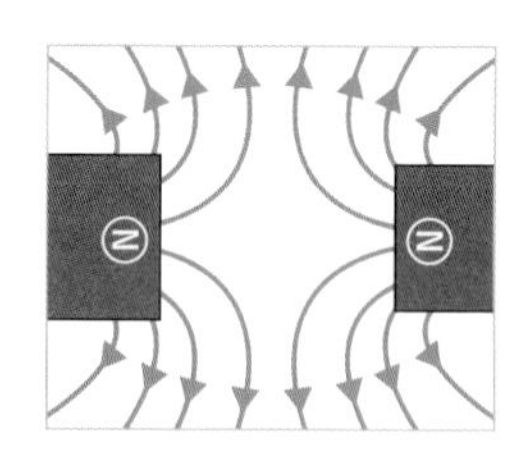

↑同じ極どうしを向かい合わせたときの磁界

また，磁石をいくら割っても必ずN極，S極の両極が存在し，どちらかだけの極が単独で存在することはないといわれている。

くわしく 

地磁気

地球は全体として1つの巨大磁石のようにできている。そのため，地球の周囲には磁界があり，この磁界のことを**地磁気**という。地磁気のおかげで，わたしたちは方位磁針によって方位を知ることができる。北極付近にS極，南極付近にN極があるため，方位磁針のN極は北を指す。

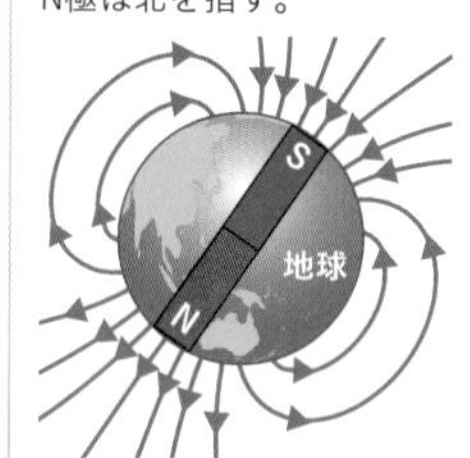

3 電流のつくる磁界

◉ 直線電流のまわりの磁界（実験➡p.159）

直線にした導線のまわりに鉄粉をまき，導線に電流を流すと，鉄粉は導線を中心とする同心円の形に並ぶ。このことから電流のまわりには，電流を中心にして同心円状の磁界ができることがわかる。導線に近いほど，流れる電流が大きいほど磁界は強くなる。

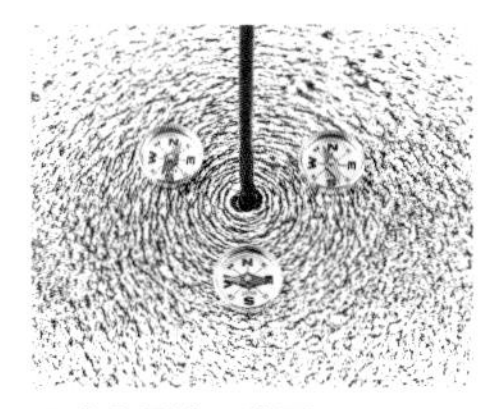
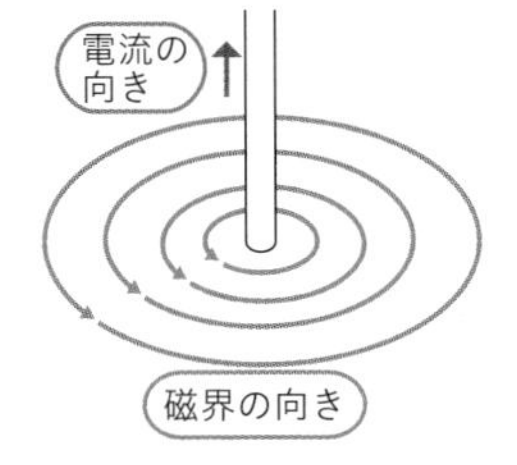

⬆直線電流の磁界

導線のまわりにできる磁界の向きは，電流の向きによって決まっている。右図のように電流の向きに右ねじを進めようとするとき，磁界の向きはねじを回す向きになる。この関係を**右ねじの法則**という。

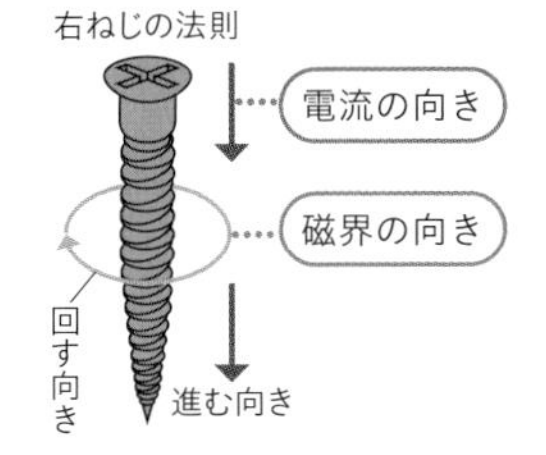

◉ 円電流のまわりの磁界

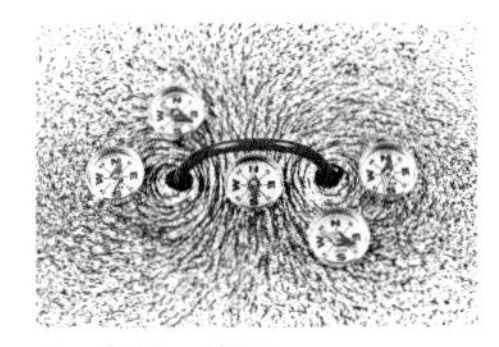
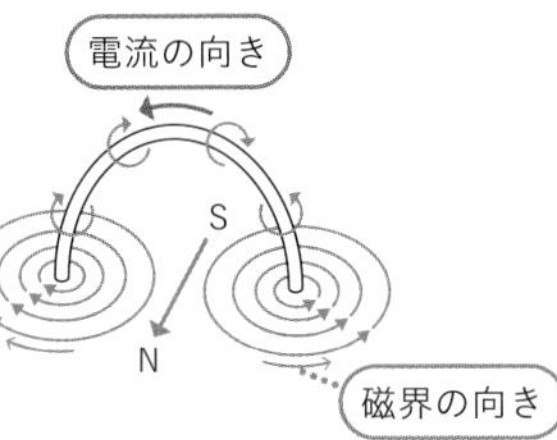

⬆円電流の磁界

導線を円形状にして電流を流すと，導線のまわりに磁界が発生し，上図のような鉄粉の模様ができる。円電流によってつくられる磁界の向きは，右ねじを電流の向きに進むように回したときにねじを回す向きと同じである。導線と垂直に接する面では，電流の流れは面に垂直な直線とみなしてよく，そこでは右ねじの法則が成り立っている。

写真：©コーベットフォトエージェンシー/ミラージュ

くわしく

右ねじの法則
右ねじの法則は右手を使うとわかりやすい。下図のように，導線を右手でにぎり，**親指を電流の向き**に向ける。

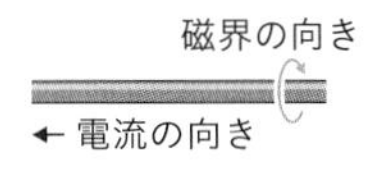

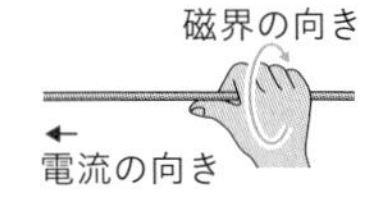

つまり，円電流のごく短い部分では，直線電流のまわりにできる磁界と同じように，円電流のまわりに，右図のような磁界が立体的にできている。

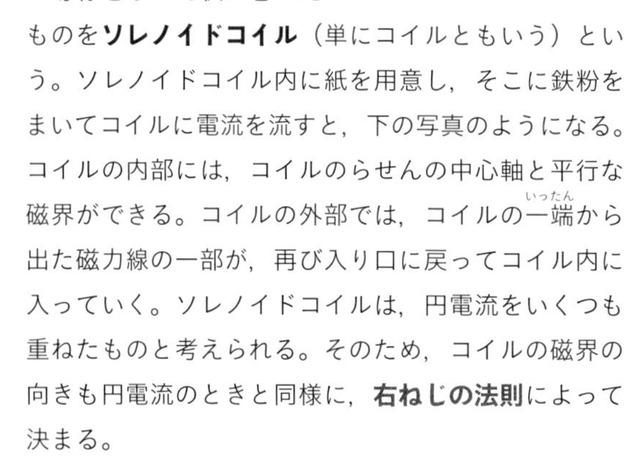

◉ コイルがつくる磁界

導線をらせん状に巻いたものを**ソレノイドコイル**（単にコイルともいう）という。ソレノイドコイル内に紙を用意し，そこに鉄粉をまいてコイルに電流を流すと，下の写真のようになる。コイルの内部には，コイルのらせんの中心軸と平行な磁界ができる。コイルの外部では，コイルの一端（いったん）から出た磁力線の一部が，再び入り口に戻ってコイル内に入っていく。ソレノイドコイルは，円電流をいくつも重ねたものと考えられる。そのため，コイルの磁界の向きも円電流のときと同様に，**右ねじの法則**によって決まる。

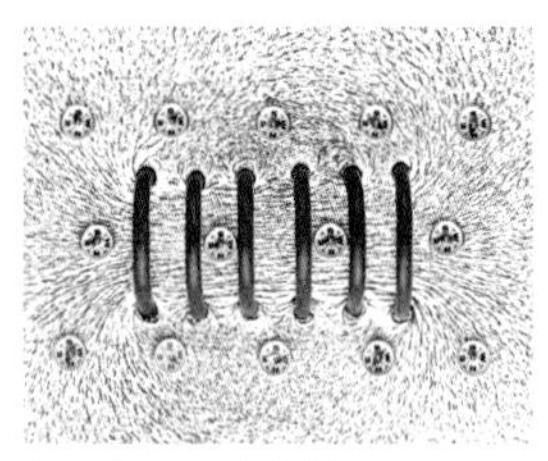

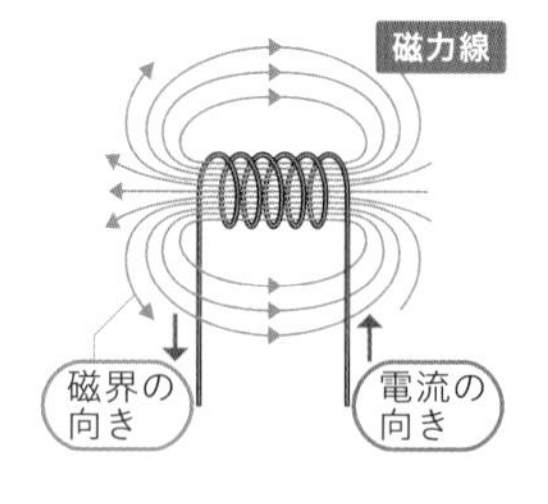

⬆コイルがつくる磁界

ソレノイドコイルがつくる磁界の向きも，右手を利用して考えることができるが，直線電流の場合の磁界と電流の向きと，対応する指が異なる。ソレノイドコイルの場合，親指以外の４本の指を電流の向きに合わせてコイルをにぎったときの，親指の向きがコイル内の磁界の向きとなる。これを**右手の法則**という。

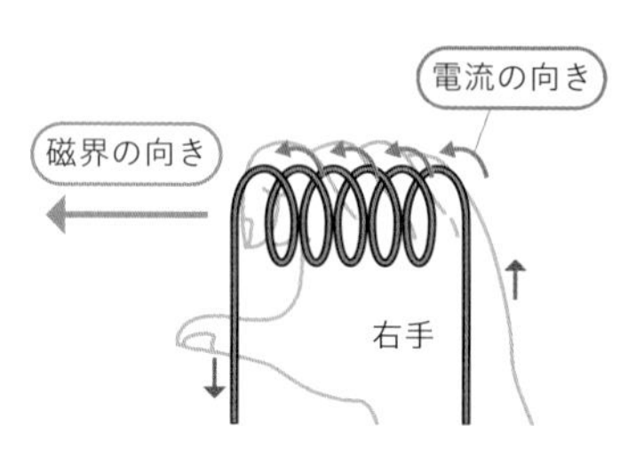

くわしく

平行に流れる電流がつくる磁界

下図のように平行に並んだ２本の導線に電流を流す。このとき，電流の向きが同じ場合は，電流による磁界は①のようにたがいに打ち消しあう。一方，電流の向きが異なる場合は，導線の間の磁界は同じ向きとなるので強め合う（②）。

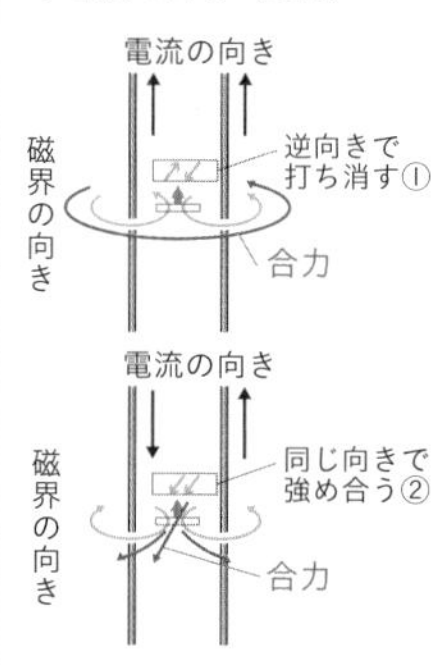

ソレノイドコイルでは，下図のように電流が流れているため，コイルの側面には磁界は発生せず（①），内部の磁界が②のように強め合う。

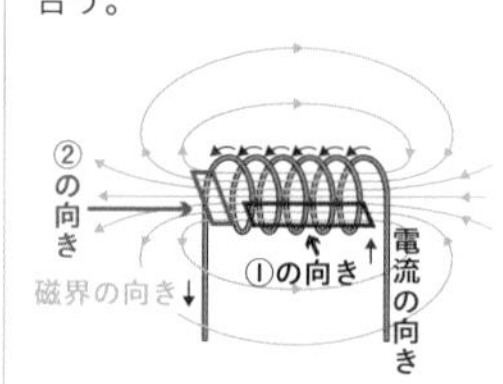

写真：©コーベットフォトエージェンシー

実験

思考力UP

電流による磁界

目的

コイルに電流を流したときにできる磁界のようすを，鉄粉や磁針で調べる。

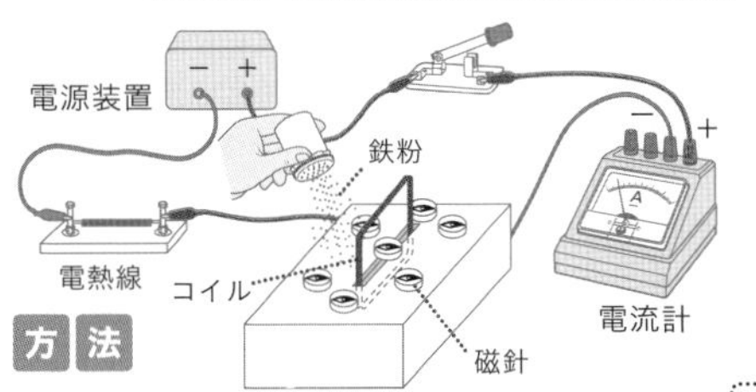

方法

❶ エナメル線を30回くらい巻き，コイルをつくる。このコイルを上図のように，厚紙にセットして鉄粉をまんべんなくまく。

❷ 回路をつくり，スイッチを入れて厚紙を軽く手でたたく。鉄粉の模様ができたら，スイッチを切り，模様を記録用紙にスケッチする。

❸ 次に，導線のまわりに磁針を置き，N極の指す向きに矢印をかく。

❹ 磁針と導線の距離や，電流の向きを変えて，磁針の振れ方を調べる。

思考の流れ

仮説

● 磁界が発生すると，磁力により，鉄粉はある模様をえがき，磁針のN極はある方向を指す。

計画

● 厚紙をたたくことで，鉄粉のもようがくっきりする。

● コイルや電熱線が発熱するので，鉄粉の模様ができたら，すぐにスイッチを切る。

考察の観点

● 鉄粉の模様のでき方と，磁界の向きを比較してみよう。また，電流の向きと磁界の向きには関係があることをおさえよう。

結果

コイルのまわりの鉄粉のようすと，磁針のN極の向きは右図のようになった。また，電流の向きを逆にすると，磁針の振れも逆になった。

❶磁針のN極の向き

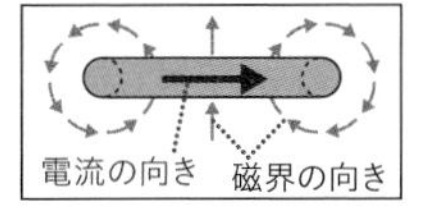

考察

電流を流すとコイルのまわりに磁界が発生し，コイルの中心は磁力線が直線となっている。また，コイルの外側は内側とは逆向きの磁界となり，コイルに流す電流の向きを逆にすると，磁界の向きも逆になることがわかる。

4 電磁石の利用

コイルの中心に鉄しんを入れ，電流を流すと，コイルを流れる電流がつくる磁界によって鉄しんが磁石の性質をもつようになる。このような磁石を**電磁石**といい，電流が流れている間だけ磁石のはたらきをもつ。鉄しんが磁化されたことで，鉄しんによる磁界も発生するためコイルだけの場合よりも強い磁力が得られる。

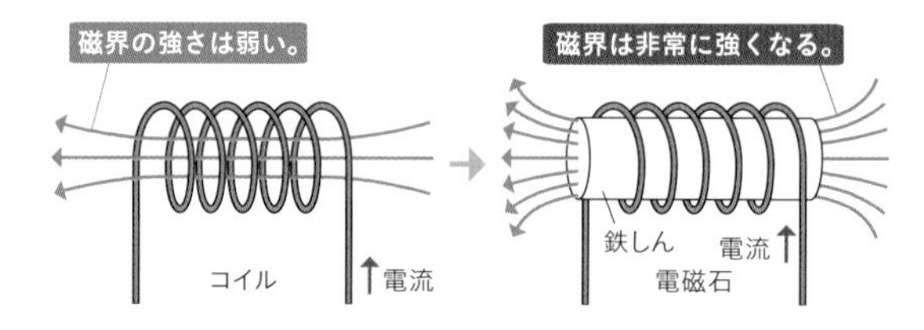

電磁石の磁極と磁力の大きさ

電磁石のN極とS極は電流の向きによって決まる。コイルに流れる電流が大きいほど，コイルの巻数が多いほど，また鉄しんが太いほど電磁石の磁力の大きさは大きくなる。

電磁石の利用

電磁石はスピーカーやモーター，ブザー，発電機など身のまわりのさまざまな場面で利用されている。右図はダイナミックスピーカー（動電型）のしくみである。ボイスコイルにアンプからの音声電流が流れると，磁石との間に力がはたらき，コイルが振動する。この振動がコーン紙に伝わり，空気を振動させることで音が再生される。

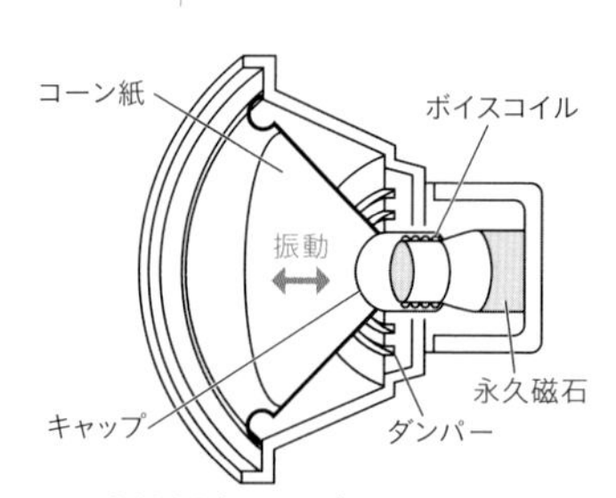

⬆ダイナミックスピーカーのしくみ

また，鉄くずを回収するときにも電磁石が利用されている。電磁石は，電流が流れているときだけ磁石のはたらきをもつので，鉄くずなどをくっつけたいときは電流を流し，放したいときは電流を切る。

©植原直樹／アフロ

くわしく

電磁石の磁極

コイルの中に置いた鉄しんの磁極は次のように判断することができる。電磁石の端から，まわりのコイルに流れる電流の流れをみて，電流が右回りならS極，左回りならN極である。

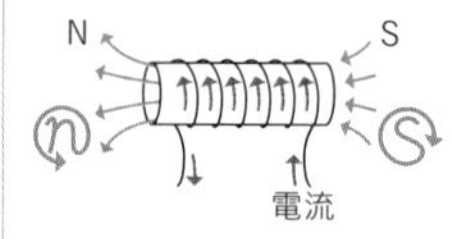

❷ 磁界中の電流にはたらく力

1 磁界中の電流が受ける力

磁界中を流れる電流は，磁界から力を受ける。

◉ 直線電流が受ける力

細い金属の棒を２本の導線で木の棒(絶縁体)につないだ装置を**電気ブランコ**という。右図のように電源装置と電気ブランコをつなぎ，電気ブランコをU字形磁石ではさむ。電流を流すと，U字形磁石の磁界から力を受けてアルミニウムのパイプが矢印の向きに動く。

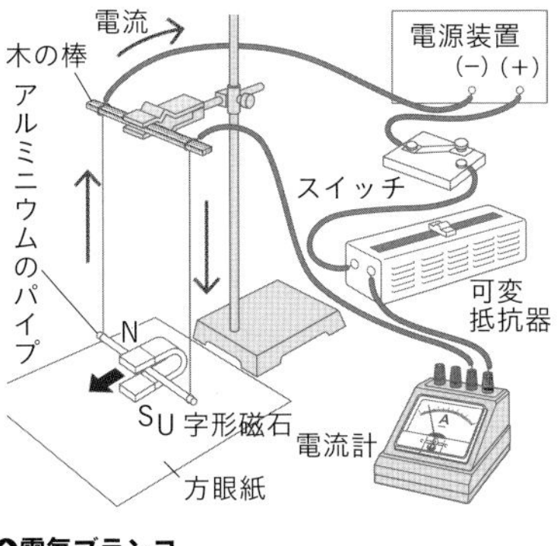

⬆電気ブランコ

◉ 力の向き

アルミニウムのパイプが動く向きは，電流の向きや磁界の向きによって変わる。磁界の向きはそのままで電流の向きを変えると，パイプの動く向きは逆になる(ⓐとⓑ)。また，電流の向きはそのままで，磁界の向きを逆にした場合も，パイプの動く向きは逆になる(ⓐとⓒ)。電流と磁界の向きをどちらも逆にすると，パイプが動く向きはもとと同じになる（ⓐとⓓ)。

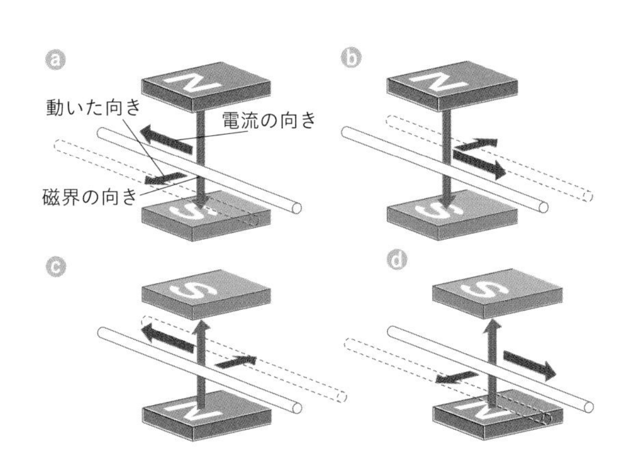

フレミングの左手の法則

磁界の向きと平行になるように導線を置くと，導線は動かない。このことから，電流と磁界の向きが平行でない場合にのみ，導線は力を受けることがわかる。電流と磁界の向きが垂直のとき，力の向きも電流と磁界の向きに垂直となる。

ここで，左手の親指・人差し指・中指をたがいに垂直になるように向けると，**親指が力，人差し指が磁界，中指が電流**の向きを指す。この関係を**フレミングの左手の法則**という。

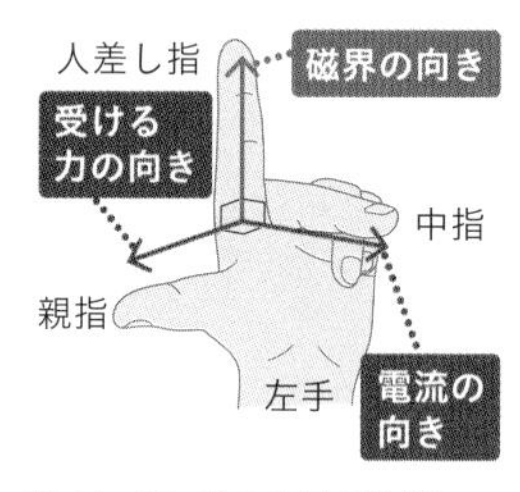

↑フレミングの左手の法則

下の図のように，U字形磁石の間に電流の流れる導線をおくと，磁石による磁界と電流による磁界の，2種類の磁界ができる。この2種類の磁界は，導線の左側ではたがいに逆向きとなり，2つの磁界は打ち消しあう。一方，右側では，2つの磁界の向きが同じとなるため，磁界は強め合う。このとき，電流は磁界の強め合っている右側から，打ち消し合っている左側へ向かって力を受ける。

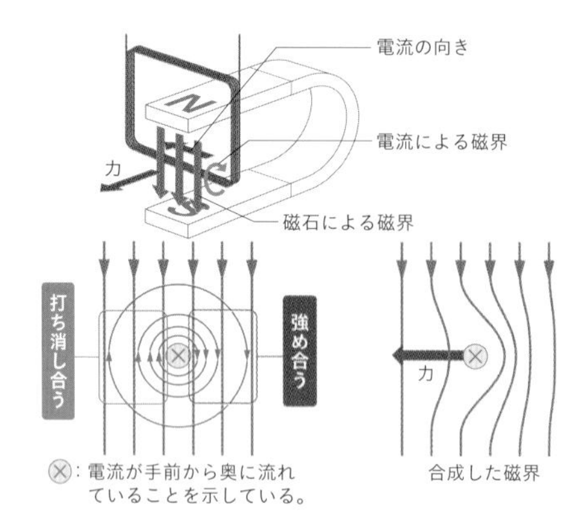

参考

フレミングの左手の法則の覚え方

中指から「**電・磁・力**」と覚えるとよい。このとき，中指と親指のどちらが力か，わからなくならないように，「**親は力**」と覚えておくとよい。

◉ 力の大きさ

電流が磁界から受ける力は，磁力が強いほど，導線に流れる電流が大きいほど，大きくなる。

実験　思考力UP

電流が磁界で受ける力を調べる

目的

電流が磁界中で力を受けるとき，受ける力と磁界や電流の向きとの関係や，電流の大きさとの関係を調べる。

方法

p.161の図と同じ回路(かいろ)をつくり，U字形磁石の磁極の間に，アルミニウムパイプが通るようにつるし，次の❶～❹を調べる。

❶ 回路に電流を流しパイプが動く向きを調べる。

❷ 流れる電流の向きを逆にして，パイプが動く向きを調べる。

❸ U字形磁石の上下を逆にして，❶と同じ向きの電流を流し，パイプが動く向きを調べる。

❹ ❶のときの流す電流を大きくし，パイプが動く大きさを調べる。

思考の流れ

仮説

●磁界により導線が力を受ける条件は，電流と磁界の向きによって変わる。

↓

計画

●電流の向きを変える

●磁界の向きを変える。

●電流の大きさを変える。

考察の観点

●実験❷～❹をそれぞれ実験❶と比較してどの条件が異なるのか考える。

結果

結果は以下のようになった。

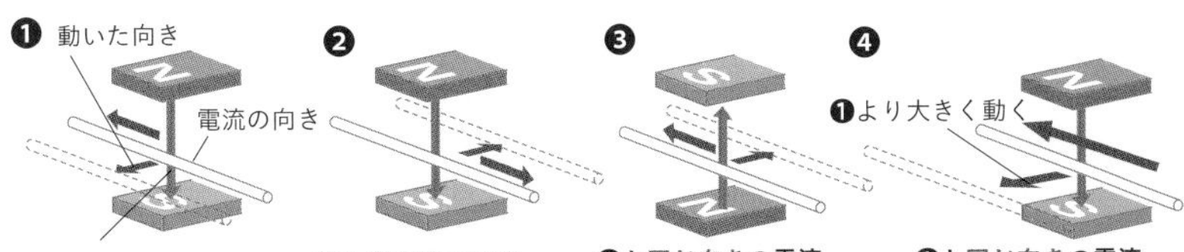

考察

電流は磁界中で力を受ける。方法❶と❷，方法❶と❸より，受ける力の向きは電流の向きと磁界の向きで変わることがわかった。また，方法❶と❹より，電流が磁界中で受ける力の大きさは電流が大きいほど大きくなることがわかった。

発展・探究

右ねじの法則とフレミングの左手の法則

右の図１のように永久磁石のN極とS極の間に導線を置き，この導線に矢印の向きに電流を流します。すると，**右ねじの法則**により，図２の赤い実線のように電流による磁界が発生し，永久磁石の磁界（青い実線）と電流による磁界の２つの力がはたらくようになります。

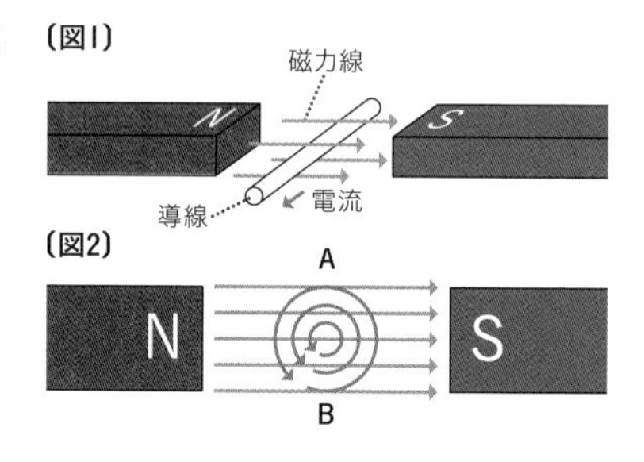

この２つの磁界の向きは，図２のA点とB点ではたがいに異なっています。A点では，逆向きになるのでたがいに打ち消し合って磁界は弱くなり，B点では同じ向きになるので磁界は強め合います。すると，力は磁界の強い方から，弱い方にはたらくため，下から上に力がはたらき，導線が上に動きます。

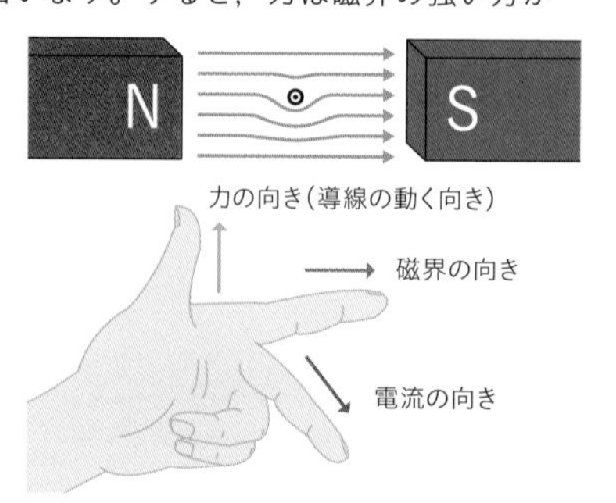

ここで，電流の向き，磁界の向き，導線の動く向き（力の向き）を，それぞれ左手の，中指，人差し指，親指に当てはめてみましょう。すると，p.162で学んだ**フレミングの左手の法則**と一致することがわかります。このように，**フレミングの左手の法則**は，**右ねじの法則**から考えることができるのです。

2 モーター（電動機）

電流が磁界（じかい）から受ける力を利用して機械を動かす装置がモーター（電動機）である。

◉ モーターの構造

モーターは固定した磁石のN極とS極の間で，電機子が連続的に回転できるようになっている。**電機子**とは回転子ともいい，鉄しんにコイルを巻いたもので，自由に回転できるようになっている。また，モーターには**整流子**と**ブラシ**があり，この２つはたがいに接していて，コイルに流れる電流の向きを切りかえるはたらきをしている。

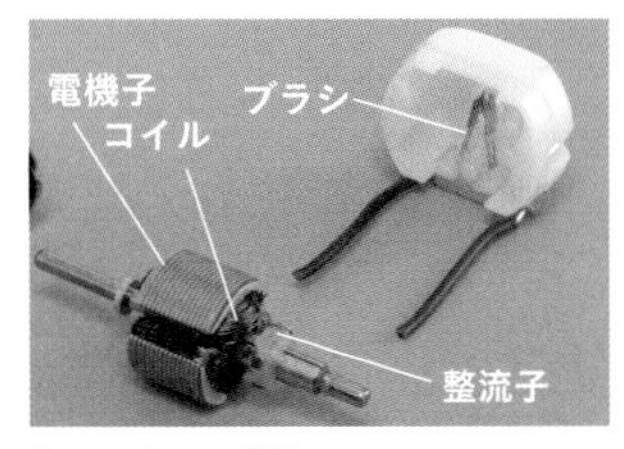

⬆モーターの構造

◉ 回転の原理

コイルが図１の位置にあるとき，電流は**A→A′→B′→B**の順に流れる。磁界の向きはN極からS極に向かう向きである。このとき，コイルの辺**AA′**は，フレミングの左手の法則により，下向きの力を受け，辺**BB′**は上向きの力を受ける。

したがって，コイルは右回りに回転し始める（図２）。コイルが図３の位置にきたとき，整流子がブラシにふれないため，電流が流れず力を受けないが，慣性（かんせい）により同じ向き（右回り）に回転を続ける。図４の位置にコイルがくると，電流は図１のときと逆になり，**B→B′→A′→A**の向きに流れる。このとき，コイルの辺**BB′**は下向きの力，辺**AA′**が上向きの力を受けるので，図１のときと同じ向きに回転する。

このようにして，モーターはつねに同じ向きに回転を続ける。

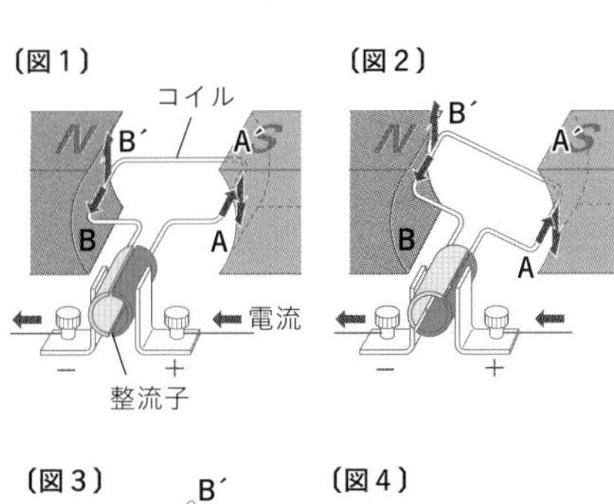

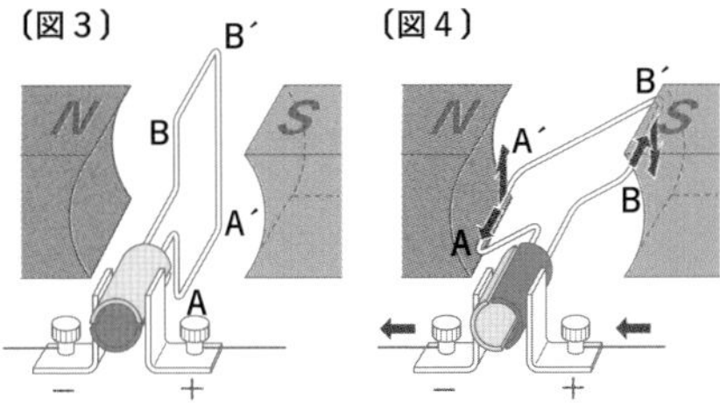

整流子の役割

図４の状態のとき，電流の向きがA→A′→B′→Bのままならば，フレミングの左手の法則より，辺AA′が下向き，辺BB′が上向きの力を受ける。

そのため，それまでの回転方向とは逆向き（左回り）の力を受けて，止まってしまう。コイルを回転し続けるためには，図４の状態になったときに，コイルに流れる電流の向きを逆にしなければならない。このはたらきをするのが**整流子**である。

〔図１〕

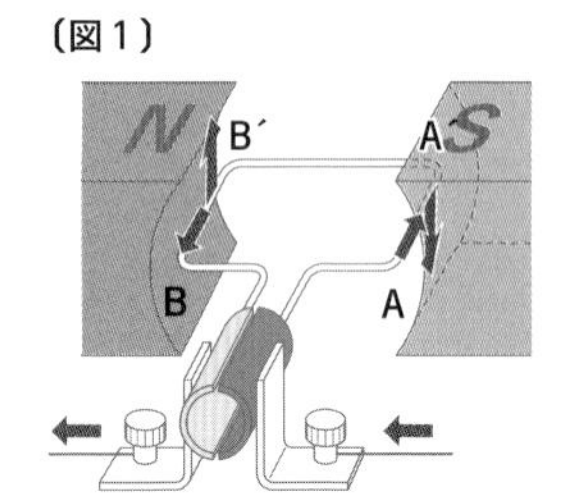

〔図４〕

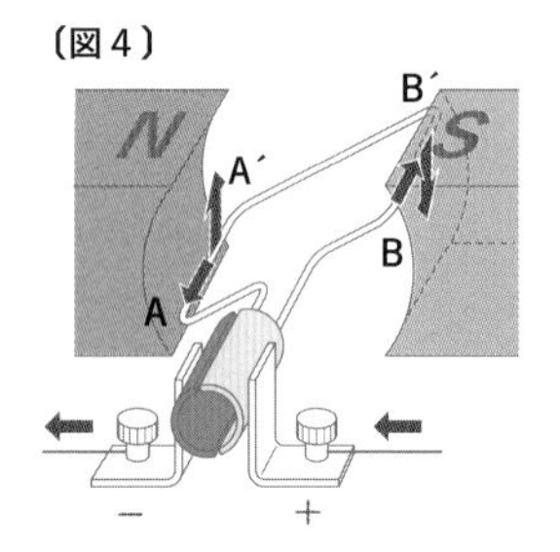

整流子の付け方

整流子には，金属がない切れ目（絶縁体（ぜつえんたい））が２箇所ある。整流子の切れ目（絶縁体）部分とブラシがふれるときは，電機子には電流が流れない。このタイミングでコイルに流れる電流の向きを変えることで，コイルが受ける力を一定の方向にでき，回転を続けられる。

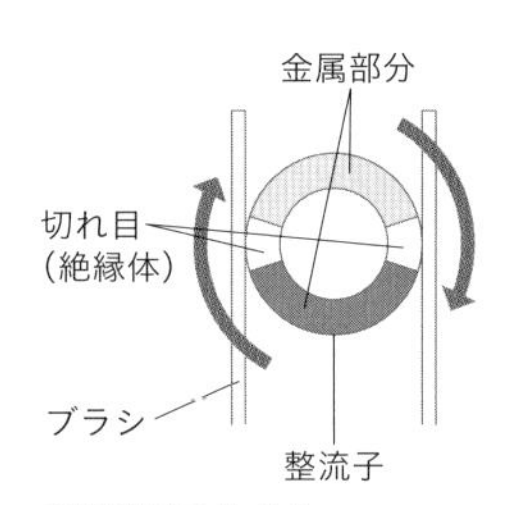

⬆整流子のしくみ

〔図３〕

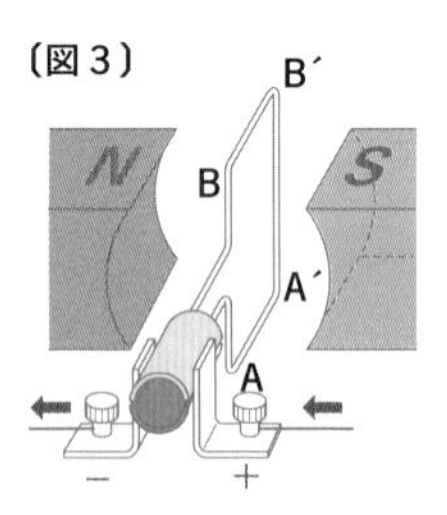

そのタイミングは図３のように，コイルが磁界の向きに垂直となったときであり，このとき図のように，**整流子の切れ目とブラシがふれるように**整流子をとり付ける必要がある。

くわしく

模型用のモーター

実際の模型用のモーターは，回転がよりなめらかになるように，下図のように電機子が３極になっている。

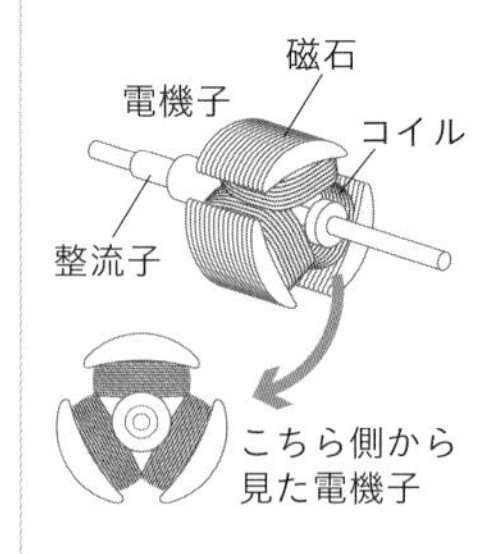

3 電磁誘導

1 電磁誘導

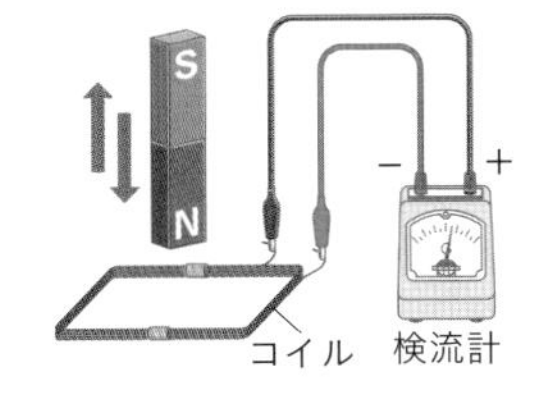

コイルと検流計を使って右図のような装置をつくり，コイルの中に棒磁石を出したり入れたりすると，検流計の針が振れる。このことから電流が流れていることがわかる。この現象を**電磁誘導**といい，このとき流れる電流を**誘導電流**という。

2 誘導電流の大きさと向き

上図で，コイルの中で棒磁石を動かしている間は検流計の針が左右に振れ，電流が流れていたことがわかる。また，磁石を固定して，コイルを磁石に遠ざけたり近づけたりしても，検流計の針が振れるが，コイルの動きを止めると電流が流れなくなる。これより，電磁誘導が起こるのは，**磁石やコイルが動いている間**だけであることがわかる。つまり電磁誘導とは，コイルの中の磁界が変化することでコイルに電流が流れる現象といえる。

◉ 誘導電流の大きさ

磁力が強く，コイルの巻数が多く，磁石を動かす速さが速いほど，検流計の針は大きく振れ，大きな誘導電流が流れる。

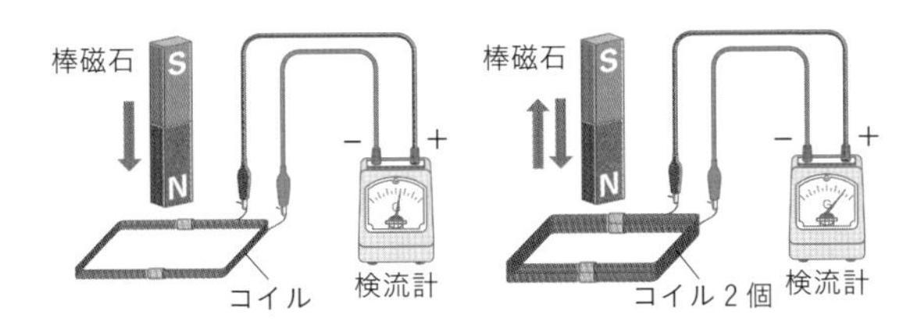

誘導電圧

電磁誘導は，磁界が変化することで，コイルの両端に電流を流そうとする電圧が生じることで起こる。この電圧のことを誘導電圧または，**誘導起電力**という。

◉ 誘導電流の向き

電流の向きは，検流計の針が0から左右どちらに振れたかで知ることができる。

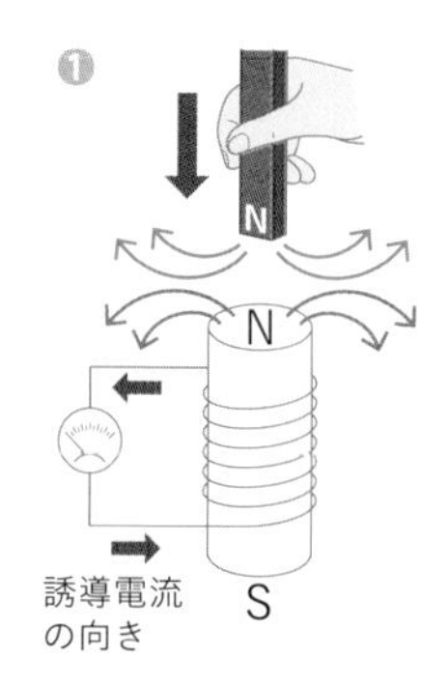

❶ N極を近づけたとき

磁石のN極をコイルに近づけると，コイルをつらぬく磁力線(じりょくせん)が多くなる（磁界が強くなる)。電磁誘導により，コイルには矢印の向きに電流が流れる。この誘導電流により，上向きの磁界ができ，これは磁石の磁界の向きとは反対である。すなわち，磁石を近づけると，それと反対向き（磁界を弱める向き）の磁界をつくる向きに，誘導電流が流れることがわかる。このとき，コイルの上側はN極となり，磁石を押し返すような向きとなる。

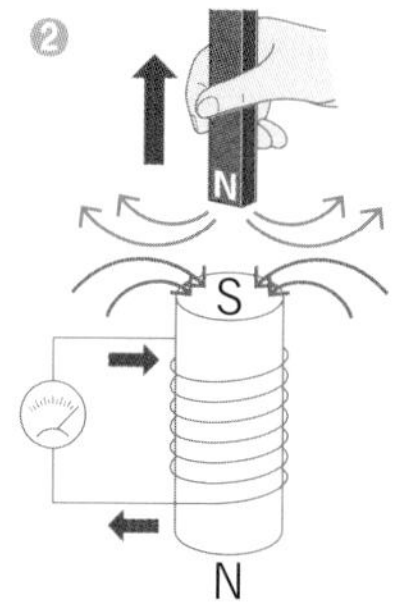

❷ N極を遠ざけたとき

コイルからN極を遠ざけると，コイルをつらぬく磁界が弱くなる。電磁誘導によって，矢印の向きに誘導電流が流れる。誘導電流がつくる磁界は下向きであり，これは磁石の磁界と同じ向きである。つまり，磁石を遠ざけると，それと同じ向き（磁界を強める向き）の磁界をつくる向きに誘導電流が流れる。このとき，コイルの上側はS極となり，磁石を引き戻そうとする。

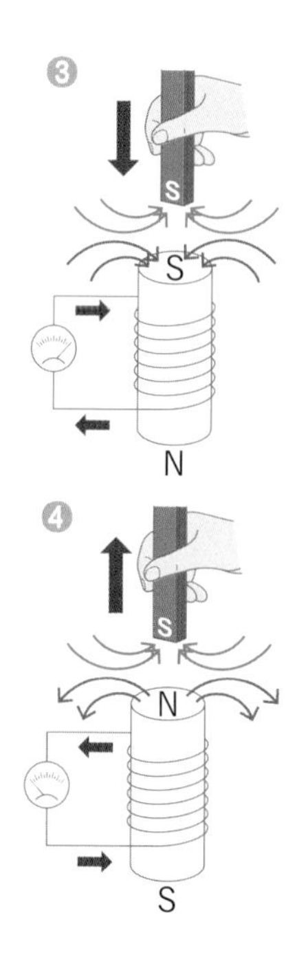

❸ S極を近づけたとき

S極とN極の磁力線の向きは逆なので，S極を近づけると，上向きの磁力線が増え，誘導電流は右の図の❸の向きに流れる。これは，❷と同様なので，誘導電流による磁界の向きは下向きとなり，磁石の磁力線とは反対である。このとき，コイルの上側はS極となる。

❹ S極を遠ざけたとき

S極を遠ざけると上向きの磁力線が減り，❹の向きに誘導電流が発生する。これは❶と同じで，誘導電流による磁界の向きは上向きとなる。つまり，磁界が弱まるのをさまたげる向きの磁界をつくる誘導電流が流れることがわかる。このとき，コイルの上側はN極となる。

◉ レンツの法則

N極，S極どちらの場合も，磁石がコイルに近づいてコイルの中の磁界が強くなるときは，それを弱める向きの磁界をつくるように誘導電流が流れる。また，磁石が遠ざかり，コイルの中の磁界が弱くなるときは，磁界が弱まらないように，磁石の磁界と同じ向きの磁界をつくるように誘導電流が流れる。

誘導電流はコイルをつらぬく磁界の変化をさまたげる向きに流れる，これを**レンツの法則**という。

3 電磁誘導と電子 発展

電流が磁界から力を受けるというのは，導線を電流と逆向きに移動する電子が磁界から力を受けることである。下図のようにクルックス管を挟むようにして磁石をおくと，電子線（陰極線）は磁界から力を受けて進む方向を曲げる。電子が磁界の中を進むとき，進む方向とは直角の方向に力を受けるからである（フレミングの左手の法則）。

⬆磁力で曲がる電子線 ©アフロ

S
N
磁界
陰極線
力
電流(電子と逆向き)
陰極線は下に曲がる。

磁界が止まっていてその中を電子が動くということと，電子が止まっていて磁界が動くことは等価である。これらはたがいに相対運動（➡p.78）の関係だからだ。上のクルックス管のように，止まっている磁界の中で電子が動くと，電子は磁界から力を受ける。同様に電子が止まっていて磁界が動いても，電子は磁界から力を受けるのである。つまり，導線の近くで磁界が変化すると，導線の中にある電子が力を受けて動くので，電流が流れることになる。これが磁石とコイルのどちらかが動くと，電流が流れる原理である。

◉ **コイルに電流が流れるわけ**

磁石の間でコイルを動かすと，導線中の電子が磁界から力を受け，電子の集まりにかたよりができる。このかたよりは，電圧となり電流が流れる。

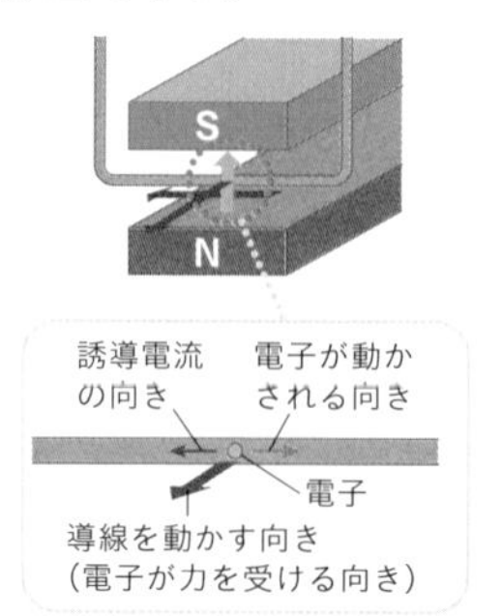

4 発電機のしくみ

発電機は，誘導電流(ゆうどうでんりゅう)を利用して発電をする装置のことである。コイルの近くで磁石の磁界(じかい)を絶えず変化させることで，電流を得ている。

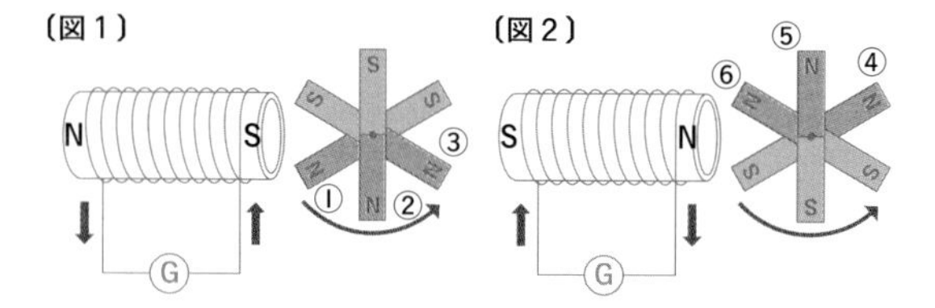

上図のように磁石を回転させたとき，N極が遠ざかり，S極が近づくまでは，図１の向きに誘導電流が流れる。S極が遠ざかり，N極が近づくまでは，誘導電流の向きは図１と反対向きになり図２の向きとなる。つまり，電流の向きは，磁石が半回転するごとに変化している。このように，周期的に向きが変わるような電流を，**交流**という。

◉ **発電機による電流の大きさ**

磁石の回転速度が速いほど，単位時間当たりに変化する磁界の割合が大きくなるため，誘導電流は大きくなる。また，コイルの巻数を増やしたり，強い磁力(じりょく)の磁石にしたりすると，大きい電流を流せる。

実験　思考力UP

磁界を変化させて流れる電流を調べる

目的

コイルの中で磁石を動かして，どのようにすると電流が流れるか調べる。また，電流が流れるとき，その向きと大きさについて調べる。

方法

右図のような回路(かいろ)をつくり，コイルに磁石を出し入れし，流れる電流の大きさと向きを調べる。

❶ 磁石のN極を下にして，磁石をコイルに近づけたり遠ざけたりして，そのときに流れる電流の向きと大きさを調べる。
❷ 磁石をコイルの中で静止させたとき，電流が流れるかどうか調べる。
❸ 磁石を動かす速さを変えて，❶と同じようにして，そのときに流れる電流の向きと大きさを調べる。
❹ 磁石の極を変えて，❶，❸と同じようにして，そのときに流れる電流の向きと大きさを調べる。

思考の流れ

仮説

●電流の流れる導線は，磁界の中で力を受けて動いた。それならば，磁界を動かすと，その近くにある導線やコイルに電流が流れるのではないか。

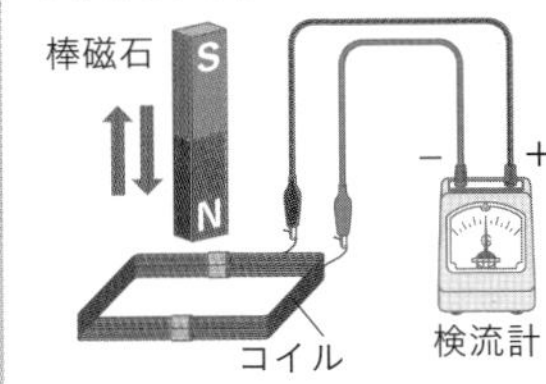

計画

●コイルの近くで磁界を変化させる。
●磁界の変化を静止させる。
●磁界の変化の速さを変える。
●磁界の向きを変えて電流の変化を調べる。

考察の観点

●磁石を動かす向き，動かす速さによる電流の流れのちがいについてまとめる。

結果

結果は以下のようになった。

N極を近づける	N極を遠ざける	N極を静止させる	N極を速く動かす
検流計の針が右に振(ふ)れた。	検流計の針が左に振れた。	電流が流れない。	検流計の針の振れが大きくなった。

S極を近づける	S極を遠ざける	S極を静止させる	S極を速く動かす
検流計の針が左に振れた。	検流計の針が右に振れた。	電流は流れない。	検流計の針の振れが大きくなった。

考察

・磁石を動かす向きが逆になると，誘導電流（ゆうどうでんりゅう）（コイルに流れる電流）の向きは，逆になることがわかった。
・磁石の向きを逆にすると電流の向きも逆になることがわかった。
・誘導電流の強さは，磁界の変化を大きくする（磁石を速く動かす）ほど，大きいことがわかった。

発展・探究

電磁誘導（でんじゆうどう）の利用

◉自転車の発電機

自転車のライトには電池が無いけれど，こぐとライトの明かりがつきます。これは，自転車のライトに発電機が使われているからで，電磁誘導のしくみが利用されているのです。自転車の発電機は，磁石とコイルが使われている回転界磁形で，界磁（磁界を発生させる磁石）には永久磁石が用いられています。磁石を回転させることで磁界が変化し，持続的な交流電流が流れ，ライトの明かりがつくのです。

◉仕事と電気エネルギーの移り変わり

コイルに磁石を出し入れすると，磁石の運動をさまたげるように，誘導電流が流れます。磁石を動かし続けるには，この力に抗して仕事をしなければなりません。同じように，磁界中でコイルを回転させたり，固定したコイル内で界磁を回転させたりして，誘導電流を流すためには，回転を止めないために仕事をしなければなりません。

発電機を回す仕事には，水力（水の位置エネルギー）・火力（燃料の化学エネルギー）・原子力（げんしりょく）（核エネルギー）などのエネルギーが利用されます。

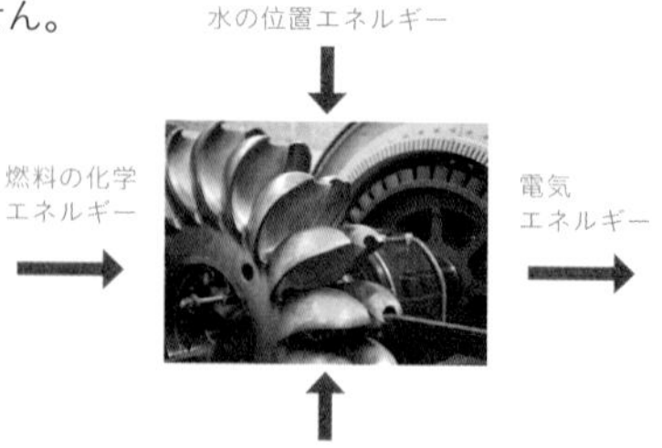

⬆エネルギーの変換

5 直流と交流

電池をつないだ回路には，＋極から－極に同じ大きさの電流が流れる。このように大きさと向きがつねに変わらない電流を**直流**（記号DC）という。

これに対し，大きさと向きが周期的に変化する電流を**交流**（記号AC）という。家庭の電源は交流である。直流と交流をオシロスコープで見ると下図のようになる。

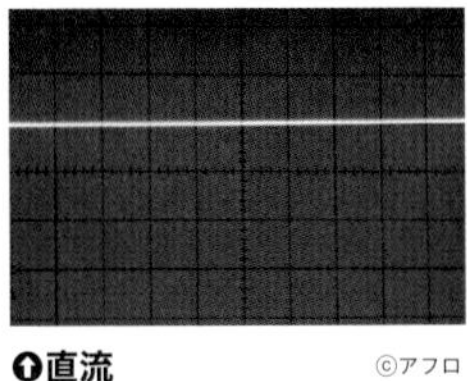
⬆直流　©アフロ

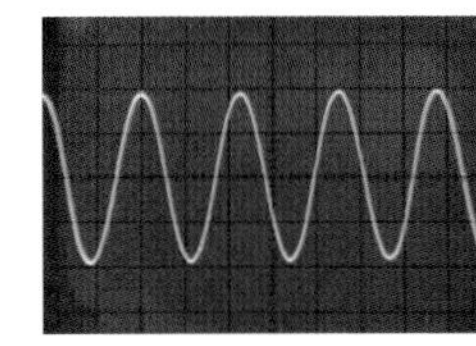
⬆交流　©アフロ

◉ 交流の特徴

交流で，電流の向きが変わった点から，一度電流の向きが変わって，またもとに戻るまでを**周期**という。1秒間あたりの周期の回数を**周波数**といい，単位は**ヘルツ**（記号**Hz**）で表す。交流の周波数は，西日本は60 Hz，東日本は50 Hzと決まっている。発電機による電流は交流であり，変圧器（➡p.175）によって電圧を自由に変えることができる。

発電所でつくられる電気は数十万Vの高い電圧で，この電気は変電所や変圧器で電圧が下げられ，家庭に供給されている。

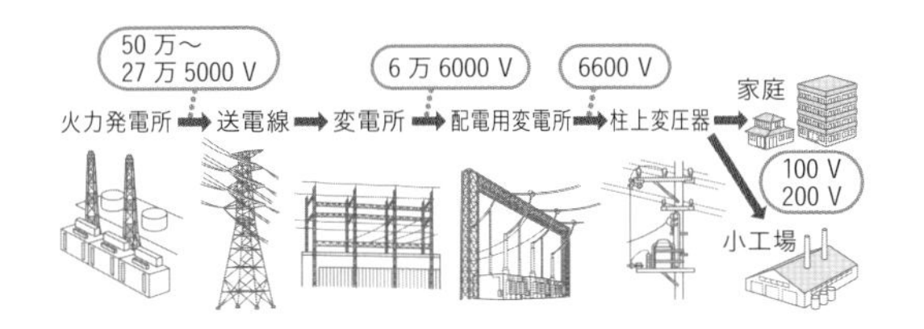

くわしく

交流のグラフ

下の図は交流のグラフである。グラフの中央の横軸より，下側と上側では電流の向きが逆であることを示している。

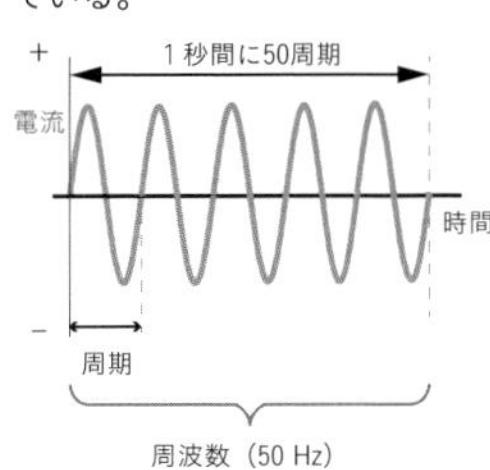

実験

直流と交流の比較

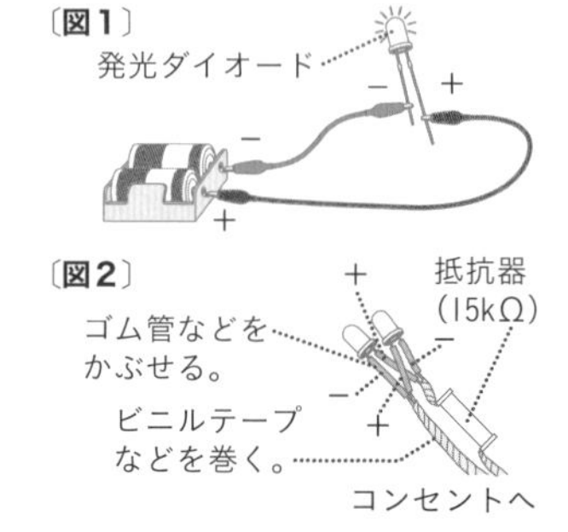

方法

発光ダイオードを使って直流と交流のちがいを調べることができる。

1. 右の図1のように，発光ダイオードを電池につなぐ（直流）。明かりをつけ，左右に振（ふ）ってみる。
2. 図2のように，発光ダイオード2個を，極を逆にして並列につなぎ，コンセントに差し込んで左右に振ってみる。

〔図3〕

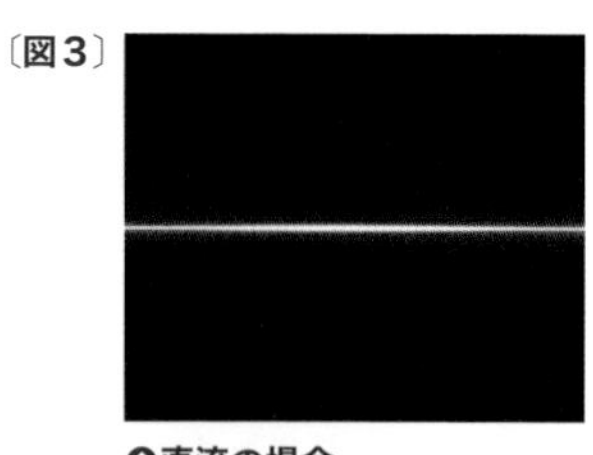

⬆直流の場合

結果

電池につないだ図1の場合は，直流であるため，明かりはずっとついている（図3）。

〔図4〕

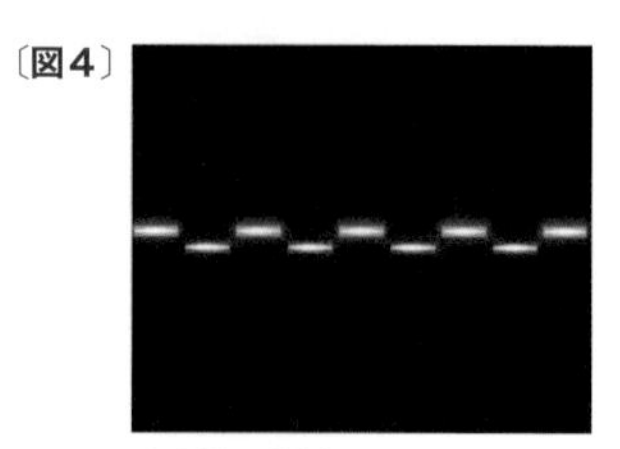

⬆交流の場合

一方，コンセントの図2の場合は交流であるため，1秒間に50回（東日本の場合，西日本では1秒間に60回）＋と－が入れかわる（図4）。これにより，2個の発光ダイオードのうち，一方の発光ダイオードが点灯すると他方の発光ダイオードが消え，時間とともに光る発光ダイオードが入れかわる。よって，図4のような明かりのつき方となる。

発展・探究

変圧器

変圧器はトランスともよばれ，交流の電圧(でんあつ)を上げたり下げたりする機械です。交流は変圧器によって簡単に電圧を変えることができるため，直流よりも幅広く用いられているのです。

変圧器は，うすい鉄板を何枚も重ねた鉄心に，右図のようにたがいに絶縁(ぜつえん)した巻数のちがう２つのコイルが巻かれています。電流を入れるコイル（入力側）を一次コイルといい，電流をとり出す側のコイル（出力側）を二次コイルといいます。このコイルの巻数を変えることで，異なる電圧の交流をとり出すことができるのです。

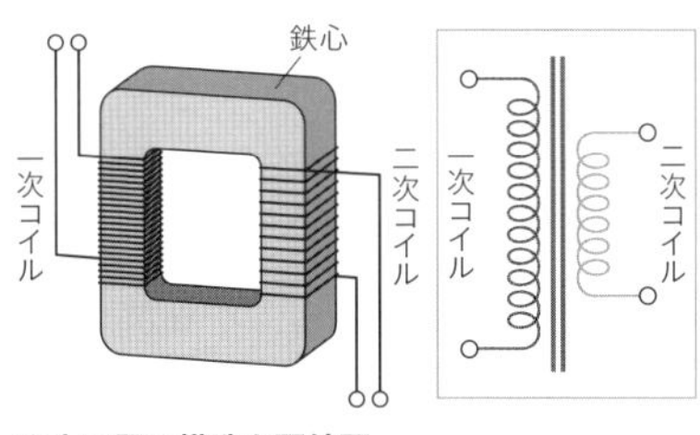

⬆変圧器の構造と配線図

一次コイルに交流を通すと，交流は電流の大きさや向きがたえず変わるので，磁界に変化が起こります。それにともなって，磁力線が鉄心によって二次コイルの中を通り，二次コイルに誘導電流(ゆうどうでんりゅう)が生じます。二次コイルに生じる電圧は，一次コイルと二次コイルとの巻数の比によって変わり，次のような関係が成り立ちます。

$$\frac{\text{一次コイルの電圧}V_1}{\text{二次コイルの電圧}V_2}=\frac{\text{一次コイルの巻数}N_1}{\text{二次コイルの巻数}N_2}$$

つまり，一次コイルに対して，二次コイルの巻数を少なくすると，二次コイルには，一次コイルよりも低い電圧が得られるのです。一次コイルと二次コイルでの電力(でんりょく)は等しいので，一次コイル側の電流と電圧をI_1，V_1，二次コイル側の電流と電圧をI_2，V_2とすると，

$$I_1 \times V_1 = I_2 \times V_2$$

が成り立ちます。しかし，変換される過程で電気エネルギーの一部は熱となり外に放出されるため，一次コイル側の電力に比べて二次コイル側の電力のほうが小さくなります。

完成問題 CHECK

解答 p.630

1 図のように，2種類の物体を摩擦すると電気が生じる。次の問いに答えなさい。

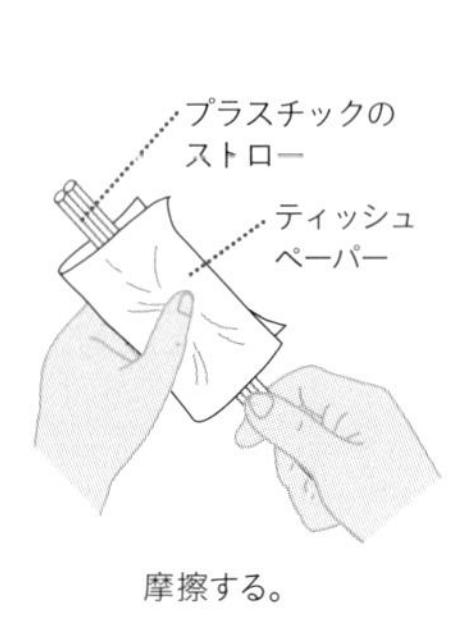

摩擦する。

(1) 物体に生じた電気を何というか。

( )

(2) 摩擦したとき，物体が電気を帯びるのは，物体間を何という粒子が移動するからか。

( )

2 図1，図2の回路について，次の問いに答えなさい。

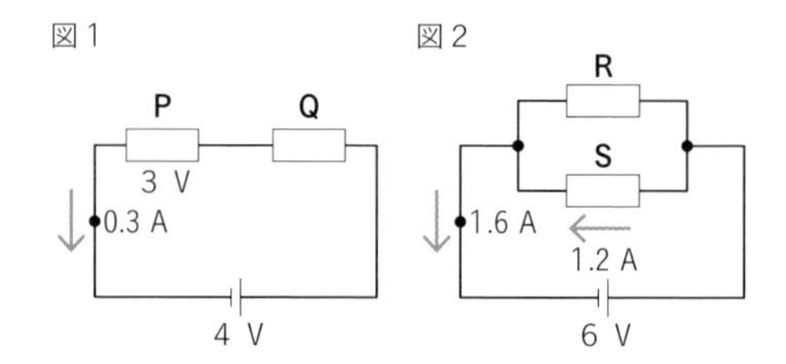

(1) 図1で，電熱線Qに加わる電圧と，電熱線Pを流れる電流はそれぞれいくらか。

電圧 ( )

電流 ( )

(2) 図2で，電熱線Rに加わる電圧と，電熱線Rを流れる電流はそれぞれいくらか。

電圧 ( ) 電流 ( )

3 図のように，3種類の抵抗R_1，R_2，R_3を3.2 Vの電源につなぐと，R_1を流れる電流は0.4 A，R_2は0.3 Aで，R_1の両端に加わる電圧が2.0 Vだった。次の問いに答えなさい。

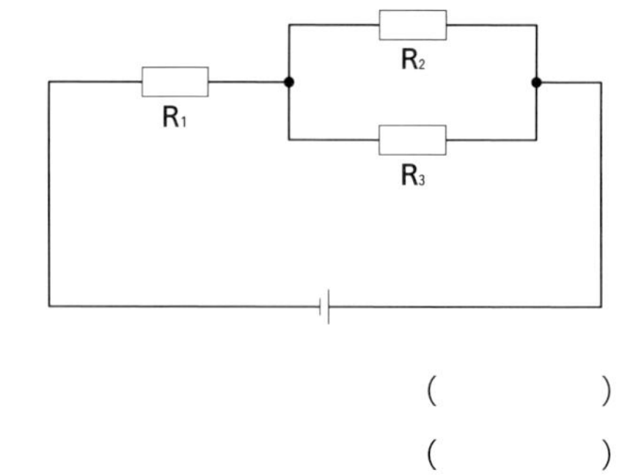

(1) R_3を流れる電流は何Aか。 ( )

(2) R_2の両端に加わる電圧は何Vか。 ( )

(3) この回路全体の抵抗は何Ωか。 ( )

4 図１のように，抵抗６ Ωの電熱線に９ Vの電圧を加えて電流を流し，１分ごとの水の上昇温度をはかった。図２はその結果をグラフに表したものである。次の問いに答えなさい。

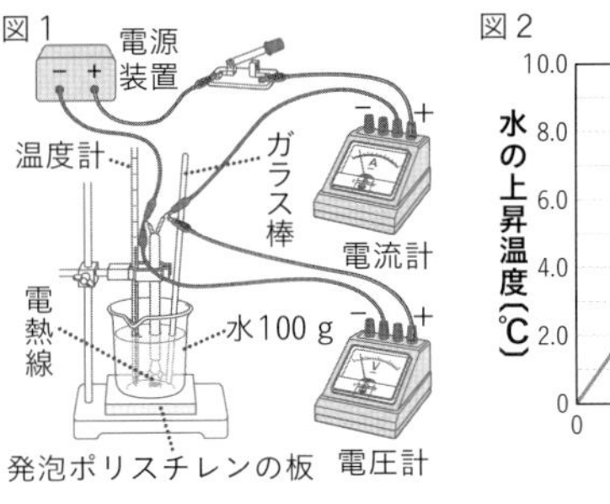

図２
水の上昇温度〔℃〕
10.0
8.0
6.0
4.0
2.0
0
0 1 2 3 4 5
時間〔分〕

⑴ 電熱線の電力は何Ｗか。 （　　　　）

⑵ 電熱線の５分間の発熱量は何Ｊか。 （　　　　）

⑶ 図２から，５分間に水100 gが電熱線から得た熱量は何Ｊか。ただし，水１ gの温度を１ ℃上昇させるのに必要な熱量を4.2 Ｊとする。 （　　　　）

5 図のように，コイルに電流を流すと，コイルはａの向きに動いた。次の問いに答えなさい。

⑴ Ｕ字形磁石のＮ極とＳ極を逆に置いて電流を流した。コイルの動く向きは，**a**～**d**のどれか。 （　　）

⑵ 図の抵抗器をもう１個並列につなぎ，電源の電圧を変えずに電流を流した。抵抗器が１個のときと比べて，コイルの動きは大きくなるか，小さくなるか。 （　　　　　　）

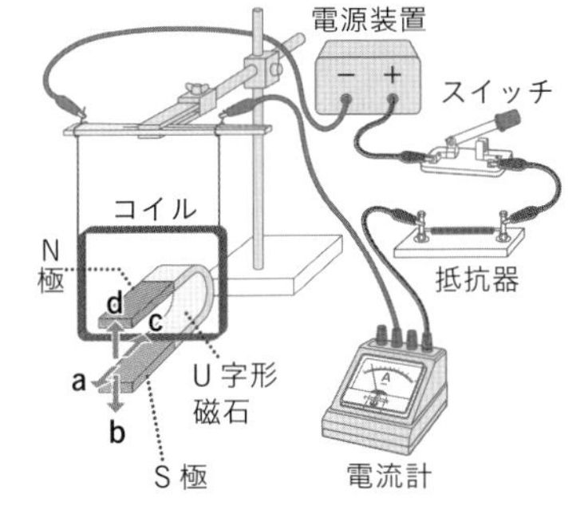

6 図のような，真空放電管を使って，陰極線を調べた。次の問いに答えなさい。

⑴ 電極Ａ，Ｂ間に電圧を加えると，陰極線が上向きに曲がった。＋極は，Ａ，Ｂのどちらか。 （　　）

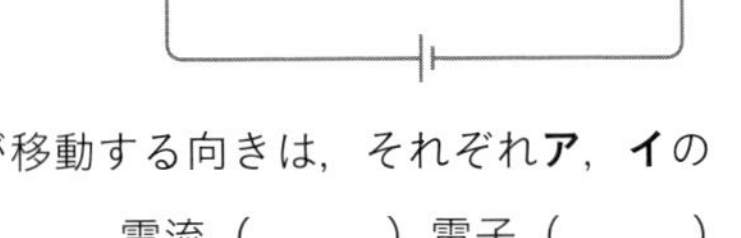

⑵ 回路の㋐点を流れる電流の向きと，電子が移動する向きは，それぞれ**ア**，**イ**のどちらか。

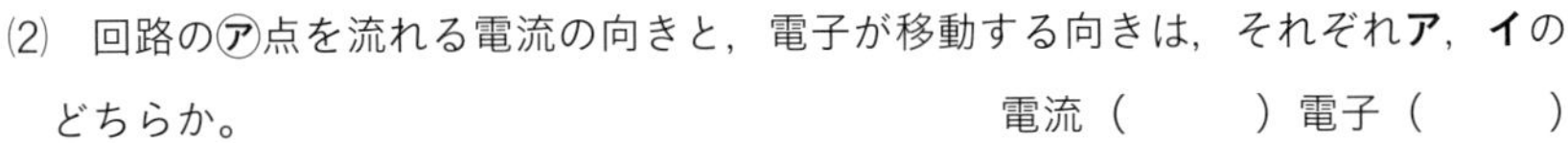

電流（　　）電子（　　）

第4章 科学技術と人間

人口増加と科学技術の急激な発展によって，わたしたちの活動は地球環境へ大きな影響を与えるようになった。よりよい未来のために，わたしたちはどのように技術や資源を利用すべきなのか。第４章では，わたしたちが使うエネルギーや物質，科学技術を理解し，環境と共存するための視点を学ぶ。

SECTION 1 エネルギー資源とその利用 … p.180
SECTION 2 新しい科学技術と新素材 … p.188

エネルギー資源とその利用

自然界にたくわえられているエネルギーのもとになるものを，エネルギー資源という。そしてわたしたちの生活は，おもにエネルギー資源から得られる電気エネルギーによって支えられている。発電のしくみやエネルギーの移り変わりをくわしくみていく。

1 エネルギーの利用

1 エネルギー資源

人類は石炭，石油，天然ガスなどを利用して，さまざまなエネルギー，とくに電気エネルギーに変換して利用している。しかし，石油や天然ガスといった**エネルギー資源は有限で寿命がある**ばかりか，**地球温暖化の問題や環境破壊を引き起こす原因**になっている。そのため，現在では環境にやさしい水力，太陽光，風力などの再生可能エネルギーへの転換が求められている。

くわしく

資源の埋蔵量と可採年数
現在の割合で地下資源を採掘し続けた場合の採掘が可能な年数を可採年数という。

2 人口の増加

紀元1年ごろ，人類はまだ約2億5000万人程度だったが，急速な医学や食糧生産の技術の発達によって，人口増加の割合も急激に増えてきた。

現在，世界の人口は，1年に平均2％という割合で増加し，その数は70億人に達している。

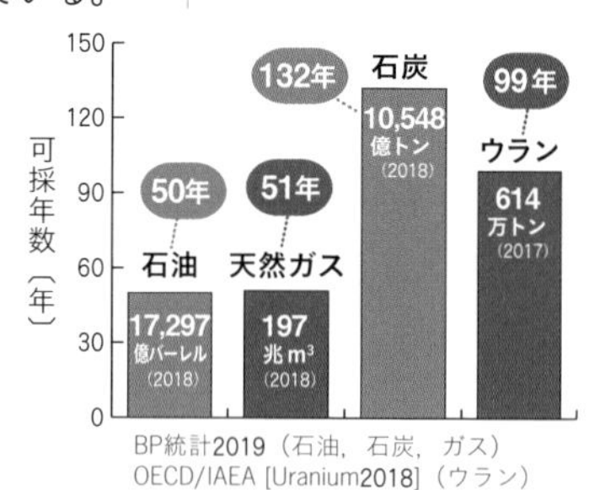

⬆埋蔵資源とその可採年数

もし，このままの勢いで増加していくと，**エネルギー資源や食糧の不足は大きな問題になってくる**。そのため，これらの問題を早急に考える必要にせまられている。

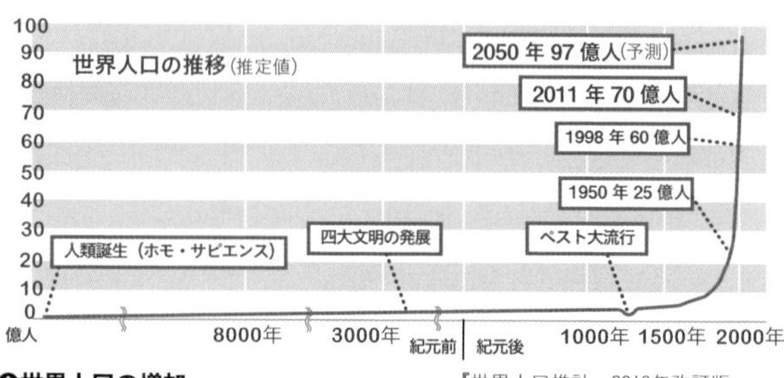

⬆世界人口の増加

『世界人口推計―2019年改訂版―』
出典：国連人口基金東京事務所ホームページ

3 電気エネルギー

◉ エネルギー変換と効率

エネルギーの総量は理論上では保存されている。しかし，実際には，あるエネルギーを別のエネルギーに変換しようとすると，目的のエネルギーに100％変換させることはできない。熱や摩擦（まさつ）などによって，エネルギーの損失が出てしまうからである。そのため，エネルギーの利用には，変換効率の高さ，保存性，運搬（うんぱん）性などが重要となってくる。

◉ 電気エネルギー

現代の生活の中で，特に多く利用されているものに電気エネルギーがある。**電気エネルギーはほかのエネルギーに変換しやすく**，送電線で発電所から離れたところへ供給できる（運搬性が高い）使いやすいエネルギーである。そのため，毎年消費量が増大の傾向にある。

電気エネルギーの多くは，火力発電によるもので，その原料は資源に限りのある石炭や石油や天然ガスとなるため，それらの有効利用と，新しいエネルギー資源への移行が課題となっている。

◉ 化石燃料

石炭，石油，天然ガスはいずれも大昔に生息していた植物や動物が地下にうもれ，長い年月の間に変質したものである。植物は太陽エネルギーを光合成でたくわえ，動物は植物を食べることでそれを体内にたくわえた。つまり，石炭や石油は太陽エネルギーが蓄積されたエネルギーとみなされ，**化石燃料**ともいわれる。

◉ 天然ガス

天然ガスの多くは，**地下にある石油の上の部分にたまっている気体**である。メタンを主成分とするガスを−162 ℃以下にして液体にしたものを**液化天然ガス**（**LNG**）という。石油を精製するときに発生するガスを加圧し液体にしたものは，**液化石油ガス**（**LPG**）という。

くわしく

エネルギーの消費量

人類の長い歴史の中で，燃料としてのエネルギー消費は増え続けた。そして産業革命をさかいに，物質生産の動力として消費されるエネルギーが急増したのである。とくに1900年代の後半以降，エネルギー消費量は著しく大きくなっている。

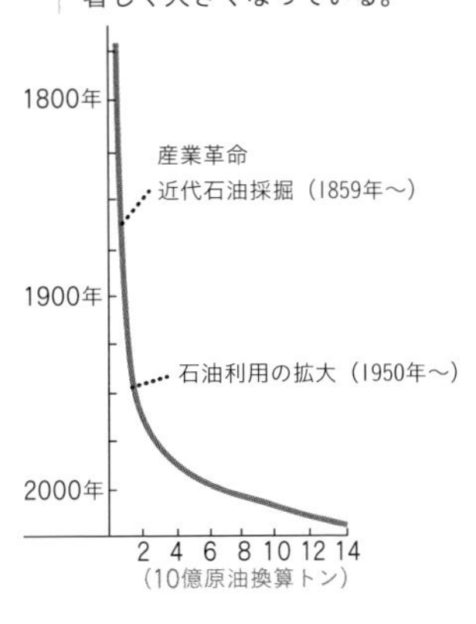

↑世界のエネルギー消費量

出典：Energy Transitions: Histroy,Requirements,Prospect
BP Statistical Review of World Enegy
BP Energy Outlook 2030

くわしく

日本の地下資源

日本は鉱物資源が少なく，石油をはじめ，ボーキサイト，鉄鉱石，銅鉱石などのほぼ100％を輸入にたよっている。

4 水力・火力・原子力による発電

◉ 水力発電

水力発電は，高い位置にある水を低い位置に落として発電機のタービン（水車）を回転させ，電気を発生させるクリーンな発電方法である。つまり，**水のもつ位置エネルギーをタービンの運動エネルギーに変え，さらにその運動エネルギーを発電機で電気エネルギーに変える**発電方法である。

水力発電は川の上流に取水口をつくる水路式と，ダムをつくるダム式がある。かつて日本では，山の多い地形が利用され発電の中心だった。しかし，ダム開発に適した地形に限りがあり，ダム開発による環境破壊，都市への送電距離の長さ，土砂の堆積などの問題から，現在は大規模なダムや水力発電所の建設は難しくなってきている。

⬆黒部ダム（富山県）

くわしく

エネルギーの移り変わり

人類のエネルギー利用は発達してきた。下のグラフは世界の一次エネルギーの消費量を示したものであるが，現在では石炭，石油，天然ガスが約80%をしめていることがわかる。

◉ 火力発電

化石燃料を燃焼した火力で水を加熱し，高圧となった水蒸気で発電機のタービンを回転させ，電気を発生させる発電方法である。つまり，**燃料のもつ化学エネルギーを熱エネルギーに変えたのち，タービンで運動エネルギーに変え，さらにその運動エネルギーを発電機で電気エネルギーに変える**発電方法である。

燃料である石炭，石油，天然ガスから発生する熱量が大きいため，火力発電の発電能力は高い。また発電量を調節しやすく，都市の近くに発電所を建設できるなどの利点もある。

一方で，化石燃料を燃焼させることから，大量の**二酸化炭素**のほかに，**窒素酸化物**や**硫黄酸化物**も排出するため，温暖化や酸性雨などの環境悪化の原因となる。また化石燃料の寿命にも対応しなければならない。

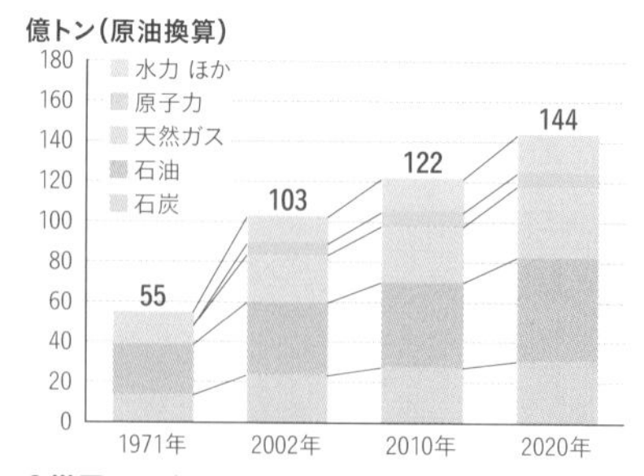

⬆世界の一次エネルギー消費量

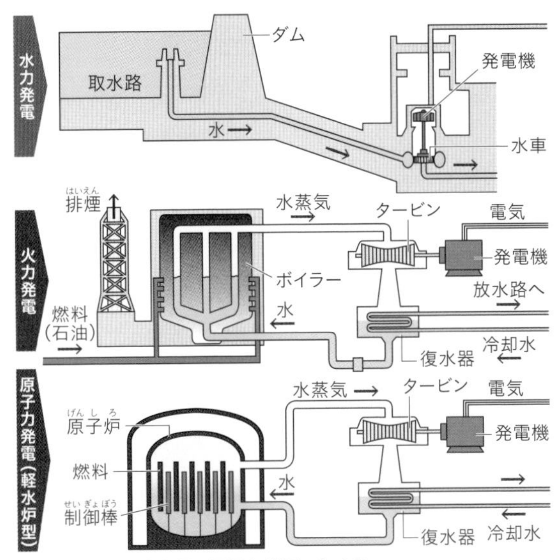

⬆水力発電・火力発電・原子力発電のしくみ

◉ 原子力発電

ウランや**プルトニウム**のような物質の原子核が分裂するとき，放射線や光エネルギーとともに，ぼう大な熱エネルギーが発生する。

原子炉（げんしろ）内で発生する熱で水を加熱し，高圧になった水蒸気で発電機のタービンを回転させ，電気を発生させる。つまり，**ウランなどがもつ核（かく）分裂のエネルギー（核エネルギー）を熱エネルギーに変えたのち，タービンの運動エネルギーに変え，さらにそれを発電機で電気エネルギーに変える**発電方法である。

原子力発電は少量の核燃料で電力（でんりょく）が得られ，二酸化炭素などの排出物がない。しかし，ウランの埋蔵量に限界があるほか，燃料だけでなく使用済み燃料も人体に有害な放射線を出すために，管理には厳重な注意が必要である。過去には東日本大震災による福島第一原発事故，チェルノブイリ原発事故などの大きな被害があった。原発事故が起こってしまい放射性物質が漏れてしまうと周辺の土壌，海域が放射線に汚染されるなどしてその地域は甚大な被害を受けることとなる。

放射線

放射線をだす物質は自然界にも存在しており，微量の放射線は宇宙からも降り注いでいる。これを自然放射線という。多量の放射線を浴びてしまうと人体にがんなどの被害を及ぼすが，少量であれば問題はない。放射線はレントゲンや放射線治療にも利用される。これらを人工放射線という。

❷ 新しいエネルギー資源

1 太陽光発電

無限でクリーンなエネルギー資源というと，太陽光が思い浮かぶ。そのほかにも，理論的には無限な風力や地熱などを用いる発電法がかなり実用化されている。

太陽光を当てることで直接電気を得る発電方法に，**光電池**（**太陽電池**）を用いる方法がある。光電池には，特別な**半導体**が使用されている。

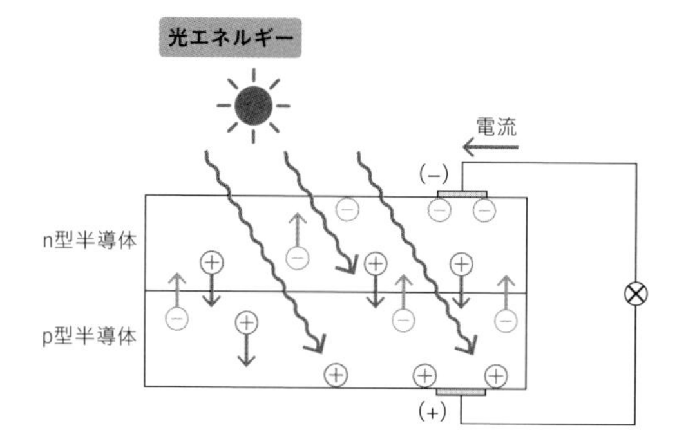

⬆光電池のしくみ

住宅の屋根やビルの屋上に光電池をとり付けて発電する小規模な発電から，大規模な施設による発電（メガソーラー発電）まで，目的や設置条件によってさまざまな発電が可能となる。一方，発生する電流は光を受ける面積に比例するため，一般家庭のすべてを太陽光発電でまかなうほどの広さを確保するのは難しい。

太陽光発電は天候に発電量を左右されるため，曇天や夜間に発電が期待できない。また発電設備のコスト高など，問題点もある。

⬆住宅の屋根の太陽光発電

くわしく 

波力発電

波による**海面の上下運動**により容器内の空気を圧縮し，押し出される空気の流れでタービンを回転させ，発電する。

航路標識灯や灯台などの電源として利用されているが，波の強さにたよっているため，一定の発電量を得にくいという問題点がある。

海洋温度差発電

水深が500〜1000mの深海の冷たい水と海面付近のあたためられた水との温度差を利用する発電方法。アンモニアなどの**沸点の低い物質を温水で加熱・蒸発**させて，その蒸気でタービンを回転させる。蒸気はくみ上げた冷水で冷却し，また液体にもどす。

2 風力発電

風力発電は風で風車を回し，プロペラに接続された発電機で発電する。

クリーンなエネルギーだが一定の発電量を確保することが難しいこと，建設に適した場所が少ないこと，周辺への騒音があるといった問題点がある。

⬆風力発電

3 地熱発電

地球内部の**マグマ**によって高温・高圧になった水蒸気を利用して，タービンを回転させ発電する。

日本は火山国なので，地熱を利用した発電方法は有効であるが，マグマが地表に近いところにあるなどの特殊な条件が必要とされる点や，条件に合う地域が国立公園内の場合は，施設建設の規制が厳しい点などの問題がある。

⬆八丁原地熱発電所

4 バイオマス発電

植物などの生物体（バイオマス）から得られた有機物を燃料として発電するもの。バイオマスには，木くずや稲わら，古紙，生ゴミ，家畜のふん尿などいろいろなものがある。

これらのバイオマスから固形燃料やエタノールやメタンガスをつくる。ゴミや家畜の排せつ物など，捨てていたものを資源として活用できる。利用する有機物は大気中の二酸化炭素をとり入れる光合成によってつくられたものなので，燃やしても大気中の二酸化炭素の増減はないとされる。しかし，バイオマス資源の収集や運搬にコストがかかるという問題がある。

くわしく 

ごみ発電

ごみ焼却場において，ごみを焼却するときに出る熱で発生させた蒸気によって発電をおこなう。この方法は燃焼で生じるガスによる影響から，蒸気の温度が低めに制限されるため，発電の効率が悪い。
そこで，天然ガスを用いる発電施設を付加施設とし，ガスタービンから出る高温の廃熱を利用して蒸気の温度を上げ，ごみの焼却だけのときよりも効率の高い発電「スーパーごみ発電」もある。

5 燃料電池発電

燃料電池発電は，**水の電気分解を逆に進める**装置を利用した発電で，水素と酸素を反応させて電気をとり出している。燃料電池は，燃料のもつ化学エネルギーから直接電気エネルギーを得るため，エネルギーを変換する過程での損失が非常に少なく，発電効率が高いことが特長である。

また，発電時に生成されるのは水だけなので，二酸化炭素などの温室効果ガスや窒素酸化物，硫黄酸化物，大気汚染物質を放出しないことも利点である。

燃料の水素は都市ガスなどから分離してとり出す方法が主流で，既存のガス設備を利用して燃料電池発電が可能となっている。

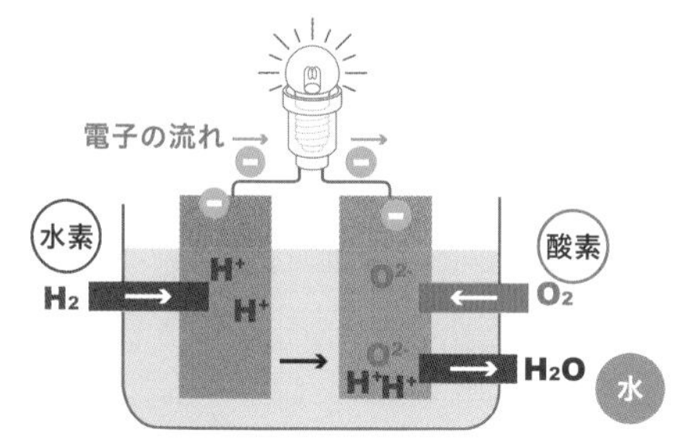

⬆燃料電池の原理

6 コージェネレーション

コージェネレーションシステムともいい，**1つのエネルギーから電気や熱などの複数のエネルギーを同時にとり出せる**仕組みで，熱電併給ともよばれる。

たとえば，火力発電所で発電した電気が届くまでに，発電所で廃棄される熱エネルギーと送電の途中で失われる熱などのエネルギーを合わせると7割近くにもなる。そこで，工場などの近くでコージェネレーションシステムを設置し，天然ガス，石油，LPガスなどを燃料にして発電することで，電気はもちろん，これまでは**利用されず廃棄されていた熱エネルギーを施**

くわしく 

燃料電池のデメリット

燃料電池は，ほかの発電方法に比べて，直接電気エネルギーに変換するため変換効率がいい，小型化も可能で自動車にも搭載できる（燃料電池自動車），使いたい場所で発電できるため送電損失がほぼない，騒音もなく排出物は水だけなので環境にもやさしい，と理想的な発電方法であるが，欠点もある。

❶ 初期投資が高い
電気分解の逆反応をさせるセルと呼ばれる装置をふくめ機械が高価である。

❷ 寿命がある
機器の寿命が4万時間程度で，7~10年程度の実稼働となる。
寿命から設備費用を考えると，従来の発電の方が安くなってしまうのが，現在の燃料電池の欠点である。

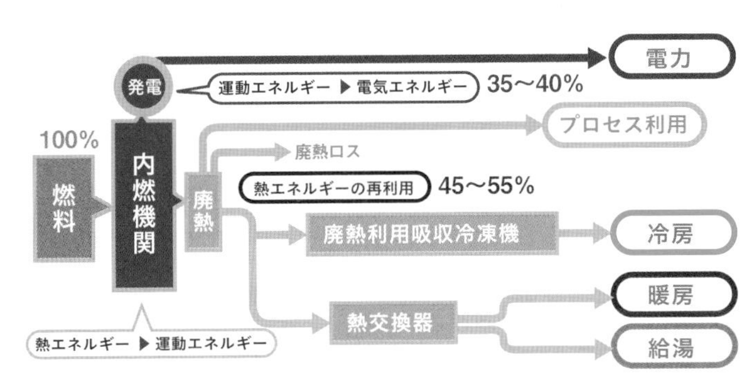

↑コージェネレーションシステム　（出典：コージェネ財団）

設の給湯や冷暖房などに利用することができるようになる。これによって，失われる熱エネルギーは，20%〜30%に抑えられると考えられている。

コージェネレーションは熱と電気を無駄（むだ）なく利用することで，燃料が持っているエネルギーを効率良く活用することを目的としている。

発展・探究

エネルギーの変換効率

エネルギーを熱から電気などほかの形態に変換する場合において，投入したエネルギーの量に対して，回収あるいは利用できるエネルギーの量の比のことをエネルギー変換効率といいます。以下の式のように，発電によって発生する電力量（でんりょくりょう）を，その電気エネルギーを得るために投入した燃料，あるいは投入エネルギーの量で割った値となります。

$$\text{エネルギー変換効率〔\%〕} = \frac{\text{発生する電力量〔J〕}}{\text{投入したエネルギー量〔J〕}} \times 100$$

一般には発電効率，原子力（げんしりょく）発電や火力発電では熱効率とよばれることもあり，商用化されている発電技術の中で最もエネルギー変換効率が高いものは，水力発電で90%以上にもなります。

しかし，実際には水力は火力に比べて長い送電が必要であるため，送電の損失を考慮して比較する必要があります。

第4章 SECTION 2

新しい科学技術と新素材

科学技術は急速に進歩している。新しい情報通信システムや新素材の開発により，わたしたちの生活はますます便利で快適になってきており，環境を守る技術や社会のしくみも発展してきている。ここでは，新素材の特色と，環境を守る技術を調べよう。

1 いろいろな素材

1 いろいろな素材としくみ

◉ 金属

金属は一般にじょうぶで，加工しやすく，美しい光沢がある。また，熱を伝えやすく，電流を流しやすい。これらの性質を利用して，金属はいろいろなところに利用されている。

▶**形状記憶合金**　金属を２種類以上混ぜた合金で，変形させても，加熱してある温度以上にするともとの形に戻る。このような合金は形状記憶合金とよばれ，ニッケルとチタンの合金や，銅と亜鉛とアルミニウムの合金などがある。温室の窓の開閉装置，人工衛星(えいせい)などさまざまなところに利用されている。

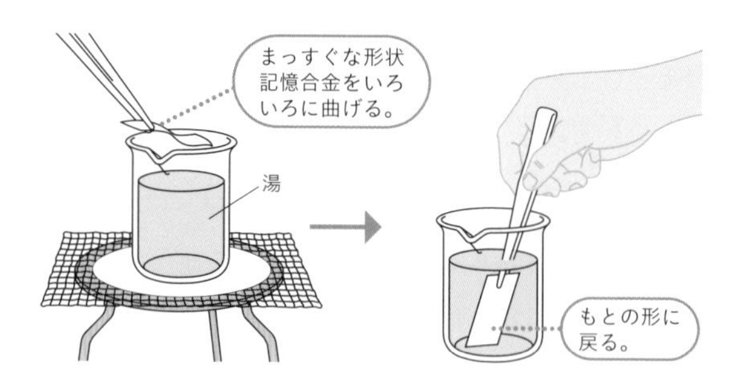

▶**水素吸蔵合金**　ニッケルとマグネシウムの合金などで，水素を吸収して貯蔵し，貯蔵した水素を可逆的に放出することができる。とり扱いやすいため，燃料電池(でんち)を使った自動車に必要な水素タンクなどに利用される。

くわしく 

セラミックス
陶磁器，ガラス，セメントなど窯業(ようぎょう)製品のことをセラミックスという。

ファインセラミックス
純度を高め，粒子の大きさをきわめて小さくした原料を使い，精密な設計もできるセラミックスのこと。ニューセラミックスともいう。かたく，熱や摩耗(まもう)にも強い。はさみや包丁，エンジン，人工関節，人工骨，ロケットの耐熱部分などに利用されている。

ガラス
ふつうのガラスのほかに，試験管などに使われる硬質ガラス，レンズに使われる光学ガラスなどがある。一般にガラスは，熱や化学薬品に強い特性をもつ。

くわしく 

高分子吸収体
吸水性ポリマーともいう。自らの重さの数百倍もの水を吸収でき，圧力を加えても水をはき出さない。

▶**レアメタル** レアメタルは，産業で利用されるケースが多い希少な非鉄金属のことを指し，強度を増やしたりさびにくくしたりするための添加材や発光ダイオードや電池，永久磁石などの磁石材料など，幅広く利用されている。

▶**マグネシウム合金** 軽くてじょうぶであり，加工もしやすく，マグネシウムが地球上に豊富にあるなどの特徴がある。ノート型パソコンやカメラ，医療(いりょう)器具，自動車などさまざまな分野で利用されている。

▶**超硬合金** タングステン（W）と炭素（C）との化合物（WC：炭化タングステン）などとコバルト（Co）などとを結合した非常に硬い合金。他の金属などを削ったり，金型などに使われたりする。

◉ **半導体**

電気抵抗が導体(どうたい)と不導体(ふどうたい)の中間の物質(ぶっしつ)を半導体という。代表的な半導体としてケイ素（シリコン）やガリウム，ヒ素などがある。ほかに有機材料でつくった有機半導体などがあり，軽量で柔軟な特性をもつ。半導体はトランジスタをはじめとするICなどの集積回路，光電管，太陽電池などに使われている。

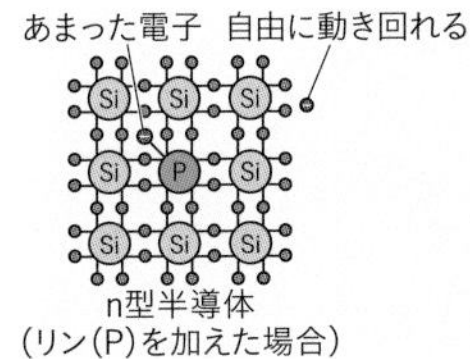

⬆半導体のしくみ

◉ **超伝導物質**

低温で電気抵抗が0になる性質をもつ物質。非常に強力な電磁石がつくれ，磁気浮上装置などに利用される。現在，常温での超伝導物質の研究が進んでいる。

◉ **液晶**

ふつうの液体とは異なり，結晶のように分子(ぶんし)が規則正しく並んでいる液状の物質を液晶という。温度や電圧，磁界などの変化によって，光が透過したり，しなかったりする性質がある。液晶テレビやスマートフォンなど，表示装置として多く使われている。

くわしく 

非弾性のゴム

物体に外から力がはたらいたとき，その物体が元の形に戻ろうとする性質を**弾性**という。非弾性のゴムにもゴムの弾力はあるが，外からの衝撃(しょうげき)はゴムに吸収され，熱として一時的にたくわえられる。自動車のバンパーや，床材，振動吸収材などに利用されている。

n型とp型

純度の高いケイ素（Si）は絶縁体に近いが，ここにリン（P）などの不純物を少し加えると，導体と不導体の間のような性質に変わる。リンを加えると電子が余るn型に，ホウ素（B）を加えると電子が不足するp型半導体になる。

2 プラスチック

金属と同様に，プラスチックもわたしたちの暮らしのさまざまなところに利用されている。プラスチックは，石油などからつくられた物質であり，有機物(ゆうきぶつ)である。

◉ プラスチックの性質

プラスチックは次のような性質をもつ。

❶加工がしやすい。 ❷軽い。 ❸さびたり，くさったりしない。 ❹電気を通しにくい。 ❺酸性やアルカリ性の水溶液や薬品によって形が変化しにくい。 ❻衝撃(しょうげき)に強い。

現在では，電気を通すプラスチックや，環境のことを考え，生物のはたらきで分解できるプラスチック(**生分解性プラスチック**)も開発されている。

Ⓐ
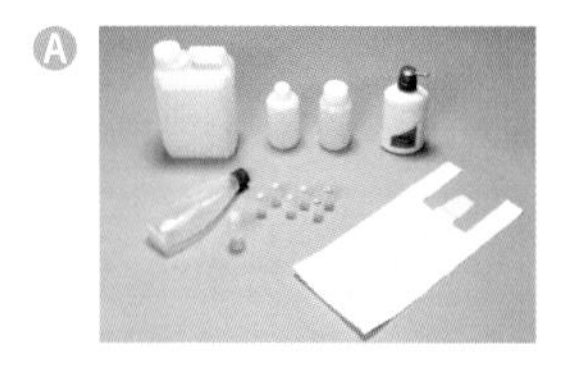

Ⓑ
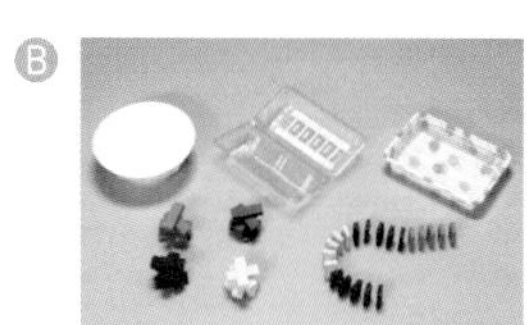

Ⓒ
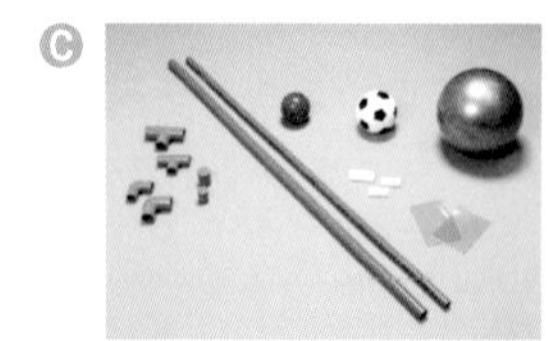

Ⓓ

Ⓔ

Ⓕ

写真全て©アフロ

◉ 導電性高分子(ぶんし)

導電性ポリマーともいう。プラスチックは，炭素を中心とした分子で，金属とちがい，ふつう電気を通さないが，プラスチックの材料に不純物を混入すると，それが原因で電子が移動する現象が生じ，電流が流れる。

くわしく 

いろいろなプラスチック

ⒶPE（ポリエチレン）
最も単純な構造のプラスチック。水に浮く。
〔用途〕容器や包装用のフィルムなど

ⒷPS（ポリスチレン）
かたいが割れやすく，水に沈む。
〔用途〕プラモデル，発泡スチロールなど

ⒸPVC（ポリ塩化ビニル）
耐久性があり用途は広い。燃えにくく，水に沈む。
〔用途〕水道管，電線のカバー，プラスチック消しゴムなど

ⒹPET（ポリエチレンテレフタラート）
燃えにくく，透明で圧力に強い。水に沈む。
〔用途〕ペットボトルなど

ⒺPP（ポリプロピレン）
熱に強く，水に浮く。
〔用途〕電子レンジ用の容器，ペットボトルのふたなど

Ⓕ生分解性プラスチック
微生物のはたらきによって，分解されるプラスチック。いままでのプラスチックが土中で長期間分解されなかったり，燃やすと有害な気体を発生したりする場合があるなどの問題を改善した。
〔用途〕食器，ゴミ袋など

白川英樹博士は，ポリアセチレンに導電性があることを発見し2000年にノーベル化学賞を受賞した。

3 新素材

◉ ナノテクノロジー

おもに1ナノメートル（10億分の1メートル）やそれに近いサイズの材料に関する技術のことをナノテクノロジーという。

物質(ぶっしつ)をナノサイズまで小さくすると，一般的に化学反応が起きやすくなったり，強度が上がったり，電気的性質が変わったりと，物質の性質が変わる。ナノテクノロジーには有益な技術である可能性がある一方，ヒトの健康への影響(えいきょう)などについて不明な点が多い。

▶ **カーボンナノチューブ**　6個の炭素(たんそ)原子でできた六角形がハチの巣状に並んだシートが丸まって管の形になったものを**カーボンナノチューブ**という。軽い，強い，柔らかい，電気をよく通す，熱が伝わりやすく熱に強いなどの特徴がある。この特徴をいかして，コンピュータなどに用いられる集積回路への応用や宇宙空間での利用などが期待されている。

◉ 新しい繊維

▶ **アラミド繊維(せんい)**　ナイロンと同じ合成繊維の1つ。従来の合成繊維に比べて引っ張り強度が非常に大きく，弾性(だんせい)・難燃性(なんねんせい)・耐熱性にも優れている。およそ鉄の20%の密度で鋼鉄線の7倍以上の強度を持ち，タイヤコード・ベルト・防護服・防弾服・救助服・防火服などに用いられる。

▶ **炭素繊維**（**カーボンファイバー**）　高分子化合物(ポリアクリロニトリル)を糸状にし，窒素(ちっそ)のような不活性な気体の中で熱分解すると，炭素を主成分とする炭素繊維が得られる。炭化させるときの温度によって炭素含有率が異なり，物理的・化学的性質の異なるものが得られる。導電性をもち，軽くて弾性率や引っ張り強度が高く，耐薬品性(たいやくひんせい)・耐食性(たいしょくせい)に優れた炭素繊維

くわしく

フラーレン
60または70個の炭素原子が球状に集まった分子を**フラーレン**という。アルカリ金属を添加したものが一定温度以下で電気抵抗が0になるという超電導性を示すことがわかっており，磁気材料や医療分野などでの応用が期待されている。

もつくられ，釣竿（つりざお）・ゴルフクラブ・テニスラケットなどに用いられる。

◉ 有機EL（有機エレクトロルミネッセンス）

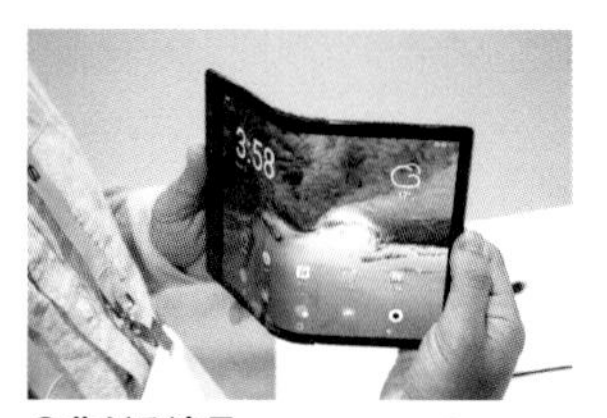

⬆曲がる液晶 ©UPI/アフロ

有機物の一部は電圧がかかることで発光するが，この現象を**有機EL**という。この現象を用いた表示機器を有機ELパネルという。有機ELパネルは，液晶に必要なバックライトが必要ないため非常に薄くつくることができるほか，１画素ごとに明るさを調整することもでき，完全な黒を表現できる。

4 テクノロジー

◉ 人工知能（AI）

コンピュータを使って，人間の知能のはたらきを実現したものを人工知能という。人工知能は，気象災害の予知，自動車の自動運転，医療，金融などあらゆるところでの利用が進んでいくと考えられる。

現在では，**ディープラーニング**を用いた人工知能が主流で，たとえば「人間がネコだと判断した画像」のようなデータを大量に入力することで自動的にシステムがネコの画像の特徴を見出す手法である。すでにチェスや将棋，囲碁の分野では人工知能がプロの棋士に勝利している。

◉ 量子コンピュータ

「０と１」を使いわけて計算する従来のコンピュータの手法から，「０であり１でもある」という２つの状態を重ね合わせる計算方法を用いることで，同時に複数の計算ができる画期的なコンピュータ。従来のコンピュータが数十年かかる計算を，数分で計算できる能力をもつ。

くわしく 

インターネット
ネットワークどうしを結び，世界中をおおうネットワークの集合体。1969年にアメリカ国防総省が，大学のコンピュータを接続したのが始まりで，20世紀終盤に急速に普及した。
コンピュータのネットワーク化で，全世界の情報を瞬時に得られるようになったり，遠隔地医療や教育にも活用されたりしている。便利になる一方で，ハッカーによる犯罪やコンピュータウイルスなどが社会問題になっている。

ディープラーニング
深層学習（しんそうがくしゅう）ともいう。コンピュータが大量のデータを分析して，対象を認識したり，判断したりすることができる。

参考 

光通信
映像データや音声データなどの電気信号をレーザー光線の強さに変換して，光ファイバー（➡p.32）を通して伝送する通信を光通信という。電気通信に比べて大量のデータを送れることに加え，伝送途中の損失も少ない。

❷ 持続可能な世界へ

1 持続可能な社会

現在の世界では，温暖化などの気候変動や大気汚染，水問題，資源問題，生態系の破壊など，地球環境(かんきょう)の悪化が進み，人間だけでなく地球上にすむ生物全体の生存が危うくなる問題が生じている。

地球環境を悪化させている原因をとり除いて安定させ，生態系を守り，資源の枯渇(こかつ)のないクリーンなエネルギー源を確保することが重要である。

◉ 地球温暖化問題

最も大きな問題となっているのは，化石燃料の大量消費による**地球温暖化**の問題である。石油などの化石燃料を燃焼させると，大気中に二酸化炭素が放出され，その大気中濃度が高まる。二酸化炭素は温室効果ガスの１つであり，その大気中濃度の上昇による温室効果のために，地球の平均気温が上がることになると考えられている。地球温暖化によって，海水面の上昇や，異常気象，砂漠化などのほか，各地の生態系を破壊するおそれが出てきている。

◉ エネルギー資源の自給自足

このような環境問題を解決し，安定した生態系を維持し，経済と社会を発展させること，つまり持続可能な社会を実現するためには，**「エネルギーと資源が自給自足される社会」**を目指すことが重要となる。現在のペースで化石燃料などのエネルギー資源を消費していくと，資源は枯渇し，地球環境を破壊してしまう。できるだけ自然の力を利用した，クリーンで**再生可能なエネルギー資源**を利用することが大切である。再生可能エネルギーを使用することは，環境に有害な物質を排出しないことにもつながる。

発展・探求

SUSTAINABLE DEVELOPMENT GOALS

持続可能な開発目標（SDGs）

これからの地球と人類を見すえて，国際連合が主体となって進めているのが「持続可能な開発目標」です。これらは，人々が豊かな生活を送ることができるような社会の開発を持続していくための目標として設けられました。貧困をなくすことや，クリーンなエネルギーの開発，町づくり，気候変動への具体的な対策，海や陸の豊かさを守ることなどといった，以下のような17の目標があります。

- **❶ 貧困をなくそう**
- **❷ 飢餓をゼロに**
- **❸ すべての人に健康と福祉を**
- **❹ 質の高い教育をみんなに**
- **❺ ジェンダー平等を実現しよう**
- **❻ 安全な水とトイレを世界に**
- **❼ エネルギーをみんなに そしてクリーンに**
- **❽ 働きがいも経済成長も**
- **❾ 産業と技術革新の基盤をつくろう**
- **❿ 人や国の不平等をなくそう**
- **⓫ 住み続けられるまちづくりを**
- **⓬ つくる責任　つかう責任**
- **⓭ 気候変動に具体的な対策を**
- **⓮ 海の豊かさを守ろう**
- **⓯ 陸の豊かさも守ろう**
- **⓰ 平和と公正をすべての人に**
- **⓱ パートナーシップで目標を達成しよう**

これらは2030年を目標にしていますが，現実はどうでしょうか。1990～2010年までの間に，全世界で17億人が新たに電力（でんりょく）を使用できるようになり，電力消費量は今も拡大を続けています。化石燃料に依存し，温室効果ガスの排出量増大をもたらす社会は，地球の気候に大きな変化をもたらしています。人間がつくり出す二酸化炭素の約30％を吸収してくれる海も汚染が進み，産業革命以来，海水は26％も酸性化が進み，1平方キロメートル当たり平均1万3000個のプラスチックごみが見つかっています。今，わたしたちにできることを少しでも進めなければなりません。

2011年に再生可能エネルギーは，全世界の20％以上になりましたが，化石燃料から太陽光や風力，地熱などのクリーンなエネルギー源へのさらなる転換が必要です。より効率の高い環境を考えた技術を導入することで，電力消費量を全世界で14％削減できる可能性があり，これは中規模発電所約1300か所の建設を不要にできます。このように，より環境を考えたインフラを整備し，クリーンなエネルギー源を提供できる技術を改善することは，環境保全に必要な目標となります。SDGsの17の目標は，これからの未来のための大切な指針となっています。

2 地球にやさしい技術・素材

持続可能な社会には，地球にやさしい新しい技術（電気自動車など）や新素材（ペルチェ素子や有機ELなど）の研究・開発も重要である。環境(かんきょう)に有害な物質を出さず，今までよりも少ないエネルギーで動作するものをつくり出すことで，持続可能な社会の実現に近づくことができる。

◉ 水素社会

水素社会とは水素がエネルギー資源として，一般的に広く使われるようになった社会のことをいう。

水素は燃やしても水しか排出せずクリーンなエネルギーとしての利用価値が高く，水素社会を目指すことは持続可能な社会の実現につながるとされている。特に，自動車の燃料に水素を用いることで，排気ガスの放出を防ぐことができ，水素エネルギーの応用のされ方として期待されている。

現在，天然にはとり出せない水素をどのように生み出すか，また，その水素をどのようにして貯蔵するかが課題となっている。

⬆燃料電池自動車 ©AP/アフロ

⬆民間用燃料電池発電 ©アフロ

⬆水素ステーション ©マリンプレスジャパン/アフロ

⬆燃料電池バス ©HIROYUKI OZAMA/アフロ

くわしく

電気自動車（➡p.197）
おもに，充電(じゅうでん)できる電池を積んで，モーターの動力で走る自動車。

⬆電気自動車 ©椿雅人/アフロ

参考

ソーラーカー
太陽電池を積んで走る車。これも電気自動車の一種であるが，馬力の点や天候などの条件に依存する点で実用化にはまだ研究の余地が残っている。

⬆ソーラーカー ©AP/アフロ

3 環境を守る技術

◉ リサイクル技術

今までのような大量生産，大量消費を続けていくと，化石燃料や鉱物（こうぶつ）・生物などの資源は確実に枯渇（こかつ）してしまう。また，ごみの問題も深刻になっている。一度使った資源は廃棄して終わりではなく，リサイクルして活用する循環型（じゅんかんがた）の社会を築かなければならない。

▶**金属のリサイクル**　日本は鉱物資源がとぼしく，多くの金属製品の原材料を外国からの輸入に頼っている。それだけに，資源の使い捨ては見直さなければならない。

たとえば，アルミニウムは，ジュースのかんや建材など，多方面に使われている。アルミニウムの原料である**ボーキサイト鉱石**は，ほぼ100％近くが海外からの輸入である。また，ボーキサイト鉱石からアルミニウムをとり出すときには大量の電気エネルギーが必要である。しかし，一度つくられたアルミニウムかんをリサイクルすれば，鉱石から新しくつくるときの**約3％のエネルギーですむ**。

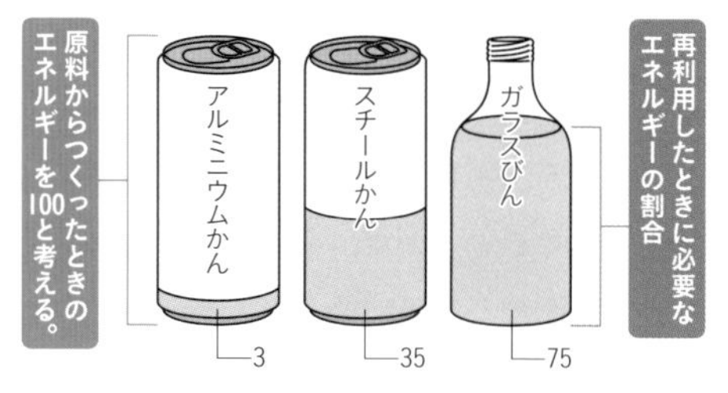

⬆リサイクルによる省エネルギー

▶**紙のリサイクル**　日本は，紙の原料である木材の多くも輸入に頼っている。この木材は熱帯地方からのものが多く，熱帯雨林の伐採（ばっさい）が進むと，地球温暖化への影響（えいきょう）や貴重な生物種の絶滅などが大きな問題となる。

古紙の回収は以前からおこなわれているが，わたしたちは，紙をむだに使わないことや再生紙の積極的な利用を心がける必要がある。また，熱やアルコールなどの処理で，比較的簡単に消せるインクの開発など，紙のリサイクルがしやすい技術が生み出されている。

▶**プラスチックのリサイクル**　プラスチックは，軽くてじょうぶで，成型がしやすいので，わたしたちの生活には欠かせない素材である。しかし，材質により燃やすと有害な気体が出るものもあり，また，多くが石油からつくられているので，積極的にリサイクルすることが望まれる。リサイクル後は，プラスチック製品に再生されたり，燃料化されたりしている。

▶**ペットボトルのリサイクル**　ペットボトルの原料は，プラスチックの一種である**ポリエチレンテレフタラート**という樹脂である。ペットボトルには，軽い・割れにくい，衛生的などの長所があり，わたしたちの生活に密着したものとなった。また，燃やしても水と二酸化炭素になるだけである。しかし，廃棄量が増大したので，リサイクルが進められている。

◉ リサイクル社会への整備

リサイクルがきちんとおこなわれるためには，**廃棄物の分別・回収**，**再生品の利用**に対して，わたしたちひとりひとりが，前向きにとり組まなければならない。一方，社会的にも**容器包装**(ほうそう)**リサイクル法**，**家電リサイクル法**の施行や，自治体ごとのルールづくりなどがおこなわれている。

◉ 自動車に使われる新技術

自動車は，ガソリンや軽油を燃料とし，エンジンで燃やして動力を得ているが，燃料の消費や排気ガスをおさえた自動車の開発・実用化が進んでいる。

▶**ハイブリッド自動車**

ハイブリッドカーともいう。ガソリンを燃料とするが，電気モーターも備えていて，両方の動力を使う自動車。エンジンとモーターの動きはコンピュータで細かく制御し，燃料の消費量と二酸化炭素の排出量を少なくする。

▶**電気自動車（EV）**

電気で走る自動車で，ガソリンを燃料としないため，有害な排気もない。電気をクリーンなエネルギー源から利用すれば，化石燃料を使わず，二酸化炭素の排出0の車となる。

くわしく 

識別マークは，消費者がごみを出すときに分別しやすくして，市町村の分別収集を進めることを目的としている。法律によって，飲料用のスチール缶やアルミ缶と食料品・清涼飲料・酒類のPETボトル，プラスチック製容器包装，紙製容器包装には，識別マークをつけなければならない。

▲ **PETボトル**
食料品，清涼飲料，酒類など

ダンボール

▲ **段ボール**

▲ **紙製容器包装**
飲料用紙（アルミ不使用），段ボール製を除く

▲ **プラスチック製容器包装**（PET除く）

完成問題 CHECK

解答 p.630

1 エネルギー資源について，次の問いに答えなさい。

(1) 太陽の光エネルギーのように，非常に遠い将来まで利用できるエネルギーを再生可能なエネルギーという。次の**ア**～**エ**から，再生可能なエネルギーをすべて選び，記号で答えよ。 (　　　　　)

ア 化石燃料からのエネルギー　**イ** 風のもつエネルギー
ウ 地熱エネルギー　**エ** ウランがうみ出すエネルギー

(2) サトウキビのしぼりかすはエタノールの原料になり，そのエタノールは自動車などの燃料として使われる。このように，エネルギー源に利用できる生物体を何というか。 (　　　　　)

2 発電について，次の問いに答えなさい。

(1) 次の❶～❸は，それぞれの発電方法について，エネルギーの移り変わりを調べたものである。**ア**～**エ**に適切な言葉を書け。

❶ 風力発電：プロペラの（ **ア** ）エネルギー➡電気エネルギー
❷ 水力発電：水の（ **イ** ）エネルギー➡運動エネルギー➡電気エネルギー
❸ 火力発電：石油の（ **ウ** ）エネルギー➡（ **エ** ）エネルギー➡運動エネルギー➡電気エネルギー

ア（　　　　　）**イ**（　　　　　）
ウ（　　　　　）**エ**（　　　　　）

(2) 1つのエネルギーから電気や熱などの複数のエネルギーを同時にとり出すことを何というか。 (　　　　　)

(3) 火力発電では，化石燃料を燃やすため，地球温暖化のおもな原因と考えられるある気体を出す。その気体は何か。 (　　　　　)

(4) (3)の気体が，地球温暖化の原因となる理由を簡単に書け。

(　　　　　　　　　　　　　　　　)

3 光電池について，次の問いに答えなさい。

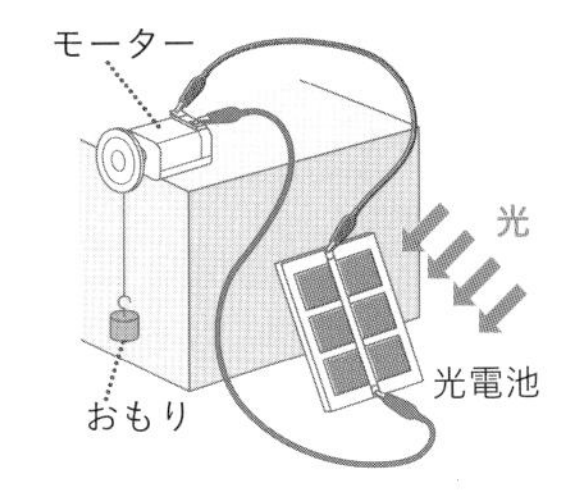

(1) 図のように，光電池に光を当ててモーターを動かし，おもりを引き上げた。次の❶〜❸にあてはまる言葉を，下の**ア**〜**エ**から選べ。

光電池は，（ ❶ ）エネルギーを（ ❷ ）エネルギーに変え，モーターは（ ❷ ）エネルギーを（ ❸ ）エネルギーに変える。

❶（　　）❷（　　）❸（　　）

ア 電気　**イ** 化学　**ウ** 力学的　**エ** 光

(2) 光電池に当たる光のエネルギーを100としたとき，引き上げられることによってふえたおもりのエネルギーはどうであるといえるか。次の**ア**〜**ウ**から選べ。

（　　）

ア 100より小さい。　**イ** 100のままである。　**ウ** 100より大きい。

4 新素材の利用について，次の問いに答えなさい。

(1) 次の❶〜❹の特徴をもつものを，下の**ア**〜**オ**から選べ。

❶ 炭素をふくむ物質を原料としてつくられた繊維で，テニスのラケットやスキーの板などに使われている。（　　）

❷ 太陽の光エネルギーを電気エネルギーに変える装置。（　　）

❸ 熱や摩擦に強く，人工骨や包丁などに使われている。（　　）

❹ 水を吸収する力が強く，紙おむつなどに使われている。（　　）

ア 高分子吸収体（吸水性ポリマー）　**イ** ファインセラミックス
ウ 液晶　**エ** 炭素繊維　**オ** 光電池

(2) 限りある資源を再び資源として利用することを何というか。（　　）

5 プラスチックについて，次の問いに答えなさい。

(1) プラスチックの性質として正しいものを，次の**ア**〜**エ**からすべて選べ。

ア 電気を通しやすい。　**イ** 加工がしやすい。　（　　）
ウ 軽い。　**エ** さびやすい。

(2) 生物のはたらきで分解されるプラスチックのことを何というか。

（　　）

思考力UP

抵抗を並列に接続すると，合成抵抗が小さくなるのはなぜ？

抵抗がふえるのに，合成の抵抗値は下がる並列接続。わかるようで，わかりにくい合成抵抗のしくみについて考えてみましょう。

問題 **抵抗が並列で接続されると合成抵抗が小さくなる理由について，下記の回路図をつかって，100字程度で説明しなさい。**

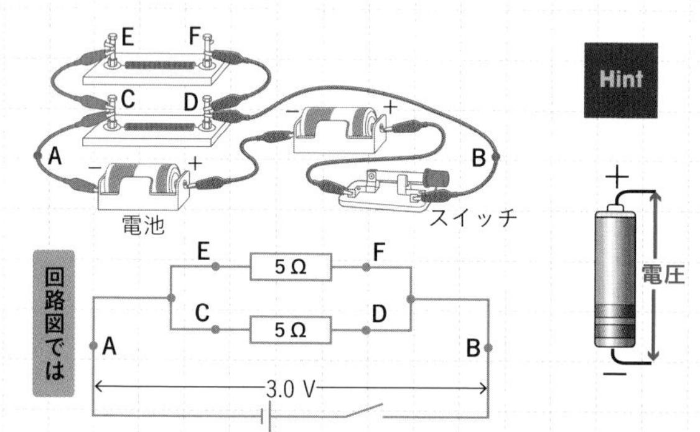

Hint

電池は電圧を維持しようとするはたらきをもつ装置だ。よって，つながった回路の抵抗が大きくなれば電池からの電流は小さくなり，抵抗が小さくなれば電流は大きくなる。電池のように，一定の電圧を維持しようとする電源を，定電圧電源という。100 Vの家庭配線も定電圧電源である。

電圧

解答例 **CD間とEF間の電圧はAB間と同じ3.0 Vになるため，CDとEF間の電流はそれぞれの抵抗にしたがって0.6 Aとなる。A，B点の電流はCDとEF間の電流の和，1.2 Aと大きくなるため，回路の合成抵抗は小さくなる。**

電池は電圧の大きさを一定に維持しようとする（定電圧の）電源で，電流の大きさはつながった抵抗によって変化します*。電池からみると並列回路は，右図のように2つの回路を同時に受け持ち，それぞれに3Vを維持するようにはたらきます。その結果，電流は2回路分となり，回路全体の電流は大きくなります。電流が大きくなるということは，回路全体の合成抵抗は小さくなります。また，同じ材料の抵抗の大きさは，長さに比例し，太さに反比例します（➡p.139）。つまり，抵抗の直列つなぎは抵抗が長くなること，並列つなぎは抵抗が太くなることに等しいといえます。

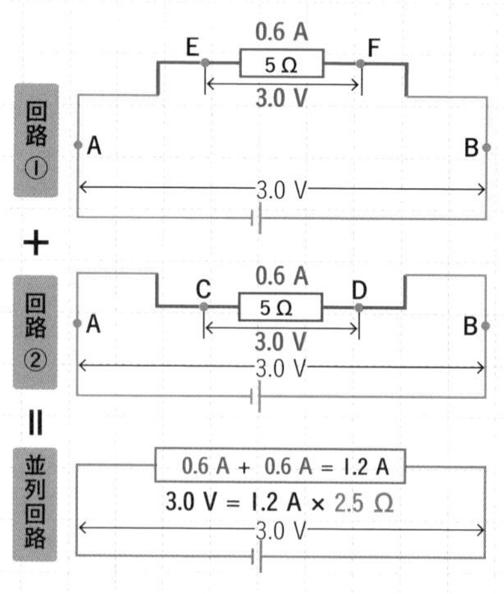

*電流の量には上限があり，ショート（抵抗が極端に下がった状態）では大量の電流が流れて危険です。

化学編

第１章	身のまわりの物質
第２章	気体と水溶液
第３章	化学変化と原子・分子
第４章	化学変化とイオン

第 1 章

身のまわりの物質

第1章では，身のまわりのさまざまな物質について学習する。
物質を区別したり，分類したりするにはどのような方法があるのだろうか。
またそれらに共通する性質はどのようなものだろうか。
気体・液体・固体と変化する物質の状態変化についても，あわせて理解しよう。

SECTION 1 物質の区別 … p.204
SECTION 2 物質の状態変化 … p.214

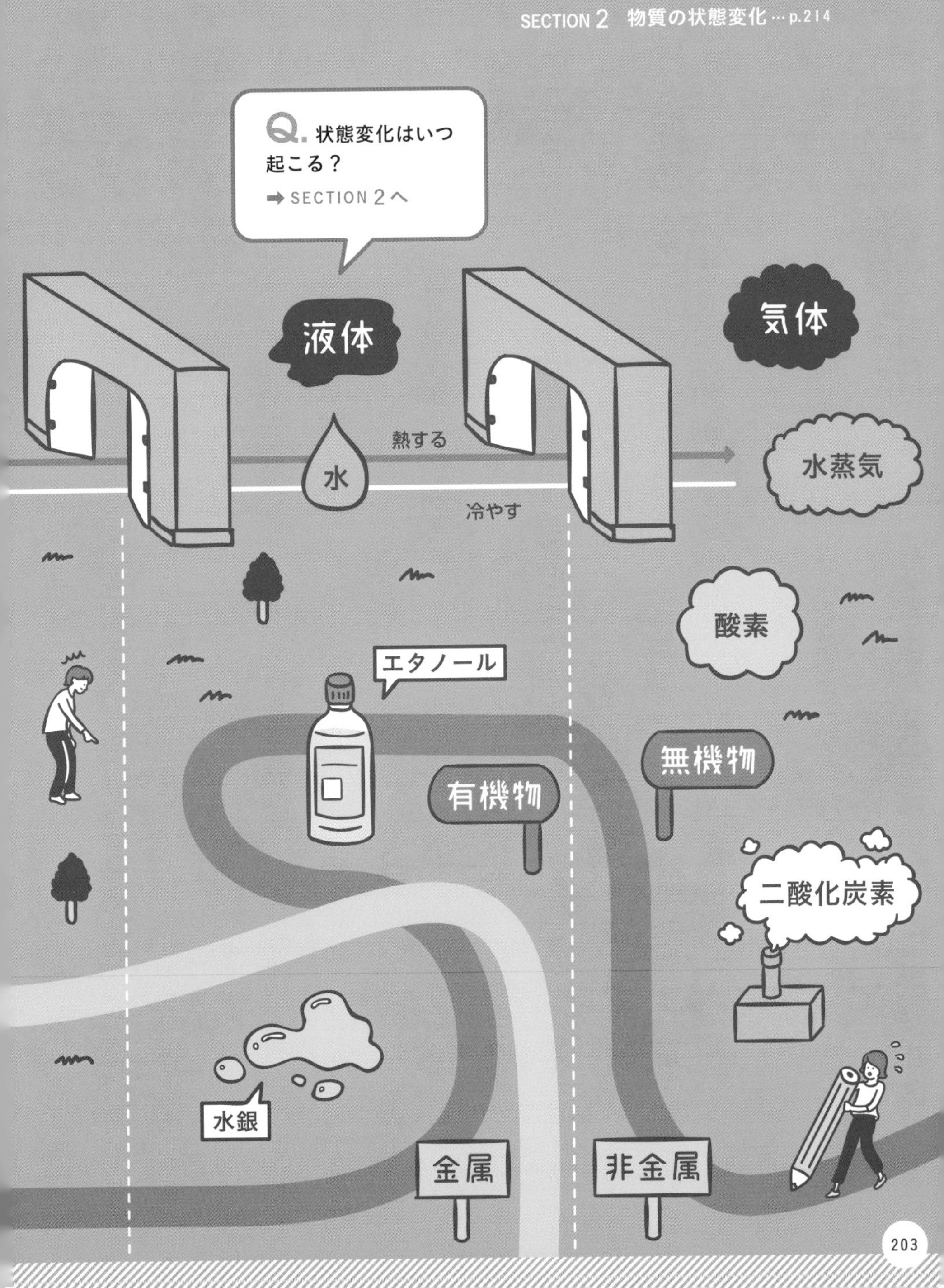

物質の区別

わたしたちの身のまわりのものは，ガラスやプラスチック，金属などいろいろな物質でできている。物質には区別する方法があり，それらを知っていれば自分で見分けることができる。ここでは，物質の分類のしかたと，それらを見分ける方法について学習する。

❶ いろいろな物質

1 物質の区別

◉ 物質と物体

ものを形や大きさや用途などで見る場合は，**物体**として見ているといえる。それに対して物体の材料となっているものを**物質**という。物質と物体は，ものを見るときの着眼点のちがいで，同じものでも見方によって物体でも物質でもあるといえる。また，ガラスのコップとプラスチックのコップのように，物体として見ると同じでも，物質は異なる場合がある。

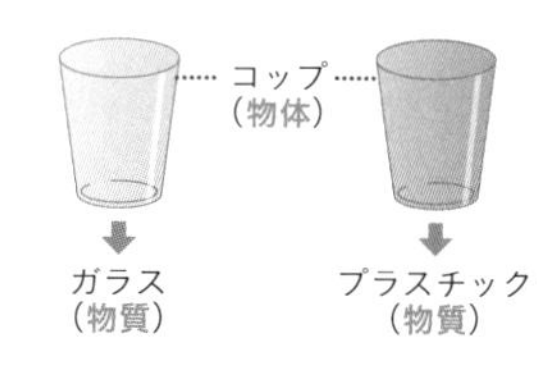

⬆物質と物体

◉ 物質を区別する方法

理科では，物体ではなく，**物質**として調べていく。物質を区別する方法としては，次のようなものがある。

❶ 色や形，形態を観察する。
❷ 熱する。または，冷やす。
❸ においがあるか調べる。
❹ 電流が流れるか調べる。
❺ 磁石につくか調べる。
❻ 薬品と混ぜて反応をみる。
❼ **密度**を測定する（➡p.209）。

くわしく 

物質と物体

たとえば，コップ，テーブル，ハサミなどといった場合は物体で，それらの材料である，ガラス，プラスチック，木，金属などは物質である。

発展 

炎色反応

特定の金属やその化合物（➡p.266）をガスバーナーで熱すると，それぞれ特有の色の炎を出す。このように特有の色の炎を出す現象を炎色反応という。炎色反応は，花火などに利用されている。

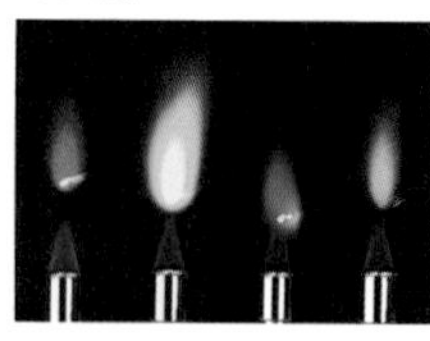

⬆**炎色反応**（左からリチウム，ナトリウム，カリウム，カルシウム）

©アフロ

固体なら硬さを調べる，粉末や液体なら水に溶けるかどうかを調べるなども物質を区別する方法となる。**融点**（➡p.220）や**沸点**（➡p.218）も物質を区別する手がかりになる。

◉ 純粋な物質と混合物

水，塩化ナトリウム，鉄，酸素などのように1種類の物質でできているものを**純粋な物質**という。しかし，自然界にある物質はさまざまな物質が混ざってできているものがほとんどで，純粋な物質のまま存在するものは少ない。食塩水や空気のように，複数の純粋な物質が混ざり合ったものを**混合物**という。

2 有機物・無機物

◉ 有機物・無機物

物質に炭素がふくまれているかどうかで物質を区別することができる。砂糖やプラスチック（➡p.190）のように，炭素をふくむ物質を**有機物**，食塩や金属，ガラスなど，有機物以外の物質を**無機物**という。

有機物は，加熱すると黒くこげて**炭**になったり，燃えて**二酸化炭素**と**水**が発生したりすることが特徴である。ただし，炭素や一酸化炭素，二酸化炭素，炭酸カルシウムなどは炭素をふくむ物質であるが，例外的に無機物に分類される。

無機物は燃えないものが多い。また燃えても，二酸化炭素ができない。

有機物	無機物
砂糖，プラスチック，ろう，木，メタン，エタノール，デンプン，小麦粉　など	食塩，水，金属，ガラス，酸素，炭素，二酸化炭素，一酸化炭素　など

◉ 白い粉末の区別

白砂糖，デンプン，食塩，グラニュー糖の，いずれも白い粉末状の物質を区別する方法を考える。

くわしく

有機物を加熱したときの変化

有機物を燃やすと“二酸化炭素”と“水”ができるのは，それぞれ，有機物にふくまれる炭素や水素が空気中の酸素と結びつくためである（➡p.278）。しかし，一部の有機物は水素をふくまないので，水ができない。

参考

有機物をつくる植物

植物は無機物から有機物を生成できるが，動物は有機物をほかの生物を食べることなどでとり入れていて，つくることはできない（動物と植物のちがい➡p.382）。ただし，有機物を別の有機物につくりかえることはできる。

実験

思考力UP

白い粉末を区別しよう

目的

A, B, C, Dの4種類の白い粉末がそれぞれ，白砂糖，デンプン，食塩，グラニュー糖のいずれであるかを，性質を調べることで区別する。

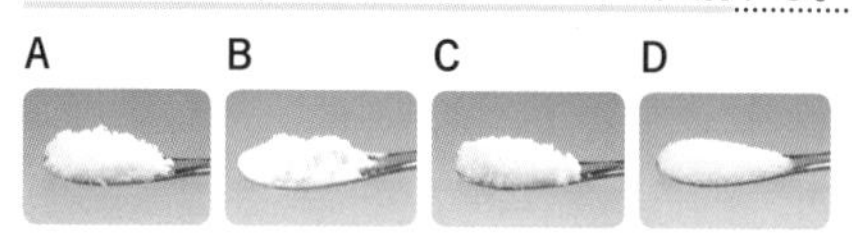

⬆4種類の白い粉末

方法

❶ ルーペで，粒(つぶ)の大きさなどを調べる。

❷ 50 mLの水に，薬さじ1杯(ぱい)分を入れて溶(と)かしたときの変化を調べる。

❸ 燃焼(ねんしょう)さじにのせて，ガスバーナーで加熱したときの変化を調べる。

❹ 石灰水を入れた集気びんの中で燃焼させて，燃焼後の石灰水の変化を調べる。

思考の流れ

仮説

●デンプンであれば，水に溶けない。

●食塩は無機物，ほかは有機物。有機物であれば，加熱すると燃えて二酸化炭素を発生する。

⬇

計画

●デンプンを区別するために，同じ量の水に溶かしたときの変化を調べる。

●食塩（無機物）を区別するために，加熱したときの変化や，加熱後の二酸化炭素の有無を調べる。

考察の観点

●Bのみ，❷の実験結果がほかと異なる。また，Cのみ，❸❹の実験結果がほかと異なる。

結果

	A	B	C	D
❶ 粒の大きさなど	大きい	細かい	大きく，角ばっている	いちばん大きい
❷ 水に入れたときの変化	溶けた	溶けずに白くにごった	溶けた	溶けた
❸ 加熱したときの変化	燃えて炭になった	燃えて炭になった	変わらない	燃えて炭になった
❹ 石灰水の変化	白くにごった	白くにごった	変わらない	白くにごった

考察

❷の結果より，水に溶けないBはデンプン。また，❸❹の結果より，Cは無機物とわかる。したがって，Cは食塩。❶の粒の大きさの比較(ひかく)より，Aは白砂糖，Dはグラニュー糖とわかる。

操作

ガスバーナーの使い方

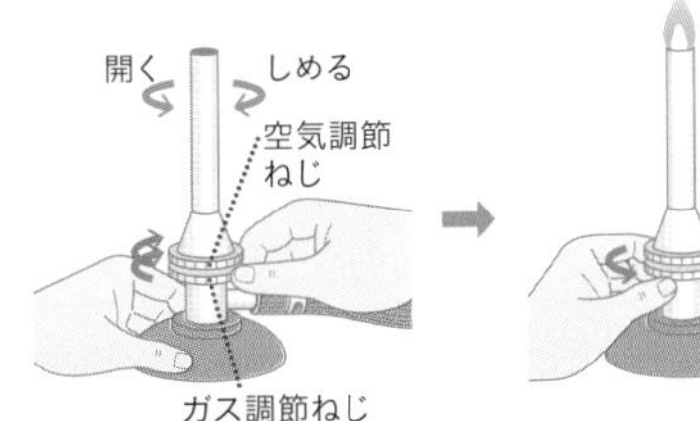

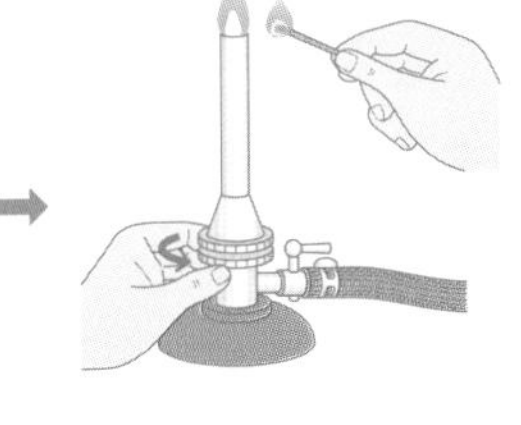

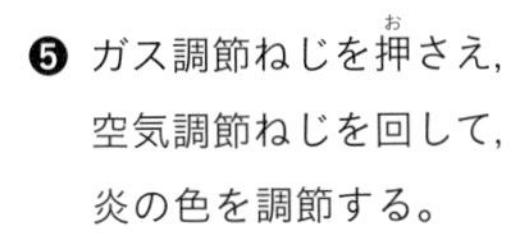

❶ 2つのねじがしまっていることを確認する。
❷ 元栓(もとせん)・コックを開ける。
❸ マッチに火をつけてから，ガス調節ねじを開けて火をつける。
❹ ガス調節ねじを回して，炎(ほのお)の大きさを調節する。
❺ ガス調節ねじを押(お)さえ，空気調節ねじを回して，炎の色を調節する。

POINT 酸素を供給することで，温度の高い青色の炎となる。

3 金属・非金属(ひきんぞく)

金属は，わたしたちの暮らしのさまざまなところに利用されている。物質(ぶっしつ)の分類のしかたの1つとして金属であるか，金属でないかがある。

◉ 金属の性質

金属は次のような共通の性質をもつ。

❶ みがくと金属特有のかがやき（**金属光沢**(きんぞくこうたく)）が出る。

❷ 力を加えることで，延ばしたり（**延性**(えんせい)），広げたり（**展性**(てんせい)）することができる。

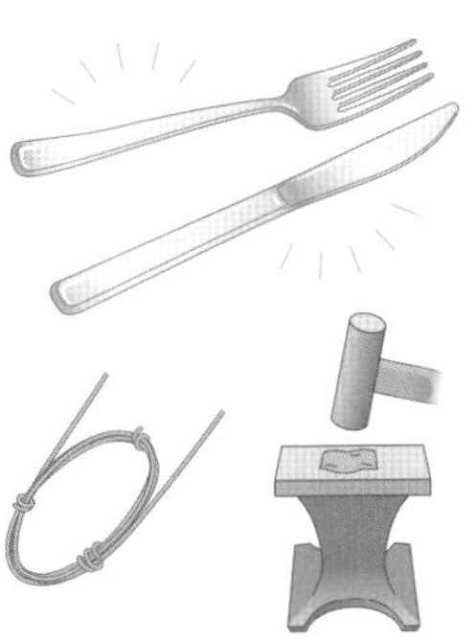

延びる（延性） 広がる（展性）

❸ 熱が伝わりやすい（**熱伝導性**）。

❹ 電流が流れやすい（**電気伝導性**）。

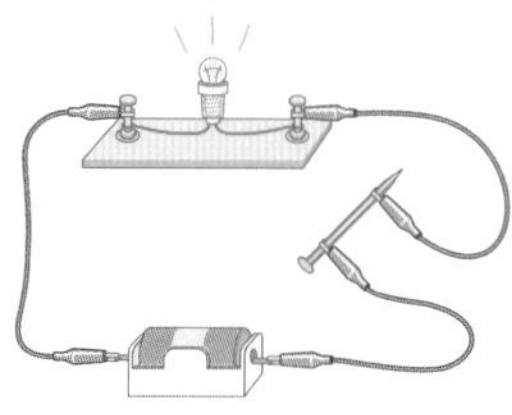

ほかにも，金属には**融点**（➡p.220）や**沸点**（➡p.218）が高いという特徴がある。そのため，ほかの物質が燃えてしまうような100 ℃をこえる高温でも，固体の状態を保つことができる。

ただし，水銀は例外で，融点が低く，常温で唯一液体の金属である。

物質	融点〔℃〕	沸点〔℃〕
水銀	−39	357
アルミニウム	660	2519
鉄	1538	2862
金	1064	2856

⬆おもな金属の融点・沸点

◉ 金属の見分け方

体積が同じでも，金属によって質量は異なるので，**密度**（➡p.209）を調べることで，その金属が何かを特定することができる。

金属	密度〔g/cm^3〕
金	19.3
鉛	11.3
銀	10.5
銅	8.96
鉄	7.87
亜鉛	7.14
アルミニウム	2.70
マグネシウム	1.74

⬆おもな金属の密度（約20 ℃のときの値）

◉ 非金属

金属に対して，ガラス，ゴム，プラスチックなど，金属以外の物質を，**非金属**という。

くわしく

熱伝導性

熱が伝わりやすい性質のことで，金属の特性である。電気伝導性の大きい金属は，熱伝導性も大きい傾向にある。

電気伝導性

電流が流れやすい性質のことで，金属は電気伝導性が大きい。特に銅は電気伝導性が大きく，導線などに使われている。

くわしく

磁石につく金属

磁石につくことは金属に共通の性質ではない。磁石につく金属には，鉄，ニッケル，コバルトがある。

2 密度

1 密度

ある物質の単位体積（たとえば1 cm^3とか1 L）あたりの質量を，その物質の**密度**という。密度は物質の特性の1つで，物質を識別するのに役立つ。

密度は，次の式で表される。

$$密度〔g/cm^3〕=\frac{物質の質量〔g〕}{物質の体積〔cm^3〕}$$

水やアルコール，鉄や銅など各物質の体積を2倍，3倍，……にしていくと，質量も2倍，3倍，……になっていく。このように物質の質量と体積は比例し，各物質によって質量と体積の比，すなわち密度は一定である。この関係をグラフで示すと，下図のようになる。密度は，このグラフの傾きに当たる。

グラフより，それぞれの物質の密度は，

水：$\frac{100〔g〕}{100〔cm^3〕}=1〔g/cm^3〕$

アルミニウム：$\frac{80〔g〕}{30〔cm^3〕}=2.66\cdots≒2.7〔g/cm^3〕$

エタノール：$\frac{40〔g〕}{50〔cm^3〕}=0.8〔g/cm^3〕$

とわかる。さらに，たとえば質量60 gのアルミニウムの体積は，

$\frac{60〔g〕}{2.7〔g/cm^3〕}=22.22\cdots$

≒22.2〔cm^3〕と求めることができ，このように，密度，質量，体積のうちどれか2つの値がわかれば，ほかの1つを求めることができる。

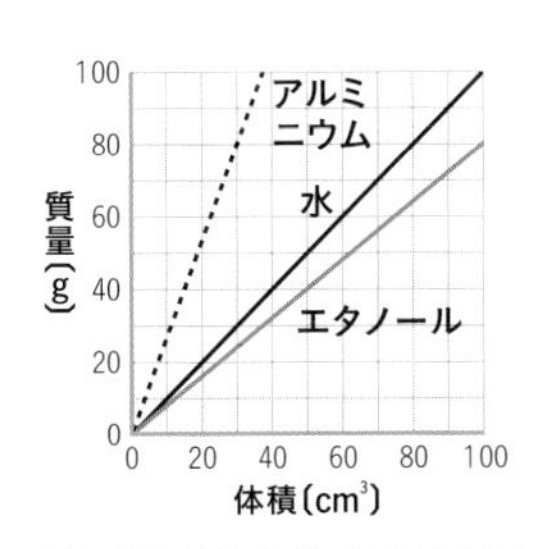

⬆いろいろな物質の体積と質量

くわしく

密度の表し方

密度を表す単位には，g/cm^3のほかにkg/m^3やg/Lなどがある。

参考

物質の密度（約20 ℃のときの値，気体は0 ℃のときの値）

固体	密度〔g/cm^3〕
金	19.3
鉛	11.3
銅	8.96
アルミニウム	2.70
花こう岩	2.6〜2.7
ガラス	2.4〜2.6
塩化ナトリウム	2.17
液体	**密度〔g/cm^3〕**
水銀	13.5
海水	1.01〜1.05
エタノール	0.789
ガソリン	0.66〜0.75
気体	**密度〔g/L〕**
水素	0.0899
酸素	1.43
窒素	1.25
二酸化炭素	1.98
アンモニア	0.77

◉ 温度と密度

金属をあたためると膨張するように，物質の体積は温度によって変化する（➡p.214）。そのため，物質1 cm^3あたりの質量で表している密度も温度によって変化する。一般に，密度を表すときは何℃の値であるかを明記する必要があるが，温度が示されていないときは室温（約20 ℃）での値と考えてよい。

2 ものの浮き沈みと密度

◉ ものの浮き沈み

水中に物質を入れたとき，水よりも密度が大きいものは沈み，密度が小さいものは浮く。たとえば，氷（密度0.92 g/cm^3）を水（密度1.00 g/cm^3）に入れると氷は浮く。液体を水からエタノール（密度0.79 g/cm^3）に変えると，氷は沈む。これは，氷の密度が水よりは小さく，エタノールよりは大きいためである。

同様に，油と水を混ぜると，より密度の小さい油が水の層の上になるように分離する。

⬆氷の水への浮き沈み

⬆氷のエタノールへの浮き沈み

◉ 比重

ある物質の質量を基準として，それと同体積の別の物質の質量を比の形で表したものを**比重**という。

$$比重=\frac{物質の密度}{基準となる物質の密度}$$

基準の物質には一般に，4 ℃の純水（密度0.99997 g/cm^3≒1.00 g/cm^3）を用いる。比重が1より大きいか小さいかによって，基準となる物質との密度の大小がわかる。

くわしく

水の温度と密度

水の密度も温度によって変化し，約4 ℃において最大になる。

ふろなどの湯をわかすと上のほうから熱くなるのは，温度が高いほど密度が小さくなり，軽くて熱い湯が水面近くに移動するからである。また，池の魚が水面がこおっても水の底で生きのびることができるのは，密度が最大の約4 ℃の水が底におりてくるからである。

発展

液体・気体どうしの浮き沈み

液体どうし，気体どうしの場合，物質の粒子が散らばる拡散という現象により，2つの物質は分離せず混ざることが多い。

参考

液体の比重

下の表は4 ℃の純水を基準としたときの比重である。4 ℃の純水の密度は限りなく「1」に近いため，各物質の比重は密度とほぼ同じ値になる。

液体	比重
エタノール	0.789
海水	1.01〜1.05
重油	0.85〜0.90
石油(灯油)	0.80〜0.83
ガソリン	0.66〜0.75

操作

上皿てんびんの使い方

❶ ひょう量（はかれる最大質量）と感量（はかれる最小質量）を確かめる。

❷ てんびんを水平な台に置く。

❸ 皿に何ものせていないとき，指針（針）の振(ふ)れが左右等しくなるように調節ねじを動かす。

◉ 薬品などをはかりとるとき

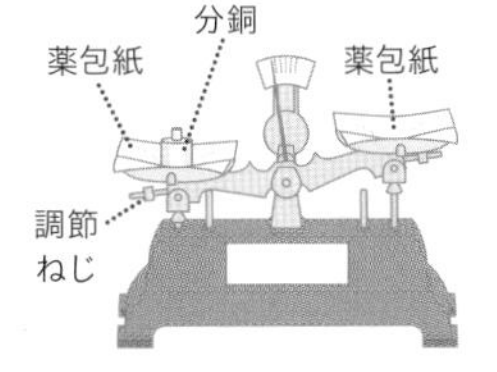

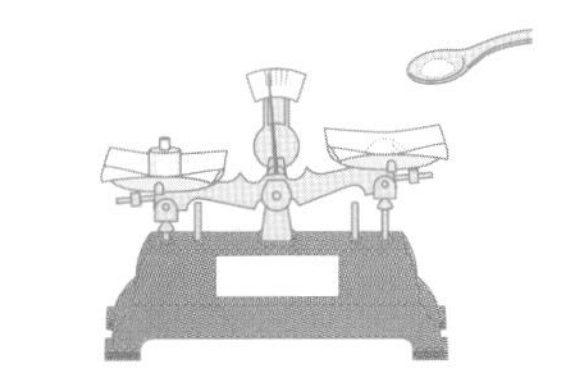

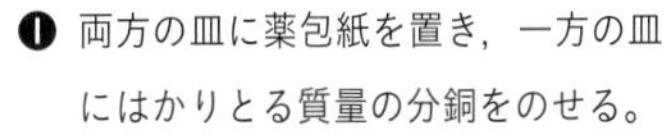

❶ 両方の皿に薬包紙を置き，一方の皿にはかりとる質量の分銅をのせる。

❷ もう一方の皿に薬品をのせていき，つり合わせる。

操作

電子てんびんの使い方

❶ 電子てんびんを水平な台に置く。

❷ 何ものせていないときの表示を0にする。

◉ 物体の質量をはかるとき

はかろうとするものをのせて，表示の数値を読みとる。

◉ 薬品などをはかりとるとき

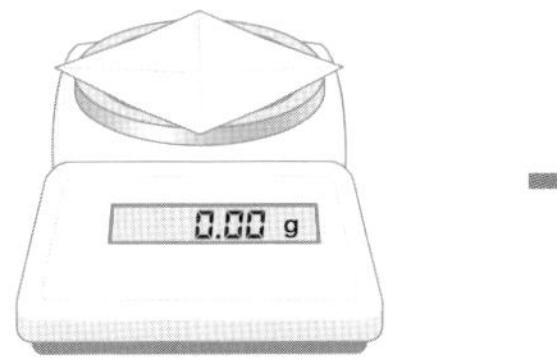

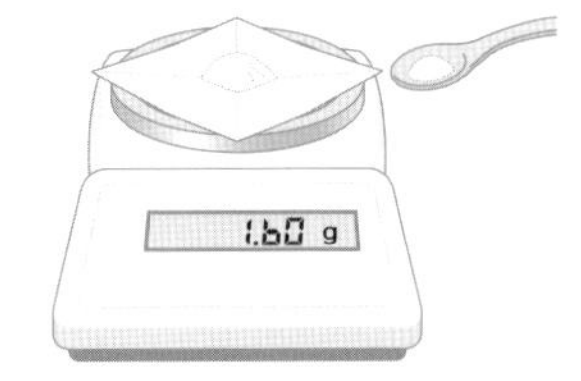

❶ 薬包紙（または空の容器）をのせて，表示を0にする。

❷ 薬品をはかりとりたい質量になるように，少量ずつのせていく。

操作

メスシリンダーの使い方

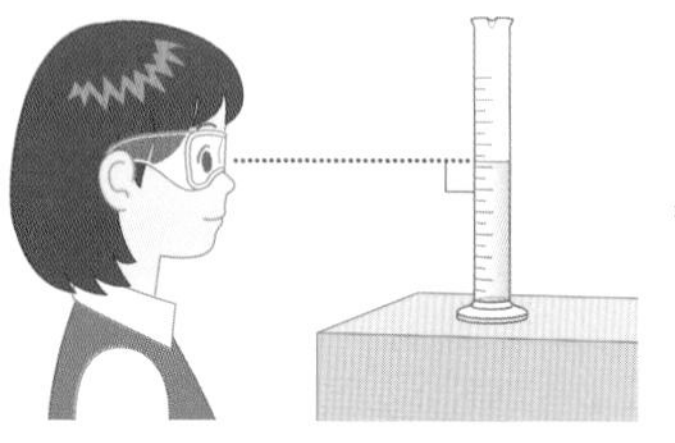

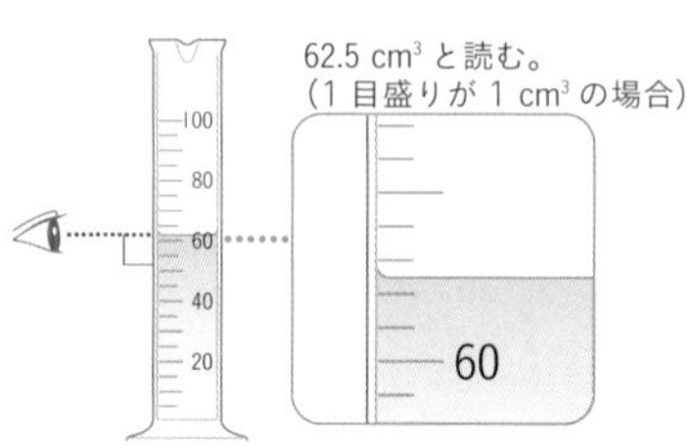

❶ メスシリンダーを水平な台に置き，液面と同じ高さに目線を合わせる。

❷ 液面がへこんでいる下の面を，目分量で1目盛りの$\frac{1}{10}$まで読む(1 mL＝1 cm³)。

3 密度の測定法

　ある物質の密度を測定するには，その物質の体積と質量をはかる必要がある。

◉ 固体の密度の測定

　一般に，複雑な形の固体の体積をはかるのは困難である。そのため，固体の体積は，その体積を液体の体積におきかえてはかると便利である。

　図のように，**メスシリンダー**に水を入れて目盛りを読みとったあと，水の中に固体を入れて再び目盛りを読みとる。2つの測定値の差が固体の体積に等しい。

　質量は電子てんびんではかることができる。よって，体積と質量がわかれば，密度が求められる。

そのほかにも，浮力を利用してはかる方法などがある。

メスシリンダー
固体の体積

⬆体積のはかり方

発展 

浮力を利用してはかる方法

液体中の物体は，その物体が押しのけた液体の重さに等しい大きさの浮力(➡p.69)を受ける。

物体の空気中での重さをW g，液体中での重さをW' g，液体が4 ℃の純水とすると，物体に押しのけられた水の重さは$W-W'$〔g〕より，体積は$W-W'$〔cm³〕となる。つまり，この物体の密度は$\frac{W}{W-W'}$〔g/cm³〕となる。(重さの単位は正確には質量〔g〕に重力加速度(➡p.86)をかけたニュートン〔N〕を用いるが，ここでは便宜的にgを使用した。)

◉ 液体の密度の測定

液体の体積は，メスシリンダーを使用してはかることができる。電子てんびんにメスシリンダーをのせて表示を0にし，一定の体積分の液体をメスシリンダーにはかりとる。体積と質量から密度を計算する。

$$密度=\frac{21.76〔g〕}{20.0〔cm^3〕}\fallingdotseq 1.09〔g/cm^3〕$$

➊液体の密度の測定法

◉ 気体の密度の測定

気体の密度は小さいので，一般にg/Lで表す。また，体積が温度と圧力(あつりょく)に大きく影響(えいきょう)されるので，その数値を明示する必要がある。気体の密度の測定法として，たとえば，空気の密度は，次のような方法で測定できる。

まず，空のスプレー缶(かん)の質量W gをはかる。次に，空気入れなどで，缶に空気を入れ，その質量W' gをはかる。空気の質量は（$W'-W$)gとなる。そして，水上置換法(すいじょうちかんほう)でメスシリンダーに缶の中の空気をすべて出し，体積V Lをはかる。質量と体積がわかるので，密度を求めることができる。

$$密度=\frac{W'-W〔g〕}{V〔L〕}$$

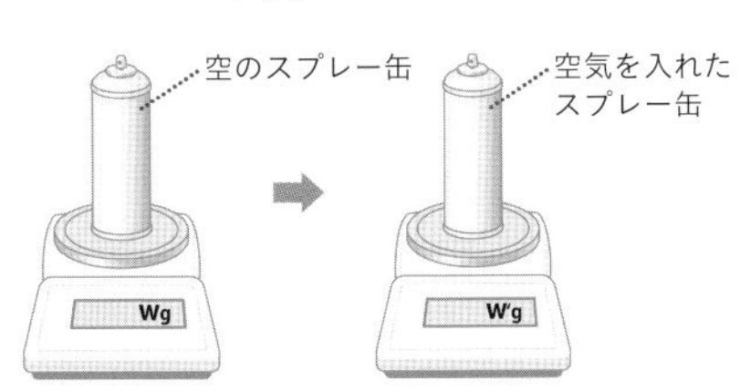

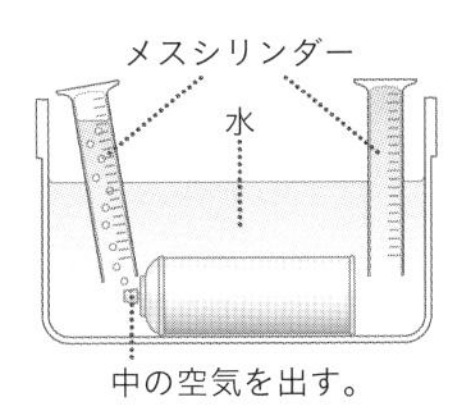

➊空気の密度の測定法

物質の状態変化

物質は，温度が変化することによって固体・液体・気体のいずれかの状態になる。ここでは，それぞれの状態についてや，状態が変化することによって物質の体積や質量，それらをつくっている粒子の動きがどのように変化するかについて学習する。

1 物質の状態変化

1 物質の三態

氷を熱すると水になり，さらに熱すると水蒸気に変わる。このように，多くの物質は，温度によって，固体・液体・気体の3つの状態をとる。これを**物質の三態**という。温度によって物質の状態が変化することを**状態変化**という。

◉ 状態変化と体積・質量

図のように，固体を加熱していくと液体，気体と変化し，気体を冷却していくと液体，固体と変化する。ただし，ドライアイス（二酸化炭素の固体）のように，固体から液体の状態を通らず直接気体になることもある。

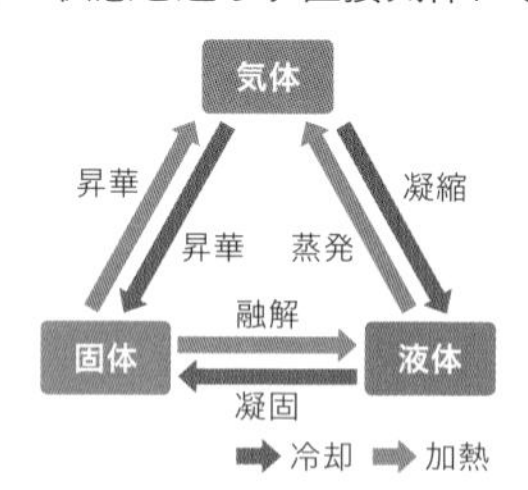

ビーカーに入った液体のロウが冷えると，中央がへこんだ状態で固まる。また，液体のエタノールを入れた袋に熱湯を注ぐと，エタノールは気体になって，袋がふくらむ。このように，状態変化する物質はふつう，加熱すると体積が大きくなり，冷却すると体積は小さくなる。しかし，質量はどんな状態においても一定のままで，変化しない。

くわしく 

水の状態変化と体積

水が凍ると体積が大きくなり，氷が融けると体積が小さくなる。これはふつうの物質とは逆なので，水は例外的な物質である。
密度について考えると，水より氷のほうが密度が小さくなるので，氷は水に浮く。

2 いろいろな状態変化

◉ 融解

加熱によって，固体が液体になることを**融解**という。氷が融けて水になる変化は融解である。一般に，一定量の固体が同じ温度の液体に変わるときに必要な熱量（➡p.111）を**融解熱**という。

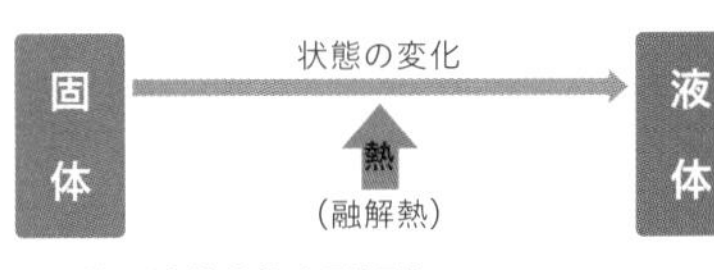

⬆固体→液体変化と融解熱

◉ 凝固

冷却によって，液体が固体になることを**凝固**という。水が凍って氷になる変化は凝固である。一般に，物質が凝固するときには，融解熱に等しい熱量を外に出す。これを**凝固熱**という。

⬆液体→固体変化と凝固熱

◉ 蒸発

液体が気体になることを**蒸発**という。水たまりの水が水蒸気になる変化や，100 ℃の水が沸騰する変化は蒸発である。沸騰では，液体の表面からだけでなく，液体の内部からも気体になる。一般に，一定量の液体が同じ温度の気体に変わるときに必要な熱量を，その温度における**蒸発熱**という。

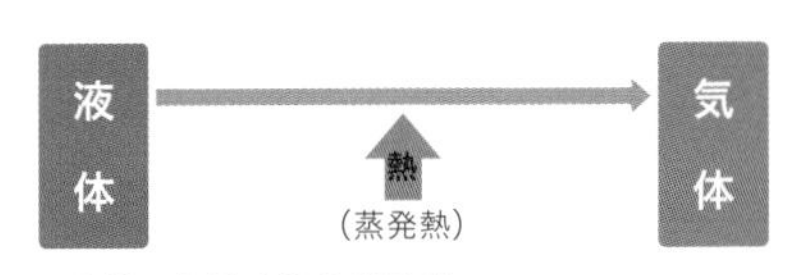

⬆液体→気体変化と蒸発熱

◉ 凝縮

冷却によって，気体が液体になることを**凝縮**（液化）という。湯気は，水が沸騰してできた水蒸気が空気にふれて冷えて小さな水滴になったもので，この変化が凝縮である。凝縮の際に放出される熱量を**凝縮熱**という。

⬆気体→液体変化と凝縮熱

◉ 昇華

液体の状態を通らず，加熱によって固体から直接気体に，または冷却によって気体から直接固体に変化することを**昇華**

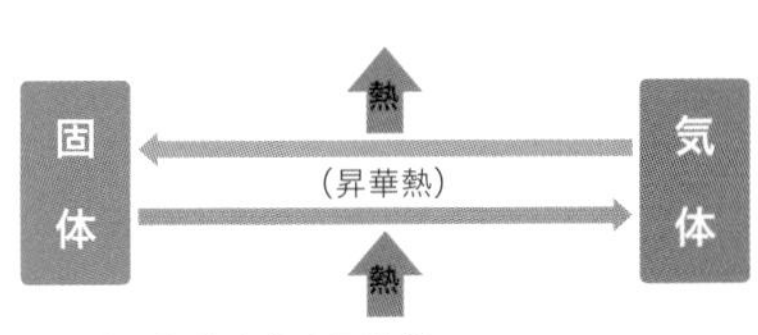

⬆固体⇄気体変化と昇華熱

という。昇華の際に出入りする熱量を**昇華熱**という。昇華する物質として，ドライアイスやナフタレンなどがあげられる。

用語解説

ナフタレン
無色または白色の結晶で，常温で昇華する。染料の製造や防虫剤などに使用される。

3 状態変化と粒子

物質は小さな粒子が集まってできているが，固体，液体，気体によって，そのようすが異なる。

固体は一定の形と体積をもち，一部の物質を除いて，力を加えても，形や体積はたやすくは変わらない。固体の粒子は一定の距離を保ちながら，ぎっしりと規則正しく並んでいる。ただし，物質の種類によって，粒子の性質や並び方は異なる。

液体は固体のように一定の形はない。これは，液体の粒子が自由に動くことができ，たがいの位置を変えることができるからである。ただし，気体に比べて粒子間に大きなすき間がないため，力を加えても，気体のように容易に圧縮することはできない。

気体は一定の形をもたず，容器の大きさに関係なく全体に一様に広がる。また，力を加えると圧縮できる。これは，気体の粒子がばらばらで，粒子と粒子の間の距離が，固体や液体に比べてきわめて大きく，自由に動き回っているからである。

発展

分子間力
固体の氷や液体の水では，粒子間に引力がはたらいており，これを分子間力という。
氷や液体の水では分子間力によって粒子どうしの結びつきが保たれているが，気体の水蒸気では分子間力がほとんどはたらかないため，粒子は自由に動き回ることができる。

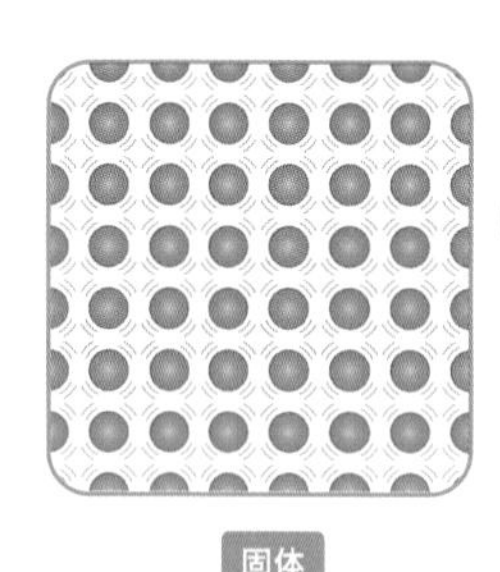

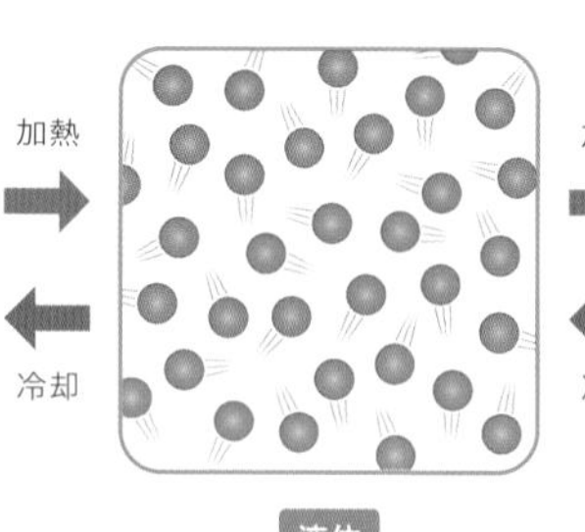

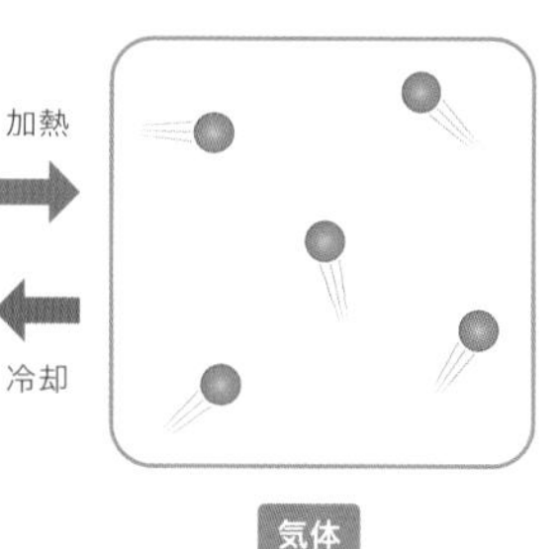

⬆固体・液体・気体の粒子モデル

◉ 固体⇔液体の変化と粒子モデル

物質をつくる粒子は，その温度に応じてつねに運動している（固体では，その場での振動となっている）。固体に**熱**を加えていくと，**粒子の振動はしだいに激しくなる**。そして，ある一定の温度になると，粒子は規則正しく並んだ位置から動き出し，たがいの距離がわずかに大きくなる（**熱膨張**）。

さらに熱を加えると，振動はいっそう激しくなり，**融点**（➡p.220）に達すると，粒子はばらばらになっていく。このため，**固体から液体に変化するとき，多くの物質で体積は大きくなる**。粒子をばらばらにするためには熱が必要であり，これが**融解熱**である。

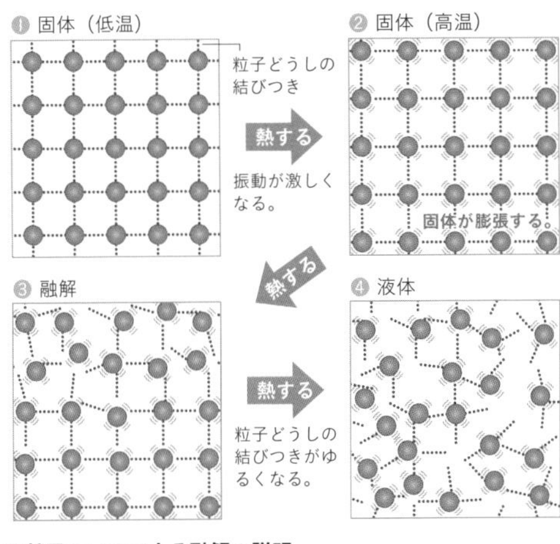

⬆粒子モデルによる融解の説明

◉ 液体⇔気体の変化と粒子モデル

液体に熱を加えると，粒子の運動はより激しくなり，特に速さの大きい粒子が液面から空気中に飛び出すようになる。さらに熱を吸収して**沸点**（➡p.218）に達すると，その内部の粒子までが外部に飛び出す。**蒸発熱**は，粒子が外部に飛び出すために使われる。気体の粒子はばらばらで，自由に飛び回っている。**液体から気体の変化で体積が大きくなるのは**，そのためである。

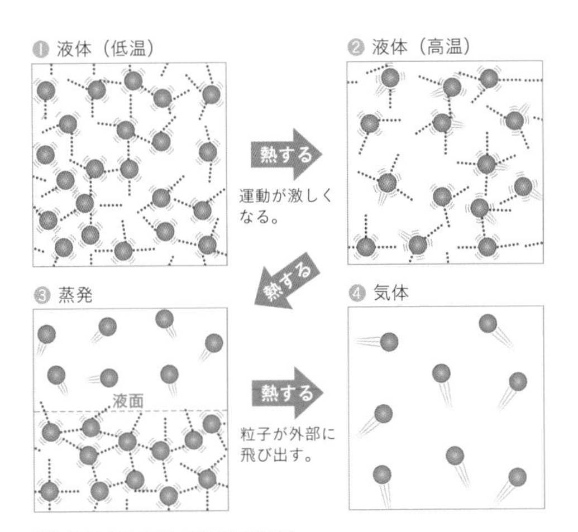

⬆粒子モデルによる蒸発の説明

2 状態変化と温度

1 沸点

液体が**沸騰**して気体になるときの温度を**沸点**という。水やエタノールのような純粋な物質の沸点は，気圧（大気圧➡p.576）が一定であれば，**物質の量に関係なく物質の種類によって決まっている**。そのため，沸点は物質の識別や分離に利用される。

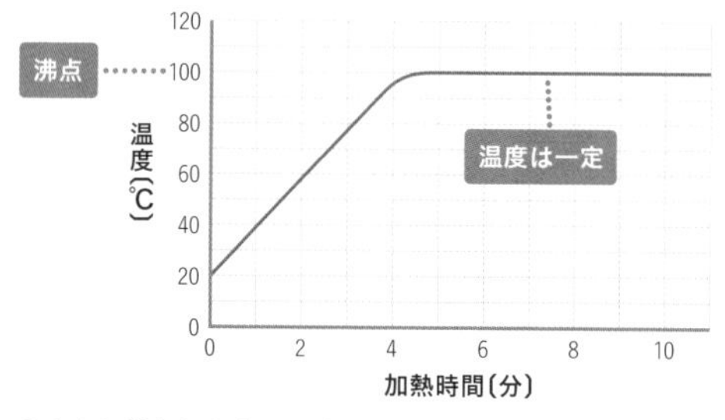

⬆水を加熱したときの温度変化

1気圧での水の沸点は100 ℃で，沸騰している間は熱を加え続けてもそれ以上温度は変わらない。これは加えた熱が，液体の水が水蒸気になるのに使われているためで，この熱を蒸発熱（➡p.215）という。

圧力と沸点

液体があたためられて，液体の内部で気体の泡ができるとき，泡の中の蒸気の圧力が小さければ，泡は水面にかかる圧力によって押しつぶされてしまう。このとき気圧が低いほど，水面にかかる圧力は小さくなり沸騰が起こりやすい。山の上では気圧が低いため，沸騰が起こりやすく沸点が下がる。

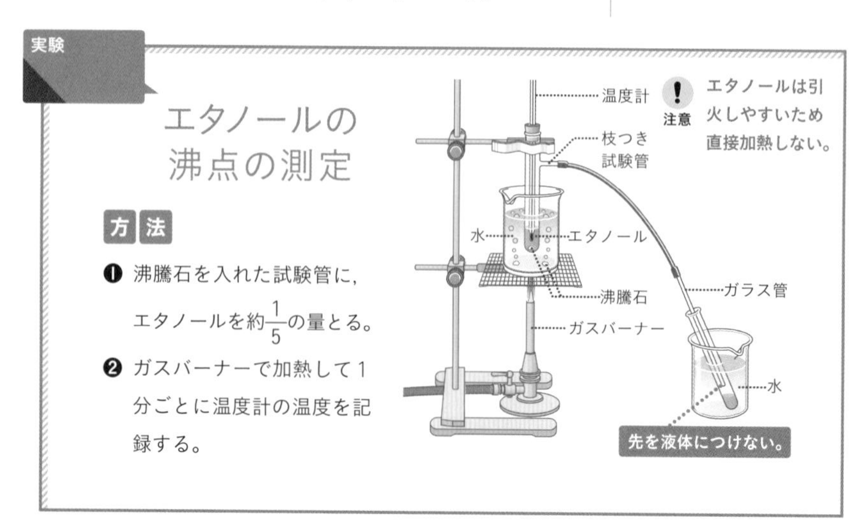

方法

❶ 沸騰石を入れた試験管に，エタノールを約$\frac{1}{5}$の量とる。

❷ ガスバーナーで加熱して1分ごとに温度計の温度を記録する。

◉ 純粋な物質の沸点

沸点の測定装置にエタノールを入れ，体積を変えて温度変化を測定すると，右図のようなグラフが得られる。グラフの平らな部分はエタノールの沸点（78 ℃）を示しており，3つのグラフで同じ値をとる。ただし，エタノールの体積が大きいほど，沸点に達するまでにかかる時間は長い。

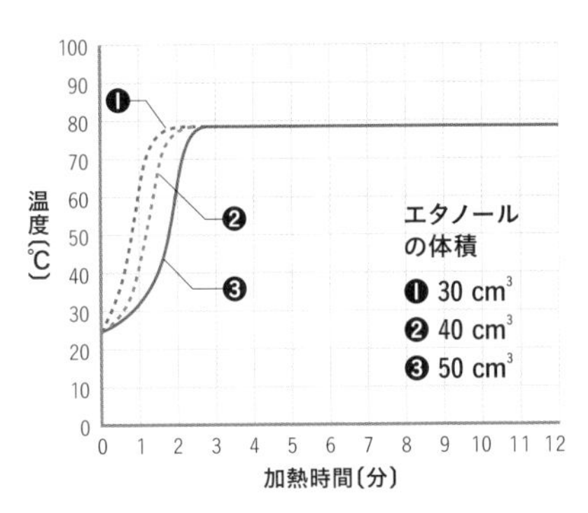

⬆エタノールの温度変化

◉ 混合物（こんごうぶつ）の沸点

混合物の場合は，加熱して**沸騰し始めてからすべてが気体になるまでの温度は一定ではなく，少しずつ上昇することが多い**。右図は，エタノールと水をいろいろな割合で混ぜたものを加熱したときの温度変化の例である。

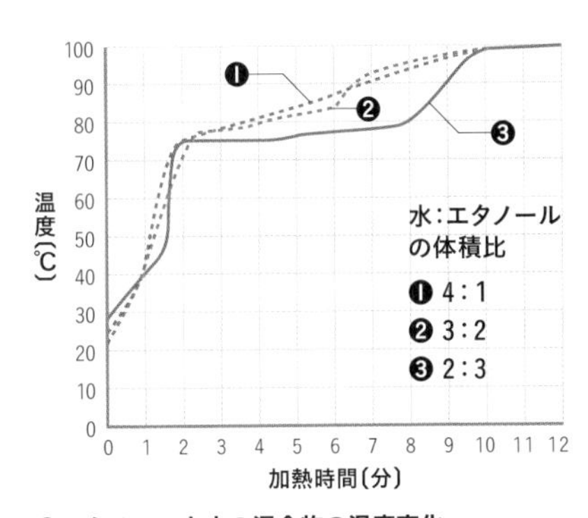

⬆エタノールと水の混合物の温度変化

水とエタノールの体積比によってグラフの傾（かたむ）きにはばらつきがあるが，いずれもエタノールの沸点（78 ℃）近くでは温度の上がり方がにぶく，最終的に水の沸点（100 ℃）まで温度が上がる。グラフには，やや平らなところが2つある。

このように，混合物の沸点が一定でないのは，沸騰し始めると沸点が低いほうの物質が先に気体となるため，混合物中の物質の割合が変わり，沸点が徐々（じょじょ）に変化していくからである。この場合，エタノールは80 ℃付近で出てくる気体に，水は100 ℃付近で出てくる気体にそれぞれ多くふくまれている。

このように，**物質の沸点のちがいを利用すると，混合物を分離することができる**（蒸留（じょうりゅう）➡p.222）。

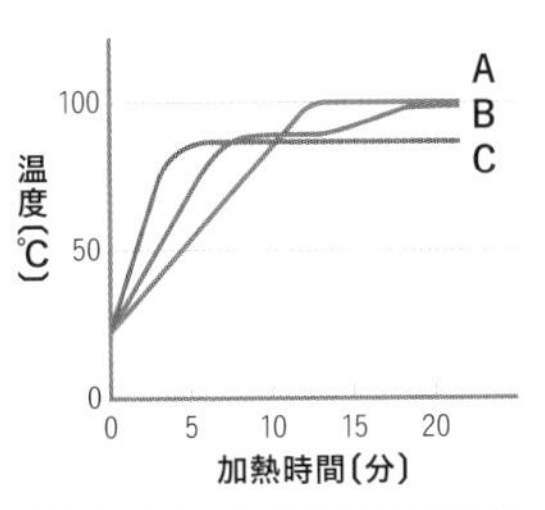

⬆水・エタノール・混合物の温度変化

◉ グラフの読みとり方

右のグラフA～Cは，水，エタノール，水とエタノールの混合物の３種類の液体をそれぞれ加熱したときの温度変化を表している。

水は沸点が100 ℃なので，温度変化を示したグラフは，100 ℃で温度が一定になっている**A**となる。同様に，エタノールは沸点が78 ℃なので**C**。水とエタノールの混合物は，78 ℃から100 ℃までで，しだいに温度が上がっていく**B**とわかる。

2 融点

純粋な物質が融解（➡p.215）する温度は，**物質の量に関係なく，物質の種類によって決まっている**。この温度を**融点**という。純粋な物質の融点は物質固有の値であるので，物質の識別や分離に利用される。

くわしく

凝固点

純粋な物質が凝固(➡p.215)する温度は物質の量に関係なく，物質の種類によって決まっている。この温度を凝固点という。一般に，同じ物質では融点と凝固点は等しい。

実験

融点の測定

方法

❶ 測定する物質を細かくすりつぶし，細いガラス管につめる。

❷ 図１のように温度計に結びつけ，水の入ったビーカーに入れる。

❸ ガスバーナーで加熱して物質を一度融かし，融点のおおよその見当をつける。

❹ 融けたものを冷やして固体にしてから再び加熱し，正確な融点を測定する。

POINT 先に一度物質を融かすことで，すき間にある空気などをなくし，正確な融点が測定できる。

図１

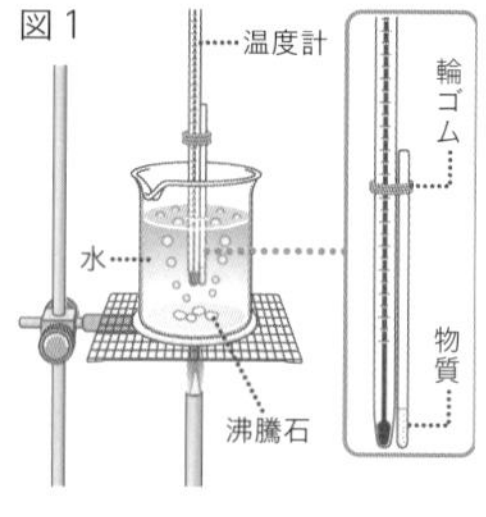

図２

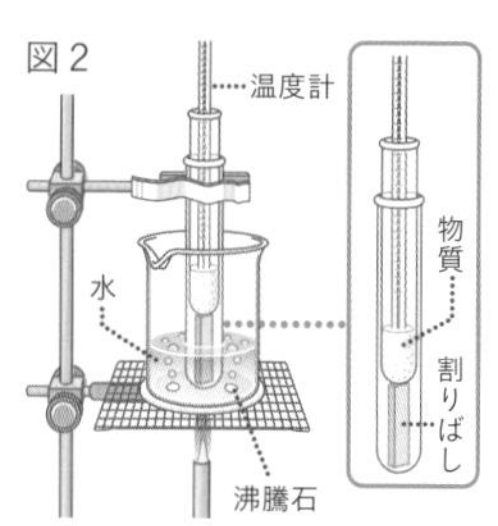

このほかに，図２のように試験管に測定する物質と温度計を入れ，温度変化を測定する方法もある。

◉ 純粋な物質の融点

融点の測定装置にナフタレンや，パルミチン酸を入れて温度変化を測定すると，下図のようなグラフが得られる。

グラフの平らな部分は，**融解を始めてから融解が終わるまで，温度が変わらない**ことを示している。この温度が**融点**である。

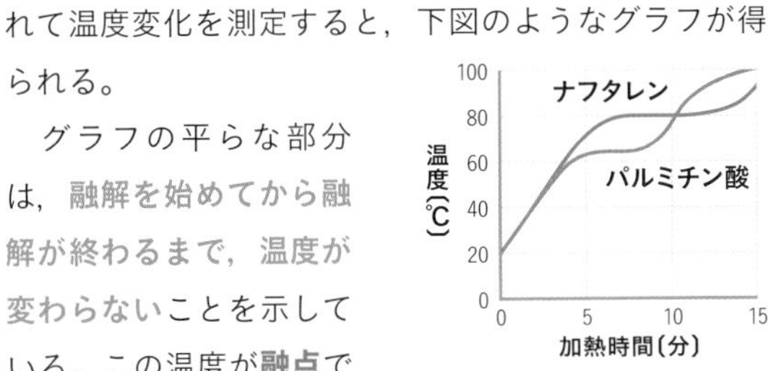

⬆融解のグラフ（加熱曲線）

◉ 混合物(こんごうぶつ)の融点

混合物を加熱して温度変化を測定すると，**融解し始めてから融解が終わるまで温度は一定にならず**，少しずつ上昇(じょうしょう)していく。右図はパラフィンの融解のグラフである。

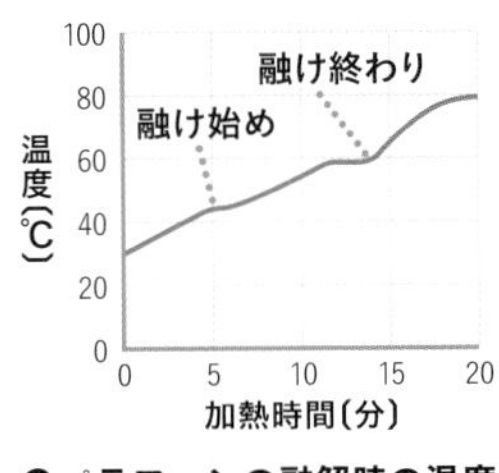

⬆パラフィンの融解時の温度変化

図からわかるように，融解中もグラフに平らな部分はない。なお，混合物中の物質の割合によって，融解するときの温度変化のしかたは異なる。

一般に，不純物が混入すると，純粋な物質より融点は低くなる。これを**凝固点降下**という。これにより，不純物がふくまれているかどうかを調べることができる。

物質	融点〔℃〕	沸点〔℃〕
水	0	100
塩化ナトリウム	801	1485
エタノール	−115	78
パルミチン酸	63	360
ナフタレン	81	218
水銀	−39	357
アルミニウム	660	2519
鉄	1538	2862
酸素	−219	−183
窒素	−210	−196

⬆おもな物質の融点と沸点

用語解説

パルミチン酸
無色の固体。ラードやバターにふくまれ，化粧品(けしょうひん)の原料として使われる。

パラフィン
パラフィンはろうそくやクレヨンの原料として使われる，いろいろな炭化水素（炭素と水素の化合物の総称）をふくむ混合物である。そのため，融解時には温度が一定でない。

くわしく

過冷却(かれいきゃく)
水に振動(しんどう)を与えず，ゆっくり冷やしていくと融点以下の −10 ℃になっても氷にならないことがある。このような状態を過冷却という。この状態は非常に不安定で，振動を与えると瞬間(しゅんかん)的(てき)に凝固する。

くわしく 

圧力(あつりょく)と融点
大きな圧力がかかると一般に融点は高くなる。これは，外からの圧力によって，固体から液体になる（粒子の間隔(かんかく)が大きくなり体積が大きくなる）変化が起こりにくくなるためである。しかし例外として，融解すると体積が小さくなる水は，融点が低くなる。

3 蒸留と分留

◉ 蒸留

液体を加熱して気体にしたのち，これを冷やして再び液体に戻すことを**蒸留**という。**低い温度では沸点の低い物質が，高い温度では沸点の高い物質がそれぞれ出てくるため，**混合物の分離に利用される。また，蒸留によって，固体が溶けた溶液（➡p.243）から，溶かしている液体（溶媒）のみをとり出すこともできる。

くわしく 

蒸留で分離できない液体
混合している物質の沸点の差が小さいと，うまく分離することができない。

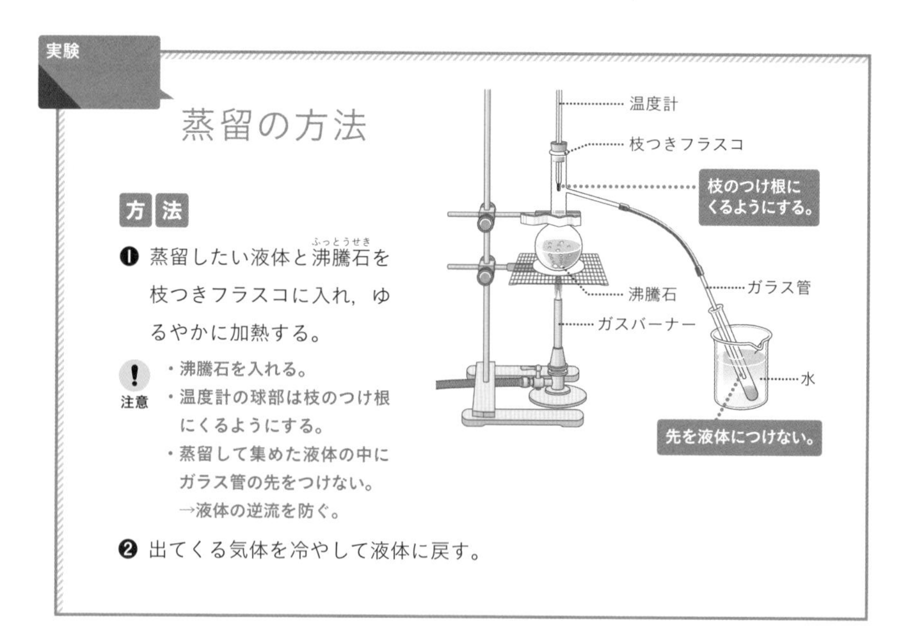

たとえば，食塩水を蒸留するときは，食塩水を上図のように枝つきフラスコに入れ，さらに沸騰石を入れて静かに加熱する。沸騰して出てくる水蒸気は冷やされて水になる。食塩は約1500 ℃にならないと気体にならないので，純粋な水のみを分離できる。

ウイスキーやワインなどの酒をつくる工程でも蒸留が利用されている。蒸留によってアルコール度数を高めることができる（➡p.223）。

◉ 赤ワインの蒸留

図のように，蒸留装置に赤ワインを入れて加熱すると，赤ワインからエタノールを分離することができる。これは，水（沸点100 ℃）とエタノール（沸点78 ℃）の沸点のちがいを利用したものである。

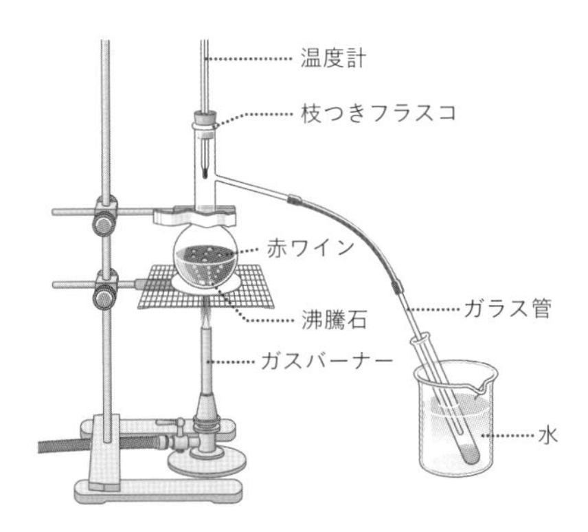

はじめに出てくる気体には，沸点の低いエタノールが多くふくまれ，さらに加熱を続けると，出てくる気体は水を多くふくむようになる。蒸留で集めたエタノールを多くふくむ液体をさらに蒸留することで，より純度の高いエタノールを得ることができる。

同様に，みりんからも，蒸留によってエタノールを分離することができる。

身近な生活

いろいろなお酒と蒸留

お酒には，大きく分けて「醸造酒（じょうぞうしゅ）」と「蒸留酒」の２種類があり，日本酒やビール，ワインは醸造酒，焼酎やウイスキー，ウォッカは蒸留酒です。

蒸留酒は，原料を発酵（はっこう）（微生物（びせいぶつ）などのはたらきで糖などを分解すること）させてつくる醸造酒を蒸留してつくられるお酒のことで，日本酒を蒸留することで焼酎（しょうちゅう）（米焼酎）ができます。蒸留によって，いったん酒のアルコールを蒸発させたものを集めたものが蒸留酒となるので，蒸留酒は一般にアルコール濃度（のうど）が高いのが特徴（とくちょう）です。

実験

水とエタノールの混合物の蒸留

目的

沸点の異なる液体の混合物を加熱して蒸留をおこない，得られた液体を調べる。

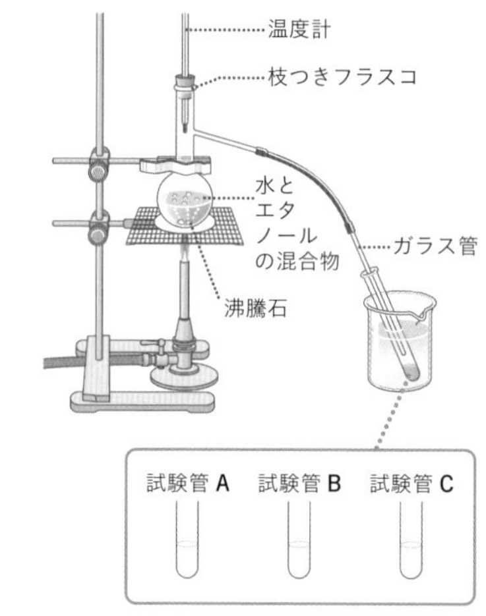

方法

❶ 右図のような装置で，水20 cm^3とエタノール 5 cm^3を混ぜたものを加熱する。
加熱は一定の強さでおこない，時間と出てくる蒸気の温度との関係を記録する。

❷ 出てきた液体を 3 本の試験管**A**～**C**の順に約 3 cm^3ずつ集める。

❸ 試験管**A**～**C**に集めたそれぞれの液体について，次のことをおこなう。

㋐ においをかぐ。

㋑ 塩化コバルト紙につける。

㋒ 液体をひたしたろ紙をペトリ皿に置き，火をつける。

結果

	におい	塩化コバルト紙につけたとき	火をつけたとき
試験管A	エタノールのにおいがした	赤色に変化した	燃えた
試験管B	少しエタノールのにおいがした	赤色に変化した	少し燃えてすぐ火が消えた
試験管C	ほとんどにおいはしなかった	赤色に変化した	燃えなかった

POINT 塩化コバルト紙は水を検出すると青色からうすい赤色に変化する。

考察

塩化コバルト紙につけたときの色の変化から，試験管A〜Cのすべてに水がふくまれていることがわかる。また，においの程度と火をつけたときの変化から，試験管Aにはエタノールが，試験管Cには水が多くふくまれているとわかる。したがって，水とエタノールの混合物を蒸留すると，はじめに沸点の低いエタノールが多く出て，あとから水が多く出てくることがわかる。

◉ 分留

混合物（特に液体）中の各物質の沸点のちがいを利用し，蒸留によって順番に各成分に分けていく方法を**分別蒸留**，略して**分留**という。

わたしたちの生活を支えている石油は，地下から採掘（さいくつ）される**原油**から精製される。この原油はいろいろな物質の混合物であり，これを用途に合わせて成分ごとに分離するのに，分留が利用される。

原油の分留には図のような特別な装置（精留塔（せいりゅうとう））が使われている。精留塔には十数段の棚（たな）がつくられていて，加熱されて気体となった原油は，いちばん下の棚に送りこまれる。

精留塔内では，送りこまれた物質は上に移動するにつれてどんどん温度が下がっていく。そのため，沸点の高い成分ほど下部の棚で液体になってたまり，いちばん高い棚からは，沸点のいちばん低い物質が出てくる。

これによって，原油を石油ガス（35 ℃以下），粗製（そせい）ガソリン（35〜180 ℃），灯油（170〜250 ℃），軽油（240〜350 ℃），重油（350 ℃以上）などに分けることができる（温度は沸点を表す）。

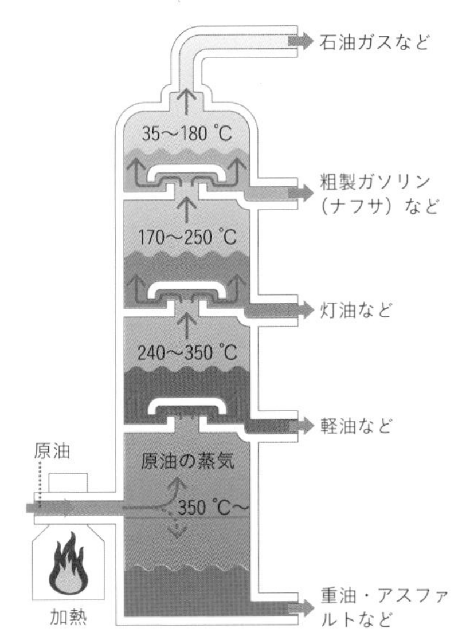

⬆精留塔の模式図

完成問題 CHECK

解答 p.631

1 白い粉末A〜Cがあり，これらは，砂糖，食塩，デンプンのいずれかである。これらを見分けるために，下の実験1，2をおこなった。次の問いに答えなさい。

【実験1】 粉末A〜Cの一部を，それぞれ燃焼さじにのせ，ガスバーナーの火で加熱して，集気びんの中に入れた。AとCは燃えて黒くこげたが，Bはパチパチとはねただけで燃えなかった。

【実験2】 粉末A〜Cの一部を，それぞれ水の入ったビーカーに加えてよくかき混ぜたところ，A，Bは水に溶けたが，Cは水に溶けなかった。

(1) 実験1で，粉末Bのように，加熱しても黒くこげて炭にはならない物質を何というか。 (　　　　)

(2) 粉末Bは何という物質か。 (　　　　)

(3) 実験2で，水に溶けなかった粉末Cは何か。 (　　　　)

(4) 物質を有機物と無機物に分けたとき，粉末Bと同じグループになるものを，次の**ア〜オ**からすべて選び，記号で答えよ。 (　　　　)

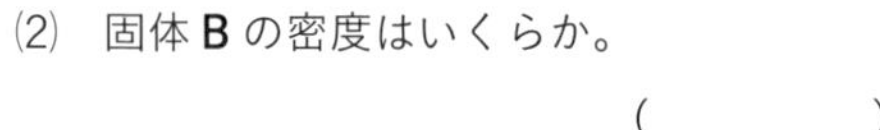

ア エタノール　**イ** ガラス　**ウ** アルミニウム

エ スチールウール　**オ** ポリエチレンテレフタラート

2 グラフは，3種類の固体A，B，Cの体積と質量の関係を表すグラフである。次の問いに答えなさい。

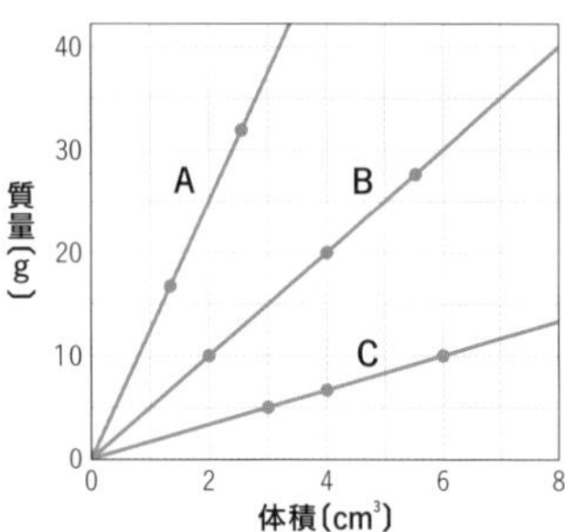

(1) 同じ種類の固体では，体積と質量にはどんな関係があるか。 (　　　　)

(2) 固体Bの密度はいくらか。

(　　　　)

(3) 密度がいちばん大きい固体は，A〜Cのどれか。 (　　)

3

図1のような装置で，水とエタノールの混合物を加熱すると，試験管に液体がたまった。図2は，加熱した時間と温度との関係を表したグラフである。次の問いに答えなさい。

図1

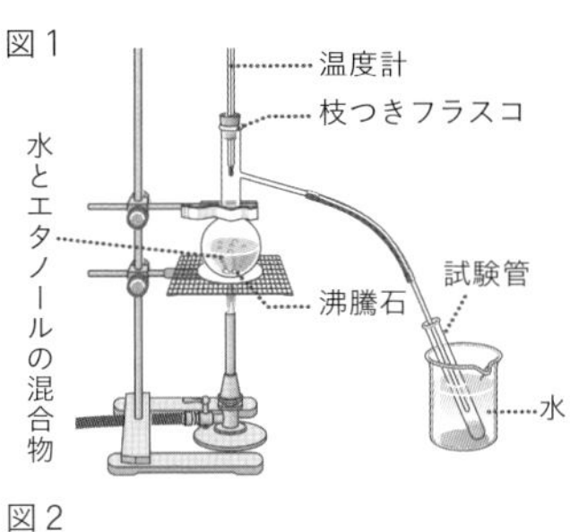

図2

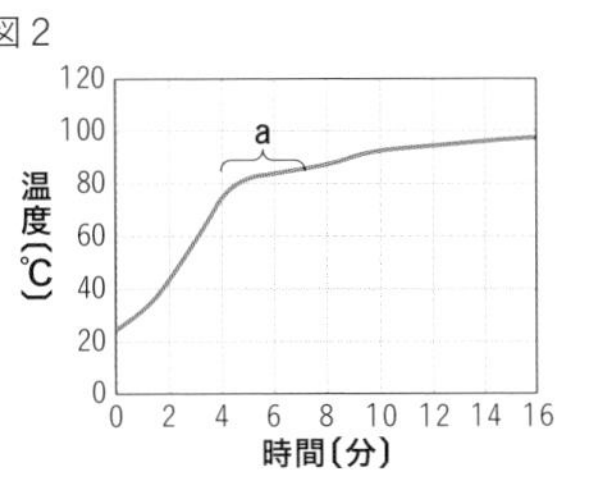

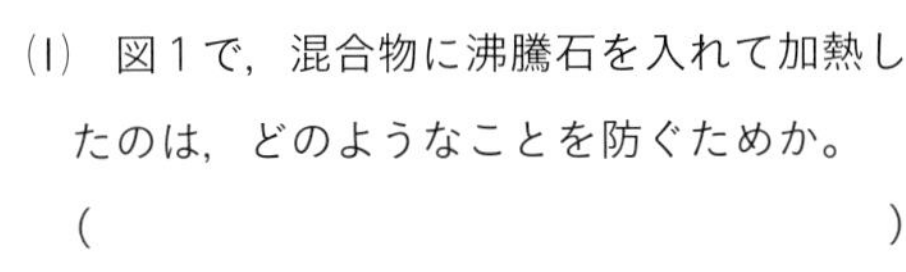

(1) 図1で，混合物に沸騰石を入れて加熱したのは，どのようなことを防ぐためか。

(　　　　　　　　　　　　　　　　)

(2) 図1で，試験管にたまった液体がエタノールかどうかを調べるには，どのような実験をすればよいか。

(　　　　　　　　　　　　　　　　)

(3) 図2のグラフの a のとき，図1の試験管にはどのような液体がたまっているか。

(　　　　　　　　　　　　　　　　)

4

図は，物質の状態変化の粒子のようすを模式的に表したものである。次の問いに答えなさい。

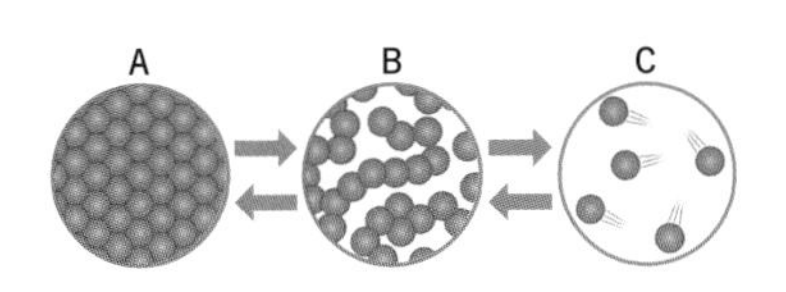

(1) 物質の状態が A から B，B から C に変化するときの温度をそれぞれ何というか。

A から B (　　　　　) B から C (　　　　　)

(2) 物質の状態が変化するとき，一般に物質の質量と密度はそれぞれ変化するか，変化しないか。　質量 (　　　　　) 密度 (　　　　　)

5

メスシリンダーに水を50.0 cm^3とり，47.4 g の鉄のかたまりを入れた。これについて，次の問いに答えなさい。

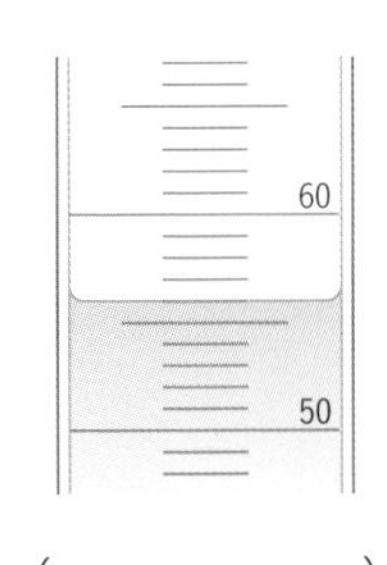

(1) 鉄のかたまりを入れたとき，水面は図のようになった。目盛りを読みとり，単位をつけて答えよ。ただし，1目盛り 1 cm^3のメスシリンダーを使用した。(　　　　　)

(2) 鉄の体積はいくらか。(　　　　　)

(3) 鉄の密度を求め，単位をつけて答えよ。(　　　　　)

第2章 気体と水溶液

空気にはどのような気体がふくまれているのだろうか。身のまわりには，空気以外にもさまざまな気体があり，また利用されている。おもな気体やその性質について理解しよう。また第２章では，水溶液についても学習する。物質が水に溶けること，溶けたものの性質についても理解しよう。

Q. 空気は何からできている？

➡ SECTION 1 へ

SECTION 1　気体の性質 … p.230
SECTION 2　水溶液の性質 … p.243

水溶液

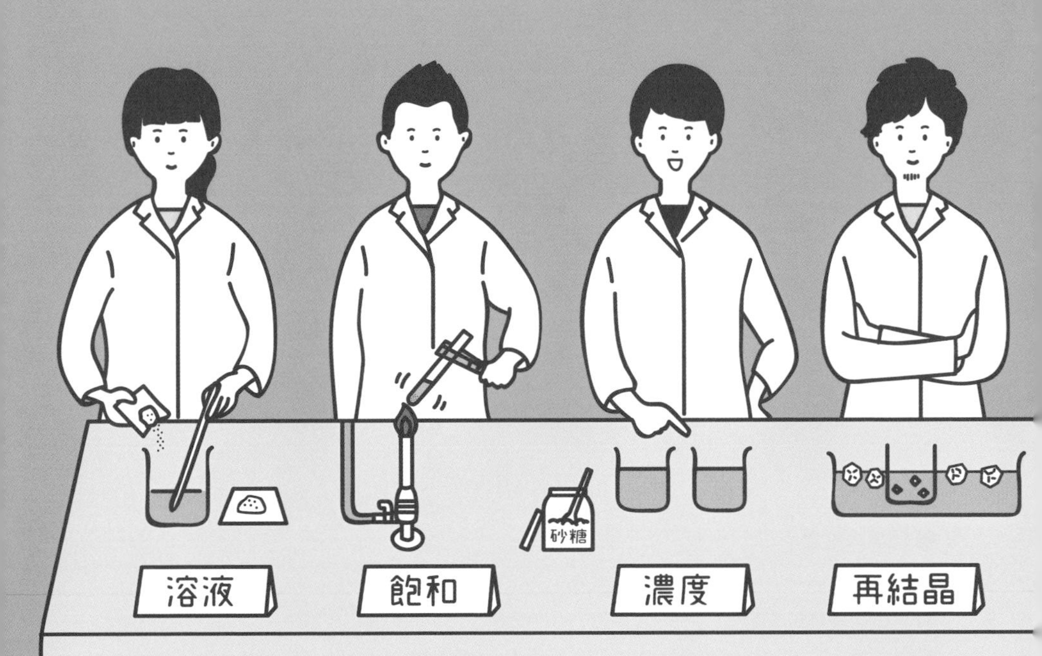

Q. 溶けるってどういうこと？

➡ SECTION 2へ

第2章 SECTION 1

気体の性質

わたしたちの身のまわりには，いろいろな気体が存在する。これらの気体にはどのような性質があるのだろうか。いろいろな気体の性質やその利用について調べてみよう。また，気体の発生方法や集め方についても学習する。

1 気体の発生と性質

1 空気

空気は，種々の気体の混合物である。おもな成分は右の表のようになっていて窒素と酸素で約99%を占めている。空気に多くふくまれている窒素と酸素はどちらも無色で臭いがなく水に溶けにくい性質をもつ。

空気1Lの質量は，0℃・1気圧（➡p.577）で，約1.293 g，密度は0.0013 g/cm³である。

空気の化学的な性質は，主として酸素に似た性質を示す。

気体	空気にふくまれる割合(体積%)
窒素	78.1
酸素	21.0
アルゴン	0.93
二酸化炭素	0.04
ネオン	0.002
ヘリウム	0.0005
メタン	0.0002
クリプトン	0.0001
水素	0.00005

⬆地表に近い空気の成分

2 酸素

空気の成分において，窒素の次に多くふくまれるのが酸素である（体積比約21.0%）。酸素はヒトをはじめ生物の呼吸に欠かせない気体である（動物の呼吸➡p.411）。

◉ 酸素の性質

❶ 無色で臭いがない。

❷ 水に溶けにくい。

❸ 密度が空気の約1.1倍なので，空気よりわずかに重い。

❹ 多くの物質と結合しやすく，物質を燃やしたり，さびつかせたりする。ほかの物質が燃えるのを助ける性質（**助燃性**）がある。

参考

酸素の利用

圧縮してボンベにつめ，病人や登山者などの呼吸を確保する際に用いる。工業的には，高温の炎をつくり出し，鉄板の溶接や，耐熱ガラス・白金・宝石などの細工に用いられる。

◉ 酸素の確認方法

簡単な確認の方法の１つとして，酸素の入ったびんに火のついた線香を入れて，激しく燃えることを見る方法がある。

◉ 酸素の発生方法

工業的に，大量に精製する（混合物から純粋な物質として得る）際は，液体空気から分留（➡p.225）してとり出す方法が最も多い。また，水を電気分解（➡p.261）することによっても発生させることができる。

実験室では，次の方法で得られる。

❶ 二酸化マンガンを触媒（➡p.232）として，過酸化水素を分解（➡p.258）する。

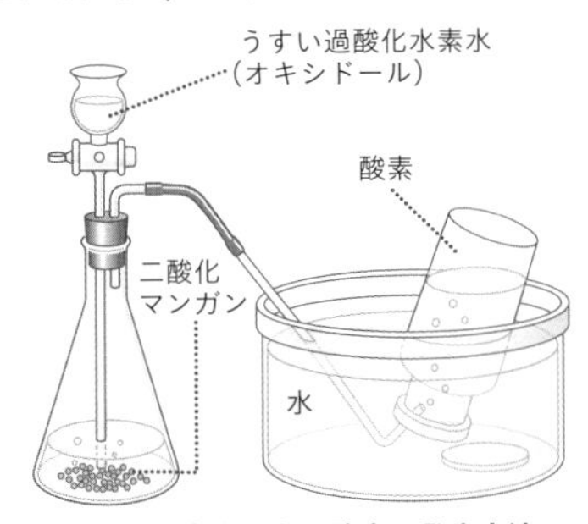

⬆過酸化水素水からの酸素の発生方法

❷ 二酸化マンガンを触媒として，塩素酸カリウムを熱分解する。

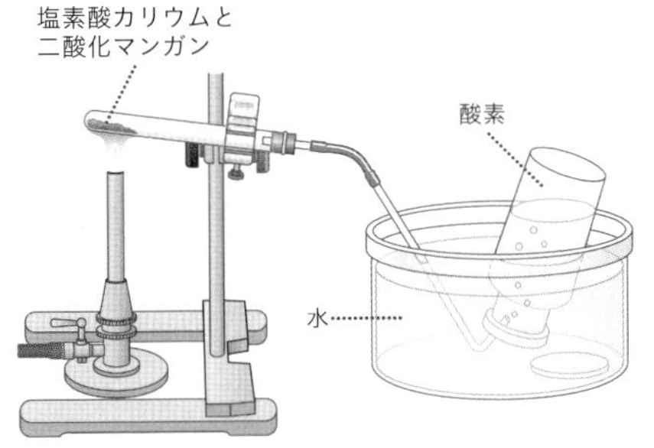

⬆塩素酸カリウムからの酸素の発生方法

❸ 過炭酸ナトリウム（酸素系漂白剤の主成分）にお湯をそそいで，分解する。

くわしく 

液体空気からの酸素の分離

圧縮・膨張をくり返し空気を冷やしていくと，約 −190 ℃以下の低温で，青色を帯びた液体空気となる。これは，おもに酸素と窒素の混合物である。この状態で放置すると，沸点が低い窒素が先に蒸発し，残りは液体酸素だけになるため分離することができる。

用語解説 

過酸化水素水

無色の液体。分解しやすいため常温で放置すると，水と酸素に分解する。酸化する力が強いので，漂白・殺菌に用いられる。

二酸化マンガン

黒色の固体。**触媒作用**があり，過酸化水素・塩素酸カリウムなどの分解を速めて酸素を発生させる。花火などの酸化剤（➡p.280），陶器の着色などに用いられている。

くわしく 

それぞれの実験の化学反応式（➡p.270）

❶過酸化水素の分解

$2H_2O_2 \rightarrow 2H_2O + O_2$

❷塩素酸カリウムの分解

$2KClO_3 \rightarrow 2KCl + 3O_2$

❸過炭酸ナトリウムの分解

$2Na_2CO_3 \cdot 3H_2O_2$

$\rightarrow 2Na_2CO_3 + 3H_2O_2$

$2H_2O_2 \rightarrow 2H_2O + O_2$

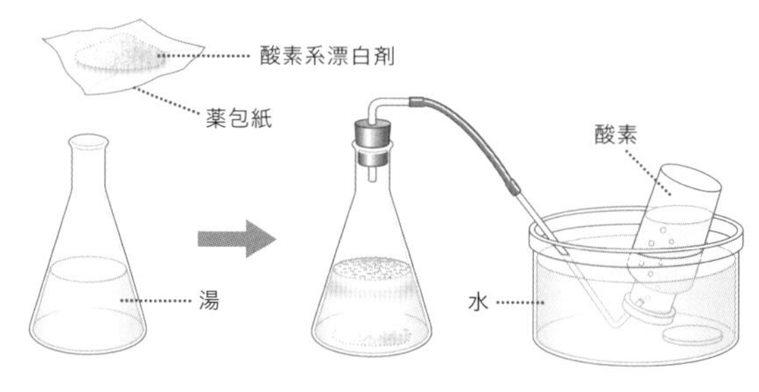

⬆過炭酸ナトリウムからの酸素の発生方法

◉ 触媒

化学変化（➡p.258）を起こす物質に混ぜるとそれ自身は変化しないが，ほかの物質の反応する速度を速めたり，遅らせたりする物質。過酸化水素から酸素を発生させる場合，二酸化マンガンは触媒となる。

3 二酸化炭素

炭酸ガスともよばれる。炭素や有機物（➡p.205）が燃えることで発生する。生物の呼吸によってもつくられ，かなり少ない量ではあるが空気中にも存在している（体積比約0.04％）。

◉ 二酸化炭素の性質

❶ 無色で臭いがない。
❷ 密度が空気の約1.5倍で，空気よりも重い。
❸ 少し水に溶ける。二酸化炭素の一部が水と結びついて炭酸（二酸化炭素➡p.316）を生じ，弱い酸性を示す。
❹ 石灰水に通すと，水に非常に溶けにくい炭酸カルシウムができて白くにごる。さらに通すと，炭酸カルシウムが水に溶けやすい炭酸水素カルシウムに変化して，透明に近づく。
❺ 助燃性がない。しかし，マグネシウムは二酸化炭素中で燃えて，酸化マグネシウムを生じる。
❻ 液化しにくい。

参考

二酸化炭素

自然界においては，二酸化炭素は植物の生育に欠くことができない。動物や植物の呼吸によって放出され，植物の光合成によって消費される（光合成のしくみ➡p.363）。
ただし，人間の活動による大気中の二酸化炭素濃度の増加は，地球温暖化の原因になるとして問題になっている（大気の汚染➡p.490）。

用語解説

ドライアイス

二酸化炭素を圧縮して冷却することで液化させたあと，この液体二酸化炭素を急激に空気中に放出すると，一気に気体になったのちすぐに凍って固体になる。これを押し固めたものをドライアイスという。ドライアイスは冷却剤として使用される。

炭酸カルシウム

石灰石（石灰岩）・貝殻・卵の殻などの主成分。水には非常に溶けにくいが，二酸化炭素の溶けた水と反応すると，水に溶けやすい炭酸水素カルシウムになる。鍾乳洞は，炭酸カルシウムが雨水に溶けて炭酸水素カルシウムになったあと，再び炭酸カルシウムに戻ることで形成される。

◉ 二酸化炭素の確認方法

簡単な方法としては，石灰水を白くにごらせることを調べる方法がある。

◉ 二酸化炭素の発生方法

工業的には石灰石（成分は炭酸カルシウム）を空気中で焼くと生石灰（酸化カルシウム）とともにできる。

実験室では，次の方法で簡単に得られる。

1. 石灰石やチョークなど，主成分が炭酸カルシウムのものに，うすい塩酸を加える。
2. 炭酸水素ナトリウムにうすい塩酸（または硫酸）を加える。
3. ドライアイスを昇華させる。

⬆二酸化炭素の発生方法

くわしく

それぞれの実験の化学反応式（➡p.270）

1. 炭酸カルシウムと塩酸
$CaCO_3 + 2HCl$
$\rightarrow CaCl_2 + H_2O + CO_2$
2. 炭酸水素ナトリウムと塩酸
$NaHCO_3 + HCl$
$\rightarrow NaCl + H_2O + CO_2$

発展・探究

30億年前の大気組成

今から30億年前の地球の大気には，酸素はほとんど存在せず，窒素と，今よりもずっと高濃度の二酸化炭素が存在していました。大気中に急激に酸素がふえたのは，今から20～23億年前のことで，シアノバクテリアという光合成（➡p.363）をおこなう生物の活動によって酸素がつくられるようになったからだと考えられています。

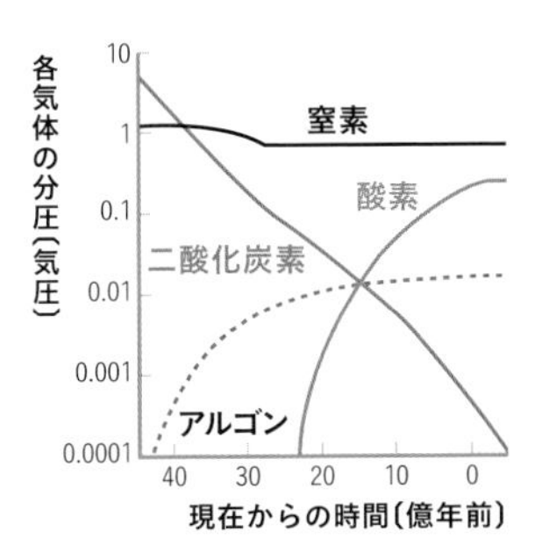

⬆大気組成の変化（田近，1995）
出典：『生命と地球の歴史』（岩波新書）の図より改編

一方，大気中の二酸化炭素濃度は，海水への二酸化炭素の溶解や，光合成のはたらきによって徐々に減少し，現在の組成になったと考えられています。

4 水素

酸素との化学反応を利用して電気エネルギーをとり出すことができる。また，燃料電池の反応材料としても利用される。空気中には，ほとんどふくまれていない。

◉ 水素の性質

❶ 無色で臭いがない。

❷ 水に溶けにくい。

❸ 密度が空気の約0.07倍で空気より軽い。水素は，最も軽い気体である。

❹ **可燃性**があり，酸素と結びつくと激しく反応して，水を生じる。

❺ 助燃性がない。

❻ 金属などと結びついている酸素をうばう，**還元作用**（➡p.280）がある。

◉ 水素の確認方法

マッチの火を近づけて音を立てて燃えることを調べる。

◉ 水素の発生方法

工業的には，水の電気分解や石油や天然ガスと高温水蒸気との反応によって得られる。

実験室では，次の方法で得られる。

❶ 亜鉛にうすい塩酸やうすい硫酸を加える。

❷ ❶の亜鉛の代わりに，アルミニウムかマグネシウム，鉄を用いて，うすい塩酸やうすい硫酸を加える。

⬆水素の発生方法

くわしく

可燃性と助燃性

水素にマッチの火を近づけると音を立てて燃える。このとき水素自身が燃えている。物質そのものが燃えやすい性質を可燃性という。一方，ほかの物質が燃えるのを助ける性質を助燃性といい，助燃性のある酸素の中に火のついた線香を入れると，線香が燃えるのが促進されて炎が大きくなる。

⬆水素の可燃性を調べる実験 ©アフロ

参考

水素の利用

金属の溶接や切断，塩素や窒素を結びつけて塩化水素やアンモニアをつくるのに利用される。また，金属化合物や有機化合物の還元剤として用いられる。

くわしく

燃料電池

水素と酸素を反応させると，電気をとり出すことができる。このしくみを利用した燃料電池を使って走る車を燃料電池自動車という（➡p.312）。

5 アンモニア

窒素をふくむ有機物が，微生物によって分解されるときに生じる。大気中や浄水前の水の中にわずかに存在し，土壌中にも存在する。

◉ アンモニアの性質

❶ 無色で**特有の刺激臭**がある。

❷ 密度が空気の約0.6倍で，**空気より軽い**。

❸ 水に**非常によく溶ける**。

❹ 水溶液は，**アルカリ性を示す**。

◉ アンモニアの確認方法

簡単な方法として次のような方法がある。

❶ アンモニア特有の刺激臭があるか調べる。

❷ 塩化水素と反応させて塩化アンモニウムの白い煙が発生するか調べる。

◉ アンモニアの発生方法

工業的には，おもに窒素と水素を高温・高圧にして，酸化鉄を触媒として合成することで得られる(ハーバー・ボッシュ法)。

実験室では，次の方法で得られる。

❶ 塩化アンモニウムと水酸化カルシウムを混ぜて加熱する。

❷ アンモニア水を加熱する。

◉ アンモニアの噴水実験

丸底フラスコにアンモニアを満たし，右図のような装置をつくる。スポイトの水をフラスコに入れると，アンモニアが水に溶けて丸底フラスコ内の圧力が下がり，フェノールフタレイン溶液を加えた水が吸い上げられる。アンモニアが水に溶けるとアルカリ性を示すため，吸い上げられた水は赤色に変化する。

参考

アンモニアの利用

アンモニアは，硝酸の原料や肥料の原料になるので，工業的にたいへん重要な物質である。
アンモニアが気体になるときに熱をうばうことを利用して，冷蔵庫に用いられることもある。

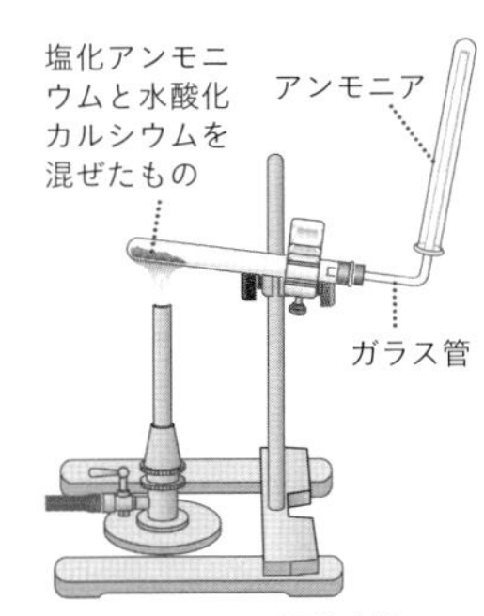

↑アンモニアの発生方法

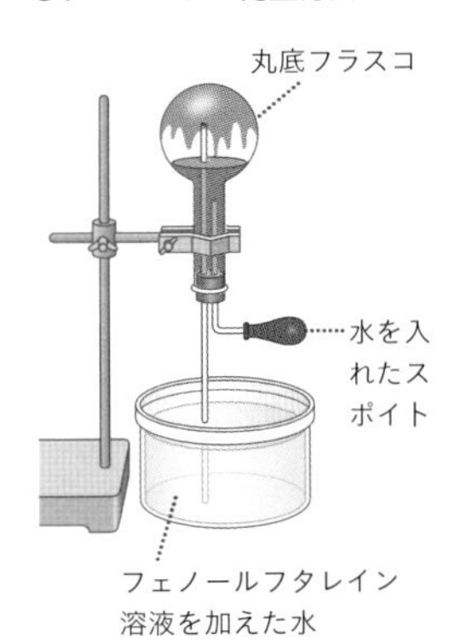

↑アンモニアの噴水実験

6 二酸化硫黄・硫化水素

二酸化硫黄と硫化水素はどちらも有毒な気体で，火山ガスや温泉水にふくまれる。二酸化硫黄は，工場や車の排気ガスにふくまれ，それによる大気汚染や酸性雨が問題となっている（大気の汚染➡p.490）。

◉ 二酸化硫黄の性質

❶ 無色で刺激臭の強い有毒な気体。

❷ 密度が空気の約2.3倍で，空気よりかなり重い。

❸ 水に溶けやすく，水に溶けると亜硫酸を生じ，弱い酸性を示す。亜硫酸は酸素と結びついて硫酸になる。

❹ 一般に酸素をうばう性質があり，**還元漂白作用**をもつ。

◉ 二酸化硫黄の発生方法

工業的には粗硫黄（不純物をふくむ硫黄）や黄鉄鉱（鉄と硫黄の化合物（化合物➡p.266））を燃焼させる。実験室では次のような方法を用いる。

❶ 硫黄を空気中で燃焼させる。

❷ 銅片に濃い硫酸（濃硫酸）を加えて熱する。

◉ 硫化水素の性質

❶ 無色で卵が腐ったような臭い（腐卵臭）のする有毒な気体。

❷ 密度が空気の約1.2倍で，空気より少し重い。

❸ 水に溶けると弱い酸性を示す。

❹ 二酸化硫黄よりも酸素をうばう性質が強く，強い**還元作用**をもつ。また，空気中で燃え，二酸化硫黄ができる。

◉ 硫化水素の発生方法

硫化鉄にうすい塩酸またはうすい硫酸を加える。

参考 

二酸化硫黄の利用
二酸化硫黄は，硫酸などの製造に大量に利用される。また，羊毛・絹などの漂白や防腐，殺菌などに利用される。

くわしく 

還元漂白作用
酸素をふくむ物質から酸素がうばわれることを還元という（➡p.280）。酸素をふくむ色のついた物質から酸素をうばうことで，脱色して白くする（漂白する）ことができる。

参考 

温泉と火山ガス
温泉付近で発生する火山ガスには，二酸化硫黄や硫化水素がふくまれている。

7 塩素・塩化水素

塩素は非常に反応性が高いので，天然には単体（➡p.266）ではほとんど存在しない。また，塩化水素は，火山ガス中に存在する。塩化水素の水溶液を塩酸という。胃液にも塩酸がふくまれる。

◉ 塩素の性質

❶ 黄緑色で刺激臭の強い有毒な気体。

❷ 密度が空気の約2.5倍で，空気よりかなり重い。

❸ 水に溶けやすく，水溶液は弱い酸性を示す。

❹ 漂白・殺菌作用がある。
新鮮な赤い花を塩素で満たしたびんに入れると，花の色が漂白される。

❺ 化学的に反応しやすく，多くの物質と激しく反応する。

⬆塩素によって漂白されたバラ　©CORVET PHOTO AGENCY

◉ 塩素の発生方法

工業的には，主として食塩水を電気分解して製造するが実験室では次のような方法を用いる。

❶ 二酸化マンガンに濃い塩酸（濃塩酸）を加えて穏やかに加熱する。

❷ 高度さらし粉に塩酸を加える。

◉ 塩化水素の性質

❶ 無色で刺激臭のある気体。

❷ 密度が空気の約1.3倍で，空気より少し重い。

❸ 非常に水に溶けやすい。水溶液は強い酸性を示す。

❹ 水以外に，エタノールなどのアルコールにもよく溶ける。

❺ 湿気があると**腐食性**が強い。また毒性も強く，少量でも吸いこむと人体に影響を及ぼす。

❻ 空気中の湿気で発煙する。

くわしく

塩素のとり扱い

塩素は有毒な気体であるため，塩素の発生実験はドラフトとよばれる装置内でおこなう。

参考

塩素の利用

おもに漂白剤やプールの消毒液として利用される。

用語解説

塩酸

塩化水素の水溶液を塩酸という。強い酸性を示し，純粋なものは無色。きわめて有毒なので，体にふれないようにとり扱いには注意を払う。塩酸は胃から分泌され，胃酸としてタンパク質の消化に役立つ。

腐食作用

金属は，まわりの気体などと反応して溶けたり，さびが生じたりする。このことを腐食という。

さらし粉

白色の粉末で，殺菌や布の漂白などに利用される。さらし粉を精製して高品質なもの（物質としては別のもの）にした高度さらし粉もある。

◉ 塩化水素の発生方法

工業的には，塩素と水素の合成によってつくるが，実験室では次のような方法を用いる。

❶ 食塩（塩化ナトリウム）に濃硫酸を加えて，ゆるやかに加熱する。

❷ 濃硫酸に濃塩酸を滴下(てきか)する。

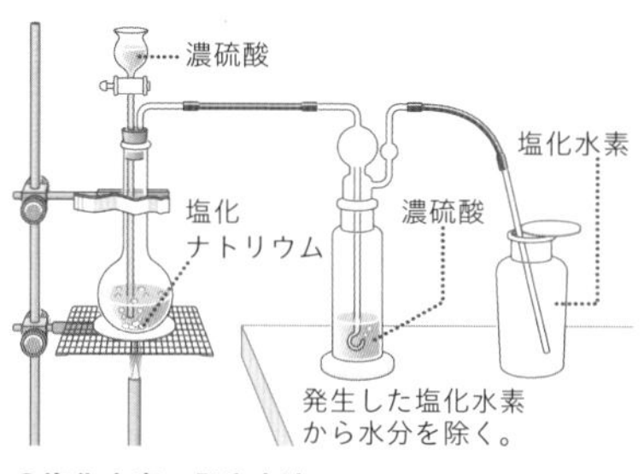

⬆塩化水素の発生方法

8 そのほかの気体

◉ 窒素(ちっそ)

窒素は空気中に最も多くふくまれる気体である（体積比約78%）。常温では化学的にきわめて反応しにくい。窒素は次のような性質をもつ。

❶ 無色で臭(にお)いがない。

❷ 密度(みつど)が空気とほとんど同じで，空気より少し軽い。

❸ 水に溶(と)けにくい。

❹ 高温・高圧では，水素と結びついてアンモニアを生じる。

◉ メタン

炭素と水素の化合物(かごうぶつ)（化合物➡p.266）で，燃料として使用される。天然ガスの主成分である。メタンは次のような性質をもつ。

❶ 無色で臭いがない。

❷ 密度が空気の約0.6倍で，空気より軽い。

❸ 水に溶けにくい。

❹ 可燃性(かねんせい)がある（➡p.234）。

◉ 貴(き)ガス（希(き)ガス）

ヘリウム・ネオン・アルゴンなどの，きわめて反応しにくくほかの物質(ぶっしつ)と結びつかない元素(げんそ)（➡p.263）からなる気体の総称(そうしょう)を**貴ガス**（**希ガス**）という。貴ガスは無色・無臭で，化学的に非常に安定しているため，酸素や二酸化炭素などのほかの気体と異なり，単原子(たんげんし)分子(ぶんし)とよばれる状態で存在する。

参考

塩化水素の利用

化学調味料・染料・医薬品・合成ゴムなどの原料としてきわめて広い範囲(はんい)で利用されている。

参考

窒素の利用

消火設備に利用している。また，食品の酸化(さんか)を防ぐため，ポテトチップスの袋(ふくろ)の中を窒素で満たしている。

くわしく

窒素酸化物

窒素を高温にすると多くの物質の単体（➡p.266）と結びつき，窒素化合物（化合物➡p.266）をつくる。窒素と酸素が結びついて生じる**窒素酸化物**は大気汚染(たいきおせん)の原因となっている（大気の汚染➡p.490）。

貴ガスに電圧をかけると特有の色を示すため，たとえばネオンは，ネオンサインに利用されている。また，貴ガスのヘリウムは，空気より軽く，火を近づけても燃えないので，気球に使われている。

⬆ネオンサイン ©LanceMB/PIXTA

くわしく

単原子分子
原子１つがそのまま分子となっているもの。

身近な生活

身近な燃料　メタンとプロパン

家庭で使用しているガスには，都市ガスとプロパンガスの大きく２種類があり，地域や家庭によってどちらを使用しているかが異なります。都市ガスの原料は天然ガスで，主成分はメタンです。一方，プロパンガスは，プロパンやブタンとよばれる気体が主成分です。

メタンは空気より軽いため，都市ガスのガス探知機は一般に高い位置に設置されます。一方，空気より重いプロパンやブタンを主成分とするプロパンガスのガス探知機は，低い位置に設置されます。

2 気体の捕集法

1 気体の性質と捕集法

実験で発生させた気体を集めるには，性質に応じて水上置換法，上方置換法，下方置換法を使い分ける。

◉ 水上置換法

集気びんに入っている水と置き換えて気体を集める方法を**水上置換法**という。水の中をくぐらせるため，水に溶けやすい気体の捕集には適さないが，空気の混じらない気体を集めることができる。

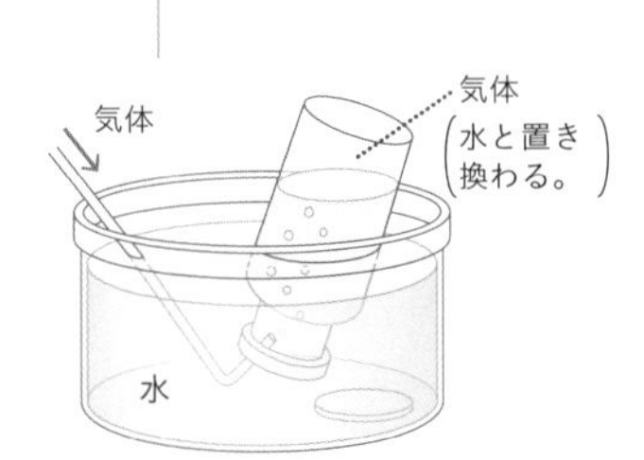

⬆水上置換法

3つの捕集法の中で唯一空気と混じっていない気体を集めることができるので，できれば水上置換法で気体を捕集するのがよい。
集められる気体：酸素，水素，窒素，二酸化炭素など。

◉ 上方置換法

集気びんの口を下にむけて，上方の空気から順に置き換えて気体を集める方法を**上方置換法**という。**空気より軽く，水に溶けやすい気体の捕集**に適している。
集められる気体：アンモニアなど。

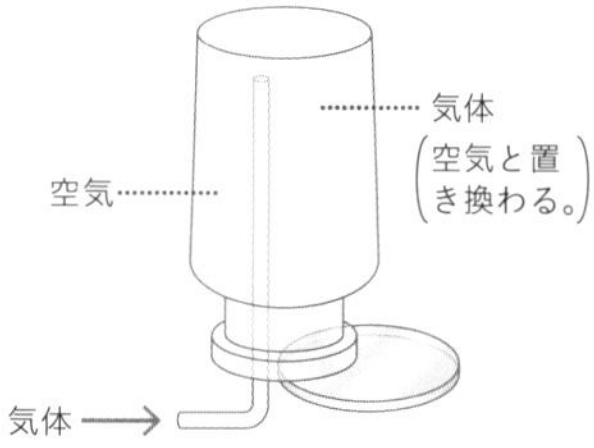

◉ 下方置換法

集気びんの口を上にむけて，下方の空気から順に置き換えて気体を集める方法を**下方置換法**という。**空気より重く，水に溶けやすい気体の捕集**に適している。
集められる気体：塩化水素，二酸化硫黄，二酸化炭素など。

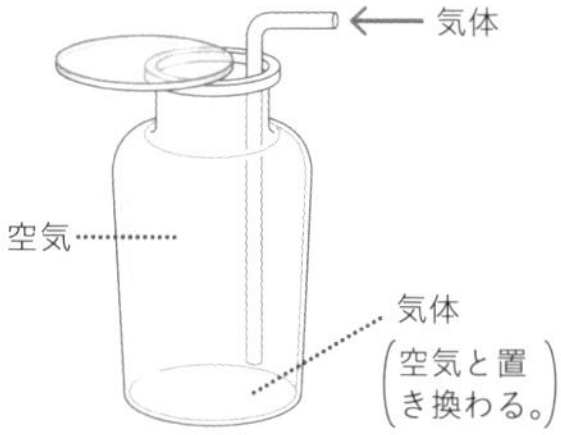

⬆上方置換法

⬆下方置換法

気体の性質
- **水に溶けにくい ➡ 水上置換法**
- **水に溶けやすい**
  - **空気より軽い ➡ 上方置換法**
  - **空気より重い ➡ 下方置換法**

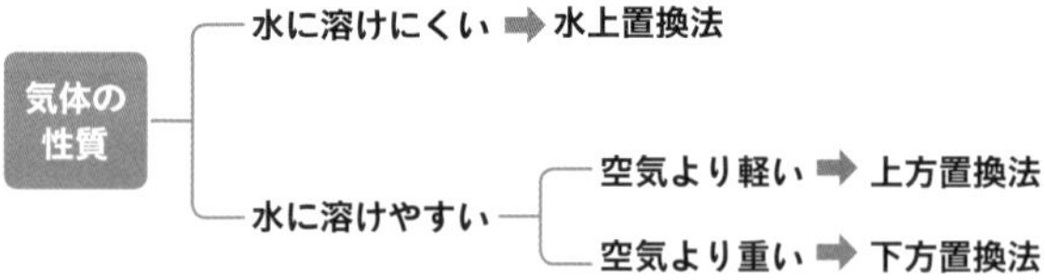

気体	色	臭い	水への溶解度※	水溶液	空気に対する比重	可燃性
酸素	なし	なし	0.031	—	1.105	なし（ほかの物質を燃やす助燃性がある）
二酸化炭素	なし	なし	0.88	酸性	1.529	なし
水素	なし	なし	0.018	—	0.0695	あり
アンモニア	なし	刺激臭	702	アルカリ性	0.597	あり
二酸化硫黄	なし	刺激臭	39	酸性	2.264	なし
硫化水素	なし	腐卵臭	2.58	酸性	1.190	あり
塩素	黄緑色	刺激臭	2.30	酸性	2.486	なし
塩化水素	なし	刺激臭	442	酸性	1.268	なし
窒素	なし	なし	0.016	—	0.967	なし
メタン	なし	なし	0.033	—	0.555	あり

※20 ℃における1気圧の気体が水 1 cm^3中に溶解する体積〔cm^3〕

実験 思考力UP

気体を区別しよう

目的

各4本ずつの試験管に入った4種類の気体A, B, C, Dについて，性質を調べることで何の気体かを特定する。A～Dはそれぞれ，酸素，二酸化炭素，水素，塩化水素のいずれかである。

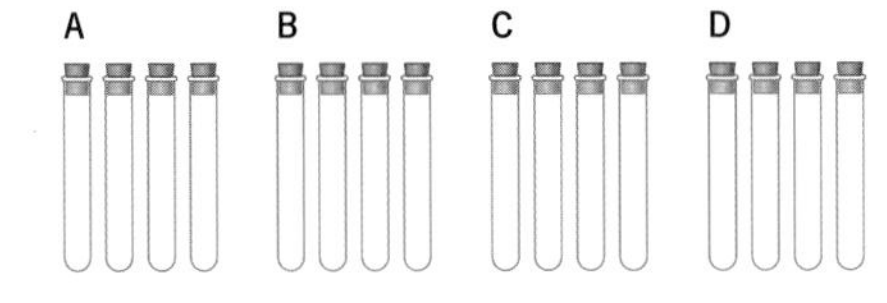

方法

❶ 水を入れた容器の中に，図のように試験管を入れて，中に水が入ってくるかどうかを調べる。

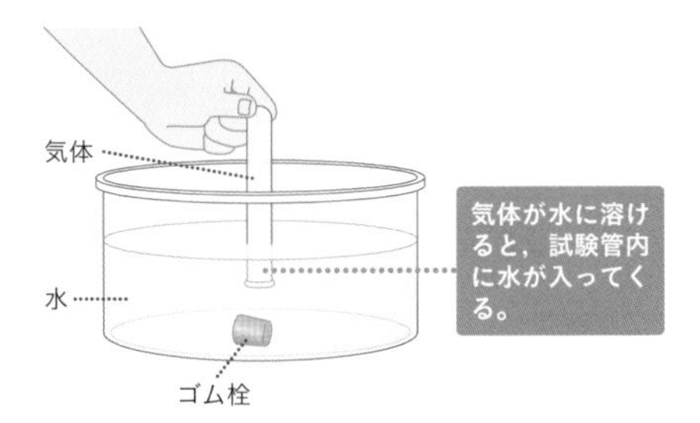

❷ それぞれの試験管に石灰水を入れて振り，色の変化を調べる。

※❶❷の実験の結果から区別できなかった気体について，❸❹の実験をおこなう。

思考の流れ

仮説

●酸素，水素であれば水に溶けにくい。塩化水素であれば水によく溶ける。

●二酸化炭素であれば石灰水に通すと白くにごる。

●酸素であれば助燃性，水素であれば可燃性がある。

計画

●水と接したときに試験管に水が入ってくるかどうかで水への溶けやすさがわかる。

●酸素・水素を区別するため❸❹の実験をおこなう。

❸ 試験管の口に，火のついたマッチを近づけ，そのようすを調べる。

❹ ❸で音を立てて燃えた気体を除いて，残った気体の試験管に火のついた線香（せんこう）を入れ，線香の火のようすを調べる。

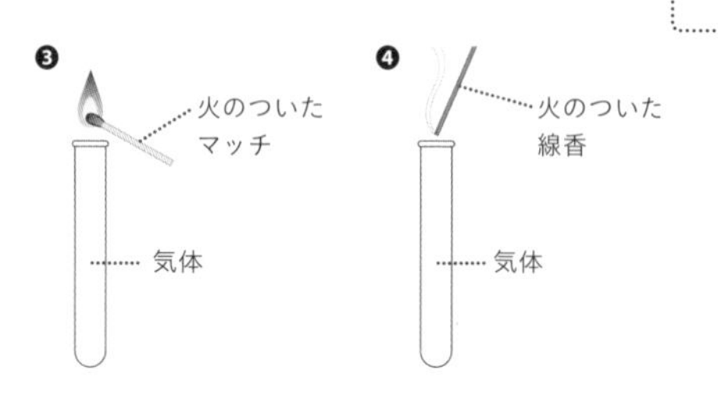

思考の流れ

計画

- 水素を区別するためにマッチの火を近づけたときのようすを調べる。
- 酸素を区別するために線香の火のようすを調べる。

考察の観点

- ❶の結果から，Bは水に溶けやすく，C，Dは水に溶けにくい。
- Aのみ，石灰水の色に変化がある。

結果

	❶ 水への溶け方	❷ 石灰水	❸ マッチの火	❹ 線香の火
A	試験管内に少し水が入ってきた	白くにごった	—	—
B	試験管内に水が入ってきた	変化なし	—	—
C	試験管内に水は入ってこなかった	変化なし	マッチの火が激しく燃えた	炎を上げて激しく燃えた
D	試験管内に水は入ってこなかった	変化なし	音を立てて気体が燃えた	—

考察

❶の結果より，Bは水に溶けやすく，Aは少し溶け，C，Dは水に溶けにくいことがわかる。よって，最も水に溶けやすいBは塩化水素。また，❶❷の結果より，水に少し溶け，石灰水を白くにごらせるAは二酸化炭素。❸❹のマッチと線香の火のようすから，Dは水素，Cは酸素とわかる。

第2章 SECTION 2

水溶液の性質

水に砂糖を溶かすと砂糖が見えなくなり，さらに溶かすと溶け残りができる。溶け残りのある砂糖水をあたためると，砂糖が溶けてまた目に見えなくなる。この章では水に物質がどのように溶けるのか，水に溶けた物質はどうすればとり出せるのかについて学習する。

1 物質の溶解性

1 溶液

◉ 溶質・溶媒・溶液

物質が水やアルコール（エタノールなど）などの液体に混ざって，どこも同じ濃さになることを溶解する（溶ける）といい，物質が溶解している液を**溶液**という。たとえば食塩水は食塩と水からできている溶液である。食塩のように液体に溶けている物質を**溶質**といい，水のように物質を溶かしている液体を**溶媒**という。

溶媒が水の溶液を**水溶液**，アルコールの溶液をアルコール溶液という。しかし，水溶液のことを単に溶液ということもある。水溶液は色の有無に関わらず透明である。透明でない牛乳などは水溶液ではない。

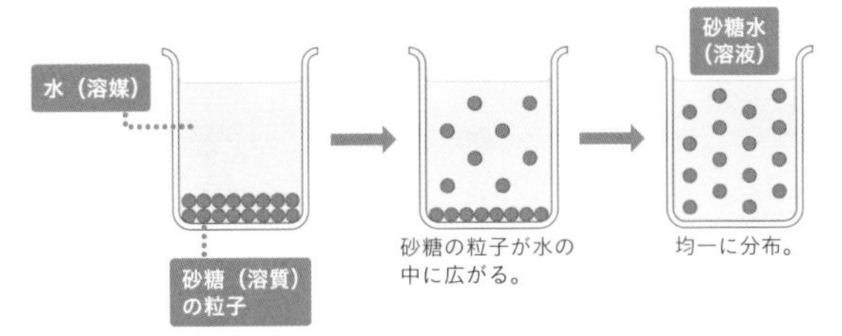

❶砂糖が水に溶けるようすと粒子のモデル

◉ コロイド溶液

透き通って見える溶液でも，溶けている溶質の粒子の直径が10^{-7}～10^{-5}cmの溶液を**コロイド溶液**といい，水溶液（～10^{-7}cm）とは区別する。水溶液に比べて大きい粒子が溶媒に均一に広がっているため，**チンダ**

くわしく

物質の粒子性

物質は，固体も液体も気体も，それぞれ粒子の集まりである。

砂糖を水に溶かすと，全体の質量は変わらないが，砂糖は見えなくなる。これは砂糖の粒子が水の粒子と混じり合ったからである。このように溶解は粒子が混じり合う現象であると考えられる。

用語解説

チンダル現象

コロイド溶液に横からレーザーの光を当てると，溶液中の粒子によって光が散乱され，光の通り道が光って見える現象。

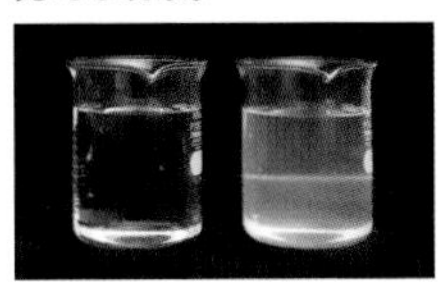

❶水溶液（左）とコロイド溶液（右） ©アフロ

ル現象とよばれるコロイド溶液特有の現象を引き起こす。牛乳や墨汁がコロイド溶液である。

◉ **溶質・溶媒の種類と溶け方**

食塩や砂糖などは，水には溶けるがアルコールには溶けにくい。これに対して，ナフタレン・ヨウ素などは，アルコールには溶けるが水には溶けにくい。このように，溶質や溶媒の種類によって溶け方は異なる。このような**溶媒への溶けやすさのちがいを利用して，物質を分離したり，識別したりすることができる。**

2 濃度

溶液にふくまれている溶質の量の割合によって，いろいろな濃さの溶液ができる。この**溶液の量に対する溶質の量の割合**を表したものを**濃度**という。

◉ **濃度の表し方**

濃度の表し方には次の❶や❷の方法があり，目的や必要に応じて使い分ける。

❶ 溶質の質量を，溶液の質量に対する百分率で示す（**質量パーセント濃度**）。

$$\text{質量パーセント濃度(\%)} = \frac{\text{溶質の質量(g)}}{\text{溶液の質量(g)}} \times 100$$

$$= \frac{\text{溶質の質量(g)}}{\text{溶媒の質量(g)} + \text{溶質の質量(g)}} \times 100$$

たとえば，100 gの溶媒に10 gの溶質が溶けている溶液の濃度は$\frac{10(\text{g})}{100(\text{g}) + 10(\text{g})} \times 100 = 9.09\cdots \fallingdotseq 9.1(\%)$である。

❷ 一定体積の溶液にふくまれている溶質の質量で示す。

$$\text{濃度(g/L)} = \frac{\text{溶質の質量(g)}}{\text{溶液の体積(L)}}$$

たとえば，溶液25 mLに1 gの溶質が溶けている溶

くわしく

溶解における温度変化

溶解するときや，溶液をうすめるときには，一般に温度が上昇したり（発熱），下がったり（吸熱）する。おもに気体や液体の溶質には発熱するものが多いが，固体の溶質には吸熱するものもある。

参考

ppm（ピーピーエム）

濃度が非常に小さい場合，ppmという単位を用いることがある。1 ppmは，1万分の1％のことをいう。この単位は，空気中の二酸化炭素などの濃度を表すときにも使われる。

液の濃度は$\frac{1\ \mathrm{g}}{25\ \mathrm{cm}^3}$である。しかし一般には，1 Lの溶液中に溶けている溶質の質量で表す。その場合は，$25\ \mathrm{cm}^3 = 25\ \mathrm{mL}$，$1\ \mathrm{L} = 1000\ \mathrm{mL}$より，1 L中の溶質の質量は，$1〔\mathrm{g}〕\times\frac{1000〔\mathrm{mL}〕}{25〔\mathrm{mL}〕}=40〔\mathrm{g}〕$となる。したがって，この溶液の濃度は，40g/Lと表せる。

◉ 溶液のうすめ方

質量パーセント濃度で10%の溶液を$\frac{1}{2}$の濃度（5％）にするには，溶媒を加えて，溶液の質量をはじめの2倍にする。もし4倍にすれば，$\frac{1}{4}$の濃度（2.5%）になる。

また，1 Lの溶液に200 gの溶質が溶けている溶液(200 g/L）を$\frac{1}{4}$の濃度にするには，溶媒を加えて溶液の体積を4倍にする。

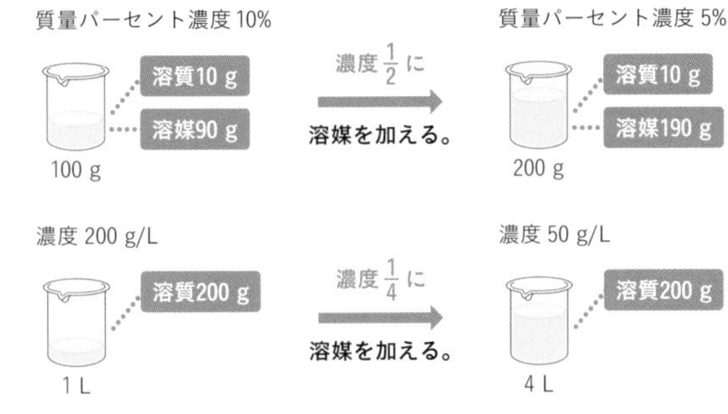

⬆溶液のうすめ方

3 溶解度

一定量の溶媒に溶ける溶質の量には限度があり，それを**溶解度**という。溶解度は一般に，100 gの溶媒に溶ける溶質の質量で表す。溶解度は，溶媒・溶質の種類や温度，圧力（溶質が気体のとき）によってそれぞれちがう。溶解度は物質の識別にも用いられる。

溶質が溶解度まで溶けていることを**飽和**といい，その溶液を**飽和溶液**という。

くわしく 

溶解を速める方法

固体を速く溶かす方法として，次のようなものがある。

❶ 溶解度が温度とともに上昇する物質は加熱する。

❷ 溶質を細かくして溶媒に接する面積を広げる。

❸ かき混ぜて溶質に接する溶液の濃度を小さくする。

くわしく 

過飽和溶液

飽和溶液の溶媒が蒸発したり，温度が下がったりすると，溶けきれなくなった溶質が結晶となって出てくる(再結晶➡p.246)。しかし，蒸発や冷却が静かにおこなわれると溶質が析出しないことがある。このような溶液を**過飽和溶液**という。この状態は不安定なのでかき混ぜたり刺激を与えたりすることで溶質が急速に析出する。ミョウバンは過飽和溶液をつくりやすい。

◉ 溶解度曲線

物質の溶解度と温度との関係を表すグラフを溶解度曲線という。

多くの物質は，**温度の上昇とともに溶解度が大きくなる**が，塩化ナトリウムのように変化の少ない物質や，水酸化カルシウムのように小さくなる物質もある。

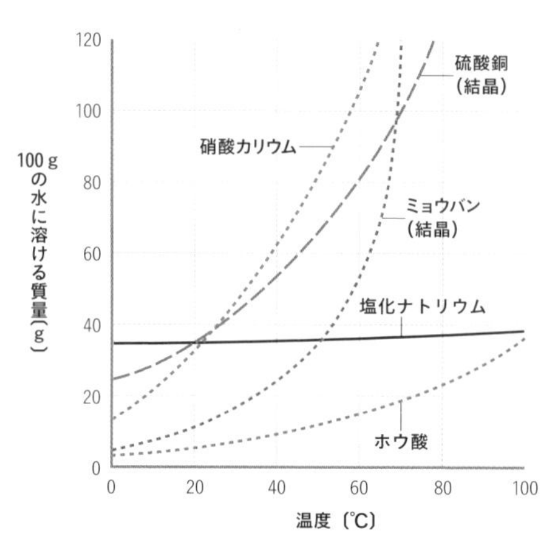

⬆溶解度曲線

4 再結晶

◉ 再結晶

飽和溶液の温度を下げたり，溶媒を蒸発させたりすると，溶けきれなくなった溶質が，**結晶**となって出てくる。この現象を**析出**といい，この操作を**再結晶**という。硝酸カリウムのように**温度による溶解度の差が大きい物質には溶液の温度を下げる方法**が，塩化ナトリウムのように**温度による溶解度の差が小さい物質には溶媒を蒸発させる方法が適している。**

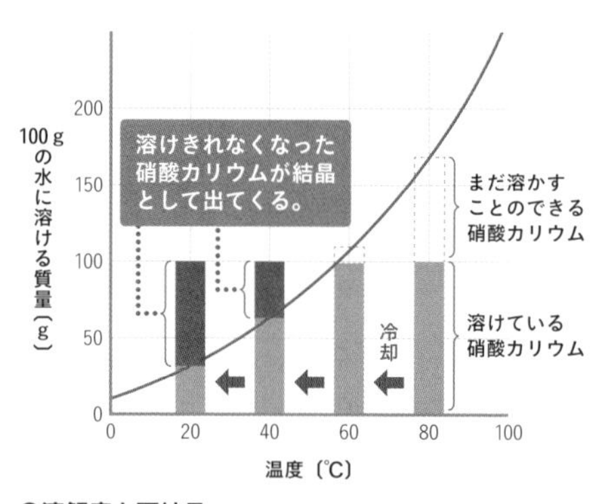

⬆溶解度と再結晶

再結晶によって得られた結晶は，一般に不純物をふくまないが，溶液中に不純物が多い場合や，結晶の形が似ている物質が溶けている場合には，結晶に不純物が混じることがある。再結晶によって得られた物質をさらに溶媒に溶かして再結晶をおこなっていくと，しだいに純度の高い物質を得ることができる。

◉ 結晶

いくつかの平面で囲まれた規則正しい形の固体を**結晶**という。結晶は各物質に固有な形をとるため，物質の識別に用いられる。塩化ナトリウムや硫酸銅の水溶液を少量スライドガラス上に落として，自然に水を蒸発させながら顕微鏡で見ると，それぞれの水溶液からその**物質に固有な形**をした結晶がふえていくのが観察される。これは水に溶けてばらばらになっていた粒子が，ゆっくりと規則正しく積み重なっていくからだと考えられる。

結晶は砕いて細かくして見てもどこも同じような形をしている。これは粒子が物質ごとに異なるある並び方をくり返して目に見えるような結晶をつくるからである。たとえば塩化ナトリウムの結晶では２種類のイオン（➡p.298）が交互に規則正しく並んでいる。

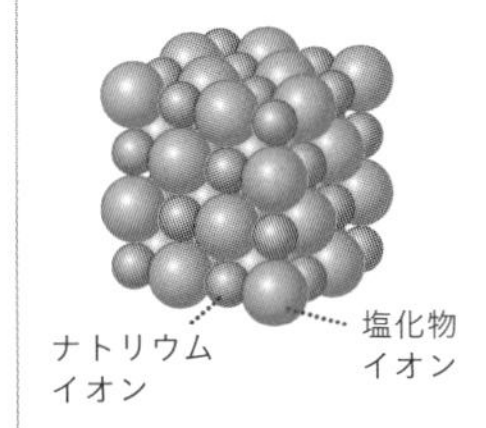

⬆塩化ナトリウムの結晶

物質	塩化ナトリウム	硫酸銅	ホウ酸	硝酸カリウム	ミョウバン
結晶の形	立方体	青色	©アフロ	©アフロ	正八面体

操作

再結晶

再結晶には，次のような方法がある。

◉ 溶液の冷却による再結晶

温度による溶解度の差の大きい物質の再結晶に用いる。できるだけ多くの固体を溶媒に高温で溶かす。溶液を冷やし，結晶をとり出す。

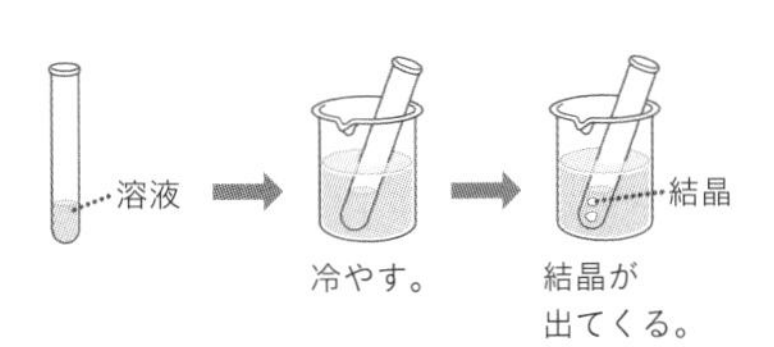

◉ 溶媒の蒸発による再結晶

温度によって溶解度があまり変化しない物質の再結晶に用いる。温度を一定に保ち，ゆるやかに溶媒を蒸発させる。

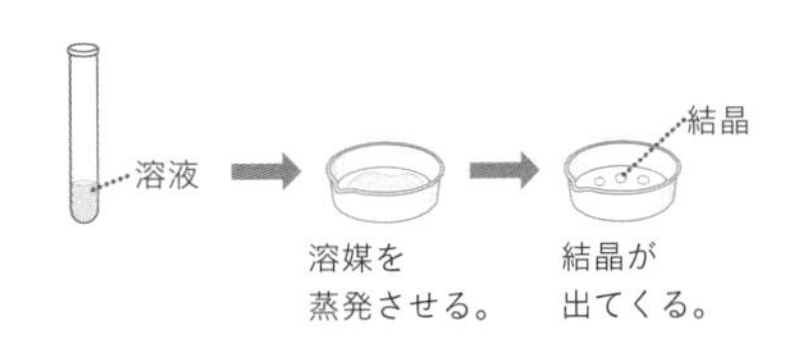

2 物質の分離

1 物質の分離

混合物をそれぞれの物質に分けることを**分離**という。複数の物質からなる物質の分離には，以下のようにさまざまな方法がある。

❶ 密度や粒の大小の差による分離
❷ 沸点の差による分離（➡p.249）
❸ 溶解度の差による分離（➡p.250）
❹ 吸着度の差による分離（クロマトグラフィー➡p.251）

実際には，混合物の成分の性質，混合物の状態，分離の目的などに応じて，これらの方法をいろいろと組み合わせる必要がある。

くわしく

分離の原理
分離の一般的な方法は，混合物中の物質を，気体，液体，固体のある状態から別の状態に移行させることである。この方法では，物質ごとの変化のしやすさのちがいを利用している。
化学の研究において，物質の性質を調べるために純粋な物質をとり出すことは基本であり，このために多くの時間が費やされている。

2 密度や粒の大小の差による分離

密度や粒の大きさの差によって，混合物を分離する方法としては，沈殿法，遠心分離による方法やろ過などの方法がある。

◉ **沈殿法**

液体に混じっている細かい固体の粒が沈むことを**沈殿**といい，この現象を利用して，物質を分離する方法である。

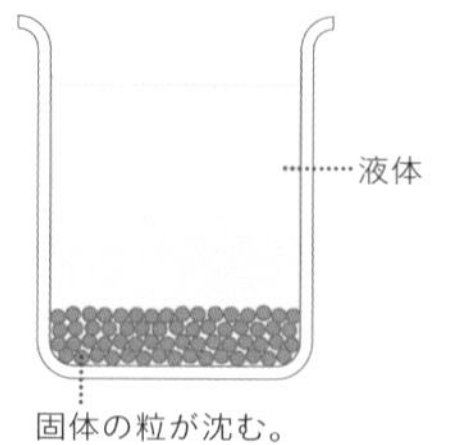

⇧**沈殿による分離**

◉ **遠心分離**

遠心力を利用し，自然の沈殿よりも強い力で混合物を分離する方法である。遠心分離機という装置を用いておこない，牛乳からの脂肪の分離，細胞の核や葉緑体（➡p.445）の分離などに用いられる。

◉ **ろ過**

ろ紙などを使い，液体と固体に分ける方法である。

発展

遠心分離機
たとえば，下図のような状態で混合物を高速で回転させることで，上澄み液と沈殿物に分離できる。

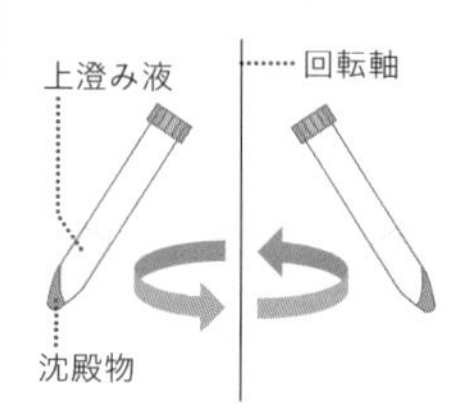

操作

ろ過のしかた

❶ ろ紙を折りたたんで水で湿らせ，ろうとの内側にぴったりと押しつける。

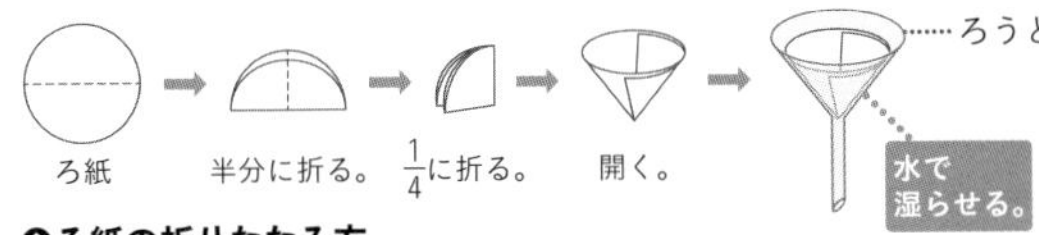

⬆ろ紙の折りたたみ方

❷ ろ過したいものを静かに入れる。

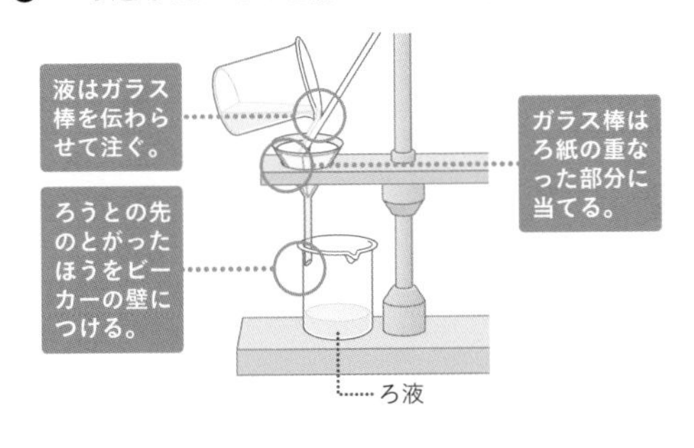

3 沸点の差による分離

物質の沸点の差を利用した蒸留は，複数の液体からなる混合物の分離によく用いられる。

◉ **蒸留**（➡p.222）

溶液を沸騰させ，出てくる気体を冷やして，純粋な液体を得る操作を**蒸留**という。混合している物質の沸点の差があまりないときは，気体が混じり合ってしまうため蒸留で分離するのは難しい。

◉ **分留**（➡p.225）

物質の沸点の差を利用して，蒸留によって順番に混合物を分別することを**分留**または**分別蒸留**という。

分留を用いて，原油を粗製ガソリン（ナフサ），灯油，軽油，重油などに分けることができる。

4 溶解度の差による分離

溶解度の差を利用して，混合物から特定の物質を分離する方法には，**抽出**，**再結晶**などがある。溶解しなかった物質はろ過する。

◉ 抽出

特定の溶媒に溶けやすいなどの性質を利用して，液体あるいは固体の中からある特定の物質を分離する操作を**抽出**という。

たとえば，紅茶を飲むとき，茶葉に熱水を注ぐと，茶葉からカテキンなどの物質が溶け出し，熱水は色づいていく。このような操作も抽出である。

抽出は，次のような物質の分離に用いられる。

❶ 沸点の高い物質
❷ 沸点の近い物質
❸ 微量の物質
❹ 加熱すると分解しやすい物質

溶媒には，主として有機溶媒を用いる。

▶ 葉緑素の抽出

植物の葉緑体（➡p.365）にふくまれる葉緑素はアルコールに溶けやすいため，葉をアルコールに入れ加熱すると葉緑素を抽出することができる。葉緑素が抽出された葉は白くなる。

◉ 再結晶（➡p.246）

物質の溶解度の差を利用して，たとえば溶液の中の分離したい溶質だけを結晶化させ，溶液をろ過してその物質だけをとり出すことができる。

再結晶には，以下のような方法がある。

❶ 溶液の温度を下げる。
❷ 溶媒を蒸発させる。

くわしく 

抽出を用いる物質

左記のような物質に抽出が用いられるのは，熱を用いておこなう蒸留や再結晶などで分離しにくいからである。

用語解説 

有機溶媒

アルコールなど常温常圧で液体の有機化合物のことを有機溶媒という。水には溶けない物質も溶けることがある。

5 クロマトグラフィー

吸着剤を管などにつめた**吸着管**の一端から，溶液または混合気体を通すと，溶質または特定の気体は，その種類によって，それぞれの管のちがったところにとどまる。このように，**吸着度の差を利用して物質を分離する方法**を**クロマトグラフィー**という。この方法には次のような利点がある。

❶ ろ過や蒸留などでは分離できない物質を分離できる。

❷ 複雑な混合物から微量な成分を分離できる。

❸ 物質の検出にも利用できる。

混合物
吸着剤（固定相）
吸着管
物質A
物質B
吸着剤への吸着度のちがいで分離できる。

⬆クロマトグラフィーのしくみ

吸着剤の代わりに，ろ紙を用いたものを**ペーパークロマトグラフィー**という。溶媒の蒸気を飽和させた容器の中でろ紙に溶媒をしみこませておこなうもので，比較的簡単におこなうことができるので，広く利用されている。

◉ ペーパークロマトグラフィーの方法

油性ペンのインクにふくまれている各色素を分離する場合を考えてみる。この場合の溶媒にはエタノールなどのインクが溶けるものを使用する。

インクをろ紙につけて乾燥させ，ろ紙の端を溶媒に浸す。すると，溶媒はろ紙を上昇していき，インクの中の各色素がしだいに分離される。これはおもに，各色素のろ紙への吸着しやすさのちがいによって起こっている。

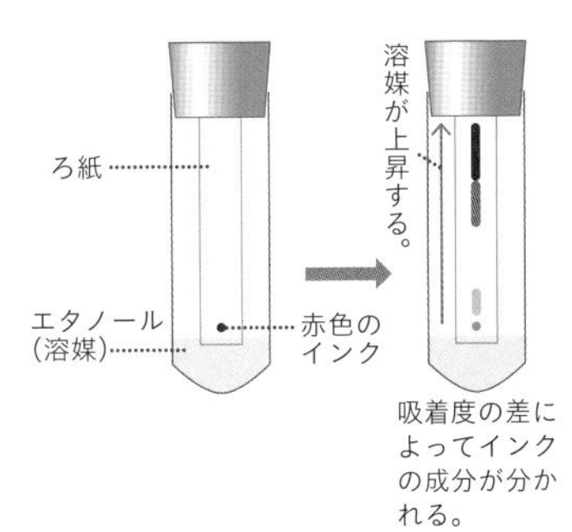

⬆ペーパークロマトグラフィー

◉ そのほかのクロマトグラフィー

ペーパークロマトグラフィーは，溶媒（液体）が移動することで目的の物質が移動する**液体クロマトグラフィー**の一種である。クロマトグラフィーにはそのほかにも，溶媒の代わりに気体を用いる**ガスクロマトグラフィー**などがある。

実験

思考力UP

粒子(りゅうし)の大きさのちがいを調べよう

目的

セロハン膜(まく)を使用して，デンプンとブドウ糖(とう)の粒子の大きさについて調べる。

POINT セロハン膜のような半透膜(はんとうまく)を使うと，粒子の大小で物質を分離することができる。

方法

❶ セロハン膜の中にデンプン水溶液(すいようえき)を入れたものとブドウ糖水溶液を入れたものを，別々の容器に入った水に10分間つける。デンプン水溶液が入っていた膜の中の液をA，膜の外の液をB，ブドウ糖水溶液が入っていた膜の中の液をC，膜の外の液をDとする。

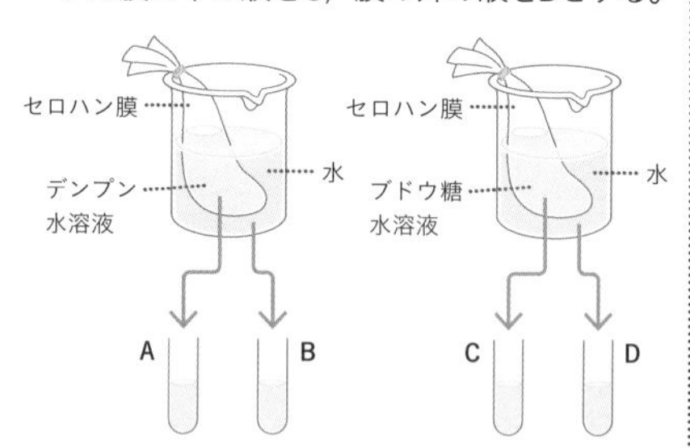

❷ A，B，C，Dのそれぞれについて，ヨウ素液とベネジクト液を使ってデンプンとブドウ糖の有無を確認する。

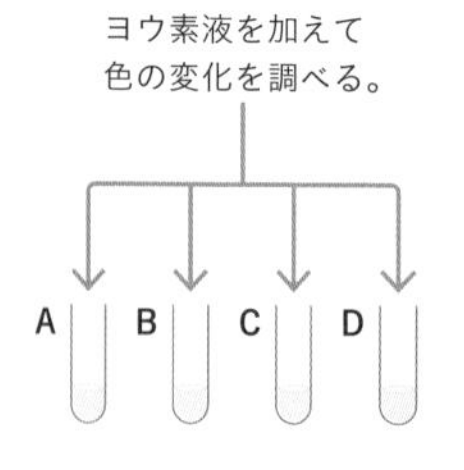

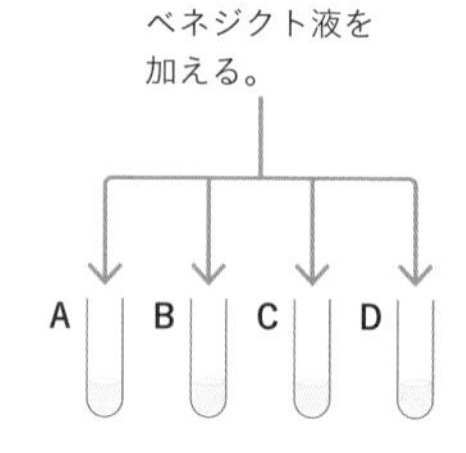

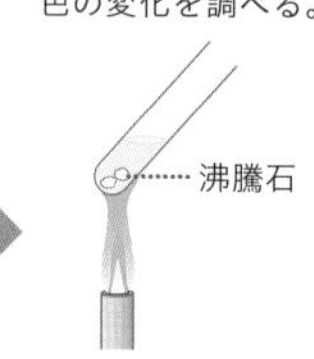

思考の流れ

仮説

●セロハン膜の穴よりも粒子が大きければ，膜を通りぬけることができない。

●デンプンとブドウ糖を分離できれば，それぞれの粒子の大きさにちがいがあるといえる。

↓

計画

●膜の外の液にヨウ素液が反応すれば，デンプンはセロハン膜を通りぬけたことになる。

●膜の外の液にベネジクト液が反応すれば，ブドウ糖はセロハン膜を通りぬけたことになる。

結果

	A	B	C	D
ヨウ素液	青紫色	変化なし	変化なし	変化なし
ベネジクト液	変化なし	変化なし	赤褐色	赤褐色

思考の流れ

考察の観点

- デンプンはヨウ素液と反応して青紫色(あおむらさき)になる。
- ベネジクト液はブドウ糖と反応して赤褐色(せきかっしょく)になる。

考察

A，Bの結果より，デンプンはセロハン膜を通りぬけることができないとわかる。同様に，C，Dの結果よりブドウ糖はセロハン膜を通りぬけることができるとわかる。したがって，粒子の大きさはデンプン＞ブドウ糖である。ヒトの体は，口からとり入れたデンプンを消化(しょうか)する過程で，より吸収されやすい粒子の小さい物質に分解していく（➡p.406）。デンプンが分解(ぶんかい)されると最終的にブドウ糖ができることからも，実験の結果は正しいといえる。

発展・探究

半透膜って何？

半透膜は，小さな穴の空いた膜で，穴より小さな粒子を通し，大きな粒子を通さないという性質をもっています。

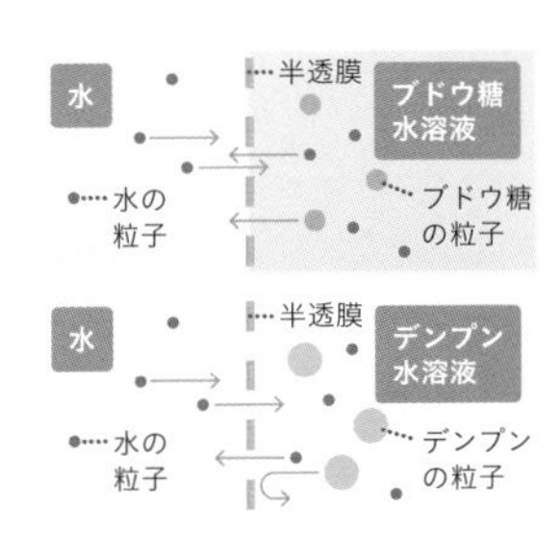

水やブドウ糖の粒子のように，十分に小さな粒子は半透膜の穴を通りぬけて移動することができます。しかし，デンプンのような大きな粒子は，半透膜を通りぬけられません。

そのため，水とデンプン水溶液を半透膜でしきった場合は，粒子の大きいデンプンは半透膜を通りぬけられず，水の粒子のみが半透膜を通過します。

完成問題 CHECK

解答 p.631

1 次の方法で，気体A〜Dを発生させて集めた。次の問いに答えなさい。

❶ 二酸化マンガンにオキシドールを加えたところ，気体Aが発生した。

❷ マグネシウムにうすい塩酸を加えたところ，気体Bが発生した。

❸ 石灰石にうすい塩酸を加えたところ，気体Cが発生した。

❹ 塩化アンモニウムと水酸化カルシウムの混合物を加熱すると，気体Dが発生した。

(1) 気体A〜Dはそれぞれ何か。気体名を答えよ。

A（　　　　　）B（　　　　　）

C（　　　　　）D（　　　　　）

(2) 気体A〜Dのうち，石灰水に通すと石灰水を白くにごらせる気体はどれか。1つ選び，記号で答えよ。（　　）

(3) 気体A〜Dのうち，刺激臭のある気体はどれか。1つ選び，記号で答えよ。

（　　）

(4) 気体A〜Dのうち，火のついた線香を入れると，線香が激しく燃える気体はどれか。1つ選び，記号で答えよ。（　　）

(5) 気体A〜Dのうち，火をつけると燃える気体はどれか。1つ選び，記号で答えよ。また，その気体が燃えたときにできる物質は何か。物質名を答えよ。

記号（　　）物質名（　　　　　）

2 気体の集め方について，次の問いに答えなさい。

(1) A〜Cの気体の集め方を，それぞれ何というか。

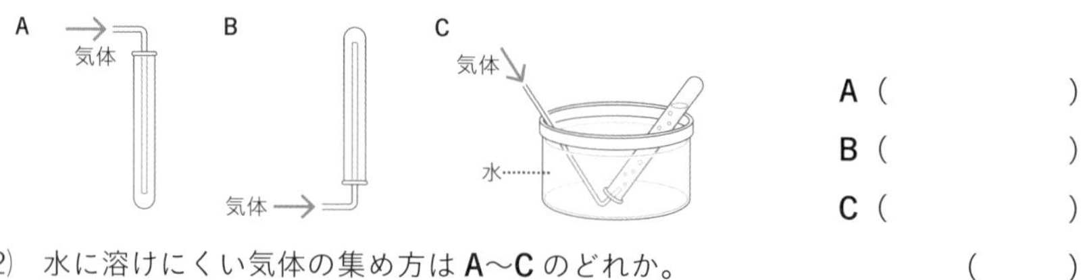

A（　　　　　）

B（　　　　　）

C（　　　　　）

(2) 水に溶けにくい気体の集め方はA〜Cのどれか。（　　）

(3) アンモニアを集めるには，A〜Cのどれがよいか。（　　）

3 水溶液の性質について，次の問いに答えなさい。

(1) 水溶液に共通する性質は何か。次の**ア**～**エ**からすべて選べ。（　　　　　）

ア　透明である。　　**イ**　水溶液の質量は溶質の質量だけである。

ウ　すべて無色である。　　**エ**　濃さはどこも同じである。

(2) 水溶液の溶質の粒子を●で表したとき，水溶液のようすとして正しいものは**ア**～**エ**のどれか。（　　）

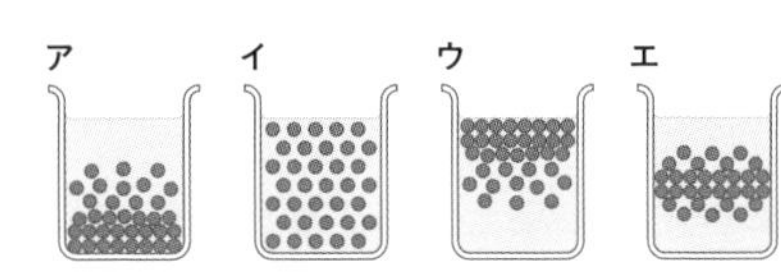

4 水溶液の質量パーセント濃度について，次の問いに答えなさい。

(1) 水85 gに砂糖15 gを溶かした砂糖水の濃度は何％か。（　　　　　）

(2) 濃度が８％の砂糖水200 gに溶けている砂糖は何 gか。（　　　　　）

5 図は，塩化ナトリウム，硝酸カリウムが100 gの水に溶ける質量と水の温度との関係をグラフに表したものである。次の問いに答えなさい。

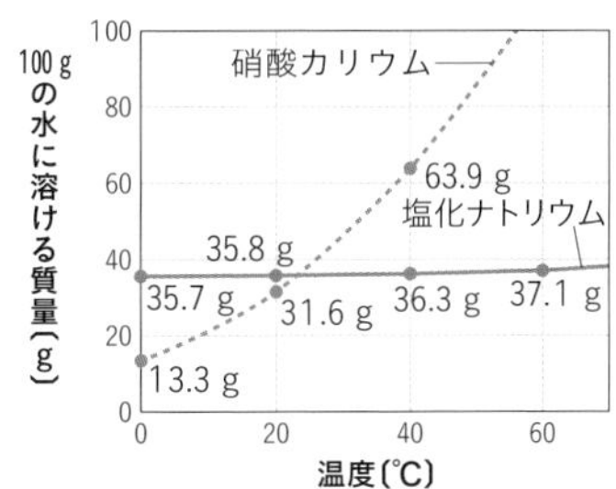

(1) 100 gの水に溶ける物質の最大限度の質量を何というか。（　　　　　）

(2) 硝酸カリウムと塩化ナトリウムの水への溶け方について，次の文の❶，❷にあてはまる言葉を書け。

水の温度が（　❶　）ほど，硝酸カリウムの溶ける質量は大きいが，塩化ナトリウムの溶ける質量はほとんど（　❷　）。

❶（　　　　　）　❷（　　　　　）

(3) 40 ℃の水100 gにそれぞれ塩化ナトリウムと硝酸カリウムを溶かして飽和水溶液をつくった。その質量が大きいのはどちらの水溶液か。（　　　　　）

(4) (3)の２つの飽和水溶液を20 ℃まで冷やすと，一方の水溶液にだけたくさんの白い結晶が見られた。❶～❸の問いに答えよ。

❶　白い結晶が見られたのはどちらの水溶液か。（　　　　　）

❷　❶の水溶液に現れた白い結晶の質量は何 gか。（　　　　　）

❸　水溶液を冷やしても，ほぼ結晶が出なかった水溶液の溶質を結晶としてとり出すにはどうすればよいか。（　　　　　）

第3章

化学変化と原子・分子

身のまわりのあらゆる物質は，原子という小さな粒子が集まってできている。
物質をつくる原子の組み合わせが変わると，その物質はもとの物質とは
性質の異なる別の物質になる。
第３章では，物質をつくる原子や，物質が別の物質に変わる変化について学習する。

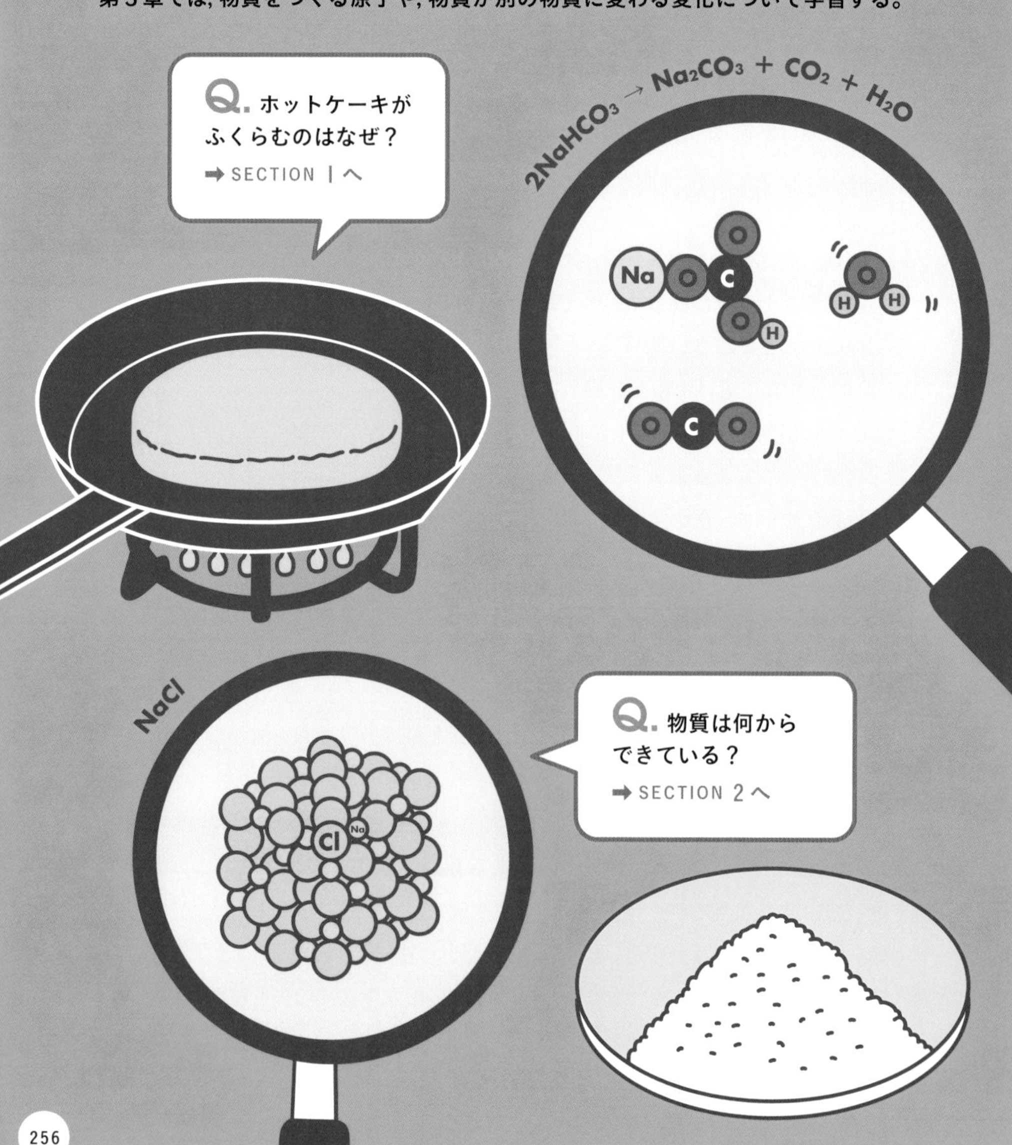

SECTION 1 物質の分解 … p.258
SECTION 2 原子と分子 … p.263
SECTION 3 いろいろな化学変化 … p.276
SECTION 4 化学変化と質量保存 … p.283
SECTION 5 化学変化と熱 … p.289

物質の分解

理科室に並ぶ薬品の中には，褐色のびんに入ったものがある。このように色のついたびんに入れる理由は，太陽の光に当たると中の薬品が分解して，別の物質に変わってしまうからだ。ここでは，熱や光などのさまざまな作用によって，物質が分解することを学ぶ。

1 物質の分解

ある物質が，もとの物質とは性質のまったくちがう２つ以上の物質に分かれる変化を**分解**という。物質Aから，物質Bと物質Cができた場合，物質Aは分解したと考えられ，次のように表すことができる。

分解には次の３つがある。

❶ **熱分解**…加熱して分解する（➡p.259）。
❷ **電気分解**…電流を流して分解する（➡p.261）。
❸ **光分解**…光を当てて分解する（➡p.262）。

くわしく

分解の例

▶**熱分解**
炭酸水素ナトリウムが炭酸ナトリウムと二酸化炭素と水に分解する。

▶**電気分解**
水が水素と酸素に分解する。

▶**光分解**
塩化銀が塩素と銀に分解する。

2 化学変化

物質そのものが変化して，もとの物質とは異なる物質ができる変化を**化学変化**（**化学反応**）といい，物質の分解は化学変化の一種である。

化学変化には，分解のほかに，２種類以上の物質が結びついて別の物質になる**化合***がある。また，化学変化において，反応する物質を**反応物**，反応によって生じる物質を**生成物**という。

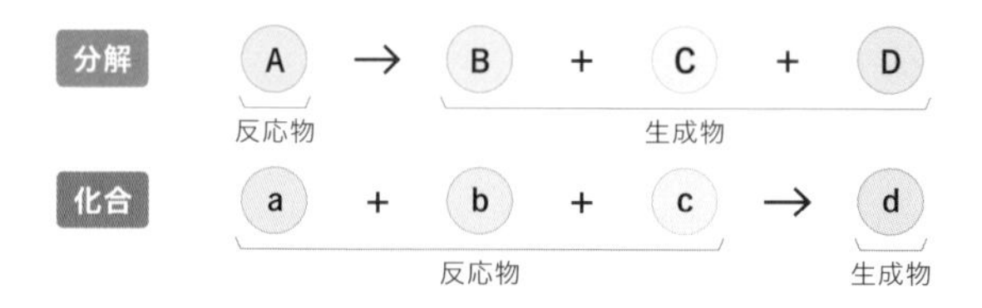

くわしく

熱分解と燃焼

加熱によって起こる化学変化の例には，熱分解のほかに燃焼（➡p.278）がある。ただし，熱分解が，もとの物質が２つ以上の別の物質に分かれる変化であるのに対し，燃焼は，もとの物質が酸素と激しく結びつく変化である点でちがっている。

＊化合という用語は近年使用されないようになってきている。

これに対し，物質の状態や形，物質をつくる粒子の位置が変わるだけで，物質そのものは変化しないことを物理変化という。氷が融けて水になる変化や，水が水蒸気になる変化などの状態変化（➡p.214）はこれに当たる。

くわしく

状態変化

状態変化では，物質そのものは変わらず，温度や圧力などによって物質の状態が気体・液体・固体の間でいずれかに変化する（➡p.214）。

3 いろいろな分解

◉ 炭酸水素ナトリウムの熱分解

炭酸水素ナトリウムは，加熱すると炭酸ナトリウムと二酸化炭素，水の３種類の物質に分解する。

炭酸水素ナトリウム → 炭酸ナトリウム＋二酸化炭素＋水

くわしく

炭酸水素ナトリウムの熱分解の化学反応式（➡p.271）

$2NaHCO_3 \rightarrow Na_2CO_3 + CO_2 + H_2O$

炭酸水素ナトリウムはベーキングパウダーの主成分で，加熱すると二酸化炭素が発生して生地がふくらむ。

実験

炭酸水素ナトリウムの熱分解

目的

炭酸水素ナトリウムを加熱するとどのような物質ができるのか調べる。

方法

❶ 炭酸水素ナトリウムを試験管に入れる。

❷ 炭酸水素ナトリウムをガスバーナーで加熱して，発生する気体を石灰水に通す。

❸ 気体の発生が止まったら，ガラス管の先を石灰水から出し，火を消す。

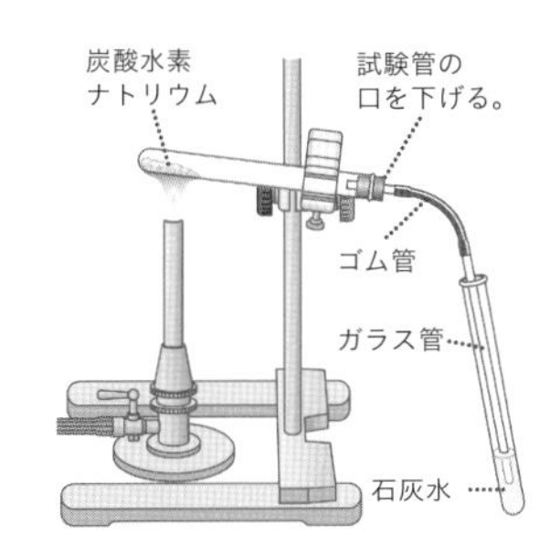

注意 ガラス管の先を出す前に火を消すと，加熱していた試験管内の圧力が下がり，石灰水がガラス管を通って逆流することがある。

❹ 加熱した試験管の口についた液体を，青色の塩化コバルト紙につけて色の変化を調べる。

❺ 試験管に残った物質と炭酸水素ナトリウムを試験管に入れて水に溶(と)かし，溶け方のちがいを調べる。そのあと，フェノールフタレイン溶液を加えて色の変化を調べる。

結果

- 実験で生じた気体は石灰水を白くにごらせた。…（**ア**）
- 炭酸水素ナトリウムを入れた試験管の内側が白くくもった。青色の塩化コバルト紙につけると赤色に変わった。…（**イ**）

	水への溶け方	フェノールフタレイン溶液の変化
試験管に残った物質	よく溶けた	濃い赤色
炭酸水素ナトリウム	溶け残りがあった	うすい赤色

…（**ウ**）

考察

（**ア**）より，実験で生じた気体は二酸化炭素とわかる。（**イ**）より，水が生じたことがわかる。（**ウ**）より，試験管に残った物質が炭酸水素ナトリウムと別の物質（炭酸ナトリウム）であるとわかる。

操作

試験管を加熱するときの注意点

◉ 固体を加熱するとき

試験管の口についた水が底の加熱部分に流れると，試験管が割れることがあるため，物質は試験管の底のほうに入れ，口を少し下げる。

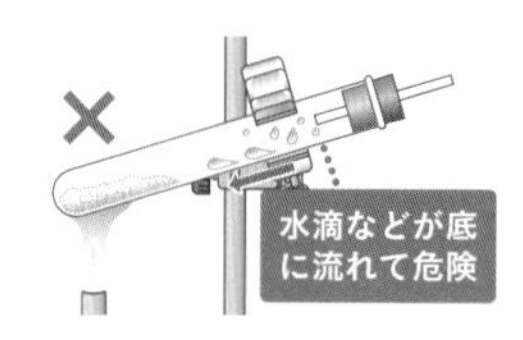

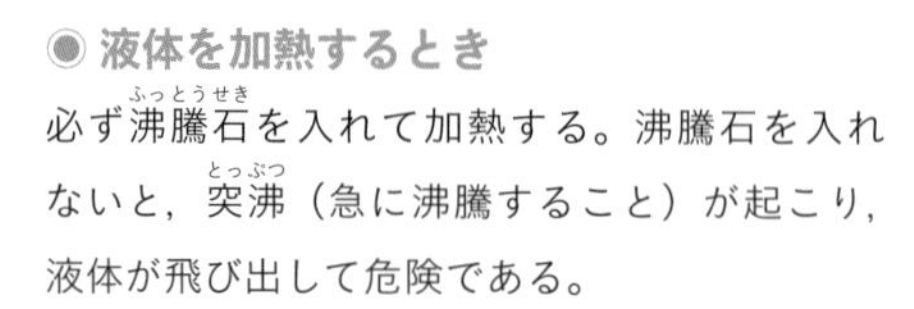

◉ 液体を加熱するとき

必ず沸騰石(ふっとうせき)を入れて加熱する。沸騰石を入れないと，突沸(とっぷつ)（急に沸騰すること）が起こり，液体が飛び出して危険である。

◉ 酸化銀の熱分解

酸化銀は黒色の粉末であり，加熱すると銀と酸素に分解する。

酸化銀 → 銀＋酸素

加熱は図のようにおこない，分解によって発生する気体は水上置換法で集める。集めた気体を入れた試験管の中に火のついた線香を入れると，線香が炎をあげて燃えることから，酸素が発生したことを確認できる。加熱した試験管の中には白色の粉末が残るが，これを平らな台の上に置いて薬さじでこすると**金属光沢**が出ることから，金属（銀）であることが確認できる。

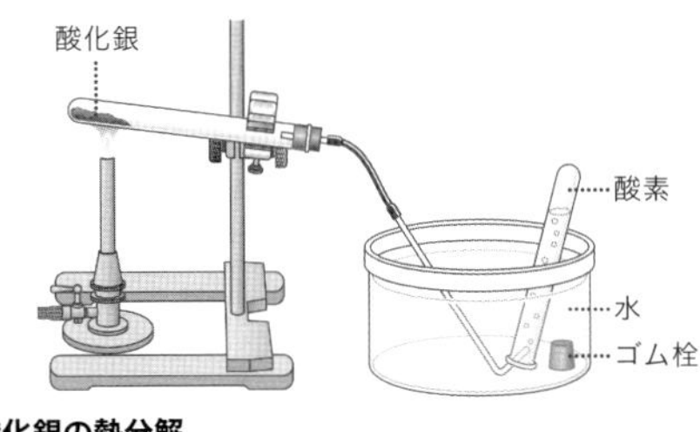

⬆酸化銀の熱分解

◉ いろいろな熱分解

そのほかの熱分解の例としては，炭酸アンモニウムなどがある。炭酸アンモニウムは加熱によって，アンモニアと二酸化炭素，水に分解する。

なお熱分解は，熱（エネルギー）を加えることで起こる化学変化であり，物質を熱分解するときは，反応が終わるまで熱を加え続ける必要がある。

◉ 水の電気分解

水は，加熱によっては分解しないが，電流を流すことで水素と酸素に分解する。

水 → 水素＋酸素

水の電気分解には次のような，電圧を加えて電流を流す装置が使用される。このとき，分解してできた水素と酸素は，陰極と陽極のそれぞれに発生してたまるが，その体積比は必ず**水素：酸素＝2：1**となる。このことより，水は水素と酸素が体積比2：1の割合で結びついてできているとわかる。

くわしく

酸化銀の熱分解の化学反応式

$2Ag_2O \rightarrow 4Ag + O_2$

くわしく

水の電気分解の化学反応式

$2H_2O \rightarrow 2H_2 + O_2$

実験

水の電気分解

目的

水を電気分解すると何ができるのか調べる。

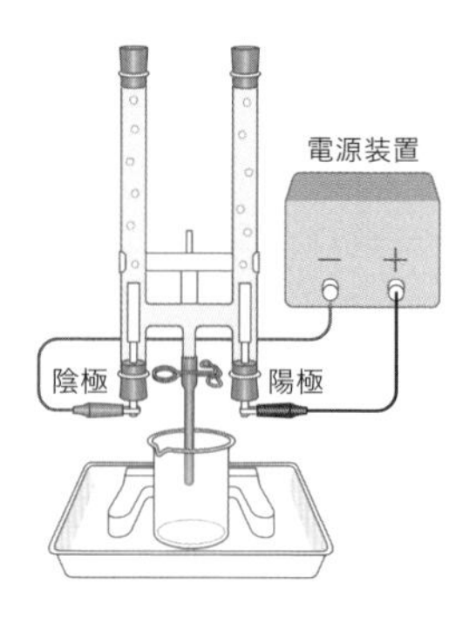

方法

❶ 右図のような装置に水を入れる。

POINT 電流が流れやすいように，水に少量の水酸化ナトリウムや硫酸(りゅうさん)を加える。

❷ 電極を電源につなぎ，電流を流す。

結果

- 陰極にたまった気体に火を近づけると，音を立てて燃えた。
- 陽極にたまった気体に火のついた線香を入れると，線香が炎をあげて燃えた。
- 発生した気体の体積の比は，
  陰極：陽極＝２：１

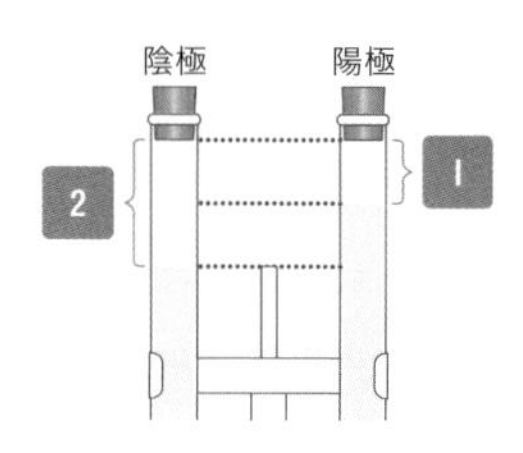

考察

結果より，陰極には水素，陽極には酸素が２：１の体積比で発生したとわかる。

◉ 光分解(ひかりぶんかい)

物質が光のエネルギーによって分解する反応を**光分解**という。例として，過酸化水素水が水と酸素に分解したり，臭化銀(しゅうかぎん)や塩化銀が，銀と臭素や塩素に分解したりする反応がある。臭化銀や塩化銀のこのような性質を**感光性**(かんこうせい)といい，写真フィルムの現像はこれを利用している。

参考

光分解の使用例

写真フィルムでは，フィルムを光に当てることで物質を分解して像をつくり出している。

©KONkitune/PIXTA

第3章 SECTION 2

原子と分子

一見なめらかに見える金塊の表面を電子顕微鏡で見てみると，小さな粒が規則正しく並んでいるのがわかる。金だけでなく，地球上のすべての物質は，このように非常に小さな粒子からできている。ここでは，物質をつくっている粒子について学ぶ。

❶ 原子と分子

1 原子(げんし)

小さな砂糖の粒(つぶ)からコンクリートでできた巨大(きょだい)なビル，目に見えない空気まで，身のまわりのあらゆる物質(ぶっしつ)は**原子**とよばれる小さな粒子(りゅうし)からできている。原子は**物質をつくるもとになる最小の粒子**である。原子1個の大きさは，およそ1 cmの1億分の1程度で，質量(しつりょう)も非常に小さい。原子は基本的に次の3つの性質をもつ。

❶ 化学変化(かがくへんか)によってそれ以上分けることができない。
❷ なくなったり新しくできたり，ほかの種類の原子に変わったりしない。
❸ 種類によって質量や大きさが決まっている。

くわしく

原子と元素
原子は物質をつくる小さな粒で，実体のある粒子。元素は原子の種類。

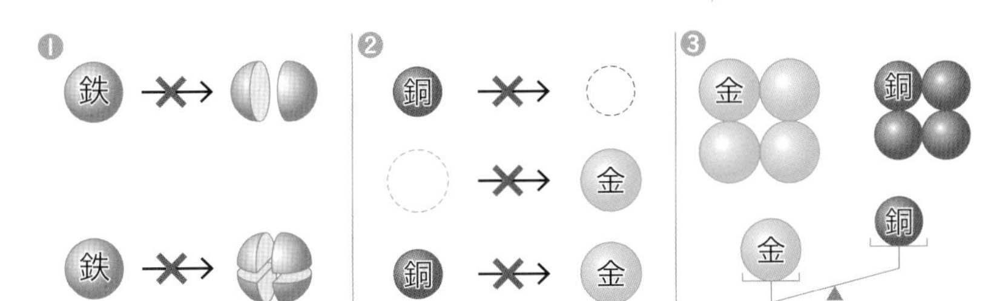

⬆原子の基本的な3つの性質

原子の種類を**元素**(げんそ)といい，現在118種類が知られている。酸素や水素，鉄，銅などは元素の一例である。各元素はアルファベット1文字か2文字の記号（元素記号➡p.267）で表される。

元素をその性質に応じて，並べて整理した表を**周期表**という。

発展・探究

原子の大きさと質量

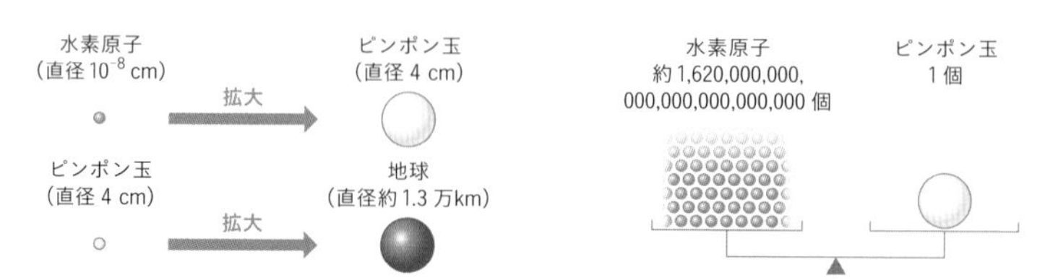

水素原子を直径4 cmのピンポン玉の大きさにするには，ピンポン玉を直径約1.3万kmの地球の大きさにするのと同程度拡大する必要があります。また，水素原子を2.7 gのピンポン玉と同じくらいの質量にするには，約1,620,000,000,000,000,000,000,000個集める必要があります。

発展・探究

原子の科学史

「物質はすべて原子からできている」という考えは，2000年以上前からあったことが知られています。紀元前420年ごろに，哲学者デモクリトスは「ある固体を分割していくと，これ以上分割できない小さな粒になる」と考えました。

19世紀初頭に，ドルトンはこの考えをもとに，「物質はそれ以上分解できない小さな粒子からできている」とする，「原子説」を唱えました。

現在では，原子の構造が明らかになり，また，原子はさらに電子や陽子，中性子などの小さな粒子から構成されることがわかっています（➡p.272）。しかし，化学的な方法では，原子までしか分けることができません。

2 分子

いくつかの原子が結びついた粒子を**分子**という。分子は**その物質の性質を示す最小の粒子**であり，分子の構造によって物質の性質は変わる。

物質によって分子をつくる原子の種類と数は決まっている。たとえば，水は水素原子２つと酸素原子１つからなり，二酸化炭素は炭素原子１つと酸素原子２つからなる。

⬆分子

ただし，すべての物質が分子をつくるわけではない。銅やマグネシウムなどの金属や，ダイヤモンド中の炭素などは，１種類の原子だけが切れ目なく並ぶ構造をしており，分子という単位をもたない。また，塩化ナトリウムや酸化銅などの金属と非金属の化合物(➡p.266) の多くも，いくつかの原子が規則正しく並んでいるだけで，分子をつくらない。

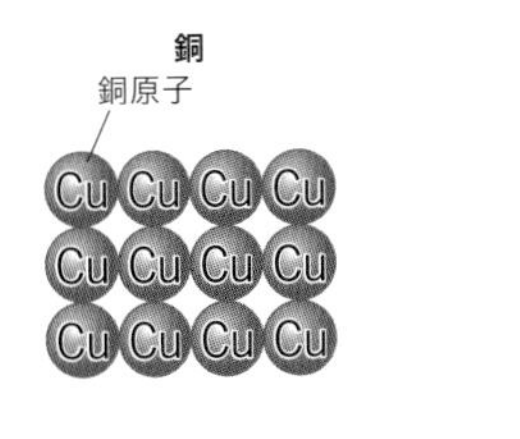

⬆分子をつくらない物質

分子をつくる物質	分子をつくらない物質
水素，酸素，窒素，水，二酸化炭素，アンモニア	銅，マグネシウム，炭素（ダイヤモンド），塩化ナトリウム

発展 

アボガドロは，水素や酸素などの気体の物質では，原子が単独では存在せず，複数の原子が結びついた粒子が単位となっていると考え，この粒子を分子とした。

発展 

アボガドロの法則

1811年，イタリアのアボガドロは，気体の分子について，「同温・同圧のもとでは，同体積の気体は同数の分子をふくむ」という仮説を提唱した。

この法則には，物質を細分化したとき，原子の段階に達する前に分子の段階があるという，分子という新しいモデルが導入されている。

発展 

塩化ナトリウム

塩化ナトリウムは，正確には，ナトリウムイオンと塩化物イオンが交互に並んだ構造をしている（イオン結合➡p.274)。

発展・探究

分子の科学史

18世紀後半ごろから，化学変化における質量の変化や，反応に関わる元素の質量比などについての法則が発見され始めました。

たとえば，化学変化の前後で，物質全体の質量の総和が変化しないとする「質量保存の法則」（➡p.285）もこの時代に発見されたものです。ドルトンの「原子説」は，このような法則を説明できるモデルとして提唱されました。

その後19世紀初頭に，ゲーリュサックは「気体反応の法則」を発見しますが，この法則は，ドルトンの原子説では説明できないものでした。一方，1811年にアボガドロが提唱した「分子説」の考え方を用いると，この法則を説明できるため，分子という考え方がしだいに受け入れられるようになりました。

3 単体と化合物

身のまわりの物質は，次のように大きく分類することができる。

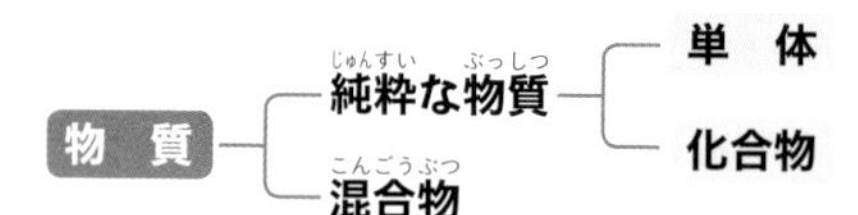

酸素や銅のように，**1種類の原子からなる物質**を**単体**といい，二酸化炭素や水のように，**2種類以上の原子からなる物質**を**化合物**という。

単体と化合物はどちらも1種類の物質（純粋な物質）を指す言葉であり，2種類以上の物質からなる混合物（➡p.205）とは区別する。

純粋な物質		混合物
単体	化合物	
水素，窒素，銀，ナトリウム	水，二酸化炭素，塩化ナトリウム，酸化銀	食塩水，砂糖水，空気，塩酸

⬆身のまわりの物質の分類例

4 元素記号(げんそきごう)

元素を表す記号を**元素記号**といい，ラテン語や英語，ドイツ語などで書いた元素の名前のかしら文字や，かしら文字とつづり文字の中の１字や２字を組み合わせたもので表されている。たとえば，窒素(ちっそ)はラテン名をNitrogeniumといい，そのかしら文字をとって，Nと表される。

◉ 元素記号の書き方

記号の第１文字は大文字で，第２文字は小文字で書く。

金属			非金属		
元素	記号の由来	元素記号	元素	記号の由来	元素記号
ナトリウム	Natrium	Na	水素	Hydrogenium	H
マグネシウム	Magnesium	Mg	ヘリウム	Helium	He
アルミニウム	Aluminium	Al	ホウ素	Borium	B
カリウム	Kalium	K	炭素	Carboneum	C
カルシウム	Calcium	Ca	窒素	Nitrogenium	N
マンガン	Manganum	Mn	酸素	Oxygenium	O
鉄	Ferrum	Fe	ネオン	Neon	Ne
銅	Cuprum	Cu	ケイ素	Silicium	Si
亜鉛	Zincum	Zn	リン	Phosphorus	P
銀	Argentum	Ag	硫黄	Sulphur	S
バリウム	Barium	Ba	塩素	Chlorum	Cl
金	Aurum	Au	アルゴン	Argon	Ar
水銀	Hydrargyrum	Hg	臭素	Bromum	Br
鉛	Plumbum	Pb	ヨウ素	Iodum	I

発展・探究

新元素　ニホニウム（Nh）

ニホニウムは，日本で発見された初めての元素です。原子番号(げんし)は113番で，日本で発見されたことにちなんでニホニウム（Nh）となりました。

自然界に存在する元素ではなく，人工的につくり出された元素で，非常に不安定なためわずか0.002秒しか存在することができません。ニホニウムの存在は，これからの科学の発展に大いに役立つと期待されています。

2 化学式と化学反応式

1 化学式

物質が，どのような原子がどれだけの割合で結びついてできているかを，元素記号を使ってわかりやすく示したものを**化学式**という。

◉ 分子をつくらない単体の化学式

固体の金属や，ダイヤモンド中の炭素などは，分子という単位をもたず１種類の原子だけが並ぶ単体で存在する。この場合，元素記号をそのまま書いて表す。

例 マグネシウム

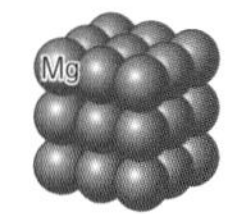

１つの原子で代表する。

Mg

◉ 分子をつくる単体の化学式

水素や窒素のように，１種類の原子が結びついて分子をつくる場合，元素記号の右下に原子の数を表す数字を書く。２個の原子で１個の分子をつくるものが多いが，オゾンのような例外もある。

例 水素

H_2

例 オゾン

O_3

◉ 化合物の化学式

水のように分子をつくる化合物は，原子の種類と数がわかるように表す。

例 水

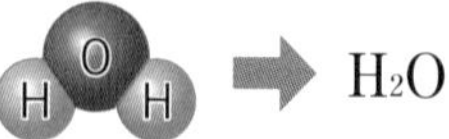

H_2O

例 二酸化炭素

CO_2

酸化銅のように，分子をつくらずいくつかの原子が切れ目なく並ぶ化合物は，構成する原子の種類と数の比がわかるように表す。

くわしく

ヘリウムやネオンの化学式

多くの気体は分子の形で存在する。ただし，貴ガス（希ガス）とよばれるヘリウムやネオンは原子１個で非常に安定した状態であるため，分子をつくらず原子１個のままで存在する（単原子分子とよぶ）。そのためHe，Neのように表す。

例　酸化銅

原子の種類と数の比がわかる
最小単位で代表する。

CuO

化学式を書くとき，原子の数が1個のときは，1を省略する。

また，元素記号の順序は，一般に銅などの金属元素を先に，酸素などの非金属元素をあとに書く。

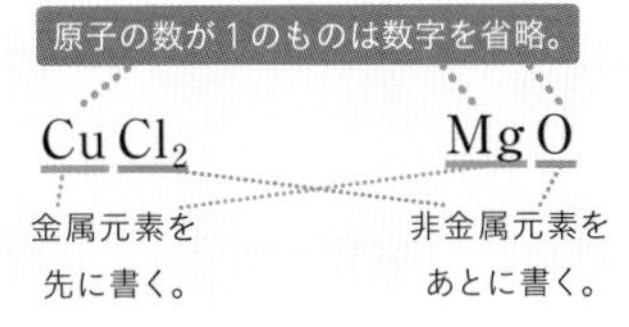

⬆元素記号を書く順序

例　MgO，$CuCl_2$

◉ 化学式の読み方

一般に化学式は，化学式のうしろに書いてある物質名から順に読む。酸素であれば「酸化～」，塩素であれば「塩化～」，硫黄であれば「硫化～」というよび方になる。また，うしろの部分が原子でなく特定の原子の組み合わせの場合は，その組み合わせの名前だけをつけて，「化」という文字はつけない。たとえば，$NaNO_3$は「“硝酸”ナトリウム」と読む。

⬆化学式の読み方

発展

基

化学変化をするとき，1つの化合物からほかの化合物に，あたかも1個の原子のように移動する原子の集まりを基という。

記号	名前
OH	ヒドロキシ基
COOH	カルボキシ基

⬆おもな基の種類

	単体		化合物	
分子をつくる	水素	H_2	水	H_2O
	窒素	N_2	二酸化炭素	CO_2
	酸素	O_2	アンモニア	NH_3
	オゾン	O_3	グルコース（ブドウ糖）	$C_6H_{12}O_6$
分子をつくらない	ナトリウム	Na	塩化ナトリウム	NaCl
	銅	Cu	酸化マグネシウム	MgO

⬆いろいろな化学式

2 化学反応式

化学変化を化学式を使って表したものを，**化学反応式**という。化学反応式を見れば，反応物，生成物，反応に関わった物質の分子数の比などがひと目でわかる。一般に反応物を左辺に，生成物を右辺に書くが，左辺と右辺の各原子の総数は等しくなければならない。これは，化学変化によって，物質をつくる原子の組み合わせが変わっても，原子の数と種類は変わらないためである。

◉ 化学反応式の表し方

たとえば，「水素と酸素が結びついて水ができる」という化学変化の化学反応式をつくる場合，次の❶〜❸の順に進めるとよい。

❶化学変化を文字の式に直す。

水素＋酸素 → 水

反応物は左辺に，生成物は右辺に書く。物質が2種類以上のときはそれぞれ「＋」で結び，両辺を右向きの矢印で結ぶ。

❷物質名を化学式に直す。

$$H_2 + O_2 \rightarrow H_2O$$

❸両辺の各原子の数が等しくなるように**係数**をつける。

化学式で示された物質の分子がいくつあるかを表した数を係数という。係数は，両辺の各原子の数が等しくなるように最も簡単な整数を書く。また，係数1は省略する。

❷の式で酸素原子Oの数を調べると，左辺2個，右辺1個なので右辺のH_2Oに係数2をつけて，Oの数をそろえる。

$$H_2 + O_2 \rightarrow 2H_2O$$

次に水素原子Hの数を調べると，左辺2個，右辺4個なので左辺のH_2に係数2をつけて，Hの数をそろえる。

$$2H_2 + O_2 \rightarrow 2H_2O \quad \cdots ❸'$$

ミス注意 

❸で両辺の原子の数をそろえるときは，「O」や「H」をそのまま加えるのではなく，生成物の「H_2O」や反応物の「H_2」の係数を変えることで調整する。

前ページの❸′の式では，左辺と右辺で原子の種類とそれぞれの数が等しいので，正しい化学反応式であるとわかる。また，係数より，水素２分子と酸素１分子から水が２分子できることがわかる。

◉ よく出る化学反応式

▶炭酸水素ナトリウムの熱分解（➡p.259）

炭酸水素ナトリウムを加熱すると，炭酸ナトリウムと二酸化炭素，水が生成する。

$$2NaHCO_3 \rightarrow Na_2CO_3 + CO_2 + H_2O$$

▶酸化銀の熱分解（➡p.261）

酸化銀を加熱すると，銀と酸素に分解する。

$$2Ag_2O \rightarrow 4Ag + O_2$$

▶水の電気分解（➡p.261）

水に電流を流すと，水素と酸素に分解する。

$$2H_2O \rightarrow 2H_2 + O_2$$

▶鉄と硫黄の化合*（➡p.276）

鉄と硫黄を加熱すると，硫化鉄が生成する。

$$Fe + S \rightarrow FeS$$

▶炭素と酸素の化合（➡p.280）

炭素と酸素が化合すると，二酸化炭素が生成する。

$$C + O_2 \rightarrow CO_2$$

▶マグネシウムと酸素の化合（➡p.280）

マグネシウムを燃焼すると，酸化マグネシウムが生成する。

$$2Mg + O_2 \rightarrow 2MgO$$

＊化合という用語は近年使用されないようになってきている。

くわしく 

化学式の係数

化学式につけた係数は，その化学式中の各原子にかかる。たとえば，$2H_2O$の中にふくまれる原子の数を求めるとき，この式は２×(H_2O_1)と同じ意味であるから，水素原子Hは２×２＝４（個），酸素原子は２×１＝２（個）とわかる。

発展 

気体の体積比と化学反応式

気体が関わる反応では，化学反応式の係数は気体の体積比になる。

たとえば，

$2H_2O \rightarrow 2H_2 + O_2$

であれば，分解後の水素と酸素の体積比は，２：１となる。

くわしく 

水の生成

水素と酸素が結びついて水ができる反応の化学反応式は，水の電気分解の化学反応式と逆になる。

$2H_2 + O_2 \rightarrow 2H_2O$

③ 物質の構造

1 原子の構造

原子の大きさと構造

原子は，直径がおよそ 10^{-10} mの小さな粒子で，その中心に＋の電気をもった**原子核**があり，そのまわりに－の電気をもった**電子**がある。電子は非常に軽いので，原子のもつ質量の大部分は，原子核の質量である。

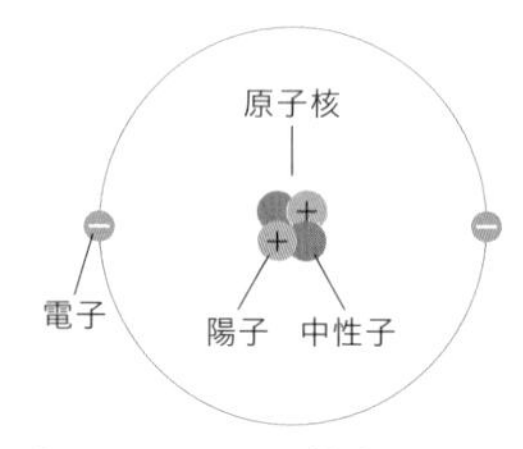

⬆ヘリウム原子の構造モデル

原子核

原子核は，**陽子**と**中性子**からなる。原子核の直径は，原子の直径（約 10^{-10} m）の約10万分の１で，原子と比べてとても小さい。

陽子は＋の電気をもっている。陽子の数は，原子の種類（元素）によって決まっていて，**原子番号**（➡p.273）とよばれる。

中性子は電気をもっていない粒子で，そのため，中性子といわれている。

中性子の数は，元素によってちがうが，同じ元素でも中性子の数がちがうものがある（同位体➡p.274）。

電子

原子核のまわりにある粒子で，－の電気をもっている。

電子の数は，陽子の数と等しく，元素によって決まっている。原子にふくまれる陽子の数と電子の数は等しいので，たがいに打ち消し合い，原子全体としては電気的に中性（電気を帯びていない状態）になっている。

参考

10^{-1}の値

$10^{-1}=\frac{1}{10}=0.1$

発展

質量

陽子と中性子の質量はほとんど等しく，約 1.67×10^{-24} g である。電子はさらに軽く，これらの約1840分の１の質量である。

くわしく

電荷と電気量

陽子や電子は電気をもつ。この電気の量を電荷または電気量といい，陽子と電子の電荷の絶対値は等しい。

発展・探究

ニュートリノって何？

原子をつくる，さらに小さな粒子を**素粒子**といいます。陽子や中性子は，それぞれがさらに小さいいくつかの素粒子から構成されています。電子は，それ自体が素粒子の一種です。

ニュートリノは，素粒子の一種で，1930年にパウリによって考えられました。2015年には，スーパーカミオカンデでの観測によってニュートリノが質量をもつことを明らかにした梶田隆章氏がノーベル物理学賞を受賞しました。

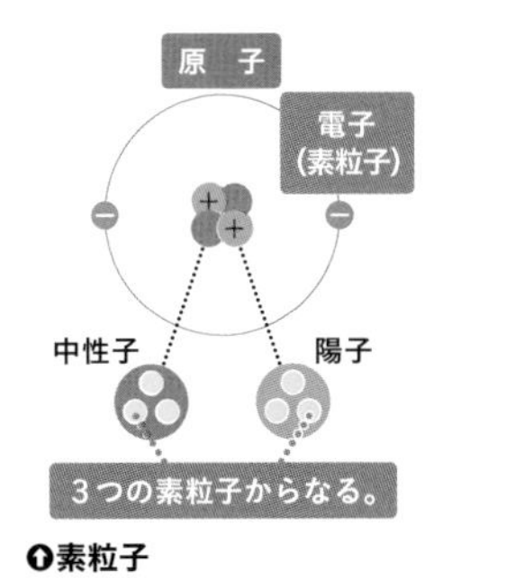

↑素粒子

◉ 質量数と原子番号

原子核内の陽子と中性子の数の和を**質量数**といい，その原子の質量を表す数字である。電子の質量は原子核の質量に比べて，無視できるほどに小さいため，電子の数は質量数にはふくまれない。

質量数＝陽子の数＋中性子の数

たとえば，右下図のような陽子と電子，中性子をそれぞれ２つずつもつヘリウム原子を考えると，質量数＝２＋２＝４となる。

原子核にふくまれる陽子の数を**原子番号**という。

原子番号＝陽子の数

陽子の数は，元素によって決まっていて，**周期表**は各元素を原子番号の順に並べて整理した表である。たとえば，原子番号２のヘリウム原子は陽子を２個ふくむ。質量数と原子番号は，元素記号の左側に付記するようになっている。

ヘリウム原子

質量数	4
原子番号	2
表し方	${}^{4}_{2}\mathrm{He}$

⊖ 電子２個　⊕ 陽子２個　● 中性子２個

↑原子の質量数

同位体

同じ元素で，**原子核にふくまれる中性子の数がちがうために，質量数の異なる原子があるとき**，これらをたがいに**同位体**または**アイソトープ**という。ほとんどの元素に同位体が存在し，天然に存在する各同位体の存在比はそれぞれの元素によってだいたい決まっている。

元素	同位体	中性子の数	質量数	存在比（%）
水素	$^{1}_{1}H$	0	1	99.9855
	$^{2}_{1}H$	1	2	0.0145
炭素	$^{12}_{6}C$	6	12	98.94
	$^{13}_{6}C$	7	13	1.06
酸素	$^{16}_{8}O$	8	16	99.757
	$^{17}_{8}O$	9	17	0.038
	$^{18}_{8}O$	10	18	0.205

⬆同位体の例

2 電子配置

電子は，図のように，原子核を中心としたいくつかの特定の軌道上にある。この軌道を**電子殻**といい，内側から順にK殻，L殻，M殻，N殻，O殻 … とよぶ。各電子殻に入る電子の数は決まっており，K殻…２個，L殻…８個，M殻…18個，などである。電子が各電子殻にどのように配置されているかを**電子配置**とよび，原子や粒子の化学的性質に関わる（➡p.306）。

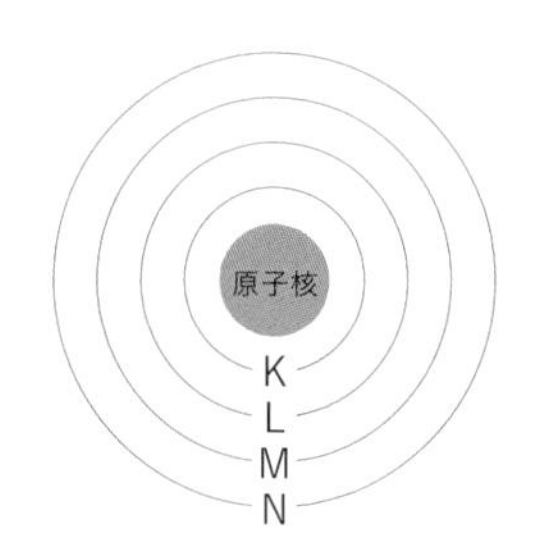

⬆電子軌道のモデル

電子殻に入る電子の数

内側から n 番目の電子殻に入る電子の最大数は，$2n^2$ となっている。

3 原子の結合

物質は，いくつかの原子が結合してできており，このときの原子間の結合を**化学結合**という。結合のしかたによって，**イオン結合・共有結合・金属結合**などがある。

イオン結合

原子が，電子を失ったり得たりすると，＋や－の電気を帯びた**イオン**（➡p.298）とよばれる粒子になる。

＋の電気を帯びたイオンと－の電気を帯びたイオンは，静電気的な力（クーロン力）によって引き合う。このような力による結合をイオン結合という。イオン結合は一般に，金属元素と非金属元素の組み合わせで起こる。

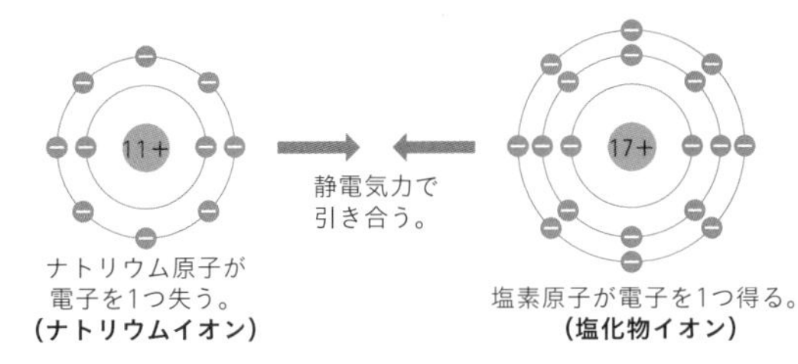

⬆イオン結合（塩化ナトリウム）

◉ 共有結合

それぞれの原子が，たがいに相手の原子の電子を共有し合うことによって結びつくことを共有結合という。たとえば，２個の水素原子はたがいに他方の原子の電子を共有し合って水素分子になっている。共有結合は，一般に，非金属元素どうしの結合のときに起こる。原子間の１組の共有結合を１本の線で表したものを**構造式**という。

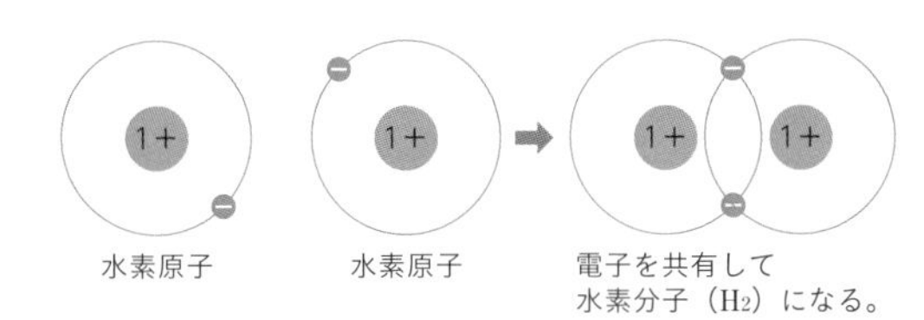

⬆共有結合（水素）

◉ 金属結合

金属元素の原子が多く集まると，各原子の一部の電子はその原子のまわりから離れて，自由にほかの原子間も飛び回るようになり，金属原子をたがいに結びつけるはたらきをする。このような電子（自由電子とよばれる）による金属原子間の結合を**金属結合**という。

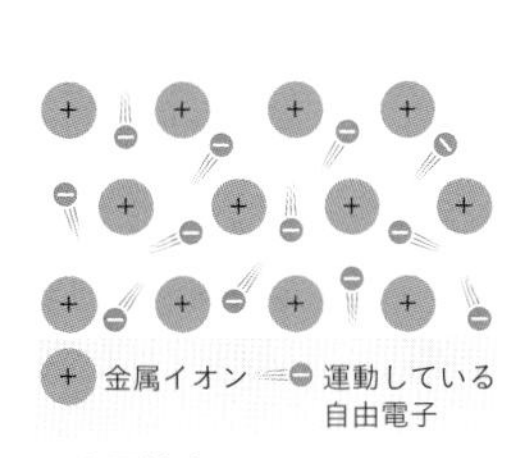

⬆金属結合のモデル

金属が電流をよく通すのは，自由電子をもっているからである。

発展

結合の強さ

それぞれの結合の強さは，共有結合＞イオン結合＞金属結合の順に強い。

第3章
SECTION 3

いろいろな化学変化

身のまわりではさまざまな化学変化が起こり，また利用されている。たとえば，ものが燃えるのは，物質が酸素と結びつく化学変化である。また，自然界にある金属の化合物から純粋な金属をとり出すのに化学変化が利用されている。この章では，さまざまな化学変化について学ぶ。

1 化合

1 化合*

2種類以上の物質が結びつき，もとの物質とはちがう物質ができる化学変化を**化合**という。化合でできる物質は，2種類以上の原子からなる化合物である。

化合には，物質が酸素と結びつく酸化（➡p.278）や硫黄と結びつく化学変化（硫化）などさまざまな反応がある。物質が化合するとき，それぞれの物質がどのような割合で結びつくかは，物質の組み合わせによって決まっている。

くわしく

いろいろな化合物

化合物には，酸素との化合物である酸化物や，硫黄との化合物である硫化物，塩素との化合物である塩化物などがある。物質名が「酸化～」のものは酸化物，「硫化～」のものは硫化物，「塩化～」のものは塩化物である。

2 鉄や銅と硫黄の化合*

◉ 鉄と硫黄の化合

鉄と硫黄の粉末を混ぜ合わせたものを加熱すると，鉄と硫黄が化合して黒色の**硫化鉄**ができる。

$$Fe + S \rightarrow FeS$$

鉄　硫黄　硫化鉄

できた硫化鉄は，もとの鉄や硫黄と異なる性質を示す。これは化学変化によって，鉄と硫黄が硫化鉄という別の物質に変化したことを示している。

＊化合という用語は近年使用されないようになってきている。

実験

思考力UP

鉄と硫黄の化合

目的

鉄と硫黄の混合物（こんごうぶつ）を加熱するとどのような変化が起こるかを調べる。

方法

❶ 鉄と硫黄の混合物を2つの試験管に入れ，一方の試験管のみを加熱する。赤くなったら加熱をやめる。

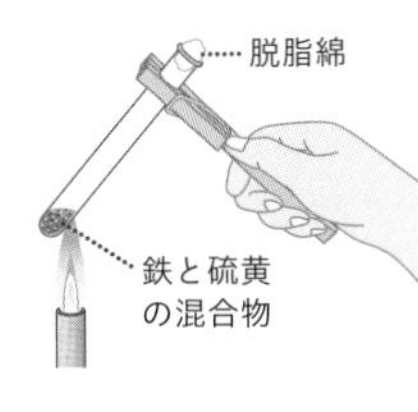

❷ 加熱前と加熱後の物質の性質を調べる。

・磁石を近づける。

・うすい塩酸を加える。

結果

	加熱前の物質（鉄＋硫黄）	加熱後の物質（硫化鉄）
磁石との反応	ついた	つかなかった
うすい塩酸との反応	においのない気体が発生した（水素）	特有のにおいのする気体が発生した（硫化水素）

考察

磁石を近づけたときやうすい塩酸を加えたときの反応から，加熱後の物質には鉄の性質がないことがわかる。このことから，鉄と硫黄の混合物は別の物質に変化したといえる。

$$Fe + S \rightarrow FeS$$

POINT 加熱後の物質（硫化鉄）にうすい塩酸を加えたときに発生する気体は硫化水素である。

$$FeS + 2HCl \rightarrow FeCl_2 + H_2S$$

思考の流れ

仮説

●鉄と硫黄の混合物について加熱したものと加熱していないものの性質を調べたとき，性質がちがえばちがう物質に変化したと考えられる。

⬇

計画

●鉄の性質があるかを調べるために，磁石に引きつけられるかどうかを調べる。

●鉄の性質があるかを調べるために，うすい塩酸を入れたときの変化を調べる。
→鉄に塩酸を加えると水素が発生する。

考察の観点

●加熱後の物質は磁石につかない。またうすい塩酸を加えたときににおいのある気体が発生する。

●加熱後の物質の性質は加熱前の物質の性質とちがう。

◉ 銅と硫黄の化合

試験管に入れた硫黄を加熱して蒸気をつくり，右図のように先端を加熱した銅板をこの蒸気の中に入れると，銅と硫黄が熱と光を出しながら化合して**硫化銅**ができる。

$$\mathrm{Cu + S \rightarrow CuS}$$

銅　　硫黄　　硫化銅

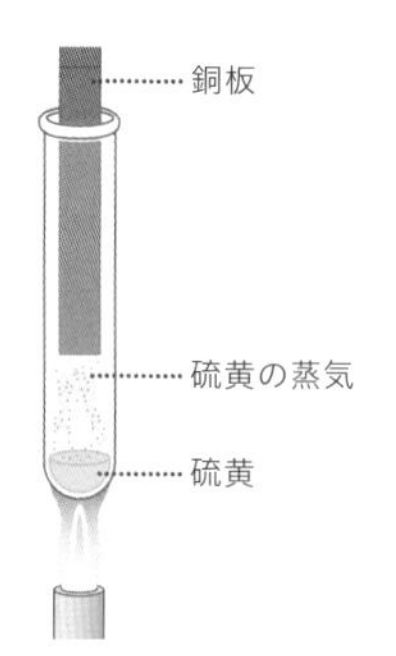

⬆銅と硫黄の化合

硫化銅は銅と硫黄が化合してできた化合物なので，鉄と硫黄の化合の場合と同様に，銅や硫黄の性質は見られなくなっている。

	銅	硫化銅
色	赤色	青みがかった黒色
金属光沢	ある	ない
力を加えたときの変化	曲がる	もろく折れる

くわしく 

反応が始まると加熱は不要

鉄や銅と硫黄の化合では，反応が始まると多量の熱が発生し，その熱で反応がどんどん進むため，加熱し続ける必要はない。

2 酸化と還元

1 酸化

◉ 酸化と燃焼

物質が酸素と結びつく反応を**酸化**という。酸化のうち，物質が光や熱を出しながら酸素と激しく結びつくことを特に**燃焼**という。木を燃やしたときに，炎を上げて燃える反応は燃焼の例である。一方，鉄や銅などの金属が空気中の酸素と結びついてさびる反応は**おだやかな酸化**の例である。

酸化で生じる物質は**酸化物**である。

⬆燃焼のようす　©花火/PIXTA

◉ 鉄・マグネシウムの燃焼

スチールウール（鉄）やマグネシウムリボンをガスバーナーで加熱すると，光や熱を出して激しく燃焼する。

くわしく 

完全燃焼と不完全燃焼

石油を空気中で燃やすとき，黒色のすすの出る燃え方をすることがある。これは空気中の酸素が足りず石油中の炭素が燃えきれなかったことが原因である。このような酸素が不十分なときの燃焼を**不完全燃焼**という。一方，酸素が十分にあるときの燃焼を**完全燃焼**といい，このとき温度は高くなり，すすはほとんど出ない。

実験

鉄の燃焼

方法

❶ スチールウールを燃やす。

❷ 燃やす前と燃やしたあとの物質の性質を比べる。

結果

	燃やす前	燃やしたあと
金属光沢	ある	ない
うすい塩酸に入れたときの反応	気体が発生した	ほとんど変化しなかった

結論

鉄を燃やすと熱と光を出しながら燃え，別の物質（酸化鉄）ができる。

実験

マグネシウムの燃焼

方法

❶ マグネシウムリボンを燃やす。

❷ 燃やす前と燃やしたあとの物質の性質を比べる。

結果

	燃やす前	燃やしたあと
金属光沢	ある	ない
うすい塩酸に入れたときの反応	気体が発生した	気体が発生しなかった

結論

マグネシウムを燃やすと熱と光を出しながら燃え，別の物質（酸化マグネシウム）ができる。

$$2Mg + O_2 \rightarrow 2MgO$$

◉ いろいろな酸化の化学反応式

▶ **木炭を空気中で燃やすと，一酸化炭素や二酸化炭素が生成する反応**

$$2C + O_2 \rightarrow 2CO \qquad C + O_2 \rightarrow CO_2$$

炭素　酸素　一酸化炭素　　炭素　酸素　二酸化炭素

▶ **水素を空気中で燃やすと，水ができる反応**

$$2H_2 + O_2 \rightarrow 2H_2O$$

水素　酸素　水

▶ **マグネシウムを空気中で燃やすと，酸化マグネシウムができる反応**

$$2Mg + O_2 \rightarrow 2MgO$$

マグネシウム　酸素　酸化マグネシウム

2 還元

酸化物から酸素の一部または全部をとり除く反応を**還元**という。還元は酸化と逆の反応である。還元という言葉は，酸化された物質がもとの物質に戻る（還元する）ということからきたものである。

たとえば，次の反応で酸化銅に着目すると，酸素がとり除かれて銅になっているので，酸化銅は還元されたという。一方，水素に着目すると，酸素と結びつき水になっているため，酸化されたといえる。

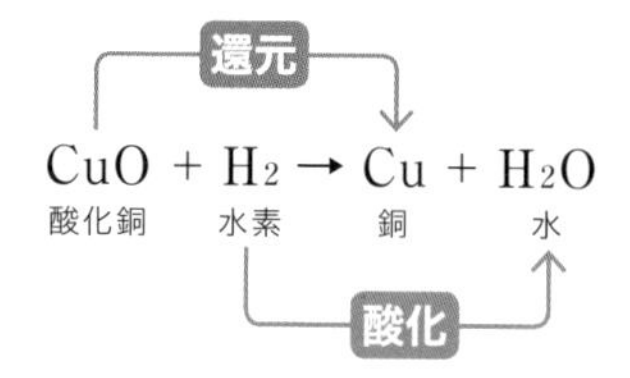

ほかの物質を還元させるものを**還元剤**という。上の反応では，水素が還元剤となる。**酸化と還元は，一般に同時に起こり**，その場合，全体の化学反応を**酸化・還元反応**という。

発展

酸化と還元の定義

酸素の受け渡し以外でも次のような反応であれば，酸化・還元反応と定義されている。

▶ **酸化**
- 物質が水素を失う化学変化
- 物質が電子を失う化学変化

▶ **還元**
- 物質が水素と結びつく化学変化
- 物質が電子を得る化学変化

くわしく

酸化剤

ほかの物質を酸化させるものを酸化剤といい，左の反応では酸化銅が酸化剤となる。

◉ 酸化銅の還元

黒色の酸化銅の粉末に炭素の粉末を入れて加熱すると，酸化銅が還元されて赤色の銅が得られる。このとき，還元剤である炭素は酸化されて，二酸化炭素が発生する。

$$2CuO + C \rightarrow 2Cu + CO_2$$

酸化銅　炭素　銅　二酸化炭素

実験

酸化銅の還元

目的

酸化銅から銅をとり出す。

方法

❶ 試験管に酸化銅と炭素の粉末を入れて，ガスバーナーで加熱する。
❷ 発生した気体を石灰水に通す。
❸ 試験管に残った物質を薬さじの裏などで強くこする。

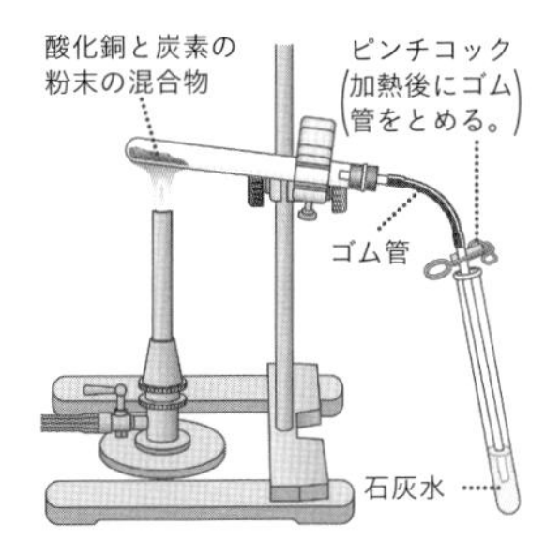

注意 加熱後はピンチコックでゴム管をとめて，試験管に残った物質が酸素と反応するのを防ぐ。

結果

・石灰水が白くにごった。
・試験管に残った物質は赤色で，こすると金属光沢(きんぞくこうたく)があった。

考察

・石灰水の色の変化から，発生した気体は二酸化炭素である。
・赤色で，金属光沢があることから，試験管に残った物質は銅と考えられる。

結論

酸化銅は還元され銅になり，炭素は酸化され二酸化炭素ができた。

◉ 身近な酸化の例

金属を空気中に置くと酸化してさびができる。たとえば鉄を空気中に置くと赤さびとよばれるさびが生成する。また，銅像の緑青は，銅が酸化して生成するさびである。金属以外にも，食品など身のまわりのさまざまな物質は酸化する。

一方，鉄を熱して表面を人工的に酸化させてできたものを黒さびといい，内部の金属のさびを防ぐことができる。このように，酸化反応を利用する例もある。

⬆銅像につく緑青

参考

酸化防止剤

物質の酸化を防ぐために添加される抗酸化物質のこと。たとえば，ワインには亜硫酸塩という抗酸化物質が添加されていることが多く，味や色の劣化を防ぐ。

◉ 身近な還元の例

鉄や銅などの金属の原料は，天然では，酸化鉄や酸化銅など，酸素と結びついた酸化物の形になっていることが多い。金属の酸化物から単体の金属を得るためには，この酸化物を還元する必要がある。この作業を**精錬**という。この工程では，とり出したい金属より酸素と結びつく力の強い還元剤を加えて加熱する。還元剤としては炭素や水素が多く使われている。

鉄鉱石（Fe_2O_3）から鉄（Fe）をとり出す反応では，溶鉱炉（高炉）とよばれる装置を使い，次のように段階的に鉄を還元する。この反応では，石炭やコークス（石炭を蒸し焼きにしたもの）からつくられる一酸化炭素（CO）が還元剤としてはたらく。

$$3Fe_2O_3 + CO \rightarrow 2\underline{Fe_3O_4} + CO_2$$

↓

$$Fe_3O_4 + CO \rightarrow 3\underline{FeO} + CO_2$$

↓

$$FeO + CO \rightarrow Fe + CO_2$$

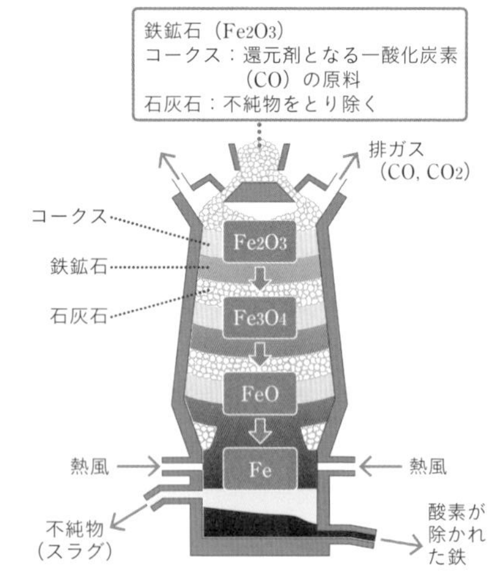

⬆溶鉱炉の中のようす

4 化学変化と質量保存

木炭を燃やすと，燃えかすの質量はもとの木炭の質量より小さくなる。このように化学変化によって，見かけ上質量が変化している場合も，全体としてみるとその化学変化を起こす前後で物質全体の質量は等しいという質量保存の法則が必ず成り立つ。

1 化学変化と質量

化学変化の前後で質量を比べてみると，見かけ上は変化していても，反応に関わった物質全体で比べてみると，質量は変化していないことがわかる。

◉ 沈殿のできる反応と質量

反応によって水に溶けにくい物質ができると，全体が不透明になってにごったり，溶けにくい物質が底に沈んだりする。これを**沈殿**という。

参考

硫酸バリウム
硫酸バリウムは，胃や腸のレントゲン写真を撮影するときなどに使用されている。X線を透過しないため，硫酸バリウムを流しこんだ胃や腸の形を見ることができる。

▶ 硫酸と水酸化バリウム水溶液の反応

$$H_2SO_4 + Ba(OH)_2 \rightarrow BaSO_4 + 2H_2O$$

硫酸　水酸化バリウム　硫酸バリウム　水

ともに無色である硫酸と水酸化バリウム水溶液を混合すると，上のように反応する。

ここでできた硫酸バリウムは水に溶けない白色の沈殿である。このときの反応の前後でそれぞれの質量を右図のようにして調べると反応の前後で全体の質量は変化しない。

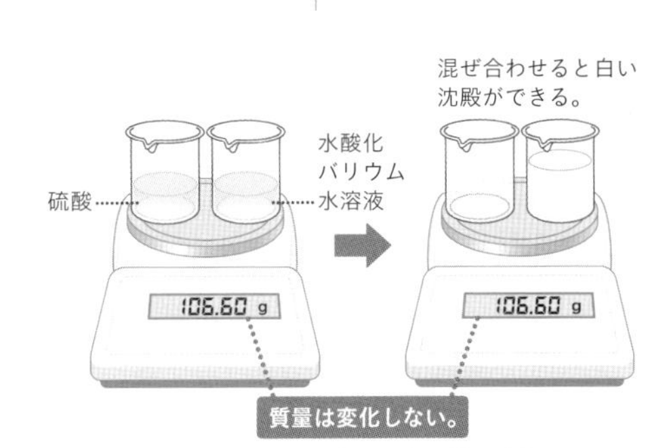

⬆硫酸と水酸化バリウム水溶液の反応と質量変化

▶ 炭酸ナトリウム水溶液と塩化カルシウム水溶液の反応

$$Na_2CO_3 + CaCl_2 \rightarrow CaCO_3 + 2NaCl$$

炭酸ナトリウム　塩化カルシウム　炭酸カルシウム　塩化ナトリウム

２つの水溶液はともに無色である。ここでできた炭酸カルシウムは水に溶けないので白色の沈殿ができる。この反応の前後でも，全体の質量は変化しない。

◉ 気体が発生する反応と質量

反応によって気体が発生する場合，発生した気体が空気中へ逃げるので，見かけ上反応後のほうが軽くなるが，逃げてしまった気体を合わせると全体の質量は変化しない。

▶炭酸水素ナトリウムと塩酸の反応

$$NaHCO_3 + HCl \rightarrow NaCl + CO_2 + H_2O$$

炭酸水素ナトリウム　塩酸　塩化ナトリウム　二酸化炭素　水

密閉したプラスチックの容器でこの反応をおこなうと，気体が発生して容器がふくらむのがわかる。密閉したまま質量を測定すると反応の前後で全体の質量は変化しない。しかし，容器のふたを開けて質量をはかると二酸化炭素が空気中に逃げるため，その分質量が小さくなる。

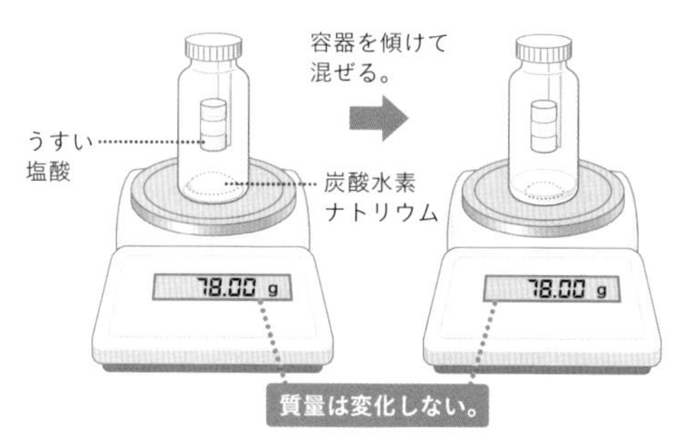

❶炭酸水素ナトリウムと塩酸の反応と質量変化

▶石灰石と塩酸の反応

石灰石の主成分は炭酸カルシウムであり，うすい塩酸の中に入れると，次のように反応する。

$$CaCO_3 + 2HCl \rightarrow CaCl_2 + CO_2 + H_2O$$

炭酸カルシウム　塩酸　塩化カルシウム　二酸化炭素　水

密閉した容器でこの反応をおこなうと，反応の前後で質量は変化しない。

◉ 酸化・燃焼と質量

酸化・燃焼の前後で質量を比べてみると，見かけ上反応後のほうが小さくなる場合と，大きくなる場合がある。これは，反応によって生じる物質の状態によるちがいで反応に関わった物質全体の質量の総和は変わらない。

▶木や木炭の燃焼

$$C + O_2 \rightarrow CO_2$$
炭素　酸素　二酸化炭素

炭素を燃焼させると炭素は酸素と結びつき二酸化炭素になるため，残ったものは見かけ上軽くなる。

▶鉄の酸化

鉄を燃焼させると鉄は酸素と結びつき酸化鉄となる(➡p.279) ため見かけ上重くなる。

2 質量保存の法則

「化学変化でできた物質全体の質量は，その化学変化を起こす前の物質全体の質量と等しい。」このことを**質量保存の法則**といい，18世紀後半にフランスのラボアジエによって発見された。**質量保存の法則はどんな化学変化の場合でも成り立つ。**

化学変化が起こったときに変化するのは，物質をつくる原子の結びつき方であって，原子の数そのものが変化するわけではない。そのため化学変化によってちがう物質になっても質量は変化しない。

たとえば水素の燃焼について考えてみる。水素が燃焼すると，水素は酸素と結びつき水が発生する。このとき水素原子と酸素原子は結びつく相手や結びつき方が変わっているが原子の数は変わらない。

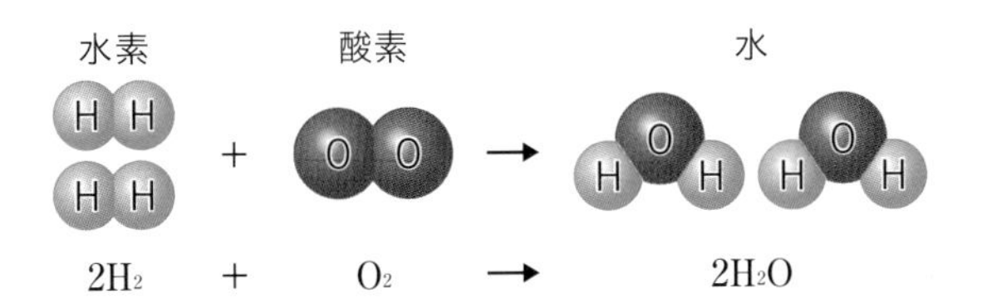

⬆水素の燃焼の原子モデル

くわしく

金属の酸化と質量
図のように容器を密閉して加熱すると，反応の前後で質量が変わることはない。

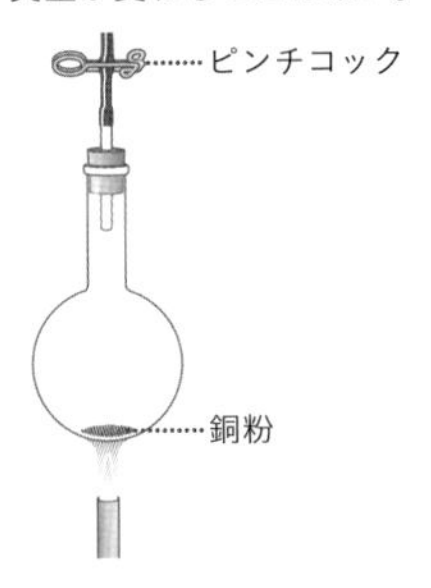

参考

ラボアジエ(1743~1794)
フランスの化学者。彼は燃焼とは物質が酸素と結合する現象だと説明した。そして科学史上，初めて精密な定量実験をおこない，この実験によって，1774年に，「**質量保存の法則**」を発表した。

3 金属の酸化と質量

金属は，酸化すると結びついた酸素の分だけ質量が大きくなる。

たとえば，マグネシウムと銅をそれぞれ1.5 gずつ加熱すると，右のグラフのように加熱するごとに，酸化物の質量が大きくなる。ただし，加熱回数が多くなると，酸化物の質量はある値以上変化しなくなる。これは**金属と結びつく酸素の質量に限りがある**ためである。

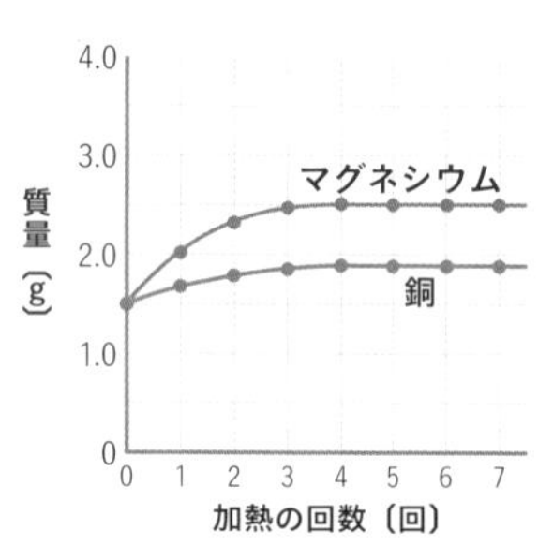

⬆マグネシウムと銅の加熱回数と質量の変化

一定質量の金属に結びつく酸素の質量は，金属の種類によって異なる。そのため，同じ質量のマグネシウムと銅を酸化しても，得られる酸化物の質量が異なる。

◉ マグネシウムの酸化と質量

マグネシウムを空気中で燃焼させると，酸素と結びついて酸化マグネシウムができる（➡p.279）。この反応はまぶしい光を出す。

$$2Mg + O_2 \rightarrow 2MgO$$

マグネシウム　酸素　酸化マグネシウム

マグネシウムの質量と酸化マグネシウムの質量との関係は，右下のグラフのような**原点を通る直線**で表される。よって，これらは比例関係にあることがわかる。

このときの質量比は次のとおりである。

マグネシウム：酸化マグネシウム＝３：５

グラフによればマグネシウム３ gを燃焼させたときできた酸化マグネシウムは５ gなので，５－３＝２〔g〕が反応によって結びついた酸素の質量ということになる。これにより，マグネシウムの質量と結びついた酸素の質量の間にも，次のような関係があるとわかる。

マグネシウム：酸素＝３：２

発展

マグネシウムと酸素の質量

酸化マグネシウムはマグネシウムと酸素の原子が１：１で結びついてできているのにマグネシウムと酸素の質量比は１：１ではない。これはマグネシウムと酸素の原子量（原子の質量の比を表す数値）のちがいによるものである。

Mgの原子量：24

Oの原子量：16

上のようにマグネシウムと酸素の原子量の比は３：２である。これによって原子が１：１の割合で結びつく酸化マグネシウム中のマグネシウムと酸素の質量の比は３：２になる。

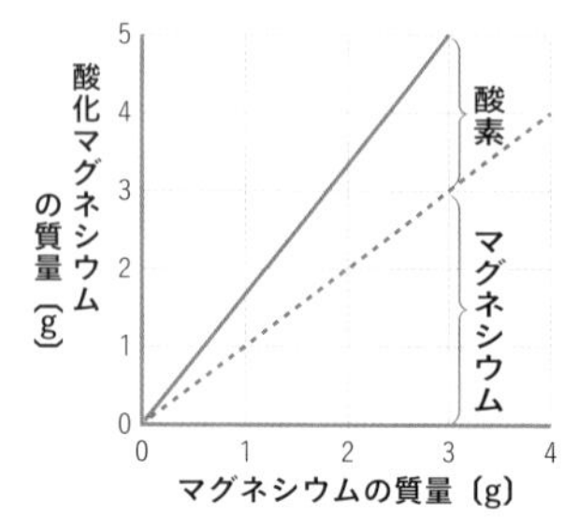

⬆マグネシウムと酸化マグネシウムの質量の関係

◉ 銅の酸化と質量

銅粉を空気中で加熱すると，酸素と結びついて酸化銅ができる。

$$2Cu + O_2 \rightarrow 2CuO$$

銅　　酸素　　酸化銅

銅の質量と酸化銅の質量の関係も右のグラフのように原点を通る直線で表される。グラフより，銅の質量と酸化銅の質量の間には，次のような関係があることがわかる。

銅：酸化銅＝4：5

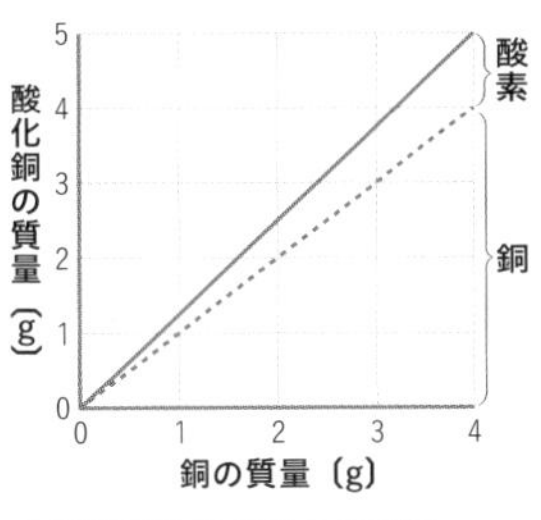

➊銅と酸化銅の質量の関係

マグネシウムの場合と同様，銅の質量と結びついた酸素の質量の間にも次のような関係がある。

銅：酸素＝4：1

◉ 定比例(ていひれい)の法則(ほうそく)

化合物(かごうぶつ)が生成される場合，結びつく原子の質量の割合は，化合物ごとにつねに一定の値になる。このことを，**定比例の法則**という。

たとえば，酸化銅にふくまれる銅原子と酸素原子の質量の割合は，**銅：酸素＝4：1**となる。この質量の比はつねに一定である。このことは，酸化物だけでなく，すべての化合物についていえる。「**化合物をつくる元素(げんそ)の質量の割合はつねに一定である**」という**定比例の法則**は，フランスの化学者プルーストによって発見された。

▶化合物中の元素の質量の割合の例

❶	酸化銀（Ag_2O）	銀　：酸素＝27：2
❷	水（H_2O）	水素：酸素＝1：8
❸	硫化(りゅうか)鉄（FeS）	鉄　：硫黄(いおう)＝7：4

参考

プルースト（1754～1826）

フランスの化学者。各種の鉱物(こうぶつ)や金属の酸化物を精密に分析(ぶんせき)し，1799年に「定比例の法則」を発表した。この法則が提唱されたことによって，ドルトンは原子説(げんしせつ)（1803）を発表することができたといえる。

実験

金属の質量の変化を調べよう

目的

マグネシウムや銅を空気中で十分加熱したときの，金属の質量と結びつく酸素の質量との関係を調べる。

方法

❶ マグネシウムと銅の粉末を，それぞれ質量を変えてステンレス皿にのせ，はかりとる。

❷ はかりとったそれぞれの粉末を強い火で加熱する。

質量をはかる。
加熱する。
金属の粉末
ステンレス皿
くり返す

POINT できるだけ多くの空気にふれられるようにうすく広げる。

❸ よく冷えてから粉末の質量をはかり，再び加熱する。

❹ ❷，❸の操作をくり返し，一定になったときの質量を記録する。

結果

◉ マグネシウムの酸化

マグネシウムの質量〔g〕	0.20	0.40	0.60	0.80
酸化マグネシウムの質量〔g〕	0.33	0.67	1.00	1.33
酸素の質量〔g〕	0.13	0.27	0.40	0.53

◉ 銅の酸化

銅の質量〔g〕	0.20	0.40	0.60	0.80
酸化銅の質量〔g〕	0.25	0.49	0.75	1.00
酸素の質量〔g〕	0.05	0.09	0.15	0.20

POINT 測定値の点の近くを通るように直線を引く。

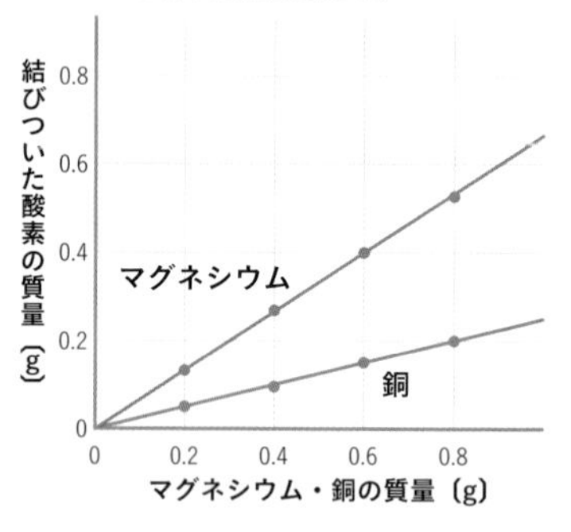

考察

グラフを見ると，２つの直線は原点を通る直線になっている。よって，金属が酸素と結びついて酸化物になるときは，金属と酸素は決まった質量の割合で結びつく（マグネシウム：酸素＝３：２，銅：酸素＝４：１）。

第3章 SECTION

5 化学変化と熱

一般に化学変化ではエネルギーの出入りをともなう。そのエネルギーは，あるときは光や電気であるが，多くの場合は熱である。化学かいろがあたたかくなるのもこの熱を利用している。ここではそのような反応にともなう熱について学んでいく。

1 発熱反応

化学変化が起こるときに，熱を発生する変化を**発熱反応**という。厳密にはエネルギーが熱であるかに関わらず，反応においてエネルギーを放出する反応を発熱反応という。

◉ 鉄の酸化

鉄は放置しておくと赤くさびてくる。この赤さびは，鉄が空気中の酸素と結びついてできた酸化鉄である。鉄がさびる現象は**おだやかな酸化**で，このときもわずかに発熱している。

この熱を利用したのが化学かいろである。かいろの中には**鉄粉**や**活性炭**が入っており，鉄の酸化による発熱であたたかくなる（➡p.292）。

◉ マグネシウムと塩酸の反応

塩酸の中にマグネシウムを加えると，マグネシウムが溶けきるまで発熱が続く。

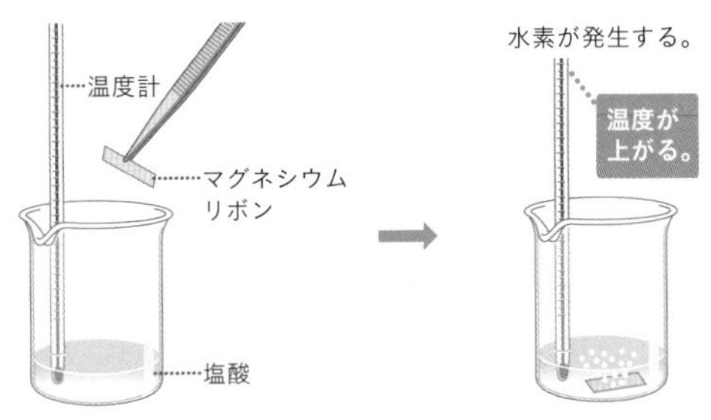

⬆マグネシウムと塩酸の反応

くわしく 

化学かいろ

化学かいろには鉄粉のほかにもさまざまな物質が入っており，使用時の温度や持続時間などに工夫がされている。

❶水や塩類（塩➡p.325）
鉄粉がさびるのを早める。

❷活性炭
空気中の酸素を吸着し，かいろ中の酸素濃度を高める。

❸保水剤
水分をたくさんふくみながらも鉄粉がべたつかないようにしている。バーミキュライトなどが用いられる。

2 吸熱反応

化学変化が起こるときに，まわりから熱を吸収する変化を**吸熱反応**という。炭酸水素ナトリウムや酸化銀の熱分解（➡p.259, 261）は典型的な吸熱反応である。また水の電気分解（➡p.261）も電気エネルギーを吸収する吸熱反応である。

◉ 水酸化バリウムと塩化アンモニウムの反応

水酸化バリウムと塩化アンモニウムをビーカーに入れてよくかき混ぜると気体のアンモニアが発生し，温度が下がる。

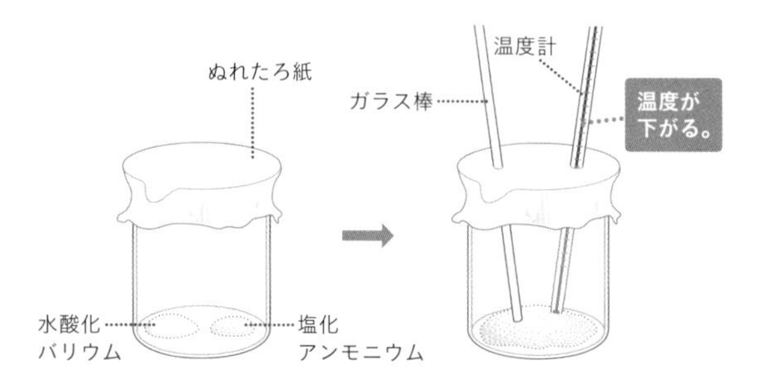

◉ 炭酸水素ナトリウムとクエン酸水溶液の反応

炭酸水素ナトリウムとクエン酸水溶液をよくかき混ぜると温度が下がる。

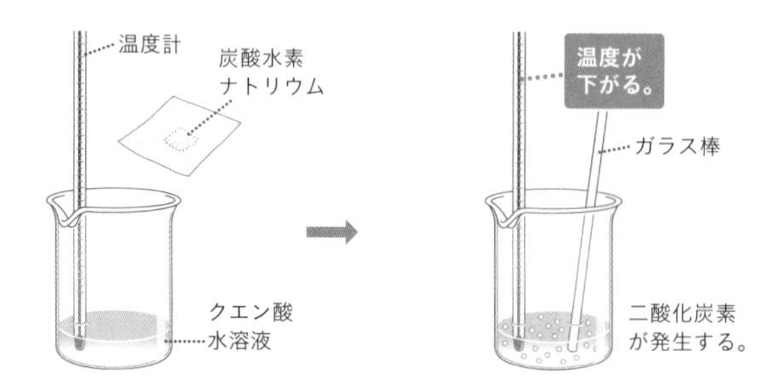

◉ 硝酸アンモニウムを水に溶かす反応

硝酸アンモニウムが水に溶けると吸熱反応が起こり，温度が下がる。この反応は携帯用の冷却パック（➡p.293）に利用されている。

発展

吸熱反応
発熱反応と同じく，エネルギーが熱であるかに関わらず，反応においてエネルギーを吸収する反応を吸熱反応という。

くわしく

水酸化バリウムと塩化アンモニウムの反応
左の実験で，ぬれたろ紙でビーカーにふたをするのは，反応によって生じたアンモニアをろ紙の水に溶かすことで，アンモニアが空気中に拡散するのを防ぐためである。

3 化学変化にともなう熱の出入り

◉ 化学変化と熱エネルギー

化学変化では，エネルギーの出入りが必ずともなう。これは，化学変化の前後で，物質がもつエネルギーに差があるためである。

化学変化によって，エネルギーの低い物質からエネルギーの高い物質ができる場合，外部からエネルギー（熱）を得ることが必要となるため，**吸熱反応**となる。逆の場合，差となるエネルギー（熱）が外部に出されるため，**発熱反応**となる。

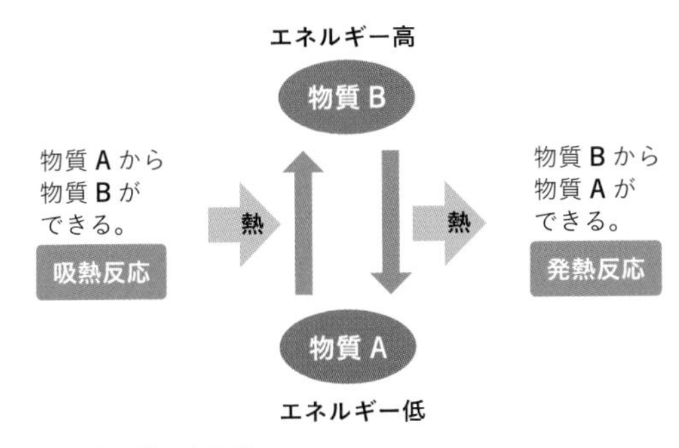

⬆化学変化と熱の出入り

◉ いろいろな反応熱

化学変化にともなって出入りする熱を**反応熱**という。反応熱は決められた量の物質が，完全に反応するときのエネルギーの値で表し，反応の種類によって次のように分けられることが多い。

▶**燃焼熱**　物質が完全燃焼するときに発生する熱。

▶**生成熱**　物質の単体から化合物が生じる反応によって発生または吸収される熱。

▶**中和熱**　中和（➡p.323）にともなう熱。

▶**溶解熱**　物質が水に溶ける反応によって発生または吸収される熱。

くわしく

化学エネルギー

物質はそれぞれに固有の大きさのエネルギーをもっている。たとえば，水素分子2つと酸素分子1つのもつ化学エネルギーの和は，水分子2つのもつ化学エネルギーより大きいため，水素と酸素から水ができる反応は発熱反応となる。

参考

状態変化による熱の出入り
(➡p.215)

融解熱，凝固熱，蒸発熱，凝縮熱，昇華熱などは，物質の状態（気体，液体，固体）が変化するときに出入りする熱である。反応熱と同様に，それぞれの状態におけるエネルギーの差によって熱が出入りする。

実験

化学かいろで起こる変化を確かめよう

目的

化学かいろで起こる化学変化によって熱が発生することを確かめる。

方法

❶ ビーカーに，鉄粉6 gと活性炭の粉末3 gを入れて混ぜ，温度をはかる。

❷ ❶に食塩水を数滴加え，ガラス棒でかき混ぜながら，1分ごとの温度の変化を調べる。

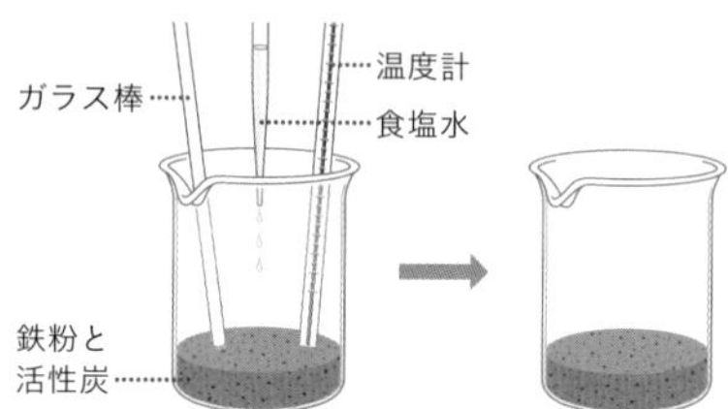

! 注意 高温になることがあるので，ビーカーにふれるときは，火傷をしないように注意する。

POINT
・活性炭は表面に小さな穴が多数あり，空気中の酸素を吸着して，鉄粉が酸化しやすい状態を保っている。
・食塩水には鉄の酸化を早める触媒としてのはたらきがある。

結果

時間〔分〕	0	1	2	3	4	5	6	7	8	9	10
温度〔℃〕	23.0	31.4	38.0	43.2	47.4	52.0	60.0	66.0	69.6	72.0	74.8

POINT グラフを作成するときは，測定値の点の近くを通るように曲線を引く。

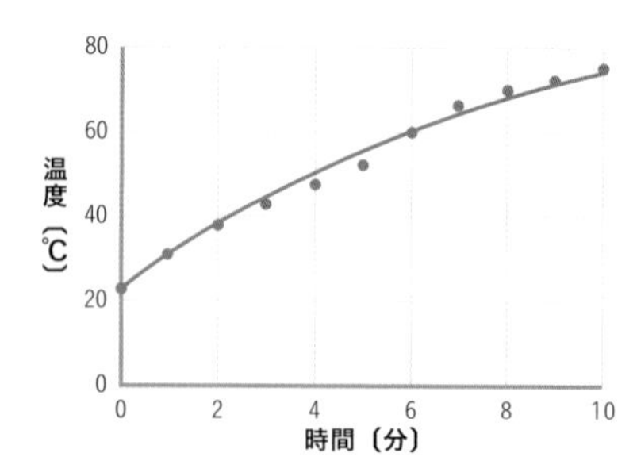

考察

表とグラフから，鉄粉と活性炭の粉末に食塩水を加えると，熱が発生する反応（発熱反応）が起こることがわかる。

身近な生活

化学かいろのしくみ

©アフロ

市販の未使用の化学かいろの袋を開けて中を調べると，黒っぽい粉末状の固体が入っています。この粉末に磁石を近づけると引きつけられることから，鉄粉がふくまれていることを確かめられます。

一方，使用済みの化学かいろの袋の中の粉末は，茶色っぽく変化しています。これは，鉄が酸化されることによります（化学かいろで起こる化学変化では，鉄が酸素と水と結びついて水酸化鉄という物質ができます）。

市販の化学かいろの中には，鉄粉や活性炭，水や塩類のほかに，バーミキュライトなどの保水剤がふくまれていて，保水剤が水を吸着することによって，多くの水がふくまれていても，さらさらした状態を保つことができます。

身近な生活

冷却パックのしくみ

©アフロ

市販の冷却パックの中には，硝酸アンモニウムや尿素と，中に水が入った袋が入っています。冷却パックに力を加えると，水の袋が破れ，硝酸アンモニウムや尿素が水に溶けます。冷却パックは，それらが水に溶けるときに熱を吸収することで，温度が下がるしくみを利用しています。

完成問題 CHECK

解答 p.632

1 **図のようにして，炭酸水素ナトリウムを加熱すると，気体が発生し，試験管Ａの口付近に液体がついた。試験管Ａには，白い物質が残った。次の問いに答えなさい。**

炭酸水素ナトリウム
試験管Ａ
水
ゴム栓

⑴ 発生した気体は何か。

（　　　　　　）

⑵ 試験管Ａについた液体が水かどうかを確かめるには，何を使えばよいか。

（　　　　　　）

⑶ 試験管Ａに残った白い物質（㋐）と炭酸水素ナトリウム（㋑）にそれぞれ水を加えた。水への溶け方やフェノールフタレイン溶液を加えたときの色の変化を，次の**ア**～**エ**からそれぞれ選べ。

㋐（　　）（　　）　㋑（　　）（　　）

ア　水に溶けやすい。　　**イ**　水に溶けにくい。

ウ　濃い赤色になる。　　**エ**　うすい赤色になる。

⑷ 炭酸水素ナトリウムは，加熱すると３種類の物質に分解する。その３種類の物質は何か。　（　　　　　）（　　　　　）（　　　　　）

2 **図のように，試験管に酸化銀を入れて加熱し，発生する気体を集めた。次の問いに答えなさい。**

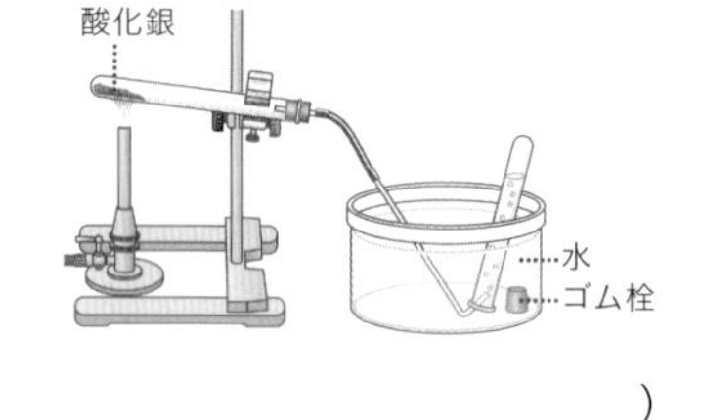

⑴ 発生する気体を集めたとき，はじめに出てくる気体は集めない。その理由を書け。

（　　　　　　　　　　　　　　　　）

⑵ 気体の発生後，試験管の中に残った固体は何か。　（　　　　　）

3 次の問いに答えなさい。

(1) ❶〜❸の元素を元素記号で表せ。

❶ 水素（　　　）　❷ 窒素（　　　）　❸ 鉄（　　　）

(2) ❶〜❸の元素記号が表している元素の名前を書け。

❶ O（　　　　）　❷ Cl（　　　　）　❸ Na（　　　　）

4 次の❶〜❻にあてはまる化学式を，係数もふくめて答えなさい。

・炭素と酸素が結びつく反応　（ ❶ ）＋ O_2 →（ ❷ ）

・水の電気分解　（ ❸ ）→ $2H_2$ ＋（ ❹ ）

・炭酸水素ナトリウムの熱分解　$2NaHCO_3$ →（ ❺ ）＋（ ❻ ）＋ H_2O

❶（　　　　）　❷（　　　　）　❸（　　　　）

❹（　　　　）　❺（　　　　）　❻（　　　　）

5 化学変化と熱の出入りについて，次の問いに答えなさい。

(1) 熱を放出する化学変化を何というか。　（　　　　）

(2) 外部から熱を吸収する化学変化を何というか。　（　　　　）

6 次の問いに答えなさい。

(1) ❶，❷のようにして，２つの物質を反応させた。反応後の容器をふくめた全体の質量は，反応前に比べてどうなるか。

❶（　　　　）　❷（　　　　）

(2) 酸化銀2.9 gを試験管に入れて加熱すると，すべて分解して2.7 gの銀ができた。銀と結びついていた酸素の質量は何gか。　（　　　　）

(3) 鉄粉3.5 gと硫黄2.0 gの混合物を加熱すると，すべて反応して硫化鉄ができた。硫化鉄の質量は何gか。　（　　　　）

(4) 銅粉1.2 gを加熱すると，1.5 gの酸化銅ができた。銅と酸素が結びつくときの銅と酸素の質量の比は何対何か。　銅：酸素（　　　　）

第4章

化学変化とイオン

原子や原子のまとまりが電子を得たり失ったりすると，イオンという粒子になる。
イオンは電気を帯びた粒子で，電池のしくみや，水溶液の性質にも，深く関係している。
第４章では，イオンとイオンに関わる化学変化について学習しよう。

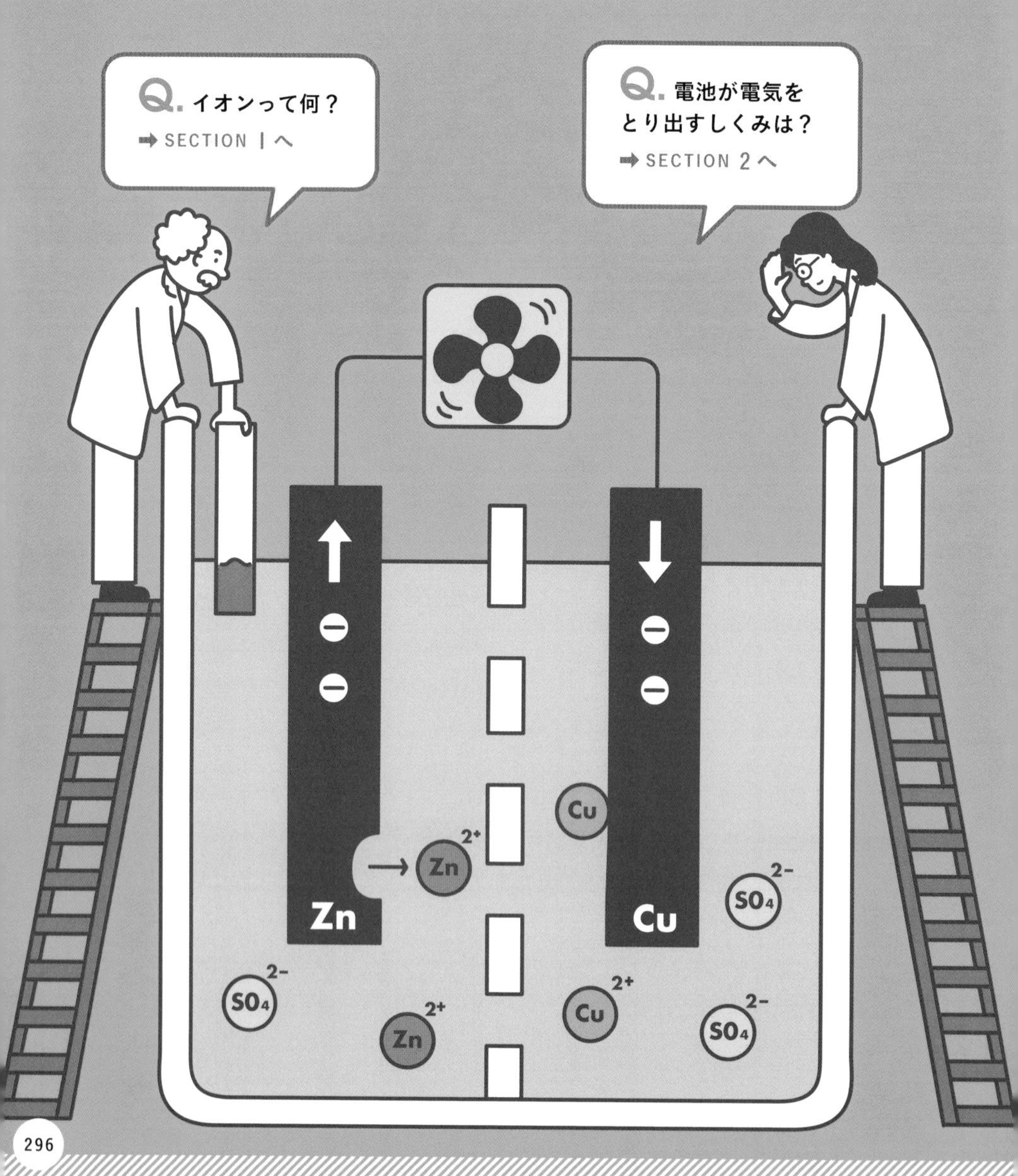

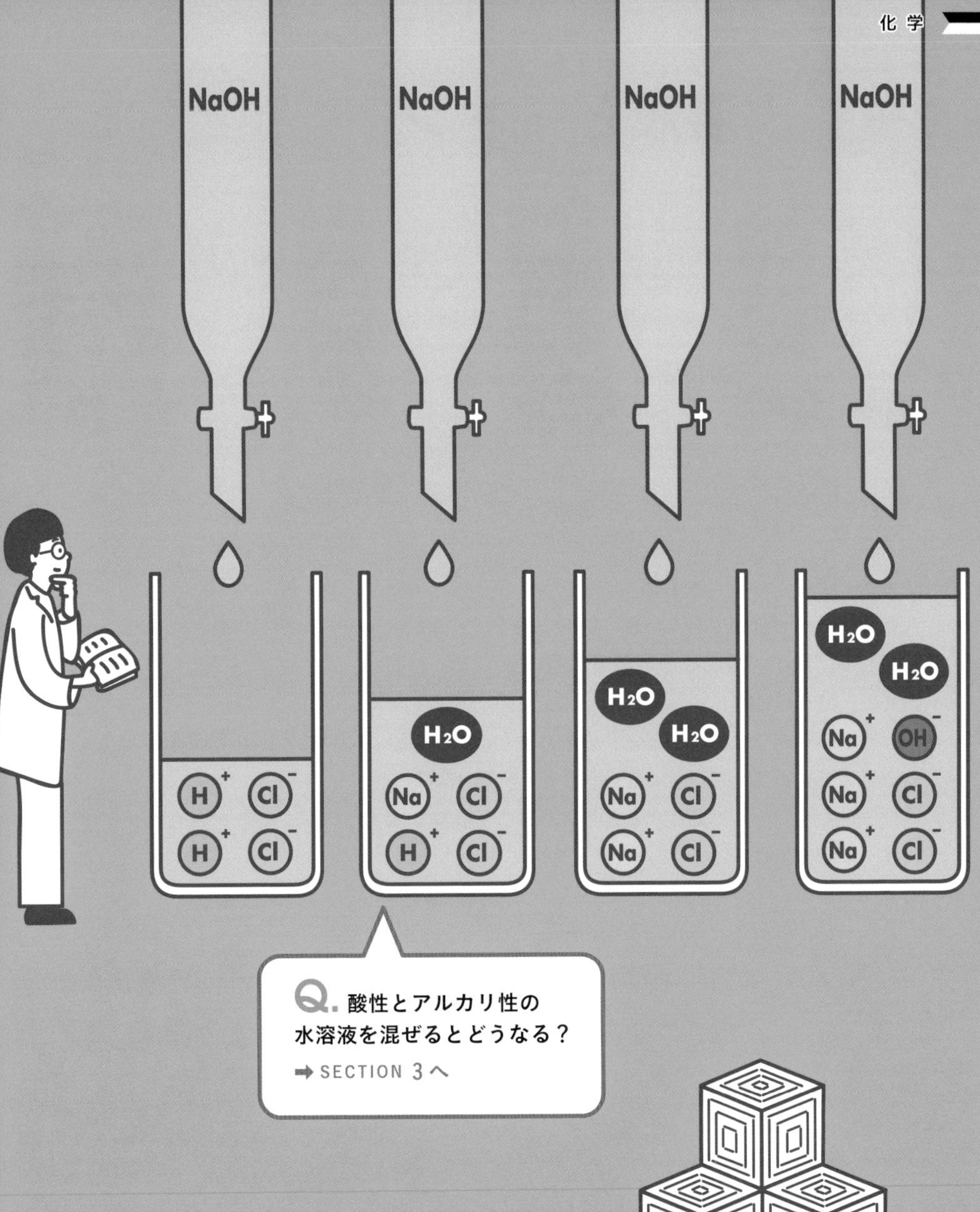

SECTION 1 水溶液とイオン … p.298
SECTION 2 電池 … p.307
SECTION 3 酸・アルカリと中和 … p.314

水溶液とイオン

水に電流を流すと水素と酸素が発生すると学んだが，これには電子の動きが関係している。食塩など，一部の物質を溶かした水溶液に電流が流れるのも，電子の移動によるものである。ここでは，水溶液中の電子の受け渡しについて学ぶ。

1 イオン

1 イオン

原子(げんし)は，中心にある**原子核**(げんしかく)と，そのまわりにある**電子**(でんし)からできている（➡p.272）。原子核はさらに，**陽子**(ようし)と**中性子**(ちゅうせいし)からできている。陽子は＋，電子は－の電気をもつ。陽子の数は原子の**原子番号**（➡p.273）と同じで，原子の種類によって決まっている。

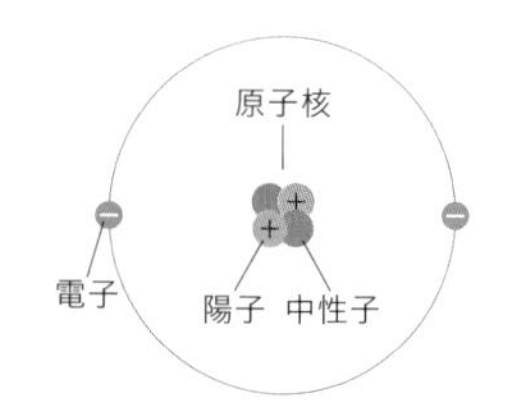

⬆ヘリウム原子の構造モデル

原子の状態では，陽子と電子の数は等しいため，原子全体では電気を帯びていない。しかし，原子が電子を失ったり受けとったりすると電気を帯びた状態になり，これを**イオン**という。

◉ **陽イオン**

電子を１個またはそれ以上失った原子や原子のまとまりを**陽イオン**という。11個の電子をもつナトリウム原子が，１個の電子を失うとナトリウムイオンとなり，＋の電気を帯びる。

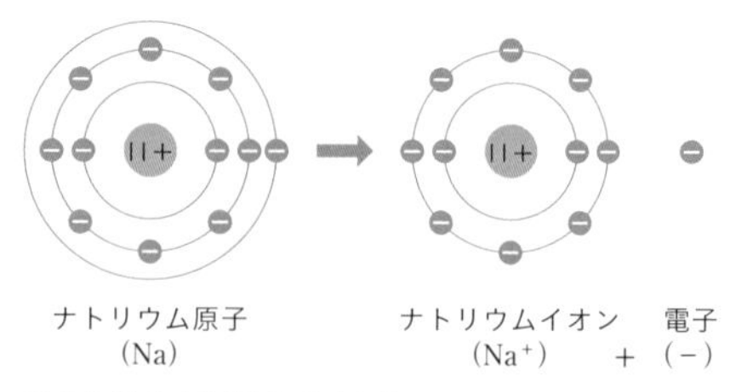

⬆ナトリウム原子のイオン化

◉ **陰イオン**(いん)

陽イオンとは逆に，電子を受けとった原子や原子のまとまりを**陰イオン**という。電子を17個もつ塩素原子は，電子１個を受けとって塩化物イオンとなり，－の電気を帯びる。

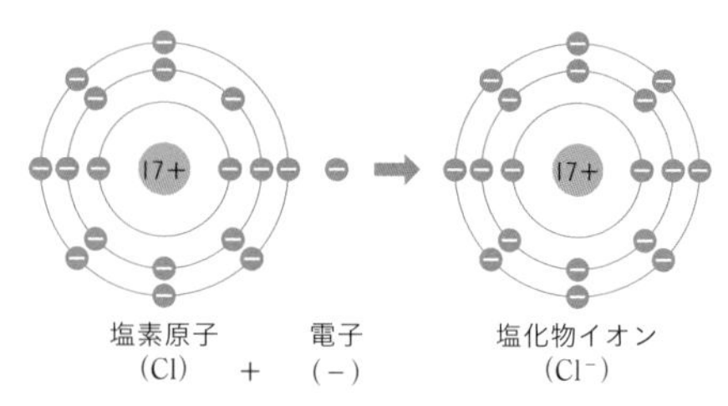

⬆塩素原子のイオン化

◉ イオンの表し方

化学式で，ナトリウムイオンはNa^{+}，塩化物イオンはCl^{-}と表す。Na^{+}はナトリウム原子Naが電子１個を失った陽イオン，Cl^{-}は塩素原子Clが電子１個を受けとった陰イオンであることを表す。また，硫酸(りゅうさん)イオンSO_4^{2-}は，硫黄(いおう)原子S１つと酸素原子O４つのまとまりが電子２個を受けとった陰イオンであることを表す。下の表におもなイオンを示した。

イオン名	式	イオン名	式
水素イオン	H^{+}	亜鉛イオン	Zn^{2+}
ナトリウムイオン	Na^{+}	鉛イオン	Pb^{2+}
カリウムイオン	K^{+}	アルミニウムイオン	Al^{3+}
アンモニウムイオン	NH_4^{+}	塩化物イオン	Cl^{-}
銀イオン	Ag^{+}	臭化物イオン	Br^{-}
マグネシウムイオン	Mg^{2+}	ヨウ化物イオン	I^{-}
カルシウムイオン	Ca^{2+}	水酸化物イオン	OH^{-}
バリウムイオン	Ba^{2+}	硝酸イオン	NO_3^{-}
鉄（Ⅱ）イオン	Fe^{2+}	炭酸イオン	CO_3^{2-}
鉄（Ⅲ）イオン	Fe^{3+}	硫酸イオン	SO_4^{2-}
銅イオン	Cu^{2+}	リン酸イオン	PO_4^{3-}

↑おもなイオン

◉ イオンの価数

原子や原子のまとまりが受けとる（または失う）電子の数を価数という。電子を１個受けとって（または失って）イオンになるものを１価のイオンといい，２個受けとって（または失って）イオンになるものを２価のイオンという。

同じ元素(げんそ)でも，鉄のように価数の異なるイオンをつくる場合もある。上の表に示した鉄イオンの（ ）の中の数字は，それぞれのイオンの価数を示している。

◉ 電離を表す式

物質が水に溶けて，陽イオンと陰イオンに分かれることを電離という。

塩化水素HClは水に溶けて，陽イオンの水素イオンH^+と陰イオンの塩化物イオンCl^-に電離する。この電離のようすを，化学式を使って

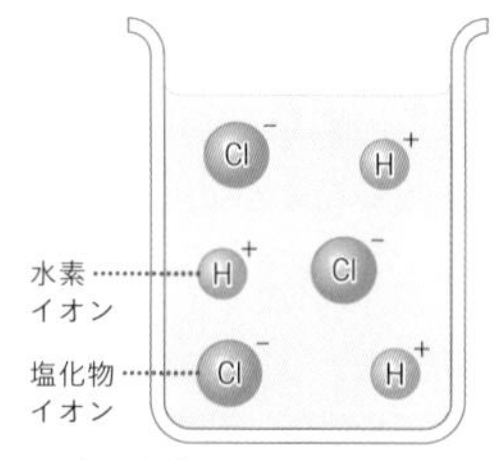

⬆塩化水素HClの電離のようす

$$HCl \rightarrow H^+ + Cl^-$$

と表す。

硫酸H_2SO_4は水に溶けて，陽イオンの水素イオンH^+と陰イオンの硫酸イオンSO_4^{2-}に電離する。この電離のようすを，化学式を使って

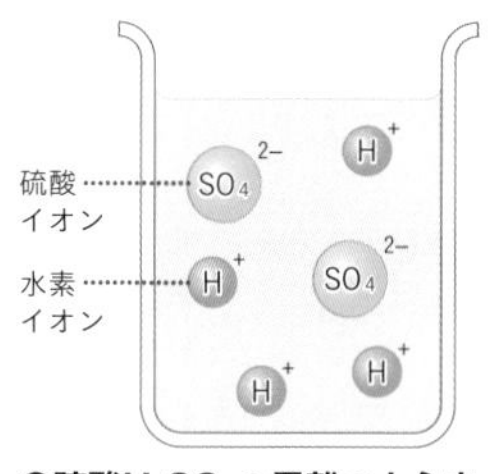

⬆硫酸H₂SO₄の電離のようす

$$H_2SO_4 \rightarrow 2H^+ + SO_4^{2-}$$

と表す。

くわしく

電解質と非電解質

▶おもな電解質

例 塩化水素，塩化ナトリウム，酢酸，水酸化ナトリウム

▶おもな非電解質

例 砂糖，エタノール

物質	電離を表す式	物質	電離を表す式
塩化水素	$HCl \rightarrow H^+ + Cl^-$	硫酸	$H_2SO_4 \rightarrow 2H^+ + SO_4^{2-}$
塩化ナトリウム	$NaCl \rightarrow Na^+ + Cl^-$	硝酸	$HNO_3 \rightarrow H^+ + NO_3^-$
塩化銅	$CuCl_2 \rightarrow Cu^{2+} + 2Cl^-$	水酸化カルシウム	$Ca(OH)_2 \rightarrow Ca^{2+} + 2OH^-$
水酸化ナトリウム	$NaOH \rightarrow Na^+ + OH^-$		

⬆おもな物質の電離を表す式

2 電解質

物質には，塩化ナトリウムのように水に溶かすと電流が流れる物質（**電解質**）と，砂糖のように水に溶かしても電流が流れない物質（**非電解質**）の２種類がある。

電解質を水に溶かすと電離して，水溶液中に電気を帯びたイオンが存在するようになる。電解質の水溶液が電流を通すのは，**イオンの移動によって電子が運ばれる**からである。下図のように，電離によってできた陽イオンは，＋の電気を帯びているので陰極に向かって移動する。また，陰イオンは－の電気を帯びているので，陽極に向かって移動する。このとき，陽イオンは陰極から足りない電子を受けとり，陰イオンは陽極に余分な電子を渡す。このように水溶液中で電子の受け渡しが起こることで電流が流れる。

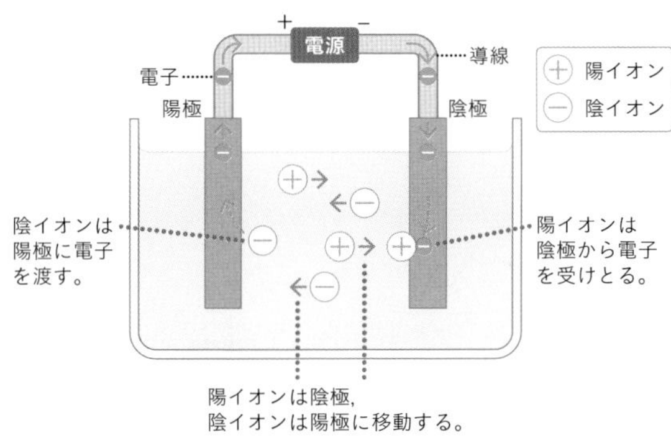

↑電解質の水溶液中を移動するイオンのモデル

一方，砂糖のような非電解質は水に溶かしてもイオンに分かれず，分子のまま溶けるため電流が流れない。

くわしく

強電解質
水に溶かしたとき，ほとんど全部が電離する物質。
例 塩化ナトリウム，水酸化ナトリウム，塩化水素，硫酸

弱電解質
水に溶かしたとき，一部が電離し，残りは分子のままの状態で存在している物質。
例 酢酸，炭酸，アンモニア

2 電気分解

1 電気分解

塩化銅などの電解質の水溶液に電流を流すと，各電極から別の物質が得られる。このように，電流を流して物質を分解することを**電気分解**という（➡p.261）。

◉ 塩化銅水溶液の電気分解

塩化銅水溶液に炭素棒を入れて電流を流すと，陽極と陰極から別の物質が発生する。

実験

塩化銅水溶液の電気分解

目的

塩化銅水溶液を電気分解すると，陰極と陽極にそれぞれどんな物質ができるのかを調べる。

方法

❶ 図のような装置をつくり，電流を流して，陰極や陽極のようすを観察する。

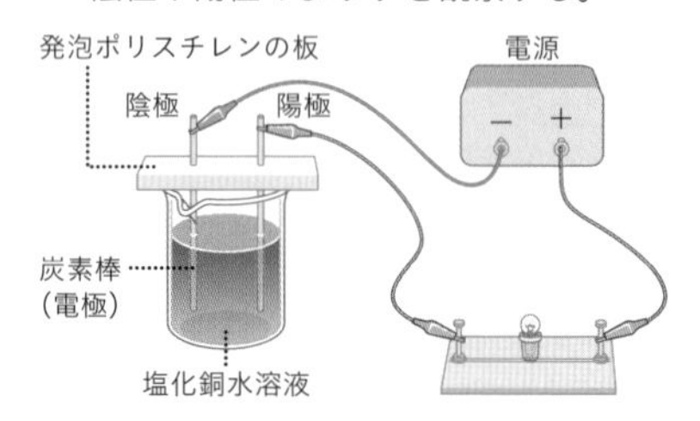

❷ 電極に発生した物質の性質を調べる。

〈陰極〉

㋐ 炭素棒に付着した物質の色を見る。

㋑ 炭素棒に付着した物質をこすりとり，薬さじなどでこする。

〈陽極〉

㋐ においを調べる。

㋑ 陽極付近の水溶液を青色リトマス紙にたらす。

結果

〈陰極〉

㋐ 赤色の物質が付着した。

㋑ 金属光沢が出た。

〈陽極〉

㋐ プールのようなにおいがした。

㋑ 青色リトマス紙の色が消えた。

思考の流れ

仮説

- 塩化銅が分解されて，塩素と銅ができる。
- 塩化物イオンCl^-は陽極，銅イオンCu^{2+}は陰極に移動して，陽極に塩素，陰極に銅ができる。

計画

- 銅の性質があるかを調べる。
- 塩素の性質があるかを調べる。

考察の観点

- 金属光沢(きんぞくこうたく)は，金属の特徴(とくちょう)の1つ。
- 塩素には漂白(ひょうはく)作用がある。

考察

陰極に付着した物質は，赤色で金属光沢が見られた。このことから銅と考えられる。陽極に発生した気体は，そのにおいと漂白作用があることから塩素と考えられる。

塩化銅水溶液中には，銅イオンと塩化物イオンがあり，銅イオンは陰極に，塩化物イオンは陽極に移動する。陰極では，銅イオンが電子(でんし)2個を受けとって銅原子(げんし)となる。陽極では，2つの塩化物イオンが電子を1個ずつ電極に渡し，塩素分子となる。このときの陰極，陽極での反応は，電子1個をe^-と表すと次のように表される。

陰極：$Cu^{2+} + 2e^- \rightarrow Cu$

陽極：$2Cl^- \rightarrow Cl_2 + 2e^-$

$$CuCl_2 \rightarrow Cu + Cl_2$$

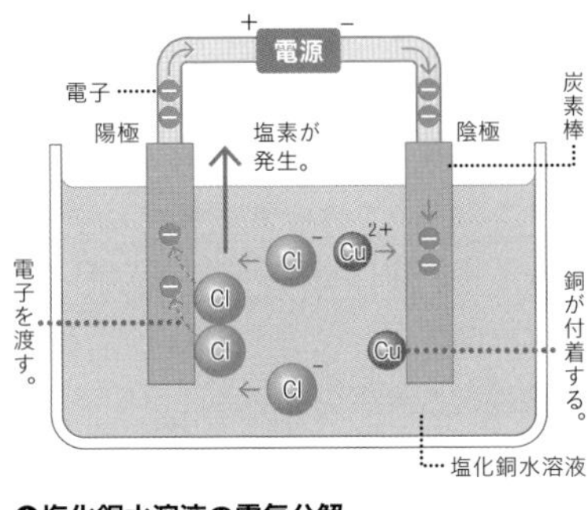

⬆塩化銅水溶液の電気分解

◉ 塩酸の電気分解

塩酸に電流を流すと，陰極から水素，陽極から塩素が発生する。

陰極：$2H^+ + 2e^- \rightarrow H_2$

陽極：$2Cl^- \rightarrow Cl_2 + 2e^-$

$$2HCl \rightarrow H_2 + Cl_2$$

発生する水素と塩素の体積は同じだが，塩素は水に溶けやすいので，集まる気体の体積は少ない。

◉ 水の電気分解

水に水酸化ナトリウムやうすい硫酸などを加えて電流を流すと，陰極から水素，陽極から酸素が発生する(➡p.261)。

$$2H_2O \rightarrow 2H_2 + O_2$$

発展

水の電気分解

水はわずかに電離して，水素イオンと水酸化物イオンを生じる。

$H_2O \rightarrow H^+ + OH^-$

水酸化ナトリウムを加えたときの水の電気分解では，陰極と陽極でそれぞれ次のような反応が起こる。

陰極：$4H_2O + 4e^- \rightarrow 2H_2 + 4OH^-$

陽極：$4OH^- \rightarrow O_2 + 2H_2O + 4e^-$

水溶液中のH^+の濃度が低いため，陰極ではH^+の代わりに水分子が電子を得て水素が発生する。

③ 金属イオン

1 金属のイオンへのなりやすさ

アルミニウムや鉄を塩酸に入れると水素が発生するが，このときアルミニウムや鉄は陽イオンとなって溶液中に溶ける。このように，金属は電子を失って陽イオンになりやすいが，このなりやすさは金属によって異なる。

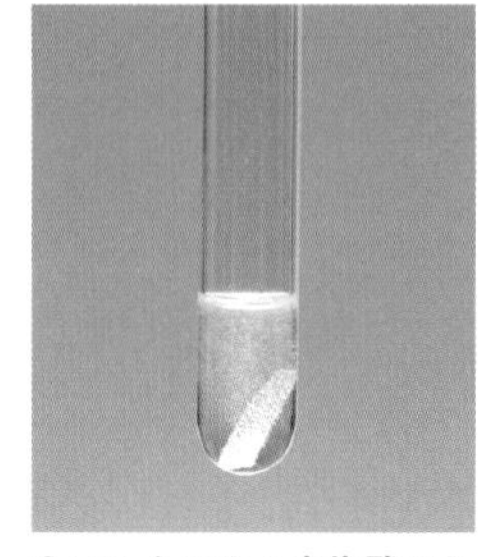

⬆アルミニウムを塩酸に入れたときのようす

くわしく

イオン化傾向

金属の，陽イオンへのなりやすさをイオン化傾向という。この強さは金属の種類によって異なり，金属をイオン化傾向の大きさの順に並べたものをイオン化列という。

◉ 2種類の金属の比較

イオンになりにくい金属Aのイオンをふくむ水溶液に，Aよりもイオンになりやすい金属Bを入れると，金属Bは電子を失って陽イオンとなり，代わりに水溶液中の金属Aのイオンがその電子を受けとり，原子になって析出（➡p.246）する。

たとえば，硝酸銀水溶液に銅板を入れた場合，銅は銀よりイオンになりやすいため，電子を失って銅イオンとして溶け出す。一方，水溶液中の銀イオンは電子を受けとって銀原子になり，銅板に析出する。

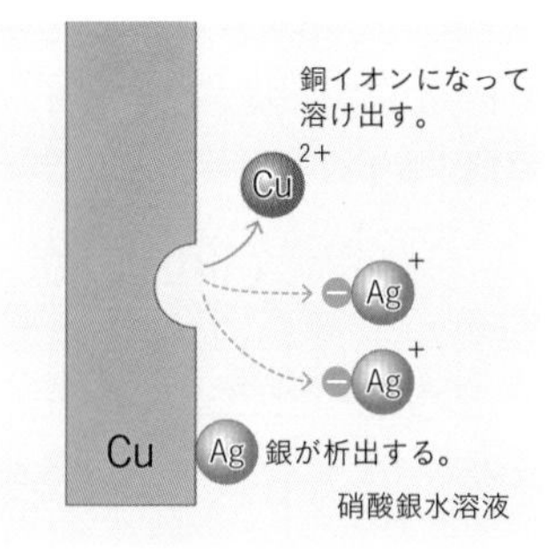

⬆銀の析出のモデル

$$Cu \rightarrow Cu^{2+} + 2e^-$$ （銅原子が銅イオンになる。）

$$2Ag^+ + 2e^- \rightarrow 2Ag$$ （銀が析出する。）

おもな金属のイオンへのなりやすさは下記のとおりである。

Li＞K＞Ca＞Na＞Mg＞Al＞Zn＞Fe＞Ni＞Sn＞Pb＞(H_2)＞Cu＞Hg＞Ag＞Pt＞Au

くわしく

イオンと酸化・還元

一般に，イオンになりにくい金属ほど化学的に安定しているため，酸化されにくい。反対に，イオンになりやすい金属は化学的に不安定なため，酸化されやすい。したがって，還元する力が大きい。

2 金属イオン

多くの金属は電子を1～3個失って1～3価の陽イオンとなる。1～3価のどの陽イオンになりやすいかは，金属の種類によって異なる。周期表の縦の列を族，横の列を周期といい，1族の金属は1価，2族の金属は2価の陽イオンになりやすい。これは，周期表の族と各金属の最外殻電子（➡p.306）の数に関係があるためである。

下図は，ナトリウム原子，カルシウム原子，鉄原子が，それぞれ電子を1～3個失って陽イオンになるモデルを示している。

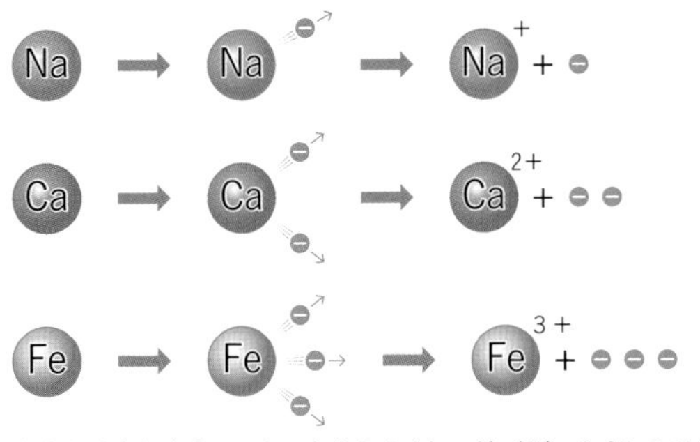

⬆ナトリウムイオン，カルシウムイオン，鉄（Ⅲ）イオンのでき方

1価のイオン	カリウムイオン（K^{+}），ナトリウムイオン（Na^{+}），銀イオン（Ag^{+}）
2価のイオン	カルシウムイオン（Ca^{2+}），マグネシウムイオン（Mg^{2+}），亜鉛イオン（Zn^{2+}），鉄(Ⅱ)イオン（Fe^{2+}），銅イオン（Cu^{2+}），鉛イオン（Pb^{2+}）
3価のイオン	アルミニウムイオン（Al^{3+}），鉄(Ⅲ)イオン（Fe^{3+}）

⬆おもな金属イオン

3 電子配置とイオンへのなりやすさ

電子は，原子核のまわりにある電子殻とよばれる層に存在している（➡p.274）。

電子殻は内側からK殻，L殻，M殻，N殻…とよばれ，各原子の電子の配置はそれぞれ下の表のようになる。最も外側の電子殻にある電子を**最外殻電子**といい，最外殻電子の数はイオンへのなりやすさと関係している。

たとえば，ナトリウム原子Naの電子は，K殻に２個，L殻に８個，M殻に１個配置される。最も外側のM殻には電子が１個しかないため，この電子を放出して１価の陽イオン（Na^+）になりやすい。

発展

価電子

最外殻電子はその原子の反応や結合に深く関わり，価電子という名前でもよばれる。ただし，貴ガス（希ガス）のように，最外殻電子が８個の場合や，その殻に入る最大数ちょうどの場合は，最外殻電子は価電子として数えられず，価電子の数は０となる。

周期＼族	1	2	13	14	15	16	17	18
1	1+（原子核，電子） $_1H$ 水素							2+ $_2He$ ヘリウム
2	3+ $_3Li$ リチウム	4+ $_4Be$ ベリリウム	5+ $_5B$ ホウ素	6+ $_6C$ 炭素	7+ $_7N$ 窒素	8+ $_8O$ 酸素	9+ $_9F$ フッ素	10+ $_{10}Ne$ ネオン
3	11+ $_{11}Na$ ナトリウム	12+ $_{12}Mg$ マグネシウム	13+ $_{13}Al$ アルミニウム	14+ $_{14}Si$ ケイ素	15+ $_{15}P$ リン	16+ $_{16}S$ 硫黄	17+ $_{17}Cl$ 塩素	18+ $_{18}Ar$ アルゴン

↑電子配置

一方，塩素原子Clの電子は，K殻に２個，L殻に８個，M殻に７個配置される。このため，塩素原子はM殻に１個の電子を受けとって安定し，１価の陰イオン（Cl^-）になりやすい。

ネオンやアルゴンなどの**貴ガス**（**希ガス**）とよばれる原子は，電子配置が非常に安定しているため，イオンにならず，また化合物もつくりにくい。**貴ガス以外の原子は，貴ガスと同じ安定な電子配置になろうとする性質がある。**

電池

パソコンや目覚まし時計，ゲーム機など，日常生活で使用する電気機器の中には，電池のはたらきで動いているものが多くある。電池は，化学変化によって電流を発生させてこれらの機器を動かしているが，電池の中ではどのような化学変化が起こっているのだろう。

1 電池のしくみ

電解質（➡p.300）の水溶液中に２種類の金属板を入れ，導線でつなぐと電流が流れる。このような化学変化によって電流をとり出す装置を**電池**（**化学電池**）という。

電池は，２種類の金属のイオンへのなりやすさの差によって，電流を発生させている。したがって，同じ種類の金属板を２枚使用しても電池にはならない。

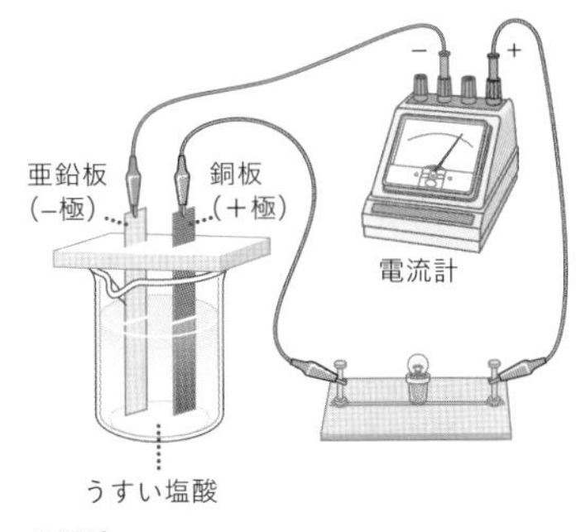

⬆電池

電池の中では次のような反応が起こる。

❶ よりイオンになりやすい金属が，電子を放出して陽イオンとなり，水溶液中に溶け出す。

❷ 電子は導線を通って，もう一方の金属板に移動する。

❸ もう一方の金属板では，水溶液中の陽イオンが電子を受けとる。

このような反応が続くことで，導線を移動する電子の流れができ，電流が流れる。

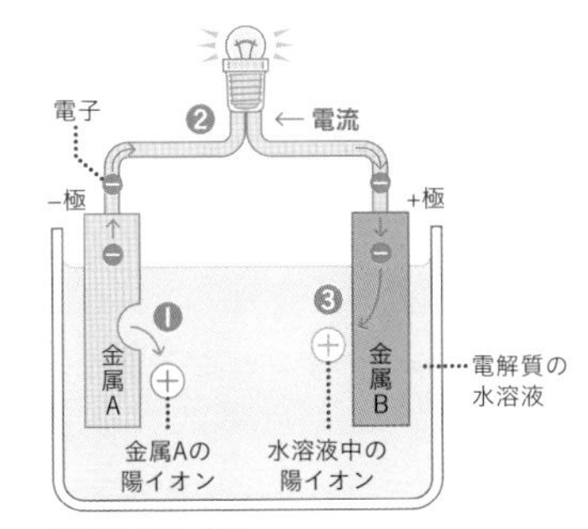

⬆電池のしくみ

電子の移動する向きと電流の向きは反対（電流の正体➡p.124）なので，電子を出すほうの金属板，すなわち，よりイオンになりやすいほうの金属板が電池の−極，もう一方が＋極になる。

◉ ボルタ電池

うすい硫酸中に，＋極として銅板，－極として亜鉛板を入れた装置を**ボルタ電池**という。起電力は約1.1ボルト（V）で，銅板の表面からは水素が発生する。

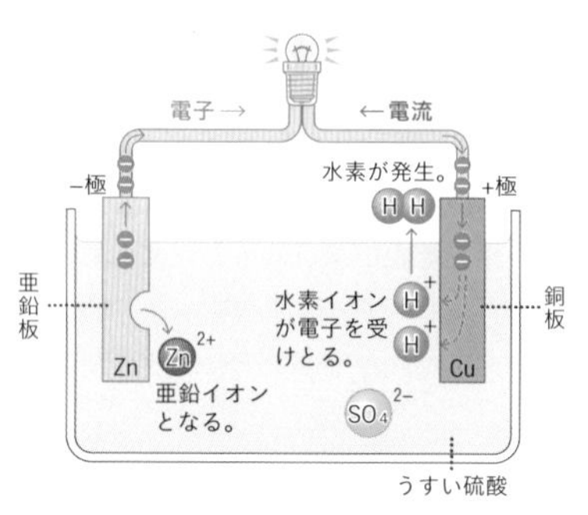

↑ボルタ電池のしくみ

▶ボルタ電池のしくみ

亜鉛は銅よりイオンになりやすいため，亜鉛原子は電子を放出して亜鉛イオンとなる。銅板では，うすい硫酸中の水素イオンが電子を受けとり，水素が発生する。

亜鉛板（－極）：$Zn \rightarrow Zn^{2+} + 2e^-$

銅板（＋極）：$2H^+ + 2e^- \rightarrow H_2$

起電力

物体間に電流を流そうとする電圧のことを起電力という。単位はボルト（V）。化学電池では，２種類の金属のイオンへのなりやすさの差が大きいほど，起電力は大きくなる。

◉ ダニエル電池

セロハンや素焼きの板などのしきりで分けた装置の中に，銅板を入れた硫酸銅水溶液と，亜鉛板を入れた硫酸亜鉛水溶液を入れ，銅板と亜鉛板を導線でつないだ装置を**ダニエル電池**といい，起電力約1.1ボルト（V）で電流が流れる。ボルタ電池と同様に，銅板が＋極，亜鉛板が－極となる。

▶ダニエル電池のしくみ

イオンになりやすい亜鉛原子が電子を放出して亜鉛イオンとなる。銅板では硫酸銅水溶液中の銅イオンが電子を受けとり，銅原子となって，銅板のまわりに析出する。

亜鉛板（－極）：$Zn \rightarrow Zn^{2+} + 2e^-$

銅板（＋極）：$Cu^{2+} + 2e^- \rightarrow Cu$

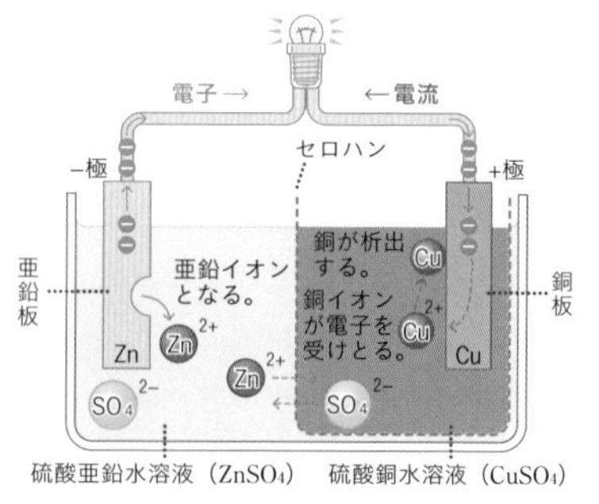

↑ダニエル電池のしくみ

＋極と－極の間のしきりは，２種類の溶液が混ざるのを防ぐが，イオンを通すことはできる。－極側には陽イオンである亜鉛イオンがふえるので，－極側から＋極側に陽イオンである亜鉛イオンが移動する。また，＋極側では陽イオンである銅イオンが減るので，＋極側から－極側に陰イオンである硫酸イオンが移動する。こうして電気的にバランスを保っている。

実験

ダニエル電池の製作

目的

ダニエル電池を製作して電流が流れるしくみを調べる。

方法

❶ 素焼きの容器やセロハン膜でしきりをした装置の中に，図のように２種類の金属板と水溶液を入れる。

❷ 亜鉛板，銅板と電子オルゴールを導線でつなぎ，音が出るかを調べる。

❸ 電子オルゴールをモーターにつなぎかえてしばらくの間電流を流し，亜鉛板，銅板で起こる変化を観察する。

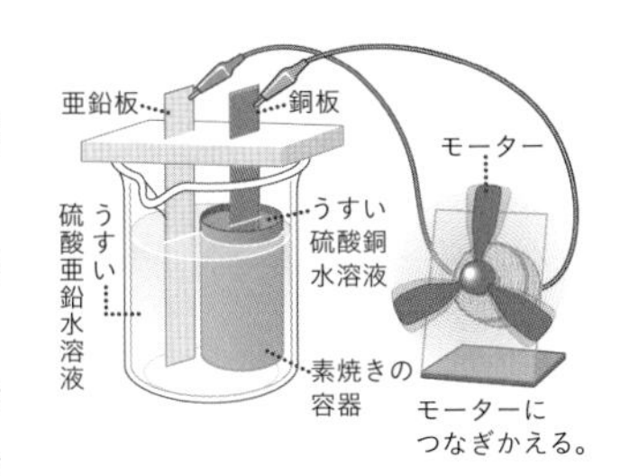

結果

❷ 銅板を電子オルゴールの＋端子，亜鉛板を電子オルゴールの－端子につなぐと音が出た。また，逆につなぐと音は出なかった。

❸

亜鉛板での変化	亜鉛板の表面が溶け出した
銅板での変化	銅板の表面に赤色の物質がついた

考察

❷の結果から，銅板が＋極，亜鉛板が－極となっていることがわかる。
また，❸の結果から，亜鉛板では亜鉛が電子を放出して溶け出し，銅板では水溶液中の銅イオンが電子を受けとって銅が析出したと考えられる。

2 いろいろな電池

さまざまな電極と電解質の水溶液を用いることで，いろいろな電池をつくることができる。

◉ 備長炭電池

備長炭という木炭を用いて，右図のようにつなぐと電流が流れることから，これを備長炭電池という。備長炭電池では，－極となるアルミニウムが溶けてアルミニウムイオンとなり，電子が導線を通って＋極となる木炭まで移動することで電流が流れる。このため，アルミニウムはくがしだいにぼろぼろになる。一般に，炭には電気を通すものと通さないものがあるが，備長炭は炭を高温で加熱することで規則正しい結晶構造をとり，電気を通す。

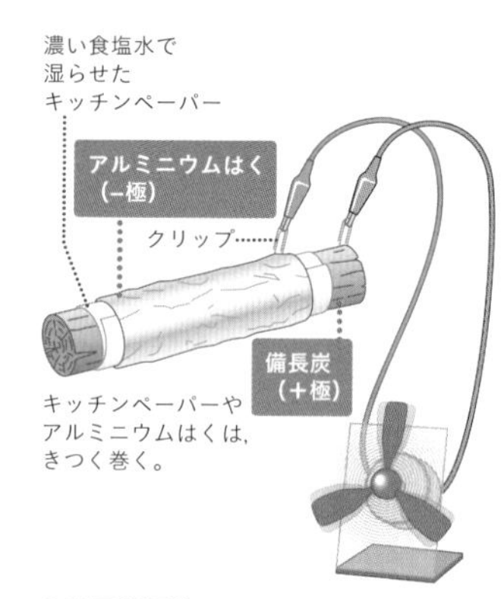

⬆備長炭電池

◉ くだもの電池

レモンなどのくだもの（トマトやダイコンでもよい）に，銅板と亜鉛板をさしこんだものをいくつか用意する。これらを導線でつなぎ，その間に発光ダイオードを入れると，電流が流れて発光ダイオードが点灯する。右図のような装置をレモン電池といい，レモンの果汁が電解質の水溶液の役割をして，電池と同じはたらきをする。

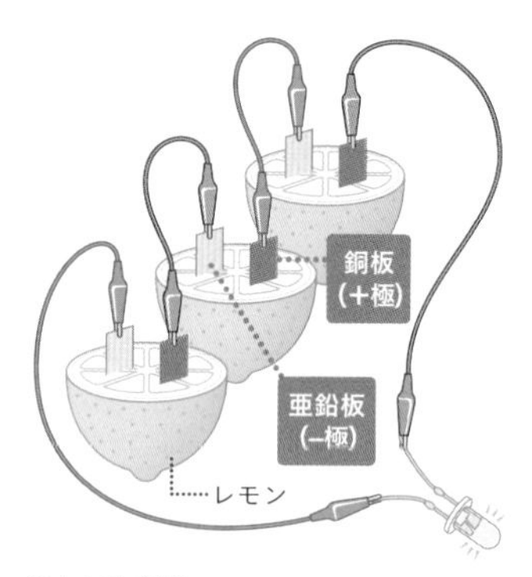

⬆レモン電池

◉ マンガン乾電池

日常生活でよく使う電池の中で，最も古くから使われているものは**マンガン乾電池**である。

容器の中には，二酸化マンガンと黒鉛の粉末を塩化亜鉛の水溶液で練り合わせた合剤が入っていて，＋極に炭素棒（正確には炭素棒と合剤），－極に亜鉛を用いている。－極の亜鉛は，缶の容器も兼ねている。

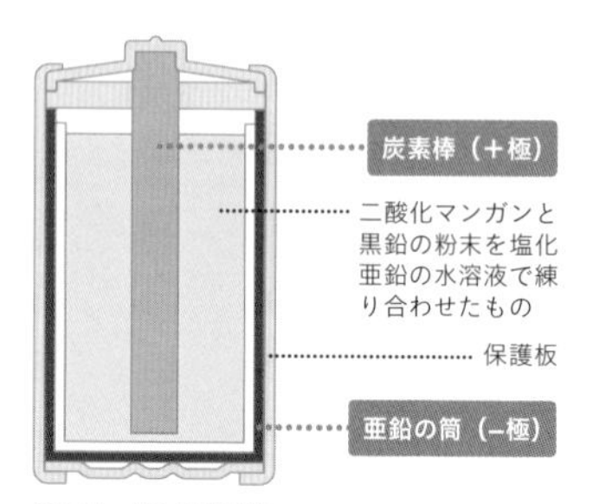

⬆マンガン乾電池

◉ 一次電池と二次電池

化学電池には，電気を一方的にとり出すだけの，使い切りタイプの**一次電池**と，充電と放電をくり返し，何度でも使える**二次電池**（蓄電池（ちくでんち））がある。

一次電池	マンガン乾電池	アルカリマンガン乾電池	リチウム電池	酸化銀電池
特徴	小さな電気で動く機器に適する。安価。	一般的な乾電池。マンガン乾電池より長持ちする。	円筒形とコイン型がある。小型で大きな電気がとり出せる。	長期間安定して電気をとり出せる。
使用例	リモコン，懐中電灯	ゲーム機，デジタルカメラ	腕時計，電卓	腕時計，補聴器
写真				
二次電池	**リチウムイオン電池**	**ニッケル水素電池**	**ニカド電池**	**鉛蓄電池**
特徴	小型で大きな電気をとり出せる。多くのモバイル端末に使用されている。	小型のものは乾電池の代わりに使える。安価で安全。	小型のものは乾電池の代わりに使える。専用の充電器が必要。	比較的大きな電気をとり出せるが，小型化しにくい。
使用例	携帯電話，ノートパソコン，電気自動車	ゲーム機，電動自転車	ゲーム機，シェーバー	自動車，公共施設などの非常用電源
写真				

ニカド電池の写真ⓒScience Photo Library/アフロ　ニカド電池以外の電池の写真ⓒパナソニック株式会社

身近な生活

リチウムイオン電池って何？

リチウムイオン電池は，多くのモバイル端末に使用されている最先端の電池です。日本人の吉野彰（よしのあきら）氏が，電池の－極に炭素材料を，＋極にコバルト酸リチウムを使用するリチウムイオン電池の原型を考案したことで，小型な電池から大きな電圧（でんあつ）を安全にとり出すことが可能になりました。この功績によって，吉野氏は2019年にノーベル化学賞を受賞しました。

3 燃料電池

水素と酸素が反応して水ができるときに発生する化学エネルギーを，直接電気エネルギーに変換させる装置を**燃料電池**という。

水に電流を流すと，水素と酸素に電気分解する（➡p.261）が，燃料電池では，これとは逆の反応が起きている。つまり，水素と酸素が結びついて水ができる反応によって電気エネルギーをとり出している。

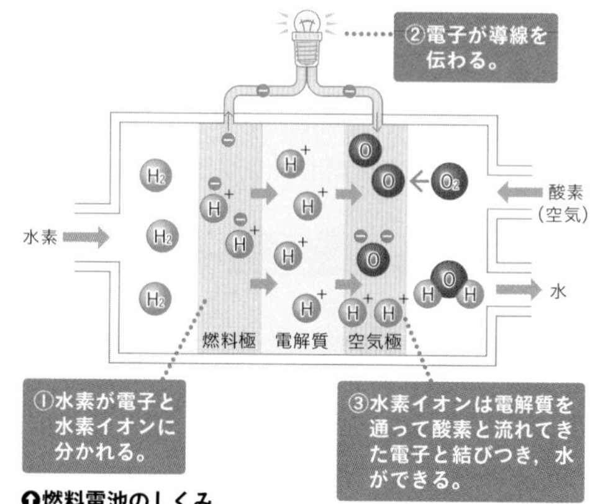

⬆燃料電池のしくみ

$$2H_2 + O_2 \rightarrow 2H_2O + \text{エネルギー}$$

水素　酸素　水

この反応では水だけが生じるため，環境への悪影響が少なく，また化石燃料などから電気エネルギーをつくり出すのに比べて，熱エネルギーなどの損失が少ないため効率がよい。

身近な生活

燃料電池自動車の利用

燃料電池を利用した，燃料電池自動車の開発がおこなわれています。燃料となる酸素は空気中から，水素は水素ステーションから供給します。燃料電池自動車はまだ広く普及していないため，水素ステーションの数が少ないことなどが課題となっています。

燃料電池でつくった電気は自動車内のバッテリー（リチウムイオン電池などの二次電池）に充電できるため，災害時の非常用電源としての機能も期待されています。

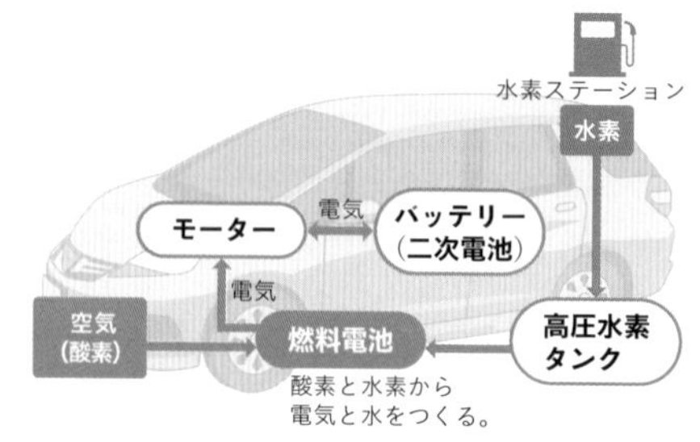

⬆燃料電池自動車のしくみ

実験

金属のイオンへのなりやすさと化学電池

目的

金属の種類の組み合わせによって，電圧が生じるかどうかを調べる。

方法

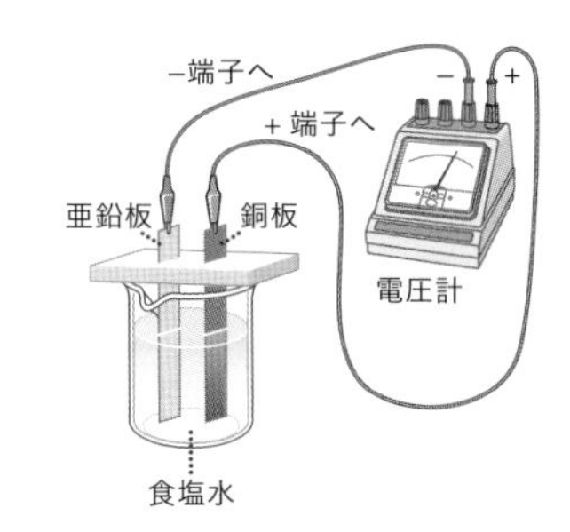

❶ 亜鉛，マグネシウム，鉄，銅の４種類の金属板を４枚ずつと，濃い食塩水を用意する。

❷ 食塩水をビーカーに入れ，金属板を２種類組み合わせて食塩水に入れ，電圧計につなぐ。

❸ ２種類の金属板の組み合わせのそれぞれで，電圧が生じるか，電圧計の針がどちらに振れるかを，調べる。

POINT
・金属板の組み合わせを変える際は，新しい食塩水にとりかえて実験をおこなう。
・電圧計の針の振れ方から，＋極，−極となる金属板はどちらかがわかる（電圧計の針が０から左に振れると，＋端子につないだ金属板が−極となる）。

結果

・同じ種類の金属板どうしでは，電圧は生じなかった。
・金属板の組み合わせによる，＋極，−極は右の表のようになった。
・銅板とマグネシウム板をつないだときが，針の振れ方が最も大きかった。

※亜鉛とマグネシウムでは，亜鉛が＋極，マグネシウムが−極であることを表す。

	亜鉛	マグネシウム	鉄	銅
亜鉛		＋極	−極	−極
マグネシウム	−極		−極	−極
鉄	＋極	＋極		−極
銅	＋極	＋極	＋極	

考察

２種類の金属の組み合わせでは，よりイオンになりやすい金属が−極となっていることがわかる。また，銅板とマグネシウム板の組み合わせで針の振れ方が最も大きかったことから，イオンへのなりやすさの差が大きいと，生じる電圧が大きくなると考えられる。

POINT ４種類の金属のイオンへのなりやすさは，Mg>Zn>Fe>Cuの順。

酸・アルカリと中和

梅干しやレモンをなめると酸っぱく感じる。この味は，２つの食品に共通するある性質による。それぞれの食品の汁をリトマス紙で調べると，どちらも酸性を示す。一方，食塩水は中性，せっけん水はアルカリ性を示す。これらの性質のちがいを学ぶ。

1 酸・アルカリ

1 酸

水に溶かすと，電離（➡p.300）して**水素イオンを生じる物質**を**酸**という。酸は，次のような共通の性質をもっている。

❶ 水溶液が**酸性を示す**。

・青色のリトマス紙を赤色に変える。

・緑色のBTB溶液を黄色に変える。

❷ 亜鉛や鉄・マグネシウム・アルミニウムなどの**金属と反応して，気体の水素を発生する**。

これらの性質があるかないかを調べることによって，ある物質が酸であるかどうかを決めることができる。

◉ **酸と水素イオン**

たとえば，酸の１つである塩化水素や硫酸は，水溶液中で次のように電離する。

$$HCl \rightarrow H^+ + Cl^-$$
塩化水素　水素イオン　塩化物イオン

$$H_2SO_4 \rightarrow 2H^+ + SO_4^{2-}$$
硫酸　水素イオン　硫酸イオン

このように酸は，水溶液中で電離するため，電解質である。酸の水溶液に，水素よりもイオンになりやすい金属（➡p.304）を入れると，金属が電子を放出してイオンとなって溶け出す。一方，水溶液中の水素イオンは電子を受けとる。このため，気体の水素が発生する。

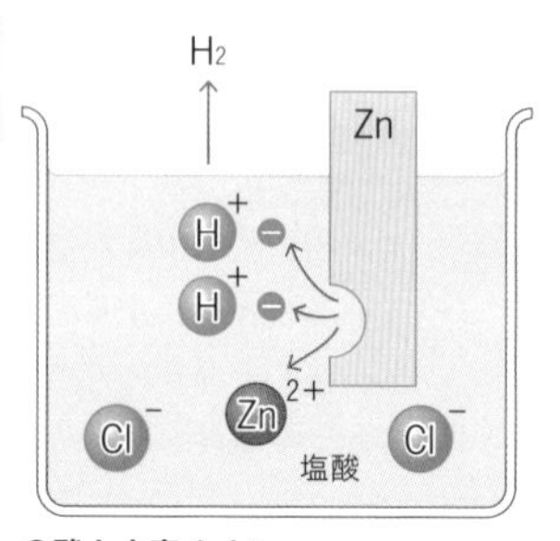

⬆酸と水素イオン

2 いろいろな酸

物質を水に溶かしたとき，電離してイオンになる割合を**電離度**という。酸は，電離度の大きい**強酸**と，電離度の小さい**弱酸**に分けられる。強酸の水溶液は，そのほとんどが電離して多量の**水素イオン**を生じ，強い酸性を示す。弱酸は，その一部分しか電離しないので，水素イオンが少ししか発生せず，弱い酸性を示す。

強酸	弱酸
塩化水素，硫酸，硝酸	二酸化炭素，酢酸，ホウ酸，クエン酸

◉ 塩化水素（HCl）

塩酸は塩化水素の水溶液のことで，強い酸性を示す。水溶液は無色で，濃度が高いものは刺激臭がある。

▶ **おもな特徴**

・石灰石の主成分である炭酸カルシウムと反応して，**二酸化炭素が発生**する（二酸化炭素の発生方法➡p.233）。

・亜鉛や鉄，マグネシウムなどの金属と反応して，**水素を発生**する。しかし，水素よりもイオン化傾向の小さい金属とは反応しない。

◉ 硫酸（H_2SO_4）

無色無臭の液体で，濃硫酸を水でうすめた希硫酸は強い酸性を示す。一般に90％以上の濃度のものを濃硫酸とよぶ（濃硫酸はあまり酸性を示さない）。

▶ **おもな特徴**

・空気中の水分を吸収する性質（**吸湿性**）があり，乾燥剤に使用される。

・濃硫酸は，水と混ぜると多量の熱が発生する。

・希硫酸は，亜鉛・鉄・マグネシウムなどの金属と反応して水素を発生する。

・硫酸に塩化バリウム水溶液を加えると，**硫酸バリウム**の白色沈殿ができる。

くわしく 

濃硫酸の脱水作用

濃硫酸は，水分を吸収するだけでなく，砂糖や紙などの炭素・水素・酸素からなる化合物（炭水化物）を分解して，水素と酸素とを水としてうばってしまう。そして，あとに炭素だけが残り，砂糖や紙は黒くこげたようになる。これを濃硫酸の脱水作用という。

◉ 硝酸（HNO_3）

無色の液体で，水溶液は強い酸性を示す。次のように電離する。

$$HNO_3 \rightarrow H^+ + NO_3^-$$

▶おもな特徴

・湿気(しっけ)をふくむ空気中で発煙(はつえん)する。

・光によって分解し，褐色(かっしょく)の二酸化窒素NO_2を発生するため，茶色の着色びんに入れて冷暗所で保存する。

▶金属との反応

硝酸は酸化(さんか)作用（酸化と還元の定義➡p.280）が強く，金・白金以外の水素よりもイオンになりにくい金属とも反応する。たとえば，銅に硝酸を加えると，硝酸銅となる。

◉ 酢酸(さくさん)（CH_3COOH）

刺激臭をもつ無色の液体で，水溶液は弱い酸性を示す。弱酸なので金属に対する作用もおだやかで，亜鉛(あえん)・鉄・マグネシウムなどと反応し，ゆっくり水素を発生する。水溶液中では，一部の分子が次のように電離する。

$$CH_3COOH \rightarrow CH_3COO^- + H^+$$

◉ そのほかの酸

▶二酸化炭素（CO_2）

二酸化炭素が水に溶け，その一部が水と反応して炭酸（H_2CO_3）となる。非常に弱い酸。

▶二酸化硫黄(いおう)（SO_2）

二酸化硫黄が水に溶け，その一部が水と反応して亜硫酸（H_2SO_3）ができる。弱い酸で，漂白(ひょうはく)作用がある。

▶リン酸（H_3PO_4）

無色の結晶で，**潮解性(ちょうかいせい)**が強く，市販のものはねばりけが強い。酸としての強さは中くらいである。

くわしく 

硝酸と銅の反応

硝酸と銅の反応では，水素は発生せず，二酸化窒素や一酸化窒素が発生する。

くわしく 

酢酸

酢酸は食酢に約４％ふくまれ，純度が高いものは氷酢酸とよばれる。

用語解説 

潮解性

空気中の水蒸気を吸収して，その水に溶ける性質のこと。リン酸のほか，水酸化ナトリウムや水酸化カリウムも潮解性をもつ。

▶**ホウ酸**（H_3BO_3）

うろこのような形の，つやのある白色の結晶で，水に少し溶ける。弱酸で，水溶液は殺菌力があるので，洗眼などの医薬品に使う。

3 アルカリ

水に溶かすと，電離して**水酸化物イオン**（OH^-）**を生じる物質**を**アルカリ**という。アルカリは，以下のような共通の性質をもっている。

❶　水溶液が**アルカリ性を示す**。

・赤色のリトマス紙を青色に変える。

・緑色のBTB溶液を青色に変える。

・フェノールフタレイン溶液を赤色に変える。

❷　タンパク質を溶かす性質があり，水溶液に手をふれると，皮膚のタンパク質が溶けてぬるぬるする。

◉ **アルカリと水酸化物イオン**

アルカリは，水に溶けると次のように電離する。

$$NaOH \rightarrow Na^+ + OH^-$$

水酸化ナトリウム　ナトリウムイオン　水酸化物イオン

$$KOH \rightarrow K^+ + OH^-$$

水酸化カリウム　カリウムイオン　水酸化物イオン

化合物中に水酸化物イオン（OH^-）をもたないアンモニアも，水溶液中ではアルカリ性を示す。アンモニアは，次のように水と反応して水酸化物イオンをつくる。

$$NH_3 + H_2O \rightarrow NH_4^+ + OH^-$$

アンモニア　水　アンモニウムイオン　水酸化物イオン

発展

塩基

一般に，水素イオンと反応する物質を塩基という。塩基の中で，水に溶けやすい物質をアルカリという。

4 いろいろなアルカリ

アルカリには，大部分が電離(でんり)して，多量の水酸化物イオンを放出し，強アルカリ性を示す強アルカリと，その一部分しか電離しないで，弱アルカリ性を示す弱アルカリとがある。

強アルカリ	弱アルカリ
水酸化ナトリウム，水酸化カリウム	アンモニア

◉ 水酸化ナトリウム（NaOH）

無色の固体で，水溶液は強いアルカリ性を示す。

▶おもな特徴

・潮解性(ちょうかいせい)が強く，水に非常によく溶けて，多量の熱を発生する。

・固体および濃い水溶液は，**二酸化炭素をよく吸収**して，炭酸ナトリウムができる。

$$2NaOH + CO_2 \rightarrow Na_2CO_3 + H_2O$$

二酸化炭素を十分に吸収させると，炭酸水素ナトリウムができる。

$$NaOH + CO_2 \rightarrow NaHCO_3$$

◉ 水酸化カリウム（KOH）

無色の固体で，水溶液は強いアルカリ性を示す。

外観や性質は，水酸化ナトリウムによく似ている。水酸化ナトリウムより強い潮解性をもつ。

◉ 水酸化カルシウム（$Ca(OH)_2$）

無色の固体で，酸化カルシウム（生石灰）に水を作用させると得られる。消石灰ともいう。

$$CaO + H_2O \rightarrow Ca(OH)_2$$

▶おもな特徴

・水溶液はアルカリ性を示し，この水溶液を**石灰水**と

くわしく

水酸化ナトリウムの保存法

潮解性が強いため，かたく栓をして保存する。水溶液が試薬びんの口につくと，二酸化炭素を吸収して白い炭酸ナトリウムを生じ，栓(せん)がとれにくくなるので，ガラス栓ではなく，ゴム栓を使う。

参考

アルカリの利用法

水酸化ナトリウムは石けんの原料や洗剤に使われる。水酸化カリウムも石けんの材料などに使われる。水酸化カルシウムはこんにゃくなどの凝固剤(ぎょうこざい)や，酸性化した河川や土壌(どじょう)の中和剤(ちゅうわざい)（➡p.325）などに使われる。

いう。

・水溶液は二酸化炭素を吸収して，炭酸カルシウムの白色沈殿(ちんでん)を生じるため，二酸化炭素の検出に用いる。

$$Ca(OH)_2 + CO_2 \rightarrow CaCO_3 + H_2O$$

さらに二酸化炭素を通すと，水に溶ける炭酸水素カルシウムを生成する。

$$CaCO_3 + CO_2 + H_2O \rightarrow Ca(HCO_3)_2$$

◉ **炭酸ナトリウム**（Na_2CO_3）

白い固体で，水によく溶ける。水溶液は，やや強いアルカリ性を示す。

また，二酸化炭素を吸収して，炭酸水素ナトリウムを生成する。

$$Na_2CO_3 + CO_2 + H_2O \rightarrow 2NaHCO_3$$

◉ **炭酸水素ナトリウム**（$NaHCO_3$）

白い固体で，水溶液は弱いアルカリ性を示す。重炭酸ナトリウム，**重そう**ともいう。加熱すると分解(ぶんかい)し，炭酸ナトリウムや二酸化炭素ができる（➡p.259）。

◉ **アンモニア水**

アンモニアを水に溶かしたもので，弱いアルカリ性を示す。水溶液中では，アンモニウムイオンと水酸化物イオンを生じる。

$$NH_3 + H_2O \rightarrow NH_4^+ + OH^-$$

5 指示薬(しじやく)

◉ **pH**

水溶液の酸性・アルカリ性の強さを表す尺度を**pH**という。pHは通常０～14までの数値で表され，**pH７が中性，それより数値が小さいと酸性，大きいとアルカリ性**となる。水溶液(すいようえき)のpHはpHメーターやpH試験紙によって測定できる。

水溶液中の水素イオンの濃度と水酸化物イオンの濃度が等しいときのpHをpH７という。水溶液中の水素イオンの濃度が高いほど，酸性が強くなり，pHの値は小さくなる。なお，pHの値は水溶液中の水酸化物イオンの濃度が高いほど大きくなる。

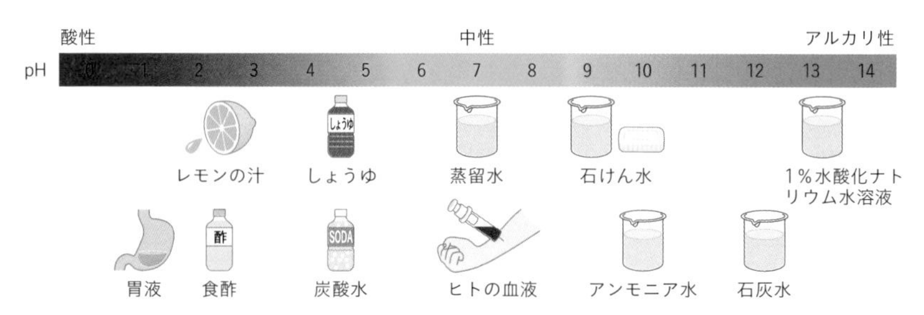

⬆身のまわりの水溶液のpH

◉ いろいろな指示薬

水溶液のpHに応じて色が変化する性質を利用して，酸性・中性・アルカリ性のいずれであるかを判定したり，その強さを調べたりするのに用いる薬品を**指示薬**という。

下図は，pHにおけるおもな指示薬の色の変化を示している。指示薬によって，ある液が酸性かアルカリ性か判定できるが，厳密には，指示薬の変色点（指示薬の色が変わるpHの値）を考える必要がある。

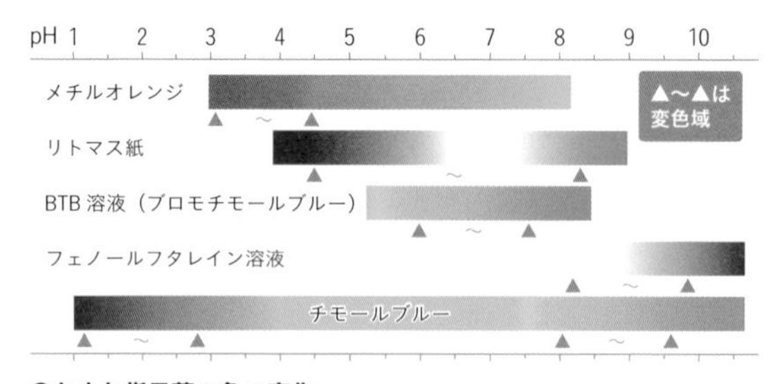

⬆おもな指示薬の色の変化

▶リトマス紙

リトマス液をろ紙にしみこませて乾(かわ)かしたものを，リトマス紙という。リトマス紙は赤色と青色があり，酸性では青色のリトマス紙が赤色に変わり，アルカリ性では赤色のリトマス紙が青色に変わる。中性ではどちらのリトマス紙も色は変化しない。

▶BTB溶液

酸性で黄色，中性で緑色，アルカリ性で青色を示す。

▶フェノールフタレイン溶液

フェノールフタレインをアルコールに溶かしたものをフェノールフタレイン溶液という。酸性や中性では無色，アルカリ性では赤色を示す。

▶メチルオレンジ

pH3.1以下で赤色，4.4以上で黄色を示す。

▶チモールブルー

pH1.2以下で赤色，2.8から8.0までは黄色，9.6以上で青色を示す。

6 酸性・アルカリ性と電気泳動(でんきえいどう)の実験

電解質(でんかいしつ)を溶かした溶液をろ紙にしみこませ，ろ紙の両端(りょうたん)に電圧(でんあつ)を加えると，溶液中の陽イオンは陰極(いんきょく)側に，陰イオンは陽極側に，それぞれ移動する現象が起こる。このように，電圧を加えると溶液中の電気を帯びた粒子が移動する現象が起こる（電気泳動という）。

塩酸や水酸化ナトリウム水溶液を用いて，電気泳動の実験をおこなうと，水素イオンH^+が陰極側に，水酸化物イオンOH^-が陽極側に移動する。

実験

酸性・アルカリ性と電気泳動の実験

目的

酸性・アルカリ性を示すもとになる物質の性質を調べる。

方法

❶ スライドガラスにろ紙を置き，クリップでとめ，電源装置につなぐ。中央に青色リトマス紙を置き，食塩水で湿(しめ)らせる。

❷ 竹ひごを使って，中央の線上にうすい塩酸をつける。

❸ 電圧を加え，色の変化を観察する。

❹ うすい水酸化ナトリウム水溶液と赤色リトマス紙を使って，同様の操作をおこなう。

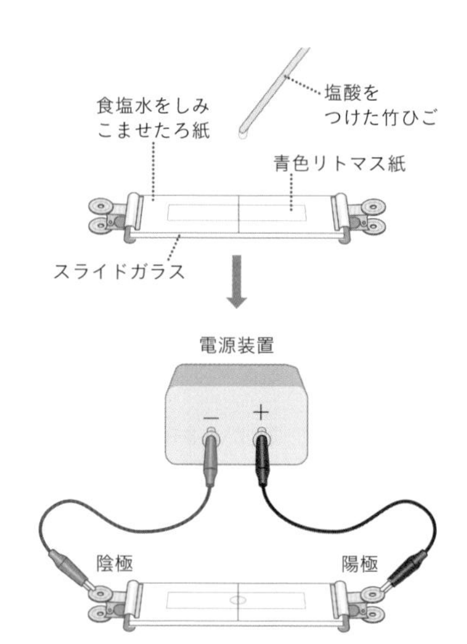

結果

	リトマス紙の変化	電圧を加えたときの変化
うすい塩酸	青色→赤色（酸性）	赤色のしみが陰極側に移動した
うすい水酸化ナトリウム水溶液	赤色→青色（アルカリ性）	青色のしみが陽極側に移動した

考察

うすい塩酸の結果より，酸性を示すのは＋の電気を帯びた陽イオン（水素イオンH^+）であるとわかる。同様に，うすい水酸化ナトリウム水溶液の結果より，アルカリ性を示すのは－の電気を帯びた陰イオン（水酸化物イオンOH^-）であるとわかる。

2 中和

1 中和

◉ 中和

酸とアルカリが反応し，たがいの性質を打ち消し合う反応を**中和**という。このとき，酸の水素イオンH^+と，アルカリの水酸化物イオンOH^-が反応して水ができる。また，酸の陰イオンとアルカリの陽イオンが結びついて**塩**（➡p.325）ができる。

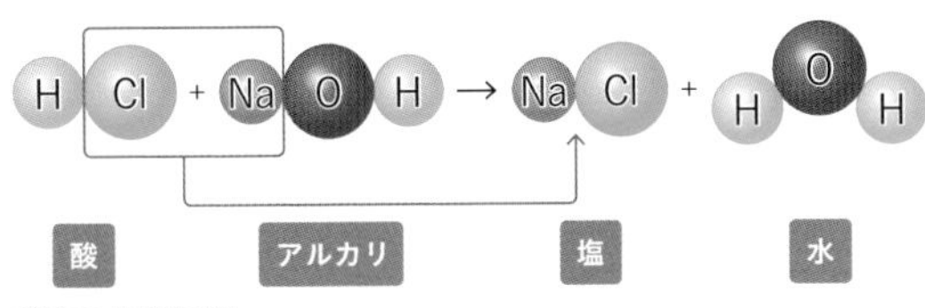

➊塩の生成の例

水溶液中のH^+とOH^-の数が等しくなくても中和反応は起こっているが，数が等しいときは，過不足なく中和し，たがいの性質を打ち消し合う。

◉ 中和する酸とアルカリの量の関係

塩酸と水酸化ナトリウム水溶液は，次のように中和する。

$$HCl + NaOH \rightarrow NaCl + H_2O$$

したがって，塩酸（塩化水素）と水酸化ナトリウムの数が等しければ，水溶液中の水素イオンと水酸化物イオンの数も等しくなり，過不足なく中和して水溶液は中性になる。

一方，硫酸と水酸化ナトリウム水溶液は，次のように中和する。

$$H_2SO_4 + 2NaOH \rightarrow Na_2SO_4 + 2H_2O$$

硫酸1分子からは2個の水素イオンが生じるため，完全に中和させるのに必要な水酸化ナトリウムの数は，硫酸の2倍になる。

くわしく 

中和と熱

中和は，熱（中和熱）を発生する発熱反応（➡p.289）である。

実験

塩酸と水酸化ナトリウム水溶液の中和

目的

塩酸と水酸化ナトリウム水溶液の中和のようすを観察する。

方法

❶ 2％の塩酸10 mLにBTB溶液を入れ，2％の水酸化ナトリウム水溶液を，右図のように2 mLずつ加えていく。

❷ 水酸化ナトリウム水溶液を加えていくごとに，水溶液の色を調べる。

❸ 水溶液の色が青色になったら，次は塩酸を少しずつ加えて緑色の液にする。

❹ ❸の液にマグネシウムリボンの小片を入れる。

❺ ❸の液を1滴スライドガラスにとって蒸発させ，ルーペで観察する。

結果

- 水酸化ナトリウム水溶液を加えていくと，水溶液の色は黄色（酸性）→緑色（中性）→青色（アルカリ性）と変化した。…（**ア**）
- 緑色にした水溶液にマグネシウムリボンを入れても反応しなかった。…（**イ**）
- 緑色にした水溶液の水を蒸発させると，立方体の結晶が残った。…（**ウ**）

考察

（**ア**）より，水溶液中では，塩酸によって生じたH^+が，水酸化ナトリウム水溶液のOH^-によって徐々に中和されて，完全に中和されたあと，最終的にOH^-が多くなった状態になったと考えられる。

また（**イ**）より，完全に中和された水溶液には酸としてのはたらきがなく，（**ウ**）より，中和によって塩化ナトリウムができていると考えられる。

2 塩

酸とアルカリの水溶液が中和した溶液を蒸発させると，結晶が得られる。これは中和によって水とともに生成する物質で，**塩**とよばれる。

塩酸と水酸化ナトリウム水溶液の中和では，**塩化ナトリウム**が塩として生成する。そのほか，代表的な塩には硫酸バリウムなどがある。

▶**硫酸バリウム（$BaSO_4$）**

硫酸と水酸化バリウム水溶液が中和して生成する白色の固体。水に溶けにくく，白い沈殿となる。

くわしく 

塩のよび方

塩を構成する酸の水素イオン以外の部分の名を先に，金属（または陽イオンを生じる水酸化物イオン以外の部分）の名をあとに読む。たとえば，$CuSO_4$，NH_4NO_3をそれぞれ硫酸銅，硝酸アンモニウムとよぶ。しかし，NaClは塩素ナトリウムではなく，塩化ナトリウムという。

このほかに，硫酸バリウムと硫酸アンモニウムのように，一部が同じ成分でできている塩を総称するとき，硫酸塩，炭酸塩などということもある。

3 いろいろな中和反応

代表的な中和の化学反応式を下の表に示す。

塩酸と水酸化ナトリウム水溶液の中和	$HCl + NaOH \rightarrow NaCl + H_2O$
硝酸と水酸化カリウム水溶液の中和	$HNO_3 + KOH \rightarrow KNO_3 + H_2O$
硫酸と水酸化カルシウム水溶液の中和	$H_2SO_4 + Ca(OH)_2 \rightarrow CaSO_4 + 2H_2O$
硫酸と水酸化バリウム水溶液の中和	$H_2SO_4 + Ba(OH)_2 \rightarrow BaSO_4 + 2H_2O$

身近な生活

生活での中和の活用例

中和反応は，身のまわりのさまざまなところで利用されています。たとえば，農作物の栽培に適さない酸性土壌に，石灰や炭酸カルシウムを散布して中和したり，温泉地の酸性の湯を石灰水などで中和してから川に流したりします。また，胃酸による炎症を抑えるために，炭酸水素ナトリウムをふくむ薬で胃液中の塩酸を中和します。

完成問題 CHECK

解答 p.632

1 **次の❶，❷をイオン式で表しなさい。また，❸，❹はイオン式の名称を答えなさい。**

❶ 水酸化物イオン　❷ 銅イオン　❸ SO_4^{2-}　❹ Ba^{2+}

❶（　　）❷（　　）❸（　　）❹（　　）

2 **原子は電子を失ったり，得たりして原子全体が電気を帯びたイオンになる。次の問いに答えなさい。**

(1) 原子が電子を失うと，その原子は何イオンになるか。（　　）

(2) 原子または原子の集まりが電子を失ったイオンを，次の**ア**～**エ**からすべて選べ。（　　）

ア 水素イオン　**イ** 硫酸イオン　**ウ** 銅イオン　**エ** 水酸化物イオン

3 **図のような装置で，塩化銅水溶液を電気分解した。次の問いに答えなさい。**

(1) 陰極の表面に赤い物質が付着した。この物質は何か。（　　）

(2) 陽極の表面から気体が発生した。発生した気体は何か。次の**ア**～**オ**から選べ。（　　）

ア 酸素　**イ** 窒素　**ウ** 二酸化炭素

エ 塩素　**オ** 水素

(3) この実験の化学変化を化学反応式で表すとき，❶，❷に適する化学式を入れよ。ただし，❷は気体を表す。

$CuCl_2$ → （ ❶ ）＋（ ❷ ）　❶（　　）❷（　　）

(4) 電極の陽極と陰極を逆につなぎかえると，それぞれの極で起こる化学変化のようすはどうなるか。簡潔に答えよ。（　　）

4 図のように，ある水溶液に金属板A，Bを入れて，それぞれ導線でモーターにつないだ。次の問いに答えなさい。

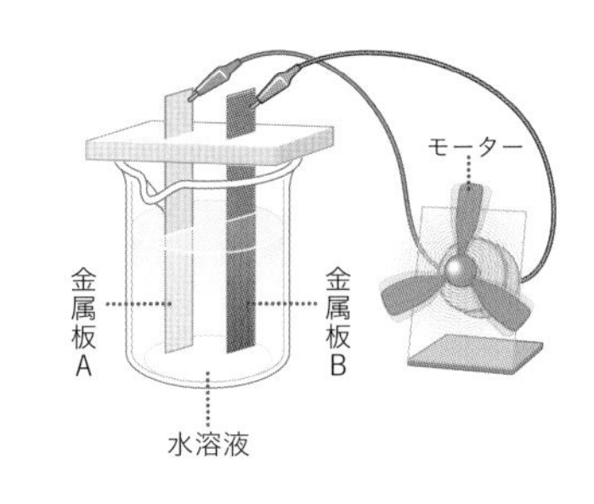

(1) 金属板A，Bと水溶液の組み合わせのうち，モーターが回転するものはどれか。表からすべて選び，記号で答えよ。

(　　　　　)

(2) このようにして，電流をとり出す装置を何というか。

(　　　　　)

	金属板A	金属板B	水溶液
ア	銅板	銅板	食塩水
イ	亜鉛板	銅板	うすい塩酸
ウ	銅板	マグネシウム板	オレンジ果汁
エ	マグネシウム板	亜鉛板	砂糖水
オ	鉄板	マグネシウム板	うすい塩酸

(3) モーターを回転し続けると，モーターの回転はどうなるか。次の**ア**～**ウ**から1つ選べ。

(　　)

ア 速くなる。　**イ** 変わらない。　**ウ** 遅くなる。

5 同じ濃度のうすい塩酸をA～Eの試験管に5 cm³ずつとり，BTB溶液を1，2滴加えた。次にある濃度の水酸化ナトリウム水溶液を，それぞれ量を変えて加え，BTB溶液の色の変化を調べた。そのときの結果が下の表である。次の問いに答えなさい。

試験管	A	B	C	D	E
加えた水酸化ナトリウム水溶液の量〔cm³〕	0	3	4	5	6
BTB溶液の色	黄	黄	緑	青	青

(1) Bの水溶液と，Eの水溶液の性質は何性か。それぞれ答えよ。

B(　　　　　)　E(　　　　　)

(2) Aの水溶液と，Bの水溶液を比べると，Bの水溶液のほうで減ったイオンがある。そのイオンは何か。次の**ア**～**ウ**から選び，記号で答えよ。

(　　)

ア ナトリウムイオン　**イ** 水酸化物イオン　**ウ** 水素イオン

(3) この実験で，塩酸5 cm³が完全に中和したのは，水酸化ナトリウム水溶液を何 cm³加えたときか。

(　　　　　)

(4) Cの水溶液を少量スライドガラスにのせて加熱すると，白い固体が得られた。この物質の化学式を書け。

(　　　　　)

思考力UP

二酸化炭素の中でものが燃える？

二酸化炭素中でものが燃えるのはなぜか，思考力を使って考えてみましょう。

問題 **マグネシウムが二酸化炭素中で燃える化学反応式を答えなさい。また，この反応が起こることから，酸素と炭素，酸素とマグネシウムの結びつきの強さについて，どのようなことがわかりますか。**

一般に，二酸化炭素中でものは燃えない。しかし，マグネシウムリボンに火をつけ，二酸化炭素の入った集気びんの中に入れると，下の写真のように激しい光を出して燃える。このことを参考にして，問題に答えよ。

⬆マグネシウムリボンを二酸化炭素中に入れたときのようす

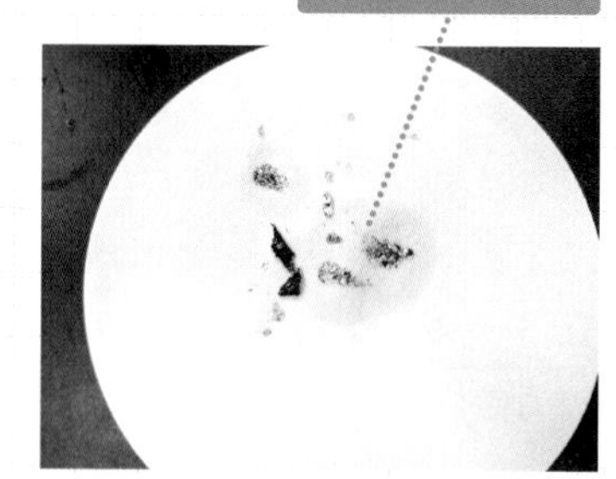

⬆実験後に残った固体

解答例 化学反応式　$2Mg + CO_2 \rightarrow 2MgO + C$
酸素と炭素より，酸素とマグネシウムのほうが結びつく力が強い。

マグネシウムが燃えたあとに，炭素（C）と酸化マグネシウム（MgO）が残ることから，マグネシウムは二酸化炭素中の酸素をうばって，酸化マグネシウムになると考えられます。この反応では，マグネシウムが還元剤，炭素が酸化剤としてはたらきます。同様に，２種類の元素の単体と酸化物を混ぜて，酸化・還元反応が起こるかを調べることで，酸素との結びつきの強さを比べることができます。
金属の酸素との結びつきの強さは，金属のイオンへのなりやすさ（イオン化傾向）とも関係があり，一般にイオンになりやすい金属は，ほかの物質から酸素をうばう力が強く，強い還元剤としてはたらきます。（酸化と還元➡p.278，金属のイオンへのなりやすさ➡p.304）
例 $2Al + Fe_2O_3 \rightarrow Al_2O_3 + 2Fe$
（酸素との結合の強さ：Al＞Fe　イオン化傾向：Al＞Fe）

生物編

第1章	身近な生物の観察
第2章	植物の生活と多様性
第3章	動物の生活と多様性
第4章	生物の細胞と生殖
第5章	自然界の生物と人間

第1章

身近な生物の観察

わたしたちのまわりには，さまざまな生物が生活している。
そのような身近な生物を観察するところから，生物分野の学習をはじめよう。
第１章では，生物の体のつくりや生活を観察・記録する方法を学習する。

SECTION 1 生物の観察のしかた … p.332
SECTION 2 水中の小さな生物 … p.339

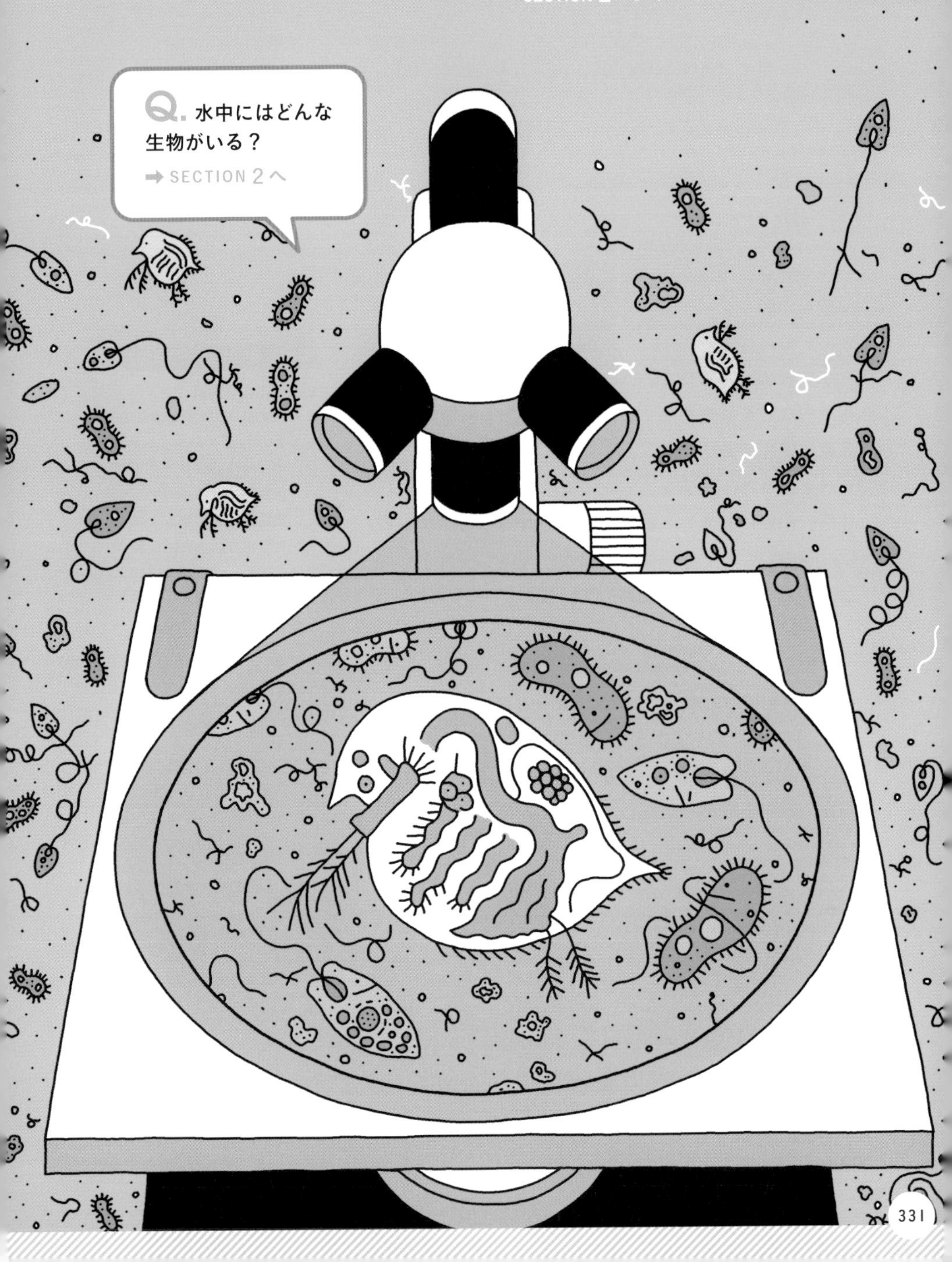

第1章 SECTION 1

生物の観察のしかた

ふだん，なにげなく見ている身近な生物も，ルーペや顕微鏡で見ると，新しい発見がある。ここでは，ルーペや顕微鏡の正しい使い方を知って，観察した生物の特徴をどのように記録すればよいかを学習する。

1 ルーペ

ルーペは，中央がふくらんだ凸（とつ）レンズでできている。

小型なので，野外で花や虫などを観察するときに便利である。ルーペを使うと，対象を5倍～20倍に拡大して観察することができる。ルーペは，花のつくりや葉脈の様子など，**肉眼で見えるものをくわしく観察する**のに適している。

⬆ルーペ　©アフロ

2 ルーペの使い方

ルーペを持つときは，レンズの光軸と目線が重なるようにして，ルーペをできるだけ目に近づけるようにする。観察するときは，観察するものがかげにならないよう明るい方向を見る。ただし太陽に向けてはいけない。

くわしく

ルーペによる観察

ルーペで見るとものが大きく見えるのは，下図のように，ルーペの凸レンズによって虚像（きょぞう）ができるからである。観察するものをさらにルーペに近づけると，虚像の位置はルーペにより近づき，像の大きさはより小さく見える（➡p.35）。

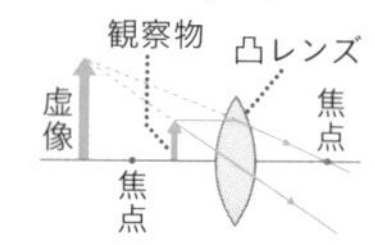

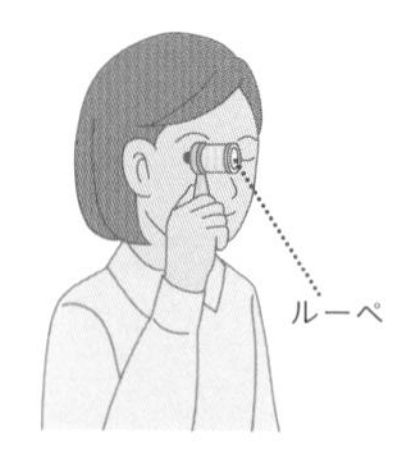

レンズの光軸と目線が重なるようにして，ルーペをできるだけ目に近づける。

観察するものを前後に動かして，ピントを合わせる。

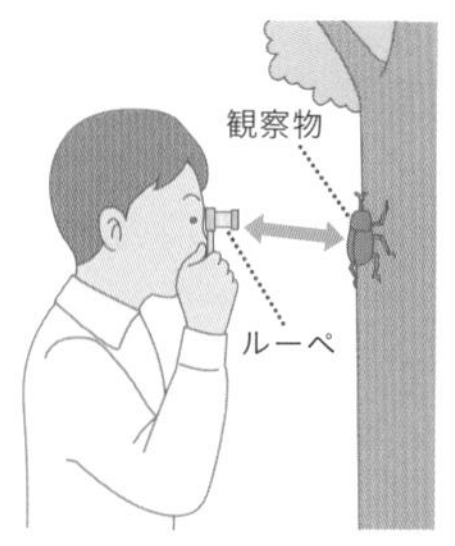

ルーペを目に近づけたまま顔を前後に動かして，ピントを合わせる方法もある。

⬆ルーペの使い方

3 双眼実体顕微鏡（そうがんじったいけんびきょう）

◉ 双眼実体顕微鏡

双眼実体顕微鏡は，肉眼で見るものをそのまま拡大する。ルーペよりも倍率の高い20〜40倍にして，細部まで観察が可能になる。また，対物レンズと観察するものが離れているため，**観察物を直接操作しながら観察**することができたり，**プレパラートをつくらずに簡単に観察**できたりするという利点がある。

◉ 顕微鏡の倍率

顕微鏡で見たときの大きさが，実物の大きさの何倍になっているかを**倍率**という。**接眼レンズの倍率と対物レンズの倍率をかける**と，顕微鏡の倍率が求められる。

顕微鏡の倍率＝接眼レンズの倍率×対物レンズの倍率

接眼レンズの倍率が10倍，対物レンズの倍率が５倍のとき，顕微鏡の倍率は50倍になる。

顕微鏡で見た長さと面積
顕微鏡の倍率が100倍のとき，顕微鏡で見える長さは実際の長さの100倍，面積は実際の10000（100×100）倍となる。

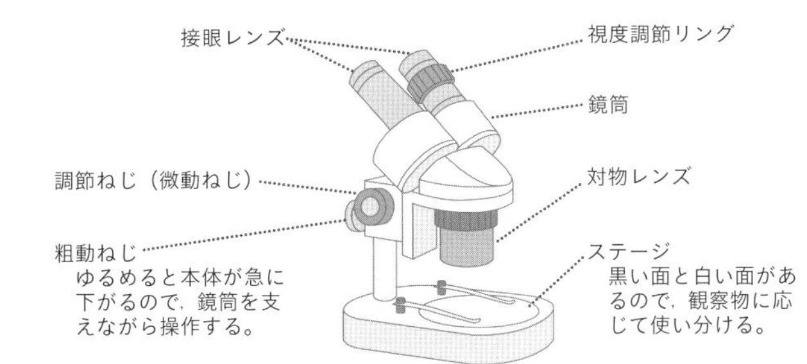

❶両目の間隔に合うように，鏡筒を調節する。

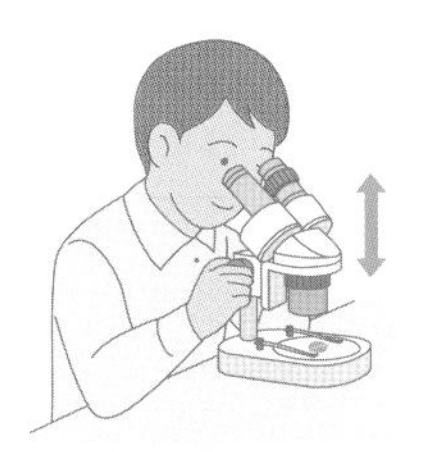
❷右目だけでのぞきながら調節ねじでピントを合わせる。

❸左目だけでのぞきながら，視度調節リングを左右に回してピントを合わせる。

⬆双眼実体顕微鏡の使い方

4 光学顕微鏡

光学顕微鏡には，ステージ上下式顕微鏡と鏡筒上下式顕微鏡の２種類がある。**観察できる倍率は数十～数百倍と高い。**

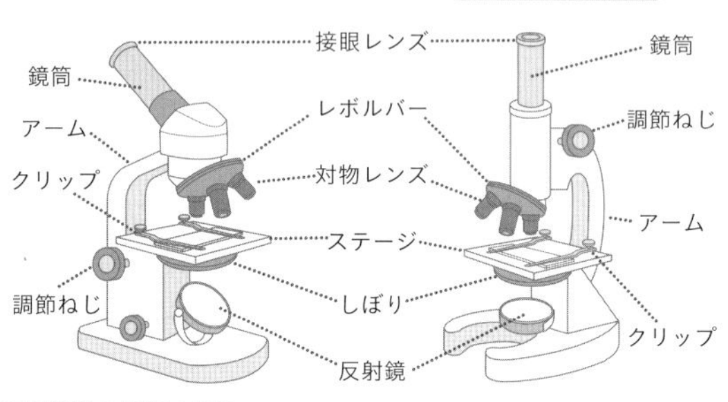

⬆顕微鏡の各部の名称

◉ 顕微鏡の使い方

顕微鏡を使うときは，水平で明るく，直射日光の当たらないところに顕微鏡を置く。レンズは，対物レンズの上にほこりが落ちるのを防ぐため，接眼レンズ→対物レンズの順にとりつけ，対物レンズ→接眼レンズの順にはずす。

くわしく

反射鏡

反射鏡には，平らな平面鏡と中心がくぼんだ凹面鏡があり，ふつうは平面鏡を使う。

レンズと倍率

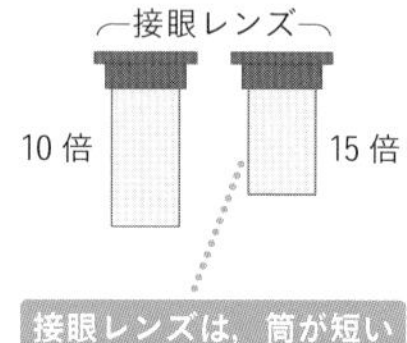

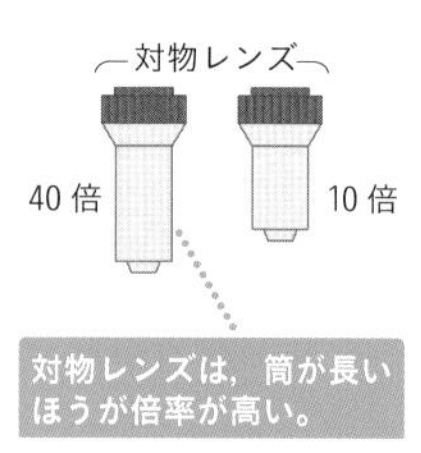

❶対物レンズをいちばん低倍率のものにする。

❷接眼レンズをのぞきながら，反射鏡としぼりを調節して，全体が明るく見えるようにする。

しぼりをあけ，反射鏡の角度を調節して視野が一様に明るくなるようにしてから，しぼりで明るさを調節する。

❸見たいものが視野の中央にくるようにプレパラートをステージにのせて，クリップでとめる。

❹真横から見ながら，調節ねじを回し，プレパラートと対物レンズをできるだけ近づける。

❺接眼レンズをのぞいて，調節ねじを❹と反対に少しずつ回し，プレパラートと対物レンズを遠ざけながら，ピントを合わせる。

❻しぼりを回して，観察したいものが最もはっきり見えるように調節する。

⬆顕微鏡の使い方

◉ プレパラート

顕微鏡で観察するためにつくる標本。スライドガラスとカバーガラスで観察物をはさむ。カバーガラスは，気泡(きほう)が入らないようにピンセットでゆっくりとかける。

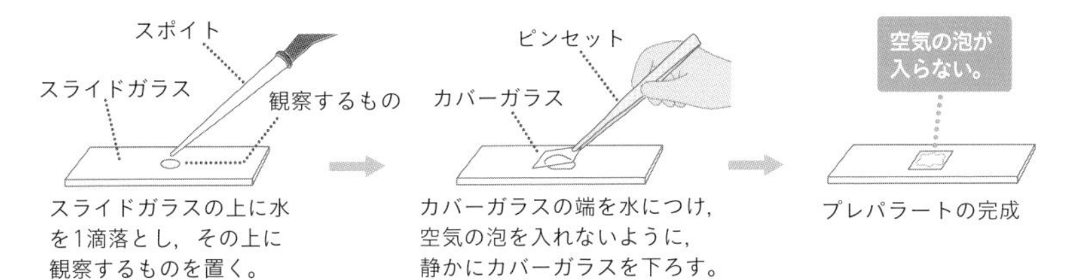

⬆プレパラートのつくり方

◉ 顕微鏡の倍率と視野

倍率が高くなればなるほど，観察できる視野はせまくなり，暗くなる。そのため，観察のときは視野が広く，ものが明るく見える低倍率から始める。

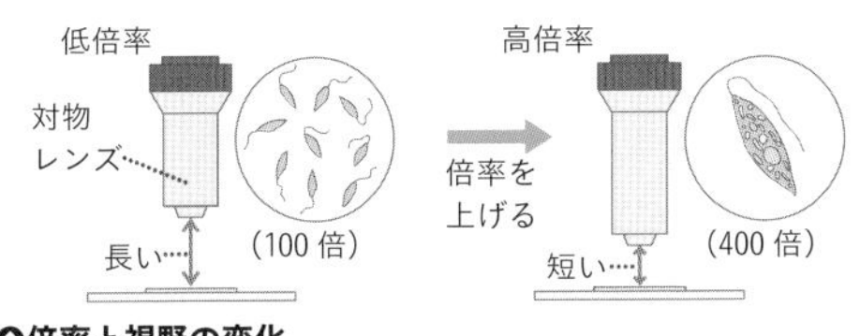

⬆倍率と視野の変化

	視野の範囲	視野の明るさ	対物レンズとプレパラートとの距離
低倍率から高倍率	せまくなる	暗くなる	短くなる
高倍率から低倍率	広くなる	明るくなる	長くなる

◉ 顕微鏡の操作上の注意点

❶ 対物レンズとプレパラートがぶつかってレンズが傷つかないように，真横からステージを見ながら上下させる。

❷ 倍率を高くすると，視野は暗くなるので，しぼりを調節して明るくする。

❸ 観察するものが視野の中央にくるようにプレパラートを動かす。低倍率のときに観察物を中央にしないと，高倍率にしたときに視野からはずれてしまうことがある。また，ふつうの顕微鏡では，プレパラートを動かす向きと，視野の中の像(ぞう)が動く向きは逆になる。

ミス注意 

プレパラートの動かし方

ふつうの顕微鏡では，プレパラートを動かす向きと，視野の中の像が動く向きは図のように逆になる。

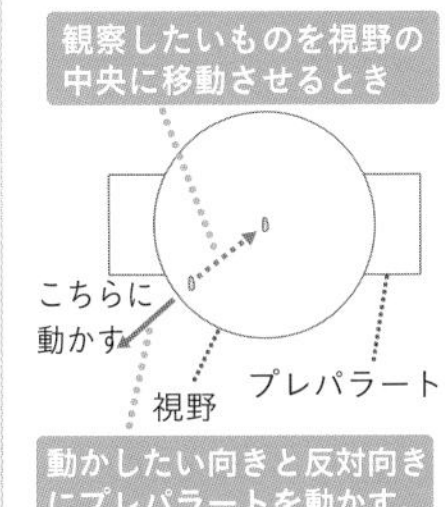

5 観察・実験レポートの書き方

観察・実験レポートは，観察・実験に関することがらを記録し，伝えるために書く。

◉ レポートに記入すべきことがら

レポートには題名・観察日・観察者・準備のほかに，下記について書く。

「**ねらい**」には，観察をする目的や，なぜその観察をしようと思ったのかを書き,「**結果**」は，表や図などを使い，見やすくかく。「**考察とまとめ**」には，「ねらい」に沿って結果からわかったことを書き，「**感想**」には，観察の中で感じたことや，これからの課題を書く。

校庭の植物の観察　　4月25日　天気　晴れ
1年3組　○○　○○

●ねらい　わたしたちの身のまわりには，どんなところにどんな生物が生活しているかに注目して観察したところ，そこに生えている植物の種類は日当たりや湿りけなどと関係があるらしいことに気がついた。
そこで，よく見かけるタンポポとゼニゴケについて，くわしく調べることにした。

（なぜ，その観察を始めたのかそのわけやきっかけ，調べる目的を書く。）

●準備　校庭の地図，筆記用具

●方法　①日当たりと湿りけの条件を右の表のようにかえて，それぞれの場所をA～Dとして，校庭であてはまる場所をさがした。
②校庭でタンポポとゼニゴケの分布を調べ，地図上に記入して，植物地図をつくった。
③タンポポとゼニゴケの生育場所の特徴をくらべた。

	日当たり	湿りけ
A	悪い	多い
B	悪い	少ない
C	よい	多い
D	よい	少ない

（できるだけくわしく書くだけでなく，見やすくまとめよう。）

●結果　校庭の植物地図

（結果を，自分の考えを入れずに，正直にくわしく書く。また，図や表，グラフなどに表して，ひと目でわかるようにしよう。）

●考察とまとめ
タンポポは日当たりのよいところに多かったが，日当たりの悪いところには少なかった。
ゼニゴケは日かげのじめじめしたところに多く，他のところでは見かけなかった。

（結果から，観察のねらいにてらしてどのようなことがいえるか書く。）

●感想
タンポポとゼニゴケでは，生活する場所が違っていることがはっきりした。ゼニゴケは日かげの湿っているところだけで見られたが，タンポポは数の多い少ないはあるけれど，いろいろな場所で見られたのにはおどろいた。
ほかの植物や動物についても調べてみようと思った。

⬆観察レポートの書き方の例

◉ スケッチのしかた

背景や周囲のものは描かず，描きたい対象だけを正確に描く。とがった鉛筆(えんぴつ)を使い，細かい部分まではっきりと描く。**かげをつけたり，線を重ねたりしない。**

よい例　よくない例

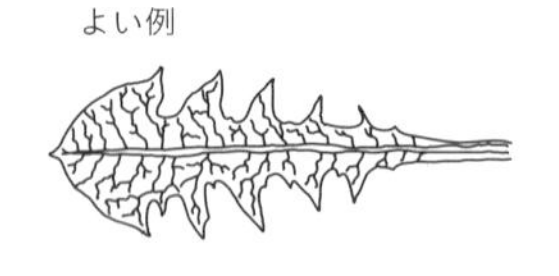

（タンポポの葉）

⬆スケッチのよい例とよくない例

発展

情報収集のしかた

観察・実験やレポートをまとめるときには，図書館などで本を調べたり，インターネットで検索(けんさく)したりする。

6 身のまわりの植物

それぞれの植物は，生活しやすい環境に生え，場所によって見られる植物の種類はちがう。

◉ 植物の生活場所と日当たりの関係

建物の南側や道ばたのように，日当たりがよく，かわいている場所には，タンポポやナズナ，ハルジオンなどの植物が見られる。一方で，建物の北側などのように，かげになり日当たりが悪く，湿っている場所には，ドクダミやゼニゴケなどの植物が見られる。

▶**タンポポ** キク科の植物で，日本には，エゾタンポポ，シロバナタンポポ，セイヨウタンポポなど約20種類のタンポポが分布している。葉は根の近くから多く生え，放射状に広がる。

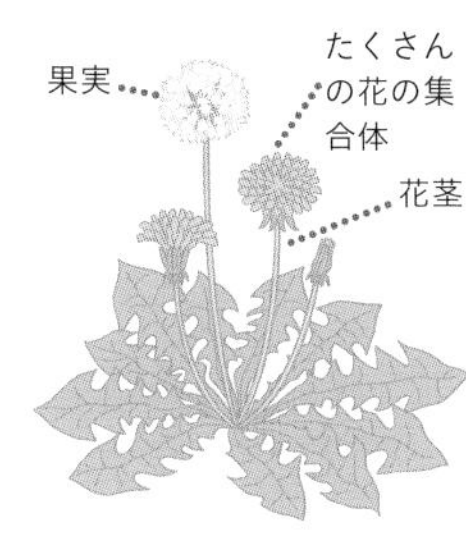

春に，黄または白色の花を咲かせる。花は晴れた日には朝方に開き，夕方に閉じる。また，くもりの日には，咲いている時間が晴れた日よりも短くなることが多い。これらのことから，強い光が当たると花が開き，光が弱いと閉じることがわかる。

果実につく白い綿毛の部分は冠毛（かんもう）とよばれ，熟すと風で飛ばされる。

発展

タンポポの生活場所と葉のようす

タンポポの葉は，道ばたなど日なたのかわいたところでは短く，地面にはりついて広がっている。ところが，草むらなど日かげの湿ったところでは，長く，上向きになっていて，花茎（かけい）も長くなっている。

用語解説

外来種

外国からもちこまれて，日本で広まった生物。(➡p.486)在来種のタンポポのように，外来種に生活場所をうばわれ，数が減ってしまった植物もたくさんある。

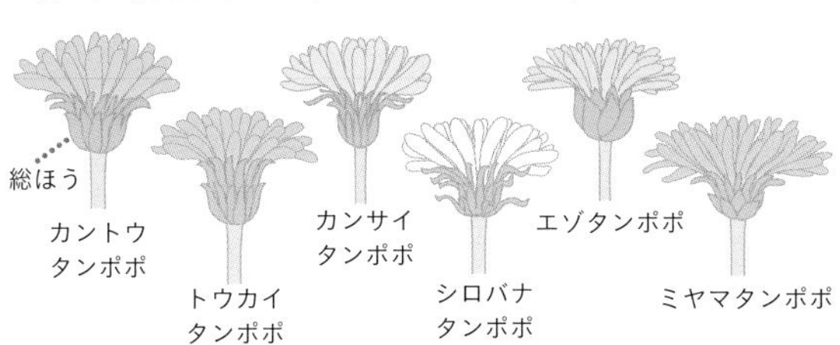

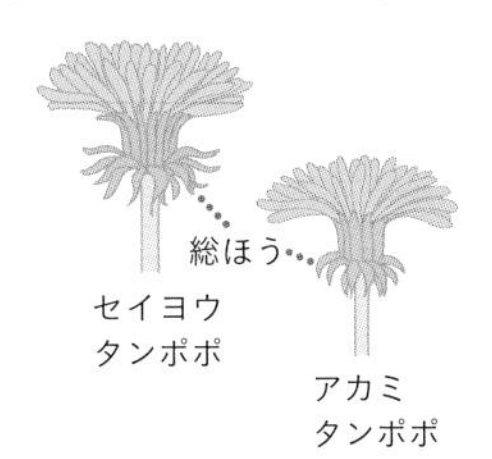

⬆タンポポの種類

▶ドクダミ　ドクダミ科の植物で，高さは20～40cmほど。葉は緑から紫色で，ハート形をしている。

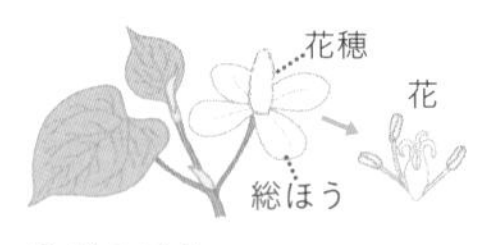

⬆ドクダミ

花は初夏に穂のような状態（花穂）で咲く。花びらのように見える白い部分は，総ほうとよばれる，葉が変化した部分である。

▶ゼニゴケ　地面にはりつくように生活する。水分を体の表面から吸収するので，日かげの湿ったところや，池や川のふちなどで見られる。（➡p.359）

⬆ゼニゴケ

7 身のまわりの動物

● 花に集まる虫

モンシロチョウ，ハナアブ，ミツバチなど。

● 池や小川などにすむ動物

タニシ，ザリガニ，ゲンゴロウ，マツモムシ，トンボの幼虫（やご）のほか，メダカ，オタマジャクシ，イモリなども見られる。

● 落ち葉や石の下にすむ動物

校庭のすみや庭の落ち葉や石の下には，下の写真のようないろいろな動物が見られる。

くわしく 

落ち葉や石の下にすむ動物のはたらき

落ち葉や石の下にすむ動物は，落ち葉やかれ木，動物のふんや死がいを食べて，細かくする。それらは，細菌などにより，植物が利用できる養分に分解される（➡p.481）。

⬆落ち葉や石の下にすむ動物（左からオカダンゴムシ・ミミズ・コモリグモ）

第1章 SECTION 2

水中の小さな生物

池の水を顕微鏡でよく観察すると，さまざまな小さな粒が見えてくる。このような粒の中には，生物がふくまれていることがある。ここでは，水の中でくらす小さな生物についてくわしく学習していく。

1 採集法

池や沼などの，緑色ににごった水の中には，アオミドロやミドリムシなどの小さな生物がすんでいることが多い。水面近くには，ケイソウなどが多い。また，アメーバやツリガネムシなどは，池の底などの落ち葉や藻(も)といっしょに採集する。

◉ 水中の小さな生物の集め方

水中の小さな生物は，下図の方法で集められる。

用語解説

プランクトン
水中で浮遊(ふゆう)生活をする生物(浮遊生物)。植物プランクトンと動物プランクトンがある（➡p.340）。

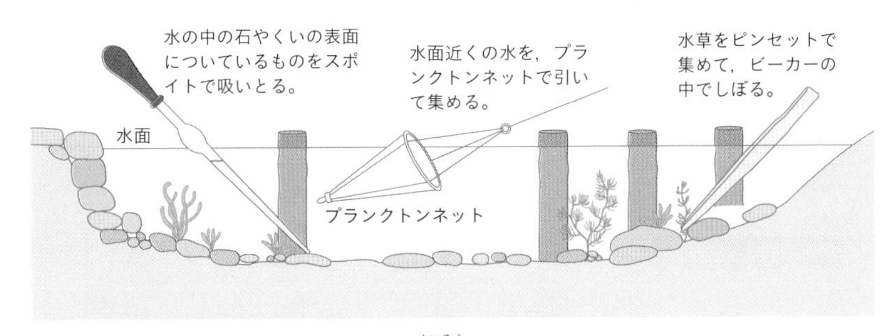

水あかからも，生物を採集できる。水槽(すいそう)のガラスについた水あかはスライドガラスで，コンクリートの壁や石についている水あかはスチールウールでこすりとり，ビーカーやペトリ皿の中で落として，採集する。

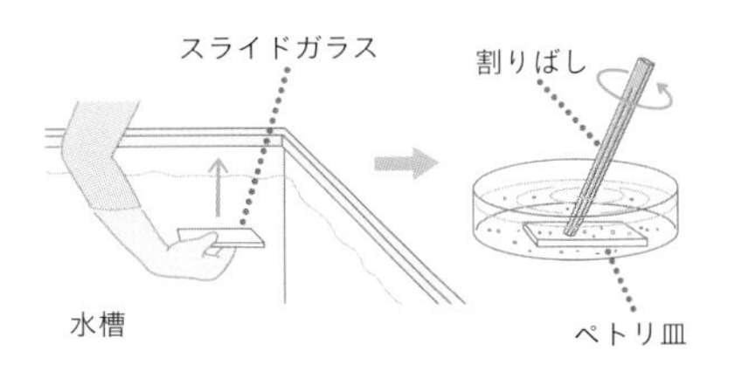

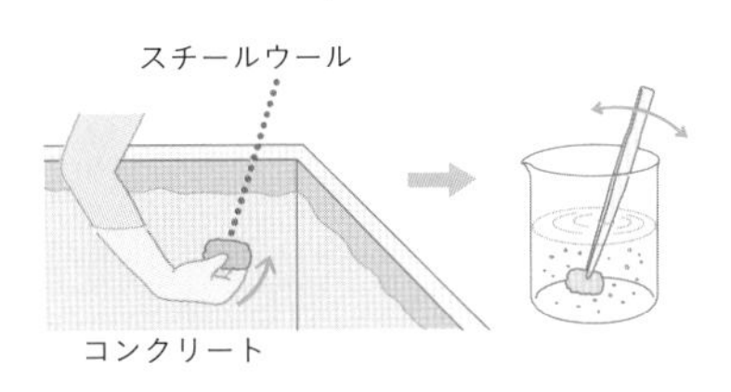

2 水中の小さな生物

わたしたちの身のまわりには，肉眼では見えない小さな生物がたくさん生活している。このような生物を**微生物**といい，顕微鏡(けんびきょう)を使わないと観察できない。

微生物のうちでも，細菌類(さいきんるい)は特に小さく，長さが1μm(マイクロ)（1000分の1mm）以下のものもある。

◉ 水中の小さな生物

水中には，**原生生物**と呼ばれる，体のつくりが最も簡単な生物のなかまがすんでいる。**ゾウリムシ**は，水田の水などに多い。体のまわりにある細かい毛（せん毛）を動かして，水面や水中を泳ぐ。**アメーバ**は，池や沼(ぬま)の底のどろや水草・落ち葉の上などをよくさがすと，大きなものは肉眼でも見つかる。**ツリガネムシ**は，池や沼などの底の落ち葉の上などに細長い柄(え)でついていて，柄をのばしたり縮めたりしているのを見ることができる。

ミジンコは多細胞の動物で，原生生物ではない。1mm程度の大きさがあるので，はねるように泳ぐようすを肉眼でも観察できる。

用語解説

原生生物
多くは1個体が1つの細胞からなる単細胞生物の種類。1個の細胞がさまざまな器官の役割をもつ。

くわしく

動物プランクトンと植物プランクトン
せん毛などの運動器官を使って動き，ほかのプランクトンなどを食べて生活するものを動物プランクトンといい，葉緑体(ようりょくたい)で光合成(こうごうせい)を行うものを植物プランクトンという。

◉ 水中の光合成をする小さな生物

水の中には，光合成(こうごうせい)（➡p.363）をする生物も生活している。緑色に見えるのは緑ソウ類で，かっ色に見えるのはケイソウ類である。

▶**緑ソウ類**　**アオミドロ**のような目に見える糸状のソウ類のほかに，小さなものもたくさんいる。

ミカヅキモや**クロレラ**はたった１個の細胞でできており，一方**クンショウモ**や**ボルボックス**は，多数の細胞が集まっている。動かないものが多いが，ボルボックスなどは活発に泳ぎまわる。

▶**ケイソウ類**　すきとおった殻(から)をもっていて，黄色みがかった緑色をしている。淡水(たんすい)にすむものと海水にすむものがある。下図の**ハネケイソウ**はケイソウ類のなかまである。

また，下図の中で，**ミドリムシ**はユーグレナ類，**ユレモ**はランソウ類である。

くわしく

ミドリムシ

緑色をしていて，葉緑体があり，光合成ができるという植物プランクトンの特徴(とくちょう)と，べん毛を使って動きまわることができるという動物プランクトンの特徴の両方をもっている。

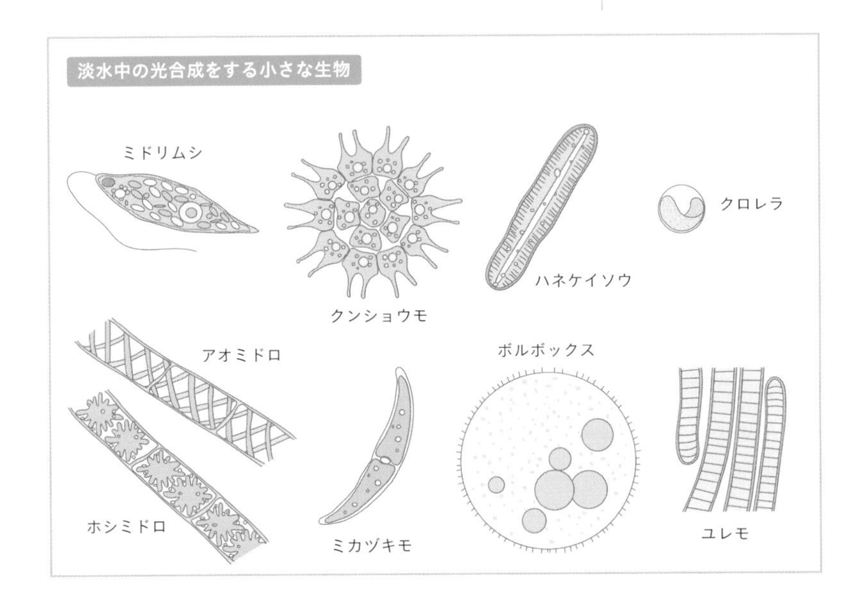

完成問題 CHECK

解答 p.633

1 顕微鏡を用いた観察について，次の問いに答えなさい。

(1) 図の鏡筒上下式顕微鏡の，A〜Eの部分の名称を答えよ。

A（　　　　　）　B（　　　　　）

C（　　　　　）　D（　　　　　）

E（　　　　　）

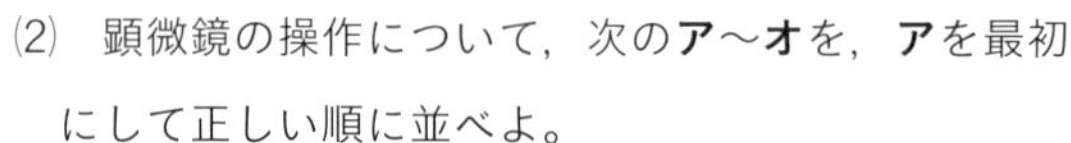

(2) 顕微鏡の操作について，次のア〜オを，アを最初にして正しい順に並べよ。

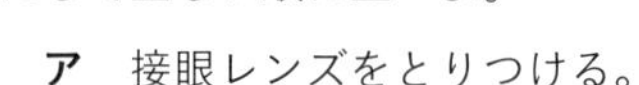

ア　接眼レンズをとりつける。

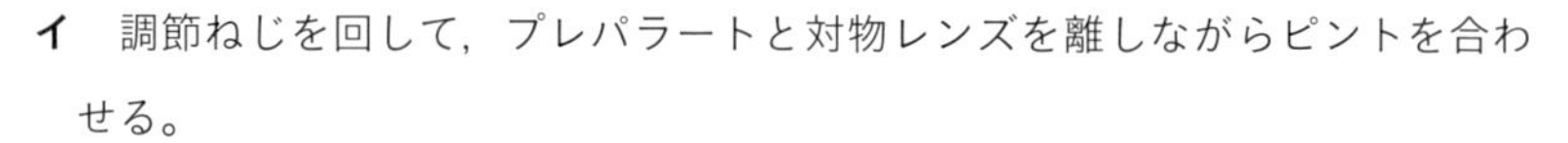

イ　調節ねじを回して，プレパラートと対物レンズを離しながらピントを合わせる。

ウ　反射鏡を調整して視野を明るくする。プレパラートをステージにのせる。

エ　対物レンズをとりつける。

オ　横から見ながらプレパラートと対物レンズを近づけるように調節ねじを回す。

ア→（　　）→（　　）→（　　）→（　　）

(3) Aは「10×」，Cは「20」と表示してあるものを使った場合，顕微鏡の倍率は何倍か。（　　　　）

(4) 顕微鏡のレンズを低い倍率から高い倍率に変えると，次の❶，❷はどうなるか。**ア**，**イ**からそれぞれ選べ。❶（　　）❷（　　）

❶ 見える範囲は〔 **ア** せまく　**イ** 広く 〕なる。

❷ 視野の明るさは〔 **ア** 明るく　**イ** 暗く 〕なる。

(5) 視野の見え方が実物と上下左右が逆になる顕微鏡で生物を観察したところ，右図のように見えた。生物を視野の中央に移動させるには，プレパラートを**ア**〜**エ**のどの方向に動かせばよいか。（　　）

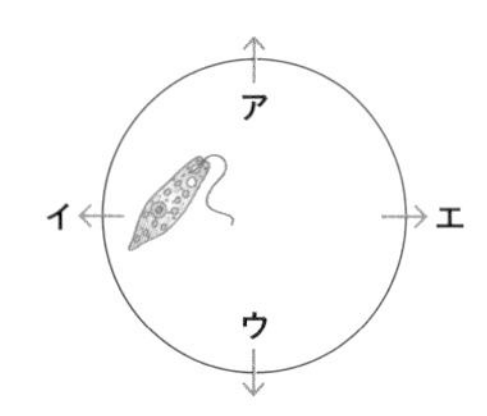

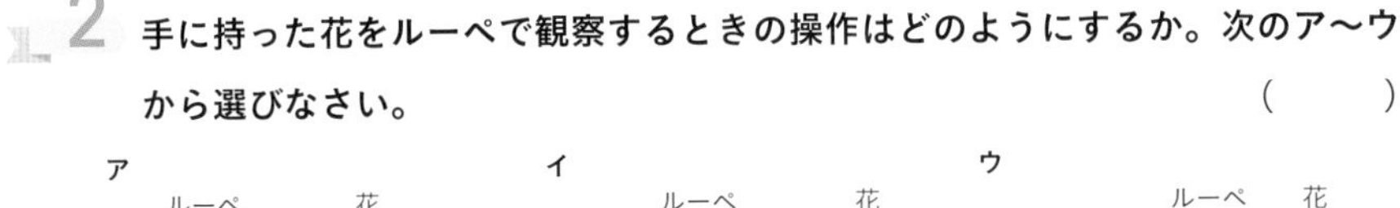

2 **手に持った花をルーペで観察するときの操作はどのようにするか。次のア〜ウから選びなさい。** （　　）

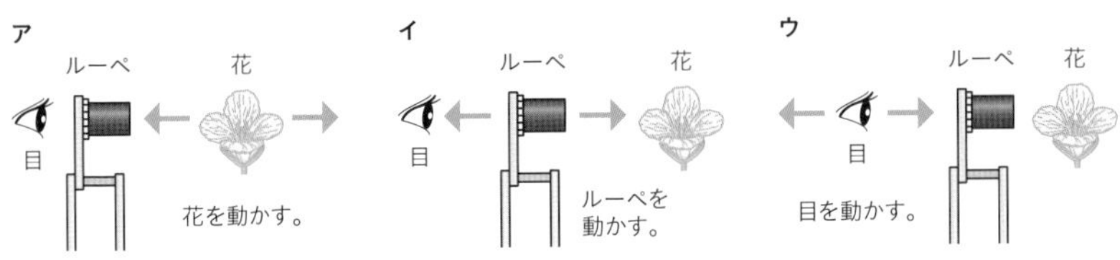

3 **図は，水中の小さな生物を顕微鏡で観察してスケッチしたものである。ただし，それぞれの倍率は等しくない。次の問いに答えなさい。**

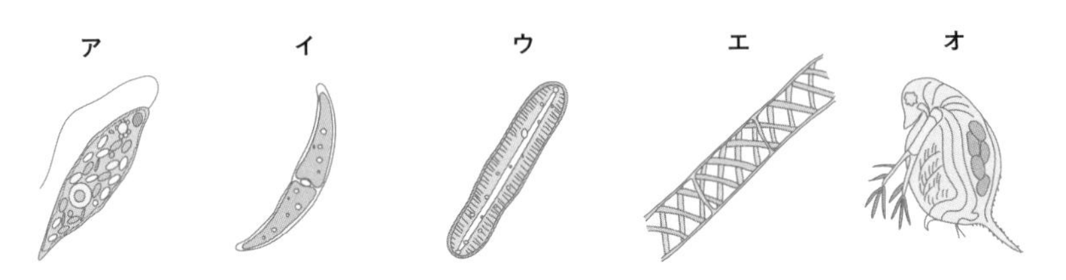

(1) **ア〜オ**の生物名をそれぞれ答えよ。

ア（　　　　　）　**イ**（　　　　　）　**ウ**（　　　　　）

エ（　　　　　）　**オ**（　　　　　）

(2) **ア〜オ**の中で，活発に動くものはどれか。２つ選び，記号で答えよ。

（　　　　）

(3) **ア〜オ**の中で，光合成をおこなう生物はどれか。すべて選び，記号で答えよ。

（　　　　　）

4 **次のア〜カの生物のうち，❶〜❹に述べた文にあてはまるものはどれか。それぞれ（　）に示した数だけ選び，記号で答えなさい。**

ア　ゼニゴケ　　**イ**　カエル　　**ウ**　ナズナ

エ　タンポポ　　**オ**　ダンゴムシ　　**カ**　ドクダミ

❶ 落ち葉や石の下で生活している動物（１つ）（　　）

❷ 日当たりのよいところによく見られる植物（２つ）（　　　）

❸ 池などの水辺で生活している動物（１つ）（　　）

❹ 日かげでしめりけが多いところによく見られる植物（２つ）（　　　）

第2章

植物の生活と多様性

植物は，さまざまな体のつくりや生活様式を手に入れて，地球上で繁栄している。
また，光を利用して自ら栄養分をつくり出せることも，植物の特徴である。
第２章では，植物のなかまを分類し，その体のしくみや生活のしかたを掘り下げる。

SECTION 1　植物の種類 … p.346
SECTION 2　種子をつくる植物 … p.348
SECTION 3　種子をつくらない植物 … p.357
SECTION 4　光合成と物質交代 … p.363
SECTION 5　植物体内の物質の移動 … p.371

植物の種類

植物の中には，花を咲かせて種子をつくるものや，種子をつくらないものが見られる。
さらに体の形に注目してみると，これらの植物には，共通する特徴や異なる特徴がある。
ここでは，それらの特徴から植物のなかま分けをする。

1 植物の種類・特徴

1 種子をつくる植物の種類と特徴

植物は，種子をつくる植物（**種子植物**）と種子をつくらない植物とになかま分けできる。種子植物はさらに次のように分けられる。

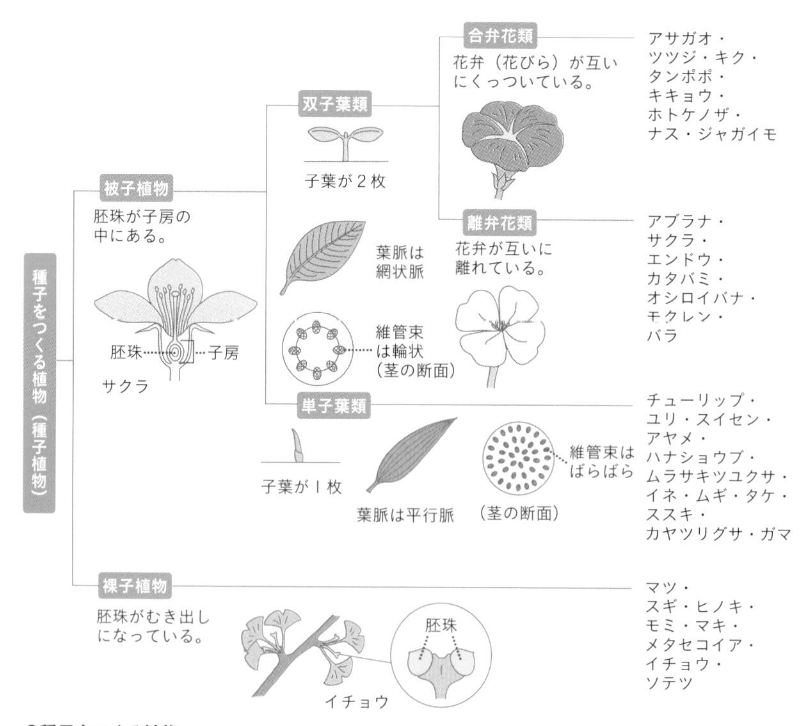

❶種子をつくる植物

2 種子をつくらない植物の種類と特徴

種子植物は種子をつくってふえるが，**種子をつくらない植物の多くは胞子をつくってふえる**（➡p.358）。胞子でふえる植物には，**シダ植物**，**コケ植物**がある。

◉ シダ植物

根・茎・葉の区別がある。根はひげ根状で，水や養分を吸収する。茎は地下茎で，維管束がある。少しかわいた土地に生育するものもある。

◉ コケ植物

根・茎・葉の区別がない。水を体全体で吸収し，仮根で体を地面に固定する。

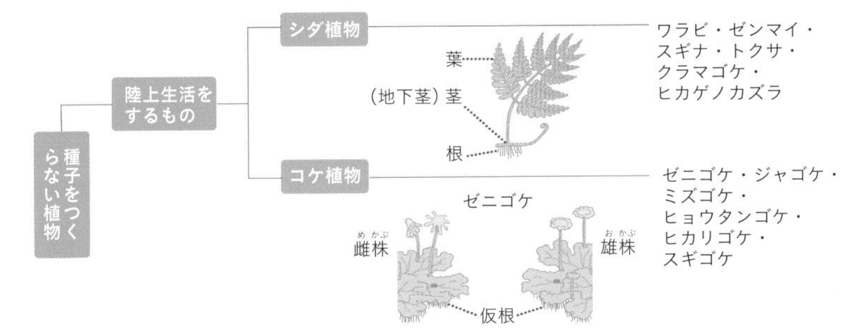

⬆種子をつくらない植物

身近な生活

ワカメやヒジキは植物ではない？

ワカメやヒジキはソウ類に分類されます。ソウ類は，水中で生活していて，根・茎・葉の区別がありません。光合成によって栄養分をつくりますが，植物には属していません。

ソウ類の中でも，ワカメやヒジキなど海ソウのなかまの多くは胞子でふえます。

©アフロ

第2章 SECTION 2

種子をつくる植物

フラワーショップでは，色とりどりのたくさんの種類の花を見ることができる。それらの花のつくりをよく観察してみると，共通点もあれば異なる点もあることに気づく。ここでは，さまざまな植物の特徴を知り，そのふえ方についての理解を深める。

1 花のつくりと種子

1 花のつくり

種子植物(しゅししょくぶつ)が種子(しゅし)をつくって子孫をふやすための器官である花は，**がく**・**花弁**(かべん)（**花びら**）・**おしべ**・**めしべ**からできている。

◉ がく

花のいちばん下および外側にあって，つぼみのときは花の内部を保護している。

タンポポ，ノゲシなどの花では，がくは多数の毛に変化している。果実(かじつ)ができると，この毛は果実の先端(せんたん)に開いて冠毛(かんもう)となる。

カキやナスなどの花では，子房(しぼう)はがくの上のほう（先端側）にある。そして子房が果実になるときに，がくがへたとなって果実の柄(え)のほうに残る。

◉ 花弁（花びら）

植物によってさまざまな色や形をもつ。種子植物の双子葉類(そうしようるい)（➡p.353）は，花弁のつき方によって次ページの図のように，花弁が1枚ずつに分かれている**離弁花類**(りべんかるい)と，花弁のもとがくっついている**合弁花類**(ごうべんかるい)に分けられる（➡p.353，354）。

用語解説

花たく

がく・花弁・おしべ・めしべなどのついている部分は，花たく（花の台）という。その形は，皿のような円板形のものや，おわん形のものがある。じつは，わたしたちが食べるイチゴの赤い実は，イチゴの果実ではなく，花たくである。

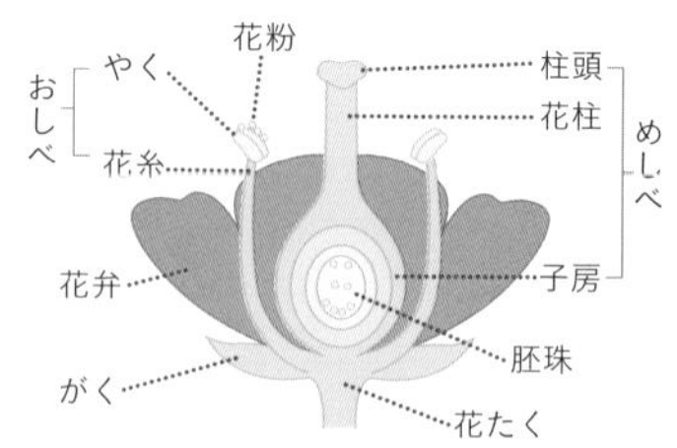

➊花の基本的なつくり

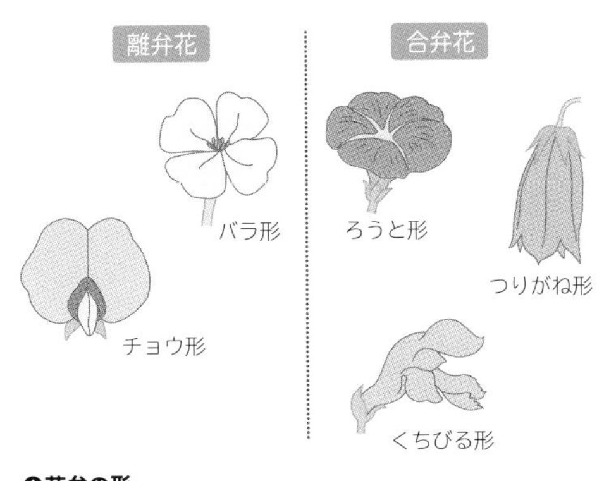

⬆花弁の形

◉ おしべ

おしべは，花粉がつくられる部分の**やく**（花粉の袋）と，その柄にあたる花糸(かし)からできていて，めしべを囲むようにつく。やくは適当な時期がくると，中の**花粉**(かふん)を出す。おしべの数は，植物の種類によってさまざまである。

◉ めしべ

めしべは花の中心に１本あり，先の部分を**柱頭**(ちゅうとう)，中間の部分を花柱(かちゅう)，根もとの部分を**子房**(しぼう)という。

▶**柱頭**　めしべの先端で，花粉がつく部分である。花粉がつきやすいように，ざらざらしていたり，毛がついていたり，粘(ねば)り気のある液がついていたりする。イネやムギなどのような風媒花(ふうばいか)（➡p.350）では，柱頭が羽毛状になっていて，花粉がつきやすい。

▶**子房**　めしべのもとのふくらんだ部分で，中に**胚珠**(はいしゅ)がある。花粉が柱頭につく（受粉(じゅふん)する）と，子房は果実（➡p.351）になり，胚珠は種子になる。

▶**花柱**(かちゅう)　めしべの柱頭と子房をつなぐ円柱状の部分で，**花粉管**(かふんかん)（➡p.454）の通り道である。

▶**胚珠**　成長して**種子**（➡p.351）になる部分。サクラやイネ，クルミのように，種子が１つしかできないものは，子房の中に胚珠は１つしかない。アブラナやキュウリ，ヘチマのように子房の中にたくさんの胚珠があるものは，１つの花で複数の種子ができる。

発展

花被(かひ)・花冠(かかん)

花弁とがくとをいっしょにして花被といい，１つの花の花弁の集まりを花冠ということもある。

くわしく

花粉

花粉は，やくの中でつくられる単細胞(たんさいぼう)である。風や虫などのはたらきでめしべに運ばれて受精(じゅせい)（➡p.454）が行われる。色は黄色や淡(たん)黄色(おうしょく)のほか，オレンジ色，淡緑色(たんりょくしょく)などがある。花粉の色や形は，植物の種類によって決まっているため，植物の分類などの手がかりになる。

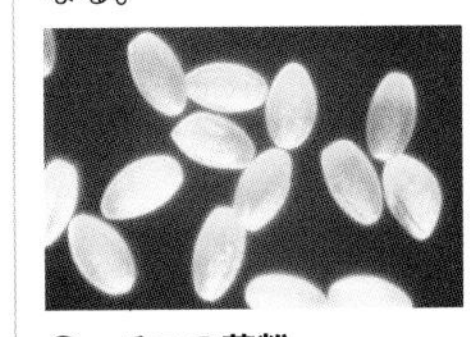

⬆ヘチマの花粉

◉ 完全花と不完全花

アブラナ，サクラ，アサガオのように，がく，花弁，おしべ，めしべの４つをそろえているものを**完全花**といい，ヘチマ，イネ，トウモロコシのように，どれか１つでも欠けているものを**不完全花**という。

◉ 両性花と単性花

両性花とは，アブラナ，サクラ，ツツジ，イネのように，１つの花におしべとめしべの両方がある花である。**単性花**とは，ヘチマ，トウモロコシ，カボチャのように，１つの花にめしべかおしべの一方しかない花である。めしべだけをもつ花を**雌花**，おしべだけをもつ花を**雄花**という。

くわしく 

花粉の運ばれ方

▶**風媒花**　花粉が風によって運ばれる花。マツ，スギ，トウモロコシなど。

▶**虫媒花**　花粉が昆虫によって運ばれる花。アブラナ，タンポポ，ヘチマなど。

▶**水媒花**　花粉が水によって運ばれる花。クロモ，キンギョモなど。

▶**鳥媒花**　花粉が鳥によって運ばれる花。ツバキ，サザンカなど。

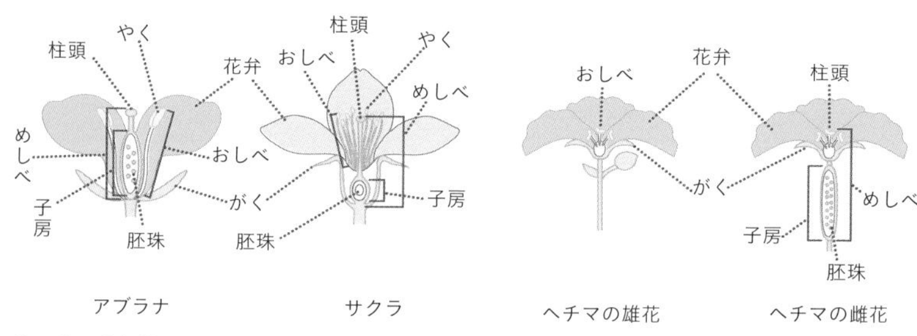

⬆いろいろな花のつくり

発展・探究

花のつき方

花の茎へのつき方は花の種類によって異なります。多くの花が集まってつくもの，１つずつつくものなどさまざまです。花が茎についているようすを，花序といい，有限花序と無限花序があります。有限花序は，枝の先端から花が咲き始め，下に向かって花が咲いていきます。無限花序は，下から花が咲き始め，上に向かって花が咲いていきます。

⬆いろいろな花のつき方

2 果実と種子のでき方

種子をつくる植物を**種子植物**という。柱頭に花粉がつく（受粉する）と，胚珠は成長して種子になる。

◉ 果実

子房が発育・成熟してできたものである。果実といえば，ふつう子房が発達した真果（さくらんぼ・カキ・ミカンなど）だけをさすが，大きくは花たく・がくなどが発達した偽果（リンゴ，イチゴ，ビワなど）もふくまれる。また，エンドウやダイズのように，果実がさやになるものもある。

くわしく

果実の食べる部分
さくらんぼは果実そのものを食べているが，リンゴやイチゴは，花たくが大きくなった部分を食べている。イチゴの本当の果実は表面の小さな粒である。

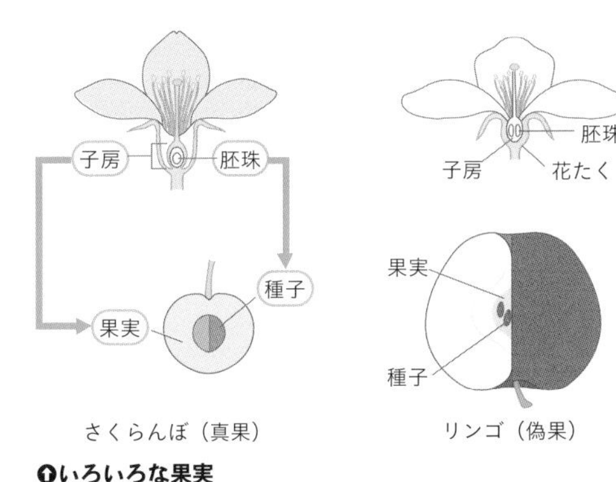

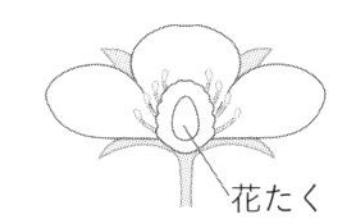

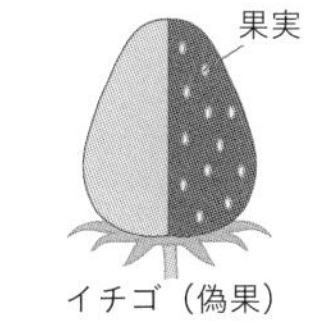

さくらんぼ（真果）　リンゴ（偽果）　イチゴ（偽果）

↑いろいろな果実

◉ 種子

植物の個体ができるもとで，**子房の中の胚珠が成熟してできる**。種子は，胚乳のあるもの（有胚乳種子）と胚乳がないもの（無胚乳種子）に分けられる。

カキ・トウモロコシ・イネ・ムギなどのように，胚乳が発達している種子を有胚乳種子という。**胚乳には胚の成長（発芽）に必要な養分がたくわえられている。**

ダイズ・エンドウ・クリ・アブラナ・リンゴ・カボチャなどのように，胚乳がなく，かわりに**胚の子葉の部分に養分がたくわえられている**種子を無胚乳種子という。有胚乳種子に比べて，子葉が大きく発達している。

用語解説

胚
胚は，次の代の新しい植物体になる部分で，子葉・幼芽・幼根などに分かれている。

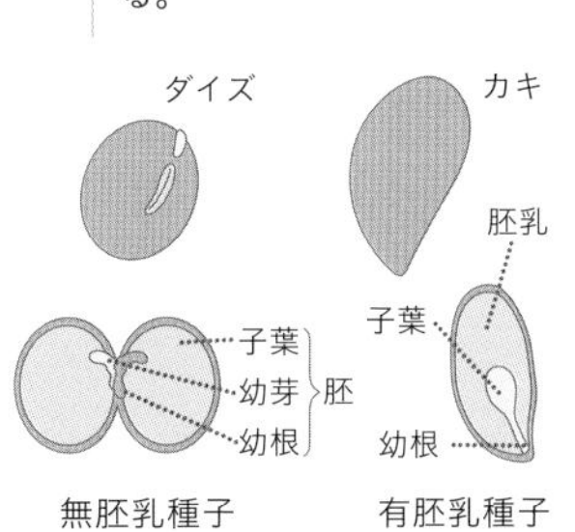

↑種子のつくり

第1章 身近な生物の観察
第2章 植物の生活と多様性
第3章 動物の生活と多様性
第4章 生物の細胞と生殖
第5章 自然界の生物と人間

3 種子の散布

できるだけ広い範囲にまき散らすため，種子にはいろいろなしくみのものがある。ここではいくつかの例を示す。

風による種子の散布

風に運ばれやすいように，翼状のものがついているもの（カエデ・マツ），羽毛のような毛のついているもの（タンポポ）がある。

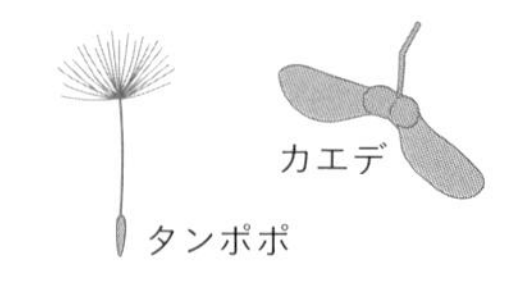

動物による種子の散布

オナモミ・イノコヅチ・ヌスビトハギなどの種子は，表面にとげがついていて，動物の体や人の衣服などにくっついて散布される。

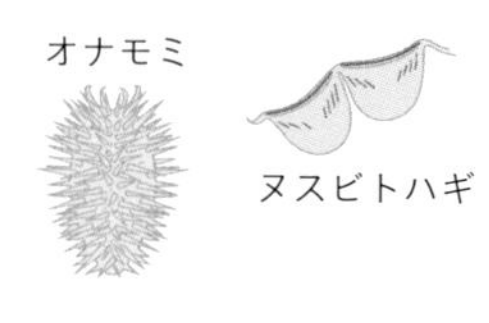

ナンテン・ガマズミ・ウメモドキ・エノキ・アケビ・ヤドリギなどの種子は，果実などといっしょに野鳥などの動物に食べられ，その動物のふんといっしょに散布される。

水による種子の散布

熱帯地方の海岸にはえるヤシなどの果実は水に浮くようになっていて，他の場所に流されて運ばれる。

自力での種子の散布

ダイズ・アズキ・フジなどのマメ科の植物では，果実が熟するとさやがはじけるように開き種子を飛ばす。ホウセンカ・カタバミ・スミレなどの果実もこの例である。

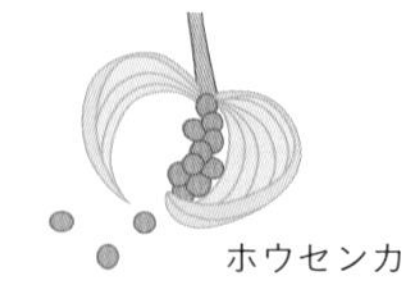

くわしく

種子の寿命

種子の寿命は，ふつう１～４年くらいである。種子の寿命の長い例としては，千葉県千葉市で，弥生時代の遺跡から発掘された，2000年間もねむっていたハス（オオガハス）の種子がある。種子は発芽し，花を咲かせた。

2 被子植物

1 被子植物の特徴

種子植物のなかまのうち，胚珠が子房の中にある植物を**被子植物**という。胚珠は成熟すると種子に，子房は果実になる。被子植物の花の多くは，両性花（➡p.350）である。また，がくや花弁のないものもある。被子植物は，体のつくりやふえ方，生活のしかたから，現在最も栄えている植物群といえる。

2 被子植物のなかま

被子植物はさらに，アサガオやアブラナのように，子葉が２枚の**双子葉類**と，ユリやトウモロコシのように，子葉が１枚の**単子葉類**とに分けることができる。

◉ 双子葉類

葉の葉脈（➡p.363）は，ツバキなどの葉に見られるように，網目状に分布し（**網状脈**），根は，太い１本の**主根**と，そこから枝分かれする細い**側根**からなる。

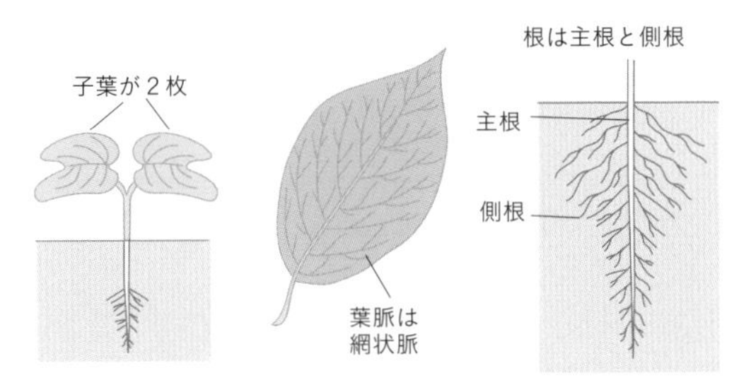

⬆双子葉類の体の特徴

また，双子葉類は，花弁のつき方によって，**合弁花類**と**離弁花類**の２つのなかまに分けられる。そして，それぞれはさらに細かく「科」（生物分類学上の一単位）に分けられている。

用語解説

子葉
種子の中で，胚にできている葉。たいてい，発芽のとき最初に出てくる。なお，発芽したばかりの２枚の子葉を，ふたば（双葉）とよぶこともある。

▶**合弁花類**　花弁のもとのところがつながっている植物のなかま。キク科・ツツジ科・シソ科・ナス科・ヒルガオ科・キキョウ科など。

▶**離弁花類**　花弁が１枚ずつ分かれている植物のなかま。このなかまには，花弁とがくの区別のつかないものや，花弁やがくのない種類もある。アブラナ科・バラ科・ツバキ科・ナデシコ科・マメ科など。

くわしく

植物の分類方法

植物の分類は，体のつくりに基づく分類から，近年，遺伝子（DNA）解析に基づく分類に変わってきている。分類は研究の進歩とともに更新されていく。

合弁花類のなかま		離弁花類のなかま	
キク科	キク・タンポポ・ヒマワリ・ヨメナ・ヨモギ・ゴボウ・レタス・ベニバナ・シュンギクなど	**アブラナ科**	アブラナ・ダイコン・ナズナ・イヌガラシ・キャベツ・ハクサイなど
ツツジ科	ツツジ・シャクナゲ・コケモモなど	**バラ科**	バラ・サクラ・リンゴ・ビワなど
シソ科	シソ・ホトケノザ・イヌゴマなど	**ツバキ科**	ツバキ・サザンカなど
ナス科	ナス・ジャガイモ・ピーマンなど	**ナデシコ科**	ナデシコ・カーネーションなど
ヒルガオ科	アサガオ・サツマイモ・ヒルガオなど	**マメ科**	エンドウ・ダイズ・フジ・シロツメクサ・インゲンマメ・クズなど
キキョウ科	キキョウ・ヒナギキョウ・ソバナなど		

◉ 単子葉類

根は**ひげ根**，葉は細長いものが多く，葉脈は平行に通っている（**平行脈**）。

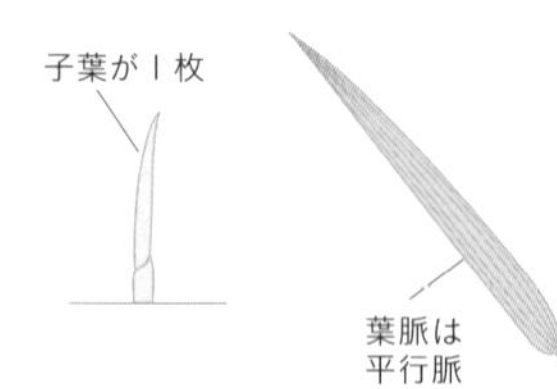

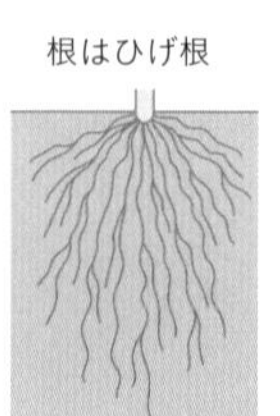

⬆単子葉類の体の特徴

単子葉類のなかま	
アヤメ科	アヤメ・カキツバタ・クロッカス・シャガなど
ユリ科	チューリップ・オニユリ・カタクリ・ユリなど
イネ科	イネ・オオムギ・コムギ・トウモロコシなど
ツユクサ科	ツユクサ・ムラサキツユクサなど
ラン科	カトレア・サギソウ・シラン・シュンランなど

3 裸子植物

1 裸子植物の花のつくり

種子植物のなかまのうち，子房がなく胚珠がむき出しになっている植物を**裸子植物**という。花は**雌花**と**雄花**に分けられる（➡p.350）。

◉ マツの花のつくりと種子

マツは，雌花と雄花を同じ株につける（**雌雄同株**）植物である。雌花は，たくさんの小さなうろこのような**りん片**が重なってできている。このりん片の内側には，胚珠が2つむき出しでついている。雄花も，りん片が重なってできており，各りん片の外側には，花粉の入った袋が２つずつついている。この袋は**花粉のう**という。

マツの胚珠はむき出しであるため，風で運ばれた花粉が胚珠に直接ついて受粉する。受粉後，１年以上かかって種子ができ，雌花はまつかさになる。

発展

木本

木部（維管束の一部）が発達していて，じょうぶな多年生の茎をもつ植物。ふつうにいう木のことである。高木と低木がある。裸子植物はすべて木本である。

くわしく

まつかさ（まつぼっくり）

まつかさは球果ともいい，マツの果実とされる。裸子植物には子房がないので，被子植物のような果実はできないが，広い意味で果実とよばれることがある。

マツ

雌花　雄花　1年前の雌花　2年前の雌花

（内側）　胚珠　りん片　（外側）　花粉　花粉のう　花粉は胚珠について受粉　まつかさ　種子

❶マツの花と種子

マツの花粉を顕微鏡で観察すると，風に運ばれやすいように空気袋がついている。

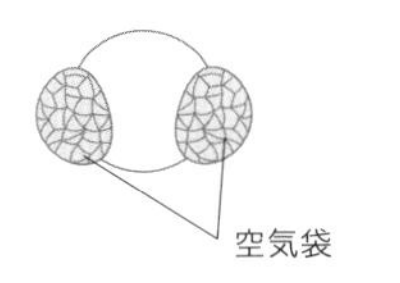

❶マツの花粉

2 裸子植物のなかま

裸子植物には，前ページで紹介したマツ，スギやモミのように，雌花と雄花とを同じ株につけるもの（**雌雄同株**）と，イチョウやソテツのように，雌花と雄花とを別々の株につけるもの（**雌雄異株**）がある。

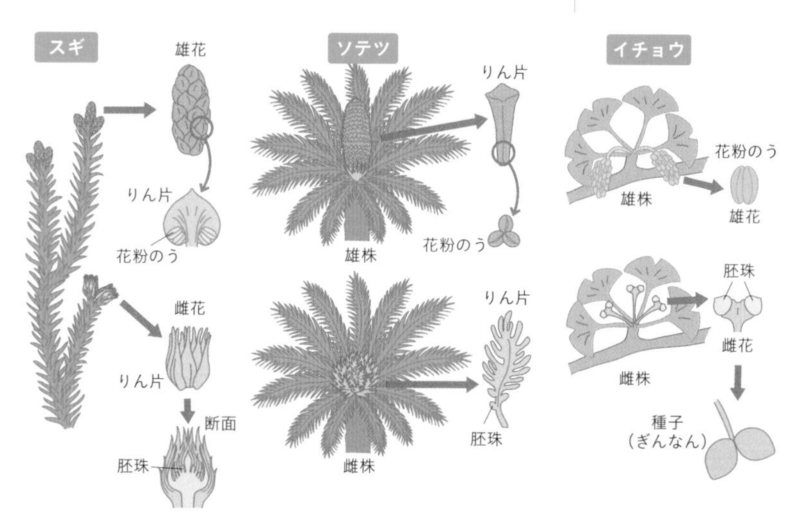

⬆裸子植物のなかまの花のつくり

発展・探究

多彩な裸子植物の葉

裸子植物はふつう高木になり，葉は常緑のものが多いのですが，イチョウのように落葉するものもあります。

また，葉の形も，線形，針形，長円形，おうぎ形，うろこ形など，いろいろあります。

葉のつき方には，**互生**（葉がたがいちがいに１枚ずつついている）のもの，３～５枚まとまって出るものなど，いろいろあります。

⬆葉の形

第2章 SECTION 3

種子をつくらない植物

花の咲かない植物は，種子をつくらず，その多くは胞子をつくってなかまをふやしている。胞子でふえる植物は，シダ植物・コケ植物などがある。ここでは，種子をつくらない植物の体のつくりや特徴，ふえ方について学習する。

1 シダ植物

[1] シダ植物の体

ワラビやゼンマイなどの**シダ植物**のなかまは，花の咲かない植物のなかで最も発達したなかまである。

葉の細胞には葉緑体（➡p.365）があり，日光を受けて光合成（➡p.363）を行い，自分で栄養分をつくることができる。

◉ シダ植物の体のつくり

シダ植物の体は，種子植物と同じように，**根・茎・葉**の部分に分けられ，水や養分を運ぶための維管束（➡p.374）が発達している。しかし，種子植物のように花はつけない。

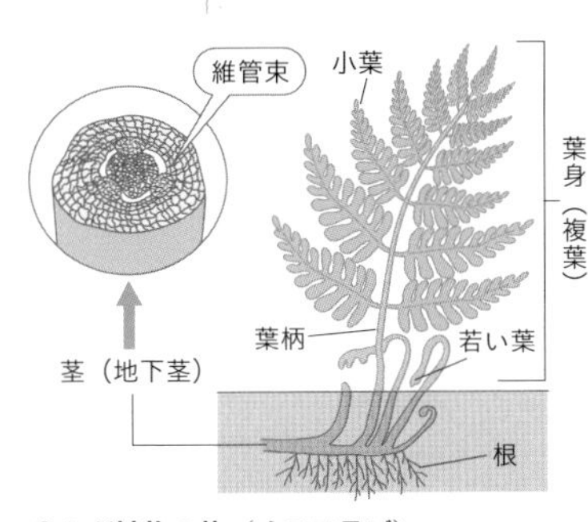

⬆シダ植物の体（イヌワラビ）

シダ植物の葉は，地上に出ている部分で，細かく左右に分かれて羽状の複葉となっているものが多い。

シダ植物の茎は，ふつう，地中にあるために**地下茎**（根茎）とよばれ，地中に横にはい広がっている。

シダ植物の根は，地下茎から直接多くの細い根がはえている。

◉ 生育場所

シダ植物の多くは日かげで湿り気の多いところで生活する。これは，受精（➡p.454）をするときに水が必要だからである。

用語解説

複葉
葉身（平らな緑色の部分）が数枚の小葉に分かれている葉。

葉柄
葉身を支え，また茎に接着させる棒状の柄。植物によっては葉柄のない葉もある。

2 シダ植物のふえ方

シダ植物は，葉の裏の**胞子のう**でつくられる**胞子**によってなかまをふやしている。

◉ 胞子の散布

シダ植物では，胞子が熟すと，胞子のうがさけて胞子が飛び散る。胞子のうは，かわいてくるとまわりをとりまいている厚い帯状の部分が外側にそりかえり，膜のうすい部分がさけて口を開き，胞子が飛び散るようなしくみになっている。

◉ 前葉体

シダ植物では，地上に落ちた胞子は，水分を吸収してやがて発芽する。芽はしだいに成長して，ふつう，ハート形の小さなうろこのようなものになる。これを**前葉体**という。前葉体の地面に接する面には，毛状の仮根があり，雨水に流されにくくなっている。また，裏の面には，卵細胞（➡p.454）や精子をつくる器官（造卵器・造精器）ができてくる。卵細胞と精子が前葉体で受精（➡p.454）して受精卵となり，そのあと成長して根，茎，葉をもつ新しいシダがはえてくる。

用語解説 

胞子
単細胞の生殖細胞(➡p.451)で，形や大きさなどは種類によって異なり，特有なものが多い。

くわしく

シダ植物のなかま
シダ植物は，おもに次のようななかまに分けられる。
- ▶サンショウモのなかま
  サンショウモ，アカウキクサ
- ▶シダのなかま
  ワラビ，ベニシダ，オシダ，シノブ
- ▶ヘゴのなかま
  ヘゴ，ヒカゲヘゴ
- ▶ゼンマイのなかま
  ゼンマイ，ヤマドリゼンマイ
- ▶トクサのなかま
  トクサ，スギナ
- ▶マツバランのなかま
  マツバラン
- ▶ヒカゲノカズラのなかま
  ヒカゲノカズラ，マンネンスギ

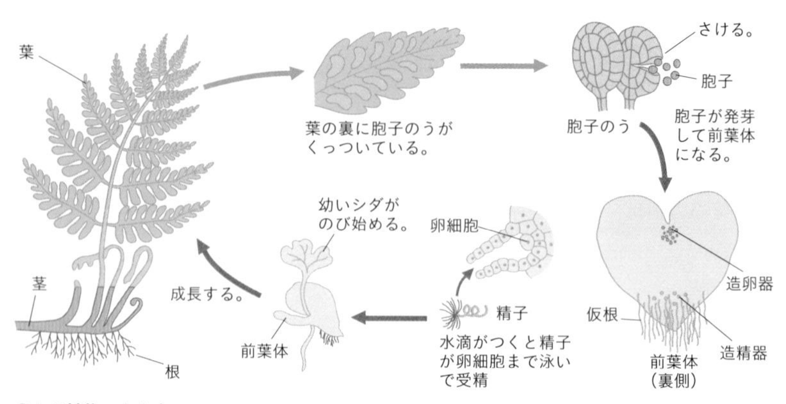

➊シダ植物のふえ方

2 コケ植物

1 コケ植物の体

コケ植物は，葉緑体をもっていて光合成を行う。シダ植物とちがい，維管束はない。また，ゼニゴケやスギゴケなどでは，雌株と雄株の区別がある。

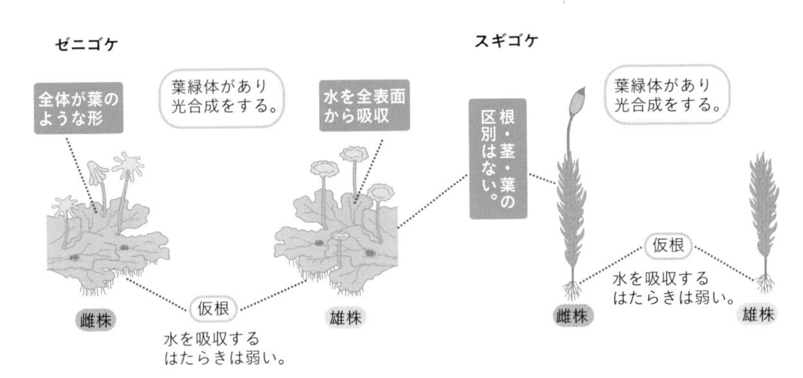

↑ゼニゴケとスギゴケ

◉ コケ植物の体のつくり

コケ植物には，ゼニゴケのように，葉と茎の区別がまったく見られず，体全体が平たい葉のような**葉状体**になっているものと，スギゴケのように，葉と茎に似たつくりがあるものとがある。

どちらの場合も，根はなく，細い毛のような**仮根**があるだけである。

◉ 生育場所

コケ植物は，岩や木，建物などの日かげで湿ったところに，地面をおおうようにしてはえていて，体の全表面から水を吸収している。

◉ 雌株と雄株

雌株では卵細胞がつくられ，雄株では精子がつくられる。また，胞子は雌株につくられる。

用語解説

仮根
外見は根によく似ているが，内部の構造は簡単で，種子植物のような維管束はなく，水を吸収する力は弱い。おもに体を地面に固定するはたらきをしている。

雌株
雌雄が別々の株にある植物のうち，雌の性質を持つ個体。

雄株
雌雄が別々の株にある植物のうち，雄の性質を持つ個体。

2 コケ植物のふえ方

コケ植物は，雌株にできた胞子が地面に飛び散ってなかまをふやす。

◉ コケ植物のふえ方

体の表面が雨でぬれると，雄株から精子が出される。精子は水中を泳いで雌株の卵細胞に達し，受精すると受精卵ができる。やがてこの受精卵が**胞子のう**をつくる。胞子のうから**胞子**が飛び散って地面に落ちると，胞子が発芽して，新しい雌株または雄株ができる。

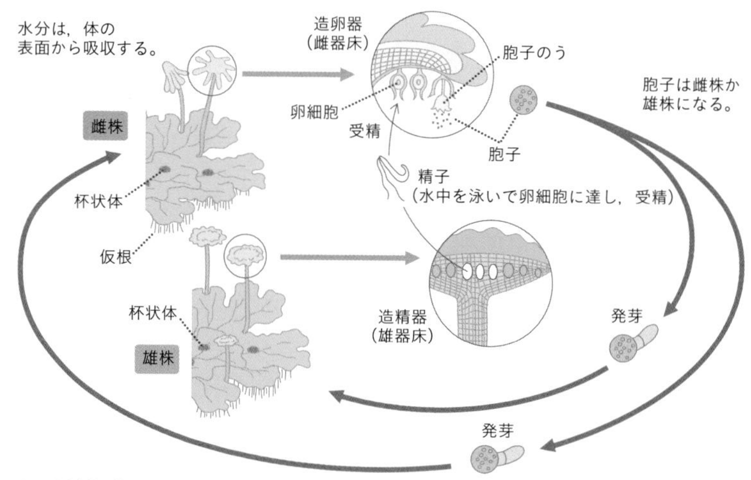

⬆コケ植物（ゼニゴケ）のふえ方

◉ コケ植物のなかま

コケ植物のなかまには，タイ類，セン類などがある。

▶**タイ類**　体全体が平べったいものが多い。葉状体には，背・腹の区別があり，腹側には仮根がある。一般に湿地にはえるが，ときには水中にも見られる。

例　ゼニゴケ，ジャゴケなど。

▶**セン類**　体は茎のような部分と葉のような部分の区別が比較的はっきりしている。

例　スギゴケ，ミズゴケ，ヒカリゴケなど。

くわしく 

コケ植物の無性生殖

ゼニゴケの葉状体の表面には杯状体とよばれるコップ状の器官があり，その杯状体から伸びてくる無性芽が成長して新しい個体ができることによってもふえる。このような雌雄の性が関わらないふえ方を無性生殖（➡p.451）という。

③ ソウ類

1 ソウ類の体

水の中に生育していて，葉緑素（➡p.365）やその他の色素をもつ生物のなかまを，**ソウ類**とよぶ。光合成で栄養分をつくるが，植物とは区別されている。ソウ類には，海にすむコンブやワカメなどの海ソウと，池などの淡水にすむハネケイソウやミカヅキモなどがある。

◉ ソウ類の体のつくり

茎や葉の区別がないのがふつうである。また，茎のようなつくりをもつ場合でも，種子植物やシダ植物のような維管束はない。

海ソウの中には，コンブやワカメのように，体全体が葉のような形でやわらかく，**仮根**で岩についているものがあるが，この仮根は，おもに体を岩に付着するためだけのものである。

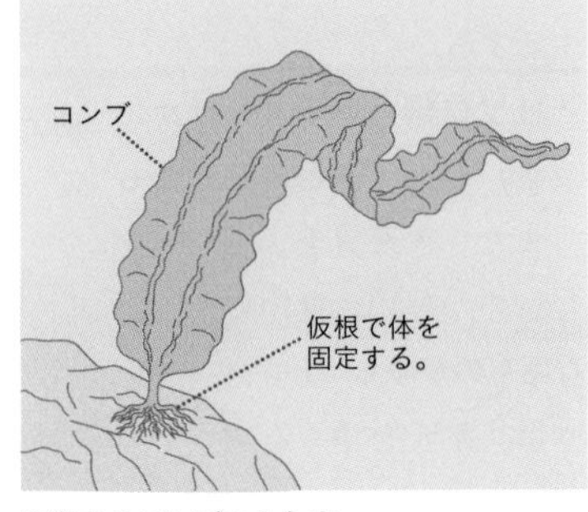

⬆海中のコンブのようす

◉ ソウ類の色素

ソウ類は，葉緑素以外にほかの色素（かっ色・紅色・青色・黄色など）をもっているものがある。ソウ類は，光合成を行い，水を体の全体から吸収する。

参考

コンブの成長

ふつう，食用のコンブは，長さが２～３mくらいから，大きくて20mくらいの長さまで成長する。

コンブの寿命はだいたい２年くらいで，１年のうちでは４～６月によく成長するといわれている。

2 ソウ類のふえ方

◉ ソウ類のふえ方

多くのソウ類は，体の一部に胞子のう（遊走子のう）をつくり，その中に胞子（遊走子）をつくる。胞子が水中に出され，岩などにくっついて成長する。コンブやアナアオサなどは体のふちの部分，ワカメは仮根の上のあたりに胞子のうをつくる。

ミカヅキモやハネケイソウなど単細胞であるものは，ふつう２つに分裂して（➡p.451）なかまをふやす。

ソウ類のなかま

ソウ類のなかまには，次のようなものがある。

▶**緑ソウ類**　色素は葉緑素のほかに，βカロテンやルテインなど黄色の色素ももっている。クロレラ・クラミドモナス，アオミドロなどのように小さなものは淡水中に多く，一方，アオサ・アオノリなど大形のものは，ほとんどが海水中で生活する。

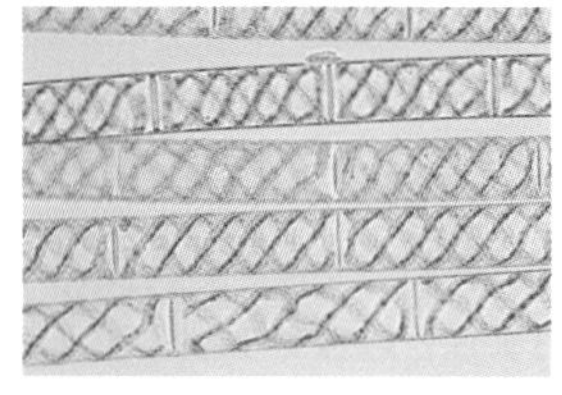

↑アオミドロ　©アフロ

▶**紅ソウ類**　葉緑素のほかにフィコエリスリン（紅ソウ素）という赤色の色素をもつ。

また，寒天質をふくむものが多い。食用になるものが多く，テングサは，寒天をつくる材料として利用される。アサクサノリ・オゴノリなどがある。

↑テングサ　©アフロ

▶**カッソウ類**　葉緑素のほかに，フコキサンチン（カッソウ素）というかっ色の色素をもっている。非常に大形のものが多く，体のつくりが最も発達していて，コンブのように粘液を出すつくりや，岩に付着するための仮根をもつものもある。

▶**ケイソウ類**　小形のソウ類で，淡水や海水のプランクトンが多い。フコキサンチンなどの色素をもっている。ハネケイソウ・イトマキケイソウ・ツノケイソウなどがあり，いずれも肉眼では細かく観察できないほど小さい（➡p.341）。

発展

食用にする海ソウ

海ソウは，体のやわらかい部分は食べられる。カッソウ類のコンブは，ヨウ素を多くふくみ，栄養豊富である。同じなかまのワカメやヒジキなども，食用として利用される。
また，テングサやヒラクサなどは，寒天をつくる原料となる。

光合成と物質交代

わたしたちが生きていくために必要な空気中の酸素は，そのほとんどが植物の光合成という機能によってもたらされている。ここでは，光合成や呼吸が植物のどこで，どのように行われているのかを学習する。

1 光合成と葉のつくり

1 光合成のしくみ

光合成は，光（日光）のエネルギーを使って，水や二酸化炭素を原料に，デンプンなどの栄養分をつくり，酸素を放出するはたらきである。光合成は細胞（➡p.444）の中の**葉緑体**で行われる。

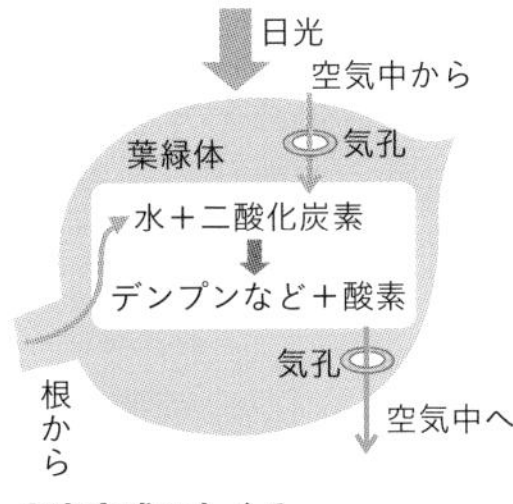

❶光合成のしくみ

2 葉のつくり

植物の葉は，表皮と葉肉とからできている。表皮には**気孔**があり，葉肉はさく状組織と海綿状組織とからなる。葉肉の中にはたくさんの葉脈が通っていて，水や養分の通り道となっている。さらに，葉は光合成のほかに蒸散（➡p.377）や呼吸（➡p.368）という重要なはたらきをしている。

◉ **表皮**

葉は，表と裏にうすい表皮をもつ。この表皮に囲まれた中の部分を葉肉という。表皮は一層の細胞からなり，外側の細胞壁（➡p.445）は内側の細胞壁より厚くなっている。

くわしく 

光合成に利用される光

日光には，いろいろな色の光が混ざっている。このうち，光合成に必要な光は赤色と青紫色の光である。なお，緑色の光は光合成が行われる葉緑体で反射されてしまうので，光合成にはあまり役立たない。

光の強さがある程度強くなるまでは，光合成はさかんに行われる。また，光の強さを一定にし，二酸化炭素濃度を高くしていくと，ある濃度までは光合成はさかんになる。

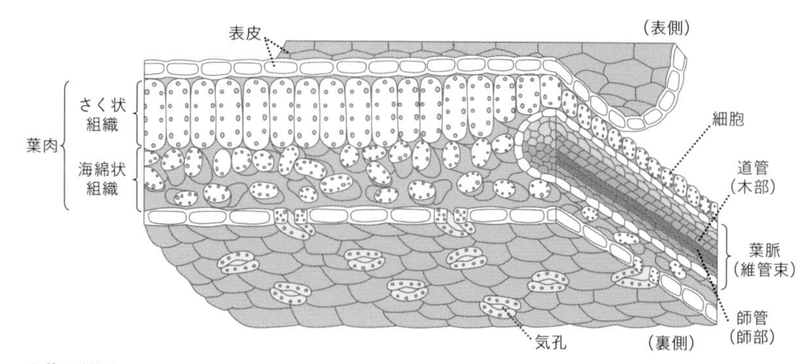

⬆葉の断面

◉ 気孔

葉の表皮にある気体の交換を行う小さな穴。**孔辺細胞**という細胞に囲まれている。気孔は，孔辺細胞の形の変化によって，大きくなったり小さくなったりする。気孔は，葉の内部の細胞のすき間につながっていて，**光合成や呼吸，蒸散などで空気や水蒸気の通路**となる。

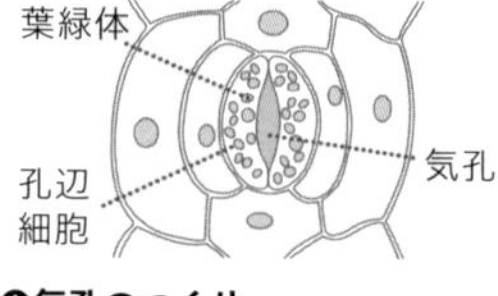

⬆気孔のつくり

	出	入
光合成	酸素	二酸化炭素
呼吸	二酸化炭素	酸素
蒸散	水蒸気	なし

⬆気孔を出入りする気体

▶**気孔の開閉**　気孔を通過する空気や水蒸気の量は，気孔の開閉で調整される。気孔の開閉は，光の強さ，湿度，植物体内の水の量などに影響を受ける。

ふつう，昼間は開き，夜間は閉じている。昼間開いているのは，光合成をするために気体を出入りさせることと関係が深い。

▶**気孔の分布**　気孔は，**葉の表側より裏側に多く分布する**。また若い茎の表皮にもある。

しかしスイレンやウキクサのように，水面に葉を浮かべている植物の葉では，気孔は表側にしかない。またイネ科の植物のように，まっすぐにのびる葉では，表側にも裏側にも同じくらい分布している。

くわしく 

孔辺細胞のはたらき

孔辺細胞は，気孔側（内側）の細胞壁が厚くなっている。水分が多くなると孔辺細胞は，ふくらんで外側に曲がり，気孔を広げて水蒸気が外に出やすいようにする。水分が少なくなると，孔辺細胞は元にもどって気孔を閉じ，水蒸気が外に出ないようになる。

3 葉緑体

葉の組織の細胞を顕微鏡で観察すると，緑色をした粒がたくさん見られる。粒1つ1つを**葉緑体**という。葉緑体は，葉緑素（クロロフィル）という緑色の色素をもつ。植物の葉は葉緑体を多くふくむため，ふつう緑色に見える。

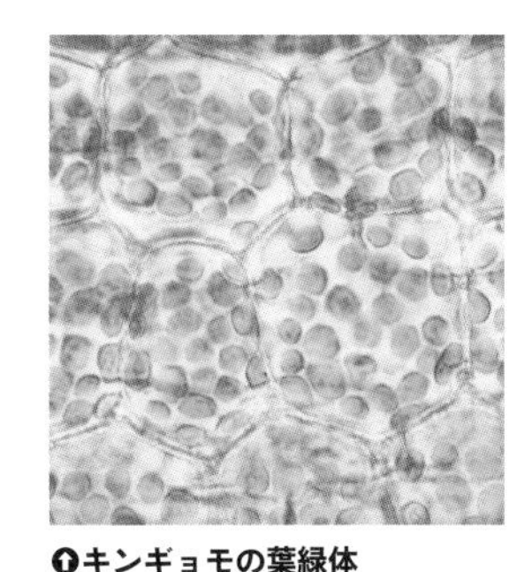

⬆キンギョモの葉緑体

用語解説

葉緑素（クロロフィル）
緑色の色素。水には溶けないが，エタノールにはよく溶ける。緑色をした植物の葉を，エタノールにつけておくと，エタノールが緑色になり，葉は白くなる。これは，葉の葉緑素がエタノールへ溶け出すからである。

4 光合成が行われるところ

光合成は，葉緑体で行われる。下の実験では，葉緑体のあるところにデンプンがあることを確かめることができる。

実験

光合成が行われるところ

日光によく当てたふ入りの葉（ふの部分は白色または黄色で葉緑体がない）を用意し，葉をつみとる。つみとった葉を熱湯にひたし，エタノールで脱色してヨウ素デンプン反応を調べると，葉の緑色の部分だけが青紫色になる。この結果から，葉の葉緑体の中でデンプンがつくられていることがわかる。

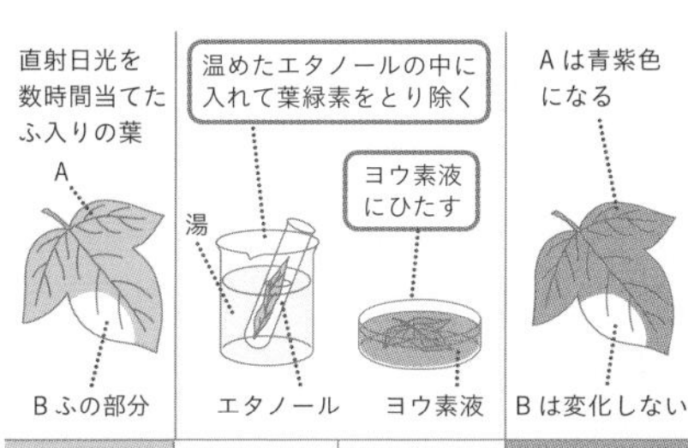

Aの緑色の部分	葉緑体がある	青紫色になる	デンプンがある
Bふの部分	葉緑体がない	変化しない	デンプンがない

5 光合成の原料と産物

◉ 光合成の原料

光合成では，**二酸化炭素**と**水**を原料に，日光のエネルギーを利用してデンプンなどの栄養分をつくり，酸素を放出している。

▶二酸化炭素のとり入れ方　陸上の植物は，おもに葉の表皮にある気孔から二酸化炭素をとり入れ，葉緑体のある細胞に送っている。また，光合成を行うワカメやコンブなどの海ソウは，体の表面から二酸化炭素をとり入れている。

実験

光合成で二酸化炭素が使われる

呼気をふきこんで緑色にしたBTB溶液に，水草を入れてしばらく光に当てる。すると，水草を入れたBTB溶液が，アルカリ性を示す青色になる。この結果から，水草の光合成により，二酸化炭素が使われたことがわかる。

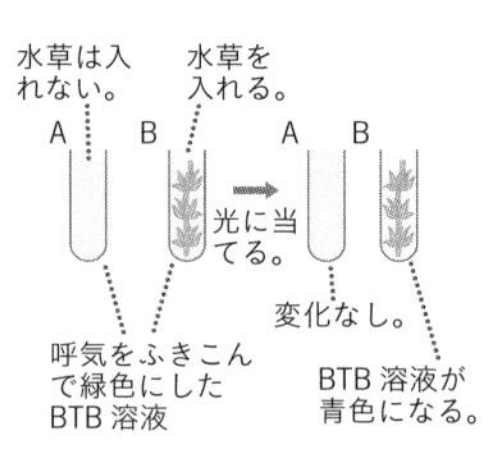

◉ 光合成の産物

植物の光合成によって，はじめにブドウ糖という物質ができる。次にブドウ糖が，いくつか結合して連なり，**デンプン**などの栄養分ができる。

そのほか，光合成の副産物として**酸素**が発生する。この酸素は，根から吸収された水が光合成の過程で分解されてできたものであり，呼吸で使われる。しかし，日中は光合成がさかんで，酸素がたくさんできるため，あまったものは気孔から放出されている。

発展

光合成のしくみ

気孔から植物の体にとり入れられた二酸化炭素は，葉緑体の中に送られて，少しの間，ある物質と結びつく。水は，光によって活性化した葉緑素によって酸素と水素に分解される。この水素が，さきほどのある物質と結びついてデンプンのもとになり，残った酸素は，気孔から放出される。

$$\text{二酸化炭素}+\text{水}\xrightarrow[\text{葉緑体}]{\text{光}}\text{デンプン}+\text{酸素}$$

6 デンプンの移動と貯蔵

光合成のはたらきによって，二酸化炭素と水から，デンプンがつくられる。そのデンプンは，はじめは葉緑体の中にたまるが，そのまま葉緑体内にたくわえられるわけではない。昼の間につくられたデンプンは，**夜の間に再び水に溶ける物質に変えられる**。そして水に溶けた物質は，細胞間を移動し，葉脈の中の**師管**（➡p.373）に入って，茎の師管を通り，体のさまざまな器官に運ばれる。

師管を通って体中に運ばれた物質の一部は，生命を維持するための**エネルギー源として呼吸に使われる**（➡p.368）。それ以外はデンプン，脂肪，タンパク質などの物質に変えられ，さまざまな部位に**養分としてたくわえられる**。

用語解説

同化
植物が生物以外の原料から，生きていくのに必要な物質をつくり出すはたらきを同化という。同化のはたらきでつくられた物質を同化物質という。

用語解説 

同化デンプンと貯蔵デンプン
光合成によってつくられ，一時的に葉にたくわえられたデンプンを，同化デンプンという。また，種子・根・地下茎などでたくわえられるデンプンを，貯蔵デンプンという。

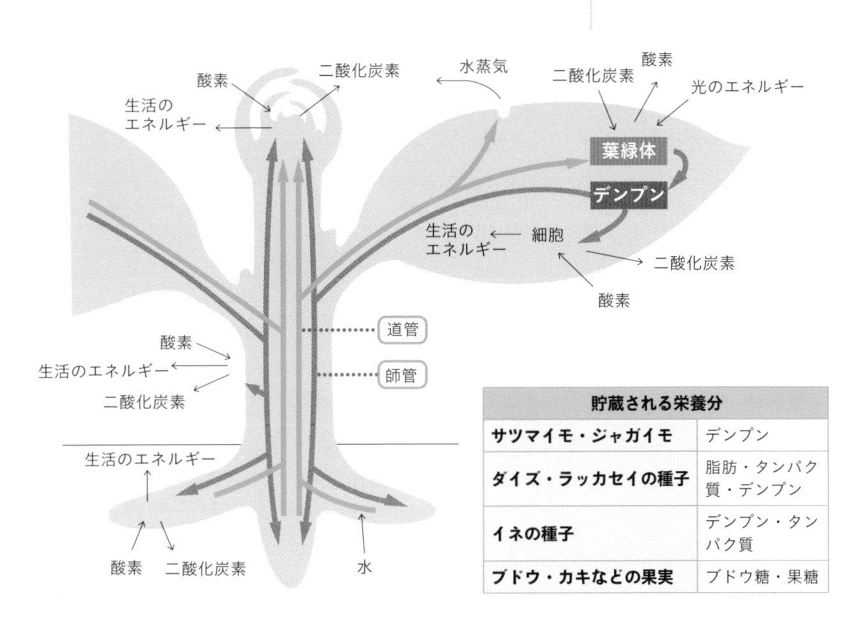

貯蔵される栄養分	
サツマイモ・ジャガイモ	デンプン
ダイズ・ラッカセイの種子	脂肪・タンパク質・デンプン
イネの種子	デンプン・タンパク質
ブドウ・カキなどの果実	ブドウ糖・果糖

⬆物質の移動と貯蔵

2 植物の呼吸

1 植物が出す気体

植物も，動物と同様に**呼吸**をしている。呼吸は，**体の中に酸素をとり入れて，二酸化炭素を放出すること**である。このとり入れた酸素を使って，糖などを分解して二酸化炭素と水にし，このとき生じるエネルギーを，さまざまな生命活動に使っている。

実験

植物の呼吸を調べる

発芽したばかりのもやしをポリエチレンの袋に入れ，空気を入れてふくらませる。袋の口は，ゴム管をつけた栓をして輪ゴムで閉じる。そして，もやしの袋を放置する。このとき，空気だけを入れた袋も用意し，同じように放置する。

2時間後，袋の中の空気を押し出して石灰水に通すと，もやしの袋では白くにごるが，空気だけの袋では変化しない。この結果から，植物は二酸化炭素を出すことが分かる。

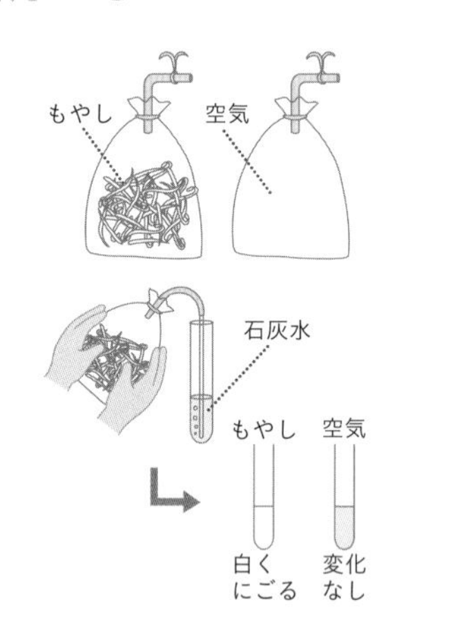

◉ **植物が呼吸をする場所**

植物は，根・茎・葉など，どこでもその表面から酸素をとり入れ，二酸化炭素を放出して呼吸している。なかでも葉では，これらの気体の出し入れは**気孔**を通して活発に行われている。

草では茎にも気孔があるが，木には気孔がなく，皮目が気孔と同じ役目を果たしている。

用語解説

皮目
樹木の，厚い皮に包まれた幹に見られる，通気のためのさけ目。気孔と同じように，気体の出入り口となる。

2 光合成と呼吸での気体の出入り

植物は，光合成によって二酸化炭素や水などの無機物から，デンプンなどの有機物を合成する。さらに，同時に酸素を放出している。その一方，呼吸でこの酸素を使い，有機物を分解して，生命活動を維持している。

◉ 植物での気体の出入り

昼間，日光がよく当たっているとき（❶），植物は光合成と呼吸を同時に行っている。しかし，光合成のほうが呼吸よりもさかんなので，光合成に使うために吸収される二酸化炭素の量が，呼吸で出される二酸化炭素の量よりはるかに多い。また，光合成によって出される酸素の量は，呼吸で消費される酸素の量よりも多い。したがって，日光がよく当たるところでは，植物は**二酸化炭素を吸収し，酸素を放出している**だけのように見える。

また，朝や夕方のように日光が弱いとき（❷）は，光合成と呼吸がつり合い，全体として酸素と二酸化炭素の出入りがつり合っている。夜（❸）は，光合成は行われず呼吸だけが行われるので，酸素をとり入れ，二酸化炭素を出している。

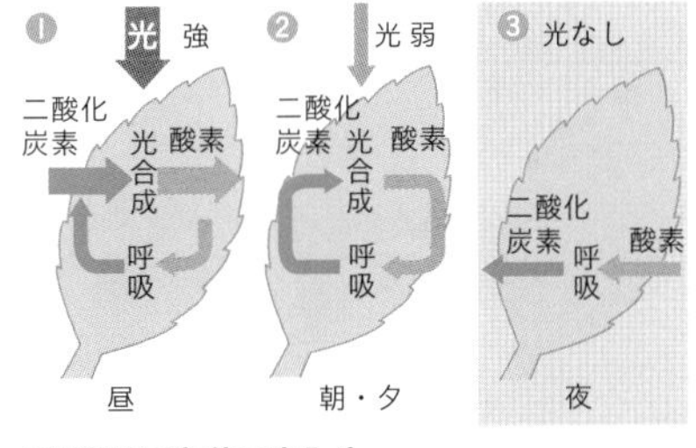

⬆植物での気体の出入り

◉ 光合成と呼吸のつながり

光合成と呼吸では，右図のように**出入りする気体が逆である**。光合成でできた酸素は呼吸に使われ，呼吸でできた二酸化炭素は光合成で使われる。

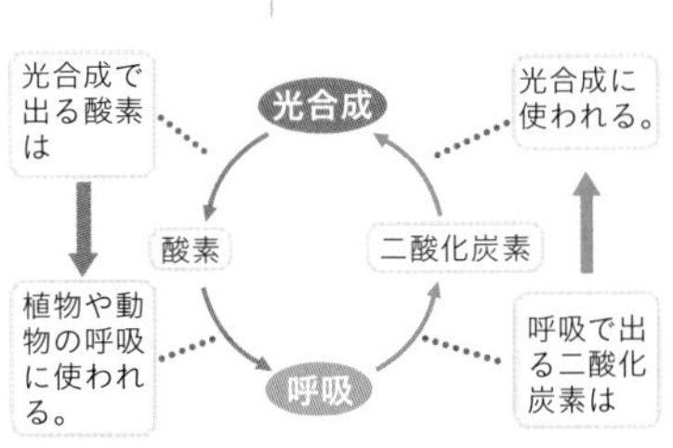

⬆光合成と呼吸での気体の出入り

実験

思考力UP

光合成には二酸化炭素が必要？

目的

植物が光合成を行うとき，二酸化炭素が必要かどうか調べてみる。

方法

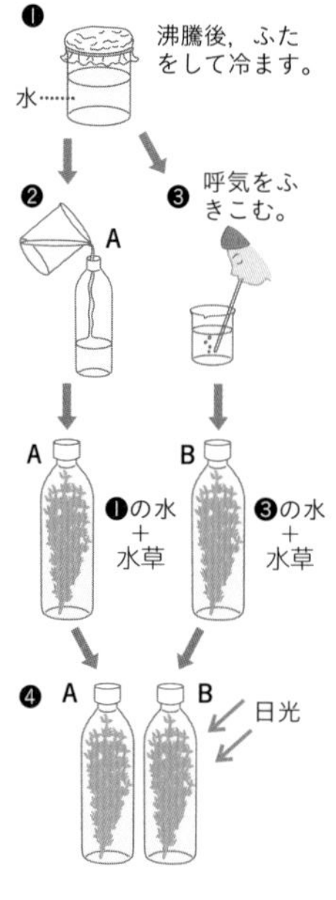

❶ 水を沸騰（ふっとう）させて冷ます。

❷ ❶の水と水草をペットボトルAに入れる。

❸ 残りの水に呼気をふきこみ，水草と共にペットボトルBに入れる。

❹ AとBを2時間日光に当てる。

❺ 水草から出た気体に火のついた線香を近づける。

思考の流れ

仮説

● 光合成に二酸化炭素が必要であれば，二酸化炭素を加えたときのみ，光合成が行われ，酸素が発生すると考えられた。

⬇

計画

● 二酸化炭素の有無のみを変えた条件で比較するため（対照実験を行うため），まず水中の気体を追い出す。

● 呼気で二酸化炭素を加える。

● 光合成が行われると，葉から酸素が放出される。酸素があれば，火のついた線香がはげしく燃える。

結果

Aの水草からは，気体はほとんど出ない。一方，Bの水草からは気体がさかんに出て，近づけた線香ははげしく燃えた。

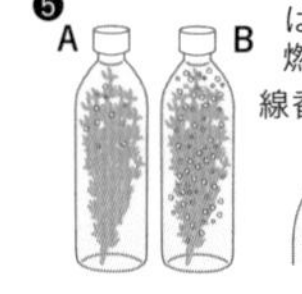

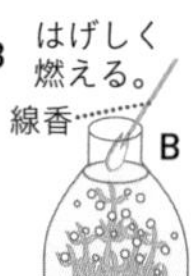

考察

二酸化炭素のないAでは，水草から気体が放出されなかったことから，Aでは光合成は行われなかったと考えられる。一方，二酸化炭素の存在するBでは，水草から酸素が放出されたことから，Bでは光合成が行われたと考えられる。この結果から，光合成には二酸化炭素が必要であることがわかる。

第2章 SECTION 5

植物体内の物質の移動

わたしたちは口から養分をとり入れて，その養分を体内で吸収している。吸収された養分は，体中に運ばれて，生きていくためのエネルギーとして使われる。それでは，植物ではどうなっているのだろうか？　ここでは，植物が養分を取り入れ，体中に運ぶはたらきを学習する。

1 水と養分の吸収・移動

1 水やデンプンの移動

光合成（こうごうせい）の原料は，空気中の二酸化炭素と，**根が地中から吸収した水**である。このほか，生活に必要な物質を合成するために，地中から無機物（むきぶつ）を養分として吸収している。根で吸収した水や養分は，**道管**（どうかん）（➡p.373）を通って体の各部に運ばれていく。一方，葉で光合成によってつくられた栄養分は，**師管**（しかん）（➡p.373）を通って，全身に運ばれる。

◉ 水の移動

道管は，**根から茎**（くき）**，葉へとつながっている**。右図のように，食紅（しょくべに）を溶かした水に植物をさすと，道管が赤く染まり，時間が経つにつれ道管の周囲も赤くなる。このことから，**水は道管を通って，まわりの細胞に移動していくことがわかる**。

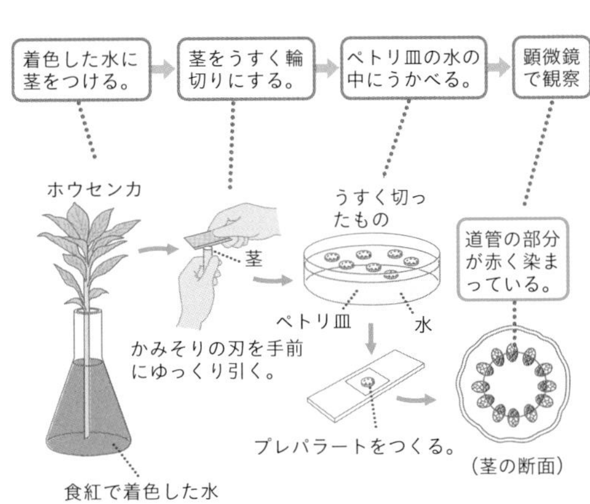

❶水の通り道を調べる実験

◉ 葉でつくられたデンプンの移動

デンプンは水に溶けやすい物質に変えられ，栄養分の通り道である**師管を通って，体全体に運ばれる**。そして，植物の体の成長や，呼吸に使われたり，根・茎・果実（かじつ）や種子などにたくわえられたりする。

2 根のつくりとはたらき

1 根のつくり

根は体を支え，地中から水や養分を吸収する。双子葉類では，**主根**と**側根**があり，単子葉類では，**ひげ根**を生じる。また，根には**根毛**・**成長点**・**根冠**があり，内部には**維管束**（➡p.374）がある。

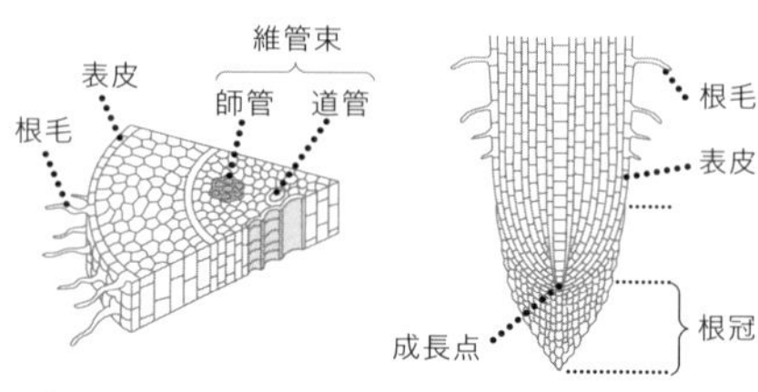

⬆根のつくり（双子葉類）

◉ 根の維管束

道管と**師管**は交互に並んでいて，双子葉類では，その間に形成層がある。道管と師管は，茎に入ると集まって束をつくる。

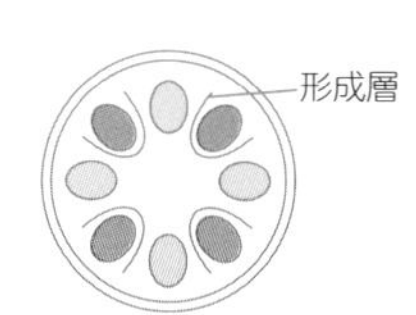

⬆根の断面図の模式図

◉ 根の成長点

根の縦断面で，先端のほうに小さな細胞がぎっしりならんだ部分を**成長点**（➡p.448）という。この部分では，細胞分裂がさかんに行われ，新たな小さい細胞がどんどんつくられる。成長点の少し上の部分の細胞が大きくなるにつれ，先端部分が下に押されて根が伸びる。

◉ 根冠と根毛

根の最先端の部分の**根冠**の細胞は大きく，細胞壁は厚く，外側の細胞がはがれ落ちるにつれて，内側からたえず新しい細胞がつくられる。根が土の中にのびるとき，内側の成長点の細胞を守る。

根毛は，根の先端に近い若い根の表皮細胞が変形したもので，細い毛（綿毛）のような突起である。

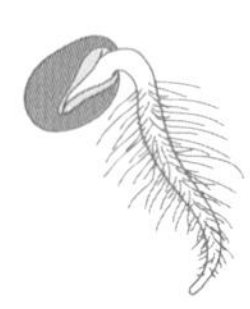
⬆根毛

発展

植物の生育に必要な元素

植物は，土中の水に溶けた無機物を養分として根毛から吸収している。
一般的に，植物は体をつくり，生育するために，C・H・O・N・S・P・K・Ca・Mgの９種類の元素を多く必要とする。また，Feや Mnなども微量だが必要になる。

発展

根毛の分布

根が成長するにつれて新しい根毛がつぎつぎにつくられる。しかし，根毛は数日から数週間ではがれてしまうため，実際にはたらいている根毛はつねに根の先端から一定の距離のところにある。

③ 茎のつくりとはたらき

1 茎のつくり

茎は，地上部における体の支えであり，光合成に必要な葉をつけ，さらに水や養分の通路としての役目を果たす。

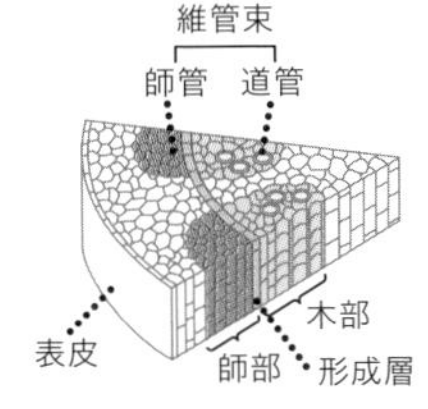

⬆茎のつくり

◉ 道管

木部（道管などが集まっている部分）にある細長い管を**道管**という。もともとは細長い細胞の連なりが，のちに境めの上下の細胞壁や原形質がなくなって，長い管になったものである。道管の細胞壁は，リグニンという物質が豊富で，かたくなっていることから，道管は茎を支える役割ももつ。

道管は，根から葉の葉脈までつながっている。根から吸収された水や養分は，道管を通って上昇し，水は葉の気孔から蒸散したり，光合成の材料として使われたりする。

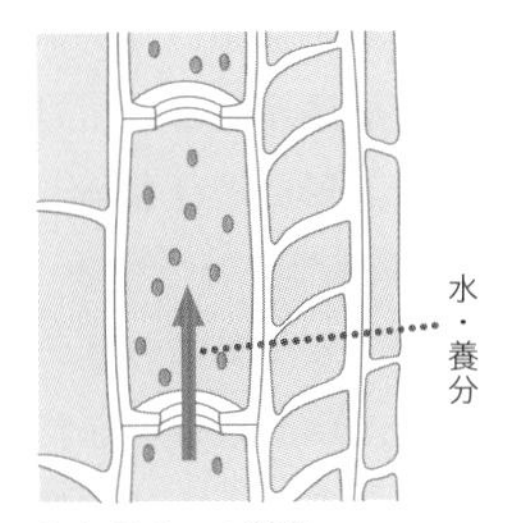

⬆カボチャの道管

◉ 師管

師部（師管などが集まっている部分）にある管を**師管**という。道管と同じように，細長い細胞が縦に並んで長い管となっているが，細胞壁間には，ふるいのように多数の小さな穴があいている。師管の細胞壁はうすくて木化しておらず，原形質も残っている。師管は，葉で合成された栄養分を体の各部へ運ぶ通り道となっている。

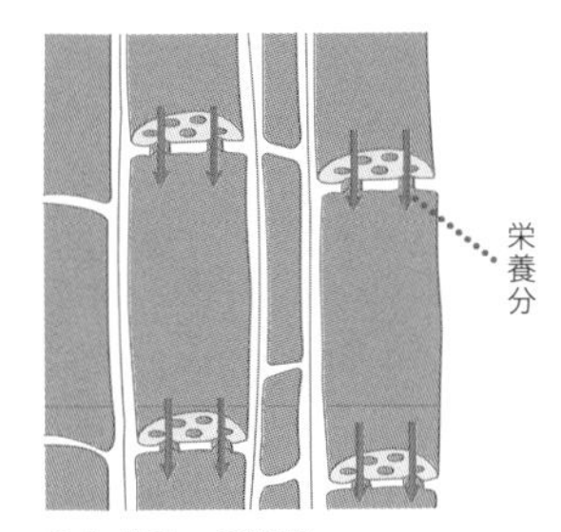

⬆カボチャの師管

◉ 形成層

双子葉類の木部と師部の間には，小さな細胞がはさまるようにして形成層が横に数層ならんでいる。**形成層では，細胞分裂がさかんに行われ，**内側に新しい木部の細胞を，外側に新しい師部の細胞をつくる。

くわしく

茎と根のちがい

茎と根はつながっていて，はっきりと区別するのは難しい。しかし，茎には葉がつくが，根には葉がつかない。また茎と根では，道管や師管の並び方が異なっている。

この細胞分裂によって，植物の茎は成長する。一方，単子葉類の茎には形成層がないので，ある程度までしか太くならない。

◉ 維管束(いかんそく)

木部にある道管と師部にある師管が束になったような部分を，**維管束**という。維管束は，根から葉までつながっていて，茎では内側の部分に道管，外側の部分に師管がある。

2 双子葉類(そうしようるい)と単子葉類(たんしようるい)の茎のつくり

茎(くき)のつくりは，双子葉類と単子葉類とで少し異なっている。双子葉類の維管束(いかんそく)は輪状に並び，木部と師部の間に形成層があるのに対し，単子葉類では維管束は散らばり，形成層はない。

◉ 双子葉類の茎のつくり

顕微鏡(けんびきょう)で双子葉類の茎の横断面を見ると，表皮・皮層・内皮・中心柱が見られる。

表皮は，茎のいちばん外側にあり，ふつう，1層の細胞(さいぼう)が並んだものである。表皮は体から水分が蒸発するのを防ぐほか，体を保護するのに役立っている。

皮層は，表皮の内側にあり，やわらかく，たくさんの細胞からできている。皮層のさらに内側に1層の細胞が並んだ内皮がある。

中心柱は内皮の内側にあり，維管束と髄(ずい)からなる。維管束は輪状に並んでいる。

表皮と維管束を除く皮層・内皮・髄をまとめて基本組織という。

◉ 単子葉類の茎のつくり

単子葉類の茎は，表皮・維管束・基本組織からなる。維管束は，横断面では丸い粒になって見える部分で，基本組織の中に散らばっている。また，茎の外側にいくにつれ維管束は細くて数が多くなる。維管束は，外側に師部，内側に木部があり，形成層はない。

くわしく 

茎の分け方

茎は草本茎(そうほんけい)と木本茎(もくほんけい)に分けることができる。

▶**草本茎**　やわらかくて，草となる。茎はあまり太くならない。双子葉類ではアブラナやホウセンカ，単子葉類ではツユクサやユリなどが草本茎である。

▶**木本茎**　かたくて，木となる。茎は太くなる。マツ，スギ，イチョウ，サクラなどが木本茎になかま分けされる。

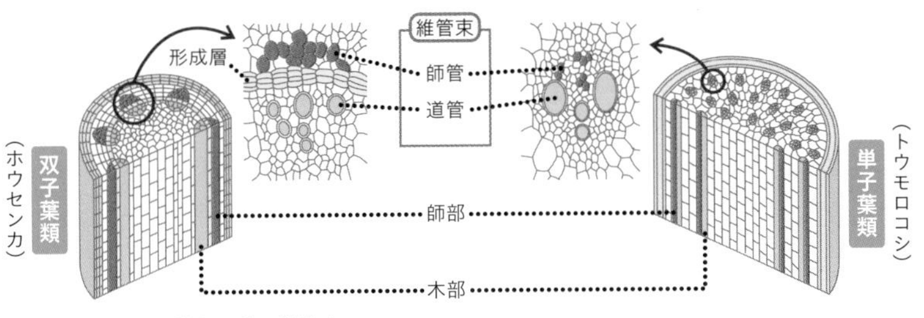

⬆双子葉類と単子葉類の茎の維管束

◉ 裸子植物の茎のつくり

裸子植物はすべて木本（➡p.355）である。茎の構造は表皮・皮層・中心柱からなり，双子葉類の木本茎に似ている。しかし，道管がなく，かわりに**仮道管**がある。

仮道管とは，仮道管細胞とよばれる細長い先のとがった細胞が縦につながったもので，細胞壁は木化している。となり合う細胞間には，壁孔とよばれる穴がある。根から吸収した水や養分は，壁孔を通って上昇する。

仮道管は，裸子植物やシダ植物などの多くの植物の茎で見られる。

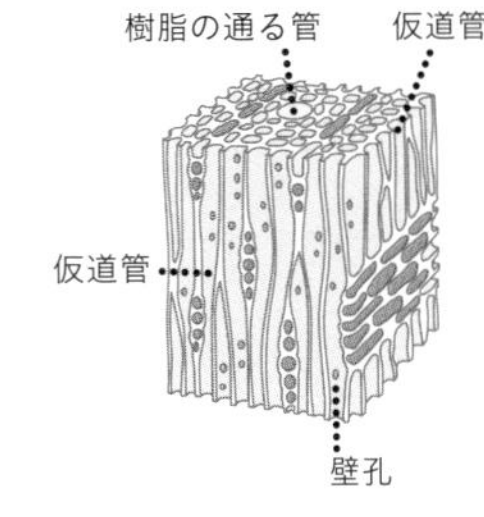

⬆裸子植物の茎

発展・探究

年輪のでき方

木を切ったとき，断面に模様が見えます。この同心円状のしま模様のことを年輪といいます。年輪は，季節によって形成層の成長の度合いが異なることから生じます。色のうすいところは春〜夏につくられ，色の濃いところは夏〜秋につくられます。そして，形成層の細胞分裂（➡p.449）は，冬にはほとんど止まることから，年輪は1年に1つずつできていきます。よって，年輪を数えることで木の樹齢を知ることができます。

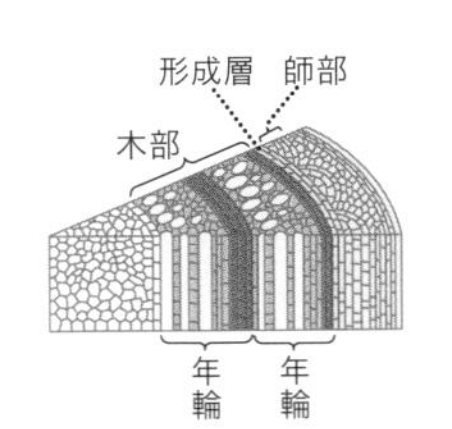

⬆年輪

3 茎の通道作用

根から吸収された水や養分，葉でつくられた栄養分は，体中に広がっている維管束を通って移動し，体全体に運ばれる。

◉ 道管のはたらき

ホウセンカやアブラナなどを，根をつけたまま食紅で着色した水にさし，数時間日当たりのよいところに置くと，着色した水が吸い上げられ，体の上部にある葉や花弁のすじの色が変化する。このことから，植物の根から吸収された水は，**道管を通って運び上げられる**ことがわかる。

◉ 師管のはたらき

右図のように，ヤナギなどの若い枝の樹皮の一部を，1cmくらいの幅ではぐと，やがて切り口から上の部分がふくらんでくる。これは，皮層，師部，形成層までがむけ，葉でつくられた栄養分が切り口より下へいくことができず，切り口の上側の部分にたまってくるためである。このことから，**葉でつくられた栄養分は，師管を通って運びおろされる**ことがわかる。

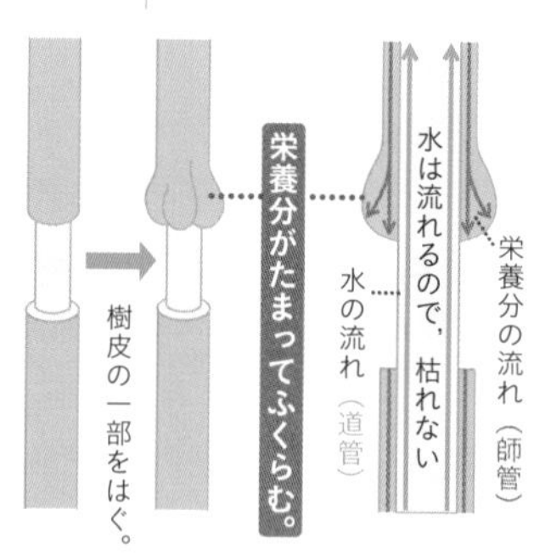

⬆師管のはたらきを調べる実験

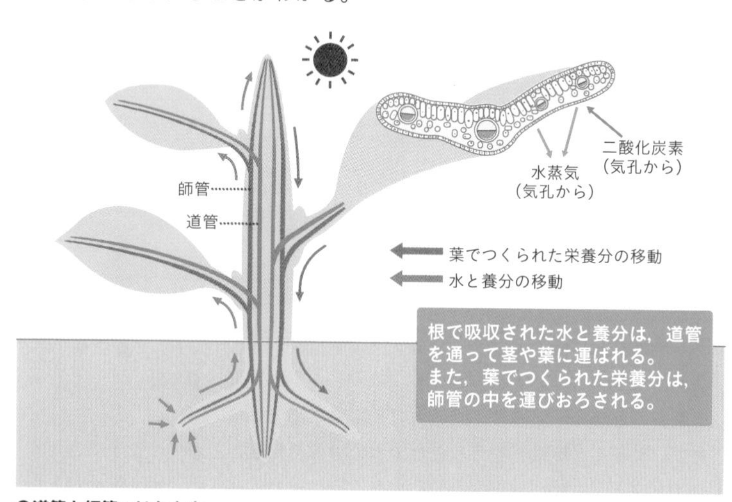

⬆道管と師管のはたらき

4 蒸散の作用

水分が植物の体の表面から水蒸気となって出ていくことを**蒸散**という。ほとんどの水は，葉の表面の気孔（➡p.364）を通して蒸散される。

◉ 蒸散量

植物の蒸散量は非常に多い。高さ約２mのヒマワリは晴れた日で１日に約１L，１ヘクタールのブナの林では１日に約２万Lもの水を蒸散するとされている。

気孔は葉の裏側に多いため，葉の裏にワセリンをぬって気孔をふさいだ場合，蒸散量は少なくなる。また，蒸散量は植物のまわりの環境条件（湿度・温度・風・光）によって変わってくる。

◉ 蒸散の効果

蒸散は，根の吸水と水の上昇をさかんにし，植物の体の温度が上がるのを防ぐ。

◉ 蒸散と植物の吸水作用

どんなに強力なポンプでも，10m以上の深い井戸から水を吸い上げることはできないが，植物は10m以上の高い木の上のほうの葉にも，根からの水や養分を運ぶ。このしくみははっきりとはわかっていないが，吸い上げに葉の蒸散が大きな役割を果していることは確かである。

水や養分の上昇には，次の３つが深い関係をもっていると考えられている。１つ目は，根毛の吸水作用によって生じる圧力である。土の中の水を根が吸いとると，根の中が水でいっぱいになり，上へ水を押し出す圧力が生じる。２つ目は，茎の道管の中の水の凝集力である。茎の道管が非常に細いため，水分子どうしが凝集し，道管の中の水が途切れづらくなる。３つ目は，葉からの蒸散である。葉では蒸散のため，常に水が不足している。そのために，水が上に向かって吸い上げられる。

くわしく 

蒸散量と周囲の環境条件

▶**湿度**　ふつう気孔は，湿度が低く乾燥すると閉じ，湿度が高いと開く傾向にある。しかし，蒸散量は湿度が高くなるほど少なくなり，湿度が100％になるとほとんど止まる。

▶**温度**　気温が高くなるほど蒸散量は多くなる。

▶**風**　風があると蒸散量は多くなる。

▶**光**　気孔の開閉は，光によっても変わる。昼間は夜間より蒸散量が多い。

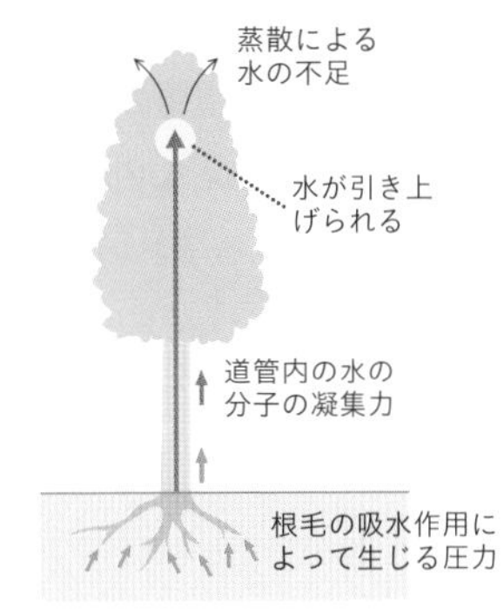

⬆植物が水を吸い上げるしくみ

完成問題 CHECK

解答 p.633

1 図は，サクラの花の模式図とマツの花のりん片である。次の問いに答えなさい。

サクラ　A　B　C　D
マツ　ア　イ　a　b

⑴ サクラの花のDの部分を何というか。（　　　）

⑵ 花粉がめしべの先につくことを何というか。（　　　）

⑶ ⑵のあと，種子になる部分はA～Dのどれか。（　　）

⑷ マツの花のりん片ア，イのうち，雌花のりん片はどちらか。（　　）

⑸ マツの花のa，bは，サクラの花のA～Dのどの部分にあたるか。

a（　　）　b（　　）

⑹ マツの花のように，bがむき出しになっている植物のなかまを何というか。

（　　　）

2 図は，ある植物の根と茎の断面と葉のようすである。次の問いに答えなさい。

根　A　B
茎の断面　c　a　b
葉　C　D

⑴ A，Bをそれぞれ何というか。

A（　　　）　B（　　　）

⑵ Bの根の先端付近には毛のようなものが見られた。これを何というか。（　　　）

⑶ a，bの管，cの部分（a，bの管の集まり）を何というか。

a（　　　）　b（　　　）　c（　　　）

⑷ 根で吸収された水が通る管は，a，bのどちらか。

（　　）

⑸ C，Dの葉の表面にあるすじを何というか。

（　　　）

⑹ C，Dの葉のすじのようすをそれぞれ何というか。　C（　　　）　D（　　　）

3 図のように，大きさと枚数が同じ葉がついた枝を使い，蒸散量を調べた。次の問いに答えなさい。

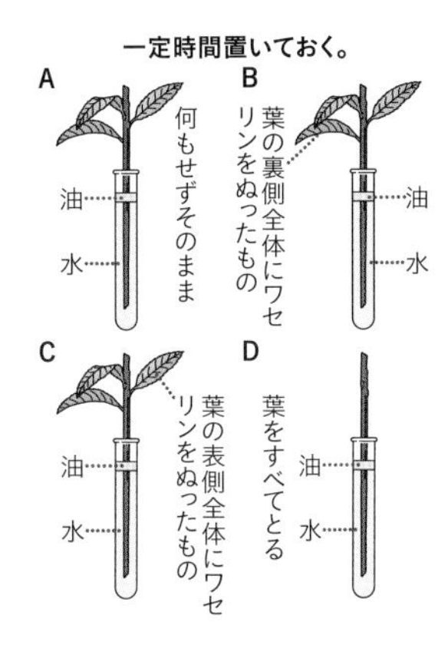

(1) 葉の表皮には，小さな穴（すき間）がある。この穴を何というか。 (　　　)

(2) 実験の結果，水の減り方は A ＞ C ＞ B ＞ D の順になった。このことから，この植物の蒸散は葉の表側と裏側のどちらでさかんといえるか。

(　　　)

4 光合成のしくみについて，次の問いに答えなさい。

[A] ＋ 水 ⟶ デンプンなど ＋ [B]
↑光

(1) A，B にあてはまる物質は何か。 A (　　　) B (　　　)

(2) 光合成のはたらきは，植物の細胞のどこでおこなわれるか。 (　　　)

5 図は，植物を A〜E の観点で分類したものである。次の問いに答えなさい。

(1) A〜E にあてはまる観点を，次の**ア**〜**オ**からそれぞれ選べ。

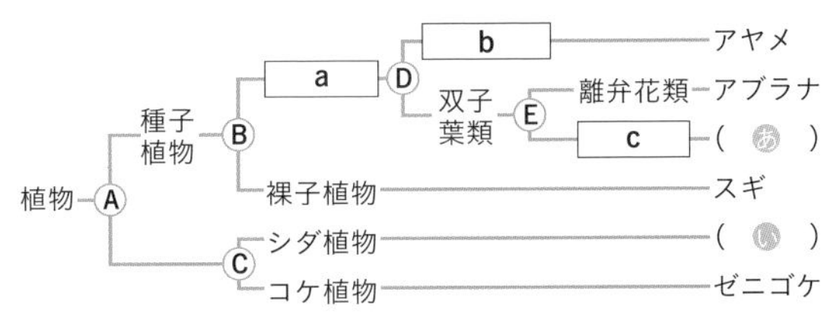

A (　　) B (　　) C (　　) D (　　) E (　　)

ア 子葉が 1 枚か，2 枚か。 **イ** 子房があるか，ないか。

ウ 合弁花か，離弁花か。 **エ** 根・茎・葉の区別があるか，ないか。

オ 種子をつくるか，つくらないか。

(2) a〜c にあてはまる植物のなかまを，それぞれ何というか。

a (　　　) b (　　　) c (　　　)

(3) あ，いにあてはまる植物を，次の**ア**〜**エ**から選べ。 あ (　　) い (　　)

ア チューリップ **イ** ゼンマイ **ウ** ソテツ **エ** タンポポ

第3章

動物の生活と多様性

動物は，陸，海，空など，多様な環境に適応して生活している。
そのために，体にはさまざまな器官が備わり，構造も複雑なものとなっている。
第３章では，動物のなかまを分類し，
わたしたちヒトをふくめて，動物の体のしくみについて学習する。

SECTION 1 動物の特徴 … p.382
SECTION 2 セキツイ動物のなかま … p.388
SECTION 3 無セキツイ動物のなかま … p.395
SECTION 4 生命を維持するはたらき … p.402
SECTION 5 感覚と運動のしくみ … p.425

動物の特徴

動物は多種多様で，さまざまな場所で生活している。また，生活のようすによって，動物の体のしくみは大きく異なる。ここでは，動物の体のつくりや運動のようす，生きていくために必要な営みについて学習する。

1 動物の観察

1 動物と植物のちがい

動物と植物の最大のちがいは，植物は光合成(こうごうせい)によって自分で養分をつくり出せるのに対し，動物は自分で養分をつくり出すことができない点にある。そこで動物は，**ほかの動物や植物を食物にすることで，必要な物質やエネルギーを得ている**。また，食物を得るために移動する能力をもったものが多い。

2 動物の観察

次のような点から，動物の生活を観察してみると，さまざまなことがわかってくる。

❶ 体全体の形

雌(めす)と雄(おす)の体のちがいや，体の大きさなど，体全体の形を観察する。

❷ 目とそのつき方

目の位置はどこか，複眼(ふくがん)か単眼(たんがん)か，つき方は前向きか横向きかなどを観察する。

❸ 口のつくりや食物の食べ方

歯の形に特徴(とくちょう)はあるか，食物の食べ方にちがいがあるかなどを観察する。

❹ あしのつき方や本数

あしが体のどの部分に，どんなつき方をしているかや，あしが何本かなどを観察する。

発展

複眼と単眼

複眼は，六角形のレンズをもつ多数の小さい目（個眼）の集まり。昆虫類やエビ・カニ類に見られる。個眼が集まることで，物体の形や大きさがわかるといわれている。

単眼は，昆虫類の複眼の間やクモ類に見られる。明暗だけ区別できるといわれている。

❺ 体の表面のようす

皮膚(ひふ)の表面のようすや，こうらやうろこがあるかなどを観察する。

❻ 呼吸のようす

肺呼吸(はいこきゅう)なのか，えら呼吸なのか観察する。

❼ 温度と動き

気温や水温などの環境(かんきょう)の変化によって，動物の行動に変化があるかなどを観察する。

3 動物の種類

鳥や魚などのように背骨をもつ動物を**セキツイ(脊椎(せきつい))動物**といい(➡p.388)，貝や昆虫(こんちゅう)，イカなどのように背骨をもたない動物を**無セキツイ動物**という(➡p.395)。

セキツイ動物は，背骨を中心とした骨格と発達した筋肉を用いて運動する。無セキツイ動物は，ハエなどの昆虫やミミズなど，形や大きさはさまざまである。

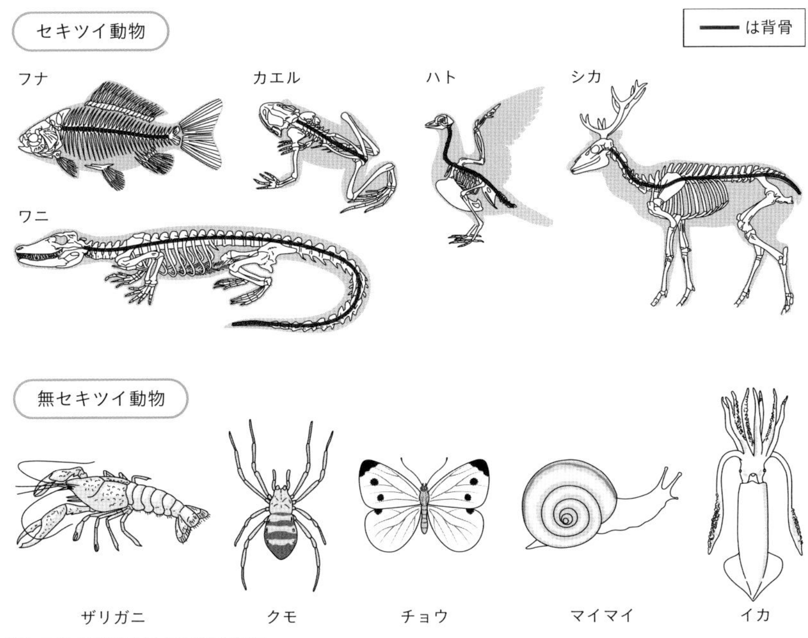

⬆セキツイ動物と無セキツイ動物

❷ 動物の特徴

1 草食・肉食動物の歯と目のつき方，消化管

動物は，取り入れる食物から，草食動物と肉食動物とになかま分けできる。また，草食動物と肉食動物とで歯のつくりやあごの骨，目のつき方，消化器官のつくりにちがいが見られる。

◉ 草食動物

草や木の葉などの植物を食べて生活している動物である。草食動物には，ウマ，ウシ，シカ，ウサギなどがいる。かたい草などをかみ切るのに適した鋭い門歯，すりつぶすのに適した広く平らな臼歯をもっている。**目は横向きについていて，後方まで見わたせる**ため，敵が近づいてくるのをすぐに察知できる。

◉ 肉食動物

ほかの動物を食べて生活している動物である。肉食動物には，ライオン，トラ，ヒョウ，ネコなどがいる。えものをかみ殺すのに適した鋭い犬歯をもつ。臼歯も肉をかみ切るのに適して鋭い。**目は前向きについていて，両目で見える視野はものが立体的に見える**ため，えものまでの距離を正確に知ることができる。

肉食動物（ライオン）の特徴

草食動物（シマウマ）の特徴

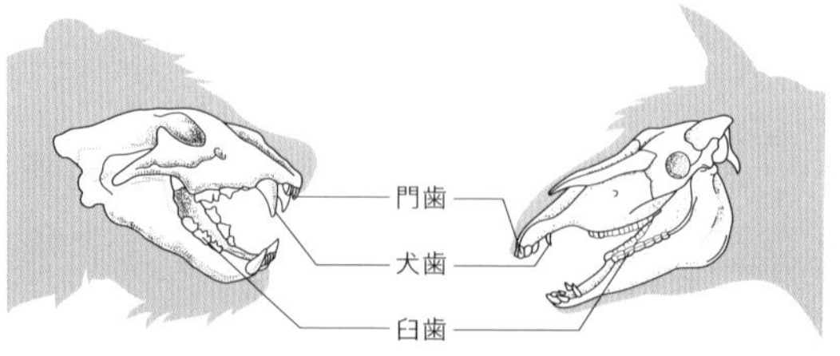

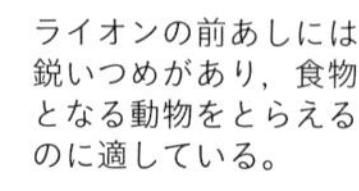

ライオンの前あしには鋭いつめがあり，食物となる動物をとらえるのに適している。

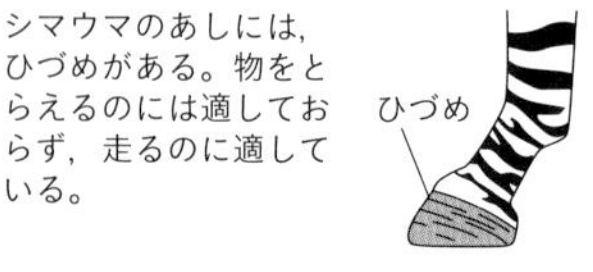

シマウマのあしには，ひづめがある。物をとらえるのには適しておらず，走るのに適している。

⬆肉食動物と草食動物の特徴

肉食動物は食物の消化がよく，消化管が短い。いっぽう草食動物の消化管は，植物が消化されにくいことから長い。

ネコの消化管　ウマの消化管
食道　胃　小腸　大腸
腸は体長の約4倍　腸は体長の約11倍

⬆肉食動物と草食動物の消化管

くわしく

ウシの4つの胃

ウシの胃は4部屋あり，食べた草などを一度胃に入れたのち，胃から口にもどしてかみ直し，再び別の胃にもどす。これを反すうという。

2 動物の運動と体のつくり

◉ あしのつくり

いろいろなホニュウ類のあしを比べると，右図のように基本的なつくりはどれも同じになっている。

クジラはホニュウ類だが，水中生活をしているため，後ろあしがなく，前あしは魚類のようなひれになっている。

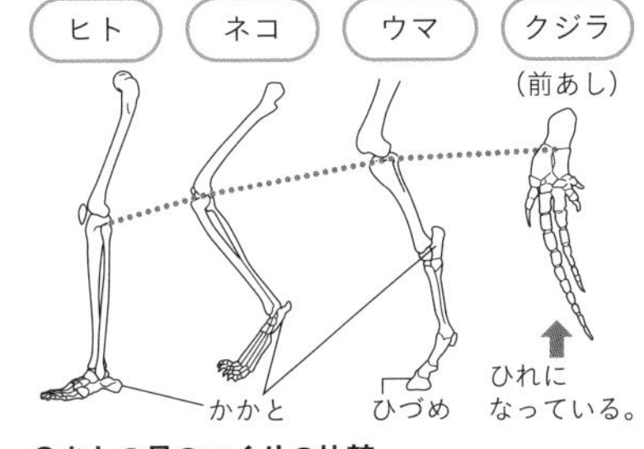

⬆あしの骨のつくりの比較

◉ 肉食動物のあし

チーターやネコのあしは，あし音をたてずに，さらに速く走るのに適している。また，つめの先が鋭く，えものをとらえるのにも適している。

◉ 草食動物のあし

ウシ，ウマなどの草食動物には，あしの指先がひづめになっているものがある。これは草原などを走ったり，長時間走り続けたりするのに適している。

◉ 運動器官

動物が運動を行うための器官を**運動器官**という。泳ぐためのひれ，歩いたり走ったりするためのあし，空を飛ぶためのつばさなどが運動器官である。運動器官は，筋肉と骨格を支配する神経系(➡p.432)によって動く。動物は，生活環境に適応した運動器官をもっている。

◉ 感覚器官

光や音，熱などの刺激を受けとる器官を**感覚器官**という。感覚器官が受けとった外部の情報が，神経を通って脳へ伝わる。脳は，その情報を処理して，命令を運動器官に伝え，適切な運動を行う。

ヒトの感覚

ヒトが感じることができるおもな感覚。視覚，聴覚，味覚，嗅覚，触覚がある。

刺激	感覚器官	生じる感覚
光	目	視覚
音	耳	聴覚
味	舌	味覚
におい	鼻	嗅覚
圧力・温度 痛み・接触	皮膚	圧覚・温覚 冷覚・痛覚 ・触覚

⬆刺激とヒトの感覚器官

3 生活場所と皮膚・呼吸器官

動物の皮膚や呼吸器官は，生活する環境によって，異なる。

◉ 水中で生活する動物

フナやコイなどの魚類の皮膚は，うろこと粘膜でおおわれている。また，呼吸はえらで行う。エビやカニなどは外骨格でおおわれ，呼吸はえらで行う。貝のなかまは外とう膜というやわらかい膜でおおわれ，呼吸はえらで行う。

◉ 湿った土地で生活する動物

カエルなどの両生類の皮膚は，常に湿っている。オタマジャクシは水中で生活をし，えらで呼吸するが，親になると陸上に移り，肺と皮膚で呼吸するようになる。ミミズは湿った土の中で生活しており，皮膚は粘液でおおわれ，皮膚で呼吸する。

◉ 陸上で生活する動物

トカゲやワニなどのハチュウ類の皮膚は，かたいうろこでおおわれ，カラスやハトなどの鳥類は羽毛，ウサギやネコなどのホニュウ類の皮膚は毛でおおわれている。これらの動物はみな肺で呼吸をしている。昆虫のなかまは，内部を外骨格で保護し，気管で呼吸する。

くわしく 

魚類の呼吸のしかた

魚類は，水中に溶けている酸素をえらから取り入れて呼吸している。この呼吸を**えら呼吸**という。

えらはくし状になっていて，多くの細かい血管が通っている。

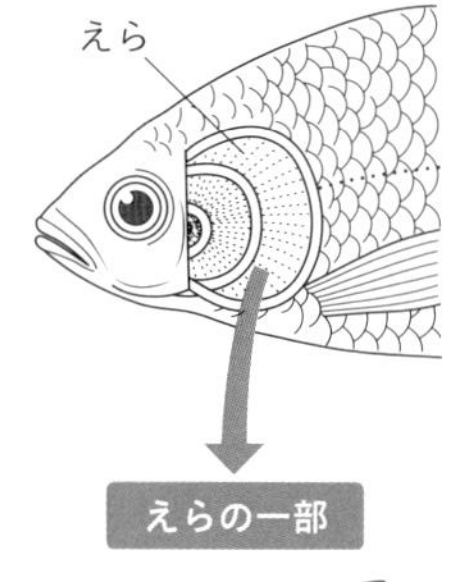

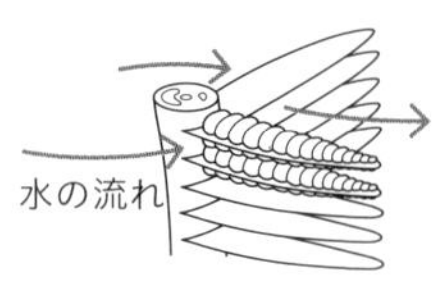

（くし状になっていて水にふれる表面積が大きい。）

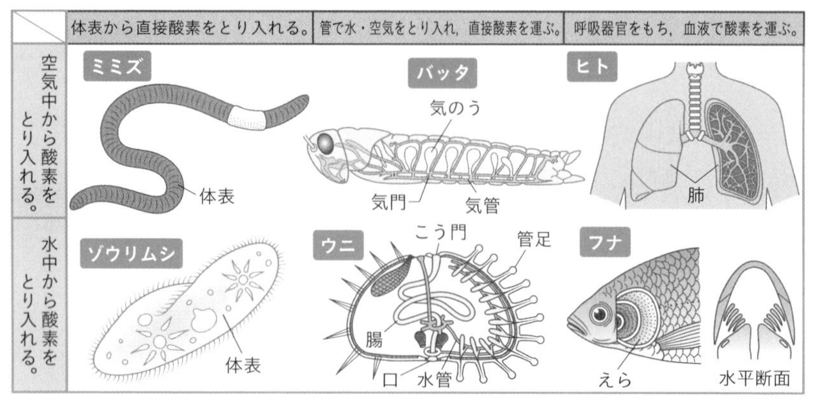

⬆動物の呼吸のしくみ

4 動物の体温と心臓・血液循環

◉ 動物の体温

ウサギやネコなどのホニュウ類，ニワトリなどの鳥類の体温は，環境の温度に関係なく一定に保たれている。これらの動物では，毛や羽毛が保温に役立っている。一方，魚類や両生類，ハチュウ類，そのほかの無セキツイ動物の体温は，環境とともに変化する。体温が一定の動物を**恒温動物**といい，体温が変化する動物を**変温動物**という。変温動物には冬眠するものが多い。

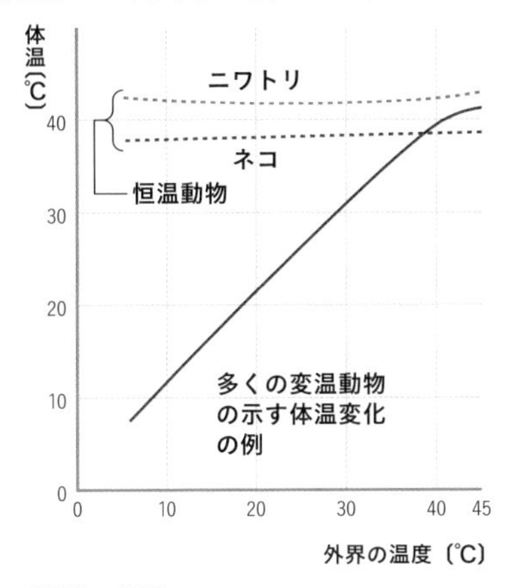

➊動物の体温

◉ 心臓と血液循環

動物は，血液を体内に循環させることで，呼吸器官からの酸素や，消化器官からの養分を運び，さらには細胞の呼吸により発生した二酸化炭素や不要物も運搬している（➡p.421）。この循環を起こしているのが心臓で，動物の種類によってさまざまな形がある。魚類は１心房１心室，両生類は２心房１心室，ハチュウ類は心室のしきりの壁が不完全な２心房１心室，鳥類・ホニュウ類は２心房２心室である（➡p.422）。

くわしく 

冬眠

動物が眠ったような状態で冬を越すこと。体内での物質交代はおとろえ，体内に貯蔵した養分で生命を維持している。変温動物に多く見られるが，恒温動物でも行うものがある。

冬眠は，カエル型・ヤマネ型・クマ型の３型に分けられる。

▶カエル型

変温動物に見られるもので，体温は気温とともに下がり，さらには呼吸数も減少し，仮死状態になる。

▶ヤマネ型

体温は気温とともにある一定温度まで下がるが，それ以下にはならず，眠っているときと同じ体位で過ごす。ヤマネやコウモリなどホニュウ類に見られる冬眠は，ほとんどがこの型である。

▶クマ型

体温はあまり下がらず，食物もとらずに，じっとしているだけである。

第3章 SECTION 2

セキツイ動物のなかま

セキツイ動物に分類されるサケやカエル，ニワトリは，それぞれ外見は大きく異なるものの，背骨をもつという共通点がある。ここでは，さまざまなセキツイ動物の体の特徴と，生物の生活様式についてくわしく学習する。

1 セキツイ動物の分類

背骨(せぼね)のことを脊椎(せきつい)といい，背骨のある動物をセキツイ（脊椎）動物という。

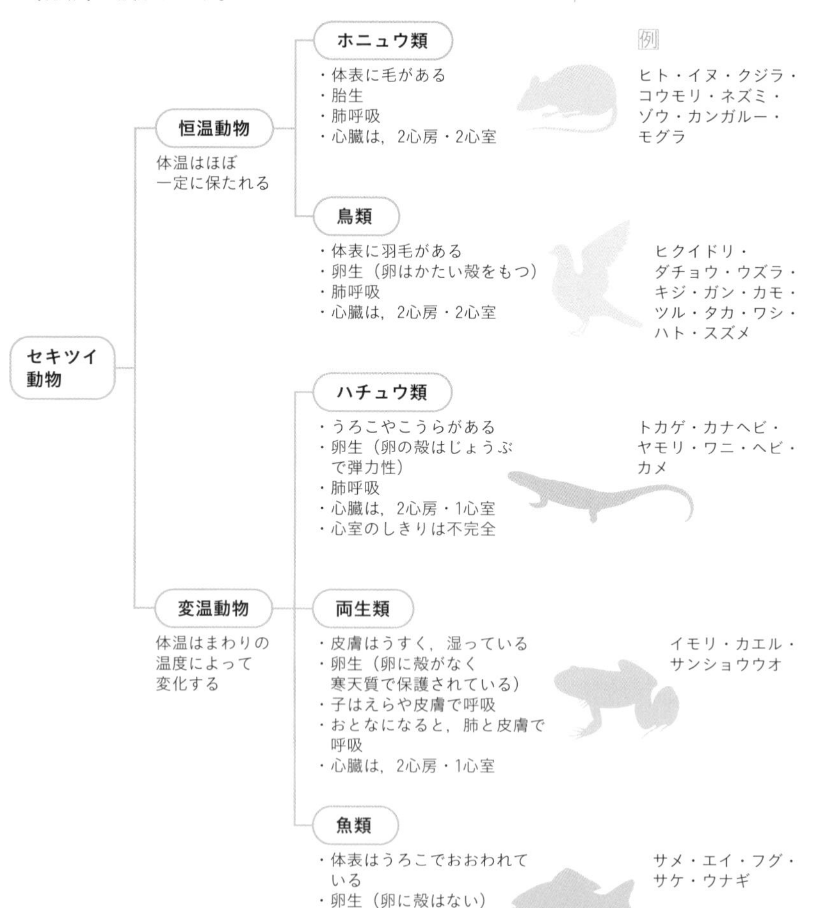

❶セキツイ動物の分類

セキツイ動物は，ホニュウ類・鳥類・ハチュウ類・両生類・魚類の５つに分類される。５つのなかまは，多様な生活様式をもっており，それぞれ特徴的な体のつくりをしている。

2 魚類

◉ 生活場所

セキツイ動物の中で初めに地球上に現れたなかまが**魚類**である。一生，水中で生活する動物で，海に生息するもの，川，池，沼などの淡水に生息するものもいる。

◉ 体の表面のつくり

体表は，多数のかたい**うろこ**でおおわれている。体の両わきにある側線の部分のうろこには，中央に穴があいていて，ここで水の流れを感じることができる。体温は，まわりの水の温度の変化にしたがって変わり（**変温**），水温が下がると活動がにぶくなる。

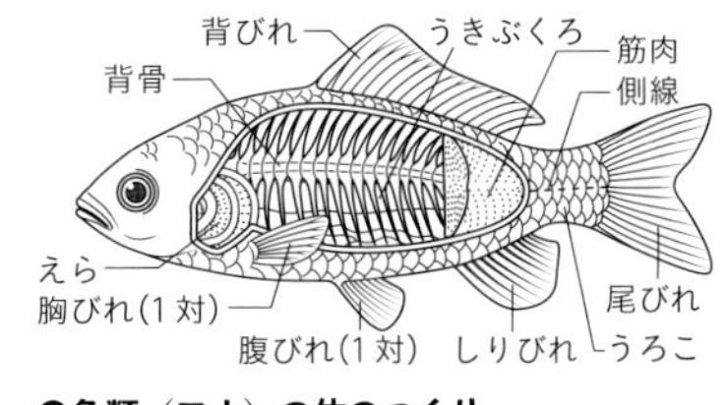

⬆魚類（フナ）の体のつくり

◉ あし

水中で生活する魚類は，水の浮力で体が支えられているため，あしがなく，胴には１対の胸びれと１対の腹びれがある。これは，両生類やハチュウ類の前あし，後ろあしにあたる部分である。

◉ 呼吸

水の中にとけている酸素を，くし状になっているえらから取り入れて呼吸（**えら呼吸**）する（➡p.413）。

◉ ふえ方

魚類は水中に殻のない卵を産み（**卵生**），なかまをふやす。水草（メダカなど）や川底のじゃりの間（サケなど）などの安全な場所に卵を産みつけるものや，巣をつくり，その中に卵を産むもの（イトヨなどのトゲウオのなかま）もいる。（➡p.394）

くわしく 

魚類の分類

魚類は骨格から大きく３つに分けられる。

▶**硬骨魚類**

硬骨からなる骨格をもつ。ほとんどの魚類が硬骨魚類である。メダカ，サケ，マグロなど。

▶**軟骨魚類**

骨格が軟骨からなり，一生硬骨に変化しない。サメ，エイなど。

▶**円口類**

骨格はすべて軟骨からなる。口は丸い円盤状で上下のあごがない。ヤツメウナギなど。

3 両生類

◉ 生活場所

両生類は進化の過程で初めて，水中生活だけでなく陸上生活にも適応したセキツイ動物のなかまである。成体が水中にも陸上（水辺）にもすむことができることから両生類とよばれる。

◉ 体の表面のつくり

毛もうろこもなく，皮膚はうすく，やわらかい。皮膚からは粘液が分泌されているため，常に表面は湿った状態に保たれている。体温は，外界の温度とともに変化（**変温**）するため，冬は体温が下がって活動がにぶくなり，冬眠するものもいる。

◉ あし

カエルのなかまでは，後ろあしの指の間に水かきがあり，水中を泳ぐのに適している。また，後ろあしはよく発達しているので，地上をとびはねるのに役立つ。

くわしく 

皮膚呼吸の量

皮膚呼吸は両生類だけでなく，ヒトでも行われているが，取り入れる酸素の割合は両生類のほうがはるかに多い。たとえば，カエルでは全呼吸の30〜50％くらいが皮膚呼吸による。ヒトの場合は，約0.6％しか皮膚呼吸を行っていない。

◉ 呼吸

オタマジャクシ（幼生）は水中で生活するため，**えら呼吸**をし，成体（カエル）になるとえらはなくなり，**肺呼吸**をする。しかし，肺が十分発達していないので，皮膚での呼吸も行う。

↑カエルの成体と幼生における呼吸

◉ なかまとそのふえ方

両生類は，イモリのように一生尾のある有尾目と，カエルなどのように成体になると尾を失う無尾目，アシナシイモリのようにあしのない無足目に分類される。

寒天状のものに包まれた殻のない卵を産み（**卵生**），なかまをふやす。卵は，ふつう水中に産むが，なかにはモリアオガエルのように，水面上につき出している木の枝に産みつけるものもある。（➡p.394）

くわしく 

イモリとヤモリ

イモリ（「井戸の守」の意味）は水辺で生活する両生類，ヤモリ（「家の守」の意味）は人家近くに多くすむハチュウ類（➡p.391）である。

4 ハチュウ類

◉ 生活場所

水中生活に依存している両生類に対して，ハチュウ類はさらに**陸上生活に適応した**なかまである。トカゲ，ヤモリ，ゾウガメなどのハチュウ類の多くは，陸上で生活している。一方，イシガメやワニのように水辺で生活するもの，ウミガメのように海中で生活するものもいる。

◉ 体の表面のつくり

皮膚は，かたい**うろこ**や**こうら**でおおわれていて，体の表面から水分が蒸発しにくく，乾燥したところでも生活できるようになっている。カメの体表にあるこうらは，皮膚や骨が変化したものである。体温は外界の温度とともに変化（**変温**）するので，冬眠をするものが多い。

◉ あし

ふつう，４本の短いあしをもっている。あしの骨が，腰の骨にしっかり接続しておらず，体をあしだけで支えることができないので，はって歩くものが多い。

◉ 呼吸

肺呼吸をする。水中で生活するワニや海中で生活するウミガメも，呼吸するときには必ず鼻を水面から出して空気を吸う。

◉ なかまとそのふえ方

ハチュウ類は，ウミガメやスッポンなどのカメ目，シマヘビやイグアナなどの有鱗目，クロコダイルやカイマンなどのワニ目，ムカシトカゲ目の４種類に分類される。陸上で生活するものも，水中で生活するものも，卵を陸上の土の中や落ち葉の下などに産む（**卵生**）。卵は，弾力性のあるじょうぶな殻でおおわれていて，**水分の少ない陸上でも乾燥しにくく**なっていて，まわりの温度でかえる。（➡p.394）

くわしく

ハチュウ類の歴史

ハチュウ類の祖先は，古生代の石炭紀に両生類から分かれて，中生代には恐竜が非常に栄えた。中生代では，ソテツ類などが繁茂し，昆虫なども豊富であったため，恐竜はよく成長し，陸上のほか水中・空中にもすむように分かれた。また，大部分は卵生であるが，胎生のものもいたと考えられている。しかし，これらは白亜紀末には絶滅し，カメ目・ワニ目・有鱗目・ムカシトカゲ目が残った。その原因として，地理的な変化や気候の変化に，あまりにも特殊な体に発達していた恐竜は適応できなかったからだと考えられている。

くわしく

ハチュウ類と魚類のうろこ

ハチュウ類や魚類の体の外側をおおっているうすい小片の組織をうろこ（鱗）という。ハチュウ類のうろこは皮膚のいちばん外側がかたくなったものなので，体が成長するとうろこだけがはがれる（脱皮）。一方，魚類のうろこは皮膚全体からできたものなので，うろこも体と共に成長し，脱皮はおきない。

5 鳥類

◉ 生活場所

鳥類にはつばさがあり，つばさは羽毛でおおわれている。また，骨の中には空どうがあり，軽くなっている。このような体の特徴（とくちょう）から，多くの鳥類のなかまはつばさで空を飛ぶことができる。

◉ 体の表面のつくり

体表は**羽毛**でおおわれ，水をはじき，体温を一定に保つ（**恒温**（こうおん））のに役立っている。

◉ くちばし

くちばしは，あごが発達したもので，表皮が変化したかたい角質があり，生活環境によって形がちがう。

◉ あし

２本の後ろあしで立つ。前あしはつばさに変化している。ダチョウのようにつばさが退化し飛べない種や，ペンギンのように泳ぎに適したつばさをもつ種もいる。

くわしく

つばさのつくり

つばさは大きな羽が規則正しく並び，それがつながって１枚のつばさになっている。空気を力強く打つことができるようになっている。さらに，つばさを強く動かすことができるように，胸の筋肉とその筋肉がつく胸の骨がよく発達している。

↑いろいろな鳥のくちばしと後ろあしの形

◉ 呼吸

肺が発達しており，**肺呼吸**（はいこきゅう）をする。

◉ ふえ方

鳥類は，木の上や草むらの中などに巣をつくり，その中で石灰質（せっかいしつ）でできたかたい殻（から）でおおわれた卵を産む（**卵生**（らんせい））。子は，卵の中で育ってからふ化してひなになる。なお，石灰質のかたい殻には卵が乾燥（かんそう）するのを防ぐはたらきがある。（➡p.394）

用語解説

ふ化

卵からかえることを，ふ化という。

6 ホニュウ類

◉ 生活場所

ホニュウ類は，生まれた子を親の乳で育てるなかまである。その多くは陸上で生活しているが，クジラやイルカなどのように水中で生活しているものや，コウモリのように空を飛ぶものもいる。私たちヒトもホニュウ類である。

◉ 体の表面のつくり

体表は，たくさんの毛でおおわれている。この毛は，熱が体外に逃げていくのを防ぐはたらきをし，一定の体温を保つ（**恒温**）役割をもつ。

◉ あし

ふつう，下向きについた４本のあしをもち，すばやく動かすことで，えものをつかまえたり，敵から逃げたりする。ヒトやサルのなかまの前あしは，発達していて，５本の指で物をつかむことができる。

◉ 呼吸

肺呼吸をする。水中で生活するクジラやイルカも肺呼吸をし，水面から顔を出して呼吸をしている。

◉ なかまとそのふえ方

ホニュウ類は，ヒトやゴリラなどの霊長目，ウシやラクダ，クジラなどの鯨偶蹄目，ウマやサイなどの奇蹄目，ゾウなどの長鼻目，イヌやライオンなどの食肉目，コウモリなどの翼手目，リスやヤマネなどのげっ歯目，アリクイなどの有毛目，カンガルーやコアラなどの有袋類，カモノハシやハリモグラなどの単孔類などに分類される。

子（胎児）は，母親の子宮の中で胎ばんを通して酸素や養分をもらい，ある程度成長して親と似た姿で生まれてくる。このような生まれ方を**胎生**といい，ホニュウ類のほとんどは胎生でなかまをふやす。（➡p.394）

発展 

クジラの体

クジラの体は水中生活に適していて，前あしと尾はひれになり，後ろあしは退化している。さらに，空気を肺に取り入れやすいように，鼻の穴は上を向いている。

くわしく 

卵を産むホニュウ類

カモノハシは，繁殖期に水辺の穴の中に巣をつくり，そこに２個程度の卵を産む。卵は親があたため，卵からかえった子は母親の乳を飲んで育つ。このように，子が乳を飲んで育つことから，カモノハシもホニュウ類のなかまとされている。

7 セキツイ動物のふえ方

◉ 動物のふえ方

動物のなかまのふえ方は，ホニュウ類など子を産むもの（**胎生**（たいせい））と，ホニュウ類以外のセキツイ動物や無セキツイ動物などの卵を産むもの（**卵生**（らんせい））の大きく2つに分けられる。また卵のつくりや一度に産む卵（子）の数は動物によって異なる。

◉ 生まれる子や卵の数

魚類や両生類は産卵数が多い。魚類や両生類では，卵や子の多くがほかの動物に食べられてしまい，そのなかで成体になるのはごく一部である。しかし，産卵数が多いので，子孫を残すことができる。

一方，鳥類やホニュウ類は産卵（子）数は少ないが，親が卵や子の世話をするので，子が成体になる割合は大きくなっている。

種類	動物	産卵(子)数
ホニュウ類	ゴリラ	1
	キツネ	3～7
鳥類	イヌワシ	1～3
	ウグイス	4～6
ハチュウ類	トカゲ	6～15
	アオウミガメ	200～500
両生類	トノサマガエル	1800～3000
	アズマヒキガエル	1500～8000
魚類	マイワシ	5万～8万
	ブリ	約150万

産卵（子）数は，1回の産卵期での数。

⬆セキツイ動物の産卵（子）数

▶ 魚類のふえ方

水中に非常にたくさんの卵を産む。親にまで育つ割合（生存率）は低い。

▶ 両生類のふえ方

両生類は，水中に比較的多く卵を産む。生存率は低い。

▶ ハチュウ類のふえ方

卵の数は，魚類や両生類に比べて少ない。卵は敵に見つかりにくい陸上の砂の中や落ち葉の下などに産むものが多い。

▶ 鳥類のふえ方

草むら，木の枝などに巣をつくり，そこで少数の卵を産むものが多い。卵の数はたいてい数個であるが，親が卵や子を守るので，魚類や両生類に比べて生存率は高い。

▶ ホニュウ類のふえ方

胎生（たいせい）で，子の数は少ないものの，親が子を守るので，生存率はとても高い。

用語解説

卵胎生（らんたいせい）

卵が親の体内でふ化されてから産み出される繁殖のようすを卵胎生という。胎生では親と胎内の子がつながっている（ヒトでいうへその緒（お））のに対し，卵胎生では卵は母体とは独立して親の体内にある。卵胎生の場合，卵生の動物に比べると産む卵の数は少なくなるが，親の体内でふ化するため，産みっぱなしの卵よりは生存率は高い。サメ，ヘビ，トカゲのなかまなどで見られる。

第3章 SECTION 3

無セキツイ動物のなかま

無セキツイ動物はセキツイ動物とは大きく異なる体のつくりをしている。また，セキツイ動物とくらべてはるかに多くの種が確認されている。昆虫なども，無セキツイ動物に分類される。ここでは，無セキツイ動物の体の特徴と生活様式について学習していく。

1 節足動物

1 節足動物の体

節足動物は，動物のうちで最も種類数が多く，全世界の動物の80%以上をしめる。現在の地球上では，最も栄えている動物ということができる。

節足動物は，昆虫類（➡p.396）・甲殻類（➡p.398）・クモ類（➡p.399）・多足類（➡p.399）などに分けられる。体はじょうぶな殻（**外骨格**）に包まれていて，いくつかの節（体節）に分かれている。体は左右対称で，頭部・胸部・腹部，または頭胸部・腹部や頭部・胴部に区別することができる。

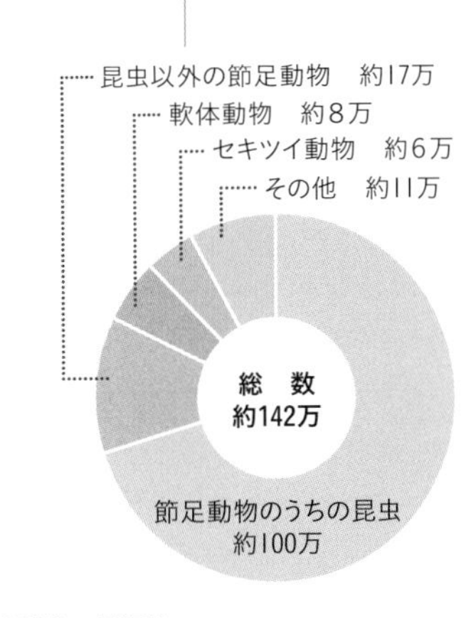

⬆動物の種類数

体の中のしくみもよく発達しており，神経系・循環系・消化系・呼吸系・排出系など，すべてそろっているが，つくりは，セキツイ動物とは大きく異なっている。神経系は，体の各節に中心があるつくりになっている。血管の端は開いていて，血液が直接細胞にふれるようになっている（➡p.415）。

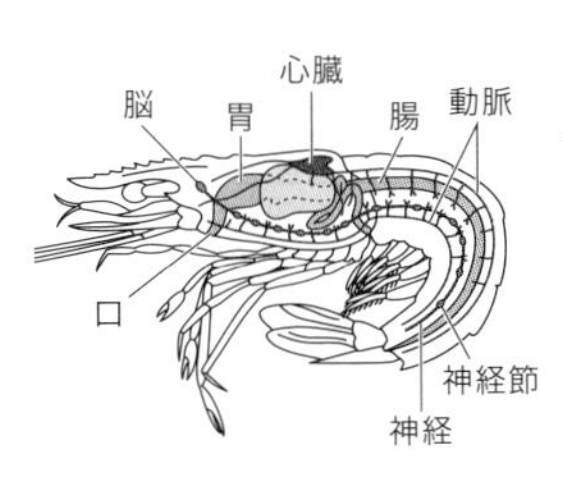

⬆節足動物の体

2 昆虫類

バッタやチョウ，カブトムシ，セミなど，**昆虫類**はとても身近で，種類数の多い生物である。

◉ 体の区分と表面のつくり

体は，頭部・胸部・腹部の３つの部分に分かれている。頭部には，１対の**触角**と１対の**複眼**があり，外界の情報を得るのに役立っている。また，頭部には，ふつう３個の**単眼**もある。触角は，ものにふれる感覚（触覚）のほかに，においを感じたり，なかには音を感じたりするものもある。複眼は，多数の個眼がハチの巣状に集まってできた目で，ものの形や大きさを知ることができる。

胸部には，節のあるあしが３対（６本）ある。あしはかたい殻でおおわれている。また，胸部には２対（４枚）のはねがあり，空を飛ぶことができる。なお，カやハエ，アブなどは，はねは１対（２枚）で，シラミやノミのようにはねのないものもいる。

胸部と腹部の節の側面には，それぞれ１対ずつの**気門**とよばれる穴があり，そこから空気を取り入れて呼吸を行っている。気門の内部は，気管とよばれる網目状に枝分かれした管がつながり，気管から酸素が体内に入っていく（➡p.413）。

体の表面は，じょうぶな外骨格でおおわれている。外骨格は，体を保護し，水分が発散するのを防ぐはたらきがある。

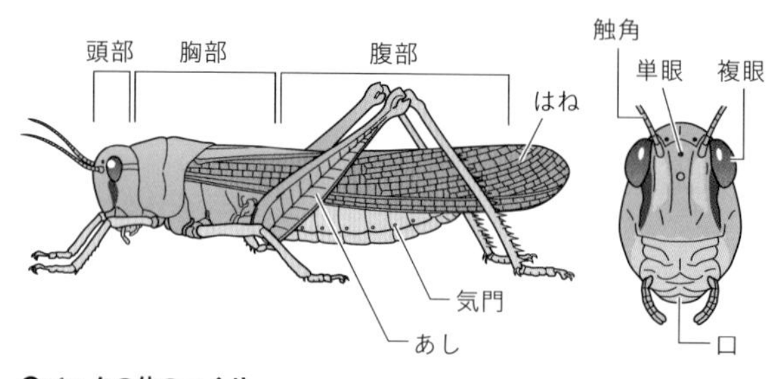

⬆バッタの体のつくり

くわしく 

口のつくりと食物

昆虫の口のつくりは，食べるものに応じて多種多様に変化している。

▶さす口
カの口は，針のように細長く管になったもので，人やけものの皮膚にさしこみ，血を吸う。

▶吸う口
チョウやガは，ぜんまいのように巻いた，管状の口で花のみつを吸う。

▶かむ口
バッタやカマキリなどの草や茎などをかじったり，ほかの虫を食べたりする昆虫は，ものをかみ切るのに適したじょうぶな口（あご）をもっている。

▶なめる口
ハエは，食物をなめるのに適した口をもっている。

くわしく 

気門と気管の関係

気門から取り入れられた空気は，気管によって体のすみずみまで送られる。
気管は，ところどころに袋のようにふくらんだ構造をもっている。体の動きにつれて，この部分がのび縮みすることで，空気の出し入れが行われる。

◉ ふえ方

多くの昆虫は，たくさんの卵を産んでなかまをふやす。卵は，じょうぶな膜（殻）に包まれているため，陸上でも乾燥することはない。

◉ 昆虫の変態

卵からかえった幼虫が，形や生活様式を変えて成虫になることを**変態**という。なかには，シミなどのように変態しないで成長するものもいる。

変態には**完全変態**と**不完全変態**の２種類がある。完全変態は，チョウ，ガ，ハチ，ハエ，カブトムシのように，卵→幼虫→さなぎ→成虫と変化するものをいい，不完全変態は，バッタ，トンボ，セミのように，さなぎの時期がないものをいう。

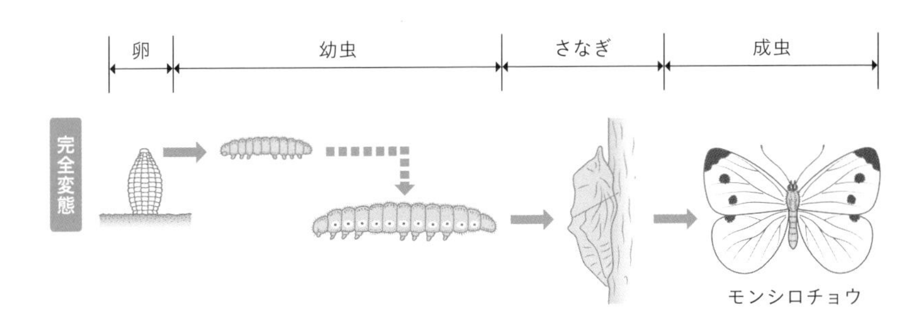

⬆昆虫の変態

3 甲殻類

　エビ・カニなどが**甲殻類**に分類される。体は炭酸カルシウムを主成分とした，**石灰質のじょうぶな殻でおおわれている**。この殻を甲殻とよぶ。非常に種類が多く，そのほとんどが海中で生活しており，動植物やその死がい，どろの中の微生物などを食べている。

　カニのなかまのほとんどは海にすんでいるが，サワガニなど淡水にすんでいるものもいる。また，海岸や湿地にすむものは，少しの湿りけがあれば生きていけるものが多いことから，半陸上生活をしている。

◉ 体の区分と表面のつくり

　体は，頭部と胸部が合わさった頭胸部と，腹部に分かれている。頭胸部に大小２対の触角と柄のついた１対の複眼がある種が多い。また，10本のあしがあり，腹部にもあしがついている。カニ類の頭胸部にある第１対のあしの先は，大きなはさみになっている。

　体の表面は，**外骨格**とよばれるじょうぶな殻でおおわれている。

◉ 呼吸

　頭胸部のあしのつけ根にある羽状のえらで，水中に溶けている酸素を取り入れて呼吸を行う。

◉ ふえ方

　非常に多くの卵を産んでなかまをふやす。卵からかえった子は親と異なる外見をしており，変態して成体になる。

くわしく

甲殻類のいろいろ

▶カイミジンコ
池やみぞ，水槽などいたるところにすむ。

▶ウミホタル
夏から秋に太平洋岸で，ホタルのように光る。

▶シャコ
どろの多い，浅い海岸にすむ。

▶イカリムシ
淡水魚に寄生する。

▶ヒメハマトビムシ
海岸の砂地に多い。

▶ケンミジンコ
魚の食物として重要である。

発展

カニの雄と雌の区別

腹部にある節の幅は，雄と雌で異なる。

⬆カニの雄と雌の区別

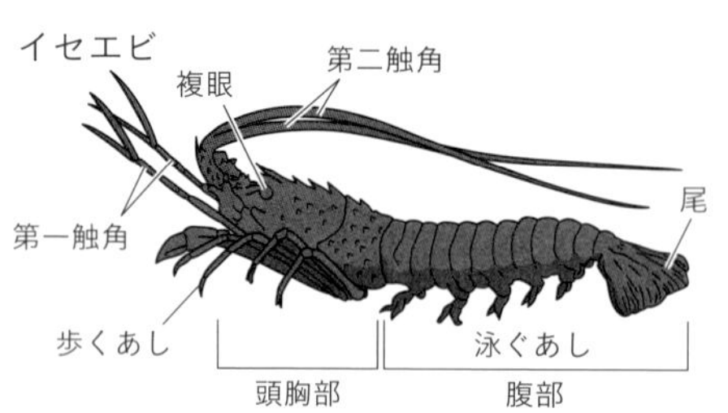

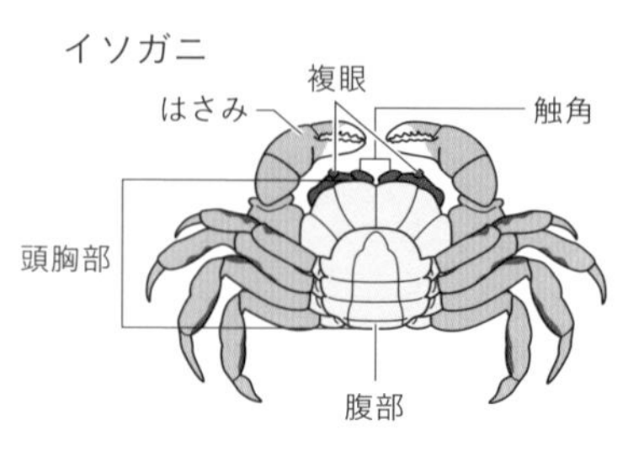

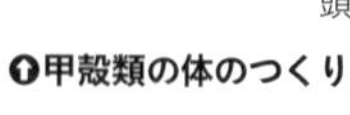

⬆甲殻類の体のつくり

4 クモ類・多足類

クモ類とは，クモ・サソリ・ダニのなかまである。卵から親と同じ形で生まれ，変態しない。多足類とは，ムカデ，ヤスデ，ゲジのなかまである。多足類の多くは，湿った草むらや家の床下などで生活している。

◉ クモ類の特徴

体は頭胸部と腹部からなり，頭胸部には，ふつう4対の単眼と4対のあしがある。また，じょうぶなあごをもっており，毒液を出すものもある。巣にかかったえものを毒液で麻酔をして体液を吸いとる。

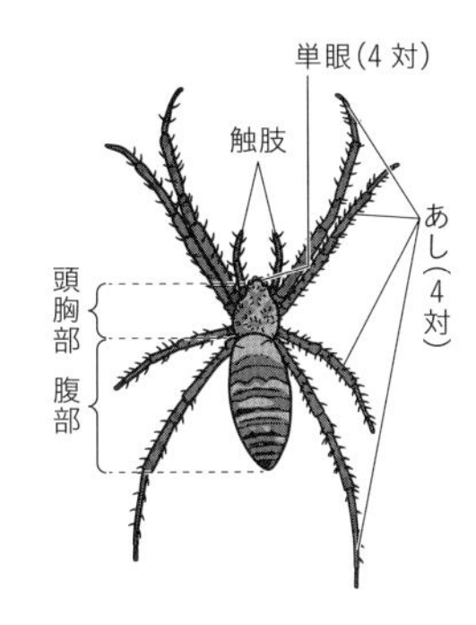

⬆オニグモの体

腹部に節はなく，後ろの端のほうに，数個の突起があり，ここから粘りけのある液を出す。この液が空気にふれると，糸になる。卵生である。

◉ 多足類の特徴

体は頭部と胴部（胸腹部）に分かれている。胴部は，多数の同じようなつくりの節からできていて，各節に1対または2対のあしがある。また気管で呼吸をする。卵生である。

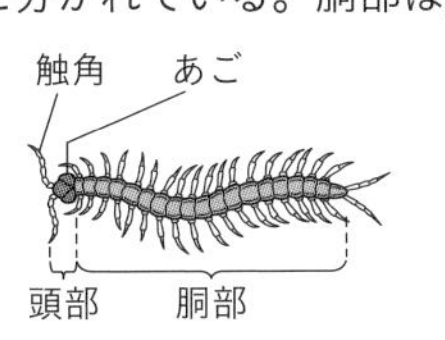

⬆多足類（ムカデ）の特徴

くわしく

昆虫とクモの見分け方

▶昆虫の特徴
- 複眼とはねがある。
- 頭と胸が分かれている。
- あしは3対（6本）・触角がある。
- 多くのものが変態をする。

▶クモの特徴
- 複眼とはねがない。
- 頭と胸がくっついている。
- あしは4対（8本）・触角のように見えるひげ（触肢）は，口の部分が変わったものである。
- 変態はしない。

2 軟体動物

1 貝のなかま

貝のなかまは**巻貝類**と**二枚貝類**に分けられる。マイマイ（カタツムリ）やサザエなどのように，らせん状に巻いた貝殻をもつものが巻貝類，アサリ，ハマグリなどのように，体が二枚の貝殻で包まれたものが二枚貝類である。巻貝類も二枚貝類も，**外とう膜**という体を包む膜をもつ。また，体は石灰質でできた殻によって守られている。ほとんどの貝のなかまはえら呼吸であるが，陸にすむマイマイなどは，肺呼吸である。すべて**卵生**である。

くわしく

入水管と出水管

アサリなどの二枚貝では，海水は入水管から体内に取り入れられ，出水管からはき出される。入水管から海水といっしょに入ってきたプランクトンをこして，栄養としている。

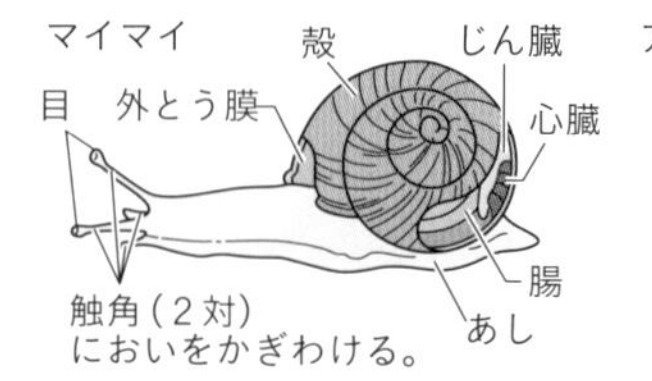

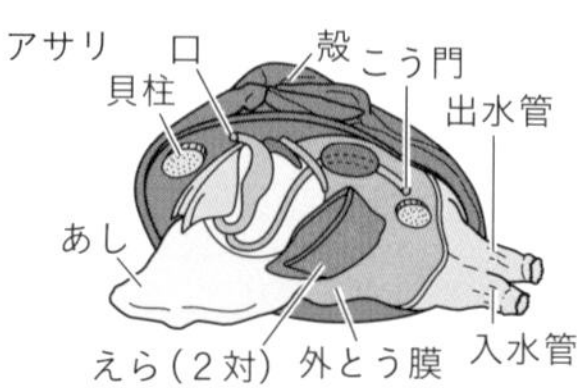

⬆巻貝（マイマイ）・二枚貝（アサリ）の体のつくり

2 イカ・タコのなかま

体は，**頭部**と**胴部**と腕部に分かれ，頭部には10本（イカ），または８本（タコ）のあしがついている。また，あしには多数の吸盤があり，岩に吸いついたり，えさをとらえたりする。胴部は厚い筋肉の外とう膜で包まれていて，その中の内臓を守っている。頭と胴の間から，ろうとという１本の管が出ている。外とう膜のふちから海水をとりこんで，ろうとを通して外に勢いよくふき出し，その反動で運動する。胴部のえらで呼吸する。卵生である。

イカ・タコのなかま

イカのなかまもタコのなかまも，頭のところにあしがあることから，頭足類ともよばれている。

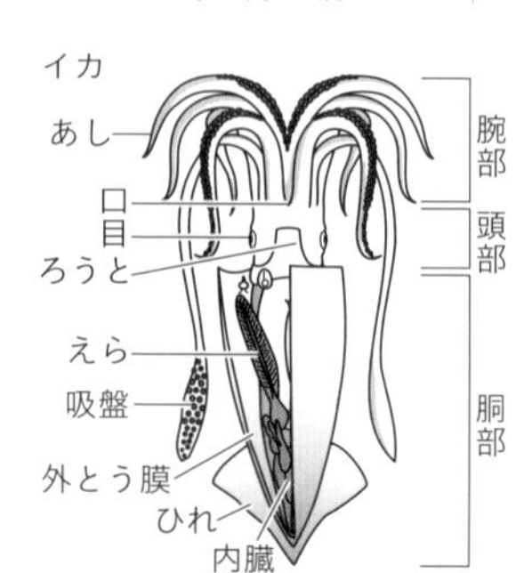

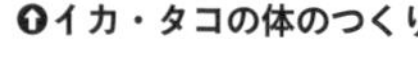
⬆イカ・タコの体のつくり

3 そのほかの無セキツイ動物

原索(げんさく)動物

背骨はないが，**脊索(せきさく)**とよばれる背骨状のものをもつ。また管状の神経をもつ点でセキツイ動物に最も近いとされる。ホヤ・ナメクジウオなどがいる。卵生(らんせい)。

キョク皮(ひ)動物

皮膚(ひふ)に石灰質(せっかいしつ)のとげ（棘）のある殻をもっている。特別な呼吸器官（水管）で呼吸する。卵生で，変態(へんたい)して成体になる。ナマコ，ウニ，ヒトデ，ウミユリなど。

環形(かんけい)動物

体は細長く，左右対称で，多くの体節(たいせつ)からなる。水中にすむものが多い。卵生である。ミミズ，ゴカイのほか，ヒルやユムシのなかまもいる。

線形(せんけい)動物

体は細長い円筒形で，体節はない。多くはほかの動物に寄生する。卵生。カイチュウ，ギョウチュウなど。

へん形(けい)動物

体が平らで，ホニュウ類の消化管(しょうかかん)に寄生し，体の表面から養分を取り入れるものもいる。卵生である。プラナリア，サナダムシなどの寄生虫のなかまなど。

刺胞(しほう)動物

体のつくりは放射状になっている。海にすむものが多く，卵生である。体の中に，胃水管(いすいかん)こうという大きなすき間があり，消化器官の役割を果たす。ミズクラゲ，イソギンチャク，ヒドラ，サンゴのなかま。

海綿(かいめん)動物

体のつくりは単純で，神経はない。水底にくっついて生活をしている。多くは胎生(たいせい)だが，出芽（➡p.451）もする。イソカイメン，ムラサキカイメンなど。

くわしく

ナメクジウオ

原索動物のナメクジウオやホヤのなかまは，セキツイ動物の祖先のすがたと類似している。

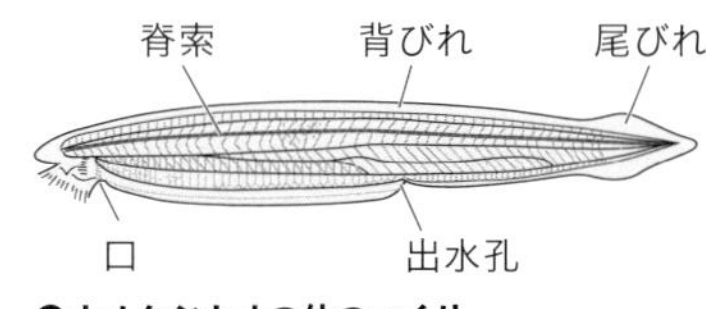

⬆ナメクジウオの体のつくり

生命を維持するはたらき

動物は，外から栄養分や酸素をとり入れることで，体をつくり活動している。ここでは，栄養分の吸収や呼吸，血液の流れなどについて知り，ヒトをふくめ動物がどのように生命を維持しているのかを学習する。

1 食物の消化と吸収

1 動物と食物

動物は，生きていくために必ず食物をとる。そして，体内にとり入れた食物を分解することで，体を動かしたり，考えたり，各器官を正常にはたらかせたりするなど，生活に必要なエネルギーを得ている。

また動物は，食物によって体を成長させている。食物は，エネルギーを得られるとともに，体をつくる材料になるものをふくんでいなくてはならない。

2 消化(しょうか)

◉ 消化管(しょうかかん)と消化せん

消化管は，口から始まり，肛門(こうもん)に終わる消化のための管で，消化のための消化液(しょうかえき)が出される。消化液を分泌(ぶんぴつ)する器官を**消化せん**という。

◉ 消化液と消化酵素(しょうかこうそ)

口の中で分泌されるだ液や，胃で分泌される胃液などの**消化液**には**消化酵素**がふくまれており，消化酵素が食物中にふくまれている栄養素を分解して，小腸から血管やリンパ管の中へ吸収されやすいようにする。

肝臓(かんぞう)で分泌される胆汁(たんじゅう)には消化酵素はふくまれていない（➡p.406）。

◉ 消化運動

口で食物をかむ運動（**そしゃく運動**），食物を飲み

参考

食物にふくまれる主な栄養素

▶**炭水化物（デンプンなど）**
生命活動のエネルギー源となる。いも・穀類(こくるい)に多い。

▶**タンパク質**
体をつくるもとになる。肉や卵などに多い。

▶**脂肪(しぼう)**
少ない量で大きなエネルギー源となる。アブラナなどの種子に多くふくまれる。

これらを三大栄養素という。

くわしく

ぜん動運動

消化管の筋肉が波打つように縮んで，食物が運ばれていくことを，**ぜん動運動**という。この運動で食物は細かくくだかれ，消化液と混ぜ合わされて先へ送られていく。

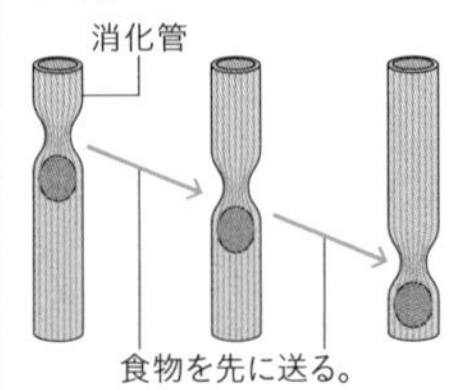

こむ運動（**えん下運動**），消化管の中の食物を送る運動（**ぜん動運動**）などをまとめて**消化運動**という。

3 ヒトの消化管

ヒトの消化管は，口から始まり，食道→胃→小腸→大腸の順に通って，最後は肛門に終わる１本の長い管である。消化管のところどころには，消化液を分泌する消化せんがあるが，ヒトの消化せんは，だ液せん，胃せん，肝臓，すい臓，腸せんの５つである。

ヒトの消化管全体の長さは身長の約５倍もあり，口からとり入れた食物は，12～24時間かかって消化管内を通りながら消化・吸収され，残りは便として肛門から外に出される。

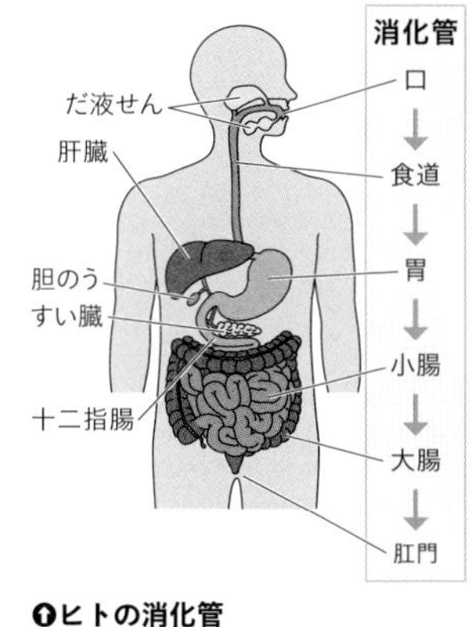

❶ヒトの消化管

4 ヒトの消化にかかわる器官

食物から必要な栄養分を体の中に取り入れるはたらきをしている部分を，**消化器官**（または**消化器**）という。

◉口

下あごが上下に動いて，歯が食物を細かくくだき，舌がこれを助けて，食物と**だ液**をよく混ぜ合わせている。だ液を分泌するだ液せんは，３対ある。

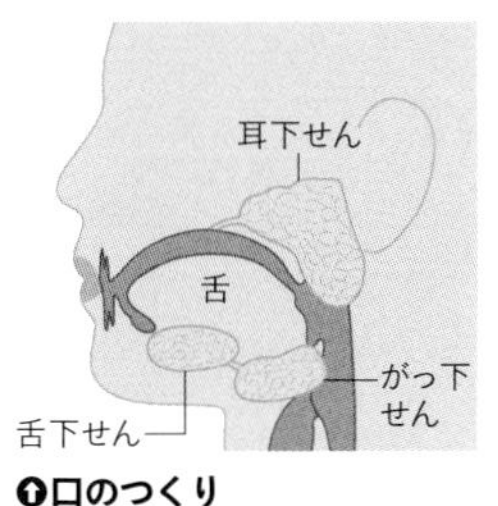

❶口のつくり

だ液の中には，**アミラーゼ**という消化酵素がふくまれていて，デンプンを分解して麦芽糖にする。また，だ液には，食物を湿らせて食道を通りやすいようにするはたらきもある。

くわしく

１日に分泌されるだ液の量
だ液せんは，つねにだ液を出している。その量は，１日に約１～1.5L分泌される。食物が口に入ったとき以外でも，想像や視聴嗅覚によっても分泌がおこる。

食道

気管の背中側にある，長さ約25 cmの管。食道の壁(かべ)は筋肉でできていて，口から入った食物や液体を筋肉の収縮によって，しごくようにして胃のほうに送る。

胃

約1.5 Lの容積をもったじょうぶな筋肉の袋で，内面には多数のひだがあり，胃せんが口を開いている。胃せんからは，塩酸をふくんだ酸性の強い**胃液**が出る。胃では，この胃液によって**食物を殺菌(さっきん)し，タンパク質の一部を分解する。**

これは，胃液にふくまれている**ペプシン**という消化酵素(しょうかこうそ)の作用による。

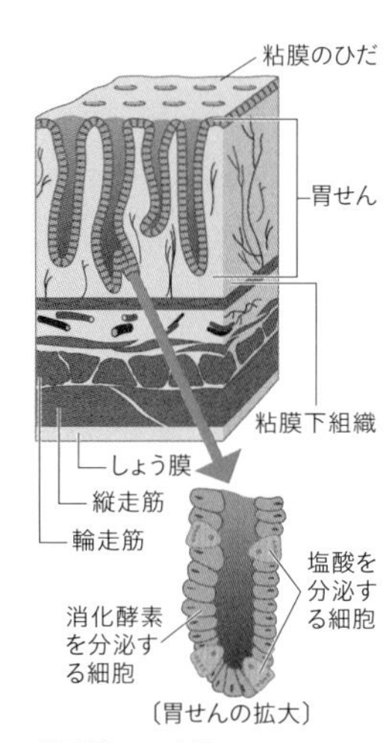

↑胃壁のつくり

胃液の逆流を防ぐため，胃の両端(りょうたん)はくびれている。

すい臓

胃の下にあり，**すい液**を分泌(ぶんぴつ)する。すい液は，**デンプン・脂肪(しぼう)・タンパク質をそれぞれ分解する消化酵素をふくんだ強力な消化液(しょうかえき)**である。

また，この消化液を分泌するすいせんぼう細胞の間にあるランゲルハンス島という組織から，インスリンというホルモンを分泌する。

このホルモンが少なくなると，血液中のブドウ糖の量がふえ，尿(にょう)の中にブドウ糖が出てくる糖尿病(とうにょうびょう)になる。

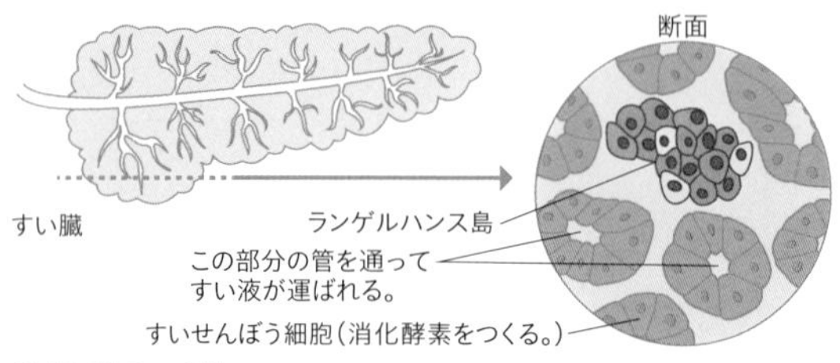

↑すい臓のつくり

くわしく

食道と気管の関係

食物が気管のほうに入らないのは，食物を飲みこむとき，のどの筋肉や舌の反射作用で，気管がふさがれるようになるからである。

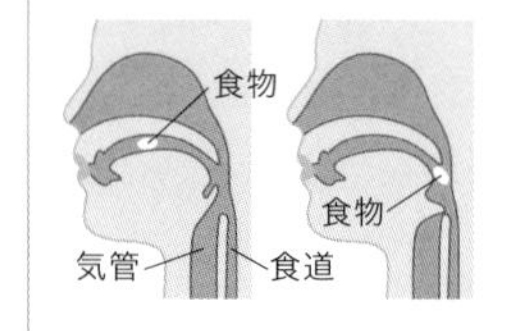

◉ 肝臓

横隔膜のすぐ下にあり，**脂肪の分解を助ける胆汁をつくる**器官である。日本人の成人で1.0～1.5 kgくらいあり，ヒトの体の中で最も大きな器官である。

胆汁は，いったん，胆のうにたくわえられる。食物が胃から十二指腸のほうに送られると，十二指腸から特別な物質が出て，すい臓や肝臓，胆のうに伝わり，胆汁やすい液が十二指腸で食物にまざるようになる。

肝臓 胃 胆のう 十二指腸 すい臓

⬆内臓の位置関係

▶肝臓のはたらき

1. 胆汁をつくる。
2. グリコーゲンなどの物質をたくわえる。
3. 有毒物質を分解して無毒にする。（解毒作用）
   →アンモニアから尿素をつくるなど。
4. 古い血球を破壊する。

◉ 小腸

曲がりくねった長さ約６～８mの管。胃から続くはじめの20～30 cmの部分を特に十二指腸という。小腸の壁には多数の腸せんがあり，消化液を分泌する。小腸では，**炭水化物・脂肪・タンパク質の分解が完了**し，それらの**栄養分が柔毛というひだから吸収される**（➡p.407）。また，小腸では**水分の吸収**も行われる。

◉ 大腸

小腸に続く長さ約1.5mの太い管で，内壁には小腸のような柔毛はない。

大腸では，消化や吸収はほとんど行われない。

大腸のおもなはたらきは，**消化された食物の残りから水分を吸収する**ことである。

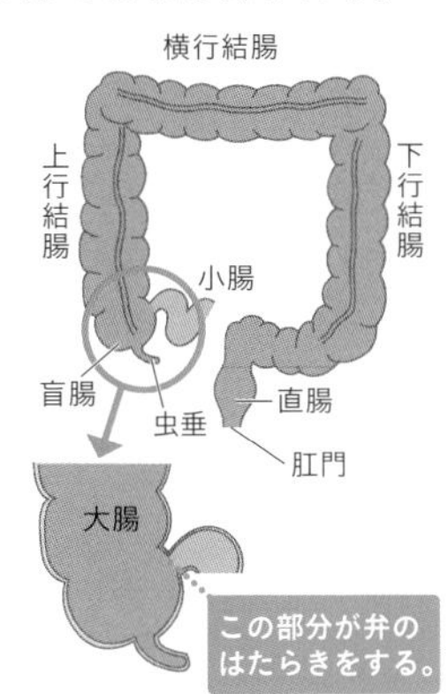

⬆大腸のつくり

くわしく

肝臓の糖の調節

肝臓は，余分な栄養分をたくわえ，血液中の栄養分の量を調節している。特に，糖分はグリコーゲンという物質に変えられ，たくわえられる。

血液中の糖分が減少すると，再びブドウ糖に分解され，血液中に放出される。

肝臓は，いつも血液をたくさんふくんでいるので，黒っぽい赤色をしている。

くわしく

大腸の構造

盲腸・結腸・直腸の３つの部分に分けられる。

小腸との境にあるふくらみが盲腸で，ここに虫垂がついている。

消化せん	消化液	消化酵素	消化酵素のはたらき
だ液せん	だ液	アミラーゼ	デンプンを麦芽糖にする。
胃せん	胃液	ペプシン	タンパク質を少し分解する。
すい臓	すい液	トリプシン ペプチダーゼ リパーゼ アミラーゼ	・タンパク質をさらに分解する。 ・分解されたタンパク質をアミノ酸にする。 ・脂肪を分解する。 ・デンプンを麦芽糖にする。
腸せん	（腸液）	ペプチダーゼ マルターゼ （小腸表面にある）	・分解されたタンパク質をアミノ酸にする。 ・麦芽糖をブドウ糖にする。

⬆おもな消化酵素のはたらき

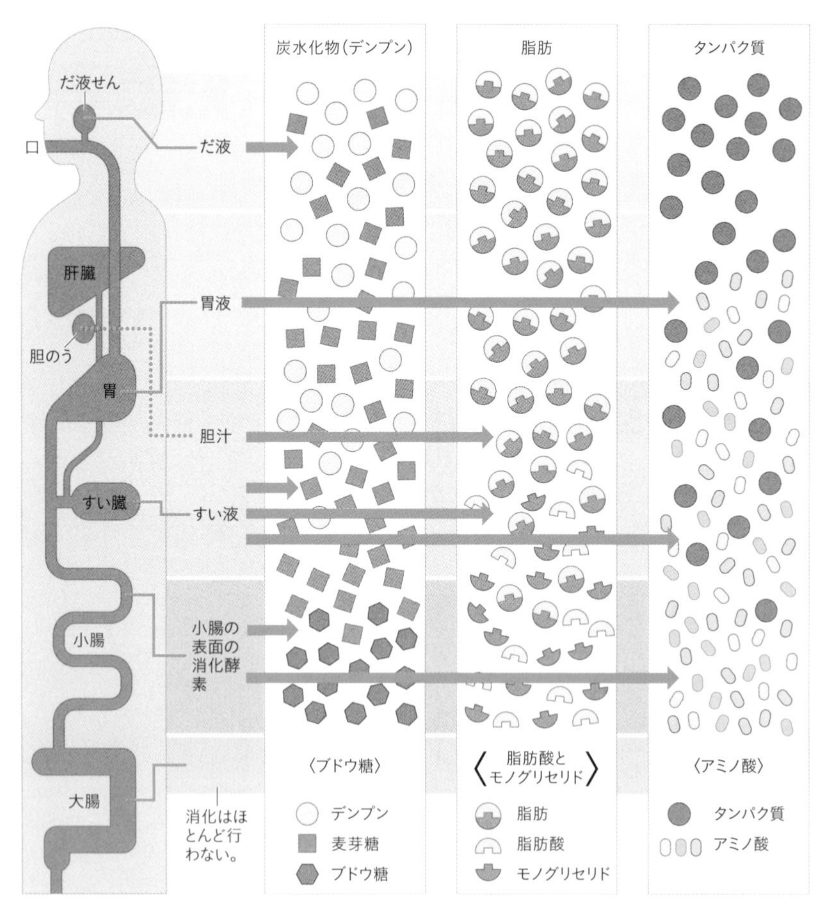

（胆のうから出される胆汁には，消化酵素はふくまれていないが，脂肪の消化を助けるはたらきがある。胆汁は肝臓でつくられ，胆のうに運ばれる。）

⬆消化管の各部における養分の分解

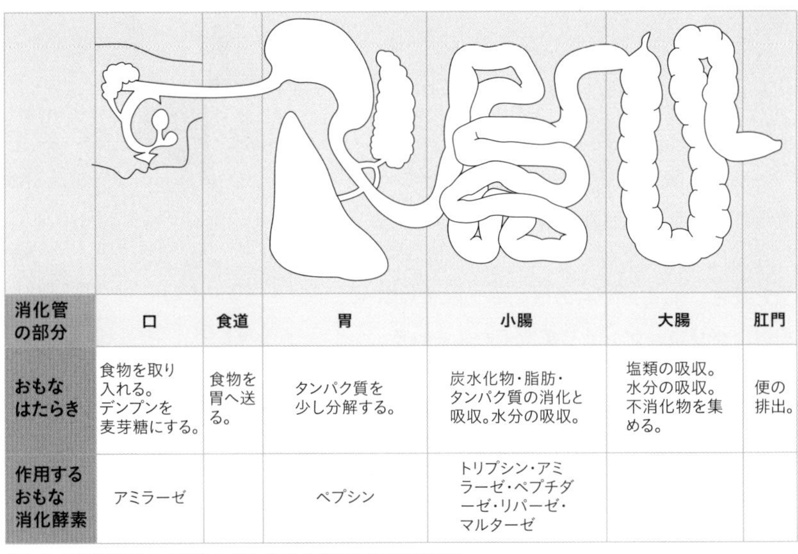

消化管の部分	口	食道	胃	小腸	大腸	肛門
おもなはたらき	食物を取り入れる。デンプンを麦芽糖にする。	食物を胃へ送る。	タンパク質を少し分解する。	炭水化物・脂肪・タンパク質の消化と吸収。水分の吸収。	塩類の吸収。水分の吸収。不消化物を集める。	便の排出。
作用するおもな消化酵素	アミラーゼ		ペプシン	トリプシン・アミラーゼ・ペプチダーゼ・リパーゼ・マルターゼ		

⬆ヒトの消化器官の各部分のはたらきと作用する消化酵素

5 小腸のつくり

小腸の内壁(ないへき)には，多数のひだがあり，さらにその表面は**柔毛**(じゅうもう)という長さ1mmほどの小さな突起でおおわれている。柔毛の内部には多くの**毛細血管**(もうさいけっかん)や**リンパ管**が分布している。

柔毛があることで，小腸の内部の表面積が大きくなり，栄養分を効率よく吸収することができる。

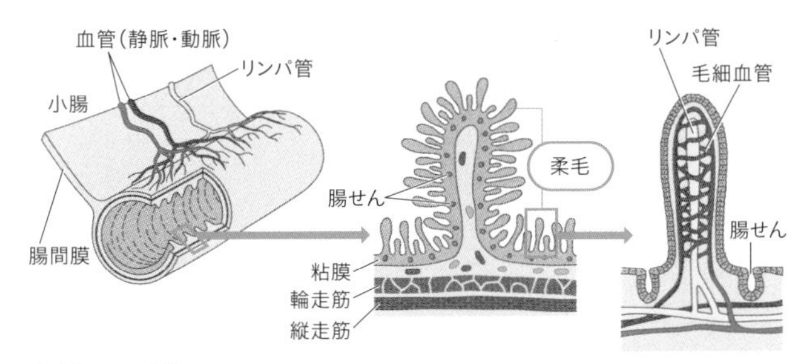

⬆小腸のつくり

6 栄養分の吸収とゆくえ

消化された栄養分は，小腸の柔毛(じゅうもう)の表面の細胞(さいぼう)を通過して，内部の毛細血管やリンパ管に吸収される。

◉ 炭水化物（デンプン）

❶ **ブドウ糖**に分解される。

❷ 柔毛の中の毛細血管に吸収される。

❸ 静脈を通って肝臓に運ばれる。

一部は肝臓で**グリコーゲン**としてたくわえられ，残りは大静脈を通って心臓にいく。

❹ 血流によって全身に運ばれてエネルギー源となる。あまったものは，皮下脂肪や筋肉中にグリコーゲンとしてたくわえられる。

◉ タンパク質

アミノ酸に分解され，ブドウ糖と同じ道すじで全身に運ばれる。新しい細胞などをつくったりエネルギー源としても使われたりする。

◉ 脂肪

❶ **脂肪酸**と**モノグリセリド**に分解される。

❷ 柔毛に吸収され，すぐに脂肪に再合成されてリンパ管に入る。

❸ 太いリンパ管を通って大静脈に合流し，心臓へいく。

❹ 血流によって全身へ運ばれ，体の各部分で，熱エネルギー源として使われる。

あまったものは**皮下脂肪**としてたくわえられる。

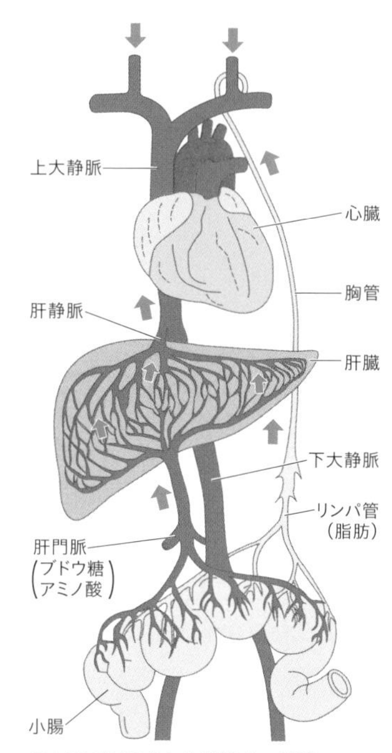

⬆小腸で吸収された栄養分の移動

7 いろいろな動物の消化器官

動物によって，消化器官の形やようすは異なる。消化器官の形は，食物によって多様であり，また動物が高等なものになるにつれて複雑になっている。

イソギンチャクは，体の中に，胃水管こうという大きなすき間があるだけである。ミミズは，体にそって消化管があり，のび縮みする口とそのう，砂のう，腸，肛門がある。昆虫の口は，食物によって，かむ口・吸う口・さして吸う口・なめる口といろいろある（➡p.396）。セキツイ動物では，魚類の消化器官は簡単で，胃と腸の区別がはっきりしないものが多い。

参考

消化器官をもたない生物

動物の中には，ハオリムシのなかまなど，消化器官をもっていない動物もいる。

ホニュウ類では，大きく分けて，草食性のものと肉食性のものとがある。肉食性のものは，草食性のものに比べて小腸が短い。鳥類では，雑食性のものも多い。

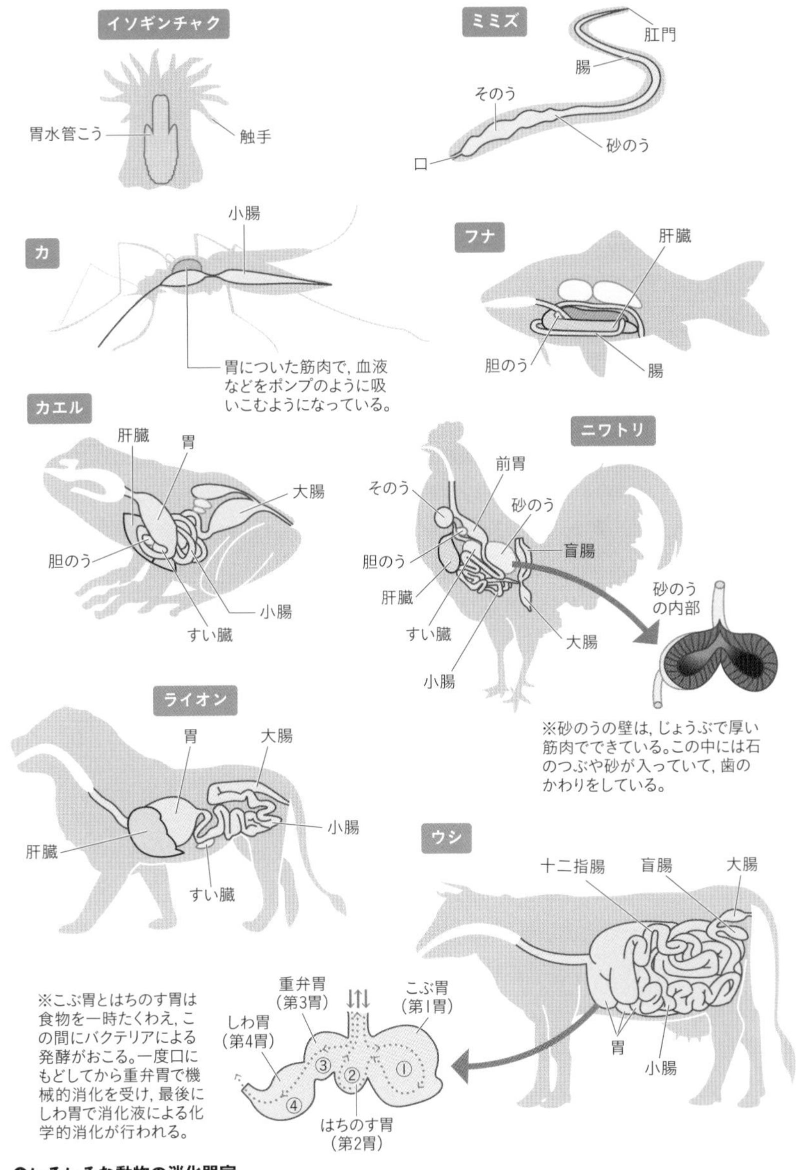

↑いろいろな動物の消化器官

実験

思考力UP

だ液によるデンプンの消化を調べる

目的

デンプンにだ液を加えた場合と加えなかった場合では，デンプンの変化のしかたにはどのようなちがいがあるかを調べてみる。

方法

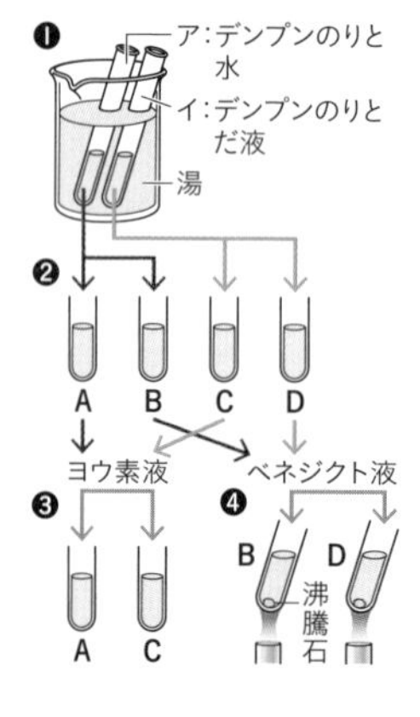

❶ 2本の試験管を用意する(ア，イ)。それぞれの試験管をよく振って混ぜ合わせてから，約40℃の湯に10分間入れる。

❷ ❶の試験管を別の試験管４本に半分ずつ分ける(A，B，C，D)。

❸ A，Cにヨウ素液を2，3滴加え，色の変化を観察する。

❹ B，Dにベネジクト液を少量加え，軽く振りながら加熱して，色の変化を観察する。

思考の流れ

仮説

●だ液がデンプンを消化するのであれば，だ液を加えたときのみ，デンプンに変化が見られる。

⬇

計画

●だ液の有無のみを変えた条件で比較する（対照実験を行う）。

●ヒトの体温と同じくらいの温度での変化を見る。

●ヨウ素液はデンプンと反応する。

●ベネジクト液は麦芽糖やブドウ糖と反応する。

注意

●❹で加熱するときは，試験管に沸騰石(ふっとうせき)を入れておく。

結果

	デンプンのりと水	デンプンのりとだ液
ヨウ素液	A：青紫色になった	C：変化なし
ベネジクト液	B：変化なし	D：赤かっ色になった

考察

だ液を入れないAはデンプンのままであるが，だ液を入れたCはデンプンがなくなり，また，Dより糖(とう)ができたことがわかる。したがって，だ液はデンプンを分解することがわかる。ただし，この結果だけでは，できた糖が麦芽糖(ばくがとう)であることは確認できないことに注意する。

2 呼吸

1 動物の呼吸

生物は，体をつくっている細胞が有機物と酸素を取り入れて，そこから生活に必要なエネルギーを得ている。これが**呼吸**である。

動物の呼吸も，有機物からエネルギーを得るという本質は，微生物や植物の呼吸とまったく同じである。

細胞が有機物からエネルギーを得るためには，酸素を取り入れ，二酸化炭素を出さなければならない。このような**気体の交換**は，小形の動物（たとえば，ヒドラやイトミミズ）では，植物と同じように体の表面で行われる。しかし，大部分の多細胞の動物では，体の内部の細胞が，外界の水や空気と直接ふれあって気体の交換をするわけにはいかない。そこで**呼吸器官**が発達して，気体の交換の役目を果たしている。

用語解説

有機物
自然界では，有機物（炭水化物・脂肪・タンパク質など）はほとんど生物の体内でつくられ，呼吸や体をつくるために使われる。

◉ 外呼吸と内呼吸

多細胞の動物では，気体の交換は呼吸器官と体内の組織の細胞との２か所で行われており，それぞれ**外呼吸**，**内呼吸**という。

▶**外呼吸**　呼吸器官で行われる外界と血液との間の気体の交換。

▶**内呼吸**　全身の組織で行われる血液と組織の細胞との間の気体の交換。**細胞呼吸**（あるいは**組織呼吸**）ともよばれる。このとき，有機物と酸素を取り入れてエネルギーを得て，二酸化炭素と水ができる。

呼吸器官で外界から酸素を取りこんだ血液は，動脈血となって毛細血管へ送られる。ここで動脈血は，全身の組織の細胞に酸素をあたえ，組織の細胞から二酸化炭素を受けとって静脈血となり，再び呼吸器官へもどり，二酸化炭素を外界へ放出する。

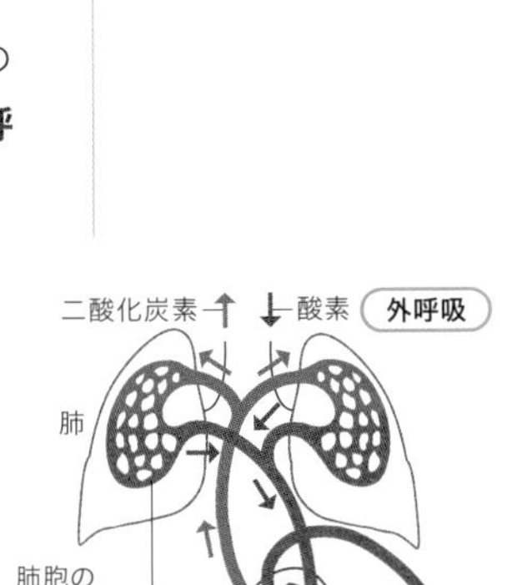

⬆外呼吸と内呼吸

2 ヒトの呼吸運動

ヒトの**呼吸器官**は，鼻に始まって気管に続く。気管は2本の**気管支**に分かれ，1対の**肺**に入る。気管支は，肺の中でさらに枝分かれして細気管支となる。細気管支の先は，**肺胞**とよばれる小さな袋になっている。肺胞のまわりには，毛細血管が網の目のようにとりまいている。

肺胞では，**外界と血液の間で酸素と二酸化炭素のやりとり**が行われる。肺胞は非常にうすい膜でできていて，その内面の表面積は，左右の肺をあわせて約90 m^2 もある。このため，**肺胞のまわりの毛細血管が，肺胞の中の空気にふれるのに都合がよく**なっている。

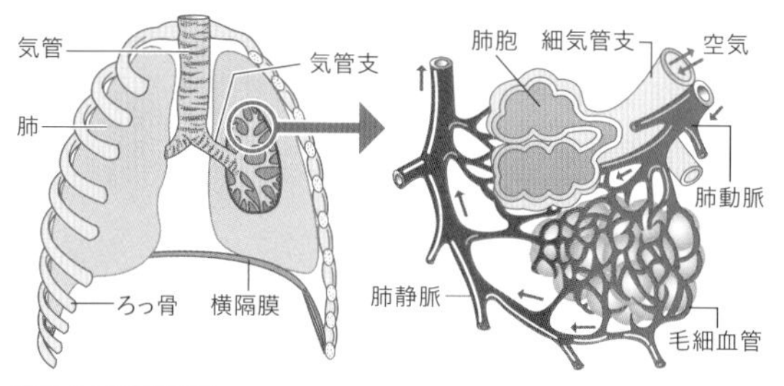

⬆ヒトの呼吸器官

◉ 呼吸運動

呼吸が行われるためには，酸素がつぎつぎと肺に送りこまれ，肺から二酸化炭素が運び去られることが必要である。そのために行われる特別な運動が，**呼吸運動**である。

空気を肺に吸いこむときには胸腔が広くなり，空気をはき出すときには，胸腔がせまくなる。肺は，心臓などとちがって，自分から運動する能力がない。そこでヒトでは，**ろっ間筋**や**横隔膜**が胸腔を広げたりせまくしたりすることで，肺をふくらませたり縮めたりして空気が出入りするようになっている。

ヒトでは，1分間に15〜20回の呼吸運動をくり返し

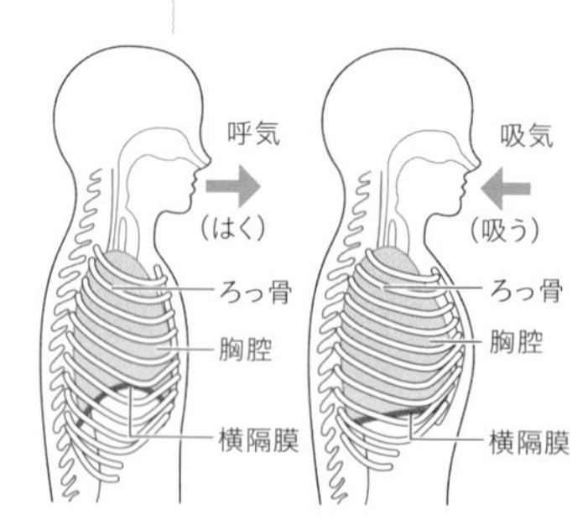

空気	横隔膜	胸腔	ろっ骨
呼気	上がる	せまくなる	下がる
吸気	下がる	広くなる	上がる

⬆ヒトの呼吸運動

くわしく 

ヒトの呼吸運動の種類

ヒトの呼吸運動には，腹式呼吸と胸式呼吸がある。

腹式呼吸は，横隔膜を大きく動かして呼吸する方法。

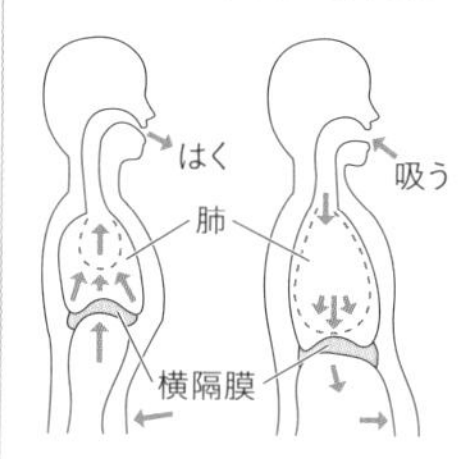

胸式呼吸は，横隔膜をあまり動かさずに，ろっ骨とろっ間筋という筋肉を使って呼吸する方法。

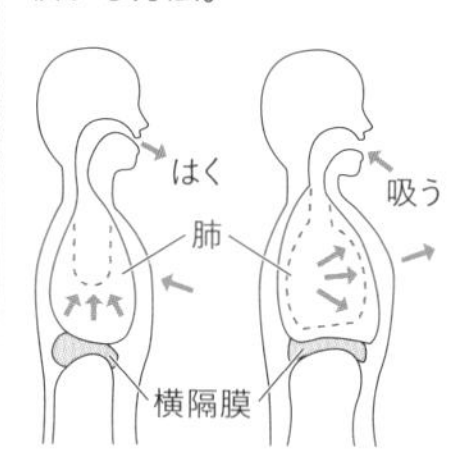

ている。一般に，小形の動物ほどその回数が多く，ヒトでも，子どものほうが回数が多い。

◉ 呼吸運動の調節

運動したあとは，速く深い呼吸が行われ，安静にしているときは，静かに浅い呼吸が行われる。このような呼吸運動の調節は，脳の一部である**延髄**によって無意識に行われている（➡p.433）。

血液中の二酸化炭素の量が多くなりすぎると，呼吸中枢が麻ひする。これが窒息である。

3 動物の呼吸器官の多様性

動物によって呼吸器官の種類や形はさまざまである。呼吸のために，空気を取り入れるか，水を取り入れるか，また，その動物がどれくらい進化（➡p.462）しているかによって，呼吸器官は多様になっている。

体表だけで呼吸している動物も多いが，キョク皮動物・軟体動物・節足動物・セキツイ動物は，体表のほかに，発達した呼吸器官で呼吸している。節足動物の呼吸器官は，細かく枝分かれしていて，**気門**から入った空気は**気管**を通して体のすみずみまで送りこまれ，直接，細胞にふれるようになっている。また魚類は，えらを使って水中で呼吸をしている。

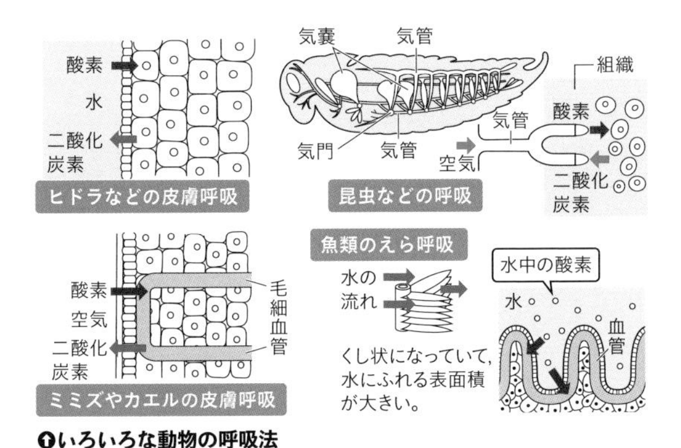

⬆いろいろな動物の呼吸法

くわしく

延髄での呼吸調節

延髄を通る血液中の二酸化炭素がふえると，延髄にある呼吸中枢が興奮し，そこから横隔膜・ろっ間筋の呼吸運動を活発にするように命令が出される。

用語解説

えら呼吸

水にとけている酸素をえらにある毛細血管から取り入れ，二酸化炭素を水中に出す。

発展

肺魚

ふだんはえらで呼吸し，乾期に水がなくなると，どろにほった穴の中で，空気を取り入れて呼吸をする魚類がいる。このような魚を肺魚という。一般的な魚のうきぶくろとちがい，肺魚のうきぶくろは肺のようなはたらきをする。

◉ セキツイ動物の肺の発達

セキツイ動物の肺は，両生類→ハチュウ類→鳥類・ホニュウ類となるにつれて，内面が細かく発達して，空気にふれる面積が広くなっている。

えら呼吸　　肺呼吸

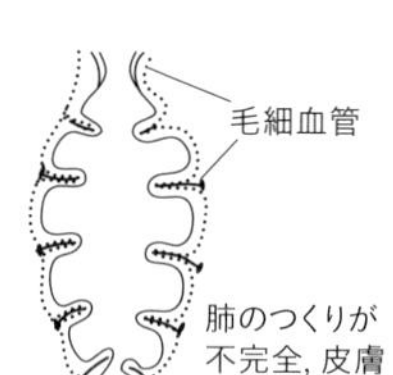

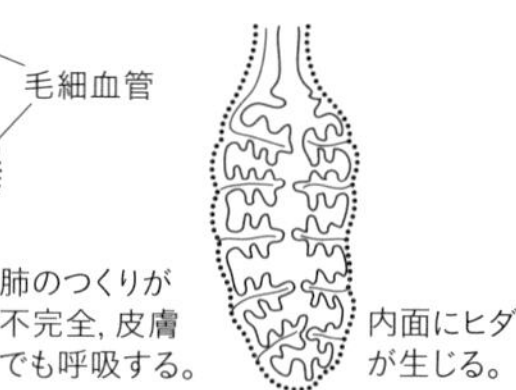

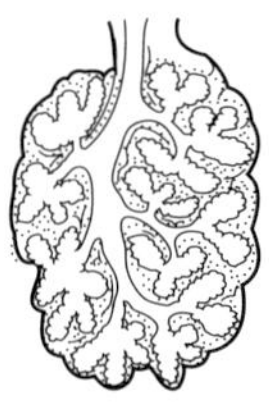

魚類(フナ)　両生類(カエル)　ハチュウ類(トカゲ)　ホニュウ類(ウサギ)

↑セキツイ動物の呼吸器官

4 動物の呼吸運動の多様性

動物はそれぞれ体のつくりや生活場所が異なり，それに応じて呼吸運動も異なっている。

両生類には横隔膜(おうかくまく)がなく，ろっ間筋もほとんど発達していないので，あごの下面を上下に動かして肺(はい)に空気を送りこむ。

魚類は，えらぶたを閉じて，口から水を吸いこむ。続いて，口を閉じてえらぶたを開くと，水は口からえらぶたのすき間を通って外に流れ出る。

イカ・タコのなかまでは，外とう膜という筋肉の膜を広げたりせまくしたりして，水を出入りさせる。

昆虫(こんちゅう)では，全身に空気を送る気管のところどころが袋のようにふくらんでおり，この部分が体の動きでのび縮みし，空気の出し入れが行われる。

カエル

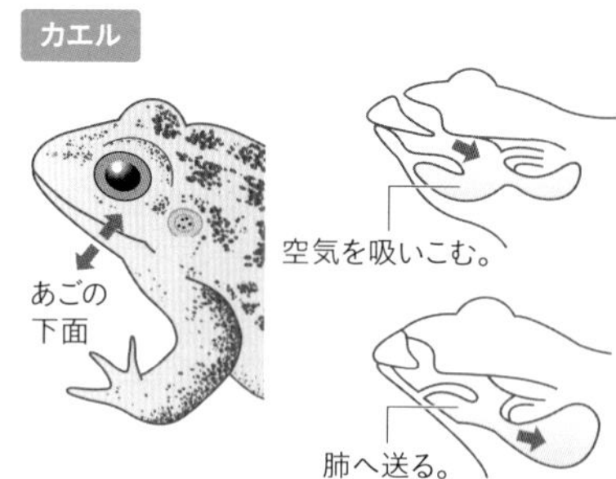

フナ

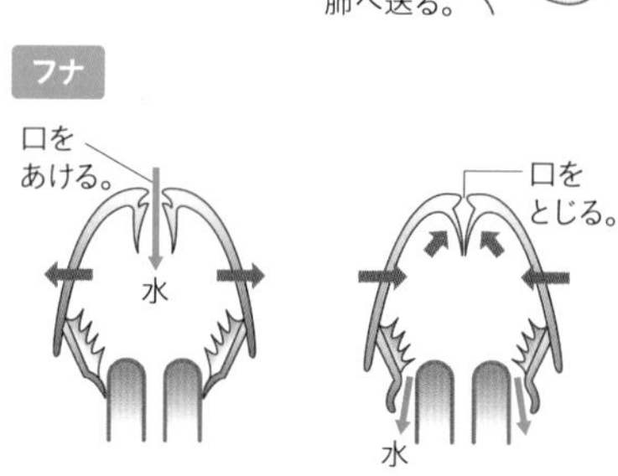

↑カエル・フナの呼吸運動

3 血液の循環

1 細胞の生活と物質交代

わたしたちの体は，多数の細胞からできている。これらの細胞は，必要な物質をとりこみ，不要な物質を捨てている。このように，すべての生きた細胞で物質のやりとりが行われている。

アメーバやゾウリムシのような単細胞の生物や，ヒドラやイソギンチャクのような単純なつくりの動物では，細胞は，外界との間で直接物質のやりとりを行っている。

しかし，ヒトのような多細胞で，つくりの複雑な動物では，細胞は直接外界と物質のやりとりをすることができない。そこで，体中の細胞が物質のやりとりをできるようにするしくみが発達した。

2 循環系のはたらき

動物の体の細胞に栄養分などを送り，各部で生じた不要物の排出を行う器官系を，**循環系**という。

セキツイ動物では，循環系はさらに**血管系**と**リンパ系**とに分けられるが，エビや，昆虫などの無セキツイ動物では，循環系はすべて血管系である。

ヒトなどのように，血管の端が閉じていて，血液がじかに細胞にふれない形式（閉鎖血管系）では，血液は連結した血管の中を循環している。

しかし，エビや昆虫などは，血管の先端が開いていて，血液がじかに細胞にふれる形式（開放血管系）となっている。

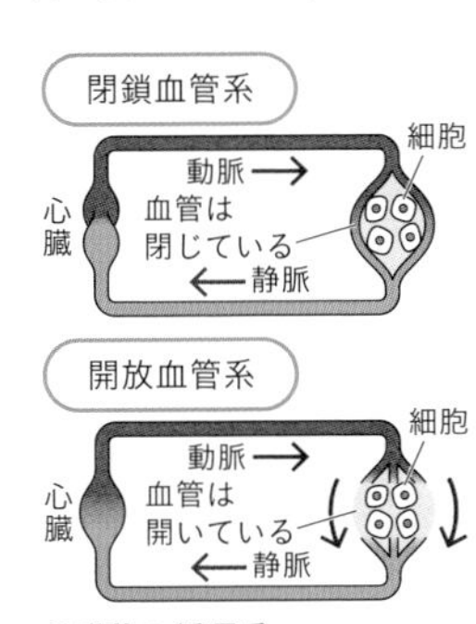

動物の循環系

3 血液の成分とはたらき

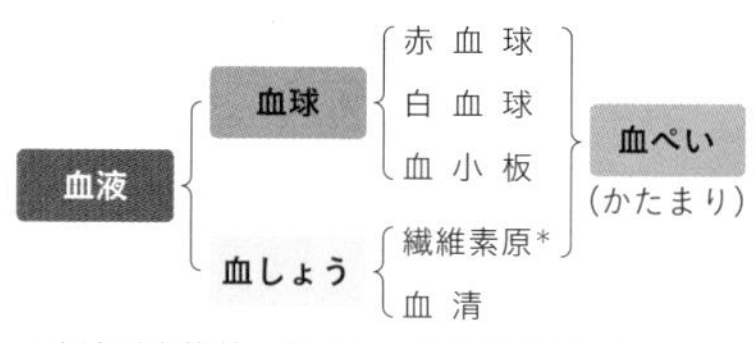

＊血液が血管外に出ると，繊維素に変わる。

➊血液の組成

血液は血管の中を通って全身をめぐり，体を構成する細胞と外界との物質のやりとりに，重要な役目を果たしている。

血液は，黄色透明な液体成分の**血しょう**と，固形成分の血球からできている。血球には，**赤血球・白血球・血小板**の３つがある。血球は，それぞれが１つの細胞で，骨の中の骨髄でつくられる。

◉ 血しょう

血しょうは，血液中の透明な液体で大部分が水である。

消化管から吸収された栄養分や，組織から出された二酸化炭素，その他の不要な物質は血しょうにとけこんで，全身に運ばれていく。

◉ 赤血球

ヘモグロビンという赤色の色素をふくんでいる。血液が赤いのはそのためである。ヘモグロビンは，容易に酸素と結合したりはなれたりする性質をもっているので，肺で空気中の酸素を受け取って，体の各部の細胞へ運ぶ役割をする。

ヒトの赤血球は，中央がくぼんだ円盤状の形をしていて核がない。

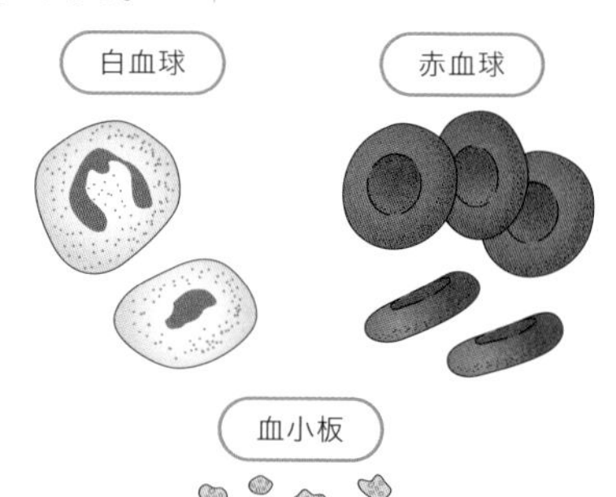

赤血球：円盤状，直径約7～8μm，核はない。
白血球：球形，直径約7～15μm，核がある。
血小板：不定形，直径約2μm，核はない。
(1μm＝百万分の1m)

➊ヒトの血球

◉ 白血球

色素のない血球で，アメーバのように自由に動いて，体の中に入ってきた細菌などをとらえるはたらきをする。リンパ球（➡p.418）も白血球の一種である。赤血球よりも数ははるかに少ない。

◉ 血小板

核のない血球。傷口から血液が出たとき，血小板が血液を固め，出血を防ぐ。

▶**血液の凝固**　けがで出血したときなど，血液はまもなく固まって止まる。これは，血液が血管の外に出る

くわしく

ヘモグロビン
セキツイ動物と一部の無セキツイ動物の赤血球にふくまれる**色素タンパク質**。鉄をふくみ，暗赤色をしている。ヒトでは赤血球の重さの約35％がヘモグロビンで占められる。
ヘモグロビンは，色素のヘムとタンパク質のグロビンが結合したものである。

と，血しょうにふくまれている**繊維素原**（**フィブリノーゲン**）というタンパク質が固まることによる。

◉ 血清

血しょうから繊維素原を除いたものをいう。

容器に取った動物の血液を静かに置いておくと，繊維素原が固まって繊維素に変わるとともに，これに赤血球やその他の血球がからんで，赤黒いかたまりとして底に沈む。これが血ぺいである。あとに残った透明な液体が**血清**である。

血清
（タンパク質・炭水化物・脂肪・塩類・水等をふくむ。）
血ぺい
（赤血球・白血球・血小板・繊維素をふくむ。）

⬆血清と血ぺい

◉ 血液型

血液には，人によって**A型・B型・AB型・O型**の血液型があって，生まれたときから一生の間変わらない。これらの血液の間には，輸血できる場合と輸血できない場合とがある。

たとえば，A型の人の血液をB型の人に輸血すると，B型の人の血清によって，A型の人の赤血球が集まってくっつきあい，血管をふさぐような状態がおこってしまうため，このような輸血はできない。ふつうは，同じ型の血液を輸血するようにしている。

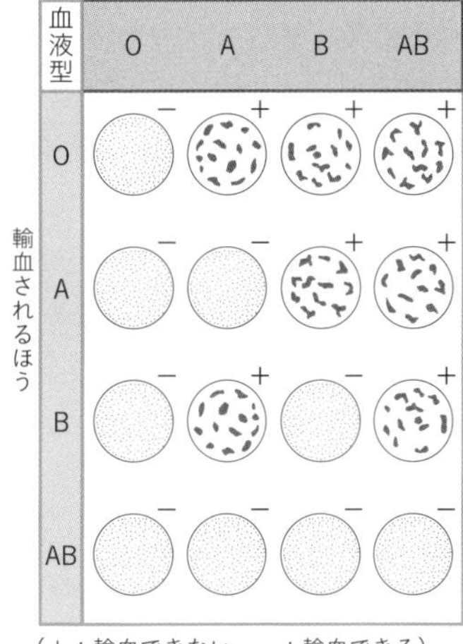

（＋：輸血できない　－：輸血できる）

⬆血液型と輸血の関係

◉ 免疫

セキツイ動物の血液には**抗体**という物質をつくり出すはたらきがある。

抗体は，外から入ってきたタンパク質などの物質と反応して，結合する性質がある。この抗体をつくらせる原因となった物質を**抗原**といい，どの抗体も**それぞれの対になる抗原にだけ反応する**。

いろいろな病気の病原体となる細菌は，タンパク質からできている。細菌が体内に侵入すると，細菌を抗原とする抗体がつくられる。この抗体が，侵入した細菌に結合することで，細菌を固めたり，とかしたりする作用がおこり，病気の進行をおさえる。この現象を**免疫**という。

参考

ワクチン

血液の中に抗体をつくって免疫にするための，病原体やその毒素を人工的に弱めたもの。ジェンナーが考え出した天然痘ワクチンや，パスツールの狂犬病ワクチンは有名である。ほかに，インフルエンザウイルスワクチン・コレラワクチン・腸チフスワクチンなどがあり，いくつかを混合したワクチンもある。

4 組織液とリンパ液

◉ 組織液・リンパ液

体の組織をつくっている細胞のまわりを満たしている液を**組織液**という。

ヒトなどのセキツイ動物では，血管の末端は閉じており，血液と細胞との間には毛細血管のうすい壁があるので，血液は組織の細胞と直接ふれることがない。

よって，細胞と血液との間での酸素や二酸化炭素，養分などの物質のやりとりは，組織液をなかだちとして行われる。なお，組織液は**血しょうが毛細血管のすき間からしみ出したもの**である。

細胞のまわりにしみ出た組織液は再び毛細血管にもどるが，一部は**リンパ管**という管に入る。組織液が集まってリンパ管の中を流れるようになったものが**リンパ液**である。

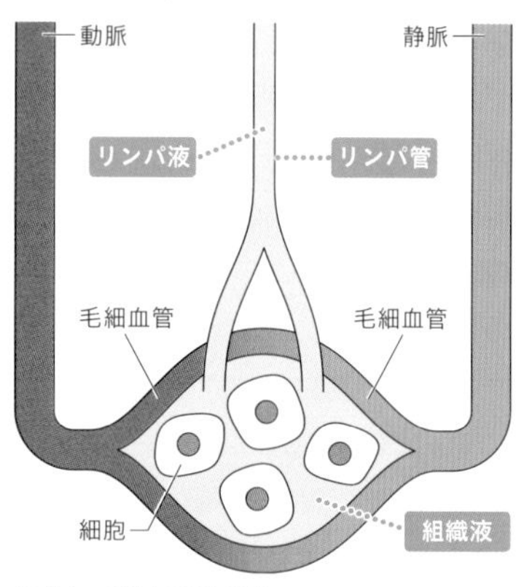

⬆リンパ管と毛細血管

◉ リンパ管

リンパ管は，血管のように全身にはりめぐらされている。多数のリンパ管が集まって，最後には首のあたりで静脈に合流している。下半身と左上半身のリンパ管が集まって太くなったものを，特に胸管という。小腸の柔毛でリンパ管の中にとり入れられた脂肪は胸管を通って血液に合流する(➡p.408)。

リンパ液の中には，白血球の一種である**リンパ球**がふくまれる。リンパ球は，**侵入してきた病原体をとりこんで捕食する**。腕やあしのつけねの部分，首の部分などのリンパ管にはリンパ節というかたまりがある。リンパ節には，リンパ球が集まり病原体を捕食している。

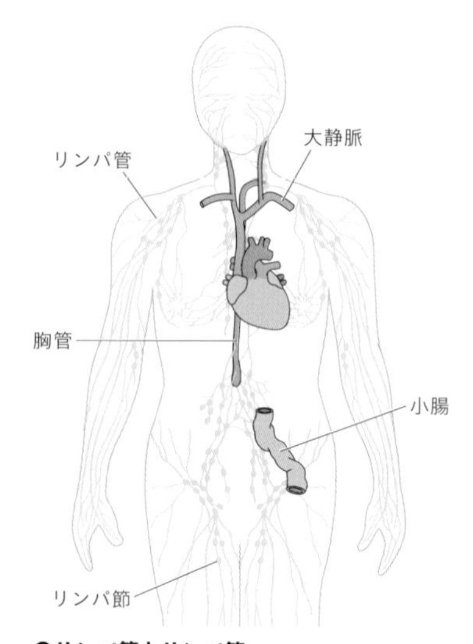

⬆リンパ管とリンパ節

5 血管の種類

血管は体の中のいたるところに枝分かれして分布し，**血管系**をつくっている。また，心臓に近い部分の血管は太いが，末端(まったん)にいくにしたがって細くなる。ヒトの血管には，**動脈**(どうみゃく)・**毛細血管**(もうさいけっかん)・**静脈**(じょうみゃく)の３つがある。

◉ **動脈**

心臓から，**体の各部分へ送り出された血液が流れる血管**である。動脈は，弾力(だんりょく)のある厚い壁(かべ)をもち，多くは体の内部のほうを通っていて脈をうっている。

◉ **静脈**

体の各部の毛細血管から**心臓へ血液がもどる血管**である。静脈の壁は，動脈に比べてうすく，弾力が少ない。また，動脈に比べて，体の表面近くを通っている。静脈のところどころには**弁**(べん)があって，血液が逆流しないようになっている。

◉ **毛細血管**

体の各部に細かい網(あみ)の目のようになって分布している血管である。動脈の末端部と静脈の末端部との間を連絡する。毛細血管の壁は非常にうすく，**１層の細胞層**(さいぼうそう)でできていて，**血液と外界または組織の細胞の間での物質のやりとり**は，この壁を通して行われる。

発展

血管の長さ

血管は，体のすみずみまではりめぐらされていて，その長さは，おとなひとり分の動脈・静脈・毛細血管をつなぎあわせると，約10万kmにもなるといわれている。これは，地球を２周半もする長さである。

くわしく

毛細血管のはたらき

毛細血管は，直径が0.01mm程度の細さで，自動的に収縮したり拡張したりして，血流を調節している。また，毛細血管には，暑いときには血液がたくさん流れて，体の熱を逃がすようにし，寒いときには血液があまり流れないようにして，体の熱を逃がさないようにするはたらきもある。

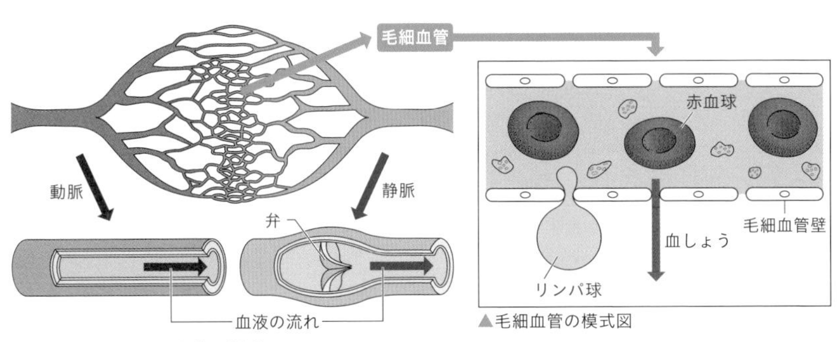

▲毛細血管の模式図

⬆動脈・静脈・毛細血管の構造

6 ヒトの心臓(しんぞう)のつくりとはたらき

ヒトの**心臓**は，胸のほぼ中央にある筋肉質のにぎりこぶしくらいの大きさの器官である。内部は筋肉の壁(かべ)によって，左右の部屋に分かれている。それぞれの部屋は，さらに上方の心房(しんぼう)と，下方の心室(しんしつ)とに分かれている。

心房は血液を静脈(じょうみゃく)から受け入れる部屋であり，**心室**は血液を動脈(どうみゃく)に送り出す部屋である。左心室の壁は，特に厚くなっている。心房と心室の境および心室と動脈の境には**弁**(べん)があって，血液の逆流を防ぐようになっている。

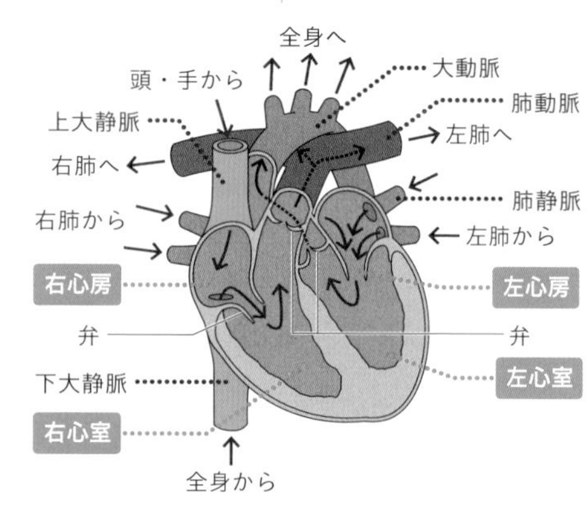

❶ヒトの心臓のつくり

心臓は，規則正しく，交互に収縮と拡張をくり返している。この収縮を心臓の**拍動**(はくどう)という。この拍動がポンプのように血液を全身に循環(じゅんかん)させているのである。心臓の拍動は，神経とホルモンによって調節されている。心臓の拍動によって，血液が動脈に送り出されるとき，動脈には心臓の収縮による圧力，すなわち血圧の変化が波になって伝わる。これが**脈**(みゃく)である。

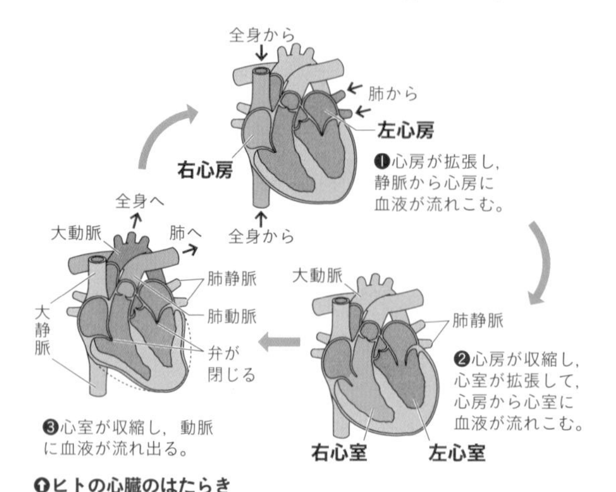

❶ヒトの心臓のはたらき

くわしく

心臓の収縮

心臓は，心筋という筋肉でできていて，毎分3～5Lの血液を大動脈(だいどうみゃく)に送り出している。心筋の収縮は，毎分60～80回くり返されている。この収縮につれておこる電気的変化を，皮膚(ひふ)上の電極を通じて取り出し，記録したものが心電図で，心臓病の診断に利用されている。

参考

血圧の伝わり方

血圧は心臓から遠ざかるにしたがって低くなる。ヒトの場合，ふつうは腕の動脈で血圧をはかる。静脈では血圧は低くなるので，脈は感じられない。

7 ヒトの血液の循環

心臓を中心にした血液の流れは，心臓から肺をまわって心臓にもどる**肺循環**と，心臓から全身をまわって心臓にもどる**体循環**の２つに分けられる。

◉ 肺循環

血液が，心臓の右心室から肺動脈を通って肺へいき，肺の毛細血管を経て肺静脈を通り，心臓の左心房にもどる循環をいう。

血液は，肺の中の毛細血管を通るとき，**二酸化炭素を放出し，酸素を取り入れて**いる。

◉ 体循環

血液が，心臓の左心室から大動脈を経て，体の各部の動脈を通り，毛細血管を経て静脈に入り，さらに大静脈を通って，心臓の右心房にもどる循環をいう。

体循環では，血液が体の各部の毛細血管を通るとき，**組織との間で栄養分と不要な物質とを交換し，酸素を与えて二酸化炭素を受け取っている。**

◉ 動脈血と静脈血

肺から心臓にもどった後，左心室の収縮によって心臓から大動脈へ送り出される血液は，酸素を多くふくみ，**鮮紅色**をしている。このような血液を**動脈血**という。酸素や栄養分を組織に与えた後の酸素を失った血液は**暗赤色**をしている。このような血液を**静脈血**という。静脈血は，静脈から大静脈を経て右心房にもどる。全身の毛細血管では，**動脈血は酸素を周囲の細胞に与え，二酸化炭素を細胞から受け取って静脈血となる。**

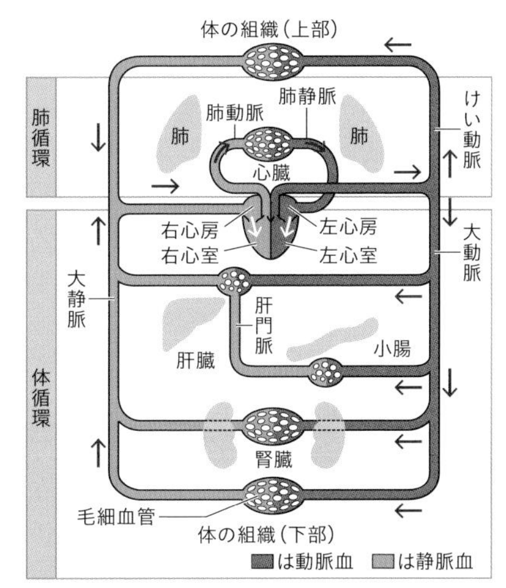

↑ヒトの血液循環の経路

◉ 肺循環と動脈血・静脈血

体循環では，静脈血が静脈を流れ，動脈血が動脈を流れるが，肺循環では，静脈血が肺動脈を流れ，動脈血が肺静脈を流れる。

8 セキツイ動物の心臓のつくり

セキツイ動物の心臓のつくりをみると，魚類，両生類，ハチュウ類，鳥類・ホニュウ類の順番につくりが複雑になっており，動物の種類によって心房と心室の数が異なっている。

魚類の心臓は，**1心房1心室**でつくりも簡単である。両生類の心臓は**2心房1心室**，ホニュウ類や鳥類の心臓では，**2心房2心室**でつくりも複雑である。ハチュウ類の心臓は，両生類の心臓とホニュウ類や鳥類の心臓のつくりの中間の型で，心室にしきりがあるが不完全なので，動脈血と静脈血とがいくらか混じる。

このような心臓のつくりは，その動物の呼吸のしかたとも深い関係がある。魚類の場合は，心臓からえらに血液を送り出して，えらで血液の中に多量の酸素が取りこまれ，そのまま全身に運ばれる。カエル（両生類）の場合は，心室が1つなので，動脈血と静脈血とが心室内で混じるが，皮膚からも酸素を取りこむようになっていて，酸素不足を補っている。

発展

体の大きさと心臓の拍動数

心臓の拍動数は動物の種類によって異なり，ヒトでは1分間に60〜80回といわれているが，ハツカネズミでは1分間に600〜700回にもなる。これに対し，ゾウは逆に少なく，1分間に20回ほどである。多くの動物の拍動数を調べると，体が大きいものほど拍動数が少なくなっていることがわかる。

魚　類	両生類	ハチュウ類	鳥類・ホニュウ類
1心房1心室	2心房1心室	2心房1心室	2心房2心室
心房 動脈球 静脈洞 心室	肺動脈 大動脈 右心房 左心房 心室	大動脈 肺動脈 右心房 左心房 右心室 左心室	肺動脈 大動脈 右心房 左心房 右心室 左心室
心臓の中の血液はすべて静脈血。	動脈血と静脈血が混じる。	2つの心室を分けるしきりは不完全。	動脈血と静脈血は混じらない。

→ 静脈血の流れ　→ 動脈血の流れ

⬆セキツイ動物の心臓のつくり

4 排出

1 不要な物質の排出

消化・吸収によって体内に取り入れられた栄養分は，呼吸によって取り入れられた酸素で分解される。その結果，不要な物質ができて血液に混じる。二酸化炭素や水の一部は呼吸で外に出されるが，それ以外のものは，尿や汗として体外に出される。

このように体内で不要になった物質や，体内に多すぎる物質を体外へ捨て去ることを**排出**といい，排出のための特別なつくりを**排出器官**という。一方，その生物にとって有用な物質（消化液や乳）を体外に出す場合には，排出といわず**分泌**という。

2 腎臓のつくりとはたらき

細胞の活動による不要な物質は，血液で**腎臓**に運ばれる。

◉ 腎臓の位置とつくり

腎臓は，腹部の背中よりに1対ある尿の排出器官で，太い動脈と静脈がつながっている。これらの血管は，腎臓の中で枝分かれして毛細血管となり，複雑に入りくんだつくりをしている。また，腎臓から**輸尿管**が出ており，**ぼうこう**につながっている。腎臓の内部は，外側から皮質，髄質，腎うの3つの部分に分かれている。

◉ 腎臓のはたらき

不要物をふくんだ血液は，腎動脈を経て腎臓の中の毛細血管に運ばれ，そのうすい壁を通して，不要な物質が水とともに腎臓の中へこし出される。こうして**尿**がつくられる。尿は輸尿管を通ってぼうこうにたまり，体外へ排出される。

用語解説

排出器官

体内の不要物を体外に捨てるはたらきをする器官。腎臓，輸尿管，ぼうこうなどの器官がある。また，これらの器官をまとめて排出系という。

くわしく

腎臓でのろ過

尿は，腎臓の中にあるボーマンのうの糸球体で血液からこし出される。糸球体は血管が丸くなってできている。糸球体からこし出される水は1日に約170 L以上にも達するが，細尿管で多量の水を毛細血管に再吸収するので，ヒトが排出する尿の量は約1.5 Lである。こし出された物質の中には必要な物質もふくまれるため，それらも細尿管から毛細血管に再吸収される。

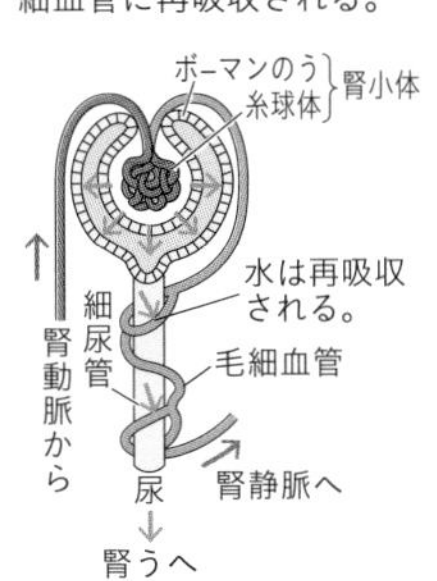

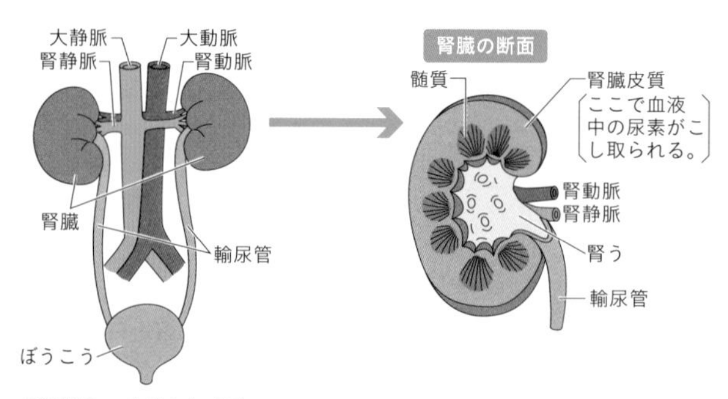

❶腎臓のつくりとしくみ

体内の細胞や組織での内呼吸（細胞呼吸）でアミノ酸が分解されると，アンモニアが生じる。アンモニアは体内にたまると有害なので，これを**肝臓**の中で**尿素**（鳥類などでは尿酸）という物質に変えてから，排出器官に運んで**尿**として排出する。

腎臓には，不要物を排出するはたらきのほかに，血液中に必要以上にふくまれている無機物（たとえば塩化ナトリウム）を排出して**血液中の無機物の濃度を一定に保つ**はたらきや，**血液中の水分の量を一定に保つ**はたらきもある。

3 汗せんのつくりとはたらき

皮膚の表面には多数の汗せんが口を開いていて，体内の不要物を汗として排出している。汗せんの奥のほうは，不規則にうねっていて，そのまわりを毛細血管がとりまいている。血液中の不要な物質は，ここで水とともにこし出されて汗となる。汗の成分は，尿と似ている。汗には，**体温を調節するはたらき**もある。皮膚の表面から汗が蒸発するときに，体表の熱をうばって体温を下げる。

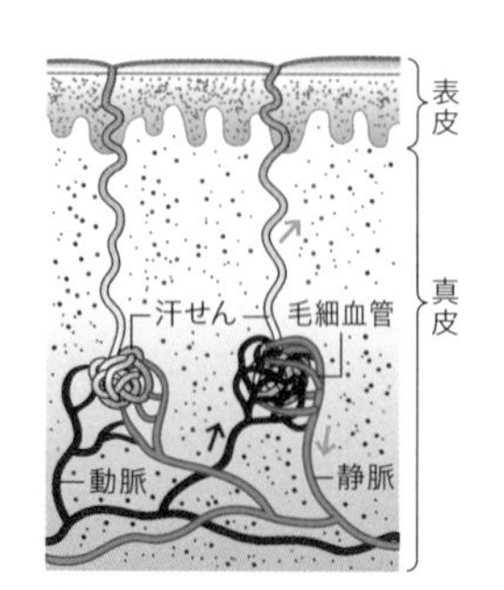

❶汗せんのつくり

参考

糖尿病

糖尿病という病気は，尿といっしょにブドウ糖が体の外に出されてしまうことから名づけられたもので，インスリンの不足により血液中のブドウ糖が多くなりすぎることによっておこる。

くわしく

尿素

窒素化合物。尿中にふくまれ，成人が1日に排出する量は14～28 gである。

第3章 SECTION 5

感覚と運動のしくみ

動物は目や耳，鼻などから，外界からの刺激を光や音，においとして受け取っている。また，これらの刺激に反応して体を動かしたりする。ここでは，動物の刺激を受け取る器官や，運動に関わる器官について学ぶ。

1 刺激と感覚器官

1 目のつくり

◉ 目の構造

目は，光の刺激を受け取り，それを大脳(だいのう)に伝えるための**感覚器官**(かんかくきかん)である。明暗や光の方向を知り，網膜(もうまく)にうつる物体の像(ぞう)によって，その形や色を感じるために使われる。前面から，角(かく)膜(まく)・虹(こう)彩(さい)・レンズ(水晶体(すいしょうたい))・ガラス体と並び，その奥に像がうつる網膜がある。

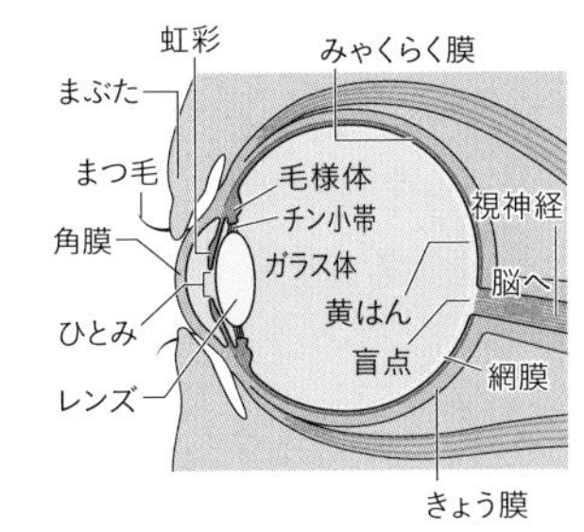

⬆ヒトの目のつくり

▶**角膜**　眼球のいちばん前方にある透明な膜のことで，レンズを保護する。きょう膜につながる。

▶**虹彩**　黒色などの色素をもつ筋肉をふくんだ膜で，みゃくらく膜につながっている。虹彩は，のびたり縮んだりして，中央のひとみの大きさを変えることで，**目に入る光の量を調節する。カメラにおけるしぼりのはたらき**をしている。

▶**ひとみ**　瞳孔(どうこう)ともいう。角膜を通った光が，レンズに入る小さな穴で，ここからレンズの中心部に光が入る。

発展

生物の行動のいろいろ

生物は，外界からの刺激に反応して行動する。

▶**走性**(そうせい)　自由に動ける生物が，刺激に対して方向づけられた運動を起こす性質。

▶**屈性**(くっせい)　植物などのある器官が刺激の方向に対して曲がる性質。

くわしく

明るさの調節

虹彩は，明暗に応じて，反射的に伸縮(しんしゅく)して，目に入る光の量を調節する。

〈明るいとき〉　〈暗いとき〉

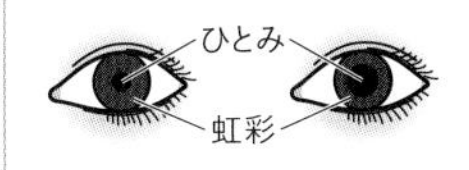

虹彩がのび，ひとみが小さくなる。　虹彩が縮み，ひとみが大きくなる。

▶**レンズ**　水晶体ともいう。角膜を通った光を屈折させ，その厚みの調節によって，像が正しく網膜の上に結ばれるようにする。カメラでは，レンズを前後に動かしてピントを調節するが，目では，**毛様体の伸縮によりレンズの厚みを変える**。

▶**網膜**　光の刺激を受け取る細胞のあるうすい膜のことである。レンズで屈折した光がつくる，上下左右が実物と反対になった実像が網膜にうつる。そのとき網膜の細胞が刺激され，視神経を通って大脳に伝わる。網膜は，**光の刺激を神経の信号に変換して大脳に伝える**役割がある。

▶**涙**　まぶたの内側にある涙腺から分泌され，角膜についたごみを洗い流したり，角膜がかわくのを防いだりする。目にたまった涙は，涙管を通って鼻のほうへ流れていく。悲しいときは，脳の延髄が刺激されることによって，涙腺からたくさんの涙が出る。

◉ 目のはたらきの異常

目に異常が起こると，ものの形を正確にとらえられなかったりする場合がある。

▶**近視と遠視**　レンズの厚さを調節するはたらきが弱くなり，近くのものや遠くのものを見たときに，網膜にぼやけた像しかうつらないときがある。このとき，網膜の手前で像を結んでしまうのが**近視**であり，近くのものははっきり見えるが，遠くのものがぼやけて見える。一方，網膜の後ろで像を結んでしまうのが**遠視**であり，遠くのものははっきり見ることができるが，近くのものをはっきり見ることができない。近視の場合は凹レンズの，遠視の場合は凸レンズの眼鏡などを使って，網膜にピントの合った像を結ぶようにする。

▶**乱視**　ふつう，角膜は球面状になっていて表面はなめらかである。この角膜にゆがみや傷ができて，網膜の上に像がはっきりできなくなり，輪かくが二重になるなどの乱視がおこる。

発展 

毛様体
レンズをささえる筋肉である。これを収縮させたりゆるめたりすることでレンズの厚さを調節する。

くわしく 

レンズの調節
毛様体が伸び縮みすることによって，レンズの厚さが調節されている。

近くを見る場合

レンズが厚くなる。

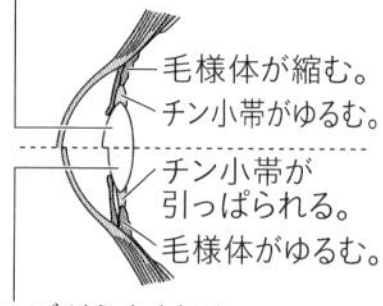

レンズがうすくなる。

遠くを見る場合

用語解説 

黄はん
網膜の中央にあるくぼんだところにあり，特に光を感じる細胞が集まっている。

盲点
視神経が網膜の奥に入るところで，ここには光を感じる細胞がないため，ここに光が入っても見えない。

2 耳のつくり

◉ 耳の構造

耳は，音波を刺激として受け取り大脳に伝える感覚器官で，外側から内側に向かって**外耳**・**中耳**・**内耳**の３つの部分に分けられる。内耳には，体のバランスを保つはたらきもある。

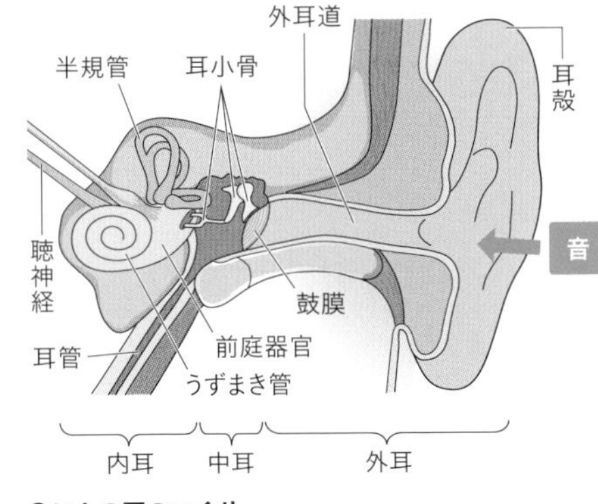

❶ヒトの耳のつくり

▶**外耳**　ヒトの耳のうちで，外から見える部分。**耳殻**と**外耳道**とに分かれる。耳殻は，音波を集めるはたらきをする。

▶**鼓膜**　外耳と中耳の境目にある，厚さが0.1 mm，直径が 1 cmくらいのうすい膜。外耳道に入った**空気の振動（音）は，鼓膜を振動させる**。この振動が，中耳の耳小骨に伝わる。

▶**中耳**　鼓膜の内側にある空間で，ここには，鼓膜と内耳とにつながっている３つの小さい骨（**耳小骨**）がある。

▶**耳小骨**　聴小骨ともいう。つち骨が鼓膜につき，鼓膜の振動をきぬた骨・あぶみ骨と伝えて，内耳に伝える。

▶**耳管**　中耳とのどをつなぐ細い管。ふだんは閉じているが，外耳と中耳とで空気の圧力に差が生じると，これが一瞬開いて，両方の圧力を等しくする。

▶**内耳**　側頭部の骨の中の非常に複雑なへやで，うずまき管・半規管・前庭器官がある。このうち，実際に音を感じるのに役立つのはうずまき管だけで，半規管と前庭器官は，平衡感覚などの体のつり合いを保つはたらきをしている。

▶**うずまき管**　カタツムリの殻に形が似ていることから，かたつむり管ともいう。うずまき管の中には，リンパ液が入っていて，**音の振動をとらえる**しくみがある。

参考 

骨伝導
音の振動がヒトの頭骨から直接内耳のリンパ液に伝わると，聴神経が刺激され音が聞こえるように感じられる。この骨伝導は，聴覚に障害があり，空気の振動を音としてとらえられない人への補助手段として利用されている。

また，**聴神経**が分布していて，**音の情報を大脳の聴覚中枢に伝える**ようになっている。音波の振動がうずまき管の中のリンパ液に伝えられると，基底膜が振動する。すると基底膜の上にある，感覚毛のはえた聴細胞も振動し，その振動で上のおおい膜にふれ，聴細胞が興奮する。この興奮を聴神経がとらえ，大脳に伝える。基底膜は，うずまき管の場所によって幅がちがうので，それぞれ，音の高さによって振動する場所もちがう。

くわしく

聴覚
音波を受け取る感覚で，音の大きさ，高さ，音色を感じ取ることができる。

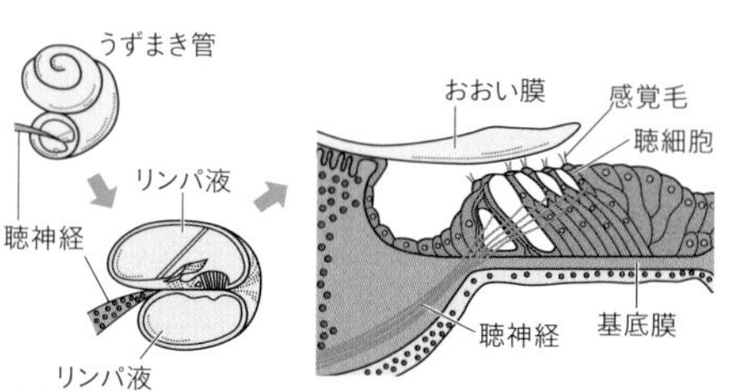

⬆うずまき管の断面

▶**半規管**　三半規管ともいう。袋状の前庭器官についている３本の半円の管で，**平衡感覚をつかさどる**。半規管の中にはリンパ液が入っていて，一部に感覚毛のはえた感覚細胞がある。

頭を傾けたり，体を動かしたりすると，それにつれて半規管も動く。すると，半規管の中のリンパ液が流れ，この流れが感覚細胞を刺激し，これが神経を通って脳に伝わって動きを感じる。暗やみの中で乗り物がせん回しても，その動きを知覚できるのは，この器官のはたらきによる。

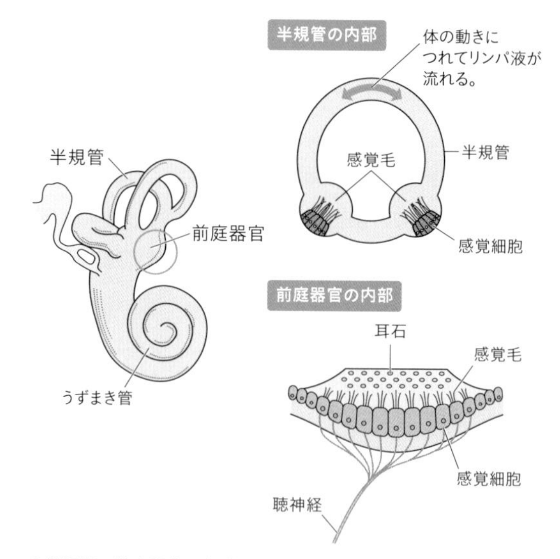

⬆半規管・前庭器官・うずまき管

▶**前庭器官**　前庭器官は，**体の傾きを知覚する器官**である。耳石が感覚細胞の感覚毛の上にあり，頭が傾くとこの耳石が動くことで，感覚細胞が刺激される。

3 鼻のつくり

◉ 鼻の構造

鼻は，呼吸のときの空気の通り道であり，においの刺激(しげき)を受け取る感覚器官でもある。このにおいの感覚を，嗅覚(きゅうかく)という。

鼻は，鼻孔(びこう)とそれに続く鼻腔(びくう)という空所からできている。また，鼻には，3つのひだがあり，その表面は粘膜(ねんまく)でおおわれ，さらにその上部には，においの刺激を受け取る細胞（**嗅細胞**(きゅうさいぼう)）が分布している。においをもつ物質の粒子(りゅうし)が鼻に入ると，表面の細胞を刺激して，この刺激が嗅神経によって大脳(だいのう)に伝えられ，においを感じる。

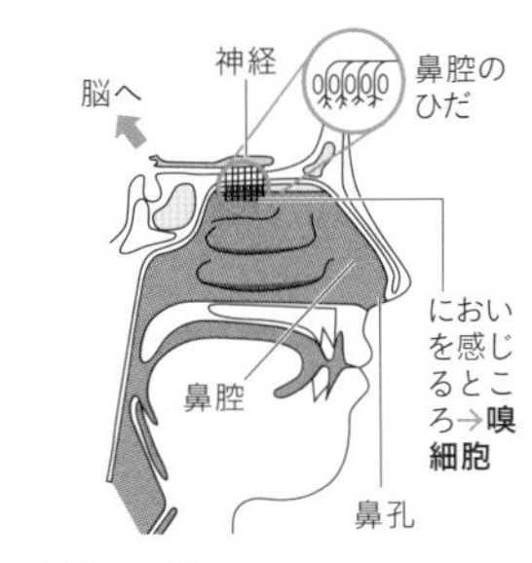

⬆鼻のつくり

発展

動物の鼻

イヌやトラ，オオカミなどは，鼻腔内でにおいを感じる細胞（嗅細胞）が多く，するどい嗅覚をもっている。とくに，イヌの嗅覚がするどいのは，鼻腔内のひだがヒトよりも多く，嗅細胞の数も多いからである。イヌの嗅細胞数は，ヒトの約50倍あり，嗅覚の感度は2000～1億倍といわれている。

4 舌(した)のつくり

◉ 舌の構造

舌は，食物とだ液をよく混ぜるはたらきだけでなく，味の刺激を受け取る感覚器官でもある。舌の表面には，**舌乳頭**(ぜつにゅうとう)という小さな突起がたくさんあり，その表面に**味覚芽**(みかくが)が分布している。

▶**味覚芽**（**味(み)らい**）　舌乳頭の側面にある味覚芽は，**味細胞**(みさいぼう)が集まってできていて，水に溶(と)けた物質が味細胞を刺激する。刺激は，味神経（舌神経）によって大脳(だいのう)に伝えられ，味の感覚を引き起こす。

味覚芽は，味細胞と，それを支える支持細胞からなる。

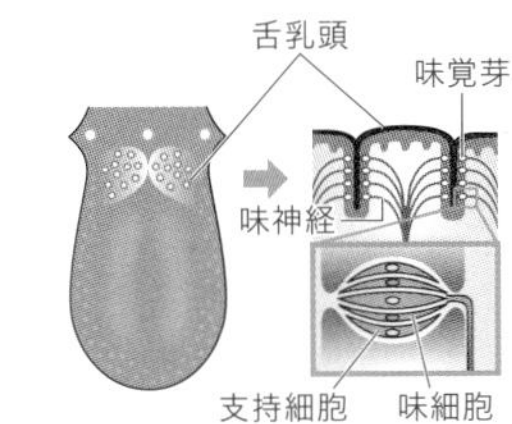

⬆舌のつくり

くわしく

味覚

味覚は，甘味，苦味，塩味，酸味，うま味の5つの味を基本味としている。また，においや温度，食感などの物理的な刺激によって，味の感じ方は変わってくる。

5 皮膚のつくり

◉ 皮膚の役割

皮膚は，温度や圧力の刺激を受け取る感覚器官としてのはたらきだけでなく，体を衝撃から保護したり，細菌などが体に入ってくるのを妨げたり，体がかわくのを防いだり，また，汗せんや血管のはたらきによって体温調節をするなど，さまざまな役割をもつ。

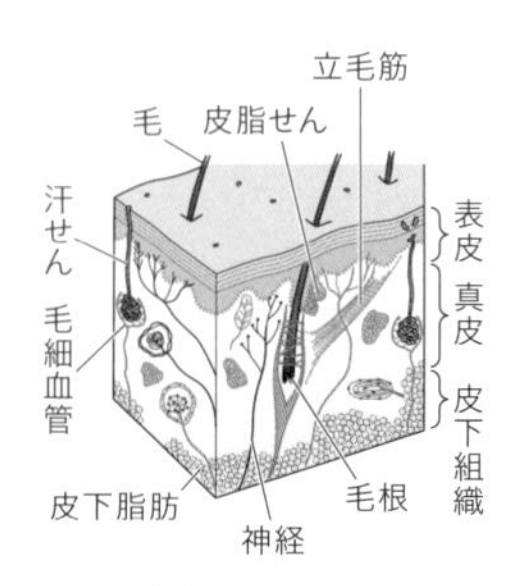

⬆ヒトの皮膚のつくり

◉ 皮膚の構造

皮膚は，表皮と真皮の２つの層からなる。また，真皮の下には皮下組織がある。

▶**表皮**　体のいちばん外側を包む非常にうすい層である。体の表面に近い部分は，古くなったものから，あかやふけとなって落ち，下の層から新しく補充され続ける。表皮には，神経や血管が通っていないので，傷つけても痛くないし血も出ない。ホニュウ類のつめや毛・魚類のうろこ・鳥類の羽毛などは，すべて表皮が変化したものである。

▶**真皮**　表皮の下側にあって，ここには血管や神経の末端がきている。真皮に加わった刺激は，神経によって大脳へと伝えられる。

▶**皮下組織**　真皮の下の部分で，ここに皮下脂肪がたくわえられている。脂肪は熱を伝えにくいので，皮下脂肪が厚いほど体の熱が外に放出されにくい。

▶**皮脂せん**　皮膚の表面に脂肪を分泌する。この脂肪は，皮膚や毛をやわらかくし，また，水をはじくはたらきがある。

くわしく 

皮下脂肪のはたらき
皮下組織に脂肪がたまったものを，皮下脂肪という。この脂肪をエネルギーに変えることで，ヒトは数日間，何も食べなくても生きていることができる。
また脂肪は，体の内部を保護する役目をするほかに，保温のはたらきもする。

◉ 皮膚の感覚点

ヒトの皮膚には，痛み・あたたかさ・冷たさなどの刺激をそれぞれ受け取る小さな感覚器官がある。これを**感覚点**という。感覚点は不均一に分布している。ふつう，感覚点は手や足に多く分布している。また，1 cm^2あたりの感覚点の数は，それぞれ平均すると，痛点は約200個，圧点は約25個，冷点は約13個，温点が約２個くらいになっている。

▶ **温点**　あたたかさを特に強く受け取る点。

▶ **冷点**　冷たさを特に強く受け取る点。

▶ **圧点**　ものにふれたことや，圧迫感を特に強く受け取る点。

▶ **痛点**　痛みを特に強く受け取る点。

◉ 体温調節

気温が変化しても，ホニュウ類・鳥類の体温は，常にほぼ一定に保たれている（➡p.387）。

▶ **血管による調節**　皮膚を通る毛細血管に流れる血液が多いと，体表から失われる熱は多くなる。そこで，気温の高低に応じて，毛細血管を広げたり縮めたりして，毛細血管の血液の量を調節し，熱を発散させたり，逆に発散を防いだりしている。たとえば，あたたかい空気にふれると毛細血管が広がって血液量が増え，手は赤くなる。一方，冷たい空気にふれると毛細血管が縮まって血液量が減り，手は青白くなる。

▶ **汗による調節**　暑いときは，汗せんから汗をたくさん出すことで，その汗が蒸発するときの気化熱によって，体温を下げている。

◉ 筋肉の収縮

寒いとき，ひとりでに体がふるえてくる。これは筋肉をくり返し収縮させて，体温を高くするためである。

発展

動物の体温調節

イヌやネコは，寒いときは体を縮めて，外の空気に触れる表面積を小さくし，体表から放散する熱を少なくしている。ホニュウ類や鳥類は，寒いときは毛や羽毛を立てることで，その層を厚くして熱の放散を防いでいる。

イヌの汗せんは少なく，また鳥は汗せんをもたないので，暑くなると，口をあけたり，舌を出したりして体の熱を放散させ，体温調整をしている。

② 神経系

1 ヒトの神経系

ヒトの神経系は，**中枢神経系**と**末しょう神経系**からなる。中枢神経系は神経細胞のはたらきを統合するはたらきをしている。また，神経細胞の突起である神経繊維が体全体に分布して末しょう神経をつくっている。

◉ 中枢神経系

脳と**脊髄**とを合わせて中枢神経系という。**体のいろいろな活動の調節をする中核**である。

▶**脳**　脳には非常に多くの神経が集まっていて，いろいろな感覚器官からの信号を受けたり，それぞれの器官に命令を出したりして，器官の間の連絡や，全体のまとまりをつくっている。脳は，**大脳**・**間脳**・**中脳**・**小脳**・**延髄**からなり，それぞれ固有のはたらきをしている。

▶**大脳**　脳の大部分をしめ，間脳・中脳におおいかぶさるようになっている。そして，前後の方向に深い溝があり，左右の２つの半球に分かれている。ものを考えたり，記憶したりするはたらきがある。

▶**間脳**　心臓のはたらきや血液の循環など，全身のさまざまな器官のはたらきを調節する。また体温調節などの役割をになう。

用語解説

神経細胞（ニューロン）

神経系を構成する細胞。核をもつ細胞体から伸びる神経繊維を伝って信号が伝わる。

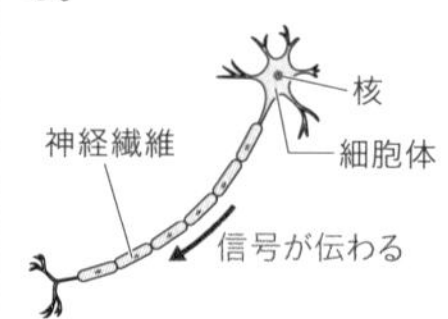

発展

大脳の灰白質と白質

灰白質は大脳ではいちばん外側のうすい層で，灰白色をしている。大脳皮質ともよばれる。いろいろなはたらきをもつ神経細胞が集まり，感覚や運動の中枢になっている。白質は，灰白質の内側にある，白く見える部分で，神経繊維の集まりである。

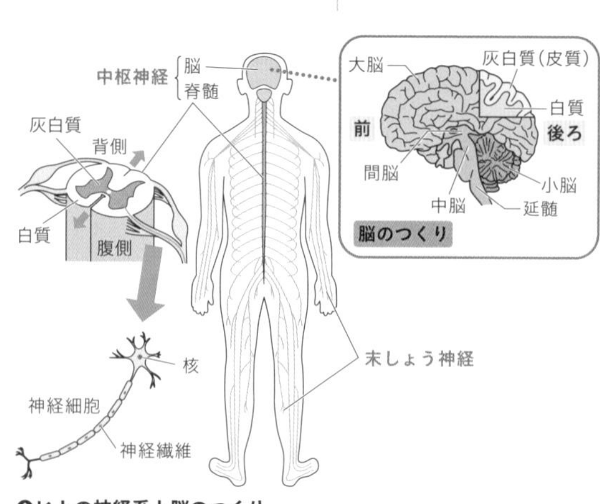

⬆ヒトの神経系と脳のつくり

▶**中脳**　目に関連して起こる反射運動などをコントロールする。

▶**小脳**　大脳と同様に，灰白質や白質があり，**体のバランスをとる**はたらきをする。運動の活発な動物では，小脳の発達が見られる。

▶**延髄**　大脳と脊髄（せきずい）を接続するところにある。呼吸や消化・吸収など，ふだん意識しない運動の調節をしている。生きていくのに必須の部分である。

▶**脊髄**　背骨の中に保護されている小指くらいの太さのひものような神経。**大脳と末端（まったん）の器官をつなぐ神経の通り道**である。脊髄のまわりには，神経繊維の集まった白質があって信号や命令の通り道に，中央部には神経細胞の集まった灰白質があり，反射の中枢となる。

くわしく

小脳のはたらき

小脳は，頭の後ろ側にあり，大脳の側頭葉におおわれている。ヒトが，細かく複雑なさまざまな動きができるのは，体の骨格筋の動きを，小脳がコントロールしているからである。

◉ ヒトの大脳のはたらき

ヒトでは，大脳が特に発達している。言語などを理解する特別な部分が，発達している。また，記憶や経験などをもとに，計画的な生活や行動をするヒトの特徴（とくちょう）は，この大脳によるものである。

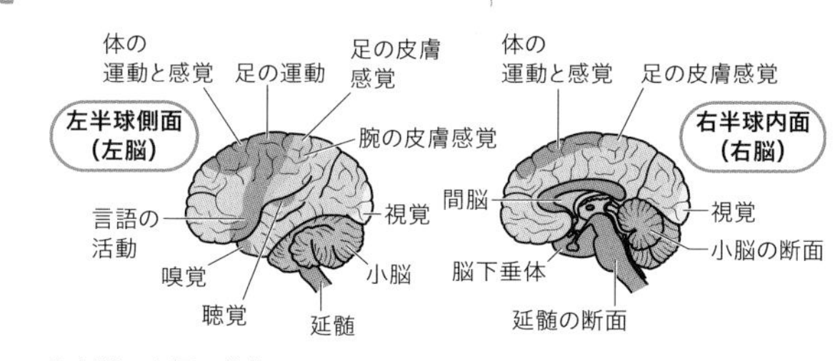

⬆大脳の中枢の分布

◉ 末しょう神経系

末しょう神経系は，中枢神経から出て，**体全体に分布している**神経である。脳から出ている12対の神経繊維の束（たば）を脳神経，脊髄から出ている31対の神経繊維の束を脊髄神経という。脳神経は，おもに運動や知覚に関与し，脊髄神経は，おもに内臓の機能に関与している。また，末しょう神経系は，**感覚神経**と**運動神経**がふくまれる。

▶**感覚神経**　求心性神経ともいう。感覚器官で受けた刺激を，中枢神経（脳や脊髄）に伝える。

▶**運動神経**　遠心性神経ともいう。中枢神経からの命令を，筋肉などに伝える。

発展

自律神経系

自律神経系は末しょう神経系にふくまれる。自律神経系には交感神経と副交感神経がある。2つの神経はたがいに逆のはたらきをする。たとえば，片方の神経が心臓の鼓動を速めるようにはたらくと，もう片方は鼓動を遅くするようにはたらき，バランスをとっている。

2 反射と条件反射

熱いものに手をふれると思わず手を引っこめるといった，生まれつき備わっている無意識の反応を**反射**という。一方，自転車に乗れるようになるといった，生まれてからの経験による反応を**条件反射**という。

くわしく 

反射の例
明るさによってひとみの大きさが変わるのも，鼻にゴミが入ったときにくしゃみをしたり，目にゴミが入ったときに涙が出たりするのも反射である。

● 反射

生きていくために生まれつき備わった反応のしくみ。感覚器官が刺激を受け取るとすぐに，脊髄などにある特別な神経の道を通って，反応が起こる。大脳のほうにも信号はいくが，信号が届くころにはすでに反応がすんでいる。やけどなどをしないためには，このようなはたらきが必要である。

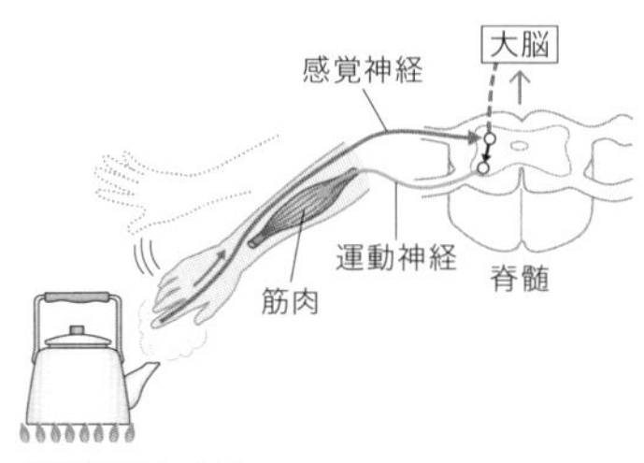

⬆反射のしくみ

● 条件反射

生まれてからの経験から備わる反応のしくみ。たとえば，梅干しを見るとだ液が出るのも条件反射で，これは梅干しを食べるとだ液が出ることを経験で知っているためである。

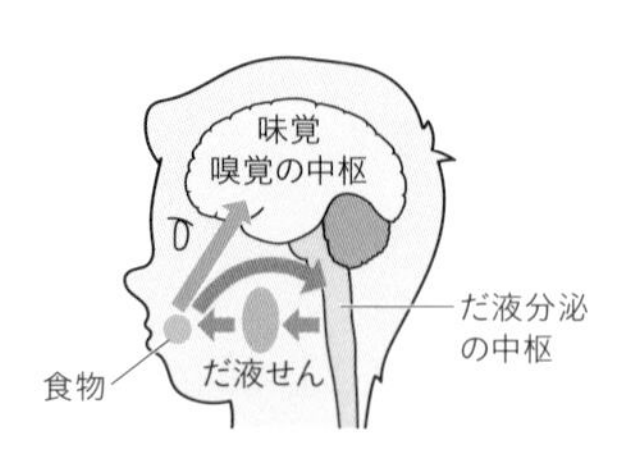

⬆だ液分泌のしくみ

3 神経とホルモン

体のはたらきの調節は，神経とホルモンの両方で行われている。**ホルモン**は，内分泌器官から直接血液中に分泌される物質で，少量で非常に大きな作用を現す。神経は信号を速く伝達できるが，いくら細かく枝分かれしても1つ1つの細胞にまで分布することはできない。それに対してホルモンは，作用は遅いが，血液中に分泌されるためすみずみの細胞にまで作用がおよび，確実で持続性がある。

内分泌せん	ホルモン	ホルモンのはたらき
脳下垂体	成長ホルモン 甲状せん刺激ホルモン 生殖せん刺激ホルモン	・体の成長をうながす。 ・甲状せんをはたらかせる。 ・生殖せんをはたらかせる。
甲状せん	チロキシン	・炭水化物の酸化を助ける。
すい臓のランゲルハンス島	インスリン	・グリコーゲンがブドウ糖になるのをおさえる。 ・ブドウ糖がグリコーゲンになるのをうながす。
副腎	アドレナリン	・交感神経のはたらきを助ける。 ・グリコーゲンが糖になるのをうながす。

⬆ヒトのおもなホルモン

3 運動のしくみ

1 原生生物の運動

原生生物は，食物をさがしてたえず動きまわっている。そのための運動器官としては，原形質・べん毛・せん毛などがある。

◉ 原形質流動による運動

アメーバなどは，細胞内の原形質流動によって体を移動させている。

◉ べん毛による運動

べん毛を波打つようにふるわせることによって，体を移動させたり，べん毛で起こした水流で食物をとったりする。

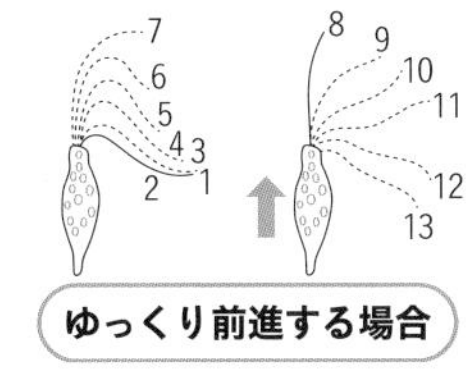

⬆ミドリムシのべん毛運動

◉ せん毛による運動

ゾウリムシなどは，せん毛を動かして運動する。せん毛で起こした水流で食物を引き寄せたりする。

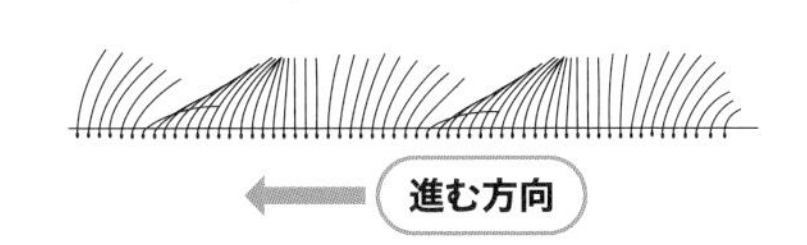

⬆ゾウリムシのせん毛運動

用語解説

原形質（細胞質）流動
細胞の細胞質(➡p.445)の流動運動。

2 筋肉による運動

イカ・タコ・ミミズ・ウミウシ・ヒルなどは，筋肉のみで運動する。ウミウシ，ヒドラなどは体の一部を何かに固定し，他の体の部分を引き寄せるようにして移動する。イカ・タコは，外とう膜の中に取りこんだ水をふき出して移動する。クラゲは，かさの部分にある筋肉を収縮させ，かさを開閉し，波間にただようように少しずつ動く。

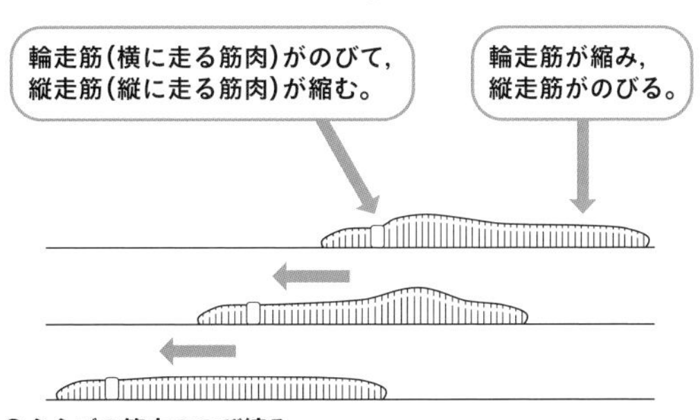

⬆ミミズの筋肉ののび縮み

3 骨と共同して行う運動

骨と筋肉がともなう運動は，一般的に強くすばやい運動である。この運動には，骨が外にある**外骨格**(がいこっかく)の場合と，骨が筋肉より内側にある**内骨格**(ないこっかく)の場合がある。

◉ 外骨格の動物の運動

エビやカニ，昆虫(こんちゅう)などの節足動物(せっそくどうぶつ)は，体にふし（体節）があり，体表は外骨格でおおわれている。節足動物の筋肉は，外骨格の内側についていて，その筋肉を収縮させて，体を動かしている。

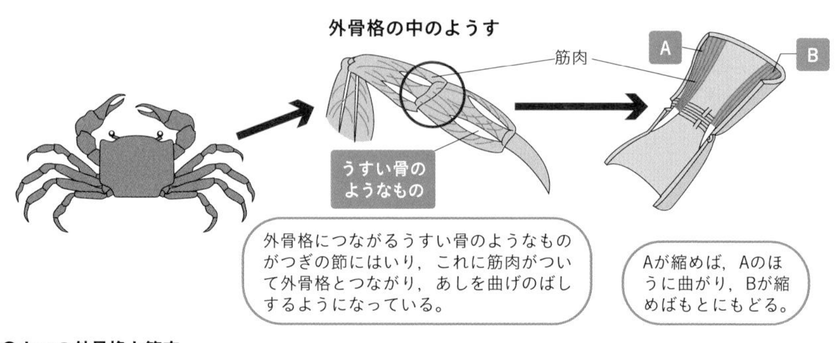

⬆カニの外骨格と筋肉

◉ 内骨格の動物の運動

背骨を中心とする骨格をもつセキツイ動物は，体の中に骨があり，骨と骨のまわりの筋肉とで運動している。骨格と筋肉は，関節を支点とした運動ができる。

骨についている筋肉のつき方には，支点と力点が近くて，動きの大きいものと，支点と力点がはなれていて，力の強くなるものとの２種類がある。

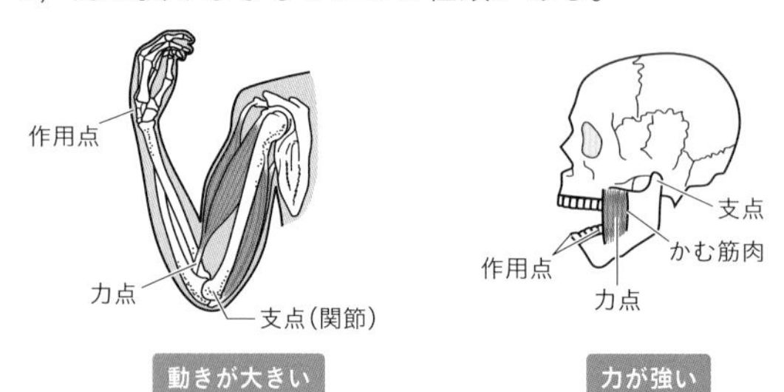

⬆ヒトの腕とあご

4 ヒトの骨格

◉ヒトの骨格の役割

ヒトの体には，さまざまな形をした骨が**200個以上ある**。これらの骨がたがいに作用しあって，複雑な骨格をつくっている。ヒトは，骨格と筋肉がともなうはたらきによって，全身を支え，運動したり，体の一部を複雑に動かしたりする。

◉ヒトの骨格

背骨を中心に，頭骨，ろっ骨，骨盤（こつばん），腕や足の骨などが，ヒトの骨格をつくり，体を支えている。

体の重要な器官である脳（のう）は頭骨，心臓や肺はろっ骨，小腸や大腸，腎臓などは，どんぶりの形をした骨盤，脊髄（せきずい）は背骨に守られている。そして，**体全体を支えているのは，背骨や骨盤，足の骨**などである。

▶**背骨**　背骨は，脊椎骨（せきついこつ）という小さい骨がたくさんつながってできている。背骨を横から見ると，S字形に少し曲がっていて，体を支えたり，歩行のときに足からの衝撃（しょうげき）を吸収したりして，体，特に脳に衝撃を伝えない役割をはたす。

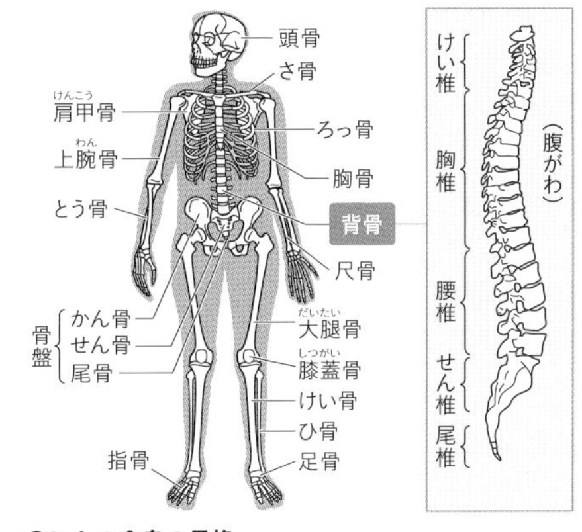

⬆ヒトの全身の骨格

◉硬骨（こうこつ）

リン酸カルシウム・炭酸カルシウムを多くふくんでいて，かたい。体を支える骨は，主に硬骨である。骨の中にはすき間があり，そこには**骨髄**（こつずい）がある。赤血球（せっけっきゅう）や白血球（はっけっきゅう），血小板（けっしょうばん）はこの骨髄でつくられる。

◉軟骨（なんこつ）

コラーゲンなどを多くふくみ，やわらかい。耳たぶの中，鼻の先，脊椎骨と脊椎骨のつなぎめ，ろっ骨と胸骨（きょう）のつなぎめなどは軟骨である。

くわしく

骨を構成する物質

骨は，血液中からリンやカルシウム，タンパク質などをとりこんで固くなったものである。

発展

血液をつくり出す骨

長い骨の中のすき間を満たす，柔（やわ）らかい組織（骨髄）で血球はつくられる。大人では，頭骨や脊椎，ろっ骨などの一部の骨でつくられている。一方で，幼児ではすべての骨でつくられている。

◉ 骨のつながり方

骨と骨のつながり方は，体の部位によって異なり，**関節**・軟骨接合・縫合(ほうごう)の３種類がある。

▶**関節**　手足のつけ根やひじ，ひざなどの骨のつながり方で，各部分のなめらかな動きを可能にする。

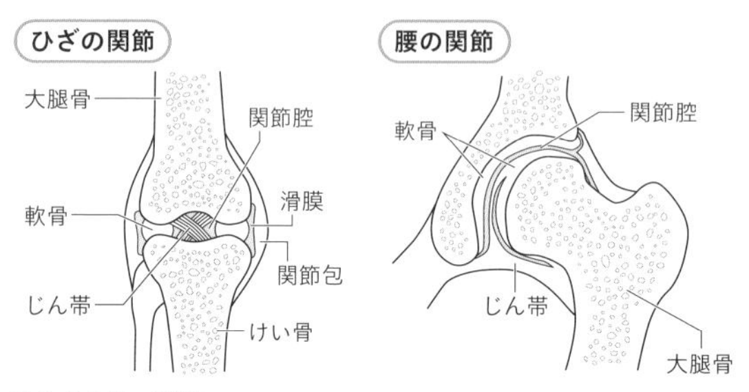

⬆ひざと腰の関節

▶**軟骨接合**　脊椎骨のつなぎめや，ろっ骨と胸骨とのつなぎめは軟骨でつながっている。軟骨接合は，しっかりつながっているのに加え，曲げのばしができる。また，脊椎骨の間の軟骨は，足からの衝撃をやわらげる役割もある。

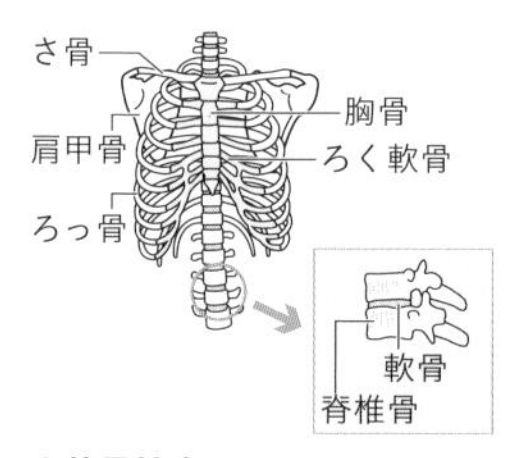

⬆軟骨接合

◉ 骨のつくり

硬骨は骨膜に包まれ，中にある大きなすき間に**骨髄**が入っている（➡p.437）。骨には，ハバース管とよばれる穴がたくさんあり，この穴を中心にして骨の層ができている。また層の間に，骨細胞がある。骨細胞は小さいすじのような形で，互いに連絡しあっている。骨の中にも血管が分布して，骨細胞や骨髄を養う。

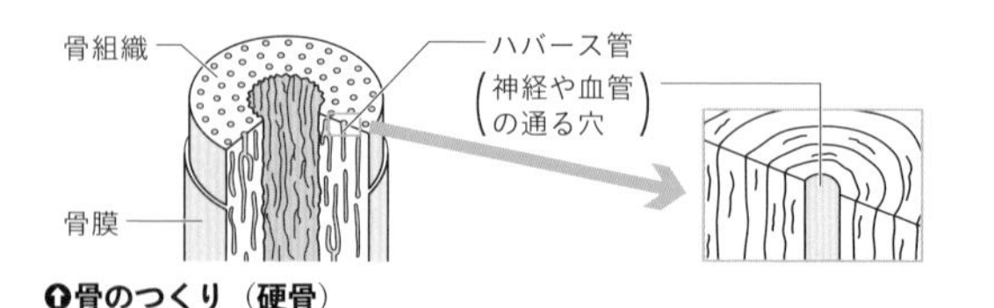

⬆骨のつくり（硬骨）

くわしく

関節のしくみ

関節のまわりは，関節包というすい膜でおおわれている。そして，骨と骨とをつなぐ，ひも状または帯状のじん帯が，関節がずれないようにしっかり守っている。
なお，骨と骨との間にある軟骨は，骨どうしがこすれ合わず，なめらかに動くはたらきをしている。

くわしく

縫合

頭骨をつくる20数個の骨は，縫合というつながり方で球状になっていて骨と骨とがまったく動かないようになっている。
頭骨のように，いくつかの骨と骨とが，ぎざぎざしたつなぎ目で，ぬい合わせたようなつながり方を縫合という。

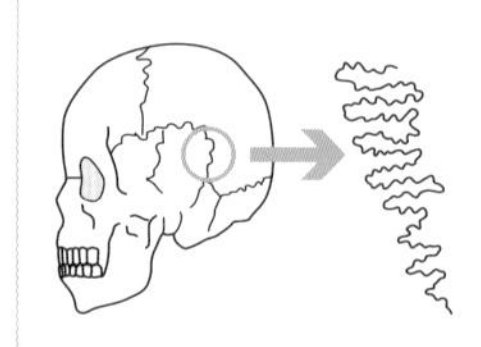

⬆縫合

5 ヒトの筋肉

◉ 筋肉のつくり

筋肉は，**筋繊維**(きんせんい)という細長い細胞の集まりである。神経から信号が伝えられると，筋肉は収縮する。腕や足の筋肉はじょうぶな筋膜(きんまく)で包まれており，両端(りょうたん)は細くなって，白色の**けん**で骨についている。このような筋肉を骨格筋(こっかくきん)という。わたしたちがふだん筋肉といっているのは，骨にくっついていて，その伸び縮みで体の動きをつくり出す骨格筋である。

腕を曲げるとき
上腕二頭筋(曲げる筋肉)
➡(収縮する)
けん
尺骨
上腕二頭筋
とう骨
ゆるむ
上腕骨
上腕三頭筋
腕を伸ばすとき
上腕三頭筋(伸ばす筋肉)
➡(収縮する)

⬆腕の屈伸

◉ 筋肉の種類

筋肉は，そのつくりやはたらきによって，3種類に分けられる。

▶**骨格筋**　おもに骨格にくっついてその運動を起こす。筋繊維に細かい横じまがある横紋筋(おうもんきん)のなかまである。自分の意志で動かせて，収縮がはやく，すばやい運動ができるが，疲労がはやい筋肉でもある。

▶**平滑筋**(へいかつきん)　心臓をのぞく，胃や腸などの内臓や血管などの壁をつくっている。内臓などの，絶え間なく，ゆっくりとした運動をし，つかれない筋肉である。自分の意志によって動かすことはできない。

骨格筋

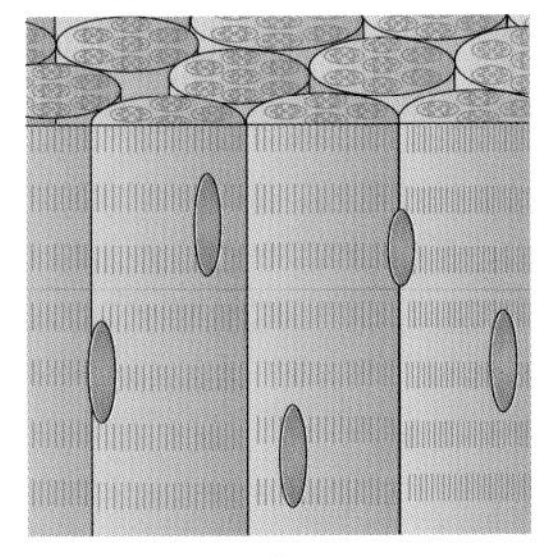

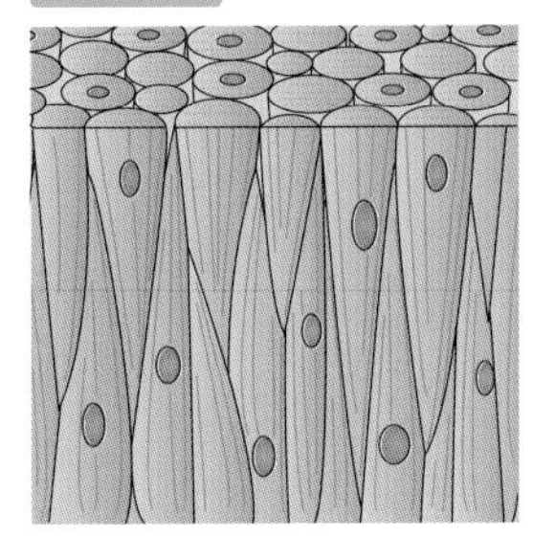

⬆骨格筋と平滑筋

▶**心筋**(しんきん)　心臓の壁をつくり，心臓の拍動を起こす筋肉である。横紋筋で力強いが，決してつかれない。

くわしく

骨格筋の動き

わたしたちが，手足を自由に動かすことができるのは，骨格筋が動くためである。骨格筋の筋繊維の1本1本に神経がついていて，脳からの命令がそこに伝わることで動く。

たとえば，腕を曲げるとき，脳が腕の筋肉に「縮め」という命令を出す。するとその命令が筋繊維に伝わり，骨格筋全体が縮み，腕が曲げられる。

完成問題 CHECK

解答 p.634

1 次の問いに答えなさい。

(1) 植物を食べ物とする動物を何というか。 (　　　　)

(2) ほかの動物を食べ物とする動物を何というか。 (　　　　)

(3) 次の文の❶，❷にあてはまる言葉を書け。

体温がまわりの温度の変化にともなって変化する動物を（ ❶ ）といい，体温がまわりの温度の変化に関係なく，一定に保たれる動物を（ ❷ ）という。

❶（　　　　） ❷（　　　　）

(4) (3)の❷のうち，セキツイ動物のなかまは何類か。2つ答えよ。

(　　　　)(　　　　)

2 図を見て，次の問いに答えなさい。

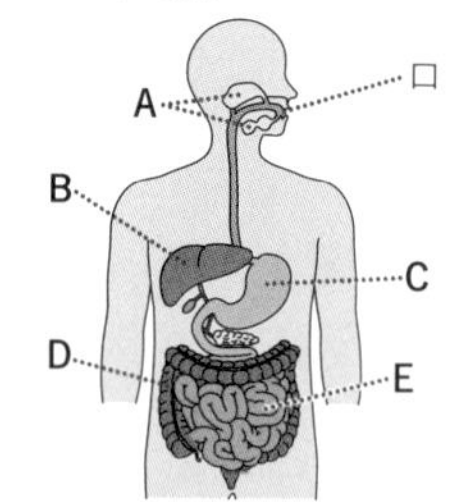

(1) C，Dの器官を何というか。

C（　　　　） D（　　　　）

(2) Aから出る消化液を何というか。(　　　　)

(3) デンプンとタンパク質は，消化されて最終的に何という物質に分解されるか。

デンプン（　　　　） タンパク質（　　　　）

(4) 消化された養分が，吸収される器官はA～Eのどこか。 (　　)

3 図は，ヒトの血液循環のようすである。次の問いに答えなさい。

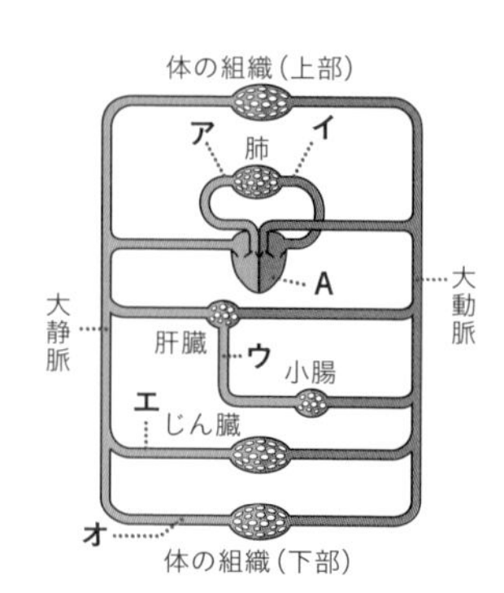

(1) Aの器官を何というか。 (　　　　)

(2) 尿素などの不要物が最も少ない血液が流れている血管はア～オのどれか。 (　　)

(3) 心臓から肺を通り，再び心臓に戻る血液循環を何というか。

(　　　　)

4 図は，動物をA～Dの観点で分類したものである。次の問いに答えなさい。

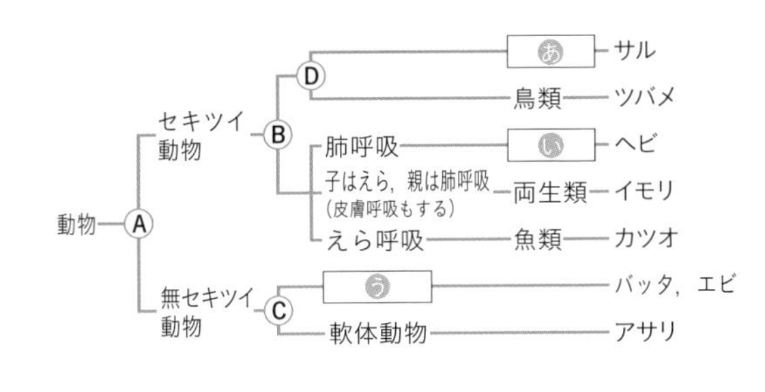

(1) A～Dにあてはまる観点を，次のア～オからそれぞれ選べ。

A（　　） B（　　） C（　　） D（　　）

ア　恒温か，変温か。　**イ**　背骨があるか，ないか。　**ウ**　卵生か，胎生か。

エ　一生えら呼吸か，肺呼吸か。　**オ**　外骨格があるか，ないか。

(2) あ～うにあてはまる動物のなかまの名前を答えよ。

あ（　　　　） い（　　　　） う（　　　　）

5 図は，ヒトの肺の一部を模式的に表したものである。次の問いに答えなさい。

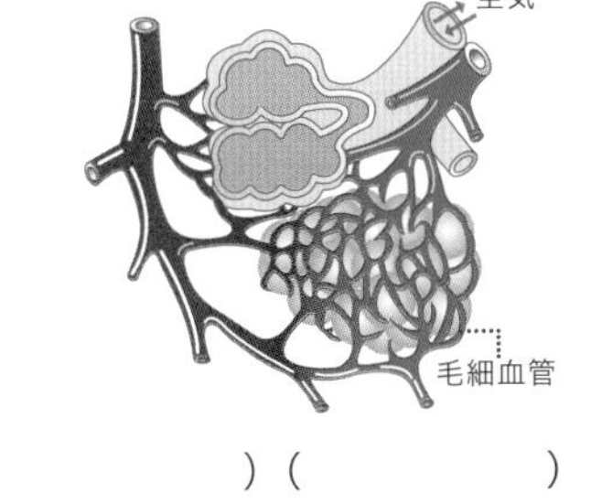

(1) 肺をつくっている無数の小さな袋を何というか。

（　　　　）

(2) (1)で答えた袋の毛細血管で交換される気体は何と何か。　（　　　　）（　　　　）

6 ヒトの神経系について，次の問いに答えなさい。

(1) 刺激を受けとって反応が起こるまでの信号の伝わる経路について，A，Bにあてはまる神経を何というか。　A（　　　　）B（　　　　）

刺激 → 感覚器官 → A → 脳・せきずい → B → 運動器官 → 反応

(2) 無意識に起こる反応を何というか。　（　　　　）

7 ヒトの目や耳について，次の問いに答えなさい。

(1) ヒトの目で，次の❶，❷のはたらきをする部分を何というか。

❶　光の刺激を受けとる細胞がある。　（　　　　）

❷　光を屈折して❶の上に像を結ぶ。　（　　　　）

(2) ヒトの耳で，音の振動をとらえてふるえる部分を何というか。（　　　　）

第1章 身近な生物の観察
第2章 植物の生活と多様性
第3章 動物の生活と多様性
第4章 生物の細胞と生殖
第5章 自然界の生物と人間

第4章

生物の細胞と生殖

ヒトの体は，何十兆個もの細胞から構成されている。
また，細胞にふくまれる遺伝子は，親から子へと脈々と受け継がれる。
そして，長い年月の中で遺伝子は変化し，生物は進化していく。
第4章では，顕微鏡レベルから数億年単位まで，さまざまな生物の"つながり"を学習する。

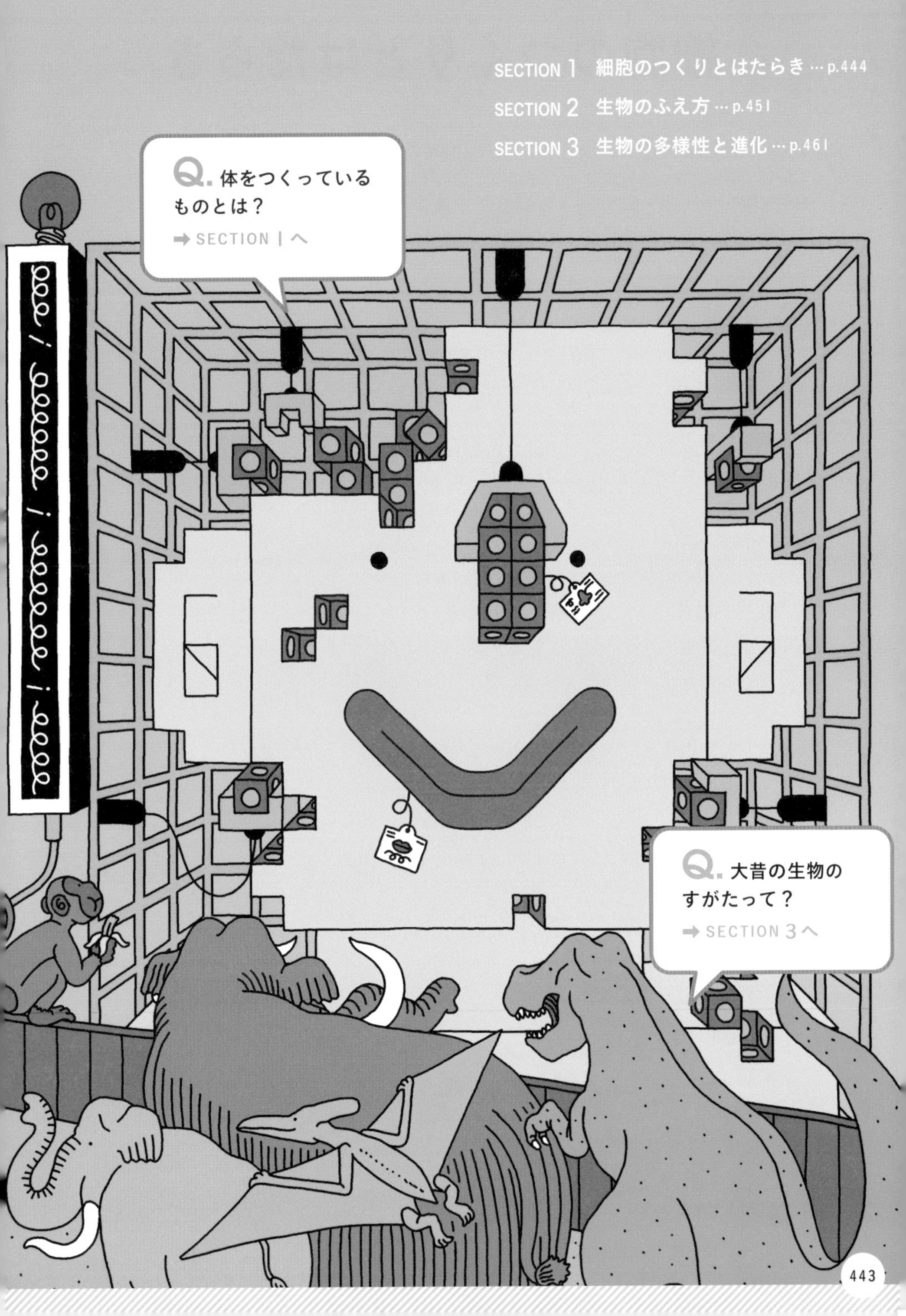
SECTION 1 細胞のつくりとはたらき … p.444
SECTION 2 生物のふえ方 … p.451
SECTION 3 生物の多様性と進化 … p.461
Q. 体をつくっているものとは？
➡ SECTION 1 へ
Q. 大昔の生物のすがたって？
➡ SECTION 3 へ

細胞のつくりとはたらき

すべての生物は細胞からできており，どんな生物でも基本的に細胞のつくりは同じである。しかし，形や大きさは生物によって異なる。ここでは，細胞のつくりや，単細胞生物と多細胞生物のちがいや，細胞のふえ方について学習する。

1 細胞

1 細胞(さいほう)

植物や動物の体は，小さな細胞が集まってできている。体をつくる細胞は，生きるために必要なさまざまなはたらきをしている。

◉ 細胞の形

生物の種類，体の部分により細胞の形は異なっている。花粉・胞子(ほうし)・卵(らん)のように細胞が１つだけ離れている場合は，球のような形をしている。多くの細胞がつまっているときは，押しあって多面体のものが多い。

◉ 細胞の大きさ

植物や動物の体をつくっている細胞の大きさはさまざまである。細胞の大きさはふつう直径0.01 ～0.1 mmくらいであるが，小さいものでは肺炎球菌(はいえんきゅうきん)が0.001 mmくらいである。また，大きな細胞では，ダチョウの卵の卵黄は直径約7.5cm，ヒトの神経細胞は１m以上の長さのものもある。

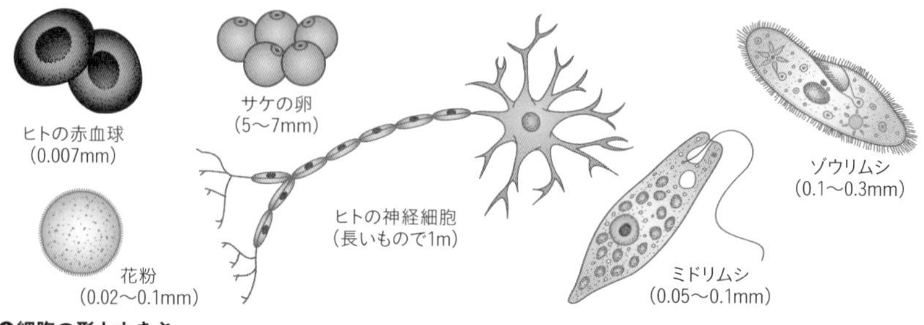

⬆細胞の形と大きさ

2 細胞のつくり

細胞は形や大きさはさまざまだが，そのつくりには共通した特徴がある。植物と動物の細胞はどちらも，**核**と**細胞質**でできている。

◉ 細胞をつくるそれぞれの部分のはたらき

▶**核**　ふつう球形で1つの細胞に1つあり，核膜でおおわれている。**酢酸カーミン液や酢酸オルセイン液などの染色液に染まる**。中には**遺伝子**（**DNA**）があり，細胞分裂するときに**染色体**として見られる（➡p.449）。

▶**細胞質**　細胞内の核以外の部分のことをいい，さまざまなはたらきをしている。細胞質の中には呼吸に関する酵素をもつミトコンドリアなどがふくまれる。

▶**細胞膜**　細胞質の外側のうすい膜である。物質の出入りや刺激の受け入れなどをおこなう。

▶**細胞壁**　植物の細胞膜の外側にある厚くじょうぶなしきり。植物の体を支え，形を保つはたらきがある。

▶**葉緑体**　植物細胞に多くふくまれる緑色の粒である。植物の緑色は葉緑体にふくまれるクロロフィルの色であり，ここで**光合成が行われている**（➡p.365）。

▶**液胞**　細胞の中の水分の量を調節したり，細胞の活動でできたものや不要物をためたりするはたらきがある。植物細胞に目立って見られる。

用語解説

遺伝子

親の形質を子に伝える遺伝のはたらきをする物質で，本体はデオキシリボ核酸（DNA）である（➡p.455）。

発展

ゴルジ体

細胞内にある粒や網の形をした構造。分泌や色素の形成に関係があるとされている。

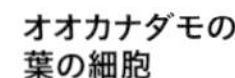

くわしく

原形質（細胞質）流動

細胞質のはたらきの1つで，細胞質が動くことをいう。生きている細胞にのみ見られ，運動のもととなっている。

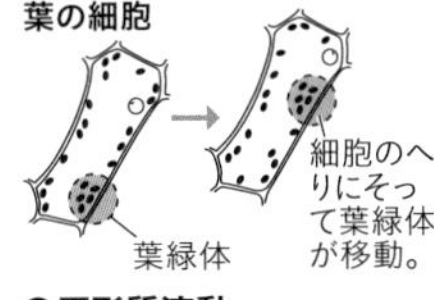

⬆原形質流動

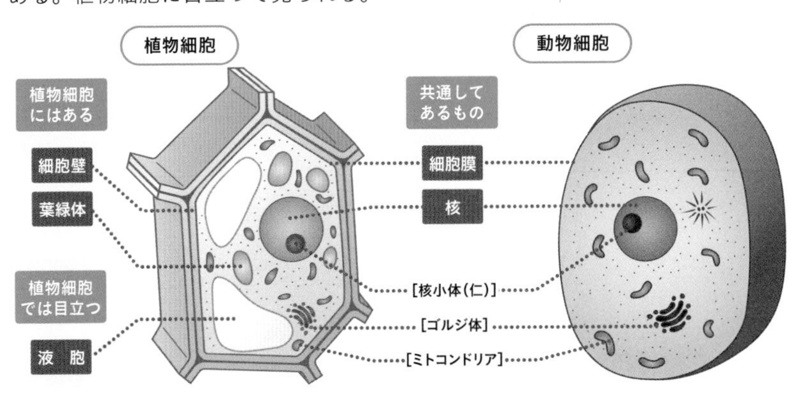

⬆植物細胞と動物細胞のつくり

2 生物の体のつくり

1 単細胞生物の体のつくり

体がただ１つの細胞からできている生物を**単細胞生物**という。

細胞には，食物をとり入れる細胞口や，消化・吸収を行う食胞，細胞内でいらなくなったものを排出する収縮胞などがあり，**すべてのはたらきが１つの細胞でできる**。ゾウリムシの**せん毛**や，ミドリムシの**べん毛**のように，運動するのに役立つ毛をもっているものもある。

食胞，収縮胞，せん毛，べん毛などのようなものを，**細胞小器官**という。

◉ 単細胞生物の例

原生生物…アメーバ・ツリガネムシ・ラッパムシ・ヤコウチュウなど。
ケイソウ類など葉緑体をもつもの…ハネケイソウ・クロレラ・ミカヅキモなど。

他にも，ナットウ菌，大腸菌，コレラ菌などの細菌類も単細胞生物である。

◉ 群体

多くの同じ種類の生物が，互いに結合して生活することを，群体という。ボルボックス（➡p.341）などでは細胞によってはたらきが分担されている。

用語解説 

細胞小器官
原形質（核と細胞質）から分かれてできた，器官のようなはたらきをする構造。複雑なつくりをもつ多細胞生物の器官とは区別されている。

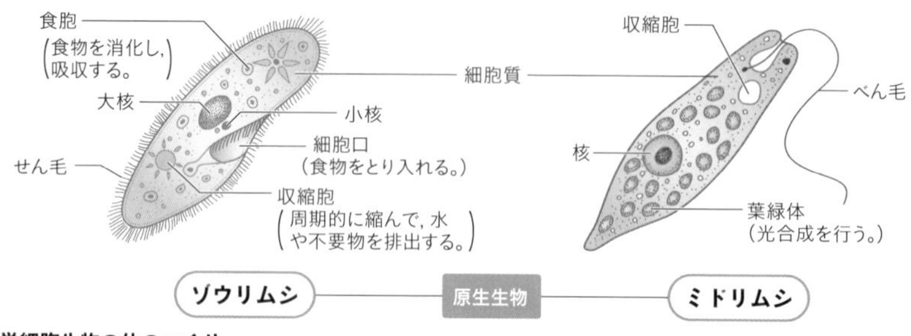

❶単細胞生物の体のつくり

② 多細胞生物の体のつくり

異なる機能をもつ複数の細胞が集まり，１つの体をつくる生物を**多細胞生物**という。１つの生物の中でも，細胞の形や大きさ，はたらきは部位によって異なる。

多細胞生物の体は，ふつう細胞が集まって**組織**をつくり，組織が集まって**器官**を，器官が集まって**器官系**を，器官系が集まって１つの**個体**をつくっている。

◉ **組織**

同じようなはたらきをする細胞が集まり，特定のはたらきをするところ。植物には，表皮組織，さく状組織，海綿状組織，木部組織，師部組織などが，動物には上皮組織，神経組織，筋組織，結合組織などがある。

◉ **器官**

いくつかの組織が集まって，まとまったはたらきをしているところ。植物には，根，茎，葉，花などが，動物には，心臓，気管，目，骨格，大脳などがある。

発展

多細胞生物のなりたち

多細胞生物は，群体となった単細胞生物が進化して生まれたと考えられている。

くわしく

植物と動物の組織のちがい

植物の組織は，細胞どうしが細胞壁でかたくつながっていて動かない。

それに対して動物の組織は細胞間物質で互いに結びついているため，植物よりは動きやすい。

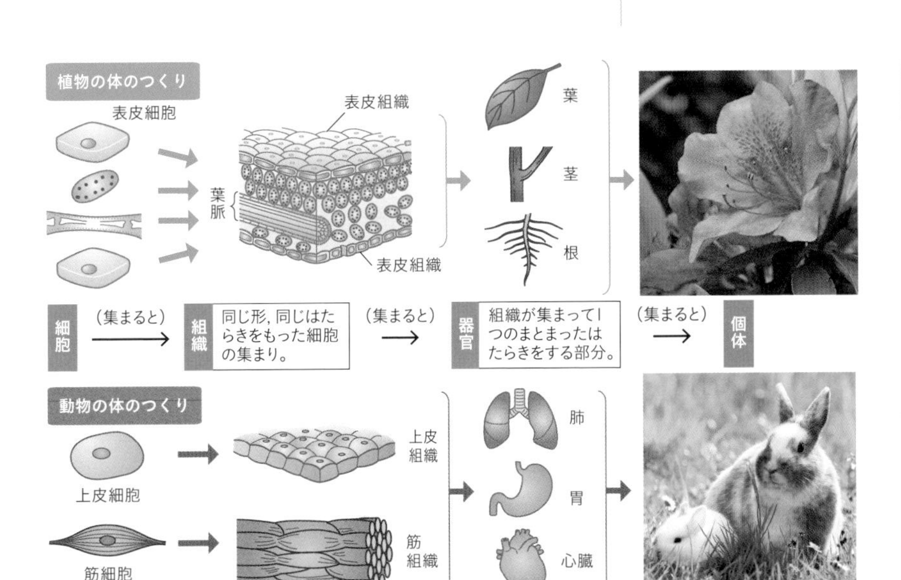

⬆生物の体のつくり

3 細胞のふえ方と成長

1 生物の成長と細胞のようす

植物の根の先端近くには，小さな細胞がたくさん集まった部分があり，その部分を**成長点**という。根の先端にある**根冠**が，成長点を保護している。成長点では**細胞分裂がさかんに行われ，細胞の数をふやしている**。

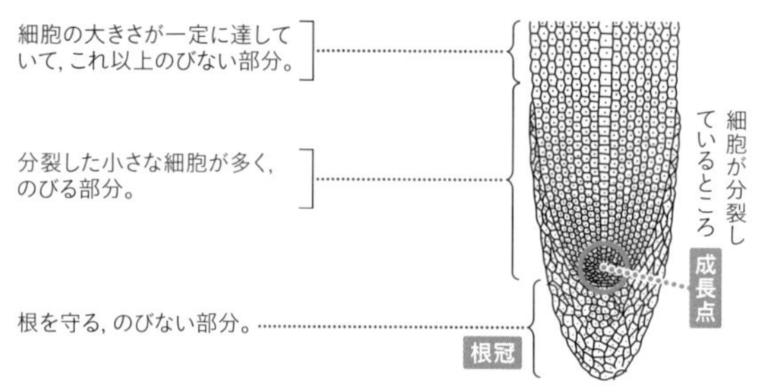

↑根の先端の断面図

◉ 生物の成長のしくみ

植物や動物は，**細胞分裂によって1つの細胞が2つに分かれて細胞の数をふやす**。細胞分裂した直後の細胞は，もとの細胞のおよそ半分の大きさになっている。分裂したそれぞれの細胞は，**もとの大きさまで大きくなる**。これにより，植物や動物は成長する。

成長した生物は，細胞分裂が何度もおこなわれたため，子どものときよりも細胞の数がふえる。ただし，1つ1つの細胞の大きさは変わらない。

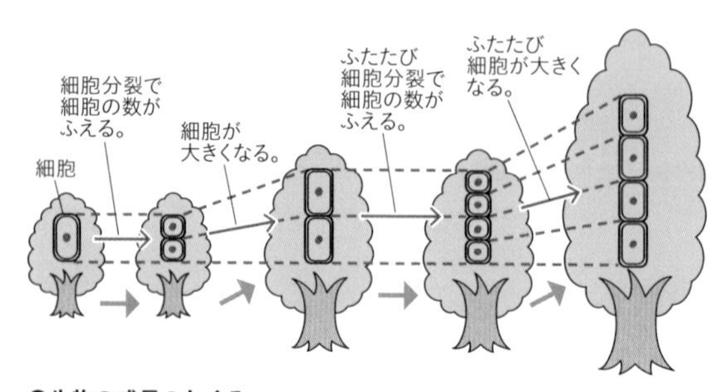

↑生物の成長のしくみ

ミス注意

分裂したての細胞

細胞分裂では，1つの細胞が半分ずつ2つに分かれるので，分裂直後の細胞の大きさは，もとの大きさの2分の1になっている。

2 細胞分裂とその順序

1個の細胞が分かれて，2個の細胞になることを，**細胞分裂**といい，生物の体をつくるふつうの細胞の分裂を**体細胞分裂**という。

◉ 細胞分裂の順序

細胞分裂は，細胞の状態によって，**間期，前期，中期，後期，終期**に分けることができる。

1. **間期**　前の分裂が終わってから，次の分裂が始まるまでの間。核の中の**染色体**の数が2倍に複製される。
2. **前期**　核の中にひものような染色体が見えるようになり，核の膜が消える。
3. **中期**　染色体が細胞の中央に集まり，それぞれが縦に2等分される。
4. **後期**　2等分された染色体が分かれて，それぞれ細胞の両端に移動する。
5. **終期**　移動した染色体が，新しい1個ずつの核となり，細胞質も2つに分かれる。このとき，植物細胞では，中央に細胞壁のもととなるしきりができ，動物細胞では，細胞膜にくびれができて，2つに分かれる。

ミス注意

分裂の種類

ふつうの細胞は体細胞分裂がおこなわれるが，生殖細胞が分裂するときは，減数分裂（➡p.457）がおこなわれる。

用語解説

染色体

生物がもつ特徴（形質）を子に伝えるときに，重要な役割を果たす「遺伝子」をふくんでいる物質。染色体の数や形は，生物の種類によって決まっている。

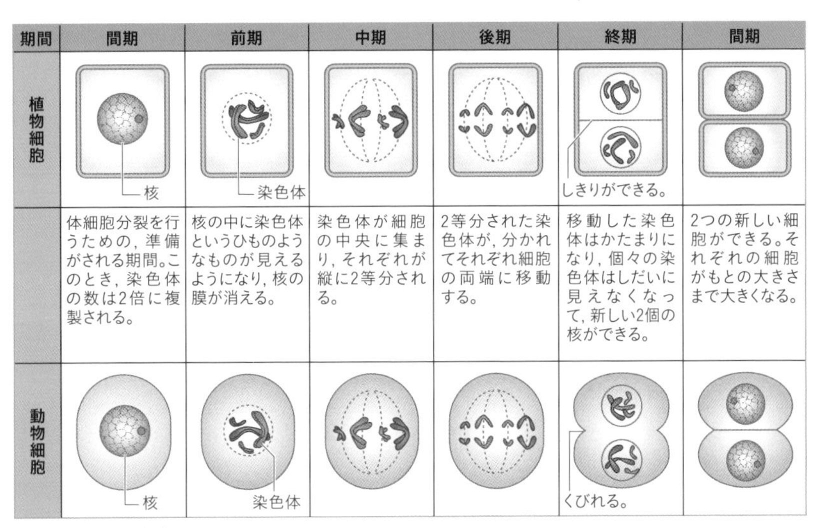

期間	間期	前期	中期	後期	終期	間期
植物細胞	核	染色体			しきりができる。	
	体細胞分裂を行うための，準備がされる期間。このとき，染色体の数は2倍に複製される。	核の中に染色体というひものようなものが見えるようになり，核の膜が消える。	染色体が細胞の中央に集まり，それぞれが縦に2等分される。	2等分された染色体が，分かれてそれぞれ細胞の両端に移動する。	移動した染色体はかたまりになり，個々の染色体はしだいに見えなくなって，新しい2個の核ができる。	2つの新しい細胞ができる。それぞれの細胞がもとの大きさまで大きくなる。
動物細胞	核	染色体			くびれる。	

⬆体細胞分裂の順序

観察

細胞の観察

方法

❶ タマネギの根の先端(せんたん)部分（約５mm）をうすい塩酸にひたし，それを60℃の湯に１～２分間つける。その後，根を水洗いして塩酸をおとす。

❷ 酢酸(さくさん)カーミン液または酢酸オルセイン液で染色する。

❸ 親指で軽く押しつぶしてプレパラートをつくり，顕微鏡(けんびきょう)で観察する。

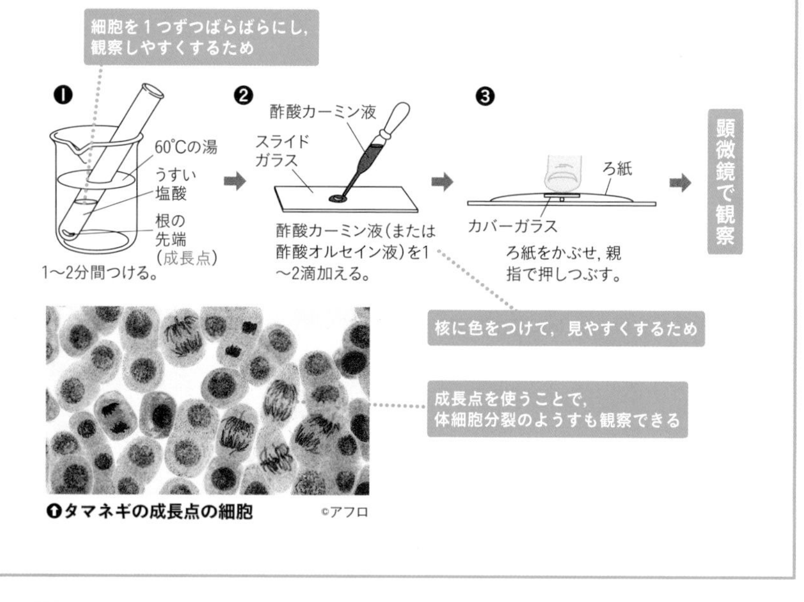

⬆タマネギの成長点の細胞　©アフロ

発展・探究

すがたを消す染色体

細胞分裂の間期の細胞では，核の中に染色体は見られませんが，前期になると短いひものようなすがたが見えてきます。染色体は目に見えないほど細いDNAが凝縮(ぎょうしゅく)してできています。間期のあいだは，染色体をつくるDNAが核中にほどけているので，染色体のすがたを見ることができません。その後，細胞分裂をするためにDNAが凝縮すると，染色体が目に見えるようになります。

第4章 SECTION 2

生物のふえ方

生物のふえ方は，雌と雄によらない無性生殖と，雌と雄による有性生殖とがある。ここでは，いろいろな無性生殖のしかたや有性生殖のしかたをくわしく学習する。また，親の体の特徴が子に伝えられる「遺伝」についても学習する。

1 生物のふえ方

1 生物のいろいろなふえ方

生物が，自分と同じ種類の生物を新たにつくることを**生殖**(せいしょく)という。生殖には，親の体が分裂(ぶんれつ)したり，一部が分かれたりして新しい子の個体ができる**無性生殖**(むせいせいしょく)と，雌(めす)と雄(おす)がそれぞれつくる**生殖細胞**(せいしょくさいぼう)によって新しい個体ができる**有性生殖**(ゆうせいせいしょく)とがある。

生物の中には，これらの生殖方法の片方だけを行うものが多いが，両方行うものもある。

◉ **無性生殖**

無性生殖は，生殖のための生殖細胞をつくらないか，つくっても**雄・雌の区別をしないふえ方**である。無性生殖では親と子が同じ遺伝子（➡p.455）をもつ。無性生殖には，**分裂**(ぶんれつ)，**出芽**，**栄養生殖**などがある。

▶**分裂**　体が分かれてふえるふえ方で，分かれた２つが同じ大きさになるものと，ちがう大きさになるものがある。ゾウリムシなどの原生生物，ユレモなどのランソウ類，細菌(さいきん)など，単細胞生物(たんさいぼうせいぶつ)で多く見られる。

▶**出芽**　体の一部が芽が出るようにふくらみ，やがてはなれて新しい個体ができるふえ方である。ヒドラ（クラゲのなかま），イソギンチャク，コウボ菌などに見られる。

用語解説

生殖細胞

生殖のために特別につくられた細胞(さいぼう)。栄養胞子(えいようほうし)などの無性生殖細胞と，卵(らん)や精子(せいし)（動物），卵細胞(らんさいぼう)や精細胞(せいさいぼう)（植物）などの有性生殖細胞とがある。

くわしく

ゾウリムシの分裂

ゾウリムシには大核(だいかく)と小核(しょうかく)とよばれる２つの核があり，体が分裂するときには核２つも分裂し，それぞれ分裂したあとの個体に１つずつ入る。

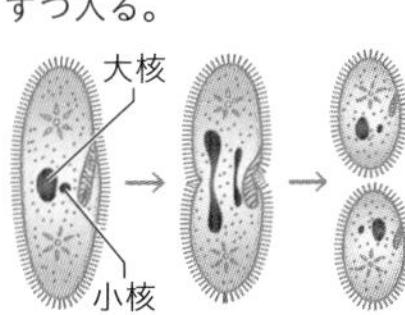

⬆ゾウリムシの分裂

▶**栄養生殖**　植物の根・茎・葉などの一部から，新しい個体ができるふえ方。ジャガイモやサトイモなどの塊茎，サツマイモやダリアなどの塊根，オニユリやヤマノイモなどのむかごなどがその例である。また，草花や果樹などのとり木やさし木は，人工的に行う栄養生殖である。

2 動物の有性生殖

多くの動物には**雄**と**雌**の区別があり，有性生殖を行う。

◉ 雄と雌の体

動物の雄には**精子**をつくる**精巣**があり，雌には**卵**をつくる**卵巣**がある。卵は精子よりもはるかに大きい。精子は，ふつう１本の尾（べん毛）をもち，水中を泳ぐことができる。卵も精子も１つの細胞であり，精子の頭部はほとんど核である。

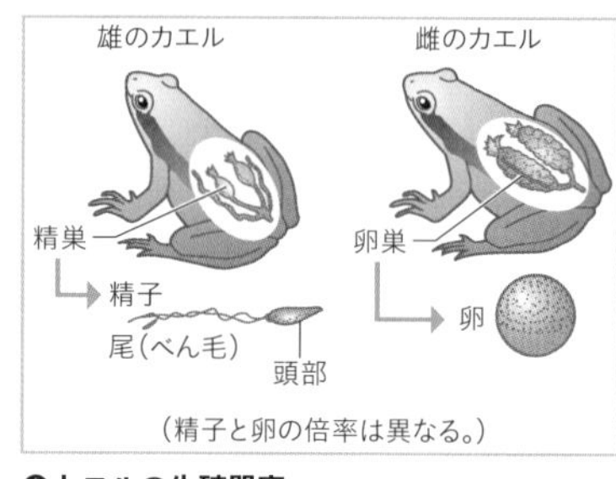

⬆カエルの生殖器官

◉ 受精と受精卵

動物では，精子が泳いで卵にたどりつき，卵の中に入って，**卵の核と精子の核が合体**する。これを**受精**という。こうしてできた**受精卵**は，細胞分裂をくり返して新しい個体に育っていく。

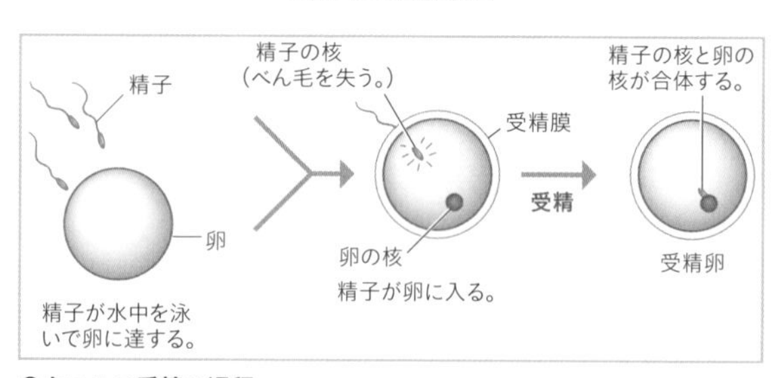

⬆カエルの受精の過程

◉ 受精がおこる場所

魚類や両生類などの水中で生活する動物では，ふつう体外で受精（**体外受精**）がおこなわれるが，ハチュウ類・鳥類・ホニュウ類などのなかまは，雌の体内で受精（**体内受精**）がおこなわれる。

くわしく 

卵が大きい理由
卵は精子よりも大きい。それは，養分（卵黄）を多くふくんでいるからである。

◉ 受精卵の発生

1個の細胞である受精卵が，細胞分裂をくり返すことで，多細胞生物の体のつくりができていく過程を，**発生**という。卵生の動物では，卵の中にある卵黄の養分を使って発生を続ける。胎生の動物では，へそのおを通じて親からくる養分を使いながら発生を続ける。

◉ 卵割

発生の初期の細胞分裂を**卵割**という。ふつうの細胞分裂とちがい，分裂して2つの細胞になったのちの細胞の大きさはもとの細胞の半分のままで，卵割でできる細胞の大きさは，2分の1，4分の1としだいに小さくなる。卵黄の分布によって卵割のしかたが変わり，それにより卵は大きく3つの種類に分かれる。

▶**等黄卵**　卵黄が均一に分布していて，受精卵は同じ大きさに等しく分裂する。ホニュウ類やウニにみられる。

▶**端黄卵**　卵黄が卵の一方にかたよっており，卵黄のあるほうが大きい細胞ができるものや，卵の一部だけで細胞分裂が進むものもある。魚類・両生類・ハチュウ類・鳥類にみられる。

▶**心黄卵**　卵黄が中央に集まっており，分裂は卵の表面でだけおこる。昆虫などの，多くの節足動物にみられる。

くわしく

ふ化
卵生の動物の発生が進み，卵を包んでいる膜から外へ出ることを，ふ化という。

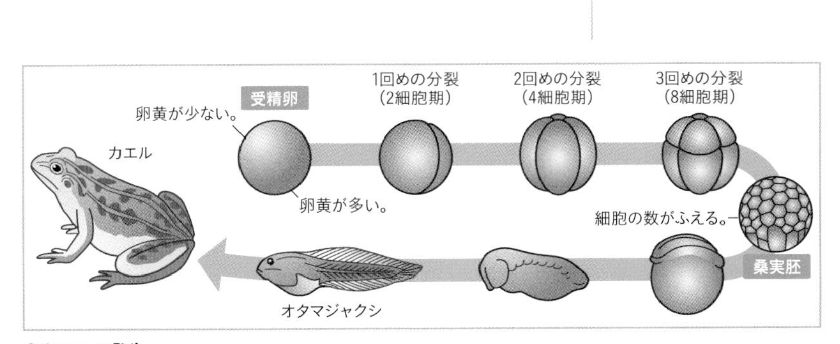

⬆カエルの発生

3 植物の有性生殖

被子植物の花には，おしべとめしべがある。おしべのやくから出た花粉がめしべの柱頭につくことを**受粉**という。受粉すると，花粉から**花粉管**がのび，花粉管の中を精細胞が移動する。花粉管が胚珠に達すると，精細胞の核が放出される。放出された**精細胞の核は，胚珠の中の卵細胞の核と合体**する。これを動物と同じく，**受精**という。受精によって卵細胞は1つの細胞である**受精卵**になる。

◉ 受精卵の成長

受精卵は細胞分裂をくり返して，やがて種子の中の胚（将来幼い植物になる部分）になる。**胚珠全体は発達して種子となり，子房全体は果実となる**。

種子は，生育に適した環境になると発芽する。胚はしだいに成長して，やがて親と同じ種類の植物の体ができる。受精卵から個体の体ができていく，このような過程を，植物の場合でも**発生**という。

◉ 裸子植物の有性生殖

裸子植物におしべ・めしべはないが，雄花と雌花で生殖細胞がつくられ，受精によって種子がつくられる。

くわしく 

種子の中にある胚

種子が発芽すると，はじめに根が出て，次に芽が出る。発芽するとき，胚はすでに根・茎・葉に育つ部分を備えている。

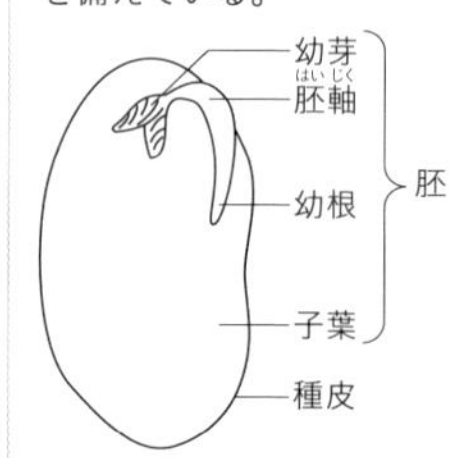

⬆インゲンマメの種子

幼芽…発芽して葉になる。
幼根…発芽して根になる。
胚軸…発芽して茎になる。
子葉…はじめに出る葉。

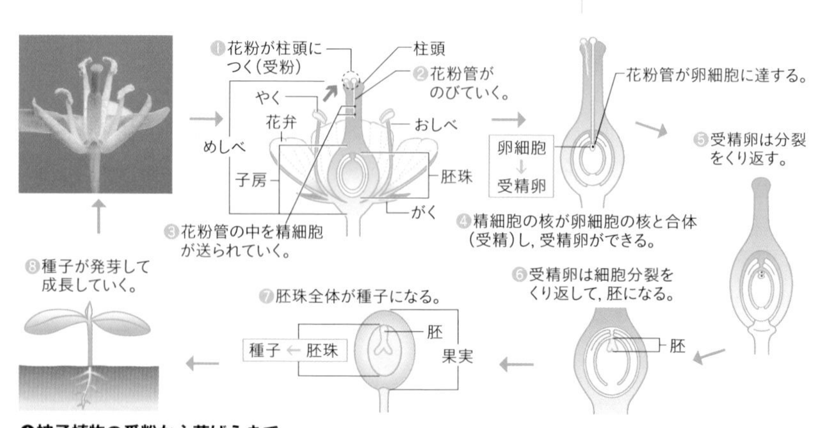

⬆被子植物の受粉から芽ばえまで

2 生殖と遺伝

1 遺伝子

カエルの子はカエルになり，アサガオの種子からはアサガオが育つというように，同じ親からは，同じような子が生まれる。子が親に似ているのは，親の形や性質が親から子へ伝えられているためである。

◉ 形質

生物の体の特徴となる形や性質のことを**形質**という。体の形や色，大きさなどだけでなく，性質，鳴き声など，その種類の動物のすべての特徴をまとめていう。

◉ 遺伝と遺伝子

親の形質が子に伝わることを**遺伝**といい，遺伝する形質のもとになるものを**遺伝子**という。

遺伝子は，ほとんどの生物において，**デオキシリボ核酸**（**DNA**）という物質が本体となっている。DNAは染色体にふくまれる。親の形質が子に現れるのは，親からの精子や卵などの生殖細胞を通して，遺伝子が染色体とともに子に伝えられるためである。

◉ 有性生殖における遺伝

有性生殖では，受精卵に，雄の精細胞と雌の卵細胞にあるそれぞれの親の染色体が両方伝えられるので，子の遺伝子はどちらの親とも異なる組み合わせとなる。そのため，同じ親から生まれる子でも，子によって異なる形質が現れることがある。

◉ 無性生殖における遺伝

無性生殖では，親の体が半分になったり，体の一部が分かれたりして子ができるので，子と親の細胞は同じ染色体をもっている。そのため，子の代の生物はすべて親と同じ遺伝子の組み合わせをもっており，同じ形質が現れる。

発展

デオキシリボ核酸（DNA）

何種類かの物質が一定の順序で，くさり状につながっている。その分子は，はしごをねじったような構造（二重らせん構造）をしている。遺伝子が形質を決めることができるのは，体をつくるタンパク質の種類を決めるはたらきがあるからである。

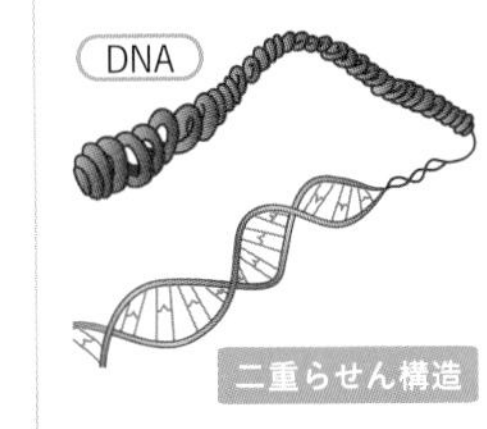

地球上のすべての生物がもっているDNAは，親から子へ伝えられ，DNAが伝えるあらゆる情報をもとにして，生物は形づくられて生きている。

くわしく 

有性生殖と無性生殖

有性生殖は，さまざまな形質を現すので，環境の変化に対応できる子孫をつくることに役立つ。また，形質の変わらない無性生殖は，すぐれた果実や花をつける植物を，さし木や接ぎ木でたくさんふやすことができる。

2 遺伝して現れる形質

生物の遺伝のしくみの根本法則をはじめて明らかにし，研究の方法の糸口を見つけたのがメンデルである。

◉ 対立形質

エンドウの種子には，しわのあるものとないもの，子葉の色が黄色のものと緑色のものがある。このような，１つの個体に同時に現れない形質を，**対立形質**といい，遺伝子に関して対立的な関係になっている。

対立形質は，ふつうどちらか一方の遺伝子のはたらきが子に現れる。現れるほうを**顕性形質**，現れないほうを**潜性形質**とよぶ。メンデルは，この対立形質をエンドウでつかみ，遺伝の研究を進めた。

3 遺伝のきまり

メンデルがエンドウを用いて行った実験により，**顕性の法則**，**分離の法則**，**独立の法則**が見出された。これらの法則は，いずれも遺伝子のはたらきによって説明される。

◉ 顕性の法則

自家受粉をくり返して代を重ねても，同じ形質だけが現れ続ける個体を**純系**とよぶ。メンデルは種子にしわのある（しわ形）純系のエンドウと種子が丸い（丸形）純系のエンドウ（対立形質）をかけあわせると，その子となるエンドウの種子はすべて丸形となることを発見した。

このように，親が純系である子の代で両親のうちのどちらか一方の形質だけが現れることを**顕性の法則**という。このとき，**顕性形質が子の代で現れ，潜性形質は現れない。**

１つの個体は形質を現す遺伝子を２つもち，それらの遺伝子は減数分裂によって，片方の親から１つずつ，合わせて２つの遺伝子が子に伝えられる。

くわしく 

エンドウの対立形質の例

顕性	潜性
丸い種子	しわのある種子
黄色い子葉	緑色の子葉
色のついた種皮	白色の種皮
ふくれたさや	くびれたさや
緑色のさや	黄色のさや

くわしく 

顕性と潜性

顕性は「優性」，潜性は「劣性」という言葉で表されることもある。ただし，優性，劣性という言葉は，形質が優れている，あるいは劣っていることを意味しているのではない。近年では顕性，潜性という言葉をおもに使用する。

形質を現す２つの遺伝子のうち，どちらか一方でも顕性形質の遺伝子をもつ個体は顕性形質を，両方とも潜性形質の遺伝子をもつ個体は潜性形質を現す。

用語解説 

自家受粉

同じ株にさく花の間で受粉すること。

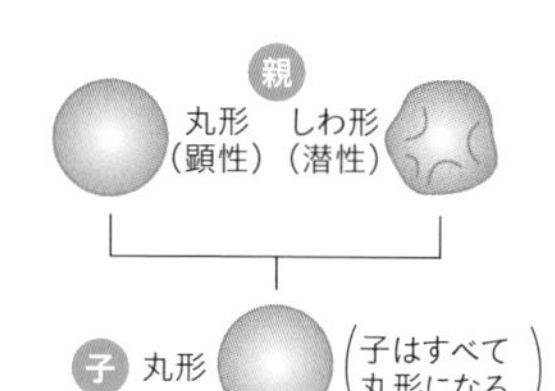

⬆顕性の法則

第1章 身近な生物の観察
第2章 植物の生活と多様性
第3章 動物の生活と多様性
第4章 生物の細胞と生殖
第5章 自然界の生物と人間

◉ 減数分裂

減数分裂とは，染色体の数がもとの細胞の半分になる細胞分裂のことである。減数分裂は，形や大きさが同じで対になっている染色体が2つに分かれ，分裂してできたそれぞれの生殖細胞の核の中に1つずつ入ることによって起こる。そして，受精によって両親の2つの生殖細胞から遺伝子が合わさり，受精卵は親の体細胞の染色体と同じ数の染色体をもつことになる。

2つの親個体が対立形質の純系のとき，子には異なる形質の遺伝子が1つずつ伝えられるが，子に現れるのは顕性形質のほうである。

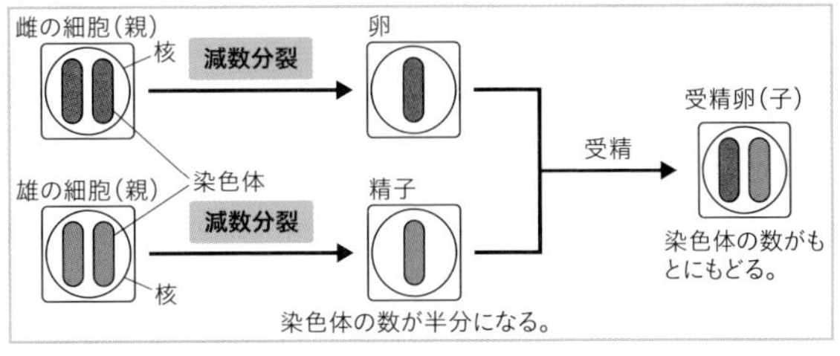

➊減数分裂のしくみ

◉ 分離の法則

分離の法則とは，対になっている遺伝子が，生殖細胞ができるときに，互いに分かれていくことをいう。顕性形質と潜性形質の純系の親の交配によってできた子では，生殖細胞をつくる減数分裂の際に，顕性形質の遺伝子と潜性形質の遺伝子が，それぞれ別々の生殖細胞に入る。その結果，生殖細胞は，潜性形質のものと顕性形質のものとの2種類ができる。精細胞・卵細胞で

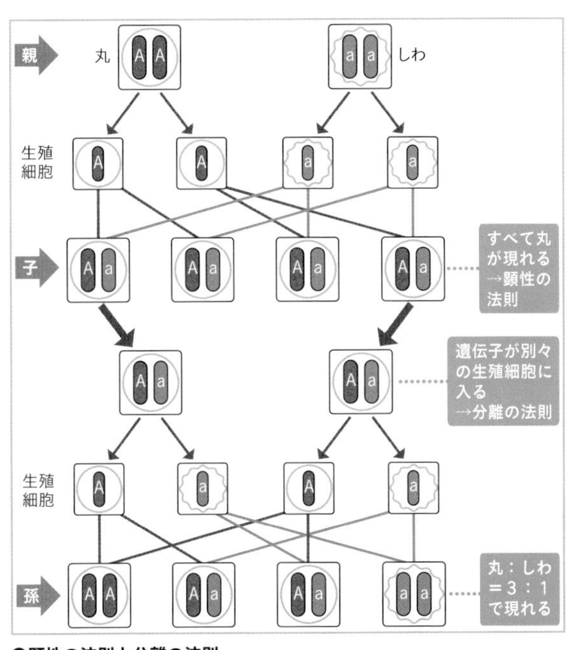

➊顕性の法則と分離の法則

顕性形質と潜性形質のものが２種類ずつできるので，結局４つの組み合わせの孫ができることになる。その結果，外に現れる形質は顕性形質が３，潜性形質が１という割合になる。たくさんできる種子について調べてみると，だいたい３：１の割合になっている。このような結果になるのは，生殖細胞ができるとき，対になっている遺伝子が分かれていくからである。

◉ 独立の法則

子葉の色（黄色と緑色）とさやの形（ふくれとくびれ）という２つの形質に着目した場合，孫の代では，[黄色・ふくれ]：[黄色・くびれ]：[緑色・ふくれ]：[緑色・くびれ] ＝９：３：３：１となることが知られているが，一方の形質だけに着目すると，どちらも３：１となるように伝わっている。このように，それぞれの遺伝子が独立して生殖細胞に分配されることを**独立の法則**という。

◉ 遺伝子型と表現型

遺伝子は，親から子へ形質を伝えるもとになる情報をふくむ生物の設計図である。遺伝子の実態は，細胞の核の中にある**デオキシリボ核酸**（**DNA**）というひも状の物質で，４種類の構成要素の並び方による暗号として記録されている。染色体は細胞分裂の際に現れる，折りたたまれたDNAをふくんだ構造物である。

遺伝子の構成のことを**遺伝子型**という。１つの形質に関する遺伝子は同じ形の染色体上で同じ位置にあり，ふつう顕性の形質を発現させる遺伝子を大文字，潜性の形質の遺伝子を小文字のアルファベットで表す。対立形質の遺伝子型を表すとき，AA，Aa，aaなどと書くことが多い。

顕性の法則にのっとって，遺伝子型が外見や表面に現れた形質のことを**表現型**という。エンドウの種子のしわや，子葉の色は表現型である。

◉ 変異

純系の親から生まれた子の間にも，形質に多少の差

発展

DNAのつくり

ヌクレオチドという単位が多数つながってひも（テープ）状になっている。各単位には塩基とよばれる４種類の物質（アデニン，チミン，シトシン，グアニン）のうちの１つがつながっている。塩基のうち，アデニン(A)とチミン(T)，シトシン(C)とグアニン(G)が結合することにより，DNAは下の図のような二重らせんをつくっている。

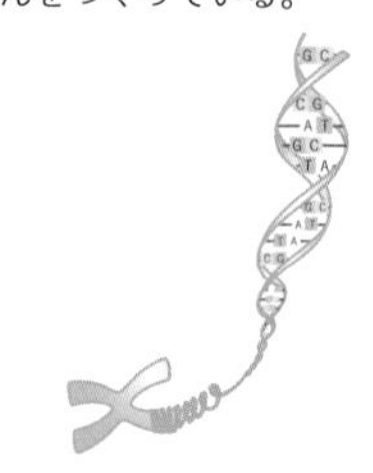

⬆二重らせん構造

くわしく

突然変異の起こる原因

放射線・化学薬品・紫外線など，いろいろある。

放射線などで，人工的に突然変異を起こすことはできるが，どのような突然変異を起こすかを計画的に決めることはできない。現状では，放射線を当てて発生した突然変異のうち，わたしたちにとって，都合のよいものをふやしていくという方法がとられている。

異がある。この差異を**変異**といい，**環境変異**と**突然変異**がある。環境変異は，遺伝子は同じなのに，環境の条件によって形質に差異が生じているものである。1つの種子から育った植物体や葉の大きさ，形にいろいろな差異があることなどはこの例であり，遺伝はしない。一方，突然変異は，染色体にある遺伝子に異常が生じたことによる変異であり，遺伝する。

4 遺伝子の伝わり方

遺伝子の伝わり方を，エンドウを例に見てみよう。

エンドウの種子には丸形（遺伝子をAとする）としわ形（遺伝子をaとする）のものがある。この２つは対立形質であり，丸形のほうが**顕性形質**で，しわ形のほうが**潜性形質**である。

純系の丸形の種子（遺伝子型をAAと表す）から育った株と，純系のしわ形の種子（遺伝子型をaaと表す）から育った株の間で受粉・受精させると，その子の代ではすべて丸形の種子となる（**顕性の法則**➡p.456）。このとき，両親の遺伝子は半分に分かれ（**分離の法則**➡p.457），子は両親の遺伝子を半分ずつ受けついでいるので，その遺伝子型はAa（表現型はA）となっている。

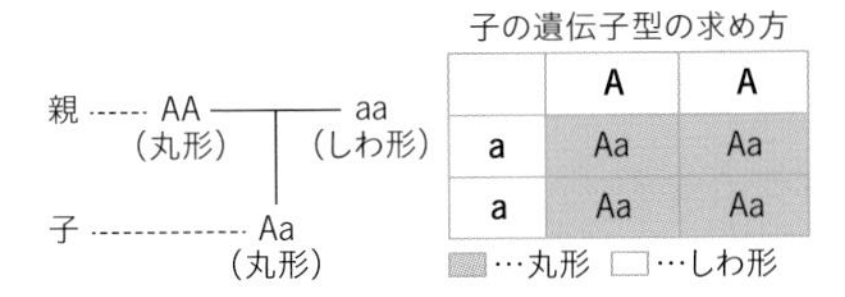

子の遺伝子型の求め方

	A	A
a	Aa	Aa
a	Aa	Aa

▒…丸形 □…しわ形

次に，子どうしの間で受粉・受精させたときは，精細胞，卵細胞とも遺伝子型がA，aの２種類となるので，孫の代では形質が分かれて生じる。

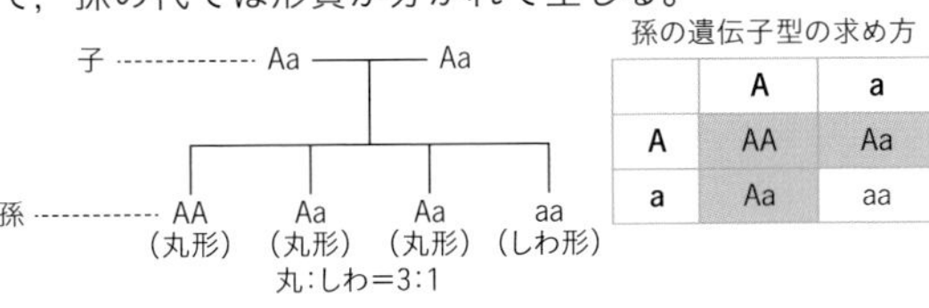

孫の遺伝子型の求め方

	A	a
A	AA	Aa
a	Aa	aa

発展

ホモとヘテロ

染色体上で１つの形質に関する遺伝子が同じもの，つまり顕性または潜性の遺伝子どうしになっている場合をホモ（遺伝子型AA，aa），顕性と潜性の遺伝子の組み合わせになっているものをヘテロ（遺伝子型Aa）という。

生殖細胞の遺伝子型

親の遺伝子型がホモの場合，対になっている染色体の遺伝子はどちらも同じ種類（丸形ではAA，しわ形ではaa）なので，生殖細胞の遺伝子型は１種類のみ（丸形ではA，しわ形ではa）となる。したがって，左のようにこの２つの遺伝子型のかけ合わせでできる子の遺伝子型は，Aとaが合わさってAaとなる。子の遺伝子型はヘテロなので，その生殖細胞の遺伝子型はどちらもAとaの２種類となり，受精後の遺伝子型はすべての組み合わせが現れて，

AA：Aa：aa＝１：２：１

となる。表現型では，

丸形：しわ形＝３：１

となる。

5 遺伝子の利用

◉ クローン

完全に同じ遺伝子をもつ生物の集団，またはそのような個体のこと。ある個体の核を未受精卵に移植して，人工的につくることができる。生まれたクローンは遺伝的に親と完全に同じ形質をもつ。肉牛などに応用されている。

◉ DNA解析

DNAの構成要素の並びを調べること。これにより，ガンや糖尿病などの病気に関係する遺伝子を調べることができ，治療や医薬品開発に役立つ。また，個人がもっている遺伝子を解析することで，かかりやすい病気を判定し，予防することもできる。ヒトが知能をもつようになった理由などの研究にも使われている。

◉ DNA鑑定

DNA上のある遺伝子は，人によってそれぞれ少しずつ異なっている。偶然に一致するのは約5兆人に1人の割合であるといわれていることから，遺伝子を調べることは，個人を識別する鑑定の方法として，犯罪捜査や親子の認定などに利用されている。

◉ 遺伝子組換え

生物の遺伝子の一部に改変を加えたり，別の生物の遺伝子の情報を組み込んだりする技術。大腸菌に特定のたんぱく質を大量につくらせたり，害虫に強い作物をつくったりすることが可能であるが，人体への安全が確認されていないなどの問題点が残っている。

◉ ゲノム編集

DNAを切断する酵素を用いて，遺伝子の特定の部分を切除することにより，人間にとって都合のよい変異を起こす遺伝子組換え技術のひとつである。従来の遺伝子組換え技術と比べて，非常に精度と効率が高く，今後の活用が期待されている。

くわしく 

クローン羊
1997年，イギリスでクローン羊のたん生が報告された。親の体細胞の核を使ったもので，この成功によりどんな生物でもクローンをつくることが，理論的には可能であることが示された。このクローン羊はドリーと名づけられた。

用語解説 

ゲノム
生物のもつ染色体にあるすべての遺伝子，またはDNAにかかれたすべての遺伝情報のこと。生物が生存し生活できるために必要な遺伝情報のまとまりである。2003年にヒトのゲノムが完全に解読され，それ以降もさまざまな生物のゲノム解読が進んでいる。

第4章 SECTION 3

生物の多様性と進化

現在地球上にはさまざまな生物がすんでいるが，単細胞の生物からしだいに進化して，今日のように多種類の生物になったと考えられている。ここでは，生物が進化してきた道すじ（系統）を学習する。

1 生物の分類

いくつかのものを分類するとき，その観点のとり方によってさまざまな分類ができる。たとえば形・色・大きさ・すんでいるところなどによってグループ分けができる。しかし，このような観点で分けた場合には，分ける人によって観点の相違が生じ，人によって分け方にちがいが出てくることが多い。そこで分類の基準が必要になってくる。

生物については，18世紀にスウェーデンの生物学者リンネによって考えられた**二名法**が，はじめの分類・命名の基準となった。これは，生物どうしで，どのくらい共通点が多いかという類縁関係（るいえんかんけい）の考え方をもとにしている。現在では，生物の分類は，系統を考えに入れながらいろいろな形態を比較して分類する自然分類から，DNAを解析（かいせき）して遺伝子（いでんし）レベルでの類縁関係を考えた分類へと移行している。

分類の単位になるのが**種**（しゅ）である。たとえば，モンシロチョウ・トノサマガエル・ヤマザクラなどは種である。また同じ種でも，環境変異（かんきょうへんい）（個体変異（こたいへんい））や品種のちがいが見られる。たとえば，キンギョにはワキン・リュウキン・デメキンなどの品種があり，リンゴには紅玉（こうぎょく）・国光（こっこう）・スターキングなどの品種がある。

共通の性質はもっているが種のちがうものを集めて**属**とし，さらに属をまとめて**科**，科をまとめて**目**，目をまとめて**綱**（こう），綱をまとめて**門**というように，しだいに大きくまとめていく。

発展

和名と学名

動物や植物につけられた日本語の名を和名という。しかし，和名は日本語を知らない人にはわからない。そこで，植物にも動物にも，二名法による万国に共通した形式の名をラテン語でつけることになっている。これが学名である。たとえば，ソテツは和名で，その学名は次のように表す。

和名	学名		
	属名	種小名	命名者
ソテツ	*Cycas*	*revoluta*	Thunb.

2 生物の系統

現在，地球上に見られる生物には，いろいろな種類があるが，これらの生物は，古い時代の共通した祖先からつぎつぎと**進化**し，枝分かれしてきたものと考えられる。このように，生物が進化してきた道すじを**生物の系統**という。

生物の進化の道すじ　生物を系統にそってならべ，進化してきた道すじを調べてみると，生物は水中生活から陸上生活へと移り，体のしくみが複雑になってきているということがわかる。進化の道すじを調べるには，現在の生物の外形や内部のしくみを調べたり，現在の生物と化石とを比べたりすることが大切である。

◉ 植物の系統

植物の祖先は，細菌類やランソウ類（光合成を行う細菌の一群）のようにつくりの簡単なものであったと考えられている。これらから，いろいろなソウ類が生じてきて，ソウ類のなかの緑ソウ類からコケ植物，コケ植物からシダ植物→裸子植物→被子植物というように現れてきたと考えられている。被子植物では，双子葉類が先に生まれて，進化して単子葉類が現れたと考えられる。植物ははじめ水中で生活していたが，陸上生活に移るとともに，体に水や養分を輸送するための維管束が発達して，根・茎・葉をもつようになった。

◉ 動物の系統

最も原始的な動物は，はじめは単細胞生物だったが，そこから海綿動物や刺胞動物などの多細胞生物に進化したと考えられている。

古生代のはじめには，キョク皮動物が現れている。

用語解説

進化
生物の体が，長い時間のうちに世代を重ねて変化することをいう。

発展

生物の起源
今から約38億年前に，単細胞の生物が出現したと考えられている。原始地球の大気から，アミノ酸などの有機物ができ，生物になっていった。その過程の説明には，さまざまな説がある。

そして進化するにつれて，体の構造はますます複雑になり，セキツイ動物が生まれた。セキツイ動物は，魚類→両生類→ハチュウ類→鳥類といった順番で生まれたと考えられている。下の表のそれぞれの特徴(とくちょう)を見ていくと，生物には進化の過程で段階的に共通した特徴が見られることがわかる。

	呼吸	体温	繁殖のしかた	背骨
魚類	えら呼吸	変化する	卵生	もつ
両生類	幼生はえら呼吸	変化する	卵生	もつ
ハチュウ類	肺呼吸	変化する	卵生	もつ
鳥類	肺呼吸	一定	卵生	もつ
ホニュウ類	肺呼吸	一定	胎生	もつ

3 生物の進化

いろいろな化石を地質年代の順に比べてみると，古生代のはじめごろまでは，簡単なつくりの無セキツイ動物やソウ類しかいなかったと考えられる。その後，少しずつ複雑なつくりの生物が現れてくることからも，生物が地球の長い歴史の間に進化してきたと考えることができる。(➡p.555)

◉ 進化の事実

生物が進化してきたことは，いろいろな事実から確かめることができる。

▶**化石からわかること**　各地層から出る化石で調べると，古い地層ほど生物の種類が少なく構造が簡単なものが多いのに対し，新しい地層になるほど種類も増し，複雑で現存する生物に近くなる。これは，生物が体の簡単なものから複雑なものへと進化してきたことを示している。地層の時代は，**示準化石**(しじゅんかせき)(➡p.552)によって判断できる。

▶**シソチョウからわかる鳥類の進化の道すじ**　**シソチョウ**は，約1億(おく)5000万年前の中生代(ちゅうせいだい)(➡p.556)の地層から化石として発見された，全長40 cmほどの生物である。体は羽毛でおおわれ，前あしはつばさになっ

用語解説 

化石
地層中に残された過去の生物の死がい，生活の跡などをすべてまとめて化石という。生物の死がいがうもれる場合は，生物の体の一部が，化石として残ることがある。(➡p.535)

示準化石
限られた時代にだけ生存していた生物の化石で，地層ができた時代（地質年代）を推定できる。

ており，鳥類に似ている。しかし，つばさにはするどいつめのある指，口には歯があり，ハチュウ類の特徴(とくちょう)ももっている。シソチョウのような鳥類とハチュウ類の両方の特徴をもつ生物が存在したことから，鳥類はハチュウ類のなかまから進化したと考えられる。

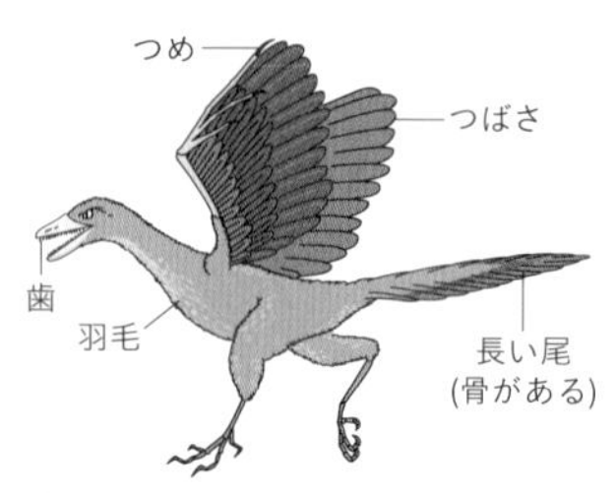

⬆シソチョウ

▶化石からわかるウマの進化

北アメリカの新生代古第三紀層〜新第三紀層から多数発掘(はっくつ)されたウマの化石を地層の古い順から並べると，進化のようすがわかる。はじめは現在のイヌくらいの大きさで，前あしの指は４本，後ろあしの指は３本であったが，しだいに指の数が減り，現在では前あしも後ろあしも指は１本で，速く走れるようになった。

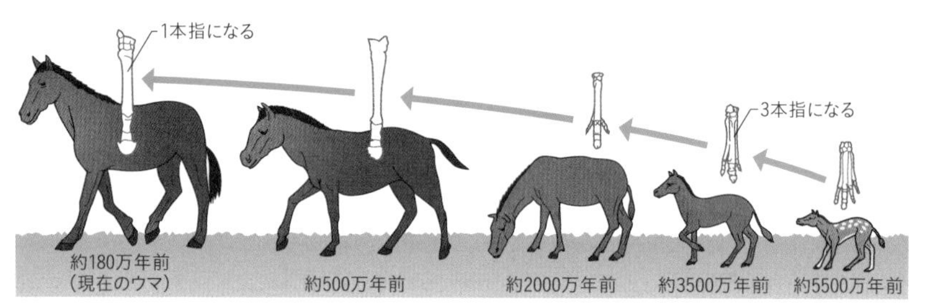

⬆ウマの進化（ウマの体形と前あしの変化）

◉ セキツイ動物の器官のようす

セキツイ動物の前あしを比較してみると，その動物の生活に適した形をしていて，はたらきもそれぞれちがっている。たとえば，水中にすむクジラの前あしはヒレの形をしており，飛びながら虫を食べるコウモリの前あしは翼(つばさ)の形をしている。しかし，その骨格には骨の数や位置などによく似たところがあり，その起源が同一であることを示している。

このように，外形やはたらきは異なるがその起源が同一と考えられる器官を，**相同器官**(そうどうきかん)という。相同器官は，進化の形態学上の証拠であり，**相同器官をもつ動物は共通の祖先から進化してきた**と考えられている。

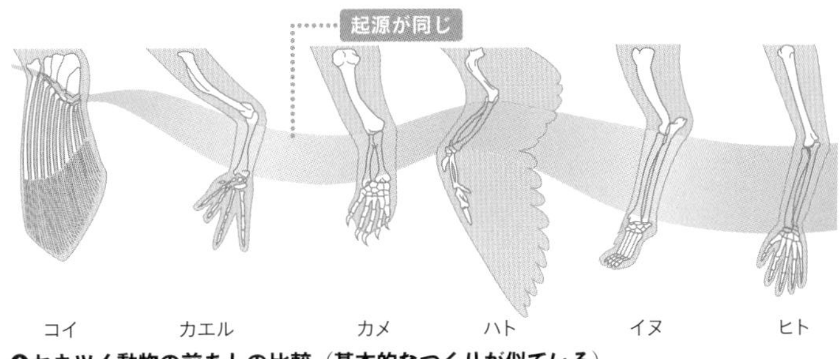

↑セキツイ動物の前あしの比較（基本的なつくりが似ている）

◉ 発生のようす

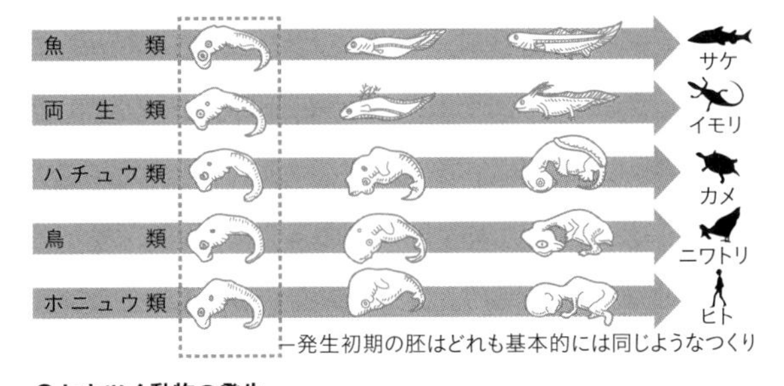

↑セキツイ動物の発生

生物の発生のようすを調べると，進化を裏づける事実が見つかる。たとえば，セキツイ動物の受精卵から子になる過程の，発生初期の段階の胚は形がどれもよく似ていて，基本的にはほぼ同じつくりをしている。

このように，発生のはじめの段階がよく似ている生物は，いずれも共通の祖先から分かれて進化したものであると考えられている。

4 植物と動物の系統樹

生物の系統を枝分かれした樹木にたとえ，図にかいたものを**系統樹**という。次ページの系統樹では，木の枝にあたる部分は，その生物が進化してきた道すじを表している。また，となりあっている生物ほど関係が近く，系統樹の下のほうで分かれている枝ほど，昔に分かれた生物を示している。

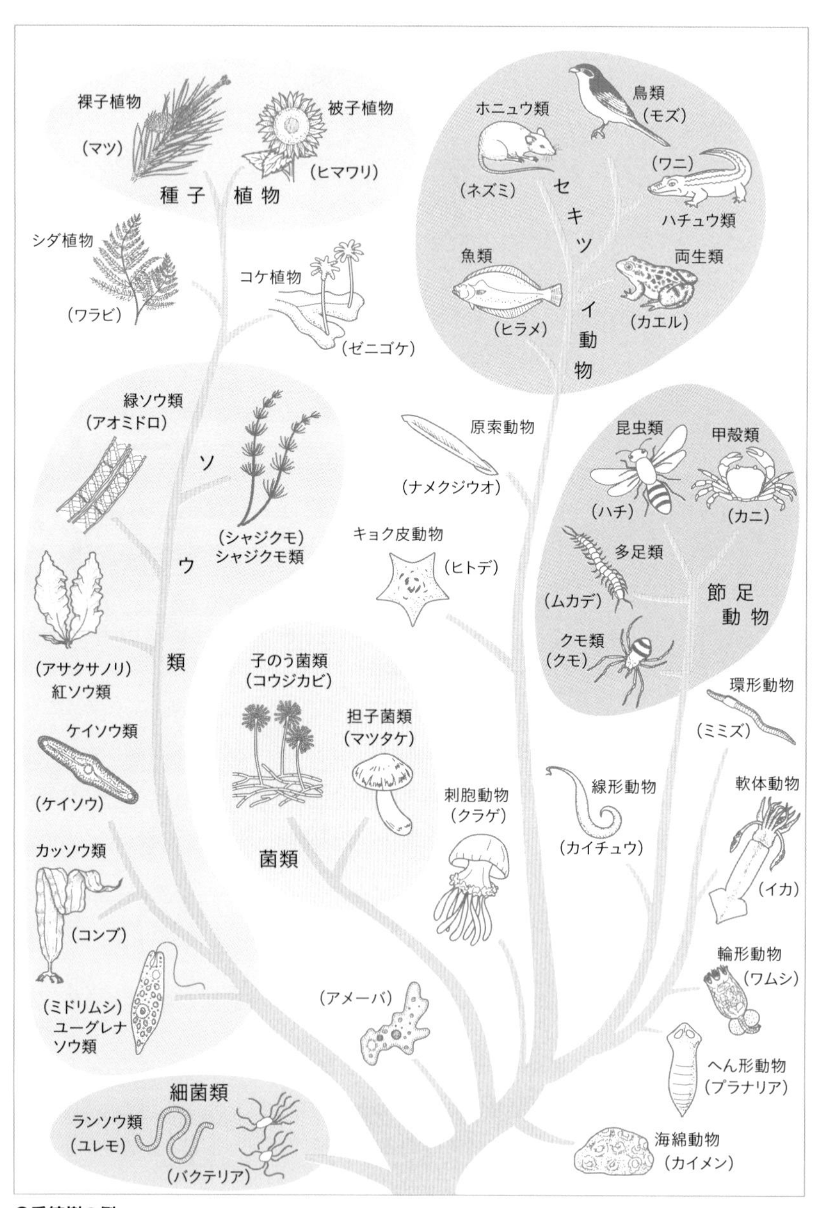
裸子植物
(マツ)
被子植物
(ヒマワリ)
種子　植物
シダ植物
(ワラビ)
コケ植物
(ゼニゴケ)
ホニュウ類
(ネズミ)
鳥類
(モズ)
(ワニ)
ハチュウ類
魚類
(ヒラメ)
両生類
(カエル)
セキツイ動物
緑ソウ類
(アオミドロ)
(シャジクモ)
シャジクモ類
ソウ類
(アサクサノリ)
紅ソウ類
ケイソウ類
(ケイソウ)
カッソウ類
(コンブ)
(ミドリムシ)
ユーグレナ
ソウ類
原索動物
(ナメクジウオ)
キョク皮動物
(ヒトデ)
子のう菌類
(コウジカビ)
担子菌類
(マツタケ)
菌類
刺胞動物
(クラゲ)
(アメーバ)
昆虫類
(ハチ)
甲殻類
(カニ)
多足類
(ムカデ)
クモ類
(クモ)
節足動物
環形動物
(ミミズ)
線形動物
(カイチュウ)
軟体動物
(イカ)
輪形動物
(ワムシ)
へん形動物
(プラナリア)
海綿動物
(カイメン)
細菌類
ランソウ類
(ユレモ)
(バクテリア)

⬆系統樹の例

観察

花粉管(かふんかん)がのびるようすを調べる

方法

❶ 加熱している5〜10%の砂糖水に寒天の粉末1gを加え，よくかき混ぜてとかす。

❷ ❶でつくった寒天溶液を，1，2滴スライドガラスに落とし，冷えて固まるのを待つ。（→**図1**参照）

❸ ホウセンカなどの花粉を筆につけて，❷の寒天の上で，指で軽くはじくようにして花粉をまく。花粉は，まとまらずに散らばるようにまく。（→**図2**参照）

❹ カバーガラスをそっとかける。水の入ったシャーレの中に入れるが，花粉が直接水につかないように気をつける。（顕微鏡観察の間も，この状態にする。）（→**図3**参照）

❺ 3分または5分のように，一定時間ごとに顕微鏡で花粉のようすを観察する。顕微鏡の倍率は，100〜200倍で観察する。

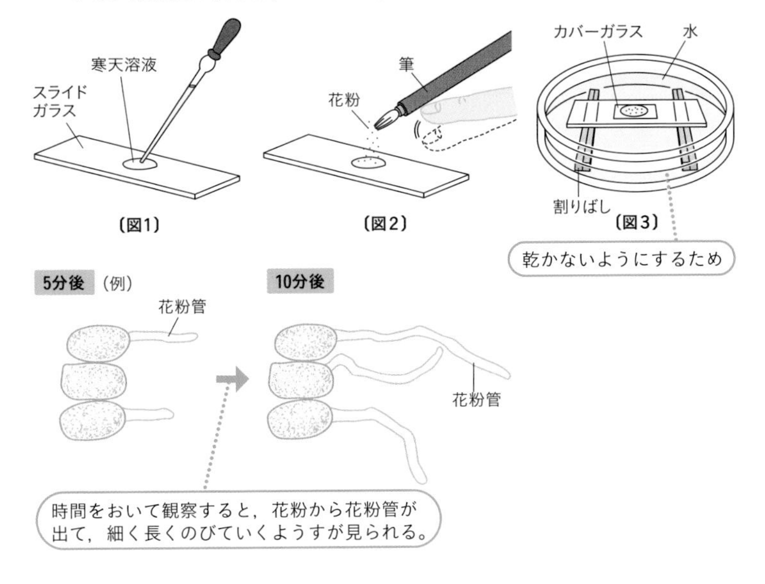

完成問題 CHECK

解答 p.634

1 図は，植物と動物の細胞のつくりである。次の問いに答えなさい。

A　B
a　b　c　d　液胞

⑴ 植物の細胞はA，Bのどちらか。 (　　)

⑵ a～dの部分をそれぞれ何というか。

a (　　　　) b (　　　　)

c (　　　　) d (　　　　)

⑶ aとb以外の部分をまとめて何というか。 (　　　　)

2 図の細胞について，次の問いに答えなさい。

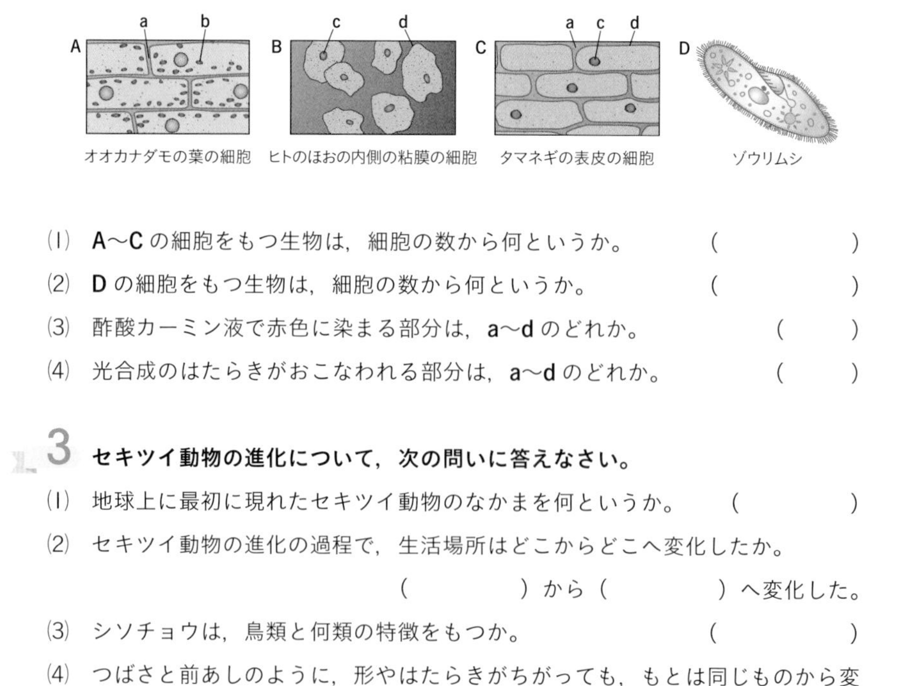

オオカナダモの葉の細胞　ヒトのほおの内側の粘膜の細胞　タマネギの表皮の細胞　ゾウリムシ

⑴ A～Cの細胞をもつ生物は，細胞の数から何というか。 (　　　　)

⑵ Dの細胞をもつ生物は，細胞の数から何というか。 (　　　　)

⑶ 酢酸カーミン液で赤色に染まる部分は，a～dのどれか。 (　　)

⑷ 光合成のはたらきがおこなわれる部分は，a～dのどれか。 (　　)

3 セキツイ動物の進化について，次の問いに答えなさい。

⑴ 地球上に最初に現れたセキツイ動物のなかまを何というか。 (　　　　)

⑵ セキツイ動物の進化の過程で，生活場所はどこからどこへ変化したか。

(　　　　)から(　　　　)へ変化した。

⑶ シソチョウは，鳥類と何類の特徴をもつか。 (　　　　)

⑷ つばさと前あしのように，形やはたらきがちがっても，もとは同じものから変化したと考えられる器官を何というか。 (　　　　)

4 図は，細胞が分裂するときのようすを顕微鏡で観察して，過程をスケッチしたものである。次の問いに答えなさい。

A 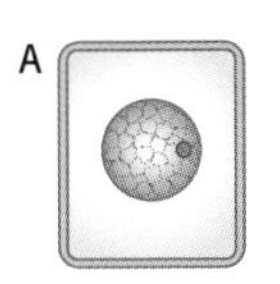 B 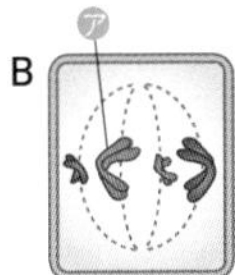

C 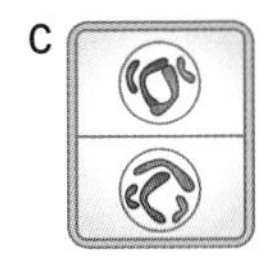 D 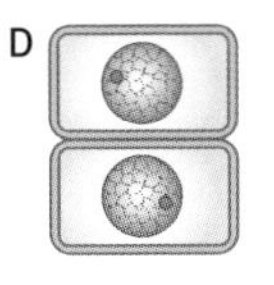 E 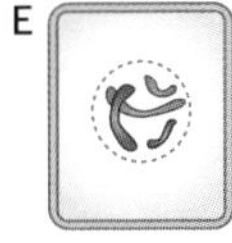 F 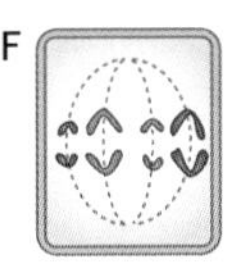

(1) A～Fを，Aをはじめとして細胞分裂の進む順に並べよ。

A →（　　）→（　　）→（　　）→（　　）→（　　）

(2) 図中のアを何というか。（　　）

(3) 新しくできた2つの細胞の大きさは，その後どうなるか。

（　　）

5 図は，ある生殖のようすを表している。次の問いに答えなさい。

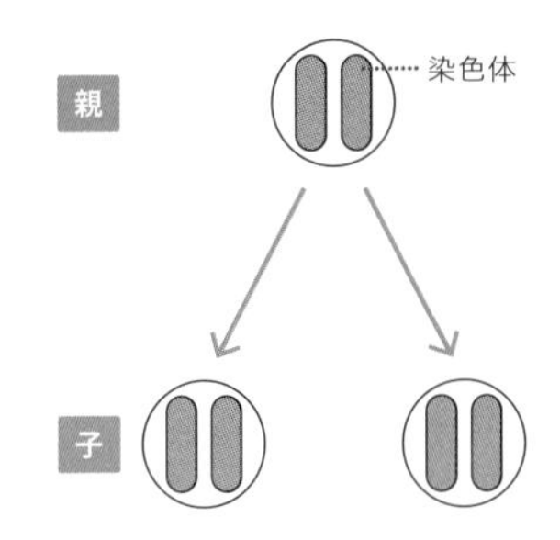

(1) この生殖は，有性生殖，無性生殖のどちらを表しているか。（　　）

(2) (1)の生殖の場合，子に現れる形質は親の形質と同じか，ちがうか。

（　　）

6 図は，ある動物の親の細胞が分裂して，生殖細胞ができ，受精して子になるようすを表している。次の問いに答えなさい。

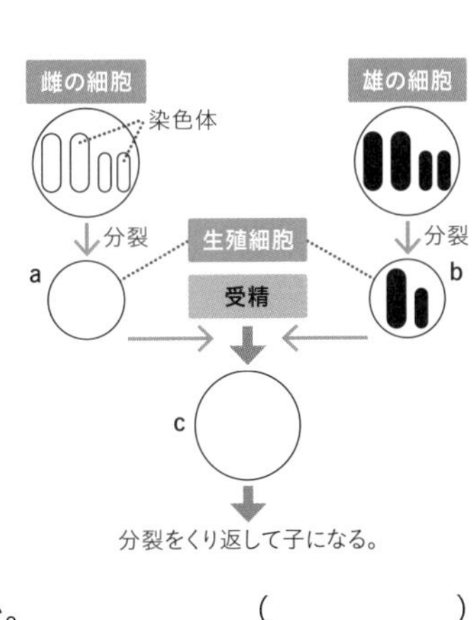

(1) aは「卵」を表している。bは何を表しているか。（　　）

(2) aの染色体を図の○にかき入れよ。

(3) cの染色体を図の○にかき入れよ。

(4) 図のような，生殖細胞がつくられるときにおこなわれる，特別な細胞分裂を何というか。（　　）

第5章 自然界の生物と人間

地球上に生活するすべての生物は，関わり合いながら生活をしている。
わたしたち人間も例外ではなく，人間の生活は自然環境に影響され，また影響を与えている。
第５章では，自然環境と人間をふくめた生物との関わり合いを学習する。

SECTION 1 生物どうしのつながり … p.472
SECTION 2 分解者のはたらき … p.477
SECTION 3 生物のつり合いと物質の循環 … p.484
SECTION 4 自然環境と人間 … p.489

生物どうしのつながり

キツネやイタチはノネズミやウサギを食物としており，ノネズミやウサギは植物がなければ生きていけない。このように，植物や動物は，関係し合って生きている。ここでは，生物どうしがどのようにつながって生活をしているか，学習する。

1 生物の競争と協同

1 生物の競争と協同

生物は，自然界では無機的な環境（温度，水，光，土，大気など）と関連しながら生活している。そして，生物どうしもたがいに影響しあって，生物の密度や分布が変化する。

◉ **競争（生存競争）**

同じような生活をする植物や，同じものを食べる動物間で起こりやすい争い。植物では光，動物では食物または生殖の相手を得るための競争が多く見られる。過密な集団では競争が激しくなって，生物の数が増えにくくなることが多い。

◉ **協同**

異なる種類の生物どうしが，それぞれ有利な結果を得ている場合を協同，そのはたらきを**協同作用**（**共生**）という。このはたらきで，生物どうしが生きていくことも，なかまをふやしていくこともたやすくなる。

くわしく 

生物の密度と分布

生物は，個体の密度が増すにつれて競争や協同の現象が現れ，生物集団が移り変わるようになり，生物の分布が決まってくる。たとえば，野草が成長して密度が増すと，地上部では光を，地下部では水や養分をうばいあうため，勢力の弱いものが少なくなる。

2 生物のなわばり

ある動物の個体や，ある特定の動物の集団が防衛する地域のことを**なわばり**（テリトリー）とよぶ。動物が，その地域で行動するが防衛はしないときは，その地域はその動物の**行動圏**とよぶ。

なわばり内の行動は，ふつうは同じ種類の他の個体に対しての（特になわばりをもっている雄が，他の雄に対して）防衛手段で，食物を取ったり，子孫をふやすために一定の空間に定住したりすることになる。トンボ・アリなどの昆虫，渓流にすむ魚，ハチュウ類，ホニュウ類，多くの鳥に見られる。

3 動物の順位制とリーダー制

節足動物やセキツイ動物には，その群れの個体の間に，優位・劣位の順位が見られる種類があり，この体制を**順位制**という。順位は，生物の個体どうしの闘争などの結果定まる。このような動物では，食物を取る権利や交尾をする権利，あるいは群れを防衛する義務が，この順位にしたがってあたえられたり，課せられたりしている。

また，動物の群れの中にはリーダーがいて，群れ全体の行動を導く役割をもつ。これを**リーダー制**という。ホニュウ類では，順位制で最も高い順位の個体がリーダーになることが多い。ゾウの群れでは，年長の雌がリーダーになって，その姉妹や子，孫たちが集まる母系集団をつくる。また，ニワトリのように数羽でリーダーの集団をつくることもある。

つつきの順位

順位制の代表的な例に，ニワトリなどで知られている“つつきの順位”がある。

１位のニワトリは，２位以下のニワトリをつつき，２位は３位以下をつつくという順番が生じる。

発展・探究

生物の協同の例

アリはアブラムシを運搬したり，外敵から守ったりするかわりに，アブラムシからあまい汁をもらいます。そのほかに，ウメノキゴケのように菌類とソウ類がいっしょに生活している例や，マメ科植物の根につく根粒菌などが協力して生活しています。

⬆アブラムシからあまい汁をもらうアリ

2 食物のつながり

1 食物連鎖

自然界では，生物どうしの間に食べる，食べられるという関係があり，生物はその関係性の中で生活している。

たとえば，キャベツはモンシロチョウの幼虫に食べられ，モンシロチョウの幼虫はスズメに食べられる。そして，スズメはタカに食べられる。このような生物どうしの食物によるつながりを，**食物連鎖**という。

この食物連鎖は，つねに植物から始まって肉食動物で終わるが，その段階は，それらの生物をとりまく自然環境によって多種多様である。

自然界ではその関係が単純ではなく，複雑に網目状に分岐している。このような構造を**食物網**，または食物環という。

◉ 生産者

食物連鎖の生物の中で，自ら栄養分をつくり出している生物を**生産者**という。光合成によって栄養分をつくり出す植物などが，この生産者に属する。

◉ 消費者

自分で栄養分をつくり出せず，生産者のつくり出す栄養分を，食物として直接的，間接的に取り入れている生物を，**消費者**という。

▶消費者の区分

消費者である動物を，食べる食物によって下の表のような段階（栄養段階）に分けることができる。

用語解説 

食物環
生物界にみられる食物連鎖全体が環状につながった循環的な関係。

栄養段階
食物連鎖において，生物を栄養分（食物）の取り方によって生産者，第一次消費者，第二次消費者などに分けた段階のことを，栄養段階という。

栄養段階	説明	代表的な生物
第一次消費者	植物などを，食物として直接食べる草食動物	バッタ，モンシロチョウ，ウサギ
第二次消費者	第一次消費者である草食動物を，食物として食べる肉食動物	カエル，トカゲ，トンボ
第三次消費者	第二次消費者である肉食動物を，食物として食べる肉食動物	モズ，フクロウ，イタチ

2 陸上の生物の食物連鎖(しょくもつれんさ)

下図は陸上の生物の食物連鎖の例である。木や草が光合成(こうごうせい)によって栄養分をつくり出し，その栄養分を**第一次消費者**(しょうひしゃ)（ネズミ，ウサギ，バッタなど）が食べる。これらの小動物を**第二次消費者**（イタチ，モズなど）が食べ，第二次消費者は大形の動物である**第三次消費者**（イヌワシ，フクロウなど）に食べられる。

くわしく

食物連鎖の出発点

生物が生活するために必要なエネルギーのもとは，植物がとり入れた太陽エネルギーであり，植物が食物連鎖の出発点となる。

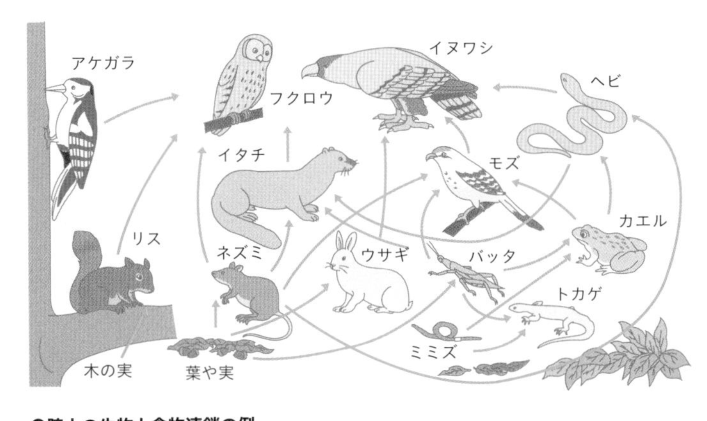

⬆陸上の生物と食物連鎖の例

3 水中と土の中の生物の食物連鎖

水中で生活する生物の間や，土の中で生活する生物の間にも，陸上の生物の間と同じように食物連鎖がある。

◉ 水中の生物の食物連鎖

水中で光合成(こうごうせい)によって栄養分をつくり出す生産者は，ケイソウなどの植物プランクトンや海ソウである。植物プランクトンなどを食べるミジンコなどの動物プランクトンは，**第一次消費者**(しょうひしゃ)であり，動物プランクトンなどを食べる小魚などは**第二次消費者**である。**第三次消費者**はカツオやマグロなどである。

くわしく

生物は無限にはふえない

上図で，フクロウやイヌワシは食べられる動物がいないのに無限にはふえない。それは，これらの動物がえさにする動物に限りがあるからである。

◉ 土の中の生物の食物連鎖

土の中では植物は生育できないので，土の中には光合成を行う生物は存在しない。そのため，**落ち葉や枯れ枝が生産者**となっている。土の中の**第一次消費者**は，ミミズ，ヤスデなどである。これらの動物は，落ち葉などを食べて生活している。**第二次消費者**は，第一次消費者であるミミズ，トビムシなどを食べるモグラ，クモなどである。

分解者
ミミズやトビムシなど，土の中の小動物の一部は，落ち葉などを食べて分解することから分解者ともよばれる（➡p.481）。

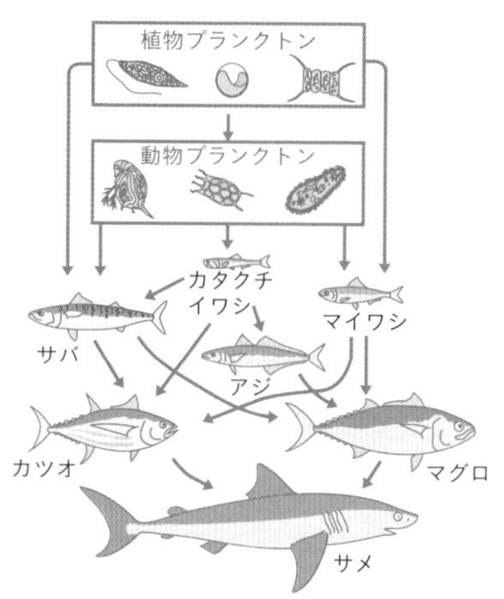

⬆水中の生物の食物連鎖の例

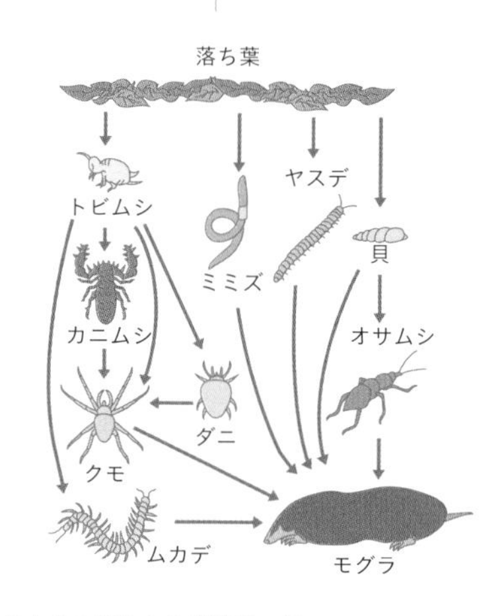

⬆土中の生物の食物連鎖の例

4 食物連鎖とエネルギー

食物連鎖は，単に生物どうしの食べる，食べられるという食物による関係を示すだけでなく，**植物が光合成によって取り入れた太陽の光のエネルギーの流れ**も示している。光合成によって植物は，太陽のエネルギーを**有機物**の中にたくわえる。そして，その有機物がそれを食べた生物の呼吸によって分解され，生活活動のエネルギーとして利用されている。

なお，取り入れたエネルギーは一部が生活や成長のために使われ，残りは熱として自然界に放出されている。

太陽のエネルギーの利用
太陽のエネルギーを直接，有機物にして利用できるのは植物や植物プランクトンだけで，ほかの生物はこのエネルギーを，植物や植物プランクトンを通して利用する。

第5章 SECTION 2

分解者のはたらき

土の中には，動物の死がいやふんなどの有機物を利用して生活する生物がいる。これらを分解者といい，有機物は分解者によって無機物に分解される。ここでは，どのような分解者がいて，どのように分解が行われるかを学習する。

1 土の中の小動物

1 落ち葉の分解(ぶんかい)の様子

秋になると，落葉樹（カエデ，ブナ，ナラなど）の森林では，落ち葉が地面を一面におおう。これらの落ち葉は分解などを経て，黒い土へと変化していく。

◉ **新しい落ち葉の分解**

新しい落ち葉は乾燥(かんそう)していて，有機物(ゆうきぶつ)も多く硬い。落ち葉の下や土の中にすんでいる小動物の中には，このような乾燥した葉を好んで食べるものも多く，これらの小動物に食べられた葉はより細かくなる。また，地面で水分を吸収した落ち葉は，しだいに形がくずれていき，黒くやわらかい落ち葉に変化していく。

2 土の中の小動物

土の中には，昆虫類(こんちゅうるい)や多足類，クモ類，甲殻類(こうかくるい)などのようなものから，非常に小さな微生物まで，さまざまな小さな動物がすんでいる。

◉ **小さな動物のはたらき**

土の中の小動物の多くは，**落ち葉や小動物のふん，動物の死がいにふくまれる有機物(ゆうきぶつ)をもとに生活している。**

たとえば，コガネムシの幼虫やミミズなどは，小動物のふんや落ち葉を土ごと食べて細かくする。このような土の中の小動物は，有機物を細かくするはたらきをもつものが多く，これらを**分解者**(ぶんかいしゃ)（➡p.481）とよぶ。

参考

落ち葉にも有機物がある

落ち葉も，もとをたどれば植物が光合成(こうごうせい)でつくったもので，有機物がたくわえられている。

くわしく

分解者としての小動物

小動物は落ち葉を食べてこれを細かくし，菌類(きんるい)や細菌類(さいきんるい)の分解のはたらきを助けている。この点から，小動物も分解者といえる。

くわしく

ミミズのはたらき

ミミズは食べた土を小さなだんご状にして排出するため，土中に空間ができる。また，移動のときに土をかきまぜる。このため，ミミズには土を細かく耕し，やわらかくするはたらきがあるといえる。

発展・探究

土の中の小動物を採集してみよう

右図のような装置を使うと，土の中の小動物を集めることができます。この装置は，これを考案したスウェーデンの動物学者にちなんで，ツルグレン装置とよばれます。

金網の上に落ち葉や土をのせると，電灯の光と熱によって，落ち葉や土の中の乾燥や熱を嫌う小動物が追い出され，下のビーカーの水の中に集められます。

光と熱を避ける小動物の習性を利用しているため，乾燥に極端(きょくたん)に弱い小動物や移動の遅い小動物を集めるのには，ツルグレン装置は向きません。

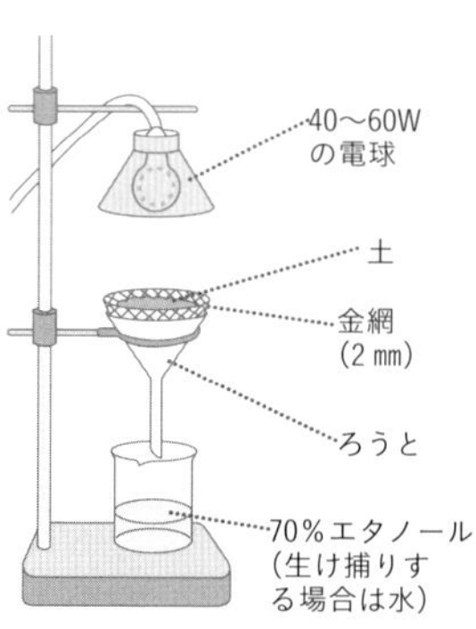

⬆ツルグレン装置

◉ おもな土の中の小動物

日本の本州にある平均的な森林の土の中に多く見られる生物の1 m^2あたりの個体数は，右表のようになる。

なお，場所や季節によって，気温・地温・降水量・土の状態などが大きく変化するのにともない，土の中の生物の種類や個体数も大きく変化する。

センチュウ	約50万～500万
ヒメミミズ	約10万
ササラダニ	約2万～6万
トビムシ	約2万～5万
ミミズ	約500
ダンゴムシ類	約50～300
ヤスデ	約20～100

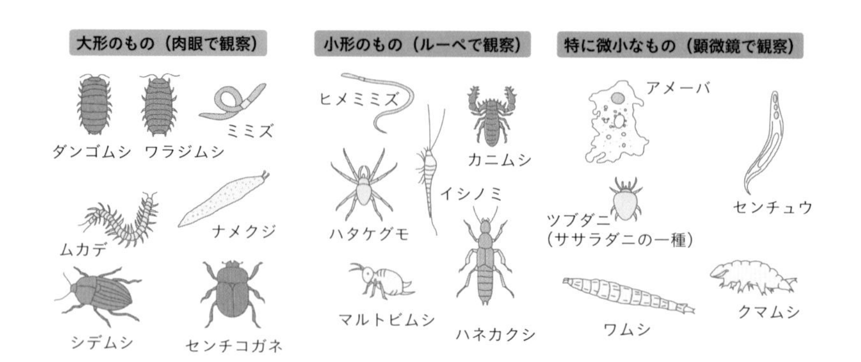

⬆土の中の小動物の例

◉ 落ち葉を食べる小動物

ダンゴムシやワラジムシ，ヤスデなどの小動物は，じょうぶなあごをもち，落ち葉の下などで生活し，乾燥(かんそう)した新しい落ち葉，生きている植物の芽や葉をかじって食べる。ある調査では，ヤスデは１日に自分の体重の30～40％もの落ち葉を食べているというデータがある。

水分をふくんで，やわらかくなった黒い落ち葉や枯(か)れ枝(えだ)は，ミミズやトビムシ，ササラダニなどが好んで食べる。こうして，落ち葉はしだいに細かくされる。

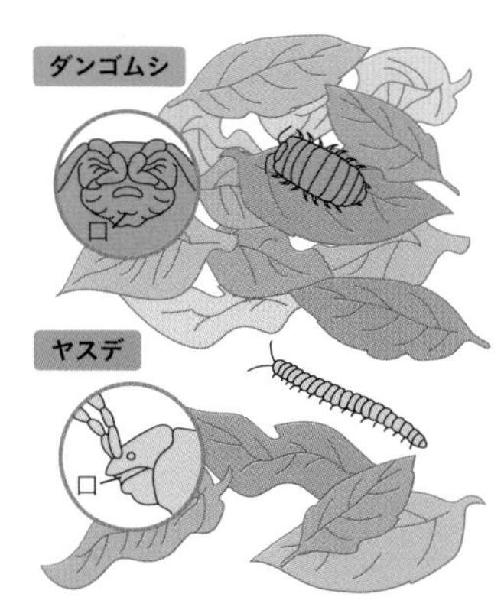

⬆落ち葉を食べる小動物とその口

◉ 小動物のふんを食べる小動物

センチコガネやマグソコガネ，ミミズなどは，新しい落ち葉を食べた小動物のふんを食べる。ミミズや土の中にいるコガネムシなどの幼虫は，ふんを土といっしょに飲みこんで，栄養分だけ摂取(せっしゅ)している。

◉ ほかの動物を食べる小動物

オサムシ，シデムシなどはほかの動物の死がい（小鳥，野ネズミなど）に多く集まり，また，大形の動物であるイノシシやシカなどのふんもよく食べる。ムカデ，クモなどはほかの生きている動物を捕らえて食べて生活する。

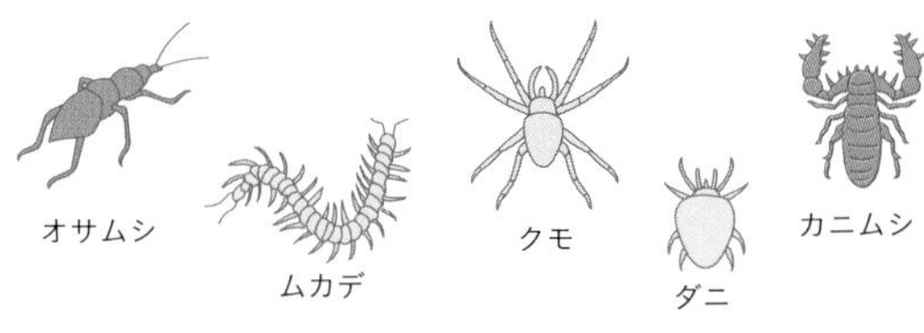

⬆ほかの小動物や大形の動物の死がいや排出物を食べる動物

土の中の小動物は，ミミズなどのように腐(くさ)ってやわらかくなった葉を食べる（腐植食性(ふしょくしょくせい)）生物や，トビムシやササラダニなどのように菌類(きんるい)・細菌類(さいきんるい)を食べる（菌食性(きんしょくせい)）生物が非常に多く，ついで，クモなどほかの生き物を捕らえて食べる（肉食性）生物が多い。

参考

ミミズの食べる量

鹿児島県大隅半島(かごしまけんおおすみはんとう)での調査では，ミミズが1m²あたり10.7gいるシイの木の林で，ミミズは１か月に13.8gの落ち葉を食べた。これはシイの葉約110枚に相当するといわれる。

くわしく

ムカデ

各体節に１対ずつのあしがある。するどいあごをもち，土中の小動物の中では，食物連鎖(しょくもつれんさ)の最上位にいる。

3 生物による土の変化

森林の地中の断面は，右図のようにある深さまでは下の層ほど分解が進んでいる。層の有無や各層の厚さなどは，場所によって大きく異なる。

下の層ほど分解が進んでいる

土の状態（層の名前）	土の中の動物
原形を保った枯れ枝や落ち葉（落葉落枝層）	たくさんの昆虫やクモ
腐って分解が進んでいるが原形が認められる（腐葉層）	コガネムシの幼虫や小動物
さらに分解が進み原形を保っていない（腐植層）	ミミズなど
有機養分がしみこんだ黒土（上層土）	動物の数は少ない
有機養分の少ない赤土（下層土）	動物はほとんどいない

↑森林の中の土の層

土の中の生物たちは土の中を移動するときに土を動かしたり，穴を掘(ほ)って，落ち葉などを地中にもちこんだりするため，土をかき回すはたらきをする。また，ミミズやヤスデ，ダンゴムシなどの土を食べる動物が，だんご状のふんを排出(はいしゅつ)することによって土の中にすき間がふえ，有機物(ゆうきぶつ)と無機物(むきぶつ)は混ぜ合わされる。

こうしたことにより，空気や水分が土中にためられ，養分の状態がよくなる。そして，微生物や菌類(きんるい)や細菌類(さいきんるい)も活動しやすくなって分解が進み，植物の生育にも適するようになる。土（土壌(どじょう)）は，生物の世界からつくり出された有機物と，自然界の無機物が混ざり合ってできている。すなわち，生物の作用があってはじめて土は存在する。

くわしく 

腐植(ふしょく)と腐植土(ふしょくど)

動植物の死がいや排出物などがいろいろな分解者によって分解され，黒くなったものを腐植といい，腐植が多くやわらかく肥えた土を腐植土という。腐植土は，水や空気をふくみやすく，植物の根の成長につごうがよい。

発展・探究

土の深い層はどうなっている？

森林の土の表面の**落葉落枝層(らくようらくしそう)**（未分解の落ち葉や枯れ枝が積もっている層）や**腐葉層(ふようそう)**（ある程度，分解された植物の死がいが積もっている層）では動物の種類数や個体数は豊富ですが，深さにともなって数は減少します。セミの幼虫などのわずかな例外を除けば，ふつう50cmより深いところには，ほとんど動物はいません。なぜなら，深くなると，土と土のすき間が少なくなって酸素が不足し，食物となる有機物も不足するからです。土の層の下には，風化しかかった岩の層，ほとんど風化していない岩の層などがあります。

❷ 分解者のはたらき

1 分解者

自然界で，生物の死がいや動物の排出物などの有機物を分解して無機物にし，自然を浄化するはたらきをもつ菌類や細菌類と，そのはたらきを助ける土の中の小動物を合わせて**分解者**という。

植物は無機養分を土から吸収し，動物が直接または間接的に植物から栄養分を得る。そして，これらの**死がいや排出物の有機物は，分解者により無機物に分解されて土にもどる**。無機物に分解されたものは，再び植物の無機養分となって植物にわたる。

生産者（植物）
有機物
消費者（動物）
無機養分をあたえる
死がい・排出物
分解者が分解

⬆生産者，消費者，分解者の関係

このサイクルの中では，太陽からのエネルギーが，生物の生活活動のエネルギーとして変換されている。この流れ（生態系）の中で，生産者・消費者・分解者の関係がバランスよくはたらいているのは，分解者である土の中の小動物や，菌類や細菌類などの微生物の存在が大きい。

用語解説 

生態系

生物とその生物の生活する無機的環境によってつくられる1つのまとまりを生態系という。

森林・草原・湖のほか，地球全体も1つの大きな生態系と考えることができる。

◉ 分解者のはたらき

生物の死がいや排出物中の有機物は，分解者に分解されると，二酸化炭素や水，窒素化合物などの無機物になる。**二酸化炭素は，生産者の光合成の原料**となり，**窒素化合物は，生産者の体をつくる材料**として，根から水とともに無機養分として吸収される。

自然界では，生産者が有機物を合成し，消費者がその一部を利用しているが，分解者は**有機物を無機物に分解して生産者に供給**している。

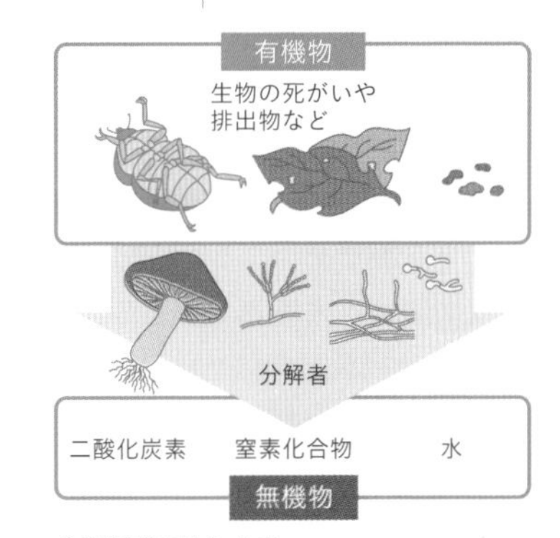

⬆分解者のはたらき

加えて，分解者は自然界における物質循環の浄化のはたらきをする。もし，分解者がいなければ，生物の死がいや排出物はいつまでもそのまま残ってしまう。その結果，植物も動物も生活できなくなってしまう。

▶**自然の浄化**　河川の水の中にある排出物や死がいなどが水中にすむ菌類や細菌類などの分解者により分解され，きれいになる現象を，**浄化作用**という。

河川などの水がよごれ，水中の有機物があまりに多くなりすぎると，分解者である微生物が急に多くなる。すると，水中の酸素が不足するため，微生物が死に，かわって酸素を必要としない細菌類がふえる。この結果，浄化作用が起こらず，魚や貝などのすめない河川になってしまう。

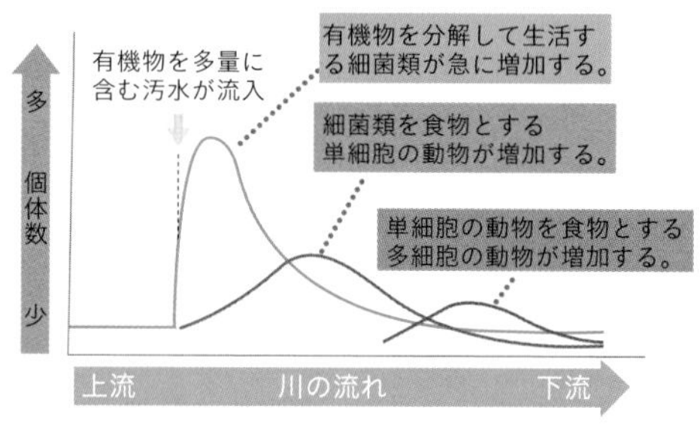

⬆汚水が流入した河川の流れと微生物の個体数の変化

くわしく

酸素を必要としない細菌類のはたらき

酸素が不必要な細菌類は，有機物を無機物にまで分解できないため，メタンやアンモニアなどの有害物質を発生する。

2 土の中の微生物

土の中には，落ち葉や動物の死がい，排出物などの有機物が多く混じっている。この土の中には，菌類や細菌類が数多く生息し，有機物を分解することによって養分を得ている。

◉ 菌類

カビやキノコのなかまを**菌類**という。一般に，大形の子実体（きのこ）をつくるものを**キノコ**といい，糸状のままで胞子をつくるものを**カビ**とよぶことが多い。わたしたちがよく食べているシイタケやシメジも菌類である。葉緑体がないため，ほかの生物や死がいなどに寄生して養分を得る。菌類の体は菌糸でできており，胞子でふえる。

菌類の多くは多細胞生物であるが，コウボ菌のような単細胞の種類もある。

菌糸　菌類の体のもとになっているもので，細長い細胞がたてに一列につながって糸のようになっているので菌糸という。ふつう枝分かれしている。

細菌類

バクテリアともいう。単細胞生物であり，空中・水中・土中などどこにでもいる。葉緑体をもたず，そのほとんどは寄生生活をする。**ふつうは分裂によってふえる**。また，べん毛をもつ種類もある。なお，菌類と細菌類は名前は似ているが，まったく異なるグループの生物である。

消費者(しょうひしゃ)としての分解者(ぶんかいしゃ)

生産者としての植物，それを食べる消費者としての動物，植物や動物の死がいと排出物を養分とする分解者としての菌類や細菌類，という３つの生物のグループの関係は，物質がどのような順番で循環(じゅんかん)するかという点から見たものである。一方，エネルギーがどのように流れているかという点からみると，**分解者も，落ち葉などに残っている有機物のエネルギーを消費して生活**しており，自らは有機物をつくることはできないので，**菌類や細菌類も消費者**という考え方もできる。

くわしく

細菌類の大きさ
細菌類は非常に小さく，肉眼で見ることはできない。ふつう，0.5～２マイクロメートル（１マイクロメートルは1000分の１ミリメートル）ぐらいである。

微生物の数
土の中の微生物の数は非常に多い。1gの土の中には，100億個以上の微生物が存在する。その中でも細菌類は最も多い。また，土の中にはソウ類や原生生物（アメーバなどの単細胞生物）も見られる。

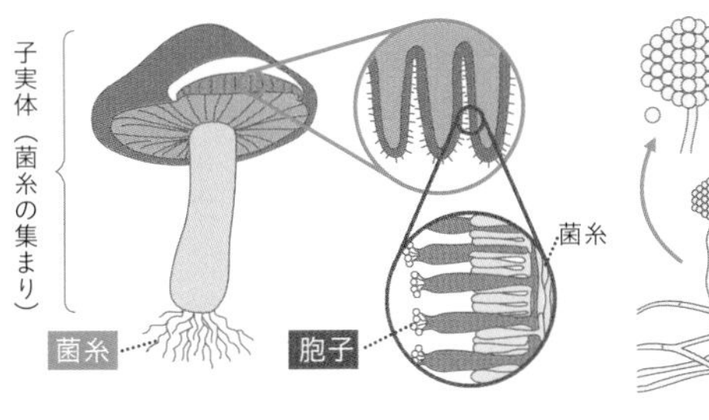

キノコの体のつくり

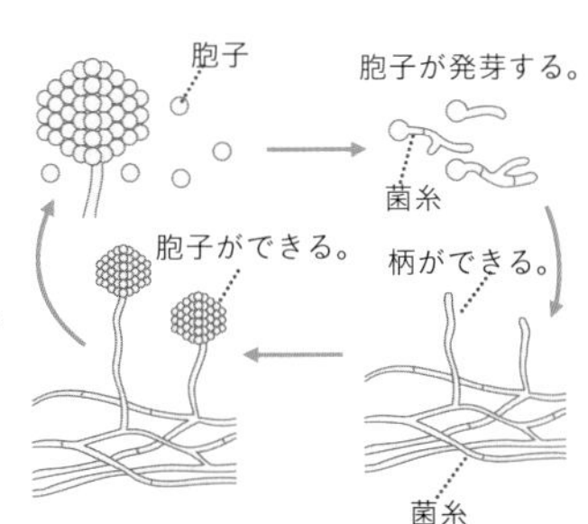

カビの体のつくりとふえ方

❶菌類の体のつくりとふえ方

第5章 SECTION

3 生物のつり合いと物質の循環

自然界では，食物連鎖の中ですべての生物のつり合いが保たれ，生物が生きていくために必要なさまざまな物質が形を変えながら循環している。ここでは，自然界における生物どうしのつり合いと物質の循環についてくわしく学習する。

1 生物のつり合い

1 生物の量の表し方

ある限られた地域の中に生活する生物の量を表すとき，そこにすむ生物の質量（しつりょう）で表す場合がある。生物は種類によって体の大きさがちがうので，生物の量的関係を表すのには，質量で表すとより正確に表せる。

◉ **生物量ピラミッド**

ある限られた地域の，ある時点で生活している生物の質量の合計（全体質量（ぜんたいしつりょう）），または生物を乾燥させたときの質量の合計（乾燥質量（かんそうしつりょう））を栄養段階別に並べたピラミッドの形をした図のことである。底面には生産者（せいさんしゃ）である緑色植物，頂点には大形の肉食動物が位置する。また，各消費者の個体数は，一般に**生物量ピラミッドの底面に近い動物ほど多くなる**。つまり，食べられるもののほうが食べるものより個体数が多い。

くわしく 

消費者の体の大きさ

生物量ピラミッドにおける消費者の体の大きさは，一般に，ピラミッドの底面に近い動物ほど小さく，頂点に近いほど大きい。

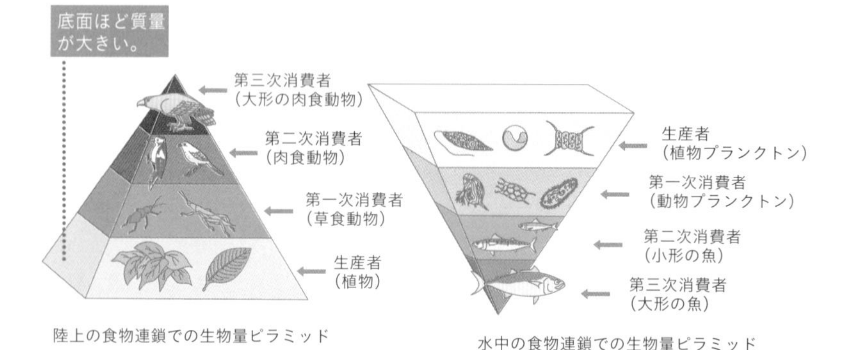

⬆**陸上と水中における生物量ピラミッド**

2 生物どうしのつり合い

ある一定地域内に生活している生物は，食物連鎖（しょくもつれんさ）の関係でつながっており，**その種類や数はほとんど変化せず，全体としてつり合いが保たれている。**動物の場合は，食べる生物の量，植物の場合は，土中の養分や光合成に必要な光の量によって生存できる量が決まる。したがって自然の状態では，ある特定の種の生物だけが無制限にふえ続けるということはない。

◉ 自然の中の生物のつり合い

自然界における生物どうしのつり合いをピラミッドで考えると右図の❶のようになる。

自然界では，生物の個体数は多少の増減をくり返しているが，**長い期間でみるとつり合いは一定に保たれている。**

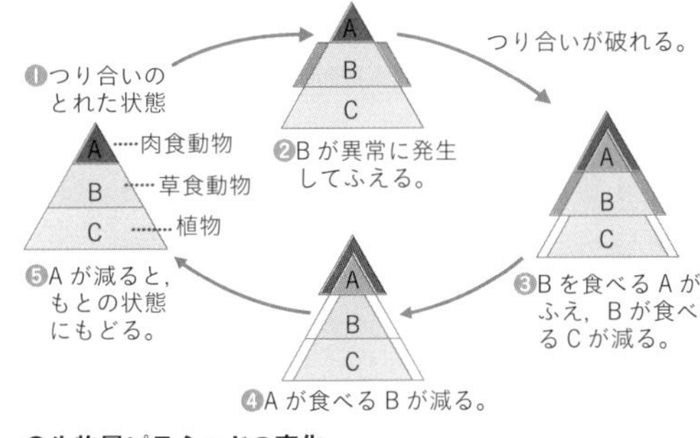

⬆**生物量ピラミッドの変化**

発展・探究

生物のつり合いが保たれる例

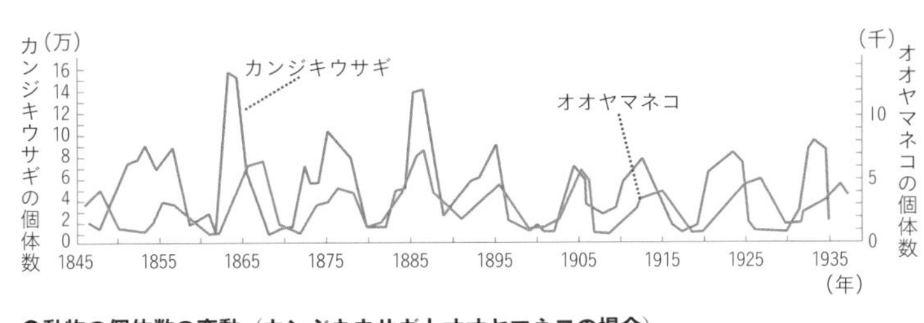

⬆**動物の個体数の変動（カンジキウサギとオオヤマネコの場合）**

グラフは，被食者であるカンジキウサギと捕食者であるオオヤマネコの個体数の変動を表しています。ウサギの数がふえると，ウサギを食物としているヤマネコの数もふえますが，ウサギの数が減るとヤマネコは食物が少なくなるので，その数は減ります。これをくり返すように，2者の数はつり合います。

3 生物のつり合いが破られた場合

生物の世界のつり合いは，山火事や洪水などの天災，または外来種や人間によってくずされることがある。そして，つり合いがもどるまでには長い年月が必要であり，また，必ずしももどるとは限らない。

◉ 外来種により破られる場合

ある一定の地域に，それまで生活していなかった生物が，他の場所から入ってきてその土地で繁殖することがある。このような生物を**外来種**（外来生物）という。この外来種には，はじめ天敵がいないので大量に発生し，生物のつり合いが一時破れることがある。外来種は動物だけでなく，植物もふくまれる。

▶**フイリマングースの例**　フイリマングースは，ハブなど毒ヘビの天敵であると考えられていたため，1900年代に沖縄県や奄美大島に輸入され放たれた。しかし，実際はハブではなく，アマミノクロウサギなどの在来生物を捕食して数を減らしてしまい，フイリマングースの個体数は大幅にふえてしまった。現在は捕獲活動により，フイリマングースの数は減り，在来生物の数も元にもどり始めている。

◉ 気候変動によって破られる場合

地球温暖化などの気候変動によって環境が急激に変わってしまうと，そこにいた生物が生活できなくなり，個体数が減ったり，すみやすい環境を求めて移動して，移動先に元からあった生物のつり合いを壊してしまったりすることがある。

▶**ホッキョクグマへの影響**　ホッキョクグマは北極にすむ肉食動物で，北極の氷がとけて狩りができない夏の間は何も食べないで生活する。そのため，地球温暖化により氷がとけている期間が長くなると，栄養分を取れず，個体数が減ってしまう。近年では，食物を求めて本来は人間が生活する地域に現れ，人間をおそう場合もある。

くわしく 

人間が自然界のつり合いをくずしてしまう例

人間が森林を切り開いて，宅地やゴルフ場をつくり，林道の建設などを行うと，そのまわりの環境に変化が起こり，自然界のつり合いがくずれてしまうことがある。ほかにも動物保護のために天敵を駆除したり，商品として売るために生物を狩ったりして，つり合いがくずれることもある。

用語解説 

天敵

自然界において，ある動物を捕食したり寄生して殺したりする生物のこと。害虫の駆除に利用されることもある。

2 自然界における物質循環

1 炭素と酸素の循環

植物（生産者）は太陽の光のエネルギーを使って，二酸化炭素と水から有機物をつくり，酸素を空気中に放出している（➡p.366）。この有機物は植物が自ら利用するとともに，動物に食物として取り入れられる。また，生物の呼吸によって酸素が吸収され，有機物を分解するために利用される。このとき，細胞の活動に必要なエネルギーが取り出されるとともに，二酸化炭素や水などが放出される（➡p.411）。

◉ 炭素の循環

炭素は，**有機物の主成分**である。植物は，空気中の二酸化炭素（無機物の炭素）を取り入れ，光合成によって有機物をつくる。

有機物の形となった炭素は，食物連鎖によって生産者から消費者・分解者へと移動する。そして有機物中の炭素は，すべての生物の呼吸によって二酸化炭素として大気中にもどされる。

このように，**自然界の炭素は二酸化炭素として大気中に，有機物として生物の体の中に存在**し，食物連鎖や光合成と呼吸のはたらきによって循環している。

くわしく

酸素の循環

植物の光合成のはたらきによってつくられて，空気中に放出された酸素は，呼吸によって生物に取り込まれている。

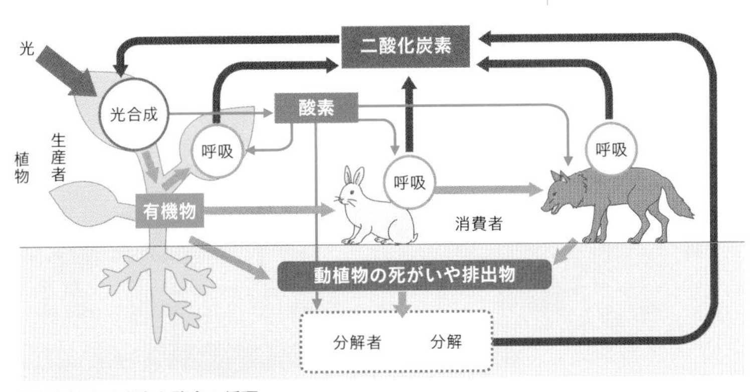

❶自然界での炭素と酸素の循環

2 窒素の循環

動物の体をつくるタンパク質の成分は，炭素や酸素，水素，そして**窒素**である。植物は，光合成(こうごうせい)による生産物と根から吸収した窒素化合物からタンパク質を合成する。窒素分子はとても安定しており，空気中にたくさんふくまれているが，ほとんどの生物は空気中の窒素を直接利用できない。窒素を利用可能な状態にする（窒素固定(ちっそこてい)）生物として，マメ科の植物の根につく根粒菌(こんりゅうきん)があげられる。

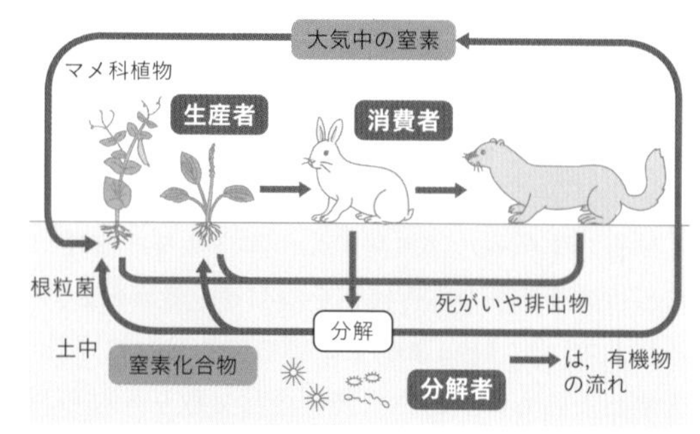

⬆自然界での窒素の循環

発展

マメ科植物と根粒菌

マメ科植物の根には小さなこぶがたくさんついており，その中には**根粒菌**とよばれる細菌(さいきん)がたくさん生活している。この根粒菌は，土壌(どじょう)中の空気の窒素を窒素化合物に変えるはたらきをもっている。このため，マメ科植物は大気中の窒素を利用できる。

3 生物界のエネルギーの流れ

生産者(せいさんしゃ)である植物は，光合成で太陽の光のエネルギーを化学エネルギーに変換して有機物(ゆうきぶつ)にたくわえる。有機物にたくわえられたエネルギーは，食物連鎖(しょくもつれんさ)によって生物間を移動していく。すべての生物は，有機物にたくわえられたエネルギーを呼吸によって取り出し，運動や成長に利用している。いいかえると地球上のすべての生物は，太陽エネルギーによって支えられているといえる。

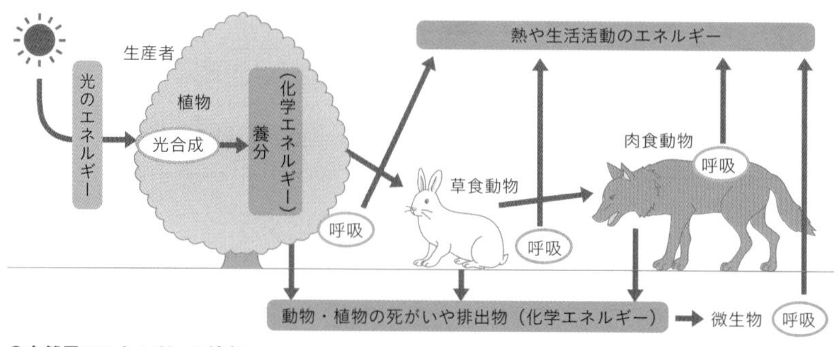

⬆自然界のエネルギーの流れ

第5章 SECTION 4

自然環境と人間

人間は，自然からの恩恵を受けて生活している。その一方で，自然災害がわたしたちの生活をおびやかすこともある。また，大気汚染や地球温暖化など，身のまわりの環境は多くの問題を抱えている。自然環境と人間とのさまざまな関わりについて学習する。

1 人間の生活と環境汚染

1 汚染物質のゆくえ

◉ 自然のはたらきで分解できない物質

自然の中に出された排出物の多くは，さまざまな分解者によって無害な物質に分解されるが（➡p.482），水銀やカドミウム，鉛，PCB（電気を通しにくい絶縁物質の一種），DDT（農薬の一種）などは自然のはたらきでは分解できない。これらの物質は**食物連鎖を通してさまざまな生物の体内に蓄積**されていく。

◉ 生物濃縮

ある物質が食物連鎖を通して，生物体内に濃縮されることを**生物濃縮**という。ある海域中のPCBの濃度は，0.00001〜0.001ppmと非常に低かったが，ミジンコなどのプランクトン，それを食べる魚と食物連鎖が進むにつれ，PCB濃度は1000倍〜10000倍にも増加し，さらに魚を食べるカモメなどの鳥の体内では，100000倍にもなる。

有害な汚染物質が生物体内に入ると，一部の物質は**分解されず濃縮されて生物に害をおよぼす**。人間は食物連鎖の頂点にあるのでその被害は大きく，**水俣病**や**イタイイタイ病**などのような重大な問題に直面した。

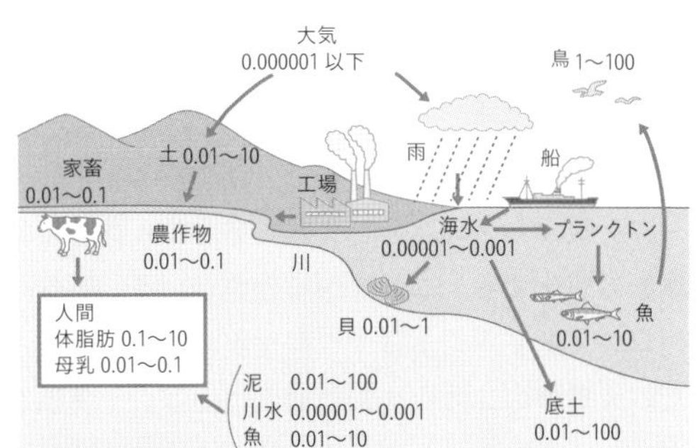

⬆PCBの汚染経路とその蓄積例（単位はppm）

くわしく

イタイイタイ病

富山県の神通川下流域で，1940年代を中心に多発した病気。患者が苦痛のあまり「いたいいたい」ともがくことからそうよばれた。腰や背中，股関節などが激しく痛み，歩行困難，さらにはわずかな外力で骨折するようになる。上流の鉱業所から出された排水中のカドミウムが原因である。カドミウムが川の水から田んぼのイネに吸収され，それをヒトが食べることで起こった。

◉ 環境ホルモン

正確には内分泌攪乱化学物質という。体内に入ってホルモン（➡p.434）と似たはたらきを示すことにより，体に悪影響を与える可能性のある化学物質であり，その由来は農薬や産業廃棄物などが考えられている。環境ホルモンはまず土や水の中に入り，食物連鎖を通して動物の体内に入り，生殖器の萎縮，精子数の減少，行動異常などをひき起こすとされている。

現在，ダイオキシンやビスフェノールAなどのプラスチック関連物質，ディルドリンなどの農薬，PCBなどが環境ホルモンとして疑われている。環境ホルモンについてはまだ不明な点が多いものの，これまでの化学物質の安全基準よりはるかに低い濃度（ときには100万分の１というレベル）で影響が出る。

くわしく 

ダイオキシン

ダイオキシン類は，がんや先天性異常などのさまざまな健康障害を生じさせると考えられている。
おもに物が燃えるときに発生し，とくに塩化ビニルなどのプラスチック類の焼却は生成の原因の１つと考えられている。

2 大気の汚染

◉ 大気中の二酸化炭素量の増加

大気中の二酸化炭素は，生物の呼吸や，有機物の燃焼によって発生する。発生した二酸化炭素は植物の光合成のはたらきで消費されるので，その量はほぼ安定していた。ところが近年，大気中の二酸化炭素の濃度がふえてきている。それは，石炭や石油などの化石燃料を大量使用し燃焼させることにより，大気中に放出される二酸化炭素の量が急激に増加したためと考えられている。この燃焼によって，硫黄酸化物や窒素酸化物なども放出されて，大気汚染が引き起こされている。

◉ 地球温暖化

大気中の二酸化炭素などは，地表から出ていく熱の一部を吸収し，地球外への放熱をさまたげるため，地球を温暖化する。これを**温室効果**という。近年，化石燃料の大量使用によって二酸化炭素濃度が高まってきた。大気中の二酸化炭素の濃度の上昇は，気温を上昇させる原因の１つと考えられる。さらに，気温が上昇

くわしく 

ヒートアイランド現象

都市部の地上気温が周辺部より高くなる現象をさす。郊外に比べて都市部は気温が高いため，等温線は都市部が海に浮かぶ島のようになるため，この名がある。

すると，南極地方などの氷がとけて，海水面が上昇し，低地が海に沈んだり，また生物の生活環境(せいかつかんきょう)に影響が出たりするのではないかと考えられている。たとえば，地球温暖化による海水の温度上昇はサンゴにストレスを与え，白化現象を引き起こすとされる。

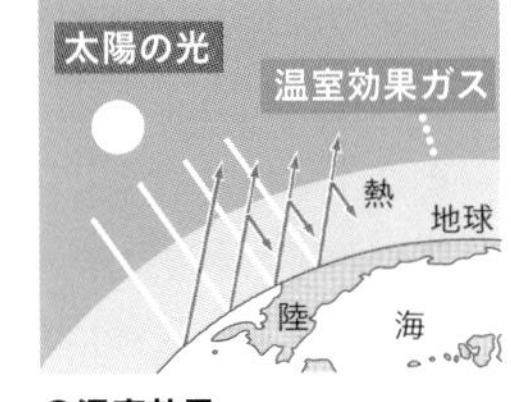

⬆温室効果

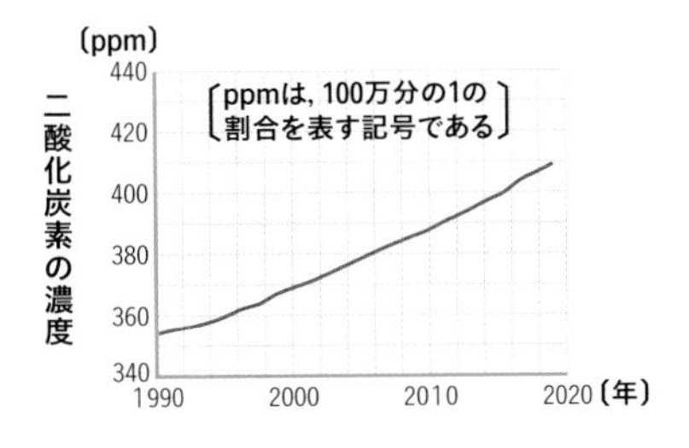

⬆大気中の二酸化炭素の濃度の変化

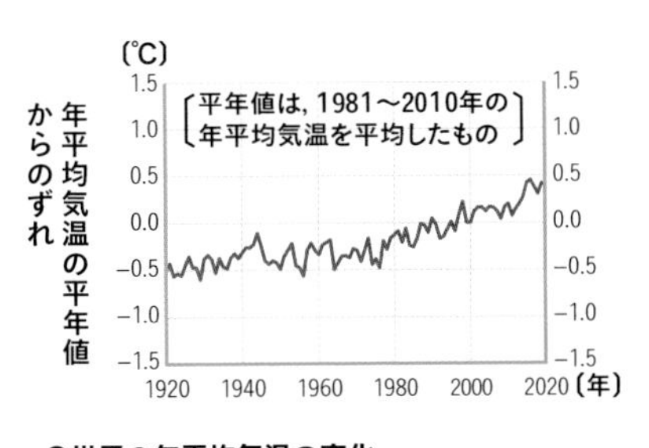

⬆世界の年平均気温の変化

◉ 酸性雨

雨には，大気中の二酸化炭素が溶けこんでいるため，ふつうでも雨水は弱い酸性になっている。しかし，石炭や石油の大量使用でふえた硫黄酸化物や窒素酸化物などが雨に溶けると，強い酸性の雨になる。このような雨を**酸性雨**という。酸性雨は，植物に悪影響を与えるほか，土や湖水を酸性にし，そこで生活する生物に影響を与える。

◉ フロンとオゾンホール

フロンは，圧力を加えると簡単に液体になり，ヒトへの直接的な影響もないことから扱いやすく，スプレーなどの噴霧剤，冷蔵庫やエアコンなどに広く使われてきた。

フロンは，化学的に安定であるため，地表で分解(ぶんかい)されるまでに50〜100年かかり，地表ではほかの物質とはほとんど反応することも分解されることもなく，上空のオゾン層付近まで上昇する。

上空で，フロンが太陽からの強い紫外線(しがいせん)によって分解されるとき，塩素原子が遊離(ゆうり)する。この塩素原子が

温室効果のある気体
温室効果をもつ気体は温室効果ガスとよばれる。温室効果ガスは二酸化炭素のほかにメタンなどがある。

光化学スモッグ
工場や自動車などから大気中に高濃度で放出される窒素酸化物などの混合ガスは，強い日差しを受けると複雑な化学反応を経て酸性度の強い物質になる。これが空気中にただようすい煙のように見えるものを，光化学スモッグという。

オゾンと反応し，いくつかの化学反応を経たのち，再び塩素原子にもどる。この過程でオゾン層は次々と破壊されてしまう。そして，オゾン層のない部分，つまり**オゾンホール**ができることになる。

オゾンなどの大気は，生物にとって有害な紫外線を吸収し，地表に降り注ぐ紫外線の量を抑えている。しかし，オゾンホールの発生によって，紫外線が地表に届きやすくなり，皮膚がん発症のリスクや免疫力の低下などが問題になっている。

くわしく

フロン

フロンは1995年までに，その生産が世界的に禁止となり，代替フロンが用いられるようになった。しかし，代替フロンは温室効果をもつ気体であり，地球温暖化対策で問題になっている。

近年，オゾンホールの面積が小さくなって，オゾン層は回復し始めている。しかし，これからもオゾン層保護の取り組みは続けていく必要がある。

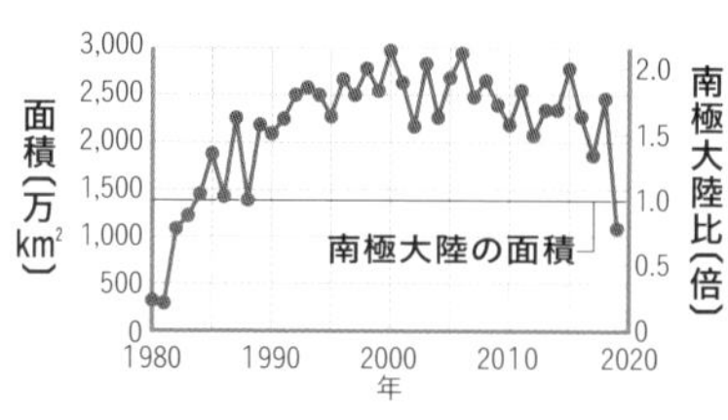

↑オゾンホールの面積の変化

3 水の汚染

水や酸素，二酸化炭素などは，食物連鎖などによって，自然界を循環している。その循環の中に，人間の活動によって生じた有害な物質がふくまれるようになった。水中の有機物は細菌（好気性生物）によって，二酸化炭素や水，窒素やリンの化合物に分解される。これらは植物プランクトンや水生植物の栄養源となり，再び有機物が合成されるため，物質はうまく循環する。

しかし，人口が増え，排出される水中の有機物が多くなると，分解に必要な多量の酸素が消費され，酸素を利用する細菌（好気性生物）が水中で生育しづらくなる。すると，酸素を利用しない細菌（嫌気性生物）による有機物の分解がさかんになり，**硫化水素**などの悪臭を発生する気体や**ヘドロ**などの物質がつくられるようになる。

用語解説

好気性生物

酸素のあるところだけで繁殖できる生物。一部の菌類・細菌類を除くほとんどの生物がふくまれる。

嫌気性生物

空気または気体の酸素の存在するところでは繁殖しにくい生物。

ヘドロ

パルプ廃液などの未処理廃棄物や有機物が河口・海岸の底などに多量に堆積して，どろ状になったもの。

4 土の汚染

土は，岩石が細かい土砂になったもので，地表を層状におおっている。また，その多くは腐敗分解した生物が混ざったもので，土壌ともいう。土には無数の微生物や小動物がすみついているため，土の化学的・物理的性質は絶え間なく移り変わってくる。さらに，植物が根をはって水や養分を吸収する場であることから，土は農業では最も重要視される。

ところが，農作物の収穫量をあげるために使われる**多量の農薬や化学肥料，また，工場や日常生活の廃棄物が土を汚染している**。汚染された土で生活する生物や，そこで育った農作物を食べた動物の体内には有害物質が蓄積し，食物連鎖を通してさらに多くの生物の体内に取り込まれるおそれがある。土の中の有害物質は，**雨水にとけて川や海に流れこみ**，地球の広い範囲に広がっていく。また，酸性雨によって土壌中の金属が化学変化を起こし，植物の根に悪影響を与えるだけでなく，土壌の物質循環サイクルにも影響がおよぶ。

5 森林の減少

国連食糧農業機関（FAO）の調べによると，人口増加にともなう焼き畑耕作地の増加や森林伐採などによって1990～2015年までに約129万km^2（日本の国土面積の約３倍）の熱帯林が減少したことが明らかになった。熱帯林に限らず森林が減少すると，そこに生息する生物種が減ったり，土が水を保てなくなったり，土壌（表土）が流出したりするおそれがある。また，森林から放出される酸素が減少し，二酸化炭素がふえる。それにより，**二酸化炭素の増加による温暖化の進行**など（➡p.490），さまざまな問題が生じる。

くわしく 

水生生物による水質調査

生息する環境条件が比較的限られている水生生物の分布を調べることで，水質（水の汚れぐあい）を判定する方法がある。

▶比較的きれいな水域　サワガニ，カワゲラ，ウズムシなど。

▶中間的な水質の水域　ミズムシ類，ヒル類など

▶かなり汚れた水域　ユスリカ類，アメリカザリガニなど。

くわしく 

化学肥料

化学的な処理によってつくられる人工肥料。過リン酸石灰などのリン酸質肥料，塩化カリウムなどのカリ質肥料，尿素などの窒素質肥料などがある。

くわしく 

減少する熱帯林

南アメリカや東南アジアなどの熱帯林では，日本の国土面積の約20％にあたる面積が毎年失われている。しかし，近年では破壊された森林を回復するため，植林などが進められている。とはいえ，森林破壊の速さに比べると森林育成には非常に長い年月がかかることから，森林の再生は容易ではない。

② 自然の恩恵と災害

1 自然の恩恵

わたしたちは，自然の恩恵を受けて生活している。たとえば，水を飲み，食料である米や魚，肉，野菜などを食べている。わたしたちが出した排出物や二酸化炭素は，自然の中のほかの生物によって分解されたり，利用されたりしてきれいな水や空気などになり，再びこれを利用している。また，生活のために必要な生物資源（森林など）や天然資源（水，石油，鉄などの金属）を利用している。

◉ エネルギー資源

エネルギー資源は，人類の生存に必要不可欠なもので，**石油・石炭・天然ガス・水力・核燃料**などが主に利用されている（➡p.181）。また，太陽の光や熱，波の力，風，あるいは牛ふん，廃品などもエネルギー資源である。

▶**紙**　紙は，いたるところで使われている。**植物から取れる天然のセルロース繊維を，うすいシート状に成形**してつくられる。また，和紙は，コウゾやガンピ，ミツマタなどの植物の繊維分を取り出して水中ですいたものである。ふつうの紙は，木材を機械で切りきざみ，ほとんどセルロース繊維だけの**パルプ**をつくる。これを水中でたたくことで繊維をけばだたせて分散し，必要な添加剤を加えて紙にする。

▶**プラスチック**　現代社会で，プラスチックはいたるところで使われている。**合成樹脂**ともいい，**石油などの化石燃料が原料**である。外力を加えて変形させ，それから力を除いても物体が元の形にもどらない性質をもつので，さまざまな形に加工される。おもに有機化合物からなる，**ポリエチレン**，**ポリ塩化ビニル**，**ポリスチレン**，**ポリプロピレン**，**ポリエチレンテレフタラート**（PET）などがある。ポリエチレンはポリ袋，ポ

くわしく

資源
資源とは，人間の生活および生活活動のために必要なものをいう。さらに，地下にある石油や金属などを地下資源ともいう。これらの資源を現在の割合で採掘し続けた場合，今後どのくらい採掘できるか計算したものを，可採年数という。

発展

高分子材料
軽くてじょうぶなだけでなく，さまざまな性質をもったプラスチックの開発が行われている。たとえば，光や微生物によって分解される分解性のあるプラスチック，電流を通す導電性高分子，レンズや人工臓器などに使われる機能性高分子などが開発されている。

リバケツなどに，ポリ塩化ビニルはパイプやフィルムに，ポリスチレンは使い捨てコップや発泡ポリスチレンに，ポリプロピレンは密閉容器などに，ポリエチレンテレフタラートはペットボトルなどの材料となる。

2 自然災害

日本列島は，複数のプレートの境目にあるため火山が多く見られ，地震も頻繁に起こる。また，大陸と太平洋の境目にあり，気象災害も多い。

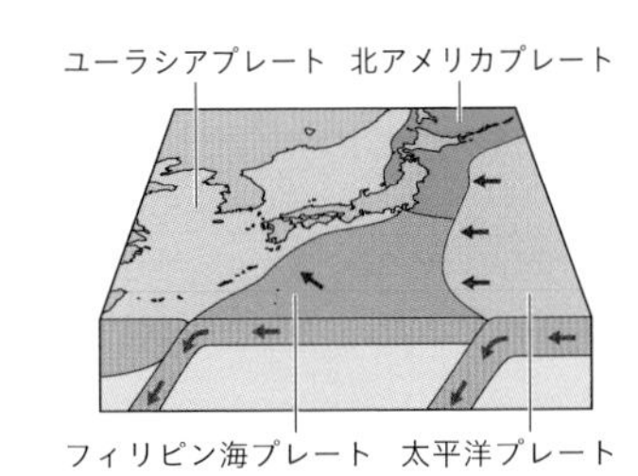

日本付近のプレートの動き

地震による災害

地震は，ゆれによる建物の倒壊や土砂くずれ，津波などの災害のほか，火災や水道・電気の供給路の寸断などによる二次的な災害をもたらす場合がある。全国には，**2000か所以上の地点に地震計などの観測装置が置かれ**，この観測網によってつねに監視を行っている。

▶**津波** 海域で地震が発生すると，海底の急激な隆起・沈降が起こり，それによってできる波長の長い水の波を**津波**という（➡p.514）。たいてい，波長は数kmから数百km，周期は数分から数十分である。波の高さは，大地震では外洋で１m程度であるが，V字形をした湾内に押し寄せると，波が合わさり数mから数十mに達することがある。津波の伝わる速さは，海の深さ3000mのところでは時速約600kmにもなる。1960年南米のチリ沖で発生した地震による津波は，23時間後に日本に到達し，大きな被害をもたらした。

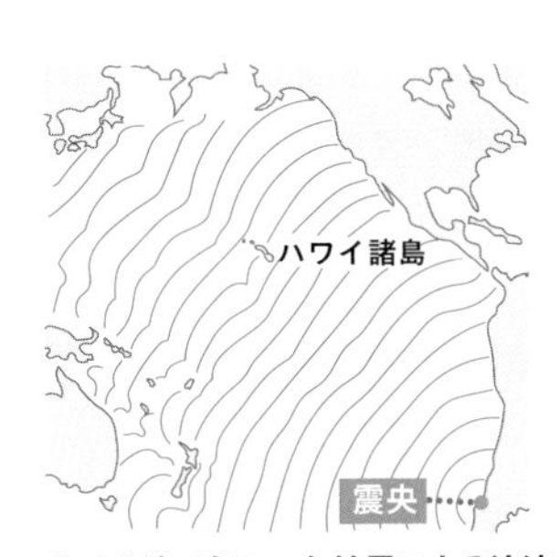

チリ沖で起こった地震による津波

くわしく 

地震による災害の例

1995年兵庫県南部地震（阪神淡路大震災）では，建物や高速道路，鉄道線路などが壊れるという直接的な被害をはじめ，火災などの二次災害によって，死者が6400人を超えた。この地震は，都市型の直下型地震であり，大規模の災害になった。2011年３月には，東北〜関東にかけてマグニチュード９という大地震が発生した。その際発生した巨大津波によって太平洋沿岸部は壊滅的被害を受け，福島ではこれによって，原子力発電所の大事故が起こった。

火山による災害

火山の活動によって，溶岩流や有毒な火山ガスが発生するほか，広い地域に火山灰が降りそそぐ。雲仙岳（普賢岳）の噴火では，火砕流による災害で，40人以上の死者を出し，また大勢の人が避難生活を送った。

▶**火砕流**　火山が噴火を起こすと，高温の火山ガスと火山灰・軽石などが混じって山の斜面を流れ落ちることがある。これを**火砕流**という。溶岩よりはるかに流れが速く，たいへん危険である。日本では，1783年に浅間山，1991年に雲仙岳の噴火のときに，大規模な火砕流が起こった。

⬆火砕流　©アフロ

気象災害

台風や低気圧によって生じる強風や大雨は，建物の損壊，高潮，浸水，河川のはんらん，土砂くずれなどいろいろな災害を引き起こす。台風による災害はとくに大きい。

⬆強風で倒れた鉄塔　©アフロ

台風以外では，梅雨や秋雨の時期の集中豪雨などの大雨による被害が多い。また，冬の大雪，夏の日照不足なども，人間の生活や農作物の生育に大きな影響を与える。

▶**高潮**　急激な気圧の低下や強風などが原因となって，沿岸の水位が高くなる現象を**高潮**という。低気圧が海上を通過すると，気圧の低下により海面が吸い上げられ，さらに強風によって海水が岸にふき寄せられる。このときに高潮が起こりやすい。日本ではとくに台風の接近時に生じる。

くわしく 

気象災害の例

1999年９月，台風18号により熊本県で防波堤を越えるほどの高潮が起こり，大きな被害をもたらした。
2011年９月，台風12号は記録的な大雨で紀伊半島を中心に大きな被害をもたらした。

▶**局地的大雨**　短時間に狭い範囲で急に降り出す雨を**局地的大雨**という。**ゲリラ豪雨**とよばれることもある。単独の積乱雲が発達することによって発生し，河川や水路などの増水を引き起こしたりもする。

▶**洪水**　河川の水位が異常に高くなったり，流量が多くなったりすること。日本の河川は大陸の河川と比べて，長さが短く，河床の勾配が急であることから，梅雨，台風期に発生する集中豪雨などのときに，洪水の流出量の時間当たりの変化が非常に急であり，そのピーク時の流量は非常に大きい。日本の河川の流量の変化は世界でも大きく，治水はきわめて難しい問題となっている。

↑洪水による被害　©アフロ

▶**土石流**　川の上流部で，谷底や山の斜面に堆積する大量の土砂が，水をふくんで一気に谷や斜面を流れ落ちる現象を**土石流**という。とくに，集中豪雨などのときに起こりやすい。山間部まで人が暮らす日本では，土石流はしばしば大きな災害を引き起こす。数十年，数百年に１度という記録的な豪雨で，比較的小さな谷に土石流が発生することが多いため，予測がきわめて難しい。

↑集中豪雨で発生した土砂くずれ　©アフロ

▶**水害**　洪水，高潮，津波など水が原因で起こる災害をまとめて水害という。日本では，梅雨や台風接近時などの大雨によって水害が起こりやすい。また，このような気象条件だけでなく，河川が急流であることや，海岸線の形など，地形的な要因によって津波や高潮の被害を受けやすいということもある。

くわしく 

治水
河川のはんらんを防ぎ，水を有効に活用することを治水という。流量を制御したり，流出土砂をおさえたり，河川のはんらんを抑制したりする。

3 自然との共生

科学技術が進歩した現在でも，火山，地震，気象の変化などの自然現象そのものを人間がコントロールすることはできない。わたしたちにできることは，過去に起きた災害のデータを蓄積し，それをもとに今後起こりうる災害に備え準備をすることである。そして，生活環境の特徴や自然のしくみをよく理解して，自然と共生していくために，自然を守る活動や技術開発を進めていく必要がある。

● 環境にやさしい活動や技術

環境に影響を与える汚染物質を減らすためには，ごみの減量は必須である。そのためには，**3R**を実行する必要がある。3Rは，過剰包装などの余分なごみを出さない（**リデュース Reduce**），一度使ったものを再使用する（**リユース Reuse**），一度使ったものを資源として再利用する（**リサイクル Recycle**）からなる。

さらに，太陽光発電，風力発電，地熱発電のように，環境への負荷が少ない再生可能エネルギーの研究・発展は，限りある化石燃料の代替につながる（➡p.184，185）。

⬆地熱発電（大分県九重町）

⬆風力発電（福島県布引高原）

⬆太陽光発電（静岡県浜松市）

◉ 防災対策

気象衛星などによる観測の強化や**スーパーコンピュータ**による予報精度の向上などによって，現在では天気予報はかなり正確に行えるようになった（➡p.591）。また，河川の改修や防波堤の整備などによって，台風への対策が進んでいる。火山の噴火や地震についても，事前にその活動が予測できれば，防災対策はやりやすい。

自然災害についての研究は進められているが，それを正確に予知することは非常に難しいと考えられている。しかし，2000年３月に起きた有珠山（うすざん）の噴火の際には，噴火の２日前に噴火の予測が発表されたため，噴火による直接の人的被害をまぬがれることができた。自然現象への理解を深め，災害についての正しい知識を持ち，災害を最小限にするための備えこそが，わたしたちにできることである。

防災対策として，普段から非常食などの備蓄や，家具の固定，地域住民とのコミュニケーションによる助け合いなどさまざまなことが考えられる。

発展

地震の予知
地震は，地震の発生時期，発生場所，規模の３要素を予測することができれば被害を最小限におさえられる。地震の前兆として，地盤の小さな変形や変動，地震活動の変化，地下水の水位・成分や地下からのガスの変化，地磁気の変化などがあり，観測，調査が行われている。しかし，前兆現象がそれぞれの地震によって異なり，また前兆現象をともなわない地震も多い。そのため，短期的な地震予知を確立するのは現在でも困難とされている。

減災
事前に被害の発生を想定し，被害を最小限におさえるための取り組み。行政と市民の協力が必要。

発展・探究

ハザードマップ（災害予測図）

自然災害には気象災害，地震災害，火山災害などさまざまなものがあり，またその被害のようすも時期や地域によって大きく異なります。しかし，ある地域に過去何回かくり返し起こった自然災害については，過去の被災歴を調査，研究することによって，将来起こるかもしれない災害を予測することもできます。さらには，過去の事例がなくてもシミュレーションをすることによって災害が発生した場合の被害を推測することも可能です。このように，災害の種類や過去の被災歴をもとに，将来的に災害が発生する可能性がある地域を地図上に示したものを，**ハザードマップ**（災害予測図）といいます。災害による被害を減少させる手段の１つとして，災害予測図の作成が各自治体によって行われています。

完成問題 CHECK

解答 p.635

1 生物どうしのつながりについて，次の問いに答えなさい。

(1) ある一定の地域に，それまで生活していなかった生物が，ほかの場所から入ってきて，その土地に定着することがある。そのような生物を何というか。

( )

(2) (1)の生物とはちがい，昔からその地域で生活していた生物のことを何というか。

( )

(3) 生物とその生物をとりまく環境によってつくられる1つのまとまりを何というか。 ( )

2 図は，ある地域での生物の数量的関係を表している。A，B，Cは草食動物，肉食動物，植物のどれかである。次の問いに答えなさい。

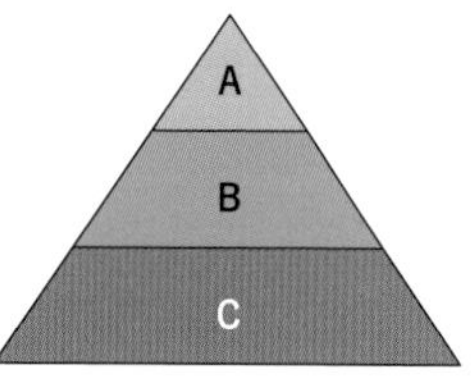

(1) 植物を表しているのは，A，B，Cのどれか。

( )

(2) A〜Cのつながりとして，正しくないと思われるものを，表の**ア**〜**エ**から選べ。 ( )

	A	B	C
ア	カエル	バッタ	イネ
イ	カツオ	サメ	イワシ
ウ	モグラ	ミミズ	落ち葉
エ	メダカ	ミジンコ	ケイソウ

(3) 生物どうしの「食べる・食べられる」の関係を何というか。( )

(4) 環境が変化したため，Bが増加した。その後，どのような状態を経て，つり合いがとれるようになると考えられるか。適するものを，次の**ア**〜**エ**から選べ。

( )

ア 一時的に，Cの減少とAの増加が起こり，その後Bが減少した。

イ A，Cともに数量は変化せず，Bは増加し続けた。

ウ 一時的に，Cは増加するが，Aの数量は変化せず，Bが増加し続けた。

エ 一時的に，Cの増加とAの減少が起こり，その後Bが減少した。

3 図は，自然界における炭素をふくむ物質の流れを示している。次の問いに答えなさい。

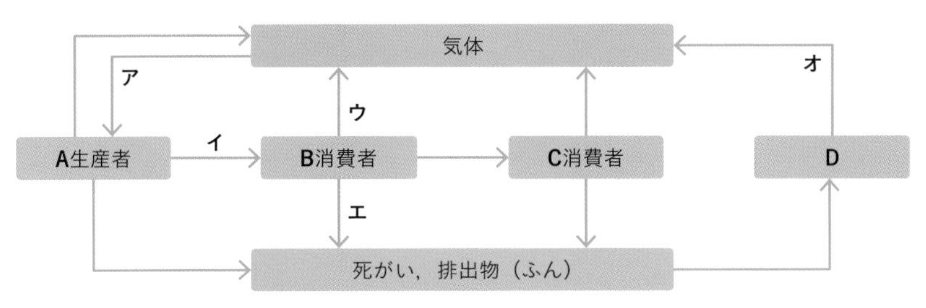

(1) 図中の気体とは何を示しているか。気体名を書け。（　　　　　）

(2) 菌類，細菌類はDにあたる。Dは，消費者の中でも，特に何といわれるか。

（　　　　　）

(3) 菌類について述べた次の文の❶，❷に適する言葉を入れよ。

❶（　　　　）❷（　　　　）

菌類は，落ち葉やかれ枝などの有機物を二酸化炭素や水などの（　❶　）に分解し，そのとき（　❷　）をとり出して生活している。

(4) Aの生産者が有機物をつくり出すはたらきを何というか。（　　　　）

(5) 図のア～オの矢印のうち，有機物の流れを表すものを2つ選び，記号で答えよ。

（　　　　）

4 自然環境とヒトの生活について述べた，次の文の（　　）にあてはまる言葉を書きなさい。

(1) 有機物の燃焼などにより，大気中に（　　　　　　）が増えると，温室効果によって，（　　　　　　）が起こると考えられている。

(2) 石油や石炭などの化石燃料の燃焼によって生じる硫黄酸化物や窒素酸化物が溶けた雨を（　　　　　）という。

(3) 地震では，建築物の倒壊や土砂くずれなどが起こる。海域での地震によって（　　　　　）などによる災害が起こることがある。

(4) 日本では，火山の（　　　　　）によって火山灰が降るなどの災害が起こるが，温泉などの恩恵もある。

思考力UP

血液型はどうやって決まる？

血液型が決まるしくみを，思考力を使って考えてみましょう。

問題 **ある家族の兄の血液型はAB型，弟の血液型はO型である。このとき，両親の血液型とその遺伝子型を答えなさい。**

ヒトの血液型にはA型，B型，O型，AB型の4種類がある。これらの血液型は表現型（表面に現れた形質）であり（➡p.458），両親から受け継いだA，B，Oの遺伝子の組み合わせによって，子の血液型が決まる。血液型に関する表現型と遺伝子型（遺伝子の構成）の組み合わせは，右の表の通りである。この表を参考にして，問題に答えよ。

表現型	遺伝子型
A型	AA，AO
B型	BB，BO
O型	OO
AB型	AB

⬆血液型に関する表現型と遺伝子型の組み合わせ

解答例 **両親の血液型（遺伝子型）は，A型（AO）とB型（BO）である。**

まず兄弟の血液型と上の表を照らし合わせると，それぞれの遺伝子型がわかる。兄の遺伝子型はAB，弟の遺伝子型はOOである。

子の遺伝子型がわかると，両親から受け継がれた遺伝子がわかる。まず，兄は片方の親から遺伝子A，もう片方の親から遺伝子Bを，生殖細胞を介して受け継いでいる。これは遺伝子の「分離の法則」にもとづいている（➡p.457）。また弟は，両親から遺伝子Oを受け継いだことがわかる。

以上のことから，片方の親は遺伝子AとOを持つ遺伝子型AO，もう片方の親は遺伝子BとOを持つ遺伝子型BOであることがわかり，両親の血液型は上の表からA型とB型である。

ちなみに，遺伝子AとBは，遺伝子Oに対して顕性であることから，遺伝子型AOとBOの表現型はA型とB型となる（顕性の法則 ➡p.456）。

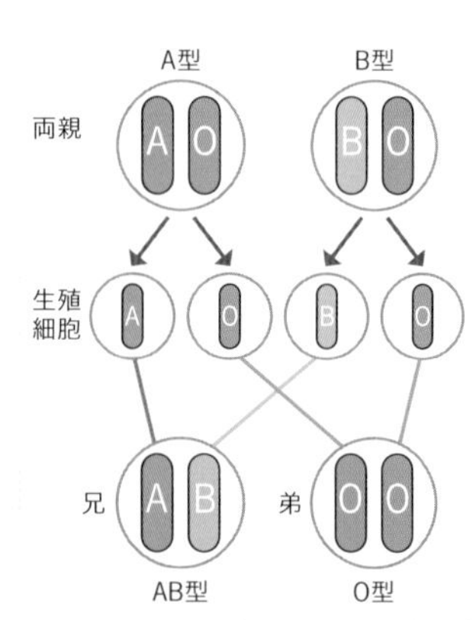

⬆兄弟の血液型から推定できる両親の血液型

地学編

第1章	大地の変化
第2章	変化する天気
第3章	地球と宇宙

第1章

大地の変化

地球は誕生してから数十億年の間激しく活動し，今も活発に活動し続けている。
火山が噴火し，陸地が削られ，地球の地図は今も変化し続けている。
第１章では，こうした大地の変化について学習しよう。

Q. 岩石は何からできているの？
➡ SECTION 2へ

SECTION 1 地震と揺れ … p.506

SECTION 2 火山と火成岩 … p.516

SECTION 3 大地の歴史 … p.529

地震と揺れ

日本は地震国といわれるほど，よく地震が起こる。日本に地震が多いのは，日本列島の成り立ちにも関わる科学的な理由がある。地震の発生自体を防ぐことはできないが，それらの正しい知識を得ることで地震による被害をできるだけ小さくするよう備えたい。

1 地震の規模

地震は，地下の岩盤（がんばん）に大きな力が加わり，急激に大地が揺（ゆ）れ動く現象である。地震が地下で起こると，その揺れは地中を波になって広がる。

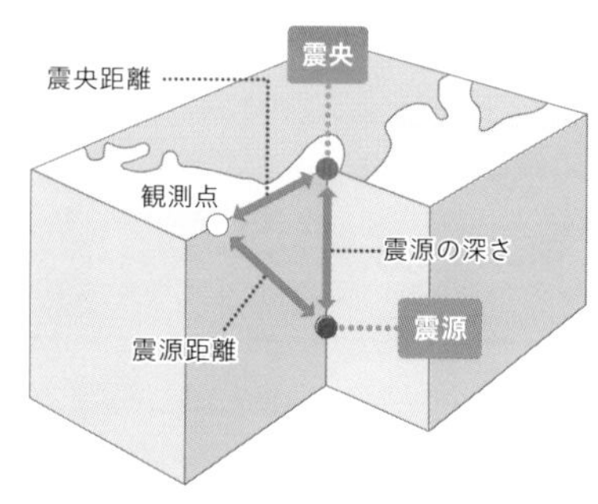

⬆地震に関する名称

◉ 震源（しんげん）と震央（しんおう）

地下の地震が起こった地点を**震源**といい，その真上の地表の地点を**震央**という。

震源の深さはさまざまであるが，地震の多くは地下100 kmまでに起こっている。しかし，それより深いものもあり，なかには700 kmといった深いところで起こったものも知られている。

◉ 震度（しんど）

地震のとき，ある場所の地面の揺れの大きさを表すのに，次のページの表のように10階級に分けて示す。これを**震度**（**震度階級**）という。震度は，地震計（➡p.508）という機械で計測されているが，震度階級表の揺れや被害のようすからも推定できる。

地震の揺れは，地震の起こった地点（震源）に近いほど激しい。したがって，震度も場所によってちがい，一般（いっぱん）に地震の起こった地点に近いほど大きく，遠い地点ほど小さくなる。しかし，揺れ方は距離（きょり）だけでなく，土地の性質にも関係しており，地盤のやわらかいところは揺れが激しく，被害も大きくなる。

参考

震度０も地震である

震度階級で，「震度０」も，れっきとした地震である。人が感じられないほどの小さな揺れが起こった地震であるといえる。
なお，気象庁のホームページの地震情報を見ると，人には感じられない地震をふくめると，日本ではほとんど毎日地震が起こっていることがわかる。

震度	揺れや被害のようす
0	人は揺れを感じない。
1	屋内にいる人の一部がわずかな揺れを感じる。
2	屋内にいる人の多くが揺れを感じる。電灯などのつり下げたものがわずかに揺れる。
3	屋内にいる人のほとんどが揺れを感じる。たなにある食器類が音を立てることがある。
4	多くの人が驚き，眠っている人のほとんどが目を覚ます。たなにある食器類は音を立て，すわりの悪い置物が倒れることがある。
5(弱)	多くの人が恐怖を覚え，身の安全をはかろうとする。たなにある食器類が落ちたり，窓ガラスが割れて落ちたりすることがある。家具が移動することがある。
5(強)	多くの人が行動に支障を感じる。たなの食器類の多くが落ち，家具が倒れる。
6(弱)	立っているのが困難。かなりの建物の窓ガラスが落下し，ドアが開かなくなることもある。
6(強)	立っていることができず，家具のほとんどが転倒する。
7	揺れにほんろうされ，自分の意思では行動できない。ほとんどの建物が破損し，広い地域で電気，ガス，水道の供給が停止する。

⬆震度階級表

◉ 地震の規模

地震には，広い範囲で大きく揺れる地震もあれば小さい地震もある。この意味での**地震の規模の大きさを数字**で表したものを**マグニチュード**という。マグニチュードの記号はMと書く。震度は，その場所における揺れの大きさであり，観測地ごとに値が異なるのに対し，地震の規模（マグニチュード）は，地震そのものの大きさのことであるため，値は１つしかない。

◉ 地震の揺れの伝わり方

地震のときは，どの場所も同時に揺れるのではなく，ある地点で最初に起こった揺れが周囲にほぼ一定の速さで伝わって広がっていく。つまり，地震の振動が波になって同心円状に伝わっていくわけである。

マグニチュード
マグニチュードは，地震の大きさをはかるために，各観測地点で地震計の記録の最大の揺れ幅をもとに求められたマグニチュードを，平均して算出される。マグニチュードの値が１大きくなるとエネルギーは約32倍に，値が２大きくなると約1000倍に大きくなる。

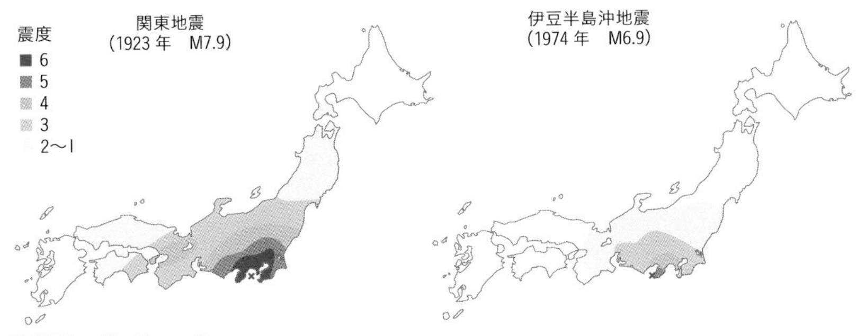

⬆震度とマグニチュード

2 地震の揺(ゆ)れ方

◉ 地震の波の性質

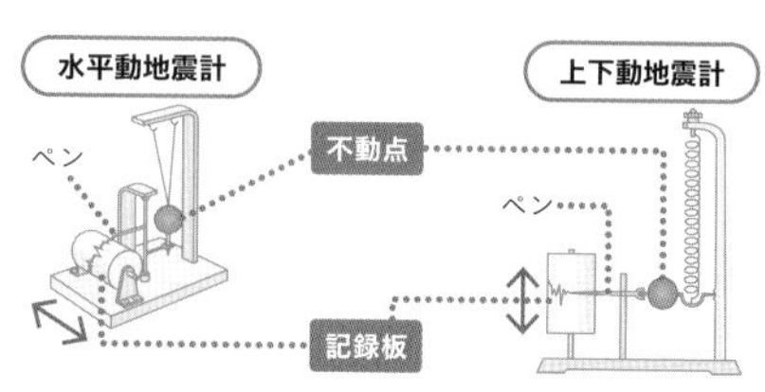

⬆地震計のしくみ

地震の揺れを自動的に記録する装置を**地震計**という。地震の揺れ方を記録するためには，地震のときでも動かない部分（不動点）をつくる必要がある。そのため，地震計にはふりこやばねが利用されている。右下図は，地震の揺れ（波）を地震計で記録したものである。地震のときは，まずカタカタと小さな揺れが続き，次にユサユサと大きな揺れがきて，しだいに小さくなって消えていく。はじめの小さな揺れを**初期微動**(しょきびどう)，あとの大きな揺れを**主要動**という。

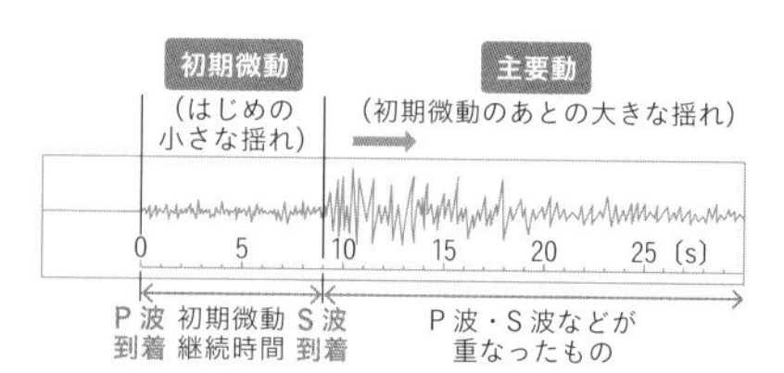

⬆地震の揺れ方（地震計の記録）

地震の波は，**P波**と**S波**という速さのちがう２種類の波となって伝わっていく。初期微動は速い波の揺れで，この波をP波という。

P波が伝わる速さは地表近くでは，５～７ km/sで，下図の「揺れはじめた時刻」はP波が届いたときである。

主要動は初期微動に続く大きな揺れで，遅い波が届いてからの揺れである。この波をS波という。S波が伝わる速さは，およそ３～５ km/sである。地震の起こった場所との距離(きょり)が大きくなるほど速い波と遅い波の届く時刻に差ができ，初期微動の続く時間（**初期微**(しょきび)

> **くわしく**
>
> **P波とS波**
>
> PはPrimary［初期の］の頭文字で，SはSecondary［２次的な］の頭文字である。

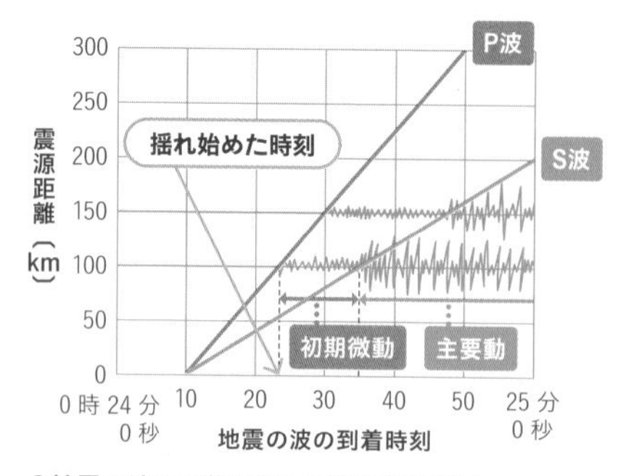

⬆地震の波の到着時刻と震源距離の関係

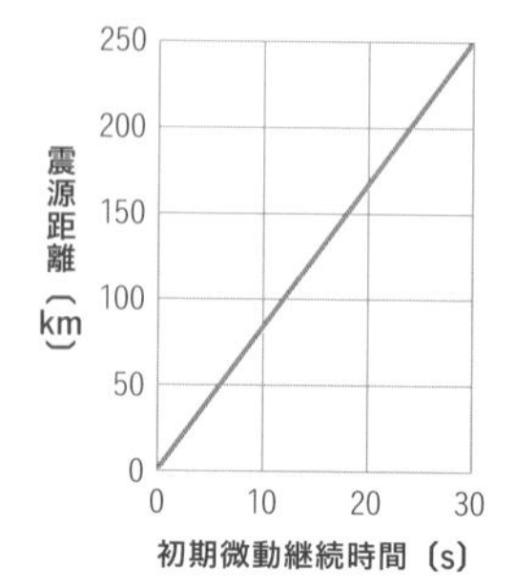

⬆初期微動継続時間と震源距離の関係

動継続時間）が長くなる。

◉ 縦波と横波（➡p.40）

空気や液体など波を伝える物質の密度が小さい部分の「疎」と，大きい部分の「密」が交互に伝わることによってできる振動の波を**疎密波**といい，波の進む方向に振動するので**縦波**ともいう。地震のP波はこのような縦波である。

波にはもう１つ種類がある。たとえば，棒状のゴムをひねって急に離すと元の形に戻ろうとして振動する。このような波を**ねじれ波**といい，波の進む方向に対して垂直の方向に振動するので**横波**ともいう。これが地震のS波である。

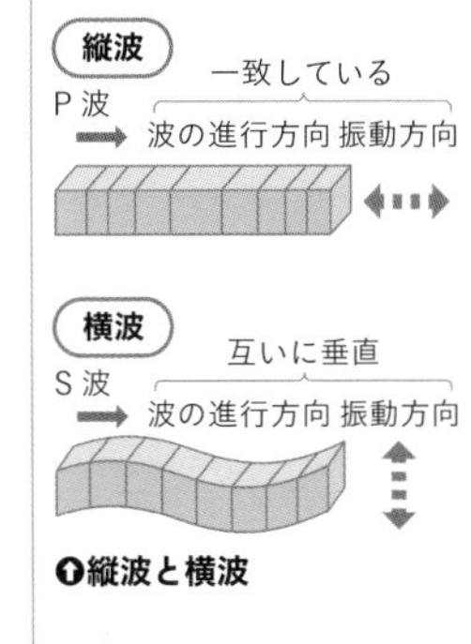

⬆縦波と横波

◉ 緊急地震速報

震源からの距離と初期微動継続時間は比例しており，震源からの距離が大きくなるほど，初期微動継続時間は長くなる。こうした地震の波の特徴を利用してできたのが**緊急地震速報**である。主要動が到着する前に，各地への主要動の到着推定時刻と推定震度を知らせることで，地震被害の軽減が期待されている。

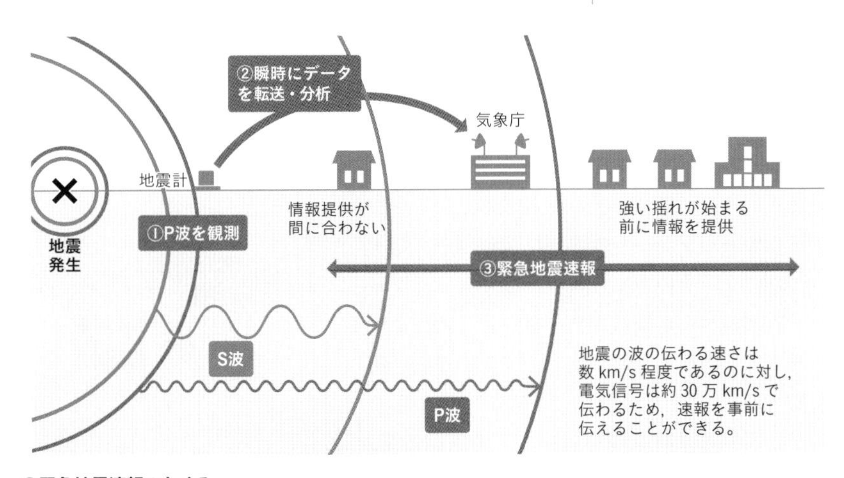

⬆緊急地震速報のしくみ

3 地震の原因

地球の表面は，厚さ100 kmほどの板状の岩石の層におおわれている。岩石の層は大小十数枚のプレートに分かれ，たがいに動いている（プレートの移動➡p.548）。これらのプレートがぶつかり，ひずみ（物体の形や体積の変化）が生じる。このひずみが元に戻るとき地震が発生すると考えられている。地震が発生するしくみは，おもに２種類に分けることができる。

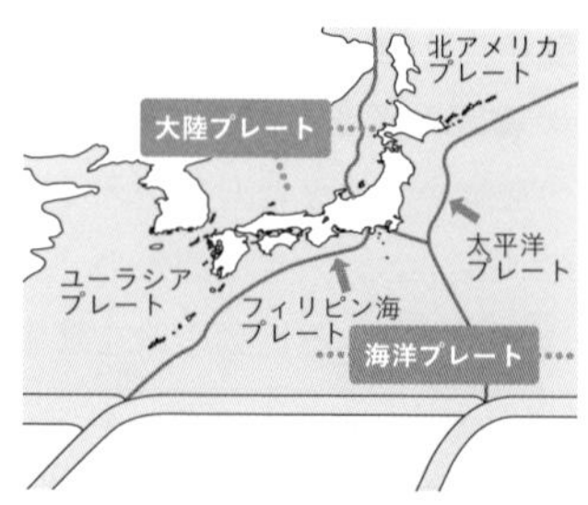

⬆日本付近のプレートとその動き

◉ プレート境界型地震（海溝型地震）

プレートとプレートの境界を震源にして発生する地震が「**プレート境界型地震**」である。プレートとプレートがぶつかり合う場所では，プレートにひずみが生じ，このひずみが限界に達すると，プレートが急に元の位置に戻ろうとする。このとき，地震が発生する。

日本の場合，プレートの境界は海溝（➡p.549）であるため，「**海溝型地震**」ともいわれる。このプレート境界型地震の特徴は，規模が大きく，津波による被害も予想される点である。

関東地震（1923年）や東北地方太平洋沖地震（2011年）が，プレート境界型地震の例である。

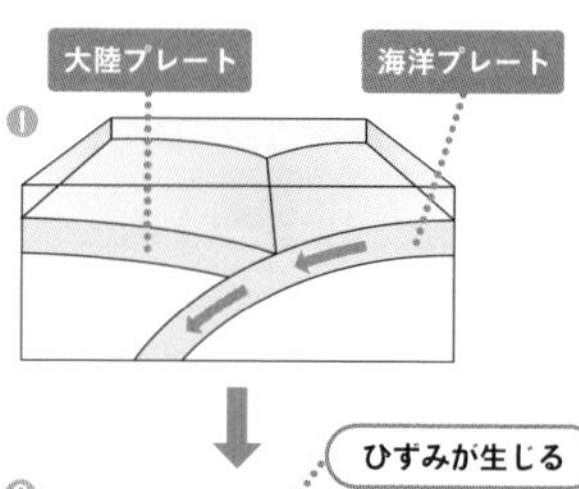

大陸プレートが引き込まれる。

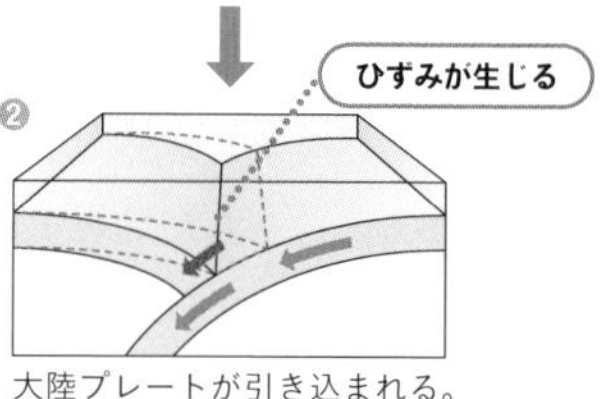

大陸プレートが急に元に戻る。

⬆地震の起こるしくみの例

◉ プレート内地震（内陸直下型地震）

プレートの中で発生する地震が「**プレート内地震**」である。プレートどうしの押し合いや引き込みの力がプレートの内部に伝わって，ひずみがたまり，その力にたえられなくなったプレート内部の岩石が破壊され，ずれることによって起こる。内陸部で起こることが多いため「**内陸型地震**」，または人が住む地域の地下で起こることを警戒する意味を込めて「**直下型地震**」ともいわれる。プレート境界型地震と比べて，

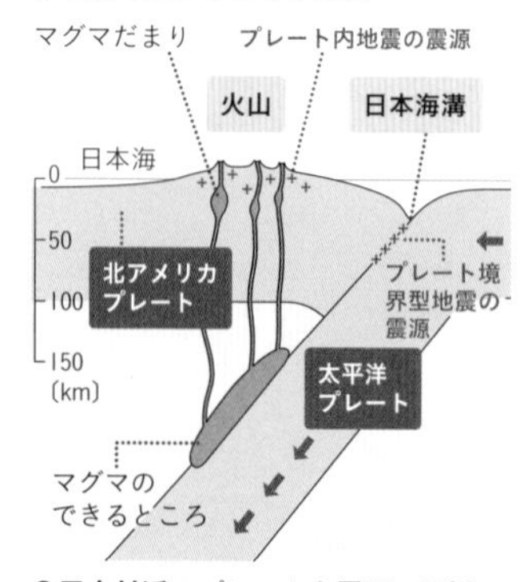

⬆日本付近のプレートと震源の関係

規模は小さいものの，プレート境界型地震より浅いところで発生するため，この地震が起こると大きな被害をもたらす。阪神淡路大震災をもたらした兵庫県南部地震（1995年）は，プレート内地震とみられている。

◉ 地震の起こる地域

地震はどこでも同じくらい起こるのではなく，だいたい特定の地域に限られている。震央（しんおう）の分布は世界のプレートの境界（➡p.548）とほぼ一致（いっち）するが，これはプレートの境界で地震が起こりやすいためである。

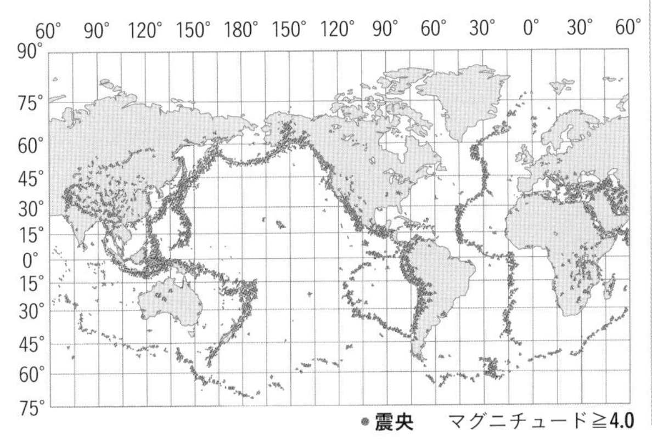

⬆世界の震央の分布

日本は非常に地震の多い地域で，全世界で起こるマグニチュード6.0以上の地震の約20%が日本周辺で発生している。

日本列島の震央と震源（しんげん）の分布を見ると，地震の特に多い地域は，北海道から東北地方の東方沖にかけて（日本海溝沿い）と，南西諸島である。日本海溝沿いの帯状の地域では，太平洋側から海洋プレートが沈み込んでいる。そのため太平洋側は震源が浅く，大陸側に向かってしだいに深くなっている。また，内陸部では震源が浅い。

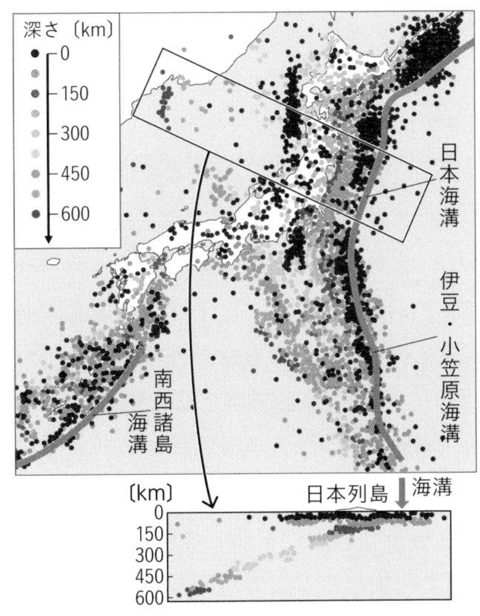

⬆日本列島の震央（上）と震源（下）の分布

くわしく

世界の震央の分布

世界の震央の分布は，❶太平洋を囲む大陸の周辺の地域　❷地中海・中央アジア・ヒマラヤを結ぶ地域　❸太平洋・インド洋・大西洋の海域部の３つに大きく分けられる。

発展・探究

南海トラフ地震って?

静岡県から宮崎県にかけての海底には深溝状の谷である「南海トラフ」があります。南海トラフではフィリピン海プレートがユーラシアプレートの下に沈み込んでおり，ひずみがたまっています。

そのため，南海トラフでは，これまでにも多くの巨大地震が発生してきました。現在も総合的な地震防災対策が進められています。

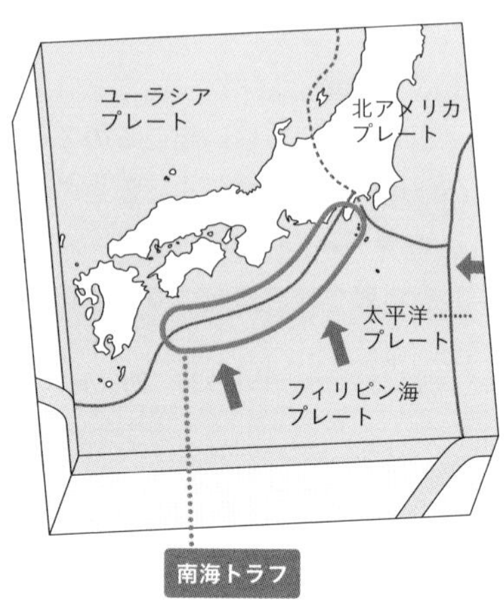

⬆南海トラフ

4 地震と土地の変化

大きな地震は，津波などによる被害や，火災，建物破壊を引き起こしたり，土地に変化を起こしたりする。

◉ 地震による土地の変動

規模の大きい地震が起こると，震央(しんおう)付近の地面に変化が生じることがある。たとえば，岩石の層の中で弱い場所が壊れてずれることで**断層**(だんそう)（➡p.545）ができたり，土地が海水面に対して上がったり（**隆起**(りゅうき)）下がったり（**沈降**(ちんこう)）する（土地の隆起と沈降➡p.543）。

また，断層の中でも数十万年前からくり返し活動しており，今後も地震を引き起こす可能性のあるものを，特に**活断層**(かつだんそう)という。活断層は数百年から数万年に1度，大きくずれるような活動をするため，プレート内地震（内陸直下型地震）を起こす可能性がある。

地すべりとは，山の斜面が下のほうへ移動していくことであるが，地震が原因となって起こることがある。

参考

地震断層

地震によって地表に出てきた断層を，地震断層という。下の写真にある根尾谷(ねおだに)断層は，濃尾地震によってできた。

⬆根尾谷断層 ©日野東/アフロ

地震の振動で地盤がやわらかくなることを**液状化現象**という。これは，海岸や河川近く，埋め立て地など砂や泥でできたやわらかい土地で起こりやすい。液状化が起こると，建物が埋もれたり沈んだりする，地面が割れて水がふき出す，マンホールが浮き上がるなどの被害が生じる。

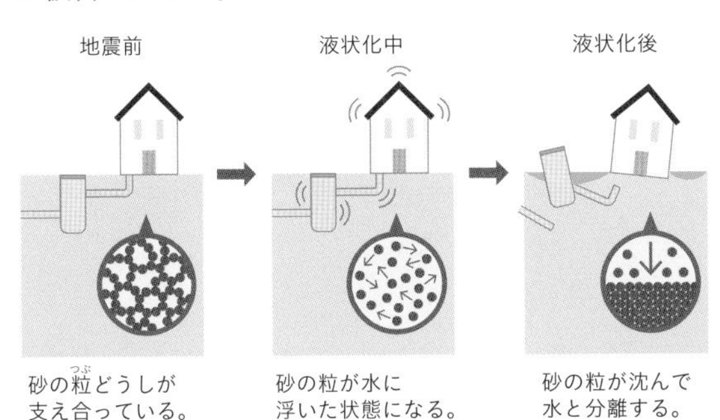

⬆液状化現象

⬆地すべり ©田中正秋/アフロ

⬆液状化現象

発展・探究

地震の波が解き明かした地球の構造

地球が**地殻**・**マントル**・**核**の**層状構造**をしていることは，地震の波の伝わり方からわかりました。

地球上の各地点に届くはずの地震の波が届かない，シャドー・ゾーンとよばれる領域があることがわかりました。これは，図のように，地球の内部に核があり，ここで地震の波が急に曲がってしまうためです。

P波は液体の中でも伝わりますが，S波は液体の中を伝わらないことから，地球の外核はS波を通さない**液体の状態**であると考えられています。さらに核の中心部には**固体状の内核**があると考えられていますが，これはP波の速さが急に速くなるからです。

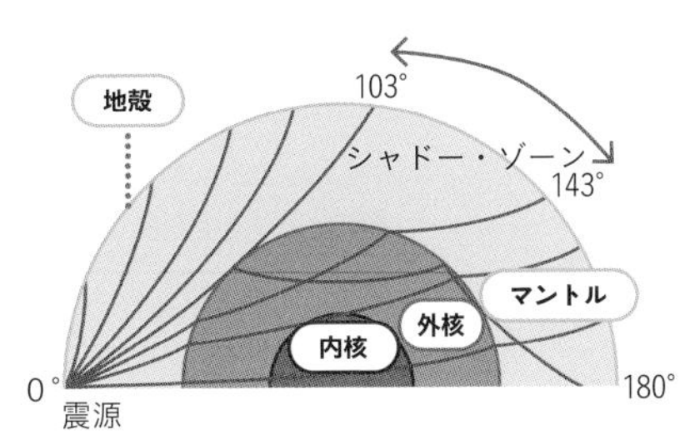

⬆地球内部の地震の波の伝わり方

5 地震による災害

地震によって起こる災害には，❶**建物の倒壊**，❷**火災**，❸**津波**，❹**地すべり**や**山くずれ**，❺**液状化現象**などがある。（地震による災害➡p.495）

震度６弱より強い地震が起こると，がけくずれや地割れが起こったり，木造の建物が倒壊したりしてしまうことがある。

⬆地割れ

また，地震の揺れによって暖房器具(だんぼうきぐ)などが倒れ，火災が発生する二次的災害も起こる。1923年の関東地震では死者約10万人のうち，約９万人は火災のための死者であり，約21万戸の家屋が焼けたとされている。

海底で地震が起こると，海底が急に隆起(りゅうき)したり沈降(ちんこう)したりして，それが海水面の上下運動として伝わっていく。これが**津波**である。**津波は通常の波と異なり，海底から海面まですべての海水が一度に動くので，大きなエネルギーをもつ。**

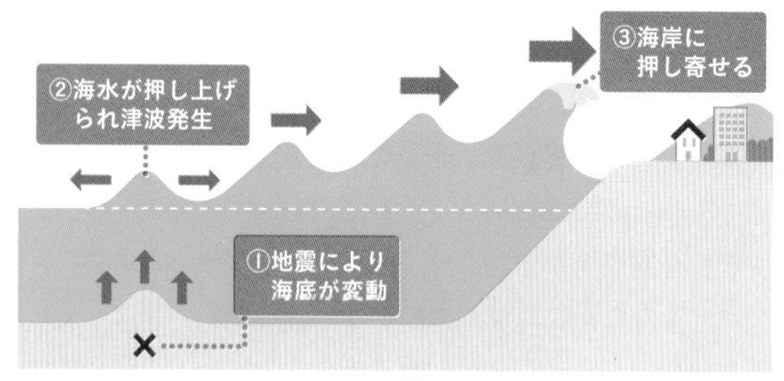

⬆津波の発生

くわしく

太平洋を渡る大津波

震源が遠くても津波が到達することがある。
2007年のペルー沖地震では，ペルー沿岸で起こったマグニチュード8.0の地震による津波が，日本の太平洋沿岸で見られた。

津波が押し寄せてくると，陸に上がった海水は陸地の奥深くまで浸水して，あらゆるものを押し流してしまう。また，逆に津波が引くときも非常に大きな力で，建物などさまざまなものが水にさらわれて海へと流れていってしまう。

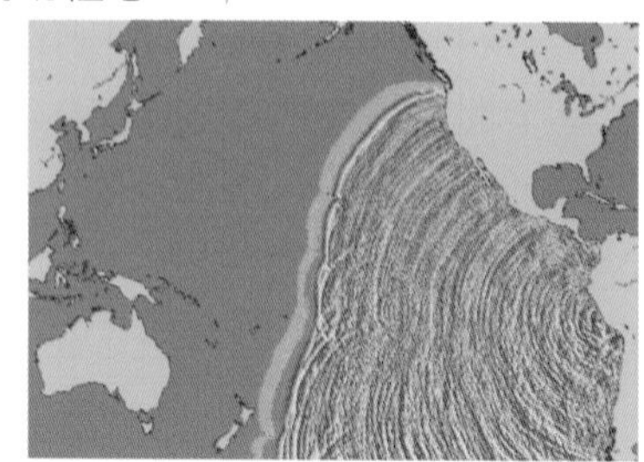
⬆津波の伝わるようす
（2007年８月ペルー沿岸の地震）作成：気象庁

津波の被害は海岸の地形に左右されている。2011年の東北地方太平洋沖地震では東北地方の三陸海岸など，複雑な形をしている海岸で最大20 mまで波が高くなり，被害が大きくなった。

地形に左右される災害としては，山地の地すべりや，石や土砂が一気に押し流される土石流（➡p.497）がある。また埋め立て地など砂や泥(どろ)でできたやわらかい土地では液状化現象（➡p.513）が起こる。

大きな地震のあとには，その近くで規模の小さい地震（余震）が引き続き発生することが多いため注意をする必要がある。大きな地震のあとには地下の力のつり合いが不安定になり，それを解消するために余震が起こると考えられている。また，都市部では，交通網や電気・水道・ガスなどのライフラインが複雑につながっているため，地震による影響が大きく，これらの復旧の遅れによってさらなる被害が生まれることが予測される。帰宅困難者が発生することなども想定されている。このような地震の被害を最小限にするためにも，正しい知識による判断が必要となる。

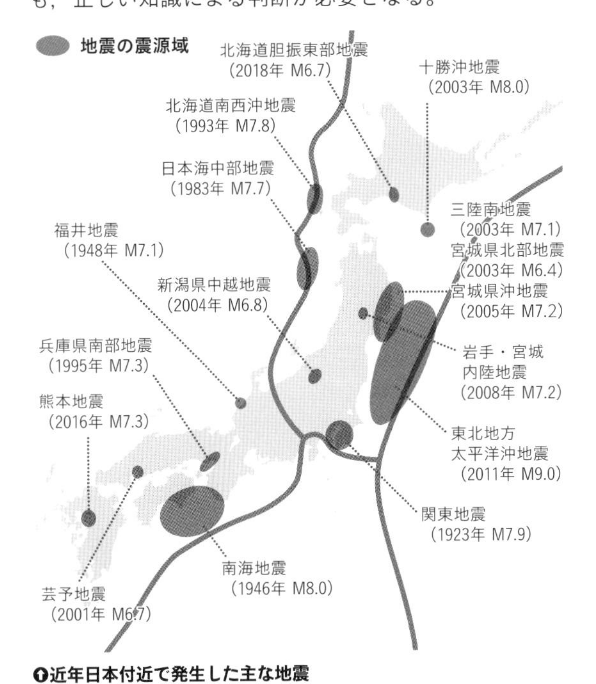

❶近年日本付近で発生した主な地震

くわしく 

防災の日

大正12年（1923年）9月1日に関東地震が起こった。日本史上最大の被害をもたらした大震災を記憶し，災害に備えるために9月1日は防災の日と定められ，毎年各地で防災訓練が行われる。

2 火山と火成岩

日本は世界でも有数の火山国で，現在も活動中の火山がいくつもある。火山活動や火成岩の特徴は，地球内部のマグマの性質と密接に関連している。そのため火山活動や火山から噴出されるものなどからは，調査が難しい地球内部のようすを探ることもできる。

1 火山の活動

1 火山の活動

噴火（ふんか）は地球内部のエネルギーによって起こる現象であり，地下の高温の物質である**マグマ**が地表に噴出（ふんしゅつ）する現象である。

◉ 火山噴出物（かさんふんしゅつぶつ）

火山噴出物はマグマが元になってできている。火山灰（かざんばい）と火山れきは大きさによる分類で，軽石や火山弾は外形の特徴による分類である。マグマの成分によってふくまれる鉱物（こうぶつ）（➡p.524）の割合が異なり，これが色のちがいとなる。

▶**溶岩**（ようがん）　マグマが地表に流れ出たもので，高温の液体状のものや，冷え固まったものを**溶岩**という。噴出したときの溶岩の温度は700〜1200 ℃くらいのことが多い。

▶**火山灰**　吹き飛ばされたマグマの細かい破片で，直径2 mm以下のものを**火山灰**という。上空に吹き上げられた火山灰は，風に乗って広範囲に運ばれる。これが堆積（たいせき）して押し固められたものが**凝灰岩**（ぎょうかいがん）（➡p.538）であり，遠くの地層を比べるときの手がかりになる。火山灰は焼き物のうわ薬やガラス工芸などに利用される反面，農作物被害や呼吸器系障害，飛行機の運航障害などをもたらすことがある。

⬆溶岩

⬆火山れき

くわしく

軽石
色は白っぽく，表面はガサガサしており，無数の穴があるものを，軽石という。水に浮く。農業や園芸に使われる鹿沼土は軽石である。

▶**火山れき**　吹き飛ばされたマグマの破片で，火山灰より粒が大きく，直径２～64 mmのものを**火山れき**という。形は不規則である。

▶**火山弾**　吹き飛ばされたマグマが空中で冷え固まったもので直径64 mm以上のものを火山岩塊という。火山れきや火山岩塊の中で紡錘型（ラグビーボール型）のものを**火山弾**という。

▶**火山ガス**　火山から吹き出るガスを**火山ガス**といい，マグマの中にふくまれていたものが分離して出ることが多いが，地下水などがあたためられて水蒸気として出ることもある。水蒸気（約90％以上）がおもで，ほかにも二酸化炭素，一酸化炭素，二酸化硫黄，硫化水素など生物にとって有害なさまざまな成分もふくんでいる。

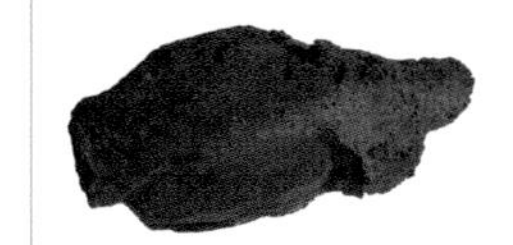

⬆火山弾

くわしく 

火山れきや軽石に穴が開いている理由

地下にあるマグマには，火山ガスの成分がふくまれている。マグマが噴火によって地上に上がると，まわりの圧力が小さくなり，ふくまれていたものが火山ガスとなって抜け出るため，細かい穴が開く。

観察

火山灰の観察

目的

火山によって火山灰の成分が異なるか調べる。

水
火山灰
指の先で軽く押す。
水がにごらなくなるまでくり返す。
蒸発皿
にごった水を捨てる。

方法

❶ 蒸発皿に火山灰を少量とる。
❷ 水を加えて指の先で軽く押し，にごった水を捨てる。水がにごらなくなるまでくり返す。
❸ 残った粒をペトリ皿に移し，ルーペなどで観察してスケッチする。
❹ 異なる火山の火山灰にふくまれる鉱物の割合を比較する。

無色や白色の粒が多くふくまれている
粒は角ばっているものが多い
黒っぽい色の粒が多くふくまれている

白っぽい火山灰　　黒っぽい火山灰

火山灰2点©アフロ

◉ 火山の噴火のしかた

火山の地下数 kmにはマグマだまりがある。マグマが上昇すると高温高圧の火山ガスで岩盤の弱いところがつき破られ，そこが噴火口となる。マグマのねばりけが強いと，マグマから火山ガスが抜けにくくなり，圧力が大きくなるので爆発的な噴火になる。このねばりけを決めるのは成分としてふくまれる二酸化ケイ素の量である。火山の噴火は，おだやかな噴火，激しい噴火，その中間の噴火の大きく3つに分けられる。

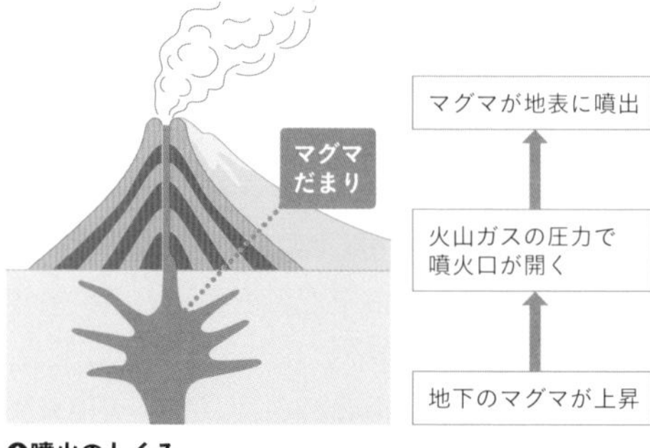

⬆噴火のしくみ

▶**おだやかな噴火**　一般にねばりけが弱いマグマは，火山ガスが抜け出しやすいため，大量のマグマを流し出すようにおだやかに噴出することが多い。**三原山**の噴火は比較的おだやかで，溶岩も流れやすい。ハワイの**キラウエア**，**マウナロア**などが代表的である。

⬆三原山の噴火　©HIROYUKI OZAWA/アフロ

▶**激しい噴火**　ねばりけが強いマグマは，マグマから火山ガスが抜けにくくなり，ガスが地下に多量に集まる。それにより，地下のガスの圧力が大きくなって岩石を打ち破り，爆発的な激しい噴火が起こる。マグマのねばりけが強いと，噴出しても流れにくい。爆発型の噴火では，**雲仙普賢岳**や**新燃岳**が代表的である。激しい噴火では，溶岩が噴き出るものと噴き出ないものがある。

⬆新燃岳の噴火　©山梨将典/アフロ

▶**中間型の噴火**　溶岩が流れるおだやかな噴火と爆発的な激しい噴火を交互にくり返すもので，最も多く見られる型である。日本の火山の多くがこのような噴火をし，火山には溶岩と火山灰・火山れき・火山岩塊が積み重なる。**桜島**や**浅間山**などが代表的である。

用語解説 

火砕流
火山の噴火にともない，高温の火山ガス，溶岩の破片，火山灰などが山の斜面を流れ下る，最も危険な火山現象といわれている。(➡p.496)

マグマ水蒸気爆発
地下水や海水にマグマがふれて体積の大きい水蒸気になり爆発する現象。

◉ 火山の形

火山は，火口から噴出（ふんしゅつ）したものが周囲に積み重なって高くなったものである。噴出物はマグマの性質によって変わり，溶岩や火山灰の色が黒っぽいものや白っぽいもの，表面がなめらかなものやザラザラしたものなどさまざまである。**火山の形もマグマの性質が関わっている。**

▶**たて状火山**　火口から出たねばりけの弱いマグマが周囲に広がり，たてを伏せたような形になる。

▶**溶岩台地**　たくさんの火口や大規模な割れ目から，ねばりけの弱い多量のマグマが噴出してできる地形をいう。火山の中では最も規模が大きい。

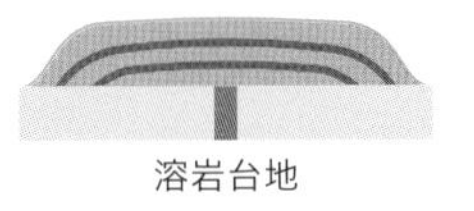

↑溶岩台地の形

▶**成層火山**　溶岩と火山れきや火山灰などが交互に噴出し，層状に積み重なってできる，富士山のような円錐（えんすい）形の火山である。山頂付近は傾斜が急で，ふもとは傾斜がゆるく，広がった形をしている。

▶**溶岩ドーム**　ねばりけの強いマグマが噴出して，高く盛り上がった形になる。

参考

月の海

月は，マグマのねばりけが弱いので高い山はないが，ゆるやかなおうとつがある。月を肉眼で見たときに暗く見える部分を月の「海」という。月の海は黒っぽい溶岩がつくった平らな地形である。

↑月の海　提供：NASA

くわしく

日本の火山

日本の火山には，溶岩ドームや成層火山のような形が多くある。

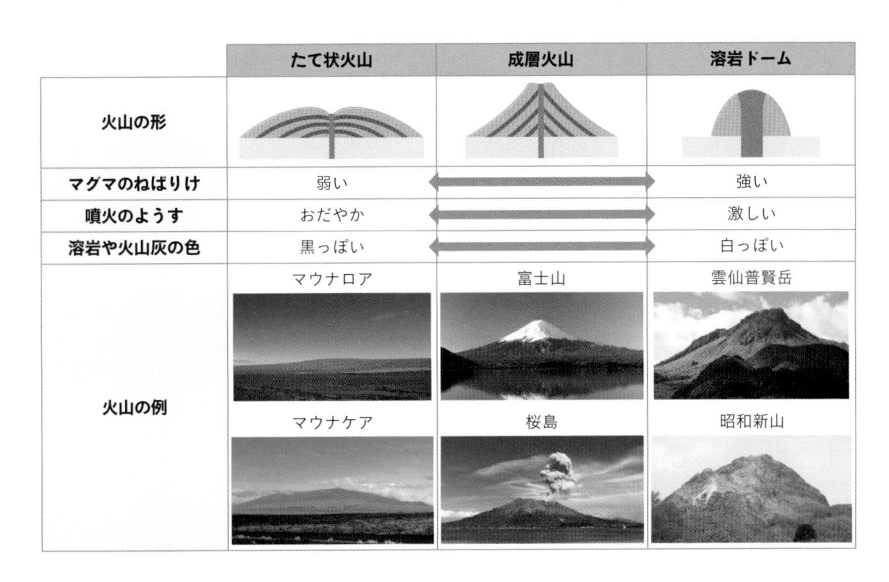

	たて状火山	成層火山	溶岩ドーム
火山の形			
マグマのねばりけ	弱い	⟷	強い
噴火のようす	おだやか	⟷	激しい
溶岩や火山灰の色	黒っぽい	⟷	白っぽい
火山の例	マウナロア マウナケア	富士山 桜島	雲仙普賢岳 昭和新山

◉ 火山の分布

火山は一般に帯状の地域に集まって分布しており，これを**火山帯**という。日本の火山の分布は，東日本火山帯と西日本火山帯に分けられる。日本には世界の７％もの火山が分布している。日本付近では沈み込んだ海洋プレートにふくまれていた水が**マントル**（➡p.522）の岩石の融点を下げることで，マグマができやすくなっていると考えられている。そのため，火山帯はプレートの境界に平行に位置し，地震帯とほぼ一致している（震央の分布➡p.511）。マグマは**海嶺**（➡p.548）やホットスポット（➡p.550）でもできやすく，海底火山や火山島をつくる。世界には，日本をふくむ環太平洋火山帯などがある。

⬆日本の火山の分布

2 火山による災害と恵み

◉ 火山災害

火山は大きな災害を引き起こすことがある。災害の要因となる火山現象には，火山ガス・火山灰・火山れきなどの噴出，溶岩の流出，火砕流（➡p.496, 518）などがある。火山灰は風で広く拡散して，農作物や交通機関，建造物に影響を与える。火砕流は速さが速く温度が高いため，破壊力が大きく避難が必要となる。火山ガスは，吸引すると気管支などの障害や中毒を発生することがある。

◉ 噴火警報

噴火にともなう火山現象により，重大な災害が起こると予想される場合に発表する警報を噴火警報という。全国111の活火山が観測・監視・評価されている。また，火山災害が起こるおそれのある危険な範囲をわかりやすくした**火山ハザードマップ**（災害予測図➡p.499）が作成されている。

活火山

活火山とは，おおむね過去１万年以内に噴火した火山と，現在活発に活動している火山をいう。

◉ 火山による恵み

▶**湧水**　火山は内部にたくさんの水をたくわえている。地表に自然に出てきた地下水を湧水といい，昔から生活や農業に使われてきた。湧水には河川の水源となっているものもある。

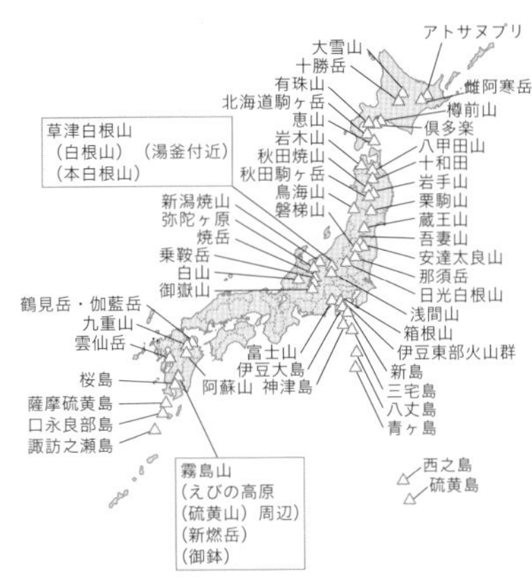

⬆日本の活火山

▶**温泉**　温泉は，地下水がマグマの熱であたためられて湧き出たもので，硫黄（いおう）や二酸化炭素などマグマや地下の岩石の成分が溶けている。ほとんど火山帯に分布している。

▶**地熱発電**　地下のマグマの熱を利用し，地下深くで得られた蒸気でタービンを回して電気を得る発電方法を地熱発電（➡p.185）という。

▶**景観**　火山は景観として重要な資源である。全国の火山の自然景観資源の数は，1000か所以上もあり，大切に保護されている。

発展・探究

火山がつくる絶景・カルデラ湖

下図のように火山の爆発によってできた大きな火口や，頂上部が落ちこんでできた大きなくぼ地をカルデラといい，雨水がたまって湖になったものをカルデラ湖といいます。十和田湖（とわだこ）や洞爺湖（とうやこ）など美しい湖が知られています。また，カルデラの外壁である外輪山と，内部の中央火口丘からなる火山を二重火山といいます。

⬆カルデラ湖（十和田湖）

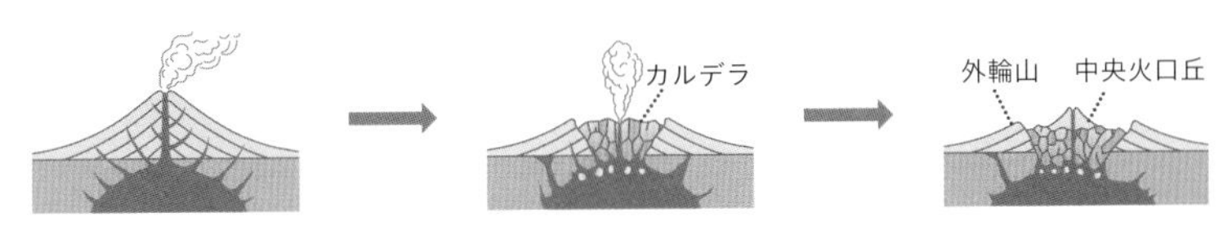

⬆カルデラのでき方

3 マグマの性質

マグマは地球内部の熱によって，岩石がどろどろに融けた高温物質であり，火山ガスや結晶もふくまれている。溶岩（ようがん）や火山ガス，火成岩（かせいがん）（➡p.523）はマグマからできる。

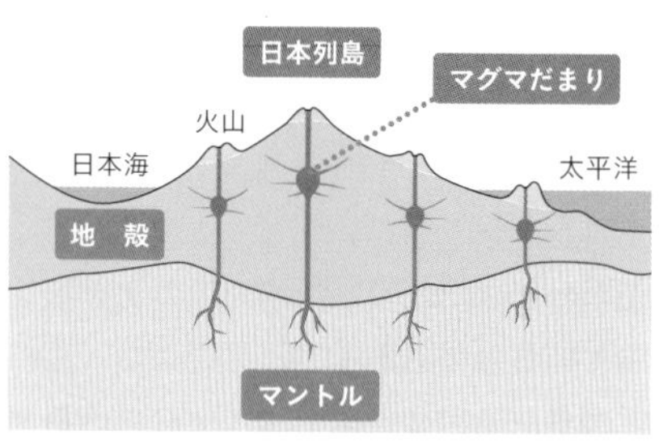

⬆マグマのできるところ

◉ マグマの性質

マグマの温度は，約700～1200 ℃である。流動性をもち，主成分である二酸化ケイ素の割合が大きいほどねばりけが強い。

マグマは，マントルの上部（地下約100～150 km）で発生し上昇する。地殻（ちかく）内（地下約５～10 km）にマグマがいったんたまる部分（マグマだまり）ができて，そこから火口へマグマが上昇してくると考えられている。（火山の噴火のしかた➡p.518）

くわしく

地球内部の温度
地下の温度は，深くなるほど高くなり，地下数十kmまでは平均して30 mについて約１ ℃の割合で上昇する。中心部の温度は4000～6000 ℃と推定されている。

◉ 地球の内部とマグマのエネルギー

地球の内部は地殻・マントル・核（かく）の３つの部分からできている。

▶**地殻**　地球の最も外側にあたる**岩石層**で，厚さは海洋部の約５ km～大陸部の約40 kmほどである。地球を卵にたとえると，地殻は卵のからの厚さにもおよばないほど薄い。

▶**マントル**　地殻の下にあり，深さ約2900 kmまでの岩石層である。固体だが，長い時間でみると流動性があり，わずかずつ対流している。この対流が，地殻変動に大きな影響（えいきょう）を与えていると考えられている。マントルはカンラン岩質の岩石からできていると考えられている。マントルの一部が融けるとマグマになる。

▶**核**　地球の中心部で，マントルの下にあり，深さ約2900 kmより下の部分をいう。高温の金属質で，外側を**外核**，中心部分を**内核**という。地震のS波が伝わらないことから，外核は液体であると考えられている（➡p.513）。

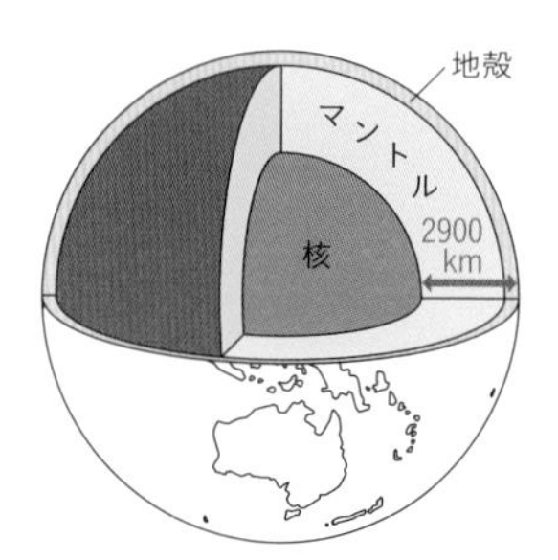

⬆地球の内部のようす

2 マグマと火成岩

1 マグマと火成岩

◉ マグマの冷え方と火成岩のようす

マグマが冷えて固まった岩石を**火成岩**という。火成岩はマグマの冷え方によって**深成岩**と**火山岩**に分けられる。深成岩は，マグマが地下の深いところでゆっくりと冷え固まってできる。花こう岩のような岩石がある。また，火山岩は，マグマが地表近くで急速に冷え固まってできる。火口から流れ出た溶岩も火山岩である。

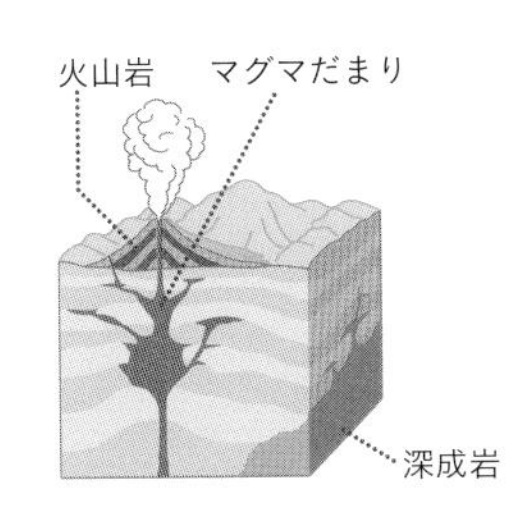

⬆火成岩のでき方

◉ 火成岩の組織

火成岩は，何種類かのさまざまな大きさの鉱物（➡p.524）が集まってできている。火成岩の**組織**とは，鉱物の集まり方のことをいい，マグマの冷え方と深い関係を持っている。火成岩の組織は等粒状組織と斑状組織がある。

等粒状組織とは，鉱物の大きさがだいたいそろって集まっている組織である。深成岩のように，マグマが地下でゆっくり冷えた場合に，それぞれの鉱物の結晶が大きく成長して等粒状組織にな

等粒状組織のようす

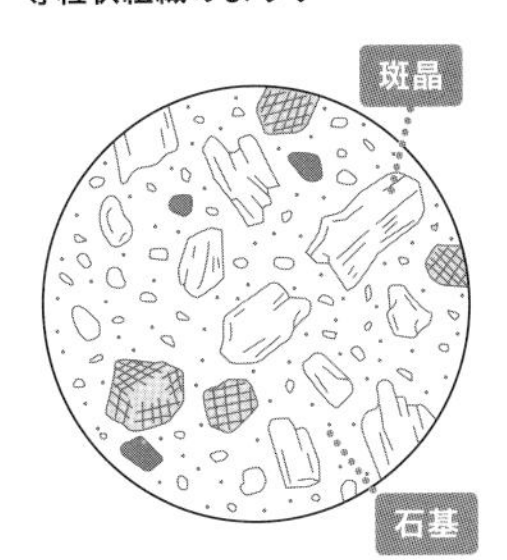

斑状組織のようす
⬆ルーペによる観察

くわしく

斑状組織の結晶のでき方
急速に冷えてできた岩石でも，粒の大きな斑晶ができるのは，鉱物によって結晶になる温度がちがうからである。斑晶は，マグマが地表や地表近くで冷える前の高い温度で結晶になったもので，あとで急速に冷えて固まったものが石基になる。

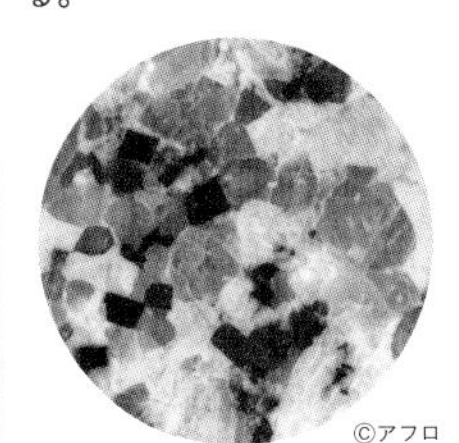

等粒状組織のようす

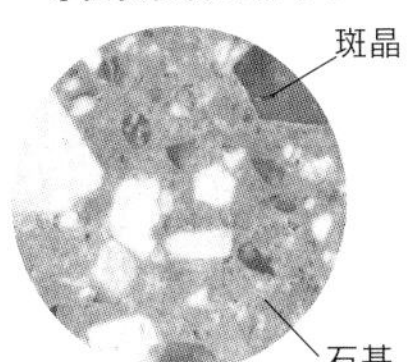

斑状組織のようす

る。鉱物はセキエイ，チョウ石，クロウンモなどでどれも肉眼で見ることができる。

斑状組織とは，粒の区別がつかない細かい鉱物やガラス質の部分と，その中に斑点のように散らばっている大きな鉱物の結晶をもつ組織である。細かい鉱物などの部分を**石基**といい，大きな鉱物の結晶の部分を**斑晶**という。石基は，地表で急に冷えたために小さい鉱物の結晶が成長せず，非結晶質であるガラス質になった部分である。斑状組織は，火山岩のように，マグマが急速に冷えた場合にできる。

参考

カクセン石とキ石

2つの鉱物は似ているが，結晶の割れ口の面と面の角度が違う。

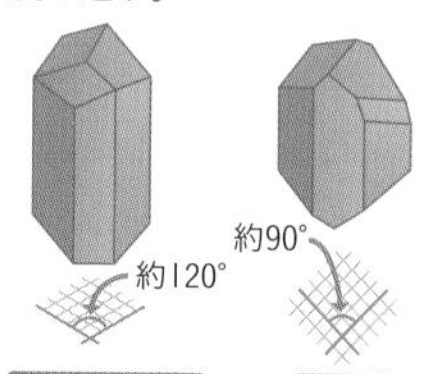

カクセン石　キ石

くわしく

磁鉄鉱

磁鉄鉱は黒色で光沢のある有色鉱物である。正八角形で丸みを帯びたものが多い。磁石につく。

2 火成岩をつくっている鉱物

◉ 火成岩の造岩鉱物

岩石は，**鉱物**とよばれるひとつひとつの粒でできていて，岩石をつくっている鉱物を**造岩鉱物**という。火成岩のおもな造岩鉱物は下表の6種類あり，**無色鉱物**と**有色鉱物**に分けられる。この6つの組み合わせによりいろいろな種類の火成岩ができる。

	無色鉱物		有色鉱物			
鉱物	セキエイ（石英）	チョウ石（長石）	クロウンモ（黒雲母）	カクセン石（角閃石）©アフロ	キ石（輝石）©アフロ	カンラン石
色	無色 白色	白，うす桃色	黒， 黒かっ色	黒， 緑がかった黒		緑かっ色
光沢	ガラス光沢	割れ口はガラス光沢	真珠光沢	弱い金属光沢かガラス光沢		ガラス光沢
割れ方	不規則，ガラスの破片のよう	割れやすく，へき開がある	うすくはがれやすく，へき開が強い	へき開がある		不規則
硬度	7	6	2.5〜3	5〜6		6〜7
比重	2.7	2.6〜2.7	3.0	3〜3.5	3.3	3.5〜4.4

⬆火成岩の中にふくまれるおもな鉱物

◉ 造岩鉱物の性質

鉱物はそれぞれ特有の性質をもっている。その性質に注目してみると，似ている鉱物を区別することができる。鉱物のおもな性質は，色，光沢，割れ方，かたさ（硬度），比重（密度）（➡p.209，210）である。

鉱物はそれぞれ特有な**色**をもっている。ただし同じなかまの鉱物でも色がちがう場合があり，たとえばウンモにはシロウンモやクロウンモがある。

光沢は，鉱物の重要な性質である。光沢によって，色が同じ鉱物を区別することができる。セキエイやチョウ石のようなガラス光沢のほかにも，金属光沢（黄鉄鉱），真珠光沢（クロウンモ，シロウンモ）などの種類がある。

割れ方も鉱物の性質のひとつである。チョウ石やウンモのように，特定の方向に平らな面をつくって規則正しく割れる性質を**へき開**という。割れてできる面をへき開面といい，チョウ石やウンモはへき開面をもつため光を反射してキラキラ光る。セキエイのように不規則な割れ方をする鉱物は，断口というでこぼこした割れ口になり，光らない。

鉱物のかたさは**硬度**で表される。セキエイとガラス，セキエイと方解石など，外見がよく似ている鉱物は硬度によって区別することができる。モース硬度は鉱物のかたさを相対的に表現したもので，一方の鉱物（A）の角でほかの鉱物（B）の面をひっかいて傷がつくかどうかで調べられる。Bに傷がつかなければAの鉱物のほうがやわらかいといえる。両方の鉱物の硬度が等しいときは，たがいに傷がつくことが多い。

鉱物の質量は**比重**（密度）で表し，鉱物と同体積の水の質量を比較して求められる。鉱物の比重は，２～４くらいのものが多い。鉱物によって密度が決まっているので，比重は鉱物を見分けるのに役立つ。

参考

宝石

宝石は地下深くで結晶化した鉱物の中でも特に美しいものである。たとえば**水晶**は，セキエイが単体でつくる美しい六角柱の結晶である。純粋なものは無色透明であるが，不純物をふくむと紫や黄，緑などの色がつく。

⬆水晶

参考

モース硬度

ドイツの鉱物学者であるモースが，10種類の鉱物をやわらかい順に並べて硬度の基準としたもの。数字は硬度の順番であり，硬度５は硬度１の５倍のかたさを意味するものではない。また，硬度は0.5刻みで表し，３と４の間のかたさはすべて硬度3.5になる。

硬度	標準鉱物	
1	カッ石	［代用できるもの］
2	石コウ	
3	方解石	つめ(2.5) 銅板(3)
4	ホタル石	鉄くぎ(4.5)
5	リンカイ石	
6	正チョウ石	ガラス(5.5)
7	セキエイ	ナイフ(6.5) やすり(7)
8	トパーズ	
9	コランダム	
10	ダイヤモンド	

3 火成岩の分類

◉ 火成岩の組織による分類

火成岩の組織は，マグマが地下でゆっくり冷え固まってできる**等粒状組織**と，地表近くで急に冷え固まってできる**斑状組織**がある。等粒状組織をもつ岩石を**深成岩**といい，斑状組織をもつ岩石を**火山岩**という。

◉ 造岩鉱物による分類

岩石を構成する造岩鉱物の組み合わせは，岩石の色に現れる。**無色鉱物**が多い岩石は白っぽくなり，**有色鉱物**の多い岩石は黒っぽくなる。

下図は，火成岩の種類と造岩鉱物の組み合わせを示している。火成岩は，組織と色から6種類に分類できる。白っぽい岩石である**流紋岩・花こう岩**は，おもにセキエイ・チョウ石・クロウンモからできている。中間の色の岩石である**安山岩・せん緑岩**は，おもにチョウ石とカクセン石からできている。副成分としてセキ

くわしく

セキエイと二酸化ケイ素

セキエイは二酸化ケイ素が結晶になったもので，無色透明の鉱物である。二酸化ケイ素を多くふくむマグマはねばりけが強く，このマグマが冷え固まるとセキエイを多くふくむ岩石になるので，白っぽい溶岩をつくる。

くわしく

造岩鉱物の割合

チョウ石はすべてに，セキエイとクロウンモは白っぽい岩石にだけ，カンラン石は黒っぽい岩石にだけふくまれている。セキエイとカンラン石は同時にふくまれない。

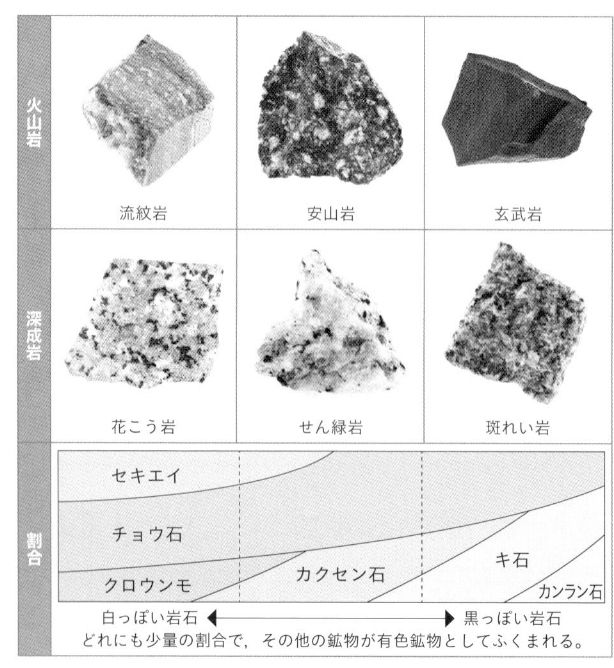

◐いろいろな火成岩

エイ・クロウンモ・キ石をふくむことがある。黒っぽい岩石である**玄武岩・斑れい岩**は，おもにチョウ石・キ石・カンラン石からなり，カクセン石をふくむこともある。

◉ 深成岩

深成岩は，マグマが地下の深いところでゆっくり冷えて固まってできた岩石である。**等粒状組織**であり花こう岩，せん緑岩，斑れい岩がある。長い時間をかけて冷え固まる間に規則正しくできる割れ目を**節理**といい，深成岩は**方状節理**といって四角に割れることが多い。

⬆深成岩の方状節理

▶**花こう岩**　深成岩の代表的なもので**御影石**ともいう。無色鉱物のセキエイ・チョウ石と，有色鉱物のクロウンモからできている。無色鉱物の割合が高いため白っぽい岩石である。

▶**せん緑岩**　おもにチョウ石とカクセン石からできていて，花こう岩よりも黒っぽい岩石である。セキエイ・クロウンモ・キ石などが混じることがある。

▶**斑れい岩**　おもにチョウ石とキ石からできていて，

発展・探究

花こう岩と真砂土

岩石は風化（➡p.529）が進むと砂のような土になります。花こう岩は，地下深くで冷えたときにできる割れ目や，地表近くまで上昇するときに体積が膨張してできる割れ目があり，風化しやすい岩石です。花こう岩が風化してできた土を「真砂土」といい，古くから園芸や陶芸に活用されてきました。

花こう岩の地域では地表面に真砂土が多いので，大雨によって斜面が崩壊し，土石流が起こるなど災害のリスクがあります。

真砂土➡

⬆土石流（広島県）

有色鉱物の割合が大きいため黒っぽい岩石である。カクセン石かカンラン石が入ることが多い。

◉ 火山岩

火山岩は，マグマが地表で急激に冷えて固まってできた岩石である。**斑状組織**であり，冷え方が非常に速いために石基(せっき)は非結晶質であるガラス質になり，その中に斑点のように鉱物の結晶が散らばった組織になる。火山岩には流紋岩，安山岩，玄武岩がある。火山岩は，マグマの流れ方や移動のしかたにより，五角形や六角形の柱のように割れる**柱状節理**(ちゅうじょうせつり)や，板のように平行に割れる**板状節理**(ばんじょうせつり)が多く見られる。

⬆火山岩の柱状節理

⬆火山岩の板状節理

▶**流紋岩**　斑晶(はんしょう)にはセキエイやチョウ石が多く，白っぽい岩石である。溶岩(ようがん)が多いが，岩石の割れ目に入り込んで固まったもの（岩脈(がんみゃく)）も見られる。しま模様の見えるものが多い。マグマにふくまれていたガスが抜けてできた穴によって表面がざらざらしているものもある。

▶**安山岩**　火山岩の中で最も多く産出する岩石である。斑晶にはカクセン石やチョウ石が多く見られ，灰色・黒灰色・黒かっ色などさまざまな色をしている。セキエイやキ石をふくむものも多い。安山岩には柱状節理や板状節理が発達しているものがある。

▶**玄武岩**　有色鉱物が多いため，黒色または黒灰色で黒っぽい色をしている。斑晶はキ石やカンラン石が多く見られる。玄武岩は美しい六角柱の柱状節理が発達することがある。ねばりけの弱いマグマがもととなり，世界的に広く分布している。インドのデカン高原などの広大な玄武岩の溶岩台地（➡p.519）や，ハワイ諸島などのたて状火山（➡p.519）をつくっている。

くわしく

石材として有名な火成岩

国会議事堂の外装には３種類の花こう岩，内装には大理石など，日本全国から集められたさまざまな石材が使われている。

⬆国会議事堂

第1章 SECTION 3

大地の歴史

山地や平野などの地表面のようすは，何千年・何万年という時間で見ると形を変えることがある。ここでは，水のはたらきやプレートの運動でできた地形について学習する。それらがなぜできたかを知ると，地球誕生からの時間の長さを実感することができるはずだ。

1 水のはたらきと地表の変化

1 岩石の風化(ふうか)

地表に露出している岩石は，つねに風雨にさらされているため，長い間に少しずつくずれたりして，細かくなっていく。このはたらきを，風化という。

◉ **風化**

岩石を風化するはたらきはいろいろあるが，おもに温度の変化と水によるものである。岩石はこれらのはたらきによって，ぼろぼろになったり，はがれ落ちたりしてやがて砂や泥(どろ)に変わる。

岩石は気温の変化や日光の直射などによって，岩石にふくまれている鉱物(こうぶつ)（➡p.524）がのび縮みする。種類のちがう鉱物が集まった岩石では，鉱物によってのび縮みの割合がちがうため，岩石がくずれていく。また，水の，温度変化によって体積が変わる性質や，岩石を変質させるはたらきによっても岩石がぼろぼろになることがある。

岩石のなかでも特に水に溶けやすい石灰岩（➡p.538）が分布している地域では，**カルスト地形**とよばれる特有の地形が生じる。たとえば，石灰岩の地下にできた割れ目が地下水に溶かされて広がり，ほら穴となると，**しょう乳どう**になる。雨水によって石灰岩台地が溶かされると，大きななべ状のくぼ地である**ドリーネ**ができる。また，石灰岩台地の表面に墓石のような石灰岩が立ち並んだ**カレンフェルト**ができることもある。

参考

植物の根と風化

岩石に割れ目があるとそこに水がしみこみ，それに入りこんでのびた植物の根が太くなるにしたがって，割れ目が広げられる。

また，植物が成長していくときに，根の部分から弱い酸が出ることがあり，酸に弱い成分の鉱物や石灰岩などは，この酸によっても溶かされ，風化していく。

⬆秋吉台のカルスト地形（地表がカレンフェルト）

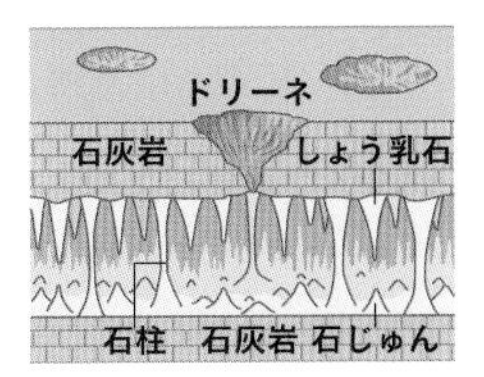

⬆カルスト地形の断面

2 流水のはたらきと地表の変化

◉ 侵食・運搬・堆積

雨水は，集まって川となり，やがて海に注ぐ。この間に，流水は川底や川岸の岩石をけずったり（**侵食**），けずった土砂を下流に運んだり（**運搬**），この土砂を川下や海底に積もらせたり（**堆積**）する。

地表は，このようなはたらきによってしだいに変化し，長い時間をかけて特有な地形をつくるようになる。また，地形を調べることによって，このような川のはたらきを知ることができる。

侵食は，おもに**川底と川岸にはたらく**。川の上流には深い谷やがけが見られるが，これは，流水の侵食によってけずられてできたものである。侵食は水だけの力よりも，水によって流されるれきや砂が，川底や川岸をこすったり，ぶつかったりする力のほうが大きい。

侵食によってできた岩石の破片は下流に運ばれていく。こうして運ばれていく間に，ぶつかり合ってしだいに角がとれ，**丸みを帯びてくる**。

川底の傾斜が急な上流では，水の流れが激しいため侵食が大きくはたらくが，中流・下流にいくにつれて流速が小さくなり，岩石の破片は大きなものから順に川底に堆積していく。また，河口まで運ばれた砂や粘土は，河口を中心として，海底に堆積する。

このため，**上流に堆積しているれきは大きくて角ばったものが多い**が，下流にいくほど小さくなり，丸みを帯びるようになる。

◉ 流水の作用によってできる地形

侵食や堆積が続くと，上流の山地には**谷**や**峡谷**などができ，下流には堆積による地形ができる。

山地の上流の川は，川底の傾斜が急で流れも速い。このため川底が侵食され深い谷ができる。このような谷は一般に断面がV字形になるので，**V字谷**とよぶ。

上・中流の川底では，川のへこんだところにれきが

くわしく

侵食と流速

侵食は流れが速いほど大きい。山地は川底の傾斜が急なため，一般に流れが速い。このため，上流では侵食が強くはたらく。

流速が大きいと侵食力も大きくなるのは，１つは水が勢いよくぶつかるからであるが，大きなれきを流すことと，流すれきや砂の量が多いことによって，川底や川岸の岩石がくだかれたり，すりへったりするためである。

くわしく

運搬作用と流速

流水の運搬力は，流速・流量が大きいほど大きくなる（運ぶことのできるれきの大きさは，だいたい流速の２乗に比例する）。このため，洪水になって流速や流量が大きくなると，流水の運搬力は非常に大きくなる。

↑V字谷（祖谷渓谷）

入り，川底の岩石をえぐって穴をつくることがある。これを**おう穴**という。

川の侵食作用と土地の隆起によって，川に沿って**河岸段丘**（➡p.543）という階段状の地形ができることもある。

川が山地から平地に出ると流れがゆるやかになり，出口を中心にして扇を広げたような形に，れきや砂などが堆積する。このような堆積による地形を，**扇状地**という。扇状地をつくる土砂の粒は比較的大きいことから，扇状地は水はけがよく，果物などの栽培に適している。

平地を流れる川は，曲がりくねっていることが多い。このような川の流れを**蛇行**という。

川が蛇行するのは，川自身の侵食・堆積のはたらきによる。川すじの曲がったところでは，外側（図のA側）は侵食され，内側（図のB側）には土砂が堆積する。このような作用が続くと，川の曲がり方はしだいに大きくなり，蛇行するようになる。

平面図

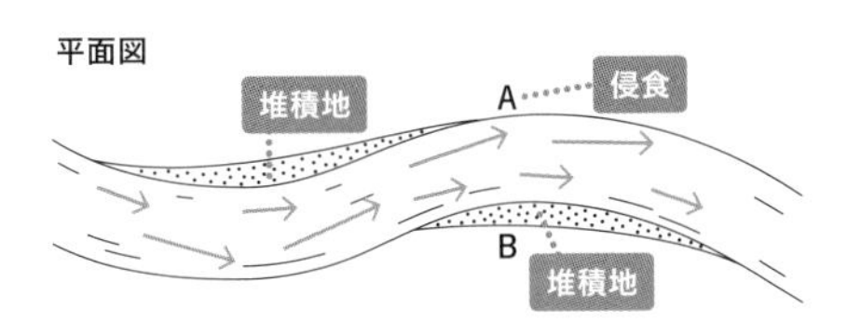

断面図

⬆川の蛇行の原因

⬆おう穴（ポットホール，かめ穴）

⬆扇状地

⬆蛇行する川

⬆三角州

川が海に入る河口付近では，流れがゆるやかになり，運ばれてきた土砂は，河口から海に向かって堆積する。この堆積物は，河口を頂点にした三角形の低い陸地をつくることが多い。これを**三角州**(さんかくす)や**デルタ**という。

◉ 川の上流・中流・下流の地形の特徴(とくちょう)

山地に降った雨水は，しだいに集まっていき，最後は海に注ぐようになるが，上流から中流・下流にいくにつれて，川の周囲の地形は変わっていく。

上流では，侵食が大きくはたらくため，谷がV字谷になっていることが多い。川底はおうとつが多く，急流があったり，深くなって水がよどんでいたりしている。また，滝が見られることもある。川底のれきは大きく，角ばったものが多い。

中流では，谷が開け，傾斜もゆるやかになる。川は，しだいに曲がって流れるようになり，川原には，れきや砂の堆積物も見られるようになる。中流のれきは小さくなり，丸みを帯びている。山地から平地に出るところでは，扇状地ができることもあり，堆積物の粒はさらに小さくなる。

川の上流では流れが急なため，**川底をけずるはたらき**（下刻(かこく)作用）がさかんであるが，流れがゆるやかになるにつれて，**川岸をけずるはたらき**（側刻(そっこく)作用）がさかんになり，川すじが曲がりくねる。

下流では水量が多く，平地を曲がりくねってゆっくり流れる。小さなれきや砂・泥などの堆積物が見られ，川の両岸には堤防がつくられる。河口付近には**三角州**が広がり，田畑に利用されたり，建物が建てられたりしている。

くわしく 

扇状地と伏流水(ふくりゅうすい)

日本には山がたくさんあり，火山の山ろくや扇状地には伏流水が多くある。この伏流水とは地上の水が地下に潜って流れるもので，水はけのよい土地で多い。日本には火山が多いため，日本は水に恵まれている（➡p.521）。

⬆白糸の滝

上流	中流	下流
❶ 侵食がさかんである。 ❷ V字谷が見られる。滝や急流などが見られる。 ❸ 角ばった大きなれきが多く見られる。	❶ 運搬がさかんである。 ❷ 川幅がやや広くなり，川が曲がって流れるようになる。扇状地が見られる。 ❸ 丸みをもったれきが多く，れきはしだいに小さくなる。	❶ 堆積がさかんである。 ❷ 平地を蛇行して流れるようになり，河口には三角州が見られる。 ❸ 小さなれきや砂・泥などが多い。

⬆川の上流・中流・下流の特徴

3 海水のはたらき

海でも侵食（しんしょく）や運搬（うんぱん）のはたらきがあるが，最も大きなはたらきは堆積（たいせき）である。

◉ 海水による侵食・運搬・堆積

海の波が岸に押し寄せることで，侵食が起こる。海岸に見られる，波の侵食によってできたがけを，**海食がい**という。海水の侵食は，おもに海水面付近でおこなわれるので，海食がいの下には**海食台**とよばれる，沖に向かってゆるやかに傾いた平らな面ができる。

海水にも一定の流れがある。その最も大きなものは広い範囲にわたって決まった方向に流れている海流である。このほか，潮の満ち引きによって起こる潮流もある。海岸付近の海水は，海岸に沿って一定の方向に流れており，これを**沿岸流（えんがんりゅう）**という。このため，細かい砂や泥（どろ）は海水によって運搬され，流れが遅くなったところなどに堆積する。

川から海に出た土砂は，沿岸流によって運ばれ，湾の入り口などで流れが遅くなると，そこに土砂が堆積する。この堆積物がくちばしのような形の砂地になったものを**砂し（さし）**といい，これがさらに湾の入り口をふさぐようにのびたものを**砂州（さす）**という。

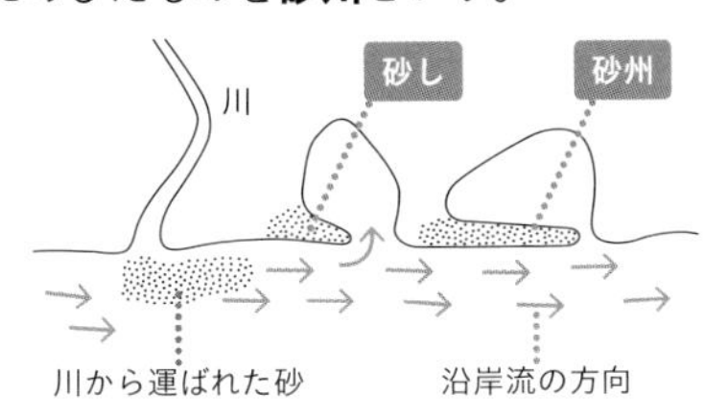

↑砂し・砂州のでき方

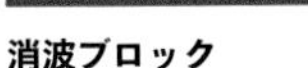

参考

消波ブロック

波や水流の力を弱めて，海岸や河川などの侵食を防止することを目的に，コンクリートブロックが設置されることがある。

↑海食がい

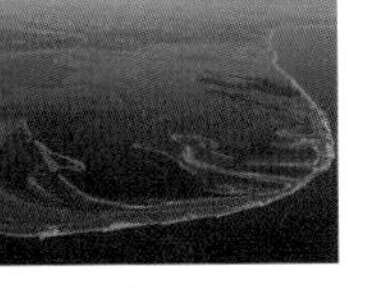

↑砂し　©月岡陽一/アフロ

↑砂州（天橋立（あまのはしだて））

2 地層と堆積岩

1 地層のつくり

岩石の粒(つぶ)(れき・砂・泥(どろ)など)や火山灰(かざんばい)などが層状に重なったものを**地層**という。

⬆地層

◉ 地層の重なり方

地層は，性質や色のちがう層が重なり，しま模様をつくっている。砂からできている層，粘土(ねんど)からできている層，れきが集まった層，火山灰(かざんばい)が集まった層などがある。１枚の地層が非常に厚いために，しま模様がほとんどないものもある。

◉ 地層のでき方

地層の多くは海底の堆積物(たいせきぶつ)からできているが，火山灰が風に運ばれて陸地に堆積(たいせき)した地層などもある。関東ロームのような火山灰層は，この例である。

川から海に運ばれるものは，れき・砂・泥など，さまざまな粒の大きさをもっており，これらが混じっていることが多い。ところが，地層を見ると１枚の地層では粒の大きさがだいたい同じものがふくまれている。

これは，堆積するまでに海水の**ふるい分け作用（分級作用）**がはたらくためである。水の中では粒の大きさによって沈む速さが異なり，粒の大きいものほど速く沈む。つまり，川から海へとはき出される土砂にはさまざまな大きさの粒が混じっているが，海水の動きの激しい海岸近くでは，粒の大きい土砂が堆積し，粒の小さい土砂は沖のほうに流される。沖のほうで海水の動きがおだやかになると，小さい粒が堆積する。そして，海底に堆積するときには，同じくらいの大きさの粒に分けられることになるのである。

発展

層理(そうり)

粒や性質がだいたいそろった１枚の地層の重なっている境目を層理といい，境界面を層理面という。

くわしく

粒の大きさと沈む速さ

粒の大きさによって水の抵抗が変わるため，沈む速さにちがいが生じる。

海水中に10 m 沈むのにかかる時間は砂では数十秒～数分，シルト（泥のうち直径が$\frac{1}{16}$～$\frac{1}{256}$ mmのもの）では１～３時間，粘土（泥のうち直径が$\frac{1}{256}$ mm以下のもの）では10日～２年もかかるといわれている。

このように，粒の大きさの異なる層が重なって地層をつくる原因はさまざまだが，**大地の変動**が１つの原因と考えられる。

陸地が**沈降**すると，海岸線は陸地の方に移動する。したがって，ある地点の海底は海岸からさらに遠くなり深さも増す。そのため，この場所の堆積物も変化し，一般にこれまでより粒の小さいものが堆積する。また，陸地が**隆起**した場合はこの逆となる。

現在の海面
（旧海面）
小粒砂層
中粒砂層
あらい砂層
れき　あらい砂　中粒砂　小粒砂　シルト　粘土
（左図のAB間の堆積物のようす）

⬆陸地の沈降と堆積物のようす

これらのほか，地層ができる原因には，海水や川の流れ方の変化や，火山によるものが考えられる。

流れの速いところでは，大きい粒であっても遠くまで運ばれる。そのため，海水の流れ方が変わると堆積のしかたも変わり，粒の大きさがちがうものが堆積する。

川の状態の変化によって流れの速さも変化し，海に運ばれる土砂の粒の大きさが変わり，地層ができることがある。また，火山が噴火し火山灰を降らせると，新たに火山灰の層ができる。

◉ 地層と化石

地層の中には，その地層が堆積したときに生きていた生物が，化石となって入っていることがある。

化石としていちばんよく見かけるのは貝（からの部分）であるが，このほか，動物の骨，サンゴやウニなどのかたい部分が化石になっていることが多い。また，木の葉や幹などが化石になっていることもある。

化石には**生物の体の一部が残ったもの**のほか，動物のすみかや足跡など，**生物が生きていたことのあとが地層中に残されたもの**もふくまれる。

このような地層にふくまれている化石を手がかりにして，その地層が堆積した当時の環境や時代を推定することができる（化石と過去の記録➡p.552）。

くわしく 

地層の厚さからわかること
地層が厚いということは，その地層ができた環境が長い間安定していたということを示す。

⬆恐竜の足跡の化石

2 堆積岩

⬆堆積岩（砂岩）の拡大

地層は，れきや砂・泥などが堆積してできたものである。地層をつくっている砂や泥などが，長い間に固まってできた岩石を**堆積岩**という。

堆積岩にはさまざまな種類があり，粒の大きさやできた過程などによって分類されている。

◉ 堆積岩の特徴

堆積岩は堆積によってできたことを示すさまざまな特徴をもっている。

堆積岩には，川から運ばれてきた土砂などが堆積してできたものが多い。したがって，このような堆積岩をつくっている粒は，角がとれて丸みを帯びている。

堆積岩のもう1つの特徴は，化石をふくんでいたり，化石からできたものがあったりすることで，これも堆積によってできたことを示す特徴である。

◉ 堆積岩の分類

ものを分類するには，何を基準にして分類するか決めなければならない。この基準を**分類の観点**といい，決め方によってさまざまな分類ができる。

堆積岩を分類する主な観点は，どのようにしてできたかと，粒の大きさの2つである。

流水に運ばれた粒からなる堆積岩（➡p.537）は，粒の大きさによって**れき岩**・**砂岩**・**泥岩**などに分類される。

火山噴出物が積もった堆積岩（➡p.538）は，火山灰などからできたもの（凝灰岩），溶岩などの破片からできたもの（集塊岩）などに分類される。

生物体が積もった堆積岩（➡p.538）は，性質や成分によって**石灰岩**・**チャート**などに分類される。その他の堆積岩は岩塩や石コウなどに分類される。

参考

堆積岩の固結作用

堆積岩は，堆積した当時はほとんど固まっていないが，時間をかけて少しずつ固まっていく。

堆積岩が固まるのは，上に堆積した地層の重みでしだいに粒の間の水が押し出されてあきが無くなっていくことが理由の1つである。別の理由は，水に溶かされた二酸化ケイ素や炭酸カルシウムが粒の間に入りこみ，粒を結びつけていくからである。

◉ 流水に運ばれた粒が積もってできた堆積岩

堆積岩のなかで最もふつうに見られるもので，粒の大きさによって**れき岩・砂岩・泥岩**に分けられる。このほか，粘板岩（ねんばんがん）・ケツ岩などがある。

▶**れき岩**　直径が 2 mm以上の**れき**がおもなもので，そのすき間を泥や砂がうめて固まった岩石である。れきの大きさはさまざまで，数十 cmの大きさのものもある。れきの種類は堆積岩，マグマが冷えてできた火成岩（かせいがん），変成作用でできた変成岩（➡p.547）などさまざまである。れきは丸みを帯びたものが多いが，角ばったれきからできているものもあり，このようなれき岩を角れき岩という。

▶**砂岩**　直径が$\frac{1}{16}$〜2 mmの砂が固まってできた岩石である。あらい砂（粗粒砂岩（そりゅうさがん））から細かい砂（細粒砂岩）のものまである。色や形もさまざまで，古いものには非常にかたいものがある。

▶**泥岩**　直径が$\frac{1}{16}$ mm以下の粒の細かい泥が固まった岩石で，灰色から黒色のものが多い。粘土$\left(\frac{1}{256}\text{ mm}\right.$ $\left.\text{以下}\right)$より少し粒の大きい，**シルト**$\left(\frac{1}{256}\sim\frac{1}{16}\text{ mm}\right)$でできたものをシルト岩ともいう。

▶**粘板岩**　シルトや粘土からできた岩石が強い圧力で板状にはがれやすくなったもので，**スレート**ともいう。

くわしく 

堆積岩の粒の大きさ

岩石や鉱物の破片などが堆積してできた堆積岩を，ふくまれる粒の大きさで分類する。

ふくまれる粒には，れきのように大きいものから，粒が目に見えない粘土までさまざまな粒があるが，粒の大きさを細かく分けていくときの境界は（単位はmm），…，4，2，1，$\frac{1}{2}$，$\frac{1}{4}$，$\frac{1}{8}$，…というようになる。

参考 

シェールオイル

シェールオイルとは，泥岩のうち，うすく板状に割れる性質をもった岩石であるケツ岩の層にふくまれている石油のことである。

昔は採集するのが難しかったが，技術の向上によって現在では産出できるようになっている。

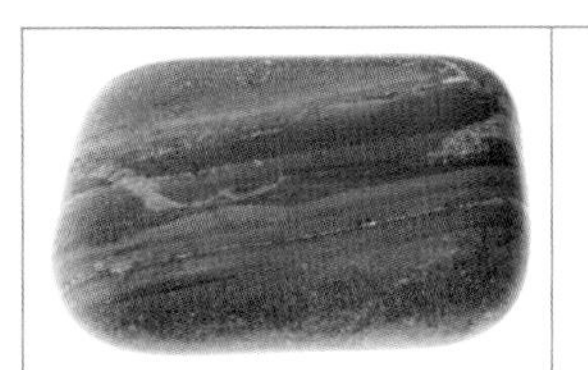

泥岩　泥（直径$\frac{1}{16}$ mm以下）が固められた岩石

砂岩　砂（直径$\frac{1}{16}$〜 2 mm）が固められた岩石

れき岩　直径 2 mm以上のれきが泥や砂とともに固められた岩石

凝灰岩　火山灰などが堆積して固まった岩石

石灰岩　生物体中や海水中の石灰分が固まった岩石

チャート　生物体中や海水中の二酸化ケイ素が固まった岩石

◉ 火山噴出物が積もってできた堆積岩

火山が噴火すると，**溶岩**（**火山岩**）の破片や**火山灰**が周囲に吹き飛ばされる。なかでも，粒の細かい火山灰は風で運ばれ，また海底火山の噴火のときは海流などに運ばれ，堆積する。このような堆積岩には，**凝灰岩**や**集塊岩**などがある。

▶**凝灰岩**　火山灰や火山れきが積もって固まったもので，軽石の破片をふくむものもある。泥岩のようにち密なものから，ざらざらとして穴が開いたようなものまである。色は白・灰・うす緑・かっ色などで，一般にもろくて風化しやすい。やわらかくて軽く加工しやすいため，関東地方で石がき・へいなどの石材に広く使われている。

◉ 生物体が積もってできた堆積岩

生物体が積もってできた堆積岩には**石灰岩**・**チャート**・**石炭**（植物の化石が炭になったもの）などがある。

▶**石灰岩**　サンゴ・貝類・フズリナなどや海水中の石灰分（炭酸カルシウム）が堆積して固まった岩石である。このため，石灰岩の中には化石が見つかることが多い。白・灰色のものが多く，やわらかい。

日本の古い地層からは，良質の石灰岩がたくさん産出し，セメントの原料などに利用されている。石灰岩が生物の石灰分からつくられるということからは，石灰岩の地層ができた当時，大量の生物が生息していたことがわかる。

▶**大理石**（**結晶質石灰岩**）　石灰岩が熱などの作用で変化した岩石（変成岩➡p.547）である。

▶**チャート**　ホウサンチュウ（とても小さな原生生物で，二酸化ケイ素の殻をもつ）などの**海生動物の二酸化ケイ素**が堆積してできた岩石。非常にかたく，日本の古い地層（古生代（➡p.555）・中生代（➡p.556））に多く見られる。

参考

角れき凝灰岩

火山灰に，粒の大きさが64 mm以上の軽石や火山岩の角ばった破片が混じっている堆積岩のこと。

石材としてよく用いられる大谷石などがこれにあたる。

参考 

石灰岩とコンクリート

堆積岩の１つである石灰岩は，コンクリートの原料となっている。

コンクリートはセメントに水と骨材（砂や砂利）を混ぜてつくられる。セメントは，石灰岩を焼いて粉にしたものであり，水と化学反応して固まる性質を利用している。

参考 

岩塩

岩塩は，海水に溶けていた塩分が沈殿してできる。海水中の塩分が沈殿するためには，海水が閉じこめられて蒸発し，塩分がしだいに濃くなっていくような環境が必要となる。外国には，岩塩の厚い地層が見られるところがある。化学的な過程によってできる堆積岩を化学岩というが，岩塩もそのひとつである。

3 地層の重なり方と過去の環境

地層を観察することで，地層ができた当時の環境などを知ることができる。たとえば，その地層が海の堆積物であれば，その地層が堆積したころは，その地域は海であったことが推定できる。

◉ 地層の重なり方と地層の新旧

海底などで地層がつくられているときは，新しい堆積物はしだいに上のほうに堆積していく。したがって，ひと続きの地層では**上のほうほど新しく，下のほうが古い**と考えてよい。たとえば，れき岩層の上に砂岩層が重なり，その上に泥岩層が重なっていれば，3つの層のなかでは，れき岩層が最も古く，泥岩層が最も新しいことになる。

しかし，地層はいつも見かけ上の下の層が古いとは限らない。地層はときには重なりの順序が逆になって現れることがある。地層が，波形（**しゅう曲**➡p.546）になっていたり，傾いていたりすることがある。これは海底などに堆積してから陸地になるまでに，さまざまな地殻変動を受けて変形したためである。この変形が大きくなると，上図のように部分的に逆転する。このような部分が，地表に現れていることもある。

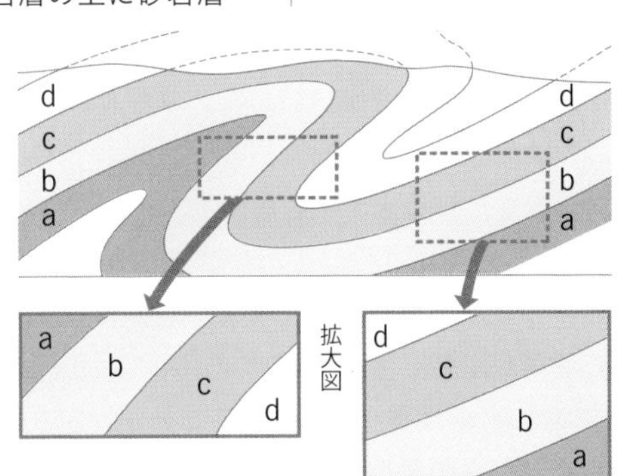

⬆地層の逆転

地層が本来の上下と見かけの上下が逆であるような場合も，地層をくわしく調べることでどのように堆積していったのか決められることがある。この手がかりには，**ふるい分け・斜交葉理・れん痕**などがある。

たとえば，地層の中にふるい分けが見られる層がはさまっていた場合，堆積物の粒の大きいほうが本来の下（古い層）であるということがわかる。

くわしく

地層累重の法則
ひと続きに重なっている地層では本来，下にある地層は上にある地層よりも古い，という法則を地層累重の法則という。化石の新旧も，この法則が基礎となって決められてきており，地球の歴史を考える上で最も基本的な法則といえる。

用語解説 

ふるい分け
土砂が堆積するときに，粒の大きいものから先に堆積する。

斜交葉理（クロスラミナ）
層理（それぞれの地層の境め）の中のしま模様は一般的に平行になっているが，これがななめに切り合っているもの。

れん痕（リップルマーク）
地層に残されている波の模様。

◉ 離れている地層の新旧

地層が離れた場所で見えるようになっている場合，２つの地層の新旧を決めることはむずかしい。これには，**かぎ層**と**化石**が有力な手がかりになる。

離れたところにある２つ以上の地層に，共通して目立った地層がある場合，この層を目印にして新旧を決めることができる。このような地層を**かぎ層**という。凝灰岩・れき岩・化石をふくむ地層などは，かぎ層として利用できることが多い。

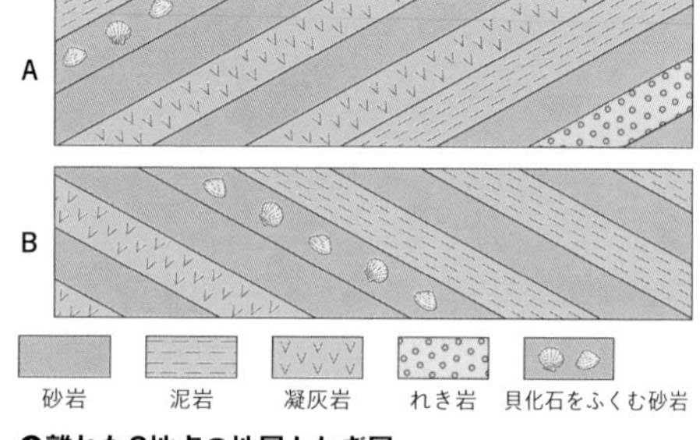

⬆離れた2地点の地層とかぎ層

たとえば，２地点に右上図のような**A・B**の地層が出ていたとする。どちらにも見られる特徴的な地層は，凝灰岩層と化石をふくむ層である。凝灰岩の性質や，化石の種類などが同じであれば，これらは元はひと続きのものであったと考えてよい。したがって，**A・B**の地層が逆転していなければ，**A**には下部の地層が，**B**には上部の地層が現れていることがわかる。

◉ 地層からわかる過去の自然環境とその変化

地層はさまざまな堆積物からできているが，**これらの堆積物の種類・特徴から，地層ができた当時の自然環境を推定することができる。**

たとえば，泥岩・砂岩・れき岩などの粒の大きさのちがいは，堆積した当時の海岸からの距離や海の深さなど，海中での状態を表している。つまり，れき岩は海岸に近いところにあったと考えられ，泥岩は海岸から遠く，深いところにあったと考えられる。

また，凝灰岩は火山灰や火山岩がもとになるため，それらの層があれば，堆積したときには火山活動があったことがわかる。また，その粒の大きさなどから，火山との距離が推定できる。

泥岩・砂岩などの１枚の層からだけでなく，それらの**地層が重なっているようす**から，当時の自然環境の

くわしく

火山灰がかぎ層となる理由

火山灰は，同じ火山によってできたものでも，噴火の時期のちがいによってその成分は異なる。また，短い時間に広い地域で堆積するため，広い範囲での地層の時代の比較に使用することができる。

変化を推定することができる。

図1は，このような状態を示す１つの図である。この図から，陸地に出ていた基盤岩（その地域で最も古い岩石）が海底に沈降していくにつれ，まずれきが堆積し，次に海岸近くに砂が堆積し，やがて，砂の中に貝類が生息していたことがわかる。海が深くなるにつれて泥が多くなり泥岩層に移り変わるが，その間に火山活動があって，凝灰岩層がつくられた。

このような堆積の状態を，**図2**のような**柱状図**で表すことができる。それぞれの地点での地層の重なり方を柱状図にし，上下関係を明らかにすると，そこから全体を１つの柱状図で表せる。

図3はその一例である。ここで，**A**と**B**は斜交葉理・貝化石をかぎ層として比べることができ，**A**と**C**は凝灰岩の層をかぎ層として比べることができる。こうして全体を１本の柱状図にまとめると，当時の自然環境がどのように変化したかを推定することができる。柱状図は，穴を掘って地盤や地層について調査をする，ボーリング調査によって得られる。

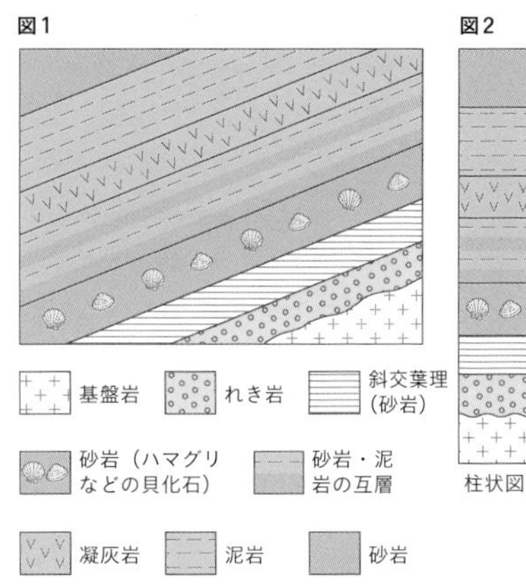

↑柱状図の表し方

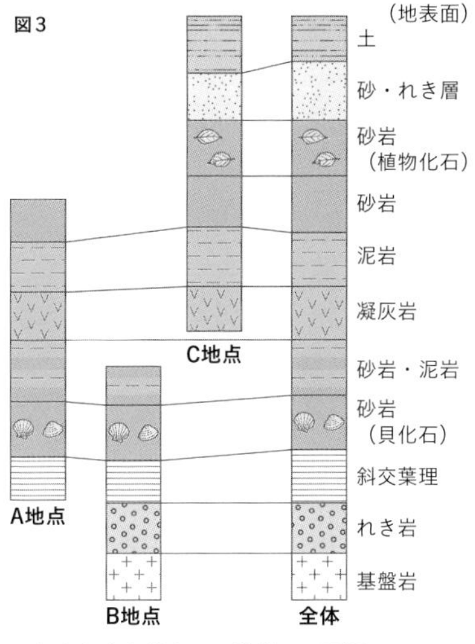

↑さまざまな地点での柱状図の関係

◉ 化石からわかる過去の自然環境

生物はそれぞれ特定の環境の中で生きており，そのため，生物の種類・特徴からその生物がすむ環境を推定することができる。**地層にふくまれている化石を調べることで，その地層が堆積した当時の環境を推定できる。**

地層の中にシジミの化石が発見されれば，その地層は河口などの淡水または淡水と海水の混じり合うような環境で堆積したと考えられる。また，化石から当時の気候や海水の温度などを推定できることもある。

たとえば，サンゴの化石があれば，当時そこはあたたかく，浅い海であったと推定できる。また，気候の推定には植物の化石がよく用いられ，どのような気候で育つ植物かを考えれば，当時の気候を推定できる。

このように，過去の自然環境を知る手がかりになる化石を**示相化石**（しそうかせき）（➡p.552）という。

発展

斉一過程説

斉一説・斉一観ともいう。過去の地学現象は，現在見られる地学現象をもとにして考えられている。この場合，現在の地学現象が過去にも同じように起こったと考え，これを前提にして過去の事象を推定することになる。

観察

地層の観察

方法

❶ 地層全体をスケッチし，地層の広がりや重なり，傾きのようすを調べる。

❷ それぞれの層の厚さや色，粒の種類や大きさ，形などの特徴，化石の有無，層と層の境目のようすを調べる。

❸ 柱状図をつくり，地層のようすから，過去のようすを考える。

砂の層
泥の層
砂の層
火山灰の層
アサリの化石
れきと砂の層
柱状図

結果　右図のようになった。

考察

・火山灰の層があることから，この層がつくられたときに火山の噴火があったと考えられる。

・アサリの化石をふくむ層があることから，この層がつくられたとき，海は浅かったと考えられる。

・下から，れきと砂の層→砂の層→泥の層と重なり，層をつくる粒がだんだん小さくなっているので，これらの層がつくられる間に，この部分がどんどん深く，海岸からの距離がだんだん遠くなっていったと考えられる。よって，土地の沈降が起こったと推定できる。

③ 大地の変動

1 土地の隆起と沈降

⬆海岸段丘

わたしたちの住む大地は，わずかであるが上がったり（**隆起**），下がったり（**沈降**）している。こうした変化が，その土地の特徴をつくり出す。

◉ 土地の隆起と地形

土地の隆起は一般に海水面を基準に，陸の動きを表しているため，海水面が下がった（**海退**）ともいえる。実際には，陸地が変化することも，海水面が変化することもある。土地が隆起すると，海岸付近や川岸に階段状の地形（**段丘**）ができることが多い。

海岸段丘とは，**海岸付近に見られる階段状の地形**である。段丘の平らな面である段丘面は，比較的平らで，下の段丘と急斜面で接している。

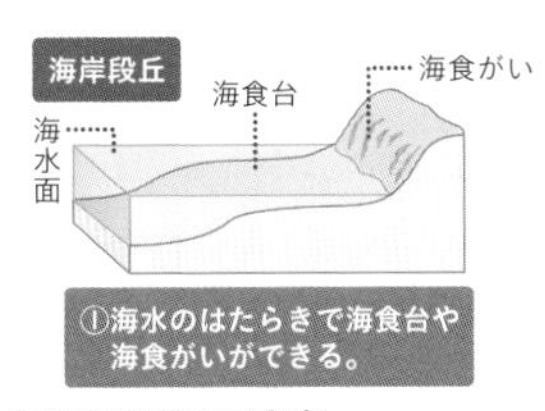

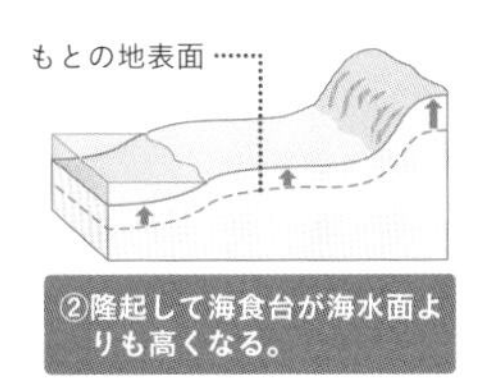

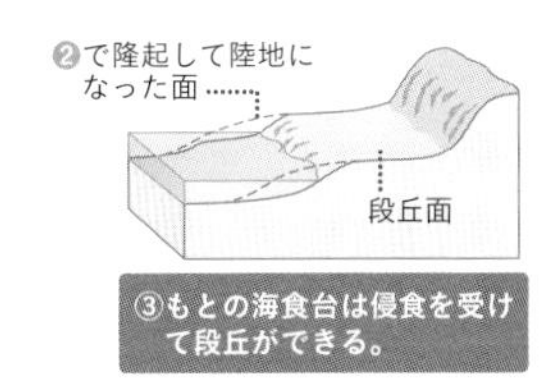

⬆海岸段丘のでき方

河岸段丘とは，**川の両岸または片方の岸に見られる階段状の地形**である。

土地が隆起すると川底が上がり，川の侵食作用が再び活発になる。こうして，今までの川原よりも1段低い新しい川原ができ，古い川原は段丘面となる。

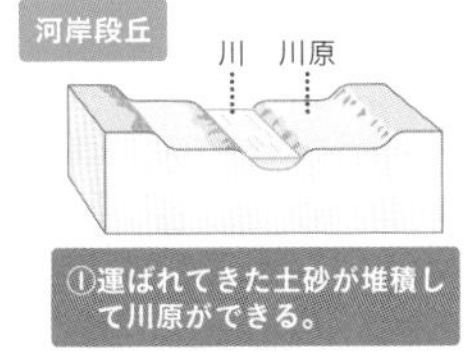

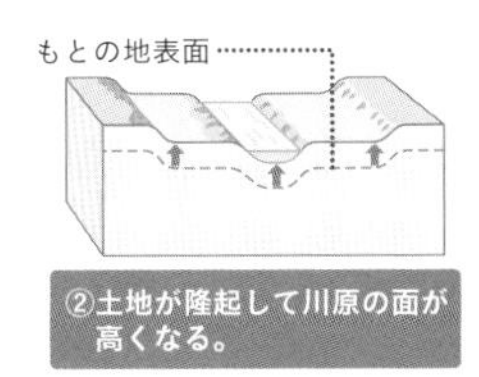

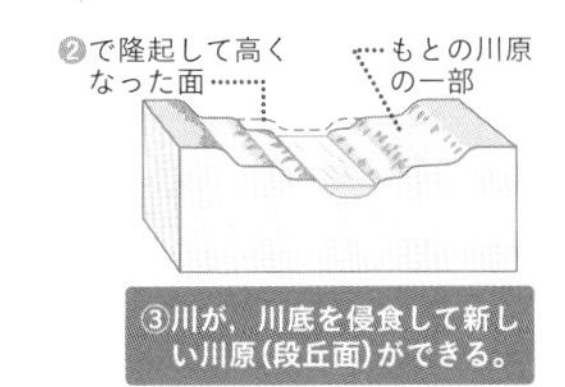

⬆河岸段丘のでき方

◉ 土地の沈降と地形

土地が沈降したり，海水面が上がったり（**海進**）すると，海岸の地形に証拠が残る。その例として，リアス(式)海岸やおぼれ谷などがある。

リアス(式)海岸は，海岸線の形が入りくみ複雑な海岸のことで，土地の沈降の証拠の１つである。

山地が沈降すると，低いところ（谷）に海水が浸入し，**おぼれ谷**となることがある。また，山頂部だけが海面からつき出て島となって残ることがあり，このような地形を**多島海**という。

東北地方の三陸海岸や，三重県の志摩半島などはリアス(式)海岸の代表である。また，瀬戸内海や松島などに見られる島は，沈降によって山頂部が残ったもので，多島海の例である。

⬆リアス(式)海岸（三陸海岸）

⬆多島海（九十九島）

◉ 海水準の上昇・低下

土地の隆起や沈降は，ある土地の標高が上がったり下がったりすることである。これに対し，**海水準**（海水面の絶対的な高さ）が上がったり下がったりすることを，海水準の上昇や低下という。

海岸線が陸側に移動することを**海進**，海岸線が海側に移動することを**海退**という。海水準の低下または土地の隆起は海退となり，海水準の上昇または土地の沈降は海進となる。

海水準の変化の要因はさまざまであるが，そのうちのひとつとして**氷河**がある。海水準の低下は，氷河時代（新生代➡p.557）の中でも寒冷な氷期に，海水の水が氷河となるために，海水の量が減って起こる。海水準の上昇は，逆に間氷期（氷期の間の気候が比較的温暖な時期）に氷河が融けて水に戻ることで，海水の量が増えるため起こる。

くわしく 

縄文海進

約6000年前の縄文時代には，地球の平均気温が現在よりも２℃高かった。また海水面の高さも現在より２～３m程度高かったと考えられており，関東平野には複雑な入り江が形成されたと考えられている。これが海岸線付近に多数あるはずの貝塚が内陸部で発見される理由になっている。

2 地層の変形

地層はおもに海底でほぼ水平に堆積する。しかし，実際の地層を見てみると，曲がっていたり傾いていたりすることがある。これは，地層が堆積したあとに，地層を変形させるような力がはたらいたことを示す。

◉ 断層

地層に大きな力が加わり，上下または左右にずれた部分を断層という。

断層を大きく分けると，図のようになる。❶・❷のように，断層面（くいちがった面）が傾いている場合は，断層面に対して上にあるほうを**上盤**，下を**下盤**という。上盤が下がったものを**正断層**，上盤が上がったものを**逆断層**という。正断層は，断層面を境にして両側に引っ張る力（張力）がはたらき，逆断層は左右から力が加えられてできたと考えられる。

また，❸のようにずれの方向が水平である断層を，**水平断層（横ずれ断層）**という。

用語解説

活断層

数十万年前以降に活動し，今後も活動すると考えられる断層を活断層という。

また，プレート内地震を起こした断層を震源断層といい，地震が発生したことで，地表付近に出現する断層を地震断層という（➡p.512）。

くわしく

断層山脈

断層が複数生じて高くなり，できた山地を断層山脈という。赤石山脈・飛騨山脈・木曽山脈などは，断層山脈である。

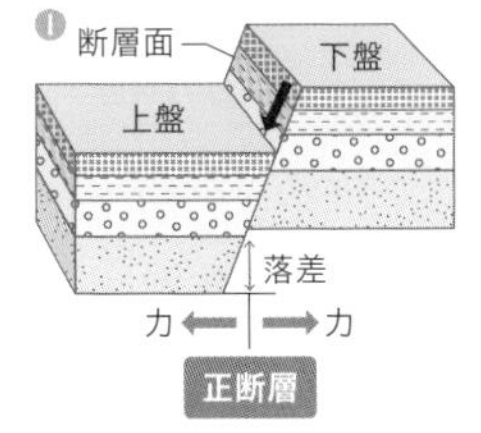

正断層

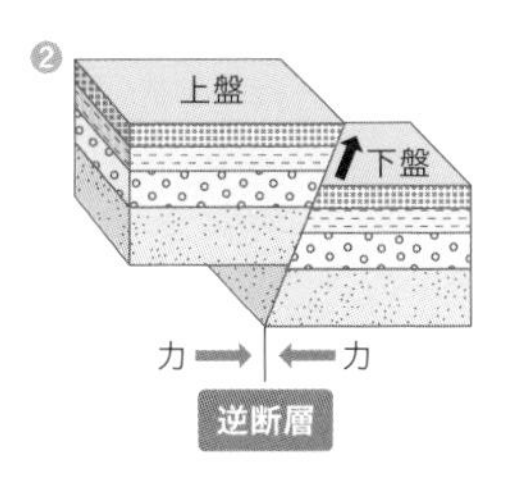

逆断層

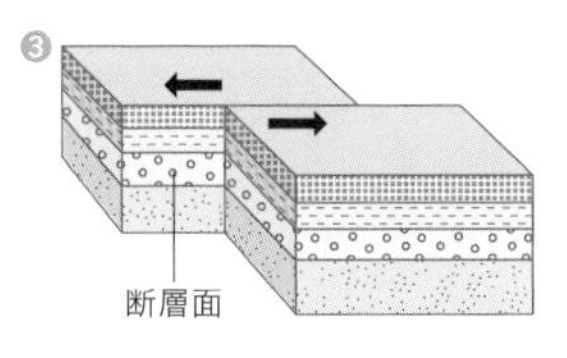

水平断層（横ずれ断層）

⬆断層のいろいろ

断層の上下のずれの量を**落差**という。断層には，規模の小さいものもあるが，なかには落差が数百 mから数千 mにもなる非常に大きなものもある。このような場合は，断層面を境にして両側の地層はまったくちがったものになる。

このような断層は，地質構造を分けるのに大きな役割を果たしており，**構造線**という。日本には，西日本を縦断する中央構造線や，新潟県から静岡県にかけて横断する糸魚川静岡構造線などが知られている。

発展・探究

日本列島の歴史を語るフォッサマグナ

フォッサマグナはラテン語で”巨大な溝”という意味で，本州の東北と西南の間にある細長い地域のことを指します。

日本列島は１度，東北と西南が分裂(ぶんれつ)しました。そのときにその間が引っ張られ，できたさけ目がフォッサマグナです。

その後，さけ目には堆積物(たいせきぶつ)が積もっていきました。今度は，東北と西南が接近し，その堆積物が隆起(りゅうき)し，フォッサマグナは陸地となりました。

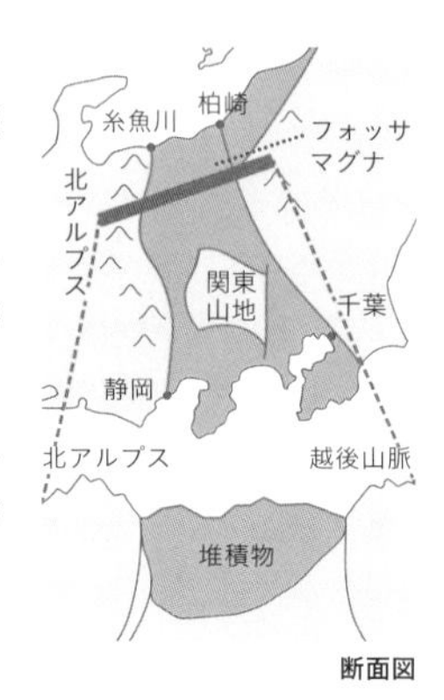

◉ しゅう曲

地層が横からの大きな圧力を受けると，**地層が波打つように曲げられた状態**になることがある。これを**しゅう曲**という。

しゅう曲の規模にはさまざまなものがある。一般(いっぱん)に，横から加えられる力が大きいと激しく波打つ。このようなしゅう曲が，広範囲にわたって起こると，**しゅう曲山脈**をつくるようになる。

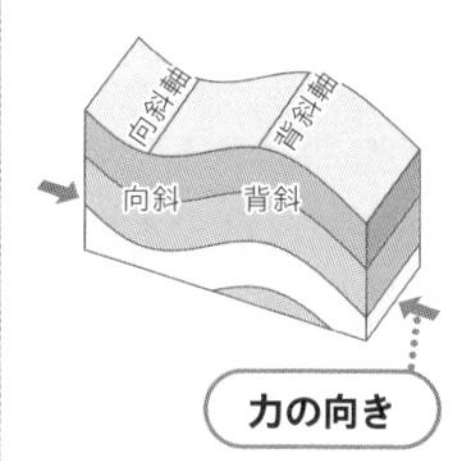

⬆しゅう曲

◉ 整合と不整合

堆積が続いている間は，古いものの上に新しい堆積物が次々と連続して重なっていく。このように**地層が連続して重なっている状態**を**整合**という。

これに対して，**下の地層と上の地層の間で堆積が中断されている状態**を**不整合**という。また，その境の面を**不整合面**という。

不整合が起こるのは，一般に海底で堆積していた地層が，何らかの地殻(ちかく)変動によって陸地となったからである。陸地になった地層の表面は風雨によって侵食(しんしょく)を受け，この面がでこぼことなった上に新しい地層が堆積して不整合面となる。

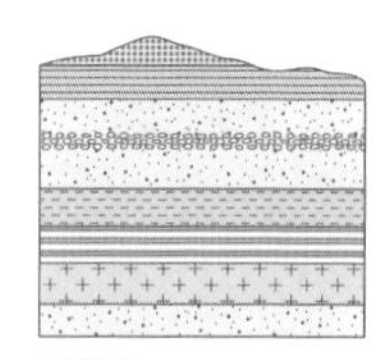

⬆整合

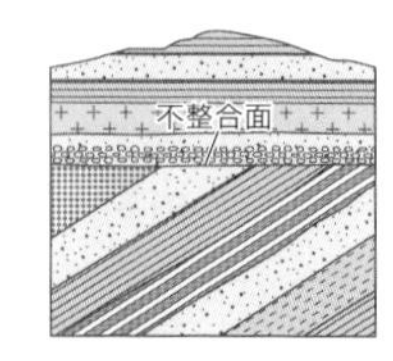

⬆不整合

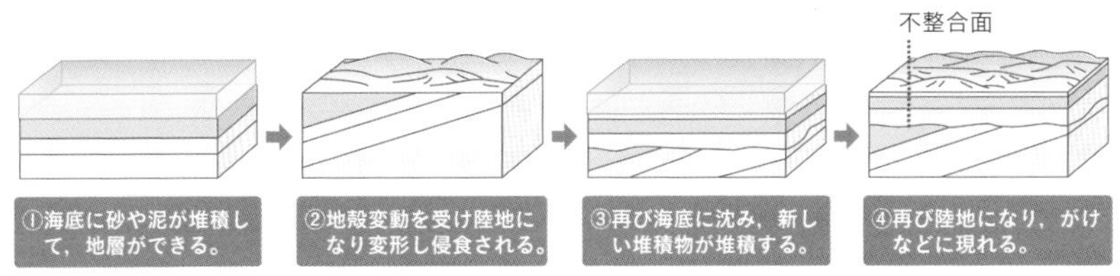

⬆不整合のでき方

また，地殻変動を受け陸地になるときに，地層がしゅう曲したり傾斜したりして，変形することが多い。

この地層が再び沈降(ちんこう)して海底になると，再び地層の堆積が起こる。この場合は，沈降の途中で海の浅いときがあるので，まずれきが堆積し，深くなるにつれ，砂・泥(どろ)などになっていくことが多い。したがって，不整合面の上にはふつうれきがのっており，このれきを**基底(きてい)れき岩**という。このような不整合に重なる地層は，過去の地殻変動を調べるのに，有力な手がかりとなる。

◉ 造山運動(ぞうさんうんどう)

大規模なしゅう曲作用によってつくられた山脈を**しゅう曲山脈**といい，しゅう曲山脈をつくるような地殻変動を**造山運動**という。アルプス山脈やヒマラヤ山脈，また，日本列島も造山運動によってできたものである。

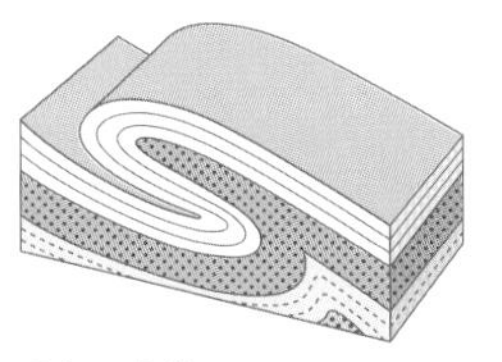

⬆しゅう曲

現在のしゅう曲山脈の構造を調べてみると，非常に複雑なしゅう曲構造をしており，横だおししゅう曲が重なったものであるとわかる。横だおししゅう曲とは，部分的に地層の重なり方が逆になった，上図のようなしゅう曲である。

造山運動のおこなわれている地帯のことを**造山帯**といい，アルプス・ヒマラヤ造山帯や環太平洋造山帯(かんたいへいようぞうざんたい)がある。

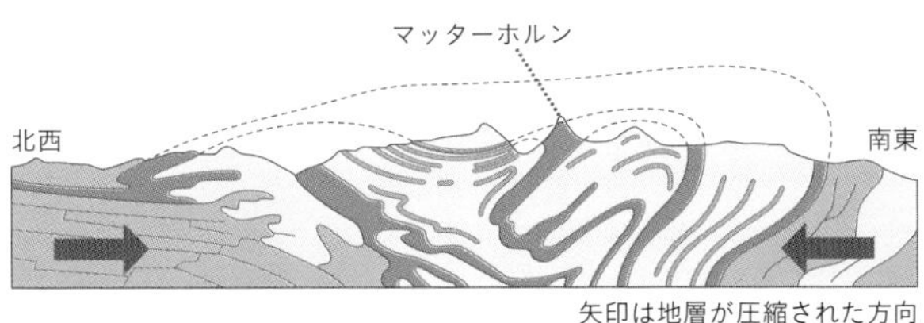

⬆アルプス山脈の構造

発展

変成岩

堆積岩や火成岩が，マグマの熱や造山運動などの地殻変動による圧力などにより，ふくまれる鉱物や組織が変化した岩石。

▶ **接触変成岩(せっしょくへんせいがん)（熱変成岩）**

大きなマグマのかたまりが押し上がってきて，泥岩質の岩石や石灰岩（➡p.538）などに接触する部分にできる。ホルンフェルスや結晶質石灰岩などがある。

▶ **広域変成岩**

地殻変動，特に造山運動にともなう大きな圧力と熱によってできる岩石。結晶片岩(けっしょうへんがん)や片麻岩(へんまがん)，千枚岩(せんまいがん)などがある。

3 大地の大規模な運動

断層(だんそう)やしゅう曲，大山脈の形成，火山活動や地震，大陸の移動などの大規模な大地の変動は，現在，プレートの動きによって説明されている。

◉ プレートの移動

地球の海底に見られる大きな山脈を**海嶺**(かいれい)といい，東太平洋から南太平洋，そしてインド洋をへて大西洋へと存在している。海嶺には，多数の割れ目があり，そこでは地球内部から高温のマグマが湧き出している。この湧き出したマグマが，両側に広がりながら冷えて固まったものを**プレート**という。

こうしてできたプレートは，1年間に数 cmから十数 cm程度の速さで海嶺の両側に広がっていく。地球表面全体は十数枚のプレートでおおわれており，大陸がのっているプレートを**大陸プレート**，海底をつくっているプレートを**海洋プレート**という。

プレートと地震
プレートがそれぞれちがう方向に動き，プレートの境目でプレートがもう一方のプレートの下に沈(しず)みこんで地震が起こる。そのため，プレートの境目では地震が多く起こる。
日本列島は4つのプレートの上にのっているために，地震が多い。(地震の原因➡p.510)

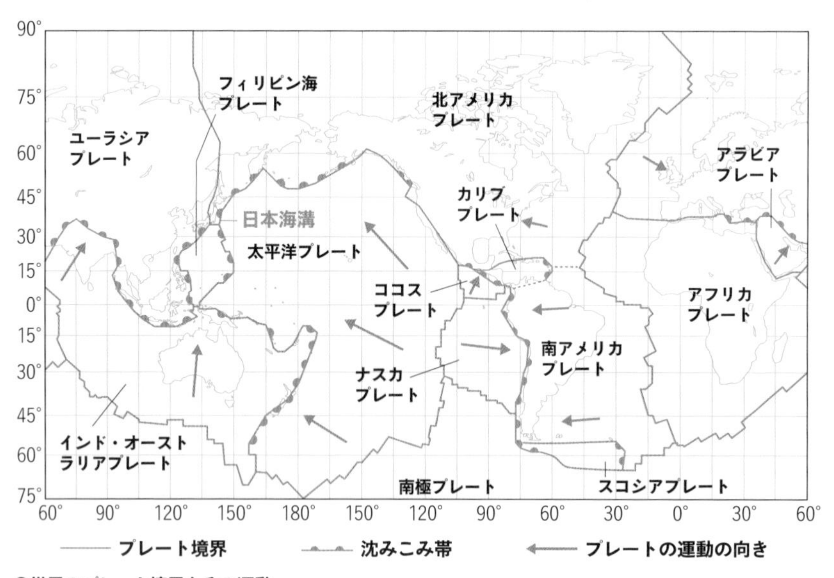

⬆世界のプレート境界とその運動

◉ プレートの境界

２枚のプレートの相対的な運動には，次のような３通りの運動がある。

❶　２枚のプレートが近づく（ぶつかる）。

❷　２枚のプレートが離れる。

❸　２枚のプレートがすれちがう。

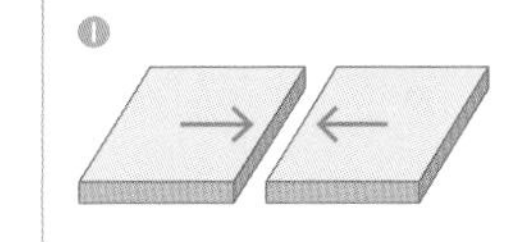
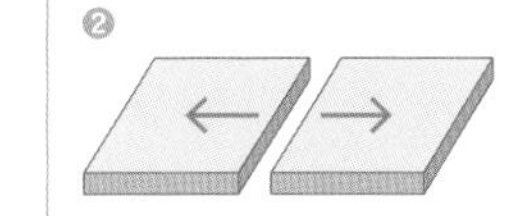
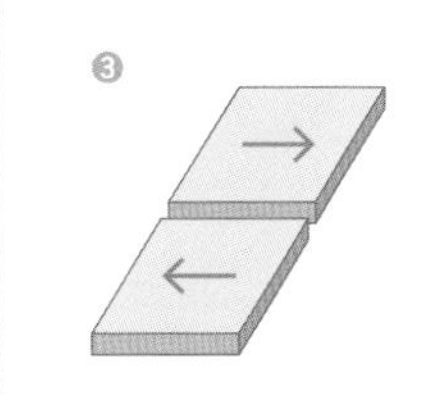

❶で，プレートどうしがぶつかると，重いほうのプレートが軽いほうのプレートの下に沈みこむことがある。この沈みこみによってできる細長い溝が**海溝**である。地球の中に沈みこんだプレートは，地下の熱によってまた高温の物質に戻っていくと考えられている。２つのプレートが沈みこまずに衝突する場所では，間に積もっていた厚い堆積物が押し上げられ，大山脈が形成される。

❷は海嶺の部分で，プレートのすき間を埋めるようにマグマが上昇し，新しいプレートがつくられる。

❸は，トランスフォーム断層といわれる横ずれ断層で，アメリカ太平洋海岸のサンアンドレアス断層が有名である。

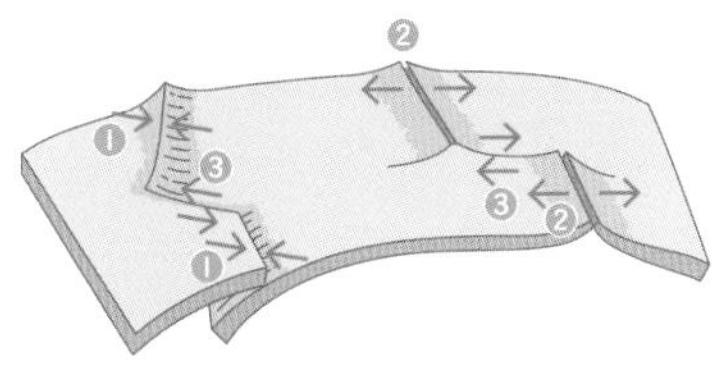

⬆プレートの境界

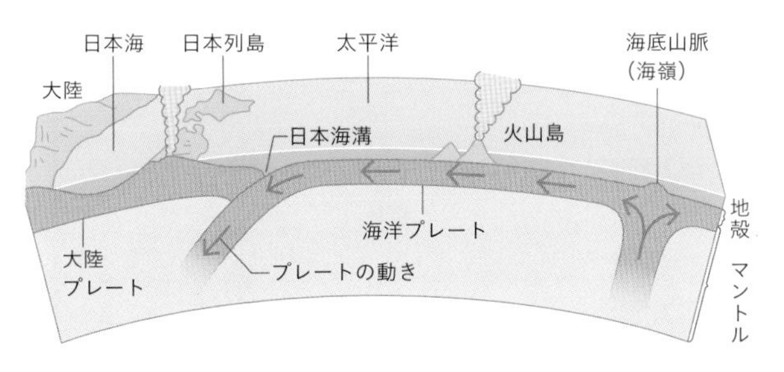

⬆プレートの移動（日本付近）

◉ 大陸移動説

大陸移動説とは，1912年にドイツの地球物理学者ウェゲナーが発表した説である。大西洋をはさむ両側の大陸の海岸線の形が似ていること，両大陸の氷河の痕跡，地層や化石の分布などを根拠に「かつて１つであった大陸がいくつかに分かれて，長い時間をかけて現在の配置になった」という主張をした。

しかし，大陸が動くしくみを説明できなかったため，彼の主張は認められず，1930年代にはいったん忘れ去られた。1950年代になって，過去の地磁気（ちじき）についての研究が進むと，再び注目を集めるようになった。大陸の移動は，プレートの移動によるものと現在は考えられている。大陸も海底もプレートの動きで動くという考えを**プレートテクトニクス**という。

最近では，さらに**プルームテクトニクス**という考え方がされるようになった。マントルの中には地球深部からの熱い物質の上昇流や，逆に地球深部へ降下していく流れが存在すると考えられている。

⬆大陸移動の推測図

発展・探究

ハワイが日本に接近している？

ホットスポットとはプレートの下のマントルからマグマが上昇する地点です。

右図のように，ホットスポットの上にあるプレートが動いてきて火山島ができる，移動する，再び火山島ができるというくり返しでハワイ諸島が形成されました。

そのためハワイ諸島は，太平洋プレートに乗って年に約10 cmの速さで日本列島に近づいてきています。

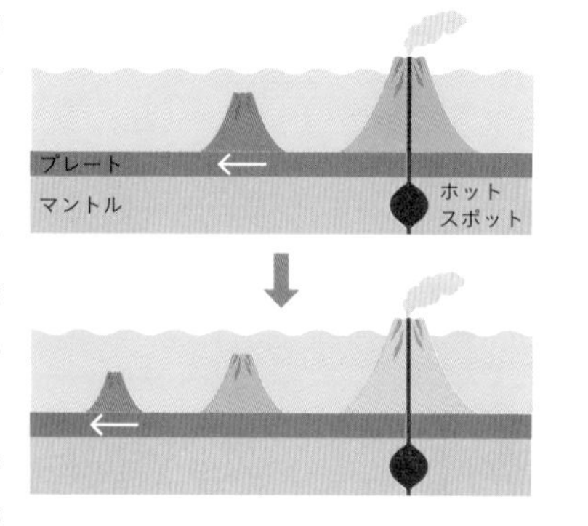

4 地表の歴史

1 地表に残された記録

地層の重なり方や構造，化石を元にして，地表の歴史を推定することができる。

◉ 地層構造の解釈

すでに説明したように，地層をつくっている堆積岩の**粒の大きさ**や**種類**から，その地層が堆積した環境を推定できる。また，地層が**重なっている順序**から，自然環境がどのように変わったかを推定することもできる。

右下の図は地質断面図の一例である。この図からどんなことがいえるか考えてみよう。

まず，重なりの順序から，3つの地層ⓐ・ⓑ・ⓒはⓐが最も新しく，ⓒが最も古いことがわかる。

次に花こう岩に接する部分は，ホルンフェルスができており，地層ⓒを変質させているため，花こう岩はⓒのあとに地下から上昇してきたことがわかる。しかし，不整合Ⓒがあるので地層ⓑより古い。

断層Ⓐ・Ⓑについて，断層Ⓐは地層ⓒの中にあるから，ⓒの堆積後にできた。しかし，地層ⓑよりは古い。次に断層Ⓑは，これまでと同じ考えで，地層ⓑより新しく，地層ⓐより古い。

最後に，火山岩（火山）は，地層ⓒ・ⓑ・ⓐの中をつらぬいているため，最も新しい。

これまでのことをまとめると，地層ⓒの堆積→花こう岩および断層Ⓐの形成→不整合Ⓒの形成→地層ⓑの堆積→断層Ⓑの形成→不整合Ⓓの形成→地層ⓐの堆積→火山の形成となる。

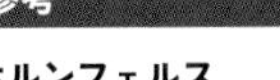

参考

ホルンフェルス

泥岩などが，マグマの熱などによって変成作用を受け，異なる性質をもった岩石に変わることがある（接触変成岩 p.547）。この岩石をホルンフェルスという。

下図では，花こう岩のもととなるマグマが上昇したときに，地層ⓒの花こう岩に近いところの岩石が熱により変成してホルンフェルスができている。

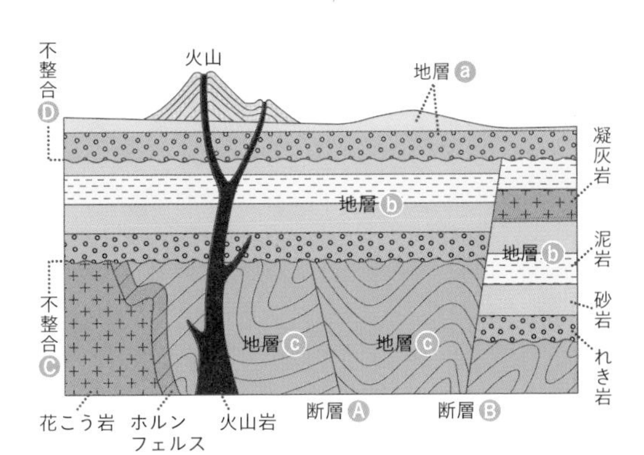

⬆地質断面図の例

◉ 化石と過去の記録

化石の中でも，その化石となった生物が生活していた**当時の自然環境を知る手がかりとなるようなもの**を，**示相化石**（しそうかせき）という。示相化石としてよく使われるのは，ある限られた環境でのみ生活している生物である。なぜなら，寒い地域にもあたたかい地域にも広くすんでいる生物では，その化石から自然環境を特定することは難しいからである。

化石の中でも，その**化石をふくむ地層の新旧（地質年代）を知る手がかりとなるもの**を，**示準化石**（しじゅんかせき）という。生物は，進化していく過程の中で，さまざまな種類が出現したり絶滅（ぜつめつ）したりした。そのため，化石となった生物の中には現在生きていないものも多く，このような生物は，過去のある特定の時代にだけ生きていたことになる。

示準化石の場合は，その種類の**生存期間が短い**ということが重要な条件となる。なぜなら，大昔から変わらずに今でも生きているような生物では，その化石から地質年代を決めることはできないからである。

また，次に重要なもう１つの条件は，**分布が広く，個体数の多いこと**である。広い範囲にすんでいる生物であれば，離れた地域の地層を比べるのに，重要な手がかりとなる。

示相化石	推定できること
シジミ	湖や河口付近
カキ	海岸近く，浅い海
ホタテガイ	冷たく浅い海
サンゴ	あたたかく浅い海

⬆示相化石の例

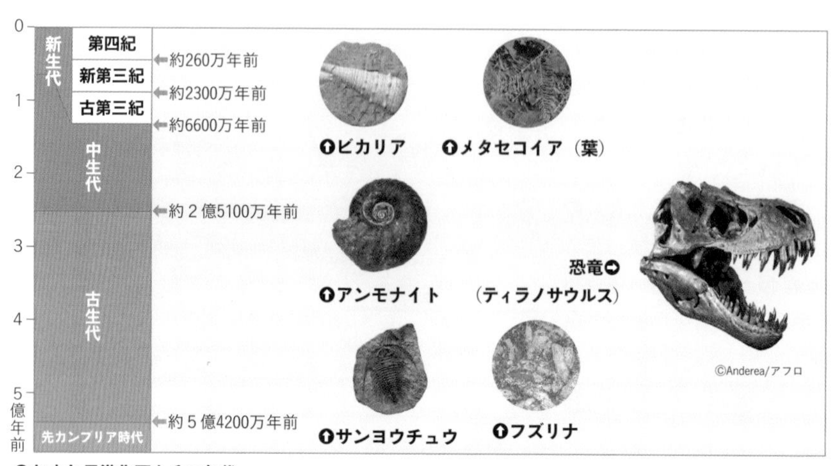

⬆おもな示準化石とその年代

2 地質年代の区分

地球の長い歴史は，生物の変遷（へんせん）を元にいくつかの地質年代に区切られている。

◉ 地質年代の区切り方

地質年代は，図のように，**先カンブリア時代・古生代・中生代・新生代**の４つに大きく分けられる。各代はさらに紀に分けられている。

下図は，各代と紀，そして植物と動物の変遷を表している。この図のみを見ると，古生代が最も長い期間のように思われるが，実際の各年代の長さは下の帯グ

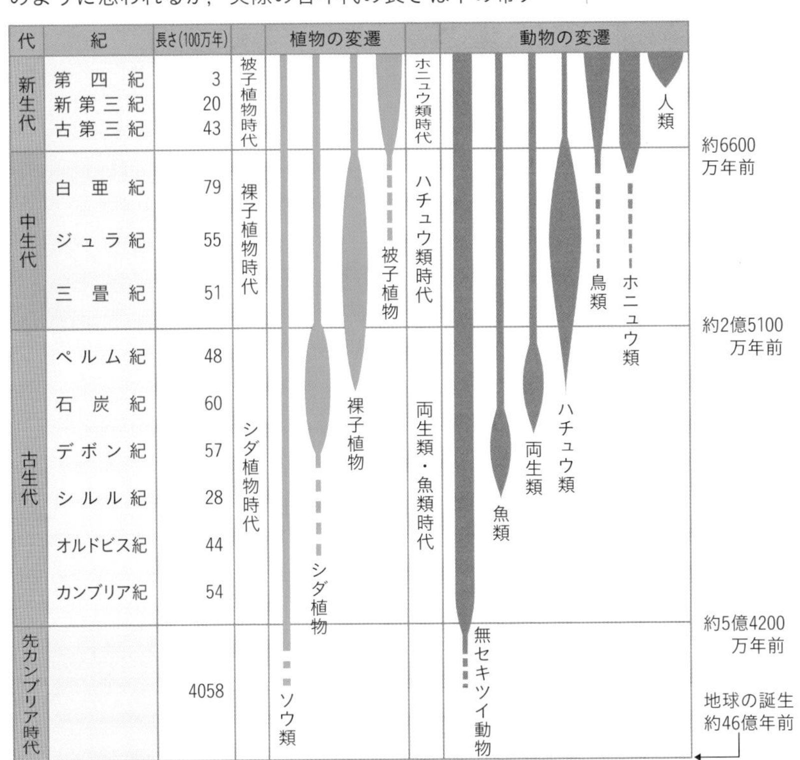

⬆地質年代の区分と地表のおもなできごと

40億年前　25億年前　5億4200万年前　2億5100万年前　6600万年前

（冥王代）（始生代）先カンブリア時代（原生代）古生代 中生代 新生代

⬆地質年代の長さ

ラフのようになる。グラフから，地球が誕生してからの時間の大部分は，先カンブリア時代ということがわかる。

地質年代は，それまで栄えていた生物が絶滅したり，新しい生物が栄えたりなどの**生物の変遷**の大きな変わり目をもとにして区分されている。そのため，それぞれの地質年代には，その年代を特徴づけるような生物が栄えており，それらは示準化石としても大きな価値をもつ。

地質年代の境目にあたるところは，生物に大きな変化があったときであるが，気候や海水の状態などの自然環境にも大きな変化が起こっている。つまり，地殻変動などによって自然環境が大きく変化し，その変化に適応した生物のみが生き残ったのである。

◉ 地質年代の長さ

地質年代は，生物の移り変わりを元にしたもので，年数をものさしにして区切ったものではない。また，化石では地質年代の長さや地層の古さなどを年数ではかることはできない。これをはかるには，岩石の中にふくまれている**放射性元素**（放射線（➡p.126）を出すウラン・カリウム・炭素など）を利用する。放射性元素が放射線を出しながら長い間に他の元素に変わっていくことをもとに，年数を測定している。

くわしく 

人類の誕生を1年のカレンダーにあてはめると

地球の年齢は約46億年と見積もられており，それから最初の生物が誕生するまでは8億年以上たっていると考えられている。
地球の歴史46億年を1年とすると，1日は1260万年程度となる。生物の進化を1年のカレンダーにあてはめてみると，最初の生物が現れたのは3月末ごろであり，人類が出現したのは12月31日の午後11時以降になる。

発展・探究

チバニアン（千葉時代）とは？

地質年代は，「代」だけでなく「紀」によってさらに細かく，岩石の形成や地磁気の状態などをもとに分類されています。

標準の地層を選定する中で，国内では初めて千葉県市原市にある地層が認定されました。新生代を細かく分類した際の，約77万4000～12万9000年前の地質年代が「チバニアン（千葉時代）」となり，地質時代に初めて日本の地名に由来した名称が誕生しました。

3 地質年代のおもなできごと

地質年代に起こったことは**化石**や**地質構造**などを手がかりに推定しているが，時代が古くなるほど不明な点が増える。特に，先カンブリア時代のできごとはわからないことが多い。

◉ 先カンブリア時代

先カンブリア時代とは，地球誕生の約46億年前から約５億4200万年前までの長い時代である。**最古の岩石**は約40億年前にできたものと考えられている。

最古の生物の化石は約38億年前のものと考えられている。それは，核膜をもたない**単細胞**の**原生生物**（➡p.340）といわれる生物で，先カンブリア時代の初期から中期ごろの地層から見つかる生物の化石は，こうした細菌やランソウ類（光合成をおこなう細菌の一群）のものとみられている。

単細胞の動物の出現ははっきりわかっていないが，**多細胞**の動物は，エディアカラ動物群といわれるものが，約６億年前の地層から発見されている。

◉ 古生代

古生代とは約５億4200万年前から約２億5100万年前の約３億年続いた時代で，６つの紀に区分される。

⬆サンヨウチュウ

古生代に入ると，多細胞の動物が**多様化**した（カンブリア爆発）。代表的なものに，サンヨウチュウやサンゴなどがある。カンブリア紀には，最初の**魚類**（➡p.389）が現れ，デボン紀には**両生類**（➡p.390）が陸上に進出した。

植物は，水中ではソウ類（➡p.361）が栄えていたが，シルル紀にはシダ植物（➡p.357）が陸上植物として現れた。

古生代の終わりには，それまで栄えていた生物がほ

参考

ストロマトライト
ランソウが長い年月をかけて形成した岩状のもの。光合成を行う際に粘液を分泌し，まわりの微粒子を固着させて大きくなっていった。
現生のものは，オーストラリア西部で見られる。

⬆ストロマトライト

参考

石炭紀のシダ植物
リンボク・ロボクなどは，高さが30 mにもおよぶ巨大なものもあった。古生代のこの時期の地層からはシダ植物の大森林がもととなった石炭がよくとれることから，石炭紀と名づけられた。

とんど絶滅した。大きな地殻変動の影響とも考えられているが，はっきりした原因はよくわかっていない。

◉ 中生代

約２億5100万年前から約6600万年前までの時代で，３つの紀に区分される。温暖で，地殻変動も少ない時代で，ハチュウ類（➡p.391）が特に栄えた。

古生代の終わりごろに現れたハチュウ類が中生代では大型化し，**恐竜**というなかまを形成した。無セキツイ動物では，アンモナイトや二枚貝などがあげられる。

⬆恐竜　©Science Photo Library/アフロ

植物については，中生代は**裸子植物**（➡p.355）の時代といえる。裸子植物は，イチョウ・ソテツ・マツなどのなかまであるが，これが栄えたのは中生代中期で，後期（白亜紀）には**被子植物**（➡p.353）が現れ，裸子植物にとってかわっていった。

中生代の終わりに，陸上・水中それぞれ多くの動物

参考

アンモナイト

種類が多く，中生代をさらに細かく区切るのにも用いられる。化石は日本からもたくさん出る。

巻き貝に似ているが，タコのなかまで，内部は多くの壁で仕切られている。

⬆アンモナイト

発展・探究

地質構造からわかった大量絶滅

中生代の終わりの大量絶滅の原因は，メキシコに小天体が落下したことによると考えられています。いん石（➡p.619）の落下により海で大津波が発生したり，海が酸性化したり，森林の大火災により，そこで発生した煙が太陽光線をさえぎり，植物の光合成が止まってしまうなどの環境の大きな変化が起きたと推測されています。

地層を調査する中で，絶滅の前後で，大気中の二酸化炭素量が大きく変化したことから，動物や植物が多く死滅したことが推定されました。また，絶滅時の地層にいん石由来のイリジウムという金属がふくまれていることから，このような小天体の落下があったと考えられています。

がほぼ同時に絶滅した。この原因は，小天体の落下によって環境（かんきょう）が大きく変わったためと考えられている。

◉ 新生代

新生代は，約6600万年前から現在までで，古第三紀，新第三紀と第四紀に区分される。第四紀は約260万年前からで，地球の誕生からの歴史で見ると，わずかな時間である。

中生代末期に多くの生物が絶滅した中，**ホニュウ類**（➡p.393）が生き残り，栄えていった。植物は被子植物がさらに繁栄（はんえい）した。そして，**人類**の祖先も約700万年前ごろに現れたと考えられている。

第四紀は氷河時代ともいわれ，特に後半の70万年間，氷期と間氷期がくり返し起こっている。

◉ 生きた化石

大昔に繁栄し，化石として見つかる生物が，現在もあまり姿を変えずに生き続けているものを「**生きた化石**」という。右の表のような生物が代表的。

くわしく

氷期と日本列島

氷期と間氷期をくり返すなかで，日本は大陸とくっついたり離れたりした。これによって日本にナウマンゾウがわたってきた。
また，縄文海進のように海水面が変化し，複雑な入り江ができた（➡p.544）。

生物名	栄えた時期
カブトガニ	古生代
オウムガイ	古生代
ムカシトンボ	中生代
シーラカンス	中生代
イチョウ	中生代
メタセコイア	新生代新第三紀

⬆生きた化石

発展・探究

瀬戸内海の生きた化石，カブトガニ

カブトガニは，古生代に栄えたサンヨウチュウに，現存するなかで最も近いと考えられている動物です。生息域は遠浅の砂浜が広がる海岸で，かつて，瀬戸内海や，九州北部一帯の沿岸に広く分布していました。現在は開発による干潟（ひがた）の減少などによって生息地が限られ，その数は年々減少しています。

⬆カブトガニ

完成問題 CHECK

解答 p.635

1 地表からごく浅い地点で発生した地震をいくつかの地点で観測した。次の問いに答えなさい。

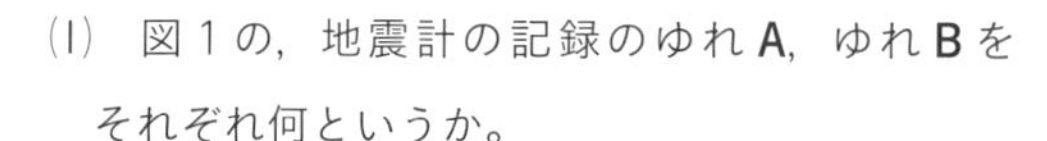

図1

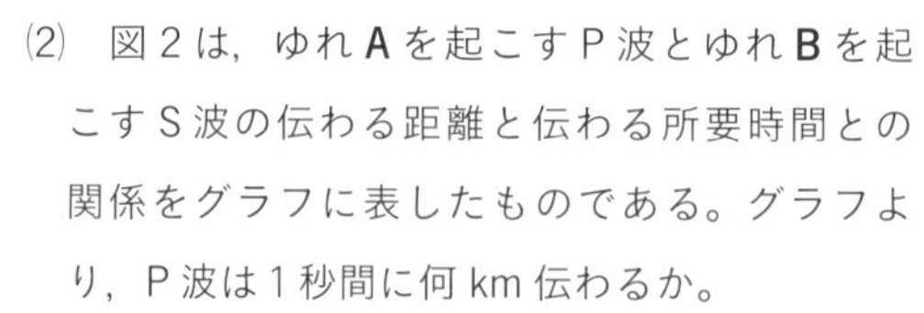

(1) 図1の，地震計の記録のゆれA，ゆれBをそれぞれ何というか。

A（　　　　　　）B（　　　　　　）

図2

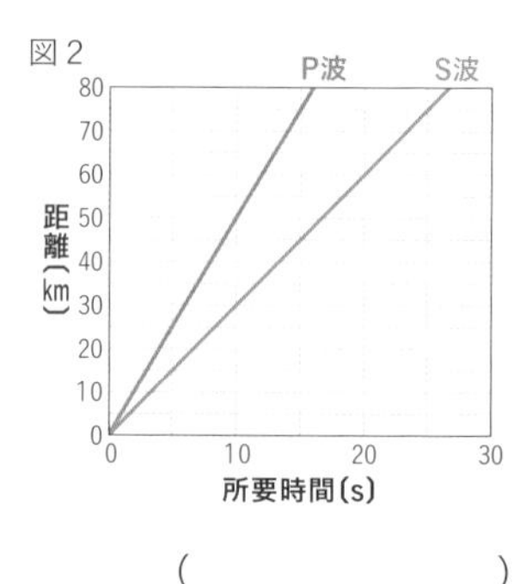

(2) 図2は，ゆれAを起こすP波とゆれBを起こすS波の伝わる距離と伝わる所要時間との関係をグラフに表したものである。グラフより，P波は1秒間に何km伝わるか。

（　　　　　　）

(3) この地震は，震源で8時10分20秒に発生した。震源からの距離が60 kmの地点でゆれBが始まるのは，何時何分何秒か。（　　　　　　）

(4) 図2より，震源からの距離が75 kmの地点での初期微動継続時間は何秒か。

（　　　　　　）

2 図1と図2は，2種類の火成岩を顕微鏡で観察してスケッチしたものである。次の問いに答えなさい。

図1　図2

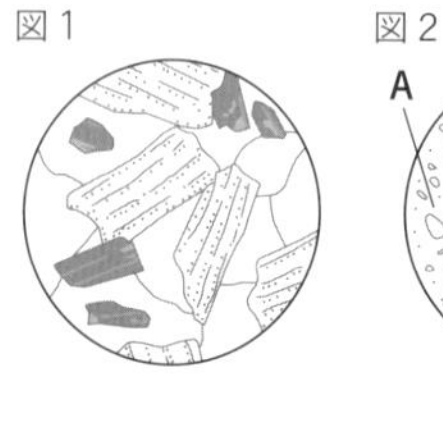

(1) 図1の岩石には，黒色の鉱物がふくまれていて，うすくはがれた。この鉱物を次の**ア**～**エ**から選べ。（　　）

ア カンラン石　**イ** クロウンモ　**ウ** キ石　**エ** セキエイ

(2) 図2で，Aの部分を何というか。（　　　　）

(3) 図1，図2の岩石を，次の**ア**～**エ**からそれぞれ選べ。

図1（　　）図2（　　）

ア 安山岩　**イ** れき岩　**ウ** チャート　**エ** 花こう岩

3 図は，100 m ほど離れた２つの地点 A，B のがけの地層のようすと，その柱状図を表したものである。両地点の地層はもともとつながっていたもので，地層の逆転はない。次の問いに答えなさい。

⑴ A 地点の a 層では，アサリの化石が見つかった。この地層が堆積したときの環境は，次の**ア**～**ウ**のどれか。（　　）

ア　流れの急な川の上流。
イ　岸に近い浅い海。　**ウ**　あたたかく深い海。

⑵ A 地点では，b 層と c 層のどちらが堆積したときに水深が深かったか。（　　）

⑶ A 地点の c 層と B 地点の d 層では，どちらが先に堆積したと考えられるか。（　　）

4 地層の変形や土地の変化について，次の問いに答えなさい。

⑴ 図１のように，地層に大きな力がはたらき，ある面を境にして地層がずれたものを何というか。（　　）

⑵ 図２のように，地層に大きな力がはたらき，地層がおし曲げられたものを何というか。（　　）

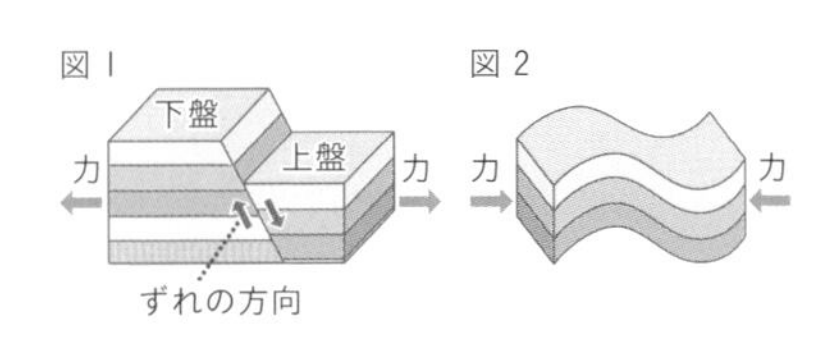

5 図は，火山の断面の模式図である。次の問いに答えなさい。

⑴ 高温のため，岩石がどろどろに融けている A を何というか。（　　）

⑵ 図中の B は，A が地表に噴出して流れ出たものである。B を何というか。（　　）

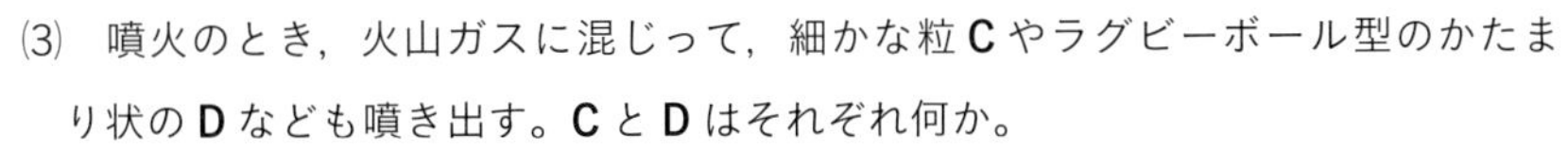

⑶ 噴火のとき，火山ガスに混じって，細かな粒 C やラグビーボール型のかたまり状の D なども噴き出す。C と D はそれぞれ何か。

C（　　）D（　　）

第2章 変化する天気

地球には，太陽から巨大なエネルギーが降り注いでいる。このエネルギーは地球に海と大気があることで，雨や風などを起こしながら地球上を循環している。私たちは大気の底にいるため，日々変化する天気と向き合ってくらしてきた。第２章では，こうした天気のしくみについて学習しよう。

SECTION 1　大気中の水の変化 … p.562
SECTION 2　大気の圧力と風 … p.576
SECTION 3　天気の変化 … p.583

大気中の水の変化

水は地球上で，海洋，大気，陸地の間を，姿を変えて循環している。コップの中の水は蒸発して水蒸気に姿を変え，いつか空の雲になり，やがて雨として地上に落ちてくる。この章では大気中の水の変化について学習する。

1 水の蒸発と凝縮

1 露点と湿度

◉ 露点

水蒸気をふくんだ空気を冷やすと，水蒸気の一部が凝縮（➡p.215）して水滴となる。**露点**とは，この**水滴ができはじめるときの温度**のことである。このような凝縮が起こるのは，ある温度の空気がふくむことのできる水蒸気の量には限りがあり，限度を超えた水蒸気が水へ状態変化するからである。

露点は**空気中の水蒸気が多いほど高くなる**。晴れた日，1日の間で空気中の水蒸気の量はあまり変化しないため，露点は1日の間であまり変わらない。

参考

結露

物体の表面で水蒸気が凝縮する現象を**結露**という。これは，冷たい水を入れたコップの外側に水滴がつくなどの現象である。

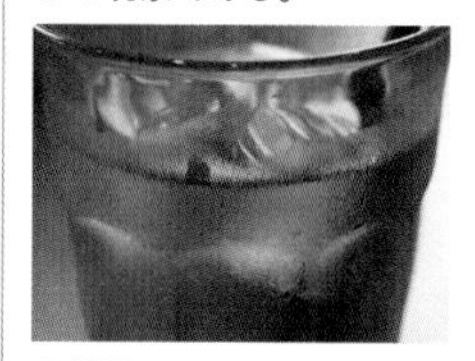

⬆結露

実験

露点のはかり方

方法

❶ 金属製のコップまたは空き缶にくみ置きの水を入れ，中に細かくくだいた氷を少しずつ加えてよくかき混ぜる。

❷ コップや空き缶の表面がくもりはじめたら温度計で水温を読みとる。

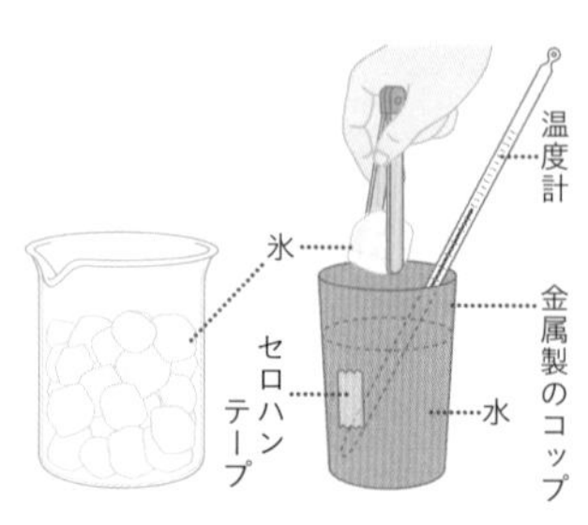

POINT あらかじめ水面より下のコップの表面にセロハンテープをはっておくと見分けがつきやすい。

◉ 飽和水蒸気量

空気1 m³に最大限ふくむことができる水蒸気の量を**飽和水蒸気量**という。飽和水蒸気量は温度によって変わり，温度が高いほど大きくなる。また，空気が水蒸気を最大限にふくんでいる状態を，**空気が水蒸気で飽和している**という。

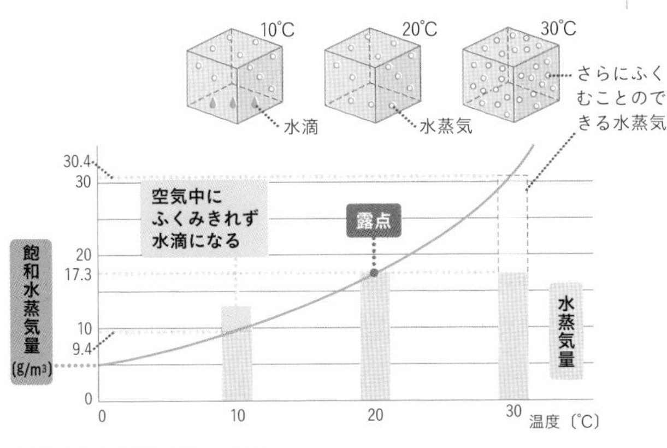

⬆温度と飽和水蒸気量との関係

温度〔℃〕	飽和水蒸気量〔g/m³〕
-10	2.4
-5	3.4
0	4.8
5	6.8
10	9.4
15	12.8
20	17.3
25	23.1
30	30.4
35	39.6

⬆温度と飽和水蒸気量

◉ 湿度

空気中の湿り気の度合いを**湿度**という。日常生活では**相対湿度**が使われている。相対湿度とは，その気温の飽和水蒸気量に対して，実際に空気中にふくまれている水蒸気量の割合をパーセントで示したものであり，次の式で求められる。

発展

絶対湿度

絶対湿度とは，空気1 m³中にふくまれている水蒸気量〔g〕を表す。

$$\text{湿度(\%)} = \frac{\text{1m}^3\text{の空気にふくまれる水蒸気の質量(g/m}^3\text{)}}{\text{その気温での飽和水蒸気量(g/m}^3\text{)}} \times 100$$

湿度は**乾湿計**を使ってはかる。乾湿計には**乾湿球湿度計**，**通風乾湿計**などがある。**乾湿計**は，２本１組の温度計からなる。通常の温度計（乾球）に対し，もう１本の温度計を**湿球**といい，球部がぬれた布で包まれている。湿球の示度は，水が布から蒸発するときに蒸発熱（➡p.568）をうばうので，**乾球**の気温を表す示

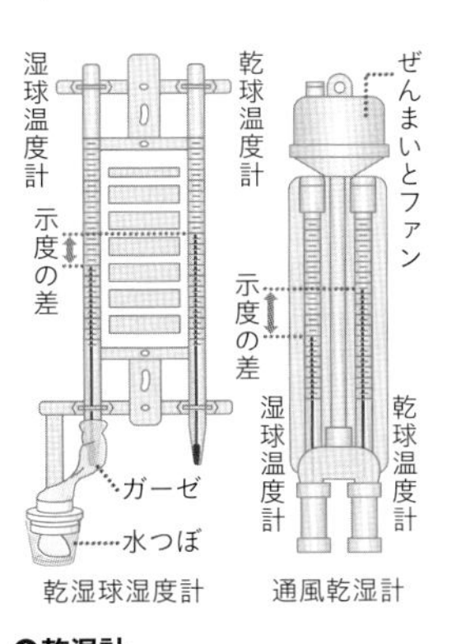

⬆乾湿計

度より低くなる。こうして測定したある温度での乾球と湿球の示度の差から，湿度を求めることができる。

乾球の示度〔℃〕	乾球と湿球の示度の差〔℃〕						
	0.0	0.5	1.0	1.5	2.0	2.5	3.0
21	100	95	91	86	82	77	73
20	100	95	91	86	81	77	73
19	100	95	90	85	81	76	72
18	100	95	90	85	80	75	71
17	100	95	90	85	80	75	70

⬆湿度表の一部

湿度は，空気の**温度**（気温）と**露点**からも求めることができる。たとえば，露点が15 ℃の空気は，15 ℃のとき水蒸気が飽和状態であるから，空気1 m^3中に12.8 gの水蒸気をふくんでいることがわかる。よって，気温が25 ℃のとき湿度は約55%であると求められる。

参考

自記温湿度計

気温や湿度を自動的に記録する機械。温度変化で動くバイメタルや湿度変化でのび縮みする毛髪（もうはつ）を利用して，回転する記録用紙に気温や湿度の変化を記録する。

⬆自記温湿度計　©アフロ

空気中の水蒸気量が一定のとき，**湿度は気温が上がると低くなり，気温が下がると高くなる。**気温が上がると，飽和水蒸気量の値が大きくなるためである。冬に部屋をエアコンであたためると空気が乾燥（かんそう）してくるのはこのためである。

また，湿度は1日の中でも変化する。晴れた日には右ページのグラフのように気温の変化と反対の形に変化し，明け方ごろが最も高く，午後2時ごろに最も低くなる。気温が変化しても大気中にふくまれる水蒸気量がほぼ一定であれば，湿度はこのように昼に低くなるよう変化する。風の弱いときにはこの変化がはっきりと現れて，雨の日は1日中湿度が高くなる。

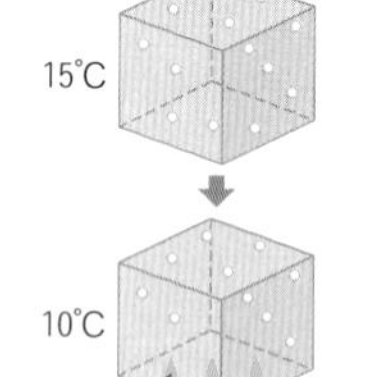
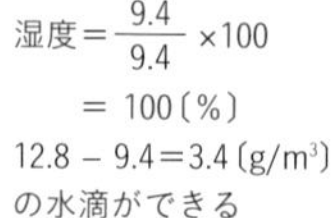

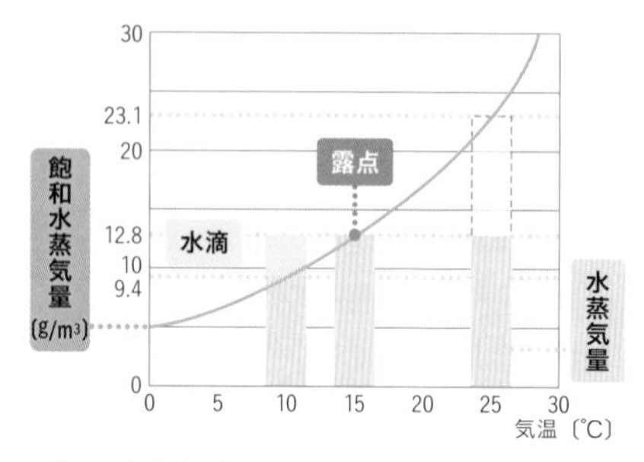

⬆温度の変化と露点

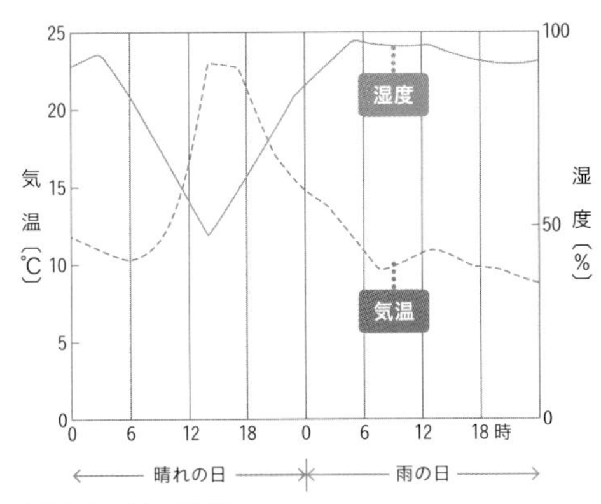

⬆気温と湿度の日変化

◉ 水の蒸発の条件

水の蒸発する速さに影響をあたえる要素としては，供給されるエネルギーの量・湿度・風・蒸発面積がある。

水が液体から気体に状態を変えるには，**蒸発熱**（➡p.215）というエネルギーが必要である。水の温度によって1 gの水が蒸発するのに必要なエネルギー量は変わる。気温や水温が高いときや，太陽からの光や熱のエネルギーが供給されるときは，水が蒸発しやすい。

水の蒸発は湿度が高いときよりも，**湿度が低いときにさかん**になる。これは，飽和水蒸気量に達するまで水蒸気量に余裕があるからである。

また，水の蒸発は**風が強いときほどさかん**になる。風により水面近くの湿った空気が追いはらわれ，乾燥した空気が送られるため，水面からの蒸発が止まらずにおこなわれる。湿度が低く，風が強いほど汗や洗濯物が乾きやすくなるのはこのためである。

蒸発は，**水と空気の接している面積が広いほどさかん**になる。水と空気の境界面から蒸発していくため，たとえば，平らな水面よりも波立っている水面のほうが蒸発がさかんになる。

参考

加湿器

冬など部屋の中の空気が乾燥するときに，機器の中の水分を水蒸気として空気中に放出し，加湿する機械。電気の力で熱をつくり出して水を蒸発させるものや，自然に起こる蒸発を利用するものなどがある。

参考

打ち水

打ち水は，庭や道路に水をまく日本の風習であり，道路のほこりをおさえ，気温を下げる効果があるため，特に夏におこなわれる。まいた水が蒸発するときに，蒸発熱としてまわりの熱をうばい，少しであるが気温を下げる。

参考

速乾性を高める技術

乾きやすさをうたう衣服は，外気にふれる部分の繊維の表面積をふやす工夫がされている。たとえば，糸の断面をへん平や十字形にしたり，織り方ですき間を多くしたりする方法がある。

2 露（つゆ）・霜（しも）・霧（きり）・雲のでき方

空気の温度が露点（ろてん）以下になると，大気中にふくまれる水蒸気は凝縮（ぎょうしゅく）して水滴（すいてき）となり，露・霜・霧・雲ができる。

◉ 露（つゆ）のでき方

⬆露

露とは，空気中にふくまれている水蒸気の一部が凝縮し，水滴となって物体の表面についたものである。夜間に地表にある物体が放射（➡p.114）で熱を失って冷えると，接している空気も冷やされて露点に達するために起こる。夏から秋の風の弱い晴れた夜の明け方に多く見られる。

◉ 霜（しも）のでき方

霜は，地表にある物体の温度が０ ℃より低い場合に，空気中の水蒸気が昇華（しょうか）（➡p.215）して氷の結晶（けっしょう）となって物体の表面についたものである。露のでき方と似ているが，霜は氷の結晶であり，露ができてから凍（こお）ったものは結晶にならない。

◉ 霧（きり）のでき方

霧は，空気中の水蒸気が細かい水滴に変わり，空気中に浮かんで地表面をおおいかくしている状態をいう。霧ができるための条件は，❶地表面近くの空気が露点以下に冷やされること，❷空気中に多くの煙（けむり）の粒（つぶ）・ちり・海水からの塩の粒などの凝縮核（ぎょうしゅくかく）（凝結核（ぎょうけつかく））となる微粒子（びりゅうし）があること，❸風が弱いことの３つである。極地や高い山で発生する霧は，水滴ではなく小さな氷の結晶（**氷晶**）でできている場合もあり，そのような霧を**氷霧**（ひょうむ）という。空気中に凝縮核がないときに，空気の温度が露点以下に下がっても凝縮が起こらない状態を**過冷却**（かれいきゃく）という。過冷却（かれいきゃく）の状態の空気に微粒子をまくと，凝縮が起こり霧などが発生する。

くわしく

水蒸気と湯気の関係

水蒸気は水が気体になったもので，湯気は水蒸気が凝縮した小さな水滴の集まりである。水蒸気は目に見えないが，湯気は白く見える。白く見える理由は，小さな水滴がどの色の光も乱反射するからである。

⬆霜

参考

霜柱

霜柱は，土の中の水分が凍ってできた柱状のものである。空気中の水蒸気が昇華してできる霜とはちがうものである。

⬆霧

◉ 雲のでき方

雲とは，上空の大気中に直径0.001～0.01 mmくらいの水滴や氷の結晶（氷晶）が浮かんだものをいう。雲をつくる水滴や氷晶は，非常に小さく，落下速度が小さく，**上昇気流**の中にできるため大気中に浮かぶ。

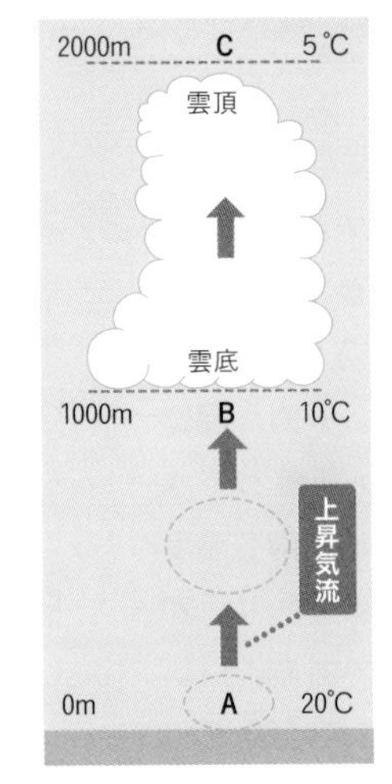

⬆雲のでき方

雲は上昇気流のあるところにできる。空気が上昇すると上空にいくほど気圧が低くなるために，空気は膨張（断熱膨張）して温度が下がる。上昇する空気の温度が下がり，露点に達すると水蒸気の凝縮がはじまり，雲ができる。

地上で温度20 ℃，露点10 ℃の空気（A）が上昇をはじめると，断熱膨張により，100 m上昇するごとに，1 ℃ずつ温度が下がり，1000 mの高さで露点に達し，水蒸気の凝縮がはじまる（B）。このあとは，100 mにつき0.5 ℃ずつ温度が下がり，2000 mの高さで，周囲の大気と同じ温度になると，上昇がやむ（C）。

くわしく 

断熱膨張

下のような装置でピストンを引いて空気を膨張させると温度が下がる。逆にピストンを押して空気を圧縮させると温度が上がる。

このように，まわりとの熱の出入りがない状態で気体が膨張することを断熱膨張という。このとき，気体は外部に対して体積を増大させるという仕事をするのでエネルギーを失い，温度が下がる。上昇する空気のかたまりは，周囲との熱の出入りがほとんどないため断熱膨張が起こる。

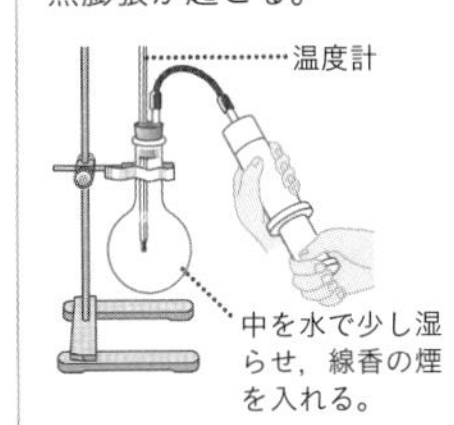

⬆断熱膨張

身近な生活

飛行機雲

上空は気温が低く，空気の温度が露点以下に下がっているが，凝縮核がないために過冷却になっている場合があります。飛行機の燃料が燃えて出る排気ガスには，水滴の核となる**微小なちり**などがふくまれます。温度が露点以下に下がっている空気中を飛行機が飛ぶと，微小なちりが凝縮核となって，たちまち凝縮が起こり，飛行機が通ったあとに雲ができます。

⬆飛行機雲

3 水の蒸発・凝縮とエネルギー

◉ 蒸発熱と凝縮熱

蒸発熱（➡p.215）とは，水が蒸発して水蒸気になるときに必要な熱である。打ち水は，まいた水が蒸発するときに蒸発熱としてまわりの熱をうばい，気温が下がることを利用している（➡p.565）。一方，**凝縮熱**（➡p.215）とは，水蒸気が凝縮して水になるときに放出する熱である。同じ温度での蒸発熱と凝縮熱は同じ量であり，20℃では水 1 gにつき約2500 Jである。いいかえると，20 ℃で 1 gの水蒸気は20 ℃で 1 gの水よりも約2500 J多いエネルギーをもっているといえる（熱とエネルギー ➡p.110）。

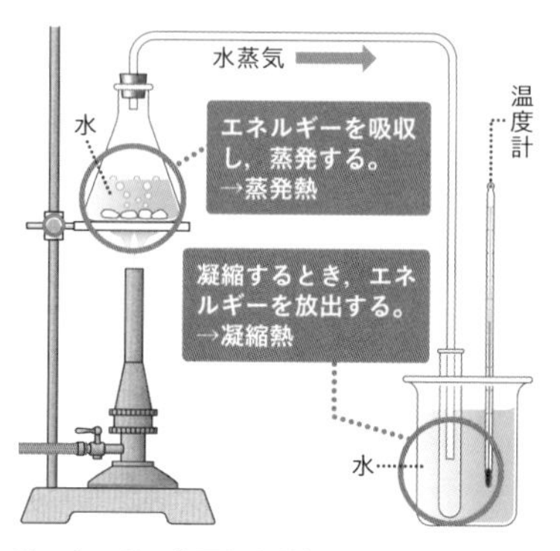

⬆エネルギーを運ぶ水蒸気

◉ 台風のエネルギー

熱帯地方の海の上で発生した**熱帯低気圧**のうち，中心部の最大風速が17.2 m/s 以上に発達したものを台風という（台風と天気 ➡p.590）。熱帯地方では，太陽からの光や熱のエネルギーが大きく，海面から蒸発がさかんに起こるため，高温で多量の水蒸気をふくんだ空気になる。この空気が上昇すると温度が下がり，すぐに露点に達して凝縮がはじまる。凝縮により上昇する空気中に多量の熱が放出されるため，空気は温度を保ちながらさらに上昇を続け，激しい上昇気流になる。こうして周囲から上昇気流の中心へ高温で湿った空気がふきこみ，さらに強い上昇気流となっていき，台風になる。台風の巨大なエネルギーの元は，凝縮のときに放出された熱エネルギー，さらにその元は，熱帯地方にふり注ぐ太陽からの大量の光や熱のエネルギーであるといえる（エネルギーの移り変わり ➡p.107）。

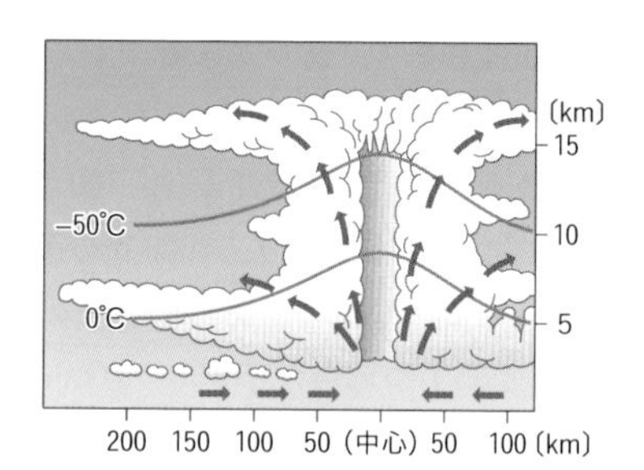

⬆台風の構造と温度分布

2 雲と降水

1 雲

◉ 上昇気流と雲

雲ができるには**上昇気流**が必要である。上昇気流とは，空気が地面から上空へ向かって上がっていく動きをいい，このときに雲が発生しやすい。上昇気流のようすによって**雲の形**は異なり，雲の形によって天気のようすが変化してくる。たとえば，形によって雨が降る雲と降らない雲を見分けることができる。上昇気流が起こる原因とできる雲はさまざまであるが，次のような場合がある。

❶ 太陽からの大量の光と熱によって地面の一部が熱せられると，接している空気もあたたまり，膨張して軽くなって上昇する。夏の**積雲**や**積乱雲**はこのような上昇気流によってできる。

❷ 空気が山の斜面に沿って上昇し，雲ができる。冬の日本海側では，このような上昇気流でできた雲によって多量の雪が降る。

❸ 低気圧の中心にまわりの空気がふきこみ，上昇気流になる。台風の中心近くの雲は，このような上昇気流によってできる。

❹ あたたかい空気と冷たい空気がぶつかって，冷たい空気の上にあたたかい空気がはい上がって上昇気流になる。このような上昇気流によって，前線面（➡p.585）に沿って**層状に広がる雲**ができる。

❺ 上空で大気の流れが上下に波打つときの上昇気流で，波状の雲ができる。

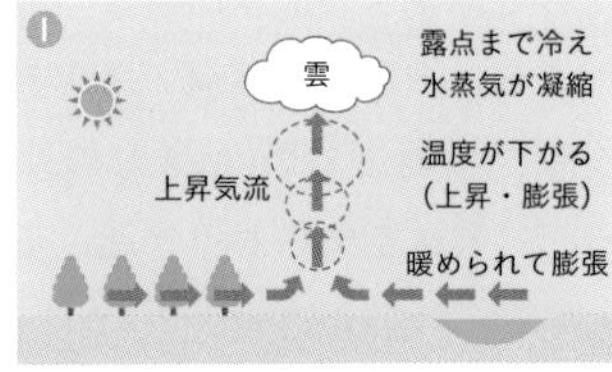

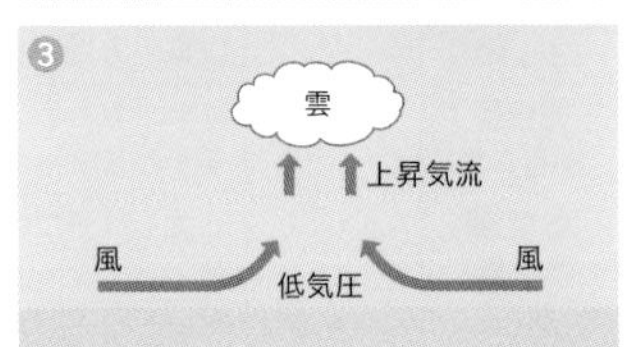

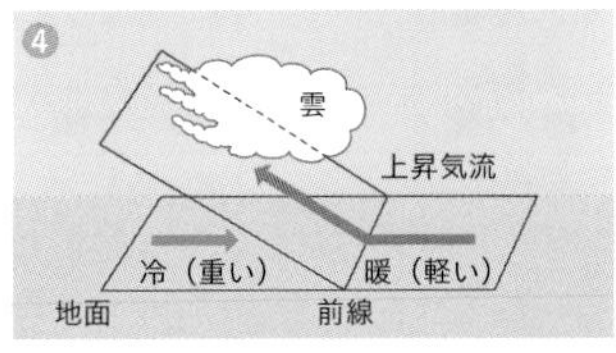

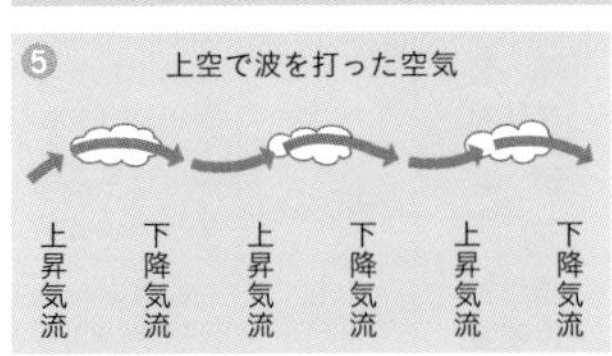

❶上昇気流の起こる原因

◉ 雲形

雲の形は上昇気流のようすによって変わる。雲の形を雲形といい，現れる高さや形などによって，下の表のように10種類に分けられる（10種雲形）。むくむくした**積雲状**の雲は，毎秒５～30mの速さで**垂直に上昇する気流**によってできる。水平方向に広がった**層状**の雲は，毎秒５～20 cmずつ，ほとんど水平方向に**わずかに上昇する気流**によってできる。**波状**の雲は，波を打ったように**上下する気流**でできる。

大気は地上数百kmほどの厚さであるが，雲は空気の対流が起こる**対流圏**（地表～高さ十数km）だけにできる。つまり地上十数kmより高いところに雲はできない。

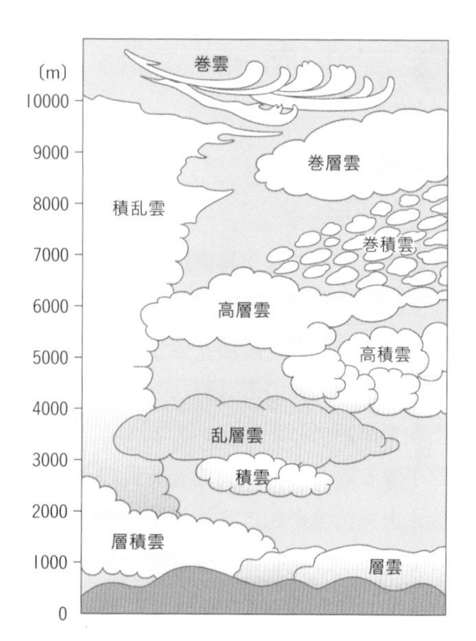

⬆10種雲形と高さ

雲形名	高さ	雲のようす	特徴と天気との関係
巻　雲（すじ雲）	5～13 km	高い空にうすく，すじまたは羽毛のように見える白い雲	大部分は氷晶からできており，天気が悪くなる前に出る。
巻積雲（うろこ雲）		波やうろこのような形の白い小さなかたまりの集まった雲	水滴，または氷晶からなる。うろこ状のかたまりが小さいと天気が悪くなる。
巻層雲（うす雲）		うすくベールのように空に広がった白い雲	太陽や月をかくすと，かさができる。天気が悪くなる前に出る。
高積雲（ひつじ雲）	2～7 km	白または灰色のかたまりで，ヒツジの群れが集まったような雲	水滴または氷晶からなる。天気が悪くなる前に出ることが多い。
高層雲（おぼろ雲）		灰色または青色がかった幕のように空に広がった雲	水滴または氷晶からなる。濃くなると天気がくずれることが多い。
乱層雲（あま雲）	地表～7 km	空一面をうす黒くおおい，たえず形が変化する雲	雨を降らせる雲で，低く，黒っぽい雲ほど雨をよく降らせる。
層積雲（うね雲）	0.2～2 km	濃い灰色の大きなかたまりが多く集まった雲	大部分は水滴からなる。天気のよいときにも悪いときにも出る。
層　雲（きり雲）		霧に似た一様で層状に広がる雲 厚さはうすい	霧の状態の雲。雨の前に山にかかったり，雨あがりに出たりすることもある。
積　雲（わた雲）	地表～2 km	雲底は平らで，頭がもり上がったようになっている雲	ふつう，激しい上昇気流や寒冷前線によってできる雲。
積乱雲（入道雲）	0.5～13 km	上部はドーム状，または平らで，雲底は乱層雲のような雲	雷や，激しい雨（夕立）をともなう雲。

⬆10種雲形（高さは温帯地方の場合）

◉ 雲量

雲量とは，**空全体を雲がおおっている割合**のことである。空全体を10として，雲でおおわれている割合を0～10の11階級で表す。雲の濃(こ)さは関係なく，ベールのようにうすい巻層雲でも空全体をおおっているときの雲量は10となる。雨や雪などの降水がある場合や霧(きり)で雲量を知ることができない場合を除いて，天気は雲量によって**快晴・晴れ・くもり**の３つで表される。雲量が０～１のときを快晴，２～８のときを晴れ，９～10のときをくもりという。

快晴　…雲量　0～1
晴れ　…雲量　2～8
くもり…雲量　9～10

太陽の光が当たっているかは関係ないため，快晴や晴れでも太陽に雲がかかっていることがあり，くもりでも雲のすき間から日がさしていることがある。

⬆快晴　雲量０～１

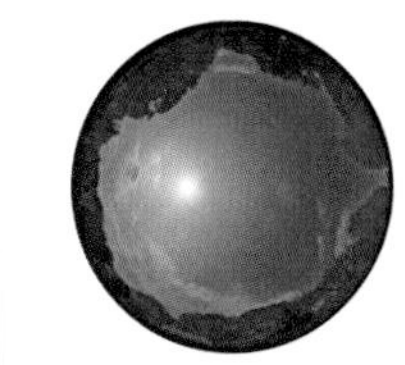

⬆晴れ　雲量２～８

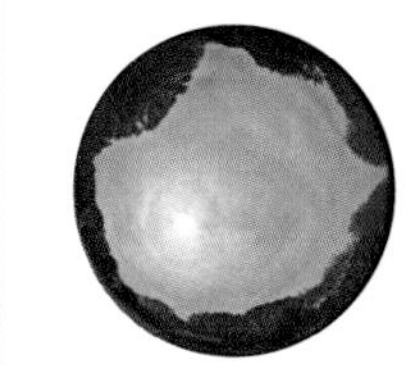

⬆くもり　雲量９～10

３点©アフロ

⬆10種雲形の雲写真

2 降水

降水とは，大気中の水蒸気が凝縮・昇華してできた水滴や氷の結晶（氷晶）の粒が大きくなって，空気中に浮かんでいることができなくなり落下し，地表面に落下するものをいう。雨だけでなく，雪・みぞれ・あられ・ひょうなども降水である。

◉ 雨

降水のうち落下するときに水滴となったものを**雨**という。雨粒は，雲の粒がくっつきあって大きく成長したもので，いろいろな大きさのものがある。霧雨の雨粒は直径0.5 mm未満，普通の雨は直径約１ mm，雷雨の場合は直径５～６ mmと大きなものもある。

雲の粒が十分な大きさの雨粒に成長するためには，雲の厚さが必要である。そのため激しい上昇気流でできる積乱雲の雨粒は大きく，激しい雨が断続的に降る。一方，乱層雲のような層状の雲から降る雨粒はあまり大きくなく，おだやかな雨がたえ間なく降り続く。

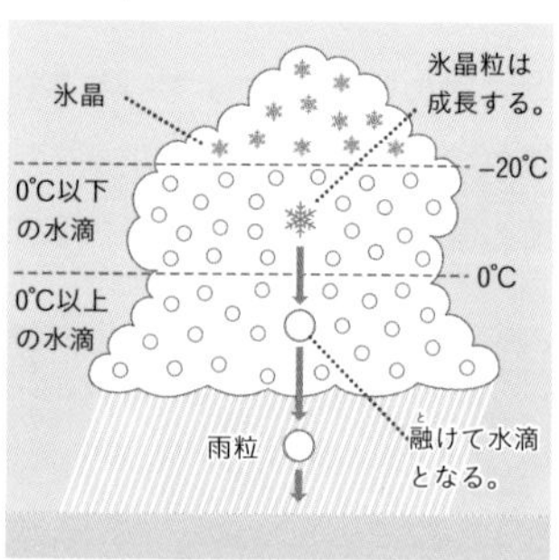

❶雨を降らせる雲

◉ 雨の降る理由

雲の粒が約100万個集まって直径１ mmくらいの雨粒になる。まず上層部の氷晶が成長して重くなり落下しはじめる。氷晶は０ ℃以下の水滴の層中で水蒸気が昇華して氷晶にくっつくことで大きくなっていく。０ ℃以下の水滴は，大気中で雲の粒が静かに冷やされると**過冷却**されてできる。０ ℃以下の氷と水があるとき，水は蒸発して氷の表面に**昇華**してつく。こうして成長しながら落下する氷晶が，０ ℃以上の層までくると，融けて雨粒となる。

◉ 雪

気温が０ ℃以下のとき，雲の中で成長した氷晶は融けずに地上まで落下し**雪**となる。雪は，板状や柱状の正六角形などの**結晶形**をもつ。結晶形は，雪のできる高さでの温度や湿度で決まる。

参考

人工降雨

過冷却の雲の中に氷晶核となるヨウ化銀の粒を飛行機でまくと，氷晶ができて成長して雨粒となる。ヨウ化銀は結晶の構造が氷や雪の結晶と似ているために使われる。ほかにも，ドライアイスの粉をまき，氷晶を発生させて雨を降らせる方法もある。

発展・探究

雪の結晶

雪の結晶の形には，正六角形の板状や柱状，六方へ枝がのびたものなどがあります。いずれも六角形を基本の形としているのは，水分子の性質と関連しています。水分子が結晶をつくるとき，規則正しく並ぼうとして正四面体をつくります。これが次々連結すると六角形の構造をつくります。

↑雪の結晶

▶**みぞれ**　みぞれ（霙）とは，雪が地上につくまでに途中で融けだし，雨と雪が混じって降ってきたものである。

▶**あられ**　あられ（霰）とは，直径２～５ mmくらいの不透明な氷の粒であり，**雪あられ**と**氷あられ**に分けられる。雪あられは雪の降りはじめに降ることが多く，雪の結晶のまわりに水滴がついて凍り，白い粒となったものである。氷あられは，にわか雨とともに降ることが多く，雪あられが核となり，半透明の氷の膜でまわりをおおわれた粒である。

▶**ひょう**　ひょう（雹）は，直径５～50 mmくらいの大きさで，氷の粒が激しい上昇気流の中で上昇や下降をくり返し，まわりを何層もの氷で包まれたものである。雷雨にともなって降る。

↑ひょう

◉ 降水量

降水量は**雨量**ともいい，雨量計を用いて測定する。雨・雪・あられ・ひょうなどの降水した量をmm単位で表し，水以外のものは融かして水の状態ではかる。

参考

恐ろしいひょう

ひょうは農作物や家屋，車などに大きな被害をおよぼす。また，条件によってひょうはとても大きくなる。直径が50 mmあると，落下速度は時速100 km近くになり，人の頭に当たって死者が出ることもある。

③ 地表における水の循環

1 地球上の水とその循環

地球上の全水量の約97%は海水であり，約２%が高山や高緯度地方の氷，残りの約１%が**陸地や大気中にふくまれる水**である。陸地にふくまれる水とは，湖・川・地下水などであり，大気中にふくまれる水は，ほぼ水蒸気である。

◉ 陸地に降った降水のゆくえ

地球上の水は降水と蒸発によって循環している。陸地に降った降水は，地面や水面，植物から蒸発して大気中の水蒸気となる水が約60%，地下水となって川に達する水が約15%，直接地面を流れて川に入り，海洋に流れこむ水が約25%である。

❶陸地への降水のゆくえ

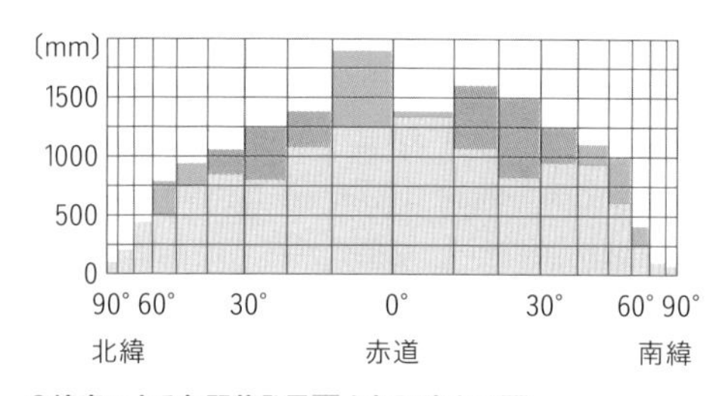

❶緯度による年間蒸発量と年間降水量
重なる部分は

◉ 蒸発量と降水量

陸地や海洋からの**水の蒸発**は，大量の水を大気に送りこむはたらきがある。１年間の平均**降水量**は，日本全土（面積約38万km^2）で約1500 mmなので，１年間では約5700億tの降水がある。蒸発量と降水量は，緯度によってちがい，同じ緯度では陸地と海洋でちがう。

地球上の蒸発量と降水量を見ると，どちらも**赤道付近では大きく，極地方では小さくなっている**。緯度30度付近では**亜熱帯高気圧**が多く発生し，また晴れの日が多いため，蒸発量が大きくなるからである。赤道地方や緯度30〜50度の温帯地方では，亜熱帯高気圧からふき出した風によって蒸発した水蒸気が送りこまれる

参考

急な豪雨による川の増水・はんらん・土砂崩れ

最近では集中豪雨のような，短時間にせまい範囲で非常に激しく降る雨がよく発生する。こうした大雨によって極端に多量の降水があると，川の増水・はんらん・土砂崩れが発生しやすい。都市部では，下水路の容量を超え，道路や住宅が浸水する被害も起こる。

ため，降水量が蒸発量より大きくなっている。

陸地では蒸発量より降水量が大きく，海洋では蒸発量より降水量が小さい。

	蒸発量〔km^3〕	降水量〔km^3〕
陸地	71000	111000
海洋	425000	385000
合計	496000	496000

↑陸地と海洋の年間蒸発量と年間降水量

表より，合計の量を見比べると，大気中にふくまれる水分はほぼ増減しないことがわかる。海洋から蒸発した水のうち，約10%は海洋に戻るのではなく，海洋から陸地へ流れる大気の動き（風）により，陸地に降水となって供給されている。陸地の水は，川や地下水となり海に戻る。

参考

植物と蒸発量の関係性

植物の有無によっても蒸発量は変化する。植物は蒸散をおこなって水蒸気を放出するため，草地・草原・森林地帯の順で蒸発量が大きくなる。

参考

水の循環

水は，海洋・大気・陸地の間をたえ間なく循環している。このように大規模な水の循環には，いろいろな経路があり，下図のように分けられる。

地球上の水は海に97.4%，陸地に氷河や地下水として2.6%，大気に0.001%存在している。

❶ 海洋と大気の間の循環…約70%

❷ 陸地と大気の間で循環…約20%

❸ 海洋→大気→陸地→海洋と循環…約10%

2 水の循環（じゅんかん）のしくみ

水は，気体・液体・固体と状態を変えて，海洋・大気・陸地の間を循環している。水の循環を支えているエネルギーは，太陽の**大量の光と熱のエネルギー**である。太陽からのエネルギーが蒸発に使われる熱量となり，海洋が加熱され，海水が蒸発し，大気中に水蒸気が送りこまれる。水蒸気はやがて冷えて，凝縮（ぎょうしゅく）して雲となり，降水となる。

水の循環は，蒸発や凝縮とともに大気の動きによって地球全体に広がっている。大気の動きも太陽からのエネルギーによって起こる。太陽の光や熱のエネルギーによる加熱が**緯度**（いど）（➡p.598）によってちがうことや，海洋と陸地の**比熱**（➡p.112）がちがうために温度差ができることによって，**対流**（➡p.114）という空気の動きが生じる。こうした対流によって水と太陽からのエネルギーは地球中を循環している。

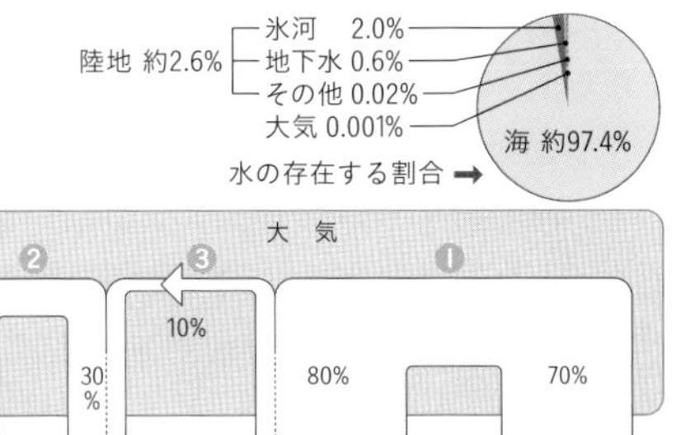

↑水の循環のようす

大気の圧力と風

どうして風はふくのだろうか。風は地球をとりまく大気の動きであり，大気の密度のちがいによって生じる。大気の重さによって気圧が生じ，気圧の変化は天気の変化とも密接な関係がある。ここでは気圧の原理と，天気と気圧の関係を学習する。

1 大気圧(たいきあつ)

地球は，とても厚い大気によってとり囲まれており，地表面には，大気の重さによる圧力(あつりょく)，すなわち大気圧（気圧）がはたらいている。地表付近では空気１ Lで約1.2 gの重さがあり，この大気の重さが，つねに地上の物体の面を押している。

◉ 圧力

面を押したときに単位面積あたりにかかる力を**圧力**（➡p.67）という。圧力の大きさは，**力を受ける面の面積と力の大きさによって，変化する。**

図のようにスポンジの上にレンガをのせて，その沈みぐあいを比べてみる。❶と❷のように，力を受ける面積が同じで重さがちがうときは，重いほど沈む。また，❶，❸，❹のように，同じ重さで面積がちがうときは，面積が小さいほどレンガは沈む。したがって，圧力の効果は，**押す力が大きく面積が小さいほど大きくなる。**

圧力の単位には，パスカル（記号Pa）かN/m^2を用いる。底面積が１ m^2で地球上で100 gの物体（はたらく重力(じゅうりょく)の大きさは約１ N）を床(ゆか)に置いたとき，床が受ける圧力は１ Pa（＝１ N/m^2）である。

$$\text{圧力}\ (\text{Pa または } N/m^2) = \frac{\text{面に垂直にはたらく力}(N)}{\text{力がはたらく面積}(m^2)}$$

くわしく

空気のうすさ・濃さ

空気は地球の引力で引きつけられているため，上空に行くほど空気はうすくなる。地上から１万～１万2000 mでは，地上の$\frac{1}{4}$～$\frac{1}{5}$の空気しかない。

ある程度以上の濃さの空気があり，その空気が動いて雲をつくったりする高さは，約十数kmまでである（対流圏という）。その空気の重さで大気圧が生じる。

❶
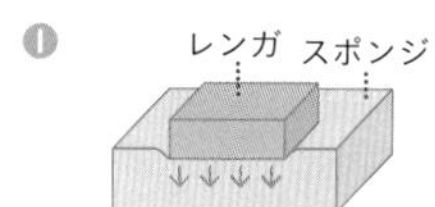

❷
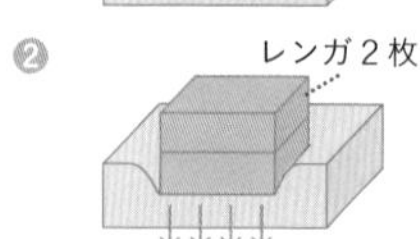

❸
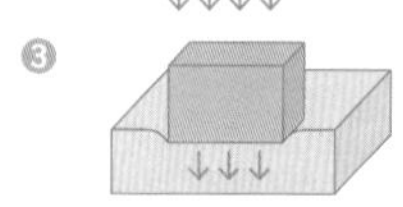

❹
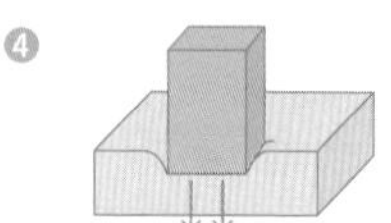

矢印は単位面積あたりの力（圧力）を示す。

⬆スポンジ上のレンガの沈みぐあい

◉ 大気の圧力の大きさ

大気の圧力の大きさを，**トリチェリーの実験**によってはかると，約76 cmの高さの水銀柱の重さによる圧力に等しいことがわかる。約76 cm（760 mm）の高さの水銀柱の重さによる圧力（760 mmHgと表す）は約10 N/cm^{2}であり，これを**1気圧**（**1 atm**と表す）という。

大気圧を水銀柱の高さで表す場合には，mmHgという単位を使い，気象では，ヘクトパスカル（記号hPa）という単位で表す。mmHgとhPaとの間には，次の関係がある。

760 mmHg≒1013 hPa＝1気圧(1 atm)

なお，100 Pa＝1 hPaである。

◉ 高さと気圧

ある地点での気圧は，その上空にある大気の重さによって生じるので，地表面からの**高さが高くなるにつれて大気の減少とともに気圧は減少**していく。地表面近くでは，高さが10 m高くなるごとに，気圧は約1.2 hPa（0.9 mmHg）ずつ低くなっていく。下の表とグラフは，海面上の気圧が1013 hPaの標準的な大気について，高さと気圧の関係を示したものである。

高さ〔km〕	気圧〔hPa〕
0	1013.3
1	898.7
2	795.0
3	701.1
5	540.2
10	264.4
15	120.4
20	54.7
30	11.7

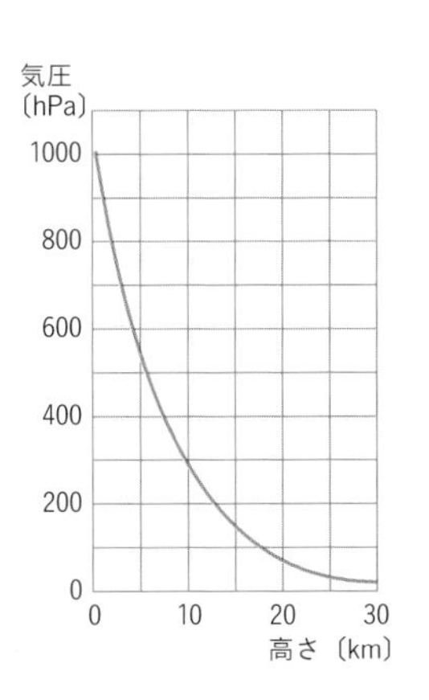

⬆高さと気圧の関係

発展

トリチェリーの実験

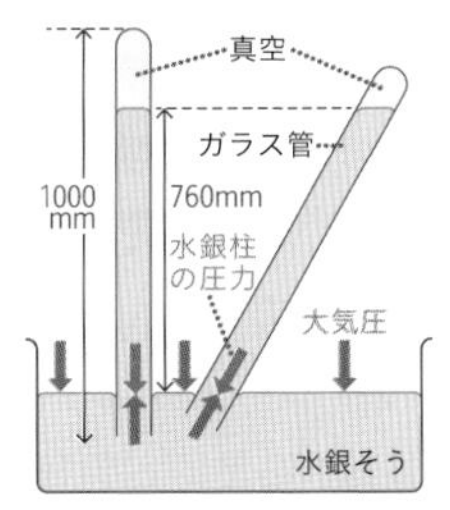

イタリアの科学者トリチェリーが1643年に気圧を測定した実験。

片方を閉じた長さ1 mほどのガラス管に水銀を満たし，ガラス管の口を指でおさえ，水銀の中にさかさに立て，指をはなすと，ガラス管の中の水銀は少し下がって，上部に真空の部分ができ，容器の水銀面から鉛直にはかって，約76 cmの高さで静止する。ガラス管の上部にできた真空は，圧力が0であるから，このとき容器の水銀面にはたらく大気の圧力（1気圧）と，管中の水銀柱の重さによる圧力（760mmHg）とがつり合っていることになる。水銀の密度（➡p.209）は，13.6 g/cm^{3}であるから，底面積1 cm^{2}にはたらく76 cmの水銀柱による圧力は，13.6×76＝1033.6〔g/cm^2〕，すなわち，約10 N/cm^{2}の大きさである。

2 地表のあたたまり方と大気の動き

地球上に，温度の差があると，空気の**対流**（➡p.114）が生じる。地表面が受ける太陽からの光や熱のエネルギーの量は，**緯度**（いど）によって異なるからである。また，同じ量のエネルギーを受けても，海水と陸地とでは温度の差ができる。

◉ 風がふく理由

風は，２地点の**気圧**（きあつ）**の差**があるときに起こり，風は気圧の高いところから低いところへとふきこむ。このとき，気圧の差が大きいほど強い風がふく。２地点間に気圧の差が生じるおもな原因は，２地点間の**温度の差によって空気の密度**（みつど）**に差ができる**ためで，温度の差は，２地点の受ける太陽からの熱の量の差や，２地点の比熱（➡p.112）の差によるあたたまり方や冷え方の差によって生じる。したがって，地表面のあたたまり方や冷え方が不均等であることが，風がふく原因となる。

くわしく

温度差と風

温度の差によって風がふく理由は，次のようになる。

❶はじめ，AとBとでは，気温・気圧とも等しく，したがって等圧面は地面に平行になっている。

❷Aの部分の空気があたたまって膨張すると，Aの上空では等圧面がそれぞれ上方へ移動するため，地面での気圧はA・Bとも等しいが，Aの上空ではBの上空より気圧が高くなり，上空では空気はAからBに流れこむ。

❸その結果，地面ではBのほうがAより気圧が高くなり，このため，地面近くではBからAに向かって空気の流れ（風）ができる。

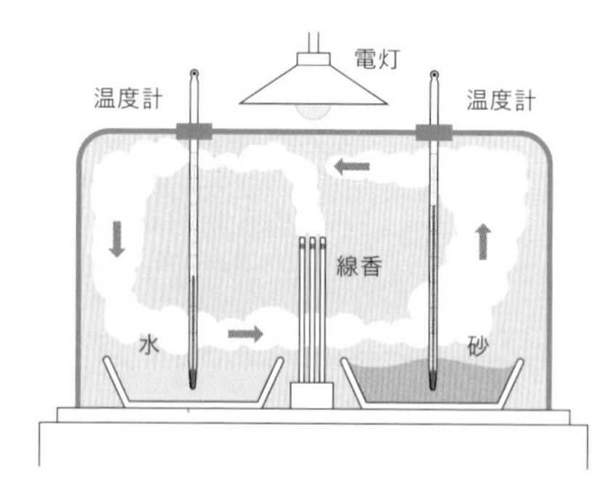

⬆風がふくしくみ 砂面のほうが高温になる。

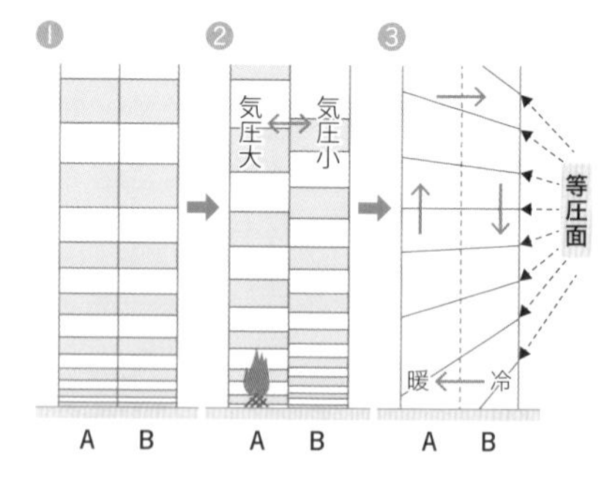

⬆温度差によって風がふくわけ

◉ 海陸風

晴れた日の海岸地方にふく風で，１日周期で風向や風速が変化する風である。昼間は同じように日射を受けても海水より比熱（➡p.112）の小さい陸地はあたたまりやすく，陸地は海水より高温になる。このため，**陸上の空気は膨張**（ぼうちょう）**して上昇**（じょうしょう），**上空で海に向かって流れ出す**。この結果，海上では陸上より気圧が高くなり，地表付近では**海から陸**へ向かって海風がふく。

夜間になると，陸地も海水も熱を失って温度が下がるが，比熱の小さい陸地は海水より低温となる。このため，**海上の空気が膨張して上昇し上空で陸に向かって流れ出す**。この結果，陸上のほうが海上より気圧が高くなり，地表付近では**陸から海**に向かって陸風がふく。

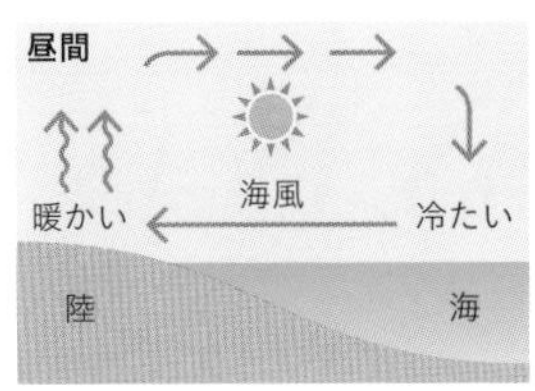

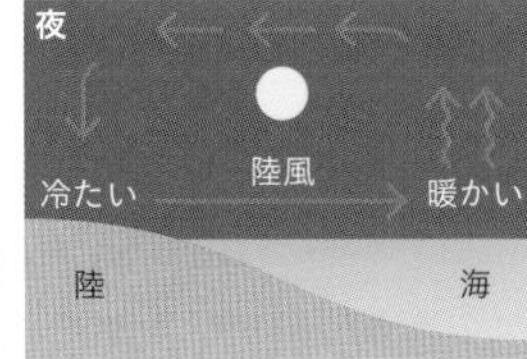

⬆海陸風

◉ 季節風

海洋と大陸の間で，１年周期で風向や風速が変化する風である。大陸は，冬は低温となるため高圧部ができ，夏は高温となるため低圧部ができる。このため，大陸の周辺では，冬は大陸からふき出す風がふき，夏は大陸へふきこむ風がふく。このように，季節によって，いちじるしく風向が変化する風を**季節風**という。

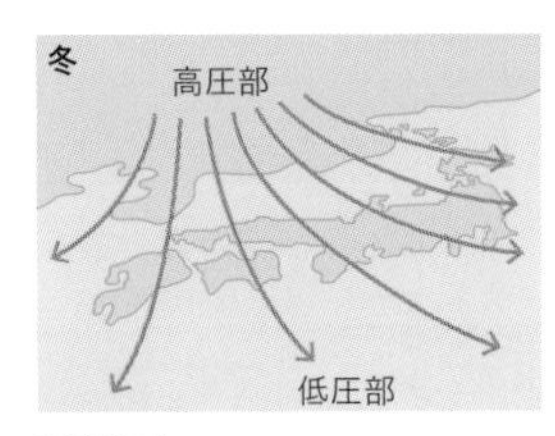

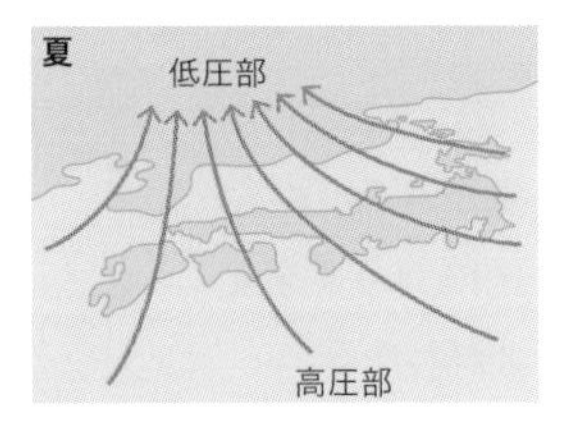

⬆季節風

◉ 大気の循環

地表面が太陽から受ける光や熱のエネルギー量は，赤道付近では大きく，極付近では小さい。このため，**赤道付近に低圧部が，極付近に高圧部ができ，地表面近くでは，極から赤道に向かう風がふく**と考えられる。しかし，地球は球形であり，また西から東へ自転しているため，空気は，極と赤道の間で単純に循環せず，亜熱帯に高圧部ができ，この高圧部から，**貿易風**と**偏西風**がふき出している。

参考

朝なぎ・夕なぎ

海陸風では，昼間と夜間とで風向が反対になる。したがって，風向が入れ替わる朝と夕方には，海水と陸地の温度がほぼ等しくなるため，風が一時やむ。これを，それぞれ，朝なぎ・夕なぎとよんでいる。

参考

山谷風

山に面した地域で，山の斜面と谷底の気温差によって，風向の変わる風をいう。昼は谷風（谷からふき上がる風），夜は山風（山からふき下ろす風）がふく。

参考

ジェット気流

地球の大気の対流圏とよばれる部分の上層で，10000 m上空付近を流れる帯状の非常に強い気流のこと。
100 m/sをこえる強い風がふくこともある。

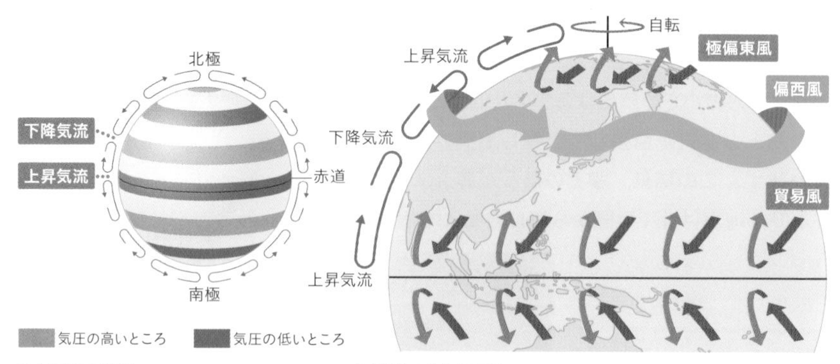

↑大気の大循環　**↑地球の大気の流れ**

貿易風とは，緯度30度付近から赤道に向かってふく北東風（南半球では南東風）で，１年中ほとんど風向が変化しない。

偏西風とは，緯度30〜60度の付近でふく西よりの風で，日本はこの偏西風帯にあり，上空はいつでも強い西風がふいている。偏西風の影響により，日本付近の天気は西から東に変わることが多い。

海面更正

高い位置にある地点の気圧は低くなるため，高さのちがう各地点で観測した気圧を比較するには測定した値を海面での値になおす必要がある。これを海面更正という。

3 気圧と風

風は，**気圧が高いところから低いところに向かってふき，気圧の差が大きいほど強い風がふく**。また，台風などの低気圧・高気圧の周囲ではうずをまくように風がふきこんでいることがわかる。

◉ 等圧線

気圧の等しい地点を結んだ線を**等圧線**という。等圧線は，1000 hPaの線を基準にし，通常，4 hPaごとに線を引き，20 hPaごとに線を太くする。

◉ 等圧線と風向・風力・風速

風は高圧部から低圧部に向かってふくが，**北半球**では，風向は等圧線に対して垂直の方向より，**右にそれてふく**。また，**南半球**では北半球とは逆になり，風向は等圧線に対して

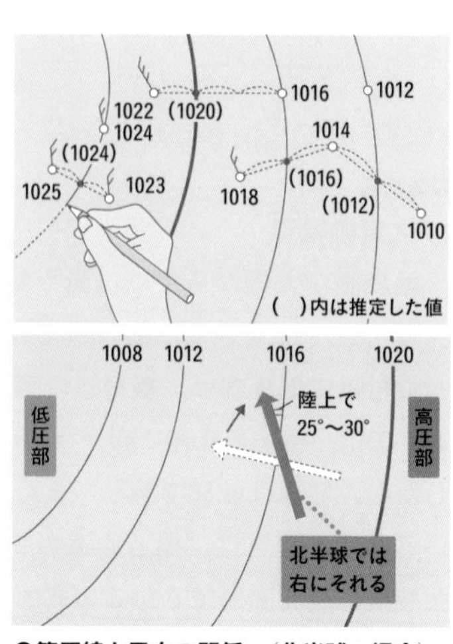

↑等圧線と風向の関係　(北半球の場合)

垂直の方向より**左にそれてふく**。赤道付近では，風向は等圧線に対して，ほぼ垂直となる。

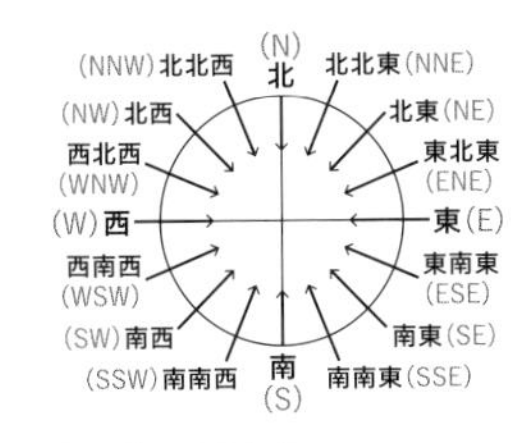

➊風向の16方位

風のふいてくる向きを**風向**といい，**16方位**に分けて表す。10分間の平均の向きを風向とすることになっている。

風は気圧の差が大きいほど強くふく。このため，等圧線の間隔（かんかく）がせまいところほど強い風がふく。

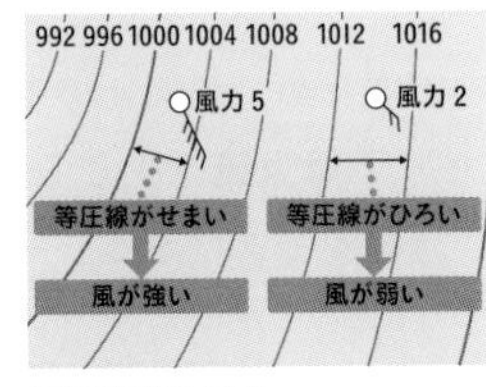

➊等圧線と風力

空気が動く速さを**風速**といい，**空気が１秒あたりに進む距離（きょり）**として表され，単位はm/sを用いる。10分間の平均値を風速とすることになっている。

風の強さを物体におよぼす力で表したものを，**風力**といい，下の表のような**風力階級**で示す。風力は，正式には風速から求められるが，下の表のように，まわりのようすから，およその風力を判断することができる。天気図に風力を記入するときは記号で記入する。

くわしく

自転と風向

地球は，西から東へと自転している。このため，図の❶の地域は地球の自転につれて，北極を中心にして❷，❸と移っていき，しだいに向きを変えていく。

いま，この地球のP地点で，❶のように南風がふいていたとすれば，地球の自転につれて地面の向きが変わっていくので，風向は地面に対して，しだいに右へそれていくことになる。

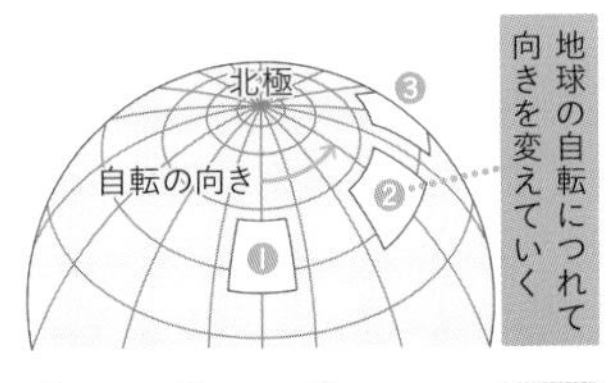

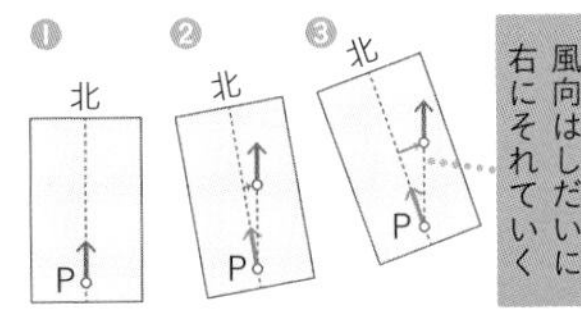

➊地球の自転と風力

風力	風のふきぐあい	風速〔m/s〕	記号
0	静かで，けむりがまっすぐ上がる。	0～0.3未満	
1	けむりがなびくことでやっと風向きがわかる。	0.3～1.6未満	
2	顔に風を感じる。木の葉が動き，風向計が動く。	1.6～3.4未満	
3	木の葉や小枝がたえず動く。	3.4～5.5未満	
4	砂ぼこりが立つ。小枝がかなり動く。	5.5～8.0未満	
5	葉のある低木がゆれはじめる。池などの水面に波が立つ。	8.0～10.8未満	
6	大枝が動き，電線が鳴る。かさはさしにくい。	10.8～13.9未満	
7	樹木全体がゆれ，風に向かって歩きにくい。	13.9～17.2未満	
8	小枝が折れ，風に向かって歩けない。	17.2～20.8未満	
9	建物に，少し損害が出る。	20.8～24.5未満	
10	樹木が根こそぎたおれ，建物の損害も大きい。	24.5～28.5未満	
11	建物に大損害がある。	28.5～32.7未満	
12	被害（ひがい）がますます大きくなる。	32.7以上	

➊風力階級

高気圧・低気圧と風

高気圧の中心からはまわりの気圧の低いところに向かって，風がふき出す。このとき，北半球では風向は等圧線に対して垂直ではなく右にそれるため，高気圧からふき出す風は，**右回り（時計回り）のうず**となる。高気圧の中心付近では，等圧線の間隔が大きく，風が弱いのがふつうである。

高気圧の中心からは風がふき出すため，高気圧の中心付近では空気が上空から下がり**下降気流**を生じる。そのため，高気圧の中心付近では雲ができにくく，一般に**天気がよい**。

低気圧の中心には，まわりの気圧の高いところから風がふきこむ。このとき，北半球では風向は等圧線と垂直とならず右へそれるため，低気圧へふきこむ風は**左回り（反時計回り）**のうずとなる。低気圧の中心付近では，等圧線の間隔が小さく風が強いのがふつうである。

低気圧の中心に向かって風がふきこむため，低気圧の中心付近では空気が上空へ上がり**上昇気流**を生じる。そのため，低気圧の中心付近では一般に雲を生じ，**天気が悪い**。

	高気圧	低気圧
天気図	風は右回り 風力は小 高	風は左回り 風力は大 低
天気	下降気流があり，天気がよい（晴れ） 晴れ	上昇気流があり，天気が悪い（雨・くもり） 雲 雨

⬆高気圧・低気圧と風

用語解説 

気流
空気の流れを気流という。鉛直方向の気流は，上昇気流と下降気流に分けられる。

高気圧
周囲よりも気圧が高いところ。天気図上では等圧線が輪のように閉じている部分で，内部に行くほど気圧が高い。高気圧の中心には，「高」または「H」と記入する。

低気圧
周囲よりも気圧が低いところ。天気図上では等圧線が輪のように閉じている部分で，内部に行くほど気圧が低い。低気圧の中心には，「低」または「L」と記入する。

ミス注意 

高気圧と低気圧の意味
低気圧・高気圧というのは，周囲に対して気圧が低いか高いかであって，特定の気圧の値で分けられるものではない。

第2章 SECTION 3

天気の変化

最近は，気象情報の収集から分析まで，コンピュータなどの最新技術を使って精度の高い予報がされている。なぜ，天気を予想することができるのか考えたことはあるだろうか。ここでは，天気に関する基本的なことがらを学習する。

1 天気の変化

1 天気図と気圧配置

◉ 天気図

ある時刻の広い地域にわたる天気のようすをひと目でわかるようにしたものが天気図である。一定の時刻に作成され，各地で観測された**気象要素**（風向・風力・天気・気圧・気温など）を地図上に記号や数字で表し，等圧線を引き，前線の位置などを記入する。

天気図には，右のような記号が使われる。たとえば，北東の風，風力2，天気くもり，気圧1028 hPa，気温7 ℃は，右のように記入する。

風向
気温
風力（2）
北
7
28
気圧
天気（くもり）

⬆天気図の記号の記入例

◉ 気圧配置

天気図に引かれた等圧線は，地図に引かれた等高線と似ている。高気圧は山，低気圧はくぼ地にあたる。このような気圧の分布を**気圧配置**という。日本付近の気圧配置は，季節によっておおむね決まっており，天気の分布も気圧配置と深い関係がある。

▶**高気圧**　高気圧の中心付近は，一般に**風が弱く，天気がよい**。なお，高気圧には，非常に大規模で，ほとんどその位置を変えない高気圧（**気団** ➡p.584）と，小型で西から東へ移動していく**移動性高気圧**がある。

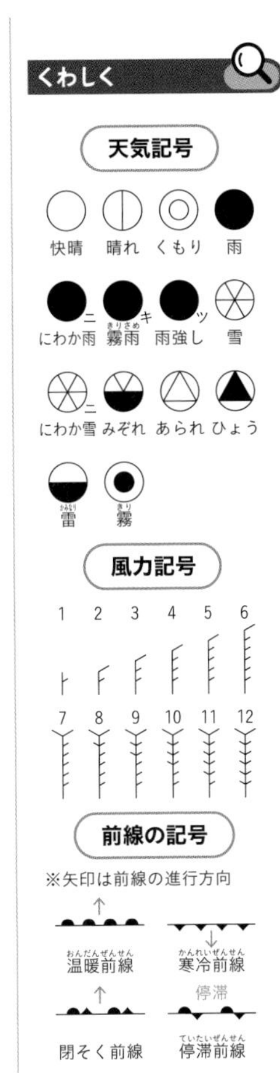

▶**低気圧**　低気圧の中心付近は，一般に風が強く，天気が悪い。なお，低気圧には，温帯地方で発生し，前線をともなって西から東に移動する**温帯低気圧**と，熱帯地方の海上で発生し，東から西，北，東と方向を変えて進み，なかには台風にまで発達する**熱帯低気圧**がある。

◉ 気団

広い地域をおおう大気が，ある地域に長い間とどまっていると，その中の空気は，雪原や海面などの地表面の影響を受けて，温度や湿度がほぼ一様な性質をもつようになる。このような空気のかたまりを**気団**という。大陸性気団は湿度が低く，海洋性気団は湿度が高い。日本の天気に影響を与える気団には，次のようなものがある。

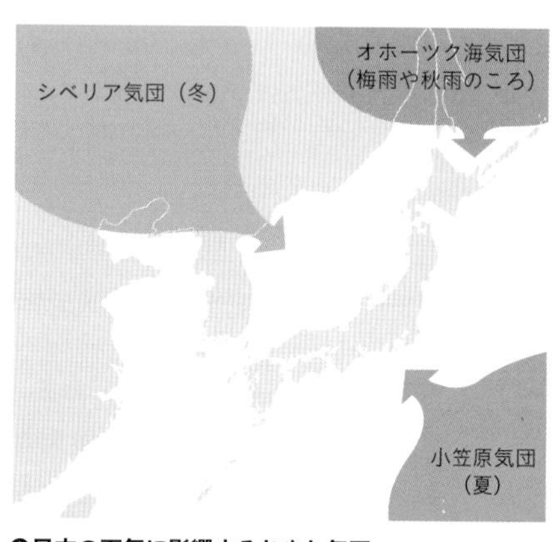

⬆日本の天気に影響するおもな気団

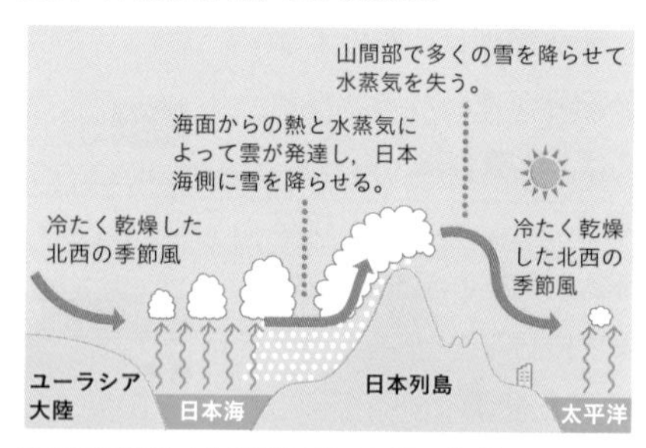

⬆日本海側と太平洋側の冬の天気のちがい

▶**シベリア気団**　冬に発達する大陸性寒気団で，気温は低く，空気は乾燥している。冬の北西の季節風は，シベリア気団の空気が流れ出したものである。なお，シベリア気団の空気が日本海を渡るときには，下部からあたためられ，多量の水蒸気をふくむようになるので，この空気が日本を縦断する山脈にぶつかって上昇すると，厚い雲を生じ，日本海側に大雪を降らせる。

▶**オホーツク海気団**　梅雨や秋雨のころ発達する海洋性寒気団で，気温は低く，空気は湿っている。日本をおおい，長雨を降らせ，また，東北地方などでは，冷害の原因となる。

▶**小笠原気団**　北太平洋気団ともよばれる。夏に発達する海洋性暖気団で，気温は高く，空気は湿っている。夏の南東の季節風は，小笠原気団の空気が流れ出した

くわしく

やませ
オホーツク海気団からふき出す冷たく湿った北東の風。冷害の原因となる。

もので，日本の蒸し暑い夏の原因となる。日中，陸上で熱せられると，積雲や積乱雲を生じやすく，夏に雷雨が多いのは，小笠原気団の高温多湿の空気が日本をおおっているためである。また，この気団の空気が冷やされると，海上に濃い霧を生じる。

2 前線と天気

あたたかい空気は冷たい空気よりも密度が小さいため，温度のちがう空気が接しているところでは，なかなか混じり合わず境目がはっきりしている。こうした空気の温度差は天気の変化をひき起こす。

◉ 前線

性質の異なる2つの気団が接しているところでは，冷たい気団の空気は密度が大きいのであたたかい気団の下になり，両方の空気はほとんど混じり合わないため，**傾斜した境の面**ができる。この面を**前線面**といい，**前線面が地面と交わる線**を**前線**という。前線面では，あたたかい気団の空気がもち上げられるため雲を生じ，前線の両側では，気温・湿度・風向・天気などがはっきり異なっている。ふつう，日本付近では前線の北側が寒気団，南側が暖気団で，どちらの気団の勢いが強いかによって，温暖前線・寒冷前線・停滞前線などに分けられる。

▶**温暖前線**　優勢な**暖気団が寒気団の上にはい上がり**，寒気団を押しつぶすようにして東へ進んでいくとできる。前線面の傾きはゆるやかで層状の雲ができ，雲のできる範囲や雨の降る範囲は広い。

温暖前線が西から近づいてくると，上空にはまず巻雲や巻層雲，続いて高層雲が広がり，やがて乱層雲となり雨が降り出す。この雨はにわか雨ではなくおだやかな雨で，半日近く降り続くこともある。温暖前線が通過すると，風向が急に南寄りに変わり，雨はやみ，天気は回復して気温は上がる。

くわしく

長江（揚子江）気団

春や秋に中国の長江流域に発達する大陸性暖気団で気温は高く，空気は乾燥している。ただし，近年「移動しない大規模な高気圧」という気団の定義にあたらないとして，一般には日本付近の気団から除外されています。

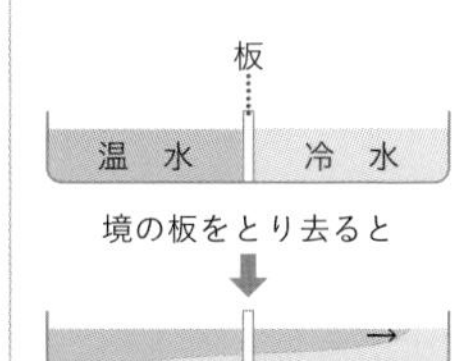

⬆前線のモデル

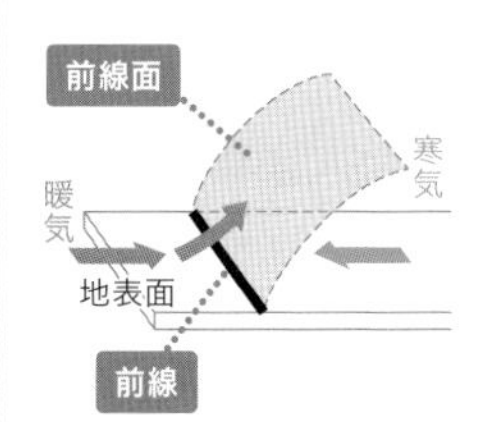

⬆前線面と前線

▶**寒冷前線**　優勢な寒気団が暖気団の下にもぐりこみ，暖気団をもち上げるようにして東へ進んでいくとできる。前線面の傾きは急なので積雲状の雲ができ，雲のできる範囲や雨の降る範囲は温暖前線よりせまい。

寒冷前線が西から近づいてくると，急に空は積乱雲でおおわれ，激しいにわか雨が降り出す。雷やひょうをともなうこともある。しかし，その時間は長くなく，雨は１～２時間程度でやみ，天気は急速に回復するが，気温は急に下がる。

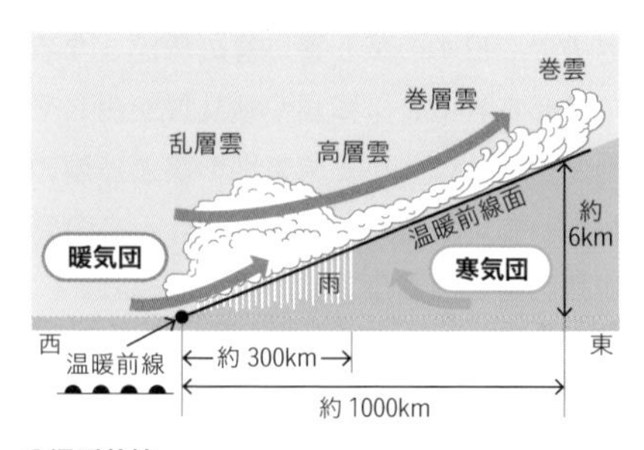

⬆温暖前線

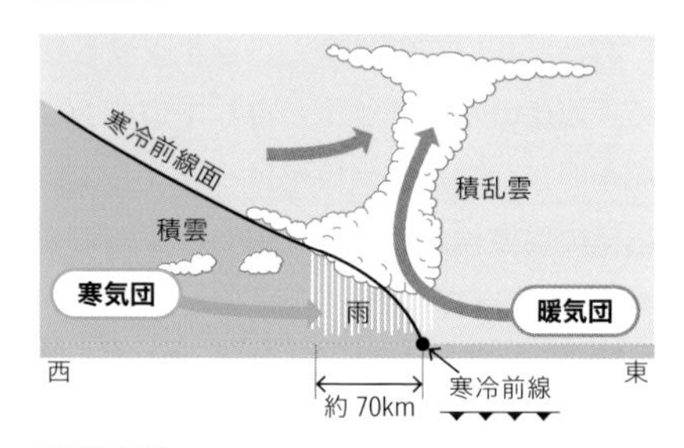

⬆寒冷前線

▶**停滞前線**　寒気団と暖気団の勢力が同じくらいで，ほとんど南北方向には移動せず，気圧の谷（➡p.589）に沿ってのびてできる。停滞前線の北側では，その上に暖気団がはい上がって乱層雲が広がり，長雨となる。梅雨や秋雨は，日本の南岸沿いに，停滞前線ができるために起こる現象である。

▶**閉そく前線**　温帯低気圧が，温暖前線と寒冷前線をともなって東に進むとき，寒冷前線が温暖前線よりも速く進むために，温暖前線に追いつき，暖気団を地面から上空へ押し上げるとできる。

閉そく前線の付近では，あたたかい空気が急にもち上げられるため，厚い雲を生じ，かなりの降雨があるが，地上が寒気でおおわれると上昇気流が発生しなくなり，やがて消滅していく。

梅雨前線
オホーツク海気団と小笠原気団の間に生じる停滞前線。６月～７月ごろ日本の南の海上に生じる。

秋雨前線
９月～10月ごろオホーツク海気団と小笠原気団の間に生じる停滞前線。

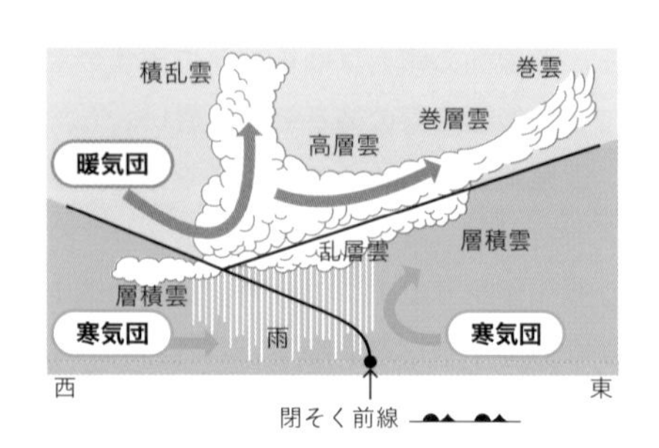

⬆閉そく前線

◉ 温帯低気圧

日本のある温帯地方は，暖気団と寒気団の接する地域にあたり，前線ができやすく，この前線上に発生する低気圧を**温帯低気圧**という。温帯低気圧が発生してから発達・衰弱・消滅するようすは，次のようになる。

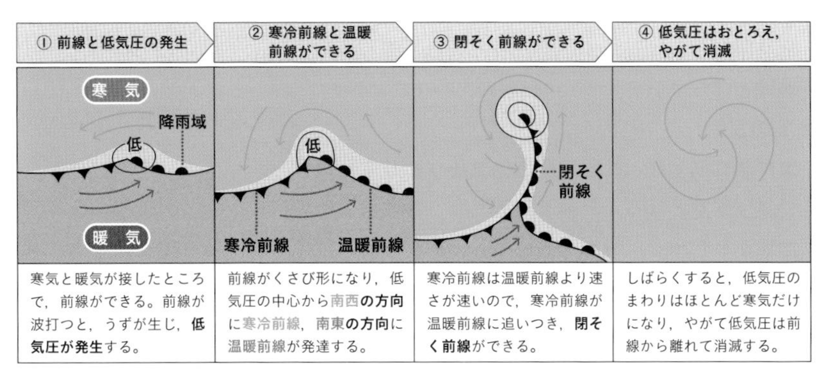

⬆温帯低気圧の一生

発達した温帯低気圧は，中心から南西の方向に寒冷前線，南東の方向に温暖前線がのび，温暖前線の前面と寒冷前線の後面（前線の北側）は，いずれも**降雨域**となっている。

下図は，温帯低気圧の構造を示したものである。温暖前線の北東側は降雨域が広く，弱い雨が降っており，寒冷前線の北西側は降雨域がせまく，強い雨が降っている。２つの前線の南側は，地表面をあたたかい空気がおおい，気温が高いが，２つの前線の北側では，地表面を冷たい空気がおおい，気温が低い。

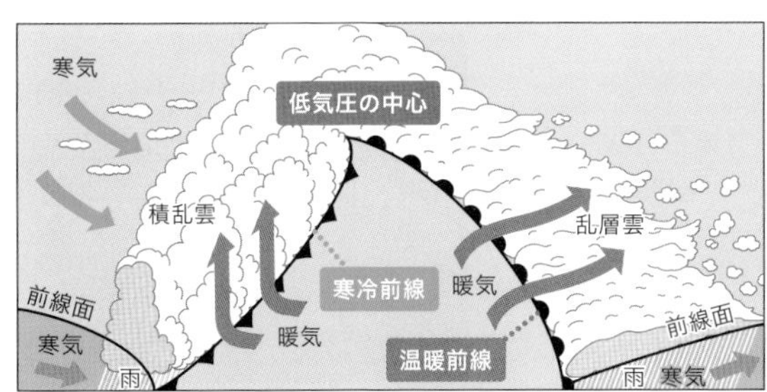

⬆温帯低気圧の構造（右図のA－B間の断面図）

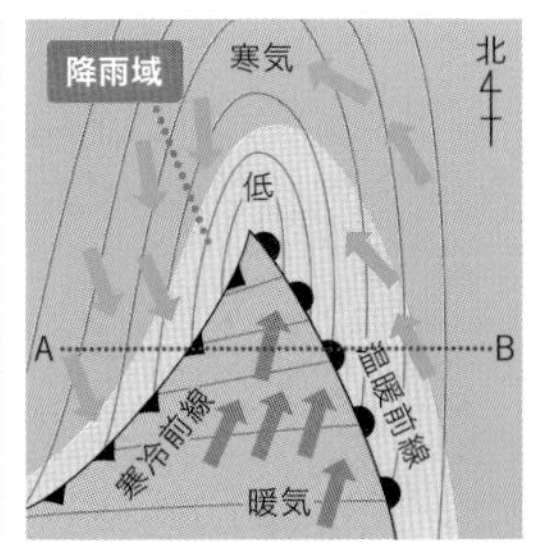

⬆温帯低気圧の平面図（上方は北）

3 日本の四季

日本の天気は，冬はユーラシア大陸のシベリア気団，夏は太平洋の小笠原気団の影響を受け，季節による天気の変化にはっきりした特徴がある。また，日本は偏西風帯にあり低気圧や移動性高気圧が次々に日本付近を西から東に進んでいくため，天気の変わりやすい地域となっている。

◉ 冬の天気

大陸側に高気圧，太平洋側に低気圧があり，**西高東低**の気圧配置となる。シベリア気団から寒冷な北西の季節風がふき出し，日本海側は雪，山脈を越えた太平洋側では乾燥し，よい天気が続く。

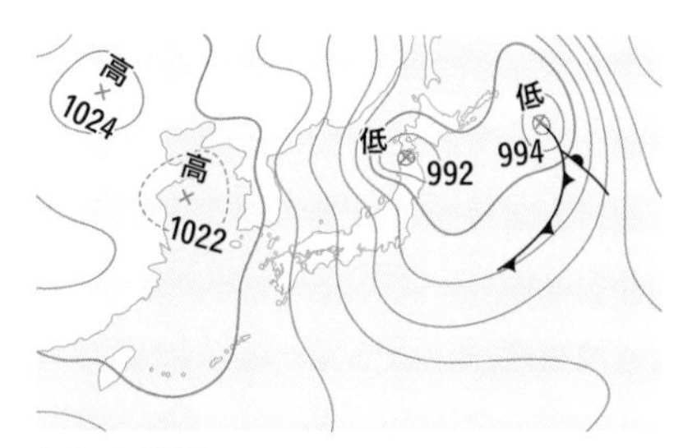

⬆冬の天気図

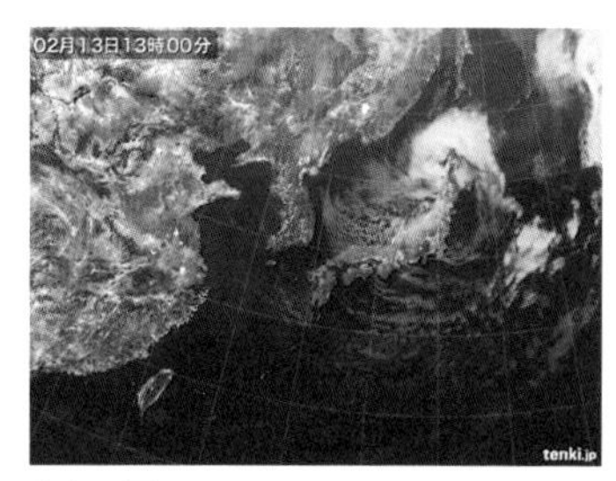

⬆冬の雲　出典：日本気象協会 tenki.jp

◉ 夏の天気

太平洋に高気圧，大陸に低気圧があり，**南高北低**の気圧配置となる。日本付近には，小笠原気団からふき出した高温多湿の南東の季節風がふく。このため，日本の夏は蒸し暑く，雷雨も多く発生する。

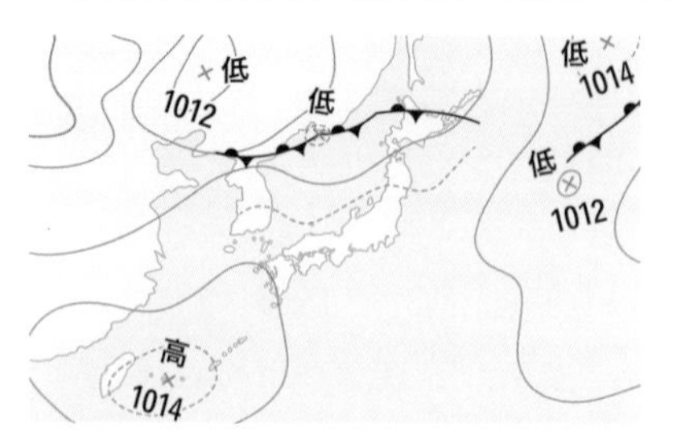

⬆夏の天気図

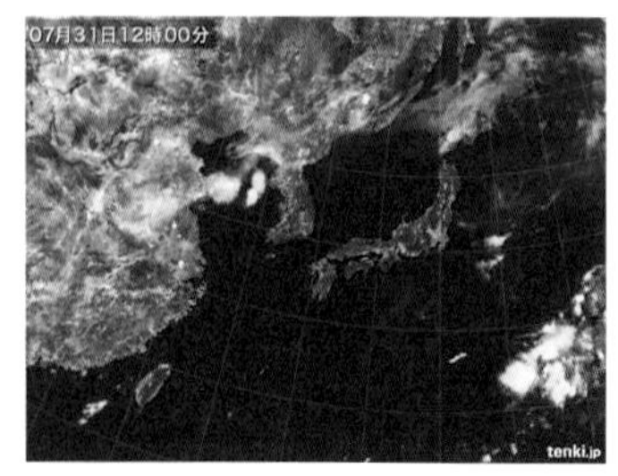

⬆夏の雲　出典：日本気象協会 tenki.jp

◉ 春や秋の天気

シベリア気団・小笠原気団とも絶対的な勢力をもっておらず，日本付近の天気は安定せず変わりやすくなる。移動性高気圧と温帯低気圧が，交互に西から東へ日本付近を通り過ぎるので，**天気は変わりやすい**。すなわち，移動性高気圧におおわれたときには天気がよいが，これが通りすぎると，西から前線をともなった温帯低気圧が近づいてくるので，天気は悪くなる。

参考

気圧の谷

高気圧と高気圧の間で，気圧の低い部分が細長くのびているとき，これを気圧の谷という。気圧の谷では，一般に天気が悪い。

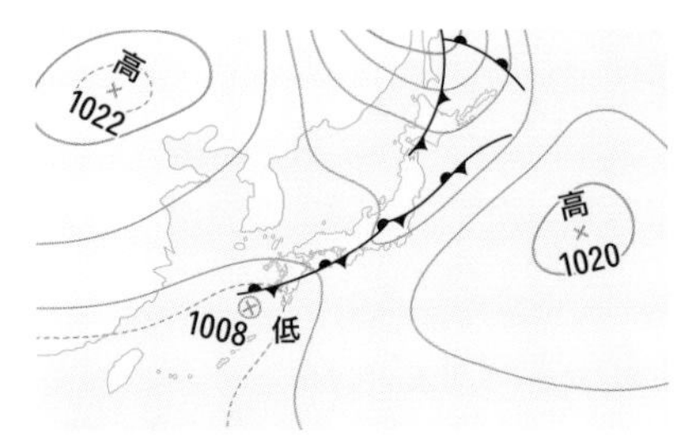

⬆春や秋の天気図

⬆春や秋の雲

出典：日本気象協会 tenki.jp

◉ 梅雨期や秋雨期の天気

6月に入ると，オホーツク海気団は勢力を増し，一方，小笠原気団も発達しはじめる。このため，両気団が接する日本の南の海上に**停滞前線**（**梅雨前線**ともいう）が東西にのび，日本付近は**雨の日が多くなる**。これが**梅雨**である。7月中旬ごろ，小笠原気団がさらに強大になると，梅雨前線を北に押し上げ，日本は夏に入る。この現象を**梅雨明け**という。なお，9月末から10月上旬にかけて，同じ気圧配置が現れ，これを**秋雨**（**秋りん**）という。

くわしく

日本各地の梅雨

梅雨前線は3か月ほどの時間をかけて，ゆっくり北上する。沖縄・奄美諸島などでは，梅雨は5月中旬からはじまり6月頃まで続く。北海道では，梅雨期に小雨が降ったり，くもった日が続いたりすることはあるが，大雨となることがなく梅雨はない。

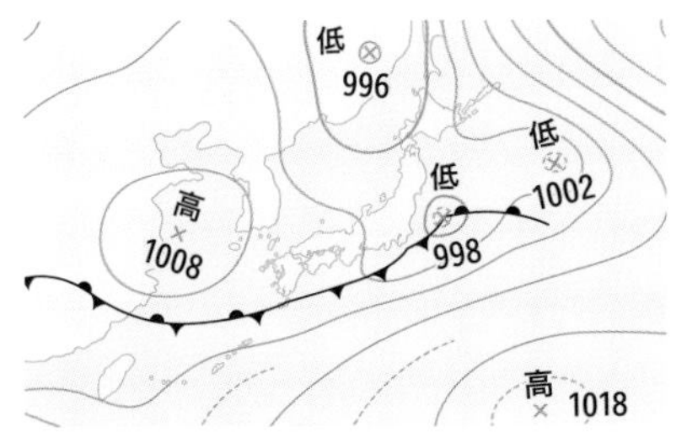

⬆梅雨期の天気図

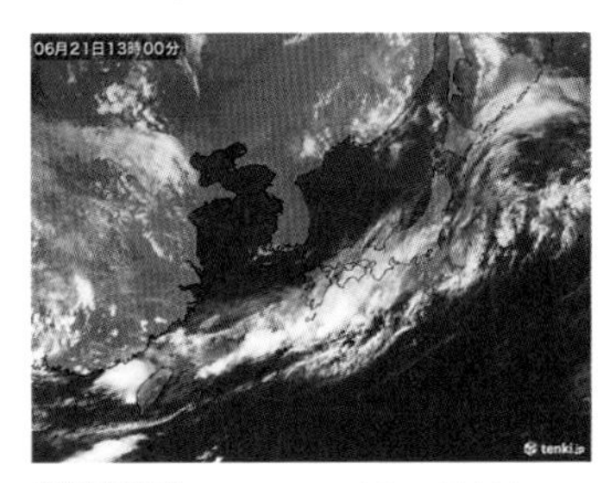

⬆梅雨の雲

出典：日本気象協会 tenki.jp

◉ 台風と天気

北太平洋で発生した熱帯低気圧が発達して最大風速が17.2 m/s（風力８）以上に達したものを**台風**とよぶ。台風の等圧線(とうあつせん)**はほぼ同心円**で，気圧傾度（２地点間の気圧の差）は大きい。台風の中心の気圧は非常に低く，中心に向かって強い風がふきこみ，中心部で激しい上昇気流(じょうしょうきりゅう)となるので，**厚い雲を生じ，大雨を降らせる**。なお，台風の中心部は**下降気流**(かこうきりゅう)があり，雲がない。この部分を**台風の目**という。この部分では青空が見え，風がほとんどない。

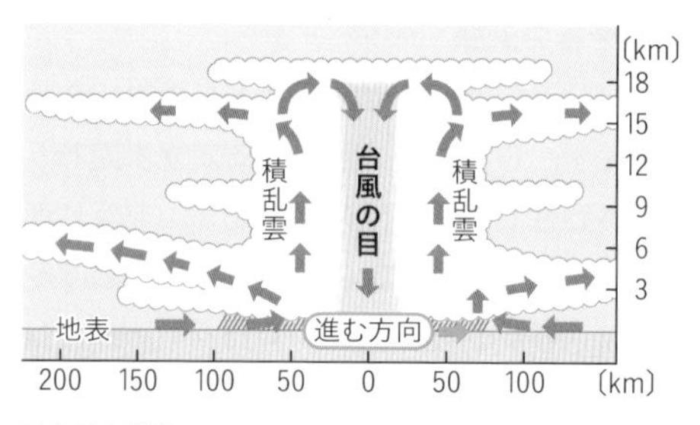

⬆台風の構造

⬆台風の目　提供：NASA

◉ 台風の進路

台風は，小笠原気団のへりに沿って移動することが多い。熱帯では，台風は貿易風（➡p.580）の流れにのって，東から西へ20 km/hぐらいの速さで進む。北緯(ほくい)20〜25度付近で，進路は少しずつ北に変わり，速さはおそくなる。北緯30度付近に達すると，進路を北東に変え，速さも30〜40 km/hぐらいになり，偏西風の流れにのって東または北東に進む。台風の進路は小笠原気団の発達のようすによって変わり，８〜９月ごろ日本に上陸することが多い。

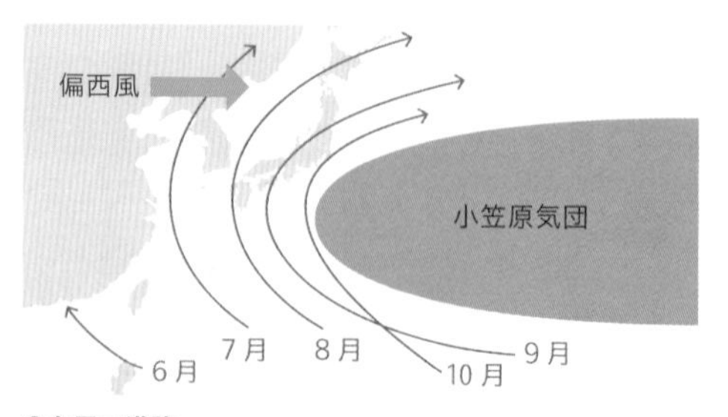

⬆台風の進路

用語解説 

熱帯低気圧

熱帯地方の海面で発生する低気圧を，熱帯低気圧という。熱帯低気圧は温帯低気圧と異なり前線をともなわないのが特徴である。

◉ 台風による被害と恵み

台風は短時間に多量の降水をもたらす。こうした降水が河川に集中することで，**川の増水**が発生する。極端な増水によっては，水が堤防から**越水**したり，堤防が決壊したりして，**氾濫**を引き起こすことがある（洪水 ➡p.497）。氾濫が起きてしまうと，市街地や田畑の冠水・水没，家屋や送電鉄塔の倒壊，交通障害など甚大な影響が生じる。

都市部では排水能力を超えた降水によっても，道路や住宅の**浸水被害**が生じる。また，沿岸部では**高潮**（➡p.496），山間部では**土砂くずれ**などの被害も起こる。また，台風は**強風・暴風**をもたらす。台風の最大風速はときに60 m/sを超えることもある。風速は20 m/sでも人間は立っていられないほどであるから，いかに台風の風が激しいものであるかがわかる。この強風は木々をなぎ倒し，生活基盤にも大きな被害をあたえる。こうした台風の大雨と強風は，ときに生活基盤の破壊や社会機能のまひを引き起こす。

しかし，この台風がもたらすものは被害ばかりではない。日本の水資源である雨が多く降るのは，梅雨期と台風期である。大量の雨を降らせる台風は日本の水資源として大切な役割を果たしている。

4 天気予報

過去と現在の天気の変化のようすから，今後の天気のようすを予測して発表することを**天気予報**という。

全国各地の気象台・測候所，アメダスなどの地上観測，レーダー観測網，観測気球，ひまわりなどの**気象衛星**による上空観測，海洋・海上観測などの気象庁のデータのほか，外国の気象機関，航空機関の観測データを合わせて，コンピュータによって解析し，予報図を作成する。

通常の予報とは別に気象による災害の起こるおそれ

参考

ハリケーンとサイクロン

カリブ海やメキシコ湾に発生した熱帯低気圧が発達したものをハリケーンとよぶ。インド洋や太平洋南部で発達したものをサイクロンとよぶ。

⬆豪雨による路肩崩壊

くわしく

アメダス

正式名は「地域気象観測システム」（Automated Meteorological Data Acquisition System）といい，英語名の頭文字をとってつなぎ，AMeDAS（アメダス）という。全国約1300か所の観測所から送られてくる降水量などのデータを集めて，天気予報などに役立てる。

⬆アメダス観測所

がある場合には，予想される災害の大きさに応じて注意報や警報，特別警報が発表される。

天気図から天気を予測するには，次のような点に注目しておこなう。

❶気圧配置に季節の傾向が表れているか。

❷低気圧の中心，前線に沿った地域，気圧の谷は天気が悪い。

❸高気圧におおわれた地域は天気がよい。ただし移動性高気圧の南側や西側は天気があまりよくない。

❹日本付近では，移動性高気圧や低気圧は，**西から東へ時速約40 km**（1日に約1000 km）の速さで進み，それにともなって天気が西から東へ移り変わっていく。

くわしく 

気象注意報

強風，風雪，大雨，大雪，濃霧，雷，乾燥，なだれ，着氷，着雪，霜，低温，融雪，高潮，波浪，洪水の注意報がある。

気象警報

暴風，暴風雪，大雨，大雪，高潮，波浪，洪水の警報がある。

気象特別警報

暴風，暴風雪，大雨，大雪，高潮，波浪の特別警報がある。

身近な生活

集中豪雨と局地予報

近年，ゲリラ豪雨などとよばれる局所的・突発的に狭い地域に大量に降る雨が多くなっています。気象レーダーでは今の雨雲の位置を細かく知ることができ，それにより短時間の局所的な予報ができるようになっています。

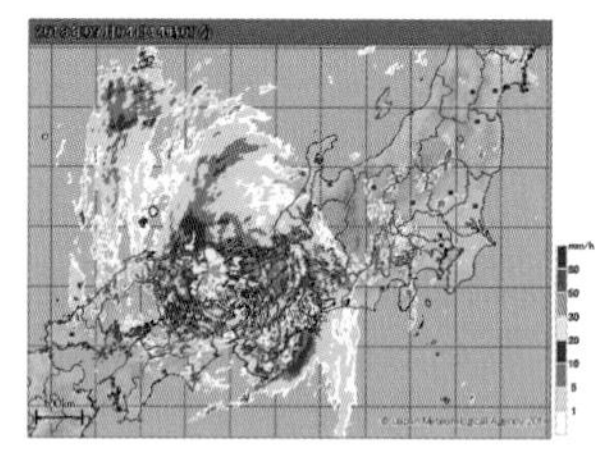

⬆降水ナウキャスト　提供：気象庁
気象レーダーの観測をもとにした降水予報の画像

アンテナの回転によって，全周を観測

❶ 電波を発射

❷ 雨や雪の粒が電波を反射

雨や雪

❸ 反射されて戻ってくる電波から雨や雪の強さ，雨雲の動きを観測

❹ 反射されて戻ってくるまでの時間から雨や雪までの距離を測定

レーダー

⬆気象レーダーのしくみ

2 気象現象による恵みと災害

◉ 降水の利用

日本の降水量は，世界の平均降水量の２倍近くあり，年間を通して多い。自然の中でこの降水は，豊かな森林を育んでいる。特に梅雨期の降水はイネなどの成長をもたらす。そして日本では豊富な水を農業や工業用水，生活用水のほかに，水力発電などにも利用している。

◉ 豪雪・雪の利用

北海道では雪を利用した冷房や，野菜の貯蔵，酒造りがおこなわれている。雪は豪雪地帯を悩ませてきたが，現在では雪のエネルギーの有効利用が進められている。

◉ 集中豪雨

梅雨期・秋雨期の停滞前線の発達にともなう豪雨や，夏から秋の台風にともなう豪雨などがある。また，あたたかくて湿った大気の流入などによる積乱雲の急速な発達は，短時間にせまい範囲で局地的な大雨を降らせたり，竜巻などの被害を引き起こしたりする。集中豪雨は土砂災害や河川の氾濫の原因にもなる。

◉ 洪水

大雨によって河川は増水し**洪水**（➡p.497）を引き起こし，河川の**氾濫**を引き起こすことがある。洪水を防ぐため，ダムや堤防などの整備が進められている。また河川沿いに，増水時に一時的に水をたくわえる**遊水池**を設置することで河川の氾濫を防いでいる地域もある。

⬆河川沿いの遊水池　（神奈川県横浜市）　©アフロ

くわしく 

水田

多くの水をたくわえることができるため，洪水を防ぐ役割も果たす。

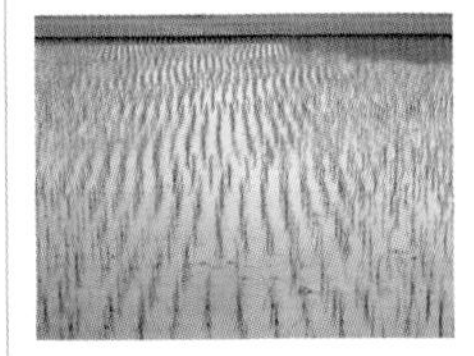

⬆水をたくわえた水田

⬆集中豪雨による洪水

完成問題 CHECK

解答 p.636

1 表と図は，気温と飽和水蒸気量の関係を示したものである。次の問いに答えなさい。

気温〔℃〕	飽和水蒸気量〔g/m³〕
5	6.8
10	9.4
15	12.8
20	17.3
25	23.1
30	30.4

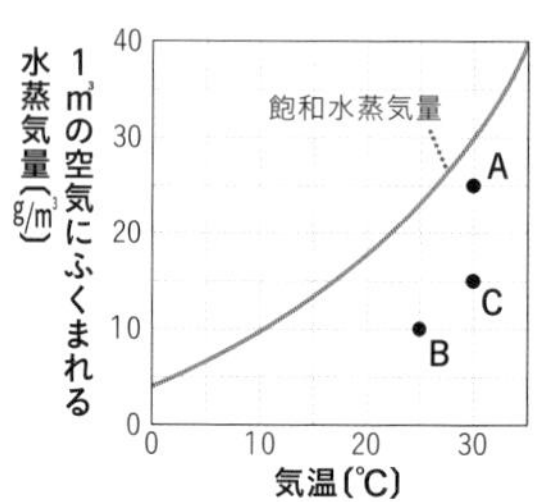

⑴ 空気A，B，Cのうちで，湿度が最も低いのはどれか。記号で答えよ。 (　　)

⑵ 気温30 ℃で，空気1 m³中に15.2 gの水蒸気がふくまれているとき，この空気はあと何gの水蒸気をふくむことができるか。 (　　)

⑶ ⑵の空気の湿度は何％か。 (　　)

⑷ 気温が20 ℃で，湿度が80％の空気1 m³中には何gの水蒸気がふくまれているか。小数第2位を四捨五入して，小数第1位まで求めよ。 (　　)

2 図は，日本のいくつかの時期の天気図である。次の問いに答えなさい。

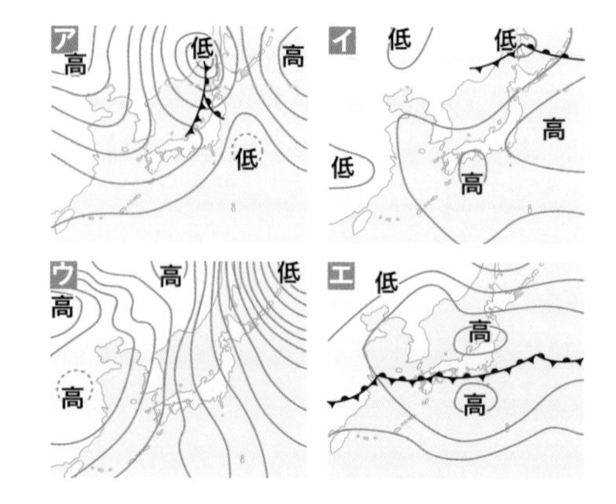

⑴ 冬の気圧配置は**ア**～**エ**のどれか。 (　　)

⑵ 春の気圧配置は**ア**～**エ**のどれか。 (　　)

⑶ 夏の気圧配置は**ア**～**エ**のどれか。 (　　)

⑷ 日本の場合，移動性高気圧や低気圧がおおむね西から東へ移動する。その原因になる，日本上空にふく風を何というか。 (　　)

3 図は，北半球における等圧線と風向の模式図である。高気圧，低気圧と風向の関係を正しく表しているものを，次のア〜エからそれぞれ選びなさい。

高気圧（　　） 低気圧（　　）

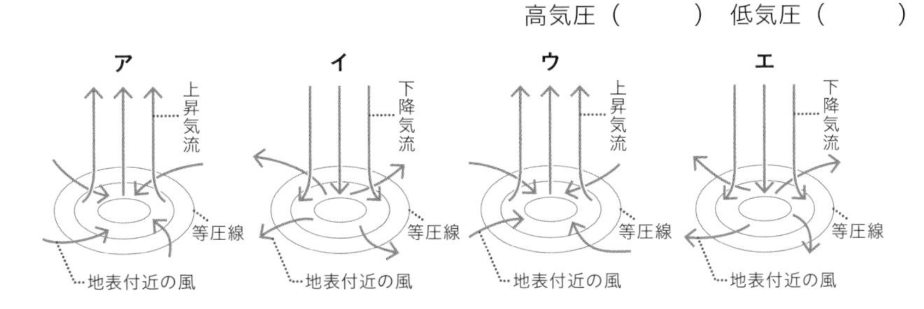

4 図は，寒気と暖気が接して雲が発達しているようすを表している。これについて，次の問いに答えなさい。

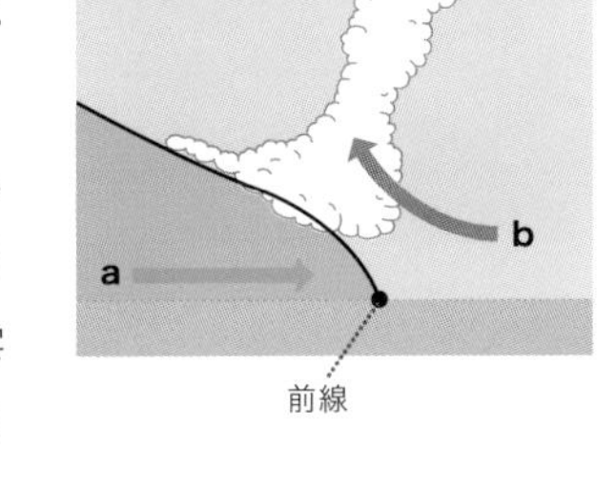

(1) 寒気を表しているのは，図の**a**，**b**のどちらか。（　　）

(2) 強い上昇気流によって生じた，図のような雲は，次の**ア**〜**エ**のどれか。（　　）

ア 巻雲　**イ** 積雲　**ウ** 乱層雲　**エ** 積乱雲

(3) 図の寒気と暖気の接し方や発生した雲のようすから，図に示された前線を何というか。（　　）

(4) この前線の通過にともなって起こる天気の変化として，正しいものはどれか。次の**ア**〜**ウ**から選べ。（　　）

ア 気温が下がる。　**イ** 風向が南寄りに変わる。

ウ おだやかな雨が降る。

5 気温，湿度，露点の関係について，次の問いに答えなさい。

(1) 気温が高くなると，湿度と露点はそれぞれどう変化するか，あるいは変化しないか。ただし，空気中の水蒸気の質量は変化しないものとする。

湿度（　　） 露点（　　）

(2) 気温はちがうが湿度が同じとき，露点が高いのは，気温が高いときと低いときのどちらか。（　　）

第3章

地球と宇宙

古代文明の頃から，私たちは太陽や星の動きを観測し，暦や方角などを知るのに役立ててきた。宇宙のようすは，かつては地球上からのみ観測していたが，近年は宇宙に望遠鏡や探査機を送ることで，さらに研究が進められている。第３章では地球の運動や宇宙の天体について学習しよう。

SECTION 1　地球・月・太陽の形と大きさ … p.598
SECTION 2　地球と太陽の運動 … p.604
SECTION 3　太陽系と宇宙 … p.615

地球・月・太陽の形と大きさ

宇宙空間には，地球をはじめ，無数の天体がある。中でも太陽は，生物が地球で生きていくために必要な天体であり，月は，地球からよく観察することができる。ここでは，地球にとって身近な天体である太陽と月，そして，わたしたちのすむ地球の形と大きさについて学習する。

1 地球の形と大きさ

地球は，球形の天体（**惑星**（→p.615））であり，大気でおおわれ，大量の水がある。そのため地球には多くの生物が存在している。

⬆地球　提供：NASA

◉ 地球の形と大きさ

地球はほぼ球形で，直径は約12800 kmである。しかし，正確には南北にほんの少しつぶれた形をしている。月の大きさと比較してみると，月の直径は，地球の約$\frac{1}{4}$である。

◉ 地球上の緯度・経度

地球上の位置は，**緯度**と**経度**によって表すことができる。緯度は赤道を基準として，南北に0°〜90°で表し，経度はイギリスの旧グリニッジ天文台のある本初子午線を基準として，東西に0°〜180°で表す。（経度1°の差は，赤道では約111 kmの距離にあたる。）

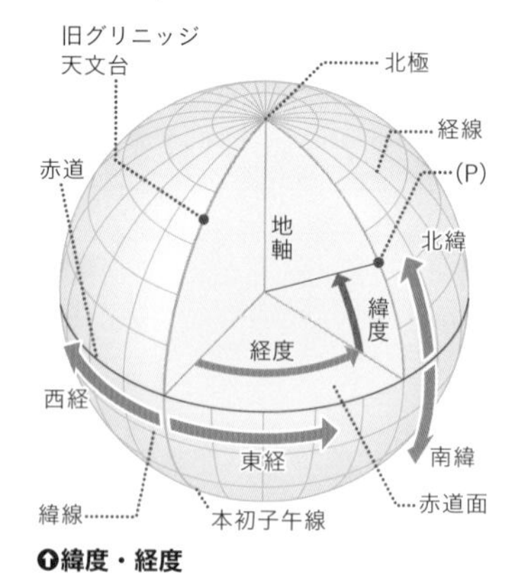

⬆緯度・経度

また，経度は時刻にも関係している。地球は地軸を中心に1日（24時間）にほぼ1回転（360°）しているので，経度が15°ちがうと1時間の時差が生じる。

くわしく

上図で，ある地点（P）の緯度はオレンジの矢印，経度は緑の矢印の角度で表される。

2 月

月は地球のまわりをまわっている天体（衛星（➡p.618））で，地球からの距離は約38万kmである。月の直径は約3470 kmで，地球の直径のほぼ$\frac{1}{4}$で，球形をしており，約29.5日の周期で満ち欠けして見える。また，月には水も大気もないので，表面ははっきり見える。

⬆月　提供：NASA

◉ 月の表面

満月を肉眼で見ると，白く光った部分と，うす暗くなっている部分がある。白い部分はおうとつが多い陸地で，暗い部分は比較的平らな海とよばれる部分であるが，水があるわけではない。

また，月面には，大小さまざまな**クレーター**がある。

◉ 月の運動と満ち欠け

月は27.3日に１回の周期で，地球のまわりをまわっているが，これと同じ周期で月自身も１回転している。このため，月はいつも同じ面を地球に向けていることになる。月は太陽の光を反射しながら，地球のまわりをまわっているので満ち欠けして見える。

用語解説

クレーター

月の表面に見られる大小の円形のくぼ地。いん石が衝突してできたと考えられている。

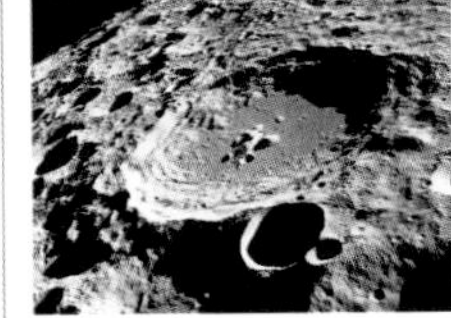

提供：NASA

発展

月面の温度

月では，昼の時間が約15日，夜の時間が約15日続くことと，太陽の熱をやわらげる水や大気がないため，昼は100℃以上，夜は－150℃以下となり，月面での温度の変化は，非常に大きい。

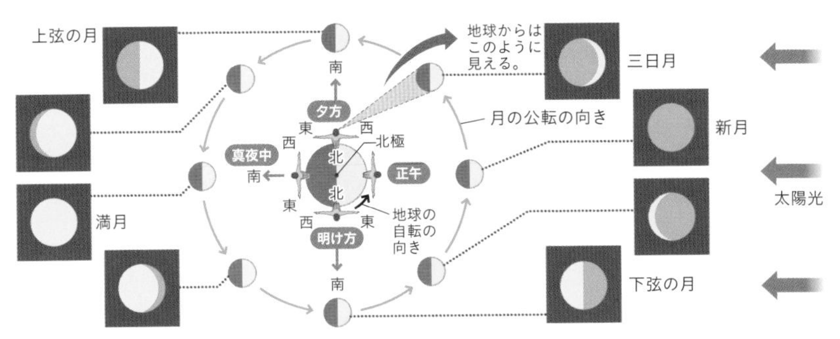

⬆月の満ち欠け

3 太陽

太陽は自ら光りかがやく天体（恒星（➡p.622））である。球形をした高温のガス（気体）でできた天体で，膨大な熱と光を周囲に放出している。太陽から放出された多量の光や熱のエネルギーは地球に届き，大気の運動や生命活動に影響を与えている。

◉ 太陽の大きさ

太陽の直径は約**140万km**で，地球の約109倍，月の約400倍である。また，太陽の体積は地球の体積の約130万倍，太陽の質量は地球の質量の約33万倍である。

◉ 太陽までの距離

地球から太陽までの距離は，平均１億4960万kmで，光が地球にとどくのに約８分20秒かかる。この距離を**１天文単位**といい，太陽系の天体間の距離を表すときの単位として使われる。

◉ 太陽の表面のようす

太陽の表面は非常に高温であり，水素やヘリウムなどのあらゆる物質が気体の状態となっており，激しく流動している。そのため，まだら状の模様が見られる。太陽表面では，**黒点**，**プロミネンス**などが見られる。

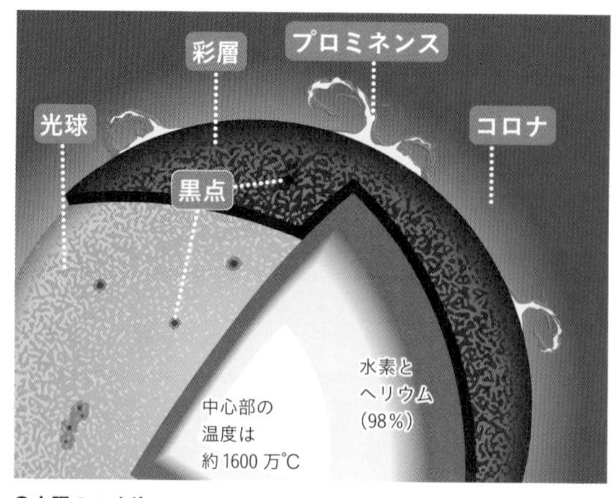

⬆太陽のつくり

用語解説

太陽系
太陽とそのまわりをまわる天体の集まりのこと。太陽は太陽系の中心の天体で，自ら光を放つ恒星である。

参考

太陽のエネルギー
地球の大気表面に到達する太陽光線のエネルギーのこと。太陽は光や熱などのエネルギーを宇宙に放射している。その一部のエネルギーが地球に届き，大気や水の循環，天気の変化が起こったり，光合成に利用されたりするなど，自然環境や生命活動に影響を与えている。

用語解説

光球
太陽の表面の白く輝く部分で，厚さ数百kmの気体の層。表面の温度は約6000℃である。

彩層
光球の外側をとりまく大気の層で，厚さは約数千kmある。

プロミネンス（紅炎）
彩層から炎のように飛び出しているガスの動き。ガスの高さは数万～数十万kmある。寿命は短いもので数分，長いもので数か月続くものもある。

コロナ
彩層の外側にある高温のうすいガスの層。温度は100万℃以上で，皆既日食（➡p.602）のときはよく見える。

◉ 黒点

光球の表面に現れる黒い点で，温度が低い（約4000℃）ために周囲より暗く見える。黒点の形や数は常に変化することから，太陽の表面は固体ではなく，流動している状態であることが推測できる。黒点の大きさは，直径1000 kmくらいの小さいものから，直径数万kmのものまでいろいろある。

くわしく

黒点の移動

黒点の移動の速さは赤道付近では速く，極付近では遅い。

観察

黒点の観測

図のように，望遠鏡に太陽投影板をとりつけ，白い観測用紙に太陽の像を映す。

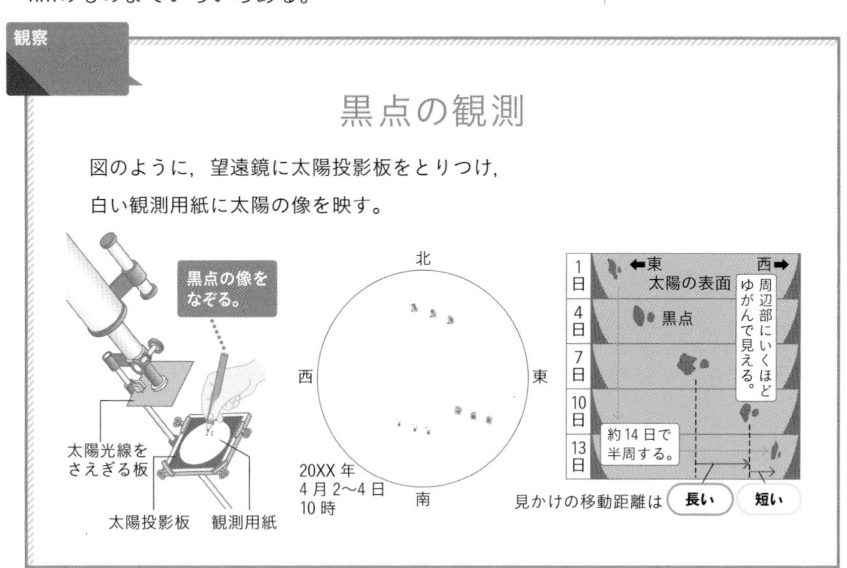

黒点が東から西に約14日で太陽表面を半周することから，**太陽が東から西へ，約27日の周期で自転**（➡p.604）していることがわかる。

そして，同じ黒点の形が太陽の周辺部にいくほどゆがんで見えることから，太陽は**球形**をしていることがわかる。

なお，黒点の数は，平均11年の周期で増えたり減ったりする。黒点が多いときは太陽の活動がさかんなときで，地球上にオーロラが現れる回数が多くなったり，電波障害が起きたりする。

参考

オーロラ

北極や南極周辺で見られる光の現象。太陽の表面で爆発が起こることで飛び出す電気を帯びた小さな粒が，北極や南極の空高くで，大気中の酸素や窒素と衝突することによって美しい光を放つ。極光ともいわれる。

月と太陽の見かけの大きさ

穴のあいた５円玉を目から約54 cm離して月や太陽をのぞくと，どちらも穴の大きさとほぼ同じ大きさに見える。（太陽を見る際は日食メガネを使用する。）５円玉の穴の直径は0.5 cmあり，目と５円玉の穴の直径の両端を結んだ線のなす角度は約0.5°である。このことを，地球から見た月と太陽の視直径は，約0.5°であるという。

また，太陽の直径は月の直径の約400倍であり，地球から太陽までの距離も地球から月までの距離の約400倍である。この偶然が，日食の見え方にも関係する。

くわしく

視直径の変化

月や地球の公転の軌道は，完全な円ではなくだ円である。したがって，地球・月間の距離や地球・太陽間の距離は一定ではないので，地球から見た月や太陽の見かけの大きさ（視直径）はわずかながら変化する。

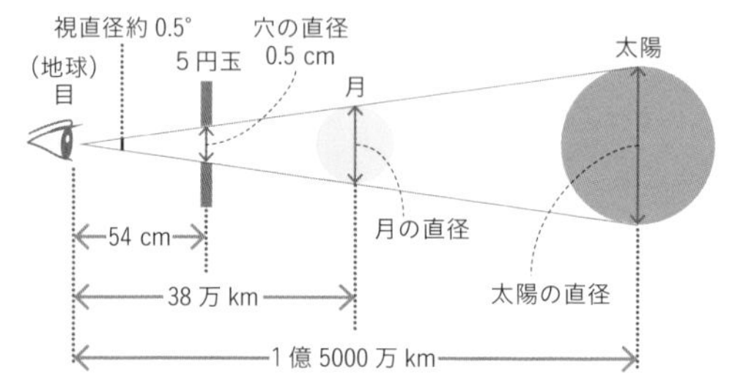

⬆月と太陽の視直径

4 日食と月食

わたしたちに太陽の光が当たると太陽と反対側に影ができるように，宇宙空間でも地球や月は，太陽と反対側に長い影をつくっている。地球からは月と太陽が見かけ上ほぼ同じ大きさに見える。そのため月の影が地球にかかる場所では**日食**が起こり，地球の影が月にかかると**月食**が起こる。

日食・月食が起こる理由

日食も月食も，**太陽，月，地球の３つの天体が一直線上にある**ときにしか起こらない。日食は新月のときに起こり，月食は満月のときに起こる。

⬆皆既日食

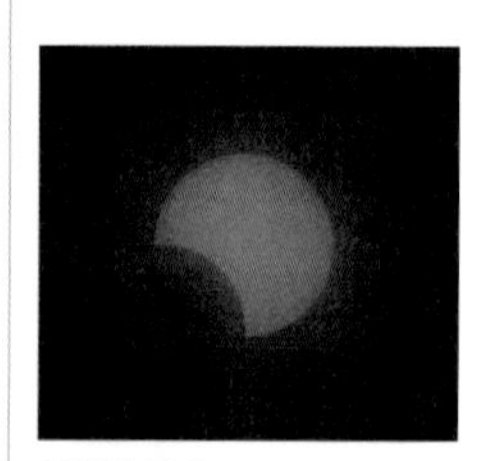

⬆部分日食

⬆金環日食

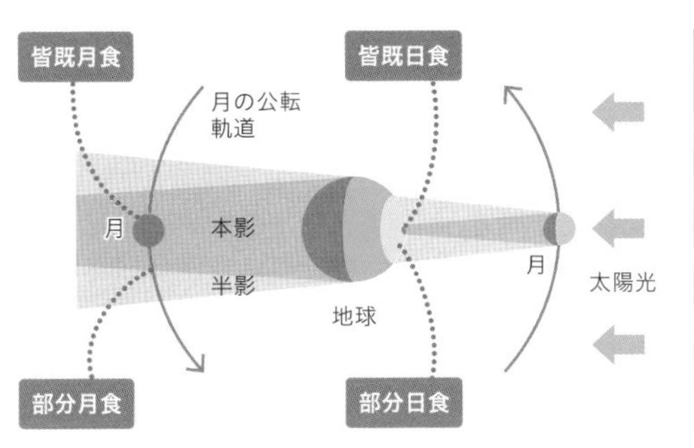

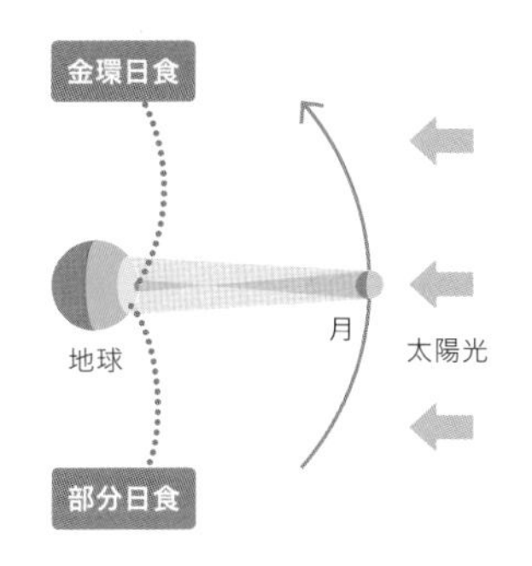

⬆日食と月食が起こる原理

⬆皆既月食から月食がほぼ終わるまで

しかし，毎月のように日食や月食が起こることはない。これは，月の公転面（白道面）が地球の公転面（黄道面）に対して約５°傾いているので，地球と月，太陽が一直線上に並ぶこと（下図のＡ）はまれだからである。下図のＢのとき，日食や月食は起こらない。

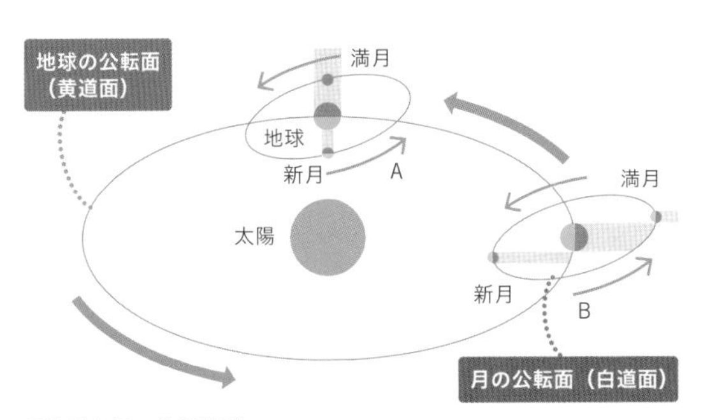

⬆地球と月の公転軌道

用語解説

日食

地球が月の影に入り，太陽の一部または全部が隠れること。地球と月の位置によって，太陽が月に完全に隠れる**皆既日食**や，太陽の周辺が月に隠れきれずはみ出ている**金環日食**が見える。太陽の一部が隠れたときの日食を**部分日食**という。

月食

月が地球の影に入り，月の一部または全部が隠れること。月の一部が隠れたときの月食を**部分月食**，全部隠れたときの月食を**皆既月食**という。日食と異なり月が見える場所ならば世界中で見ることができる。

参考

日本での日食

皆既日食と金環日食については，以下のようになっている。

- 2030年６月１日（金環）
- 2035年９月２日（皆既）
- 2041年10月25日（金環）

地球と太陽の運動

なぜ太陽は東から昇り西に沈むのだろうか。わたしたちの地球は，1日に1回転しており，そのことが車窓から見た景色が動いているように，地球から見た天体が動いて見える理由である。また，地球が回っていることによって，昼と夜や季節が生まれているのである。

1 天体の日周運動

地球上にいるわたしたちには，地球が自転（じてん）していることは確かめにくい。しかし，地球から見た太陽や星の動きをもとにして，地球が自転しているようすを調べることができる。

◉ 地球の自転

地軸（ちじく）とは，地球の北極と南極を結んだ線で，地球の中心を通っている。

地球は地軸を回転軸として，1日1回こまのようにまわっている。この回転運動を**自転**という。

地球は**西から東へ**自転している。北極星のほうから見ると，時計の針の回転方向と反対の方向にまわっている。地球が1回転するのにかかる時間を**自転周期**といい，1日（正確には，23時間56分4秒）である。

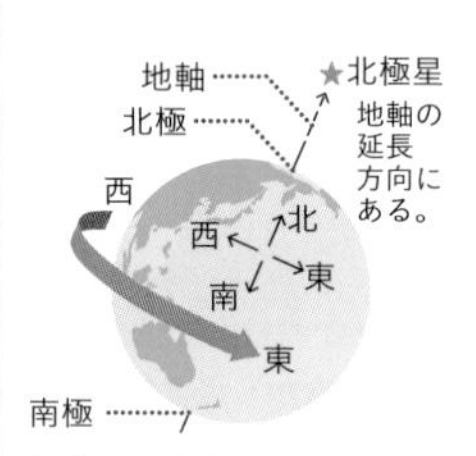

⬆地球の自転

発展・探究

フーコーのふりことは?

地球上でふりこを振らせると，地球の自転につれて，ふりこの振れた面は，自転とは反対の方向に回転するように見えます。

1851年，フーコーはふりこを使って，地球が自転していることを証明しました。

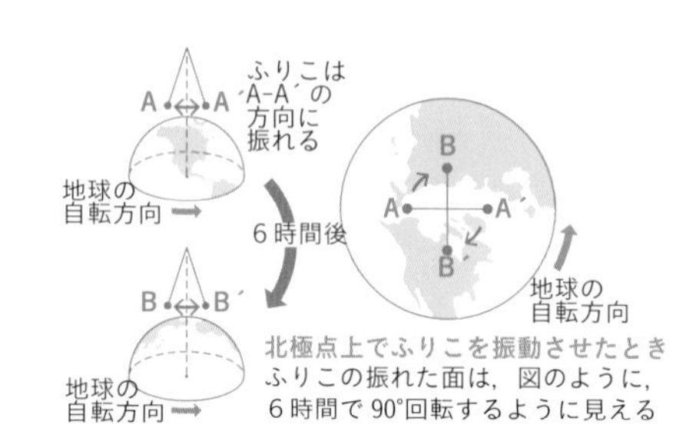

天球

大空を，地球を中心とした非常に大きな半径の球面と考えたものを天球という。あらゆる天体が天球の球面にくっついていて，球といっしょに毎日１回転しているとすると，天体の見かけの動きをうまく説明できる。距離の異なる星も同じ天球上にはりついていると考える。天球の中心は地球または観測者自身で，地球は動かず，天球が東から西に１日に１回転すると考える。

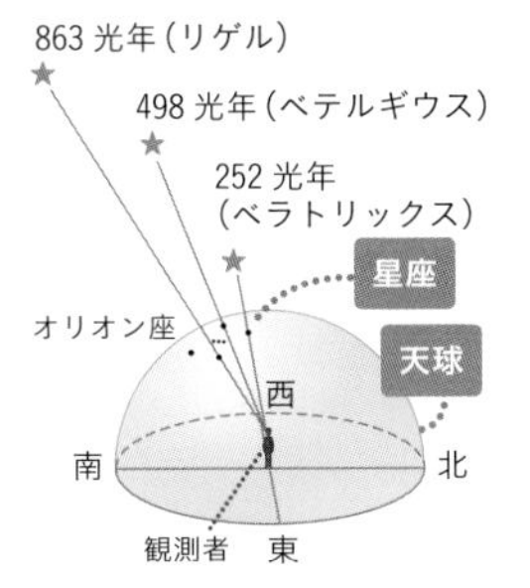

⬆天球と星の位置

天頂とは，観測者の真上の天球上の点であり，**地平線**とは，地球の中心または観測者を通る水平面が天球と交わってできる線（円）である。観測者は，地平線より上にある半分の天球しか見ることができない。

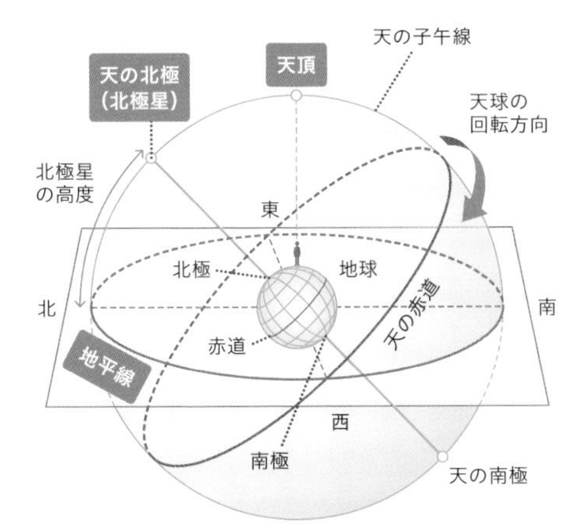

⬆天球

また，天球は地軸を南北に延長した軸を回転軸として，地球の自転方向と反対の方向（東から西）へ１日に１回転すると考える。

参考

プラネタリウム

プラネタリウムでドームに映し出される星の動きは，天球上の星の動きを表している。

用語解説

天の北極

地軸を延ばしていって，地軸と天球が交わる点のうち，北極の真上にある点を天の北極という。北極星は，ほぼ天の北極にある。

天の南極

地軸と天球が交わる点のうち，南極の真上にある点を天の南極という。

天の子午線

天球上で真南の方向・天頂・真北の方向を通る，地平線に垂直な線を天の子午線という。天の北極と天の南極は天の子午線上にある。

天の赤道

地球の赤道面の延長が天球と交わってできる線（円）を天の赤道という。地平線と，（90°－緯度）だけ傾いている。

◉ 星の日周運動

地球が自転しているため，地球から見ると，天球上の天体は，北極星を中心に東から西に約24時間（正確には23時間56分４秒）で１回転するように見える。このような天体の見かけの運動を**日周運動**という。地球は24時間で360°回転するため，360÷24＝15で，天体は１時間に15°ずつ回転するように見える。

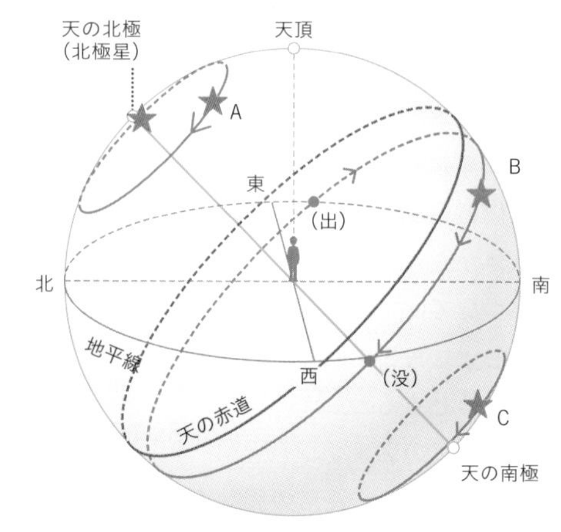

⬆天球の回転と星の日周運動（北半球）

図は日本付近で観測した場合を示している。**北極星は天球が回転してもその位置は変わらない**。星Aのように北極星の近くにある星は，地平線より下に沈まないが，星Bは地平線から昇り地平線に沈む。また，天の南極の近くにある星Cは，常に地平線より下にあるので，見ることはできない。

◉ 北半球での星の日周運動

東の空では，すべての星は，地平線からななめ右上（南）へ昇る。西の空ではすべての星は，ななめ右下へ動き，地平線に沈む。

南の空では，すべての星は弧をえがいて，地平線とほぼ平行に，**東から西へ**動く。星が動く速さは１時間に15°ずつであるから，真東から出た星が真南の空にくるまでに６時間（90÷15＝6）かかる。

北の空では，すべての星は，**北極星**を中心にして，反時計まわりに，１時間に約15°ずつ回転する。

南半球で見える星座

星座は全天で88個あるが，沖縄などをのぞき，日本ではみなみじゅうじ座などの一部の星座を見ることができない。一方，南半球ではみなみじゅうじ座を見ることができるが，北極星をふくむこぐま座などの星座を見ることができない。

東

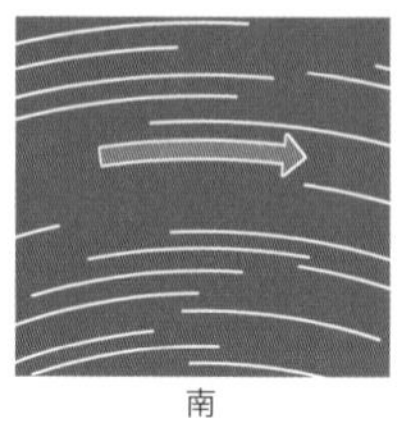
南

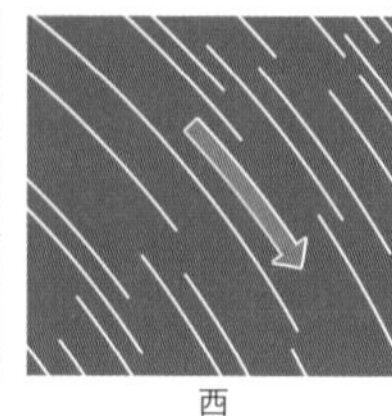
西

北

⬆各方位の星の動き

◉ 太陽の日周運動

太陽は，朝方，東の地平線から昇り，南の空を通って，夕方，西の地平線に沈むように見える。これも地球の自転によって起こる，見かけの動きである。太陽の1日の動きの道すじは，星の1日の動きの道すじとほとんど同じで，日本付近では，円周上を**東から西**に動く。その速さは一定で，1時間に約15°である。

太陽が真南にきたときを**太陽の南中**（なんちゅう）という。太陽の南中時刻は，日の出の時刻と日の入りの時刻のちょうどまん中の時刻で，12時ごろになる。南中したときの太陽の高さを，太陽の**南中高度**（なんちゅうこうど）という。1日の中で，太陽が南中したときに，高度は最も大きくなる。

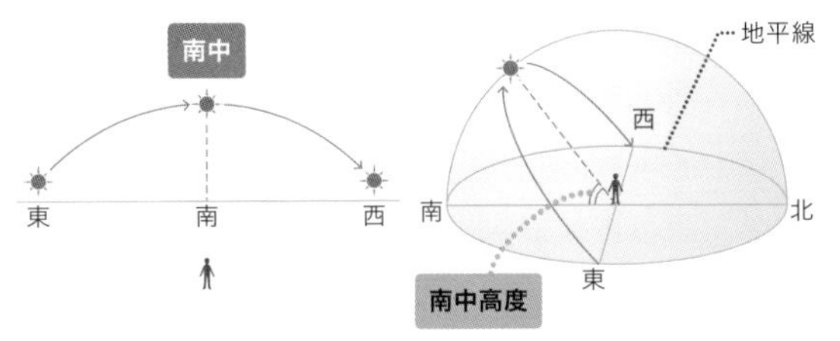

⬆太陽の日周運動の道すじ（春分の日）

日本付近では，太陽の南中高度は，夏は大きく，冬は小さい。また，太陽の南中高度は，高緯度の地点ほど小さくなる（➡p.613）。

◉ 太陽と時刻

時間や時刻は，太陽の動きをもとに決められている。

時間は，太陽の動く速さが一定であることを利用して決められている。太陽がちょうど真南にきてから，つまり南中してから，次の日，再び南中するまでの時間が1日（1太陽日）である。また，1日の長さを24で割った時間が1時間である。

太陽が南中した時刻が，その地点の正午となる。日本では**日本標準時**を用いているので，ある地点での太陽の南中時刻が日本標準時の正午になるとはかぎらない。

参考

太陽の日周運動の季節や緯度による変化

❶南中高度の季節変化

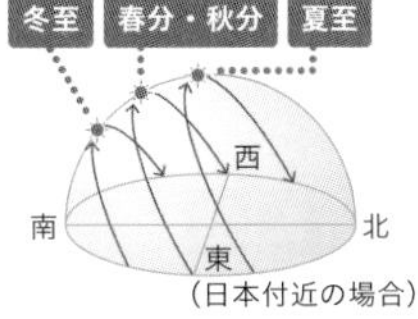

❷緯度による変化

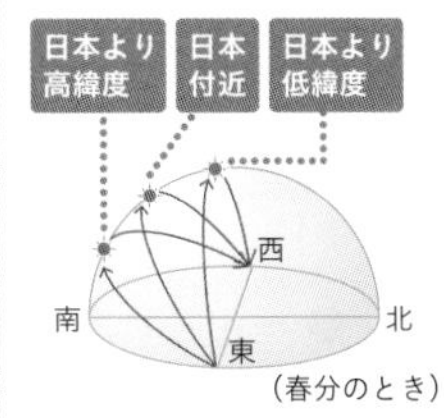

用語解説

日本標準時

地球は1時間に15°自転するので，太陽が南中する時刻は，経度が15°ちがうと1時間ちがう。同じ日本で時刻がちがうのは不便なので，明石市（兵庫県）を通る東経135°を基準にして時刻を決めている。これを**日本標準時**という。

実験 思考力UP

透明半球で太陽の動きを調べよう

目的

透明半球を使って，太陽の動きを観測する。

方法

❶ 水平な台の上に画用紙を置いて，透明半球を置く。

❷ 画用紙に透明半球のふちに合わせた円をかき，その中心に印をつける。透明半球を固定する。

❸ 一定時間ごとにペン先を透明半球にあて，ペン先の影が中心にくる点に印と時刻を記入する。（図1）

❹ 印をなめらかな曲線で結び，ふちまで延長させる。（図2）

❺ 透明半球上の太陽の道すじにテープを合わせて各点の間の距離を記録する。（図2）

図1 太陽の位置

太陽光線

透明半球

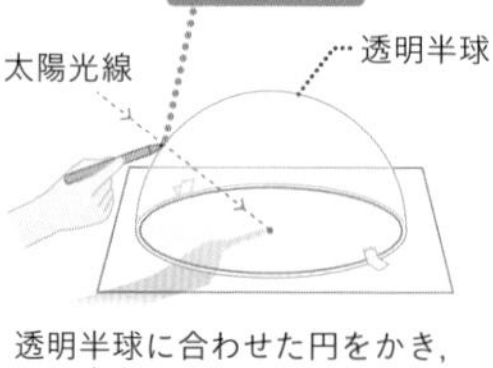

透明半球に合わせた円をかき，その中心に印をつけておく。

図2 太陽の道すじ

テープに印を写しとる。

思考の流れ

仮説

● 透明半球を天球の半分と考えて，太陽の動きを観測する。

計画

● 円の中心に観測者がいると考える。そのためペン先の影が透明半球の中心にくるようにしたときのペン先の位置が，太陽の位置となる。

● 透明半球のふちを，地平線と考える。

考察の観点

● 曲線は，太陽が動いた道すじを表している。また，図2のように曲線を延長し，透明半球のふちと交わる点を求めれば，それぞれ日の出の位置，日の入りの位置にあたる。

● テープ上の各点の間の距離と観測時刻から，比例計算によって太陽の南中時刻や日の出の時刻，日の入りの時刻を求めることができる。

結果

太陽は朝方，東の地平線から昇り，南の空を通って，夕方，西の地平線に沈む。

考察

各点の間の距離を記録したテープから，太陽が1時間に動いた距離を求めると，太陽の動く速さが一定であることがわかる。

◉ 緯度による日周運動のちがい

緯度が異なると，太陽や星の見え方が変化する。これは**地平面に対する天球の回転軸の傾きが緯度によってちがうため**，観測される日周運動にもちがいが出てくるためである。

北半球では太陽は東から昇り南の空を通って西に沈むが，南半球では太陽は東から昇り，北の空を通って西に沈む。北極や南極では水平に動いて見える。

また，星の日周運動も同様に変化する。北半球では天体は北極星（天の北極）を中心に反時計回りに回転して見えるが，南半球では天体は天の南極を中心に時計回りに回転して見える。北極ではすべての星が**地平線に平行**に，反時計回りに回る。南極では，天体の回転の向きは北極と逆になる。赤道では，太陽も星も地平線に対して東の空から**垂直**に昇り，西の空へ垂直に沈む。

参考

北半球の日周運動

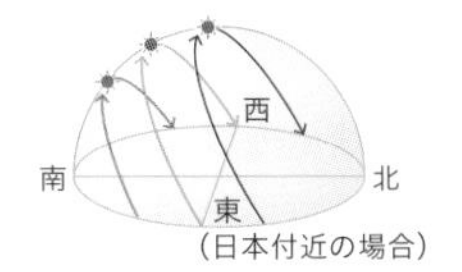

⟶ 夏至の太陽の光
⟶ 春分・秋分の太陽の光
⟶ 冬至の太陽の光

くわしく

南半球では別の星座？

さそり座はニュージーランドでは，夜空にひっかかったつりばりの形といわれる。

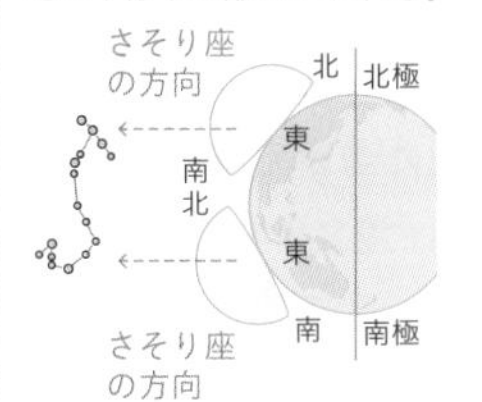

（南半球ではさそり座は北の空に見え，形は日本とは逆さに見える。）

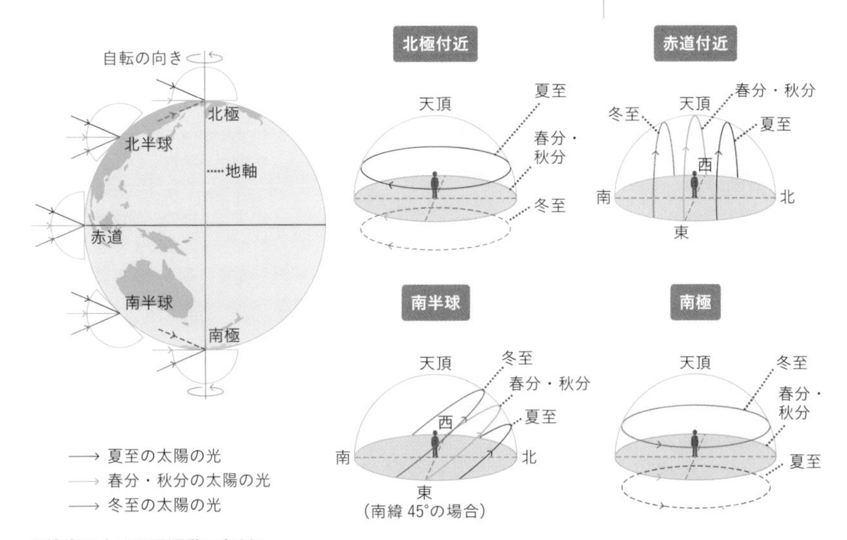

⬆緯度による日周運動のちがい

❷ 天体の年周運動

1 天体の年周運動

地球は太陽のまわりを回っていて，１年かけて元の位置に戻ってくる。

◉ 地球の公転

地球は，約１年（365.2422日＝１太陽年）かけて太陽のまわりを１周する。この運動を**公転**といい，このときの地球の通り道を地球の**公転軌道**という。

地球の公転軌道は完全な円ではなく，円に非常に近いだ円である。このため，地球から太陽までの距離は１年を通して少しずつ変わる。公転軌道をふくむ平面を，**公転面**，または**公転軌道面**という。地軸は，公転面に垂直ではなく，公転面に垂直な方向に対して，つねに**23.4°傾いている**。

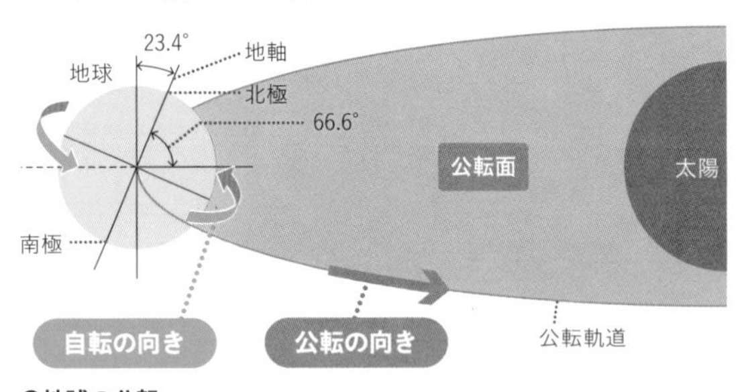

⬆地球の公転

◉ 星の年周運動

右ページの上図のように，地球の公転によって起こる星（星座）の見かけの動きを，**星の年周運動**という。

同じ時刻に，ある星座が見える位置は，北極星を中心にして，日周運動と同じ向き（北の空では反時計回り，南の空では東から西へ）に**１日に約１°，１か月に約30°**，１年で360°移っていく。これは，地球が１日に約１°ずつ太陽のまわりを公転しているために起こる見かけの運動である。

参考

うるう年とうるう秒

地球の公転周期はぴったり365日ではないため，４年に一度366日にすることでこれを調整している。
また，自転周期はぴったり24時間ではなく非常にゆっくりのびているため，これを調整するためにうるう秒を設定して合わせている。

参考

天動説と地動説

地球が宇宙の中心にあって太陽や月，星が地球のまわりを回っているとする考え方を天動説という。
また，太陽は宇宙の中で静止していて，地球が自転しながら太陽のまわりを公転しているとする考え方を地動説という。

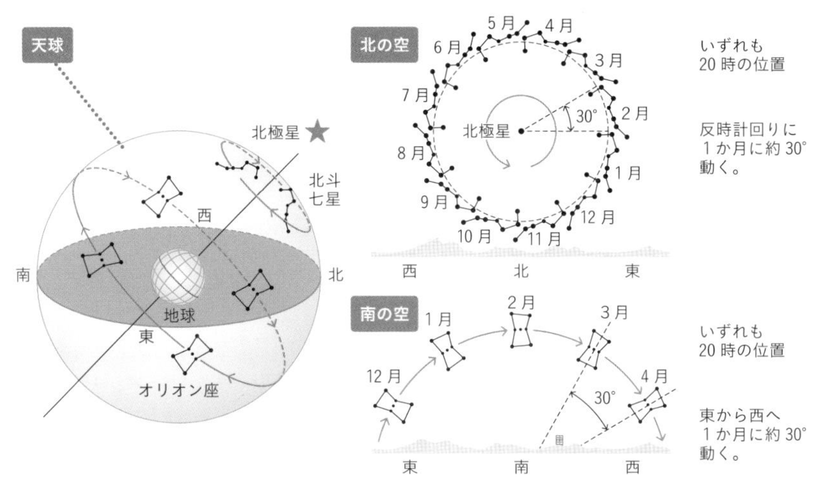

⬆北の空と南の空の星座の年周運動

◉ 星の南中時刻の変化

星座は地球の自転により，南の空では1時間に15°ずつ西へ動く（星の日周運動➡p.606）。それと同時に，星座は地球の公転により，毎日同時刻に観測すると1日に約1°ずつ西へ動く。つまり，1か月で約30°西へ動くので，星座の南中時刻は1か月で30÷15＝2〔時間〕（1日に4分）ずつ早くなっている。

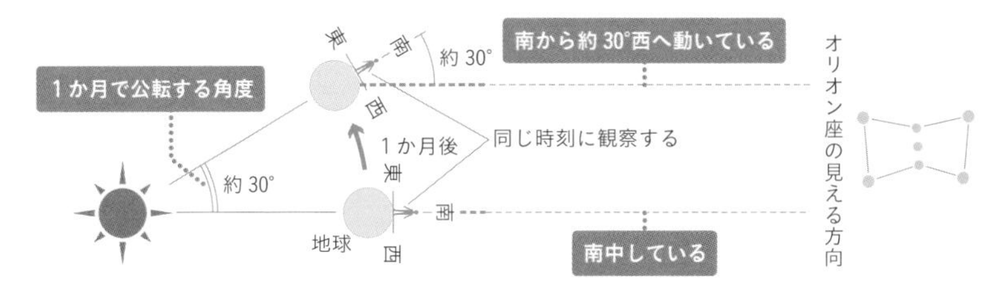

⬆地球の公転と星座の見える方向

◉ 太陽の年周運動と黄道

地球が1年かけて太陽のまわりを1周するので，地球から見た太陽の方向にある星座は，季節によって変わっていく。このため，太陽は1年かけて12の星座の間を移っていき，天球を1周するように見える。このような天球上の太陽の通り道を**黄道**という。地軸が公

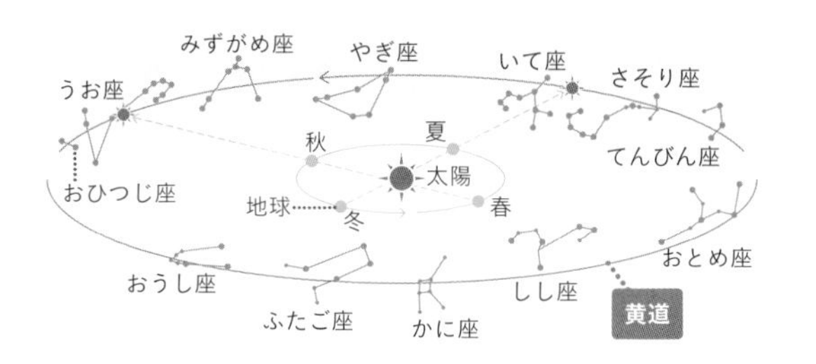

⬆黄道と12の星座

転面に垂直な方向に対して23.4°傾いているため，黄道は天の赤道に対して23.4°傾いている。地球が１日に約１°ずつ太陽のまわりを公転するため，太陽は黄道上を天球の回転方向と反対の方向に，西から東へ１日に約１°（１か月に約30°）ずつ動いていくように見える。

たとえば地球が冬の位置のとき，夜はふたご座が見え，昼は太陽がいて座の方向にある。地球が冬から春の位置まで公転する間に，太陽はいて座，やぎ座，みずがめ座へと見える方向が変わっていく。このとき，太陽の方向にある星座は，日の出直前か日の入り直後にのみ見ることができる。

黄道と分点

天の赤道と黄道は２点で交わり，そのうち，太陽が天の赤道を南から北へ横切る点を春分点，北から南へ横切る点を秋分点という。

これらの点を分点という。

また，黄道が天の赤道から最も北にはなれた点を夏至点，最も南にはなれた点を冬至点という。

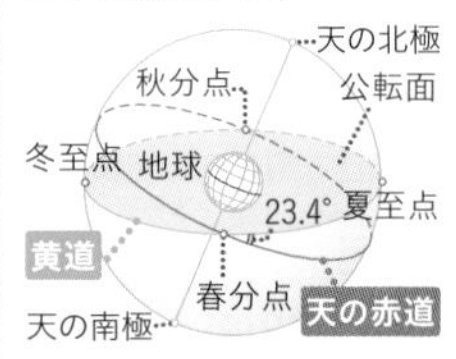

⬆黄道

身近な生活

誕生星座を見てみよう

星座とは，古代メソポタミア地方の人々が，星々の配列を人物や動物に見立てたのが始まりです。黄道上にある12の星座を**「黄道12星座」**といいます。

かつては，誕生日と星座を結びつけて「誕生星座」とよび，占いなどに使っていました。暦がずれた現在では，誕生星座に太陽がいる期間と，表の期間は１星座分ずれてしまっています。誕生星座は誕生日の３～４か月前の夕方に見ることができます。

誕生日	誕生星座
３月21日～４月19日	おひつじ座
４月20日～５月20日	おうし座
５月21日～６月21日	ふたご座
６月22日～７月22日	かに座
７月23日～８月22日	しし座
８月23日～９月22日	おとめ座
９月23日～10月23日	てんびん座
10月24日～11月22日	さそり座
11月23日～12月23日	いて座
12月24日～１月19日	やぎ座
１月20日～２月18日	みずがめ座
２月19日～３月20日	うお座

2 季節の変化

地球が，**地軸を傾けたまま公転しているため**，太陽の高度や昼の長さが1年を周期として変化する。そのため，地表面が太陽から受ける光や熱の量もそれにともなって変化する。これにより気温が1年を周期として変化するので，季節の変化が生じる。

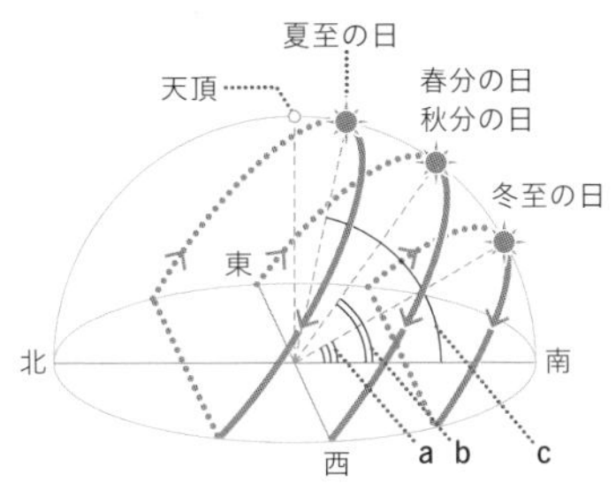

⬆季節による太陽の日周運動の変化

◉ 季節による太陽の通り道の変化

季節によって太陽の通り道が変化し，日の出・日の入りの方位，太陽の南中高度は，日本付近では右上図のように変化する。

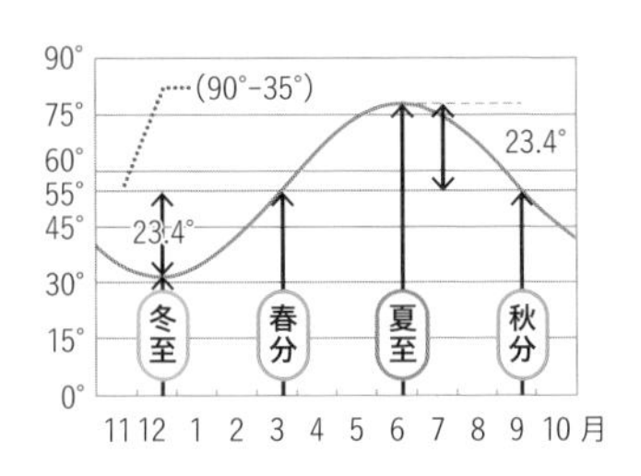

⬆太陽の南中高度の変化（北緯35°の地点）

◉ 太陽の南中高度の変化

太陽の南中高度は季節によって変わり，日本付近では夏は高く，冬は低い。（夏至で最も大きく，冬至で最も小さい。）次の計算で，春分・秋分の日，夏至や冬至の日の各地の南中高度が求められる。

冬至の日の南中高度（a）	**a＝90°−（その地点の緯度＋23.4°）**
春分・秋分の日の南中高度（b）	**b＝90°−その地点の緯度**
夏至の日の南中高度（c）	**c＝90°−（その地点の緯度−23.4°）**

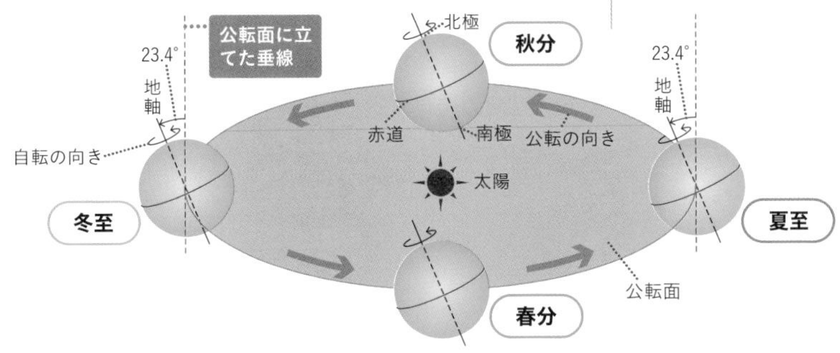

⬆地球の公転と季節の変化

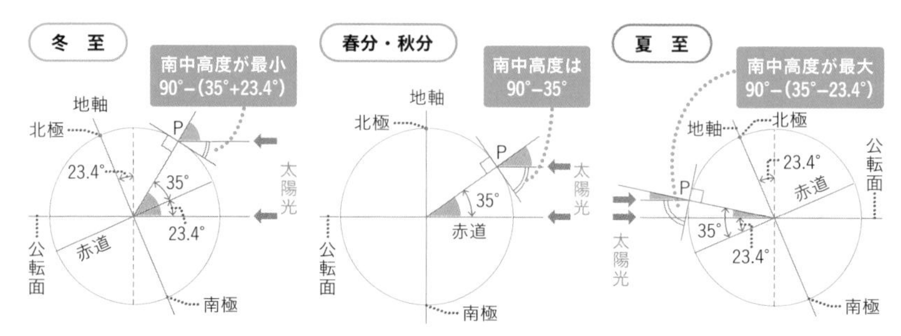

⬆太陽の南中高度（Pは北緯35°の地点）

◉ 昼の長さの変化

昼の長さは，太陽が最も北寄りから昇って沈む夏至の日が最も長く，太陽が最も南寄りから昇って沈む冬至の日が最も短い。太陽が真東から出て真西に沈む春分と秋分の日は，昼と夜の長さがほぼ同じである。なお，東京付近での日の出・日の入りの時刻と昼の長さの1年の変化は，右のグラフのようになる。

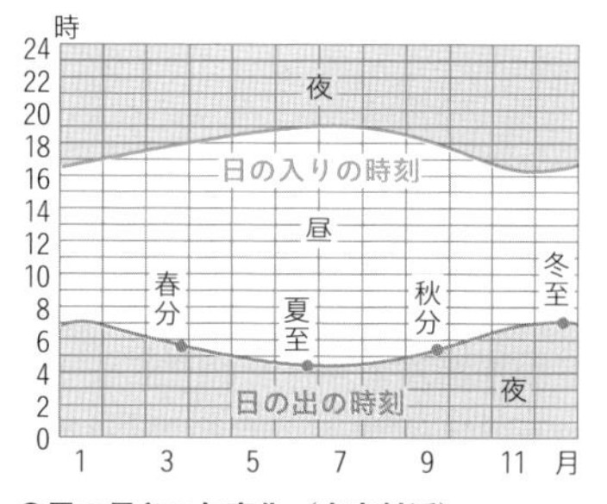

⬆昼の長さの年変化（東京付近）

◉ 地表面が受ける日光の量の変化

地表面が受ける日光の量は，昼の長さや太陽の高度によって変わる。昼の長さが長ければ長いほど，1日の間に地表面が受ける日光の量は多くなる。また，図のように太陽の高度が大きいほど一定面積の地表面が受ける日光の量が多くなる。

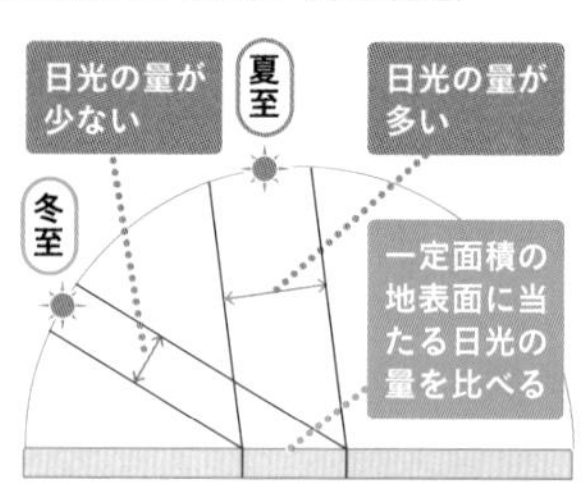

⬆地表面が受ける日光の量

◉ 気温の変化

地表面が受ける日光の量が多くなるほど気温は高くなり，少なくなるほど気温は低くなる。季節によって受ける日光の量が変わるため，気温の変化が生じる。

気温の変化は太陽高度の変化よりも1～2か月遅れて生じる。これは，まず地表面があたためられ，次に，あたためられた地表面の熱によって地表面近くの空気があたためられるからである。

くわしく

緯度と気温の変化

赤道付近は真上から太陽の光が当たるため，一定の面積あたりに受ける日光の量が多くなる。そのため平均気温は高い。北極や南極では，太陽が出ても高度が低く，一定の面積あたりに受ける日光の量が少ない。したがって，気温が低い。

第3章 SECTION 3

太陽系と宇宙

地球から空を見上げると何が見えるだろうか。誰もが知っている太陽や月は，地球からよく見ることができる。夜になり暗いところに行くと，空にはたくさんの星が現れる。この章では，地球をとりまく天体の集まりである太陽系と宇宙について学習する。

1 太陽系

1 惑星

惑星は，太陽のまわりを，円に近いだ円の軌道で公転している天体である。自分で光を出さず，太陽の光を反射して光っている。惑星は水星・金星・地球・火星・木星・土星・天王星・海王星で８つある。

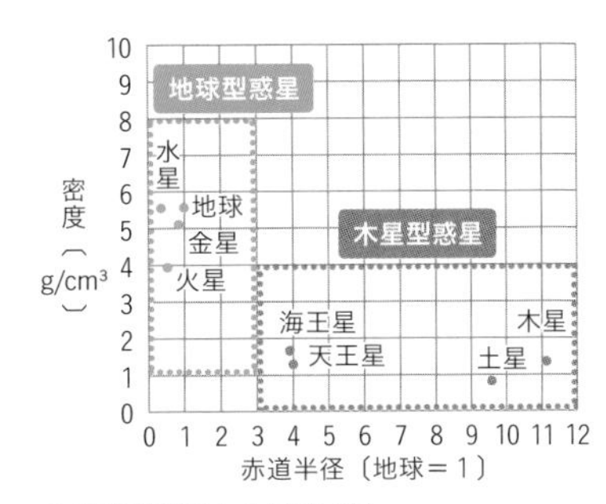

⬆地球型惑星と木星型惑星

◉ 地球型惑星と木星型惑星

８つの惑星は，大きさと密度から見ると，**地球型惑星**と**木星型惑星**の２つに分けられる。地球型惑星の表面は岩石でできていて，半径・質量は小さいが平均密度は大きい。水星・金星・地球・火星がある。ゆっくり自転しており，ほぼ球形である。木星型惑星の表面は水素やヘリウムなどのガス（気体）でできていて，半径・質量は大きいが平均密度は小さい。木星・土星・天王星・海王星がある。大気は濃く，自転の速さが速いため，赤道方面にふくれた形をしている。

◉ 内惑星と外惑星

８つの惑星を，地球から見た惑星の軌道から分けると，**内惑星**と**外惑星**の２つに分けられる。**地球より内側の軌道を公転**している惑星を内惑星といい，水星と金星がある。**地球より外側の軌道を公転**している惑星を外惑星といい，火星・木星・土星・天王星・海王星がある。内惑星は，地球から見ると満ち欠けして見える。（➡p.620，621）。

くわしく

地球型惑星と木星型惑星

太陽系ができる過程で，物質（ガスとちり）は太陽とそのまわりを回転する円盤状の集まりとなった。この集まりの中で微惑星が多数つくられ，くっつきあって原始惑星ができた。このとき太陽の近くを公転する地球型惑星は重い岩石からなり，太陽から近く温度が高いため，水やガスなどの物質がふき飛ばされた。逆に，木星型惑星は太陽から遠く影響を受けにくいため岩石と氷からなり，地球型惑星からふき飛ばされたガスをとりこみ，ガスの多い惑星となった。

各惑星の特徴

水星

・表面は月に似ていてクレーターにおおわれている。
・重力が非常に小さいので大気はない。
・昼の表面温度は約400 ℃，夜は－160 ℃以下になる。
・太陽に最も近く，地球の約７倍のエネルギーを受けとっている。

⬆水星
提供：NASA/Johns Hopkins University Applied Physics Laboratory/Carnegie Institution of Washington

金星

・約97％が二酸化炭素からなる**厚い大気**がある。
・二酸化炭素の温室効果で表面温度は約460 ℃になる。
・地球から見える金星は，**よいの明星**，**明けの明星**とよばれる。
・大きさ，密度は地球によく似ている。
・自転の向きは地球と逆で，地球より速さが遅い。

⬆金星　提供：NSSDC Photo Gallery

地球

・表面に大量の水が存在する。酸素や水があるため，太陽系で唯一生物の存在する惑星である。
・大気は窒素と酸素からなる。

⬆地球　提供：NASA

火星

・表面は赤褐色の岩石や砂でおおわれた砂漠である。ドライアイスと氷からなる極冠が存在する。
・二酸化炭素からなる**うすい大気**がある。
・表面温度は－100 ℃～数℃で，平均は－40 ℃である。
・水が存在したと考えられている。
・直径は地球のほぼ半分である。

⬆火星　提供：NASA/JPL/Malin Space Science Systems

木星

・太陽系で**最も大きな惑星**である。
・大気は水素とヘリウムからできている。
・表面温度は約－140 ℃である。
・高速で自転しているため，しま模様がある。また，大赤斑とよばれる大きな大気の渦がある。
・環（輪，リング）をもつ。
・たくさんの衛星（惑星➡p.615）があり，ガリレオ・ガリレイはそのうち４つを発見した。

⬆木星　提供：NASA/JPL/Bjorn Jonsson

▶土星

・大気は水素とヘリウムからなる。

・表面の温度は非常に低く，－150 ℃以下である。

・直径が地球の約9.4倍で，２番目に大きな惑星である。質量は地球の約95倍だが，密度は惑星の中で最も小さく，水よりも小さい。

・赤道面に氷の粒(つぶ)でできた**大きな円盤状(えんばんじょう)の環**がある。

▶天王星

・本体は岩石と氷が多くを占めている。

・大気の成分はおもに水素とヘリウムとメタンである。

・直径は地球の約４倍である。

・自転の軸(じく)が公転面とほぼ平行なので，横倒しの状態で自転している。

▶海王星

・大気の成分はおもに水素とヘリウムとメタンである。

・太陽から最も遠くに位置し，太陽から受けるエネルギーは地球の約0.1 %である。

・表面温度は－200 ℃以下である。

・メタンがふくまれているため，地球からは青く見える。

・表面に大暗斑(だいあんはん)とよばれる暗い大気の渦の斑点(はんてん)が見られることがある。

⬆土星　提供：NASA

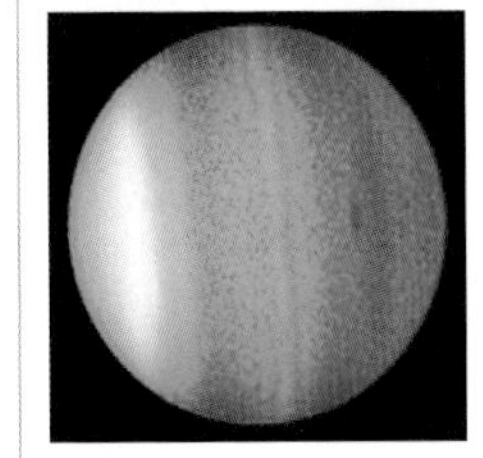

⬆天王星　提供：NASA/Space Telescope Science Institute

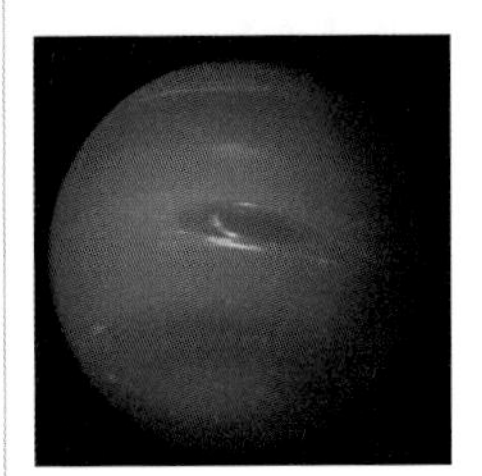

⬆海王星　提供：NASA/JPL

天体	直径〔地球＝1〕	質量〔地球＝1〕	密度〔g/cm^3〕	衛星の数	太陽からの平均距離〔億km〕	公転周期〔年〕	自転周期〔日〕
太陽	109	332946	1.41	—	—	—	25.38
水星	0.38	0.055	5.43	0	0.579	0.2409	58.65
金星	0.95	0.815	5.24	0	1.082	0.6152	243.02
地球	1.00	1.000	5.51	1	1.496	1.000	0.997
月	0.27	0.012	3.34	—	1.50	27.3日	27.3
火星	0.53	0.107	3.93	2	2.279	1.8809	1.026
木星	11.2	317.83	1.33	72	7.783	11.862	0.414
土星	9.4	95.16	0.69	53	14.294	29.457	0.444
天王星	4.0	14.54	1.27	27	28.750	84.021	0.718
海王星	3.9	17.15	1.64	14	45.044	164.770	0.671

⬆太陽系のおもな天体

惑星の運動

地球から見ると，惑星は**黄道**（➡p.611）付近に見られる。これはどの惑星の公転面もほぼ同じ平面上にあるからである。どの惑星も円に近いだ円軌道をえがいて同じ向きに太陽のまわりを公転している。

2 太陽系の構造

太陽系には惑星以外にもさまざまな天体が存在する。太陽と，太陽のまわりを公転している天体の集団を**太陽系**という。太陽と８つの惑星のほかに，衛星・小惑星・太陽系外縁天体・すい星・流星などがふくまれる。

衛星

惑星のまわりを公転している天体を**衛星**という。その多くは小惑星が惑星の引力によってとらえられたものだと考えられている。月は地球の衛星である。大部分の衛星は，惑星の自転と同じ向きに公転している。

小惑星

火星と木星の間を公転している小さい天体で，おもに岩石でできている。現在軌道がわかっているもので約50万個以上発見されている。小惑星のうち最大のものはケレスであり，直径が約1000 kmある。

発展

ケプラーの法則

惑星の公転についてケプラーの発見した次のような法則がある。

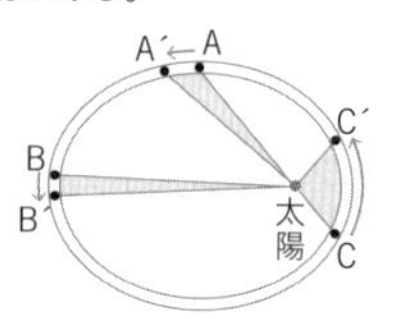

太陽と惑星を結ぶ線は上の図のように，同じ時間には同じ面積をえがくように動く（太陽に近いときほど公転の速さが速くなる）。

くわしく 

人工衛星

地球のまわりを回る軌道に打ち上げられた人工の物体を人工衛星という。防災や天気予報などさまざまな分野で衛星データが利用されている。人工衛星は運用後に残骸としてしばらく地球のまわりを回り続ける。この残骸は宇宙ゴミとして世界で問題となっている。

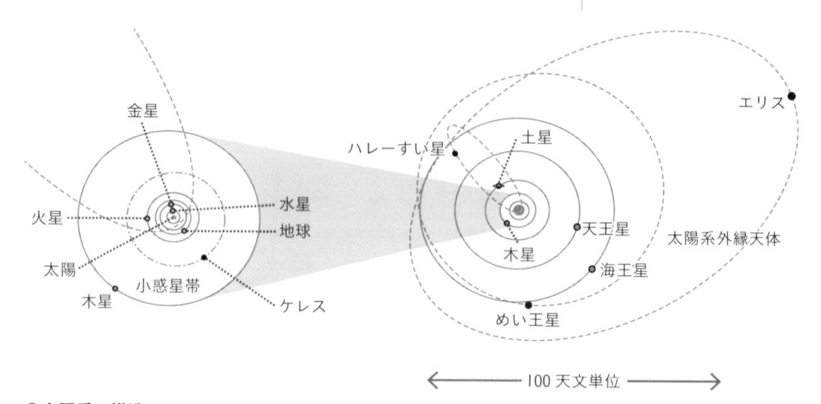

⬆太陽系の構造

◉ 太陽系外縁天体

海王星の外側を回る，氷などでおおわれた小型の天体を**太陽系外縁天体**といい，**めい王星**，エリスなど多数見つかっている。また，質量がある程度大きく球形をしたものを**めい王星型天体**という。

◉ すい星

ほうき星ともよばれる。軌道は細長いだ円軌道をえがくものが多い。とても細かい砂のようなちりをふくむ**氷が主成分**で，メタンやアンモニアが凍ったものもふくまれると考えられている。そのため，太陽に近づくと凍っていたものが融けてガス化し，このガスやちりが太陽風などでふき流され，太陽と反対側に**尾を引く**ように見える。

⬆ヘール・ボップすい星

◉ 流星

宇宙空間にただよう多くの小物体やちりのうち，地球の近くを通ったものは地球の引力に引かれて大気中に飛び込んでくる。このとき，大気と物体が強い摩擦を起こし，光を発しながら落下する。これが**流星**（流れ星）である。

流星には単発の散発流星と，多数が同時に観測される**流星群**とがある。

◉ いん石（隕石）

宇宙空間から大気中に飛んできて，燃えつきずに地上に達する物体を**いん石**という。いん石の大きさはさまざまで，もともと小惑星の一部であった小物体が多い。

いん石はその成分から，天体の中心核の部分が落下した鉄やニッケルからできているもの，マントルの部分が落下した岩石質のもの，その中間の鉄と岩石からできているものに分けられる。それぞれのいん石は，宇宙や地球の誕生を知る手がかりになっている。

用語解説 

流星群
地球がすい星の軌道を横切るとき，そのすい星が過去にまき散らした氷などの物質が地球の大気圏に降り注ぎ大量の流星が出現する現象，またはその大量の流星を流星群という。
秋の夜空に見える有名な「しし座流星群」はテンペル・タットルすい星の軌道を地球が横切るために起こる。しし座の方向から流星が飛んでくるため，この名前がついている。

太陽風
太陽からふき出す，高温で電気をもった粒子（プラズマ）のこと。

くわしく 

いん石孔
バリンジャーいん石孔は，アメリカ合衆国にあり，約５万年前のいん石の衝突によってつくられた直径約1.2 kmのくぼみである。

⬆バリンジャーいん石孔
提供：USGS

発見・探究

はやぶさと小惑星

「はやぶさ」は2003年に日本が打ち上げた小惑星探査機で，2005年に小惑星「イトカワ」に到達しました。イトカワの表面のサンプルを採取し，世界で初めて地球の重力圏外にある天体の物質を地球に持ち帰りました。「はやぶさ」の後継機（こうけいき）である「はやぶさ２」は2018年に小惑星「リュウグウ」に到着し，2019年にサンプルを採取しました。

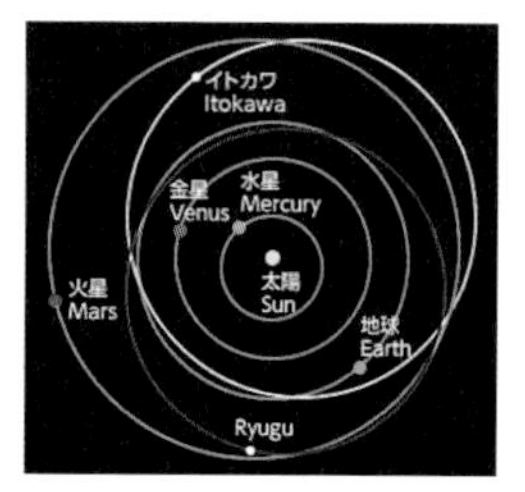

⬆リュウグウとイトカワの軌道

提供：JAXA

3 惑星（わくせい）の見かけの動き

◉ 惑星の見かけの動き

地球から見た惑星は，日がたつにつれてその位置が変わり，黄道（こうどう）付近の星座の中をさまようような複雑な動き方をする。惑星（惑う星）という名前は昔の人が，星座の間をさまよう星という意味でつけたものである。

◉ 金星（内惑星（ないわくせい））の見かけの動き

金星は地球の内側の軌道（きどう）を公転（こうてん）している内惑星であり，地球から見て常に太陽の近くにある。つまり真夜中に見ることはできない。また，太陽から一定の角度以上は離（はな）れることがないので，金星や水星はつねに太陽の近くに見える。金星が太陽から西側に離れたときは明け方に東の空に輝いて見え，**明けの明星（みょうじょう）**とよばれる。金星が太陽から東側に離れたときは夕方の西の空に輝いて見え，**よいの明星**とよばれる。

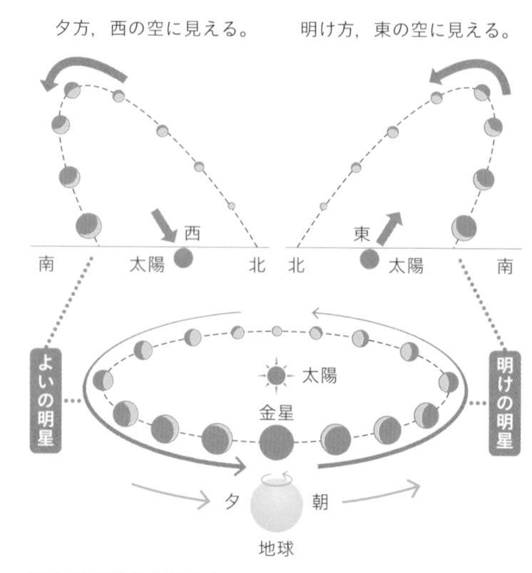

⬆金星の動きと見え方

金星は，太陽の光を反射して輝いている半面のうち，地球から見ることができる部分が軌道上の位置によって変化するため，地球からは**月のように満ち欠けして見える**。さらに，月とちがって地球からの距離が大きく変化するため，**見かけの大きさも変化**する。金星が太陽のうしろを通過する付近では，欠け方が小さく満月状に見えるが見かけの大きさは小さく，太陽の前を通過する付近では，暗い面の多くを地球に向けているため欠け方が大きいが，見かけの大きさは大きい。また，地球から見て太陽から最も離れた最大離角のときは半月状に見える。

◉ 火星（外惑星）の見かけの動き

火星は地球の外側の軌道を公転している外惑星であり，地球から見て太陽と同じ方向にくることも，太陽と反対の方向にくることもある。

外惑星が太陽と同じ方向にくるとき，地球からの距離は最も遠い。このとき外惑星は太陽といっしょに昇って沈むため見えない。外惑星が太陽と反対の方向にくるとき，外惑星は地球に最も近づき，見かけの大きさも大きい。このとき外惑星は夕方ごろ東の地平線から出て，真夜中ごろに南中し，朝方に西の地平線に沈むため，一晩中観測できる。

外惑星は地球から見て，天球上をほとんど西から東へ動く（順行）が，太陽と反対の方向にくるころには，東から西へ動いて見える（逆行）。これは，地球の公転の速さが外惑星よりも速く，外惑星を追い抜いて進むことになるからである。

くわしく 

内惑星と外惑星の見え方

外惑星は内惑星とちがって真夜中に南の空に見えることがある。また外惑星はほとんど満ち欠けせず，いつでもほぼ満月状に見える。見かけの大きさは地球からの距離によって変化する。また，地球から見て最も太陽から離れているときの位置を角度で表したものを最大離角といい，金星では約48°，水星では最大で約28°である。

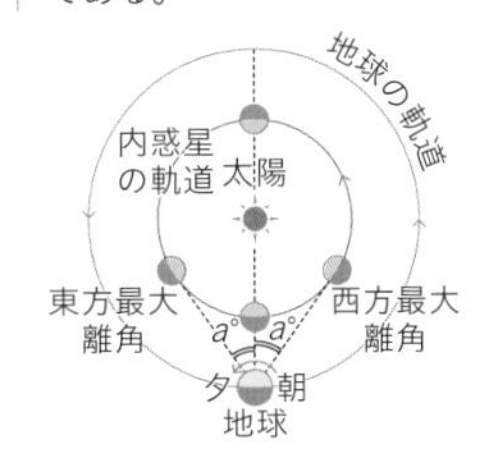

⬆地球から見た内惑星（上）と外惑星（下）

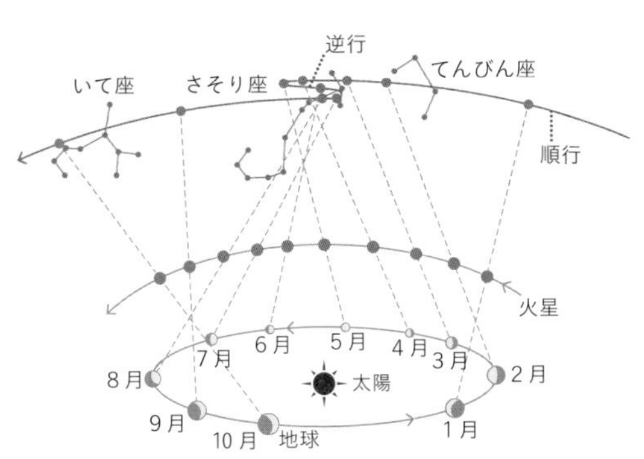

⬆火星の見かけの動き

❷ 恒星と宇宙

1 恒星

太陽と同じように高温で自ら光を出している天体を**恒星**という。地球から太陽以外の恒星までの距離は非常に大きく，地球から見た恒星のおたがいの位置はほとんど変化しない。そのため，光り輝く恒星が地球から見える**星座**を形づくっている。

光が1年かかって進む距離を**1光年**といい，恒星までの距離を表す単位として使う。1光年は約9兆4600億 kmである。恒星までの距離は非常に大きいので，三角測量の原理などによってはかる。

◉ 恒星までの距離

地球の公転の軌道の直径は約3億 kmである。地球から近い恒星を観察し続けると地球からの見かけの位置が少しずつ1年周期で変化する。一方地球から遠い恒星であるほど，見かけの位置がほとんど変わらない。これは地球の公転運動によるもので，地球と恒星と太陽のなす角度の最大値を**年周視差**といい，上の図で示したaの角度で表す。恒星までの距離は年周視差に反比例することを利用して，恒星までの距離が決定できる。年周視差は，半年間その恒星の見える方向の変化をはかって求められる。1838年にドイツの天文学者フリードリヒ・ベッセル（1784～1846）によってはじめて測定された。これは地球が公転しているという有力な証拠でもある。

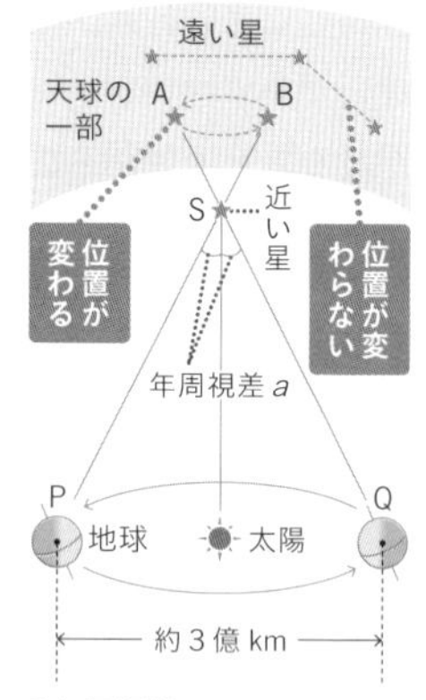

⬆年周視差

◉ 恒星の明るさ

地球から見た恒星の見かけの明るさは，1等星・2

用語解説

三角測量

下の図のように角度を測定して未知の点の位置を求める方法を三角測量という。年周視差を測定すると，その恒星までの距離が求められる。年周視差が1秒角（1秒は1度の$\frac{1}{3600}$）となる距離を1パーセク（pc）という単位で表す。1パーセクは，3.26光年（3.09×10^{13} km）である。

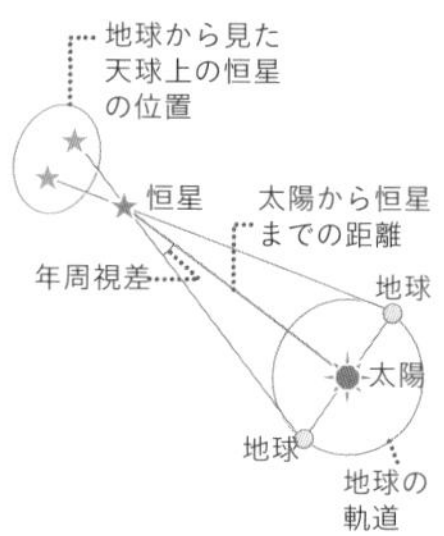

⬆三角測量

参考

年周視差の大きさ

地球に比較的近い恒星でもはるかに遠い距離にあるため，年周視差は非常に小さい値となる。地球に最も近い恒星であるケンタウルス座のプロキシマ星（4.2光年）でも，約0.77秒角（1秒は1度の$\frac{1}{3600}$）である。

等星のように**等級**で表す。１等級ごとに明るさは約2.5倍ちがい，１等星は２等星より約2.5倍明るく，６等星より2.5^5≒100倍明るい。また，１等星の2.5倍の明るさを０等星，０等星の2.5倍の明るさを－１等星という。肉眼で見ることができるのは６等星より明るい恒星である。

しかし，本当は同じ明るさの恒星でも，遠くにある恒星ほど暗く見える。恒星の本当の明るさを表す場合には，すべての星を32.6光年の距離から見たと仮定したときの等級を求める。これを**絶対等級**という。

◉ 恒星の大きさ

太陽以外の恒星の大きさは，現在どんな望遠鏡を使っても直接はかることはできない。しかし，恒星の表面から放出されるエネルギーは，表面温度が高く，表面積が大きいほど大きくなるので，恒星の表面温度と絶対等級からその恒星の半径を求めることができる。恒星は，表面温度と絶対等級から次の３つのグループに分けることができる。

主系列星（しゅけいれつせい）は，太陽と同じくらいの大きさの恒星で，温度が高いほど放出するエネルギーが大きく明るい。

巨星（きょせい）は，非常に大きい恒星で，密度は小さく，温度は低い（赤色に見える）が，表面積が大きいため明るい。ベテルギウスなどがある。

白色わい星（はくしょくわいせい）は，非常に小さい恒星で，密度は大きく温度は高い（白色に見える）が，表面積が小さいので暗い。シリウスBなどがある。

太陽と同じくらいの大きさの主系列星は，長い時間をかけて膨張（ぼうちょう）して巨星になり，やがて中心部が収縮して白色わい星となる。原始太陽が誕生（たんじょう）してから，白色わい星になるまでに約120億年かかると考えられている。

参考

恒星の色

光を出す物体は，その表面温度が高くなるにつれて，赤→オレンジ→黄→白→青白色と光の色が変化する。恒星の色も，その表面温度で決まるので恒星の色からその表面温度を知ることができる。

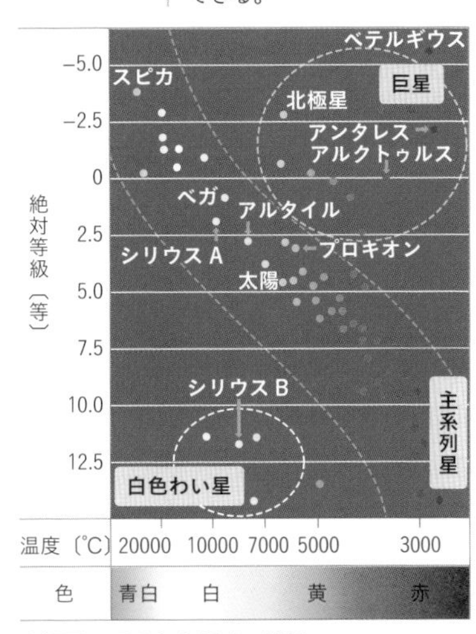

⬆恒星の明るさと温度の関係

参考

変光星（へんこうせい）

明るさが変化する恒星。連星（２つの恒星がたがいのまわりを回り合っている星）がたがいに光をさえぎって明るさが変化する場合と，恒星自身の明るさが変化する場合とがある。

2 銀河系と宇宙

恒星どうしの距離は非常に離れているが，大きな視野で見ると，星どうしが集団を形づくっていることがわかる。集団の規模は，恒星数十個のものから，数千億個をこえる大集団までさまざまである。

太陽系をふくむ約2000億個の恒星や星間物質（宇宙にあるちりや星間ガス）の大集団を**銀河系**という。銀河系の恒星は，直径約10万光年の凸レンズ状の形をした空間に，うずまき状に分布している。銀河系の中心には，巨大ブラックホールが存在すると考えられている。太陽系は銀河系の中心から約３万光年の位置にある。

天の川は，地球から銀河系の断面の方向を見たもので，天空を横切る川のように白く光って見える，無数の恒星の集まりである。夏の天の川は銀河系の中心方向を見ているため，最も明るく輝いて見える。

星団は，多数の恒星がたがいの引力により密集している集団である。数十から数千個の恒星が不規則に散在している**散開星団**と，数万から数百万個の恒星が球状に密集している**球状星団**がある。散開星団は，銀河系の面に沿って約1500個，球状星団は銀河系を取り囲むように150個以上発見されている。

プレアデス星団（散開星団）
提供：NASA/ESA/AURA/Caltech

球状星団
提供：ESA/Hubble/NASA

宇宙にあるちりや星間ガスが高密度に集まり，雲のように見える天体を**星雲**という。恒星の光を反射したり，恒星からの光で発光したりしている散光星雲や，恒星の光をさえぎり黒く見える暗黒星雲，放出されたガスが，恒星のまわりに球状に分布して光る惑星状星雲がある。

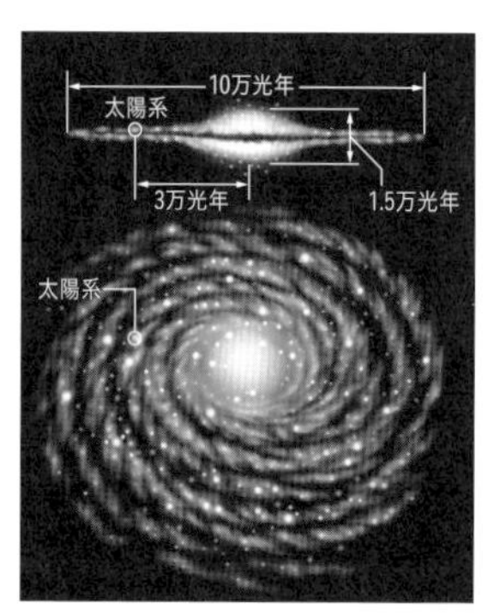

銀河系の姿

発展 

銀河系の運動

銀河系自体も回転している。太陽系は銀河系の外側に近い所に位置することから，太陽は秒速200 km以上の猛烈なスピードで，約２億年かけて銀河系の中心のまわりを１周する。

かに星雲
提供：NASA/ESA/J. Hester, A. Loll (ASU)

発展・探究

「宇宙の年表」を見てみよう

◉ ビッグバン

宇宙ははじめ非常に高温かつ高密度の火の玉状態であったと考えられています。この宇宙をつくる物質のもとが爆発的に膨張(ぼうちょう)した現象が，ビッグバンです。宇宙は膨張しながら冷えて，水素やヘリウムなどの原子ができていきました。

◉ 太陽系(たいようけい)の誕生(たんじょう)

約46億年前に，銀河系の中で星間ガス（星をつくる材料）の密度が高まった雲から，太陽系が誕生しました。はじめに太陽が誕生し，太陽の周囲の岩石質の物質が衝突(しょうとつ)と分裂(ぶんれつ)をくり返しながら成長して，今の地球型惑星(ちきゅうがたわくせい)になりました。太陽から離(はな)れた場所では，ガスや氷が集まり，巨大な木星型惑星(もくせいがたわくせい)になりました。

◉ 生物の誕生

約38億年前に，地球で原始的な生命が誕生しました。地球は大気と水があり，生命が維持できるような環境(かんきょう)であったため，地球上の生物はさらに進化をとげて現在に至ります。

◉ 宇宙開発が始まる

20世紀には，望遠鏡や写真の技術が発達し宇宙への理解が飛躍的(ひやくてき)に進みました。1957年には旧ソ連により，地球を周回する初の人工衛星(えいせい)スプートニク1号が打ち上げられました。1969年にはアポロ11号が世界初の有人月面着陸に成功しました。

現在は地球の衛星軌道上に様々な人工衛星が打ち上げられ，わたしたちの暮らしを支えています。また宇宙ステーションのように，人間がそこで生活し続けられる人工天体も運用されています。

約138億年前
ビッグバン

約132億年前
銀河の誕生

⬆アンドロメダ銀河

約46億年前
太陽系の誕生

約38億年前
生物の誕生

約700万年前
人類の誕生

約100年前
宇宙開発が始まる

現在　提供：NASA

⬆宇宙の歴史

完成問題 CHECK

解答 p.636

1 天体望遠鏡を使って，太陽を観察した。図は，7日間の太陽の表面の変化である。次の問いに答えなさい。

(1) 図のAの斑点を何というか。 (　　　　)

(2) Aの斑点が黒っぽく見えるのはなぜか。

(　　　　　　　　　　)

(3) Aの斑点の位置が太陽の表面上を移動することから，どのようなことがわかるか。

(　　　　　　　　　　)

1日 A
4日 A
7日 A

2 図は月のいろいろな形を示している。斜線の部分は月の見えない部分である。次の問いに答えなさい。

A B C D E F

(1) AとCの月の名前を書け。

A (　　　　) C (　　　　)

(2) 夕方に南中する月をA～Fから選べ。 (　　)

(3) A～Fを，月の形が変化する順に並べるとどうなるか。次のア～エから選べ。

(　　)

ア A→E→D→B→C→F　　イ A→E→C→B→D→F
ウ A→E→C→B→F→D　　エ A→E→D→C→B→F

3 図は，日本のある地点で，東・西・南・北の空の星の動きを表している。次の問いに答えなさい。

(1) 北と西の星の動きは，それぞれア～エのどれか。

北 (　　) 西 (　　)

ア イ ウ エ
P

(2) アの図の中心にあるPは，何という星か。 (　　　　)

4 表は，太陽系の8つの惑星のうち，地球，天王星，海王星を除く5つの惑星について示したものである。次の問いに答えなさい。

惑星	特　徴	公転周期
A	最も大きい。	11.9年
B	円盤状に見える環をもつ。	29.5年
C	地球から真夜中に見ることができない。	225日
D	地球のすぐ外側を回っている。	1.9年
E	最も太陽に近い。	88日

(1) A，C，Eは何という惑星か。次のア～ウから選べ。（　　）

ア　Aは土星，Cは金星，Eは火星。

イ　Aは木星，Cは金星，Eは火星。　ウ　Aは木星，Cは金星，Eは水星。

(2) 地球より内側を公転している惑星を，A～Eからすべて選べ。（　　　　）

(3) 小型だが密度が大きく，表面が岩石でできている惑星を「～型惑星」という書き方で答えよ。（　　　　）

(4) 大型で，密度が小さく，ガスなどでできている木星型惑星をA～Eからすべて選べ。ただし，木星もふくめる。（　　　　）

5 図は，地球の公転のようすを表したものである。A～Dは，春分・夏至・秋分・冬至の日の地球の位置である。次の問いに答えなさい。

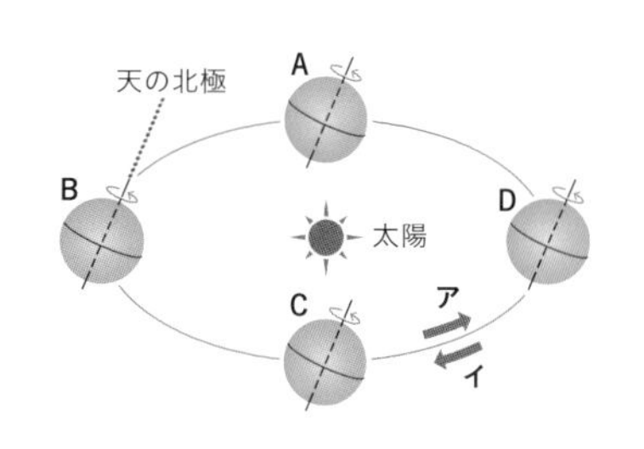

(1) 地球の公転の向きは，ア，イのどちらか。（　　）

(2) 夏至の日の地球の位置は，A～Dのどれか。（　　）

(3) 日本で，日の出の位置が最も南寄りになるのは，地球がA～Dのどの位置にあるときか。（　　）

6 図は，日本のある地点で午後8時に見えたオリオン座である。次の問いに答えなさい。

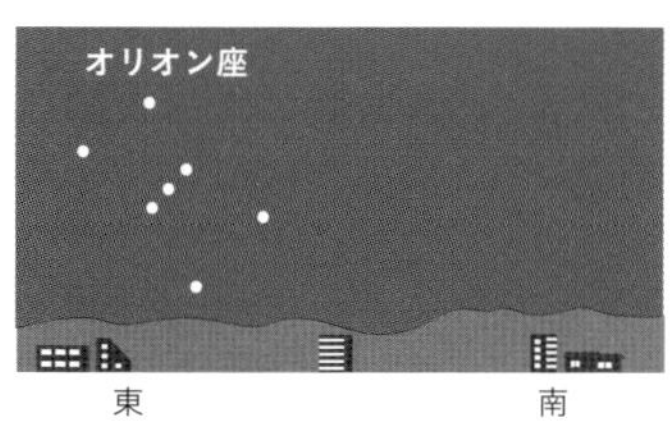

(1) 図のオリオン座は9月，12月のどちらのようすか。（　　　）

(2) オリオン座は，午後10時には位置が変わる。その理由を簡単に書け。

（　　　　　　　　）

思考力UP

日食の観測できる地域が帯状になるのはなぜ？

皆既日食や金環日食が観測される地域がいつも帯状になるのはなぜでしょう。学んだことから理由を考えてみましょう。

問題 **日食の観測できる地域が帯状になる理由について，下記①〜②の資料をもとに，70字程度で説明しなさい。**

⬇資料①

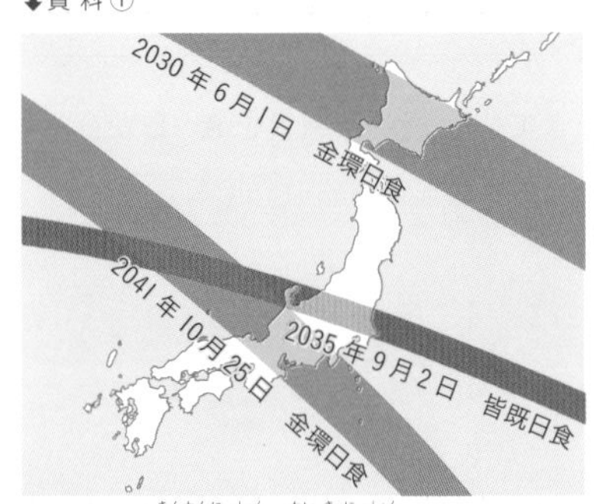

今後日本で金環日食・皆既日食の見られる地域

⬇資料②

宇宙から見た月の影　提供：気象庁

Hint　写真右上に円形の影がかかっているのが見える。影の中の地域で，日食が見えている。

解答例 **ある時刻では円形をした月の本影に入る範囲で日食が見える。この円形の本影が月の公転により動くため，日食を観測できる範囲は帯状になるから。(67字)**

日食は太陽と地球の間に月が入って，太陽が月に隠される現象です。太陽の側から見ると，皆既日食が起こっている地域は資料②のように，月の本影に入った円形の地域になります。太陽・月・地球が一直線に並ぶ時間は数時間ほど続きますが，その間も月は地球のまわりを秒速約1.02 kmで公転しています。そのため，ある地点では本影が通り過ぎるわずか数分の間だけ，夜のように空が暗くなり，皆既日食を観測することができます。図は皆既日食ですが，金環日食のときも同じ理由です。(日食と月食➡p.602)

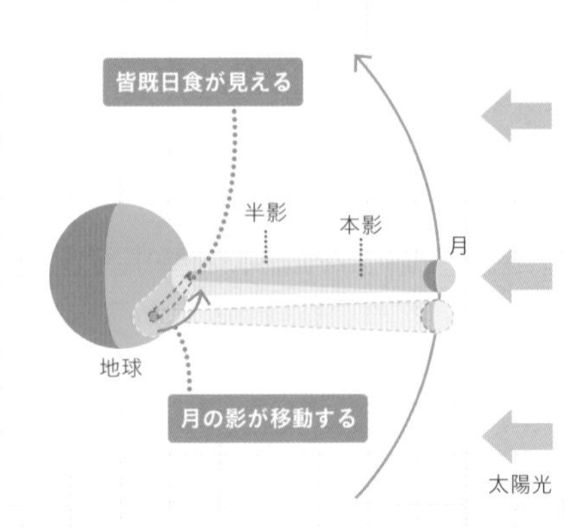

解答と解説

物理

第1章 光と音

➡ p.48 完成問題

1 ❶イ ❷イ ❸エ ❹イ

解説 ❶平面な鏡に垂直に入った光が反射すると，入射光と同じ道すじを逆向きに進む。
❷❹空気中から水(ガラス)中に斜めに進む光は，入射角＞屈折角の関係で屈折する。
❸❹水(ガラス)中から空気中に斜めに進む光は，入射角＜屈折角の関係で屈折する。

2 (1)実像
(2)位置…遠ざかる。 大きさ…大きくなる。
(3)虚像 (4)大きい。

解説 (2)このときの実像は，焦点距離の2倍の位置にできる。

物体の位置	像の位置	像の大きさ
❶焦点距離の2倍	焦点距離の2倍	物体と同じ
❷焦点と焦点距離の2倍の位置の間	焦点距離の2倍の位置の外	物体より大きい
❸焦点距離の2倍の位置の外	焦点と焦点距離の2倍の位置の間	物体より小さい

(3)(4)虚像は物体より大きく，物体と同じ向きである。

3 (1)イ (2)ウ (3) 60° (4)オ

解説 (3) 90－30＝60〔°〕

4 エ，オ

解説 音は空気などの物質が振動して波となって伝わる。固体や液体中でも伝わるが，振動する物体(物質)がなければ，音は伝わらない。

5 (1)大きさ…同じ。 高さ…高い。
(2) 1360 m (3)❶…D ❷…B

解説 (1)振幅が同じなので，音の大きさは同じ。弦が短いBのほうが音は高い。
(2) 340〔m/s〕× 4〔s〕＝1360〔m〕
(3)❶ Aよりも振幅が大きいのはD。❷ Aよりも振動数が多いのはB。

第2章 力・運動とエネルギー

➡ p.116 完成問題

1 (1)摩擦力 (2)垂直抗力(抗力) (3)合力
(4)(力の)合成 (5)分力
(6)作用・反作用(の法則)

2 (1) C (2) A (3) 0.44 N

解説 (1)水面から深いほど水圧は大きい。
(2)物体にはたらく浮力が最も小さいとき，ばねばかりが示す値は最大になる。水中にある物体の体積が大きいほど，浮力は大きい。
(3) 1.2〔N〕－0.76〔N〕＝0.44〔N〕

3 (1) 144 km/h (2) 40 m/s

解説 速さは物体が一定時間に進む距離。

$$速さ＝\frac{移動距離}{かかった時間}$$

(1) $\frac{720〔km〕}{5〔h〕}$＝144〔km/h〕
(2) 144 km＝144000 m，1 h ＝ 3600 s なので
$\frac{144000〔m〕}{3600〔s〕}$＝ 40〔m/s〕

4 (1)向き (2)比例(の関係) (3)慣性

解説 (2)等速直線運動は，物体が一定の速さで一直線上を進む運動をいう。このとき，移動距離は時間に比例する。

5 (1) 1200 J (2) 6 m (3)同じ。

解説 (1)物体にはたらく重力の大きさは400 N。物体を3 mの高さまで引き上げるので，
仕事＝ 400〔N〕× 3〔m〕＝1200〔J〕

⑵動滑車を１個使っているので，３×２＝６〔m〕
⑶斜面や道具を使っても，直接手でしても仕事の大きさは同じ。仕事の原理が成り立つ。

6　⑴ 600 cm　⑵**ウ**　⑶ **A**，**F**

解説 ⑴力学的エネルギーは保存されるので，**A** 点と同じ高さまで上がる。
⑵基準面からの高さが低いほど，運動エネルギーは大きい。

第3章　電流と磁界

➡ p.176 完成問題

1　⑴静電気　⑵電子

解説 静電気は，摩擦した物体間で電子が移動することによって生じる。

2　⑴電圧…１ V　電流…0.3 A
⑵電圧…６ V　電流…0.4 A

解説 ⑴直列回路の電熱線 **P**，**Q** に加わる電圧の和は電源の電圧に等しい。４－３＝１〔V〕
また，直列回路に流れる電流の大きさはどこも等しい。
⑵並列回路の各電熱線に加わる電圧は電源の電圧に等しい。電熱線 **S** と電熱線 **R** に流れる電流の和は，合流した電流に等しい。1.6－1.2＝0.4〔A〕

3　⑴ 0.1 A　⑵ 1.2 V　⑶８ Ω

解説 ⑴ R_3 を流れる電流は，R_1 と R_2 を流れる電流の差となる。0.4－0.3＝0.1〔A〕
⑵ R_2 と R_3 は並列につながっているので，それぞれに加わる電圧は，この部分全体に加わる電圧の大きさと等しい。
R_2 と R_3 の全体に加わる電圧は，電源の電圧と R_1 に加わる電圧の差となる。3.2－2.0＝1.2〔V〕
⑶電源の電圧が 3.2 V，電源から流れ出す電流（R_1 を流れる電流）が 0.4 A なので，オームの法則より，

$$\frac{3.2〔V〕}{0.4〔A〕}＝8〔Ω〕$$

4　⑴ 13.5 W　⑵ 4050 J　⑶ 3780 J

解説 ⑴電熱線に流れる電流は，

$$\frac{9〔V〕}{6〔Ω〕}＝1.5〔A〕$$　よって，電力は，
9〔V〕×1.5〔A〕＝13.5〔W〕
⑵ 13.5〔W〕×（５×60）〔s〕＝4050〔J〕
⑶水が得た熱量は次の式で求められる。
熱量＝ 4.2×水の質量×水の上昇温度
図２より５分間の水の上昇温度は 9.0 ℃なので，
4.2×100〔g〕×9.0〔℃〕＝3780〔J〕

5　⑴ **c**　⑵大きくなる。

解説 ⑵抵抗器を並列につなぐと，全体の抵抗は小さくなり，コイルに流れる電流は大きくなるので，コイルの動きは大きくなる。

6　⑴ **A**　⑵電流…**イ**　電子…**ア**

解説 ⑴陰極線は－の電気をもっているので，＋極側に引かれて曲がる。
⑵電流は＋極→－極の向きに流れ，電子は－極→＋極の向きに移動する。

第4章　科学技術と人間

➡ p.198 完成問題

1　⑴**イ**，**ウ**　⑵バイオマス

解説 ⑴化石燃料もウランも限りある資源である。

2　⑴**ア**…運動　**イ**…位置
ウ…化学　**エ**…熱
⑵コージェネレーション（システム）
⑶二酸化炭素
⑷熱を吸収して，たくわえるから。（温室効果があるから。）

解説 ⑵コージェネレーションシステムによって，エネルギーを効率よく利用することができる。

3　⑴❶…**エ**　❷…**ア**　❸…**ウ**　⑵**ア**

解説 ⑴❸おもりは引き上げられることによって，位置エネルギーが増加する。力学的エネルギーは，運動エネルギーと位置エネルギーの和。

(2)モーターを動かすと，エネルギーの一部は熱エネルギーや音エネルギーに変わるので，光エネルギーのすべてがおもりのもつエネルギーになるわけではない。

4 (1)❶…**エ**　❷…**オ**　❸…**イ**　❹…**ア**
(2)リサイクル

5 (1)**イ**，**ウ**　(2)生分解性プラスチック

化学

第1章　身のまわりの物質

➡ p.226 完成問題

1 (1)無機物　(2)食塩
(3)デンプン　(4)**イ**，**ウ**，**エ**

解説 (3)デンプンは水に溶けない。

2 (1)比例(の関係)　(2)5 g/cm³　(3)**A**

解説 (1)グラフが原点を通る直線になっていることから，比例の関係であるとわかる。
(2)固体**B**は，体積が4 cm³のとき，質量が20 gなので，密度は，$\frac{20〔g〕}{4〔cm^3〕}$＝5〔g/cm³〕
(3)同じ体積のとき，固体**A**の質量が最も大きい。

3 (1)液体が急に沸騰する(突沸する)のを防ぐため。(液体をおだやかに沸騰させるため。)
(2)液体のにおいを調べる。(マッチの火を近づけて，燃えるかどうかを調べる。)
(3)エタノールが多くふくまれる液体。

解説 (3)エタノールの沸点(約78 ℃)近くなので水よりエタノールが多くふくまれている。

4 (1)**A**から**B**…融点　**B**から**C**…沸点
(2)質量…変化しない。　密度…変化する。

解説 (1)**A**は固体，**B**は液体，**C**は気体の状態を表す。
(2)状態変化によって，体積は変化するが質量は変化しない。密度＝$\frac{質量}{体積}$より，密度は変化する。

5 (1)56.0 cm³　(2)6.0 cm³　(3)7.9 g/cm³

解説 (1)目盛りは液面の最も低い位置を，最小目盛りの$\frac{1}{10}$まで目分量で読みとる。
(2)ふえた分の体積が，鉄の体積である。したがって，56.0−50.0＝6.0〔cm³〕
(3) $\frac{47.4〔g〕}{6.0〔cm^3〕}$＝7.9〔g/cm³〕

第2章　気体と水溶液

➡ p.254 完成問題

1 (1)**A**…酸素　**B**…水素
C…二酸化炭素　**D**…アンモニア
(2)**C**　(3)**D**　(4)**A**
(5)記号…**B**　物質名…水

解説 (3)アンモニアには，鼻をさすような刺激臭がある。
(5)水素には可燃性があり，燃えると水ができる。

2 (1)**A**…下方置換法　**B**…上方置換法
C…水上置換法
(2)**C**　(3)**B**

解説 (2)水上置換法は空気の混じらない気体を集めることができるため，水に溶けにくい気体は水上置換法で集める。
(3)アンモニアは空気より軽く，水に非常に溶けやすいので，上方置換法で集める。

3 (1)**ア**，**エ**　(2)**イ**

解説 (1)塩化銅水溶液のように色のついた水溶液もあり，すべての水溶液が無色とは限らない。

4 (1)15 %　(2)16 g

解説 (1)質量パーセント濃度＝$\frac{溶質の質量}{溶液の質量}$×100より，

$\frac{15〔g〕}{15〔g〕+85〔g〕}$× 100＝15〔%〕

(2)200〔g〕×$\frac{8}{100}$＝16〔g〕

5 (1)溶解度
(2)❶…高い ❷…変化しない
(3)硝酸カリウム (4)❶硝酸カリウム
❷ 32.3 g
❸(水溶液を熱して)水を蒸発させる。

解説 (2)多くの物質の溶解度は，硝酸カリウムのように，温度が高いほど大きくなるが，塩化ナトリウムの溶解度はほとんど変化しない。
(3)硝酸カリウムの飽和水溶液のほうが溶けている溶質の質量が大きいので，質量は大きい。
(4)❷ 63.9−31.6＝32.3〔g〕
❸水を蒸発させれば，溶けきれなくなった溶質が結晶となって現れる。

第3章 化学変化と原子・分子

➡ p.294 完成問題

1 (1)二酸化炭素 (2)塩化コバルト紙
(3)㋐…**ア**，**ウ** ㋑…**イ**，**エ**
(4)炭酸ナトリウム，二酸化炭素，水(順不同)

解説 (3)炭酸水素ナトリウムと炭酸ナトリウムの性質を比べると，炭酸ナトリウムのほうが水によく溶け，水溶液は強いアルカリ性を示す。
(4)炭酸水素ナトリウムの熱分解は，次の化学反応式で表される。$2NaHCO_3 \rightarrow Na_2CO_3 + CO_2 + H_2O$

2 (1)もともと試験管内にあった気体(空気)が混ざっているから。
(2)銀

解説 (2)酸化銀は，加熱によって酸素と銀に分かれる。$2Ag_2O \rightarrow 4Ag + O_2$

3 (1)❶…H ❷…N ❸…Fe
(2)❶…酸素 ❷…塩素 ❸…ナトリウム
4 ❶ C ❷ CO_2 ❸ $2H_2O$
❹ O_2 ❺ Na_2CO_3 ❻ CO_2(❺❻順不同)

解説 化学反応式を書くときは，式の両辺で原子の種類と数が等しくなるように係数をつける。また，係数が1のときは省略する。

5 (1)発熱反応 (2)吸熱反応
6 (1)❶…小さくなる。 ❷変化しない。
(2) 0.2 g (3) 5.5 g
(4) 4 ： 1

解説 (1)炭酸水素ナトリウムにうすい塩酸を加えると，二酸化炭素が発生する。❶発生した気体が空気中に出ていくため，質量が小さくなる。❷密閉した容器の中では，容器への物質の出入りがないので，質量は変化しない。
(2) 2.9 − 2.7 ＝ 0.2〔g〕
(3) 3.5 ＋ 2.0 ＝ 5.5〔g〕
(4)銅と結びついた酸素の質量は，1.5〔g〕− 1.2〔g〕＝0.3〔g〕より，
銅1.2〔g〕：酸素0.3〔g〕＝ 4 ： 1

第4章 化学変化とイオン

➡ p.326 完成問題

1 ❶ OH^- ❷ Cu^{2+}
❸硫酸イオン ❹バリウムイオン
2 (1)陽イオン (2)**ア**，**ウ**

解説 (1)電子は−の電気をもっているので，原子が電子を失うと陽イオンになる。電子を得ると陰イオンになる。
(2)水素イオンは H^+，硫酸イオンは SO_4^{2-}，銅イオンは Cu^{2+}，水酸化物イオンは OH^-。

3 (1)銅 (2)**エ**
(3)❶…Cu ❷…Cl_2
(4)逆になる。

解説 (1)赤い物質を薬さじでこすると，金属光沢が現れる。
(3)塩化銅水溶液に電流を流すと，塩化銅は銅と塩素に分かれる。

4 (1)**イ**，**ウ**，**オ** (2)(化学)電池 (3)**ウ**

解説 (1)金属板AとBは異なった種類の金属を選ぶ。また，水溶液は電解質の水溶液(うすい塩酸，オレンジの果汁)を選ぶ。
(3)水溶液中のイオンの数が減ると，電流は小さくなり，モーターの回転は遅くなる。

5 (1) B…酸性 E…アルカリ性
(2)**ウ** (3) 4 cm^3 (4) NaCl

解説 (2)中和反応が起こることにより，うすい塩酸中の水素イオンの数が減る。
(3) BTB溶液の色の変化から，**C**のとき，完全に中和したと考えられる。
(4) $HCl + NaOH \rightarrow NaCl + H_2O$ より，この反応でできる塩は，塩化ナトリウム($NaCl$)である。

生物

第1章　身近な生物の観察

➡ p.342 完成問題

1 (1) **A**…接眼レンズ　**B**…レボルバー
C…対物レンズ
D…ステージ　**E**…反射鏡
(2)(**ア**→)**エ**(→)**ウ**(→)**オ**(→)**イ**
(3) 200倍
(4)❶…**ア**　❷…**イ**　(5)**イ**

解説 (2)レンズは，接眼レンズ→対物レンズの順にとりつける。接眼レンズをのぞきながらピントを合わせるときは，対物レンズとプレパラートが離れるようにする。
(3)顕微鏡の倍率＝接眼レンズの倍率×対物レンズの倍率
(5)上下左右が逆になるので，動かしたい向き(**エ**)と反対に動かす。

2 **ア**

解説 手に持って動かせるものの観察では，ルーペは目に近づけ，観察するものを前後に動かす。

3 (1)**ア**…ミドリムシ　**イ**…ミカヅキモ
ウ…ハネケイソウ　**エ**…アオミドロ
オ…ミジンコ
(2)**ア**，**オ**　(3)**ア**，**イ**，**ウ**，**エ**

解説 **ア**のミドリムシは葉緑体があり，さらにべん毛を使って動くことができる。**イ**〜**エ**は植物プランクトン，**オ**のミジンコは動物プランクトン。

4 ❶**オ**　❷**ウ**，**エ**　❸**イ**　❹**ア**，**カ**

解説 それぞれの生物は，生活しやすい環境にいて，場所によって見られる生物の種類はちがう。

第2章　植物の生活と多様性

➡ p.378 完成問題

1 (1)子房　(2)受粉　(3) **C**
(4)**イ**　(5) **a**…**B**　**b**…**C**
(6)裸子植物

解説 (1) **A**は柱頭，**B**はやく，**C**は胚珠である。
(2)(3)受粉して子房が成長すると果実ができる。果実の中には種子ができる。
(4)(5)マツの胚珠**b**は雌花のりん片にあり，子房はなく，むき出しになっている。雄花のりん片には**a**の花粉のうがあり，サクラのやくにあたる。
(6)サクラのように，子房の中に胚珠がある植物は，被子植物という。

2 (1) **A**…主根　**B**…側根　(2)根毛
(3) **a**…師管　**b**…道管　**c**…維管束
(4) **b**　(5)葉脈
(6) **C**…網状脈　**D**…平行脈

解説 (1)図は双子葉類の根である。中心の太い根を主根，主根からのびている細い根を側根という。単子葉類の根はひげ根である。
(3)(4)維管束の内側に道管の束があり，根から吸収した水が通る。
(5)(6)葉脈は葉の維管束。**C**は双子葉類，**D**は単子葉類の葉。

3 (1)気孔　(2)裏側

解説 (1)気孔は，葉の表皮の孔辺細胞に囲まれたすき間で，気体の出入り口となる。
(2) **B**(葉の裏側全体にワセリン)より**C**(葉の表側全体にワセリン)の水の減り方のほうが大きいことから，蒸散は葉の表側より裏側でさかんといえる。

4 (1) **A**…二酸化炭素　**B**…酸素
(2)葉緑体

解説 光合成は，二酸化炭素と水を原料に，光のエネルギーを使ってデンプンなどの栄養分(有機物)を合成するはたらきで，そのとき，酸素ができる。

5 (1) A…オ　B…イ　C…エ
D…ア　E…ウ
(2) a…被子植物　b…単子葉類
c…合弁花類
(3)あ…エ　い…イ

解説 (1)コケ植物には維管束がなく，根・茎・葉の区別がない。シダ植物もコケ植物も胞子でふえる。

第3章　動物の生活と多様性

➡ p.440 完成問題

1 (1)草食動物　(2)肉食動物
(3)❶…変温動物　❷…恒温動物
(4)鳥類，ホニュウ類(順不同)

解説 (3)(4)変温動物は，魚類，両生類，ハチュウ類。恒温動物は，鳥類，ホニュウ類。

2 (1) C…胃　D…大腸　(2)だ液
(3)デンプン…ブドウ糖
タンパク質…アミノ酸
(4) E

解説 (1) Aはだ液せん，Bは肝臓，Eは小腸。
(3)消化液のはたらきによって，デンプンはブドウ糖，タンパク質はアミノ酸，脂肪は脂肪酸とモノグリセリドに分解される。
(4)養分は，小腸の柔毛から吸収される。

3 (1)心臓　(2)エ　(3)肺循環

解説 (2)じん臓で尿素などの不要物がこしとられる。
(3)心臓から肺動脈，肺，肺静脈を通って心臓に戻る経路のこと。

4 (1) A…イ　B…ア
C…オ　D…ウ
(2)あ…ホニュウ類　い…ハチュウ類
う…節足動物

解説 セキツイ動物は体温の変化のしかたやふえ方，呼吸のしかたなどによって分類する。無セキツイ動物は，外骨格，体の節の有無などで分類する。

5 (1)肺胞　(2)二酸化炭素，酸素(順不同)

解説 酸素が肺胞から毛細血管に入り，二酸化炭素が毛細血管から肺胞に出る。

6 (1) A…感覚神経　B…運動神経
(2)反射

解説 (1)感覚神経は，感覚器官からの刺激を脳やせきずいに伝え，運動神経は脳やせきずいからの命令を運動器官に伝える。

7 (1)❶網膜　❷レンズ(水晶体)
(2)鼓膜

第4章　生物の細胞と生殖

➡ p.468 完成問題

1 (1) A
(2) a…細胞壁　b…核
c…葉緑体　d…細胞膜
(3)細胞質

解説 動物と植物の細胞に共通してあるのは，核，細胞膜である。植物の細胞には，葉緑体，発達した液胞，細胞壁がある。

2 (1)多細胞生物　(2)単細胞生物
(3) c　(4) b

解説 (1)(2)多細胞生物は，ミジンコ，メダカ，ヒト，サクラ，トウモロコシなど。単細胞生物は，ミカヅキモ，ケイソウ，ゾウリムシなど。

3 (1)魚類　(2)水中，陸上
(3)ハチュウ類　(4)相同器官

解説 (4)外形やはたらきは異なるが，その起源が同じで，基本的なつくりが同じ器官のこと。進化の証拠の１つである。

4 (1)(A →)E(→)B(→)F(→)C(→)D
(2)染色体
(3)もとの細胞と同じ大きさになる。

解説 (1)植物の細胞分裂は，染色体が現れ(**E**)，細胞の中央部に集まり(**B**)，染色体が分かれて両端に移動して(**F**)，その後しきりができ(**C**)，2つの細胞に分かれる(**D**)という順に進む。

5 (1)無性生殖　(2)同じ。

解説 (1)分裂などによるふえ方を示している。子は親と完全に同じ染色体を受けつぐ。

6 (1)精子
(2) **a** 　(3) **c** 
(4)減数分裂

解説 (4)染色体の数がもとの細胞(体細胞)の半分に減るので，減数分裂という。

第5章　自然界の生物と人間

➡ p.500 完成問題

1 (1)外来種(外来生物)　(2)在来種(在来生物)
(3)生態系

解説 外来種によって，在来種が絶滅してしまうこともある。

2 (1) **C**　(2)**イ**
(3)食物連鎖　(4)**ア**

解説 (1) **C** は植物などの生産者，**B** は草食動物，**A** は肉食動物を表している。
(2) **C** が生産者でないものを選ぶ。また，サメはカツオに食べられない。
(4) **B** が増加すると，**B** を食べ物とする **A** が一時的に増加する。また，**B** に食べられる **C** は一時的に減少する。

3 (1)二酸化炭素　(2)分解者　(3)❶無機物
❷エネルギー　(4)光合成　(5)**イ**，**エ**

解説 (1) **A**，**B**，**C**，**D** のすべての生物が放出している気体なので，呼吸で出す二酸化炭素と考えられる。
(3)菌類や細菌類は，有機物を分解して無機物にして，そのときに得られるエネルギーを利用している。
(4) **A** の生産者は植物であり，植物は二酸化炭素をとり入れ，光合成をおこない，デンプン(有機物)をつくり出している。
(5)**ア**，**ウ**，**オ**の矢印は二酸化炭素(無機物)の流れである。

4 (1)二酸化炭素，地球温暖化
(2)酸性雨　(3)津波
(4)噴火

解説 (1)化石燃料の大量消費や，森林の減少などが原因と考えられている。

地 学

第1章　大地の変化

➡ p.558 完成問題

1 (1) **A**…初期微動　**B**…主要動
(2) 5 km　(3) 8 時 10 分 40 秒　(4) 10 秒

解説 (2)図 2 の 10 秒のところを見ると，P 波は 50 km 伝わるので，1 秒間に 5 km 伝わる。
(3)図 2 の 60 km のところを見ると，S 波は 20 秒で伝わるので，8 時 10 分 20 秒の 20 秒後にゆれ **B** が始まる。
(4)図 2 の 75 km のところを見ると，P 波は 15 秒，S 波は 25 秒で伝わるので，初期微動継続時間はその差の 10 秒となる。

2 (1)**イ**　(2)石基
(3)図 1 …**エ**　図 2 …**ア**

解説 (1)黒色でうすくはがれる鉱物はクロウンモ。
(3)図 1 は深成岩。おもな深成岩は花こう岩，せん緑岩，斑れい岩などがある。図 2 は火山岩。おもな火山岩は流紋岩，安山岩，玄武岩などがある。れき岩，チャートは堆積岩。

3 (1)**イ**　(2) **b** 層　(3) **c** 層

解説 (1)アサリの化石は，示相化石で当時の環境を知る手がかりとなる化石である。地層が堆積した時代の手がかりとなる化石は示準化石。
(2) **b** 層のほうが堆積している粒が小さいので，海岸から離れた水深の深い時期だったと考えられる。

(3)両地点のアサリの化石をふくむ砂岩の層は，上下に泥岩の層があることから同じ層だと考えられる。よって，**d** 層より **c** 層のほうが下に位置しているので，**c** 層が先に堆積したと考えられる。

4 (1)断層　(2)しゅう曲

5 (1)マグマ　(2)溶岩
(3) **C**…火山灰　**D**…火山弾

解説 (2)溶岩は，マグマが地表に噴出したものや，それが冷えて固まったもの。

第2章　変化する天気

➡ p.594 **完成**問題

1 (1) **B**　(2) 15.2 g　(3) 50 %　(4) 13.8 g

解説 (2)気温が 30 ℃のときの飽和水蒸気量は 30.4 g/m^3 だから，この空気にはまだ 30.4－15.2＝15.2〔g/m^3〕の水蒸気をふくむことができる。
(3) 15.2〔g/m^3〕÷30.4〔g/m^3〕×100＝50〔％〕
(4) 17.3〔g/m^3〕×80〔％〕÷100＝13.84〔g/m^3〕

2 (1)**ウ**　(2)**ア**　(3)**イ**　(4)偏西風

解説 (1)冬は，シベリア気団の影響を受け，西高東低の気圧配置になる。
(2)春は,移動性高気圧と低気圧が交互におとずれる。
(3)夏は，太平洋高気圧が成長して，小笠原気団におおわれる。南高北低の気圧配置になる。

3 高気圧…**エ**　低気圧…**ア**

解説 北半球では,高気圧による地表付近の風は,中心から右回りにふき出し，低気圧による地表付近の風は，中心に向かって左回りにふきこむ。

4 (1) **a**　(2)**エ**　(3)寒冷前線　(4)**ア**

解説 (1)(3)寒気が暖気の下にもぐりこみ，暖気をおし上げて進んでいくので，寒冷前線。
(2)垂直に発達した雲は積乱雲。
(4)寒冷前線が近づくと激しい雨が降り，通過後は気温が下がり，風向は南寄りから北寄りになる。

5 (1)湿度…低くなる。　露点…変化しない。
(2)気温が高いとき

解説 (1)気温が高くなると，飽和水蒸気量が大きくなるので，空気中の水蒸気の質量が変化しなければ湿度は低くなる。露点は変化しない。
(2)湿度が同じとき，気温が高いほうが飽和水蒸気量は大きいので，空気中の水蒸気量が多くなり，露点は高くなる。露点は空気中の水蒸気の質量で決まり，気温とは関係ないことに注意する。

第3章　地球と宇宙

➡ p.626 **完成**問題

1 (1)黒点　(2)まわりより温度が低いから。
(3)太陽が自転していることがわかる。

解説 (1)(2)太陽の表面温度は約 6000 ℃で，黒点は約 4000 ℃のため，黒っぽく見える。

2 (1) **A**…新月　**C**…上弦の月(半月)
(2) **C**　(3)**イ**

3 (1)北…**ア**　西…**イ**　(2)北極星

4 (1)**ウ**　(2) **C**，**E**　(3)地球型惑星　(4) **A**，**B**

解説 (4) **A** の木星，**B** の土星が大型で密度が小さい木星型惑星。

5 (1)**ア**　(2) **B**　(3) **D**

解説 (3)冬至の日の位置である。

6 (1) 12 月　(2)地球が自転しているから。

解説 地球の自転により，1 日のうちで星座は動いて見える。

単位表

単位とは

単位とは，測定したり比較したりするときの「基準」となる量で，世界共通で使われている単位を「基本単位」とよぶ。
単位に接頭辞をつけると，100倍，1000倍などを表すことができる。たとえば，1 kmの「k」は，1 mの1000倍を表す。

基本単位

量	名称	記号
長さ	メートル	m
質量	キログラム	kg
時間	秒	s
電流	アンペア	A
温度*	ケルビン	K

*中学ではセルシウス温度(℃)を使う。
273.15 K = 0 ℃

単位の接頭辞

倍数	名称	記号
1兆倍(10^{12})	テラ	T
10億倍(10^{9})	ギガ	G
100万倍(10^{6})	メガ	M
1000倍(10^{3})	キロ	k
100倍(10^{2})	ヘクト	h
10倍(10)	デカ	da
10分の1(10^{-1})	デシ	d
100分の1(10^{-2})	センチ	c
1000分の1(10^{-3})	ミリ	m
100万分の1(10^{-6})	マイクロ	μ
10億分の1(10^{-9})	ナノ	n

量	単位の名称	記号	変換など
長さ	キロメートル	km	1 km=1000 m
	メートル	m	1 m=100 cm=1000 mm
	センチメートル	cm	1 cm=1/100 m
	ミリメートル	mm	1 mm=1/1000 m
	マイクロメートル	μm	1 μm=1/1000 mm
質量	キログラム	kg	1 kg =1000 g
	グラム	g	1 g=1000 mg
	ミリグラム	mg	1 mg=1/1000 g
面積	平方メートル	m^2	1 m^2=10000 cm^2
	平方センチメートル	cm^2	1 cm^2=1/10000 m^2
体積	リットル	L	1 L=1000 mL=1000 cm^3
	ミリリットル	mL	1 mL=1/1000L
	立方センチメートル	cm^3	1 cm^3=1 mL=1/1000 L
密度	グラム毎立方センチメートル	g/cm^3	1 cm^3あたりの物質の質量〔g〕
	グラム毎リットル	g/L	1 Lあたりの物質の質量〔g〕
時間	時間	h	1 h=60 min=3600 s
	分	min	1 min=60 s
	秒	s	1 s=1/60 min=1/3600 h
速さ	キロメートル毎時	km/h	1時間あたりに進む距離〔km〕
	メートル毎秒	m/s	1秒間あたりに進む距離〔m〕
振動数	ヘルツ	Hz	1秒間に振動する回数
力	ニュートン	N	1 Nは，約100 gの物体にはたらく重力の大きさ
圧力	パスカル	Pa	1 Pa=1 N/m^2
	ヘクトパスカル	hPa	1 hPa=100 Pa=100 N/m^2
	ニュートン毎平方メートル	N/m^2	1 N/m^2=1 Pa
	気圧	気圧	1気圧=約1013 hPa
電流	アンペア	A	1 A=1000 mA
	ミリアンペア	mA	1 mA=1/1000 A
電圧	ボルト	V	1 V=1000 mV
抵抗	オーム	Ω	1 Ω=1 V/1 A
電力	ワット	W	1 W=1 V×1 A
	キロワット	kW	1 kW=1000 W
電力量	ジュール	J	1 J=1 W×1 s
	ワット時	Wh	1 Wh=3600 J
	キロワット時	kWh	1 kWh=1000 Wh
熱量	ジュール	J	1 J=約0.24 cal
	カロリー	cal	1 cal=約4.2 J
エネルギー	ジュール	J	
仕事率	ワット	W	1 W=1 J/s
	キロワット	kW	1 kW=1000 W=1000 J/s
	ジュール毎秒	J/s	

巻末資料

公式・法則一覧

	単元	公式・法則など	内容
物理	光の反射・屈折	反射の法則	光が物体の表面で反射するとき，**入射角＝反射角**が成り立つ。
		光の屈折	・光が空気中から水（ガラス）中に進むとき，**入射角＞屈折角** ・光が水（ガラス）中から空気中に進むとき，**入射角＜屈折角**
	凸レンズ	凸レンズを通る光の進み方	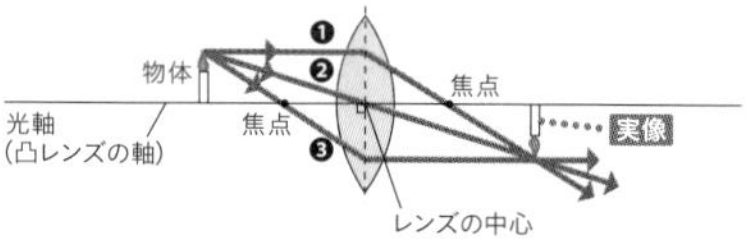 ❶光軸に平行な光…凸レンズを通過後，焦点を通る。 ❷凸レンズの中心を通る光…凸レンズを通過後，直進する。 ❸焦点を通る光…凸レンズを通過後，光軸に平行に進む。
	音	音の速さ	**音の速さ〔m/s〕＝ $\dfrac{\text{音源からの距離〔m〕}}{\text{時間〔s〕}}$**
	力	フックの法則	ばねののびは，ばねに加えた力の大きさに比例する。
	水圧と浮力	水圧と深さ	深さが深いほど水圧は大きくなる。
		浮力	**浮力〔N〕＝空気中での重さ〔N〕－水中での重さ〔N〕**
		アルキメデスの原理	物体にはたらく浮力の大きさは， その物体が押しのけた分の液体の重さに等しい。
	回路の電流・電圧・抵抗	直列回路の電流と電圧	❶流れる電流の大きさは， 回路のどの点でも等しい。 $I_1=I_2=I_3$ ❷各部分に加わる電圧の和は， 全体に加わる電圧に等しい。 $V_1=V_2+V_3$ 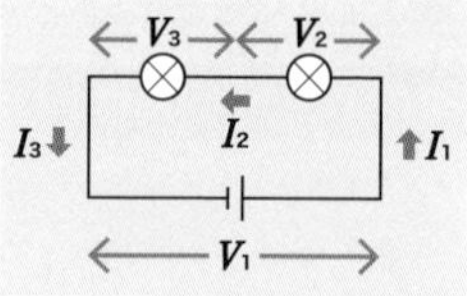
		並列回路の電流と電圧	❶枝分かれする前の電流は， 枝分かれしたあとの 電流の和と等しい。 $I_1=I_2+I_3$ ❷各部分に加わる電圧は， 全体に加わる電圧に等しい。 $V_1=V_2=V_3$ 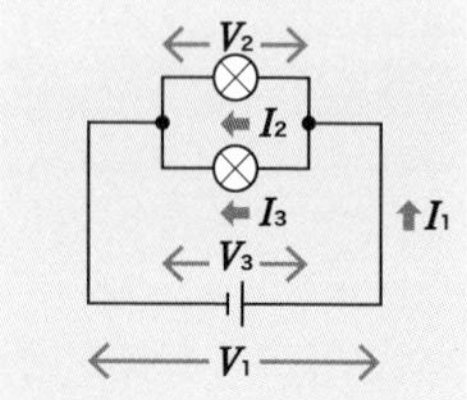
		オームの法則	**電圧 V〔V〕＝抵抗 R〔Ω〕×電流 I〔A〕**

	単元	公式・法則など	内容
物理	回路の電流・電圧・抵抗	直列回路の全体の抵抗	全体の抵抗 R は，各部分の抵抗（R_1，R_2）の和と等しい。 $R=R_1+R_2$
		並列回路の全体の抵抗	全体の抵抗 R は，各部分の抵抗（R_1，R_2）より小さい。 $\frac{1}{R}=\frac{1}{R_1}+\frac{1}{R_2}$，　$R<R_1$，$R<R_2$
	電力・電力量	電力	**電力〔W〕＝電圧〔V〕× 電流〔A〕**
		発熱量	**電流による発熱量〔J〕＝電力〔W〕× 時間〔s〕** **熱量〔J〕＝4.2× 水の質量〔g〕× 水の上昇温度〔℃〕**
		電力量	**電力量〔J〕＝電力〔W〕× 時間〔s〕** **電力量〔Wh〕＝電力〔W〕× 時間〔h〕**
	電流と磁界	右ねじの法則	ねじの進む向きに電流の向きを合わせると，ねじを回す向きが磁界の向きである。
		右手の法則	右手の親指以外の 4 本の指を電流の向きに合わせてコイルをにぎったとき，開いた親指の向きがコイルの内側にできる磁界の向きになる。
		フレミングの左手の法則	左手の中指，人差し指，親指の 3 本をたがいに垂直になるように開き，中指を電流の向き，人差し指を磁界の向きに合わせると，親指の向きが電流が磁界から受ける力の向きになる。
	力と運動	2 力のつり合いの条件	❶2力の大きさは等しい。　❷2力の向きは反対。 ❸2力は同一直線（作用線）上にはたらく。
		作用・反作用の法則	作用と反作用は，2つの物体間で同時にはたらき，大きさは等しく，向きは反対で一直線上ではたらく。
		速さ	**速さ〔m/s〕＝ 物体が移動した距離〔m〕/ 移動するのにかかった時間〔s〕**
		慣性の法則	物体に力がはたらかないか，はたらいている力がつり合っているとき，静止している物体は静止を続け，運動している物体はそのままの速さで等速直線運動を続ける。

巻末資料

公式・法則一覧

	単元	公式・法則など	内容
物理	仕事とエネルギー	仕事	**仕事〔J〕＝力の大きさ〔N〕× 力の向きに動いた距離〔m〕**
		仕事の原理	道具を使って物体に仕事をしても，直接手で物体に仕事をしても，仕事の大きさは変わらない。
		仕事率	**仕事率〔W〕＝ $\dfrac{\text{仕事〔J〕}}{\text{仕事にかかった時間〔s〕}}$**
		力学的エネルギー	**力学的エネルギー＝位置エネルギー＋運動エネルギー**
		力学的エネルギーの保存	位置エネルギーと運動エネルギーはたがいに移り変わるが，その和はつねに一定に保たれる。
化学	身のまわりの物質	密度	**物質の密度〔g/cm^3〕＝ $\dfrac{\text{物質の質量〔g〕}}{\text{物質の体積〔cm}^3\text{〕}}$**
	水溶液	質量パーセント濃度	**質量パーセント濃度〔%〕＝ $\dfrac{\text{溶質の質量〔g〕}}{\text{溶液の質量〔g〕}}\times 100$ ＝ $\dfrac{\text{溶質の質量〔g〕}}{\text{溶媒の質量〔g〕＋溶質の質量〔g〕}}\times 100$**
	化学変化	質量保存の法則	化学変化の前後で物質全体の質量は変化しない。
生物	生物の観察	顕微鏡の倍率	**顕微鏡の倍率＝接眼レンズの倍率 × 対物レンズの倍率**
	遺伝	分離の法則	減数分裂によって生殖細胞ができるとき，対になった遺伝子がそれぞれ分かれて別々の生殖細胞に入ること。
		顕性の法則	顕性形質をもつ純系の親と潜性形質をもつ純系の親をかけ合わせると，子の代では顕性形質だけが現れること。
地学	気象	湿度	**湿度〔%〕＝ $\dfrac{\text{1m}^3\text{の空気にふくまれる水蒸気の質量〔g/m}^3\text{〕}}{\text{その空気と同じ気温での飽和水蒸気量〔g/m}^3\text{〕}}\times 100$**
		圧力	**圧力〔Pa または N/m^2〕＝ $\dfrac{\text{面に垂直にはたらく力〔N〕}}{\text{力がはたらく面積〔m}^2\text{〕}}$**
	天体	太陽の南中高度	**・春分・秋分の日の南中高度＝90°−その地点の緯度 ・夏至の日の南中高度＝90°−（その地点の緯度−23.4°） ・冬至の日の南中高度＝90°−（その地点の緯度＋23.4°）**

おもな化学式・化学反応式

化学式

物質	化学式
水素	H_2
窒素	N_2
酸素	O_2
塩素	Cl_2
炭素	C
硫黄	S
二酸化炭素	CO_2
一酸化炭素	CO
アンモニア	NH_3
二酸化硫黄	SO_2
硫化水素	H_2S
塩化水素	HCl
メタン	CH_4

物質	化学式
ナトリウム	Na
マグネシウム	Mg
アルミニウム	Al
鉄	Fe
銅	Cu
亜鉛	Zn
銀	Ag
水銀	Hg
鉛	Pb
金	Au
酸化マグネシウム	MgO
酸化銅	CuO
酸化銀	Ag_2O

物質	化学式
塩化ナトリウム	NaCl
塩化カルシウム	$CaCl_2$
硫化鉄	FeS
硫化銅	CuS
硫酸	H_2SO_4
硝酸	HNO_3
水酸化ナトリウム	NaOH
炭酸ナトリウム	Na_2CO_3
炭酸水素ナトリウム	$NaHCO_3$
水酸化バリウム	$Ba(OH)_2$
水酸化カルシウム	$Ca(OH)_2$
炭酸カルシウム	$CaCO_3$
過酸化水素	H_2O_2

化学反応式

化学変化	化学反応式
炭酸水素ナトリウムの熱分解	$2NaHCO_3 \rightarrow Na_2CO_3+H_2O+CO_2$
酸化銀の熱分解	$2Ag_2O \rightarrow 4Ag+O_2$
水の電気分解	$2H_2O \rightarrow 2H_2+O_2$
塩酸の電気分解	$2HCl \rightarrow H_2+Cl_2$
塩化銅の電気分解	$CuCl_2 \rightarrow Cu+Cl_2$
鉄と硫黄の化合*	$Fe+S \rightarrow FeS$
銅と硫黄の化合	$Cu+S \rightarrow CuS$
炭素と酸素の化合	$C+O_2 \rightarrow CO_2$
水素と酸素の化合	$2H_2+O_2 \rightarrow 2H_2O$
銅と酸素の化合	$2Cu+O_2 \rightarrow 2CuO$
マグネシウムと酸素の化合	$2Mg+O_2 \rightarrow 2MgO$

*化合という用語は近年使用されないようになってきている。

化学変化	化学反応式
炭素による酸化銅の還元	$2CuO+C \rightarrow 2Cu+CO_2$
亜鉛と塩酸の反応	$Zn+2HCl \rightarrow ZnCl_2+H_2$
炭酸水素ナトリウムと塩酸の反応	$NaHCO_3+HCl \rightarrow NaCl+CO_2+H_2O$
炭酸カルシウムと塩酸の反応	$CaCO_3+2HCl \rightarrow CaCl_2+CO_2+H_2O$
水酸化バリウムと塩化アンモニウムの反応	$Ba(OH)_2+2NH_4Cl \rightarrow BaCl_2+2NH_3+2H_2O$
塩酸と水酸化ナトリウム水溶液の中和	$HCl+NaOH \rightarrow NaCl+H_2O$
硫酸と水酸化バリウム水溶液の中和	$H_2SO_4+Ba(OH)_2 \rightarrow BaSO_4+2H_2O$

日本人ノーベル賞受賞者

ノーベル賞は，ダイナマイトを発明したアルフレッド・ノーベル（1833年～1896年）の死後，遺志をくんで創設された，偉大な発明やとり組みなどをした人に贈られる賞。1901年から始まり，毎年10月に受賞者が発表される。物理学賞，化学賞，生理学・医学賞などの科学的分野の賞があり，多くの日本人が受賞している。また上記以外には，文学賞，平和賞，経済学賞がある。

ゆかわひでき
湯川秀樹
[1949]

物理 **中間子の存在の予想**

日本人初のノーベル賞受賞者。原子核内部の陽子と中性子を結びつける「中間子」の存在を理論的に予言した。現在では，中間子は素粒子が結びついた粒子として，存在が確認されている。（素粒子➡p.273）

ともながしんいちろう
朝永振一郎
[1965]

物理 **量子電磁力学分野での基礎的研究**

独自の「くりこみ理論」という理論を用いて，相対性理論と量子力学の関係を解明した業績で受賞。晩年は，物理学で原子爆弾がつくられたことに心を痛め，原子力の平和利用に力を注いだ。

えさきれおな
江崎玲於奈
[1973]

物理 **半導体におけるトンネル効果の発見**

半導体内の「トンネル効果」とよばれる現象の実証例を発見。これを応用してエサキダイオードという電子回路部品を開発し，当時のコンピュータの処理スピードの向上に貢献した。（半導体➡p.189）

ふくいけんいち
福井謙一
[1981]

化学 **化学反応の起こるしくみの解明**

化学反応の起こるしくみを，電子の軌道についての理論をとり入れた「フロンティア電子理論」という独自の理論によって説明した。日本人初のノーベル化学賞を受賞。

とねがわすすむ
利根川進
[1987]

生理・医学 **多様な抗体をつくるしくみの遺伝的解明**

白血球の一種であるリンパ球が，ヒトの体内でさまざまな異物に対する多種多様な抗体をつくるしくみを，遺伝子レベルの研究により解明した。日本人初のノーベル生理学・医学賞を受賞。（免疫➡p.417）

しらかわひでき
白川英樹
[2000]

化学 **導電性高分子の発見と展開**

かつてプラスチックなどの高分子は電気を通さないと考えられていたが，電気を通すことを発見，導電性のプラスチックが実現した。その後，プラスチック素材の研究に大きな影響をもたらした。（プラスチック➡p.190）

のよりりょうじ
野依良治
[2001]

化学 **キラル触媒による鏡像異性体のつくり分け**

キラル触媒とよばれる触媒を用いて，鏡像異性体（たがいに鏡に映したような構造をもつ化合物）をつくり分けることに成功。この技術は，医薬品，農薬，香料などの製造で応用されている。

こしばまさとし
小柴昌俊
[2002]

物理 **宇宙ニュートリノの検出への貢献**

空から降ってきたニュートリノ（素粒子の一種）は水中に入るとわずかに光る。素粒子観測装置「カミオカンデ」を考案し，その光を解析することで，ニュートリノの検出に成功した。（素粒子➡p.273）

たなかこういち
田中耕一
[2002]

化学 **タンパク質分析のための手法の開発**

生命活動に必要なタンパク質は，その分解のしやすさから，当時の手法で質量をはかることが困難だったが，補助剤と混ぜてレーザー光を当てる手法を開発し，分析を可能にした。

こばやしまこと
小林誠
[2008]

物理 **6種類以上のクォークの存在を予言する事象の発見**

素粒子の一種であるクォークは，当時3種類のみが発見されていたが，研究によって少なくとも6種類あるとする「小林・益川理論」を発表した。現在では6種類のクォークの存在が確認されている。（素粒子➡p.273）

ますかわとしひで
益川敏英
[2008]

物理 **6種類以上のクォークの存在を予言する事象の発見**

素粒子の一種であるクォークは，当時3種類のみが発見されていたが，研究によって少なくとも6種類あるとする「小林・益川理論」を発表した。現在では6種類のクォークの存在が確認されている。（素粒子➡p.273）

なんぶよういちろう
南部陽一郎
[2008]

物理 **素粒子物理学における「自発的対称性の破れ」の発見**

素粒子の世界における「自発的対称性の破れ」という理論を提唱し，素粒子が宇宙の進化の過程で，質量を得るしくみを解明した。物理学の基礎に大きく貢献。米国国籍。（素粒子➡p.273）

しもむらおさむ
下村脩
[2008]

化学 **緑色蛍光タンパク質（GFP）の発見と開発**

発光する生物についての研究で，オワンクラゲから緑色の蛍光タンパク質(GFP)を発見，分離することに成功。その後，蛍光タンパク質は生命科学や医学研究のツールとなった。

ねぎしえいいち
根岸英一
[2010]

化学 **パラジウムを触媒としたクロスカップリング＊の発見**

パラジウムという金属を触媒として有機化合物中の炭素と炭素を結びつける方法（根岸カップリング）を発見した。この方法は，医薬品などに応用されている。

＊クロスカップリングとは，構造の異なる2つの分子を結びつける化学変化。

すずきあきら
鈴木章
[2010]

化学 **パラジウムを触媒としたクロスカップリングの発見**

根岸英一氏に続いて，別の手法で，パラジウムを触媒として有機化合物中の炭素と炭素を結びつける方法を発見した（鈴木・宮浦カップリング）。使用する物質の毒性が低く，より幅広い分野への応用を可能とした。

やまなかしんや
山中伸弥
[2012]

生理・医学 **人工多能性幹細胞（iPS細胞）の作製**

成熟した細胞に特定の遺伝子を導入することで，機能が初期化され，さまざまな細胞に成長できる能力をもつiPS細胞の作製に成功した。失った組織や，臓器の再生に期待されている。現在では実用化もされている。

あかさきいさむ
赤﨑勇
[2014]

物理 **青色発光ダイオードの発明**

青色発光ダイオードの開発で，天野浩氏，中村修二氏と共同受賞した。この発明によって，寿命が長く，低消費電力のLEDが，照明器具やスマートフォンに使用されるようになった。

あまのひろし
天野浩
[2014]

物理 **青色発光ダイオードの発明**

青色発光ダイオードの開発で赤﨑勇氏，中村修二氏と共同受賞した。この発明によって，寿命が長く，低消費電力のLEDが，照明器具やスマートフォンに使用されるようになった。

巻末資料

日本人ノーベル賞受賞者

なかむら しゅう じ
中村修二
[2014]

物理 **青色発光ダイオードの発明**

青色発光ダイオードの開発で，天野浩氏，赤﨑勇氏と共同受賞した。この発明によって，寿命が長く，低消費電力のLEDが，照明器具やスマートフォンに使用されるようになった。米国国籍。

おおむら さとし
大村智
[2015]

生理・医学 **熱帯の寄生虫によって起こる感染症の治療法の発見**

寄生虫による特有な病気の特効薬であるイベルメクチンの開発に貢献。「科学者というものは，人のためにやらなくてはだめ」という精神のもとに，多くの人の命を救っている。

かじ た たかあき
梶田隆章
[2015]

物理 **ニュートリノが質量をもつことを示す振動の発見**

素粒子の1つであるニュートリノに質量があることを，粒子の振動を観測することで発見した。観測による証明は世界初。ニュートリノについては謎が多いが，この発見により理解が進むと期待されている。(素粒子➡p.273)

おおすみ よしのり
大隅良典
[2016]

生理・医学 **オートファジー（自食作用）のしくみの解明**

すべての動植物がもつ，細胞が不要なタンパク質などを分解するしくみを解明した。しくみの解明によって，今後ガンや免疫性の病気，認知症などの治療法に役立つことが期待されている。

ほんじょ たすく
本庶佑
[2018]

生理・医学 **免疫抑制の阻害因子の発見**

免疫のはたらきに抑制をかけるタンパク質「PD－1」の発見と，がん治療薬ニボルマブの開発に貢献。今後，がんの免疫療法に役立つことが期待されている。(免疫➡p.417)

よし の あきら
吉野彰
[2019]

化学 **リチウムイオン電池の開発研究**

軽量，高電圧で，充電をして，くり返し使用することが可能なリチウムイオン電池の原型を考案した。リチウムイオン電池は，寿命が長く，スマートフォンなどに使用されている。(リチウムイオン電池➡p.311)

ま なべしゅく ろう
眞鍋淑郎
[2021]

物理 **二酸化炭素の地球温暖化への影響を予測**

大気と海洋をつなげた熱や物質の循環モデルを提唱し，二酸化炭素濃度の上昇が地球温暖化に及ぼす影響の予測モデルを発表した。「現代の気候研究の基礎となった」と評されている。米国国籍。(地球温暖化➡p.490)

巻末資料

役立つサイト・書籍情報

以下に，理科の調べものや資料として役立つサイトや書籍を紹介します。
使用の際には，各サイトや書籍の注意事項や利用規約等をご確認ください。

ウェブサイト

調べもの

気象庁ホームページ（気象庁） http://www.jma.go.jp/jma/menu/menureport.html

…気象や気候，地震・火山などの，各種データや資料を調べることができる。

アメダス（気象庁） https://www.jma.go.jp/jp/amedas/

…１時間ごとの気温や降水量，風速などの気象データを確認することができる。

高解像度降水ナウキャスト（気象庁） https://www.jma.go.jp/jp/highresorad/index.html

…５分ごとの雨雲の動きや降水の強さを確認することができる。

天文情報（国立天文台） https://www.nao.ac.jp/astro/

…注目の天文現象や，天文に関する基礎知識を調べることができる。

野草・雑草検索図鑑（千葉県立中央博物館・茨城大学教育学部情報文化課程） http://chiba-muse.jp/yasou2010/

…葉の形やつき方，見かけた季節などから，野草や雑草の名前を調べることができる。

樹木検索図鑑（千葉県立中央博物館） http://www.chiba-museum.jp/jyumoku2014/kensaku/

…葉の形や大きさなどから，樹木の名前を調べることができる。

ポータルサイト

学研キッズネット（学研） https://kids.gakken.co.jp

…科学についての疑問や，自由研究に役立つ情報などを調べることができる。

理科ねっとわーく（国立教育政策研究所） https://rika-net.com

…実験・観察動画や理科に関わる写真資料，デジタル教材などを見ることができる。

サイエンスポータル（科学技術振興機構） https://scienceportal.jst.go.jp

…科学についての最新ニュースや，記事を読むことができる。

サイエンスチャンネル（科学技術振興機構） https://sciencechannel.jst.go.jp

…身近なものから最先端の技術まで，科学に関する動画を見ることができる。

書籍

理科年表（国立天文台編，丸善出版）

…物理 / 化学・生物・地学から天文・気象・環境まで，理科に関するあらゆるデータを調べることができる。

環境年表（国立天文台編，丸善出版）

…自然環境から身近な暮らしまで，「環境」に関するあらゆるデータを調べることができる。

天文年鑑（天文年鑑編集委員会編，誠文堂新光社）

…天文に関するあらゆるデータを調べることができる。

さくいん

語句の出てきた編を 物 化 生 地 マークで示しています。

あ

亜鉛…化267
亜鉛イオン…化299
アオミドロ…生341
秋雨前線…地586
明けの明星…地616,**620**
朝なぎ…地579
汗…生424
圧力…物67地576
アボガドロの法則…化265
天の川…地624
アミノ酸…生408
アミラーゼ…生403
雨…地572
アメーバ…生340
アメダス…地591
アラミド繊維…物191
あられ…地573
亜硫酸…化236
アルカリ…化317
アルカリ性…化317
アルカリマンガン乾電池…化311
アルキメデスの原理…物70
アルゴン…化238
アルミニウム…化267
アルミニウムイオン…化299
安山岩…地528
アンペア(A)…物130
アンモナイト…地556
アンモニア…化235
アンモニア水…化235,**319**
アンモニウムイオン…化299

い

胃…生404
胃液…生404
硫黄…化276
硫黄酸化物…物182生490
イオン…化298
イオン化傾向…化304
イオン化列…化304
イオン結合…化274
維管束…生374
イタイイタイ病…生489
位置エネルギー…物**100**,104
一次電池…化311
一酸化炭素…化280
いて座…地612
遺伝…生455
遺伝子…生445,**455**
遺伝子型…生458
遺伝子組換え…生460
遺伝のきまり…生456
緯度…地598
移動性高気圧…地583
陰イオン…化298
陰極…化301
陰極線…物**123**,126
いん石(隕石)…地619
インターネット…物192

う

うお座…地612
うずまき管…生427
宇宙…地625
海風…地579
ウラン…物183
雨量…地573
上皿てんびん…化211
雲形…地570
運動エネルギー…物**101**,104
運動器官…生385
運動神経…生433
運動の第一法則…物87
運動の第三法則…物88
運動の第二法則…物87
運搬…地530
雲量…地571

え

衛星…地618
栄養生殖…生452
栄養段階…生474
液晶…物189
液状化現象…地513
液体…化214
液胞…生445
エタノール…化218
エネルギー…物99
エネルギーの移り変わり…物107
エネルギー変換効率…物187
えら…生386
えら呼吸…生386
塩…化323,**325**
円運動…物84
塩化アンモニウム…化235,**290**
塩化カルシウム…化283
塩化コバルト紙…化224
塩化水素…化**237**,315
塩化銅…化301
塩化ナトリウム…化**247**,265,325
塩化物…化276
塩化物イオン…化298
沿岸流…地533
塩基…化317
塩酸…化**237**,284,289,303,324
炎色反応…化204
遠心分離…化248
延髄…生413,**433**
延性…化207
塩素…化237

お

横隔膜…生412
おうし座…地612
黄はん…生426
オーム(Ω)…物138
オームの法則…物137,**140**
オーロラ…地601
小笠原気団…地584
雄株…生359
オキシドール…化231
おしべ…生349
オシロスコープ…物43
オゾン層…生492
オゾンホール…生492
おだやかな酸化…化278
音エネルギー…物107
音の大きさ…物43
音の3要素…物42
音の高さ…物44
音の伝わる速さ…物41
おとめ座…地612
雄花…生350
おひつじ座…地612
オホーツク海気団…地584
おぼれ谷…地544
重さ…物54
オリオン座…地611
温覚…生385
音源…物40
温室効果…生490
温室効果ガス…物193生491
温泉…地521
音速…物41
温帯低気圧…地584,**587**

温暖前線…地585

か

カーボンナノチューブ…物191
海王星…地617
外核…地522
海岸段丘…地543
皆既月食…地603
皆既日食…地**603**,628
海溝…地549
外呼吸…生411
外骨格…生395,398,**436**
外耳…生427
海食がい…地533
海食台…地533
海進…地544
海水準…地544
海退…地544
外とう膜…生400
海綿状組織…生363
海綿動物…生401
海洋プレート…地548
外来種…生337,**486**
海陸風…地578
海嶺…地548
回路…物128
回路図…物128
外惑星…地615
化学エネルギー…物**107**,182 化291
化学かいろ…化**289**,292
化学式…化268
化学反応式…化270
化学肥料…生493
化学変化…化258
河岸段丘…地543
かぎ層…地540
核(細胞)…生445
核(地球)…地522
がく…生348
核エネルギー…物107,**183**
カクセン石(角閃石)…地524
核分裂…物183
角膜…生425
下弦の月…地599
化合…化276
花こう岩…地527
下降気流…地582
化合物…化266
仮根…生359
火砕流…生496 地518
火山…地516
火山ガス…地517
過酸化水素水…化231
火山岩…地523,**528**
火山帯…地520
火山弾…地517
火山の形…地519
火山灰…地516
火山ハザードマップ…地520
火山噴出物…地516
火山れき…地517
可視光線…物33
果実…生351
価数…化299
ガスバーナー…化207
火星…地616
火成岩…地523
化石…地535
化石燃料…物181
加速度…物86
花たく…生348
花柱…生349
活火山…地520
滑車…物96
活性炭…化289
活断層…地545
価電子…化306
仮道管…生375
かに座…地612
可燃性…化234
カブトガニ…地557
花粉…生349
花粉管…生**454**,467
花粉のう…生355
花弁…生348
下方置換法…化240
過飽和溶液…化245
紙…生494
カモノハシ…生393
ガラス体…生425
カリウム…化267
カリウムイオン…化299
火力発電…物182
軽石…地516
カルシウム…化267
カルシウムイオン…化299,**305**
カルスト地形…地529
カルデラ…地521
過冷却…化221 地566
カロリー(cal)…物111
感覚器官…生**385**,425
感覚細胞…生428
感覚神経…生433
感覚点…生431
環境ホルモン…生490
環形動物…生401
還元…化280
還元剤…化280
還元漂白作用…化236
感光性…化262
乾湿計…地563
慣性…物76
慣性の法則…物**76**,87
関節…生438
汗せん…生424
完全花…生350
完全燃焼…化278
完全変態…生397
肝臓…生405
関東地震…地515
間脳…生432
カンラン石…地524
寒冷前線…地586

き

基…化269
気圧の谷…地589
気圧配置…地583
貴ガス(希ガス)…化**238**,306
気管…生412
器官…生447
器官系…生447
気管支…生412
気孔…生364
気孔の開閉…生364
基準面…物100
気象衛星…生499 地591
気象警報…地592
気象注意報…地592
気象特別警報…地592
気象要素…地583
キ石(輝石)…地524
季節風…地579
気体…化214
気体の性質…化**230**,240
気団…地584
起電力…化308
気門…生396
逆断層…地545
嗅覚…生385
嗅細胞…生429
臼歯…生384
吸収…生407
球状星団…地624
吸熱反応…化290
凝灰岩…地538
胸腔…生412
凝固…化215
凝固点…化220
凝固点降下…化221
凝固熱…化215
凝縮…化215 地562
凝縮熱…化215
競争(生存競争)…生472
強電解質…化301
協同作用(共生)…生472
共有結合…化275
局地的大雨…生497
キョク皮動物…生401
巨星…地623
虚像…物35

魚類…生389
霧…地566
希硫酸…化315
キルヒホッフの法則…物134
記録タイマー…物74
金…化267
銀…化267
銀イオン…化299
銀河…地625
銀河系…地624
金環日食…地603
緊急地震速報…地509
菌糸…生483
金星…地616
金星の見かけの動き…地620
筋繊維…生439
金属…化207
金属イオン…化305
金属結合…化275
金属光沢…化207
筋肉…生439
菌類…生482

く

空気…化230
クエン酸…化290
茎…生373
茎のつくり…生373
口…生403
屈折…物31
屈折角…物31
屈折光…物31
屈折率…物31
雲…地567, **569**
クモ類…生399
グリコーゲン…生408
クルックス管(真空放電管)…物123
クレーター…地599
クロウンモ(黒雲母)…地524
クローン…生460
クロマトグラフィー…化251
クロレラ…生341
クンショウモ…生341
群体…生446

け

形質…生455
形状記憶合金…物188
形成層…生373
ケイソウ類…生341, **362**
経度…地598
系統…生462
系統樹…生465
夏至…地613
血液…生416
血液の循環…生415
結合組織…生447
結晶…化246地573
血しょう…生416
血小板…生416
月食…地602
血清…生417
結露…地562
ゲノム…生460
ゲノム編集…生460
ケプラーの法則…地618
けん…生439
巻雲(すじ雲)…地570
原形質(細胞質)流動…生445
原索動物…生401
犬歯…生384
原子…化263
原子核…化272
原子の構造…化272
原子番号…化273
原子量…化286
原子力発電…物183
減数分裂…生457
顕性形質…生456
原生生物…生340
顕性の法則…生456
巻積雲(うろこ雲)…地570
元素…化263
巻層雲(うす雲)…地570
元素記号…化267
顕微鏡…生**333**, 334
玄武岩…地528
原油…化225
検流計…物130

こ

降雨域…地587
恒温動物…生387
光化学スモッグ…生491
光学顕微鏡…生334
甲殻類…生398
高気圧…地583
光球…地600
光源…物30
抗原…生417
光合成のしくみ…生363
硬骨…生437
虹彩…生425
光軸…物34
降水…地572
洪水…生497地593
降水ナウキャスト…地592
降水量…地573
恒星…地622
合成抵抗…物142
恒星の明るさ…地622
恒星までの距離…地622
高積雲(ひつじ雲)…地570
高層雲(おぼろ雲)…地570
構造式…化275
構造線…地545
抗体…生417
公転…地610
公転軌道…地610
公転周期…地610
光電池(太陽電池)…物184
公転面…地610
光度…物39
硬度…地525
黄道…地611
行動圏…生472
黄道12星座…地612
光年…地622
鉱物…地524
高分子吸収体…物188
合弁花類…生354
孔辺細胞…生364
交流…物170, **173**
合力…物62
コージェネレーション…物186
呼吸(植物)…生368
呼吸(動物)…生411
呼吸器官…生**411**, 412
黒点…地601
コケ植物…生347, **359**
互生…生356
古生代…地555
固体…化214
個体…生447
骨格…生437
骨格筋…生439
骨髄…生438
鼓膜…生427
ゴルジ体…生445
コロイド溶液…化243
コロナ…地600
根冠…生**372**, 448
混合物…化**205**, 266
昆虫類…生396
根毛…生372
根粒菌…生488

さ

最外殻電子…化306
細菌類…生483
再結晶…化**246**, 250
再生可能なエネルギー資源…物193
彩層…地600
最大静止摩擦力…物66
細胞…生444
細胞呼吸…生411
細胞質…生445
細胞小器官…生446
細胞のつくり…生445
細胞分裂…生449
細胞壁…生445

細胞膜…生445
砂岩…地537
酢酸…化316
酢酸オルセイン液…生445
酢酸カーミン液…生445
さく状組織…生363
砂し…地533
砂州…地533
さそり座…地612
作用・反作用…物61,**88**
作用線…物57
作用点…物57
酸…化314
３R…生498
酸化…化278
散開星団…地624
酸化・還元反応…化280
酸化銀…化261
酸化銀電池…化311
三角州…地532
酸化剤…化280
酸化鉄…化279
酸化銅…化**281**,287
酸化物…化276,**278**
酸化防止剤…化282
酸化マグネシウム…化**279**,286
酸性…化314
酸性雨…生491
酸素…化230
三大栄養素…生402
サンヨウチュウ…地555

し

シーベルト(Sv)…物126
シェールオイル…地537
ジェット気流…地579
磁化…物155
磁界…物156
紫外線…生491
磁界の向き…物156
視覚…生385
自家受粉…生456
師管…生373
耳管…生427
磁気誘導…物155
磁極…物55,**155**
刺激臭…化235
仕事…物**91**,99
仕事の原理…物96
仕事率…物97
しし座…地612
指示薬…化319
示準化石…地552
耳小骨…生427
地震…生495地506
地震計…地508
地すべり…地512
自然界での炭素と酸素の循環…生487
自然界での窒素の循環…生488
示相化石…地552
持続可能な開発目標(SDGs)…物194
シソチョウ…生463
シダ植物…生347,**357**
舌のつくり…生429
実像…物35
湿度…地563
湿度表…地564
質量…物**54**,87,89,90
質量数…化273
質量パーセント濃度…化244
質量保存の法則…化285
磁鉄鉱…地524
自転…地604
自転周期…地604
師部…生373
シベリア気団…地584
子房…生349
脂肪…生408
脂肪酸…生408
霜…地566
弱電解質…化301
シャルルの法則…物71
種…生461
雌雄異株…生356
周期…物**84**,173
周期表…化264
しゅう曲…地546
しゅう曲山脈…地547
重心…物57
重そう…化319
集中豪雨…地593
充電…化311
自由電子…物124
雌雄同株…生**355**,356
十二指腸…生405
周波数…物173
秋分…地613
柔毛…生405,**407**
自由落下…物80
重量…物54
重力…物**54**,80,89
重力加速度…物86,**89**,90
ジュール(J)…物**147**,149
ジュール熱…物149
ジュールの法則…物149
主系列星…地623
主根…生353
種子…生349,**351**
種子植物…生346
種子をつくらない植物…生347
受精…生**452**,454
受精卵…生**452**,454
出芽…生451
出水管…生400
受粉…生349,**454**
主要動…地508
順位制…生473
循環系…生415
瞬間の速さ…物72
純系…生456
純粋な物質…化**205**,266
春分…地613
子葉…生353
昇華…化215
消化…生402
消化液…生402
消化管…生402
消化器官…生**403**,408
消化酵素…生402
浄化作用…生482
消化せん…生402
昇華熱…化216
蒸気機関…物115
蒸気タービン…物115
上弦の月…地599
条件反射…生434
硝酸…化316
蒸散…生377
硝酸アンモニウム…化290
硝酸イオン…化299
硝酸カリウム…化246
硝酸銀…化304
上昇気流…地567,**582**
状態変化…化214
小腸…生**405**,407
焦点…物34
焦点距離…物34
照度…物39
しょう乳どう…地529
小脳…生433
蒸発…化215
蒸発熱…化215
蒸発量…地574
消費者…生474
上皮組織…生447
消費電力量…物147
上方置換法…化240
静脈…生419
静脈血…生421
蒸留…化**222**,249
小惑星…地618
ショート…物148
初期微動…地508
初期微動継続時間…地508
食道…生404
触媒…化232
植物プランクトン…生340
食物環…生474
食物網…生474

食物連鎖…生474
初速…物82
触覚…生385
触角…生396
助燃性…化230, **234**
自律神経系…生433
磁力…物55, **155**
磁力線…物156
シルト…地537
震央…地506
震央距離…地506
進化…生462
心筋…生439
真空放電…物121
真空ポンプ…物122
神経系…生432
神経細胞(ニューロン)…生432
神経組織…生447
新月…地599
震源…地506
震源距離…地506
震源の深さ…地506
人工衛星…地618
人工知能(AI)…物192
心室…生420
侵食…地530
深成岩…地527
新生代…地557
心臓…生420
腎臓…生423
新素材…物191
震度…地506
振動…物40
振動数…物**42**, 84
振幅…物**42**, 84
心房…生420

す

水圧…物68
すい液…生404
水害…生497
水銀…化208
水酸化カリウム…化318
水酸化カルシウム…化318
水酸化ナトリウム…化318
水酸化ナトリウム水溶液…化324
水酸化バリウム…化290
水酸化バリウム水溶液…化283
水酸化物イオン…化317
水晶…地525
水上置換法…化239
水星…地616
すい星…地619
水素…化234
水素イオン…化314
すい臓…生404
水素吸蔵合金…物188
水素社会…物195
垂直抗力…物53
水媒花…生350
水平断層(横ずれ断層)…地545
水溶液…化243
水力発電…物182
ストロボ写真…物74
ストロボ装置…物74
ストロマトライト…地555
スピーカー…物160
スペクトル…物33

せ

星雲…地624
整合…地546
西高東低…地588
星座…地622
精細胞…生454
生産者…生474
精子…生452
静止摩擦力…物**66**, 94
生殖…生451
生殖細胞…生451
生成熱…化291
生成物…化258
精巣…生452
成層火山…地519
生態系…生481
星団…地624
正断層…地545
成長…生448
成長点…生448
静電気…物55, **120**, 127
生物濃縮…生489
生物量ピラミッド…生484
生分解性プラスチック…物190
正立虚像…物36
整流子…物166
精錬…化282
積雲(わた雲)…地570
セキエイ(石英)…地524
赤外線…物33
脊索…生401
積算電力計…物147
脊髄…生433
セキツイ動物…生383, **388**
積乱雲(入道雲)…地570
絶縁体…物139
石灰岩…地538
石灰水…化318
石灰石…化233, **284**
石基…地524
赤血球…生416
節足動物…生395
絶対等級…地623
ゼニゴケ…生338
背骨…生437
セラミックス…物188
線形動物…生401
扇状地…地531
染色体…生445, **449**
潜性形質…生456
前線…地585
前線面…地585
ぜん動運動…生403
全反射…物32
全反射プリズム…物32
せん毛…生435, **446**
前葉体…生358
せん緑岩…地527

そ

像…物30
層雲(きり雲)…地570
造岩鉱物…地524
双眼実体顕微鏡…生333
造山運動…地547
造山帯…地547
双子葉類…生353
双子葉類と単子葉類の茎のつくり…生374
草食動物…生384
層積雲(うね雲)…地570
相対運動…物**78**, 169
相対湿度…地563
相同器官…生464
ゾウリムシ…生340
ソウ類…生347, **361**
ソーラーカー…物195
速度…物87
組織…生447
組織液…生418
側根…生353
疎密波…物40地509
ソレノイドコイル(コイル)…物158

た

ダイオキシン…生490
体外受精…生452
大気圧…地576
大気の汚染…生490
大気の循環…地579
体細胞分裂…生449
体循環…生421
大静脈…生421
胎生…生**393**, 394
堆積…地530
堆積岩…地536
大腸…生405
帯電…物**55**, 120
大動脈…生421
体内受精…生452
大脳…生432
台風…地590生496

太陽…地600
太陽系…地618
太陽系外縁天体…地619
太陽光発電…物184
太陽のエネルギー…地600
太陽の日周運動…地607
大陸移動説…地549
大陸プレート…地548
大理石…地538
対立形質…生456
対流…物114
対流圏…地570
だ液…生**403**,410
だ液せん…生403
高潮…生496
多細胞生物…生447
多足類…生399
脱水作用…化315
脱皮…生391
たて状火山…地519
縦波…物40地509
多島海…地544
ダニエル電池…化308
谷風…地579
炭化水素…化221
単眼…生396
単細胞生物…生446
炭酸…化316
炭酸アンモニウム…化261
炭酸イオン…化299
炭酸カルシウム…化**232**,284
炭酸水素ナトリウム
…化**259**,284,290,319
炭酸ナトリウム…化283,**319**
胆汁…生405
単子葉類…生354
単色光…物32
炭水化物…生408
単性花…生350
弾性限界…物95
弾性力…物53
炭素…化205生487
断層…地545
炭素繊維(カーボンファイバー)
…物191
単体…化266
断熱膨張…地567
胆のう…生405
タンパク質…生408
タンポポ…生337

ち

地殻…地522
地下茎…生357
力…物52
力の大きさ…物56
力の合成…物62
力の3要素…物56
力のつり合い…物60
力のはたらく点…物57
力の分解…物63
力の向き…物57
地球…地**598**,616
地球温暖化…物193生490
地球型惑星…地615
地磁気…物156
地軸…地604
地質年代…地**552**,553
治水…生497
地層…地534
地層累重の法則…地539
窒素…化238生488
窒素酸化物…物182化238生490
地動説…地610
地熱発電…物185地521
チバニアン…地554
チャート…地538
中耳…生427
抽出…化250
柱状図…地541
柱状節理…地528
中枢神経系…生432
中性…化319
中性子…化272
中生代…地556
柱頭…生349
中脳…生433
虫媒花…生350
中和…化323
中和熱…化**291**,323
潮解性…化316
聴覚…生385
長江(揚子江)気団…地585
超硬合金…物189
聴神経…生428
チョウ石(長石)…地524
超伝導物質…物189
鳥媒花…生350
張力…物53
鳥類…生392
直流…物173
直列…物129
直列回路…物133
沈降…地543
チンダル現象…化243
沈殿…化**248**,283

つ

痛覚…生385
月…地599
津波…生495地514
露…地566
梅雨…地589
ツリガネムシ…生340

て

ディープラーニング…物192
定滑車…物96
泥岩…地537
低気圧…地584
抵抗…物138
停滞前線…地**586**,589
定比例の法則…化287
デオキシリボ核酸(DNA)
…生**455**,458
てこ…物97
デジタルテスター…物131
鉄…化**276**,278
手回し発電機…物109
デルタ…地532
電圧…物132
電圧計…物132
電荷…化272
電解質…化300
電気泳動…化321
電気エネルギー…物107,**146**,181
天気記号…地583
電機子…物165
電気自動車(EV)…物195,**197**
天気図…地583
電気抵抗…物138
電気伝導性…化208
電気分解…物186化261,**301**
天球…地605
電気用図記号…物128
電子…物124化272
電子殻…化274
電磁石…物160
電子線…物124
電子てんびん…化211
電磁波…物126
電子配置…化**274**,306
電磁誘導…物**167**,172
展性…化207
電池(化学電池)…化307
天頂…地605
天敵…生486
伝導…物114
天動説…地610
電熱線…物137,**149**
天然ガス…物181
天王星…地617
天の子午線…地605
天の赤道…地605
天の南極…地605
天の北極…地605
てんびん座…地612
デンプン…化252生**366**,371,408
天文単位…地600
電離…化300
電離度…化315

電流…物 **124**, 130
電流計…物 130
電流の向き…物 130
電力…物 146
電力量…物 147

と

銅…化 **278**, 287
等圧線…地 580
銅イオン…化 299
同位体…化 274
同化…生 367
等加速度運動…物 86
動滑車…物 96
道管…生 373
等級…地 623
冬至…地 613
等星…地 623
導線…物 139
等速直線運動…物 75
導体…物 138
導電性高分子…物 190
動物プランクトン…生 340
東北地方太平洋沖地震…地 510
動摩擦力…物 **66**, 94
動脈…生 419
動脈血…生 421
冬眠…生 387
透明半球…地 608
倒立実像…物 36
等粒状組織…地 523
ドクダミ…生 338
独立の法則…生 458
土星…地 617
土石流…生 497
突沸…化 260
ドップラー効果…物 47
凸レンズ…物 34
ドライアイス…化 232
ドリーネ…地 529
トリチェリーの実験…地 577

な

内核…地 522
内呼吸…生 411
内骨格…生 436
内耳…生 427
内惑星…地 615
ナトリウム…化 267
ナトリウムイオン…化 299, **305**
ナノテクノロジー…物 191
ナフタレン…化 216
鉛…化 267
鉛蓄電池…化 311
なわばり(テリトリー)…生 472
南海トラフ…地 512
南高北低…地 588
軟骨…生 437
軟体動物…生 400
南中…地 607
南中高度…地 **607**, 613

に

ニカド電池…化 311
肉食動物…生 384
二酸化硫黄…化 **236**, 316
二酸化ケイ素…地 538
二酸化炭素…化 **232**, 316
二酸化マンガン…化 231
二次電池(蓄電池)…化 311
２心房２心室…生 422
ニッケル水素電池…化 311
日周運動…地 606
日食…地 602
ニホニウム…化 267
日本標準時…地 607
二枚貝類…生 400
入射角…物 30
入射光…物 30
入水管…生 400
ニュートリノ…化 273
ニュートン(N)…物 56
尿…生 423
尿素…生 424

ぬ

ヌクレオチド…生 458

ね

根…生 372
音色…物 46
ネオン…化 238
熱エネルギー…物 107 化 291
熱機関…物 115
熱効率…物 115
熱帯低気圧…地 584, **590**
熱伝導性…化 208
熱分解…化 259
熱膨張…化 217
熱容量…物 113
熱量…物 111
熱量計…物 113
根のつくり…生 372
年周運動…地 610
年周視差…地 622
燃焼…化 278
燃焼熱…化 291
粘土…地 537
粘板岩…地 537
燃料電池発電…物 186
燃料電池…化 312
燃料電池自動車…化 312
年輪…生 375

の

脳…生 432
濃度…化 244
濃硫酸…化 315

は

葉…生 363
パーセク(pc)…地 622
胚…生 351, **454**
肺…生 412
梅雨前線…地 **586**, 589
バイオマス発電…物 185
肺魚…生 413
胚珠…生 349
排出…生 423
排出器官…生 423
肺循環…生 421
肺静脈…生 421
肺動脈…生 421
胚乳…生 351
ハイブリッド自動車…物 197
肺胞…生 412
はく検電器…物 125
白色光…物 32
白色わい星…地 623
バクテリア…生 483
拍動…生 420
パスカル(Pa)…物 67 地 576
パスカルの原理…物 68
波長…物 46
発音体…物 40
白血球…生 416
発生(動物)…生 **453**, 465
発生(植物)…生 454
発電機…物 170
発熱反応…化 289
花…生 348
花のつくり…生 348
鼻のつくり…生 429
ハネケイソウ…生 341
ばねばかり…物 59
葉のつくり…生 363
速さ…物 72
速さが変化する運動…物 79
はやぶさ…地 620
パラフィン…化 221
バリウムイオン…化 299
波力発電…物 184
パルミチン酸…化 221
半規管…生 428
反射…生 434
反射角…物 30
反射光…物 30
斑晶…地 524
板状節理…地 528
斑状組織…地 524

阪神淡路大震災… 地 511
半導体… 物 139, **189**
半透膜… 化 253
反応熱… 化 291
反応物… 化 258
万有引力… 物 89
斑れい岩… 地 527

ひ

ヒートアイランド現象… 生 490
皮下脂肪… 生 **408**, 430
光エネルギー… 物 107
光通信… 物 192
光の直進… 物 30
光の反射… 物 30
光の反射の法則… 物 30
光の分散… 物 32
光ファイバー… 物 32
光分解… 化 262
非金属… 化 208
ひげ根… 生 354
飛行機雲… 地 567
被子植物… 生 353
比重… 化 210
微生物… 生 340
ビッグバン… 地 625
非電解質… 化 300
ひとみ… 生 425
比熱… 物 112
皮膚… 生 430
ひょう… 地 573
氷河… 地 544
表現型… 生 458
兵庫県南部地震… 地 511
氷酢酸… 化 316
漂白・殺菌作用… 化 237
表皮(植物)… 生 363
表皮(動物)… 生 430
備長炭電池… 化 310

ふ

ふ… 生 365
ファインセラミックス… 物 188
ふ入り… 生 365
風化… 地 529
風向… 地 581
フーコーのふりこ… 地 604
風速… 地 581
風媒花… 生 350
風力… 地 581
風力階級… 地 581
風力発電… 物 185
フェノールフタレイン溶液… 化 321
フォッサマグナ… 地 546
ふ化… 生 **392**, 453
不完全花… 生 350
不完全変態… 生 397
不完全燃焼… 化 278
複眼… 生 396
腐食性… 化 237
腐植土… 生 480
不整合… 地 546
ふたご座… 地 612
フックの法則… 物 **59**, 95
物質… 化 204
物質の三態… 化 214
物体… 化 204
物体と像の位置… 物 36
沸点… 化 208, **218**
沸騰… 化 218
沸騰石… 化 260
不導体… 物 139
ブドウ糖… 化 252 生 408
部分月食… 地 603
部分日食… 地 603
不要な物質の排出… 生 423
フラーレン… 物 191
プラスチック… 物 190 生 494
ブラックホール… 地 624
プランクトン… 生 339
腐卵臭… 化 240
ふりこの運動… 物 84
ふりこの等時性… 物 84
浮力… 物 69
プルームテクトニクス… 地 550
プルトニウム… 物 183
ブレーカー… 物 148
プレート… 地 **510**, 548
プレート境界型地震
(海溝型地震)… 地 510
プレートテクトニクス… 地 550
プレート内地震
(内陸直下型地震)… 地 510
プレパラート… 生 335
フレミングの左手の法則… 物 162
プロパン… 化 239
プロミネンス(紅炎)… 地 600
フロン… 生 491
噴火… 地 516
分解(化学変化)… 化 258
分解(土壌中)… 生 477
分解者… 生 481
分子… 化 265
分子間力… 化 216
分泌… 生 423
分離… 化 248
分離の法則… 生 457
分留… 化 225
分力… 物 63
分裂… 生 451

へ

平滑筋… 生 439
平均の速さ… 物 72
平行脈… 生 354
閉そく前線… 地 586
並列… 物 129
並列回路… 物 134
ベーキングパウダー… 化 259
へき開… 地 525
ヘクトパスカル(hPa)… 物 67 地 577
ベクレル(Bq)… 物 126
ベネジクト液… 生 410
ペプシン… 生 404
ヘモグロビン… 生 416
ヘリウム… 化 238
ペルチェ素子… 物 154
ヘルツ(Hz)… 物 43, **173**
弁… 生 420
変圧器… 物 175
変異… 生 458
変温動物… 生 387
変光星… 地 623
変成岩… 地 547
偏西風… 地 580
変態… 生 397
べん毛… 生 435, **446**

ほ

ボイルの法則… 物 71
方位磁針… 物 156
貿易風… 地 580
ぼうこう… 生 423
ホウ酸… 化 317
胞子… 生 358
胞子のう… 生 **358**, 360
放射… 物 114
放射性元素… 地 554
放射線… 物 **126**, 183
法線… 物 30
放電… 物 121
飽和… 化 245
飽和水蒸気量… 地 563
飽和溶液… 化 245
ボーマンのう… 生 423
ボーリング調査… 地 541
北斗七星… 地 611
北極星… 地 606
ホットスポット… 地 550
ホニュウ類… 生 393
ボルタ電池… 化 308
ボルト(V)… 物 132
ボルボックス… 生 341
ホルモン… 生 434

ま

巻貝類… 生 400
マグニチュード… 地 507
マグネシウム… 化 267, **278**, 286, 289
マグネシウムイオン… 化 299
マグマ… 地 516

マグマ水蒸気爆発…地518
マグマだまり…地518
マグマのねばりけ…地518
摩擦係数…物94
摩擦電気…物120
摩擦力…物53,**66**
真砂土…地527
マツ…生355
末しょう神経系…生432,**433**
マンガン乾電池…化310
満月…地599
マントル…地522

み

味覚…生385,**429**
味覚芽(味らい)…生429
三日月…地599
ミカヅキモ…生341
右手の法則…物158
右ねじの法則…物157
味細胞…生429
ミジンコ…生340
みずがめ座…地612
水の循環…地575
水の電気分解…化**261**,303
みぞれ…地573
満ち欠け…地599
密度…化**209**,212
ミトコンドリア…生445
ミドリムシ…生341
水俣病…生489
耳…生427
脈…生420
ミョウバン…化247

む

無機物…化205
無色鉱物…地524
無性生殖…生451
無セキツイ動物…生383,**395**
無胚乳種子…生351

め

目…生425
めい王星…地619
雌株…生359
めしべ…生349
メスシリンダー…化212
メタン…物181化**238**,239
メチルオレンジ…化321
雌花…生350
免疫…生417

も

毛細血管…生419
網状脈…生353
モース硬度…地525
盲点…生426
網膜…生426
モーター(電動機)…物165
木星…地616
木星型惑星…地615
木部…生373
モノグリセリド…生408
モノコード…物43
ものの浮き沈み…化210
門歯…生384

や

やぎ座…地612
やく…生349
山風…地579
やませ…地584
山谷風…地579

ゆ

融解…化215
融解熱…化215
有機EL…物192
有機物…化205
有色鉱物…地524
湧水…地521
有性生殖…生**451**,452,454
融点…化208,**220**
誘導起電力…物167
誘導電流…物167
夕なぎ…地579
有胚乳種子…生351
雪…地572
輸尿管…生423

よ

陽イオン…化298
溶液…化243
溶解…化243
溶解度…化**245**,250
溶解度曲線…化246
溶解熱…化291
溶岩…地516
溶岩台地…地519
溶岩ドーム…地519
陽極…化301
陽子…化272
溶質…化243
葉状体…生359
幼生…生390
ヨウ素液…生365,410
葉肉…生363
溶媒…化243
葉脈…生363
葉緑体…生**365**,445
横波…物40地509

ら

裸子植物…生355
卵…生452
卵割…生453
ランゲルハンス島…生404
卵細胞…生454
卵生…生394
卵巣…生452
乱層雲(あま雲)…地570
卵胎生…生394
乱反射…物30

り

リアス海岸(リアス式海岸)
…地544
リーダー制…生473
力学的エネルギー…物103
力学的エネルギーの保存…物103
陸風…地579
リサイクル…物196生498
リチウムイオン電池…化311
リチウム電池…化311
リデュース…生498
リトマス紙…化321
離弁花類…生354
硫化水素…化236
硫化鉄…化276
硫化銅…化278
硫化物…化276
隆起…地543
硫酸…化315
硫酸亜鉛水溶液…化308
硫酸イオン…化299
硫酸銅…化325
硫酸銅水溶液…化308
硫酸バリウム…化**283**,315,325
リユース…生498
流星…地619
流星群…地619
流紋岩…地528
量子コンピュータ…物192
両性花…生350
両生類…生390
臨界角…物32
リン酸…化316
輪軸…物96
リンパ液…生418
リンパ管…生418
リンパ球…生418
リンパ節…生418
りん片…生**355**,356

る

ルーペ…生332

れ

レアメタル…物189
冷覚…生385

冷却パック…化293
れき岩…地537
レンズ…生426

ろ

ろ過…化248
緑青…化282
ろっ間筋…生412
露点…地562

わ

惑星…地615
ワクチン…生417
ワット(W)…物146
ワット時(Wh)…物147

A~Z, α~γ

Ag(銀)…化267
Al(アルミニウム)…化267
Au(金)…化267
Ba(バリウム)…化267
BTB溶液…化321
C(炭素)…化267
Ca(カルシウム)…化267
Cl(塩素)…化267
Cu(銅)…化267
DNA…生**455**,458
DNA解析…生460
DNA鑑定…生460
Fe(鉄)…化267
H(水素)…化267
He(ヘリウム)…化267
K(カリウム)…化267
Mg(マグネシウム)…化267
N(窒素)…化267
Na(ナトリウム)…化267
O(酸素)…化267
P(リン)…化267
P波…地508
pH…化319
pH試験紙…化319
pHメーター…化319
ppm(ピーピーエム)…化244
S(硫黄)…化267
S波…地508
SDGs(持続可能な開発目標)…物194
Si(ケイ素)…化267
V字谷…地530
X(エックス)線…物126
Zn(亜鉛)…化267
α(アルファ)線…物126
β(ベータ)線…物126
γ(ガンマ)線…物126

監修　荘司隆一（元筑波大学附属中学主幹教諭），金子丈夫（元筑波大学附属中学副校長）
編集協力　㈱ダブルウイング，長谷川千穂，須郷和恵，小谷千里，大和昌史，木村紳一，
㈱バンティアン，㈲マイプラン，東正通，斎藤貞夫，甲野藤文宏
カバーデザイン　寄藤文平＋古屋郁美［文平銀座］
本文デザイン　武本勝利，峠之内綾［ライカンスロープデザインラボ］
イラスト　平松慶，海道建太
図版　㈱アート工房，㈲ケイデザイン，㈱日本グラフィックス
写真　写真そばに記載，無印は編集部
DTP　㈱明昌堂　データ管理コード：22-2031-2057（CC2019）
印刷所　凸版印刷株式会社

この本は下記のように環境に配慮して製作しました。
●製版フィルムを使用しないCTP方式で印刷しました。 ●環境に配慮して作られた紙を使用しています。

学研 パーフェクトコース
わかるをつくる 中学理科

元素の周期表

周期表は，元素を原子番号の順に並べたもの

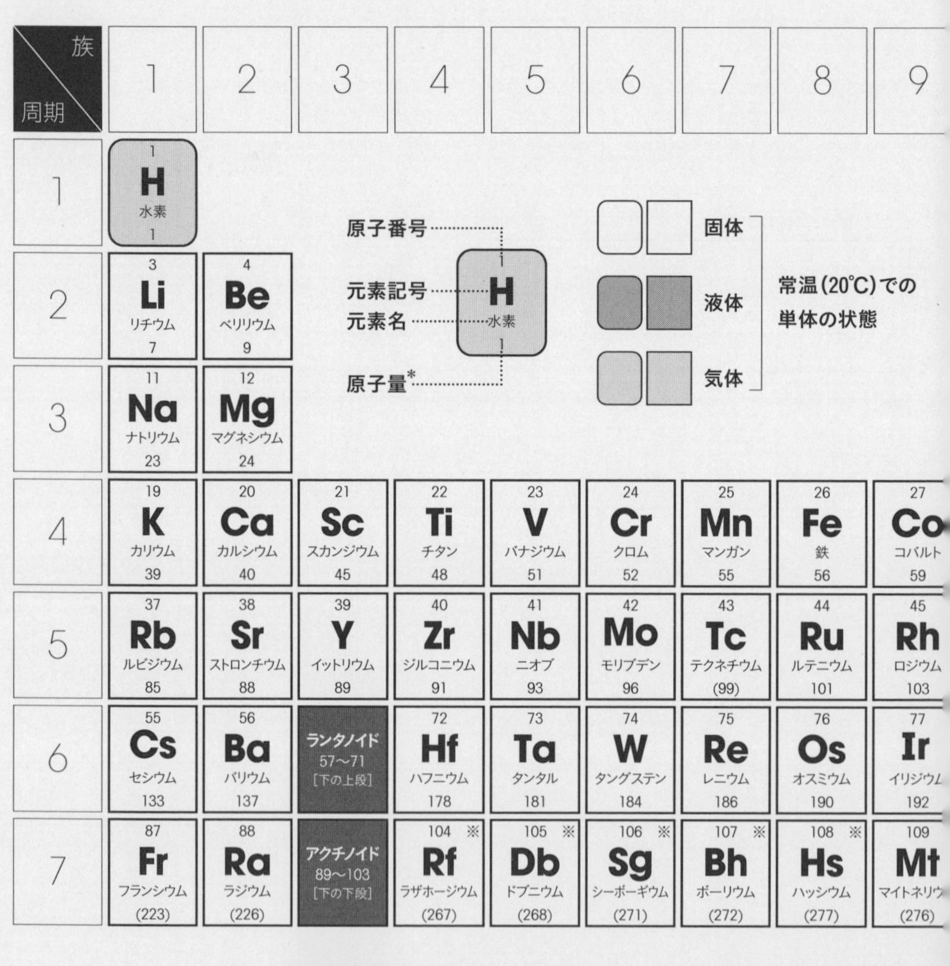

周期＼族	1	2	3	4	5	6	7	8	9
1	1 H 水素 1								
2	3 Li リチウム 7	4 Be ベリリウム 9							
3	11 Na ナトリウム 23	12 Mg マグネシウム 24							
4	19 K カリウム 39	20 Ca カルシウム 40	21 Sc スカンジウム 45	22 Ti チタン 48	23 V バナジウム 51	24 Cr クロム 52	25 Mn マンガン 55	26 Fe 鉄 56	27 Co コバルト 59
5	37 Rb ルビジウム 85	38 Sr ストロンチウム 88	39 Y イットリウム 89	40 Zr ジルコニウム 91	41 Nb ニオブ 93	42 Mo モリブデン 96	43 Tc テクネチウム (99)	44 Ru ルテニウム 101	45 Rh ロジウム 103
6	55 Cs セシウム 133	56 Ba バリウム 137	ランタノイド 57～71 [下の上段]	72 Hf ハフニウム 178	73 Ta タンタル 181	74 W タングステン 184	75 Re レニウム 186	76 Os オスミウム 190	77 Ir イリジウム 192
7	87 Fr フランシウム (223)	88 Ra ラジウム (226)	アクチノイド 89～103 [下の下段]	104 ※ Rf ラザホージウム (267)	105 ※ Db ドブニウム (268)	106 ※ Sg シーボーギウム (271)	107 ※ Bh ボーリウム (272)	108 ※ Hs ハッシウム (277)	109 Mt マイトネリウ (276)

ランタノイド	57 La ランタン 139	58 Ce セリウム 140	59 Pr プラセオジム 141	60 Nd ネオジム 144	61 Pm プロメチウム (145)	62 Sm サマリウム 150
アクチノイド	89 Ac アクチニウム (227)	90 Th トリウム 232	91 Pa プロトアクチニウム 231	92 U ウラン 238	93 Np ネプツニウム (237)	94 Pu プルトニウ (239)

＊原子量　原子の質量の比を表す数値。原子の質量は非常に小さいので，
炭素原子（C）の質量を12としたときの，各原子の質量の比で表す。（四捨五入して整数で表している。）
安定していない原子は，（ ）に代表的なものの数値を示している。